U0322922

简明建筑施工常用数据速查手册

叶　刚　主编

金盾出版社

内容提要

本书根据新颁发的施工质量验收规范及最新施工技术资料选编而成，内容包括基础资料、常用数据、常用工料参考数据、常用建筑材料、地基基础工程施工、砌体工程施工、混凝土结构工程施工、钢结构工程施工、屋面工程防水施工、地下防水工程施工、地面与楼面工程施工、建筑装饰装修工程施工及质量验收资料。

本书内容紧贴施工现场需要，具有简明、查找方便、先进、实用的特点，可供各类建筑施工人员参考使用，尤其适用于施工工长、班(组)长、施工现场技术人员和监理人员阅读参考。

图书在版编目(CIP)数据

简明建筑施工常用数据速查手册/叶刚主编. -- 北京：金盾出版社，2012.9

ISBN 978-7-5082-7205-4

Ⅰ.①简…　Ⅱ.①叶…　Ⅲ.①建筑工程—工程施工—数据—技术手册　Ⅳ.①TU7-62

中国版本图书馆 CIP 数据核字(2011)第 202838 号

金盾出版社出版、总发行

北京太平路 5 号(地铁万寿路站往南)

邮政编码:100036　电话:68214039　83219215

传真:68276683　网址:www.jdcbs.cn

封面印刷:北京蓝迪彩色印务有限公司

正文印刷:北京画中画印刷有限公司

装订:北京画中画印刷有限公司

各地新华书店经销

开本:850×1168 1/32　印张:28.75　字数:826 千字

2013 年 2 月第 1 版第 2 次印刷

印数:4 001～8 000 册　定价:86.00 元

前　言

随着改革开放的深入发展，我国建筑业加快了与国际接轨的步伐，近几年新颁布的建筑工程方面的规范、标准、规程及相关的资料较多。为了帮助广大施工人员熟悉这些新的规范和标准，掌握这些资料的应用范围，节省现场查阅时间，提高工作效率，我们编写了本手册。

本书根据新颁发的施工质量验收规范及最新施工技术资料选编而成。内容包括基础资料、常用数据、常用工料参考数据、常用建筑材料、地基基础工程施工、砌体工程施工、混凝土结构工程施工、钢结构工程施工、屋面工程防水施工、地下防水工程施工、地面与楼面工程施工、建筑装饰装修工程施工及质量验收资料。

本书在编写过程中，力求具有以下特点：

(1)简明实用。全书坚持紧贴建筑施工现场需求，面向施工一线人员的宗旨，在浩如烟海的资料中进行精心筛选。力求做到在各类资料中以实用资料为主，在实用资料中以常用资料为主，在常用资料中以新资料为主。

(2)内容丰富。全书围绕建筑施工的需要，从常用工料参考数据、建筑材料，到各分部分项工程的施工技术、操作要点及质量验收标准都有简明介绍。

(3)应用方便。全书条理清晰，且多浓缩成表格、图形的形式表述，力求达到一目了然、查找快、携带方便的要求。

(4)内容新。全书根据新颁发的施工质量验收规范及最新施工技术资料选编而成，其中特别强调吸收国内外先进施工技术及工艺。

本书由叶刚主编。在编写过程中，张颖、刘卫东、刘国民、叶昕、王新菊、鲍凤英、李帼、刘景秀、杨柳、李朝晖、叶彤、张浣淳、杨海森、李黎明、张国利、李辉、张风城、陈勇等参加了部分工作。

在本书的编写和出版过程中得到许多同志的支持和帮助，在此一并致谢！

由于作者经验水平有限，在编写本书的过程中，难免存在缺点和问题，恳请读者提出宝贵意见和建议。

作　者

目　录

1 基础资料

1.1 常用符号、代号

1.1.1 常用符号

1.1.1.1 数学符号

中文意义	符号	中文意义	符号
加、正	$+$	x 的 n 次方	x^n
减、负	$-$	平方根	$\sqrt{\ }$
乘	$\times$	立方根	$\sqrt[3]{\ }$
除	$\div$	n 次方根	$\sqrt[n]{\ }$
比	:	以 b 为底的对数	$\log_b$
小数点	.	常用对数(以 10 为底数的)	lg
等于	$=$		
全等于	$\cong$	自然对数(以 e 为底数的)	ln
不等于	$\neq$		
约等于	$\approx$	小括弧	( )
小于	$<$	中括弧	[ ]
大于	$>$	大括弧	{ }
小于或等于	$\leqslant$	阶乘	!
大于或等于	$\geqslant$	垂直	$\perp$
远小于	$\ll$	平行	$\parallel$
远大于	$\gg$	相似	$\backsim$
最大	max	加或减,正或负	$\pm$
最小	min	减或加,负或正	$\mp$
a 的绝对值	$\|a\|$	三角形	$\triangle$
x 的平方	x^2	直角	∟
x 的立方	x^3	圆形	$\odot$

续表 1.1.1.1

中文意义	符　号	中文意义	符　号
平行四边形	▱	自下限 a 到上限 b 的定积分	$\int_a^b$
[平面]角	∠		
圆周率	π	二重积分	$\iint$
弧 AB	$\overset{\frown}{AB}$	三重积分	$\iiint$
度	°	虚数单位	i 或 j
[角]分	′	a 的实部	Rea
[角]秒	″	a 的虚部	Ima
正弦	sin	a 的共轭数	$\bar{a}$
余弦	cos	矢量	$\boldsymbol{a},\boldsymbol{b},\boldsymbol{c}$ 或 $\vec{a}, \vec{b}, \vec{c}$
正切	tan 或 tg	在笛卡儿坐标轴方向的单位矢量	i,j,k　$\boldsymbol{a}_x,\boldsymbol{a}_g,\boldsymbol{a}_z$,
余切	cot 或 ctg		
正割	sec	矢量 a 的模或长度	$\|a\|$ 或 a
余割	cosec 或 csc	矢量的标量积或数量积	$a \cdot b$
常数	const		
数字范围（自…至…）	～	矢量的矢量积或向量积	$a \times b$
相等中距	@	φ 的梯度	$\mathrm{grad}\varphi$
百分率	%	a 的旋度	$\mathrm{rot}a$
极限	lim	a 的散度	$\mathrm{div}a$
趋于	→	属于	∈
无穷大	∞	不属于	∉
求和	Σ	包含	∋
i 从 1 到 n 的和	$\sum_{i=1}^{n}$	不包含	∌
		成正比	∝
函数	$f(\ ),\varphi(\ )$	相当于	≙
增量	Δ	按定义	$\overset{\text{def}}{=\!=}$
微分	d	上极限	$\overline{\lim}$
单变量的函数的各级微商	$f'(x), f''(x), f'''(x)$	下极限	$\underline{\lim}$
		上确界	sup
偏微商	$\frac{\partial}{\partial x}, \frac{\partial^2}{\partial x^2}, \frac{\partial^3}{\partial x^3}$	下确界	inf
积分	∫	事件的概率	P(·)

续表 1.1.1.1

中文意义	符　号	中文意义	符　号
概率值	p	样本标准差	s
总体容量	N	序数	i 或 j
样本容量	n	相关系数	r
总体方差	σ^2	抽样平均误差	μ
样本方差	s^2	抽样允许误差	Δ
总体标准差	σ		

1.1.1.2　国际单位制(SI)的基本单位

量的名称	单位名称	单位符号
长度	米	m
质量	千克(公斤)	kg
时间	秒	s
电流	安[培]	A
热力学温度	开[尔文]	K
物质的量	摩[尔]	mol
发光强度	坎(德拉)	cd

1.1.1.3　国际单位制(SI)的辅助单位

量的名称	单位名称	单位符号
平面角	弧度	rad
立体角	球面度	sr

1.1.1.4　国际单位制(SI)中具有专门名称的导出单位

量的名称	单位名称	单位符号	其他表示式例
频率	赫[兹]	Hz	s^{-1}
力;重力	牛[顿]	N	$kg \cdot m/s^2$
压力;压强;应力	帕[斯卡]	Pa	N/m^2
能量;功;热	焦[耳]	J	$N \cdot m$
功率;辐射通量	瓦[特]	W	J/s
电荷量	库[仑]	C	$A \cdot s$
单位;电压;电动势	伏[特]	V	W/A

续表 1.1.1.4

量的名称	单位名称	单位符号	其他表示式例
电容	法[拉]	F	C/V
电阻	欧[姆]	Ω	V/A
电导	西[门子]	S	A/V
磁通量	韦[伯]	Wb	V·s
磁通量密度;磁感应强度	特[斯拉]	T	Wb/m^2
电感	亨[利]	H	Wb/A
摄氏温度	摄氏度	℃	
光通量	流[明]	lm	cd·sr
光照度	勒[克斯]	lx	lm/m^2
放射性活度	贝可[勒尔]	Bq	s^{-1}
吸收剂量	戈[瑞]	Gy	J/kg
剂量当量	希[沃特]	Sv	J/kg

1.1.1.5 国家选定的非国际单位制单位

量的名称	单位名称	单位符号	换算关系和说明
时间	分	min	1min＝60s
	[小]时	h	1h＝60min＝3600s
	天[日]	d	1d＝24h＝86400s
平面角	[角]秒	(″)	1″＝(π/648000)rad(π 为圆周率)
	[角]分	(′)	1′＝60″＝(π/10800)rad
	度	(°)	1°＝60′＝(π/180)rad
旋转速度	转每分	r/min	1r/min＝$(1/60)s^{-1}$
长度	海里	n mile	1n mile＝1852m(只用于航程)
速度	节	kn	1kn＝1n mile/h＝(1852/3600)m/s(只用于航行)
重量	吨	t	1t＝10^3kg
	原子质量单位	u	1u≈1.6605655×10^{-27}kg
体积	升	L,(l)	1L＝$1dm^3$＝$10^{-3}m^3$
能	电子伏	eV	1eV≈1.6021892×10^{-19}J
级差	分贝	dB	
线密度	特[克斯]	tex	1tex＝1g/km

对 1.1.1.1～1.1.1.5 的说明：

1. 周、月、年(年的符号为 a),为一般常用时间单位。
2. [ ]内的字,是在不致混淆的情况下,可以省略的字。
3. ( )内的字,为前者的同义语。
4. 角度单位分、秒的符号不处于数字后时,用括弧。
5. 升的符号中,小写字母 l 为备用符号。
6. r 为"转"的符号。
7. 人民生活和贸易中,质量习惯称为重量。
8. 公里为千米的俗称,符号为 km。

1.1.1.6 文字表量符号

量的名称	符号	中文单位名称	简称	法定单位符号
一、几何量值				
振幅	A	米	米	m
面积	A、S、A_s	平方米	米^2	m^2
宽	B、b	米	米	m
直径	D、d	米	米	m
厚	d、δ	米	米	m
高	H、h	米	米	m
长	L、l	米	米	m
半径	R、r	米	米	m
行程、距离	S	米	米	m
体积	V、v	立方米	米^3	m^3
平面角	α、β、γ、θ、φ	弧度	弧度	rad
伸长率	δ	（百分比）	%	
波长	λ	米	米	m
波数	σ	每米	米$^{-1}$	m^{-1}
相角	φ	弧度	弧度	rad
立体角	ω、Ω	球面度	球面度	sr
二、时间				
线加速度	a	米每二次方秒	米/秒^2	m/s^2
频率	f、ν	赫兹	赫	Hz
重力加速度	g	米每二次方秒	米/秒^2	m/s^2
旋转频率，转速	n	每秒	秒$^{-1}$	s^{-1}
重量流量	Q_m	千克每秒	千克/秒	kg/s
体积流量	Q_v	立方米每秒	米^3/秒	m^3/s
周期	T	秒	秒	s
时间	t	秒	秒	s
线速度	v	米每秒	米/秒	m/s
角加速度	α	弧度每二次方秒	弧度/秒^2	rad/s^2
角速度，角频率	ω	弧度每秒	弧度/秒	rad/s
三、质量				
原子量	A	摩尔	摩	mol

续表 1.1.1.6

量的名称	符号	中文单位名称	简称	法定单位符号
冲量	I	牛顿秒	牛·秒	N·s
惯性矩	I	四次方米	米^4	m^4
惯性半径	i	米	米	m
转动惯量	J	千克二次方米	千克·米^2	kg·m^2
动量矩	L	千克二次方米每秒	千克·米^2/秒	kg·m^2/s
分子量	M	摩尔	摩	mol
质量	m	千克(公斤)	千克	kg
动量	p	千克米每秒	千克·米/秒	kg·m/s
静矩(面积矩)	S	三次方米	米^3	m^3
截面模量	W	三次方米	米^3	m^3
密度	ρ	千克每立方米	千克/米^3	kg/m^3
四、力				
弹性模量	E	帕斯卡	帕	Pa
力	F、P、Q、R、f	牛顿	牛	N
荷重、重力	G	牛顿	牛	N
剪变模量	G	帕斯卡	帕	Pa
硬度	H	牛顿每平方米	牛/米^2	N/m^2
布氏硬度	HB	牛顿每平方米	牛/米^2	N/m^2
洛氏硬度	HR、HRA、HRB、HRC	牛顿每平方米	牛/米^2	N/m^2
肖氏硬度	HS	牛顿每平方米	牛/米^2	N/m^2
维氏硬度	HV	牛顿每平方米	牛/米^2	N/m^2
弯矩	M	牛顿米	牛·米	N·m
压强	p	帕斯卡	帕	Pa
扭矩	T	牛顿米	牛·米	N·m
动力黏度	η	帕斯卡秒	帕·秒	Pa·s
摩擦系数	μ			
运动黏度	ν	二次方米每秒	米^2/秒	m^2/s
正应力	σ	帕斯卡	帕	Pa
极限强度	σ_s	帕斯卡	帕	Pa
剪应力	τ	帕斯卡	帕	Pa

续表 1.1.1.6

量的名称	符　　号	中文单位名称	简　　称	法定单位符号
五、能				
功	A、W	焦耳	焦	J
能	E	焦耳	焦	J
功率	P	瓦特	瓦	W
变形能	U	牛顿米	牛·米	N·m
比能	u	焦耳每千克	焦耳/千克	J/kg
效率	η	(百分比)	%	
六、热				
热容	C	焦耳每开尔文	焦/开	J/K
比热容	c	焦耳每千克开尔文	焦/(千克·开)	J/(kg·K)
体积热容	C_v	焦耳每立方米开尔文	焦/(米^3·开)	J/(m^3·K)
焓	H	焦耳	焦	J
传热系数	K	瓦特每平方米开尔文	瓦/(米^2·开)	W/(m^2·K)
熔解热	L_f	焦耳每千克	焦/千克	J/kg
汽化热	L_v	焦耳每千克	焦/千克	J/kg
热量	Q	焦耳	焦	J
燃烧值	q	焦耳每千克	焦/千克	J/kg
热流(量)密度	q、φ	瓦特每平方米	瓦/米^2	W/m^2
热阻	R	平方米开尔文每瓦特	米^2·开/瓦	m^2·K/W
熵	S	焦耳每开尔文	焦/开	J/K
热力学温度	T	开尔文	开	K
摄氏温度	t	摄氏度	度	℃
热扩散率	α	平方米每秒	米^2/秒	m^2/s
线[膨]胀系数	α_L	每开尔文	开$^{-1}$	K^{-1}
面[膨]胀系数	α_S	每开尔文	开$^{-1}$	K^{-1}
体[膨]胀系数	α_V	每开尔文	开$^{-1}$	K^{-1}
热导率	λ	瓦特每米开尔文	瓦/(米·开)	W/(m·K)
七、光和声				
光速	c	米每秒	米/秒	m/s
焦度	Φ,F	屈光度	屈光度	
[光]照度	E、(E_V)	勒克斯	勒	lx

续表 1.1.1.6

量的名称	符号	中文单位名称	简称	法定单位符号
光通量	Φ、(Φ_V、F)	流明	流	lm
焦距	f	米	米	m
曝光量	H、(H_V)	勒克斯秒	勒·秒	lx·s
发光强度	I、(I_V)	坎德拉	坎	cd
声强[度]	I、J	瓦特每平方米	瓦/米^2	W/m^2
光视效能	K	流明每瓦特	流/瓦	lm/W
[光]亮度	L、L_V	坎德拉每平方米	坎/米^2	cd/m^2
响度级	L_N	方	方	(phon)
响度	N	宋	宋	(sone)
折射率	n			
辐[射能]通量	P、Φ、Φ_e	瓦特	瓦	W
吸收因数	α、α_a			
声强级	L_1	贝尔或分贝尔	贝或分贝	B或dB
反射因数	r			
隔声系数	σ	贝尔或分贝尔	贝或分贝	B或dB
透射因数	τ			
八、电和磁				
磁感应强度	B	特斯拉	特	T
电容	C	法拉	法	F
电通[量]密度	D	库仑每平方米	库/米^2	C/m^2
电场强度	E	牛顿每库仑或伏特每米	牛/库或伏/米	N/C或V/m
电导	G	西门子	西	S
磁场强度	H	安培每米	安/米	A/m
电流	I	安培	安	A
电流密度	J、(S)	安培每平方米	安/米^2	A/m^2
电感	M	亨利	亨	H
绕组匝数	n、W			
电功率	P	瓦特	瓦	W
磁矩	m	安培平方米	安·米^2	A·m^2
电荷[量]	Q、q	库仑	库	C
电阻	R	欧姆	欧	Ω

续表 1.1.1.6

量的名称	符号	中文单位名称	简称	法定单位符号
电位差、电势差、电压	U、V	伏特	伏	V
电位(电势)	V、φ	伏特	伏	V
电抗	X	欧姆	欧	Ω
阻抗	Z	欧姆	欧	Ω
电导率	γ、σ	西门子每米	西/米	S/m
电动势	E	伏特	伏	V
介质常数	ε	法拉每米	法/米	F/m
电荷线密度	λ	库仑每米	库/米	c/m
磁导率	μ	亨利每米	亨/米	H/m
电荷[体]密度	ρ	库仑每立方米	库/米^3	C/m^3
电阻率	ρ	欧姆米	欧·米	Ω·m
电荷面密度	σ	库仑每平方米	库/米^2	C/m^2
磁通[量]	Φ	韦伯	韦	Wb

1.1.1.7 化学元素符号

名称	符号	名称	符号	名称	符号	名称	符号	名称	符号	名称	符号	名称	符号
氢	H	硫	S	镓	Ga	钯	Pd	钷	Pm	锇	Os	镤	Pa
氦	He	氯	Cl	锗	Ge	银	Ag	钐	Sm	铱	Ir	铀	U
锂	Li	氩	Ar	砷	As	镉	Cd	铕	Eu	铂	Pt	镎	Np
铍	Be	钾	K	硒	Se	铟	In	钆	Gd	金	Au	钚	Pu
硼	B	钙	Ca	溴	Br	锡	Sn	铽	Tb	汞	Hg	镅	Am
碳	C	钪	Sc	氪	Kr	锑	Sb	镝	Dy	铊	Tl	锔	Cm
氮	N	钛	Ti	铷	Rb	碲	Te	钬	Ho	铅	Pb	锫	Bk
氧	O	钒	V	锶	Sr	碘	I	铒	Er	铋	Bi	锎	Cf
氟	F	铬	Cr	钇	Y	氙	Xe	铥	Tm	钋	Po	锿	Es
氖	Ne	锰	Mn	锆	Zr	铯	Cs	镱	Yb	砹	At	镄	Fm
钠	Na	铁	Fe	铌	Nb	钡	Ba	镥	Lu	氡	Rn	钔	Md
镁	Mg	钴	Co	钼	Mo	镧	La	铪	Hf	钫	Fr	锘	No
铝	Al	镍	Ni	锝	Tc	铈	Ce	钽	Ta	镭	Ra	铹	Lr
硅	Si	铜	Cu	钌	Ru	镨	Pr	钨	W	锕	Ac		
磷	P	锌	Zn	铑	Rh	钕	Nd	铼	Re	钍	Th		

1.1.2　常用代号

1.1.2.1　建材、设备的规格型号表示法

符号		意　　义
	一、土建材料	
∟		角钢
⊏		槽钢
工		工字钢
—		扁钢、钢板
□		方钢
ϕ		圆形材料直径
in		英寸
#		号
@		每个、每样相等中距
C		窗
c		保护层厚度
e		偏心距
M		门
n		螺栓孔数目
C	材料强度等级表示法	混凝土强度等级
M	材料强度等级表示法	砂浆强度等级
MU	材料强度等级表示法	砖、石、砌块强度等级
S	材料强度等级表示法	钢材强度等级
T	材料强度等级表示法	木材强度等级
β		高厚比
λ		长细比
〔　〕		容许的
+(−)		受拉(受压)的
	二、电气材料设备	
AWG		美国线规
BWG		伯明翰线规
CWG		中国线规
SWG		英国线规
DG		电线管
G		焊接钢管
VG		硬塑料管
B	灯具安装方式表示法	壁装式
D	灯具安装方式表示法	吸顶式
G	灯具安装方式表示法	管吊式
L	灯具安装方式表示法	链吊式
R	灯具安装方式表示法	嵌入式
X	灯具安装方式表示法	线吊式

符号		意　　义
BLV	导线类型表示法	铝芯聚氯乙烯绝缘线
BLVV	导线类型表示法	铝芯聚氯乙烯护套线
BLX	导线类型表示法	铝芯橡胶线
BLXF	导线类型表示法	铝芯氯丁橡胶线
BV	导线类型表示法	铜芯聚氯乙烯绝缘线
BVR	导线类型表示法	铜芯聚氯乙烯绝缘软线
BVV	导线类型表示法	铜芯聚氯乙烯护套线
BX	导线类型表示法	铜芯橡皮线
BXR	导线类型表示法	铜芯橡胶软线
BXF	导线类型表示法	铜芯氯丁橡胶线
HBV	导线类型表示法	铜芯聚氯乙烯通信广播线
HPV	导线类型表示法	铜芯聚氯乙烯电话配线
	三、给水排水材料设备	
DN		公称直径(mm,毫米)
d		管螺纹(in,英寸)
PN		管线承受压力,如 1.6N/mm^2
AQ	输送液体、气体管类型表示法	氨气管
DQ	输送液体、气体管类型表示法	氮气管
E	输送液体、气体管类型表示法	二氧化碳管
GF	输送液体、气体管类型表示法	鼓风管
H	输送液体、气体管类型表示法	化工管
L	输送液体、气体管类型表示法	凝水管
M	输送液体、气体管类型表示法	煤气管
QQ	输送液体、气体管类型表示法	氢气管
R	输送液体、气体管类型表示法	热水管
RH	输送液体、气体管类型表示法	乳化剂管
S	输送液体、气体管类型表示法	上水管
TF	输送液体、气体管类型表示法	通风管
X	输送液体、气体管类型表示法	下水管
XF	输送液体、气体管类型表示法	循环水管
Y	输送液体、气体管类型表示法	油管
YI	输送液体、气体管类型表示法	乙炔管
YQ	输送液体、气体管类型表示法	氧气管
YS	输送液体、气体管类型表示法	压缩空气管
Z	输送液体、气体管类型表示法	蒸气管
ZK	输送液体、气体管类型表示法	真空管
ZQ	输送液体、气体管类型表示法	沼气管
B、B_A	水泵类型表示法	单级单吸离心水泵
D、D_A	水泵类型表示法	多级多吸离心水泵
HB	水泵类型表示法	单级单吸混流泵
J、J_A	水泵类型表示法	离心式水泵
S、S_A	水泵类型表示法	单级双吸离心水泵

1.1.2.2 常用构件代号

序号	名　称	代号	序号	名　称	代号	序号	名　称	代号
1	板	B	19	圈梁	QL	37	承台	CT
2	屋面板	WB	20	过梁	GL	38	设备基础	SJ
3	空心板	KB	21	连系梁	LL	39	桩	ZH
4	槽形板	CB	22	基础梁	JL	40	挡土墙	DQ
5	折板	ZB	23	楼梯梁	TL	41	地沟	DG
6	密肋板	MB	24	框架梁	KL	42	柱间支撑	ZC
7	楼梯板	TB	25	框支梁	KZL	43	垂直支撑	CC
8	盖板或沟盖板	GB	26	屋面框架梁	WKL	44	水平支撑	SC
9	挡雨板或檐口板	YB	27	檩条	LT	45	梯	T
10	吊车安全走道板	DB	28	屋架	WJ	46	雨篷	YP
11	墙板	QB	29	托架	TJ	47	阳台	YT
12	天沟板	TGB	30	天窗架	CJ	48	梁垫	LD
13	梁	L	31	框架	KJ	49	预埋件	M
14	屋面梁	WL	32	刚架	GJ	50	天窗端壁	TD
15	吊车梁	DL	33	支架	ZJ	51	钢筋网	W
16	单轨吊车梁	DDL	34	柱	Z	52	钢筋骨架	G
17	轨道连接	DGL	35	框架柱	KZ	53	基础	J
18	车挡	CD	36	构造柱	GZ	54	暗柱	AZ

注：1. 预制钢筋混凝土构件、现浇钢混凝土构件、钢构件和木构件，一般可直接采用本表中的构件代号。在绘图中，当需要区别上述构件的材料种类时，可在构件代号前加注材料代号，并在图样中加以说明。

2. 预应力钢筋混凝土构件的代号，应在构件代号前加注“Y”，如 Y-DL 表示预应力钢筋混凝土吊车梁。

1.1.2.3 钢筋符号

<table>
<tr><th colspan="2">种　类</th><th>符号</th><th colspan="3">种　类</th><th>符号</th></tr>
<tr><td rowspan="4">热轧钢筋</td><td>HPB235(Q235)</td><td>Φ</td><td rowspan="5">预应力钢筋</td><td rowspan="3">消除应力钢丝</td><td>光面</td><td>Φ^{P}</td></tr>
<tr><td>HRB335(20MnSi)</td><td>Φ</td><td>螺旋肋</td><td>Φ^{H}</td></tr>
<tr><td>HRB400(20MnSiV、20MnSiNb、20MnTi)</td><td>Φ</td><td>刻痕</td><td>Φ^{I}</td></tr>
<tr><td>RRB400(K20MnSi)</td><td>Φ^{R}</td><td rowspan="2">热处理钢筋</td><td rowspan="2">40Si2Mn
48Si2Mn
45Si2Cr</td><td rowspan="2">Φ^{HT}</td></tr>
<tr><td>预应力钢筋</td><td>钢绞线</td><td>Φ^{S}</td></tr>
</table>

1.1.2.4 塑料、树脂名称缩写代号

名称	代号	名称	代号
丙烯腈—丁二烯—苯乙烯共聚物	ABS	聚对苯二甲酸丁二醇酯	PBTP
丙烯腈—甲基丙烯酸甲酯共聚物	A/MMA	聚碳酸酯	PC
丙烯腈—苯乙烯共聚物	A/S	聚三氟氯乙烯	PCTFE
丙烯腈—苯乙烯—丙烯酸酯共聚物	A/S/A	聚邻苯二甲酸二烯丙酯	PDAP
乙酸纤维素	CA	聚间苯二甲酸二烯丙酯	PDAIP
乙酸—丁酸纤维素	CAB	聚乙烯	PE
乙酸—丙酸纤维素	CAP	氯化聚乙烯	PEC
甲酚—甲醛树脂	CF	聚氧化乙烯	PEOX
羧甲基纤维素	CMC	聚对苯二甲酸乙二醇酯	PETP
聚甲基丙烯酰亚胺	PMI	酚醛树脂	PF
聚甲基丙烯酸甲酯	PMMA	聚酰亚胺	PI
聚甲醛	POM	聚异丁烯	PIB
聚丙烯	PP	聚乙烯醇缩丁醛	PVB
氯化聚丙烯	PPC	聚氯乙烯	PVC
聚苯醚	PPO	聚氯乙烯—乙酸乙烯酯	PVCA
聚氧化丙烯	PPOX	氯化聚氯乙烯	PVCC
聚苯硫醚	PPS	聚偏二氯乙烯	PVDC
聚苯砜	PPSU	聚偏二氟乙烯	PVDF
聚苯乙烯	PS	聚氟乙烯	PVF
聚砜	PSU	聚乙烯醇缩甲醛	PVFM
聚四氟乙烯	PTFE	聚乙烯基咔唑	PVK
聚氨酯	PUR	聚乙烯基吡咯烷酮	PVP
聚乙酸乙烯酯	PVAC	间苯二酚—甲醛树脂	RF
聚乙烯醇	PVAL	增强塑料	RP
中密度聚乙烯	MDPE	聚硅氧烷	SI
三聚氰胺—甲醛树脂	MF	脲甲醛树脂	UF
三聚氰胺—酚醛树脂	MPF	不饱和聚酯	UP
聚酰胺(尼龙)	PA	氯乙烯—乙烯共聚物	VC/E
聚丙烯酸	PAA	氯乙烯—乙烯—丙烯酸甲酯共聚物	VC/E/MA
聚丙烯腈	PAN	氯乙烯—乙烯—乙酸乙烯酯共聚物	VC/E/VCA
聚丁烯-1	PB	氯乙烯—丙烯酸甲酯共聚物	VC/MA

续表 1.1.2.4

名　称	代号	名　称	代号
氯乙烯—甲基丙烯酸甲酯共聚物	VC/MMA	乙烯—丙烯—二烯三元共聚物	E/P/D
氯乙烯—丙烯酸辛酯共聚物	VC/OA	乙烯—四氟乙烯共聚物	E/TFE
氯乙烯—偏二氯乙烯共聚物	VC/VDC	乙烯—乙酸乙烯酯共聚物	E/VAC
硝酸纤维素	CN	乙烯—乙烯醇共聚物	E/VAL
丙酸纤维素	CP	全氟(乙烯—丙烯)共聚物	FEP
酪素(塑料)	CS	通用聚苯乙烯	GPS
三乙酸纤维素	CTA	玻璃纤维增强塑料	GRP
乙基纤维素	EC	高密度聚乙烯	HDPE
乙烯—丙烯酸乙酯	E/EA	高冲击强度聚苯乙烯	HIPS
环氧树脂	EP	低密度聚乙烯	LDPE
乙烯—丙烯共聚物	E/P	甲基纤维素	MC

1.1.2.5　常用增塑剂名称缩写代号

名　称	代号	名　称	代号
烷基磺酸酯	ASE	邻苯二甲酸二甲酯	DMP
邻苯二甲酸苄丁酯	BBP	邻苯二甲酸二壬酯	DNP
己二酸苄辛酯	BOA	己二酸二辛酯	DOA
邻苯二甲酸二丁酯	DBP	间苯二甲酸二辛酯	DOIP
邻苯二甲酸二辛酯	DCP	邻苯二甲酸二辛酯	DOP
邻苯二甲酸二乙酯	DEP	癸二酸二辛酯	DOS
邻苯二甲酸二庚酯	DHP	对苯二甲酸二辛酯	DOTP
邻苯二甲酸二己酯	DHXP	壬二酸二辛酯	DOZ
邻苯二甲酸二异丁酯	DIBP	磷酸二苯甲苯酯	DPCF
己二酸二异癸酯	DIDA	磷酸二苯辛苯酯	DPOF
邻苯二甲酸二异癸酯	DIDP	邻苯二甲酸辛癸酯	ODP
己二酸二异壬酯	DINA	磷酸三氯乙酯	TCEF
邻苯二甲酸二异壬酯	DINP	磷酸三甲苯酯	TCF
己二酸二异辛酯	DIOA	均苯四甲酸四辛酸	TOPM
邻苯二甲酸二异辛酯	DIOP	磷酸三苯酯	TPF

1.1.2.6 材料基本性质常用名称及代号

名称	代号	公式	常用单位	说明
密度	ρ	$\rho=m/V$	g/cm^3	m:材料干燥状态下的重量(g) V:材料绝对密实状态下的体积(cm^3)
质量密度	ρ_0	$\rho_0=m/V_1$	g/cm^3	m:材料的重量(g) V_1:材料在自然状态下的体积(cm^3)
孔隙率	ξ	$\xi=\frac{V_1-V}{V_1}\times100\%$ $=\left(1-\frac{\rho_0}{\rho}\right)\times100\%$	%	计算松散状态的颗粒之间的ξ时,V为颗粒体积,V_1为松散体积
强度	f	$f=P/A$	MPa[N/mm^2]	P:破坏时的力(N) A:受力面积(mm^2)
含水率	W	$m_{水}/m$	%	$m_{水}$:材料中所含水的重量(g) m:材料干燥重量(g)
重量吸水率	$B_{重}$	$B_{重}=\frac{m_1-m}{m}\times100\%$	%	m:材料干燥重量(g) m_1:材料吸水饱和状态下的重量(g)
体积吸水率	$B_{体}$	$B_{体}=\frac{m_1-m}{V_1}\times100\%$ $=B_{重}\times\rho_0$	%	V_1:材料在自然状态下的体积(cm^3) m、m_1、ρ_0 分别同质量密度和重量吸水率
软化系数	ψ	$\psi=f_1/f_0$		f_1:材料在水饱和状态下的抗压强度(MPa或N/mm^2) f_0:材料在干燥状态下的抗压强度(MPa或N/mm^2)
渗透系数	K	$\frac{Q}{A}=K\frac{H}{L}$		Q/A:单位时间内渗过材料试件单位面积的水量 H/L:压力水头和渗透距离(试件厚度的比值)

续表 1.1.2.6

名称	代号	公 式	常用单位	说 明
抗冻等级	F			材料在－15℃以下冻结，反复冻融后重量损失≤5%，强度损失≤25%的冻融次数
抗渗等级	P			试件能承受的最大水压力值
热导率	λ		W/(m·K) [kcal/(m·h·℃)]	物体厚 1m，两表面温差 1℃时，1h 通过 $1m^2$ 围护结构表面积的热量
热绝缘系数	M		m^2·K/W [m^2·h·℃/kcal]	室外温差为 1℃，使 1kcal 热量通过 $1m^2$ 围护结构表面积的热量
比热容	c	$c=Q/P(t_1-t_2)$	kJ/(kg·K) [kcal/(kg·℃)]	Q：加热于物体所耗热量(kJ) P：材料重量(kg) t_1-t_2，物体加热前后的温度差
传热系数	K		W/(m^2·K)	表面温度波动 1℃时，在 1h 内，$1m^2$ 围护结构表面吸收和散发的热量
蒸气渗透系数	μ		g/(m·h·Pa)	材料厚 1m，两侧水蒸气分压力差为 133Pa(1mmHg)时，1h 经过 $1m^2$ 表面积扩散的水蒸气量
吸收因数（吸声系数）	α	$\alpha=\frac{E}{E_0}$	%	材料吸收声功率与入射声功率的比值
热流量	Q			单位时间内自某物体传出和传入的热量
热流[量]密度	q		W/m^2	垂直于热流方向的单位面积的热流量
热惰性	D	$D=M \cdot K$		热绝缘系数与传热系数的乘积

1.2 常用计量单位换算

1.2.1 法定计量单位换算

1.2.1.1 法定计量单位

量的名称	单位名称	符号	换算关系
长度	米 分米 厘米 毫米	m dm cm mm	1m＝10dm ＝100cm ＝1000mm
质量(重量)	千克(公斤) 吨	kg t	1t＝1000kg
体积	升	L(l)	$1L=1dm^3=10\times10\times10cm^3$
时间	秒 分 时 天	s min h d	1min＝60s 1h＝60min 1d＝24h
电流	安 毫安	A mA	$1A=10^3mA$
电压	千伏 伏 毫伏	kV V mV	$1kV=10^3V$　$1V=10^3mV$
功率	千瓦 瓦 毫瓦	kW W mW	$1kW=10^3W$　$1W=10^3mW$
平面角	秒 分 度	″ ′ °	1′＝60″ 1°＝60′
旋转速度 旋转频率	转/分 赫	r/min Hz	1r/min＝1/60Hz 1Hz＝60r/min

1.2.1.2 法定计量单位与习用非法定计量单位的换算

量的名称	习用计量单位		法定计量单位		换算关系
	名称	符号	名称	符号	
力	千克力(公斤力)	kgf	牛	N	1kgf=9.80665N
	吨力	tf	千牛	kN	1tf=9.80665kN
线分布力	千克力每米	kgf/m	牛每米	N/m	1kgf/m=9.80665N/m
面分布力、压强	千克力每平方米	kgf/m^2	牛每平方米(帕)	N/m^2 (Pa)	$1kgf/m^2=9.80665Pa(N/m^2)$
	吨力每平方米	tf/m^2	千牛每平方米 千帕	kN/m^2 (kPa)	$1tf/m^2 = 9.80665kN/m^2$ (kPa)
应力、强度	千克力每平方毫米	kgf/mm^2	牛每平方毫米(兆帕)	N/mm^2 (MPa)	$1kgf/mm^2 = 9.80665N/mm^2$(MPa)
	千克力每平方厘米	kgf/cm^2	兆帕	MPa	$1kgf/cm^2=0.0980665N/mm^2$(MPa)
弹性模量	千克力每平方厘米	kgf/cm^2	兆帕	MPa	$1kgf/cm^2 = 0.0980665$ (MPa)
力矩、弯矩、扭矩	千克力米	kgf·m	牛·米	N·m	1kgf·m=9.80665N·m
	吨力米	tf·m	千牛·米	kN·m	1tf·m=9.80665kN·m

1.2.2 常用长度、重量单位换算

1.2.2.1 常用长度单位换算

单位	公制				市制		英美制			
	毫米 (mm)	厘米 (cm)	米 (m)	公里 (km)	市尺	市里	英寸 (in)	英尺 (ft)	码 (yd)	英里 (mile)
1毫米	1	0.1	0.001	—	0.003	—	0.03937	0.00328	0.00109	—
1厘米	10	1	0.01	0.00001	0.03	0.00002	0.3937	0.0328	0.0109	—
1米	1000	100	1	0.001	3	0.002	39.3701	3.2808	1.0936	0.0006
1千米	1000000	100000	1000	1	3000	2	—	3280.8398	1093.6132	0.6214
1市尺	333.3333	33.3333	0.3333	0.0003	1	0.0007	13.1233	1.0936	0.3645	0.0002
1市里	500000	50000	500	0.5000	1500	1	19685.0	1640.4	546.8	0.3107
1英寸	25.4	2.54	0.0254	—	0.0762	—	1	0.0833	0.0278	—
1英尺	304.8	30.48	0.3048	0.0003	0.9144	0.0006	12	1	0.3333	0.0002
1码	914.4	91.44	0.9144	0.0009	2.7432	0.0018	36	3	1	0.0006
1英里	—	160934	1609.34	1.6093	4828.03	3.2186	63360	5280	1760	1

1.1.2.2 英寸分数与我国习惯称谓对照表

英寸分数(in)	我国习惯称谓	毫米(mm)	英寸分数(in)	我国习惯称谓	毫米(mm)
1/16	半分	1.5875	9/16	四分半	14.2875
1/8	一分	3.1750	5/8	五分	15.8750
3/16	一分半	4.7625	11/16	五分半	17.4625
1/4	二分	6.3500	3/4	六分	19.0500
5/16	二分半	7.9375	13/16	六分半	20.6375
3/8	三分	9.5250	7/8	2分	22.2250
7/16	三分半	11.1125	15/16	七分半	23.8125
1/2	四分	12.7000	1	1英寸	25.4000

1.2.2.3 常用重量单位换算

单位	公制			市制			英美制			
	克(g)	千克(kg)	吨(t)	市两	市斤	市担	盎司(floz)	磅(lb)	美吨(sh·tn)	英吨(ton)
1克	1	0.001	—	0.02	0.002	—	0.0353	0.0022	—	—
1千克	1000	1	0.001	20	2	0.02	35.274	2.2046	—	—
1吨	—	1000	1	—	2000	20	35274	2204.6	1.1023	0.9842
1市两	50	0.05	—	1	0.1	—	1.7637	0.1102	—	—
1市斤	500	0.5	—	10	1	0.01	17.637	1.1023	—	—
1市担	—	50	0.05	1000	100	1	1763.7	110.23	0.0551	0.0492
1盎司	28.35	0.0234	—	0.567	0.0567	—	1	0.0625	—	—
1磅	453.59	0.4536	—	9.072	0.9072	—	16	1	—	—
1美吨	—	907.19	0.9072	—	1814.4	18.144	—	2000	1	0.8929
1英吨	—	1016	1.016	—	2032.1	20.321	—	2240	1.12	1

1.2.3 常用面积单位换算

单位	公制				市制		英美制				
	平方米 (m²)	公亩 (a)	公顷 (ha)	平方公里 (km²)	平方市尺	市亩	平方英尺 (ft²)	平方码 (yd²)	英亩 (acre)	美亩	平方英里 (nule²)
1 平方米	1	0.01	0.001	—	9	0.0015	10.7639	1.19600	0.00025	0.00025	—
1 公亩	100	1	0.01	0.0001	900	0.15	1076.39	119.6	0.02471	0.02471	0.00004
1 公顷	10000	100	1	0.01	90000	15	1076.39	11960	2.47106	2.47104	0.00386
1 平方公里		10000	100	1	9000000	1500	10763900	1163000	247.106	247.104	0.3858
1 平方尺	0.11111	0.00111	0.00011	—	1	0.00017	1.19598	0.13289	0.00003	0.00003	—
1 市亩	666.666	6.66667	0.06667	0.00067	6000	1	7175.9261	793.34	0.16441	0.16474	0.00026
1 平方英尺	0.0929	0.00093	0.00009	—	0.8361	0.000139	1	0.11111	0.00002	0.00002	—
1 平方码	0.83612	0.00836	0.00084	—	7.52508	0.00125	8.99991	1	0.00021	0.00021	—
1 英亩	4046.85	40.4685	0.40469	0.00405	36421.6	6.07029	43559.888	4840.0346	1	0.99999	0.00157
1 美亩	4046.87	40.4687	0.40469	0.00405	36421.8	6.07037	43560.105	4840.0588	1.000005	1	0.00157
1 平方英里	2589984	25899.84	259.067	2.592	23309856	3884.986	27878188	3097606.6	640	639.9936	1

1.2.4 标准筛常用网号、目数对照

网号(号)	目数(目)	孔(cm²)	网号(号)	目数(目)	孔(cm²)
5	4	2.56		55	484
4	5	4	0.301	60	576
3.22	6	5.76	0.28	65	676
2.5	8	10.24	0.261	70	784
2	10	16	0.25	75	900
	12	23.04	0.2	80	1024
1.43	14	31.36	0.18	85	
1.24	16	40.96	0.17	90	1296
1	18	51.84	0.15	100	1600
0.95	20	64	0.14	110	1936
	22	77.44	0.125	120	2304
0.79	24	92.16	0.12	130	2704
0.71	26	108.16		140	3136
0.63	28	125.44	0.1	150	3600
0.6	30	144	0.088	160	4900
0.55	32	163.84	0.077	180	5184
0.525	34	185		190	5776
0.5	36	207	0.076	200	6400
0.425	38	231	0.065	230	8464
0.4	40	256		240	9216
0.375	42	282	0.06	250	10000
	44	310	0.052	275	12100
0.345	46	339	0.045	300	14400
	48	369	0.044	320	16384
0.325	50	400	0.042	350	19600
			0.034	400	25600

注:1. 网号系指筛网的公称尺寸,单位为毫米(mm)。例如:1号网,即指正方形网孔每边长1mm。

2. 目数系指一英寸(in)长度上的孔眼数目,单位为目/英寸(目/in)。例如:1in(25.4mm)长度上有20孔眼,即为20目。

3. 一般英美各国用目数表示,原苏联用网号表示。

1.2.5 角度、弧度互换表

1.2.5.1 角度与弧度互换表

角度	弧度(rad)	角度	弧度(rad)	角度	弧度(rad)	角度	弧度(rad)	角度	弧度(rad)
10″	0.00005	30′	0.0087	14°	0.2443	30°	0.5236	70°	1.2217
20″	0.0001	40′	0.0116	15°	0.2618	31°	0.5411	75°	1.3090
30″	0.00015	50′	0.0145	16°	0.2793	32°	0.5585	80°	1.3963
40″	0.0002	1°	0.0175	17°	0.2967	33°	0.5760	85°	1.4835
50″	0.00025	2°	0.0349	18°	0.3142	34°	0.5934	90°	1.5708
1′	0.0003	3°	0.0524	19°	0.3316	35°	0.6109	100°	1.7453
2′	0.0006	4°	0.0698	20°	0.3491	36°	0.6283	110°	1.9199
3′	0.0009	5°	0.0873	21°	0.3665	37°	0.6458	120°	2.0944
4′	0.0012	6°	0.1047	22°	0.3840	38°	0.6632	150°	2.6180
5′	0.0015	7°	0.1222	23°	0.4014	39°	0.6807	180°	3.1416
6′	0.0017	8°	0.1396	24°	0.4189	40°	0.6981	210°	3.6652
7′	0.0020	9°	0.1571	25°	0.4363	45°	0.7854	240°	4.1888
8′	0.0023	10°	0.1745	26°	0.4538	50°	0.8727	270°	4.7124
9′	0.0026	11°	0.1920	27°	0.4712	55°	0.9599	300°	5.2360
10′	0.0029	12°	0.2094	28°	0.4887	60°	1.0472	330°	5.7596
20′	0.0058	13°	0.2269	29°	0.5061	65°	1.1345	360°	6.2832

1.2.5.2 弧度与角度互换表

弧度(rad)	角度	弧度(rad)	角度	弧度(rad)	角度
0.0001	0°00′21″	0.0070	0°24′04″	0.4000	22°55′06″
0.0002	0°00′41″	0.0080	0°27′30″	0.5000	28°38′52″
0.0003	0°01′02″	0.0090	0°30′56″	0.6000	34°22′39″
0.0004	0°01′23″	0.0100	0°34′23″	0.7000	40°06′25″
0.0005	0°01′43″	0.0200	1°08′45″	0.8000	45°50′12″
0.0006	0°02′04″	0.0300	1°43′08″	0.9000	51°33′58″
0.0007	0°02′24″	0.0400	2°17′31″	1	57°17′45″
0.0008	0°02′45″	0.0500	2°51′53″	2	114°35′30″
0.0009	0°03′06″	0.0600	3°26′16″	3	171°53′14″
0.0010	0°03′26″	0.0700	4°00′39″	4	229°10′59″
0.0020	0°06′53″	0.0800	4°35′01″	5	286°28′44″
0.0030	0°10′19″	0.0900	5°09′24″	6	343°46′29″
0.0040	0°13′45″	0.1000	5°43′46″	7	401°04′14″
0.0050	0°17′11″	0.2000	11°27′33″	8	458°21′58″
0.0060	0°20′38″	0.3000	17°11′19″	9	515°39′43″

2 常用数据

2.1 常用建筑材料及相关数据

2.1.1 常用建筑材料和构件的自重

2.1.1.1 木材及胶合板

类别	名称	自重	单位	备注
木材	杉木	4	kN/m^3	随含水率而不同
	冷杉、云杉、红松、华山松、樟子松、铁杉、拟赤杨红椿、杨木、枫杨	4～5		随含水率而不同
	马尾松、云南松、油松、赤松、广东松、桤木、枫香、柳木、檫木、秦岭落叶松、新疆落叶松	5～6		随含水率而不同
	东北落叶松、随均松、榆木、桦木、水曲柳、苦楝、木荷、臭椿	6～7		随含水率而不同
	锥木(栲木)、石栎、槐木、乌墨	7～8		随含水率而不同
	青冈栎(楮木)、栎木(柞木)、桉树、木麻黄	8～9		随含水率而不同
	普通木板条、椽檩木料	5		随含水率而不同
	锯末	2～2.5		加防腐剂时为 $3kN/m^3$
	木丝板	4～5		
	软木板	2.5		
	刨花板	6		
胶合板材	胶合三夹板(杨木)	0.019	kN/m^2	
	胶合三夹板(椴木)	0.022		
	胶合三夹板(水曲柳)	0.028		
	胶合五夹板(杨木)	0.03		
	胶合五夹板(椴木)	0.034		
	胶合五夹板(水曲柳)	0.04		
	甘蔗板(按 10mm 厚计)	0.03		常用厚度为 13mm、15mm、19mm、25mm
	隔音板(按 10mm 厚计)	0.03		常用厚度为 13mm、20mm
	木屑板(按 10mm 厚计)	0.12		常用厚度为 6mm、10mm

2.1.1.2 金属及矿产

类别	名称	自重	单位	备注
金属及矿产	铸铁	72.5	kN/m³	
	锻铁	77.5		
	铁矿渣	27.6		
	赤铁矿	25～30		
	钢	78.5		
	纯铜、赤铜	89		
	黄铜、青铜	85		
	硫化铜矿	42		
	铝	27		
	铝合金	28		
	锌	70.5		
	亚锌矿	40.5		
	铅	114		
	方铅矿	74.5		
	金	193		
	白金	213		
	银	105		
	锡	73.5		
	镍	89		
	水银	136		
	钨	189		
	镁	18.5		
	锑	66.6		
	水晶	29.5		
	硼砂	17.5		
	硫矿	20.5		
	石棉矿	24.6		
	石棉	10		压实
	石棉	4		松散，含水量不大于15%
	石垩(高岭土)	22		
	石膏矿	25.5		
	石膏	13～14.5		粗块堆放 Ø=30° 细块堆放 Ø=40°
	石膏粉	9		

2.1.1.3 岩土类

类别	名　　称	自重	单位	备　　注
	腐质土	15～16		干，Ø＝40°；湿，Ø＝35°；很湿，Ø＝25°
	黏土	13.5		干，松，空隙比为1.0
	黏土	16		干，Ø＝40°，压实
	黏土	18		湿，Ø＝35°，压实
	黏土	20		很湿，Ø＝25°，压实
	砂土	12.2		干，松
	砂土	16		干，Ø＝35°，压实
	砂土	18		湿，Ø＝35°，压实
	砂土	20		很湿，Ø＝25°，压实
	砂土	14		干，细砂
	砂土	17		干，细砂
	卵石	16～18		干
	黏土夹卵石	17～18		干，松
	砂夹卵石	15～17		干，松
	砂夹卵石	16～19.2		干，压实
	砂夹卵石	18.9～19.2		湿
	浮石	6～8		干
	浮石填充料	4～6		
	砂岩	23.6		
土、砂、砂砾、岩石	页岩	28	kN/m^3	
	页岩	14.8		片石堆置
	泥灰石	14		Ø＝40°
	花岗岩、大理石	28		
	花岗岩	15.4		片石堆置
	石灰石	26.4		
	石灰石	15.2		片石堆置
	贝壳石灰岩	14		
	白云石	16		片石堆置，Ø＝48°
	滑石	27.1		
	火石（燧石）	35.2		
	云斑石	27.6		
	玄武岩	29.5		
	长石	25.5		
	角闪石、绿石	30		
	角闪石、绿石	17.1		片石堆置
	碎石子	14～15		堆置
	岩粉	16		黏土质或石灰质的
	多孔黏土	5～8		作填充料用，Ø＝35°
	硅藻土填充料	4～6		
	辉绿岩石	29.5		

2.1.1.4 砖及砌块

类别	名 称	自重	单位	备 注
砖及砌块	普通砖	18	kN/m³	240mm×115mm×53mm（684块/m³）
	普通砖	19		机器制
	缸砖	21～21.5		230mm×110mm×65mm（609块/m³）
	红缸砖	20.4		
	耐火砖	19～22		230mm×110mm×65mm（609块/m³）
	耐酸瓷砖	23～25		230mm×113mm×65mm（590块/m³）
	灰砂砖	18		砂：白灰＝92：8
	煤渣砖	17～18.5		
	矿渣砖	18.5		硬矿渣：烟灰：石灰＝75：15：10
	焦渣砖	12～14		
	烟灰砖	14～15		炉渣：电石渣：烟灰＝30：40：30
	黏土坯	12～15		
	锯末砖	9		
	焦渣空心砖	10		290mm×290mm×140mm（85块/m³）
	水泥空心砖	9.8		290mm×290mm×140mm（85块/m³）
	水泥空心砖	10.3		300mm×250mm×110mm（121块/m³）
	水泥空心砖	9.6		300mm×250mm×160mm（83块/m³）
	蒸压粉煤灰砖	14.0～16.0		干容重
	陶粒空心砌块	5.0		长600mm、400mm，宽150mm、250mm，高250mm、200mm
		6.0		390mm×290mm×190mm
	粉煤灰轻渣空心砌块	7.0～8.0		390mm×190mm×190mm，390mm×240mm×190mm
	蒸压粉煤灰加气混凝土砌块	5.5		
	混凝土空心小砌块	11.8		390mm×190mm×190mm
	碎砖	12		堆置
	水泥花砖	19.8		200mm×200mm×24mm（1042块/m³）
	瓷面砖	19.8		150mm×150mm×8mm（5556块/m³）
	马赛克	0.12kN/m²		厚5mm

2.1.1.5 石灰、水泥、灰浆及混凝土

类别	名　　称	自重	单位	备　　注
石灰、水泥、灰浆及混凝土	生石灰块	11	kN/m³	堆置,Ø=30°
	生石灰粉	12		堆置,Ø=35°
	熟石灰膏	13.5		
	石灰砂浆、混合砂浆	17		
	水泥石灰焦渣砂浆	14		
	石灰炉渣	10～12		
	水泥炉渣	12～14		
	石灰焦渣砂浆	13		
	灰土	17.5		石灰：土=3：7,夯实
	稻草石灰泥	16		
	纸筋石灰泥	16		
	石灰锯末	3.4		石灰：锯末=1：3
	石灰三合土	17.5		石灰、砂子、卵石
	水泥	12.5		轻质松散,Ø=20°
	水泥	14.5		散装,Ø=30°
	水泥	16		袋装压实,Ø=40°
	矿渣水泥	14.5		
	水泥砂浆	20		
	水泥蛭石砂浆	5～8		
	石棉水泥浆	19		
	膨胀珍珠岩砂浆	7～15		
	石膏砂浆	12		
	碎砖混凝土	18.5		
	素混凝土	22～24		振捣或不振捣
	矿渣混凝土	20		
	焦渣混凝土	16～17		承重用
	焦渣混凝土	10～14		填充用
	铁屑混凝土	28～65		
	浮石混凝土	9～14		
	沥青混凝土	20		
	无砂大孔性混凝土	16～19		
	泡沫混凝土	4～6		
	加气混凝土	5.5～7.5		单块
	石灰粉煤灰加气混凝土	6.0～6.5		
	钢筋混凝土	24～25		
	碎砖钢筋混凝土	20		
	钢丝网水泥	25		用于承重结构
	水玻璃耐酸混凝土	20～23.5		
	粉煤灰陶砾混凝土	19.5		

2.1.1.6 沥青、煤灰、油料及杂项

类别	名　　称	自重	单位	备　　注
沥青、煤灰、油料	石油沥青	10～11	kN/m³	根据相对密度
	柏油	12		
	煤沥青	13.4		
	煤焦油	10		
	无烟煤	15.5		整体
	无烟煤	9.5		块状堆放,Ø=30°
	无烟煤	8		碎块堆放,Ø=35°
	煤末	7		堆放,Ø=15°
	煤球	10		堆放
	褐煤	12.5		
	褐煤	7～8		堆放
	泥煤	7.5		
	泥炭	3.2～3.4		堆放
	木炭	3～5		
	煤焦	12		
	煤焦	7		堆放,Ø=45°
	焦渣	10		
	煤灰	6.5		
	煤灰	8		压实
	石墨	20.8		
	煤蜡	9		
	汕蜡	9.6		
	原油	8.8		
	煤油	8		
	煤油	7.2		桶装,相对密度 0.82～0.89
	润滑油	7.4		
	汽油	6.7		
	汽油	6.4		桶装,相对密度 0.72～0.76
	动物油、植物油	9.3		
	豆油	8		大铁桶装,每桶 360kg
杂项	普通玻璃	25.5	kN/m³	
	钢丝玻璃	26		
	泡沫玻璃	3～5		
	玻璃棉	0.5～1		作绝缘层填充料用

续表 2.1.1.6

类别	名　　称	自重	单位	备　　注
杂项	岩棉	0.5～2.5	kN/m³	
	沥青玻璃棉	0.8～1		热导率 0.035～0.047W/(m·K)
	玻璃棉板(管套)	1～1.5		热导率 0.035～0.047W/(m·K)
	玻璃钢	14～22		
	矿渣棉	1.2～1.5		松散,热导率 0.031～0.044W/(m·K)
	矿渣棉制品(板、砖、管)	3.5～4		热导率 0.047～0.07W/(m·K)
	沥青矿渣棉	1.2～1.6		热导率 0.041～0.052W/(m·K)
	膨胀珍珠岩粉料	0.8～2.5		干,松散,热导率 0.052～0.076W/(m·K)
	水泥珍珠岩制品	3.5～4		强度 1N/mm² 导热率 0.058～0.081W/(m·K)
	膨胀蛭石	0.8～2		导热率 0.052～0.07W/(m·K)
	沥青蛭石制品	3.5～4.5		导热率 0.081～0.105W/(m·K)
	水泥蛭石制品	4～6		导热率 0.093～0.14W/(m·K)
	聚氯乙烯板(管)	13.6～16		
	聚苯乙烯泡沫塑料	0.5		传热系数不大于 0.035
	石棉板	13		含水率不大于 3%
	乳化沥青	9.8～10.5		
	软性橡胶	9.3		
	白磷	18.3		
	松香	10.7		
	磁	24		
	酒精	7.85		100%纯
	酒精	6.6		桶装,相对密度 0.79～0.82
	盐酸	12		浓度 40%
	硝酸	15.1		浓度 91%
	硫酸	17.9		浓度 87%
	火碱	17		浓度 60%
	氯化铵	7.5		袋装堆放
	尿素	7.5		袋装堆放
	碳酸氢铵	8		袋装堆放
	水	10		温度 4℃密度最大时
	冰	8.96		
	书籍	5		书架藏置
	道林纸	10		
	报纸	7		
	宣纸类	4		
	棉花、棉纱	4		压紧平均重量
	稻草	1.2		
	建筑碎料(建筑垃圾)	15		

2.1.1.7 建筑部件

类别	名称	自重	单位	备注
砌体	浆砌细方石	26.4	kN/m³	花岗岩，方整石块
	浆砌细方石	25.6		石灰石
	浆砌细方石	22.4		砂岩
	浆砌毛方石	24.8		花岗岩，上下面大致平整
	浆砌毛方石	24		石灰石
	浆砌毛方石	20.8		砂岩
	干砌毛石	20.8		花岗岩、上下面大致平整
	干砌毛石	20		石灰石
	干砌毛石	17.6		砂岩
	浆砌普通砖	18		
	浆砌机砖	19		
	浆砌缸砖	21		
	浆砌耐火砖	22		
	浆砌矿渣砖	21		
	浆砌焦渣砖	12.5～14		
	土坯砖砌体	16		
	黏土砖空斗砌体	17		中填碎瓦砾，一眠一斗
	黏土砖空斗砌体	13		全斗
	黏土砖空斗砌体	12.5		不能承重
	黏土砖空斗砌体	15		能承重
	粉煤灰泡沫砌块砌体	8～8.5		粉煤灰：电石渣：废石膏=74：22：4
	三合土	17		灰：砂：土=1：1：9～1：1：4
隔墙与墙面	双面抹灰板条隔墙	0.9	kN/m²	每面抹灰厚16～24mm，龙骨在内
	单面抹灰板条隔墙	0.5		灰厚16～24mm，龙骨在内
	C型轻钢龙骨隔墙	0.27		两层12mm纸面石膏板，无保温层
		0.32		两层12mm纸面石膏板，中填岩棉保温板50mm
		0.38		三层12mm纸面石膏板，无保温层
		0.43		三层12mm纸面石膏板，中填岩棉保温板50mm
		0.49		四层12mm纸面石膏板，无保温层
		0.54		四层12mm纸面石膏板，中填岩棉保温板50mm

续表 2.1.1.7

类别	名　称	自重	单位	备　注
隔墙与墙面	贴瓷砖墙面	0.5	kN/m^2	包括水泥砂浆打底，共厚 25mm
	水泥粉刷墙面	0.36		20mm 厚，水泥粗砂
	水磨石墙面	0.55		25mm 厚，包括打底
	水刷石墙面	0.5		25mm 厚，包括打底
	石灰或砂粉刷	0.34		20mm 厚
	剁假石墙面	0.5		25mm 厚，包括打底
	外墙拉毛墙面	0.7		包括 25mm 水泥砂浆打底
屋架、门窗	钢屋架	$0.12+0.011l$	kN/m^2	无天窗，包括支撑，按屋面水平投影面积计算，跨度 l 以米计
	木屋架	$0.07+0.007l$		按屋面水平投影面积计算，跨度 l 以米计
	木框玻璃窗	0.2～0.3		
	钢框玻璃窗	0.4～0.45		
	木门	0.1～0.2		
	钢铁门	0.4～0.45		
屋顶	黏土平瓦屋面	0.55	kN/m^2	按实际面积计算，下同
	水泥平瓦屋面	0.5～0.55		
	小青瓦屋面	0.9～1.1		
	冷摊瓦屋面	0.5		
	石板瓦屋面	0.46		厚 6.3mm
	石板瓦屋面	0.71		厚 9.5mm
	石板瓦屋面	0.96		厚 12.1mm
	麦秸泥灰顶	0.16		以 10mm 厚计
	石棉板瓦	0.18		仅瓦自重
	波形石棉瓦	0.2		1820×725×8mm
	白铁皮	0.05		24 号
	瓦楞铁	0.05		26 号
	彩色钢板波形瓦	0.12～0.13		0.6mm 厚彩色钢板
	拱形彩色钢板屋面	0.3		包括保温及灯具重 $0.15kN/m^2$
	有机玻璃屋面	0.06		厚 1.0mm
	玻璃屋顶	0.3		9.5mm 铅丝玻璃，框架自重在内
	玻璃砖顶	0.65		框架自重在内

续表 2.1.1.7

类别	名称	自重	单位	备注
屋顶	油毡防水层(包括改性沥青防水卷材)	0.05	kN/m²	一层油毡刷油两遍
		0.25～0.3		四层做法,一毡二油上铺小石子
		0.3～0.25		六层做法,二毡三油上铺小石子
		0.35～0.4		八层做法,三毡四油上铺小石子
	捷罗克防水层	0.1		厚 8mm
	屋顶天窗	0.35～0.4		9.5mm 铅丝玻璃,框架自重在内
顶棚	钢丝网抹灰吊顶	0.45	kN/m²	
	麻刀灰板条顶棚	0.45		吊木在内,平均灰厚 20mm
	砂子灰板条顶棚	0.55		吊木在内,平均灰厚 25mm
	苇箔抹灰顶棚	0.48		吊木龙骨在内
	松木板顶棚	0.25		吊木在内
	三夹板顶棚	0.18		吊木在内
	马粪纸顶棚	0.15		吊木及盖缝条在内
	木丝板吊顶棚	0.26		厚 25mm,吊木及盖缝条在内
	木丝板吊顶棚	0.29		厚 30mm,吊木及盖缝条在内
	隔音纸板顶棚	0.17		厚 10mm,吊木及盖缝条在内
	隔音纸板顶棚	0.18		厚 13mm,吊木及盖缝条在内
	隔音纸板顶棚	0.2		厚 20mm,吊木及盖缝条在内
	V形轻钢龙骨吊顶	0.12		一层 9mm 纸面石膏板,无保温层
		0.17		二层 9mm 纸面石膏板,有厚 50mm 的岩棉板保温层
		0.20		二层 9mm 纸面石膏板,无保温层
		0.25		二层 9mm 纸面石膏板,有厚 50mm 的岩棉板保温层
	V形轻钢龙骨及铝合金龙骨吊顶	0.1～0.12		一层矿棉吸音板厚 15mm,无保温层
	顶棚上铺焦渣锯末绝缘层	0.2		厚 50mm 焦渣、锯末按 1∶5 混合

续表 2.1.1.7

类别	名称	自重	单位	备注
地面	地板格栅	0.2	kN/m²	仅格栅自重
	硬木地板	0.2		厚 25mm，剪刀撑、钉子等自重在内，不包括格栅自重
	松木地板	0.18		
	小瓷砖地面	0.55		包括水泥粗砂打底
	水泥花砖地面	0.6		砖厚 25mm，包括水泥粗砂打底
	水磨石地面	0.65		10mm 面层，20mm 水泥砂浆打底
	油地毡	0.02～0.03		油地纸，地板表面用
	木块地面	0.7		加防腐油膏铺砌厚 76mm
	菱苦土地面	0.28		厚 20mm
	铸铁地面	4～5		60mm 碎石垫层，60mm 面层
	缸砖地面	1.7～2.1		60mm 砂垫层，53mm 面层，平铺
	缸砖地面	3.3		60mm 砂垫层，115mm 面层，侧铺
	黑砖地面	1.5		砂垫层，平铺
建筑用压型钢板	单波型 V-300(δ-30)	0.12	kN/m²	波高 173mm，板厚 0.8mm
	双波型 W-500	0.11		波高 130mm，板厚 0.8mm
	三波型 V-200	0.135		波高 70mm，板厚 1mm
	多波型 V-125	0.065		波高 35mm，板厚 0.6mm
	多波型 V-115	0.079		波高 35mm，板厚 0.6mm
建筑墙板	彩色钢板金属幕墙板	0.11	kN/m²	两层，彩色钢板厚 0.6mm，聚苯乙烯芯材厚 25mm
	金属绝热材料(聚氨酯)复合板	0.14		板厚 40mm，钢板厚 0.6mm
		0.15		板厚 60mm，钢板厚 0.6mm
		0.16		板厚 80mm，钢板厚 0.6mm
	彩色钢板夹聚苯乙烯保温板	0.12～0.15		两层，彩色钢板厚 0.6mm，聚苯乙烯芯材板厚 50～250mm
	彩色钢板岩棉夹心板	0.24		板厚 100mm，两层彩色钢板，Z 型龙骨岩棉芯材
		0.25		板厚 120mm，两层彩色钢板 Z 型龙骨岩棉芯材

续表 2.1.1.7

类别	名称	自重	单位	备注
建筑墙板	GRC增强水泥聚苯复合保温板	1.13	kN/m²	
	GRC空心隔墙板	0.3		长 2400～2800mm，宽 60mm，厚60mm
	GRC内隔墙板	0.35		长 2400～2800mm，宽 60mm，厚60mm
	轻质GRC保温板	0.14		3000mm×600mm×60mm
	轻质大型墙板	0.17		3000mm×600mm×60mm
	轻质GRC空心隔墙板	0.7～0.9		1500mm×6000mm×120mm，高强水泥发泡芯材
	轻质条型墙板(厚度80mm)	0.4		标准规格 3000mm×1000mm、3000mm×1200mm、3000mm×1500mm
	(厚度100mm)	0.45		高强水泥发泡芯材，按不同檩距及荷载配有不同钢骨架即冷拔钢丝网
	(厚度120mm)	0.5		
	GRC墙板	0.11		厚10mm
	钢丝网岩棉夹芯复合板(GY板)	1.1		岩棉芯材厚50mm，双面钢丝网水泥砂浆各厚25mm
	硅酸钙板	0.08		板厚6mm
		0.10		板厚8mm
		0.12		板厚10mm
	泰柏板	0.95		板厚100mm，钢丝网片夹聚苯乙烯保温层，每面抹水泥砂浆厚20mm
	蜂窝复合板	0.14		厚75mm
	石膏珍珠岩空心条板	0.45		长 2500～3000mm，宽 600mm，厚60mm
	加强型水泥石膏聚苯保温板	0.17		3000mm×600mm×60mm
	玻璃幕墙	0.5～1.0		一般可按单位面积玻璃自重增大20%～30%采用

2.1.2 常用钢材的规格、重量

2.1.2.1 圆钢、方钢、六角钢理论重量(GB 705—83,GB 702—86)

规格(mm)	理论重量(kg/m)			规格(mm)	理论重量(kg/m)		
	圆钢	方钢	六角钢		圆钢	方钢	六角钢
5.5	0.187	0.237	—	40	9.86	12.6	10.88
6	0.222	0.283	—	42	10.9	13.8	11.99
6.5	0.260	0.332	—	45	12.5	15.9	13.77
7	0.302	0.385	—	48	14.2	18.1	15.66
8	0.395	0.502	0.435	50	15.4	19.6	17.00
9	0.499	0.636	0.551	53	17.3	22.0	19.10
10	0.617	0.785	0.680	55	18.6	23.7	—
11	0.746	0.95	0.823	56	19.3	24.6	21.32
12	0.888	1.13	0.979	60	22.2	28.3	24.50
13	1.04	1.33	1.15	63	24.5	31.2	26.98
14	1.21	1.54	1.33	65	26.0	33.2	28.72
15	1.39	1.77	1.53	68	28.5	36.3	31.43
16	1.58	2.01	1.74	70	30.2	38.5	33.30
17	1.78	2.27	1.96	75	34.7	44.2	—
18	2.00	2.54	2.20	80	39.5	50.2	—
19	2.23	2.83	2.45	85	44.5	56.7	—
20	2.47	3.14	2.72	90	49.9	63.6	—
21	2.72	3.46	3.00	95	55.6	70.8	—
22	2.98	3.80	3.29	100	61.7	78.5	—
23	3.26	4.15	3.60	105	68.0	86.5	—
24	3.55	4.52	3.92	110	74.6	95.0	—
25	3.85	4.91	4.25	115	81.5	104	—
26	4.17	5.31	4.60	120	88.8	113	—
27	4.49	5.72	4.96	125	96.3	123	—
28	4.83	6.15	5.33	130	104	133	—
29	5.18	6.60	—	140	121	154	—
30	5.55	7.06	6.12	150	139	177	—
31	5.92	7.54	—	160	158	201	—
32	6.31	8.04	6.96	170	178	227	—
33	6.71	8.55	—	180	200	254	—
34	7.13	9.07	7.86	190	223	283	—
35	7.55	9.62	—	200	247	314	—
36	7.99	10.2	8.81	220	298	—	—
38	8.90	11.3	9.82	250	385	—	—

注:1. 每米圆钢重量的计算公式为 $W=6.1654d^2\div1000$,d—直径。
2. 螺纹钢和圆钢的理论重量相同。
3. 每米方钢重量的计算公式为 $W=7.85a^2\div1000$,a—边宽。
4. 每米六角钢重量的计算公式为 $W=6.7981a^2\div1000$,a—内切圆直径。

2.1.2.2 常用等边角钢规格、重量

角钢号	尺寸(mm)		截面面积	理论重量
	边宽	边厚	(cm^2)	(kg/m)
2	20	3	1.130	0.887
		4	1.460	1.146
2.2	22	3	1.25	0.98
		4	1.62	1.27
2.5	25	3	1.430	1.123
		4	1.860	1.460
2.8	28	3	1.617	1.269
3	30	4	2.270	1.780
3.2	32	3	1.864	1.463
		4	2.434	1.911
3.6	36	3	2.104	1.651
		4	2.754	2.162
4	40	3	2.351	1.864
		4	3.081	2.419
4.5	45	3	2.651	2.081
		4	3.841	2.733
		5	4.291	3.369
5	50	3	2.961	2.324
		4	3.891	3.054
		5	4.801	3.769
5.6	56	3.5	3.858	3.028
		4	4.380	3.438
		5	5.410	4.247
6.3	63	4	4.962	3.896
		5	6.130	4.814
		6	7.282	5.720
7	70	4.5	6.204	4.87
		5	6.856	5.38
		6	8.146	6.395
		7	9.416	7.392
		8	10.666	8.373
7.5	75	5	7.386	5.797
		6	8.775	6.885
		7	10.145	7.964
		8	11.495	9.024
		9	12.825	10.068
8	80	5.5	8.633	6.777
		6	9.380	7.360
		7	10.845	8.513
		8	12.295	9.652

2.1.2.3 常用不等边角钢规格、重量

角钢号	尺寸(mm)			截面面积 (cm²)	理论重量 (kg/m)	角钢号	尺寸(mm)			截面面积 (cm²)	理论重量 (kg/m)
	长边	短边	边厚				长边	短边	边厚		
2.5/1.6	25	16	3	1.160	0.911	6.3/4.0	63	40	5	4.982	3.911
3.2/2	32	20	3	1.490	1.170				6	5.902	4.033
			4	1.940	1.523				8	7.682	6.031
4/2.5	40	25	3	1.887	1.480	7/4.5	70	45	4.5	5.066	3.977
			4	2.467	1.937				5	5.594	4.391
4.5/2.8	45	28	3	2.141	1.681	7.5/5	75	50	5	6.106	4.795
			4	2.801	2.199				6	7.246	5.688
5/3.2	50	32	3	2.421	1.900				8	9.466	7.431
			4	3.171	2.489	8/5	80	50	5	6.356	4.990
5.6/3.6	56	36	3.5	3.518	2.479				6	7.546	5.924
			4	3.580	2.810	—	—	—	—	—	—
			5	4.410	3.462						

2.1.2.4 常用扁钢规格、重量

厚×宽 (mm)	重量 (kg/m)	厚×宽 (mm)	重量 (kg/m)	厚×宽 (mm)	重量 (kg/m)	厚×宽 (mm)	重量 (kg/m)
3×10	0.24	5×80	3.14	5×100	3.93	4×100	3.14
3×16	0.38	3×50	1.18	5×10	0.39	5×20	0.79
3×20	0.47	3×56	1.32	4×10	0.31	5×30	1.18
3×25	0.59	3×60	1.41	4×20	0.63	6×20	0.94
3×30	0.71	3×65	1.53	4×25	0.79	6×30	1.41
3×36	0.85	3×70	1.65	4×30	0.94	6×40	1.88
3×40	0.94	3×75	1.77	4×40	1.26	6×50	2.36
3×45	1.06	3×80	1.88	4×50	1.57	6×60	2.83
5×40	1.57	3×85	2.00	4×60	1.88	6×70	3.30
5×50	1.96	3×90	2.12	4×70	2.36	6×80	3.77
5×60	2.36	3×100	2.36	4×80	2.51	6×90	4.24
5×70	2.75	5×90	3.53	4×90	2.83	6×100	4.71

2.1.2.5 常用槽钢规格、重量

槽钢号	尺寸(mm)			截面面积 (cm^2)	理论重量 (kg/m)	槽钢号	尺寸(mm)			截面面积 (cm^2)	理论重量 (kg/m)
	高	腿长	腰厚				高	腿长	腰厚		
5	50	37	4.5	6.93	5.44	20b	200	75	9.0	32.83	25.77
6.5	65	40	4.8	8.54	6.70	22a	220	77	7.0	31.84	24.99
8	80	43	5.0	10.24	8.04	22b	220	79	9.0	36.24	28.45
10	100	48	5.3	12.74	10.00	24a	240	78	7.0	34.21	26.55
12	120	53	5.5	15.36	12.06	24b	240	80	9.0	39.00	30.62
14a	140	58	6.0	18.51	14.53	24c	240	82	11.0	43.81	34.39
14b	140	60	8.0	21.31	16.73	27a	270	82	7.5	39.27	30.83
16a	160	63	6.5	21.95	17.23	27b	270	84	9.5	44.67	35.07
16b	160	65	8.5	25.15	19.74	27c	270	86	11.5	50.07	39.30
18a	180	68	7.0	25.69	20.17	30a	300	85	7.5	43.89	34.45
18b	180	70	9.0	29.29	22.99	30b	300	87	9.5	49.59	39.16
20a	200	73	7.0	28.83	22.63	30c	300	89	11.5	55.89	43.81

2.1.2.6 一般用途低碳钢丝(GB 343—64)(摘)

直径 (mm)	理论重量 (kg/km)	直径 (mm)	理论重量 (kg/km)	直径 (mm)	理论重量 (kg/km)
0.16	0.158	0.50	1.54	1.8	20.0
0.18	0.200	0.55	1.86	2.0	24.7
0.20	0.247	0.60	2.16	2.2	29.8
0.22	0.302	0.70	3.02	2.5	38.5
0.25	0.381	0.80	3.92	2.8	48.3
0.28	0.478	0.90	4.99	3.0	55.5
0.30	0.555	1.0	6.17	3.5	75.5
0.35	0.755	1.2	8.88	4.0	98.7
0.40	0.987	1.4	12.1	—	—
0.45	1.25	1.6	15.8	—	—

2.1.2.7 铝型材

(一)圆　管

型号	规格(外径×壁厚)(mm)	理论重量(kg/m)	型号	规格(外径×壁厚)(mm)	理论重量(kg/m)
0008	16×1	0.13	0018	103×7	5.67
0010	19×1	0.15	0019	84×6	4.01
0001	25×2	0.43	0020	22×1	0.18
0004	32×1.5	0.39	0024	47.8×1	0.41
0015	40×3.5	0.95	0014	36×1.5	0.44
0002	53×4	1.67	0026	35×1.2	0.35
0003	76×2.5	1.58	0027	37.6×1.1	0.33
0016	38×1.8	0.61	0025	70×1.4	0.89
0017	88×6	4.22	0028	106×2.35	2.14

(二)开口方管

型号	规格(边宽×壁厚)(mm)	理论重量(kg/m)	型号	规格(边宽×壁厚)(mm)	理论重量(kg/m)
5140	76×44×1.5	0.76	5163	100×25×1.5	0.68

(三)方　管

型号	规格(边长×壁厚)(mm)	理论重量(kg/m)	型号	规格(边长×壁厚)(mm)	理论重量(kg/m)
3008	16×0.9	0.15	3040	50×1.3	0.69
3032	20×0.8	0.17	3038	31.7×1	0.34
3029	25×0.9	0.25	3033	100×1.8	2.02
3042	38×1	0.41	—	—	—

(四)扁　管

型号	规格(边长×壁厚)(mm)	理论重量(kg/m)	型号	规格(边长×壁厚)(mm)	理论重量(kg/m)
3036	25×12.7×0.9	0.18	3037	75×25×1	0.54
3030	38×25×0.9	0.32	3031	76×44×1.2	0.83
3024	40.3×16×1.2	0.31	3028	101×25×1.2	0.87
3034	50×25×1	0.35	3035	100×44×1.1	0.94
3039	50×38×1.2	0.56	—	—	—

(五)扁　条

型号	规格(厚×宽)(mm)	理论重量(kg/m)	型号	规格(厚×宽)(mm)	理论重量(kg/m)
5074	3×11	0.09	5225	7×25	0.47
5073	4×20	0.22	5343	2.8×25.4	0.19
5096	5×25	0.34	5344	2.8×12.7	0.09
5075	4×68	0.74	5476	5×50	0.67
5023	6×80	1.29	—	—	—

(六)等　角

型号	规格(边长×边厚)(mm)	理论重量(kg/m)	型号	规格(边长×边厚)(mm)	理论重量(kg/m)
1007	12×1	0.06	1013	30×1.2	0.20
1019	15×1	0.08	1012	30×2	0.31
1016	20×1	0.11	1011	38×1.2	0.24
1009	25×1.2	0.14	1001	38×3.5	0.68
1015	25×3	0.38	—	—	—

(七)不　等　角

型号	规格(边宽×边厚)(mm)	理论重量(kg/m)	型号	规格(边宽×边厚)(mm)	理论重量(kg/m)
1020	16×10×1	0.07	1017	30×20×3	0.38
1008	18×12×1	0.08	1014	38×12×1.2	0.16
1022	25×12×1	0.07	1021	40×20×3	0.40
1023	20×12×1	0.11	—	—	—

(八)等　槽

型号	规格(mm)	理论重量(kg/m)	型号	规格(mm)	理论重量(kg/m)
2007	10×10×1.2	0.09	2012	19×19×1	0.15
2002	12×12×1	0.10	2017	25×25×1	0.22
2018	15×15×1	0.12	—	—	—

2.1.2.8 一般用途圆钢钉规格、重量(GB 349—88)

钉长(mm)	钉杆直径(mm)			1000个约重(kg)		
	重型	标准型	轻型	重型	标准型	轻型
10	1.10	1.00	0.90	0.079	0.062	0.045
13	1.20	1.10	1.00	0.120	0.097	0.080
16	1.40	1.20	1.10	0.207	0.142	0.119
20	1.60	1.40	1.20	0.324	0.242	0.177
25	1.80	1.60	1.40	0.511	0.359	0.302
30	2.00	1.80	1.60	0.758	0.600	0.473
35	2.20	2.00	1.80	1.060	0.86	0.70
40	2.50	2.20	2.00	1.560	1.19	0.99
45	2.80	2.50	2.20	2.220	1.73	1.34
50	3.10	2.80	2.50	3.020	2.42	1.92
60	3.40	3.10	2.80	4.350	3.56	2.90
70	3.70	3.40	3.10	5.936	5.00	4.15
80	4.10	3.70	3.40	8.298	6.75	5.71
90	4.50	4.10	3.70	11.30	9.35	7.63
100	5.00	4.50	4.10	15.50	12.5	10.4
110	5.50	5.00	4.50	20.87	17.0	13.7
130	6.00	5.50	5.00	29.07	24.3	20.0
150	6.50	6.00	5.50	39.42	33.3	28.0
175	—	6.50	6.00	—	45.7	38.9
200	—	—	6.50	—	—	52.1

2.1.3 其他建筑材料有关数据

2.1.3.1 常用原木材积表(GB 4814—1984)

检尺径(cm) \ 材积(m^3) \ 检尺长(m)	2.0	2.2	2.4	2.5	2.6	2.8	3.0	3.2	3.4	3.6
4	0.0041	0.0047	0.0053	0.0056	0.0059	0.0066	0.0073	0.0080	0.0088	0.0096
6	0.0079	0.0089	0.0100	0.0105	0.0111	0.0122	0.0134	0.0147	0.0160	0.0173
8	0.013	0.015	0.016	0.017	0.018	0.020	0.021	0.023	0.025	0.027
10	0.019	0.022	0.024	0.025	0.026	0.029	0.031	0.034	0.037	0.040
12	0.027	0.030	0.033	0.035	0.037	0.040	0.043	0.047	0.050	0.054
14	0.036	0.040	0.045	0.047	0.049	0.054	0.058	0.063	0.068	0.073
16	0.047	0.052	0.058	0.060	0.063	0.069	0.075	0.081	0.087	0.093
18	0.059	0.065	0.072	0.076	0.079	0.086	0.093	0.101	0.108	0.116
20	0.072	0.080	0.088	0.092	0.097	0.105	0.114	0.123	0.132	0.141
22	0.086	0.096	0.106	0.111	0.116	0.126	0.137	0.147	0.158	0.169
24	0.102	0.114	0.125	0.131	0.137	0.149	0.161	0.174	0.186	0.199
26	0.120	0.133	0.146	0.153	0.160	0.174	0.188	0.203	0.217	0.232
28	0.138	0.154	0.169	0.177	0.185	0.201	0.217	0.234	0.250	0.267
30	0.158	0.176	0.193	0.202	0.211	0.230	0.248	0.267	0.286	0.305
32	0.180	0.199	0.219	0.230	0.240	0.260	0.281	0.302	0.324	0.345
34	0.202	0.224	0.247	0.258	0.270	0.293	0.316	0.340	0.364	0.388
36	0.226	0.251	0.276	0.289	0.302	0.327	0.353	0.380	0.406	0.433
38	0.252	0.279	0.307	0.321	0.335	0.364	0.393	0.422	0.451	0.481
40	0.278	0.309	0.340	0.355	0.371	0.402	0.434	0.466	0.498	0.531
42	0.306	0.340	0.374	0.391	0.408	0.442	0.477	0.512	0.548	0.583
44	0.336	0.372	0.409	0.428	0.447	0.484	0.522	0.561	0.599	0.638
46	0.367	0.406	0.447	0.467	0.487	0.528	0.570	0.612	0.654	0.696
48	0.399	0.442	0.486	0.508	0.530	0.574	0.619	0.665	0.710	0.756
50	0.432	0.479	0.526	0.550	0.574	0.622	0.671	0.720	0.769	0.819

续表 2.1.3.1

检尺径(cm) \ 材积(m³) \ 检尺长(m)	3.8	4.0	4.2	4.4	4.6	4.8	5.0	5.2	5.4	5.6
4	0.0104	0.0113	0.0122	0.0132	0.0142	0.0152	0.0163	0.0175	0.0186	0.0199
6	0.0187	0.0201	0.0216	0.0231	0.0247	0.0263	0.0280	0.0298	0.0316	0.0334
8	0.029	0.031	0.034	0.036	0.038	0.040	0.043	0.045	0.048	0.051
10	0.042	0.045	0.048	0.051	0.054	0.058	0.061	0.064	0.068	0.071
12	0.058	0.062	0.065	0.069	0.074	0.078	0.082	0.086	0.091	0.095
14	0.078	0.083	0.089	0.094	0.100	0.105	0.111	0.117	0.123	0.129
16	0.100	0.106	0.113	0.120	0.126	0.134	0.141	0.148	0.155	0.163
18	0.124	0.132	0.140	0.148	0.156	0.165	0.174	0.182	0.191	0.201
20	0.151	0.160	0.170	0.180	0.190	0.200	0.210	0.221	0.231	0.242
22	0.180	0.191	0.203	0.214	0.226	0.238	0.250	0.262	0.275	0.287
24	0.212	0.225	0.239	0.252	0.266	0.279	0.293	0.308	0.322	0.336
26	0.247	0.262	0.277	0.293	0.308	0.324	0.340	0.356	0.373	0.389
28	0.284	0.302	0.319	0.337	0.354	0.372	0.391	0.409	0.427	0.446
30	0.324	0.344	0.364	0.383	0.404	0.424	0.444	0.465	0.486	0.507
32	0.367	0.389	0.411	0.433	0.456	0.479	0.502	0.525	0.548	0.571
34	0.412	0.437	0.461	0.486	0.511	0.537	0.562	0.588	0.614	0.640
36	0.460	0.487	0.515	0.542	0.570	0.598	0.626	0.655	0.683	0.712
38	0.510	0.541	0.571	0.601	0.632	0.663	0.694	0.725	0.757	0.788
40	0.564	0.597	0.630	0.663	0.697	0.731	0.765	0.800	0.834	0.869
42	0.619	0.656	0.692	0.729	0.766	0.803	0.840	0.877	0.915	0.953
44	0.678	0.717	0.757	0.797	0.837	0.877	0.918	0.959	0.999	1.040
46	0.739	0.782	0.825	0.868	0.912	0.955	0.999	1.043	1.088	1.132
48	0.802	0.849	0.896	0.942	0.990	1.037	1.084	1.132	1.180	1.228
50	0.869	0.919	0.969	1.020	1.071	1.122	1.173	1.224	1.276	1.327

续表 2.1.3.1

检尺径(cm) \ 材积(m³) \ 检尺长(m)	5.8	6.0	6.2	6.4	6.6	6.8	7.0	7.2	7.4	7.6
4	0.0211	0.0224	0.0238	0.0252	0.0266	0.0281	0.0297	0.0313	0.0330	0.0347
6	0.0354	0.0373	0.0394	0.0414	0.0436	0.0458	0.0481	0.0504	0.0528	0.0552
8	0.053	0.056	0.059	0.062	0.065	0.068	0.071	0.074	0.077	0.081
10	0.075	0.078	0.082	0.086	0.090	0.094	0.098	0.102	0.106	0.111
12	0.100	0.105	0.109	0.114	0.119	0.124	0.130	0.135	0.140	0.146
14	0.136	0.142	0.149	0.156	0.162	0.169	0.176	0.184	0.191	0.199
16	0.171	0.179	0.187	0.195	0.203	0.211	0.220	0.229	0.238	0.247
18	0.210	0.219	0.229	0.238	0.248	0.258	0.268	0.278	0.289	0.300
20	0.253	0.264	0.275	0.286	0.298	0.309	0.321	0.333	0.345	0.358
22	0.300	0.313	0.326	0.339	0.352	0.365	0.379	0.393	0.407	0.421
24	0.351	0.366	0.380	0.396	0.411	0.426	0.442	0.457	0.473	0.489
26	0.406	0.423	0.440	0.457	0.474	0.491	0.509	0.527	0.545	0.563
28	0.465	0.484	0.503	0.522	0.542	0.561	0.581	0.601	0.621	0.642
30	0.528	0.549	0.571	0.592	0.614	0.636	0.658	0.681	0.703	0.726
32	0.595	0.619	0.643	0.667	0.691	0.715	0.740	0.765	0.790	0.815
34	0.666	0.692	0.719	0.746	0.772	0.779	0.827	0.854	0.881	0.909
36	0.741	0.770	0.799	0.829	0.858	0.888	0.918	0.948	0.978	1.008
38	0.820	0.852	0.884	0.916	0.949	0.981	1.014	1.047	1.080	1.113
40	0.903	0.938	0.973	1.008	1.044	1.079	1.115	1.151	1.186	1.223
42	0.990	1.028	1.067	1.105	1.143	1.182	1.221	1.259	1.298	1.337
44	1.082	1.123	1.164	1.206	1.247	1.289	1.331	1.373	1.415	1.457
46	1.177	1.221	1.266	1.311	1.356	1.401	1.446	1.492	1.537	1.583
48	1.276	1.324	1.372	1.421	1.469	1.518	1.566	1.615	1.664	1.713
50	1.379	1.431	1.483	1.535	1.587	1.639	1.691	1.743	1.796	1.848

续表 2.1.3.1

检尺长(m) / 材积(m³) / 检尺径(cm)	7.8	8.0	8.5	9.0	9.5	10.0			
4	0.0364	0.0382	0.0430	0.0481	0.0536	0.0594			
6	0.0578	0.0603	0.0671	0.0743	0.0819	0.0899			
8	0.084	0.087	0.097	0.106	0.116	0.127			
10	0.115	0.120	0.131	0.144	0.156	0.170			
12	0.151	0.157	0.171	0.187	0.203	0.219			
14	0.206	0.214	0.234	0.256	0.278	0.301			
16	0.256	0.265	0.289	0.314	0.340	0.367			
18	0.310	0.321	0.349	0.378	0.408	0.440			
20	0.370	0.383	0.415	0.448	0.483	0.519			
22	0.435	0.450	0.487	0.525	0.564	0.604			
24	0.506	0.522	0.564	0.607	0.651	0.697			
26	0.581	0.600	0.647	0.695	0.744	0.795			
28	0.662	0.683	0.735	0.789	0.844	0.900			
30	0.748	0.771	0.830	0.889	0.950	1.012			
32	0.840	0.865	0.930	0.995	1.062	1.131			
34	0.937	0.965	1.035	1.107	1.181	1.255			
36	1.039	1.069	1.147	1.225	1.305	1.387			
38	1.146	1.180	1.264	1.349	1.436	1.525			
40	1.259	1.295	1.387	1.479	1.574	1.669			
42	1.377	—	—	—	—	—			
44	1.500	—	—	—	—	—			
46	1.628	—	—	—	—	—			
48	1.762	—	—	—	—	—			
50	1.901	—	—	—	—	—			

2.1.3.2 常用杉原条材积表(GB 4815—1984)

检尺径(cm) \ 材积(m³) \ 检尺长(m)	5	6	7	8	9	10	11	12	13	14	15	16	17	18
8	0.025	0.029	0.034	0.039	0.044	0.049	—	—	—	—	—	—	—	—
10	0.039	0.046	0.053	0.060	0.067	0.074	0.082	0.089	0.096	0.103	0.110	0.117	0.124	0.131
12	0.051	0.061	0.070	0.079	0.089	0.098	0.108	0.117	0.126	0.136	0.145	0.154	0.164	0.173
14	0.065	0.077	0.089	0.101	0.113	0.125	0.137	0.149	0.161	0.173	0.185	0.197	0.209	0.221
16	0.081	0.096	0.111	0.126	0.141	0.155	0.170	0.185	0.200	0.215	0.230	0.244	0.259	0.274
18	0.099	0.117	0.135	0.153	0.171	0.189	0.207	0.225	0.243	0.261	0.279	0.297	0.315	0.333
20	—	0.140	0.161	0.183	0.204	0.226	0.247	0.269	0.290	0.312	0.333	0.355	0.376	0.398
22	—	0.164	0.190	0.215	0.240	0.266	0.291	0.316	0.342	0.367	0.393	0.418	0.443	0.469
24	—	0.191	0.221	0.250	0.280	0.309	0.339	0.368	0.398	0.427	0.457	0.486	0.516	0.545
26	—	0.220	0.254	0.288	0.322	0.356	0.390	0.424	0.458	0.491	0.525	0.559	0.593	0.627
28	—	—	0.289	0.328	0.367	0.406	0.444	0.483	0.522	0.560	0.599	0.638	0.676	0.715
30	—	—	0.327	0.371	0.415	0.459	0.502	0.546	0.590	0.634	0.678	0.721	0.765	0.809
32	—	—	—	0.417	0.466	0.515	0.564	0.613	0.663	0.712	0.761	0.810	0.859	0.908
34	—	—	—	0.465	0.520	0.575	0.630	0.684	0.739	0.794	0.849	0.904	0.959	1.014
36	—	—	—	—	0.577	0.638	0.699	0.759	0.820	0.881	0.942	1.003	1.064	1.125
38	—	—	—	—	0.637	0.704	0.771	0.838	0.905	0.973	1.040	1.107	1.174	1.241

续表 2.1.3.2

材积(m³) / 检尺长(m) / 检尺径(cm)	19	20	21	22	23	24	25
10	0.138	0.146	0.153	0.160	0.167	0.174	0.181
12	0.183	0.192	0.201	0.211	0.220	0.229	0.239
14	0.233	0.245	0.257	0.268	0.280	0.292	0.304
16	0.289	0.304	0.319	0.333	0.348	0.363	0.378
18	0.351	0.369	0.387	0.405	0.423	0.441	0.459
20	0.420	0.441	0.463	0.484	0.506	0.527	0.549
22	0.494	0.519	0.545	0.570	0.595	0.621	0.646
24	0.575	0.604	0.634	0.663	0.693	0.722	0.752
26	0.661	0.695	0.729	0.763	0.797	0.831	0.865
28	0.754	0.793	0.831	0.870	0.909	0.947	0.986
30	0.853	0.896	0.940	0.984	1.028	1.071	1.115
32	0.957	1.007	1.056	1.105	1.154	1.203	1.252
34	1.068	1.123	1.178	1.233	1.288	1.343	1.397
36	1.185	1.246	1.307	1.368	1.429	1.490	1.550
38	1.308	1.376	1.443	1.510	1.577	1.644	1.711

2.1.3.3 1m³ 胶合板折合张数表(GB 1349—1978)

规格		每张面积	三层	五层	七层	九层	十一层
(mm)	英尺(ft)	(m²)	厚 3mm	厚 5mm	厚 7mm	厚 10mm	厚 12mm
915×915	3×3	0.8372	398	239	171	119	100
915×1525	3×5	1.3954	239	143	102	72	60
915×1830	3×6	1.6745	199	119	85	60	50
915×2135	3×7	1.9535	171	102	73	51	43
1220×1220	4×4	1.4884	224	134	96	67	56
1220×1830	4×6	2.2326	149	90	64	45	37
1220×2135	4×7	2.6047	128	77	55	38	32
1220×2440	4×8	2.9768	112	67	42	34	28
1525×1525	5×5	2.3256	143	86	62	43	36
1525×1830	5×6	2.7907	119	72	51	36	30

注:1. 所有一类胶的胶合板(耐气候、耐沸水),均按酚醛胶胶合板执行;
所有二类胶的胶合板(耐水),均按脲醛胶胶合板执行;
所有三类胶的胶合板(耐潮),均按血胶胶合板执行;
所有四类胶的胶合板(不耐潮),均按豆胶胶合板执行。
2. 胶合板折材积(折原木)为 1:2.5,即 1m³ 胶合板折合 2.5m³ 原木。

2.1.3.4 纤维板规格、张数换算表

规格(cm)	每张面积(m^2)	每张重量(kg)	每吨面积(m^2)	每吨张数(张)
213×100×0.4	2.13	8.52	250	117.37
183×91.5×0.4	1.6745	6.698	250	149.3
213×100×0.3	2.13	6.39	333	156.49
183×91.5×0.3	1.6745	5.023	333	199.08

2.1.3.5 塑料硬管规格表

直径 (in)	外径×壁厚 (mm)	重量 (kg/m)
1/2	22×2	0.16
1/2	22×2.5	0.19
3/4	25×2	0.20
3/4	25×3	0.29
1	32×3	0.38
1	32×4	0.49
1¼	40×3.5	0.58
1¼	40×5	0.77
1½	51×4	0.88
1½	51×6	1.49
2″	63×4.5	1.17
2″	63×7	1.74
2½″	83×5.3	1.88
3″	89×6.5	2.53
3½″	102×6.5	2.73
4″	114×7	3.30
5″	140×8	4.64
6″	166×8	5.60
8″	218×10	7.50

2.1.3.6 塑料软管规格表

内径×壁厚 (mm)	每1000m重 (kg)
1×0.3	2.5
1.5×0.3	3.32
2×0.3	3.84
2.5×0.3	4.16
3×0.3	5
3.5×0.3	8.33
4×0.5	11.1
4.5×0.5	13.7
5×0.5	15.4
6×0.5	16.7
7×0.5	20
8×0.5	25
9×0.5	28.6
10×0.6	33.3
12×0.6	40
14×0.7	50
16×0.8	71.5
20×1	91
25×1	125.1
30×1.3	132
34×1.3	200

2.1.3.7 塑料硬板规格表

规格(mm)	重量(kg/m²)	规格(mm)	重量(kg/m²)
2	2.96	9.5	14.10
2.5	3.70	10	14.80
3	4.44	11	16.30
3.5	5.18	12	17.80
4	5.92	13	19.20
4.5	6.66	14	20.70
5	7.40	15	22.20
5.5	8.14	16	23.70
6	8.88	17	25.20
6.5	9.62	18	26.60
7	10.04	19	28.10
7.5	11.10	20	29.60
8	11.84	25	34.83
8.5	12.60	28	41.40
9	13.30	30	44.40

2.1.3.8 胶合板规格及每立方米折合张数表

规格		三层			五层	说明
(mm×mm)	(ft×ft)	厚 3.0mm	厚 3.5mm	厚 4.0mm	厚 6.5mm	
915×610	3×2	597 张	512 张	448 张	276 张	胶合板折材积(指胶合板材积),不是原木体积: 1m³ 胶合板材积的张数$=\frac{1}{厚\times长\times宽}$ 例:1m³ 厚 3mm、宽 915mm、长 1830mm 的胶合板的张数$=\frac{1}{0.003\times0.915\times1.830}=$199.07(林业部规定为200张)
915×915	3×3	399 张	341 张	299 张	184 张	
915×1220	3×4	299 张	256 张	224 张	138 张	
915×1525	3×5	239 张	205 张	180 张	110 张	
915×1830	3×6	200 张	171 张	149 张	92 张	

2.1.3.9　木门材积(毛截面体积)参考表

(m^3/m^2)

地区	类别					
	夹板门	镶纤维板门	镶木板门	半截玻璃门	弹簧门	拼板门
华北	0.0296	0.0353	0.0466	0.0379	0.0453	0.0520
华东	0.0287	0.0344	0.0452	0.0368	0.0439	0.0512
东北	0.0285	0.0341	0.0450	0.0366	0.0437	0.0510
中南	0.0302	0.0360	0.0475	0.0387	0.0462	0.0539
西北	0.0258	0.0307	0.0405	0.0330	0.0394	0.0459
西南	0.0265	0.0316	0.0417	0.0340	0.0406	0.0473

注：1. 本表按无纱门考虑。

2. 本表以华北地区木门窗标准图的平均数为基础，其他地区按断面大小折算。

3. 本表数据仅供参考。

2.1.3.10　木窗材积参考表

(m^3/m^2)

地区	类别				
	单层玻璃窗	一玻一纱窗	双层玻璃窗	中悬窗	百叶窗
华北	0.0291	0.0405	0.0513	0.0285	0.0431
华东	0.0400	0.0553	—	0.0311	0.0471
东北	0.0337	—	0.0638	0.0309	0.0467
中南	0.0390	0.0578	—	0.0303	0.0459
西北	0.0369	0.0492	—	0.0287	0.0434
西南	0.0360	0.0485	—	0.0281	0.0425

注：1. 本表以华北地区木门窗标准图为基础，其他地区按断面大小折算。

2. 本表数据仅供参考。

2.2 现场施工有关数据

2.2.1 施工机械化参考数据

2.2.1.1 土方机械台班产量

序号	机械名称	型号	主要性能				理论生产率		常用台班产量	
							单位	数量	单位	数量
1	单斗挖掘机	—	斗容量(m^3)	反铲时最大挖深(m)			—	—	—	—
	蟹斗式		0.2						m^3	80~120
	履带式	W-301	0.3	2.6(基坑),4(沟)			m^3/h	72		150~250
	轮胎式	W_3-30	0.3	4			m^3/h	63		200~300
	履带式	W_1-50	0.5	5.56			m^3/h	120		250~350
	履带式	W_1-60	0.6	5.2			m^3/h	120		300~400
	履带式	W_2-100	1	5.0			m^3/h	240		400~600
	履带式	W_1-100	1	6.5			m^3/h	180		350~550
2	多斗挖掘机	东方红200	—	挖沟上宽1.2m,下宽0.8m,深2m			m^3/h	376	—	—
3	拖式铲运机	—	斗容量(m^3)	铲土宽(m)	铲土深(cm)	铺土厚(cm)	—	—		运距200~300m时
		2.25	2.25	1.86	15	20		22~28(运距100m)	m^3	80~120
		C6-2.5	2.5	1.9	15	20	m^3/h		m^3	100~150
		C_5-6	6	2.6	15	38	m^3/h		m^3	250~350
		6-8	6	2.6	30	38	m^3/h		m^3	300~400
		C_4-7	7	2.7	30	40	m^3/h		m^2	250~350
4	推土机		马力(hp)	铲刀宽(m)	铲刀高(cm)	切土深(cm)		(运距50m)		(运距15~25m)
		T_1-54	54	2.28	78	15	m^3/h	28	m^3	150~250
		T_2-60	75	2.28	78	29	m^3/h	—	m^3	200~300
		东方红-75	15	2.28	78	26.8	m^3/h	60~65	m^3	250~400
		T_1-100	90	3.03	110	18	m^3/h	45	m^3	300~500
		移山80	90	3.10	110	18	m^3/h	40~80	m^3	300~500
		移山80	90	3.69	96	—		—		—
		(湿地)		可在水深40~80cm处推土						
		T_2-100	90	3.80	86	65	m^3/h	75~80	m^3	300~500
		T_2-120	120	3.76	100	30	m^3/h	80	m^3	400~600

续表 2.2.1.1

序号	机械名称	型号	主要性能			理论生产率		常用台班产量	
						单位	数量	单位	数量
5	夯土机		夯板面积（m^2）	夯击次数（次/min）	前进速度（m/min）				
	蛙式夯	HW-20	0.045	140～150	8～10	m^3/班	100		
	蛙式夯	HW-60	0.078	140～150	8～13	m^3/班	200		
	内燃夯	HN-80	0.042	60	—				
	内燃夯	HN-60	0.083	—	—	m^3/班	64		

注：1hp＝0.7457kW。

2.2.1.2 钢筋混凝土机械台班产量

序号	机械名称	型号	主要性能			理论生产率		常用台班产量	
						单位	数量	单位	数量
1	混凝土搅拌机	J_1-250	装料容量 0.25m^3			m^3/h	3～5	m^3	15～25
		J_1-400	装料容量 0.4m^3			m^3/h	6～12	m^3	25～50
		J_4-375	装料容量 0.375m^3			m^3/h	12.5	—	—
		J_4-1500	装料容量 1.5m^3			m^3/h	30	—	—
2	混凝土搅拌机组	HL_1-20	0.75m^3 双锥式搅拌机组			m^3/h	20	—	—
		HL_1-90	1.6m^3 双锥式搅拌机 3 台			m^3/h	72～90	—	—
3	混凝土喷射机	—	最大骨料径（mm）	最大水平运距（m）	最大垂直运距（m）	—	—	—	—
	混凝土输送泵	HP_1-4	25	200	40	m^3/h	4	—	
		HP_1-5	25	240	—	m^3/h	4～5		
		ZH05	50	250	40	m^3/h	6～8		
		HB8 型	40	200	30	m^3/h	8		
4	筛砂机	锥型旋转式	外形尺寸：6.5m×1.8m×2.8m			m^3/h	20	—	—
		链斗式	外形尺寸：3.0m×1.0m×2.2m			m^3/h	6		
5	钢筋调直机	4-14	加工范围 ϕ4～14			—	—	t	1.5～2.5
6	冷拔机	—	加工范围 ϕ5～9			—	—	t	4～7
7	卷扬机式冷拉 3t	JJM-3	加工范围 ϕ6～12			—	—	t	3～5
	卷扬机式冷拉 5t	JJM-5	加工范围 ϕ14～32					t	2～4
8	钢筋切断机	GJ5-40	加工范围 ϕ6～40			—	—	t	12～20
9	钢筋弯曲机	WJ40-J	加工范围 ϕ6～40			—	—	t	4～8
10	点焊机	DN-75	焊件厚 8～10mm			点/h	3000	网片	600～800
11	对焊机	UN_1-75	最大焊件截面 600mm^2			次/h	75	根	60～80
12	对焊机	UN_1-100	最大焊件截面 1000mm			次/h	20～30	根	30～40
	电弧焊机		加工范围 ϕ8～40					m	10～20

2.2.1.3 起重机械台班产量

序号	机械名称	工作内容	常用台班产量	
			单位	数量
1	履带式起重机	构件综合吊装,按每吨起重能力计	t	5～10
2	轮胎式起重机	构件综合吊装,按每吨起重能力计	t	7～14
3	汽车式起重机	构件综合吊装,按每吨起重能力计	t	8～18
4	塔式起重机	构件综合吊装	吊次	80～120
5	少先式起重机	构件吊装	t	15～20
6	平台式起重机	构件提升	t	15～20
7	卷扬机	构件提升,按每吨牵引力计	t	30～50
		构件提升,按提升次数计(四、五层楼)	次	60～100
8	履带式、轮胎式或塔式起重机	钢柱安装,柱重 2～10t 钢柱安装,柱重 11～20t 钢柱安装,柱重 21～30t	根 根 根	25～35 8～20 3～8
		钢屋架安装于钢柱上,9～18m 跨 钢屋架安装于钢柱上,24～36m 跨	榀 榀	10～15 6～10
		钢屋架安装于钢筋混凝土柱上 9～18m 跨 24～36m 跨	 榀 榀	 15～20 10～15
		钢吊车梁安装于钢柱上 梁重 6t 以下 8～15t	 根 根	 20～30 10～18
		钢吊车梁安装于钢筋混凝土柱上 梁重 6t 以下 8～15t	 根 根	 25～35 12～25
		钢筋混凝土柱安装 单层厂房:柱重 10t 以下 柱重 11～20t 柱重 21～30t 多层厂房,柱重 2～6t	 根 根 根 根	 18～24 10～16 4～8 10～16
		钢筋混凝土屋架安装 12～18m 跨 24～30m 跨	 榀 榀	 10～16 6～10
		钢筋混凝土基础梁安装,梁重 6t 以下	根	60～80
		钢筋混凝土吊车梁、连系梁、过梁安装 梁重 4t 以下 4～8t 8t 以上	 根 根 根	 40～50 30～40 20～30

续表 2.2.1.3

序号	机械名称	工作内容	常用台班产量	
			单位	数量
8	履带式、轮胎式或塔式起重机	钢筋混凝土托架安装		
		托架重 9t 以下	榀	20～26
		9t 以上	榀	14～18
		大型屋面板安装		
		板重 1.5t 以下	块	90～120
		1.5t 以下	块	60～90
		钢筋混凝土檩条安装		
		2 根一吊	根	70～100
		1 根一吊	根	40～60
		钢筋混凝土楼板安装		
		2～3 层，板重 1.5t 以下	块	110～170
		1.5t 以上	块	70～100
		4～6 层，板重 1.5t 以下	块	100～150
		1.5 以上	块	50～90
		钢筋混凝土楼梯段安装		
		每段重 3t 以下	段	18～24
		3t 以上	段	10～16

2.2.1.4 装修机械产量指标

序号	机械名称	型号	主要性能		理论生产率		常用台班产量	
					单位	数量	单位	数量
1	喷灰机		墙、顶棚喷涂灰浆		m^2/班	—	m^2	400～600
2	混凝土抹光机	HM-69	大面积混凝土表面抹光		m^2/班	320～450	—	—
	混凝土抹光机	69-1	大面积混凝土表面抹光		m^2/时	100～300	—	—
3	水磨石机	MS-1	磨盘径 29cm		m^3/h	3.5～4.5	—	—
4	灰浆泵		垂直运距(m)	水平运距(m)	m^3/h			
	直接作用式	HB6-3	40	150	m^3/h	3	—	—
	直接作用式	HP-013	40	150	m^3/h	3	—	—
	隔膜式	HB8-3	40	100	m^3/h	3	—	—
	灰气联合式	HK-3.5-7.4	25	150	m^3/h	3.5	—	—
5	木地板刨光机	天津	电动机功率 1417.4W		m^2/h	17～20	—	—
			电动机功率 2238W		m^2/h	12～15	—	—
6	木地板磨光机	北京	电动机功率 1492W		m^2/h	20～30	—	—

注：2.2.1.1～2.2.1.4 由原国家建委机械局下属中建四局、北京市建二局及部分其他省市资料综合而成。

2.2.2 施工工期有关数据

2.2.2.1 单层厂房工期

序号	结 构	建筑面积 (m²)	地区分类(d)			备 注
			Ⅰ	Ⅱ	Ⅲ	
1	砖木	500以内	95	100	115	一类包括动力、通风
		1000以内	105	110	125	
		2000以内	120	125	140	
2	砖混	500以内	100	110	120	
		1000以内	110	120	135	
		2000以内	125	140	155	
		3000以内	145	160	195	
		5000以内	170	185	200	
3	预制框架	3000以内	210	220	240	一类包括动力、通风
		5000以内	230	240	260	
		7000以内	255	265	290	
4	预制排架	3000以内	235	245	270	一类包括附房3层，动力、通风，天车
		5000以内	250	265	290	
		7000以内	270	285	310	
		10000以内	290	305	335	
		15000以内	320	335	365	
		20000以内	360	375	405	
		25000以内	400	415	450	
5	现浇框架	3000以内	255	270	305	
		5000以内	275	290	325	
		7000以内	295	315	350	
		10000以内	325	345	380	
		15000以内	355	375	415	
		20000以内	385	405	450	
		25000以内	415	435	485	
		30000以内	445	470	525	
6	混合	500以内	120	130	145	二类包括动力、通风、天车
		1000以内	135	145	165	
		2000以内	160	175	190	

续表 2.2.2.1

序号	结构	建筑面积(m^2)	地区分类(d)			备注
			Ⅰ	Ⅱ	Ⅲ	
7	预制排架	3000以内	270	280	310	二类包括附房3层，动力、通风、天车
		5000以内	285	300	335	
		7000以内	310	325	360	
		10000以内	335	350	385	
		15000以内	365	385	420	
		20000以内	410	430	465	
		25000以内	450	480	520	
8	现浇框架	3000以内	295	310	350	二类包括附房3层，动力、通风、天车
		5000以内	315	335	375	
		7000以内	340	360	400	
		10000以内	370	395	435	
		15000以内	405	430	475	
		20000以内	440	465	515	
		25000以内	475	500	555	
		30000以内	515	540	600	

注：工期地区分类：

Ⅰ类地区：上海、江苏、浙江、安徽、福建、江西、湖北、湖南、广东、广西、西川、贵州、云南；

Ⅱ类地区：北京、天津、河北、山西、山东、河南、陕西、甘肃、宁夏；

Ⅲ类地区：内蒙、辽宁、吉林、黑龙江、西藏、青海、新疆。

2.2.2.2 住宅工程工期

序号	结构	层数	建筑面积(m^2)	地区分类(d)			备注
				Ⅰ	Ⅱ	Ⅲ	
1	混合	5	2000以内	185	195	225	包括电梯
			3000以内	205	215	245	
			5000以内	225	235	265	
			7000以内	245	255	290	
		6	2000以内	205	215	250	
			3000以内	225	235	270	
			5000以内	245	255	295	
			7000以内	265	275	320	
		7	3000以内	255	265	300	
			5000以内	275	285	325	
			7000以内	295	305	350	
			10000以内	320	330	375	

续表 2.2.2.2

序号	结构	层数	建筑面积（m^2）	地区分类(d) Ⅰ	Ⅱ	Ⅲ	备注
1	混合	8	3000以内	285	295	330	包括电梯
			5000以内	305	315	355	
			7000以内	325	335	380	
			10000以内	350	360	405	
2	砌块	5	2000以内	180	190	215	
			3000以内	200	210	235	
			5000以内	220	230	255	
			7000以内	240	250	280	
		6	2000以内	200	210	240	
			3000以内	220	230	260	
			5000以内	240	250	280	
			7000以内	260	270	305	
3	内浇外砌	5	2000以内	170	185	205	
			3000以内	185	200	225	
			5000以内	205	220	245	
			7000以内	225	240	265	
		6	2000以内	190	205	230	
			3000以内	205	220	250	
			5000以内	225	240	270	
			7000以内	245	260	290	
		7	5000以内	250	265	295	
			7000以内	270	285	315	
			10000以内	290	305	340	
4	内浇外挂	5	2000以内	160	170	190	包括电梯
			3000以内	175	185	210	
			5000以内	190	200	230	
			7000以内	210	220	250	
		6	2000以内	175	185	210	
			2000以内	190	200	230	
			5000以内	210	220	250	
			7000以内	230	240	270	
		8	5000以内	260	275	310	
			7000以内	280	295	330	
			10000以内	300	315	350	
			15000以内	320	335	370	

续表 2.2.2.2

序号	结构	层数	建筑面积（m^2）	地区分类(d) Ⅰ	Ⅱ	Ⅲ	备注
5	内板外砌	5	2000 以内	155	165	185	
			3000 以内	170	180	205	
			5000 以内	185	195	225	
			7000 以内	200	215	245	
		6	2000 以内	175	185	205	
			3000 以内	190	200	225	
			5000 以内	205	215	245	
			7000 以内	220	235	265	
		7	3000 以内	215	225	255	
			5000 以内	230	240	295	
			7000 以内	245	260	295	
			10000 以内	270	280	315	
6	壁板全装配	5	2000 以内	135	145	165	
			3000 以内	150	160	180	
			5000 以内	165	175	195	
			7000 以内	180	190	210	
		6	2000 以内	150	160	185	
			3000 以内	165	175	200	
			5000 以内	180	190	215	
			7000 以内	195	205	230	
		8 层以下	5000 以内	225	235	265	包括电梯
			7000 以内	240	250	280	
			10000 以内	255	265	300	
			15000 以内	275	285	320	
		10 层以下	7000 以内	260	270	300	
			10000 以内	275	285	320	
			15000 以内	295	305	340	
			20000 以内	315	325	360	
		12 层以下	10000 以内	295	305	340	
			15000 以内	315	325	360	
			20000 以内	335	345	380	
		14 层以下	10000 以内	315	325	360	
			15000 以内	335	345	380	
			20000 以内	355	365	400	

续表 2.2.2.2

序号	结　构	层　数	建筑面积(m^2)	地区分类(d)			备　　注
				Ⅰ	Ⅱ	Ⅲ	
7	预制框架	6层以下	2000以内	220	235	265	
			3000以内	240	255	290	
			5000以内	260	275	315	
			7000以内	280	300	340	
		8层以下	5000以内	320	335	380	包括电梯
			7000以内	340	360	405	
			10000以内	365	385	430	
			15000以内	390	415	455	
		10层以下	7000以内	370	390	435	
			10000以内	395	415	460	
			15000以内	420	445	485	
			20000以内	450	475	515	
		12层以下	10000以内	425	445	490	
			15000以内	450	475	515	
			20000以内	480	505	545	
		14层以下	10000以内	455	475	520	
			15000以内	480	505	545	
			20000以内	510	535	575	
		16层以下	10000以内	485	505	560	
			15000以内	510	535	585	
			20000以内	540	565	615	
			25000以内	570	595	655	
		18层以下	15000以内	540	565	625	
			20000以内	570	595	655	
			25000以内	600	625	695	
8	现浇框架	8层以下	5000以内	355	370	415	包括电梯
			7000以内	380	395	445	
			10000以内	405	420	475	
			15000以内	430	450	505	
		10层以下	7000以内	405	425	480	
			10000以内	430	450	510	
			15000以内	455	480	540	
			20000以内	485	510	570	

续表 2.2.2.2

序号	结构	层数	建筑面积(m^2)	地区分类(d)			备注
				Ⅰ	Ⅱ	Ⅲ	
8	现浇框架	12层以下	10000以内	460	485	545	包括电梯
			15000以内	485	515	575	
			20000以内	515	545	605	
		14层以下	10000以内	495	520	580	
			15000以内	520	550	610	
			20000以内	550	580	645	
		16层以下	10000以内	530	555	615	
			15000以内	555	585	645	
			20000以内	585	615	680	
		18层以下	15000以内	590	620	680	
			20000以内	620	650	715	
			25000以内	655	685	750	
		20层以下	15000以内	630	660	720	
			20000以内	660	690	755	
			25000以内	695	725	790	
			30000以内	730	765	825	
9	滑模工艺	10层以下	7000以内	310	325	360	包括电梯
			10000以内	330	345	385	
		12层以下	10000以内	355	370	410	
			15000以内	375	395	435	
			20000以内	395	420	460	
		14层以下	10000以内	380	395	435	
			15000以内	400	420	460	
			20000以内	420	445	485	
		16层以下	10000以内	405	420	460	
			15000以内	425	445	485	
			20000以内	445	470	510	
		18层以下	15000以内	450	470	515	
			20000以内	470	495	540	
			25000以内	500	525	575	
		20层以下	15000以内	480	500	540	
			20000以内	500	525	570	
			25000以内	530	555	605	
			30000以内	560	585	640	

2.2.3 现场运输参考数据

2.2.3.1 汽车运输时各种货物装载量

货物名称	单位重		计算单位	载重汽车			自卸汽车				
				汽车吨位							
	单位	数量		3.0	4.0	7.5	3.5	5.0	6.5	8.0	10.0
砂	kg/m³	1650	m³	1.8	2.4	4.5	2.1	3.6	3.9	4.4	5.9
河流石	kg/m³	1650	m³	1.8	2.4	4.5	2.1	3.6	3.9	4.4	5.9
红砖	kg/块	2.6	块	1150	1500	2800	1300	1900	2500	3050	3800
泥土	kg/m³	1650	m³	1.8	2.4	4.5	2.1	3.6	3.9	4.4	5.9
水泥	kg/袋	50	袋	60	80	150	70	100	130	160	200
块状生石灰	kg/m³	1000	m³	3.0	4.0	5.9	2.5	3.6	4.6	4.4	5.9
粉煤	kg/m³	1350	m³	2.2	2.9	5.5	2.5	3.6	4.6	4.4	5.9
块煤	kg/m³	1650	m³	1.8	2.4	4.5	2.1	3.6	3.9	4.4	5.9
煤渣	kg/m³	800	m³	3.7	4.7	5.9	2.5	3.6	4.6	4.4	5.9
耐火砖	kg/块	3.7	块	800	1050	2000	900	1300	1750	2150	2700

注：水泥表观密度为 1000～1600kg/m³，常采用 1300kg/m³ 左右。

2.2.3.2 汽车货运台班产量 （趟/台班）

运距(km)	装卸方式														
	人装人卸、人装自卸												机装自卸、机装人卸		
	货物类别														
	一			二			三			四					
	汽车载重(t)														
	≤3	3.5～6	>6	≤3	3.5～6	>6	≤3	3.5～6	>6	≤3	3.5～6	>6	≤3	3.5～6	>6
1	16.16	14.48	12.36	14.00	12.73	10.00	11.67	10.24	7.92	10.00	8.94	6.67	80.00	28.00	21.00
2	14.00	12.36	10.77	12.36	11.00	8.94	10.5	9.13	7.24	9.13	8.08	6.18	23.33	21.00	16.80
3	12.36	10.77	9.55	11.06	9.77	8.08	9.55	8.24	6.67	8.40	7.37	5.75	19.09	16.80	14.00
4	11.06	9.77	8.57	10.00	8.94	7.37	8.75	7.64	6.18	7.78	6.89	5.39	16.16	14.48	12.00
5	10.00	8.94	7.92	9.13	8.24	6.89	8.08	7.14	5.84	7.24	6.46	5.12	14.00	12.73	10.77
6～8	7.92	7.12	6.46	7.37	6.67	5.75	6.67	5.90	5.00	6.09	5.45	4.47	10.24	9.33	8.24

续表 2.2.3.2

运距(km)	装卸方式														
	人装人卸、人装自卸												机装自卸、机装人卸		
	货物类别														
	一			二			三			四					
	汽车载重(t)														
	≤3	3.5~6	>6	≤3	3.5~6	>6	≤3	3.5~6	>6	≤3	3.5~6	>6	≤3	3.5~6	>6
9~10	6.89	6.27	5.63	6.46	5.90	5.12	5.90	5.32	4.52	5.39	4.94	4.08	8.57	7.92	7.00
11~15	5.25	4.83	4.47	5.00	4.60	4.12	4.67	4.24	3.72	4.38	4.00	3.41	6.18	5.75	5.25
16~20	4.20	3.92	3.65	4.04	3.78	3.41	3.82	3.33	3.14	3.62	3.36	2.92	4.78	4.52	4.16
21~30	3.00	2.88	2.71	2.92	2.80	2.58	2.80	3.66	2.42	2.70	2.56	2.28	3.29	3.19	2.98
31~40	2.33	2.24	2.13	2.28	2.91	2.05	2.21	2.10	1.94	2.15	2.04	1.85	2.50	2.42	2.29
41~50	1.91	1.83	1.75	1.87	1.80	1.70	1.83	1.74	1.62	1.79	1.70	1.56	2.02	1.95	1.85

注:1. 汽车货运按Ⅰ、Ⅱ、Ⅲ级路面综合编制。

2. 汽车货运台班产量以趟数表示,如需计算吨公里时,按下式计算:吨公里(t·km)=实载趟数×实载运距×汽车吨位。

3. 汽车货运以满载吨位为准,如装轻浮物资,可另行计算。

4. 汽车挂拖车时,台班产量减少20%。

5. 汽车往返载重时,其台班产量增加50%。

6. 崎岖山路占全程2/3以上时,台班产量减少15%。

7. 修理出厂的汽车,在规定走合期内,台班产量减少15%。

8. 严寒、雨天、雾天出车,台班产量减少10%。

2.2.3.3 汽车头牵引平板拖车台班产量 (t/台班)

运距(km)	平板拖车(t)			运距(km)	平板拖车(t)		
	20	15	10		20	15	10
1	86	80	65	6	47	43	35
2	69	66	54	7	43	39	32
3	62	37	47	8	40	36	30
4	57	54	42	9	37	33	27
5	52	48	30	10	34	31	25

注:表列台班产量系指Ⅱ、Ⅲ级道路和Ⅲ级货物运输。

2.2.3.4 自卸汽车运输混凝土台班产量

（趟/台班）

运距(km)	自卸汽车(t)				运距(km)	自卸汽车(t)			
	≤3	3.5	6～6.5	8.5		≤3	3.5	6～6.5	8.5
1	20.0	18.7	13.1	11.5	6	7.9	7.1	5.7	5.4
2	15.0	13.6	9.7	8.8	7	6.8	6.3	5.0	4.8
3	11.5	10.3	7.7	7.1	8	6.7	6.0	4.9	4.7
4	10.0	8.8	7.0	6.5	9	6.0	5.5	4.5	4.3
5	8.3	7.5	6.0	5.7	10	5.5	5.0	4.1	3.9

2.2.3.5 6t以上汽车运混凝土构件及金属结构构件台班产量

构件名称及规格	每车装载件数	每台班运输	运距(km)							
			1	2	3	4	5	6	7	8
1.5m×6m大型屋面板、墙板、槽形板、肋形板	4	块	23	24	22	18	16	16	14	12
		趟	7	6	5.5	4.5	4	4	3.5	3
3m×6m大型板材	2	块	22	13	15	12	11	9	8	7
		趟	11	9	7.5	6	5.5	4.5	4	3.5
空心板、平板	6	块	30	27	24	21	21	18	18	15
		趟	5	4.5	4	3.5	3.5	3	3	2.5
1t以内矩形梁	6	根	30	27	24	21	21	18	18	15
		趟	5	4.5	4	3.5	3.5	3	3	2.5
1t以上矩形梁、基础梁	3	根	25	21	18	16	13	12	10	10
		趟	8.5	7	6	5.5	4.5	4	3.5	3.5
吊车梁	1	根	16	11	9	7	6	5	4	4
		趟	16	11.5	9.5	7.5	6	5.5	4.5	4
屋面梁(9m以内)	3	根	25	21	18	16	13	12	10	10
		趟	8.5	7	6	5.5	4.5	4	3.5	3.5
檩条、挡风架、联系梁	12	根	42	42	36	30	30	30	30	24
		趟	3.5	3.5	3	3	2.5	2.5	2.5	2
支撑	6	根	39	33	30	27	24	21	18	18
		趟	6.5	5.5	5	4.5	4	3.5	3	3
天窗架、端板、梯子	3	榀	16	13	13	12	10	9	9	7
		趟	5.5	4.5	4.5	4	3.5	3	3	2.5
小型构件	$2m^3$	件	12	10	9	8	7	7	6	6
		趟	6	5	4.5	4	3.5	3.5	3	3

注：冬季冰冻期，自卸汽车台班产量乘以0.9。

2.2.3.6 20t平板拖车运输混凝土预制构件及金属构件台班产量参考表

构件名称及规格(m)	每车装载件数	每台班运输	运距(km) 1	2	3	4	5	6	7	8
柱(5t以内)	3	根	19	16	15	13	12	10	10	9
		趟	6.5	5.5	5	4.5	4	3.5	3.5	3
柱(8t以内)	2	根	17	14	12	11	9	8	7	7
		趟	8.5	7	6	5.5	4.5	4	3.5	3.5
柱(20t以内)	1	根	13	10	8	7	6	5	4	4
		趟	13	10	8.5	7	6	5	4.5	4
桁架、托架、管道支架	3	榀	16	13	13	12	10	9	9	7
		趟	5.5	4.5	4.5	4	3.5	3	3	2.5
屋面梁(9m以上)	4	根	24	20	18	16	14	14	12	12
		趟	6	5	4.5	4	3.5	3.5	3	3
槽、漏斗	1	个	6	5	4	4	3	3	3	3
		趟	6	5	4.5	4	3.5	3.5	3	3

2.2.3.7 机动自卸车运输工日产量

货物名称	单位	运距(m) 100以内	100～200	200～400	400～600	600～900	900～1200	1200～1600	1600～2000	2000～4000每增加500减少
机装自卸灰浆	m^3	21.3	16.8	12.9	10.8	8.7	7.2	6	5.1	0.8
混凝土人装自卸	m^3	25.6	20.2	15.5	12.9	10.4	8.4	7.2	6.1	1.0
砂子	m^3	7.9	6.7	5.5	4.8	4.2	3.5	3	2.5	0.4
石子	m^3	5.2	4.7	4	3.7	3.2	2.8	2.5	2.2	0.3
毛石、块石	m^3	6	5.3	4.7	4	3.5	3	2.7	2.3	0.3
炉渣	m^3	8.3	7	5.8	5	4.2	3.7	3	2.5	0.4
石灰膏	m^3	5.3	4.7	4	3.5	2.9	2.5	2.3	2	0.3
散装水泥	t	7.2	6.4	5.6	4.8	4.2	3.6	3.2	2.8	0.4

注:1. 小组包括司机1人、普工2人,如不包括司机时其产量应乘以1.5。

2. 以单车运输为准。

2.2.3.8 单轮手推车场内运输工日产量

货物名称	单位	运距(m)						
		60以内	60～120	120～180	180～240	240～300	300～400	400～500
土方	m^3	7.20	5.30	4.10	3.40	2.90	2.30	1.90
砂	m^3	7.80	5.80	4.50	3.80	3.20	2.60	2.20
碎石	m^3	5.60	4.40	3.50	3.00	2.60	2.10	1.70
煤渣	m^3	9.20	6.90	5.40	4.50	3.90	3.10	2.60
石灰	t	4.30	3.30	2.70	2.30	2.00	1.60	1.30
灰浆	m^3	7.80	5.80	4.50	3.80	3.20	2.60	2.20
混凝土	m^3	5.60	4.40	3.50	3.00	2.60	2.10	1.70

2.2.3.9 双轮手推车场内运输工日产量

货物名称	单位	运距(m)							
		60以内	60～120	120～180	180～240	240～300	300～400	400～500	500～1000
土方	m^3	8.00	6.50	5.50	4.70	4.10	3.60	3.20	2.20
砂	m^3	8.60	7.30	6.40	5.60	5.00	4.40	3.90	2.60
碎石	m^3	6.40	5.50	4.80	4.30	3.80	3.40	3.00	2.10
煤渣	m^3	10.30	8.70	7.60	6.70	6.00	5.30	4.70	3.10
碎砖	m^3	6.40	5.50	4.80	4.30	3.80	3.40	3.00	2.10
砖	千块	3.50	3.10	2.70	2.50	2.30	2.00	1.80	1.30
空心砖	千块	1.20	1.00	0.91	0.83	0.75	0.66	0.59	0.43
耐火砖	千块	2.51	2.20	1.97	1.77	1.62	1.43	1.26	0.93
石灰	t	5.40	4.70	4.10	3.70	3.30	2.90	2.60	1.80
水泥	100包	2.18	1.90	1.69	1.52	1.38	1.18	1.01	0.80
油毛毡	100卷	4.18	3.50	3.14	2.79	2.52	2.21	1.96	1.39
油毡纸	100卷	6.28	5.39	4.71	4.17	3.77	3.32	2.94	2.09
沥青	t	6.96	6.12	5.47	4.94	4.51	3.98	3.51	2.60
石灰膏	m^3	3.24	3.03	2.93	2.66	2.52	2.31	2.11	1.59
平瓦	千块	2.79	2.46	2.19	1.93	1.80	1.59	1.40	1.04
石棉瓦	100张	3.83	3.54	3.30	3.08	2.89	2.59	2.32	1.75
毛石	m^3	7.10	6.10	5.30	4.70	4.30	3.70	3.30	2.30
木材	m^3	11.50	10.00	9.10	8.20	7.50	6.60	5.10	4.30

续表 2.2.3.9

货物名称	单位	运距(m)							
		60以内	60～120	120～180	180～240	240～300	300～400	400～500	500～1000
毛竹	100根	2.89	2.48	2.09	1.66	1.69	1.50	1.31	0.97
木模	$10m^2$	19.00	17.00	15.00	14.00	12.00	11.00	10.00	7.00
钢筋	t	6.40	5.90	5.50	5.20	4.80	4.30	3.90	2.90
木门窗	$100m^2$	4.04	3.36	2.82	2.50	2.28	2.00	1.96	1.30
木窗扇	$100m^2$	6.09	5.00	4.12	3.62	3.30	2.89	2.59	1.89
钢筋制件	t	4.60	4.30	4.00	3.70	3.50	3.10	2.80	2.10
金属制品	t	5.90	5.50	5.10	4.80	4.50	4.00	3.50	2.70
泡沫混凝土板	m^2	17.40	15.30	13.70	12.30	11.30	9.90	8.70	6.50
预制钢筋混凝土构件	m^3	2.80	2.60	2.40	2.20	2.10	1.90	1.70	1.30
水泥管	100只	2.01	1.77	1.59	1.44	1.32	1.14	1.01	0.73

注:表中预制钢筋混凝土构件每件重量在200kg以内。

2.2.4 现场临时设施参考数据

2.2.4.1 临时加工厂所需面积参考指标

序号	加工厂名称	年产量 单位数量	单位产量所需建筑面积 (m^2/m^3)	占地面积 (m^2)	备注
1	砼搅拌站	$3200m^3$ $4800m^3$ $6400m^3$	0.022 0.021 0.020	按砂石堆场计	400L搅拌机2台 3台 4台
2	临时性砼预制厂	$1000m^3$ $2000m^3$ $3000m^3$ $5000m^3$	0.25 0.20 0.15 0.125	2000 3000 4000 小于6000	生产屋面板及中小型梁柱板等
3	半永久性砼预制厂	$3000m^3$ $5000m^3$ $10000m^3$	0.6 0.4 0.3	9000～12000 12000～15000 15000～20000	
4	木材加工厂	$15000m^3$ $24000m^3$ $30000m^3$	0.0244 0.0199 0.0181	1800～3600 2200～4800 3000～5500	进行原木、大方加工
	综合木工加工厂	$200m^3$ $500m^3$ $1000m^3$ $2000m^3$	0.30 0.25 0.20 0.15	100 200 300 420	加工门窗模板、地板、屋架等

续表 2.2.4.1

序号	加工厂名称	年产量 单位数量	单位产量所需建筑面积 (m^2/m^3)	占地面积 (m^2)	备注
4	粗木加工厂	5000m^3 10000m^3 15000m^3 20000m^3	0.12 0.10 0.09 0.08	1350 2500 3750 4800	加工屋架、模板
	细木加工厂	50000m^3 10000m^3 15000m^3	0.0140 (m^2/m^2) 0.0114 (m^2/m^2) 0.0106 (m^2/m^2)	7000 10000 14300	加工门窗、地板
5	钢筋加工厂	200t 500t 1000t 2000t	0.35(m^2/t) 0.25(m^2/t) 0.20(m^2/t) 0.15(m^2/t)	280～560 380～750 400～800 450～900	加工成型焊接
6	钢筋拉直场	所需场地(长×宽)			3～5t 电动卷扬机一台
	钢筋拉直 卷扬机棚 冷拉场 时效场	78～80×3～4(m) 15～20(m^2) 40～60×4～5(m) 30～40×6～8(m)			
7	钢筋对焊	30～40×4～5(m) 15～24(m^2)			包括材料成品堆放
	场地 对焊棚				
8	钢筋冷加工	所需场地(m^2/台)			
	冷拔冷轧机 剪断机 弯曲机 Ø12 以下 弯曲机 Ø40 以下	40～50 30～50 50～60 60～70			
9	金属结构加工	所需场地(m^2/t)			
		年产 500t 年产 1000t 年产 2000t 年产 3000t	10 8 6 5		

续表 2.2.4.1

序号	加工厂名称	年产量 / 单位数量	单位产量所需建筑面积 (m^2/m^3)	占地面积 (m^2)	备注
10	贮灰池 淋灰池 淋灰槽	5×3=15(m^2) 4×3=12(m^2) 3×2=6(m^2)			
11	沥青锅场地	20～24(m^2)			台班产量 1～1.5t/台

2.2.4.2 现场作业棚所需面积参考指标

序号	名称	单位	面积(m^2)	备注
1	木工作业棚	m^2/人	2	占地为建筑面积的2～3倍
2	电锯房	m^2	80	34～36in圆锯一台
3	钢筋作业棚	m^2/人	3	占地为建筑面积的3～4倍
4	搅拌棚	m^2/台	10～18	
5	卷扬机棚	m^2/台	6～12	
6	烘炉房	m^2	30～40	
7	焊工房	m^2	20～40	
8	电工房	m^2	15	
9	白铁工房	m^2	20	
10	油漆工房	m^2	20	
11	机、钳工修理房	m^2	20	
12	立式锅炉房	m^2/台	5～10	
13	发电机房	m^2/kW	0.2～0.3	
14	水泵房	m^2/台	3～8	
15	空压机房	m^2/台	18～30	移动式
16	空压机房	m^2/台	9～15	固定式

2.2.4.3 现场机运站、机修间、停放场所需面积参考指标

序号	施工机械名称	所需场地 (m^2/台)	存放方式	机修间所需面积 内容	机修间所需面积 数量(m^2)
	一、起重、土方机械类:			10～20台设一个检修台位(每增加20台增设一个检修台)	200(增150)
1	塔式起重机	200～300	露天		
2	履带式起重机	100～125	露天		
3	履带式正铲或反铲,拖式铲运机,轮胎式起重机	75～100	露天		

续表 2.2.4.3

序号	施工机械名称	所需场地 (m^2/台)	存放方式	机修间所需面积 内容	机修间所需面积 数量(m^2)
4	推土机,拖拉机,压路机	25～35	露天		
5	汽车式起重机	20～30	露天或室内		
	二、运输机械类:				
6	汽车(室内) (室外)	20～30 40～60	一般室内不小于10%	每20台设一个检修台位(每增20台增设一个检修台位)	170 (增160)
7	平板拖车	100～150			
	三、其他机械类:				
8	搅拌机,卷扬机,电焊机,电动机,水泵,空压机,油泵等	4～6	一般情况下室内占30%露天占70%	每50台设一个检修台位(每增加一个检修台位)	50 (增50)

2.2.4.4 仓库面积计算用参考数据

序号	材料名称	单位	储备天数 (d)	每平方米储存量(p)	堆置高度 (m)	仓库类型
1	钢材	t	40～50	1.5	1.0	
	工槽钢	t	40～50	0.8～0.9	0.5	露天
	角钢	t	40～50	1.2～1.8	1.2	露天
	钢筋(直筋)	t	40～50	1.8～2.4	1.2	露天
	(盘筋)	t	40～50	0.8～1.2	1.0	棚或库约占20%
	钢板	t	40～50	2.4～2.7	1.0	露天
	钢管	t	40～50	0.5～0.6	1.2	露天
	(Ø200以上) (Ø200以下)	t	40～50	0.7～1.0	2.0	露天
	钢轨	t	20～30	2.3	1.0	露天
	铁皮	t	40～50	2.4	1.0	库或棚
2	生铁	t	40～50	5	1.4	露天
3	铸铁管	t	20～30	0.6～0.8	1.2	露天
4	暖气片	t	40～50	0.5	1.5	露天或棚
5	水暖零件	t	20～30	0.7	1.4	库或棚
6	五金	t	20～30	1.0	2.2	库
7	钢丝绳	t	40～50	0.7	1.0	库
8	电线电缆	t	40～50	0.3	2.0	库或棚

续表 2.2.4.4

序号	材料名称	单位	储备天数(d)	每平方米储存量(p)	堆置高度(m)	仓库类型
9	木材	m^3	40～50	0.8	2.0	露天
	原木	m^3	40～50	0.9	2.0	露天
	成材	m^3	30～40	0.7	3.0	露天
	枕木	m^3	20～30	1.0	2.0	露天
	灰板条	4 根	20～30	5	3.0	棚
10	水泥	t	30～40	1.4	1.5	库
11	生石灰(块)	t	20～30	1～1.5	1.5	棚
	生石灰(袋)	t	10～20	1～1.3	1.5	棚
	石膏	t	10～20	1.2～1.7	2.0	棚
12	砂、石子(人工堆置)	m^3	10～30	1.2	1.5	露天
	砂、石子(机械堆置)	m^3	10～30	2.4	3.0	露天
13	块石	m^3	10～20	1.0	1.2	露天
14	红砖	千块	10～30	0.5	1.5	露天
15	耐火砖	t	20～30	2.5	1.8	棚
16	黏土瓦、水泥瓦	千块	10～30	0.25	1.5	露天
17	石棉瓦、水泥管	张	10～30	25	1.0	露天
18	陶土管	t	20～30	0.5	1.5	露天
19	玻璃	箱	20～30	6～10	0.8	棚或库
20	卷材	卷	20～30	15～24	2.0	库
21	沥青	t	20～30	0.8	1.2	露天
22	液体燃料润滑油	t	20～30	0.3	0.9	库
23	电石	t	20～30	0.3	1.2	库
24	炸药	t	10～30	0.7	1.0	库
25	雷管	t	10～30	0.7	1.0	库
26	煤	t	10～30	1.4	1.5	露天
27	炉渣	m^3	10～30	1.2	1.5	露天
28	钢筋混凝土构件板	m^3	3～7	0.14～0.24	2.0	露天
	梁、柱	m	3～7	0.12～0.18	1.2	露天
29	钢筋骨架	t	3～7	0.12～0.18	—	露天
30	金属结构	t	3～7	0.16～0.24	—	露天
31	铁件	t	10～20	0.9～1.5	1.5	露天或棚
32	钢门窗	t	10～20	0.65	2	棚
33	木门窗	m^3	3～7	30	2	棚
34	木屋架	m^3	3～7	0.3	—	露天
35	模板	m^3	3～7	0.7	—	露天

续表 2.2.4.4

序号	材料名称	单位	储备天数(d)	每平方米储存量(p)	堆置高度(m)	仓库类型
36	大型砌块	m^3	3～7	0.9	1.5	露天
37	轻质砼制品	m^3	3～7	1.1	2	露天
38	水、电及卫生设备	t	20～30	0.35	1	棚、库各占1/4
39	工艺设备	t	30～40	0.6～0.8	—	露天约占1/2
40	多种劳保用品	件	—	250	2	库

2.2.4.5 临时性行政、生活福利建筑参考指标

序号	临时房屋名称	指标使用方法	参考指标(m^2/人)	备注
1	办公室	按干部人数	3～4	1. 工区以上设置的会议室已包括在办公室指标内； 2. 家属宿舍应以施工期长短和离基地远近情况而定，一般按高峰年平均职工人数的 10% ～ 30%考虑； 3. 食堂包括厨房、库房，应考虑在工地就餐人数和几次就餐
2	宿舍	按高峰年(季)平均职工人数(扣除不在工地住宿人数)	2.5～3.5	
	单层通铺		2.5～3	
	双层床		2.0～2.5	
	单层床		3.5～4	
3	家属宿舍		16～25m^2/户	
4	食堂	按高峰年平均职工人数	0.5～0.8	
5	食堂兼礼堂	同上	0.6～0.9	
6	其他合计	同上	0.5～0.6	
	医务室	同上	0.05～0.07	
	浴室	同上	0.07～0.1	
	理发	同上	0.01～0.03	
	浴室兼理发	同上	0.08～0.1	
	俱乐部	同上	0.1	
	小卖店	同上	0.03	
	招待所	同上	0.06	
	托儿所	同上	0.03～0.06	
	子弟小学	同上	0.06～0.08	
	其他公用	同上	0.05～0.10	
7	现场小型设施			
	开水房	同上	10～40	
	厕所	同上	0.02～0.07	
	工人休息室	同上	0.15	

2.2.4.6 施工生产用水参考定额

序号	用水对象	单 位	耗水量
1	浇注砼全部用水	L/m³	1700～2400
2	搅拌普通砼	L/m³	250
3	搅拌轻质砼	L/m³	300～350
4	搅拌泡沫砼	L/m³	300～400
5	搅拌热砼	L/m³	300～350
6	砼养护(自然)	L/m³	200～400
7	砼养护(蒸汽)	L/m³	500～700
8	冲洗模板	L/m³	5
9	搅拌机清洗	L/台班	600
10	人工冲洗石子	L/m³	1000
11	机械冲洗石子	L/m³	600
12	洗砂	L/m³	1000
13	砌砖工程全部用水	L/m³	150～250
14	砌石工程全部用水	L/m³	50～80
15	抹灰工程全部用水	L/m³	30
16	耐火砖砌体工程	L/m³	100～150
17	浇砖	L/千块	200～250
18	浇硅酸盐砌块	L/m³	300～350
19	抹面	L/m²	4～6
20	楼地面	L/m²	190
21	搅拌砂浆	L/m³	300
22	石灰熟化	L/t	3000
23	上水管道工程	L/m	98
24	下水管道工程	L/m	1130
25	工业管道工程	L/m	35

2.2.4.7 施工机械用水参考定额

序号	用水机械名称	单 位	耗水量(L)
1	内燃挖土机	m³·台班	200～300
2	内燃起重机	t·台班	15～18
3	蒸汽起重机	t·台班	300～400

续表 2.2.4.7

序号	用水机械名称	单 位	耗水量(L)
4	蒸汽打桩机	t·台班	1000～1200
5	内燃压路机	t·台班	12～15
6	蒸汽压路机	t·台班	100～150
7	拖拉机	台·昼夜	200～300
8	汽车	台·昼夜	400～700
9	标准轨蒸汽机车	台·昼夜	10000～20000
10	空压机	(m^3/min)·台班	40～80
11	内燃机动力装置(直流水)	马力·瓦特·台班	120～300
12	内燃机动力装置(循环水)	马力·台班	25～40
13	锅炉	t·h	1050
14	点焊机 25 型	台·h	100
	50 型	台·h	150～200
	75 型	台·h	250～300
15	对焊机	台·h	300
16	冷拔机	台·h	300
17	凿岩机 01—30 / 01—38 型	台·min	3～8
	YQ—100 型	台·min	8～12
18	木工场	台班	20～25
19	锻工房	炉·台班	40～50

2.2.4.8 现场分项生活用水参考定额

序号	用水对象	单 位	耗水量
1	生活用水(盥洗、饮用)	L/人·日	20～40
2	食堂	L/人·次	10～20
3	浴室(淋浴)	L/人·次	40～60
4	沐浴带大池	L/人·次	50～60
5	洗衣房	L/kg 干衣	40～60
6	理发室	L/人·次	10～25
7	学校	L/学生·日	10～30
8	幼儿园托儿所	L/儿童·日	75～100
9	病院	L/病床·日	100～150

2.2.4.9 现场消防用水量

序号	用水名称	火灾同时发生次数	单 位	用水量
1	居民区消防用水			
	5000 人以内	一次	L/S	10
	10000 人以内	二次	L/S	10～15
	25000 人以内	二次	L/S	15～20
2	施工现场消防用水			
	施工现场在 25ha 内	一次	L/S	10～15
	每增加 25ha	一次	L/S	5

2.2.4.10 常用水泵性能表

型 号	转速 n (r/min)	流量 Q		扬程 H (m)	效率 η (%)	功率(kW)	
		(m^3/h)	(L/s)			轴功率(Pa)	电机功率
IS100-65-200	2900	60	16.7	54	65	13.6	—
		100	27.8	50	76	17.9	22
		120	33.3	47	77	19.9	—
	1450	30	8.33	13.5	60	1.84	—
		50	13.9	12.5	73	2.33	4
		60	16.7	11.8	74	2.61	—
IS100-65-250	2900	60	16.7	87	61	23.4	—
		100	27.8	80	72	30.3	37
		120	33.3	74.5	73	33.3	—
	1450	30	8.33	21.3	55	3.16	—
		50	13.9	20	68	4.00	5.5
		60	16.7	19	70	4.44	—
IS100-65-315	2900	60	16.7	133	55	39.6	—
		100	27.8	125	66	51.6	95
		120	33.3	118	67	57.5	—
	1450	30	8.33	34	51	5.44	—
		50	13.9	32	63	6.92	11
		60	16.7	30	64	7.67	—

续表 2.2.4.10

型　号	转速 n (r/min)	流量Q (m³/h)	流量Q (L/s)	扬程 H (m)	效率 η (%)	功率(kW) 轴功率(Pa)	功率(kW) 电机功率
IS125-100-200	2900	120	33.3	57.5	67	28.0	—
		200	55.5	50	81	33.6	45
		240	66.7	44.5	80	36.4	—
	1450	60	16.7	14.5	62	3.83	—
		100	27.8	12.5	76	4.48	7.5
		120	33.3	11.0	75	4.79	—
IS125-100-250	2900	120	33.3	87	66	43.0	—
		200	55.6	80	78	55.9	75
		240	66.7	72	75	62.8	—
	1450	60	16.7	21.5	63	5.59	—
		100	27.8	20	76	7.17	11
		120	33.3	18.5	77	7.84	—
IS125-100-315	2900	120	33.3	132.5	60	72.1	—
		200	55.6	125	75	90.8	110
		240	66.7	120	77	101.9	—
	1450	60	16.7	33.5	58	9.4	—
		100	27.8	32	73	11.9	15
		120	33.3	30.5	74	13.5	—
80WQ	1445	21.6～39.0	6～10.83	12.7～10.7	24.3～34	3.07～3.34	5.5
80WQ20	1450	21.6～39.0	6～10.83	20.1～19.5	21～32	5.63～6.47	7.5
WQ20～15	2380	20	5.6	15	—	—	2.2
WQ30～10	2380	20	8.3	10	—	—	2.2
QX22-15J	—	22	6.1	15	—	—	2.2

2.2.4.11　施工机械用电定额参考资料

机械名称	型　号	功率(kW)	机械名称	型　号	功率(kW)
蛙式夯土机	HW-32	1.5	振动打拔桩机	DZ90A	90
	HW-60	3		DZ90B	90
振动夯土机	HZD250	4	螺旋钻孔机	ZKL400	40
振动打拔桩机	DZ45	45		ZKL600	55
	DZ45Y	45		ZKL800	90
	DZ30Y	30	螺旋式钻扩孔机	BQZ-400	22
	DZ55Y	55			

续表 2.2.4.11

机械名称	型　号	功率(kW)	机械名称	型　号	功率(kW)
冲击式钻机	YKC-20C	20	卷扬机	JJ1K-3	28
	YKC-22M	20		JJ1K-5	40
	YKC-30M	40		JJM-0.5	3
塔式起重机	红旗Ⅱ-16(整体托运)	19.5		JJM-3	7.5
				JJM-5	11
	QT40(TQ2-6)	48		JJM-10	22
	TQ60/80	55.5	自落式混凝土搅拌机	JD150	5.5
	TQ90(自升式)	58		JD200	7.5
	QT100(自升式)	63		JD250	11
	法国 POTAIN 厂产 H5-56B5P(225t·h)	150		JD350	15
				JD500	18.5
	法国 POTAIN 厂产 H_5-56B(235t·m)	137	强制式混凝土搅拌机	JW250	11
				JW500	30
	法国 POTAIN 厂产 TOPKITFO/25(132t·m)	160	混凝土搅拌楼(站)	HL80	41
	法国 B.P.R 厂产 GTA91-83(450t·m)	160	混凝土输送泵	HB-15	32.2
	德国 PEINE 厂产 SK280-055(307.314t·m)	150	混凝土喷射机(回转式)	HPH6	7.5
	德国 PEINE 厂产 SK560-05(675t·m)	170	混凝土喷射机(罐式)	HPG4	3
	德国 PEINER-crane 厂产 TN112(155t·m)	90	插入式振动器	ZX25	0.8
卷扬机	JJK0.5	3		ZX35	0.8
	JJK-0.5B	2.8		ZX50	1.1
	JJK-1A	7		ZX50C	1.1
	JJK-5	40		ZX70	1.5
	JJZ-1	7.5	平板式振动器	ZB5	0.5
	JJ1K-1	7		ZB11	1.1

续表 2.2.4.11

机械名称	型　号	功率(kW)	机械名称	型　号	功率(kW)
附着式振动器	ZW4	0.8	交流电焊机	BX3-500-2	38.6①
	ZW5	1.1		BX2-100(BC-1000)	76①
	ZW7	1.5	直流电焊机	AX1-165(AB-165)	6
	ZW10	1.1		AX4-300-1(AG-300)	10
	ZW30-5	0.5		AX-320(AT-320)	14
混凝土振动台	ZT-1×2	7.5		AX5-500	26
	ZT-1.5×6	30		AX3-500(AG-500)	26
	ZT-2.4×6.2	55	纸筋麻刀搅拌机	ZMB-10	3
真空吸水机	HZX-40	4			
	HZX-60A	4	灰浆泵	UB3	4
	改型泵Ⅰ号	5.5	挤压式灰浆泵	UBJ2	2.2
	改型泵Ⅱ号	5.5	灰气联合泵	UB-76-1	5.5
预应力拉伸机油泵	ZB1/630	1.1	粉碎淋灰机	FL-16	4
	ZB2×2/500	3	单盘水磨石机	SF-D	2.2
	ZB4/49	3			
	ZB10/49	11	双盘水磨石机	SF-S	4
钢筋调直切断机	GT4/14	4			
	GT6/14	11	侧式磨光机	CM2-1	1
	GT6/8	5.5	立面水磨石机	MQ-1	1.65
	GT3/9	7.5			
钢筋切断机	QJ40	7	墙围水磨石机	YM200-1	0.55
	QJ40-1	5.5	地面磨光机	DM-60	0.4
	QJ32-1	3	套丝切管机	TQ-3	1
钢筋弯曲机	GW40	3	电动液压弯管机	WYQ	1.1
	WJ40	3			
	GW32	2.2	电动弹涂机	DT120A	8
交流电焊机	BX3-120-1	9①	液压升降台	YSF25-50	3
	BX3-300-2	23.4①	泥浆泵	红星-30	30

续表 2.2.4.11

机械名称	型　　号	功率(kW)	机械名称	型　　号	功率(kW)
泥浆泵	红星-75	60	脚踏截锯机	MJ217	7
液压控制台	YKT-36	7.5	单面木工压刨床	MB103	3
自动控制自动调平液压控制台	YZKT-56	11	单面木工压刨床	MB103A	4
静电触探车	ZJYY-20A	10	单面木工压刨床	MB106	7.5
混凝土沥青地割机	BC-D1	5.5	单面木工压刨床	MB104A	4
小型砌块成型机	GC-1	6.7	双面木工刨床	MB106A	4
载货电梯	JT1	7.5	木工平刨床	MB503A	3
建筑施工外用电梯	SCD100/100A	11	木工平刨床	MB504A	3
木工电刨	MIB2-80//1	0.7	普通木工车床	MCD616B	3
木压刨板机	MB1043	3	单头直榫开榫机	MX2112	9.8
木工圆锯	MJ104	3	灰浆搅拌机	UJ325	3
木工圆锯	MJ106	5.5	灰浆搅拌机	UJ100	2.2
木工圆锯	MJ114	3			

注:①为各持续率时功率的额定持续率(kVA)。

2.2.4.12　室内照明用电参考定额

用　电　定　额	容　量(W/m^2)	用　电　定　额	容　量(W/m^2)
混凝土及灰浆搅拌站	5	锅炉房	3
钢筋室外加工	10	仓库及棚仓库	2
钢筋室内加工	8	办公楼、试验室	6
木材加工锯木及细木作	5～7	浴室，盥洗室、厕所	3
木材加工模板	8	理发室	10
混凝土预制构件厂	6	宿舍	3
金属结构及机电修配	12	食堂或俱乐部	5
空气压缩机及泵房	7	诊疗所	6
卫生技术管道加工厂	8	托儿所	9
设备安装加工厂	8	招待所	5
发电站及变电所	10	学校	6
汽车库或机车库	5	其他文化福利	3

2.2.4.13 室外照明参考用电量

用电名称	容量(W/m²)	用电名称	容量(W/m²)
人工挖土工程	0.8	设备堆放，砂石、木材、钢筋、半成品堆放	0.5
机械挖土工程	1.0		
混凝土浇灌工程	1.0	车辆行人主要干道	2000W/km
砖石工程	1.2	车辆行人非主要干道	1000W/km
打桩工程	0.6	夜间运料(夜间不运料)	0.8(0.5)
安装及铆焊工程	2.0	警卫照明	1000W/km
卸车场	1.0		

2.2.4.14 常用电力变压器性能表

型号	额定容量(kVA)	额定电压(kV)		损耗(W)		总重(kg)
		高压	低压	空载	短路	
SL7-30/10	30	6;6.3;10	0.4	150	800	317
SL7-50/10	50	6;6.3;10	0.4	190	1150	480
SL7-63/10	63	6;6.3;10	0.4	220	1400	525
SL7-80/10	80	6;6.3;10	0.4	270	1650	590
SL7-100/10	100	6;6.3;10	0.4	320	2000	685
SL7-125/10	125	6;6.3;10	0.4	370	2450	790
SL7-160/10	160	6;6.3;10	0.4	460	2850	945
SL7-200/10	200	6;6.3;10	0.4	540	3400	1070
SL7-250/10	250	6;6.3;10	0.4	640	4000	1235
SL7-315/10	315	6;6.3;10	0.4	760	4800	1470
SL7-400/10	400	6;6.3;10	0.4	920	5800	1790
SL7-500/10	500	6;6.3;10	0.4	1080	6900	2050
SL7-630/10	630	6;6.3;10	0.4	1300	8100	2760
SL7-50/35	50	35	0.4	365	1250	830
SL7-100/35	100	35	0.4	370	2250	1090
SL7-125/35	125	35	0.4	420	2650	1300
SL7-160/35	160	35	0.4	470	3150	1465
SL7-200/35	200	35	0.4	550	3700	1695
SL7-250/35	250	35	0.4	640	4400	1890
SL7-315/35	315	35	0.4	760	5300	2185
SL7-400/35	400	35	0.4	920	6400	2510
SL7-500/35	500	35	0.4	1080	7700	2810
SL7-630/35	630	35	0.4	1300	9200	3225

续表 2.2.4.14

型号	额定容量(kVA)	额定电压(kV)		损耗(W)		总重(kg)
		高压	低压	空载	短路	
SZL7-200/10	200	10	0.4	540	3400	1260
SZL7-250/10	250	10	0.4	640	4000	1450
SZL7-315/10	315	10	0.4	760	4800	1695
SZL7-400/10	400	10	0.4	920	5800	1975
SZL7-500/10	500	10	0.4	1080	6900	2200
SZL7-630/10	630	10	0.4	1400	8500	3140
S6-10/10	10	11	0.4	60	270	245
S6-30/10	30	11	0.433	125	600	140
S6-50/10	50	11	0.4 0.433	175	870	540
S6-80/10	80	6～10	0.4	250	1240	685
S6-100/10	100	6～10	0.4	300	1470	740
S6-125/10	125	6～10	0.4	360	1720	855
S6-160/10	160	6～10	0.4	430	2100	990
S6-200/10	200	6～11	0.4	500	2500	1240
S6-250/10	250	6～10	0.4	600	2900	1330
S6-315/10	315	6～10	0.4	720	3450	1495
S6-400/10	400	6～10	0.4	870	4200	1750
S6-500/10	500	6～10.5	0.4	1030	4950	2330
S6-630/10	630	6～10	0.4	1250	5800	3080

注:此表选自一机部 1985 年产品目录。

2.2.4.15 常用绝缘导线的型号、名称及主要用途

型号	名称	主要用途
BV	铜芯塑料线	固定敷设用
BVR	铜芯塑料软线	要求用比较柔软的电线时固定敷设用
BX	铜芯橡皮线	供干燥及潮湿的场所固定敷设用,额定交流电压 500V
BXR	铜芯橡皮软线	供干燥及潮湿场所连接电气设备的移动部分用,额定交流电压 500V
BLV	铝芯塑料线	同 BV 型电线
BLVR	铝芯塑料软线	同 BVR 型电线
BLX	铝芯橡皮线	与 BX 型电线相同
BXS	棉纱编织双绞软线	供干燥场所敷设在绝缘子上用,额定交流电压为 250V
RH	普通橡套软线	供室内照明和日用电器接线用,额定交流电压为 250V

2.2.4.16 锅炉性能表

名称	蒸发量(t/h)	工作压力(N/mm²)	供水温度(℃)	效率(%)
LSG0.2-$\frac{7}{4}$-A	0.2	0.7或0.4	169.6或151	62
LSG0.5-7-AⅢ	0.5	0.7	169.6	70
KZG0.5-7	0.5	0.7	169.6	70～75
SZL2-13-AⅡ	2	1.3	194	80
WNL4-13-AⅢ6	4	1.3	194	76
KZL1-7	1	0.7	169.6	70
KZL2-7	2	0.7	169.6	78
KZL4-10	4	1.0	183.2	74
DZL0.5-7-AⅢ	0.5	0.7	169.6	72.1
DZL240-7/95/70-AⅡ	2.8	0.7	95	78
DZL360-7/95/70-A-P-W	4.2	0.7	95	75.8
SHL360-10/30/70-AⅡ	4.2	1.0	130	74.49
DZL-2-13AⅡ	2	1.3	194	77.5
KZW60-7/95/70-AⅡ	0.7	0.7	95	72
KZW120-7/95/70-AⅡ	1.4	0.7	95	72
SZW4-13-AⅡ	4	1.3	194	76.6
SHW360-10/130/70-H	4.2	1	130	74.78
SHW360-13/80/90-AⅡ	4.2	1.25	130	74.9
SZW240-10/115/70-AⅡ	2.8	1	115	74.4
KQL360-7/95/70-AⅢ	4.2	0.7	95	75

2.2.4.17 常用风动机具耗气量

机具名称	耗气量(m^3/min)	需要气压(N/mm²)	机具名称	耗气量(m^3/min)	需要气压(N/mm²)
潜孔凿岩机 YQ150A	11～13	0.5～0.6	手持式凿岩机 Y-3	0.7	0.5
潜孔凿岩机 YQ150B	10～12	0.5～0.6	凿岩机 Y-30	2.4	0.5
潜孔凿岩机 YQ100	9	0.5～0.6	隧道凿岩台车 CGZ15-300	100	0.5～0.6
潜孔凿岩机 YQ100A	6.5～7.5	0.5～0.6	风钻 ZQ6	0.3	0.5
导轨式凿岩机 YG40	5.0	0.5～0.6	风钻 Z8	0.5	0.5
导轨式凿岩机 YG80	8.5	0.5～0.7	风钻 ZJ8	0.5	0.5
导轨式凿岩机 YZ100	12	0.5	冲击器 C100	6	0.5～0.6
导轨式凿岩机 YG220	13	0.5	冲击器 C150	12	0.5～0.6
气腿式凿岩机 YT30	2.9	0.5	铆钉机 MQ3P	0.3	0.5
气腿式凿岩机 YT25	2.6	0.5	铆钉机 MQ4A	0.4	0.5
气腿式凿岩机 YT23	2.4～2.8	0.5～0.6	铆钉机 MZ2	0.3	0.5
气腿式凿岩机 YTP-26	3.3	0.5～0.7	铆钉机 MQ5	0.4	0.5
气腿式凿岩机 YT18	2.5	0.5	铆钉机 MQ6	0.5	0.5

续表 2.2.4.17

机具名称	耗气量 (m^3/min)	需要气压 (N/mm^2)	机具名称	耗气量 (m^3/min)	需要气压 (N/mm^2)
铆钉机 M16	0.8	0.5	风板机 B10	0.6	0.5
铆钉机 M19	0.8	0.5	风板机 B14	0.9	0.5
铆钉机 M22	0.9	0.5～0.6	风板机 B20	1.25	0.5
除锈锤 CXZ	0.3	—	风板机 B30	1.8	0.5
风动刻槽机 K-6	0.8	0.5	风板机 B39	2	0.5
除锈机 XH-6	1.4	0.6	风锯 15～300	2	0.5
除锈器 10-3	1	0.5	风镐 GJ(037)	1	0.5
风钻 ZW5	0.3	0.5	风镐 GJ-7	1	0.4
风钻 Z6	0.3	0.5	风镐 03-11	0.9～1	0.4
铆钉机 M28	0.9	0.5～0.6	风铲 04-5	0.6	0.5
铆钉机 M40	1	0.5	风铲 04-6	0.6	0.5
冲击把柄 09-22	1.4	0.5～0.6	风铲 04-7	0.6	0.5
风钻 ZS32	2	0.5	搅固机 10-11	0.65	0.5
风钻 05-22	1.7	0.5	气动马达 TM2	2.6	0.5
风钻 05-32	2.2	0.5	气动马达 TMB2	2.3	0.5
风钻 05-32-1	2	0.5	气动马达 TM3	4	0.5
风钻 ZG50	2.2	0.5	气动马达 TM10	9.2	0.5
风砂轮 S40	0.4	0.5	气动马达 TMB-1	1.4	0.6
风砂轮 06-60	0.7	0.5	气动马达 TM1A-1	4	0.6
风砂轮 S100	1	0.5	气动马达 TM1-3	3	0.6
风砂轮 06-150	1.7	0.5	气动马达 TM1A-5	6	0.6
风螺刀 L4	0.2	0.5	气动马达 TM1-8	8	0.6
风板机 B6	0.35	0.5	气动磨钎机 M-1	1.4	0.6

2.2.4.18 常用空气压缩机主要性能表

型号	型式	结构型式	冷却方式	排气量 (m^3/min)	排气压力 (N/mm^2)	转速 (r/min)	制造厂
W-3/7	W	活塞	风冷	3	700	—	蚌埠空气压缩机厂
W-3/7DY	W	活塞	风冷	3	700	—	蚌埠空气压缩机厂
WG-3/7	W	活塞	风冷	3	700	—	柳州第二空压机厂
W-6/7	W	活塞	风冷	6	700	—	蚌埠空气压缩机厂
W-6/7DY	W	活塞	风冷	6	700	—	蚌埠空气压缩机厂
2W-6/7	W	活塞	风冷	6	700	—	常州市东风压缩机厂
2W-6/7	W	活塞	风冷	6	700	—	自贡空压机厂
2WY-6/8	W	活塞	风冷	6	800	—	柳州第二空压机厂

续表 2.2.4.18

型　　号	型式	结构型式	冷却方式	排气量 (m^3/min)	排气压力 (N/mm^2)	转速 (r/min)	制　造　厂
2W-9/7	W	活塞	风冷	9	700	—	蚌埠空气压缩机厂
DW-9/7	W	活塞	风冷	9	700	—	北京第一通用机械厂
2Z3/8	Z	活塞	水冷	3	800	—	沈阳空气压缩机厂，柳州第二空压机厂
2Z-3/8-Ⅰ	Z	活塞	水冷	3	800	—	四川空气压缩机厂
2Z-6-8-Ⅰ	Z	活塞	水冷	6	800	—	沈阳气体压缩机厂
3LB-7/3.5	L	活塞	水冷	7	520	—	余姚通用机器厂
V-3/8	V	活塞	风冷	3	980	—	沈阳空气压缩机厂、湖北麻城压缩机厂
BV-3/8	V	活塞	风冷	3	970	—	柳州空气压缩机厂
YV-3/8	V	活塞	风冷	3	980	—	沈阳空气压缩机厂
LGⅡ-20-10/3.5	L	螺杆	风冷	10	2960	—	无锡市压缩机厂
LG20-10/7-Ⅰ	L	螺杆	风冷	10	3770	—	柳州第二空压机厂
LGY-10/7	L	螺杆	风冷	10	3770	—	柳州第二空压机厂
W-3/7		电动	风冷	3	0.7	1400	蚌埠空气压缩机厂
WG-3/7	W	电动	风冷	3	0.7	1470	柳州第二空压机厂
2W-6/7	W	电动	风冷	6	0.7	1225	自贡空压机厂
2W-6/7	W	电动	风冷	6	0.7	980	常州市东风压缩机厂
DW-9/7	W	电动	风冷	9	0.7	922	北京第一通用机械厂
2W-9/7	W	电动	风冷	9	0.7	1450	蚌埠空气压缩机厂
2Z-3/8	Z	电动	风冷	3	0.8	730	重庆气体压缩机厂
2Z-6/8-1	Z	电动	水冷	6	0.8	730	沈阳气体压缩机厂
V-3/8-1	V	电压	水冷	3	0.8	980	保定地区空压机厂
V-6/7	V	电动	风冷	6	0.8	1480	贵州省都匀空压机厂
DVY-12/7	V	电动	风冷	12	0.7	1470	柳州空气压缩机厂
3L-10/7	L	电动	水冷	10	0.7	480	常德通用机械厂
3L-10/8	L	电动	水冷	10	0.8	480	南京压缩机厂
LG8-0.7/8	螺杆	电动	风冷	0.7	0.75	2940	柳州第二空压机厂
LGⅡ12-3/7-D	螺杆	螺杆	风冷	3	0.75	2940	柳州第二空压机厂
LGⅡ16-6/7-D	螺杆	电动	水冷	6	0.7	3540	无锡市压缩机厂
LG20-10/7-1	螺杆	电动	风冷	10	0.7	3770	天津冷气机厂
LG16-20/5-15-D	螺杆	电动	风冷	20	1.5	2338	无锡市压缩机厂
HBY-7/7	滑片	电动	风冷	7	0.7	1500	自贡空压机厂
HPY18-10/7-K	滑片	电动	风冷	10	0.7	1470	浙江衢州煤矿机械厂

2.2.4.19 活塞式空气压缩机贮气罐基本参数

贮气罐代号	公称容积（m^3）	内径(mm)	重量（kg）	适用的压缩机排气量（m^3/min）
C-0.5	0.5	600	210	3
C-1.0	1.0	800	290	6
C-1.5	1.5	1000	420	10
C-2.5	2.5	1000	630	20
C-4.5	4.5	1200	1000	40
C-7	7.0	1400	1450	60
C-10	10.0	1600	2050	100

2.2.4.20 压缩空气管道计算直径选择表

压缩空气流量（m^3/min）	压缩空气管道的长度(m)							
	10	25	50	100	200	300	400	500
	管道计算直径(mm)							
1	20	20	25	25	33	33	37	37
1.5	20	25	25	33	37	40	43	43
2	25	33	33	37	40	43	46	46
4	33	37	37	43	49	54	54	58
5	33	37	40	46	54	58	58	64
6	33	40	43	49	58	64	64	70
7	33	40	46	54	64	70	70	76
8	37	43	49	58	64	70	76	76
9	37	43	49	58	64	76	76	82
10	40	46	52	58	70	76	82	82
15	43	52	64	70	82	88	94	94
20	49	58	76	82	88	100	106	113
25	54	64	76	88	100	106	113	119
50	70	82	94	106	125	131	143	143
100	88	106	119	137	162	176	180	192

注:按6计算大气压,压力降为0.1计算大气压。管道采用钢管,压力降0.1计算大气压系以直线管段计算,不计管道转弯、补偿器和装配件处的压力降。

2.3 常用工料参考数据

2.3.1 建筑工程主要材料用量参考数据(不含室外工程)

工程名称	结构类型	每平方米材料消耗			
		钢材(kg)	水泥(kg)	木材(m^3)	砖(块)
多层住宅	砖混	20～22	135～145	0.04～0.05	245～255
多层住宅	内浇外砌	26～27	175～185	0.04～0.05	125～135
多层住宅	全装配	32～33	225～235	0.04～0.05	40～45
高层住宅	内浇外挂	44～49	215～225	0.03～0.04	10～20
高层住宅	框架	39～44	205～215	0.04～0.05	10～20
高层住宅	滑升	49～54	215～225	0.04～0.05	10～20
高层住宅	全装配	60～65	220～230	0.03～0.04	10～20
多层单宿	砖混	18～20	120～130	0.04～0.05	240～250
托幼	砖混	18～20	140～150	0.04～0.05	280～290
中小学	砖混	20～23	150～160	0.04～0.05	240～250
教学楼	砖混	23～26	160～170	0.04～0.05	250～260
教学楼	框架	45～50	210～230	0.04～0.05	10～20
图书馆	框架	40～50	210～230	0.05～0.06	50～70
办公楼	砖混	25～27	160～170	0.04～0.05	270～280
办公楼	框架 (15层以下)	55～65	210～220	0.05～0.06	10～20
办公楼	框架 (16～20层)	65～80	230～250	0.07～0.08	10～15
办公楼	框架 (21～25层)	80～95	260～280	0.08～0.09	5～10
办公楼	框架 (26～30层)	95～100	280～300	0.10～0.12	5～10
实验楼	砖混	27～30	170～180	0.05～0.06	260～270
实验楼	框架	50～55	220～240	0.06～0.07	10～20
医院	砖混	25～26	240～260	0.05～0.06	300～320
医院	框架	55～60	260～270	0.08～0.09	15～20
商业楼	砖混	26～28	160～180	0.05～0.06	220～240
商业楼	框架	50～55	230～250	0.06～0.07	15～20

续表 2.3.1

工程名称	结构类型	每平方米材料消耗			
		钢材(kg)	水泥(kg)	木材(m^3)	砖(块)
书店	砖混	26～30	210～220	0.05～0.06	250～260
书库	砖混	28～30	150～160	0.04～0.05	120～130
邮局	砖混	20～22	180～190	0.04～0.05	280～300
商店	砖混	18～20	180～190	0.04～0.05	270～280
旅馆	砖混	22～24	150～160	0.04～0.05	220～230
旅馆	框架	60～65	220～240	0.08～0.09	20～30
高层饭店	框架	85～95	270～300	0.09～0.10	10～15
淋浴室	砖混	20～22	150～160	0.04～0.05	280～300
外交公寓	砖混	25～28	170～190	0.07～0.08	240～260
礼堂	—	40～45	180～200	0.10～0.12	180～190
剧场	—	45～50	200～220	0.11～0.13	160～180
电影院	—	40～45	180～200	0.08～0.09	180～190
排演场	—	30～35	160～180	0.07～0.08	300～310
体育馆	—	55～65	220～240	0.10～0.12	160～180
锅炉房	—	18～20	170～190	0.03～0.04	400～500
变电室	—	16～18	180～190	0.04～0.05	350～400
加油站	—	55～60	300～320	0.09～0.10	500～600
铸工车间	吊车 20t 以内	45～50	200～220	0.04～0.05	—
铸钢车间	吊车 30t 以内	55～60	140～150	0.06～0.07	—
铸铁车间	吊车 30t 以内	50～55	150～160	0.07～0.08	—
锻工车间	吊车 20t 以内	45～55	180～200	0.05～0.06	—
金工车间	吊车 30t 以内	40～45	180～200	0.05～0.06	—
金工车间	吊车 10t 以内	30～35	150～160	0.04～0.05	—
汽车保养车间	吊车 15t 以内	35～45	180～200	0.05～0.06	—
机修车间	吊车 10t 以内	35～45	160～170	0.05～0.06	—
焊接车间	吊车 20t 以内	45～50	160～170	0.05～0.06	—
电镀车间	—	35～45	150～160	0.04～0.05	—
纺织车间	框架	40～45	170～190	0.06～0.07	—
印染车间	框架	65～70	320～340	0.08～0.09	—
服装加工车间	—	25～30	160～180	0.05～0.06	—
食品加工车间	框架	45～50	220～240	0.05～0.06	—
木工车间	—	20～25	120～140	0.04～0.05	—

2.3.2 建筑用木材估算比例

序号		1	2	3
结构		框架	混合	砖木
木板规格	薄板	54.8%	38%	54.5%
	中板	5.8%	21%	6%
	厚板	—	4%	—
	小方	33.8%	31.3%	35.5%
	中方	4.25%	>5%	2%
	大方	1.5%	—	—

2.3.3 建筑用钢筋规格估算比例

序号		1	2	3
结构		框架	混合	砖木
工程量		100%	100%	100%
钢筋直径(mm)	6	10.4	16.6	45
	8	3.3	5.3	—
	10	12.2	10.1	—
	12	8.4	13.6	25
	14	2.2	5.14	—
	16	22.4	21.7	20
	18	12.8	10.8	—
	20	13.1	7.46	10
	22	9.7	8.5	—
	25	5.5	0.8	—

2.3.4 绑扎1t钢筋估计铁丝数量

钢筋直径(mm)	铁丝直径(mm)	绑扎1t钢筋估计铁丝用量(kg)	备注
Ø6～8	0.70～0.90	8.0	
Ø9～14	0.70～0.90	6.0	
Ø16～38	0.70～0.90	5.0	

2.3.5 每立方米混凝土中工程量比例

结构类型	模板(m^2)	钢筋(kg)	混凝土(m^3)
设备基础	3.2	27	1.015
毛石混凝土带形基础	4.4	—	0.758
钢筋混凝土带形基础	4.4	59	1.011
无筋柱基础	1.9	—	1.02
有筋柱基础	1.9	22.5	1.014
基础梁	8.1	8.2	1.014
墙(厚 20cm)	11.3	62	1.015
挡土墙(厚 50cm)	4.79	3.87	1.015
高 6m 以内的柱	10	124	1.015
高 6m 以上的柱	8.33	165.4	1.015
单梁、连系梁	8.1	113	1.014
圈梁	6.85	55	1.014
肋形板	12	84.5	1.011
平板(厚 8cm)	12	60	1.011
楼梯(每平方米)	2.3	11	0.197
阳台(每平方米)	1.4	14	0.157
雨篷(每平方米)	1.2	11	0.15
台阶(每平方米)	1.4	—	0.13
拦板(每延米)	1.86	4	0.075
无梁板	4.4	67.5	1.011

2.3.6 砌体工程材料用量参考

2.3.6.1 砖砌体材料用量

($10m^3$)

项　目	单位	砖基础	砖 内 墙			
			一砖以上	一砖	3/4 砖	1/2 砖
		M5 水泥砂浆	M2.5 混合砂浆			
砂　浆	m^3	(2.36)	(2.45)	(2.25)	(2.14)	(1.95)
红(青)砖	千块	5.19	5.21	5.31	5.51	5.64
32.5MPa 水泥	kg	509	431	396	376	343
净砂	m^3	2.40	2.52	2.28	2.17	2.00
石灰	kg	—	164	151	143	131

续表 2.3.6.1

项 目	单位	砖外墙				
		二砖及二砖以上	一砖半	一砖	3/4 转	1/2 砖
		M2.5 混合砂浆				
砂浆	m^3	(2.45)	(2.40)	(2.25)	(2.14)	(1.95)
红(青)砖	千块	5.31	5.35	5.31	5.51	5.64
32.5MPa 水泥	kg	431	422	396	376	343
净砂	m^3	2.52	2.43	2.28	2.17	2.00
石灰	kg	164	160	151	143	131
项 目	单位	柱		空心砖墙		空斗墙
		方柱	圆柱	一砖	1/2 砖	一眼一斗
		M5 水泥砂浆		M2.5 混合泵浆		
砂 浆	m^3	(2.28)	(2.65)	(1.39)	(0.91)	(1.38)
红(青)砖	千块	5.45	7.18	—	—	4.32
空心砖	千块	—	—	1.346	1.405	—
32.5MPa 水泥	kg	475	572	179	118	178
净砂	m^3	2.31	2.69	1.42	0.93	1.41
石灰	kg	—	—	130	87	130

注:1. 空心砖规格为 240mm×240mm×115mm。

2. 各种不同砂浆用料可按表 2.3.6.8 置换计算。

2.3.6.2 各种厚度砖墙每平方米用料表

砖墙厚度	1/2 砖	1 砖	$1\frac{1}{2}$砖	2 砖	$2\frac{1}{2}$砖
砖(块)	64	128	192	256	320
砂浆(m^3)	0.0325	0.0650	0.0975	0.1300	0.1625

2.3.6.3 各种方柱每米高度用料表

方柱规格(mm)	240×240	240×370	370×370	370×490	490×490
砖(块)	32	48	72	96	128
砂浆(m^3)	0.0163	0.0244	0.0366	0.0488	0.0650

2.3.6.4 毛石砌体材料用量

(10m³)

材料	单位	基础	墙身		
			不镶砖	镶砖	挡土墙
		M5 水泥砂浆	M2.5 混合砂浆		M5 水泥砂浆
砂浆	m^3	(3.93)	(3.93)	(3.46)	(3.93)
红(青)砖	千块			1.28	
毛石	m^3	9.74	11.22	8.60	11.22
32.5MPa 水泥	kg	849	691	608	849
净砂	m^3	4	4	3.53	4
石灰	kg		263	232	

注:1. 镶砖墙为内背镶 1/2 砖,总厚度 60cm。

2. 各种不同砂浆用料可按表 2.3.6.8 置换计算。

2.3.6.5 料石砌体材料用量

(10m³)

材料	单位	墙	柱	台阶	洞壁	洞顶
		M2.5 混合砂浆				M5 混合砂浆
砂浆	m^3	(1.41)	(1.37)	(1.68)	(3.45)	(3.0)
料石	m^3	9.62	9.64	10.40	10.40	10.36
净砂	m^3	1.43	1.39	1.71	3.52	3.06
石灰	kg	96	91	159	324	165
32.5MPa 水泥	kg	248	241	217	445	612
木材	m^3					0.338

注:料石规格为 400mm×220mm×200mm。

2.3.6.6 混凝土空心小砌块砌筑用工、用料

(m³)

项目		指标
耗用工日	耗工(工·日)	0.568
	其中 技工	0.284
	辅助工	0.284
耗用材料	混凝土空心小型砌块(m^3)	0.945
	混合砂浆(M10)(m^3)	(0.086)
	其中 水泥(32.5MPa)(kg)	23
	中砂(kg)	130
	石灰(kg)	3

注:1. 本表砌体厚度为 190mm,所用混凝土空心小型砌块主规格尺寸为 390mm×190mm×190mm。

2. 轻集料混凝土小型空心砌块及粉煤灰小型空心砌块的用工、用料基本相同。

2.3.6.7 加气混凝土砌块砌筑用工及用料 （m^3）

项目		指标	
		砌体厚度＜200mm	砌体厚度＞200mm
耗用工日	耗工（工·日）	0.85	0.706
	其中 砌筑	0.477	0.333
	吊运	0.344	0.344
	制备砂浆	0.029	0.029
		M2.5砂浆砌筑	M5砂浆砌筑
耗用材料	加气混凝土砌块（m^3）	0.95	0.95
	混合砂浆（m^3）	（0.07）	（0.07）
	其中 水泥（32.5MPa）（kg）	12.3	14.3
	石灰（kg）	4.7	3.8
	细砂（kg）	107	107

2.3.6.8 每立方米砌筑砂浆定额用料

定额序号			1	2	3	4	5	6
项目			混合砂浆					
			M1.0	M2.5	M5.0	M7.5	M10	M15
名称		单位	数量					
材料	水泥32.5MPa	kg	158	176	204	232	261	317
	黄砂（过筛中砂）	m^3	1.0150	1.0150	1.0150	1.0150	1.0150	1.0150
	石灰	kg	75	67	55	42	30	5
	水	m^3	0.4000	0.4000	0.4000	0.4000	0.4000	0.4000

定额序号			7	8	9	10	11
项目			水泥砂浆				
			M5.0	M7.5	M10	M15	M20
名称		单位	数量				
材料	水泥32.5MPa	kg	216	246	271	330	390
	黄砂（过筛中砂）	m^3	1.0150	0.0150	1.0150	1.0150	1.0150
	水	m^3	0.2900	0.2900	0.2900	0.2900	0.2900

2.3.7 常用钢筋有关数据

2.3.7.1 常用钢筋的计算截面面积及公称重量

直径(mm) \ 根数(根)	不同根数钢筋的计算截面面积(cm²)									单根钢筋的公称重量(kg/m)
	1	2	3	4	5	6	7	8	9	
2.5	4.9	9.8	14.7	19.6	24.5	29.4	34.3	39.2	44.1	0.039
3	7.1	14.1	21.2	28.3	35.3	42.4	49.5	56.5	63.6	0.055
4	12.6	25.1	37.7	50.2	62.8	75.4	87.9	100.5	113	0.099
5	19.6	39	59	79	98	118	138	157	177	0.154
6※	28.3	57	85	113	142	170	198	226	255	0.222
7	38.5	77	115	154	192	231	269	308	346	0.302
8※	50.3	101	151	201	252	302	352	402	453	0.396
9	63.7	127	191	254	318	382	445	509	572	0.499
10※	78.5	157	236	314	393	471	550	628	707	0.617
11	95.0	190	285	380	475	570	665	760	855	0.750
12※	113.1	226	339	452	565	678	791	904	1017	0.888
13	132.7	265	398	531	664	796	929	1062	2295	1.040
14※	153.9	308	461	615	769	923	1017	1230	1387	1.208
15	176.7	353	530	707	884	1160	1237	1414	1590	1.390
16※	201.1	402	603	804	1005	1206	1407	1608	1809	1.578
17	227.0	454	681	908	1135	1362	1589	1810	2043	1.780
18※	254.5	509	763	1017	1272	1526	1780	2036	2290	1.998
19	283.5	567	851	1134	1418	1701	1985	2268	2552	2.230
20※	314.2	628	941	1256	1570	1884	2200	2513	2827	2.466
21	346.4	693	1039	1385	1732	2078	2425	2771	3117	2.720
22※	380.1	760	1140	1520	1900	2281	2661	3041	3421	2.984
23	415.5	831	1246	1662	2077	2498	2908	3324	3739	3.260
24	452.4	904	1356	1808	2262	2714	3167	3619	4071	3.551
25※	490.9	982	1473	1964	2454	2945	3436	3927	4418	3.850
26	530.9	1062	1593	2124	2655	3186	3717	4247	4778	4.170
27	572.6	1144	1716	2291	2865	3435	4008	4580	5153	4.495
28※	615.3	1232	1847	2463	3079	3695	4310	4926	5542	4.830
30※	706.9	1413	2121	2827	3534	4241	4948	5655	6362	5.550

续表 2.3.7.1

直径(mm) \ 根数(根)	1	2	3	4	5	6	7	8	9	单根钢筋的公称重量(kg/m)
	不同根数钢筋的计算截面面积(cm^2)									
32※	804.3	1609	2418	3217	4021	4826	5630	6434	7238	6.310
34	907.9	1816	2724	3632	4540	5448	6355	7263	8171	7.130
35	962.0	1924	2886	3848	4810	5772	6734	7696	8658	7.500
36	1017.9	2036	3054	4072	5089	6107	7125	8143	9161	7.990
40	1256.1	2513	3770	5027	6283	7540	8796	10053	11310	9.865

注:表中带※号的直径钢筋为国内常规供货品种。

2.3.7.2 不同钢筋间距时每米板宽内的钢筋截面面积

间距(mm) \ 直径(mm)	3	4	5	6	6/8	8	8/10	10	10/12	12	12/14	14	14/16	16
	当钢筋直径(mm)为下列数值时每米板宽内的钢筋截面面积(mm^2)													
70	101.0	179	281	404	561	719	920	1121	1369	1616	1908	2199	2536	2872
75	94.6	167	262	377	524	671	859	1047	1277	1508	1780	2053	2367	2681
80	88.4	157	245	354	491	629	805	981	1198	1414	1669	1924	2218	2513
85	83.2	148	231	333	462	592	758	924	1127	1331	1571	1811	2088	2365
90	78.5	140	218	314	437	559	716	872	1064	1257	1484	1710	1972	2234
95	74.5	132	207	298	414	529	678	826	1008	1190	1405	1620	1868	2116
100	70.6	126	196	283	393	203	644	785	958	1131	1335	1539	1775	2011
110	64.2	114.0	178	257	357	457	585	714	871	1028	1214	1399	1614	1828
120	58.9	105.0	163	236	327	419	537	654	798	942	1112	1283	1480	1676
125	56.5	100.0	157	226	314	402	515	628	766	905	1068	1232	1420	1608
130	54.4	96.6	151	218	302	387	495	604	737	870	1027	1184	1366	1547
140	50.5	89.7	140	202	281	359	460	561	684	808	954	1100	1268	1436
150	47.1	83.8	131	189	262	335	429	523	639	754	890	1026	1183	1340
160	44.1	78.5	123	177	246	314	403	491	599	707	834	962	1110	1257
170	41.5	73.9	115	166	231	296	379	462	564	665	786	906	1044	1183
180	39.2	69.8	109	157	218	279	358	436	532	628	742	855	985	1117
190	37.2	66.1	103	149	207	265	339	413	504	595	702	810	934	1058
200	35.3	62.8	98.2	141	196	251	322	393	479	565	668	770	888	1005

续表 2.3.7.2

直径(mm) 间距(mm)	当钢筋直径(mm)为下列数值时每米板宽内的钢筋截面面积(mm²)													
	3	4	5	6	6/8	8	8/10	10	10/12	12	12/14	14	14/16	16
220	32.1	57.1	89.3	129	178	228	292	357	436	514	607	700	807	914
240	29.4	52.4	81.9	118	164	209	268	327	399	471	556	641	740	838
250	28.3	50.2	78.5	113	157	201	258	314	383	152	634	616	710	804
260	27.2	48.3	75.5	109	151	193	248	302	368	435	614	592	682	773
280	25.2	44.9	70.1	101	140	180	230	281	342	404	477	550	634	708
300	23.6	41.9	65.5	94	131	158	215	262	320	377	445	513	592	670
320	22.1	39.2	61.4	88	123	157	201	245	299	353	417	481	554	628

注:表中钢筋直径中的6/8、8/10……系指两种直径的钢筋间隔放置。

2.3.7.3 钢绞线公称直径、公称截面面积及理论重量

种 类	公称直径(mm)	公称截面面积(mm²)	理论重量(kg/m)
1×3	8.6	37.4	0.295
	10.8	59.3	0.465
	12.9	85.4	0.671
1×7 标准型	9.5	54.8	0.432
	11.1	74.2	0.580
	12.7	98.7	0.774
	15.2	139	1.101

2.3.7.4 钢丝公称直径、公称截面面积及理论重量

公称直径(mm)	公称截面面积(mm²)	理论重量(kg/m)
4.0	12.57	0.099
5.0	19.63	0.154
6.0	28.27	0.222
7.0	38.48	0.302
8.0	50.26	0.394
9.0	63.62	0.499

2.3.8 混凝土工程材料用量参考

2.3.8.1 每立方米现浇混凝土用料定额

定额序号			1	2	3	4	5	6	7
项目			石子<16mm						
			C15	C20	C25	C30	C35	C40	C45
名称		单位	数量						
材料	水泥 32.5MPa	kg	307	400	460	530	—	—	—
	水泥 42.5MPa	kg	—	—	—	—	460	530	—
	水泥 52.5MPa	kg	—	—	—	—	—	—	472
	黄砂(过筛中砂)	m^3	0.5110	0.4110	0.3620	0.3480	0.3620	0.3480	0.3600
	碎石 15mm	m^3	0.8300	0.8700	0.8790	0.8450	0.8790	0.8450	0.8730
	水	m^3	0.2200	0.2200	0.2200	0.2200	0.2200	0.2200	0.2200

定额序号			8	9	10	11	12	13	14
项目			石子<20mm						
			C15	C20	C25	C30	C35	C40	C45
名称		单位	数量						
材料	水泥 32.5MPa	kg	286	372	428	493	—	—	—
	水泥 42.5MPa	kg	—	—	—	—	428	493	—
	水泥 52.5MPa	kg	—	—	—	—	—	—	437
	黄砂(过筛中砂)	m^3	0.5070	0.4090	0.3590	0.3460	0.3590	0.3460	0.3700
	碎石 15mm	m^3	0.8600	0.9030	0.9140	0.8830	0.9140	0.8830	0.8970
	水	m^3	0.2000	0.2000	0.2000	0.2000	0.2000	0.2000	0.2000

定额序号			15	16	17	18	19
项目			石子<31.5mm				
			C15	C20	C25	C30	C35
名称		单位	数量				
材料	水泥 32.5MPa	kg	271	352	406	467	—
	水泥 42.5MPa	kg	—	—	—	—	406
	黄砂(过筛中砂)	m^3	0.4990	0.4020	0.3530	0.3420	0.3530
	碎石 20～40mm	m^3	0.8840	0.9300	0.9430	0.9130	0.9430
	水	m^3	0.1900	0.1900	0.1900	0.1900	0.1900

续表 2.3.8.1

定额序号			20	21	22	23	24
项目			石子<31.5mm				
			C40	C45	C50	C55	C60
名称		单位	数量				
材料	水泥 42.5MPa	kg	467	—	—	—	—
	水泥 52.5MPa	kg	—	415	456	—	—
	水泥 62.5MPa	kg	—	—	—	415	444
	黄砂(过筛中砂)	m^3	0.3420	0.3510	0.3440	0.3510	0.3460
	碎石 20～40mm	m^3	0.9130	0.9390	0.9190	0.9390	0.9240
	水	m^3	0.1900	0.1900	0.1900	0.1900	0.1900

定额序号			25	26	27	28	29
项目			石子<40mm				
			C15	C20	C25	C30	C35
名称		单位	数量				
材料	水泥 32.5MPa	kg	260	333	384	422	—
	水泥 42.5MPa	kg	—	—	—	—	384
	黄砂(过筛中砂)	m^3	0.4910	0.3940	0.3460	0.3360	0.3460
	碎石 20～40mm	m^3	0.9090	0.9580	0.9730	0.9430	0.9730
	水	m^3	0.1800	0.1800	0.1800	0.1800	0.1800

定额序号			30	31	32	33	34	35
项目			石子<40mm					细石混凝土
			C40	C45	C50	C55	C60	C20
名称		单位	数量					
材料	水泥 42.5MPa	kg	4420	—	—	—	—	400
	水泥 52.5MPa	kg	—	393	431	—	—	—
	水泥 62.5MPa	kg	—	—	—	0.3930	0.4210	—
	黄砂(过筛中砂)	m^3	0.3360	0.3440	0.3380	0.3440	0.3400	0.4110
	碎石 15mm	m^3	—	—	—	—	—	0.8300
	碎石 20～40mm	m^3	0.9430	0.9690	0.9490	0.9690	0.9540	—
	水	m^3	0.1800	0.1800	0.1800	0.1800	0.1800	0.2200

2.3.8.2 每立方米预制混凝土用料定额

定额序号			1	2	3	4
项目			石子<16mm			
			C20	C25	C30	C35
名称		单位	数量			
材料	水泥32.5MPa	kg	381	439	505	—
	水泥42.5MPa	kg	—	—	—	439
	黄砂(过筛中砂)	m^3	0.4180	0.3690	0.3550	0.3690
	碎石15mm	m^3	0.8830	0.8930	0.8620	0.8930
	水	m^3	0.2100	0.2100	0.2100	0.2100

定额序号			5	6	7
项目			石子<16mm		
			C40	C45	C50
名称		单位	数量		
材料	水泥42.5MPa	kg	505	—	—
	水泥52.5MPa	kg	—	448	493
	黄砂(过筛中砂)	m^3	0.3550	0.3670	0.3580
	碎石15mm	m^3	0.8620	0.8890	0.8670
	水	m^3	0.2100	0.2100	0.2100

定额序号			8	9	10	11
项目			石子<20mm			
			C20	C25	C30	C35
名称		单位	数量			
材料	水泥32.5MPa	kg	352	0.4060	467	—
	水泥42.5MPa	kg	—	—	—	406
	碎石15mm	m^3	0.9160	0.9310	0.9000	0.9310
	黄砂(过筛中砂)	m^3	0.4150	0.3650	0.3540	0.3650
	水	m^3	0.1900	0.1900	0.1900	0.1900

续表 2.3.8.2

定额序号			12	13	14
项目			石子＜20mm		
			C40	C45	C50
名称		单位	数量		
材料	水泥 42.5MPa	kg	467	—	—
	水泥 52.5MPa	kg	—	415	456
	碎石 15mm	m^3	0.9000	0.9260	0.9060
	黄砂(过筛中砂)	m^3	0.3540	0.3640	0.3560
	水	m^3	0.1900	0.1900	0.1900

定额序号			15	16	17	18
项目			石子＜40mm			
			C20	C25	C30	C35
名称		单位	数量			
材料	水泥 32.5MPa	kg	314	3620	416	—
	水泥 42.5MPa	kg	—	—	—	362
	碎石 20～40mm	m^3	0.9720	0.9890	0.9620	0.9890
	黄砂(过筛中砂)	m^3	0.4000	0.3520	0.3420	0.3520
	水	m^3	0.1700	0.1700	0.1700	0.1700

定额序号			19	20	21
项目			石子＜40mm		
			C40	C45	C50
名称		单位	数量		
材料	水泥 42.5MPa	kg	416	—	—
	水泥 52.5MPa	kg	—	371	406
	碎石 20～40mm	m^3	0.9620	0.9850	0.9670
	黄砂(过筛中砂)	m^3	0.3420	0.3510	0.3440
	水	m^3	0.1700	0.1700	0.1700

2.3.8.3 基础木模板用料尺寸参考表 (mm)

基础高度	木档间距(模板厚 25,振动器振捣)	木档断面	附注
300	500	50×50	—
400	500	50×50	—
500	500	50×75	平摆
600	400～500	50×75	平摆
700	400～500	50×75	立摆

注:使用单位可根据不同地区开料情况使用。

2.3.8.4 矩形柱木模板用料参考表(用振动器捣固)

(mm)

柱子断面	横档间距 柱子模板厚 50,门子板厚 25	横档断面	附注
300×300	450	50×50	—
400×400	450	50×50	—
500×500	400	50×75	平摆
600×600	400	50×75	平摆
700×700	400	50×100	立摆
800×800	400	50×100	立摆

2.3.8.5 梁模板用木料参考表

(mm)

梁高	梁侧板(厚度不小于 25)		梁底板(厚度 40)	
	木档间距	木档断面	支承点间距	支承琵琶头断面
300	550	50×50	1250	50×100
400	500	50×50	1150	50×100
500	500	50×75(平摆)	1050	50×100
600	450	50×75(立摆)	1000	50×100
800	450	50×75(立摆)	900	50×100
1000	400	50×100(立摆)	850	50×100
1200	400	50×100(立摆)	800	50×100

注:1. 支柱用 100×100 方木或梢径 80~120 圆木。

2. 琵琶头(梁高 500 以下)长度=梁高×2+梁底宽+300。

2.3.8.6 板模板用木料参考表(振动器捣固)

(mm)

混凝土平台板厚度	搁栅断面	搁栅间距	底板板厚	牵杠断面	牵框撑间距	牵杠间距	附注
60~120	50×100	500	25	70×150	1500	1200	
140×200	50×100	400~500	25	70×200	1500~1300	1200	

注:工地上习惯用比较统一尺寸的材料,而以调整搁栅间距、牵杠间距及牵杠撑间距来适应不同跨度及荷载。

2.3.8.7 板式楼梯木模板用料参考表

(mm)

斜搁栅断面	斜搁栅间距	牵杠断面	牵杠撑间距	底模板厚	统长顺带断面
50×100	400~500	70×150	1000~1200	20~25	70×150

2.3.9 防水工程材料用量参考

2.3.9.1 卷材防水屋面材料用量参考

卷材种类	卷材 (m^2/m^2)	基层处理剂 (kg/m^2)	基层胶粘剂 (kg/m^2)	接缝胶粘剂 (kg/m^2)	密封材料 (kg/m^2)	备注
沥青油毡	3.6	0.45	0.7	—	—	三毡四油
三元乙丙丁橡胶	1.15～1.2	0.2	0.4	0.1	0.01	
LYX-603 氯化聚乙烯	1.15～1.2	0.2	0.4	0.05	0.01	
氯化聚乙烯橡胶共混	1.15～1.2	0.15	0.45	0.1	0.01	
PVC 卷材	1.1	0.4	—	—	0.01	焊接法施工
热熔卷材	1.15～1.2	0.1	—	—	0.01	热熔法施工
冷粘贴改性卷材	1.15～1.2	0.06	0.45	—	0.01	
聚氯乙烯	1.15	0.4	1～1.1	—	0.01	

2.3.9.2 沥青防水卷材热法施工参考用量

施工作法	每 $100m^2$ 材料用量						
	350 号油毡 (m^2)	沥青玛琋脂 (m^3)	冷底子油 (kg)	绿豆砂 (m^3)	沥青 (kg)	溶剂 (kg)	填料 (kg)
冷底子油一道	—	—	(49)	—	15	34	—
二毡三油一砂	240	0.70	—	0.52	578	—	192
每增一毡一油	120	0.15	—	—	124	—	41

注：1. 本表参考《全国统一建筑工程基础定额》(GJD—101—1995)有关内容编制。

2. 冷底子油的配比按沥青：溶剂＝3：7(重量比)计算；沥青玛琋脂的配比按沥青：填料＝75：25(重量%)计算，玛琋脂的相对密度以 1.1 计算。

3. 根据玛琋脂熬制方法不同，尚应考虑其他辅助用料，如煤或木柴等。

2.3.9.3 改性沥青防水卷材热熔法施工参考用量

施工做法	每 $100m^2$ 材料用量					
	卷材 (m^2)	冷底子油 (kg)	沥青 (kg)	溶剂 (kg)	汽油 (kg)	液化气 (瓶)
冷底子油一道	—	49	15	34	—	—
铺贴单层改性沥青卷材	120	—	—	—	40	0.7

注：燃料品种视选用机具而定，一般任选其中一种备料。汽油牌号为 70 号。

2.3.9.4 涂膜防水屋面材料参考用量

涂料名称	要求厚度 (mm)	涂料 (kg/m²)	增强胎体 (m²/m²)	密封材料 (kg/m²)	备注
聚氨酯涂料（固含量95%）	2	2.3～2.6	—	0.2	
丙烯胶涂料（固含量65%）	2	3.2～4.0	2.4	0.2	
硅橡胶涂料（固含量50%）	2	3.8～4.5	2.4	0.2	
高聚物改性水乳型涂料（固含量50%）	3	6.2	2.4	0.1	
PVC改性涂料	3	3.5～4	2.4	0.1	
水乳型再生胶改性沥青涂料(固含量50%)	3	6.2	2.4	0.1	
沥青基防水涂料(固含量50%)	8	12～15	2.4	0.1	

2.3.9.5 水乳型或溶剂型薄质防水涂料的厚度与用量参考

层次	一层做法	二层做法		
	一毡两涂（一毡四胶）	二布三涂（二布六胶）	一布一毡三涂（一布一毡六胶）	一布一毡三涂（一布一毡八胶）
增强材料	聚酯毡一层	玻璃纤维布二层	聚酯毡、玻璃纤维布各一层	聚酯毡、玻璃纤维布各一层
胶料总量 (kg/m²)	2.4	3.2	3.4	5.0
涂膜总厚度 (mm)	1.5	1.8	2.0	3.0
第一遍 (kg/m²)	刷涂料0.6	刷涂料0.6	刷涂料0.6	刷涂料0.6
第二遍 (kg/m²)	刷涂料0.4 铺毡一层 毡面刷涂料0.4	刷涂料0.4 铺玻璃布一层 布面刷涂料0.3	刷涂料0.4 铺毡一层 毡面刷涂料0.3	刷涂料0.6
第三遍 (kg/m²)	刷涂料0.5	刷涂料0.4	刷涂料0.5	刷涂料0.4 铺毡一层 刷涂料0.3

续表 2.3.9.5

层次	一层做法	二层做法		
	一毡两涂（一毡四胶）	二布三涂（二布六胶）	一布一毡三涂（一布一毡六胶）	一布一毡三涂（一布一毡八胶）
第四遍（kg/m²）	刷涂料 0.5	刷涂料 0.4 铺玻璃布一层 刷涂料 0.3	刷涂料 0.4 铺玻璃布一层 刷涂料 0.3	刷涂料 0.6
第五遍（kg/m²）	—	刷涂料 0.4	刷涂料 0.4	刷涂料 0.4 铺玻璃布一层 布面刷涂料 0.3
第六遍（kg/m²）	—	刷涂料 0.4	刷涂料 0.4	刷涂料 0.6
第七遍（kg/m²）	—	—	—	刷涂料 0.6
第八遍（kg/m²）	—	—	—	刷涂料 0.6

2.3.9.6 反应型薄质涂料用量参考

层　次	纯　涂　料		一　层　做　法
	二涂	二涂	一布二涂（一布三胶）
增强材料	—	—	聚酯毡或化纤毡
胶料总量（kg/m²）	1.2～1.5	1.8～2.2	2.4～2.8
总厚度(mm)	1.0	1.5	2.0
第一遍(kg/m²)	刮胶料 0.6～0.7	刮胶料 0.9～1.1	刮胶料 0.8～0.9
第二遍(kg/m²)	刮胶料 0.6～0.8	刮胶料 0.9～1.1	刮胶料 0.4～0.5 铺毡一层 刮胶料 0.4～0.5
第三遍(kg/m²)	—	—	刮胶料 0.8～0.9

2.3.9.7 黏土平瓦屋面主要材料用量参考

(100m²)

材料	黏土平瓦	脊瓦	麻刀灰	1∶2.5 水泥砂浆
数量	1822 块	29 块	0.4m³	0.11m³

2.3.9.8 石棉波瓦屋面主要材料用量参考 （$100m^2$）

小波石棉瓦 1820×720	小波脊瓦 850×360	固定件	麻刀灰	油灰
103 块	15 块	200 套	0.03m^3	3kg

2.3.10 密封材料用量参考表

材料名称	缝尺寸(mm)	用量(kg/m)	缝尺寸(mm)	用量(kg/m)
高分子密封材料(水乳型)	4×4	0.023	20×12	0.312
	6×6	0.047	20×15	0.435
	10×5	0.065	25×10	0.364
	10×8	0.104	30×15	0.677
	10×10	0.143	—	—
	15×10	0.217	—	—
	20×10	0.286	—	—
高分子密封材料(水乳型)	4×4	0.021	20×12	0.28
	6×6	0.042	20×15	0.39
	10×5	0.058	25×10	0.33
	10×8	0.09	30×15	0.6
	10×10	0.13	—	—
	15×10	0.19	—	—
	20×10	0.26	—	—
高聚物改性沥青密封材料	15×15	0.4～0.5	—	—
	20×20	0.8～1.0	—	—
	30×25	1.5～1.7	—	—
	30×30	1.6～1.8	—	—

2.3.11 抹灰工程用料

2.3.11.1 每立方米石灰砂浆用料参考

配合比(体积比)		1∶1	1∶2	1∶2.5	1∶3	1∶3.5
名称	单位	数量				
生石灰	kg	399	274	235	207	184
石灰膏	m^3	(0.64)	(0.44)	(0.38)	(0.33)	(0.30)
天然砂	m^3	0.85	1.01	1.05	1.09	1.10
天然净砂	kg	(1047)	(1247)	(1035)	(1351)	(1361)
水	m^3	0.46	0.38	0.36	0.35	0.36

2.3.11.2 每立方米混合砂浆用料参考表

配合比(体积比)		1∶0.3∶3	1∶0.5∶4	1∶1∶2	1∶1∶4	1∶1∶6	1∶3∶9
名 称	单位	数 量					
水泥 32.5MPa	kg	391	303	379	275	203	129
生石灰	kg	56	78	192	138	102	190
石灰膏	m^3	(0.09)	(0.12)	(0.33)	(0.22)	(0.16)	(0.30)
天然净砂	m^3	1.17	1.20	0.76	1.10	1.20	1.16
水	m^3	0.35	0.35	0.39	0.36	0.34	0.36

2.3.11.3 每立方米水泥砂浆用料参考表

配合比(体积比)		1∶1	1∶1.5	1∶2	1∶2.5	1∶3	1∶3.5	1∶4
名 称	单位	数 量						
水泥 32.5MPa	kg	758	644	550	485	404	335	330
天然净砂	m^3	0.76	0.81	1.10	1.20	1.20	1.21	1.24
水	m^3	0.36	0.36	0.35	0.35	0.35	0.34	0.35

2.3.11.4 每立方米水泥石子浆用料参考

配合比(体积比)		1∶1	1∶1.25	1∶1.5	1∶2	1∶2.5	1∶3	白水泥白石子浆 1∶1.5	白水泥色石子浆 1∶2.5
名 称	单位	数 量							
普通水泥 32.5MPa	kg	1371	1175	979	734	588	490	—	—
黑白石子	kg	1022	1147	1272	1472	1560	1560	—	—
白水泥	kg	—	—	—	—	—	—	979	588
白石子	kg	—	—	—	—	—	—	1272	—
色石子	kg	—	—	—	—	—	—	—	1560
水	m^3	0.30	0.30	0.30	0.30	0.30	0.30	0.30	0.30

2.3.11.5 每立方米其他砂浆配合比用料表

定额序号		1	2	3	4	5	6
项　　目		麻刀石灰浆	石灰麻刀砂浆	石膏浆	石膏砂浆	干水泥砂子	素水泥浆
			1∶3		1∶3	1∶1	
名　称	单位	数　量					
水泥 32.5MPa	kg	—	—	—	473	758	1502
石膏	kg	—	—	867	1586	—	—
石灰膏	m^3	1.0100	0.34	—	—	—	—
黄砂(过筛中砂)	m^3	—	1.03	—	—	0.76	—
麻刀	kg	12.1200	16.60	—	—	—	—
水	m^3	0.5000	0.60	0.60	0.30	—	0.30

定额序号		7	8	9	10
项　　目		水泥石英混合砂浆	TG 胶水泥砂浆	玻璃碴浆	水泥珍珠岩浆
		1∶0.2∶1.5	1∶6∶0.2	1∶1.25	1∶8
名　称	单位	数　量			
水泥 32.5MPa	kg	613	264	1134	170
TG 胶	kg	—	53.00	—	—
玻璃碴	kg	—	—	1076.00	—
黄砂(过筛中砂)	m^3	0.64	1.02	—	—
石英砂	kg	0.22	—	—	—
珍珠岩	m^3	—	—	—	1.16
水	m^3	0.30	0.30	0.30	0.40

定额序号		11	12		13	14
项　　目		水泥石屑浆	水泥豆石浆		水泥粒砂浆	水泥石灰麻刀浆
		1∶2	1∶2.5	1∶1.25		
名　称	单位	数　量				
水泥 32.5MPa	kg	734	1175	1135	735	224
黄砂(过筛中砂)	m^3	—	—	—	—	890
麻刀	kg	—	—	—	—	16.60
砂粒	m^3	—	0.78	0.69	1.08	—
石灰	t	—	—	—	—	222
石屑	m^3	0.95	—	—	—	—
水	m^3	0.30	0.30	0.30	0.30	0.60

2.3.11.6 每立方米石灰膏用灰量

块∶末	10∶0	9∶1	8∶2	7∶3	6∶4	5∶5	4∶6	3∶7	2∶8	1∶9	0∶10
用灰量(kg)	554.6	572.4	589.9	608.0	625.8	643.6	661.4	679.2	697.1	714.9	732.7
系数	0.88	0.91	0.94	0.97	1.00	1.02	1.05	1.08	1.11	1.14	1.17

2.3.12 门窗工程用料

2.3.12.1 钢门窗备料指标(门窗面积)

项　目	每平方米钢材消耗(kg)	备　注
空腹钢窗　单玻	17～20	—
空腹钢窗　纱扇	11～13	
空腹钢门	25～28	
空腹钢门　纱扇	11～13	
实腹钢窗　单玻	25～28	
实腹钢窗　纱扇	7～9	
实腹钢门	35～38	
实腹钢门　纱扇	15～18	

2.3.12.2 铝合金门窗备料指标

门　窗　型	基本尺寸(m^2)	每平方米铝材消耗(kg)
固定窗 BL38G	＞1.44	3.5～4.0
平开窗 BL38P	＞0.80	8.6～9.0
固定窗 BL45G	＞2.25	4.0～4.5
平开窗 BL45P	＞1.28	10.7～11.2
内倾内开窗 BL45QK	＞1.28	10.7～11.2
平开门 BL45PM	＞2	9.0～9.5
自由门 BL45LM	＞1.96	9.0～9.5
自动门 BL45EML	＞8.80	9.0～9.5
自由门 BL50LM	＞4.40	6.8～7.2
固定窗 BL55G	＞2.25	7.0～7.5
平开门 BL55PM	＞2	11.0～11.5
自由门 BL55LM	＞4.40	12.6～13.0

续表 2.3.12.2

门窗型	基本尺寸(m²)	每平方米铝材消耗(kg)
平开窗 BL55P	>2	9.0～9.5
推拉窗 BL70T	>2.25	5.7～6.0
推拉窗 BL90T	>2.88	6.2～6.5
推拉门 BL90TM	>3	6.3～6.5
固定幕墙 BLMQ	>2.25	6.5～7.0

2.3.12.3 木门备料指标(门框外围面积)

项目	每平方米木材消耗(m³)	项目	每平方米木材消耗(m³)
纤维板门	0.033～0.038	自由门	0.040～0.045
镶板门	0.035～0.040	拼板门	0.049～0.054
半玻门	0.039～0.044	推拉门	0.045～0.050

2.3.12.4 钢框木门备料指标(门框外围面积)

项目	每平方米钢材消耗(kg)	每平方米木材消耗(m³)
纤维板门	5.0～5.5	0.013～0.015
半玻门	5.5～6.0	0.014～0.015
壁橱门	5.5～6.5	0.012～0.015

2.3.12.5 木窗备料指标(窗框外围面积)

项目	每平方米木材消耗(m³)	项目	每平方米木材消耗(m³)
单玻窗	0.030～0.035	天窗	0.036～0.041
一玻一纱窗	0.043～0.048	百叶窗	0.042～0.047
双玻窗	0.045～0.050	中悬窗	0.029～0.034
橱窗	0.046～0.051	—	—

2.3.13 饰面和裱糊施工用料

2.3.13.1 饰面工程施工用料参考

名称		单位(m²)	水泥(kg)	砂子(m³)	块材用量
瓷砖	墙面	10	90	0.283	150×150 453 块
	池槽	10	90	0.283	150×150 453 块

续表 2.3.13.1

名称		单位(m^2)	水泥(kg)	砂子(m^3)	块材用量
陶瓷锦砖	墙面	10	100.70	0.267	10.20m^2
大理石	墙面	10	123	0.34	10.10m^2
	柱面	10	123	0.34	10.10m^2
预制水磨石	墙面	10	123	0.34	10.10m^2
	柱面	10	123	0.34	10.10m^2
面砖	墙面勾缝	10	90	0.283	75×75×788
	墙面不勾缝	10	90	0.283	75×75×907
花岗石			1∶2.5 砂浆(m^3)	煤(kg)	铁件(kg)
	方柱面	1	0.051	11	0.28
	礅物	1	0.051	11	0.45

2.3.13.2 裱糊工程施工用料参考

名称	单位	数量	备注
塑料墙纸	m^2	11.0	按每 10m^2 计算
107 胶	kg	0.90	
羧甲基纤维素	kg	0.012	
玻璃纤维墙布	m^2	11.2	按每 10m^2 计算
聚醋酸乙烯乳胶	kg	1.0	
羧甲基纤维素	kg	0.016	

2.3.13.3 陶瓷釉面砖建筑内墙装修用料参考 (100m^2)

项次	名称	砖墙基层	混凝土基层	加气混凝土基层
1	108 胶素水泥浆(m^3)	0.105	0.105	—
2	14mm 厚 1∶0.3∶3 水泥石灰砂浆(m^3)	1.616	1.616	—
3	3mm 厚防水建筑胶粉(kg)	283.5	283.5	283.5
4	陶瓷釉面砖(密缝)(m^2)	92	92	92
5	1∶1 水泥细砂浆甩毛(m^3)	—	0.105	—
6	108 胶素水泥浆甩毛(m^3)	—	0.105	—

续表 2.3.13.3

项次	名称	砖墙基层	混凝土基层	加气混凝土基层
7	镀锌钢丝网(m^2)	—	—	105
8	16mm 厚 1∶1∶4 水泥石灰砂浆(m^3)	—	—	1.847

2.3.13.4 高级陶瓷锦砖建筑内墙装修用料参考 (100m^2)

项次	名称	砖墙基层	混凝土基层	加气混凝土基层
1	108 胶素水泥浆/m^3	0.105	0.105	—
2	14mm 厚 1∶0.3∶3 水泥石灰砂浆(m^3)	1.616	1.616	—
3	2mm 厚防水建筑胶粉(kg)	200	200	200
4	高级陶瓷锦砖(m^2)	102	102	102
5	1∶1 水泥细砂浆甩毛(m^3)	—	0.105	—
6	镀锌钢丝网(m^2)	—	—	105
7	16mm 厚 1∶1∶4 水泥石灰砂浆(m^3)	—	—	1.847

2.3.13.5 花岗石、大理石、预制水磨石饰面板墙面装修传统做法用料参考 (100m^2)

项次	名称	花岗石板	大理石板	预制水磨石板
1	花岗岩饰面板 500mm×500mm(m^2)	102	—	—
2	大理石饰面板 500mm×500mm(m^2)	102	—	—
3	预制水磨石饰面板 500mm×500mm(m^2)	—	—	101.5
4	50mm 水泥砂浆(1∶2.5)(m^3)	5.55	5.55	5.55
5	素水泥浆(m^3)	0.1	0.1	0.1
6	钢筋 Ø6mm(不锈钢)(t)	0.06	0.06	0.06
7	不锈钢膨胀螺栓(套)	524	524	524
8	铜丝或不锈钢丝(kg)	7.77	7.77	7.77

2.3.13.6 花岗石、大理石、预制水磨石饰面板柱面装修传统做法用料参考

（$100m^2$）

项次	名称	花岗石板	大理石板	预制水磨石板
1	花岗岩饰面板 500mm×500mm（m^2）	102	102.93	92.55
2	大理石饰面板 500mm×500mm（m^2）	—	132.09	—
3	预制水磨石饰面板 500mm×500mm（m^2）	—	—	131.44
4	50mm 水泥砂浆（1∶2.5）（m^3）	6.09	6.09	6.09
5	素水泥浆（m^3）	0.10	0.10	0.10
6	钢筋 Ø6mm（不锈钢）（t）	0.08	0.08	0.08
7	不锈钢膨胀螺栓（套）	920	920	920
8	铜丝或不锈钢丝（kg）	7.77	7.77	7.77

2.3.13.7 镜面玻璃建筑内墙装修用料参考

（$100m^2$）

项次	名称	砖墙或混凝土墙基层
1	清水墙用防水建筑胶粉（6～12mm 厚）（kg）	473～945
2	非清水墙用防水建筑胶粉（4～5mm 厚）（kg）	315
3	30mm×40mm 木龙骨（m）	474
4	氟化钠防腐剂（kg）	25
5	防水涂料三遍（kg）	73.2
6	射钉（千只）	1.05
7	阻燃型双面刨光一级胶合板（5～8mm 厚）（m^2）	105
8	圆钉（25～35mm 长）（千只）	3.51
9	镜面玻璃（m^2）	105
10	白乳胶一道（kg）	20.8
11	上等薄牛皮纸（m^2）	105
12	美之宝大力胶（kg）	5.76

2.3.14 地面工程材料用量参考

2.3.14.1 每 $10m^3$ 灰土垫层材料用量参考值

材料名称	单　位	灰土垫层	
		2∶8	3∶7
黏土	m^3	13.23	11.62
石灰	kg	1636	2454

注:厚度应不小于 100mm。

2.3.14.2 每 $10m^3$ 砂或砂石垫层材料用量

材　料	单　位	砂　垫　层	砂石垫层
天然砂	m^3	12.25	2.6
石子(2～7mm)	m^3	—	14.4

注:砂垫层厚度不得小于 60mm;砂石垫层厚度不宜小于 100mm。

2.3.14.3 每 $10m^3$ 三合土垫层材料用量

材料名称	单　位	配　合　比	
		1∶2∶4	1∶3∶6
碎料	m^3	11.72	11.72
净砂	m^3	5.86	5.86
石灰	kg	1400	980

注:厚度应不小于 100mm。

2.3.14.4 每 $10m^3$ 碎石、碎砖三合土垫层材料用量

材料名称	单位	碎石三合土	碎砖四合土	碎石四合土	
		1∶1∶4∶8	1∶1∶6∶12	1∶1∶4∶8	1∶1∶6∶12
水泥 32.5MPa	kg	1650	1160	1460	1030
黄砂(过筛中砂)	m^3	6.60	6.80	5.80	6.10
石灰	kg	69	148	61	43
碎石 40～80mm	m^3	11.10	11.60	9.80	10.40

2.3.14.5 每 $10m^3$ 炉渣垫层材料用量参考值

材料名称	单位	炉渣垫层	水泥炉渣垫层(1∶8)	水泥石灰炉渣垫层(1∶1∶8)
水泥 325MPa	kg	—	2330	1788
石灰	kg	—	—	747
炉渣	m^3	13	11	11.92

注:厚度应不小于 80mm。

2.3.14.6 每 10m³ 混凝土垫层材料用量

材料用量	单位	混凝土强度等级		
		C10	C15	C20
水泥 32.5MPa	kg	2131	2600	3330
净砂	m^3	4.75	4.91	3.94
碎石 2～4cm	m^3	9.09	9.09	9.58

2.3.14.7 每 10m³ 找平层的材料用量

材料	单位	1∶3 水泥砂浆			沥青砂浆	
		在填充材料上	在硬基层上	厚度加减	在硬基层上	厚度加减
		20mm 厚		0.5cm	20mm 厚	0.5cm
净砂	m^3	2.58	2.06	0.55	2.16	0.55
水泥 32.5MPa	kg	1022	816	202	—	—
60 号沥青	kg	—	—	—	508	124
滑石粉	kg	—	—	—	945	239
汽油	kg	—	—	—	37	—

2.3.14.8 每 10m³ 保温层材料用量

材料名称	单位	水泥蛭石			水泥珍珠岩		
		1∶8	1∶10	1∶12	1∶8	1∶10	1∶12
水泥 32.5MPa	kg	1750	1480	1310	1680	1430	1250
珍珠岩	m^3	—	—	—	11.60	12.30	13.00
蛭石	m^3	12.00	12.80	13.40	—	—	—

2.3.14.9 每 10m³ 矿渣、陶粒混凝土材料用量

材料名称	单位	矿渣混凝土				陶粒混凝土
		35#	50#	75#	100#	CL10
水泥 32.5MPa	kg	810	1020	1330	1580	3180
黄砂(过筛中砂)	m^3	—	—	—	—	6.20
矿渣	m^3	15.30	14.00	14.90	13.60	—
石灰	kg	940	1190	1540	1840	—
陶粒	m^3	—	—	—	—	0.8930

2.3.14.10 每 100m² 涂刷防潮层材料用量

材料	单位	刷冷底子油		刷热沥青		刷石油沥青玛琋脂	
		一遍	每增加一遍	一遍	每增加一遍	一遍	每增加一遍
60 号石油沥青	kg	15	19	202	151	40	21
10 号石油沥青	kg	—	—	—	—	155	127
汽油	kg	37	20	37	—	37	—
滑石粉	kg	—	—	—	—	43	36

2.3.14.11 每 100m² 油毡防潮层材料用量

材料	单位	沥青油毡		玛琋脂油毡	
		二毡三油	每增减一毡一油	二毡三油	每增减一毡一油
10 号石油沥青	kg	485	159	518	165
60 号石油沥青	kg	95	26	84	27
350 号石油沥青油毡	m^3	240	116.5	240	116.5
汽油	kg	37	—	37	—
滑石粉	kg	—	—	141	46

2.3.14.12 每 100m² 水泥砂浆面层材料用量

材料	单位	单层	双层
32.5MPa 水泥	kg	1494	1726
净砂	m^3	2.06	2.29

2.3.14.13 每 100m² 混凝土面层材料用量表

材料	单位	C15 混凝土	C20 细石混凝土	
		6cm 厚	4cm 厚	每增减 1cm
32.5MPa 水泥	kg	—	1586	300
净砂	m^3	3.41	2.27	0.43
砾石 0.5～1.5cm	m^3	—	3.31	0.83
砾石 1～3cm	m^3	5.74	—	—

2.3.14.14 每 100m² 水磨石面层材料用量

材料名称	单位	本色	加色
32.5MPa 水泥	kg	2032	2032
净砂	m^3	1.55	1.55
白石子	kg	1980	1980
颜料	kg	—	30

2.3.14.15 每 100m² 水泥钢(铁)屑面层材料用量

材　　料	单位	0.31∶1∶2(重量比) 水∶水泥∶钢(铁)屑	0.31∶1∶1.8(重量比) 水∶水泥∶钢(铁)屑
32.5MPa 水泥	kg	2078	2186
钢(铁)屑	kg	3326	3466
水	kg	644	678

2.3.14.16 每 100m² 砖面层的材料用量

材　　料	单位	普通黏土砖	缸　　砖		陶瓷锦砖
		平铺砂结合层	玛琋脂结合层	水泥砂浆结合层	
普通黏土砖	千块	3.435	—	—	—
缸砖 150×150×10	块	—	4364	4364	—
32.5MPa 水泥	kg	—	—	1203	1353
净砂	m³	2.10	—	2.39	2.39
汽油	kg	—	88	—	—
60 号石油沥青	kg	—	100	—	—
10 号石油沥青	kg	—	400	—	—
滑石粉	kg	—	112	—	—
白水泥	kg	—	—	—	10
陶瓷锦砖	m²	—	—	—	101

2.3.14.17 菱苦土面层厚度

地面层数	厚度(mm)	拌和料稠度(cm)
单层	12～15	—
双层	上层 8～10	上层 5.5～6.5
	下层 12～15	下层 7.0～8.0

2.3.14.18 每 100m² 菱苦土面层材料用量

菱苦土∶锯木屑∶砂	锯木屑(m³)	砂(m³)	滑石粉(kg)	颜料(kg)	氯化镁溶液以固体氯化镁加水溶化		氯化镁溶液以盐酸加苛性菱苦土制造	
					苛性菱苦土(kg)	固体氯化镁(kg)	苛性菱苦土(kg)	盐酸(密度1.18)(kg)
1∶2∶0	1	—	60	60	520	550	610	519
1∶1.5∶0	0.9	—	75	60	620	400	760	625
1∶1.4∶0.6	0.75	0.52	60	50	520	330	610	519
1∶1∶0.5	0.68	0.28	75	50	620	400	750	625
1∶0.7∶0.3	0.6	0.25	100	50	770	500	900	791
1∶4∶0	1	—	—	—	410	260	480	415

注:本表所列数值指厚度为 100mm 的菱苦土面层。

2.3.14.19 每 100m² 大理石、花岗石、碎拼大理石面层材料用量

材料名称	单位	大理石、花岗石面层		碎拼大理石面层
		水泥砂浆结合层（15mm）	水泥砂结合层（30mm）	
32.5MPa 水泥	kg	1300	700	1230
中砂或粗砂	m^3	3.4	3.5	3.9
石粒	kg	—	—	840
大理石板材	m^2	102	102	80
花岗石板材	m^2	102	102	80

2.3.14.20 每 100m² 混凝土板块、水磨石板块面层材料用量

材料名称	单位	砂结合层（或垫层）	水泥砂浆结合层
混凝土板块、水磨石板块	m^2	101	101
32.5MPa 水泥	kg	—	1478
中砂或粗砂	m^3	6.5	2.55

2.3.15 材料运输及保管损耗定额

名　称	场外运输消耗（%）	仓库及工地保管损耗（%）	合计	名　称	场外运输消耗（%）	仓库及工地保管损耗（%）	合计
普通砖	2.0	0.5	2.5	石屑	—	0.1	0.1
空心砖	2.0	0.5	2.5	水泥	0.3	0.1	0.4
缸砖	0.5	—	0.5	平板玻璃	0.4	0.1	0.5
水泥花砖	0.5	0.5	1.0	石膏	0.3	0.1	0.4
瓷砖	0.3	—	0.3	耐火砖	0.5	—	0.5
面砖	0.5	—	0.5	耐火土	0.3	0.2	0.5
黏土平瓦	2.0	0.5	2.5	陶土管	0.5	—	0.5
水泥平瓦	1.5	0.5	2.0	黏土瓦管	1.0	1.0	2.0
石棉水泥瓦	0.5	—	0.5	混凝土管	0.5	—	0.5
砂	—	3.0	3.0	烧碱	3.0	2.0	5.0
熟石灰	1.5	1.0	2.5	电石	3.0	2.0	5.0
白云灰	0.3	0.1	0.4	玻璃灯罩	0.5	0.5	1.0
白石子	0.5	—	0.5	瓷管	1.0	1.0	2.0

3 常用建筑材料

3.1 砌体材料

砌体由块体材料和砌筑砂浆砌筑而成，常见的块体材料有各种砖(包括烧结普通砖、烧结多孔砖、蒸压灰砂砖等)、砌块(包括混凝土小型空心砌块、轻骨料混凝土小型空心砌块等)及料石、毛石等。

3.1.1 烧结普通砖(GB 5101—2003)

烧结普通砖又称标准砖。它是以黏土、煤矸石、页岩或粉煤灰为主要材料，经过焙烧而成的实心或孔洞率不大于规定值且外形尺寸符合规定的砖。其规格为240mm×115mm×53mm。根据用料的不同，分为烧结黏土砖、烧结煤矸石砖、烧结页岩砖、烧结粉煤灰砖等。根据抗压强度的不同，分为 MU30、MU25、MU20、MU15、MU10 五个等级。1m³ 砖约重 1600～1800kg。

3.1.1.1 烧结普通砖尺寸允许偏差 (mm)

公称尺寸	优等品		一等品		合格品	
	样本平均偏差	样本极差≤	样本平均偏差	样本极差≤	样本平均偏差	样本极差≤
240	±2.0	6	±2.5	7	±3.0	8
115	±1.5	5	±2.0	6	±2.5	7
53	±1.5	4	±1.6	5	±2.0	6

3.1.1.2 烧结普通砖外观质量(mm)

项目		优等品	一等品	合格品
两条面高度差	不大于	2	3	4
弯曲	不大于	2	3	4

续表 3.1.1.2

项目		优等品	一等品	合格品
杂质凸出高度	不大于	2	3	4
缺楞掉角的三个破坏尺寸	不得同时大于	5	20	30
裂纹长度	不大于			
a. 大面上宽度方向及其延伸至条面长度		30	60	80
b. 大面上长度方向及其延伸至顶面的长度或条顶面上水平裂纹的长度		50	80	100
完整面	不得小于	一条面和一顶面	一条面和一顶面	—
颜色		基本一致	—	—

3.1.1.3 烧结普通砖强度 (MPa)

序号	强度等级	抗压强度平均值≥	变异系数≤0.21	变异系数>0.21
			标准强度值≥	单块最小抗压强度值≥
1	MU30	30.0	22.0	25.0
2	MU25	25.0	18.0	22.0
3	MU20	20.0	14.0	16.0
4	MU15	15.0	10.0	12.0
5	MU10	10.0	5.0	7.5

3.1.1.4 烧结普通砖检验抽样数量

序号	检验项目	抽样数量(块)
1	外观质量	50($n_1=n_2=50$)
2	尺寸偏差	20
3	强度等级	10
4	泛霜	5
5	石灰爆裂	5
6	冻融	5
7	吸水率和饱和系数	5

3.1.2 烧结多孔砖(GB 13544—2000)

烧结多孔砖,简称多孔砖。它以煤矸石、页岩为主要材料,经过焙烧而成。其孔洞率不小于15%,孔多而尺寸小,用于承重部位。目前有P(KP1)型,规格为240mm×115mm×90mm;P(KP2)型,规格为240mm×115mm×180mm;K(KM1)型,规格为190mm×190mm×190mm,常用规格为240mm×115mm×90mm。根据抗压强度不同,分为MU30、MU25、MU20、MU15、MU10五个强度等级。

3.1.2.1 烧结多孔砖尺寸允许偏差

(mm)

公称尺寸	优等品		一等品		合格品	
	样本平均偏差	样本极差≤	样本平均偏差	样本极差≤	样本平均偏差	样本极差≤
290、240	±2.0	6	±2.5	7	±3.0	8
190、180、175、140、115	±1.5	5	±2.0	6	±2.5	7
90	±1.5	4	±1.7	5	±2.0	6

3.1.2.2 烧结多孔砖外观质量

(mm)

项　目		优等品	一等品	合格品
颜色		一致	基本一致	—
完整面	不得小于	一条面和一顶面	一条面和一顶面	—
缺棱掉角的三个破坏尺寸	不得同时大于	15	20	30
裂纹长度	不大于			
a. 大面上深入孔壁15mm以上宽度方向及其延伸到条面的长度		60	80	100
b. 大面上深入孔壁15mm以上宽度方向及其延伸到顶面的长度		60	80	120
c. 条顶面上的水平裂纹		80	100	120
杂质在砖面上造成的凸出高度	不大于	3	4	5

3.1.2.3 烧结多孔砖强度

(MPa)

序号	强度等级	抗压强度(N/mm^2)	变异系数≤0.21	变异系数>0.21
		平均值不小于	标准强度值不小于(N/mm^2)	单块最小抗压强度不小于(N/mm^2)
1	MU30	30.0	22.0	25.0
2	MU25	25.0	18.0	22.0
3	MU20	20.0	14.0	16.0
4	MU15	15.0	10.0	12.0
5	MU10	10.0	6.5	7.5

3.1.3 蒸压灰砂砖(GB 11945—1999)

蒸压灰砂砖是以石灰和砂为主要原料，经坯料制备、压制成型、蒸压养护而成的实心砖。其强度分为MU25、MU20、MU15、MU10四个等级。其规格为240mm×115mm×53mm。

3.1.3.1 蒸压灰砂砖尺寸偏差和外观质量

项目			指标		
			优等品	一等品	合格品
尺寸允许偏差(mm)	长度		±2		
	宽度		±2	±2	±3
	高度		±1		
缺棱掉角	个数(个)	不多于	1	1	2
	最大尺寸(mm)	不得大于	10	15	20
	最小尺寸(mm)	不得大于	5	10	10
对应高度差(mm)		不多于	1	2	3
裂纹	条数(条)	不多于	1	1	2
	大面上宽度方向及其延伸至条面长度(mm)	不得大于	20	50	70
	大面上长度方向及延伸到顶面上的长度或条、顶面水平裂纹的长度(mm)	不得大于	30	70	100

3.1.3.2 蒸压灰砂砖的力学性能

(MPa)

强度级别	抗压强度		抗折强度	
	平均值≥	单块最小值≥	平均值≥	单块最小值≥
MU25	25	20	5.0	4.0
MU20	20	16.0	4.0	3.2
MU15	15	12.0	3.3	2.6
MU10	10	8.0	2.5	2.0

3.1.3.3 蒸压灰砂砖的抗冻性指标

强度级别	冻后抗压强度平均值不小于(MPa)	单块砖的干重量损失不大于(%)
MU25	20.0	2.0
MU20	16.0	2.0
MU15	12.0	2.0
MU10	6.0	2.0

3.1.4 烧结空心砖(GB13545—2003)

烧结空心砖的外形结构如图 3-1 所示，其长度分为 240mm、290mm 两种；宽度有 190mm、180mm、140mm 三种；厚度有 115mm、90mm 两种。与砂浆的结合面上有凹线槽，砖内的孔洞为矩形或其他孔形，且平行于大面和条面。根据其抗压强度的不同，分为 MU5、MU3、MU2 三个等级，

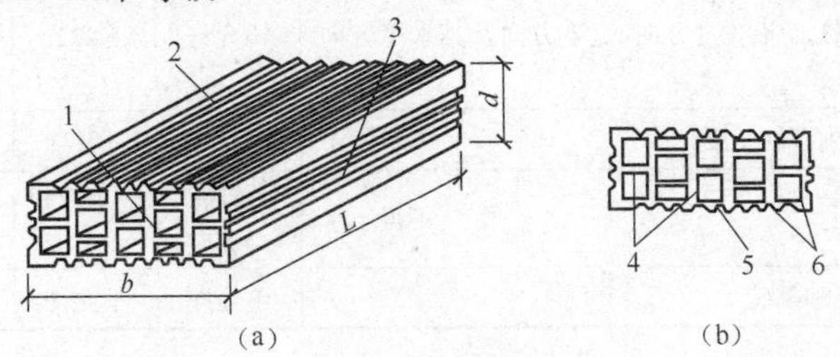

图 3-1 烧结空心砖的外形结构

(a)轴侧图 (b)正视图

1. 顶面 2. 大面 3. 条面 4. 肋 5. 凹槽线 6. 外壁 *L*. 长度 *b*. 宽度 *d*. 厚度

3.1.4.1 烧结空心砖的力学性能

(MPa)

等级	强度级别	大面抗压强度		条面抗压强度	
		平均值≥	单块最小值≥	平均值≥	单块最小值≥
优等品	5.0	5.0	3.7	3.4	2.3
一等品	3.0	3.0	2.2	2.2	1.4
合格品	2.0	2.0	1.4	1.6	0.9

3.1.4.2 烧结空心砖的允许偏差

尺寸	允许偏差(mm)		
	优等品	一等品	合格品
>300	±2.5	±3.0	±3.5
200～300	±2.0	±2.5	±3.0
100～200	±1.5	±2.0	±2.5
<100	±1.5	±1.7	±2.0

3.1.4.3 烧结空心砖的外观质量

(mm)

项　目	优等品	一等品	合格品
弯曲　不大于	3	4	5
缺棱掉角的三个破坏尺寸　不得同时大于	15	30	40
未贯穿裂纹长度　不大于			
a. 大面上宽度方向及其延伸至条面长度	不允许	100	120
b. 大面上长度方向或条面上水平方向的长度	不允许	120	140
贯穿裂纹长度　不大于			
a. 大面上宽度方向及其延伸至条面长度	不允许	40	60
b. 壁、肋沿长度方向、宽度方向及其水平方向的长度	不允许	40	60
肋、壁内残缺长度　不大于	不允许	40	60
完整面　不得小于	一条面和一大面	一条面和一大面	—
欠火砖和酥砖	不允许	不允许	不允许

3.1.5 蒸压粉煤灰砖

蒸压粉煤灰砖是以粉煤灰、石灰为主要材料，掺加适量的石膏和骨料，经坯料制备、压制成型、高压蒸汽养护而成的实心砖。根据抗压强度的不同，分为 MU30、MU25、MU20、MU15、MU10 五个强度等级。其规格为 240mm×115mm×53mm。

3.1.5.1 粉煤灰砖外观质量

序号	项目	指标		
		优等品(A)	一等品(B)	合格品(C)
1	尺寸允许偏差 长 宽 高	 ±2 ±2 ±1	 ±3 ±3 ±2	 ±4 ±4 ±3
2	对应高度差≤	1	2	3
3	缺棱掉角的最小破坏尺寸(mm)≤	10	15	20
4	完整面 不少于	二条面和一顶面或二顶面和一条面	一条面和一顶面	一条面和一顶面
5	裂纹长度(mm) 不大于 a. 大面上宽度方向的裂纹(包括延伸到条面上的长度) b. 其他裂纹	 30 50	 50 70	 70 100
6	层裂	不允许		

3.1.5.2 粉煤灰砖强度等级

序号	强度等级	抗压强度(N/mm^2)		抗折强度(N/mm^2)	
		10 平均值≥	单块体≥	10 平均值≥	单块体≥
1	MU30	30.0	24.0	6.2	5.0
2	MU25	25.0	20.0	5.0	4.0
3	MU20	20.0	16.0	4.0	3.2
4	MU15	15.0	12.0	3.3	2.6
5	MU10	10.0	8.0	2.5	2.0

3.1.6 非烧结垃圾尾矿砖(JC/T 422—2007)

外形公称尺寸为长 240mm,宽 115mm,厚 53mm,其他尺寸由供需双方商定。

按抗压强度分为 MU25、MU20、MU15 三个等级。代号为 UFB。

3.1.6.1 尺寸偏差和外观质量

<table>
<tr><td>尺寸偏差</td><td colspan="3">长度、宽度、高度:±2.0mm</td></tr>
<tr><td rowspan="10">外观质量
(mm)</td><td colspan="2">项　目</td><td>合格品</td></tr>
<tr><td colspan="2">弯曲≤</td><td>2.0</td></tr>
<tr><td rowspan="2">缺棱掉角
≤</td><td>个数/个</td><td>1</td></tr>
<tr><td>三个方向投影尺寸的最小值</td><td>10</td></tr>
<tr><td colspan="2">完整面≥</td><td>一条面和一顶面</td></tr>
<tr><td rowspan="2">裂纹长度
≤</td><td>大面上宽度方向及其延伸到条面的长度</td><td>30</td></tr>
<tr><td>大面上长度方向及其延伸到顶面上的长度或条、顶面水平裂纹的长度</td><td>50</td></tr>
<tr><td colspan="2">层裂</td><td>不允许</td></tr>
<tr><td colspan="2">颜色</td><td>基本一致</td></tr>
</table>

3.1.6.2 技术要求

<table>
<tr><td rowspan="5">强度(MPa)</td><td rowspan="2">强度等级</td><td rowspan="2">抗压强度
平均值 $\bar{f}$≥</td><td>变异系数 δ≤0.21</td><td>变异系数 δ>0.21</td></tr>
<tr><td>强度标准值 f_k≥</td><td>单块最小抗压强度值 f_{min}≥</td></tr>
<tr><td>MU25</td><td>25.0</td><td>19.0</td><td>20.0</td></tr>
<tr><td>MU20</td><td>20.0</td><td>14.0</td><td>16.0</td></tr>
<tr><td>MU15</td><td>15.0</td><td>10.0</td><td>12.0</td></tr>
<tr><td rowspan="4">抗冻性</td><td>强度等级</td><td colspan="2">冻后抗压强度平均值(MPa)≥</td><td>单块砖的干质量损失(%)≤</td></tr>
<tr><td>MU25</td><td colspan="2">22.0</td><td rowspan="3">2.0</td></tr>
<tr><td>MU20</td><td colspan="2">16.0</td></tr>
<tr><td>MU15</td><td colspan="2">12.0</td></tr>
</table>

续表 3.1.6.2

干燥收缩率	平均值应不大于 0.06%	
吸水率	单块值不大于 18%	
碳化性能	强度等级	碳化后强度平均值/MPa ≥
	MU25	22.0
	MU20	16.0
	MU15	12.0
软化性能	平均值 K_f≥0.80	
放射性	应符合 GB 6566 的规定	

3.1.7 混凝土实心砖(GB/T 21144—2007)

砖的主规格尺寸为:240mm×115mm×53mm。按砖的抗压强度分为 MU40、MU35、MU30、MU25、MU20、MU15 六个等级。代号 SCB。

3.1.7.1 尺寸允许偏差和外观质量

	项目名称	标准值
尺寸允许偏差(mm)	长度	−1～+2
	宽度	−2～+2
	高度	−1～+2
外观质量(mm)	外观质量应符合以下规定	
	项目名称	标准值
	成形面高度差≤	2
	弯曲≤	2
	缺棱掉角的三个方向投影尺寸不得同时大于	10
	裂纹长度的投影尺寸 ≤	20
	完整面①不得少于	一条面和一顶面
	①凡有下列缺陷之一者,不得称为完整面: a. 缺损在条面或顶面上造成的破坏尺寸同时大于 10mm×10mm; b. 条面或顶面上裂纹宽度大于 1mm,其长度超过 30mm。	

3.1.7.2 技术要求

<table>
<tr><td rowspan="4">密度等级（kg/m^3）</td><td>密度等级</td><td>3块平均值</td></tr>
<tr><td>A级</td><td>≥2100</td></tr>
<tr><td>B级</td><td>1681～2099</td></tr>
<tr><td>C级</td><td>≤1680</td></tr>
</table>

<table>
<tr><td rowspan="11">强度等级</td><td colspan="3">①强度等级应符合以下规定</td></tr>
<tr><td rowspan="2">强度等级</td><td colspan="2">抗压强度/MPa</td></tr>
<tr><td>平均值≥</td><td>单块最小值≥</td></tr>
<tr><td>MU40</td><td>40.0</td><td>35.0</td></tr>
<tr><td>MU35</td><td>35.0</td><td>30.0</td></tr>
<tr><td>MU30</td><td>30.0</td><td>26.0</td></tr>
<tr><td>MU25</td><td>25.0</td><td>21.0</td></tr>
<tr><td>MU20</td><td>20.0</td><td>16.0</td></tr>
<tr><td>MU15</td><td>15.0</td><td>12.0</td></tr>
<tr><td colspan="3">②密度等级为B级和C级的砖，其强度等级应不小于MU15；密度等级为A级的砖，其强度等级应不小于MU20</td></tr>
</table>

<table>
<tr><td rowspan="3">最大吸水率（%）</td><td colspan="3">不同密度等级混凝土砖的最大吸水率（3块平均值）</td></tr>
<tr><td>≥2100kg/m^3（A级）</td><td>1681～2099kg/m^3（B级）</td><td>≤1680kg/m^3（C级）</td></tr>
<tr><td>≤11</td><td>≤13</td><td>≤17</td></tr>
</table>

<table>
<tr><td rowspan="5">干燥收缩率和相对含水率（%）</td><td colspan="4">干燥收缩率和相对含水率应符合以下规定</td></tr>
<tr><td rowspan="2">干燥收缩率</td><td colspan="3">相对含水率平均值</td></tr>
<tr><td>潮湿</td><td>中等</td><td>干燥</td></tr>
<tr><td>≤0.050</td><td>≤40</td><td>≤35</td><td>≤30</td></tr>
<tr><td colspan="4">注：1. 相对含水率即混凝土实心砖的含水率与吸水率之比：
$$w=100w_1/w_2$$
式中 w——混凝土实心砖的相对含水率，%；
w_1——混凝土实心砖的含水率，%；
w_2——混凝土实心砖的吸水率，%。
2. 使用地区的湿度条件
潮湿——系指年平均相对湿度大于75%的地区；
中等——系指年平均相对湿度50%～75%的地区；
干燥——系指年平均相对湿度小于50%的地区。</td></tr>
</table>

续表 3.1.7.2

	使用条件	抗冻指标	质量损失	强度损失
抗冻性(%)	夏热冬暖地区	F15	≤5	≤25
	夏热冬冷地区	F25		
	寒冷地区	F35		
	严寒地区	F50		
碳化系数	≥0.80			
软化系数	≥0.80			

3.1.8 混凝土多孔砖(JC 943—2004)

3.1.8.1 规格和外观质量要求

	项目名称		一等品(B)	合格品(C)
规格	长度		±1	±2
	宽度		±1	±2
	高度		±1.5	±2.5
外观质量	外观质量应符合以下规定			
	项 目 名 称		一等品(B)	合格品(C)
	弯曲 ≤		2	2
	掉角缺棱	个数(个)≤	0	2
		三个方向投影尺寸的最小值≤	0	20
	裂纹延伸投影尺寸累计≤		0	20
孔洞排列	孔洞排列应符合以下规定			
	孔 形		孔洞率	孔洞排列
	矩形孔或矩形条孔		≥30%	多排、有序交错排列
	矩形孔或其他孔形			条面方向至少2排以上

3.1.8.2 技术要求

	强度等级	抗压强度/MPa	
		平均值≥	单块最小值≥
强度等级	MU10	10.0	8.0
	MU15	15.0	12.0
	MU20	20.0	16.0
	MU25	25.0	20.0
	HU30	30.0	24.0

续表 3.1.8.2

<table>
<tr><td rowspan="6">干燥收缩率和相对含水率(%)</td><td colspan="12">干燥收缩率和相对含水率应符合以下规定</td></tr>
<tr><td colspan="3" rowspan="2">干燥收缩率</td><td colspan="9">相对含水率平均值≤</td></tr>
<tr><td colspan="3">潮湿</td><td colspan="3">中等</td><td colspan="3">干燥</td></tr>
<tr><td colspan="3">≤0.03</td><td colspan="3">45</td><td colspan="3">40</td><td colspan="3">35</td></tr>
<tr><td colspan="3">0.03～0.045</td><td colspan="3">40</td><td colspan="3">35</td><td colspan="3">30</td></tr>
<tr><td colspan="12">注：1. 相对含水率即混凝土多孔砖的含水率与吸水率之比：
$w=100w_1/w_2$
式中 w——混凝土多孔砖的相对含水率，%；
w_1——混凝土多孔砖的含水率，%；
w_2——混凝土多孔砖的吸水率，%。
2. 使用地区的湿度条件
潮湿——系指年平均相对湿度大于75%的地区；
中等——系指年平均相对湿度50%～75%的地区；
干燥——系指年平均相对湿度小于50%的地区。</td></tr>
<tr><td rowspan="5">抗冻性(%)</td><td colspan="6">使用环境</td><td colspan="2">抗冻标号</td><td colspan="2">强度损失</td><td colspan="2">质量损失</td></tr>
<tr><td colspan="6">非采暖地区</td><td colspan="2">D15</td><td colspan="2" rowspan="3">≤25</td><td colspan="2" rowspan="3">≤5</td></tr>
<tr><td colspan="3" rowspan="2">采暖地区</td><td colspan="3">一般环境</td><td colspan="2">D15</td></tr>
<tr><td colspan="3">干湿交替环境</td><td colspan="2">D25</td></tr>
<tr><td colspan="12">注：1. 非采暖地区指最冷月份平均气温高于−5℃的地区；
2. 采暖地区指最冷月份平均气温低于或等于−5℃的地区。</td></tr>
<tr><td rowspan="3">抗渗性(mm)</td><td colspan="12">用于外墙的混凝土多孔砖，其抗渗性应满足以下规定</td></tr>
<tr><td colspan="6">项目名称</td><td colspan="6">指　标</td></tr>
<tr><td colspan="6">水面下降高度</td><td colspan="6">3块中任一块不大于10</td></tr>
<tr><td>放射性</td><td colspan="12">应符合 GB 6566 的规定</td></tr>
</table>

3.1.9 轻集料混凝土小型空心砌块(GB/T 15229—2002)

主规格为390mm×190mm×190mm。其他尺寸由供需双方商定。按强度分为 MU15、MU2.5、MU3.5、MU5.0、MU7.5、MU10.0六个等级，按尺寸允许误差和外观质量分为一等品(B)、合格品(C)。代号LHB。

3.1.9.1 尺寸允许偏差和外观质量

	项目名称	一等品	合格品
尺寸允许偏差	长度、宽度、高度	±2	±3
	注:1. 承重砌块最小外壁厚不应小于 30mm,肋厚不应小于 25mm。 2. 保温砌块最小外壁厚和肋厚不宜小于 20mm。		

	项目名称	一等品	合格品
外观质量	缺棱掉角(个)≤	0	2
	缺棱掉角 3 个方向投影的最小尺寸(mm)≤	0	30
	裂缝延伸投影的累计尺寸(mm)≤	0	30

3.1.9.2 技术要求

	密度等级应符合以下要求	
	密度等级	砌块干燥表观密度的范围
密度等级(kg/m³)	500	≤500
	600	510～600
	700	610～700
	800	710～800
	900	810～900
	1000	910～1000
	1200	1010～1200
	1400	1210～1400

	强度等级符合以下要求者为一等品,密度等级范围不满足要求者为合格品			
	强度等级	砌块抗压强度		密度等级范围
		平均值	最小值	
强度等级(MPa)	1.5	≥1.5	1.2	≤600
	2.5	≥2.5	2.0	≤800
	3.5	≥3.5	2.8	≤1200
	5.0	≥5.0	4.0	
	7.5	≥7.5	6.0	≤1400
	10.0	≥10.0	8.0	

续表 3.1.9.2

<table>
<tr><td>吸水率、相对含水率和干缩率</td><td>①吸水率不应大于 20%
②干燥收缩率和相对含水率应符合以下要求
<table>
<tr><td rowspan="2">干燥收缩率(%)</td><td colspan="3">相对含水率(%)</td></tr>
<tr><td>潮湿</td><td>中等</td><td>干燥</td></tr>
<tr><td>≤0.03</td><td>45</td><td>40</td><td>35</td></tr>
<tr><td>0.03～0.045</td><td>40</td><td>35</td><td>30</td></tr>
<tr><td>0.045～0.065</td><td>35</td><td>30</td><td>25</td></tr>
</table>
注:1. 相对含水率即砌块出厂含水率与吸水率之比:$w=100w_1/w_2$
式中 w——砌块的相对含水率,%;
w_1——砌块出厂时的含水率,%;
w_2——砌块的吸水率,%。
2. 使用地区的湿度条件
潮湿——系指年平均相对湿度大于 75%的地区;
中等——系指年平均相对湿度 50%～75%的地区;
干燥——系指年平均相对湿度小于 50%的地区。</td></tr>
<tr><td>抗冻性(%)</td><td>
<table>
<tr><td colspan="2">使用条件</td><td>抗冻标号</td><td>强度损失</td><td>质量损失</td></tr>
<tr><td colspan="2">非采暖地区</td><td>F15</td><td rowspan="3">≤25</td><td rowspan="3">≤5</td></tr>
<tr><td rowspan="2">采暖地区</td><td>相对湿度≤60%</td><td>F25</td></tr>
<tr><td>相对湿度>60%</td><td>F35</td></tr>
<tr><td colspan="2">水位变化、干湿循环或粉煤灰掺量≥取代水泥量 50%时</td><td>≥F50</td><td>≤25</td><td>≤5</td></tr>
</table>
注:1. 非采暖地区指最冷月份平均气温高于－5℃的地区;采暖地区指最冷月份平均气温低于或等于－5℃的地区。
2. 抗冻性合格的砌块的外观质量也应符合本表要求。</td></tr>
<tr><td>其他</td><td>①加入粉煤灰等火山灰质掺和料的小砌块,其碳化系数≥0.80、软化系数≥0.75
②掺工业废渣的砌块其放射性应符合 GB 6566 的要求</td></tr>
</table>

3.1.10 蒸压加气混凝土砌块(GB 11968—2006)

3.1.10.1 蒸压加气混凝土砌块的产品分类

<table>
<tr><td rowspan="3">规格(mm)</td><td>长度 L</td><td>宽度 B</td><td>高度 H</td></tr>
<tr><td>600</td><td>100、125、125、150、180、200、240、250、300</td><td>200、240、250、300</td></tr>
<tr><td colspan="3">注:如需要其他规格,可由供需双方协商解决。</td></tr>
<tr><td>砌块级别</td><td colspan="3">砌块按强度和干密度分级
强度级别有:A1.0,A2.0,A2.5,A3.5,A5.0,A7.5,A10 七个级别
干密度级别有:B03,B04,B05,B06,B07,B08 六个级别</td></tr>
<tr><td>砌块等级</td><td colspan="3">砌块按尺寸偏差与外观质量、干密度、抗压强度和抗冻性分为:优等品(A)、合格品(B)两个等级</td></tr>
<tr><td>标记</td><td colspan="3">示例:强度级别为 A3.5、干密度级别为 B05、优等品、规格尺寸为 600mm×200mm×250mm 的蒸压加气混凝土砌块,其标记为 ACB A3.5 B05 600×200×250A GB 11968</td></tr>
</table>

3.1.10.2 蒸压加气混凝土砌块的尺寸偏差和外观质量要求

<table>
<tr><td colspan="3" rowspan="2">项　目</td><td colspan="2">指　标</td></tr>
<tr><td>优等品(A)</td><td>合格品(B)</td></tr>
<tr><td rowspan="3">尺寸允许偏差(mm)</td><td>长度</td><td>L</td><td>±3</td><td>±4</td></tr>
<tr><td>宽度</td><td>B</td><td>±1</td><td>±2</td></tr>
<tr><td>高度</td><td>H</td><td>±1</td><td>±2</td></tr>
<tr><td rowspan="3">缺棱掉角</td><td colspan="2">最小尺寸不得大于(mm)</td><td>0</td><td>30</td></tr>
<tr><td colspan="2">最大尺寸不得大于(mm)</td><td>0</td><td>70</td></tr>
<tr><td colspan="2">大于以上尺寸的缺棱掉角个数不多于(个)</td><td>0</td><td>2</td></tr>
<tr><td rowspan="3">裂纹长度</td><td colspan="2">贯穿一棱二面的裂纹长度不得大于裂纹所在面的裂纹方向尺寸总和的</td><td>0</td><td>1/3</td></tr>
<tr><td colspan="2">任一面上的裂纹长度不得大于裂纹方向尺寸的</td><td>0</td><td>1/2</td></tr>
<tr><td colspan="2">大于以上尺寸的裂纹条数不多于/条</td><td>0</td><td>2</td></tr>
<tr><td colspan="3">爆裂、粘模和损坏深度不得大于(mm)</td><td>10</td><td>30</td></tr>
<tr><td colspan="3">平面弯曲</td><td colspan="2">不允许</td></tr>
<tr><td colspan="3">表面疏松、层裂</td><td colspan="2">不允许</td></tr>
<tr><td colspan="3">表面油污</td><td colspan="2">不允许</td></tr>
</table>

3.1.10.3 蒸压加气混凝土砌块的立方体抗压强度

强度级别	立方体抗压强度(MPa)≥		强度级别	立方体抗压强度(MPa)≥	
	平均值	单组最小值		平均值	单组最小值
A1.0	1.0	0.8	A5.0	5.0	4.0
A2.0	2.0	1.6	A7.5	6.0	6.0
A2.5	2.5	2.0	A10.0	10.0	8.0
A3.5	3.5	2.8			

3.1.10.4 蒸压加气混凝土砌块的干燥收缩、抗冻性和热导率

干密度级别			B03	B04	B05	B06	B07	B08
干燥收缩值①	标准法(mm/m)≤		0.50					
	快速法(mm/m)≤		0.80					
抗冻性	质量损失(%)≤		5.0					
	冻后强度(MPa)≥	优等品(A)	0.8	1.6	2.8	4.0	6.0	8.0
		合格品(B)			2.0	2.8	4.0	6.0
热导率(干态)[W/(m·K)]≤			0.19	0.12	0.14	0.16	0.18	0.20

①规定采用标准法、快速法测定砌块干燥收缩值，若测定结果发生矛盾不能判定时，则以标准法测定的结果为准。

3.1.11 粉煤灰混凝土小型空心砌块(JC/T 862—2008)

产品分类	分类	按砌块孔的排数分为：单排孔(1)、双排孔(2)和多排孔(D)三类
	规格	主规格尺寸为390mm×190mm×190mm，其他规格尺寸可由供需双方商定
	等级	①按砌块密度等级分为：600、700、800、900、1000、1200和1400七个等级 ②按砌块抗压强度分为：MU3.5、MU5、MU7.5、MU10、MU15和MU20六个等级
	标记	产品按下列顺序进行标记：代号(FHB)、分类、规格尺寸、密度等级、强度等级、标准编号 示例：规格尺寸为390mm×190mm×190mm、密度等级为800级、强度等级为MU5的双排孔砌块的标记为FHB2 390×190×190 800 MU5 JC/T862—2008

续表 3.1.11

<table>
<tr><td rowspan="30">要求</td><td rowspan="12">尺寸允许偏差和外观质量</td><td colspan="2">项　目</td><td colspan="2">指　标</td></tr>
<tr><td rowspan="3">尺寸允许偏差(mm)</td><td>长度</td><td colspan="2">±2</td></tr>
<tr><td>宽度</td><td colspan="2">±2</td></tr>
<tr><td>高度</td><td colspan="2">±2</td></tr>
<tr><td rowspan="2">最小外壁厚(mm)≥</td><td>用于承重墙体</td><td colspan="2">30</td></tr>
<tr><td>用于非承重墙体</td><td colspan="2">20</td></tr>
<tr><td rowspan="2">肋厚(mm)≥</td><td>用于承重墙体</td><td colspan="2">25</td></tr>
<tr><td>用于非承重墙体</td><td colspan="2">15</td></tr>
<tr><td rowspan="3">缺棱掉角</td><td>个数不多于(个)</td><td colspan="2">2</td></tr>
<tr><td>3 个方向投影的最小值不大于(mm)</td><td colspan="2">20</td></tr>
<tr><td>裂缝延伸投影的累计尺寸(mm)≤</td><td colspan="2">20</td></tr>
<tr><td colspan="2">弯曲(mm)≤</td><td colspan="2">2</td></tr>
<tr><td rowspan="9">密度(kg/m³)</td><td colspan="4">密度等级应符合以下要求</td></tr>
<tr><td colspan="2">密度等级</td><td colspan="2">砌块干燥表观密度的范围</td></tr>
<tr><td colspan="2">600</td><td colspan="2">≤600</td></tr>
<tr><td colspan="2">700</td><td colspan="2">610～700</td></tr>
<tr><td colspan="2">800</td><td colspan="2">710～800</td></tr>
<tr><td colspan="2">900</td><td colspan="2">810～900</td></tr>
<tr><td colspan="2">1000</td><td colspan="2">910～1000</td></tr>
<tr><td colspan="2">1200</td><td colspan="2">1010～1200</td></tr>
<tr><td colspan="2">1400</td><td colspan="2">1210～1400</td></tr>
<tr><td rowspan="9">强度(MPa)</td><td colspan="4">强度等级应符合以下要求</td></tr>
<tr><td rowspan="2">强度等级</td><td colspan="3">砌块抗压强度≥</td></tr>
<tr><td colspan="2">平均值</td><td>单块最小值</td></tr>
<tr><td>MU3.5</td><td colspan="2">3.5</td><td>2.8</td></tr>
<tr><td>MU5</td><td colspan="2">5.0</td><td>4.0</td></tr>
<tr><td>MU7.5</td><td colspan="2">7.5</td><td>6.0</td></tr>
<tr><td>MU10</td><td colspan="2">10.0</td><td>8.0</td></tr>
<tr><td>MU15</td><td colspan="2">15.0</td><td>12.0</td></tr>
<tr><td>MU20</td><td colspan="2">20.0</td><td>16.0</td></tr>
</table>

续表 3.1.11

<table>
<tr><td rowspan="12">要求</td><td>干燥收缩率</td><td colspan="4">≤0.060%</td></tr>
<tr><td rowspan="3">相对含水率(%)</td><td>使用地区</td><td>潮湿</td><td>中等</td><td>干燥</td></tr>
<tr><td>相对含水率≤</td><td>40</td><td>35</td><td>30</td></tr>
<tr><td colspan="4">注:1. 相对含水率即砌块含水率与吸水率之比:$w=100w_1/w_2$
式中 w——砌块的相对含水率,%;
w_1——砌块的含水率,%;
w_2——砌块的吸水率,%。
2. 使用地区的湿度条件
潮湿——系指年平均相对湿度大于75%的地区;
中等——系指年平均相对湿度50%~75%的地区;
干燥——系指年平均相对湿度小于50%的地区。</td></tr>
<tr><td rowspan="5">抗冻性(%)</td><td>使用条件</td><td>抗冻指标</td><td>质量损失率</td><td>强度损失率</td></tr>
<tr><td>夏热冬暖地区</td><td>F15</td><td rowspan="4">≤5</td><td rowspan="4">≤25</td></tr>
<tr><td>夏热冬冷地区</td><td>F25</td></tr>
<tr><td>寒冷地区</td><td>F35</td></tr>
<tr><td>严寒地区</td><td>F50</td></tr>
<tr><td>碳化系数</td><td colspan="4">≥0.80</td></tr>
<tr><td>软化系数</td><td colspan="4">≥0.80</td></tr>
<tr><td>放射性</td><td colspan="4">应符合 GB 6566 的规定</td></tr>
</table>

3.1.12 泡沫混凝土砌块(JC/T 1062—2007)

<table>
<tr><td rowspan="5">分类</td><td rowspan="3">规格(mm)</td><td>长 度</td><td>宽 度</td><td>高 度</td></tr>
<tr><td>400、600</td><td>100、150、200、250</td><td>200、300</td></tr>
<tr><td colspan="3">注:其他规格尺寸由供需双方商定</td></tr>
<tr><td>分类</td><td colspan="3">①按砌块立方体抗压强度分为A0.5,A1.0,A1.5,A2.5,A3.5,A5.0,A7.5七个等级
②按砌块干表观密度分为B03,B04,B05,B06,B07,B08,B09,B10八个等级
③按砌块尺寸偏差和外观质量分为一等品(B)和合格品(C)两个等级</td></tr>
<tr><td>标记</td><td colspan="3">产品按代号、强度等级、密度等级、规格尺寸、质量等级、标准编号顺序进行标记
示例:强度等级为A3.5、密度等级为B08、规格尺寸为600mm×250mm×200mm、质量等级为一等品的泡沫混凝土砌块,其标记为FCD A3.5 B08 600×250×200 BJC/T 1062—2007</td></tr>
</table>

续表 3.1.12

<table>
<tr><td rowspan="26">要求</td><td rowspan="4">尺寸允许偏差(mm)</td><td colspan="2">项　　目</td><td>一等品(B)</td><td>合格品(C)</td></tr>
<tr><td colspan="2">长度</td><td>±4</td><td>±6</td></tr>
<tr><td colspan="2">宽度</td><td>±3</td><td>+3/−4</td></tr>
<tr><td colspan="2">高度</td><td>±3</td><td>+3/−4</td></tr>
<tr><td rowspan="12">外观质量</td><td colspan="4">外观质量应符合以下规定</td></tr>
<tr><td colspan="2">项　　目</td><td>一等品(B)</td><td>合格品(C)</td></tr>
<tr><td rowspan="3">缺棱掉角</td><td>最小尺寸不大于(mm)</td><td>30</td><td>30</td></tr>
<tr><td>最大尺寸不大于(mm)</td><td>70</td><td>70</td></tr>
<tr><td>大于以上尺寸的缺棱掉角个数,不多于(个)</td><td>1</td><td>2</td></tr>
<tr><td colspan="2">平面弯曲不得大于(mm)</td><td>3</td><td>5</td></tr>
<tr><td rowspan="3">裂纹</td><td>贯穿一棱二面的裂纹长度不大于裂纹所在面的裂纹方向尺寸总和的</td><td>1/3</td><td>1/3</td></tr>
<tr><td>任一面上的裂纹长度不得大于裂纹方向尺寸的</td><td>1/3</td><td>1/2</td></tr>
<tr><td>大于以上尺寸的裂纹条数不多于/条</td><td>0</td><td>2</td></tr>
<tr><td colspan="2">粘模和损坏深度不大于(mm)</td><td>20</td><td>30</td></tr>
<tr><td colspan="2">表面疏松、层裂</td><td colspan="2">不允许</td></tr>
<tr><td colspan="2">表面油污</td><td colspan="2">不允许</td></tr>
<tr><td rowspan="10">强度</td><td colspan="4">强度等级应符合以下规定</td></tr>
<tr><td colspan="2" rowspan="2">强度等级</td><td colspan="2">立方体抗压强度(MPa)≥</td></tr>
<tr><td>平均值</td><td>单组最小值</td></tr>
<tr><td colspan="2">A0.5</td><td>0.5</td><td>0.4</td></tr>
<tr><td colspan="2">A1.0</td><td>1.0</td><td>0.8</td></tr>
<tr><td colspan="2">A1.5</td><td>1.5</td><td>1.2</td></tr>
<tr><td colspan="2">A2.5</td><td>2.5</td><td>2.0</td></tr>
<tr><td colspan="2">A3.5</td><td>3.5</td><td>2.8</td></tr>
<tr><td colspan="2">A5.0</td><td>5.0</td><td>4.0</td></tr>
<tr><td colspan="2">A7.5</td><td>7.5</td><td>6.0</td></tr>
</table>

续表 3.1.12

<table>
<tr><td rowspan="13">要
求</td><td rowspan="3">密度
(kg/m³)</td><td colspan="9">密度等级应符合以下规定</td></tr>
<tr><td>密度等级</td><td>B03</td><td>B04</td><td>B05</td><td>B06</td><td>B07</td><td>B08</td><td>B09</td><td>B10</td></tr>
<tr><td>干表观密度≤</td><td>330</td><td>430</td><td>530</td><td>630</td><td>730</td><td>830</td><td>930</td><td>1030</td></tr>
<tr><td rowspan="4">干燥收缩值和热导热</td><td colspan="9">干燥收缩值和热导率应符合以下规定</td></tr>
<tr><td>密度等级</td><td>B03</td><td>B04</td><td>B05</td><td>B06</td><td>B07</td><td>B08</td><td>B09</td><td>B10</td></tr>
<tr><td>干燥收缩值(快速法)(mm/m)≤</td><td colspan="4">—</td><td colspan="4">0.90</td></tr>
<tr><td>热导率(干态)/[W/(m·K)]≤</td><td>0.08</td><td>0.10</td><td>0.12</td><td>0.14</td><td>0.18</td><td>0.21</td><td>0.24</td><td>0.27</td></tr>
<tr><td rowspan="6">抗冻性
(%)</td><td colspan="9">根据工程需要或环境条件,需要抗冻性的场合,其产品抗冻性应符合以下要求</td></tr>
<tr><td colspan="3">使用条件</td><td colspan="2">抗冻指标</td><td colspan="2">质量损失率≤</td><td colspan="2">强度损失率≤</td></tr>
<tr><td colspan="3">夏热冬暖地区</td><td colspan="2">F15</td><td colspan="2" rowspan="4">5</td><td colspan="2" rowspan="4">20</td></tr>
<tr><td colspan="3">夏热冬冷地区</td><td colspan="2">F25</td></tr>
<tr><td colspan="3">寒冷地区</td><td colspan="2">F35</td></tr>
<tr><td colspan="3">严寒地区</td><td colspan="2">F50</td></tr>
<tr><td colspan="2">碳化系数</td><td colspan="9">≤0.80</td></tr>
</table>

3.1.13 砌筑用石材

砌筑用的天然石材分为毛石和料石两大类。砌筑用毛石应成块状,其中部厚度不宜小于 200mm。料石按加工平面的平整程度,分为细料石、半细料石、粗料石和毛料石四种,各种砌筑用料石的宽度和厚度不宜小于 200mm,而长度不宜大于厚度的 4 倍(即 800mm)。

3.1.13.1 石材的性能

石 材 名 称	密 度(kg/m³)	抗 压 强 度(MPa)
花岗石	2500～2700	120～250
石灰石	1800～2600	22～140
砂岩	2400～2600	47～140

3.1.13.2　料石各面的加工要求

料石种类	外露面及相接周边的表面凹入深度	叠砌面和接砌面的表面凹入深度
细料石	不大于 2mm	不大于 10mm
半细料石	不大于 10mm	不大于 15mm
粗料石	不大于 20mm	不大于 20mm
毛料石	稍加修整	不大于 25mm

3.1.13.3　料石加工允许偏差

料石种类	加工允许偏差(mm)	
	宽度、厚度	长度
细料石、半细料石	±3	±5
粗料石	±5	±7
毛料石	±10	±15

3.2　混凝土和砌筑砂浆原材料

3.2.1　水泥

3.2.1.1　建筑工程常用的五大水泥品种

序号	项 目	内　　容
1	硅酸盐水泥	由硅酸盐水泥熟料、0～5%石灰石或粒化高炉矿渣、适量石膏磨细制成的水硬性胶凝材料,称为硅酸盐水泥(即国外通称的波兰特水泥) 硅酸盐水泥分为两种类型:不掺混合材料的称为Ⅰ类硅酸盐水泥,代号 P·I;在硅酸盐水泥粉磨时掺加不超过水泥重量 5%石灰石或粒化高炉矿渣混合材料的称为Ⅱ型硅酸盐水泥,代号 P·Ⅱ 强度等级分为 42.5、52.5、62.5 三种普通型及 42.5R、52.5R、62.5R 三种早强型

续表 3.2.1.1

序号	项目	内容
2	普通硅酸盐水泥	普通硅酸盐水泥又称普通水泥，是由硅酸盐水泥熟料、6%～15%混合材料、适量石膏磨细制成的水硬性胶凝材料，代号P·O。 当在普通硅酸盐水泥中掺入活性混合材料时，不得超过15%，并允许用不超过5%的窑灰或不超过10%的非活性材料代替；当掺入非活性混合材料时，不得超过10% 普通硅酸盐水泥分为32.5、42.5、52.5三种普通型强度等级及32.5R、42.5R、52.5R三种早强型强度等级
3	矿渣硅酸盐水泥（简称矿渣水泥）	由硅酸盐水泥熟料和高炉粒化矿渣、适量石膏磨细制成的水硬性胶凝材料，称为矿渣硅酸盐水泥，代号PS。水泥中粒化高炉矿渣掺加量按重量百分比计为20%～70%。允许用石灰石、窑灰、粉煤灰和火山灰质混合材料中的一种材料代替矿渣，代替数量不得超过水泥重量的8%，代替后水泥中粒化高炉矿渣不得少于20% 矿渣硅酸盐水泥分为32.5、42.5、52.5三种普通型强度等级及32.5R、42.5R、52.5R三种早强型强度等级
4	火山灰质硅酸盐水泥（简称火山灰水泥）	由硅酸盐水泥熟料和粉煤灰、适量石膏磨细制成的水硬性胶凝材料，称为火山质硅酸盐水泥，代号为P·P。水泥中火山灰质混合材料掺量按重量的百分比计为20%～50% 火山灰质硅酸盐水泥分为32.5、42.5、52.5三种普通型强度等级及32.5R、42.5R、52.5R三种早强型强度等级
5	粉煤灰硅酸盐水泥（简称粉煤灰水泥）	由硅酸盐水泥熟料和粉煤灰、适量石膏磨细制成的水硬性胶凝材料，称为粉煤灰硅酸盐水泥，代号P·F。水泥中粉煤灰掺量按重量百分比计为20%～40% 粉煤灰硅酸盐水泥分为32.5、42.5、52.5三种普通型强度等级及32.5R、42.5R、52.5R三种早强型强度等级

3.2.1.2 硅酸盐水泥、普通水泥各龄期强度值

品种	强度等级	抗压强度（MPa）		抗折强度（MPa）	
		3d	28d	3d	28d
硅酸盐水泥	42.5	1.70	42.5	3.5	6.5
	42.5R	22.0	42.5	4.0	6.5
	52.5	23.0	52.5	4.0	7.0
	52.5R	27.0	52.5	5.0	7.0
	62.5	28.0	62.5	5.0	8.0
	62.5R	32.0	62.5	5.5	8.0

续表 3.2.1.2

品种	强度等级	抗压强度(MPa)		抗折强度(MPa)	
		3d	28d	3d	28d
普通水泥	42.5	16.0	42.5	3.5	6.5
	42.5R	21.0	42.5	4.0	6.5
	52.5	22.0	52.5	4.0	7.0
	52.5R	26.0	52.5	5.0	7.0

3.2.1.3 矿渣水泥、火山灰水泥、粉煤灰水泥各龄期强度值

强度等级	抗压强度(MPa)		抗折强度(MPa)	
	3d	28d	3d	28d
32.5	10.0	32.5	2.5	5.5
32.5R	15.0	32.5	3.5	5.5
42.5	15.0	42.5	3.5	6.5
42.5R	19.0	42.5	4.0	6.5
52.5	21.0	52.5	4.0	7.0
52.5R	23.0	52.5	4.5	7.0

3.2.1.4 五种水泥的成分、特征及应用

名称	硅酸盐水泥(P·Ⅰ)(P·Ⅱ)	普通水泥(P·O)	矿渣水泥(P·S)	火山灰水泥(P·P)	粉煤灰水泥(P·F)
成分	1. 水泥熟料及少量石膏(Ⅰ型) 2. 水泥熟料掺入5%以下混合材料、适量石膏(Ⅱ型)	在硅酸盐水泥中掺入活性混合材料6%～15%或非活性混合材料10%以下	在硅酸盐水泥中掺入20%～70%的粒化高炉矿渣	在硅酸盐水泥中掺入20%～50%火山灰质混合材料	在硅酸盐水泥中掺入20%～40%粉煤灰
主要特征	1. 早期强度高 2. 水化热高 3. 耐冻性好 4. 耐热性差 5. 耐腐蚀性较差 6. 干缩性较小	1. 早强 2. 水化热较高 3. 耐冻性较好 4. 耐热性较差 5. 耐腐蚀性较差 6. 干缩性较小	1. 早期强度低,后期强度增长较快 2. 水化热较低 3. 耐热性较好 4. 对硫酸盐类侵蚀抵抗力和抗水性较好 5. 抗冻性较差 6. 干缩性较大 7. 抗渗性差 8. 抗碳化能力差	1. 早期强度低,后期强度增长较快 2. 水化热较低 3. 耐热性较差 4. 对硫酸盐类侵蚀抵抗力和抗水性较好 5. 抗冻性较差 6. 干缩性较大 7. 抗渗性较好	1. 早期强度低,后期强度增长较快 2. 水化热较低 3. 耐热性较差 4. 对硫酸盐类侵蚀抵抗力和抗水性较好 5. 抗冻性较差 6. 干缩性较小 7. 抗碳化能力较差

续表 3.2.1.4

名称	硅酸盐水泥 (P·Ⅰ) (P·Ⅱ)	普通水泥 (P·O)	矿渣水泥 (P·S)	火山灰水泥 (P·P)	粉煤灰水泥 (P·F)
适用范围	1. 制造地上、地下及水中的混凝土、钢筋混凝土及预应力混凝土结构，包括受循环冻融的结构及早期强度要求较高的工程 2. 配制建筑砂浆	与硅酸盐水泥基本相同	1. 大体积工程 2. 高温车间和有耐热耐火要求的混凝土结构 3. 蒸汽养护的构件 4. 一般地上、地下和水中的混凝土及钢筋混凝土结构 5. 有抗硫酸盐侵蚀要求的工程 6. 配制建筑砂浆	1. 地下、水中大体积混凝土结构 2. 有抗渗要求的工程 3. 蒸汽养护的工程构件 4. 有抗硫酸盐侵蚀要求的工程 5. 一般混凝土及钢筋混凝土工程 6. 配制建筑砂浆	1. 地上、地下、水中和大体积混凝土工程 2. 蒸汽养护的构件 3. 对抗裂性要求较高的构件 4. 有抗硫酸盐侵蚀要求的工程 5. 一般混凝土工程 6. 配制建筑砂浆
不适用处	1. 大体积混凝土工程 2. 受化学及海水侵蚀的工程	同硅酸盐水泥	1. 早期强度要求较高的混凝土工程 2. 有抗冻要求的混凝土工程	1. 早期强度要求较高的混凝土工程 2. 有抗冻要求的混凝土工程 3. 干燥环境的混凝土工程 4. 有耐磨性要求的工程	1. 早期强度要求较高的混凝土工程 2. 有抗冻要求的混凝土工程 3. 有抗碳化要求的工程

3.2.1.5 常用的五大类硅酸盐水泥的技术要求

项目	技术要求
不溶物	P·Ⅰ型不得超过0.75%；P·Ⅱ型不得超过1.50%
烧失量	P·Ⅰ型不得大于3.0%；P·Ⅱ型不得大于3.5%；P·O型不得大于5.0%
氧化镁	P·Ⅰ、P·Ⅱ、P·O三种类型水泥中其含量不宜超过5.0%；P·S、P·P、P·F三种类型熟料中其含量不得超过5.0%。如经压蒸安定性试验合格，上述六种类型水泥中，其含量允许放宽到6%
三氧化硫	在P·S型中其含量不得超过4.0%；在其余五种水泥中其含量不得超过3.5%

续表 3.2.1.5

项目	技术要求
细度	P·Ⅰ、P·Ⅱ型的比表面积大于 300m²/kg,其余四种水泥用 80μm 方孔筛,筛余量不得超过 10%
凝结时间	初凝:六种水泥均不得早于 45min 终凝:P·Ⅰ、P·Ⅱ型不得迟于 6.5h,其余四种均不得迟于 10h
安定性	用沸煮法检验必须合格
强度	水泥强度等级按规定龄期的抗压改度和抗折强度来划分,各强度等级水泥的各龄期强度不得低于 3.2.1.2 和 3.2.1.3 的数值

3.2.1.6 其他水泥品种

其他水泥品种主要包括用于建筑装饰的白色硅酸盐水泥、低热微膨胀水泥、明矾石膨胀水泥等。

3.2.2 普通混凝土用砂

粒径在 5mm 以下的岩石颗粒,称为天然砂。天然砂按产地不同可分为河砂、海砂和山砂;按砂的细度模数不同,可分为粗砂(3.7～3.1);中砂(3.0～2.3);细砂(2.2～1.6)特细砂(1.5～0.7)。砂的各项指标要求如下。

3.2.2.1 砂的含泥量及泥块含量

混凝土强度等级	≥C50	C50～C30	≤C25
含泥量(按重量计%)	≤2.0	≤3.0	≤5.0
泥块含量(按重量计%)	≤0.5	≤1.0	≤2.0

3.2.2.2 砂的坚固性指标

混凝土所处的环境条件	5 次循环后的质量损失(%)
在严寒及寒冷地区室外使用,并经常处于潮湿或干湿交替状态的混凝土 对于有抗疲劳、耐磨、抗冲击要求的混凝土 有腐蚀介质作用或经常处于水位变化区的地下结构混凝土	≤8
其他条件下使用的混凝土	≤10

3.2.2.3 砂中有害物质含量指标

项　　目	含量指标
云母含量(按重量计%)	≤2.0
轻物质含量(按重量计%)	≤1.0
硫化物及硫酸盐含量(折算成SO_2,按重量计%)	≤1.0
有机物含量(用比色法试验)	颜色应不深于标准色,如深于标准色,则应配成砂浆,进行强度对比试验,予以复核

3.2.3 普通混凝土用碎石、卵石

3.2.3.1 碎石及卵石的压碎指标

骨料类别		混凝土强度等级	碎石、卵石的压碎指标(%)
碎石	泥积岩	C60～C40 ≤35	≤10 ≤16
	变质岩或深成的火成岩 火成岩	C60～C40 ≤C35 C60～C40 ≤C35	≤12 ≤20 ≤13 ≤30
卵石		C60～C40 ≤C35	≤12 ≤16

3.2.3.2 碎石及卵石的坚固性指标

混凝土所处的环境	循环后的质量损失(%)
在严寒和寒冷地区室外使用,并经常处于潮湿或干湿交替状态下的混凝土 对于有抗疲劳、耐磨、抗冲击要求的混凝土 有腐蚀介质作用或经常处于水位变化区的地下结构混凝土	≤8
在其他条件下使用的混凝土	≤12

3.2.3.3 混凝土用石子针、片状颗粒含量及含泥量

混凝土强度等级	≥C30	<C30
针、片状颗粒含量(按重量计%),不大于	15	25
含泥量(按重量计%),不大于	1.0	2.0
泥块含量(按重量计%),不大于	0.5	0.7

3.2.3.4 混凝土用石子的有害物质含量

项　目	质量标准
硫化物和硫酸盐含量(折算成SO_3)按重量计，不宜大于(%)	1
卵石中有机质含量(用比色法试验)	颜色不应深于标准色，如果深于标准色，则应以混凝土进行强度对比试验，抗压强度比应不低于0.95

3.2.4 掺合料

混凝土和砂浆的掺合料主要有石灰、石膏、粉煤灰、磨细高炉矿渣等。

3.2.4.1 生石灰技术指标

项　目	钙质生石灰			镁质生石灰		
	优等品	一等品	合格品	优等品	一等品	合格品
CaO + MgO 含量(%)不小于	90	85	80	85	80	75
未消解残渣含量(5mm圆孔筛余)(%)不大于	5	10	15	5	10	15
CO_2 含量(%)不大于	5	7	9	6	8	10
产浆量(L/kg)不小于	2.8	2.3	2.0	2.8	2.3	2.0

3.2.4.2 生石灰粉技术指标

项　目		钙质生石灰粉			镁质生石灰粉		
		优等品	一等品	合格品	优等品	一等品	合格品
CaO + MgO 含量(%)不小于		85	80	75	80	75	70
CO_2 含量(%)不大于		7	9	11	8	10	12
细量	0.9mm筛的筛余量(%)不大于	0.2	0.5	1.5	0.2	0.5	1.5
	0.125mm筛的筛余量(%)不大于	7.0	12.0	18.0	7.0	12.0	18.0

3.2.4.3 建筑石膏的技术指标

技 术 指 标		优等品	一等品	合格品
强度(MPa)	抗折强度≥	2.5	2.1	1.8
	抗压强度≥	4.9	3.9	2.9
细度(%)	0.2方孔筛筛余≤	5.0	10.0	15.0
凝结时间(min)	初凝时间	6		
	终凝时间	30		

3.2.4.4 粉煤灰品质指标和分类

指 标	粉煤灰级别		
	Ⅰ	Ⅱ	Ⅲ
细度(0.080mm方孔筛的筛余%)不大于	5	8	25
烧失量(%)不大于	5	8	15
需水量比(%)不大于	95	105	115
三氧化硫(%)不大于	3	3	3
含水率(%)不大于	1	1	不规定

3.2.4.5 粒化高炉矿渣粉品质指标

项 目		级 别		
		S105	S95	S75
密度(g/cm^3)不小于		2.8		
比表面积(m^2/kg)不小于		350		
活性指数(%)不小于	7d	96	75	55
	28d	105	95	75
流动度比(%)不小于		85	90	95
含水量(%)不大于		1.0		
三氧化硫(%)不大于		4.0		
氯离子(%)不大于		0.02		
烧失量(%)不大于		3.0		

3.2.5 外加剂

掺入混凝土和砂浆中的外加剂主要有:有机塑化剂、早强剂、缓凝剂、防冻剂等。掺入时应经检验和试配,符合要求后方可使用。

3.2.5.1　外加剂类型、功能及组成材料

外加剂类型	主要功能	材料
早强剂及早强减水剂	(1)提高砂浆的早期强度 (2)缩短砂浆的养护时间 (3)早强减水剂还具有减水剂功能	(1)强电解质无机盐类早强剂:硫酸盐、硫酸复盐、硝酸盐、亚硝酸盐、氯盐等 (2)水溶性有机化合物:三乙醇胺、甲酸盐、乙酸盐、丙酸盐等 (3)其他:有机化合物、无机盐复合物
缓凝剂及缓凝减水剂	(1)延缓砂浆的凝结时间 (2)降低水泥初期水化热 (3)缓凝减水剂还具有减水剂功能	(1)糖类:糖钙、葡萄糖酸盐等 (2)木质素磺酸盐类:木质素磺酸钙、木质素磺酸钠等 (3)羟基羟酸及其盐类:柠檬酸、酒石酸钾钠等 (4)无机盐类:锌盐、磷酸盐等 (5)其他:胺盐及其衍生物、纤维素醚等
防冻剂	防寒、抗冻	(1)硝酸钠、亚硝酸钠 (2)硫酸钠、乙酸钠、碳酸钠、碳酸钾等 (3)木钙、尿素等

3.2.5.2　各种混凝土工程对外加剂的选择

序号	工程项目	选用目的	选用剂型
1	自然条件下的混凝土工程或构件	改善工作性,提高早期强度,节约水泥	各种减水剂,常用木质类
2	太阳直射下施工	缓凝	缓凝减水剂,常用糖蜜类
3	大体积混凝土	减少水化热	缓凝剂,缓凝减水剂
4	冬季施工	早强、防寒、抗冻	早强减水剂 早强剂、抗冻剂
5	液态混凝土	提高流动性	非引气型减水剂,常用FDN、UNF-5
6	泵送混凝土	减少坍落度损失	泵送剂、引气剂、缓凝减水剂,常用FDN-P、UNF-5

续表 3.2.5.2

序号	工程项目	选用目的	选用剂型
7	高强混凝土	C50 以上混凝土	高效减水剂、非引气减水剂、密实剂
8	灌浆、补强、填缝	防止混凝土收缩	膨胀剂
9	蒸养混凝土	缩短蒸养时间	非引气高效减水剂、早强减水剂
10	预制构件	缩短生产周期，提高模具周转率	高效减水剂、早强减水剂
11	滑模工程	夏季宜缓凝 冬季宜早强	普通减水剂木质素类或糖蜜类 高效减水剂或早强减水剂
12	大模板工程	提高和易性，一天强度能拆模	高效减水剂或早强减水剂
13	钢筋密集的构筑物	提高和易性，利于浇筑	普通减水剂，高效减水剂
14	耐冻融混凝土	提高耐久性	引气型高效减水剂
15	灌注桩基础	改善和易性	普通减水剂、高效减水剂
16	商品混凝土	节约水泥，保证运输后的和易性	普通减水剂 缓凝减水剂

3.2.5.3 常用复合早强剂、早强减水剂的组成和剂量

类型	外加剂组份	常用剂量(以水泥重量%计)
复合早强剂	三乙醇胺＋氯化钠	(0.03～0.05)＋0.05
	三乙醇胺＋氯化钠＋亚硝酸钠	0.05＋(0.3～0.5)＋(1～2)
	硫酸钠＋亚硝酸钠＋氯化钠＋氯化钙	(1～1.5)＋(1～3)＋(0.3～0.5)＋(0.3～0.5)
	硫酸钠＋氯化钠	(0.5～1.5)＋(0.3～0.5)
	硫酸钠＋亚硝酸钠	(0.5～1.5)＋1.0
	硫酸钠＋三乙醇胺	(0.5～1.5)＋0.05
	硫酸钠＋二水石膏＋三乙醇胺	(1～1.5)＋2＋0.05
	亚硝酸钠＋二水石膏＋三乙醇胺	1.0＋2＋0.05

续表 3.2.5.3

类型	外加剂组份	常用剂量(以水泥重量%计)
早强减水剂	硫酸钠+萘系减水剂	(1～3)+(0.5～1.0)
	硫酸钠+木质素减水剂	(1～3)+(0.15～0.25)
	硫酸钠+糖钙减水剂	(1～3)+(0.0 5～0.12)

3.2.5.4　常用缓凝剂掺量及缓凝性

剂　名	掺量(C×%)	缓凝程度(h)	备　注
糖钙	0.05～0.25	2～4	掺吸收剂的除外
蔗糖	0.008～0.5		超过 0.5(C×%)强度损失严重
木质素磺酸钙	0.05～0.5	2～3	超过 0.5(C×%)强度受损失
柠檬酸	0.02～0.1	8～19	超过 0.06(C×%)强度下降
酒石酸钾钠	0.03～0.1	—	—
葡萄糖酸盐	0.01～0.1	—	7d 后强度超过未掺任何添加剂
聚乙烯醇	0.01～0.3	0.5～1.0	低掺量用作增稠剂
磷酸盐(包括多聚磷酸盐)	0.01～0.2	—	低掺量用作调凝
硼酸盐	0.1～0.2	不够稳定	—
锌盐	0.1～0.2	10～12	—

注:C 为水泥用量。

3.2.5.5　常用减水剂的种类及掺量参考表

种　类	主要原料	掺量占水泥用量的(%)	减水率(%)	提高强度(%)	增加坍落度/cm	节约水泥(%)
木质素磺酸盐	纸浆废液	0.2～0.3	10～15	10～20	10～20	10～15
MF 减水剂	聚次甲基萘硫酸钠	0.3～0.7	10～30	10～30	2～3 倍	10～25
N 系减水剂	工业萘	0.5～0.8	10～17	10	—	8～12
NNO 减水剂	亚甲基二萘硫酸钠	0.5～0.8	10～25	20～25	2～3 倍	10～20
NF 减水剂	糖萘	1.5	20	—	—	5～25

续表 3.2.5.5

种类	主要原料	掺量占水泥用量的(%)	减水率(%)	提高强度(%)	增加坍落度/cm	节约水泥(%)
UNF减水剂	油萘	0.5～1.5	15～20	15～30	10～15	10～15
FDN减水剂	工业萘	0.5～0.75	16～25	20～50	—	20
JN减水剂	萘残油	0.5	15～27	30～50	8～11	10～17
SN～II减水剂	萘	0.5～1.0	14～25	15～40	15～20	15～20
磺化焦油减水剂	煤焦油	0.5～0.75	10	35～37	—	5～10
糖蜜减水剂	废蜜	0.2～0.3	7～11	10～20	4～6	5～10
AU减水剂	蒽油	0.5～0.75	15～20	10～36	—	10～15
HM减水剂	纸浆废液	0.2	5～10	≥10	—	5～8
SM减水剂	密封树脂	0.2～0.5	10～27	30～50	—	—
建1减水剂	萘磺酸盐	0.5～0.7	10～30	—	—	10～25

3.2.5.6 冬季施工掺盐砂浆的掺盐量

项次	日最低温度			等于或高于－10℃	－11℃～－15℃	－16℃～－20℃	低于－20℃
1	单盐	氯化钠	砌砖	3	5	7	—
			砌石	4	7	10	—
2	双盐	氯化钠	砌砖	—	—	5	7
		氯化钙		—	—	2	3

注：1. 掺盐量以无水氯化钠和氯化钙计。

2. 最低温度低于－20℃时，砌石工程不宜施工。

3.2.6 界面处理剂、粘结剂

产品名称		产品简介
品名	型号	
混凝土界面处理剂	YJ-302	混凝土层抹灰处理，砖板粘结，新老混凝土连接，防水、防油、隔潮及屋内隔气层
	YJ-303	内外墙面(混凝土、加气混凝土等)抹灰拉毛处理

续表 3.2.6

产品名称		产品简介
品名	型号	
建筑粘结剂	YJ-1	墙面、地面耐酸砖板砌筑、勾缝
	YJ-3	悬壁等要求的部位粘贴大块砖板
	YJ-9	面砖、大理石粘贴，聚合物砂浆作加固、修补
	金鹰粉（粉状）	游泳池内外墙等粘贴面砖，地下防水卷材抹面保护
	邦得胶（膏状）	瓷砖、矿棉板、木地板、PVC地板、石膏板、泡沫塑料等室内粘贴
聚合物砂浆	EC	混凝土墙内修补、找平，保温板粘贴 胶料：粉料＝1：4（重量比）

3.3 建筑用钢材、电焊条

3.3.1 钢筋的种类

3.3.1.1 钢筋的分类

序号	项目	内容
1	按轧制的外形分	（1）光面钢筋。HPB235级钢筋（Q235级钢筋）均轧制为光面圆形截面，供应形式为盘圆，直径不大于Ø10，直条长为6～12m （2）带肋钢筋。有螺旋形、人字形和月牙形三种。一般HRB335、HRB400级钢筋轧制成人字形，RRB400级钢筋轧制成螺旋形或月牙形纹 （3）钢丝及钢绞线。钢丝有低碳钢丝和碳素钢丝两种。此外还有经冷轧并冷扭成型的冷轧扭钢筋
2	按直径大小分	（1）钢丝（直径3～5mm） （2）细钢筋（直径6～10mm） （3）粗钢筋（直径大于22mm）

续表 3.3.1.1

序号	项目	内　　容
3	按生产工艺分	(1)热轧钢筋、冷拉钢筋、热处理钢筋、冷轧带肋钢筋 (2)预应力混凝土结构用碳素钢丝:采用优质碳素结构钢圆盘条冷拔而成,可作钢丝、钢丝束、钢丝网等 (3)预应力混凝土结构用刻痕钢丝:采用钢丝经刻痕而成 (4)预应力混凝土结构用钢铰线:采用碳素钢丝绞捻而成 (5)冷拔低碳钢丝:采用普通低碳钢的热轧盘圆冷拔而成
4	按化学成分分	(1)碳素钢钢筋。低碳钢,含碳量少于0.25%,如HPB235级钢筋;中碳钢,含碳量为0.25%~0.7%;高碳钢,含碳量为0.7%~1.4%,如碳素钢丝 (2)普通低合金钢钢筋。在碳素钢中加入少量合金元素,如HRB335、HRB400、RRB400级钢筋
5	按强度分	分HPB235级、HRB335级、HRB400级、RRB400级,分别为热轧、冷轧、冷拉钢筋。还有将RRB400级钢筋热处理而成的热处理钢筋,强度比前者更高
6	按在结构中的作用分	受拉钢筋、受压钢筋、弯曲钢筋、架立钢筋、分布钢筋、箍筋等

3.3.1.2 钢筋的品种、规格、标准及应用

序号	项目	内　　容
1	简述	混凝土结构用的钢筋可分为两大类:热轧钢筋和冷加工钢筋。热轧钢筋分为热轧光圆钢筋和热轧带肋钢筋两种;冷加工钢筋包括:冷轧带肋钢筋、冷轧扭钢筋、冷拔螺旋钢筋(冷拉钢筋与冷拔低碳钢丝已逐渐淘汰)
2	热轧钢筋	(1)应符合的国家标准。热轧钢筋是经热轧成型并自然冷却的成品钢筋。应分别符合国家标准《钢筋混凝土用热轧光圆钢筋》(GB 1499.1—2008)和《钢筋混凝土用热轧带肋钢筋》(GB 1499.2—2008)的规定 (2)化学成分。钢筋的化学成分包括碳、磷、硫、氧、氮、硅、锰等合金元素。各种化学成分对钢筋性能的影响见3.3.1.3

续表 3.3.1.2

序号	项目	内　　容
2	热轧钢筋	(3)钢筋的尺寸、外形、重量。热轧带肋钢筋的直径、横截面面积和重量,如3.3.1.4所示。热轧带肋钢筋的外形如图3-2所示。其横肋与钢筋轴线夹角β不应小于45°,当该夹角不大于70°时,钢筋相对面上横肋的方向应相反。横肋的间距l不得大于钢筋公称直径的0.7倍,横肋侧面与钢筋表面的夹角α不得小于45°。热轧光圆钢筋有热轧圆盘条和热轧直条光圆钢筋两类。盘条的公称直径为:6.0、6.5、7.0、8.0、9.0、10.0、11.0、12.0、13.0、14.0 mm。盘条直径的允许偏差为不大于±0.45 mm,不圆度不大于0.45 mm。热轧直条光圆钢筋的公称直径范围为8～20 mm,标准推荐钢筋的公称直径为8、10、12、16、20 mm。光圆钢筋的直径允许偏差为±0.40 mm,不圆度不大于0.40 mm (4)应用。热轧钢筋广泛用于混凝土结构中,用作受力钢筋和构造钢筋
3	余热处理钢筋	(1)应符合的国家标准。余热处理钢筋是经热轧后立即穿水,进行表面控制冷却,然后利用芯部余热完成自身回火处理所得的成品钢筋。其应符合国家标准《钢筋混凝土用余热处理钢筋》(GB 13014—1991)的规定 (2)化学成分及其他。余热处理钢筋的表面形状同热轧带肋钢筋。其化学成分与20MnSi钢筋相同,用法与热轧钢筋相同
4	冷轧带肋钢筋	(1)应符合的国家标准。冷轧带肋钢筋是热轧圆盘条经冷轧或冷拔减径后,在其表面冷轧成三面或二面在有肋的钢筋。其应符合国家标准《冷轧带肋钢筋》(GB 13788—2008)的规定 (2)钢筋的尺寸、外形、重量。冷轧带肋钢筋的外形如图3-3所示。其尺寸、重量及允许偏差见3.3.1.6 (3)化学成分。冷轧带肋钢筋的牌号和化学成分应符合规范的有关规定 (4)应用。冷轧带肋钢筋分为550级、650级、800和970级四类。其中,550级宜用于混凝土结构中的受力钢筋、架立钢筋、箍筋及其他构造钢筋;其他为预应力混凝土构件中的受力钢筋
5	冷轧扭钢筋	(1)应符合的国家标准。冷轧扭钢筋是用低碳钢钢筋经冷轧扭工艺制成。其表面呈连续螺纹形,如图3-4所示。它应符合行业标准《冷轧扭钢筋》(JG 190—2006)的规定 (2)钢筋规格。冷轧扭钢筋的规格见3.3.1.7 (3)应用。一般用于预制钢筋混凝土圆孔板、叠合板中的预制薄板,以及现浇钢筋混凝土楼板等

续表 3.3.1.2

序号	项目	内　　容
6	冷拔螺旋钢筋	(1)应符合的标准。冷拔螺旋钢筋是热轧圆盘条经冷拔后，在表面形成连续螺旋槽的钢筋。冷拔螺旋钢筋的外形如图 3-5 所示。使用中可参考山东地方标准《冷拔螺旋钢筋混凝土中小型受弯构件设计与施工暂行规定》(DBJ 14—BG3—1996) (2)钢筋规格。冷拔螺旋钢筋的尺寸、重量及允许偏差见 3.3.1.8 (3)应用。可用于钢筋混凝土构件中的受力钢筋，以节约钢材；用于预应力空心板可提高延性，改善构件的使用性能

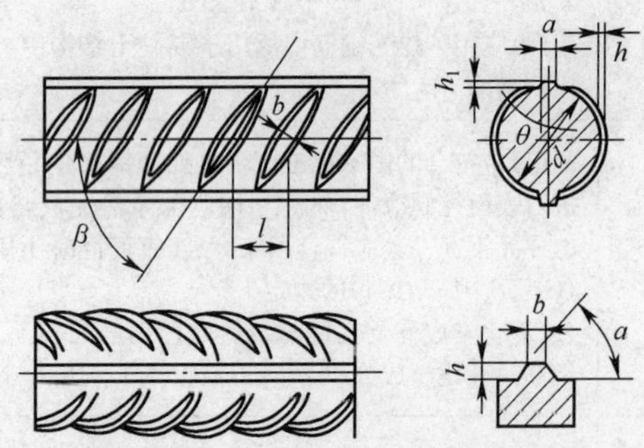

图 3-2　月牙形肋钢筋表面及截面形状

d. 钢筋内径　a. 横肋斜角　h. 横肋高度　β. 横肋与轴线夹角　h_1. 纵肋高度　θ. 纵肋斜角　a. 纵肋顶宽　l. 横肋间距　b. 横肋顶宽

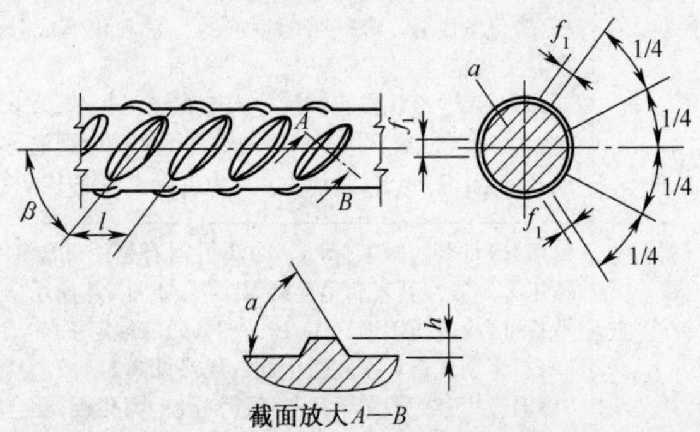

图 3-3　冷轧带肋钢筋表面及截面形状

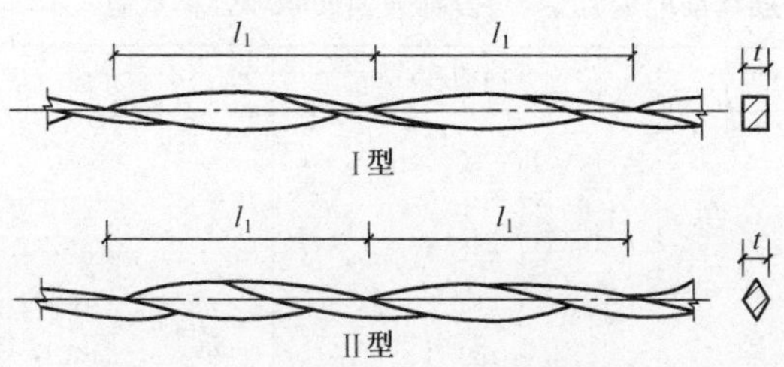

图 3-4　冷轧扭钢筋

l_1. 节距　t. 轧扁厚度

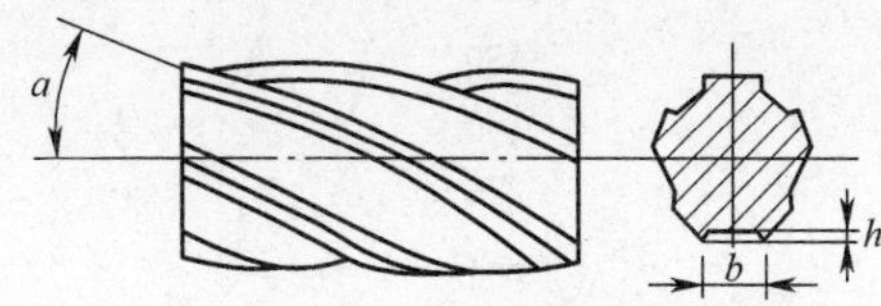

图 3-5　冷拔螺旋钢筋

3.3.1.3　各种化学成分对钢筋性能的影响

序号	元素名称	对钢筋性能的影响
1	碳	碳是决定钢材性能的主要元素。随着含碳量的增加，钢材的强度和硬度均相应提高，而塑性和韧性相应降低
2	磷、硫	磷与碳相似，能使钢材的强度提高，而塑性和韧性降低，显著增加钢的冷脆性，是降低钢材焊接性能的元素之一。因此，在碳钢中，磷的含量应有严格的限制。但在合金钢中，磷可以改善钢材的耐大气腐蚀性 硫的存在会使钢材在高温下产生裂纹（称为热脆性），大大降低钢材的热加工性和焊接性。因此，应严格控制其含量
3	硅、锰	硅和锰是炼钢时为了脱氧去硫而有意加入的元素。当钢材中硅、锰的含量较低时能提高钢材的强度，对塑性、韧性影响不大
4	氧、氮	氧、氮能在铁素体中形式化合物。这些夹杂物降低了钢材的力学性能，严重降低钢材的韧性和焊接性。所以，这两种元素均应严格限制
5	合金元素	钢材中除存在上述元素外，还根据需要特意加入一些其他元素（如铬、钼、钒、钨、钛、铝、硅、锰、镍、硼等），加入这些元素的钢材称为合金钢。合金元素在钢材中都起一定的作用

3.3.1.4 热轧带肋钢筋的公称直径、公称截面面积和公称重量

公称直径(mm)	公称截面面积(mm^2)	公称重量(kg/m)
6	28.27	0.222
8	50.27	0.395
10	78.54	0.617
12	113.1	0.888
14	153.9	1.21
16	201.1	1.58
18	254.5	2.00
20	314.2	2.47
22	380.1	2.98
25	490.9	3.85
28	615.8	4.83
32	804.2	6.31
36	1018	7.99
40	1257	9.87
50	1964	15.42

注:表中公称重量按密度 7.85g/cm^3 计算。

3.3.1.5 钢筋混凝土用余热处理钢筋的公称直径、公称截面面积和公称重量

公称直径(mm)	公称截面面积(mm^2)	公称重量(kg/m)
8	50.27	0.395
10	78.54	0.617
12	113.1	0.888
14	153.9	1.21
16	201.1	1.58
18	254.5	2.00
20	314.2	2.47
22	380.1	2.98
25	490.9	3.85
28	615.8	4.83
32	804.2	6.31
36	1018	7.99
40	1257	9.87

3.3.1.6　冷轧带肋钢筋的尺寸、理论重量及允许偏差

公称直径 d(mm)	公称截面面积 (mm²)	重量		横肋中点高		横肋 1/4 处高 $h_{1/4}$ (mm)	横肋顶宽 b(mm)	横肋间距		相对肋面积 f_1 不小于
		理论重量 (kg/m)	允许偏差 (%)	h (mm)	允许偏差(%)			l(mm)	允许偏差 (%)	
4	12.6	0.090		0.30		0.24		4.0		0.036
4.5	15.9	0.125		0.32		0.26		4.0		0.039
5	19.6	0.154		0.32		0.26		4.0		0.039
5.5	23.7	0.156		0.40		0.32		5.0		0.039
6	28.3	0.232		0.40	+0.10 −0.05	0.32		5.0		0.039
6.5	33.2	0.261		0.46		0.37		5.0		0.045
7	38.5	0.302		0.46		0.37		5.0		0.045
7.5	44.2	0.347		0.55		0.44		6.0		0.045
8	50.3	0.395	±4	0.55		0.44	0.2d	6.0	±15	0.045
8.5	56.7	0.445		0.55		0.44		7.0		0.045
9	63.6	0.499		0.75		0.60		7.0		0.052
9.5	70.8	0.556		0.75		0.60		7.0		0.052
10	78.5	0.617		0.75		0.60		7.0		0.052
10.5	86.5	0.679		0.75	±0.10	0.60		7.4		0.052
11	95.0	0.746		0.85		0.68		7.4		0.056
11.5	103.8	0.815		0.95		0.76		8.4		0.056
12	113.1	0.888		0.95		0.76		8.4		0.056

注：1. 横肋 1/4 处高、横肋顶宽供孔型设计用。

2. 二面肋钢筋允许有高度不大于 0.5h 的纵筋。

3.3.1.7　冷轧扭钢筋轧扁厚度、节距、公称截面面积及公称重量

类型	标志直径 d (mm)	轧扁厚度 t 不小于 (mm)	节距 l_1 不大于 (mm)	类型	标志直径 d (mm)	公称横截面面积 A_s (mm²)	公称重量 G (kg/m)
Ⅰ型	6.5	3.7	75	Ⅰ型	6.5	29.5	0.232
	8	4.2	95		8	45.3	0.356
	10	5.3	110		10	68.3	0.536
	12	6.2	150		12	93.3	0.733
	14	8.0	170		14	132.7	1.042
Ⅱ型	12	8.0	145	Ⅱ型	12	97.8	0.768

3.3.1.8 冷拔螺旋钢筋的尺寸、重量及允许偏差

序号	公称直径 D(mm)	公称截面面积(mm^2)	重量		槽深		槽宽	螺旋角	
			理论重量(kg/m)	允许偏差(%)	h(mm)	允许偏差(mm)	b(mm)	α	允许偏差
1	4	12.56	0.0986	±4	0.12	−0.050～+0.10	0.2D～0.3D	72°	±5°
2	5	19.63	0.1541		0.15				
3	6	28.27	0.2219		0.18				
4	7	38.48	0.3021		0.21				
5	8	50.27	0.3946		0.24				
6	9	63.62	0.4994		0.27				
7	10	78.54	0.6165		0.30				

3.3.2 钢筋的性能

3.3.2.1 钢筋性能

序号	项目	说　明
1	钢筋力学性能	钢筋的力学性能主要是指抗拉性能和延性。抗拉性能表示钢筋的强度，延性是衡量钢筋变形能力的指标。钢筋的抗拉性能，可通过热轧钢筋（软钢）的拉力试验来加以说明。图 3-6 是软钢拉力试验过程的应力—应变图。它表示钢筋从加力开始拉伸至应力超过钢筋的抗拉强度而拉断的整个过程的应力与应变的变化关系。从图中可以看出，在应力达到 a 点以前，应力与应变成正比，呈弹性工作状态；应力到达 b 点，钢筋应力增加不大，而应变继续增加，直到 c 点；c 点以后的 cf 段几乎水平，说明屈服阶段（cf 段）呈理想塑性工作状态；超过 f 点后，应力和应变又呈上升状，到达 d 点，钢筋强度达到最大值；此后产生颈缩现象，到达 e 点，试件被拉断。对应 c 点的强度称为屈服点 σ_s，d 点的应力值称为抗拉强度（强度极限）σ_b 硬钢（冷轧带肋钢筋等）在拉伸过程中无明显的屈服点，其应力—应变图如图 3-7 所示。一般将对应于塑性应变为 0.2%时的应力定为屈服点，并以 $\sigma_{0.2}$ 表示 提高钢筋的强度，可以减少用钢量，降低工程成本，但构件配置高强度钢筋，往往因所受的应力过大而产生过大的变形和裂缝。因此，普通混凝土结构的设计强度限值为 360N/mm^2

续表 3.3.2.1

序号	项目	说明
1	钢筋力学性能	钢筋的延性影响到钢筋的冷加工性能,通常用拉伸试验测得的伸长率表示。热轧钢筋的强度较低、保延性好,加入合金元素,对钢筋进行热处理和冷加工都可提高钢筋的强度,保延性降低
2	钢筋锚固性能	钢筋混凝土结构中,钢筋和混凝土两种不同材料之所以能够粘结在一起共同受力,是由于它们之间存在着粘结锚固作用。这种作用主要表现为混凝土的粘结力、钢筋表面与混凝土的摩阻力、带肋钢筋与混凝土之间的咬合力,以及钢筋弯折、弯钩及附加锚固措施提供的锚固作用。钢筋机械锚固的形式及构造要求见图3-8,纵向受拉钢筋的最小锚固长度应符合3.3.2.2的规定
3	钢筋冷弯性能	钢筋冷弯性能是衡量其塑性的指标,也是钢筋加工(钢筋弯折、做弯钩)所必需的性能。热轧钢筋的冷弯性能较好,高强钢筋和经冷加工后的钢筋的冷弯性能最差。供建筑使用的热扎圆盘条的力学性能和工艺性能应符合3.3.2.3的规定,热轧直条光圆钢筋的力学性能和工艺性能应符合3.3.2.4的规定。热轧带肋钢筋力学性能和工艺性能应符合3.3.2.5、3.3.2.6的规定。冷轧带肋钢筋的力学性能和工艺性能见3.3.2.7
4	钢筋焊接性能	钢筋的焊接性能包括以下两个方面: (1)工艺焊接性。指在一定的焊接条件下,钢筋的焊接接头中出现各种工艺缺陷的敏感性和可能性。 (2)使用焊接性。指在一定的焊接条件下,钢筋的焊接接头对使用条件的适应性。钢材的可焊性常用碳当量来估计,钢筋的焊接性能随碳当量百分比的增高而降低。国际标准规定,碳当量不大于0.55%,认为是可焊的。根据我国经验,碳钢或低合金钢,当碳当量小于0.40%时,焊接性能优良;当碳当量=0.40%~0.55%时,需预热和控制焊接工艺;当碳当量大于0.55%时,难焊

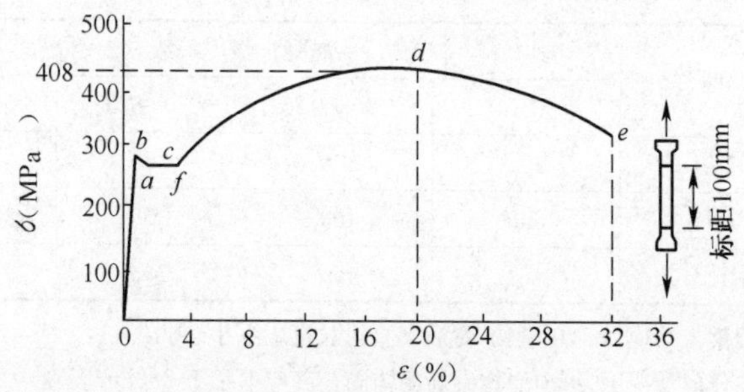

图 3-6 有屈服点钢筋的 **σ-ε** 曲线

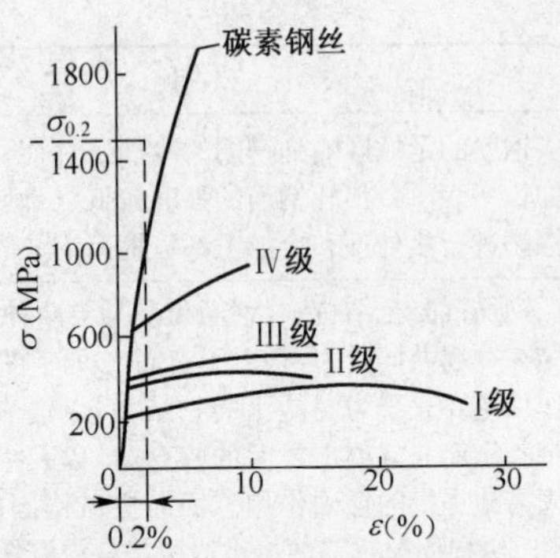

图 3-7 硬钢的拉伸曲线图

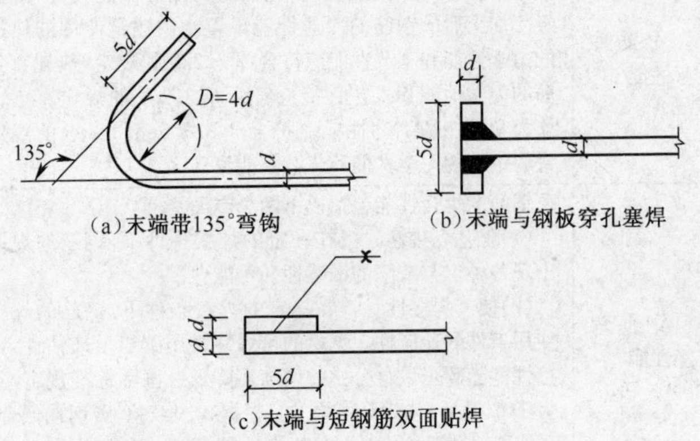

(a)末端带135°弯钩

(b)末端与钢板穿孔塞焊

(c)末端与短钢筋双面贴焊

图 3-8 钢筋机械锚固的形式及构造要求

3.3.2.2 纵向受拉钢筋的最小锚固长度 l_a

钢筋类型	混凝土强度等级			
	C15	C20～C25	C30～C35	≥40
HPB235 级	40d	30d	25d	20d
HRB335 级	50d	40d	30d	25d
HRB400 与 RRB400 级	—	45d	35d	30d

注：1. 圆钢末端应做 180°弯钩，弯后平直段长度应不小于 3d。

2. 在任何情况下，纵向受拉钢筋的锚固长度应不小于 250mm。

3. d 为钢筋的公称直径。

3.3.2.3 热轧圆盘条的力学性能和工艺性能

牌号	力学性能		冷弯试验 180° d=弯心直径 a=试验直径
	抗拉强度 R_m(MPa) ≤	伸长率 $A_{11.3}$(%) ≥	
Q195	410	30	$d=0$
Q215	435	28	$d=0.5a$
Q235	500	23	$d=0.5a$
Q275	540	21	$d=1.5a$

3.3.2.4 热轧光圆钢筋的力学性能和工艺性能

牌号	R_{eL}(MPa)	R_m(MPa)	A(%)	A_{gt}(%)	冷弯试验 180° d—弯心直径 a—钢筋公称直径
	不小于				
HPB235	235	370	25.0	10.0	$d=a$(弯曲后，钢筋壁弯曲部位表面不得产生裂纹)
HPB300	300	420			

3.3.2.5 热轧带肋钢筋力学性能

	牌号	R_{eL}(MPa)	R_m(MPa)	A(%)	A_{gt}(%)
		≤			
拉伸试验	HRB335 HRBF335	335	455	17	7.5
	HRB400 HRBF400	400	540	16	
	HRB500 HRBF500	500	630	15	
疲劳性能	如需方要求，经供需双方协议，可进行疲劳性能试验，疲劳试验的技术要求和试验方法由供需双方协商确定				

3.3.2.6 热轧带肋钢筋工艺性能

	牌号	公称直径 d	弯心直径	要求
弯曲性能(mm)	HRB335 HRBF335	6～5	$3d$	弯曲180°后钢筋受弯曲部位表面不得有弯曲
		28～40	$4d$	
		40～50	$5d$	
	HRB400 HRBF400	6～25	$4d$	
		28～40	$5d$	
		40～50	$6d$	
	HRB500 HRBF500	6～25	$6d$	
		28～40	$7d$	
		40～50	$8d$	

3.3.2.7 冷轧带肋钢筋的力学性能和工艺性能

级别代号	屈服强度 $R_{p0.2}$(MPa) ≥	抗拉强度 R_m(MPa) ≥	伸长率(%) ≥		冷弯180° D—弯心直径 a—钢筋公称直径	反复弯曲试验	应力松弛初始应力应相当于公称抗拉强度的70%
			$A_{11.3}$	A_{100}			1000h 松弛率(%)≤
CRB500	500	550	8.0	—	$D=3d$	—	—
CRB650	585	650	—	4.0	—	3	8
CRB800	720	800	—	4.0	—	3	8
CRB970	875	970	—	4.0	—	3	8

3.3.2.8 冷轧扭钢筋的力学性能和工艺性能

强度级别	型号	抗拉强度 R_m(MPa) ≥	伸长率 A(%)	冷弯试验180°(弯心直径=$3d$)	应力松弛率(当 $\sigma_{con}=0.7/f_{ptk}$)(%)	
					10h	1000h
CTB550	Ⅰ	≥550	$A_{11.3}$≥4.5	钢筋受弯曲部位表面不得产生裂纹	—	—
	Ⅱ	≥550	A≥10		—	—
	Ⅲ	≥550	A≥12		—	—
CTB650	Ⅲ	≥650	A_{100}=4		≤5	≤8

3.3.2.9 冷轧扭钢筋的截面控制尺寸、公称横截面面积和理论重量

强度级别	型号	标志直径 d(mm)	公称横截面面积 A(mm²)	理论重量 (kg/m)
CTB550	Ⅰ	6.5	29.50	0.232
		8	45.30	0.356
		10	68.20	0.536
		12	96.14	0.755
	Ⅱ	6.5	29.20	0.229
		8	42.30	0.332
		10	66.10	0.519
		12	92.74	0.728
	Ⅲ	6.5	29.86	0.234
		8	45.24	0.355
		10	70.69	0.555
CTB650	Ⅲ	6.5	28.20	0.221
		8	42.73	0.335
		10	66.76	0.524

3.3.3 钢筋焊接网

焊接网就钢筋直径和网孔尺寸而言变化范围较大，钢筋直径在0.5～25mm，网孔尺寸在6～300mm(个别达到400mm)。

3.3.3.1 钢筋焊接网按钢筋直径和用途分类

序	内　容
1	细网：钢筋直径0.5～1.5mm，用于墙面抹灰，防止表面裂缝；用于玻璃中的加强配筋；用于家禽和小动物的筛笼、筛子；日用品及家用电器的保护栅栏等
2	轻网：钢筋直径1～6mm，用于农业、民用和商业娱乐设施的围栏；井下巷道的衬砌支护；用于混凝土结构加固工程等
3	加强网：钢筋直径一般为5～12mm(最大可达25mm)，网孔尺寸为100mm×100mm至200mm×200mm，有的一个方向网孔尺寸可达400mm

3.3.3.2 定型钢筋焊接网型号

钢筋焊接网型号	纵向钢筋			横向钢筋			重量（kg/mm²）
	公称直径（mm）	间距（mm）	每延米面积（mm²）	公称直径（mm）	间距（mm）	每延米面积（mm²）	
A16	16	200	1006	12	200	566	12.34
A14	14		770	12		566	10.49
A12	12		566	12		566	8.88
A11	11		475	11		475	7.46
A10	10		393	10		393	6.16
A9	9		318	9		318	4.99
A8	8		252	8		252	3.95
A7	7		193	7		193	3.02
A6	6		112	6		112	2.22
A5	5		98	5		98	1.54
B16	16	100	2011	10	200	393	18.89
B14	14		1539	10		393	15.19
B12	12		1131	8		252	10.90
B11	11		950	8		252	9.43
B10	10		785	8		252	8.14
B9	9		635	8		252	6.97
B8	8		503	8		252	5.93
B7	7		385	7		193	4.53
B6	6		283	7		193	3.73
B5	5		196	7		193	3.05
C16	16	150	1341	12	200	566	14.98
C14	14		1027	12		566	12.51
C12	12		754	12		566	10.36
C11	11		634	11		475	8.70
C10	10		523	10		393	7.19

续表 3.3.3.2

钢筋焊接网型号	纵向钢筋			横向钢筋			重量（kg/mm²）
	公称直径（mm）	间距（mm）	每延米面积（mm²）	公称直径（mm）	间距（mm）	每延米面积（mm²）	
C9	9	150	423	9	200	318	5.82
C8	8		335	8		252	4.61
C7	7		257	7		193	3.53
C6	6		189	6		112	2.60
C5	5		131	5		98	1.80
D16	16	100	2011	12	100	1131	24.68
D14	14		1539	12		1131	20.98
D12	12		1131	12		1131	17.75
D11	11		950	11		950	14.92
D10	10		785	10		785	12.33
D9	9		635	9		635	9.98
D8	8		503	8		503	7.90
D7	7		385	7		385	6.04
D6	6		283	6		283	4.44
D5	5		196	5		196	3.08
E16	16	150	1341	12	150	754	16.46
E14	14		1027	12		754	13.99
E12	12		754	12		754	11.84
E11	11		634	11		634	9.95
E10	10		523	10		523	8.22
E9	9		423	9		423	6.66
E8	8		335	8		335	5.26
E7	7		257	7		257	4.03
E6	6		189	6		189	2.96
E5	5		131	5		131	2.05

3.3.3.3 焊接网几何尺寸允许偏差 (mm)

项目	允许偏差
网片的长度、宽度	±25
网格的长度、宽度	±10

注：当需方有要求时，经供需双方协商，焊接网片长度允许偏差可取±10mm。

3.3.4 预应力钢筋

预应力钢筋的品种有：预应力钢丝、预应力钢绞线、精轧螺纹钢筋和无粘结预应力筋等。预应力钢丝按外形分为光面钢丝、刻痕钢丝、螺旋肋钢丝三种。

3.3.4.1 光圆钢丝的尺寸、允许偏差及每米参考重量

公称直径 d_n(mm)	直径允许偏差(mm)	公称横截面积 S_n(mm^2)	每米参考重量(g)
3.00	±0.04	7.07	55.5
4.00		12.57	98.6
5.00	±0.05	19.63	154
6.00		28.27	222
6.25		30.68	241
7.00		38.48	302
8.00	±0.06	50.26	394
9.00		63.62	499
10.00		78.54	616
12.00		113.1	888

注：计算钢丝每米参考重量时钢的密度为 7.85g/cm^3。

3.3.4.2 螺旋肋钢丝的尺寸及允许偏差

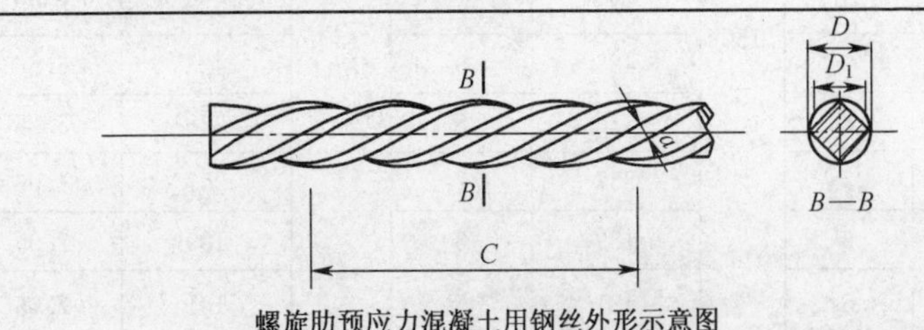

螺旋肋预应力混凝土用钢丝外形示意图

续表 3.3.4.2

公称直径 d_n(mm)	螺旋肋数量(条)	基圆尺寸		外轮廓尺寸		单肋尺寸	螺旋肋导程 C(mm)
		基圆直径 D_1(mm)	允许偏差(mm)	外轮廓直径 D(mm)	允许偏差(mm)	宽度 a(mm)	
4.00	4	3.85	±0.05	4.25	±0.05	0.90～1.30	24～30
4.80		4.60		5.10		1.30～1.70	28～36
5.00		4.80		5.30		1.60～2.00	30～38
6.00		5.80		6.30			
6.25		6.00		6.70			30～40
7.00		6.73		7.46	±0.10	1.80～2.20	35～45
8.00		7.75		8.45		2.00～2.40	40～50
9.00		8.75		9.45		2.10～2.70	42～52
10.00		9.75		10.45		2.50～3.00	45～58

3.3.4.3 三面刻痕钢丝尺寸及允许偏差

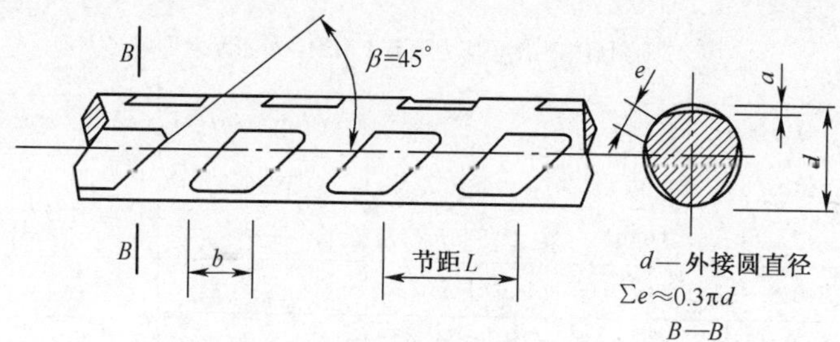

三面刻痕预应力混凝土用钢丝外形示意图

公称直径 d_n(mm)	刻痕深度		刻痕长度		节距	
	公称深度 a(mm)	允许偏差(mm)	公称长度 b(mm)	允许偏差(mm)	公称节距 L(mm)	允许偏差(mm)
≤5.00	0.12	±0.05	3.5	±0.05	5.5	±0.05
＞5.00	0.15		5.0		8.0	

注：1. 指公称直径横截面积等同于光圆钢丝时所对应的直径。

2. 三面刻痕钢丝三条刻痕中的其中一条倾斜方向与其他两条相反。

3.3.4.4 光面钢丝的尺寸、重量及允许偏差

钢丝公称直径(mm)	直径允许偏差(mm)	公称横截面积(mm^2)	每米理论重量(kg)
4.0	±0.05	12.57	0.099
5.0		19.63	0.154
6.0		28.27	0.222
7.0	±0.06	38.48	0.302
8.0		50.26	0.394
9.0		63.62	0.499

3.3.4.5 三面刻痕钢丝的尺寸及允许偏差

(mm)

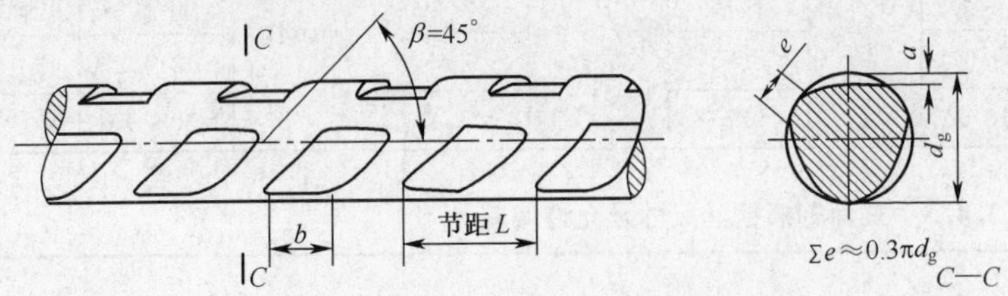

三面刻痕中强度预应力混凝土用钢丝外形示意图

直径	刻痕尺寸			
	深度 a (mm)	长度 b (mm)≥	节距 L (mm)≥	b/L
≤5.00	0.12±0.05	3.5	5.5	≥0.5
>5.00	0.15±0.05	5.0	8.0	

3.3.4.6 螺旋肋钢丝的尺寸及允许偏差

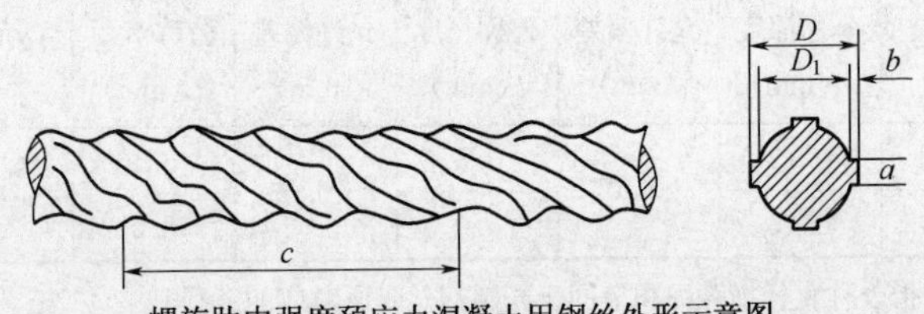

螺旋肋中强度预应力混凝土用钢丝外形示意图

续表 3.3.4.6

公称直径(mm)	螺旋肋数量(条)	螺旋肋公称尺寸				
		基圆直径 D_1(mm)	外轮廓直径 D(mm)	单肋尺寸		螺旋肋导程 c(mm)
				宽度 a(mm)	高度 b(mm)	
4.0	4	3.85±0.05	4.25±0.05	1.00～1.50	0.20±0.05	32～36
5.0	4	4.80±0.05	5.40±0.10	1.20～1.80	0.25±0.05	34～40
6.0	4	5.80±0.05	6.50±0.10	1.30～2.00	0.35±0.05	38～45
7.0	4	6.70±0.05	7.50±0.10	1.80～2.20	0.40±0.05	35～56
8.0	4	7.70±0.05	8.60±0.10	1.80～2.40	0.45±0.05	55～65
9.0	6	8.60±0.05	9.60±0.10	2.00～2.50	0.45±0.05	72～90

3.3.4.7 光面钢丝和变形钢丝的力学性能

种类	公称直径(mm)	规定非比例伸长应力 $\sigma_{p0.2}$(MPa)≥	抗拉强度 σ_b(MPa)≥	断后伸长率 δ_{100}(%)≥	反复弯曲		1000h 松弛率(%)≤
					次数 N≥	弯曲半径 r	
620/800	4.0	620	800	4	4	10	8
	5.0					15	
	6.0					20	
	7.0					20	
	8.0					20	
	9.0					25	
780/970	4.0	780	970			10	
	5.0					15	
	6.0					20	
	7.0					20	
	8.0					20	
	9.0					25	
980/1270	4.0	980	1270			10	
	5.0					15	
	6.0					20	
	7.0					20	
	8.0					20	
	9.0					25	

续表 3.3.4.7

种类	公称直径(mm)	规定非比例伸长应力 $\sigma_{p0.2}$ (MPa)≥	抗拉强度 σ_b(MPa) ≥	断后伸长率 δ_{100} (%)≥	反复弯曲		1000h 松弛率 (%)≤
					次数 N≥	弯曲半径 r	
1080/1370	4.0 5.0 6.0 7.0 8.0 9.0	1080	1370	4	4	10 15 20 20 20 25	8

注：1. 根据需方要求，可用钢丝在最大力下的总伸长率 δ_{gt} 代替 δ_{100}，其值应不小于2.5%。

2. 如用户需要，也可提供其他力学性能的钢丝。

3.3.4.8 光面钢丝的尺寸和允许偏差

公称直径(mm)	允许偏差(mm)	公称横截面积(mm^2)	每米理论重量(g)
5.0	+0.08 −0.04	19.63	154.1
7.0	±0.10	38.48	302.1

3.3.4.9 轧痕钢丝的外形、尺寸及允许偏差

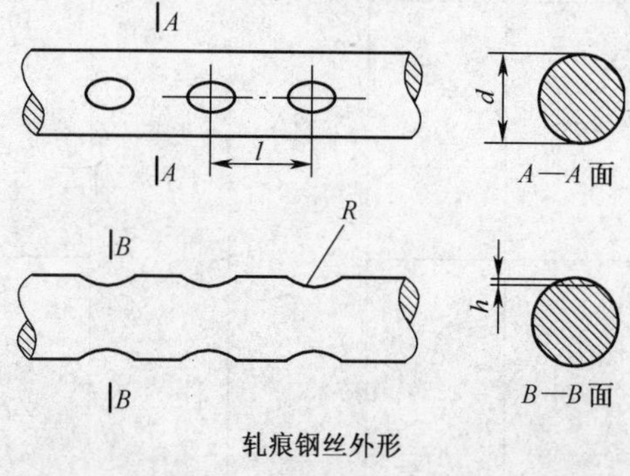

轧痕钢丝外形

续表 3.3.4.9

	直径 d	轧痕深度 h	轧痕圆柱半径 R	轧痕间距 l	每米理论重量/g
尺寸(mm)	7.0	3.0	8	7.0	302.1
允许偏差(mm)	±0.10	±0.05	±0.5	+0.5 −1.0	+8.7 −8.6

注:1. 钢丝直径及偏差用重量法测定,计算钢丝理论重量时的密度为7.85g/cm³。

2. 同一截面上两个轧痕相对错位≤≈2mm。

3.3.4.10 拔丝盘条的力学性能和工艺性能

公称直径(mm)	级别	抗拉强度 R_m(MPa)≥	伸长率 A(%)≥	冷弯
6.5	YD800	550	23	180°,$d=5a$
9.0	YD1000	750	15	90°,$d=5a$
10.0	YD1200	900	$A_{11.3}$≥7	90°,$d=5a$

3.3.4.11 钢丝的力学性能和工艺性能

公称直径(mm)	级别	抗拉强度 R_m(MPa)≥	伸长率 A_{113}(%)≥	反复弯曲		应力松弛	
				弯曲半径 R(mm)	次数 N	张拉应力与公称强度比	应力松弛率最大值
5.0	YD800	800	4	15	4	0.70	8%、1000h 或5%、10h
7.0	YD1000	1000	3.5	20	4		
7.0	YD1200	1200	3.5	20	4		

3.3.4.12 冷拔低碳钢丝的公称直径、允许偏差及公称横截面积

公称直径 d(mm)	直径允许偏差(mm)	公称横截面积 S(mm²)
3.0	±0.06	7.07
4.0	±0.08	12.57
5.0	±0.10	19.63
6.0	±0.12	20.27

注:经供需双方协商,也可生产其他直径的冷拔低碳钢丝。

3.3.4.13 冷拔低碳钢丝的力学性能

级别	公称直径 d (mm)	抗拉强度 R_m (MPa)≥	断后伸长率 A_{100} (%)≥	反复弯曲次数 (次/180°)≥
甲级	5.0	650	3.0	4
		600		
	4.0	700	2.5	
		650		
乙级	3.0,4.0,5.0,6.0	550	2.0	

注:甲级冷拔低碳钢丝作预应力筋用时,如经机械调直,则抗拉强度标准值应降低50MPa。

3.3.4.14 螺纹钢筋的公称截面面积与理论重量

公称直径 (mm)	公称截面面积 (mm^2)	有效截面系数	理论截面面积 (mm^2)	理论重量 (kg/m)
18	254.5	0.95	267.9	2.11
25	490.9	0.94	522.2	4.10
32	804.2	0.95	846.5	6.65
40	1256.6	0.95	1322.7	10.34
50	1963.5	0.95	2066.8	16.28

注:1. 推荐的钢筋公称直径为25mm、32mm。可根据用户要求提供其他规格的钢筋。
2. 钢筋按实际重量或理论重量交货。钢筋实际重量与理论重量的允许偏差应不大于表中规定的理论重量的±4%。
3. 钢筋通常按定尺长度交货,具体交货长度应在合同中注明。可按需方要求长度进行锯切再加工。钢筋按定尺或倍尺长度交货时,长度允许偏差为0~20mm。

3.3.4.15 螺纹钢筋外形尺寸及允许偏差

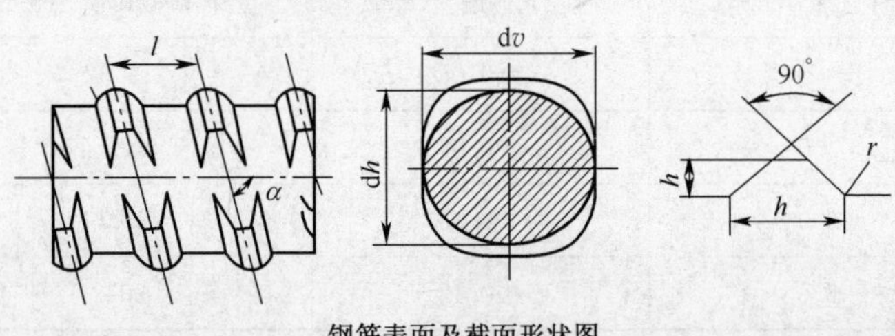

钢筋表面及截面形状图

续表 3.3.4.15

<table>
<tr><td rowspan="3">公称直径(mm)</td><td colspan="4">基圆直径(mm)</td><td colspan="2">螺纹高(mm)</td><td colspan="2">螺纹底宽(mm)</td><td colspan="2">螺距(mm)</td><td rowspan="3">螺纹根弧 r(mm)</td><td rowspan="3">导角 α</td></tr>
<tr><td colspan="2">dh</td><td colspan="2">dv</td><td colspan="2">h</td><td colspan="2">b</td><td colspan="2">l</td></tr>
<tr><td>公称尺寸</td><td>允许偏差</td><td>公称尺寸</td><td>允许偏差</td><td>公称尺寸</td><td>允许偏差</td><td>公称尺寸</td><td>允许偏差</td><td>公称尺寸</td><td>允许偏差</td></tr>
<tr><td>18</td><td>18.0</td><td rowspan="2">±0.4</td><td>18.0</td><td>+0.4
−0.8</td><td>1.2</td><td rowspan="2">±0.3</td><td>4.0</td><td rowspan="5">±0.5</td><td>9.0</td><td>±0.2</td><td>1.0</td><td>80°42′</td></tr>
<tr><td>25</td><td>25.0</td><td>25.0</td><td>+0.4
−0.8</td><td>1.6</td><td>6.0</td><td>12.0</td><td rowspan="2">±0.3</td><td>1.5</td><td>81°19′</td></tr>
<tr><td>32</td><td>32.0</td><td>±0.5</td><td>32.0</td><td>+0.4
−1.2</td><td>2.0</td><td>±0.4</td><td>7.0</td><td>16.0</td><td>2.0</td><td>80°40′</td></tr>
<tr><td>40</td><td>40.0</td><td rowspan="2">±0.6</td><td>40.0</td><td>+0.5
−1.2</td><td>2.5</td><td>±0.5</td><td>8.0</td><td>20.0</td><td rowspan="2">±0.4</td><td>2.5</td><td>80°29′</td></tr>
<tr><td>50</td><td>50.0</td><td>50.0</td><td>+0.5
−1.2</td><td>3.0</td><td>+0.5
−1.0</td><td>9.0</td><td>24.0</td><td>2.5</td><td>81°19′</td></tr>
</table>

注：1. 螺纹底宽允许偏差属于轧辊设计数。

2. 钢筋的弯曲度不得影响正常使用，钢筋弯曲度不应大于 4mm/m，总弯曲度不大于钢筋总长度的 0.1%。

3. 钢筋的端部应平齐，不影响连接器通过。

3.3.4.16 1×2 结构钢绞线的尺寸及允许偏差、每米参考重量

1×2 结构钢绞线外形示意图

<table>
<tr><td rowspan="2">钢绞线结构</td><td colspan="2">公称直径</td><td rowspan="2">钢绞线直径允许偏差(mm)</td><td rowspan="2">钢绞线参考截面积 S_n(mm^2)</td><td rowspan="2">每米钢绞线参考重量(g)</td></tr>
<tr><td>钢绞线直径 D_n(mm)</td><td>钢丝直径 d(mm)</td></tr>
<tr><td rowspan="5">1×2</td><td>5.00</td><td>2.50</td><td rowspan="2">+0.15
−0.05</td><td>9.82</td><td>77.1</td></tr>
<tr><td>5.80</td><td>2.90</td><td>13.2</td><td>104</td></tr>
<tr><td>8.00</td><td>4.00</td><td rowspan="3">+0.25
−0.10</td><td>25.1</td><td>197</td></tr>
<tr><td>10.00</td><td>5.00</td><td>39.3</td><td>309</td></tr>
<tr><td>12.00</td><td>6.00</td><td>56.5</td><td>444</td></tr>
</table>

3.3.4.17 1×3结构钢绞线的尺寸及允许偏差、每米参考重量

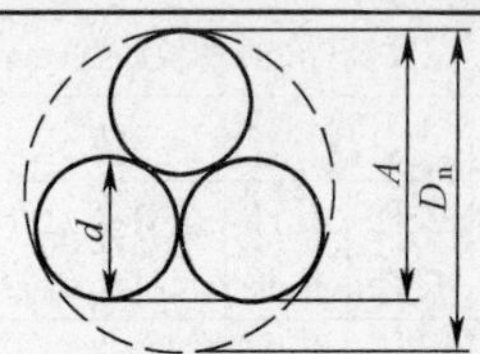

1×3结构钢绞线外形示意图

钢绞线结构	公称直径		钢绞线测量尺寸(mm)	钢绞线直径允许偏差(mm)	钢绞线参考截面积 S_n(mm^2)	每米钢绞线参考重量(g)
	钢绞线直径 D_n(mm)	钢丝直径 d(mm)				
1×3	6.20	2.90	5.41	+0.15 −0.05	19.6	155
	6.50	3.00	5.60		21.2	166
	8.60	4.00	7.46	+0.20 −0.10	37.7	296
	8.74	4.05	7.56		38.6	303
	10.80	5.00	9.33		58.9	462
	12.90	6.00	11.2		84.8	666
1×3 I	8.74	4.05	7.56		38.6	303

3.3.4.18 1×7结构钢绞线的尺寸及允许偏差、每米参考重量

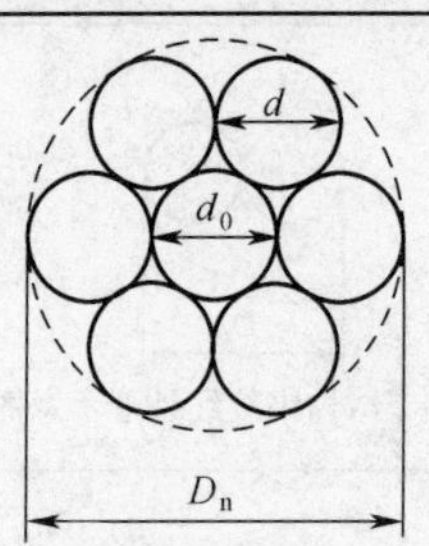

1×7结构钢绞线外形示意图

钢绞线结构	公称直径 D_n(mm)	直径允许偏差(mm)	钢绞线参考截面积 S_n(mm^2)	每米钢绞线参考重量(g)	中心钢丝直径 d_0 加大范围(%) ≥
1×7	9.50	+0.30 −0.15	54.8	430	2.5
	11.10		74.2	582	

续表 3.3.4.18

钢绞线结构	公称直径 D_n(mm)	直径允许偏差(mm)	钢绞线参考截面积 S_n(mm^2)	每米钢绞线参考重量(g)	中心钢丝直径 d_0 加大范围(%) ≥
1×7	12.70	+0.40 −0.20	98.7	775	2.5
	15.20		140	1101	
	15.70		150	1178	
	17.80		191	1500	
	21.60		285	2237	
(1×7)C	12.70		112	890	
	15.20		165	1295	
	18.00		223	1750	

3.3.4.19 1×2 结构钢绞线的力学性能

钢绞线结构	钢绞线公称直径 D_n(mm)	抗拉强度 R_m(MPa) ≥	整根钢绞线的最大力 F_m(kN) ≥	规定非比例延伸力 $F_{p0.2}$(kN) ≥	最大力总伸长率(L_0≥400mm) A_{gt}(%) ≥	应力松弛性能	
						初始负荷相当于公称最大力的比例(%)	1000h 后应力松弛率 r(%) ≤
1×2	5.00	1570	15.4	13.9	对所有规格 3.5	对所有规格 60 70 80	对所有规格 1.0 2.5 4.5
		1720	16.9	15.2			
		1860	18.3	16.5			
		1960	19.2	17.3			
	5.80	1570	20.7	18.6			
		1720	22.7	20.4			
		1860	24.6	22.1			
		1960	25.9	23.3			
	8.00	1470	36.9	33.2			
		1570	39.4	35.5			
		1720	43.2	38.9			
		1860	46.7	42.0			

续表 3.3.4.19

钢绞线结构	钢绞线公称直径 D_n(mm)	抗拉强度 R_m(MPa) ≥	整根钢绞线的最大力 F_m(kN) ≥	规定非比例延伸力 $F_{p0.2}$(kN) ≥	最大力总伸长率(L_0≥400mm) A_{gt}(%) ≥	应力松弛性能	
						初始负荷相当于公称最大力的比例(%)	1000h后应力松弛率 r(%) ≤
1×2	8.00	1960	49.2	44.3	对所有规格 3.5	对所有规格 60 70 80	对所有规格 1.0 2.5 4.5
	10.00	1470	57.8	52.0			
		1570	61.7	55.5			
		1720	67.6	60.8			
		1860	73.1	65.8			
		1960	77.0	69.3			
	12.00	1470	83.1	74.8			
		1570	88.7	79.8			
		1720	97.2	87.5			
		1860	105	94.5			

注：规定非比例延伸力 $F_{p0.2}$ 值不小于整根钢绞线公称最大力 F_m 的 90%。

3.3.4.20 1×3 结构钢绞线的力学性能

钢绞线结构	钢绞线公称直径 D_n(mm)	抗拉强度 R_m(MPa) ≥	整根钢绞线的最大力 F_m(kN) ≥	规定非比例延伸力 $F_{p0.2}$(kN) ≥	最大力总伸长率(L_0≥400mm) A_{gt}(%) ≥	应力松弛性能	
						初始负荷相当于公称最大力的比例(%)	1000h后应力松弛率 r(%) ≤
1×3	6.20	1570	31.1	28.0	对所有规格 3.5	对所有规格 60 70 80	对所有规格 1.0 2.5 4.5
		1720	34.1	30.7			
		1860	36.8	33.1			
		1960	38.8	34.9			
	6.50	1570	33.3	30.0			
		1720	36.5	32.9			
		1860	39.4	35.5			
		1960	41.6	37.4			

续表 3.3.4.20

钢绞线结构	钢绞线公称直径 D_n(mm)	抗拉强度 R_m(MPa) ≥	整根钢绞线的最大力 F_m(kN) ≥	规定非比例延伸力 $F_{p0.2}$(kN) ≥	最大力总伸长率(L_0≥400mm) A_{gt}(%) ≥	应力松弛性能	
						初始负荷相当于公称最大力的比例(%)	1000h后应力松弛率 r(%) ≤
1×3	8.60	1470	55.4	49.9	对所有规格 3.5	对所有规格 60 70 80	对所有规格 1.0 2.5 4.5
		1570	59.2	53.3			
		1720	64.8	58.3			
		1860	70.1	63.1			
		1960	73.9	66.5			
	8.74	1570	60.6	54.5			
		1720	64.5	58.1			
		1860	71.8	64.6			
	10.80	1470	86.6	77.9			
		1570	92.5	83.3			
		1720	101	90.9			
		1860	110	99.0			
		1960	115	104			
	12.90	1470	125	113			
		1570	133	120			
		1720	146	131			
		1860	158	142			
		1960	166	149			
1×3I	8.74	1570	60.6	54.5			
		1720	64.5	58.1			
		1860	71.8	64.6			

注：规定非比例延伸力 $F_{p0.2}$ 值不小于整根钢绞线公称最大力 F_m 的 90%。

3.3.4.21 1×7结构钢绞线的力学性能

钢绞线结构	钢绞线公称直径 D_n(mm)	抗拉强度 R_m(MPa) ≥	整根钢绞线的最大力 F_m(kN) ≥	规定非比例延伸力 $F_{p0.2}$(kN) ≥	最大力总伸长率(L_0≥400mm) A_{gt}(%) ≥	应力松弛性能	
						初始负荷相当于公称最大力的比例(%)	1000h后应力松弛率 r(%) ≤
1×7	9.50	1720	94.3	84.9	对所有规格 3.5	对所有规格 60 70 80	对所有规格 1.0 2.5 4.5
		1860	102	91.8			
		1960	107	96.3			
	11.10	1720	128	115			
		1860	138	124			
		1960	145	131			
	12.70	1720	170	153			
		1860	184	166			
		1960	193	174			
	15.20	1470	206	185			
		1570	220	198			
		1670	234	211			
		1720	241	217			
		1860	260	234			
		1960	274	247			
	15.70	1770	266	239			
		1860	279	251			
	17.80	1720	327	294			
		1860	353	318			
	21.6	1770	504	454			
		1860	530	477			
(1×7)C	12.70	1860	208	187			
	15.20	1820	300	270			
	18.00	1720	384	346			

注：规定非比例延伸力 $F_{p0.2}$ 值不小于整根钢绞线公称最大力 F_m 的90%。

3.3.4.22 无粘结预应力钢绞线规格及性能

钢绞线			防腐润滑脂质量 W_3 (g/m) ≥	护套厚度 (mm)≥	μ	κ
公称直径 (mm)	公称截面积 (mm^2)	公称强度 (MPa)				
9.50	54.8	1720	32	0.8	0.04～0.10	0.003～0.004
		1860				
		1960				
12.70	98.7	1720	43	1.0	0.04～0.10	0.003～0.004
		1860				
		1960				
15.20	140.0	1570	50	1.0	0.04～0.10	0.003～0.004
		1670				
		1720				
		1860				
		1960				
15.70	150.0	1770	53	1.0	0.04～0.10	0.003～0.004
		1860				

注：1. 经供需双方协商，也生产供应其他强度和直径的无粘结预应力钢绞线。

2. 无粘结预应力钢绞线的标记由产品名称代号、特性代号和主参数三部分组成。标记示例：公称直径为 15.20mm，强度级别为 1860MPa 的无粘结预应力钢绞线标记为 UPS 15.20—1860。

3.3.4.23 无粘结预应力筋专用防腐润滑脂技术要求

项　目	质量指标	试验方法
工作锥入度(1/10mm)	265～325	GB/T 269
滴点℃不低于	160	GB/T 4929
水分(%)不大于	0.1	GB/T 512
钢网分油量(100℃,24h)(%)不大于	8.0	SH/TO 324
腐蚀试验(45# 钢片,100℃,24h)	合格	SH/TO 331
蒸发量(99℃,24h)(%)不大于	2.0	GB/T 7325
低温性能(－40℃,30min)	合格	SH0387

续表 3.3.4.23

项　　目		质量指标	试验方法
湿热试验(45#钢片,30d),级	不大于	2	GB/T 2361
盐雾试验(45#钢片,30d),级	不大于	2	SH/T 0081
氧化安定性(99℃,100h,78.5×10⁴Pa)			
A. 氧化后压力降 Pa	不大于	14.7×10⁴	SH/T 0325
B. 氧化后酸值 mgKOH/g	不大于	1.0	GB/T 264
对套管的兼容性(65℃,40d)			
A. 吸油率(%)	不大于	10	HC2 146
B. 拉伸强度变化率(%)	不大于	30	GB 1040

3.3.5 电焊条

3.3.5.1 碳钢焊条规格

(mm)

焊条直径	焊条长度	焊条直径	夹持长度
1.6	200～250	≤4.0	10～30
2.0,2.5	250～350		
3.2,4.0,5.0	350～450	≥5.0	15～35
5.6,6.0,6.4,8.0	450～700		

3.3.5.2 碳钢焊条熔敷金属化学成分

(%)

焊　条　型　号	S	P
E4300,E4301,E4303,E4310,E4311,E4312,E4313,E4320,E4322,E4323,E4324,E4327,E5001,E5003,E5010,E5011	0.035	0.040

焊条型号	C	Mn	Si	S	P	Ni	Cr	Mo	V	Mn、Ni、Cr、Mo、V 总量
E5015,E5016,E5018,E5027	—	1.60	0.75	0.035	0.040	0.30	0.20	0.30	0.08	1.75
E4315,E4316 E4328,E5014 E5023,E5024	—	1.25	0.90	0.035	0.040	0.30	0.20	0.30	0.08	1.50
E5028,E5048	—	1.60	0.90	0.035	0.040	0.30	0.20	0.30	0.08	1.75
E5018M	0.12	0.40～1.60	0.80	0.020	0.030	0.25	0.15	0.35	0.05	—

注:表中单值均为最大值。

3.3.5.3 碳钢焊条熔敷金属力学性能

<table>
<tr><th colspan="2" rowspan="2">焊条型号</th><th colspan="2">抗拉强度 σ_b</th><th colspan="2">屈服点 σ_s</th><th>伸长率 δ</th></tr>
<tr><th>(MPa)</th><th>(kgf/mm²)</th><th>(MPa)</th><th>(kgf/mm²)</th><th>%</th></tr>
<tr><td rowspan="3">E43系列</td><td>E4300,E4301,E4303
E4310,E4311,E4315
E4316,E4320,E4323
E4327,E4328</td><td rowspan="3">420</td><td rowspan="3">(43)</td><td rowspan="2">330</td><td rowspan="2">(34)</td><td>22</td></tr>
<tr><td>E4312,E4313,E4324</td><td>17</td></tr>
<tr><td>E4322</td><td colspan="3">不要求</td></tr>
<tr><td rowspan="4">E50系列</td><td>E5001,E5003,E5010
E5011</td><td rowspan="4">490</td><td rowspan="4">(50)</td><td rowspan="3">400</td><td rowspan="3">(41)</td><td>20</td></tr>
<tr><td>E5015,E5016,E5018
E5027,E5028,E5048</td><td>22</td></tr>
<tr><td>E5014,E5023,E5024</td><td>17</td></tr>
<tr><td>E5018M</td><td>365～500</td><td>(37～51)</td><td>24</td></tr>
</table>

注：1. 表中单值为最小值。

2. E5018M 型直径为 2.5mm 焊条的屈服点不大于 530MPa(54kgf/mm²)。

3. E5024-A 型焊条的伸长率最低值为 22%。

3.4 防水材料

3.4.1 防水材料的分类、防水卷材的特点及适用范围

3.4.1.1 防水材料的分类

序号	防水材料名称	主 要 产 品
1	防水卷材	主要包括沥青防水卷材、高聚物改性沥青防水卷材和合成高分子防水卷材
2	防水涂料	有沥青基防水涂料、高聚物改性沥青防水涂料和合成高分子防水涂料等
3	建筑密封材料	主要有高聚物改性沥青密封材料和合成高分子密封材料

续表 3.4.1.1

序号	防水材料名称	主 要 产 品
4	刚性防水材料	主要有防水混凝土、防水砂浆、刚性混凝土涂层防水、混凝土渗透结晶型防水和混凝土表面憎水剂防水等
5	堵漏止水材料	这类材料比较多,如水溶性聚氨酯、水玻璃、超细水泥、丙凝和氰凝等
6	瓦类防水材料	包括各类黏土瓦、水泥瓦、有机瓦、波形瓦和金属瓦等

3.4.1.2 防水卷材的特点及适用范围

卷材类别	卷材名称	特 点	适用范围	施工工艺
沥青防水卷材	石油沥青纸胎油毡	是常用材料,其低温柔性差,使用年限较短,但价格较低	屋面做三毡四油、二毡三油防水层	粘贴法施工
	玻璃布沥青油毡	胎体不易腐烂,抗拉强度高,材料柔性好	多用作纸胎油毡的增强附加层和凸出部位的防水层	粘贴法施工
	玻纤毡沥青油毡	有良好的耐水性、抗腐蚀性和耐久性,柔软性也优于纸胎油毡	常用于屋面或地下防水工程	粘贴法施工
	铝箔胎油毡	有很高的阻隔蒸汽渗透的能力,防水功能好,有一定的抗拉强度	多与带孔玻纤毡配合或单独用作隔汽层	热玛帝脂粘贴
高聚物改性沥青防水卷材	SBS改性沥青防水卷材	耐高、低温性能有明显提高,卷材的弹性和耐疲劳性明显改善	用于单层屋面防水或复合使用	冷施工铺贴或热熔铺贴
	APP改性沥青防水卷材	具有良好的强度、延伸性、耐热性、耐紫外线照射及耐老化性能	单层铺贴,用于紫外线辐射强烈及炎热地区屋面使用	热熔法或冷粘法铺贴
	PVC改性沥青防水卷材	有良好的耐热及耐低温性能,最低开卷温度为—18℃	用于冬季负温下施工	可热作业也可以冷施工
	再生胶改性沥青防水卷材	有一定的延伸性,且低温柔性较好,有一定的防腐能力,价格较低,是低挡防水材料	用于变形较大或挡次较低的屋面防水	热沥青粘贴

续表 3.4.1.2

卷材类别	卷材名称	特　点	适用范围	施工工艺
合成高分子防水卷材	三元乙丙橡胶防水卷材	防水性能优异,使用温度范围广,寿命长,但价格高	用于要求较高的工业与民用建筑,作单层或复合屋面防水	冷粘法或自粘法
	丁基橡胶防水卷材	有较好的耐候性、耐油性,有较高的抗拉强度和延伸率	单层或复合使用于要求较高屋面防水	冷粘法施工
	氯化聚乙烯防水卷材	具有良好的耐候、耐臭氧、耐热、耐老化、耐油、耐化学腐蚀及抗撕裂性能	单层或复合用于紫外线辐射强烈及炎热地区屋面防水	冷粘法施工
	氯磺化聚乙烯防水卷材	延伸率较大,弹性好,对基层变形开裂的适应性较强,耐高、低温性能好,耐腐蚀性能优良,有很好的阻燃性	用于有腐蚀介质影响及寒冷地区的屋面防水	冷粘法施工
	聚乙烯防水卷材	具有较高的拉伸和撕裂强度,延伸率较大,耐老化性能好,原材料丰富,价格便宜,容易粘贴	单层或复合用于外露或有保护层的屋面防水	冷粘法或热风焊接法施工
	聚乙烯—橡胶共混防水卷材	不仅有氯化聚乙烯特有的优异性能,而且具有橡胶所特有的高弹性、高延伸性以及良好的低温柔性	单层或复合使用,尤宜用于寒冷地区或变形较大的屋面	冷粘法施工
	三元乙丙橡胶—聚乙烯防水卷材	是热塑性材料,有良好的耐臭氧和耐老化性能,使用寿命长,低温柔性好,可在负温下施工	单层或复合用于外露屋面防水,宜在寒冷地区使用	冷粘法施工

3.4.2 自粘聚合物改性沥青防水卷材(GB 23441—2009)

3.4.2.1 外观质量要求及单位面积重量、厚度

<table>
<tr><td rowspan="14">单位面积重量、厚度</td><td colspan="8">①面积不小于产品面积标记值的99%</td></tr>
<tr><td colspan="8">②N类卷材单位面积重量、厚度</td></tr>
<tr><td colspan="2">厚度规格(mm)</td><td colspan="2">1.2</td><td colspan="2">1.5</td><td colspan="2">2.0</td></tr>
<tr><td colspan="2">上表面材料</td><td colspan="2">PE、PET、D</td><td colspan="2">PE、PET、D</td><td colspan="2">PE、PET、D</td></tr>
<tr><td colspan="2">单位面积重量(kg/m²) ≥</td><td colspan="2">1.2</td><td colspan="2">1.5</td><td colspan="2">2.0</td></tr>
<tr><td rowspan="2">厚度(mm)</td><td>平均值 ≥</td><td colspan="2">1.2</td><td colspan="2">1.5</td><td colspan="2">2.0</td></tr>
<tr><td>最小单值</td><td colspan="2">1.0</td><td colspan="2">1.3</td><td colspan="2">1.7</td></tr>
<tr><td colspan="8">③PY类卷材单位面积重量、厚度</td></tr>
<tr><td colspan="2">厚度规格(mm)</td><td colspan="2">2.0</td><td colspan="2">3.0</td><td colspan="2">4.0</td></tr>
<tr><td colspan="2">上表面材料</td><td>PE、D</td><td>S</td><td>PE、D</td><td>S</td><td>PE、D</td><td>S</td></tr>
<tr><td colspan="2">单位面积重量(kg/m²) ≥</td><td>2.1</td><td>2.2</td><td>3.1</td><td>3.2</td><td>4.1</td><td>4.2</td></tr>
<tr><td rowspan="2">厚度(mm)</td><td>平均值 ≥</td><td colspan="2">2.0</td><td colspan="2">3.0</td><td colspan="2">4.0</td></tr>
<tr><td>最小单值</td><td colspan="2">1.8</td><td colspan="2">2.7</td><td colspan="2">3.7</td></tr>
<tr><td colspan="8">④由供需双方商定的规格,厚度N类不得小于1.2mm,PY类不得小于2.0mm</td></tr>
<tr><td>外观质量</td><td colspan="8">①成卷卷材应卷紧卷齐,端面里进外出不得超过20mm
②成卷卷材在4℃~45℃任一产品温度下展开,在距卷芯1000mm长度外不应有裂纹或长度10mm以上的粘结
③PY类产品,其胎基应浸透,不应有未被浸渍的浅色条纹
④卷材表面应平整,不允许有孔洞、结块、气泡、缺边和裂口,上表面为细砂的,细砂应均匀一致并紧密地粘附于卷材表面
⑤每卷卷材接头不应超过一个,较短的一段长度不应少于1000mm,接头应剪切整齐,并加长150mm</td></tr>
</table>

3.4.2.2 物理力学性能(N类卷材)

<table>
<tr><td colspan="3" rowspan="3">项目</td><td colspan="5">指标</td></tr>
<tr><td colspan="2">PE</td><td colspan="2">PET</td><td rowspan="2">D</td></tr>
<tr><td>Ⅰ</td><td>Ⅱ</td><td>Ⅰ</td><td>Ⅱ</td></tr>
<tr><td rowspan="4">物理力学性能</td><td rowspan="4">拉伸性能</td><td>拉力[N/(50mm)] ≥</td><td>150</td><td>200</td><td>150</td><td>200</td><td>—</td></tr>
<tr><td>最大拉力时延伸率(%) ≥</td><td colspan="2">200</td><td colspan="2">30</td><td>—</td></tr>
<tr><td>沥青断裂延伸率(%) ≥</td><td colspan="2">250</td><td colspan="2">150</td><td>450</td></tr>
<tr><td>拉伸时现象</td><td colspan="4">拉伸过程中,在膜断裂前无沥青涂盖层与膜分离现象</td><td>—</td></tr>
</table>

续表 3.4.2.2

<table>
<tr><th colspan="3" rowspan="3">项目</th><th colspan="5">指标</th></tr>
<tr><th colspan="2">PE</th><th colspan="2">PET</th><th rowspan="2">D</th></tr>
<tr><th>Ⅰ</th><th>Ⅱ</th><th>Ⅰ</th><th>Ⅱ</th></tr>
<tr><td rowspan="18">物理力学性能</td><td colspan="2">钉杆撕裂强度(N) ≥</td><td>60</td><td>110</td><td>30</td><td>40</td><td>—</td></tr>
<tr><td colspan="2">耐热性</td><td colspan="5">70℃滑动不超过 2mm</td></tr>
<tr><td colspan="2" rowspan="2">低温柔性(℃)</td><td>−20</td><td>−30</td><td>−20</td><td>−30</td><td>−20</td></tr>
<tr><td colspan="5">无裂纹</td></tr>
<tr><td colspan="2">不透水性</td><td colspan="4">0.2MPa,120min 不透水</td><td>—</td></tr>
<tr><td rowspan="2">剥离强度(N/mm) ≥</td><td>卷材与卷材</td><td colspan="5">1.0</td></tr>
<tr><td>卷材与铝板</td><td colspan="5">1.5</td></tr>
<tr><td colspan="2">钉杆水密性</td><td colspan="5">通过</td></tr>
<tr><td colspan="2">渗油性(张) ≤</td><td colspan="5">2</td></tr>
<tr><td colspan="2">持粘性(min) ≥</td><td colspan="5">20</td></tr>
<tr><td rowspan="5">热老化</td><td>拉力保持率(%) ≥</td><td colspan="5">80</td></tr>
<tr><td>最大拉力时延伸率(%)</td><td colspan="2">200</td><td colspan="2">30</td><td>400(沥青层断裂延伸率)</td></tr>
<tr><td rowspan="2">低温柔性(℃)</td><td>−18</td><td>−28</td><td>−18</td><td>−28</td><td>−18</td></tr>
<tr><td colspan="5">无裂纹</td></tr>
<tr><td>剥离强度(卷材与铝板)(N/mm) ≥</td><td colspan="5">1.5</td></tr>
<tr><td rowspan="2">热稳定性</td><td>外观</td><td colspan="5">无起鼓、皱褶、滑动、流淌</td></tr>
<tr><td>尺寸变化(%) ≤</td><td colspan="5">2</td></tr>
</table>

3.4.2.3 物理力学性能(PY 类卷材)

<table>
<tr><th rowspan="2">序号</th><th colspan="2" rowspan="2">项目</th><th colspan="2">指标</th></tr>
<tr><th>Ⅰ</th><th>Ⅱ</th></tr>
<tr><td rowspan="3">1</td><td rowspan="3">可溶物含量(g/m^2)≥</td><td>2.0mm</td><td>1300</td><td>—</td></tr>
<tr><td>3.0mm</td><td colspan="2">2100</td></tr>
<tr><td>4.0mm</td><td colspan="2">2900</td></tr>
</table>

续表 3.4.2.3

序号	项目			指标	
				Ⅰ	Ⅱ
2	拉伸性能	拉力[N/(50mm)]≥	2.0mm	350	—
			3.0mm	450	600
			4.0mm	450	800
		最大拉力时延伸离(%)≥		30	40
3	耐热性			70℃无滑动、流淌、滴落	
4	低温柔性(℃)			−20	−30
				无裂纹	
5	不透水性			0.3MPa,120min 不透水	
6	剥离强度(N/mm)≥		卷材与卷材	1.0	
			卷材与铝板	1.5	
7	钉杆水密性			通过	
8	渗油性(张)≤			2	
9	持粘性(min)≥			15	
10	热老化		拉力保持率(%)≥	80	
			最大拉力时延伸率(%)≥	30	40
			低温柔性(℃)	−18	−28
				无裂纹	

3.4.3 胶粉改性沥青玻纤毡与玻纤网格布增强防水卷材(JC/T 1076—2008)

3.4.3.1 单位面积重量、面积及厚度,外观质量

			3			4		
单位面积重量、面积及厚度	规格(公厚称度)/mm		3			4		
	上表面材料		PE	S	M	PE	S	M
	面积(m^2/卷)	公称面积	10			10、7.5		
		偏差	±0.10			±0.10		
	单位面积重量(kg/m^2)≥		3.3	3.5	4.0	4.3	4.5	5.0
	厚度(mm)	平均值≥	3.0	3.0	3.0	4.0	4.0	4.0
		最小单值≥	2.7	2.7	2.7	3.7	3.7	3.7
外观质量	①成卷卷材应卷紧卷齐,端面里进外出不得超过 10mm ②成卷卷材在 4℃~45℃任一产品温度下展开,在距卷芯 1000mm 长度外不应有 10mm 以上的裂纹或粘结 ③胎基应浸透,不应有未被浸渍的条纹							

续表 3.4.3.1

外观质量	④卷材表面应平整,不允许有孔洞、缺边和裂口、疙瘩,上表面材料应均匀一致并紧密地粘附于卷材表面 ⑤每卷卷材接头处不应超过一个,较短的一段长度不应少于 1000mm,接头应剪切整齐,并加长 150mm

3.4.3.2 物理力学性能

序号	项目		指标	
			Ⅰ	Ⅱ
1	可溶物含量(g/m^2)	3mm	1700	
		4mm	2300	
2	耐热性(℃)		90	
			无滑动、流淌、滴落	
3	低温柔性(℃)		−10	−15
			无裂纹	
4	不透水性		0.3MPa、30min 不透水	
5	最大拉力[N/(50mm)]	纵向	400	600
		横向	300	500
6	粘结剥离强度(N/mm)≥		0.5	
7	拉力保持率(%)≥		90	
8	热老化	低量柔性(℃)	−5	−10
			无裂纹	
		质量损失(%)≤	2.0	
9	渗油性/张≤		2	
10	人工气候加速老化	外观	无滑动、流淌、滴落	
		拉力保持率(%)≥	80	
		低温柔性(℃)	−5	−10

3.4.4 铝箔面石油沥青防水卷材(JC/T 504—2007)

产品分为 30 和 40 两个标号。卷材幅宽 1000mm,卷重 30 号 ≥2.85kg/m^2;40 号≥3.80kg/m^2。

3.4.4.1 外观质量要求

外观质量	①成卷卷材应卷紧卷齐，卷筒两端厚度差不得超过5mm，端面里进外出不超过10mm ②成卷卷材在10℃～45℃任一产品温度下展开，在距卷芯1000mm长度外不应有10mm以上的裂纹或粘结 ③胎基应浸透，不应有未被浸渍的条纹，铝箔应与涂盖材料粘结牢固，不允许有分层和气泡现象，铝箔表面应花纹整齐，无污迹、折皱、裂纹等缺陷，铝箔应为轧制铝，不得采用塑料镀铝膜 ④在卷材覆铝箔的一面沿纵向留70～100mm无铝箔的搭接边，在搭接边上可撒细砂或覆聚乙烯膜 ⑤卷材表面平整，不允许有孔洞、缺边和裂口 ⑥每卷卷材接头不多于一处，其中较短的一段不应少于2500mm，接头应剪切整齐，并加长150mm

3.4.4.2 物理性能

	项　目	指　标	
		30号	40号
物理性能	可溶物含量(g/m^2)≥	1550	2050
	拉力[N/(50mm)]≥	450	500
	柔度(℃)	5	
		绕半径35mm圆弧无裂纹	
	耐热度	(90±2)℃，2h，涂盖层无滑动、无起泡、流淌	
	分层	(50±2)℃，7d无分层现象	

3.4.5 沥青复合胎柔性防水卷材(JC/T 690—2008)

按物理性能分为Ⅰ、Ⅱ型，幅宽1000mm，厚度3mm、4mm，面积$10m^2$、$7.5m^2$。

3.4.5.1 外观质量及单位面积重量、面积及厚度

单位面积重量面积及厚度	规格(公称厚度)(mm)		3			4		
	上表面材料		PE	S	M	PE	S	M
	面积(m^2/卷)	公称面积	10			10、7.5		
		偏差	±0.10			±0.10		

续表 3.4.5.1

单位面积重量面积及厚度	单位面积重量(kg/m²)≥		3.3	3.5	4.0	4.3	4.5	5.0
	厚度(mm)	平均值≥	3.0	3.0	3.0	4.0	4.0	4.0
		最小单位≥	2.7	2.7	2.7	3.7	3.7	3.7
外观	①成卷卷材应卷紧卷齐,端面里进外出不得超过 10mm ②成卷卷材在 4℃～45℃任一产品温度下展开,在距卷芯 1000mm 长度外不应有 10mm 以上的裂纹或粘结 ③胎基应浸透,不应有未被浸渍的条纹 ④卷材表面应平整,不允许有孔洞、缺边和裂口、疙瘩,上表面材料应均匀一致并紧密地黏附于卷材表面 ⑤每卷卷材接头处不应超过一个,较短的一段长度不应少于 1000mm,接头应剪切整齐,并加长 150mm							

3.4.5.2 物理力学性能

序号	项目		指标	
			Ⅰ	Ⅱ
1	可溶物含量(g/m²)	3mm	1600	
		4mm	2200	
2	耐热性(℃)		90	
			无滑动、流淌、滴落	
3	低温柔性(℃)		−5	−10
			无裂纹	
4	不透水性		0.2MPa、30min 不透水	
5	最大拉力[N/(50mm)]	纵向	500	600
		横向	400	500
6	粘结剥离强度(N/mm)≥		0.5	
7	拉力保持率(%)≥		90	
8	热老化	低量柔性(℃)	0	−5
			列裂纹	
		重量损失(%)≤	2.0	

3.4.6 石油沥青玻璃纤维胎防水卷材(GB/T 14686—2008)

产品按单位面积重量分为15、25号。按力学性能分为Ⅰ、Ⅱ型，幅宽1000mm，面积为10m²、20m²。

3.4.6.1 尺寸偏差和外观质量要求

<table>
<tr><td>尺寸偏差</td><td colspan="5">宽度允许偏差为:宽度标称值±3%
面积允许偏差为:不少于面积标称值的−1%</td></tr>
<tr><td rowspan="3">单位面积重量</td><td>标号</td><td colspan="2">15号</td><td colspan="2">25号</td></tr>
<tr><td>上表面材料</td><td>PE膜面</td><td>砂面</td><td>PE膜面</td><td>砂面</td></tr>
<tr><td>单位面积重量(kg/m²) ≥</td><td>1.2</td><td>1.5</td><td>2.1</td><td>2.4</td></tr>
<tr><td>外观质量</td><td colspan="5">①成卷卷材应卷紧、卷齐，端面里进外出不得超过10mm
②胎基必须浸透,不应有未被浸透的浅色斑点,不应有胎基外露和涂油不均
③卷材表面应平整,无机械损伤、疙瘩、气泡、孔洞、粘着等可见缺陷
④20mm以内的边缘裂口或长50mm、深20mm以内的缺边不超过四处
⑤成卷卷材在10℃～45℃的任一产品温度下，应易于展开，无裂纹或粘结，在距卷芯1000mm长度外不应有10mm以上的裂纹或粘结
⑥每卷接头处不应超过1个，接头应剪切整齐，并加长150mm作为搭接</td></tr>
</table>

3.4.6.2 材料性能

<table>
<tr><td colspan="3" rowspan="2">项 目</td><td colspan="2">指 标</td></tr>
<tr><td>Ⅰ型</td><td>Ⅱ型</td></tr>
<tr><td colspan="2" rowspan="3">可溶物含量(g/m²) ≥</td><td>15号</td><td colspan="2">700</td></tr>
<tr><td>25号</td><td colspan="2">1200</td></tr>
<tr><td>试验现象</td><td colspan="2">胎基不燃</td></tr>
<tr><td colspan="2" rowspan="2">拉力[N/(50mm)] ≥</td><td>纵向</td><td>350</td><td>500</td></tr>
<tr><td>横向</td><td>250</td><td>400</td></tr>
<tr><td colspan="3" rowspan="2">耐热性</td><td colspan="2">85℃</td></tr>
<tr><td colspan="2">无滑动、流淌、滴落</td></tr>
<tr><td colspan="3" rowspan="2">低温柔性</td><td>10℃</td><td>5℃</td></tr>
<tr><td colspan="2">无裂缝</td></tr>
<tr><td colspan="3">不透水性</td><td colspan="2">0.1MPa、30min不透水</td></tr>
<tr><td colspan="3">钉杆撕裂强度(N) ≥</td><td>40</td><td>50</td></tr>
<tr><td rowspan="5">热老化</td><td colspan="2">外观</td><td colspan="2">无裂纹，无起泡</td></tr>
<tr><td colspan="2">拉力保持率(%) ≥</td><td colspan="2">85</td></tr>
<tr><td colspan="2">质量损失率(%) ≥</td><td colspan="2">2.0</td></tr>
<tr><td colspan="2" rowspan="2">低温柔性</td><td>15℃</td><td>10℃</td></tr>
<tr><td colspan="2">无裂缝</td></tr>
</table>

3.4.7　弹性体改性沥青防水卷材(GB 18242—2008)

产品按胎基不同分为聚酯毡(PY)、玻纤毡(G)、玻纤增强聚酯毡(PYG)。按材料性能分为Ⅰ、Ⅱ型,幅宽1000mm,厚度3~5mm,面积为7.5m²、10m²、15m²。

3.4.7.1　外观质量

<table>
<tr><td>外观质量</td><td>①成卷卷材应卷紧卷齐,端面里进外出不得超过10mm
②成卷卷材在4℃~50℃任一产品温度下展开,在距卷芯1000mm长度外不应有10mm以上的裂纹或粘结
③胎基应浸透,不应有未被浸渍处
④卷材表面应平整,不允许有孔洞、缺边和裂口、疙瘩,矿物粒料粒度应均匀一致并紧密地粘附于卷材表面
⑤每卷卷材接头处不应超过一个,较短的一段长度不应少于1000mm,接头应剪切整齐,并加长150mm</td></tr>
</table>

3.4.7.2　材料性能

<table>
<tr><th rowspan="3">序号</th><th rowspan="3" colspan="3">项　目</th><th colspan="5">指　标</th></tr>
<tr><th colspan="2">Ⅰ</th><th colspan="3">Ⅱ</th></tr>
<tr><th>PY</th><th>G</th><th>PY</th><th>G</th><th>PYG</th></tr>
<tr><td rowspan="4">1</td><td rowspan="4" colspan="2">可溶物含量(g/m²)</td><td>3mm</td><td colspan="4">2100</td><td>—</td></tr>
<tr><td>4mm</td><td colspan="4">2900</td><td>—</td></tr>
<tr><td>5mm</td><td colspan="5">3500</td></tr>
<tr><td>试验现象</td><td>—</td><td>胎基不燃</td><td>—</td><td>胎基不燃</td><td>—</td></tr>
<tr><td rowspan="3">2</td><td rowspan="3" colspan="2">耐热性</td><td>℃</td><td colspan="3">90</td><td colspan="2">105</td></tr>
<tr><td>mm　≤</td><td colspan="5">2</td></tr>
<tr><td>试验现象</td><td colspan="5">无流淌、滴落</td></tr>
<tr><td rowspan="2">3</td><td rowspan="2" colspan="3">低温柔性(℃)</td><td colspan="3">−20</td><td colspan="2">−25</td></tr>
<tr><td colspan="5">无裂缝</td></tr>
<tr><td>4</td><td colspan="3">不透水性(30min)</td><td>0.3MPa</td><td>0.2MPa</td><td colspan="3">0.3MPa</td></tr>
<tr><td rowspan="3">5</td><td rowspan="3">拉力</td><td colspan="2">最大峰拉力[N/(50mm)]　≥</td><td>500</td><td>350</td><td>800</td><td>500</td><td>900</td></tr>
<tr><td colspan="2">次高峰拉力[N/(50mm)]　≥</td><td>—</td><td>—</td><td>—</td><td>—</td><td>800</td></tr>
<tr><td colspan="2">试验现象</td><td colspan="5">拉伸过程中,试件中部无沥青涂盖层开裂或与胎基分离现象</td></tr>
<tr><td rowspan="2">6</td><td rowspan="2">延伸率</td><td colspan="2">最大峰时延伸率(%)　≥</td><td>30</td><td rowspan="2">—</td><td>40</td><td rowspan="2">—</td><td>—</td></tr>
<tr><td colspan="2">第二峰时延伸率(%)　≥</td><td>—</td><td>—</td><td>15</td></tr>
</table>

续表 3.4.7.2

<table>
<tr><th rowspan="3">序号</th><th rowspan="3" colspan="2">项　目</th><th colspan="5">指　标</th></tr>
<tr><th colspan="2">Ⅰ</th><th colspan="3">Ⅱ</th></tr>
<tr><th>PY</th><th>G</th><th>PY</th><th>G</th><th>PYG</th></tr>
<tr><td rowspan="2">7</td><td rowspan="2">浸水后重量增加(%)　≤</td><td>PE、S</td><td colspan="5">1.0</td></tr>
<tr><td>M</td><td colspan="5">2.0</td></tr>
<tr><td rowspan="6">8</td><td rowspan="6">热老化</td><td>拉力保持率(%)　≥</td><td colspan="5">90</td></tr>
<tr><td>延伸率保持率(%)　≥</td><td colspan="5">80</td></tr>
<tr><td rowspan="2">低温柔性(℃)</td><td colspan="2">−15</td><td colspan="3">−20</td></tr>
<tr><td colspan="5">无裂缝</td></tr>
<tr><td>尺寸变化率(%)　≤</td><td>0.7</td><td>—</td><td>0.7</td><td>—</td><td>0.3</td></tr>
<tr><td>重量损失(%)　≤</td><td colspan="5">1.0</td></tr>
<tr><td>9</td><td>渗油性</td><td>张数　≤</td><td colspan="5">2</td></tr>
<tr><td>10</td><td colspan="2">接缝剥离强度(N/mm)　≥</td><td colspan="5">1.5</td></tr>
<tr><td>11</td><td colspan="2">钉杆撕裂强度①(N)　≥</td><td colspan="4">—</td><td>300</td></tr>
<tr><td>12</td><td colspan="2">矿物粒料粘附性②(g)　≤</td><td colspan="4">2.0</td><td></td></tr>
<tr><td>13</td><td colspan="2">卷材下表面沥青涂盖层厚度③(mm)　≥</td><td colspan="4">1.0</td><td></td></tr>
<tr><td rowspan="4">14</td><td rowspan="4">人工气候加速老化</td><td>外观</td><td colspan="5">无滑动、流淌、滴落</td></tr>
<tr><td>拉力保持率(%)　≥</td><td colspan="5">80</td></tr>
<tr><td rowspan="2">低温柔性(℃)</td><td colspan="2">−15</td><td colspan="3">−20</td></tr>
<tr><td colspan="5">无裂缝</td></tr>
<tr><td>附注</td><td colspan="7">①仅适用于单层机械固定施工方式卷材
②仅适用于矿物粒料表面的卷材
③仅适用于热熔施工的卷材</td></tr>
</table>

3.4.8　塑性体改性沥青防水卷材(GB 18243—2008)

类型及规格与弹性体改性沥青防水卷材大体相同。

3.4.8.1　用途及外观质量要求

<table>
<tr><td>用途</td><td>①塑性体改性沥青防水卷材主要适用于工业与民用建筑的屋面和地下防水工程
②玻纤增强聚酯毡卷材可用于机械固定单层防水，但需通过抗风荷载试验
③玻纤毡卷材适用于多层防水中的底层防水
④外露使用应采用上表面隔离材料为不透明的矿物粒料的防水卷材
⑤地下工程防水采用表面隔离材料为细砂的防水卷材</td></tr>
</table>

续表 3.4.8.1

外观质量	①成卷卷材应卷紧卷齐，端面里进外出不得超过 10mm ②成卷卷材在 4℃～60℃任一产品温度下展开，在距卷芯 1000mm 长度外不应有 10mm 以上的裂纹或粘结 ③胎基应浸透，不应有未被浸渍处 ④卷材表面应平整，不允许有孔洞、缺边和裂口、疙瘩，矿物粒料粒度应均匀一致并紧密地粘附于卷材表面 ⑤每卷卷材接头处不应超过一个，较短的一段长度不应少于 1000mm，接头应剪切整齐，并加长 150mm

3.4.8.2 材料性能

序号	项目		指标				
			Ⅰ		Ⅱ		
			PY	G	PY	G	PYG
1	可溶物含量(g/m^2)	3mm	2100				—
		4mm	2900				—
		5mm	3500				
		试验现象	—	胎基不燃	—	胎基不燃	—
2	耐热性	℃	110		130		
		mm ≤	2				
		试验现象	无流淌、滴落				
3	低温柔性(℃)		−7		−15		
			无裂缝				
4	不透水性(30min)		0.3MPa	0.2MPa	0.3MPa		
5	拉力	最大峰拉力[N/(50mm)] ≥	500	350	800	500	900
		次高峰拉力[N/(50mm)] ≥	—	—	—	—	800
		试验现象	拉伸过程中，试件中部无沥青涂盖层开裂或与胎基分离现象				
6	延伸率	最大峰时延伸率(%) ≥	30	—	40	—	—
		第二峰时延伸率(%) ≥	—		—		15
7	浸水后重量增加(%) ≤	PE、S	1.0				
		M	2.0				

表 3.4.8.2

序号	项目		指标				
			Ⅰ		Ⅱ		
			PY	G	PY	G	PYG
8	热老化	拉力保持率(%) ≥	90				
		延伸率保持率(%) ≥	80				
		低温柔性(℃)	−2		−10		
			无裂缝				
		尺寸变化率(%) ≤	0.7	—	0.7	—	0.3
		质量损失(%) ≤	1.0				
9	接缝剥离强度(N/mm) ≥		1.0				—
10	钉杆撕裂强度[①](N) ≥		—				300
11	矿物粒料黏附性[②](g) ≤		2.0				
12	卷材下表面沥青涂盖层厚度[③](mm) ≥		1.0				
13	人工气候加速老化	外观	无滑动、流淌、滴落				
		拉力保持率(%) ≥	80				
		低温柔性(℃)	−2		−10		
			无裂缝				
注	①仅适用于单层机械固定施工方式卷材 ②仅适用于矿物粒料表面的卷材 ③仅适用于热熔施工的卷材						

3.4.9 改性沥青聚乙烯胎防水卷材(GB 18967—2009)

按产品的施工工艺分为热熔型和自粘型两种。厚度热熔型为3.0mm、4.0mm；自粘型为2.0mm、3.0mm。幅宽1000mm、1100mm，每卷面积10m²、11m²。

3.4.9.1 外观质量及有关数据

单位面积重量及规格尺寸	公称厚度(mm)		2	3	4
	单位面积重量(kg/m²) ≥		2.1	3.1	4.2
	每卷面积偏差(m²)		±0.2		
	厚度(mm)	平均值 ≥	2.0	3.0	4.0
		最小单值 ≥	1.8	2.7	3.7

续表 3.4.9.1

<table>
<tr><td rowspan="4">外观质量</td><td>①成卷卷材应卷紧卷齐，端面里进外出不得超过 20mm</td></tr>
<tr><td>②成卷卷材在 4℃～45℃任一产品温度下展开，在距卷芯 1000mm 长度外不应有裂纹或长度 10mm 以上的粘结</td></tr>
<tr><td>③卷材表面应平整，不允许有孔洞、缺边和裂口、疙瘩或任何其他能观察到的缺陷存在</td></tr>
<tr><td>④每卷卷材接头处不应超过一个，较短的一段长度不应少于 1000mm，接头应剪切整齐，并加长 150mm</td></tr>
</table>

3.4.9.2 物理力学性能

<table>
<tr><td rowspan="20">物理力学性能</td><td colspan="3" rowspan="3">项目</td><td colspan="5">技术指标</td></tr>
<tr><td colspan="4">T</td><td>S</td></tr>
<tr><td>O</td><td>M</td><td>P</td><td>R</td><td>M</td></tr>
<tr><td colspan="3">不透水性</td><td colspan="5">0.4MPa，30min 不透水</td></tr>
<tr><td colspan="3" rowspan="2">耐热性/℃</td><td colspan="4">90</td><td>70</td></tr>
<tr><td colspan="5">无流淌，无起泡</td></tr>
<tr><td colspan="3" rowspan="2">低温柔性/℃</td><td>−5</td><td>−10</td><td>−20</td><td>−20</td><td>−20</td></tr>
<tr><td colspan="5">无裂纹</td></tr>
<tr><td rowspan="4">拉伸性能</td><td rowspan="2">拉力
[N/(50mm)]≥</td><td>纵向</td><td colspan="3" rowspan="2">200</td><td rowspan="2">400</td><td rowspan="2">200</td></tr>
<tr><td>横向</td></tr>
<tr><td rowspan="2">断裂延伸率
(%) ≥</td><td>纵向</td><td colspan="5" rowspan="2">120</td></tr>
<tr><td>横向</td></tr>
<tr><td colspan="2" rowspan="2">尺寸稳定性</td><td>℃</td><td colspan="4">90</td><td>70</td></tr>
<tr><td>%≤</td><td colspan="5">2.5</td></tr>
<tr><td colspan="3">卷材下表面沥青涂盖层硬度/mm ≥</td><td colspan="4">1.0</td><td>—</td></tr>
<tr><td colspan="2" rowspan="2">剥离强度(N/mm) ≥</td><td>卷材与卷材</td><td colspan="4" rowspan="2">—</td><td>1.0</td></tr>
<tr><td>卷材与铝板</td><td>1.5</td></tr>
<tr><td colspan="3">钉杆水密性</td><td colspan="4">—</td><td>通过</td></tr>
<tr><td colspan="3">持粘性(min) ≥</td><td colspan="4">—</td><td>15</td></tr>
<tr><td colspan="3">自粘沥青再剥离强度
(与铝板)(N/mm) ≥</td><td colspan="4">—</td><td>1.5</td></tr>
</table>

续表 3.4.9.2

<table>
<tr><td colspan="3" rowspan="3">项　目</td><td colspan="5">技术指标</td></tr>
<tr><td colspan="4">T</td><td>S</td></tr>
<tr><td>O</td><td>M</td><td>P</td><td>R</td><td>M</td></tr>
<tr><td rowspan="4">物理力学性能</td><td rowspan="4">热空气老化</td><td>纵向拉力[N/(50mm)]　≥</td><td colspan="3">200</td><td>400</td><td>200</td></tr>
<tr><td>纵向断裂延伸率(%)　≥</td><td colspan="5">120</td></tr>
<tr><td rowspan="2">低温柔性(℃)</td><td>5</td><td>0</td><td>−10</td><td>−10</td><td>−10</td></tr>
<tr><td colspan="5">无裂纹</td></tr>
<tr><td></td><td colspan="7">注:高聚物改性沥青耐根穿刺防水卷材(R)的性能除符合本表的要求外,其耐根穿刺与耐霉菌腐蚀性能应符合 JC/T 1075—2008 表 2 的规定。</td></tr>
</table>

3.4.10 带自粘层的防水卷材的技术指标(GB/T 23260—2009)

<table>
<tr><td colspan="2">标记</td><td colspan="3">产品名称为:带自粘层的+主体材料防水卷材产品名称
按 GB/T 23260—2009 标准名称、主体材料标准标记方法和标准编号顺序标记
示例:
规格为 3mm 矿物料面聚酯胎Ⅰ型,10m² 的带自粘层的弹性体改性沥青防水卷材标记为带自粘层 SBS Ⅰ PY M3 10 GB 18242-GB/T 23260—2009
长度 20m、宽度 2.1m、厚度 1.2mmⅡ型 L 类聚氯乙烯防水卷材标记为带自粘层 PVC 卷材 L Ⅱ 1.2/20 × 2.1 GB 12952-GB/T 23260—2009
注:非沥青基防水卷材规格中的厚度为主体材料厚度。</td></tr>
<tr><td rowspan="8">要求</td><td>主体材料产品性能</td><td colspan="3">带自粘层的防水卷材应符合主体材料相关现行产品标准要求,其中受自粘层影响性能的补充说明见 GB/T 23260—2009 表 2</td></tr>
<tr><td rowspan="7">自粘层物理力学性能</td><td colspan="2">项　目</td><td>指　标</td></tr>
<tr><td rowspan="2">剥离强度(N/mm)</td><td>卷材与卷材</td><td>≥1.0</td></tr>
<tr><td>卷材与铝板</td><td>≥1.5</td></tr>
<tr><td colspan="2">浸水后剥离强度(N/mm)</td><td>≥1.5</td></tr>
<tr><td colspan="2">热老化后剥离强度(N/mm)</td><td>≥1.5</td></tr>
<tr><td colspan="2">自粘面耐热性</td><td>70℃,2h 无流淌</td></tr>
<tr><td colspan="2">持粘性(min)</td><td>≥15</td></tr>
</table>

3.4.11　聚氯乙烯防水卷材(GB 12952—2003)

3.4.11.1　聚氯乙烯防水卷材的分类和标记

<table>
<tr><td colspan="2">分类</td><td colspan="3">产品按有无复合层分类,无复合层的为N类、用纤维单面复合的为L类、织物内增强的为W类
每类产品按理化性能分为Ⅰ型和Ⅱ型</td></tr>
<tr><td colspan="2">规格</td><td colspan="3">卷材长度规格为10m、15m、20m
厚度规格为:1.2mm、1.5mm、2.0mm
其他长度、厚度规格可由供需双方商定,厚度规格不得小于1.2mm</td></tr>
<tr><td colspan="2">标记</td><td colspan="3">按产品名称(代号PVC卷材)、外露或非外露使用、类、型、厚度、长×宽和标准顺序标记
示例:长度20m、宽度1.2m、厚度1.5mmⅡ型L类外露使用聚氯乙烯防水卷材标记为PVC卷材外露LⅡ1.5/20×1.2 GB 12952—2003</td></tr>
<tr><td rowspan="5">尺寸偏差</td><td>长度、宽度</td><td colspan="3">≥规定值的99.5%</td></tr>
<tr><td rowspan="4">厚度(mm)</td><td>厚　度</td><td>允许偏差</td><td>最小单值</td></tr>
<tr><td>1.2</td><td>±0.10</td><td>1.00</td></tr>
<tr><td>1.5</td><td>±0.15</td><td>1.30</td></tr>
<tr><td>2.0</td><td>±0.20</td><td>1.70</td></tr>
<tr><td colspan="2">外观</td><td colspan="3">①卷材的接头不多于一处,其中较短的一段长度不少于1.5m,接头应剪切整齐,并加长150mm
②卷材表面应平整、边缘整齐,无裂纹、孔洞、黏结、气泡和疤痕</td></tr>
</table>

3.4.11.2　N类卷材理化性能

项　　目	Ⅰ型	Ⅱ型
拉伸强度(MPa)　≥	8.0	12.0
断裂伸长率(%)　≥	200	250
热处理尺寸变化率(%)　≥	3.0	2.0
低温弯折性	−20℃无裂纹	−25℃无裂纹
抗穿孔性	不渗水	
不透水性	不透水	
剪切状态下的粘合性(N/mm)　≥	3.0或卷材破坏	

续表 3.4.11.2

项目		Ⅰ型	Ⅱ型
热老化处理	外观	无起泡、裂纹、粘结和孔洞	
	拉伸强度变化率(%)	±25	±20
	断裂伸长率变化率(%)		
	低温弯折性	−15℃无裂纹	−20℃无裂纹
耐化学侵蚀	拉伸强度变化率(%)	±25	±20
	断裂伸长率变化率(%)		
	低温弯折性	−15℃无裂纹	−20℃无裂纹
人工气候加速老化	拉伸强度变化率(%)	±25	±20
	断裂伸长率变化率(%)		
	低温弯折性	−15℃无裂纹	−20℃无裂纹

注:非外露使用可以不考核人工气候加速老化性能。

3.4.11.3 L类及W类卷材理化性能

项目		Ⅰ型	Ⅱ型
拉力(N/cm) ≥		100	160
断裂伸长率(%) ≥		150	200
热处理尺寸变化率(%) ≤		1.5	1.0
低温弯折性		−20℃无裂纹	−25℃无裂纹
抗穿孔性		不渗水	
不透水性		不透水	
剪切状态下的粘合性(N/mm)	L类	3.0或卷材破坏	
	W类	6.0或卷材破坏	
热老化处理	外观	无起泡、裂纹、粘结和孔洞	
	拉力变化率(%)	±25	±20
	断裂伸长率变化率(%)		
	低温弯折性	−15℃无裂纹	−20℃无裂纹
耐化学侵蚀	拉力变化率(%)	±25	±20
	断裂伸长率变化率(%)		
	低温弯折性	−15℃无裂纹	−20℃无裂纹
耐化学侵蚀	拉力变化率(%)	±25	±20
	断裂伸长率变化率(%)		
	低温弯折性	−15℃无裂纹	−20℃无裂纹

注:非外露使用可以不考核人工气候加速老化性能。

3.4.12 氯化聚乙烯防水卷材(GB 12953—2003)

3.4.12.1 氯化聚乙烯防水卷材的分类和标记

<table>
<tr><td colspan="2">分类</td><td colspan="3">产品按有无复合层分类,无复合层的为N类、用纤维单面复合的为L类、织物内增强的为W类
每类产品按理化性能分为Ⅰ型和Ⅱ型</td></tr>
<tr><td colspan="2">规格</td><td colspan="3">卷材长度规格为10m、15m、20m
厚度规格为1.2mm、1.5mm、2.0mm
其他长度、厚度规格可由供需双方商定,厚度规格不得小于1.2mm</td></tr>
<tr><td colspan="2">标记</td><td colspan="3">按产品名称(代号CPE卷材)、外露或非外露使用、类、型、厚度、长×宽和标准顺序标记
示例:长度20m、宽度1.2m、厚度1.5mmⅡ型L类外露使用氯化聚乙烯防水卷材标记为CPE卷材外露LⅡ1.5/20×1.2 GB 12953—2003</td></tr>
<tr><td rowspan="5">尺寸偏差</td><td>长度、宽度</td><td colspan="3">≥规定值的99.5%</td></tr>
<tr><td rowspan="4">厚度(mm)</td><td>厚　度</td><td>允许偏差</td><td>最小单值</td></tr>
<tr><td>1.2</td><td>±0.10</td><td>1.00</td></tr>
<tr><td>1.5</td><td>±0.15</td><td>1.30</td></tr>
<tr><td>2.0</td><td>±0.20</td><td>1.70</td></tr>
<tr><td colspan="2">外观质量</td><td colspan="3">①卷材的接头不多于一处,其中较短的一段长度不少于1.5m,接头应剪切整齐,并加长150mm
②卷材表面应平整,边缘整齐,无裂纹、孔洞和黏结,不应有明显气泡、疤痕</td></tr>
</table>

3.4.12.2 N类卷材理化性能

项　目	Ⅰ型	Ⅱ型
拉伸强度(MPa)　≥	5.0	8.0
断裂伸长度(%)　≥	200	300
热处理尺寸变化率(%)　≤	3.0	纵向2.5 横向1.5
低温弯折性	−20℃无裂纹	−25℃无裂纹
抗穿孔性	不渗水	
不透水性	不透水	

续表 3.4.12.2

<table>
<tr><td colspan="2">项　目</td><td>Ⅰ型</td><td>Ⅱ型</td></tr>
<tr><td colspan="2">剪切状态下的粘合性/(N/mm)　≥</td><td colspan="2">3.0 或卷材破坏</td></tr>
<tr><td rowspan="4">热老化处理</td><td>外观</td><td colspan="2">无起泡、裂纹、粘结与孔洞</td></tr>
<tr><td>拉伸强度变化率(%)</td><td>+50
−20</td><td>±20</td></tr>
<tr><td>断裂伸长率变化率(%)</td><td>+50
−30</td><td>±20</td></tr>
<tr><td>低温弯折性</td><td>−15℃无裂纹</td><td>−20℃无裂纹</td></tr>
<tr><td colspan="2" rowspan="2">项　目</td><td colspan="2">指标</td></tr>
<tr><td>Ⅰ型</td><td>Ⅱ型</td></tr>
<tr><td rowspan="3">耐化学侵蚀</td><td>拉伸强度变化率(%)</td><td>±30</td><td>±20</td></tr>
<tr><td>断裂伸长率变化率(%)</td><td>±30</td><td>±20</td></tr>
<tr><td>低温弯折性</td><td>−15℃无裂纹</td><td>−20℃无裂纹</td></tr>
<tr><td rowspan="3">人工气候加速老化</td><td>拉伸强度变化率(%)</td><td>+50
−20</td><td>±20</td></tr>
<tr><td>断裂伸长率变化率(%)</td><td>+50
−30</td><td>±20</td></tr>
<tr><td>低温弯折性</td><td>−15℃无裂纹</td><td>−20℃无裂纹</td></tr>
</table>

3.4.12.3　L 类及 W 类卷材理化性能

<table>
<tr><td colspan="2">项　目</td><td>Ⅰ型</td><td>Ⅱ型</td></tr>
<tr><td colspan="2">拉力(N/cm)　≥</td><td>70</td><td>120</td></tr>
<tr><td colspan="2">断裂伸长率(%)　≥</td><td>125</td><td>250</td></tr>
<tr><td colspan="2">热处理尺寸变化率(%)　≤</td><td colspan="2">1.0</td></tr>
<tr><td colspan="2">低温弯折性</td><td>−20℃无裂纹</td><td>−25℃无裂纹</td></tr>
<tr><td colspan="2">抗穿孔性</td><td colspan="2">不渗水</td></tr>
<tr><td colspan="2">不透水性</td><td colspan="2">不透水</td></tr>
<tr><td rowspan="2">剪切状态下的粘合性(N/mm)　≥</td><td>L 类</td><td colspan="2">3.0 或卷材破坏</td></tr>
<tr><td>W 类</td><td colspan="2">6.0 或卷材破坏</td></tr>
</table>

续表 3.4.12.3

项目		Ⅰ型	Ⅱ型
热老化处理	外观	无起泡、裂纹、粘结与孔洞	
	拉力(N/cm)	55	100
	断裂伸长率变化率(%)	100	200
	低温弯折性	-15℃无裂纹	-20℃无裂纹
耐化学侵蚀	拉力(N/cm)	55	100
	断裂伸长率变化率(%)	100	200
	低温弯折性	-15℃无裂纹	-20℃无裂纹
人工气候加速老化	拉力(N/cm)	55	100
	断裂伸长率变化率(%)	100	200
	低温弯折性	-15℃无裂纹	-20℃无裂纹

注:非外露使用可以不考核人工气候加速老化性能。

3.4.13 胶粉改性沥青玻纤毡与聚乙烯膜增强防水卷材(TC/T 1077—2008)

3.4.13.1 外观质量及允许偏差

	规格(公称厚度)mm		4
	上表面材料		PE
单位面积重量、面积及厚度	面积(m^2/卷)	公称面积	10
		偏差	±0.10
	单位面积重量(kg/m^2) ≥		4.0
	厚度(mm)	平均值 ≥	4.0
		最小单值 ≥	3.7
外观质量	①成卷卷材应卷紧、卷齐,端面里进外出不得超过10mm ②成卷卷材在10℃～45℃的任一产品温度下展开,在距卷芯1000mm长度外不应有10mm以上的裂纹或粘结 ③胎基、沥青、覆面材料之间应紧密粘结,不应有分层现象。胎基应浸透,不应有未被浸渍的条纹 ④卷材表面应平整,不允许有孔洞、缺边和裂口、疙瘩,上表面材料应均匀一致并紧密地粘附于卷材表面 ⑤每卷卷材接头处不应超过1个,较短的一段长度不应少于1000mm,接头应剪切整齐,并加长150mm		

3.4.13.2 物理力学性能

<table>
<tr><th rowspan="2">序号</th><th rowspan="2" colspan="3">项　目</th><th colspan="2">指　标</th></tr>
<tr><th>Ⅰ型</th><th>Ⅱ型</th></tr>
<tr><td>1</td><td colspan="3">可溶物含量/(g/m²) ≥</td><td colspan="2">2300</td></tr>
<tr><td rowspan="2">2</td><td rowspan="2" colspan="3">耐热性</td><td colspan="2">90℃</td></tr>
<tr><td colspan="2">无滑动、流淌、滴落</td></tr>
<tr><td rowspan="2">3</td><td rowspan="2" colspan="3">低温柔性</td><td>−10℃</td><td>−15℃</td></tr>
<tr><td colspan="2">无裂缝</td></tr>
<tr><td>4</td><td colspan="3">不透水性</td><td colspan="2">0.3MPa,30min 不透水</td></tr>
<tr><td rowspan="2">5</td><td rowspan="2" colspan="2">拉力[N/50mm] ≥</td><td>纵向</td><td>400</td><td>500</td></tr>
<tr><td>横向</td><td>300</td><td>400</td></tr>
<tr><td>6</td><td colspan="3">断裂延伸率(%) ≥</td><td>4</td><td>4</td></tr>
<tr><td>7</td><td colspan="3">粘结剥离强度(N/mm) ≥</td><td colspan="2">0.5</td></tr>
<tr><td rowspan="4">8</td><td rowspan="4">热老化</td><td colspan="2">拉力保持率(%) ≥</td><td colspan="2">90</td></tr>
<tr><td rowspan="2" colspan="2">低温柔性</td><td>−5℃</td><td>−10℃</td></tr>
<tr><td colspan="2">无裂缝</td></tr>
<tr><td colspan="2">质量损失率(%) ≤</td><td colspan="2">2.0</td></tr>
<tr><td>9</td><td colspan="3">渗油性/张 ≤</td><td colspan="2">2</td></tr>
</table>

注:非外露使用可以不考核人工气候加速老化性能。

3.4.14 胶粉改性沥青聚酯毡与玻纤网格布增强防水卷材(JC/T 1078—2008)

<table>
<tr><td>类型</td><td>①胎基为聚酯毡－玻纤网格布复合毡(PYK)
②按物理力学性能分为Ⅰ、Ⅱ型
③按上表面隔离材料分为:聚乙烯膜(PE)、细砂(S)、矿物粒(片)料(M)
注:细砂为粒径不超过 0.60mm 的矿物颗粒。</td></tr>
<tr><td>规格</td><td>幅宽为:1000mm
厚度为:3mm、4mm</td></tr>
<tr><td>标记</td><td>按产品胎基、型号、上表面材料、厚度、面积和标准号顺序标记
示例:10m² 厚度 3mm 细砂面聚酯毡与玻纤网格布复合毡Ⅰ型胶粉改性沥青防水卷材标记为 PYK Ⅰ S3 10 JC/T 1078—2008</td></tr>
</table>

续表 3.4.14

单位面积重量、面积及厚度	规格(公称厚度)(mm)		3			4		
	上表面材料		PE	S	M	PE	S	M
	面积(m^2/卷)	公称面积	10			10、7.5		
		偏差	±0.10			±0.10		
	单位面积重量/(kg/m^2)		3.3	3.5	4.0	4.3	4.5	5.0
	厚度(mm)	平均值 ≥	3.0	3.0	3.0	4.0	4.0	4.0
		最小单位≥	2.7	2.7	2.7	3.7	3.7	3.7
外观	①成卷卷材应卷紧、卷齐,端面里进外出不得超过10mm ②成卷卷材在10℃～45℃的任一产品温度下展开,在距卷芯1000mm长度外不应有10mm以上的裂纹或粘结 ③胎基应浸透,不应有未被浸渍的条纹 ④卷材表面应平整,不允许有孔洞、缺边和裂口、疙瘩,上表面材料应均匀一致并紧密地粘附于卷材表面 ⑤每卷卷材接头处不应超过1个,较短的一段长度不应少于1000mm,接头应剪切整齐,并加长150mm							

物理、力学性能	项目		指标	
			Ⅰ型	Ⅱ型
	可溶物含量(g/m^2)	3mm	1700	
		4mm	2300	
	耐热性(℃)		90	
			无滑动、流淌、滴落	
	低温柔性(℃)		−10	−15
			无裂缝	
	不透水性		0.3MPa,30min不透水	
	拉力[N/(50mm)] ≥	纵向	500	600
		横向	400	500
	延伸率(%) ≥		25	30
	粘结剥离强度(N/mm) ≥		0.5	
	热老化	拉力保持率(%) ≥	90	
		低温柔性(℃)	−5	−10
			无裂缝	
		重量损失(%) ≤	2.0	
	渗油性/张 ≤		2	
	人工气候加速老化	外观	无滑动、流淌、滴落	
		拉力保持率(%) ≥	80	
		低温柔性(℃)	−5	−10

3.4.15 高分子防水卷材(GB 18173.1—2006)

3.4.15.1 片材的分类与标记

	类别		代号	主要原材料
分类	均质片	硫化橡胶类	JL1	三元乙丙橡胶
			JL2	橡胶(橡塑)共混
			JL3	氯丁橡胶、氯磺化聚乙烯、氯化聚乙烯等
			JL4	再生胶
		非硫化橡胶类	JF1	三元乙丙橡胶
			JF2	橡胶(橡塑)共混
			JF3	氯化聚乙烯
		树脂类	JS1	聚氯乙烯等
			JS2	乙烯乙酸乙烯、聚乙烯等
			JS3	乙烯乙酸乙烯改性沥青共混等
	复合片	硫化橡胶类	FL	三元乙丙、丁基、氯丁橡胶、氯磺化聚乙烯等
		非硫化橡胶类	FF	氯化聚乙烯、三元乙丙、丁基、氯丁橡胶、氯磺化聚乙烯等
		树脂类	FS1	聚氯乙烯等
			FS2	聚乙烯、乙烯乙酸乙烯
	点粘片	树脂类	DS1	聚氯乙烯等
			DS2	乙烯乙酸乙烯、聚乙烯等
			DS3	乙烯乙酸乙烯改性沥青共混物等
标记	产品应按下列顺序标记,并可根据需要增加标记内容:类型代号、材质(简称或代号)、规格(长度×宽度×厚度) 标记示例:长度为 20000mm,宽度为 1000mm,厚度为 1.2mm 的均质硫化型三元乙丙橡胶(EPDM)片材标记为 JL1 EPDM-20000mm×1000mm×1.2mm			

3.4.15.2 片材的规格尺寸、允许偏差及外观质量

	项目	厚度(mm)	宽度(m)	长度(m)
片材的规格尺寸	橡胶类	1.0、1.2、1.5、1.8、2.0	1.0、1.1、1.2	20以上
	树脂类	0.5以上	1.0、1.2、1.5、2.0	
	注:1. 橡胶类片材在每卷20m长度中允许有一处接头,且最小块长度应不小于3m,并应加长15cm备作搭接;树脂类片材在每卷至少20m长度内不允许有接头。 2. 特殊规格由供需双方商定。			
允许偏差	项目	厚度	宽度	长度
	允许偏差	±10%	±1%	不允许出现负值
外观质量	①片材表面应平整,不能有影响使用性能的杂质、机械损伤、折痕及异常粘着等缺陷 ②在不影响使用的条件下,片材表面缺陷应符合下列规定 a. 凹痕,深度不得超过片材厚度的30%;树脂类片材不得超过5% b. 气泡,深度不得超过片材厚度的30%,$1m^2$内不得超过$7mm^2$,树脂类片材不允许有			

3.4.15.3 均质片的物理性能

项目		指标									
		硫化橡胶类				非硫化橡胶类			树脂类		
		JL1	JL2	JL3	JL4	JF1	JF2	JF3	JS1	JS2	JS3
断裂拉伸强度(MPa)	常温 ≥	7.5	6.0	6.0	2.2	4.0	3.0	5.0	10	16	14
	60℃ ≥	2.3	2.1	1.8	0.7	0.8	0.4	1.0	4	6	5
扯断伸长率(%)	常温 ≥	450	400	300	200	400	200	200	200	550	500
	−20℃ ≥	200	200	170	100	200	100	100	15	350	300
撕裂强度(kN/m)		25	24	23	15	18	10	10	40	60	60
不透水性(30min)		0.3MPa无渗漏		0.2MPa无渗漏		0.3MPa无渗漏	0.2MPa无渗漏		0.3MPa无渗漏		
低温弯折温度(℃) ≤		−40	−30	−30	−20	−30	−20	−20	−20	−35	−35
加热伸缩量(mm)	延伸 ≤	2	2	2	2	2	4	4	2	2	2
	收缩 ≤	4	4	4	4	4	6	10	6	6	6
热空气老化	断裂拉伸强度保持率(%) ≥	80	80	80	80	90	60	80	80	80	80
	扯断伸长率保持率(%) ≥	70	70	70	70	70	70	70	70	70	70

续表 3.4.15.3

项目		指标									
		硫化橡胶类				非硫化橡胶类			树脂类		
		JL1	JL2	JL3	JL4	JF1	JF2	JF3	JS1	JS2	JS3
耐碱性[饱和 $Ca(OH)_2$ 溶液常温×168h]	断裂拉伸强度保持率(%) ≥	80	80	80	80	80	70	70	80	80	80
	扯断伸长率保持率(%) ≥	80	80	80	80	90	80	70	80	90	90
臭氧老化(40℃×168h)	伸长率 40%，500×10^{-8}	无裂纹	—	—	—	无裂纹	—	—	—	—	—
	伸长率 20%，500×10^{-8}	—	无裂纹	—	—	—	—	—	—	—	—
	伸长率 20%，100×10^{-8}	—	—	无裂纹	无裂纹	—	无裂纹	无裂纹	—	—	—
人工气候老化	断裂拉伸强度保持率(%) ≥	80	80	80	80	80	70	80	80	80	80
	扯断伸长率保持率(%) ≥	70	70	70	70	70	70	70	70	70	70
粘接剥离强度(片材与片材)	N/mm(试验条件) ≥	1.5									
	浸水保持率(常温×168h)(%) ≥	70									

注：1. 人工气候老化和粘合性能项目为推荐项目。

2. 非外露使用可以不考核臭氧老化、人工气候老化、加热伸缩量、60℃断裂拉伸强度性能。

3.4.15.4 复合片的物理性能

项目		指标			
		硫化橡胶类 FL	非硫化橡胶类 FF	树脂类	
				FS2	FS3
断裂拉伸强度(MPa)	常温 ≥	80	60	100	60
	60℃	30	20	40	30
扯断伸长率(%)	常温 ≥	300	250	150	400
	−20℃ ≥	150	50	10	10
撕裂强度(kN/m) ≥		40	20	20	20
不透水性(0.3MPa,30min)		无渗漏	无渗漏	无渗漏	无渗漏
低温弯折温度(℃) ≤		−35	−20	−30	−20
加热伸缩量(mm)	延伸 ≤	2	2	2	2
	收缩 ≤	4	4	2	4
热空气老化(80℃×168h)	断裂拉伸强度保持率(%) ≥	80	80	80	80
	扯断伸长率保持率(%) ≥	70	70	70	70
耐碱性[质量分数为10%的 $Ca(OH)_2$ 溶液,常温×168h]	断裂拉伸强度保持率(%) ≥	80	60	80	80
	扯断伸长率保持率(%) ≥	80	60	80	80
臭氧老化(40℃×168h),200×10^{-8}		无裂纹	无裂纹	—	—
人工气候老化	断裂拉伸强度保持率(%) ≥	80	70	80	80
	扯断伸长率保持率(%) ≥	70	70	70	70
粘接剥离强度(片材与片材)	N/mm(试验条件) ≥	1.5	1.5	1.5	1.5
	浸水保持率(常温×168h)(%) ≥	70	70	70	70
复合强度(FS2 型表层与芯层)(N/mm)		—	—	—	1.2

注:1. 人工气候老化和粘合性能项目为推荐项目。

2. 非外露使用可以不考核臭氧老化、人工气候老化、加热伸缩量、60℃断裂拉伸强度性能。

3.4.15.5 点粘片的物理性能

项目		指标		
		DS1	DS2	DS3
断裂拉伸强度(MPa)	常温 ≥	10	16	14
	60℃ ≥	4	6	5
扯断伸长率(%)	常温 ≥	200	550	500
	−20℃ ≥	15	350	300
撕裂强度(kN/m) ≥		40	60	60
不透水性(0.3MPa,30min)		无渗漏		
低温弯折温度(℃) ≤		−20	−35	−35
加热伸缩量(mm)	延伸 ≤	2	2	2
	收缩 ≤	6	6	6
热空气老化(80℃×168h)	断裂拉伸强度保持率(%) ≥	80	80	80
	扯断伸长率保持率(%) ≥	70	70	70
耐碱性[质量分数为10%的 $Ca(OH)_2$ 溶液,常温×168h]	断裂拉伸强度保持率(%) ≥	80	80	80
	扯断伸长率保持率(%) ≥	80	90	90
臭氧老化(40℃×168h),200×10^{-8}		无裂纹	无裂纹	—
人工气候老化	断裂拉伸强度保持率(%) ≥	80	80	80
	扯断伸长率保持率(%) ≥	70	70	70
粘接点	剥离强度(kN/m)	1		
	常温下断裂拉伸强度(N/cm) ≥	100	60	60
	常温下扯断伸长率(%) ≥	150	400	400
粘接剥离强度(片材与片材)	N/mm(试验条件) ≥	1.5		
	浸水保持率(常温×168h)/% ≥	70		

注:1. 人工气候老化和粘合性能项目为推荐项目。

2. 非外露使用可以不考核臭氧老化、人工气候老化、加热伸缩量、60℃断裂拉伸强度性能。

3.4.16 基层处理剂与卷材胶结材料

3.4.16.1 基层处理剂与卷材胶结材料的类型及选用表

卷材	类型	基层处理剂	基层胶粘剂、卷材胶粘剂
沥青防水卷材	石油沥青防水卷材	石油沥青冷底子油或橡胶改性沥青冷粘剂稀释液	石油沥青玛琋脂或橡胶改性沥青冷粘剂
	煤沥青防水卷材	煤沥青冷底子油或煤焦油聚氯乙烯涂料	煤沥青玛琋脂
改性沥青防水卷材	改性石油沥青防水卷材	石油沥青冷底子油或橡胶改性沥青冷粘剂稀释液	石油沥青玛琋脂或橡胶改性沥青冷粘剂或卷材厂家指定产品
	焦油沥青耐高、低温系列防水卷材	焦油沥青冷底子油	PVC型焦油沥青改性胶(热施工用)或CCTP胶粘剂(冷施工用)
合成高分子防水卷材		卷材生产厂家随卷材配套供应的产品,或卷材生产厂家指定的产品	

3.4.16.2 石油沥青冷底子油的外观质量

项目	外观质量要求
沥青硬块	不允许有未溶解的沥青硬块
杂质	不应有草、木、砂、土等
稠度	稠度适当,便于涂刷
溶剂	应易于挥发
软化点	溶剂挥发后的沥青,应具有一定的软化点

3.4.16.3 石油沥青冷底子油配合比(重量%)

用途	沥青		溶剂		
	10号或30号石油沥青	60号道路石油沥青	轻柴油或煤油	汽油	苯
涂刷在终凝前的水泥砂浆基层上	40	—	60	—	—
	—	55	45	—	—
涂刷在已硬化干燥的水泥砂浆基层上	50	—	50	—	—
	—	30	—	70	—
	—	60	—	—	60
涂刷在金属表面	30	—	70	—	—
	35	—	65	—	—
	45	—	—	—	55

3.4.16.4 石油沥青冷底子油的配制方法

种类	配制方法	优缺点及适用范围
热配法	先将沥青加热溶化至180℃左右,脱水,然后盛入桶内冷却到一定温度(若加入快挥发性溶剂,则沥青温度不超过110℃,若加入慢挥发性溶剂,则沥青温度不超过140℃),分批缓慢加入溶剂,搅拌均匀即成。或将沥青溶液成细流状慢慢注入一定量的溶剂中,不停地搅拌至沥青全部溶化均匀为止	配制时间较短,含杂质,水分较少,质量较好。大量配制时使用,应严加控制温度,注意防水
冷配法	将沥青打碎成5~10mm小块后,按质量比慢慢加入溶剂中,不停地搅拌至沥青全部熔化为止	冷操作,较安全。但配制时间较长,沥青中的杂质和水分难以除净,质量较差。仅在配制量较少时使用

3.4.16.5 石油沥青玛琋脂选用及质量要求

序	内容
1	粘贴各层沥青防水卷材和粘结绿豆砂保护层采用沥青玛琋脂,其标号(耐热度)应根据屋面的使用条件、坡度和当地历年极端最高气温按3.4.16.6选用
2	沥青玛琋脂应根据所用的材料经计算和试验确定: (1)配制沥青玛琋脂用的沥青,可采用10号、30号建筑石油沥青和60号甲、60号乙道路石油沥青或其熔合物 (2)选择沥青玛琋脂的配合成分时,应先选配具有所需软化点的一种沥青或两种沥青的熔合物。当采用两种沥青时,每种沥青的配合量宜按下列公式计算: 石油沥青熔合物 $B_g=\frac{(t-t_2)}{(t_1-t_2)}\times100$ $B_d=100-B_g$ 式中 B_g——熔合物中高软化点石油沥青含量,%; B_d——熔合物中低软化点石油沥青含量,%; t——沥青玛琋脂熔合物所需的软化点,℃; t_1——高软化点石油沥青的软化点,℃; t_2——低软化点石油沥青的软化点,℃
2	(3)在配制沥青玛琋脂的石油沥青中,可掺入10%~25%的粉状填充料或掺入5%~10%的纤维填充剂。填充料宜采用滑石粉、板岩粉、云母粉、石棉粉。填充料的含水率不宜大于3%。粉状填充料应全部通过0.21mm(900孔/cm²)孔径的筛子,其中大于0.085mm(4900孔/cm³)的颗粒不应超过15%

续表 3.4.16.5

序	内容
3	为确保沥青卷材防水层的质量，所选用的沥青玛𤥃脂应按配合比严格配料，每个工作班均应检查软化点和柔韧性。至于玛𤥃脂耐热度和相对应的软化点关系数据，应由试验部门根据所用原材料试配后确定。热沥青玛𤥃脂的加热温度不得超过240℃，否则会因油分挥发加速玛𤥃脂的老化，影响了玛𤥃脂的粘结性能；热沥青玛𤥃脂的使用温度也不得低于190℃，否则会因粘度增加而不便于涂刷均匀，影响了玛𤥃脂对卷材的粘结性。同时，规定了冷、热沥青玛𤥃脂粘结层和面层的厚度，并要求涂刷均匀，不得过厚或堆积，以确保沥青卷材防水层的质量

3.4.16.6 石油沥青玛𤥃脂标号选用表

屋面坡度	历年室外极端最高气温	沥青玛𤥃脂标号
1%～3%	<38℃	S-60
	38～41℃	S-65
	41～45℃	S-70
3%～15%	<38℃	S-65
	38～41℃	S-70
	41～45℃	S-75
15%～25%	<38℃	S-75
	38～41℃	S-80
	41～45℃	S-85

注：1. 卷材层上有块体保护层或整体刚性保护层，石油沥青玛𤥃脂的标号可降低5号。

2. 屋面受其他热源影响（如高温车间等）或屋面坡度超过25%时，应将石油沥青玛𤥃脂的标号适当提高。

3. 表中S-60指石油沥青玛𤥃脂的耐热度为60℃，余类推。

3.4.16.7 冷沥青玛𤥃脂施工配合比（重量%）

项次	10号建筑沥青	蒽油	轻柴油或煤油	熟石灰粉	6～7级石棉	清油
1	50	24	—	15	10	1
2	50	—	25～27	14～15	7～10	1
3	55	24	—	20	—	1
4	50	24	—	25	—	1

3.4.16.8 热玛琋脂配合比参考表(重量%)

耐热度(℃)	沥青标号			填充料				催化剂(占沥青重量的%)
	10	30	60	滑石粉	太白粉	石棉粉	石棉绒	
70	75	—	—	25	—	—	—	—
70	65	—	10	20	—	—	5	—
70	70	5	—	25	—	—	—	—
70	65	10	—	25	—	—	—	—
70	80	—	—	20	—	—	—	硫酸铜 1.5%
75	75	—	—	25	—	—	—	硫酸铜 1.5%
75	70	—	5	25	—	—	—	—
75	75	—	—	—	—	25	—	—
75	60	15	—	—	25	—	—	—
75	—	75	—	—	25	—	—	—
75	50	25	—	—	25	—	—	—
80	75	—	—	20	—	—	5	氯化锌 1.5%
80	75	—	—	—	25	—	—	硫酸铜 1.5%
80	75	—	—	25	—	—	—	—
80	80	—	—	20	—	—	—	氯化锌 1.0%

3.4.16.9 沥青玛琋脂的配制方法

种类	配制方法	注意事项
热沥青玛琋脂	将沥青破碎成 8～10cm 的小块,称量后放入沥青锅中加热至 160～180℃,使其熔化脱水,并除去杂质,再缓慢加入经预热(120～140℃)干燥的填充料,同时不停地搅拌均匀,至达到规定温度,表面无气泡疙瘩时即可	材料应按配合比称量准确,沥青玛琋脂加热时间不宜过长,以 3～4h 为宜,并应在 8h 内用完,熬好的沥青玛琋脂应逐锅检查软化点和韧性,以保证要求的耐热度
冷沥青玛琋脂	在溶剂中预先混入定量的植物油(如清油),然后缓慢注入已熔化脱水并冷却到120～140℃的石油沥青中,充分搅拌使其混合均匀,待温度降至 70～80℃,再加入已预热干燥的熟石灰粉和石棉,不停搅拌至混合均匀	冷沥青玛琋脂夏季使用一般不需加热,低温下使用需加热至 60℃～70℃,使用前需充分拌和

3.4.16.10 石油沥青玛琋脂的加热温度和使用温度

类　别	加热温度(℃)	使用温度(℃)
普通石油沥青或掺配建筑石油沥青的普通石油沥青玛琋脂	不应高于 280	不宜低于 240
建筑石油沥青玛琋脂	不应高于 240	不宜低于 190

3.4.16.11 橡胶改性沥青胶粘剂主要技术性能

项　目	Ⅰ型	Ⅱ型	Ⅲ型	Ⅳ型
含固量(%)	>50			
耐热度(℃)	85			
柔性,绕 Ø10mm 圆棒(℃)	0	−10	−15	−20
粘结性(MPa)	>0.2			
耐酸性 1% H_2SO_4	无变形			
耐碱性,饱和 $Ca(OH)_2$	无变形			
不透水性,0.1MPa	30min,不透水			

3.4.16.12 PVC 焦油沥青改性胶主要技术性能

项　目	主　要　技　术　性　能
粘结强度(MPa)	>0.25
耐热度	80℃,下垂值<3mm
延伸率(%)	>600
施工度	热用,不小于 3mm
低温柔性	−20℃,无裂纹,不剥离

3.4.16.13 CCTP 抗腐耐水胶粘剂主要技术性能

项　目	主　要　技　术　性　能
耐高、低温性	−10℃,无裂纹;80℃不流淌剥离
不透水性	0.1MPa,30min 不透水
粘结性	粘贴玻璃丝布 24h,粘贴良好,撕不开
抗拉强度	粘贴两片低温卷材,粘贴面积 26.65cm^2,330N(试片被拉断)
耐酸性	浸 5%~15%HCI 或 15%H_2SO_4,4~72h,涂膜无变化,不起泡,不脱落
耐碱性	浸 5%~15%NaOH,4h,涂膜无变化,不起泡,不脱落
抗生物腐蚀	良好(耗氧法,霉菌培养法)

3.4.17 防水涂料及其胎体增强材料

防水涂料以液体高分子合成材料为主体，在常温下涂刮在结构物表面，形成薄膜致密物质，该物质具有不透水性、一定的耐候性及延伸性，能起防水和防潮作用。

3.4.17.1 聚合物水泥防水涂料(GB/T 23445—2000)的技术指标

<table>
<tr><td rowspan="2">分类和标记</td><td>类型</td><td colspan="5">产品按物理力学性能分为Ⅰ型、Ⅱ型和Ⅲ型。Ⅰ型适用于活动量较大的基层，Ⅱ型和Ⅲ型适用于活动量较小的基层</td></tr>
<tr><td>标记</td><td colspan="5">产品按下列顺序标记：产品名称、类型、标准号。示例：Ⅰ型聚合物水泥防水涂料标记为JS防水涂料Ⅰ GB/T 23445—2009</td></tr>
<tr><td rowspan="24">技术要求</td><td>外观</td><td colspan="5">产品的两组分经分别搅拌后，其液体组分应为无杂质、无凝胶的均匀乳液；固体组分应为无杂质、无结块的粉末</td></tr>
<tr><td rowspan="22">物理力学性能</td><td colspan="2" rowspan="2">试验项目</td><td colspan="3">技术指标</td></tr>
<tr><td>Ⅰ型</td><td>Ⅱ型</td><td>Ⅲ型</td></tr>
<tr><td colspan="2">固体含量(%) ≥</td><td>70</td><td>70</td><td>70</td></tr>
<tr><td rowspan="5">拉伸强度</td><td>无处理(MPa) ≥</td><td>1.2</td><td>1.8</td><td>1.8</td></tr>
<tr><td>加热处理后保持率(%) ≥</td><td>80</td><td>80</td><td>80</td></tr>
<tr><td>碱处理后保持率(%) ≥</td><td>60</td><td>70</td><td>70</td></tr>
<tr><td>浸水处理后保持率(%) ≥</td><td>60</td><td>70</td><td>70</td></tr>
<tr><td>紫外线处理后保持率(%) ≥</td><td>80</td><td>—</td><td>—</td></tr>
<tr><td rowspan="5">断裂伸长率</td><td>无处理(%) ≥</td><td>200</td><td>80</td><td>30</td></tr>
<tr><td>加热处理(%) ≥</td><td>150</td><td>65</td><td>20</td></tr>
<tr><td>碱处理(%) ≥</td><td>150</td><td>65</td><td>20</td></tr>
<tr><td>浸水处理(%) ≥</td><td>150</td><td>65</td><td>20</td></tr>
<tr><td>紫外线处理(%) ≥</td><td>150</td><td>—</td><td>—</td></tr>
<tr><td colspan="2">低温柔性(φ10mm 棒)</td><td>−10℃无裂纹</td><td>—</td><td>—</td></tr>
<tr><td rowspan="4">粘结强度</td><td>无处理(MPa) ≥</td><td>0.5</td><td>0.7</td><td>1.0</td></tr>
<tr><td>潮湿基层(MPa) ≥</td><td>0.5</td><td>0.7</td><td>1.0</td></tr>
<tr><td>碱处理(MPa) ≥</td><td>0.5</td><td>0.7</td><td>1.0</td></tr>
<tr><td>浸水处理(MPa) ≥</td><td>0.5</td><td>0.7</td><td>1.0</td></tr>
<tr><td colspan="2">不透水性(0.3MPa，30min)</td><td>不透水</td><td>不透水</td><td>不透水</td></tr>
<tr><td colspan="2">抗渗性(砂浆背水面)(MPa) ≥</td><td>—</td><td>0.6</td><td>0.8</td></tr>
<tr><td colspan="5"></td></tr>
<tr><td colspan="4"></td></tr>
<tr><td>自闭性</td><td colspan="5">产品的自闭性为可选项目，指标由供需双方商定</td></tr>
</table>

3.4.17.2 喷涂聚脲防水涂料(GB/T 23446—2009)的技术指标

分类和标记	分类	①产品按组成分为喷涂(纯)聚脲防水涂料(代号 JNC)、喷涂聚氨酯(脲)防水涂料(代号 JNJ) ②产品按物理力学性能分为Ⅰ型、Ⅱ型			
	标记	按产品代号、类别和标准编号顺序标记示例:Ⅰ型喷涂聚氨酯(脲)防水涂料标记为 JNJ 防水涂料Ⅰ GB/T 23446—2009			
技术要求	外观	产品各组分为均匀黏稠体,无凝胶、结块			
	物理力学性能	项目		技术指标	
				Ⅰ型	Ⅱ型
		基本性能	固体含量(%) ≥	96	98
			凝胶时间(s) ≤	45	
			表干时间(s) ≤	120	
			拉伸强度(MPa) ≥	10.0	16.0
			断裂伸长率(%) ≥	300	450
			撕断强度(N/mm) ≥	40	50
			低温弯折性(℃) ≤	−35	−40
			不透水性	0.4MPa,2h 不透水	
			加热伸缩率(%) 伸长 ≤	1.0	
			加热伸缩率(%) 收缩 ≤	1.0	
			粘结强度(MPa) ≥	2.0	2.5
			吸水率(%) ≤	5.0	
		耐久性能	定伸时老化 加热老化	无裂纹及变形	
			定伸时老化 人工气候老化	无裂纹及变形	
			热处理 拉伸强度保持率(%)	80～150	
			热处理 断裂伸长率(%) ≥	250	400
			热处理 低温弯折性(℃) ≤	−30	−35
			碱处理 拉伸强度保持率(%)	80～150	
			碱处理 断裂伸长率(%) ≥	250	400
			碱处理 低温弯折性(℃) ≤	−30	−35
			酸处理 拉伸强度保持率(%)	80～150	
			酸处理 断裂伸长率(%) ≥	250	400
			酸处理 低温弯折性(℃) ≤	−30	−35
			盐处理 拉伸强度保持率(%)	80～150	
			盐处理 断裂伸长率(%) ≥	250	400
			盐处理 低温弯折性(℃) ≤	−30	−35

续表 3.4.17.2

技术要求	物理力学性能	耐久性能	人工气候老化	拉伸强度保持率(%)	80～150	
				断裂伸长率(%) ≥	250	400
				低温弯折性(℃) ≤	−30	−35
		特殊性能	硬度(邵 A) ≥		70	80
			耐磨性{750g/[(500r)·mg]} ≤		40	30
			耐冲击性(kg/m) ≥		0.6	1.0
			注:特殊性能根据产品特殊用途需要时或供需双方商定需要时测定;指标也可由供需双方另行商定。			
	有害物质	产品中有害物质含量应符合 JC 1066—2008 中反应型防水涂料 A 型要求				

3.4.17.3 聚氨酯防水涂料(GB/T 19250—2003)

聚氨酯防水涂料的分类、标记及外观要求见表(一),单组分聚氨酯防水涂料物理力学性能指标见表(二),多组分聚氨酯防水涂料物理力学性能指标见表(三)。

表(一) 分类、标记及外观要求

分类	产品按组分分为单组分(S)、多组分(M)两种 产品按拉伸性能分为Ⅰ、Ⅱ两类
标记	产品按名称、组分、类和标准号顺序标记。示例:Ⅰ类单组分聚氨酯防水涂料标记为 PU 防水涂料 SI GB/T 19250—2003
外观	产品为均匀黏稠体,无凝胶、结块

表(二) 单组分聚氨酯防水涂料物理力学性能

项目		Ⅰ	Ⅱ
拉伸强度(MPa) ≥		1.9	2.45
断裂伸长率(%) ≥		550	450
撕裂强度(N/mm) ≥		12	14
低温弯折性(℃) ≤		−40	
不透水性(0.3MPa、30min)		不透水	
固体含量(%) ≥		80	
表干时间(h) ≤		12	
实干时间(h) ≤		24	
加热伸缩率(%)	≤	1.0	
	≥	−4.0	
潮湿基础粘结强度①(MPa) ≥		0.50	

续表(二)

项 目		Ⅰ	Ⅱ
定伸时老化	加热老化	无裂纹及变形	
	人工气候老化	无裂纹及变形	
热处理	拉伸强度保持率(%)	80～150	
	断裂伸长率(%) ≥	500	400
	低温弯折性(℃) ≤	－35	
碱处理	拉伸强度保持率(%)	60～150	
	断裂伸长率(%) ≥	500	400
	低温弯折性(℃) ≤	－35	
酸处理	拉伸强度保持率(%)	80～150	
	断裂伸长率(%) ≥	500	400
	低温弯折性(℃) ≤	－35	
人工气候老化②	拉伸强度保持率(%)	80～150	
	断裂伸长率(%) ≥	500	400
	低温弯折性(℃) ≤	－35	

①仅用于地下工程潮湿基面时要求。

②仅用于外露使用的产品。

表(三) 多组分聚氨酯防水涂料物理力学性能

项 目		Ⅰ	Ⅱ
拉伸强度(MPa) ≥		1.9	2.45
断裂伸长率(%) ≥		450	
撕裂强度(N/mm) ≥		12	14
低温弯折性(℃) ≤		－35	
不透水性(0.3MPa、30min)		不透水	
固体含量(%) ≥		92	—
表干时间(h) ≤		8	—
实干时间(h) ≤		24	—
加热伸缩率(%)	≤	1.0	
	≥	－4.0	
潮湿基础粘结强度①(MPa)		≥0.50	
定伸时老化	加热老化	无裂纹及变形	
	人工气候老化	无裂纹及变形	
热处理	拉伸强度保持率(%)	80～150	
	断裂伸长率(%) ≥	400	
	低温弯折性(℃) ≤	－30	

续表(三)

项目		Ⅰ	Ⅱ
碱处理	拉伸强度保持率(%)	60～150	
	断裂伸长率(%) ≥	400	
	低温弯折性(℃) ≤	−30	
酸处理	拉伸强度保持率(%)	80～150	
	断裂伸长率(%) ≥	400	
	低温弯折性(℃) ≤	−30	
人工气候老化②	拉伸强度保持率(%)	80～150	
	断裂伸长率(%) ≥	400	
	低温弯折性(℃) ≤	−30	

①仅用于地下工程潮湿基面时要求。

②仅用于外露使用的产品。

3.4.17.4 水乳型沥青防水涂料(JC/T 408—2005)的技术指标

分类	分类	产品按性能分为 H 型和 L 型			
	标记	产品按类型和标准号顺序标记。示例：H 型水乳型沥青防水涂料标记为水乳型沥青防水涂料 H JC/T 408—2005			
技术要求	外观	样品搅拌后均匀无色差、无凝胶、无结块、无明显沥青丝			
	物理力学性能	项目		L	H
		固体含量(%) ≥		45	
		耐热度(℃)		80±2	110±2
				无流淌、滑动、滴落	
		不透水性		0.10MPa，30min 无渗水	
		粘结强度(MPa) ≥		0.30	
		表干时间(h) ≤		8	
		实干时间(h) ≤		24	
		低温柔度(℃)	标准条件	−15	0
			碱处理	−10	5
			热处理		
			紫外线处理		
		断裂伸长率(%)	标准条件	600	
			碱处理		
			热处理		
			紫外线处理		
		注：供需双方可以商定温度更低的低温柔度指标。			

3.4.17.5　建筑表面用有机硅防水剂(JC/T 902—2002)

建筑表面用有机硅防水剂用于多孔性无机基层(如混凝土、瓷砖、黏土砖、石材等)不承受水压的防水及防护。建筑表面用有机硅防水剂的技术指标见下表。

建筑表面用有机硅防水剂的技术指标

分类	分类	产品分为水性(W)、溶剂型(S)两种			
分类	标记	按产品名称、类型、标准编号顺序标记。例如:水性建筑表面用有机硅防水剂标记为建筑表面用有机硅防水剂 W JC/T 902—2002			
技术要求	外观	产品应无沉淀、无漂浮物,呈均匀状态。产品理化性能应符合以下规定			
技术要求	理化性能	试验项目		指标 W	指标 S
		pH值		规定值±1	
		固体含量(%) ≥		20	5
		稳定性		无分层、无漂油、无明显沉淀	
		吸水率比(%) ≤		20	
		渗透性 ≤	标准状态	2mm,无水迹、无变色	
			热处理	2mm,无水迹、无变色	
			低温处理	2mm,无水迹、无变色	
			紫外线处理	2mm,无水迹、无变色	
			酸处理	2mm,无水迹、无变色	
			碱处理	2mm,无水迹、无变色	
		注:1、2、3项为未稀释的产品性能,规定值在生产企业说明书中告知用户。			

3.4.17.6　聚合物乳液建筑防水涂料(JC/T 864—2008)的技术指标

分类	分类	产品按物理力学性能分为Ⅰ类和Ⅱ类。Ⅰ类产品不用于外露场合		
分类	标记	产品按下列顺序标记:产品代号、类型、标准号。标记示例:Ⅰ类聚合物乳液建筑防水涂料标记为聚合物乳液建筑防水涂料 Ⅰ JC/T 864—2008		
技术要求	外观	产品经搅拌后无结块,呈均匀状态		
技术要求	物理力学性能	项目	指标 Ⅰ	指标 Ⅱ
		拉伸强度(MPa) ≥	1.0	1.5
		断裂延伸率(%) ≥	300	
		低温柔性(绕 ϕ10mm 棒弯 180°)	−10℃,无裂纹	−20℃,无裂纹
		不透水性(0.3MPa,30min)	不透水	

续表 3.4.17.6

<table>
<tr><td rowspan="17">技术要求</td><td rowspan="17">物理力学性能</td><td colspan="2" rowspan="2">项　目</td><td colspan="2">指　标</td></tr>
<tr><td>Ⅰ</td><td>Ⅱ</td></tr>
<tr><td colspan="2">固体含量/% ≥</td><td colspan="2">65</td></tr>
<tr><td rowspan="2">干燥时间(h) ≤</td><td>表干时间</td><td colspan="2">4</td></tr>
<tr><td>实干时间</td><td colspan="2">8</td></tr>
<tr><td rowspan="4">处理后的拉伸强度保持率(%) ≥</td><td>加热处理</td><td colspan="2">80</td></tr>
<tr><td>碱处理</td><td colspan="2">60</td></tr>
<tr><td>酸处理</td><td colspan="2">40</td></tr>
<tr><td>人工气候老化处理①</td><td>—</td><td>80～150</td></tr>
<tr><td rowspan="4">处理后的断裂伸长率(%) ≥</td><td>加热处理</td><td colspan="2" rowspan="3">200</td></tr>
<tr><td>碱处理</td></tr>
<tr><td>酸处理</td></tr>
<tr><td>人工气候老化处理①</td><td>—</td><td>200</td></tr>
<tr><td rowspan="2">加热伸缩率(%) ≤</td><td>伸长</td><td colspan="2">1.0</td></tr>
<tr><td>缩短</td><td colspan="2">1.0</td></tr>
<tr><td colspan="4">①仅用于外露使用产品。</td></tr>
</table>

3.4.17.7 溶剂型橡胶沥青防水涂料(JC/T 852—1999)的技术指标

<table>
<tr><td rowspan="2">分类</td><td>分类</td><td colspan="4">按产品的抗裂性、低温柔性分为一等品(B)和合格品(C)</td></tr>
<tr><td>标记</td><td colspan="4">涂料按下列顺序标记：产品名称、等级、标准号。标记示例：溶剂型橡胶沥青防水涂料 C JC/T 852—1999</td></tr>
<tr><td rowspan="13">技术要求</td><td>外观</td><td colspan="4">涂料应为黑色、黏稠状、细腻、均匀胶状液体</td></tr>
<tr><td rowspan="12">物理力学性能</td><td colspan="2" rowspan="2">项　目</td><td colspan="2">技术指标</td></tr>
<tr><td>一等品</td><td>合格品</td></tr>
<tr><td colspan="2">固体含量(%) ≥</td><td colspan="2">48</td></tr>
<tr><td rowspan="2">抗裂性</td><td>基层裂缝(mm)</td><td>0.3</td><td>0.2</td></tr>
<tr><td>漆膜状态</td><td colspan="2">无裂纹</td></tr>
<tr><td colspan="2" rowspan="2">低温柔性(φ10mm,2h)(℃)</td><td>−15</td><td>−10</td></tr>
<tr><td colspan="2">无裂纹</td></tr>
<tr><td colspan="2">黏结性(MPa) ≥</td><td colspan="2">0.20</td></tr>
<tr><td colspan="2">耐热性(80℃,5h)</td><td colspan="2">无流淌、鼓泡、滑动</td></tr>
<tr><td colspan="2">不透水性(0.2MPa,30min)</td><td colspan="2">无渗水</td></tr>
</table>

3.4.17.8　LJP-1 型氯丁胶乳隔热装饰防水涂料的主要技术性能

项　目	技　术　性　能
固体含量	47.5%
黏度	10.9s
伸长率	427%
拉伸强度	1.0MPa
粘结强度	0.34MPa
低温柔性	-10℃冰冻 2h,涂片绕 Ø10mm 棒,不脆裂
不透水性	动水压 0.1MPa,不透水
抗裂性	2.3mm
耐碱性	在饱和的 $Ca(OH)_2$ 溶液中浸泡 15d,涂层不起泡

3.4.17.9　丁基氯丁再生橡胶防水涂料的主要技术性能

项　目	技　术　性　能
耐热度	80℃
耐碱性	浸泡在 $Ca(OH)_2$ 饱和溶液中 15d,无不良变化
不透水性	0.2MPa 水压,30min,不透水
低温柔性	-10℃绕 Ø1mm 棒,无裂纹
粘结性	(20±2)℃下,0.2MPa
抗裂性	(20±2)℃下,抗基层裂缝宽 2.8mm

3.4.17.10　PVC 防水涂料技术性能

<table>
<tr><th colspan="2" rowspan="2">项　目</th><th colspan="2">技　术　指　标</th></tr>
<tr><th>801</th><th>802</th></tr>
<tr><td colspan="2">密度(g/cm³)</td><td colspan="2">规定值±0.1</td></tr>
<tr><td colspan="2">耐热性(80℃,5h)</td><td colspan="2">无流淌、起泡和滑动</td></tr>
<tr><td colspan="2" rowspan="2">低温柔性(φ20mm)(℃)</td><td>-10</td><td>-20</td></tr>
<tr><td colspan="2">无裂纹</td></tr>
<tr><td rowspan="4">断裂伸长率(%)</td><td>无处理</td><td colspan="2">≥350</td></tr>
<tr><td>加热处理</td><td colspan="2">≥280</td></tr>
<tr><td>紫外线处理</td><td colspan="2">≥280</td></tr>
<tr><td>碱处理</td><td colspan="2">≥280</td></tr>
</table>

续表 3.4.17.10

项目	技术指标	
	801	802
恢复率(%)	≥70	
不透水性(0.1MPa,30min)	不透水	
粘结强度(MPa)	≥0.20	

注:规定值是指企业标准或产品说明书规定的密度值。

3.4.17.11 JS复合防水涂料技术性能(JC/T 894—2001)

试验项目		性能指标	
		Ⅰ型	Ⅱ型
固体含量(%)		≥65	
干燥时间	表干时间(h)	≤4	
	实干时间(h)	≥8	
拉伸强度	无处理(MPa)	≥1.2	≥1.8
	加热处理后保持率(%)	≥80	≥80
	碱处理后保持率(%)	≥70	≥80
	紫外线处理后保持率(%)	≥80	≥80
断裂伸长率	无处理(%)	≥200	≥80
	加热处理(%)	≥150	≥60
	碱处理(%)	≥140	≥60
	紫外线处理(%)	≥150	≥60
低温柔性(Ø10mm棒)		−10℃ 无裂纹	—
不透水性(0.3MPa,30min)		不透水	
潮湿基面粘结强度(MPa)		≥0.5	≥1.0

3.4.17.12 有机防水涂料技术性能(GB 50208—2002)

项目		反应型	水乳型	聚合物水泥
可操作时间(min)		≥20	≥50	≥30
潮湿基面粘结强度(MPa)		≥0.3	≥0.2	≥0.6
抗渗性(MPa)	涂膜(30mm)	≥0.3	≥0.3	≥0.3
	砂浆迎水面	≥0.6	≥0.6	≥0.8
	砂浆背水面	≥0.2	≥0.2	≥0.6

续表 3.4.17.12

项目		反应型	水乳型	聚合物水泥
浸水 168h 后断裂伸长率(%)		≥300	≥350	≥80
浸水 168h 后拉伸强度(MPa)		≥1.65	≥0.5	≥1.5
耐水性(%)		≥80	≥80	≥80
干燥时间	表干(h)	≤8	≤4	≤4
	实干(h)	≤24	≤12	≤12

注:耐水性是指在浸水 168h 后材料的粘结强度及砂浆抗渗性的保持率。

3.4.17.13 无机防水涂料技术性能(GB 50208—2002)

项目	水泥基防水涂料	水泥基渗透结晶型防水涂料
抗折强度(MPa)	>4	≥3
粘结强度(MPa)	>1.0	≥1.0
抗渗性(MPa)	>0.8	>0.8
冻融循环	>*D*50	>*D*50

3.4.17.14 胎体增强材料质量标准

项目		质量标准		
		聚酯无纺布	化纤无纺布	玻璃纤维网布
外观		均匀,无团状,平整,无折皱		
拉力(N/50mm)	纵向	≥150	≥45	≥90
	横向	≥100	≥35	≥50
延伸率(%)	纵向	≥10	≥20	≥3
	横向	≥20	≥25	≥3

3.4.18 密封材料

建筑密封材料是指填充于建筑物的接缝、裂缝、门窗框、玻璃周边以及管道接头或与其他结构的连接处,能阻塞介质透过渗漏通道,起到水密性、气密性作用的材料。密封材料应具有较好的粘结性、弹性和耐老化性,能在长期经受拉伸、收缩以及振动疲劳等作用后,仍保持其完好的防水效果。

3.4.18.1 建筑密封材料的分类

密封材料分为不定型密封材料和定型密封材料两大类，其主要分类如图 3-9 所示。

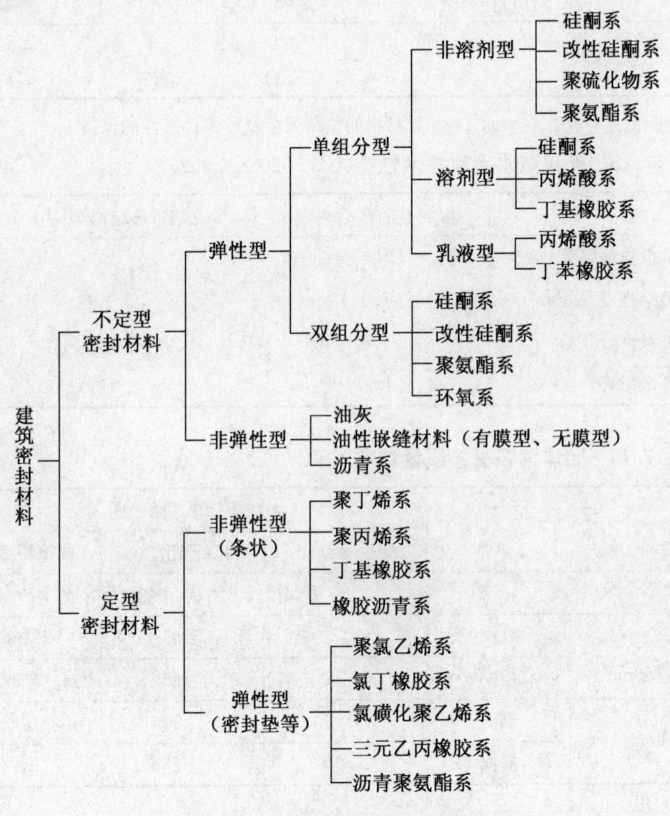

图 3-9 建筑密封材料的分类

3.4.18.2 不定型密封材料产品标记和性能

不定型密封材料分为弹性密封胶和塑性密封胶两大类。在防水工程中，不定型密封材料主要用于混凝土的接缝部位。密封胶按下列顺序标记：名称、品种、类型、级别、次级别、标准号。标记，如图 3-10所示。

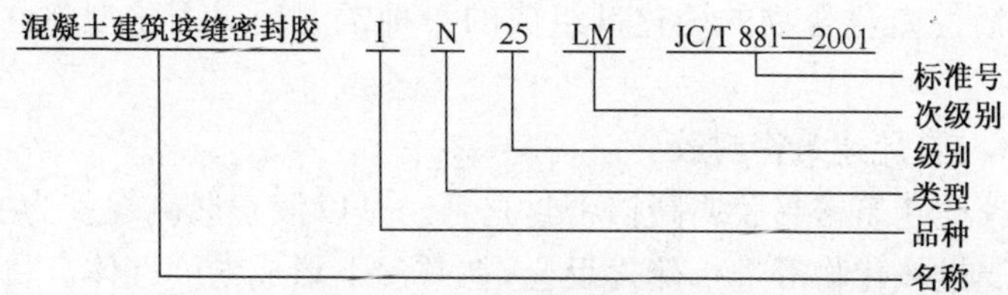

图 3-10 密封胶产品标记

3.4.18.3 密封胶技术性能

项目			技术指标						
			25LM	25HM	20LM	20HM	12.5E	12.5P	7.5P
流动性	下垂度（N型,mm）	垂直	≤3						
		水平	≤3						
	流平性(S)型		光滑平整						
挤出性(mL/min)			≥80						
弹性恢复率(%)			≥80		≥60		≥40	<40	<40
拉伸粘结性	拉伸模量（MPa）	23℃	≤0.4	>0.4	≤0.4	>0.4	—		
		−20℃	≤0.6	>0.6	≤0.6	>0.6	—		
	断裂伸长率(%)		—				≥100	≥20	
定性粘结性			无破坏				—		
浸水后定性粘结性			无破坏				—		
热压-冷拉后粘结性			无破坏				—		
拉伸-压缩后粘结性			—				无破坏		
浸水后断裂伸长率(%)			—				≥100	≥20	
质量损失率*(%)			≤10			—			
体积收缩率(%)			≤25**			≤25			

*:乳胶型和溶剂型产品不测质量损失率。

**:仅适用于乳胶型和溶剂型产品。

3.4.18.4 常用不定型密封材料产品

(1)聚氨酯建筑密封胶

聚氨酯建筑密封胶属中高档密封材料。是以异氰酸基为基料和含有活性氢化合物的固化剂组成的一种常温反应固化型弹性密封材料。

(2)聚硫建筑密封胶

聚硫建筑密封胶属高档密封材料。是以液态聚硫橡胶为主剂,与金属过氧化物等进行硫化反应,在常温下形成的弹性体。目前建筑工程中多用双组分密封胶。

(3)丙烯酸酯建筑密封胶

是以丙烯酸酯乳液为胶粘剂,加入少量表面活性剂、增塑剂、改性剂以及填充料、颜料等配制而成。产品为单组分水乳型。

(4)有机硅橡胶密封胶

它具有优异的耐高低温性、柔韧性、耐疲劳性,并具有粘结力强,延伸率大,耐腐蚀,耐老化,并能长期保持弹性等优点。是一种高档的密封材料,目前有机硅橡胶密封胶常用的是单组分,价格昂贵。

(5)改性石油沥青密封胶

改性石油沥青密封胶有优良的粘结性与防水性,可以冷施工,价格低廉,适用于一般要求的屋面接缝密封防水、防水层的收头处理等。

3.4.18.5 聚氨酯建筑密封胶技术性能

项目			指标		
			优等品	一等品	合格品
密度(g/cm^3)			规定值±0.1		
适用期(h)		不小于	3		
表干时间(h)		不大于	24	48	
渗出性指数		不大于	2		
流变性	下垂度(N型,mm)	不大于	3		
	流平性(L型)		5℃自流平		
低温柔性(℃)			−40	−30	
拉伸粘结性	最大拉伸强度(MPa)	不小于	0.2		
	最大伸长率(%)	不小于	400	200	

续表 3.4.18.5

项目			指标		
			优等品	一等品	合格品
定性粘结性(%)			200	160	
恢复率(%)		不小于	95	90	85
剥离粘结性	剥离强度(N/mm)	不小于	0.9	0.7	0.5
	粘结破坏面积(%)	不大于	25	25	40
拉伸压缩循环性能	级别		9030	8020	7020
	粘结和内聚破坏面积(%)	不大于	25		

3.4.18.6 聚硫建筑密封胶技术性能

序号	项目			A类		B类		
				一等品	合格品	优等品	一等品	合格品
1	密度(g/cm³)			规定值±0.1				
2	适用期(h)			2~6				
3	表干时间(h)		不大于	24				
4	渗出指数		不大于	4				
5	流变性	下垂度(N型,mm)	不大于	3				
		流平性(L型)		光滑平整				
6	低温柔性(℃)			−30		−40	−30	
7	拉伸粘结性	最大拉伸强度(MPa)	不小于	1.2	0.8	0.2		
		最大伸长率(%)	不小于	100		400	300	200
8	恢复率(%)		不小于	90		80		
9	拉伸压缩循环性能	级别		8020	7010	9030	8020	7010
		粘结破坏面积(%)	不大于	25				
10	加热失重(%)		不大于	10		6	10	

3.4.18.7 丙烯酸酯建筑密封胶技术性能

项目			指标		
			优等品	一等品	合格品
密度(g/cm³)			规定值±0.1		
挤出性(mL/min)		不小于	100		
表干时间(h)		不大于	24		
渗出性,指数		不大于	3		
下垂度(mm)		不大于	3		
初期耐水性			未见浑浊液		
低温储存稳定性			未见凝固、离析现象		
收缩率(%)		不大于	30		
低温柔性(℃)			−20	−30	−40
拉伸粘结性	最大拉伸强度(MPa)		0.02～0.15		
	最大伸长率(%)	不小于	400	250	150
恢复率(%)		不小于	75	70	65
拉伸压缩循环性能	级别		7020	7010	7005
	平均破坏面积(%)	不大于	25		

3.4.18.8 有机硅橡胶密封胶种类和特点

种类		优点	缺点
单组分型	醋酸型	橡胶强度大,透明性好	由于生成醋酸有刺激臭味,对金属有腐蚀
	肟基型	基本无臭味	对铜等特殊金属有腐蚀
	醇型	无臭、无腐蚀性,对水泥砂浆粘结性好	固化稍慢
	氨基型	无腐蚀,对水泥砂浆粘结性好	有氨基臭味
	氨络物型	无腐蚀性	有氨络物臭味
	膏状型	不需打底,粘结力强,涂装后即可用	同是溶剂型有收缩
双组分型		低模量,撕裂强度大,粘结性好	在高温或密封状态下固化不充分

3.4.18.9 单组分有机硅橡胶密封胶技术性能

项目名称	高模量		中模量	低模量
	醋酸型	醇型	醇型	酰胺型
颜色	透明,白、黑、棕、银灰	透明,白、黑、棕、银灰	白、黑、棕、银灰	—
稠度	流动,不坍塌	不流动,不坍塌	不流动,不坍塌	—
操作时间(h)	7～10	20～30	30	—
指触干时间(min)	30～60	120	—	—
完全硫化(h)	7	7	2	—
拉伸强度(MPa)	2.5～4.5	2.5～4.0	1.5～4.0	1.5～2.5
延伸率(%)	100～200	100～20	200～600	—
硬度(邵氏 A)	30～60	30～60	15～45	—
永久变形率(%)	<5	<5	<5	—

注:本表数据为成都有机硅应用研究中心的产品性能。

3.4.18.10 双组分有机硅橡胶密封胶技术性能

项目名称	指标		
	QD231	QD233	X-1
外观	无色透明	白(可调色)	白(可调色)
流动性	流动性好	不流动	不流动
抗拉强度(MPa)	4～5	4～6	1.2～1.8
伸长率(%)	200～250	350～500	400～600
硬度(邵氏 A)	40～50	50	—
模量	高	高	低
粘附性	良好	良好	良好

注:本表数据为北京化工二厂产品性能。

3.4.18.11 改性石油沥青密封材料技术性能

项目		性能要求	
		Ⅰ	Ⅱ
耐热度	温度(℃)	70	80
	下垂值(mm)	≤4.0	
低温柔性	温度(℃)	−20	−10
	粘结状态	无裂纹和剥离现象	
拉伸粘结性(%)		≥125	
浸水后拉伸粘结性(%)		≥125	
挥发性(%)		≤2.8	
施工度(mm)		≥22.0	≥20.0

注:改性石油沥青密封材料按耐热度和低温柔性分为Ⅰ类和Ⅱ类。

3.4.18.12 定型密封材料

定型密封材料是根据不同工程要求制成的防水材料,专门处理建筑物或地下构筑物的各种接缝(如伸缩缝、施工缝及变形缝),以达到止水和防水的功能。其断面形状呈带状、条状、垫状等。定型密封材料主要产品有止水带、遇水膨胀橡胶、膨润土橡胶遇水膨胀止水条等。

(1)止水带

①止水带的结构。如图 3-11 所示。

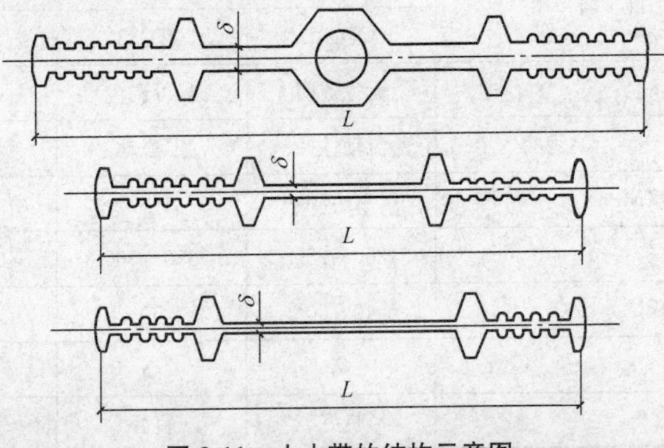

图 3-11 止水带的结构示意图

L. 止水带公称宽度 δ. 止水带公称厚度

②止水带分类、特点与用途(见下表)。

止水带分类、特点与用途

种类	特　点	用途及注意事项
塑料止水带	由聚氯乙烯树脂加入增塑剂、稳定剂等助剂,经塑炼、造粒、挤出工艺加工而得。原料充足,成本低廉(仅为天然橡胶的40%～50%),耐久性好、性能能满足使用要求,可节约橡胶及紫铜片	用于工业与民用建筑的地下防水工程,也用于隧道、涵洞、坝体、溢洪道、沟渠等变形缝防水 由于其性能及施工效果较差,目前已较少采用
橡胶止水带	采用天然橡胶或合成橡胶及优质高效配合剂为基料压制而成。具有较好的弹性、耐磨性和耐撕裂性,变形能力强,防水性能好,使用范围一般为－40℃～40℃	适用于地下构筑物、小型水坝、储水池、游泳池、屋面及其他建筑物和构筑物的变形缝防水。但在温度超过50℃、受强烈的氧化作用或有油类等有机溶剂侵蚀的条件下,不得使用
钢边橡胶止水带	由一段可伸缩的橡胶和两边配有镀锌钢边组成。这种止水带基本上可克服橡胶止水带与混凝土粘附力较差,不适应大变形接缝的缺点。其本身有双重用途,一方面可以延长渗水途径,延缓渗水速度,另一方面镀锌钢边和混凝土有着良好的粘结性,可使止水带承受较大的拉力和扭力	用途同一般橡胶止水带,最大能适用90mm的特大变形量 通常要求橡胶和钢边之间的粘合强度达80～100N/2.5cm(剥离强度)

③止水带尺寸公差(见下表)。

止水带尺寸公差

止水带公称尺寸		极限偏差
厚度 B	4～6mm	+1,0
	7～10mm	+1.3,0
	11～20mm	+2,0
宽度 L,%		±3

④止水带技术性能(见下表)。

止水带技术性能

项　目	性能指标		
	B型	S型	J型
硬度(邵尔A,度)	60±5	60±5	60±5
拉伸强度(MPa)≥	15	12	10

续表

<table>
<tr><th rowspan="2" colspan="3">项　　目</th><th colspan="3">性　能　指　标</th></tr>
<tr><th>B型</th><th>S型</th><th>J型</th></tr>
<tr><td colspan="3">扯断伸长率(%)≥</td><td>380</td><td>380</td><td>300</td></tr>
<tr><td colspan="2" rowspan="2">压缩永久变形</td><td>70℃、24h,%≤</td><td>35</td><td>35</td><td>35</td></tr>
<tr><td>23℃、168h,%≤</td><td>20</td><td>20</td><td>20</td></tr>
<tr><td colspan="3">撕裂强度(kN/m)≥</td><td>30</td><td>25</td><td>25</td></tr>
<tr><td colspan="3">脆性温度(℃)≤</td><td>−45</td><td>−40</td><td>−40</td></tr>
<tr><td rowspan="6">热空气老化</td><td rowspan="3">70℃,168h</td><td>硬度变化(邵尔A,度)</td><td>+8</td><td>+8</td><td>—</td></tr>
<tr><td>拉伸强度(MPa)≥</td><td>12</td><td>10</td><td>—</td></tr>
<tr><td>扯断伸长率(%)≥</td><td>300</td><td>300</td><td>—</td></tr>
<tr><td rowspan="3">100℃,168h</td><td>硬度变化(邵尔A,度)</td><td>—</td><td>—</td><td>+8</td></tr>
<tr><td>拉伸强度(MPa)≥</td><td>—</td><td>—</td><td>9</td></tr>
<tr><td>扯断伸长率(%)≥</td><td>—</td><td>—</td><td>250</td></tr>
<tr><td colspan="3">臭氧老化 50×10^{-8},20%,48h</td><td>2级</td><td>2级</td><td>0级</td></tr>
<tr><td colspan="3">橡胶与金属粘合</td><td colspan="3">断面在弹性体内</td></tr>
</table>

(2)遇水膨胀橡胶

遇水膨胀橡胶分为制品型与腻子型两种。腻子型遇水膨胀橡胶在外力作用下(如手压、敲打)能改变其原有外形,并在吸水膨胀时部分塑性加大。制品型遇水膨胀橡胶适用于建筑物的变形缝、施工缝以及金属、混凝土等各类预制件的接缝防水;而腻子型遇水膨胀橡胶更适用于建筑、人防等地下工程的接缝密封与防水。

①遇水膨胀橡胶腻子止水条技术性能(见下表)。

遇水膨胀橡胶腻子止水条技术性能

项　　目	性　能　要　求		
	PN-150	PN-150	PN-150
体积膨胀倍率(%)	≥150	≥220	≥300
高温流淌性(80℃,5h)	无流淌	无流淌	无流淌
低温试验(−20℃,2h)	无流淌	无流淌	无流淌

②遇水膨胀橡胶密封垫胶料技术性能(见下表)。

遇水膨胀橡胶密封垫胶料技术性能

项　目		性能要求			
		PZ-150	PZ-250	PZ-400	PZ-600
硬度(邵尔A,度)		42±7	42±7	45±7	48±7
拉伸强度(MPa)≥		3.5	3.5	3	3
扯断伸长率(%)≥		450	450	350	350
体积膨胀倍率(%)≥		150	250	400	600
反复浸水试验	拉伸强度(MPa)≥	3	3	2	3
	扯断伸长率(%)≥	350	350	250	250
	体积膨胀倍率(%)≥	150	250	300	500
低温弯折(-20℃,2h)		无裂纹	无裂纹	无裂纹	无裂纹
防霉等级		达到与优于2级			

③弹性橡胶密封垫材料技术性能(见下表)。

弹性橡胶密封垫材料技术性能

项　目		性能要求	
		氯丁橡胶	三元乙丙胶
硬度(邵尔A,度)		45±5～60±5	55±5～70±5
拉伸强度(MPa)		≥350	≥330
伸长率(%)		≥10.5	≥9.5
热空气老化70℃,96h	硬度变化(邵尔A,度)	≤+8	≤+6
	拉伸强度变化率(%)	≥-20	≥-15
	扯断伸长率变化率(%)	≥-30	≥-30
压缩永久变形(70℃,24h)(%)		≤35	≤28
防霉等级		达到或优于2级	达到或优于2级

3.4.19　堵漏止水材料

堵漏止水材料包括防水剂(防水粉)、灌浆材料、止水带、遇水膨胀橡胶等。

3.4.19.1 几种主要化学灌浆材料的技术性能

类别		主要成分	起始浆液黏度(Pa·s)	可灌入土层的粒径(mm)	可灌入部位的渗透系数(cm/s)	浆液胶凝时间	聚合体或固砂体的抗压强度(MPa)	聚合体或固砂体的渗透系数(cm/s)	灌浆方式(单、双液)	浆液估算*成本(元/m²)
丙烯酰胺类		丙烯酰胺、甲亚基双丙烯酰胺	0.0012	0.01	10^{-4}	瞬时～数十分钟	0.3～0.8	10^{-6}～10^{-8}	单、双液	1200～1500
环氧树脂		环氧树脂、胺类、稀释剂	～0.01	0.2(裂缝)	—	—	40.0～80.0 1.2～2.0(粘结强度)	—	单液	16000
甲基丙烯酸酯类		甲基丙烯酸甲酯、丁酯	0.0007～0.001	0.05(裂缝)	—	—	60.0～80.0 1.2～2.2(粘结强度)	—	单液	12000
聚氨酯类	非水溶性	异氰酸酯、聚醚树脂	0.01～0.2	0.015	10^{-3}～10^{-4}	数分钟～数十分钟	3.0～25.0	10^{-5}～10^{-7}	单液	20000
	水溶性	异氰酸酯、聚醚树脂	0.008～0.025	0.015	10^{-3}～10^{-4}	数分钟～数十分钟	0.5～15.0	10^{-6}	单液	10000
	弹性聚氨酯	异氰酸酯、篦麻油	0.05～0.2	—	—	数分钟～数十分钟	—	—	单液	8000

*:浆液估算成本系1988年价格。

3.4.19.2 堵漏灵、堵漏停、堵漏能的技术指标

项目		堵漏灵 Ⅱ型（简称02）	堵漏灵 Ⅲ型（简称03）	堵漏停	堵漏能 Q/HD 01—1993
抗压（MPa）	净浆	＞22	—	≥13	≥15
	7d砂浆	＞19	＞36	—	—
抗折（MPa）	净浆	＞4	—	≥4.0	≥4
	7d砂浆	＞3	6	—	—
抗渗（MPa）	净浆	＞1.5	1.5	≥1.5	迎水面≥2.0
	7d砂浆	＞0.5	—	—	背水面≥0.2
粘结力		＞7d 1.6MPa	—	≥1.2MPa	≥2MPa
遮盖力		≤300g/m²	—	≤300g/m²	—
冻融循环（－20℃～＋20℃）		20次涂膜无变化	50次试块无变化	－13℃～30℃ 50次合格	－13℃～30℃ 50次无变化
人工老化试验（1000h）		涂膜无变化	—	—	—
耐高温（100℃沸水煮）		6h无变化	—	5h无变化	—
耐碱[饱和 $Ca(OH)_2$ 浸泡18个月]		6h无变化	—	10％NaOH48h不起泡、不开裂、不脱落	10％NaOH48h不起泡、不开裂、不脱落
耐盐（饱和食盐水浸泡18个月）		6h无变化	—	—	—
耐海水（天然海水浸泡18个月）		6h无变化	—	—	—
凝结时间（25℃）	初凝	1.5h	34min	≥45min	≥30min
	终凝	2.5h	43min	≤6h	5h
耐低温性（－40℃）		—	—	5h无变化	—

3.4.19.3 防水宝的技术指标

项目		Ⅰ型防水宝	Ⅱ型防水宝
外观		母料：白色均匀粉末，无结块，无异物	灰色均匀粉末，无结块，无异物
凝结时间（min）	初凝，不小于	45	40 注①
	终凝，不大于	360	90 注②
7d 抗压强度（MPa）净浆，不小于		13	20
7d 抗折强度（MPa）净浆，不小于		4	5
7d 抗渗压力（MPa）不小于	涂层	0.4	0.4
	砂浆	1.5	2.0
粘结力（MPa）不小于		1.2	1.4
冻融（无开裂、起皮、剥落）		−13℃～30℃，30 次	−20℃～30℃，50 次
耐碱性（无开裂、起皮、剥落）		10%NaOH 浸泡 48h	氢氧化钙浸泡 500h
耐高温（无开裂、起皮、剥落）		100℃水煮 5h	100℃水煮 5h
耐低温（涂层无变化）		−40℃，5h	−40℃，5h
抗硫酸盐侵蚀，*K* 值，不小于		—	1.0

注：①Ⅱ型防水宝初、终凝间隔时间应不大于 30min。

②Ⅱ型防水宝掺不同量的速凝剂可调节凝结时间用于快速堵漏。

3.4.19.4 防水宝、确保时防水材料的性能测试结果

性能	条件	测试结果	
		防水宝	确保时
外观	—	浅灰色粉末，略有白色颗粒	浅灰色粉末，略有白色颗粒
抗压强度（MPa）	28d 净浆	27.2	30.5
	28d 砂浆	21.5	22.1
抗折强度（MPa）	28d 净浆	6.6	6.0
	28d 砂浆	5.2	5.2
粘结强度（MPa）	7d	2.1	2.5

续表 3.4.19.4

性　能	条　件	测 试 结 果	
		防水宝	确保时
遮盖力(g/m^2)	—	300	300
耐碱性	10% NaOH 溶液浸泡 30d	涂层不起泡、不开裂、不脱落	涂层不起泡、不开裂、不脱落
耐沸煮	100℃沸水 5h	涂层基本无变化	涂层基本无变化
耐冻融循环	−15℃～＋30℃ 50个循环	涂层基本无变化，但有些掉粉	涂层基本无变化，略有掉粉，程度比防水宝轻
耐低温性	−40℃ 5h	涂层手擦掉粉严重	涂层手擦掉粉
抗渗性	7d，砂浆	在 1.5MPa 压力下，有一试样渗水	在 1.5MPa 压力下，有一试样渗水
	7d，涂层	在 0.5MPa 压力下，不渗水	在 0.5MPa 压力下，不渗水
凝结时间	初凝时间	55min	2h50min
	终凝时间	5h5min	6h10min

3.4.19.5　无机防水堵漏材料的技术指标

<table>
<tr><td rowspan="2">分类</td><td>分类</td><td colspan="4">产品根据凝结时间和用途分为缓凝型（Ⅰ型）和速凝型（Ⅱ型）
a)缓凝型（Ⅰ型）主要用于潮湿基层上的防水抗渗
b)速凝型（Ⅱ型）主要用于渗漏或涌水基体上的防水堵漏</td></tr>
<tr><td>标记</td><td colspan="4">产品按下列顺序标记：代号、类别、标准号示例：缓凝型无机防水堵漏材料标记为 FD Ⅰ GB 23440—2009</td></tr>
<tr><td rowspan="8">要求</td><td>外观</td><td colspan="4">产品外观为色泽均匀、无杂质、无结块的粉末</td></tr>
<tr><td rowspan="7">物理力学性能</td><td colspan="2">项　目</td><td>缓凝型（Ⅰ型）</td><td>速凝型（Ⅱ型）</td></tr>
<tr><td rowspan="2">凝结时间</td><td>初凝(min)</td><td>≥10</td><td>≤5</td></tr>
<tr><td>终凝(min)</td><td>≤360</td><td>≤10</td></tr>
<tr><td rowspan="2">抗压强度(MPa)</td><td>1h</td><td>—</td><td>≥4.5</td></tr>
<tr><td>3d</td><td>≥13.0</td><td>≥15.0</td></tr>
<tr><td rowspan="2">抗折强度(MPa)</td><td>1h</td><td>—</td><td>≥1.5</td></tr>
<tr><td>3d</td><td>≥3.0</td><td>≥4.0</td></tr>
</table>

续表 3.4.19.5

要求	物理力学性能	涂层抗渗压力(7d)/MPa	≥0.4	—
		— 试件抗渗压力(7d)/MPa	≥1.5	
		粘结强度(7d)/MPa	≥0.6	
		耐热性(100℃,5h)	无开裂、起皮、脱落	
		冻融循环(20 次)	无开裂、起皮、脱落	

3.4.19.6 石膏—水泥堵漏材料配合比

材 料 名 称	重 量 配 合 比
硅酸盐水泥(强度等级 42.5)	100
生石膏粉	100
水	80

3.4.19.7 防水浆重量配合比

材料名称	规 格	配合比(%)	成品规格
氯化钙	液态、工业用	31	波美度为 34°
氯化铝	工业用	4.9	
水		64.1	

3.4.20 瓦材

3.4.20.1 常用瓦材品种

常用瓦材品种有:青瓦(图 3-12)、平瓦及其脊瓦、筒瓦(图 3-13)、油毡瓦(图 3-14)、波形瓦及其脊瓦(图 3-15)、金属板材屋面瓦。其中,金属板材屋面瓦由彩色压型钢板和彩色压型保温夹心板组成,其外形分别如图 3-16 和图 3-17 所示。

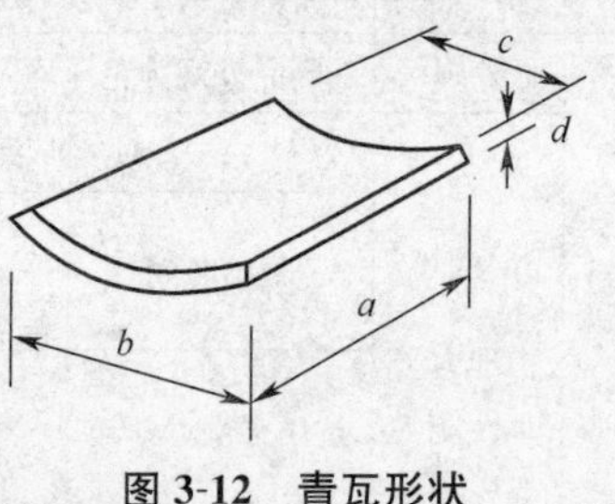

图 3-12 青瓦形状

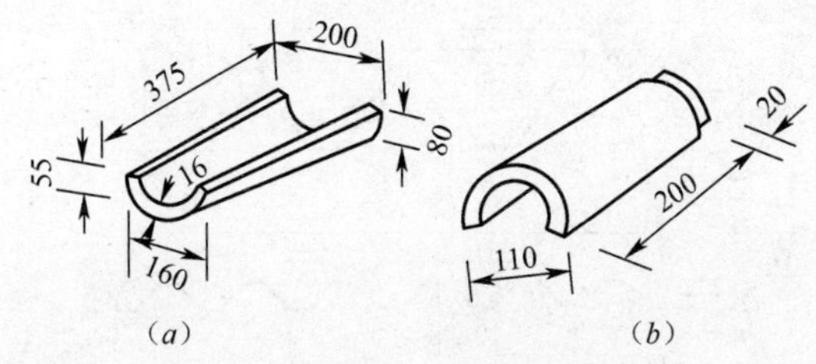

图 3-13 筒瓦

(a)筒瓦屋面用 (b)筒板瓦屋面用

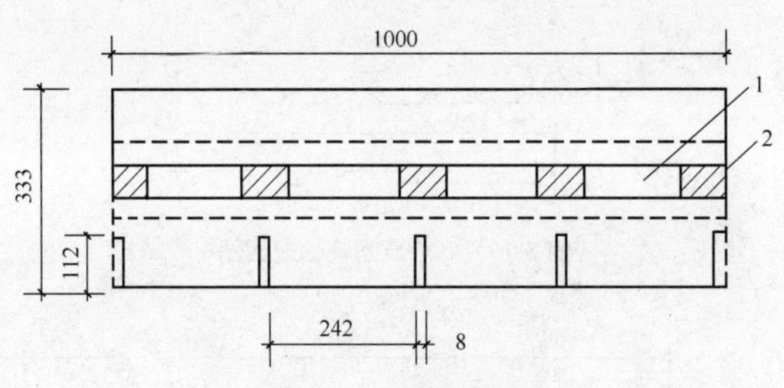

图 3-14 油毡瓦示意图

1. 防粘纸 2. 自粘结点

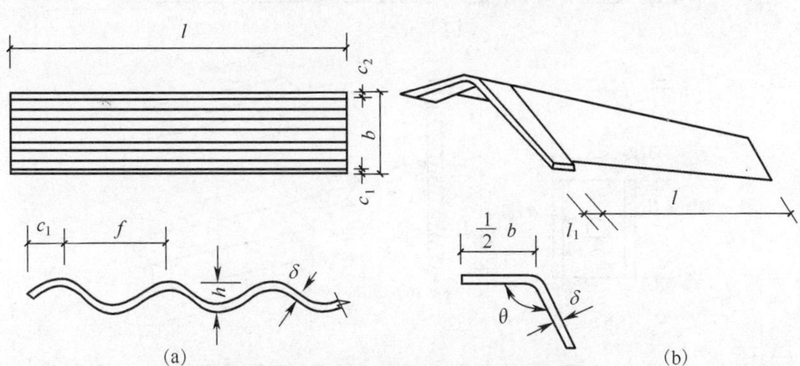

图 3-15 石棉水泥波形瓦及其脊瓦

(a)波形瓦 (b)脊瓦

l. 瓦长 b. 瓦宽 δ. 瓦厚 l_1. 搭接长 f. 波距 h. 波高 c_1、c_2. 边距 θ. 角度

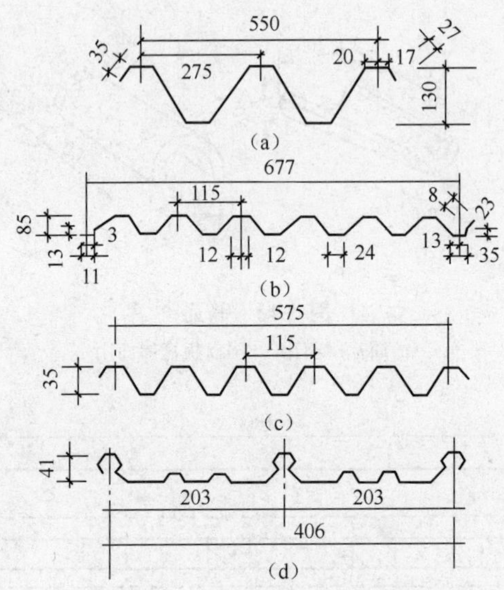

图 3-16 彩色压型钢板截面图

(a)W-550 型板 (b)V-115N 型 (c)V-115 型 (d)带肋型

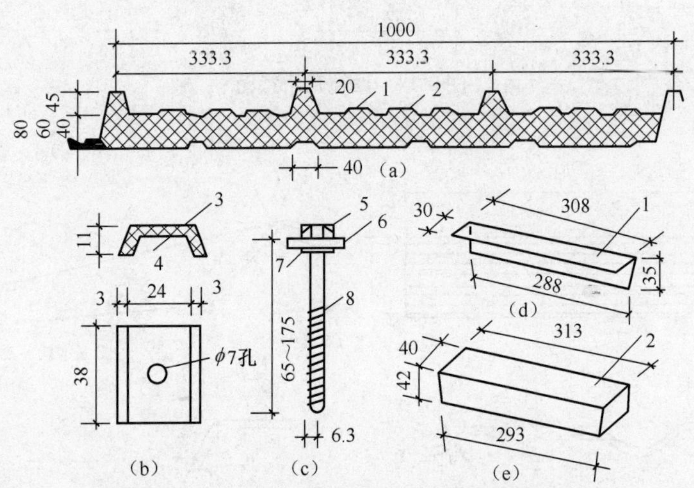

图 3-17 彩色压型保温夹心屋面板截面及配件

(a)压型保温夹心板截面 (b)压盖 (c)自攻螺丝 (d)挡水板 (e)泡沫堵头

1. 彩色涂层钢板 2. 聚氨酯或聚苯乙烯泡沫 3. 1mm 厚不锈钢压盖 4. 2mm 厚乙丙橡胶垫 5. 塑料帽 6. 1mm 厚不锈钢垫圈 7. 1.5mm 厚乙丙橡胶垫圈 8. 镀锌螺杆

3.4.20.2 烧结瓦(GB/T 21149—2007)的品种、尺寸允许偏差

<table>
<tr><td>品种</td><td colspan="3">根据形状分为平瓦、脊瓦、三曲瓦、双筒瓦、鱼鳞瓦、牛舌瓦、板瓦、筒瓦、滴水瓦、沟头瓦、J形瓦、S形瓦、波形瓦和其他异形瓦及其配件、饰件
根据表面状态可分为有釉(含表面经加工处理形成装饰薄膜层)瓦和无釉瓦
根据吸水率不同分为Ⅰ类瓦、Ⅱ类瓦、Ⅲ类瓦、青瓦</td></tr>
<tr><td>规格</td><td colspan="3">产品规格及结构尺寸由供需双方协定,规格以长和宽的外形尺寸表示。通常规格及主要结构尺寸见表 3.4.20.4</td></tr>
<tr><td>等级</td><td colspan="3">相同品种、物理性能合格的产品,根据尺寸偏差和外观质量分为优等品(A)和合格品(C)两个等级</td></tr>
<tr><td>产品标记</td><td colspan="3">瓦的产品标记按产品品种、等级、规格和标准编号顺序编写。例:外形尺寸305mm×205mm、合格品、Ⅲ类有釉平瓦的标记为釉平瓦Ⅲ C 305×205 GB/T 21149—2007</td></tr>
<tr><td rowspan="5">尺寸允许偏差(mm)</td><td>外形尺寸范围</td><td>优等品</td><td>合格品</td></tr>
<tr><td>$L(b) \geqslant 350$</td><td>±4</td><td>±6</td></tr>
<tr><td>$250 \leqslant L(b) < 350$</td><td>±3</td><td>±5</td></tr>
<tr><td>$200 \leqslant L(b) < 250$</td><td>±2</td><td>±4</td></tr>
<tr><td>$L(b) < 200$</td><td>±1</td><td>±2</td></tr>
</table>

3.4.20.3 烧结瓦的外观质量和物理性能

<table>
<tr><td rowspan="14">外观质量</td><td colspan="5">①表面质量</td></tr>
<tr><td colspan="3">缺 陷 项 目</td><td rowspan="2">优等品</td><td rowspan="2">合格品</td></tr>
<tr><td>有釉类瓦</td><td colspan="2">无釉类瓦</td></tr>
<tr><td>缺釉、斑点、落脏、棕眼、熔洞、图案缺陷、烟熏、釉缕、釉泡、釉裂</td><td colspan="2">斑点、起包、熔洞、麻面、图案缺陷、烟熏</td><td>距 1m 处目测不明显</td><td>距 2m 处目测不明显</td></tr>
<tr><td>色差、光泽差</td><td colspan="2">色差</td><td colspan="2">距 2m 处目测不明显</td></tr>
<tr><td colspan="5">②最大允许变形(mm)</td></tr>
<tr><td colspan="3">产 品 类 别</td><td>优等品</td><td>合格品</td></tr>
<tr><td colspan="3">平瓦、波形瓦 ≤</td><td>3</td><td>4</td></tr>
<tr><td colspan="3">三曲瓦、双筒瓦、鱼鳞瓦、牛舌瓦 ≤</td><td>2</td><td>3</td></tr>
<tr><td rowspan="3">脊瓦、板瓦、筒瓦、滴水瓦、沟头瓦、J形瓦、S形瓦 ≤</td><td rowspan="3">最大外形尺寸</td><td>$L \geqslant 350$</td><td>5</td><td>7</td></tr>
<tr><td>$250 < L < 350$</td><td>4</td><td>6</td></tr>
<tr><td>$L \leqslant 250$</td><td>3</td><td>5</td></tr>
</table>

续表 3.4.20.3

外观质量要求

③裂纹长度允许范围(mm)

产品类别	裂纹分类	优等品	合格品
平瓦、波形瓦	未搭接部分的贯穿裂纹	不允许	
	边筋断裂	不允许	
	搭接部分的贯穿裂纹	不允许	不得延伸至搭接部分的1/2处
	非贯穿裂纹	不允许	≤30
脊瓦	未搭接部分的贯穿裂纹	不允许	
	搭接部分的贯穿裂纹	不允许	不得延伸至搭接部分的1/2处
	非贯穿裂纹	不允许	≤30
三曲瓦、双筒瓦、鱼鳞瓦、牛舌瓦	贯穿裂纹	不允许	
	非贯穿裂纹	不允许	不得超过对应边长的6%
板瓦、筒瓦、滴水瓦、沟头瓦、J形瓦、S形瓦	未搭接部分的贯穿裂纹	不允许	
	搭接部分的贯穿裂纹	不允许	
	非贯穿裂纹	不允许	≤30

④磕碰、釉粘的允许范围(mm)

产品类别	破坏部位	优等品	合格品
平瓦、脊瓦、板瓦、筒瓦、滴水瓦、沟头瓦、J形瓦、S形瓦、波形瓦	可见面	不允许	破坏尺寸不得同时>10×10
	隐蔽面	破坏尺寸不得同时>12×12	破坏尺寸不得同时>18×18
三曲瓦、双筒瓦、鱼鳞瓦、牛舌瓦	正面	不允许	
	背面	破坏尺寸不得同时>5×5	破坏尺寸不得同时>10×10
平瓦、波形瓦	边筋	不允许	
	后爪	不允许	

⑤石灰爆裂允许范围(mm)

缺陷项目	优等品	合格品
石灰爆裂	不允许	破坏尺寸≤5

⑥欠火、分层:各等级的瓦均不允许有欠火、分层缺陷存在

续表 3.4.20.3

要求	物理性能	抗弯曲性能	平瓦、脊瓦、板瓦、筒瓦、滴水瓦、沟头瓦类的弯曲破坏荷重不小于 1200N，其中青瓦类的弯曲破坏荷重不小于 850N；J形瓦、S形瓦、波形瓦类的弯曲破坏荷重不小于 1600N；三曲瓦、双筒瓦、鱼鳞瓦、牛舌瓦类的弯曲强度不小于 8.0MPa
		抗冻性能	经 15 次冻融循环不出现剥落、掉角、掉棱及裂纹增加现象
		耐急冷急热性	经 10 次急冷急热循环不出现炸裂、剥落及裂纹延长现象 注：此项要求只适用于有釉瓦类。
		吸水率	Ⅰ类瓦不大于 6.0%，Ⅱ类瓦大于 6.0%、不大于 10.0%，Ⅲ类瓦大于 10.0%、不大于 18.0%，青瓦类不大于 21.0%
		抗渗性能	经 3h 瓦背面无水滴产生 注：此项要求只适用于无釉瓦类。若其吸水率不大于 10.0%时，取消抗渗性能要求，否则必须进行抗渗试验并符合本条规定。

注：其他异形瓦类和配件、饰件的技术要求参照执行。

3.4.20.4 烧结瓦的通常规格及主要结构尺寸

(mm)

产品类别	规格	基本尺寸							
		厚度	瓦槽深度	边筋高度	搭接部分长度		瓦爪		
					头尾	内外槽	压制瓦	挤出瓦	后爪有效高度
平瓦	400×240～360×220	10～20	≥10	≥3	50～70	25～40	具有四个瓦爪	保证两个后爪	≥5
脊瓦	L≥300 b≥180	h	l_1				d		h_1
		10～20	25～35				>b/4		≥5
三曲瓦，双筒瓦、鱼鳞瓦、牛舌瓦	200×200～150×150	8～12	同一品种、规格瓦的曲度或弧度应保持基本一致						
板瓦、筒瓦、滴水瓦、沟头瓦	430×350～110×50	8～16							
J形瓦、S形瓦	320×320～250×250	12～20	谷深 c≥35，头尾搭接部分长度 50～70，左右搭接部分长度 30～50						
波形瓦	420×330	12～20	瓦脊高度≤35，头尾搭接部分长度 30～70，内外槽搭接部分长度 25～40						

注：1. 瓦之间以及和配件、饰件搭配使用时应保证搭接合适。
2. 对以拉挂为主铺设的瓦，应有 1～2 个孔，能有效拉挂的孔 1 个以上，钉孔或钢丝孔铺设后不能漏水。
3. 瓦的正面或背面可以有以加固、挡水等为目的的加强筋、凹凸纹等。
4. 需要粘接的部位不得附着大量釉以致妨碍粘接。

3.4.20.5 钢丝网石棉水泥小波瓦(JC/T 851—2008)的规格、等级、代号与标记

<table>
<tr><td rowspan="8">规格、等级、代号与标记</td><td rowspan="5">规格尺寸</td><td rowspan="2">长 l (mm)</td><td rowspan="2">宽 b (mm)</td><td rowspan="2">厚 s (mm)</td><td rowspan="2">波距 p (mm)</td><td rowspan="2">波高 h (mm)</td><td rowspan="2">波数 n (个)</td><td colspan="2">边距(mm)</td><td rowspan="2">参考重量(kg)</td></tr>
<tr><td>c_1</td><td>c_2</td></tr>
<tr><td rowspan="3">1800</td><td rowspan="3">720</td><td>6.0</td><td rowspan="3">63.5</td><td rowspan="3">16</td><td rowspan="3">11.5</td><td rowspan="3">58</td><td rowspan="3">27</td><td>27</td></tr>
<tr><td>7.0</td><td>20</td></tr>
<tr><td>8.5</td><td>24</td></tr>
<tr><td>等级</td><td colspan="9">①抗折力分为三个等级 GW330、GW280、GW250
②外观质量分为:一等品(B)、合格品(C)</td></tr>
<tr><td>代号</td><td colspan="9">钢丝网石棉水泥小波瓦的代号为 GSBW</td></tr>
<tr><td>标记</td><td colspan="9">①标记方法:产品标记按产品代号、规格尺寸、等级和标准编号顺序标记
②标记示例:钢丝网石棉水泥小波瓦长度 1800mm、宽度 720mm、厚度 6.0mm、GW250 级、一等品标记为 GSBW 1800×720×6.0 GW 250 B JC/T 851—2008</td></tr>
</table>

3.4.20.6 钢丝网石棉水泥小波瓦技术指标

<table>
<tr><td rowspan="10">技术指标要求</td><td rowspan="10">外观质量(mm)</td><td colspan="3">应表面平整、边缘整齐,不得有断裂、表面露网、露丝、分层与夹杂物等,并应符合以下规定</td></tr>
<tr><td>项目</td><td>一等品(B)</td><td>合格品(C)</td></tr>
<tr><td rowspan="2">掉角</td><td>沿瓦长度方向不大于 100,沿瓦宽度方向不大于 35</td><td>沿瓦长度方向不大于 100,沿瓦宽度方向不大于 45</td></tr>
<tr><td colspan="2">单张瓦的掉角不多于 1 个</td></tr>
<tr><td>掉边</td><td>宽度不大于 10</td><td>宽度不大于 15</td></tr>
<tr><td rowspan="2">裂纹</td><td colspan="2">因成型造成的下列之一裂纹</td></tr>
<tr><td>正表面:宽度不大于 0.2;
单根长度不大于 75;
背面:宽度不大于 0.25;
单根长度不大于 150</td><td>正表面:宽度不大于 0.25
单根长度不大于 75;
背面:宽度不大于 0.25;
单根长度不大于 150</td></tr>
<tr><td>方正度</td><td>不大于 6</td><td>—</td></tr>
</table>

续表 3.4.20.6

<table>
<tr><td rowspan="16">技术指标要求</td><td rowspan="5">尺寸偏差(mm)</td><td colspan="8">尺寸允许偏差应符合以下规定</td></tr>
<tr><td rowspan="2">长度</td><td rowspan="2">宽度</td><td colspan="3">厚度</td><td rowspan="2">波高</td><td rowspan="2">波距</td><td rowspan="2">边距</td></tr>
<tr><td>6.0</td><td>7.0</td><td>8.5</td></tr>
<tr><td rowspan="2">±10</td><td rowspan="2">±5</td><td>±0.5</td><td>+0.5</td><td>+0.5</td><td rowspan="2">≥16</td><td rowspan="2">±2</td><td rowspan="2">±3</td></tr>
<tr><td>−0.3</td><td>−0.3</td><td>−0.5</td></tr>
<tr><td rowspan="11">物理力学性能</td><td colspan="8">物理力学性能应符合以下规定</td></tr>
<tr><td colspan="4">等级</td><td>GW 330</td><td colspan="2">GW 280</td><td>GW 250</td></tr>
<tr><td colspan="2" rowspan="2">抗折力 L</td><td colspan="2">横向(N/m)</td><td>3300</td><td colspan="2">2800</td><td>2500</td></tr>
<tr><td colspan="2">纵向/N</td><td>330</td><td colspan="2">320</td><td>310</td></tr>
<tr><td colspan="4">吸水率(%) ≤</td><td colspan="4">25</td></tr>
<tr><td colspan="4">抗冻性</td><td colspan="4">经 25 次冻融循环不得有起层剥落</td></tr>
<tr><td colspan="4">不透水性</td><td colspan="4">瓦背面允许出现洇斑,但不得出现水滴</td></tr>
<tr><td colspan="4">抗冲击性</td><td colspan="4">冲击两次后,被击处正反两面
均无龟裂、剥落及贯通孔</td></tr>
<tr><td colspan="8">注:L 为变量检验程序中的标准低限。</td></tr>
</table>

3.4.20.7 玻璃纤维增强水泥波瓦及其脊瓦(JC/T 567—2008)的分级、分类及规格

<table>
<tr><td>分级</td><td colspan="10">玻璃纤维增强水泥波瓦按其抗折力、吸水率与外观质量分为三个等级:优等品(A)、一等品(B)与合格品(C)</td></tr>
<tr><td>分类</td><td colspan="10">玻璃纤维增强水泥波瓦按其横断面形状分为中波瓦(ZB)和半波瓦(BB)</td></tr>
<tr><td rowspan="8">规格</td><td colspan="10">①波瓦的规格尺寸(mm)</td></tr>
<tr><td colspan="2" rowspan="2">品种</td><td rowspan="2">长度
l</td><td rowspan="2">宽度
b</td><td rowspan="2">厚度
s</td><td rowspan="2">波距
p</td><td rowspan="2">波高
h</td><td rowspan="2">弧高
h_1</td><td colspan="2">边距</td></tr>
<tr><td>c_1</td><td>c_2</td></tr>
<tr><td colspan="2">中波瓦</td><td>1800,2400</td><td>745</td><td>7</td><td>131</td><td>33</td><td>—</td><td>45</td><td>45</td></tr>
<tr><td rowspan="2">半波瓦</td><td>Ⅰ型</td><td>2800</td><td>965</td><td>7</td><td>300</td><td>40</td><td>30</td><td>35</td><td>30</td></tr>
<tr><td>Ⅱ型</td><td>>2800</td><td>1000</td><td>7</td><td>310</td><td>50</td><td>38.5</td><td>40</td><td>30</td></tr>
<tr><td colspan="10">注:其他规格的波瓦可由供需双方协商生产。</td></tr>
</table>

续表 3.4.20.7

<table>
<tr><td rowspan="5">规格</td><td colspan="5">②脊瓦的规格尺寸(mm)</td></tr>
<tr><td colspan="2">长度</td><td rowspan="2">宽度 b</td><td rowspan="2">厚度 s</td><td rowspan="2">角度 θ(°)</td></tr>
<tr><td>总长 l</td><td>搭接长 l_1</td></tr>
<tr><td>850</td><td>70</td><td>230×2</td><td>7</td><td>125</td></tr>
<tr><td colspan="5">注:其他规格的脊瓦可由供需双方协商生产。</td></tr>
<tr><td>标记</td><td colspan="5">产品标记顺序为产品名称、类别、长度、宽度、厚度、等级和标准编号。示例:玻璃纤维增强水泥半波瓦,长度 2800mm,宽度 965mm,厚度 7mm,优等品,标记为 GRC BB 2800×965×7 A JC/T 567—2008</td></tr>
</table>

2.4.20.8 玻璃纤维增强水泥波瓦及其脊瓦的技术要求

<table>
<tr><td rowspan="14">技术要求</td><td rowspan="9">外观</td><td colspan="9">①优等品:应表面平整、边缘整齐,不得有断裂、起层、贯穿厚度的裂纹、贯穿厚度的孔洞与夹杂物等缺陷。外形应四边方正,无掉角、掉边和表面裂纹
②一等品、合格品:应表面平整、边缘整齐,不得有断裂、起层、贯穿厚度的裂纹、贯穿厚度的孔洞与夹杂物等缺陷。方正度、掉角、掉边和表面裂纹允许范围应符合以下规定</td></tr>
<tr><td colspan="3" rowspan="2">外观缺陷</td><td colspan="6">允许范围(mm)</td></tr>
<tr><td colspan="2">中波瓦</td><td colspan="2">半波瓦</td><td colspan="2">脊瓦</td></tr>
<tr><td rowspan="3">掉角</td><td colspan="2">沿瓦长度方向 ≤</td><td colspan="2">100</td><td colspan="2">150</td><td colspan="2">20</td></tr>
<tr><td colspan="2">沿瓦宽度方向 ≤</td><td colspan="2">45</td><td colspan="2">25</td><td colspan="2">20</td></tr>
<tr><td colspan="2">数量 ≤</td><td colspan="6">1</td></tr>
<tr><td>掉边</td><td colspan="2">宽度 ≤</td><td colspan="2">15</td><td colspan="2">15</td><td colspan="2">不允许</td></tr>
<tr><td colspan="3">表面裂纹</td><td colspan="6">不允许因成型造成下列之一的表面裂纹
正表面:长度>75,宽度>1.2
背面:长度>150,宽度>1.5</td></tr>
<tr><td colspan="3">方正度</td><td colspan="4">≤7</td><td colspan="2">—</td></tr>
<tr><td rowspan="5">尺寸允许偏差</td><td colspan="9">①波瓦的尺寸允许偏差(mm)</td></tr>
<tr><td rowspan="2">品种</td><td rowspan="2">长度 l</td><td rowspan="2">宽度 b</td><td rowspan="2">厚度 s</td><td rowspan="2">波距 p</td><td rowspan="2">波高 h</td><td rowspan="2">弧高 h_1</td><td colspan="2">边距</td></tr>
<tr><td>c_1</td><td>c_2</td></tr>
<tr><td>中波瓦</td><td rowspan="2">±10</td><td rowspan="2">±10</td><td rowspan="2">+1.5
−1.0</td><td rowspan="2">±3</td><td>+1
−2</td><td>—</td><td rowspan="2">±5</td><td rowspan="2">±5</td></tr>
<tr><td>半波瓦</td><td>±2</td><td>±2</td></tr>
</table>

续表 3.4.20.8

<table>
<tr><td colspan="2" rowspan="4">尺寸允许偏差</td><td colspan="11">②脊瓦的尺寸允许偏差(mm)</td></tr>
<tr><td colspan="4">长度</td><td colspan="2" rowspan="2">宽度 b</td><td colspan="2" rowspan="2">厚度 s</td><td colspan="3" rowspan="2">角度 θ(°)</td></tr>
<tr><td colspan="2">总长 l</td><td colspan="2">搭接长 l_1</td></tr>
<tr><td colspan="2">±10</td><td colspan="2">±10</td><td colspan="2">±10</td><td colspan="2">+1.5
−1.0</td><td colspan="3">±5</td></tr>
<tr><td rowspan="14">技术要求</td><td rowspan="14">物理力学性能</td><td colspan="11">①波瓦的物理力学性能</td></tr>
<tr><td colspan="2" rowspan="3">检验项目</td><td colspan="3">中波瓦</td><td colspan="6">半波瓦</td></tr>
<tr><td rowspan="2">优等品</td><td rowspan="2">一等品</td><td rowspan="2">合格品</td><td colspan="2">优等品</td><td colspan="2">一等品</td><td colspan="2">合格品</td></tr>
<tr><td>正面</td><td>反面</td><td>正面</td><td>反面</td><td>正面</td><td>反面</td></tr>
<tr><td rowspan="2">抗折力
≥</td><td>横向(N/m)</td><td>4400</td><td>3800</td><td>3250</td><td>3800</td><td>2400</td><td>3200</td><td>2000</td><td>2900</td><td>1700</td></tr>
<tr><td>纵向(N)</td><td>420</td><td>400</td><td>380</td><td colspan="2">790</td><td colspan="2">760</td><td colspan="2">730</td></tr>
<tr><td colspan="2">吸水率(%) ≤</td><td>10</td><td>11</td><td>12</td><td colspan="2">10</td><td colspan="2">11</td><td colspan="2">12</td></tr>
<tr><td colspan="2">抗冻性</td><td colspan="9">经 25 次冻融循环后,不得有起层等破坏现象</td></tr>
<tr><td colspan="2">不透水性</td><td colspan="9">24h 后,瓦体背面允许出现洇斑,但不允许出现水滴</td></tr>
<tr><td colspan="2">抗冲击性</td><td colspan="9">被击处不得出现龟裂、剥落、贯通孔及裂纹</td></tr>
<tr><td colspan="11">②脊瓦的物理力学性能</td></tr>
<tr><td colspan="2">检验项目</td><td colspan="9">指标要求</td></tr>
<tr><td colspan="2">破坏荷载(N) ≥</td><td colspan="9">590</td></tr>
<tr><td colspan="2">抗冻性</td><td colspan="9">经 25 次冻融循环后,不得有起层等破坏现象</td></tr>
</table>

3.4.20.9 纤维水泥波瓦及其脊瓦(GB/T 9772—2009)分类及标记

分类与代号	①波瓦按增强纤维成分分为无石棉型(NA)及温石棉型(A) ②波瓦按波高尺寸分为:大波瓦(DW)、中波瓦(ZW)、小波瓦(XW) ③脊瓦代号(JW) 注:1. 无石棉型:增强纤维中不含石棉纤维。 2. 温石棉型:增强纤维中含有温石棉纤维。
等级	根据波瓦抗折力分为五个强度等级:Ⅰ级、Ⅱ级、Ⅲ级、Ⅳ级、Ⅴ级 注:Ⅳ级、Ⅴ级波瓦仅适用于使用期五年以下的临时建筑。
标记	①波瓦标记按产品分类、等级、规格(长度×宽度×厚度)、标准编号顺序进行标记。示例:温石棉型,中波瓦Ⅱ级,长度 1800mm、宽度 745mm、厚度 6.0mm,表示为 A ZW Ⅱ 1800×745×6.0 GB/T 9772—2009 ②脊瓦标记按产品分类、等级、规格(长度×宽度×厚度)、标准编号顺序进行标记。示例:温石棉型,脊瓦,长度 850mm、宽度 460mm、厚度 6.0mm,表示为 AJW 850×460×6.0 GB/T 9772—2009

3.4.20.10 玻璃纤维水泥波瓦规格

	类别	长度 l	宽度 b	厚度 e	波高 h	波距 p	边距 c_1	边距 c_2
波瓦	大波瓦	2800	994	7.5	≥43	167	95	64
				6.5				
	中波瓦	1800	745 1138	6.5	31～42	131	45	45
				6.0				
				5.5				
	小波瓦	1800	20	6.0	16～30	64	58	27
				5.5				
		≤900		5.0				
				4.2	16～20			

	长度(mm) 搭接长 l_1	长度(mm) 总长 l	宽度 b(mm)	厚度 e(mm)	角度 θ(°)
脊瓦	70	850	460	6.0	125
			360	5.0	
	60	700	280	4.2	
	注:根据合同要求也可生产其他规格的脊瓦。				

3.4.20.11 玻璃纤维水泥波瓦技术要求

		项目	波瓦外观缺陷允许范围(mm) 大波瓦	中波瓦	小波瓦
技术要求	外观质量	掉角	沿瓦长度方向≤100,沿瓦宽度方向≤50	沿瓦长度方向≤50,沿瓦宽度方向≤35	沿瓦长度方向≤50,沿瓦宽度方向≤20
		掉边	≤15	≤10	≤10
		裂纹	正表面:宽度≤1.0,单条长度≤75	正表面:宽度≤1.0,单条长度≤75	正表面:宽度≤1.0,单条长度≤75
		断裂	不允许		
		分层	不允许		

续表 3.4.20.11

<table>
<tr><td rowspan="30">技术要求</td><td rowspan="30">形状与尺寸偏差</td><td colspan="3">①波瓦形状与尺寸偏差(mm)</td></tr>
<tr><td colspan="2">项　目</td><td>形状与尺寸偏差</td></tr>
<tr><td colspan="2">长　度</td><td>±10</td></tr>
<tr><td rowspan="2">宽度</td><td>大波瓦、中波瓦</td><td>±10</td></tr>
<tr><td>小波瓦</td><td>±5</td></tr>
<tr><td rowspan="6">厚度</td><td>7.5</td><td>±0.5</td></tr>
<tr><td>6.5</td><td rowspan="2">+0.5
−0.3</td></tr>
<tr><td>6.0</td></tr>
<tr><td>5.5</td><td rowspan="2">+0.5
−0.2</td></tr>
<tr><td>5.0</td></tr>
<tr><td>4.2</td><td>+0.5
0</td></tr>
<tr><td rowspan="2">波高</td><td>大波瓦</td><td>±3</td></tr>
<tr><td>中波瓦、小波瓦</td><td>±2</td></tr>
<tr><td rowspan="2">波距</td><td>大波瓦、中波瓦</td><td>±3</td></tr>
<tr><td>小波瓦</td><td>±2</td></tr>
<tr><td rowspan="2">边距</td><td>大波瓦、中波瓦</td><td>±5</td></tr>
<tr><td>小波瓦</td><td>±3</td></tr>
<tr><td rowspan="2">对角级差</td><td>大波瓦</td><td>≤10</td></tr>
<tr><td>中波瓦、小波瓦</td><td>≤5</td></tr>
<tr><td colspan="3">②脊瓦形状与尺寸偏差</td></tr>
<tr><td colspan="2">项　目</td><td>形状与尺寸偏差</td></tr>
<tr><td rowspan="2">长度(mm)</td><td>搭接长 l_1</td><td>±5</td></tr>
<tr><td>总长 l</td><td>±10</td></tr>
<tr><td rowspan="3">厚度 e(mm)</td><td>6.0</td><td>+0.5
−0.3</td></tr>
<tr><td>5.0</td><td rowspan="2">+0.5
−0.2</td></tr>
<tr><td>4.2</td></tr>
<tr><td colspan="2">宽度 b(mm)</td><td>总宽±10</td></tr>
<tr><td colspan="2">角度 θ(°)</td><td>±5</td></tr>
</table>

续表 3.4.20.11

技术要求		波瓦及脊瓦的物理性能应符合以下规定				
	物理性能	类别	吸水率(%)	抗冲击性	不透水性	抗冻性
		大波瓦	≤28	冲击1次后被击处背面不得出现裂纹、剥落	24h检验后不得出现水滴,但允许反面出现湿痕	经25次冻融循环,不得出现分层
		中波瓦	≤28			
		小波瓦	≤26			
		脊瓦	≤28	—	—	

技术要求		①波瓦的力学性能								
	力学性能	等级	抗折力	大波瓦	中波瓦			小波瓦		
					6.5	6.0	5.5	6.0 5.5	5.0	4.2
		Ⅰ	横向(N/m)	3800	4200	3800	3500	2800	—	—
			纵向(N)	470	350	330	320	350	—	—
		Ⅱ	横向(N/m)	3300	3800	3400	3000	2700	2400	—
			纵向(N)	450	320	310	300	340	310	—
		Ⅲ	横向(N/m)	2900	3600	3200	2800	2600	2300	2000
			纵向(N)	430	310	300	290	330	200	260
		Ⅳ	横向(N/m)	—	3200	2800	2400	2300	2000	1800
			纵向(N)	—	290	280	270	300	270	250
		Ⅴ	横向(N/m)	—	2800	2400	2000	2000	1800	1600
			纵向(N)	—	270	260	250	270	250	240
		注:1. 热气养护制品试验龄期不小于7d,自然养护试验龄期不小于28d。 2. 上述指标为GB/T 9772—2009表8统计法评定时的标准值L。								
		②脊瓦的力学性能:破坏荷载不得低于600N								

3.4.20.12 混凝土瓦技术要求

		项目	指标
要求	外观质量	掉角(在瓦正表面的角两边的破坏尺寸均不得大于)(mm)	8
		瓦爪残缺	允许一爪有缺,但小于爪高的1/3
		边筋残缺:边筋短缺、断裂	不允许
		掉边长度不得超过(在瓦正表面上造成的破坏宽度小于5mm者不计)(mm)	30
		裂纹	不允许
		分层	不允许
		涂层	瓦表面涂层完好

续表 3.4.20.12

<table>
<tr><td rowspan="21">要
求</td><td rowspan="6">尺寸允许偏差(mm)</td><td colspan="10">混凝土瓦尺寸允许偏差应符合以下规定</td></tr>
<tr><td colspan="6">项　目</td><td colspan="4">指　标</td></tr>
<tr><td colspan="6">长度偏差绝对值</td><td colspan="4">≤4</td></tr>
<tr><td colspan="6">宽度偏差绝对值</td><td colspan="4">≤3</td></tr>
<tr><td colspan="6">方正度</td><td colspan="4">≤4</td></tr>
<tr><td colspan="6">平面性</td><td colspan="4">≤3</td></tr>
<tr><td rowspan="14">物理力学性能</td><td colspan="10">①质量标准差≤180g</td></tr>
<tr><td colspan="10">②承载力：a. 混凝土屋面瓦的承载力不得小于承载力标准值。b. 混凝土屋面瓦的承载力标准值(N)</td></tr>
<tr><td>项目</td><td colspan="6">波形屋面瓦</td><td colspan="3">平板屋面瓦</td></tr>
<tr><td>瓦脊高度 d(mm)</td><td colspan="3">$d>20$</td><td colspan="3">$d\leqslant 20$</td><td colspan="3">—</td></tr>
<tr><td>遮盖宽度 b_1(mm)</td><td>$b_1\geqslant 300$</td><td>$b_1\leqslant 200$</td><td>$200<b_1<300$</td><td>$b_1\geqslant 300$</td><td>$b_1\leqslant 200$</td><td>$200<b_1<300$</td><td>$b_1\geqslant 300$</td><td>$b_1\leqslant 200$</td><td>$200<b_1<300$</td></tr>
<tr><td>承载力标准值 F_c</td><td>1800</td><td>1200</td><td>$6b_1$</td><td>1200</td><td>900</td><td>$3b_1+300$</td><td>1000</td><td>800</td><td>$2b_1+400$</td></tr>
<tr><td colspan="10">c. 配件瓦的承载力不作具体要求</td></tr>
<tr><td colspan="10">③耐热性能：混凝土彩色瓦经耐热性能检验后，其表面涂层应完好</td></tr>
<tr><td colspan="10">④吸水率：≤10.0%</td></tr>
<tr><td colspan="10">⑤抗渗性能：经抗渗性能检验后，瓦的背面不得出现水滴现象</td></tr>
<tr><td colspan="10">⑥抗冻性能：屋面瓦经抗冻性能检验后，其承载力仍不小于承载力标准值。同时，外观质量应符合本表要求</td></tr>
<tr><td colspan="10">⑦放射性核素限量：利用工业废渣生产的混凝土瓦，其放射性核素限量应符合 GB 6566 的规定</td></tr>
<tr><td colspan="10"></td></tr>
<tr><td colspan="10"></td></tr>
<tr><td colspan="10"></td></tr>
<tr><td></td><td>特殊瓦</td><td colspan="10">特殊性能混凝土瓦的技术指标及检测方法由供需双方商定</td></tr>
</table>

3.4.20.13　W-550 型、V-115N 型板的重量及截面特性

<table>
<tr><td rowspan="2">型号</td><td rowspan="2">板厚(mm)</td><td colspan="2">每米型板重(kg)</td><td colspan="2">每平方米型板重(kg)</td><td colspan="2">截面特性</td></tr>
<tr><td>钢</td><td>铝</td><td>钢</td><td>铝</td><td>惯性矩 I(cm^4/m)</td><td>截面系数 W(cm^3/m)</td></tr>
<tr><td rowspan="4">W-550</td><td>0.5</td><td>4.58</td><td>1.01</td><td>8.33</td><td>2.92</td><td>213</td><td>30.3</td></tr>
<tr><td>0.8</td><td>6.02</td><td>2.11</td><td>10.95</td><td>3.83</td><td>285</td><td>40.5</td></tr>
<tr><td>1.0</td><td>7.45</td><td>2.61</td><td>13.55</td><td>4.74</td><td>356</td><td>50.6</td></tr>
<tr><td>1.2</td><td>8.96</td><td>3.14</td><td>16.29</td><td>5.70</td><td>428</td><td>60.7</td></tr>
</table>

续表 3.4.20.13

型号	板厚(mm)	每米型板重(kg)		每平方米型板重(kg)		截面特性	
		钢	铝	钢	铝	惯性矩 $I(cm^4/m)$	截面系数 $W(cm^3/m)$
V-115N	0.5	8.1	—	—	—	—	—
	0.6	9.1	—	—	—	—	—
	0.7	10.4	—	—	—	—	—
	0.8	11.8	—	—	—	—	—
	0.9	—	—	—	—	—	—

3.4.20.14 彩色压型保温夹心屋面板主要技术性能

项次	项目	性能					
1	板厚(mm)	40		60		80	
2	钢板厚(mm)	0.5	0.6	0.5	0.6	0.5	0.6
3	重量(kg/m²)	12	14	13	15	14	16
4	传热系数 K (W/m·k)	0.58		0.41		0.30	
5	隔音(dB)	25		38		50	
6	耐水极限(h)	0.6					
7	适用温度(℃)	−50～+120					
8	抗压强度(MPa)	≥0.25					
9	淋水试验	板面升温 70℃～75℃，伴风淋水 4 个循环 20h，无渗漏					

3.4.20.15 预应力混凝土空心板(GB/T 14040—2007)规格

高度(mm)	标志宽度(mm)	标志长度(m)
120	500、600、900、1200	2.1、2.4、2.7、3.0、3.3、3.6、3.9、4.2、4.5、4.8、5.1、5.4、5.7、6.0
150	600、900、1200	3.6、3.9、4.2、4.5、4.8、5.1、5.4、5.7、6.0、6.3、6.6、6.9、7.2、7.5
180 200	600、900、1200	4.8、5.1、5.4、5.7、6.0、6.3、6.6、6.9、7.2、7.5、7.8、8.1、8.4、8.7、9.0
240 250	900、1200	6.0、6.3、6.6、6.9、7.2、7.5、7.8、8.1、8.4、8.7、9.0、9.3、9.6、9.9、10.2、10.5、10.8、11.4、12.0
300	900、1200	7.5、7.8、8.1、8.4、8.7、9.0、9.3、9.6、9.9、10.2、10.5、10.8、11.4、12.0、12.6、13.2、13.8、14.4、15.0
360 380	900、1200	9.0、9.3、9.6、9.9、10.2、10.5、10.8、11.4、12.0、12.6、13.2、13.8、14.4、15.0、15.6、16.2、16.8、17.4

3.4.20.16　预应力混凝土空心板外观质量

项目		质量要求
露筋	主筋	不应有
	副筋	不宜有
孔洞	任何部位	不应有
蜂窝	支座预应力筋锚固部位跨中板顶	不应有
	其余部位	不宜有
裂缝	板底裂缝 板面纵向裂缝 肋部裂缝	不应有
	支座预应力筋挤压裂缝	不宜有
	板面横向裂缝 板面不规则裂缝	裂缝宽度不应大于0.10mm
板端部缺陷	混凝土疏松、夹渣或外伸主筋松动	不应有
外表缺陷	板底表面	不应有
	板顶、板侧表面	不宜有
外形缺陷		不宜有
外表沾污		不应有

3.4.20.17　预应力混凝土空心板尺寸允许偏差

项目		允许偏差(mm)
长度		+10,−5
宽度		±5
高度		±5
侧向弯曲		L/750 且≤20
表面平整		5
主筋保护层厚度		+5,−3
预应力筋与空心板内孔净间距		+5,0
对角线差		10
预应力筋在板宽方向的中心位置与规定位置偏差		<10
预埋件	与中心位置偏移	10
	与混凝土面偏移	<5
板端预应力筋外伸长度		+10,−5
板端预应力筋内缩值		5
翘曲		L/750
板自重		+7%,−5%

注:L 为板的标志长度。

3.4.20.18 彩色沥青油毡瓦技术指标

<table>
<tr><th rowspan="2">项　目</th><th colspan="2">等　级</th></tr>
<tr><th>优等品</th><th>合格品</th></tr>
<tr><td>可溶物含量(g/m²)</td><td>1900</td><td>1450</td></tr>
<tr><td>拉力[(25+2)℃纵向](N)≥</td><td>340</td><td>300</td></tr>
<tr><td rowspan="2">耐热度(℃)</td><td colspan="2">85±2</td></tr>
<tr><td colspan="2">受热 2h 涂盖层应无滑动和集中性气泡</td></tr>
<tr><td rowspan="2">柔度</td><td colspan="2">10℃</td></tr>
<tr><td colspan="2">绕半径 35mm 圆棒或弯板无裂纹</td></tr>
</table>

注：本表摘自 JC 503—1992。

3.4.20.19 油毡瓦的产品规格

规格(mm)	单位面积质量(kg/m²)	覆盖面积	瓦上切槽长(mm)
瓦长 1000 瓦宽 333 瓦厚不小于 2.8	≥4	21 片覆盖 3m²	142

3.4.20.20 油毡瓦的外观质量要求

<table>
<tr><th colspan="2">规格及重量</th><th rowspan="2">外　观　质　量</th></tr>
<tr><th>项目</th><th>允许偏差</th></tr>
<tr><td>长度</td><td>优等品±3mm</td><td rowspan="4">(1)油毡瓦包装后，在环境温度 10℃～45℃下应易于打开，不得产生脆裂和有破坏油毡瓦面的粘连
(2)玻璃纤维毡必须完全用沥青浸透和涂盖，不能有未经覆盖的纤维
(3)油毡不应有孔洞、边缘切割不齐、裂纹断缝等缺陷
(4)矿物粒料的颜色和粒度必须均匀、紧密地覆盖在油毡瓦的表面
(5)自粘结点距末端切槽的一端不大于 190mm，并与油毡瓦的防粘纸对齐</td></tr>
<tr><td>宽度</td><td>合格品±5mm</td></tr>
<tr><td>厚度</td><td>不小于 2.8mm</td></tr>
<tr><td>重量</td><td>每平方米
不小于 2.5kg</td></tr>
</table>

3.5 饰面材料

3.5.1 建筑陶瓷的分类和用途

分类	说明	用途
面砖（又名外墙贴面砖）	面砖块状陶瓷建筑材料，分有釉和无釉两种。前者系在坯体或素坯上施以釉料，再经釉烧，加工而成	用于建筑物的外墙面、柱面、门窗套等，以防止墙面等被大气侵蚀，并可作为装饰之用
釉面砖（又名内墙贴面砖、釉面瓷砖、瓷砖等）	釉面砖系薄片精陶建筑材料。它与外墙贴面砖有质的区别。前者属精陶类，后者属陶瓷类。釉面砖的耐急冷急热性能为150℃，一次不裂；而面砖的耐急冷急热性能为100℃，三次不裂	适用于建筑物的内墙贴面或其他室内部位的贴面，不能用于外墙或室外。否则，经风吹日晒，严寒酷暑，必致碎裂
陶瓷锦砖（马赛克，纸皮砖）	陶瓷锦砖是片状小瓷砖。它以磨细的泥浆为主要原料，经脱水干燥、苯干压成型、入窑焙烧而成。可在泥料中引入各种着色剂，如 CaO、Fe_2O_3 等予以着色。由于该砖花式繁多，颜色丰富，可拼成各种织锦式图案，故名陶瓷锦砖，又名马赛克。香港、广州一带，又称之为纸皮砖	适于贴内、外墙面，墙裙，勒脚，柱面及铺地之用
铺地砖	系块状陶瓷材料，有单色、彩色多种。分带釉与不带釉者两种，前者系在成型后再上透明釉一次，烧成	适用于建筑室内、外地面，台阶，踏步，楼梯等处
园林陶瓷	系专供园林建筑使用的陶瓷制品材料，如各种琉璃花窗、栏杆、博古架、坐墩、水果箱等	适用于园林、旅游等工程
卫生陶瓷	包括洗面器、坐便器、小便器、蹲便器、妇女洗涤器、水箱、涤洗池、返水弯、肥皂盒、手纸盒、毛巾架、化妆板等	适用于洗漱间、厕所等处
耐酸陶瓷	见专门资料	见专门资料

3.5.2　釉面内墙砖

3.5.2.1　釉面内墙砖类型及镶嵌结构

釉面内墙砖由正方形配件砖和异形配件砖组成。正方形配件砖由如图 3-19 所示的六种砖组成，异形砖由左顶条、压顶阳角、压顶阴角、阳角条、阴角条、阳角座、阴角座、阳三角、阴三角等组成，如图 3-20 所示。异形砖与正方形标准砖的衔接搭配如图 3-21 所示。

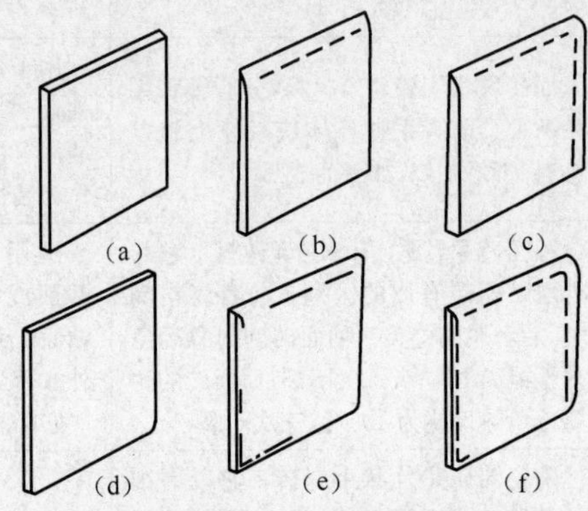

图 3-19　正方形配件砖

(a)平边砖　(b)平边一边圆砖　(c)平边两边圆砖
(d)小圆边砖　(e)小圆边一边圆砖　(f)小圆边两边圆砖

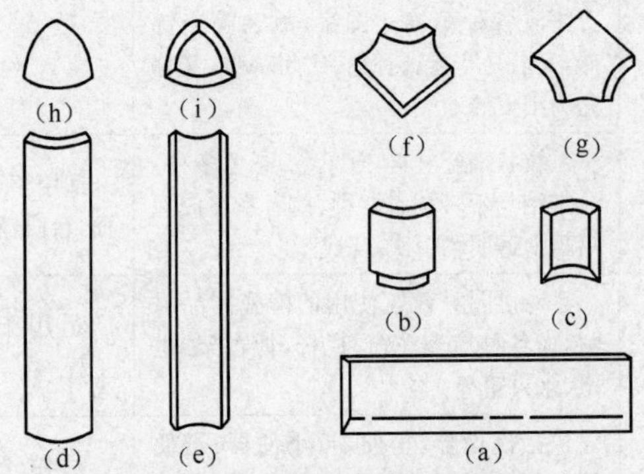

图 3-20　异形配件砖形象图

(a)压顶条　(b)压顶阳角　(c)压顶阴角　(d)阳角条
(d)阴角条　(f)阳角座　(g)阴角座　(h)阳三角　(i)阴三角

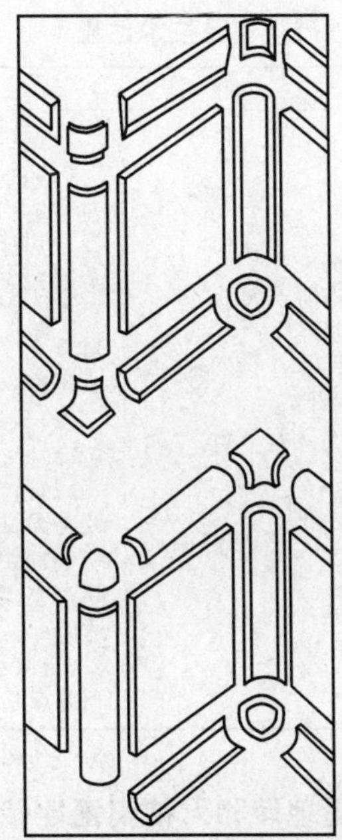

图 3-21 异形配件砖镶嵌结构图

3.5.2.2 釉面砖异形配件砖规格

名　　称	规格(mm)	名　　称	规格(mm)
压顶条	152×38×6	阳角座	50×50×R22×6
压顶阳角	38×R22×6	阴角座	50×50×R22×6
压顶阴角	38×R22×6	阳三角	R22×6
阳角条	152×R22×6	阴三角	R22×6
阴角条	152×R22×6	—	—

3.5.2.3 正方形配件砖规格

名　　称	规格(mm)	名　　称	规格(mm)
平边砖	152×152×5	小圆边砖	152×152×5
平边砖	152×152×6	小圆边砖	152×152×6
平边一边圆砖	152×152×5	小圆边一边圆砖	152×152×5
平边一边圆砖	152×152×6	小圆边一边圆砖	152×152×6
平边两边圆砖	152×152×5	小圆边两边圆砖	152×152×5
平边两边圆砖	152×152×6	小圆边两边圆砖	152×152×6

3.5.2.4 釉面内墙砖、腰线砖规格及技术性能

规格(mm)	技术性能	特点与用途
釉面内墙砖规格 108×108　270×200 152×152　280×200 200×150　300×200 225×150　330×300 200×200　450×330 200×250　500×330 (厚度:5～9) 腰线砖规格 150×55　200×70 200×50　200×80 200×55　300×90 200×65　330×100 (厚度:5～9)	吸水率: 平均值不大于21% 弯曲强度: 平均值不低于16MPa 厚度≥7.5mm产品不小于13MPa 热稳定性: 130℃一次冷热循环无裂纹	特点: (1)釉面光亮、细腻,方便擦洗,有益卫生 (2)有配件砖配套使用,转角圆滑、美观大方 (3)产品薄而轻,有利减小墙面自重 用途: (1)只能内墙使用、不可用于外墙装饰 (2)适合于经常接触水的环境的内墙装饰,比如厨房、盥洗室、卫生间等 (3)品种规格、花色的选定要与空间大小,明暗程度和使用者的爱好相适应 (4)腰线砖图案精美,镶嵌腰线起画龙点睛作用

3.5.3 彩色釉面陶瓷墙地砖和无釉陶瓷地砖

3.5.3.1 彩色釉面陶瓷墙地砖、踢脚砖规格及技术性能

规格(mm)	技术性能	特点与用途
外墙砖 60×60　180×50 70×70　194×96 95×45　200×50 96×96　200×100 100×100　226×50 115×60　240×60 150×75　260×65 地砖 100×100　330×330 150×75　350×350 150×150　400×400 200×200　500×500 250×250　600×600 300×200 踢脚砖 330×80　300×80 400×80 厚度:8～10	吸水率: 平均值不大于10% 弯曲强度: 不低于24.5MPa 热稳定性: 水温130℃,3次冷热循环无裂纹 抗冻融性: −15～20℃ 20次冻融循环无裂纹或剥落	特点: (1)颜色丰富,多姿多彩,可满足中低档建筑墙地装饰的需要 (2)规格多样,便于墙地镶嵌形式的变化 (3)产品物美价廉、经济实惠 (4)踢脚砖与地砖规格颜色统一配套,保证整体效果好 用途: (1)装饰墙地皆相宜 (2)彩釉地砖适合铺贴办公室,住宅厅堂、走廊阳台等地面。地砖的规格大小应与空间大小相匹配,但多水场所要慎用彩釉砖 (3)外墙砖规格大小应与建筑的高矮相适应,色调的冷暖选择应与建筑向阳背阳相协调

3.5.3.2 无釉陶瓷砖规格、技术性能、特点及用途

规格(mm)	技术性能	特点与用途
50×50 100×50 100×100 108×108 105×75 150×150 152×152 200×50 200×100 200×200 300×200 300×300 厚度:10～18	吸水率: 平均值3%～6% 弯曲强度: 平均值不小于25MPa 抗冻性: 经20次冻融循环,不出现炸裂或裂纹 热稳定性: 经3次急冷急热循环不出现炸裂或裂纹 耐磨损: 磨损量平均值不大于345mm³	特点: (1)利用天然着色黏土制成,具有自然质朴美感 (2)抗冻耐磨,防滑性能好 (3)物美价廉 用途: (1)适合铺贴站台、地下通道、厂房地面、家庭厨房、阳台、庭院人行道 (2)适合装饰度假村别墅建筑外墙,满足追求回归大自然的情趣 (3)比较适于一般公共建筑公厕、洗手间和多水场所的地面装饰,有利于提高安全感

3.5.4 劈离砖和陶瓷锦砖

3.5.4.1 劈离砖规格、技术性能、特点及用途

规格(mm)	技术性能	特点与用途
长条砖{200×48×11 200×60×11 200×52×11 240×60×11} 平面砖{200×96×11 240×115×11} T形砖{225×60×13 225×60×18} 步级砖{200×96/30×11 200×96/52×11} 90°外转角砖{240×52/52×11 240×60/52×11}	吸水率: ≤6% 弯曲强度: 平均值24MPa 热稳定性: 19～150℃热交换15次无裂纹 抗冻融性: －40～30℃循环15次无裂纹	特点: (1)品种全、色调古朴典雅,可全方位装饰建筑物 (2)背纹深,燕尾槽构造,粘贴牢固,不易脱落 (3)吸水率低,表面无釉抗冻性能优异,防滑耐磨性能好 用途: (1)装饰墙地,内外均可 (2)天然色彩,质朴典雅常用于高级宾馆、商店、体育中心、娱乐场所、影剧院的外墙,还可铺设露天广场、站台、港口及街道人行道和住宅地面 (3)突出的抗冻性能特别适合北方严寒地区使用

3.5.4.2 陶瓷锦砖规格、技术性能、特点及用途

类别	规格(mm)	技术性能	特点与用途
麻面陶瓷锦砖	305.5×305.5 326×326 厚度4～4.5	吸水率: 不大于0.2% 脱纸时间: 不超过40min	特点:瓷化好,强度高,耐磨防滑性能好,价廉物美 用途:室内外,墙地皆相宜,尤其适合于家庭厕所、卫生间及盥洗室等多水地面铺贴
磨光陶瓷锦砖	305.5×305.5 326×326 厚度4～4.5	吸水率: 不大于0.2% 脱纸时间: 不超过40min	特点:表面磨光,增强抗污能力,方便擦拭,有益卫生 用途:墙地装饰都很漂亮
釉面陶瓷锦砖	305.5×305.5 326×326 厚度4～4.5	吸水率: 不大于1% 热稳定性: 冷热循环一次不裂 脱纸时间: 不超过40min	特点:釉彩晶莹,质感细腻,抗污力强 用途:适合于内外墙面装饰,但不宜用于地面铺贴

3.5.5 瓷质砖规格、技术性能、特点及用途

类别	规格(mm)	技术性能	特点与用途
斑点瓷质砖(仿花岗岩砖)	100×100 150×150 200×75 200×200 240×115 260×200 300×300 400×400 500×500 600×600 600×900 厚度:8～11	吸水率: 平均值≤0.5% 弯曲强度: 平均值不小于27MPa 抗冻性: −15～20℃冻融循环20次无可见缺陷 耐磨性: 磨损量不大于205mm³ 热稳定性: 15～105℃经10次循环无裂纹	特点: (1)强度高、耐磨防滑性能好 (2)酷似天然花岗岩,胜过天然制品,尤以抗污染能力最突出 用途:适合车站、码头、商场、影剧场、游泳馆等处的地面装饰露天阶梯、家庭装修和建筑外墙都适应

续表 3.5.5

类别	规格(mm)	技术性能	特点与用途
抛光瓷质砖	300×300 400×400 500×500 600×600 600×600 厚度:9.5~10	吸水率: 平均值≤0.5% 弯曲强度: 平均值不小于 27MPa 抗冻性: -15~20℃冻融循环 20 次无可见缺陷 耐磨性: 磨损量不大于 205mm³ 热稳定性: 15~105℃经 10 次循环无裂纹	特点:各项性能高于天然花岗岩、表面光亮如镜,具有良好的防滑性能 用途:多用于高级建筑大厅、会议厅、电梯口地面和家庭厅堂地面以及高级建筑底层内外墙面、柱面、影壁墙镶嵌等,见彩图 5
渗花瓷质砖	400×400 500×500 600×600 600×900 厚度:9.5~10		特点:理石纹渗入砖坯 2~3mm 深层,耐磨性好,久用如新,开创瓷质砖装饰新途径,丰富了装饰艺术效果 用途:用于高级豪华建筑内外墙及地面装饰
釉面资质砖	46×46 72×72 95×45 96×96 100×100 195×45 200×75 200×100 226×50 230×58 235×52 240×52 240×60 厚度:5~7.2	吸水率: 平均值≤1% 弯曲强度: 平均值不小于 27MPa 抗冻性: -15~20℃冻融循环 20 次无可见缺陷 耐磨性: 磨损量不大于 205mm³ 热稳定性: 15~105℃经 10 次循环无裂纹	特点: (1)釉彩五色缤纷,克服了无釉瓷质砖的单调感 (2)釉面瓷质砖抗污染能力强 用途:适合高级建筑外墙装饰,尤其是北方严寒地区装饰外墙的理想材料
素胎仿石瓷质砖(仿麻石砖)	100×100 150×150 190×190 200×200 290×290 290×590 厚度:18~20	吸水率: 平均值≤0.5% 弯曲强度: 平均值不小于 27MPa 抗冻性: -15~20℃冻融循环 20 次无可见缺陷 耐磨性: 磨损量不大于 205mm³ 热稳定性: 15~105℃经 10 次循环无裂纹	特点:麻石质感,粗犷豪放,具有自然质朴的装饰趣味 用途:适合露天广场、商业街人行道、高级建筑门前空旷地、街心公园围墙等处装饰,见彩图 4

3.5.6 饰面板材

饰面板材的代表产品有大理石和花岗石，分为天然和人造两种，可根据工程需要选用。

3.5.6.1 天然大理石板材规格尺寸允许偏差 (mm)

部位		优等品	一等品	合格品
长度、宽度		0 −0.1	0 −0.1	0 −1.5
厚度	≤15	±0.5	±0.5	±1.0
	＞15	+0.5 −1.5	+1.5 −2.0	±2.0

3.5.6.2 天然大理石板材平面度允许极限公差 (mm)

板材长度范围	平面度允许极限公差值			板材长度范围	平面度允许极限公差值		
	优等品	一等品	合格品		优等品	一等品	合格品
≤400	0.20	0.30	0.50	≥800～＜1000	0.70	0.80	1.00
＞400～＜800	0.50	0.50	0.80	≥1000	0.80	1.00	1.20

3.5.6.3 天然大理石角度允许极限公差 (mm)

板材长度范围	角度允许极限公差值		
	优等品	一等品	合格品
≤400	0.30	0.4	0.50
＞400	0.50	0.6	0.80

3.5.6.4 天然大理石正面外观缺陷要求

缺陷名称	优等品	一等品	合格品
翘曲	不允许	不明显	有，但不影响使用
裂纹			
砂眼			
凹陷			
色度			
污点			
正面棱缺陷长≤8mm，宽≤3mm			1处
正面角缺陷长≤3mm，宽≤3mm			1处

3.5.6.5　天然花岗石板材规格尺寸允许偏差　(mm)

分类		细面和镜面板材			粗面板材		
等级		优等品	一等品	合格品	优等品	一等品	合格品
长度、宽度		0 −0.1	0 −0.15	0 −1.0	0 −0.1	0 −2.0	0 −3.0
厚度	≤15	±0.5	±0.1	+1.0 −2.0	—		
	>15	±1.0	±2.0	+2.0 −3.0	+1.0 −2.0	+2.0 −3.0	+2.0 −4.0

3.5.6.6　天然花岗石板材平面度允许极限公差　(mm)

板材长度范围	细面和镜面板材			粗面板材		
	优等品	一等品	合格品	优等品	一等品	合格品
≤400	0.20	0.40	0.60	0.80	1.00	1.20
>400～<1 000	0.50	0.70	0.90	1.50	2.00	2.20
≥1 000	0.80	1.00	1.20	2.00	2.50	2.80

3.5.6.7　天然花岗石板材角度允许极限公差　(mm)

板材长度范围	细面和镜面板材			粗面板材		
	优等品	一等品	合格品	优等品	一等品	合格品
≤400	0.40	0.60	0.80	0.60	0.80	1.00
>400			1.00		1.00	1.20

3.5.6.8　天然花岗岩板材正面外观缺陷要求

缺陷名称	规定内容	优等品	一等品	合格品
缺棱	长度不超过10mm(长度小于5mm不计),周边每米长(个)	不允许	1	2
缺角	面积不超过5×2(面积小于5×2不计),每块板(个)			
裂纹	长度不超过两端顺延至板边总长度的1/10(长度小于20mm不计),每块板(条)			

续表 3.5.6.8

缺陷名称	规定内容	优等品	一等品	合格品
色斑	面积不超过20×30(面积小于15×15不计),每块板(个)	不允许	1	2
色线	长度不超过两端顺延至板边总长度的1/10(长度小于40mm不计),每块板(条)		2	3
坑窝	粗面板材的正面出现坑窝		不明显	有,但不影响使用

3.5.7 木地板和塑料板

3.5.7.1 三层结构实木复合地板的幅面尺寸 (mm)

长度	宽　度			厚度
2100	180	189	205	14、15
1818	180	189	205	

3.5.7.2 以胶合板为基材的实木复合地板的幅面尺寸 (mm)

长度	宽　度				厚度
2200	180	189	225	—	8、12、15
1818	180	—	225	303	

3.5.7.3 实木复合地板的外观质量要求

名称	项　目	表　面			背面
		优等	一等	合格	
死节	最大单个长径,(mm)	不允许	2	4	50
孔洞(含虫孔)	最大单个长径,(mm)	不允许		2,需修补	15
浅色夹皮	最大单个长度,(mm)	不允许	20	30	不限
	最大单个宽度,(mm)		2	4	
深色夹皮	最大单个长度,(mm)	不允许		15	不限
	最大单个宽度,(mm)			2	

续表 3.5.7.3

名称	项 目	表 面			背面
		优等	一等	合格	
树脂囊和树脂道	最大单个长度，(mm)	不允许		5，且最大单个宽度小于1	不限
腐朽	—	不允许			注1
变色	不超过板面积(mm)	不允许	5，板面色泽要协调	20，板面色泽要大致协调	不限
裂缝	—	不允许			不限
拼接离缝 横拼	最大单个宽度，(mm)	0.1	0.2	0.5	不限
拼接离缝 横拼	最大单个长度不超过板长，%	5	10	20	
拼接离缝 纵拼	最大单个宽度，(mm)	0.1	0.2	0.5	
叠层	—	不允许			不限
鼓泡、分层	—	不允许			
凹陷、压痕、鼓包	—	不允许	不明显	不明显	不限
补条、补片	—	不允许			不限
毛刺沟痕	—	不允许			不限
透胶、板面污染	不超过板面积，%	不允许		1	不限
砂透	—	不允许			不限
波纹	—	不允许		不明显	—
刀痕、划痕	—	不允许			不限
边、角缺损	—	不允许			注2
漆膜鼓泡	Ø≤0.5mm	不允许	每块板不超过3个		—
针孔	Ø≤0.5mm	不允许	每块板不超过3个		—
皱皮	不超过板面积，%	不允许		5	—
粒子	—	不允许		不明显	—
漏漆	—	不允许			—

注：1. 允许有初腐，保不剥落，不能捻成粉末。

2. 长度缺损不超过板长的30%，且宽不超过5mm；端边缺损不超过板宽的20%，且宽不超过5mm。

3. 所谓不明显是指在外观质量检验条件下，不能清晰地观察到缺陷。

3.5.7.4 实木复合地板的理化性能指标

检测项目	单位	优等	一等	合格
浸渍剥离	—	每一边的任意胶层开胶的累计长度不超过该层长度的1/3(3mm以下不计)		
静曲强度	MPa	≥30		
弹性模量	MPa	≥4000		
含水率	%	5～14		
漆膜附着力	—	割痕及割痕交叉处允许有少量断续剥落		
表面耐磨	g/100r	≤0.08,且漆膜未磨透		≤0.15,且漆膜未磨透
表面耐污染	—	无污染痕迹		
甲醛释放量	mg/100g	A类:≤9;B类:>9～40		

3.5.7.5 强化复合地板的外观质量要求

缺陷名称	正面			背面
	优等品	一等品	合格品	
干、湿花	不允许		总面积不超过板面的3%	允许
表面划痕	不允许			不允许露出基材
表面压痕	不允许			
透底	不允许			
光泽不均	不允许		总面积不超过板面的3%	允许
污斑	不允许	≤3mm² 允许1个/块	≤10mm² 允许1个/块	允许
鼓泡	不允许			≤10mm² 允许1个/块
鼓包	不允许			≤10mm² 允许1个/块
纸张撕裂	不允许			≤100mm 允许1个/块
局部缺纸	不允许			≤20mm² 允许1个/块

续表 3.5.7.5

缺陷名称	正面			背面
	优等品	一等品	合格品	
崩边	不允许			允许
表面龟裂	不允许			不允许
分层	不允许			不允许
榫舌及边角缺损	不允许			不允许

3.5.7.6　强化复合地板的理化性能指标

检查项目	单位	优等品	一等品	合格品
静曲强度	MPa	≥40		≥30
内结合强度	MPa	≥1		
含水率	%	3.0～10.0		
密度	g/cm^3	≥0.80		
吸水厚度膨胀率	%	≤2.5	≤4.5	≤10.0
表面胶合强度	MPa	≥1.0		
表面耐冷热循环	—	无龟裂、无鼓泡		
表面耐划痕	—	≥3.5N 表面无整圈划痕	≥3.5N 表面无整圈划痕	≥2.0N 表面无整圈划痕

3.5.7.7　塑料板主要物理性能

项　　目	性能要求			
	乙烯醋酸乙烯共聚物	乙烯共聚物沥青	聚氯乙烯	聚乙烯
拉伸强度(MPa)≥	15	10	10	10
断裂延伸率(%)≥	500	450	200	400
不透水性 24h(MPa)≥	0.2	0.2	0.2	0.2
低温弯折性(℃)≤	－35	－35	－20	－35
热处理尺寸变化率(%)≤	2.0	2.5	2.0	2.0

3.5.8 裱糊材料

常用裱糊材料有壁纸和墙布。常用壁纸有纸基涂塑壁纸和聚氯乙烯塑料壁纸；常用墙布有玻璃纤维墙布、无纺墙布和装饰墙布。

3.5.8.1 聚氯乙烯塑料壁纸的外观质量

缺陷名称	一级品	二级品
色差	不允许有明显差异	允许有明显差异，但不影响使用
折子	不允许有	允许底纸有明显折印，但壁纸表面膜不允许有死折
漏印或光面	不允许有	每卷允许有长度不超过 1m 的漏印或光面段三处
污染点	允许有目视不明显的污染点	允许有目视明显的污染点，但不允许密集
漏膜	不允许有	每卷允许有长度不超过 0.5m 的漏段三处
发泡	发泡与不发泡部位无明显界线	发泡与不发泡部位有较明显界线
套色精度	偏差不大于 1mm（十字中心线）	偏差不大于 2mm（十字中心线）
每卷接头数	允许有接头 3 个，每段不少于 2.7m，有接头段总长度应增加 0.3m	允许有接头 6 个，每段不得少于 2.7m

3.5.8.2 PVC 壁纸主要规格

类　别	主要规格(m)	
	长度	宽度
PVC 压花壁纸	10+0.05 50±0.5	0.53+0.05 (0.90～1.00)±0.10
PVC 发泡壁纸	10+0.05	0.53±0.05

3.5.8.3 PVC壁纸的技术性能

项目			指标		
			优等品	一等品	合格品
褪色性(级)			>4	≥4	≥3
耐摩擦色牢度试验(级)	干摩擦	纵向	>4	≥4	≥3
		横向			
	湿摩擦	纵向	>4	≥4	≥3
		横向			
遮蔽性(级)			4	≥3	≥3
湿润拉伸负荷(N/15mm)		纵向	>20	≥20	≥20
		横向			
粘合剂可拭性①		横向	20次无外观损伤和变化	20次无外观损伤和变化	20次无外观损伤和变化
可洗性使用等级②	可洗		30次无外观损伤和变化		
	特别可洗		100次无外观损伤和变化		
	可刷洗		40次无外观损伤和变化		

注:1. 可拭性是指粘贴壁纸的粘合剂附在壁纸的正面,在其未干时可用湿布或海绵拭去,不留痕迹。

2. 可洗性是壁纸粘贴后在使用期内的可洗涤性。对用在有污染和湿度较高地方的壁纸有此要求。

3.5.8.4 玻璃纤维墙布常用规格、性能及生产单位

品名	规格	技术性能	生产单位
玻璃纤维印花贴墙布	厚度:0.20mm 重量:200g/m² 长度:50m/疋	日晒牢度:4~6级 刷洗牢度:干洗4级 摩擦牢度:4~5级 强度:≥500N/25mm×100mm布条	陕西省玻璃纤维总厂
玻璃纤维印花贴墙布	厚度:0.17mm 重量:180g/m² 长度:50m/疋 宽度:860~880mm	日晒牢度:5级 刷洗牢度:3级 摩擦牢度:4级 强度:经向≥450N 纬向≥400N	湖北宜昌市玻璃纤维厂

续表 3.5.8.4

品名	规格	技术性能	生产单位
万年青牌玻璃纤维墙布	厚度:0.17～0.2mm 重量:190～200g/m^2 长度:50m/疋 宽度:840～880mm	日晒牢度:5～6级 刷洗牢度:4～5级 摩擦牢度:3～4级 强度:经向≥700N/25mm×100mm布条 纬向≥600N/25mm×100mm布条	上海耀华玻璃分厂
金钟牌玻璃纤维墙布	厚度:0.17mm 重量:200g/m^2	断裂强度:≥600N/25mm×100mm布条	四川省玻璃纤维厂
玻璃纤维贴墙布	宽度:900mm 重量:170～200g/m^2 长度:50m/疋	—	江苏常州市玻璃钢建筑构件厂
玻璃纤维贴墙布	宽度:900mm 长度:50m/疋	—	江苏无锡市玻璃纤维厂

3.5.8.5 无纺墙布的物理性能

名称	规格(mm)	性能指标			附注
		重量(g/m^2)	强度(MPa)	粘贴牢度(N/2.5cm)	
涤纶无纺贴墙布	厚度:0.12～0.18	75	2.0(平均)	5.5(粘贴在混合砂浆墙面上) 3.5(粘贴在油漆墙面上)	"粘贴牢度"多指白胶和化学浆糊时的粘贴牢度
麻无纺贴墙布	宽度:850～900	100	1.4(平均)	2.0(粘贴在混合砂浆墙面上) 1.5(粘贴在油漆墙面上)	

3.5.8.6 装饰墙布的主要物理性能表

项目名称	单位	指标	附注
重量	g/m^2	115	
厚度	mm	0.35	
断裂强度	N/5cm×20cm	纵向:770 横向:490	
断裂伸长率	%	纵向:3 横向:8	
冲击强度	N	347	Y631型织物破裂试验机
耐磨	次	500	Y522型圆盘式织物耐磨机

续表 3.5.8.6

项目名称	单位	指标	附　　注
静电效应	静电值(V)	141	感应式静电仪、室温(19±1)℃,相对湿度(50±2)%,放电电压 5000V
	半衰期(S)	1	
色泽牢度	单洗褪色(级) 皂褪色(级) 干摩擦(级)	3～4 4～5 4～5	
	湿摩擦(级) 刷洗(级) 日晒(级)	4 3～4 7	

3.6 建筑玻璃

3.6.1 建筑玻璃的分类、品种和用途

分类	品　　种	说　　明	适　用　范　围
平板玻璃	普通平板玻璃(又名净片玻璃,白片玻璃)	系用砂、岩粉、硅砂、纯碱、芒硝等配合,经熔化、成型、切裁而成	门窗、装修、温室、暖房、太阳能集热器、家具、柜台等
	浮法平板玻璃(又名浮法玻璃)	系使熔化好的玻璃液流入锡液面上,自由摊平,然后逐渐降温退火而成。具有表面平整,无玻筋、厚度公差小等特点	高级建筑门窗、镜面、夹层玻璃等
	吸热玻璃	系在玻璃原料中,加入微量金属氧化物加工而成。具有吸热及滤色性能	各种建筑及高级建筑、仓库建筑的吸热门窗及大型玻璃窗 制造吸热中空玻璃
	磨砂玻璃	系由平板玻璃经研磨而成。具有透光不透明的特性	会议室、餐厅、走廊、书店、卫生间、浴室、黑板、装修及各种建筑物门窗需透光不透明处玻璃
压延玻璃	压花玻璃(又称滚花玻璃、花纹玻璃)	系由双辊压延机连续压制的一面平整、一面有凹凸花纹的半透明玻璃	玻璃隔断、卫生间、浴室、装修及各种建筑物、门窗需透光半透明处玻璃
	夹丝玻璃	系由双辊压延机连续压制的、中间夹有一层铁丝网的玻璃	天窗及各种建筑的防震门窗
工业玻璃	平面钢化玻璃	系由平板玻璃或磨光平板玻璃或吸热玻璃等经处理加工而成。具有强度大、不碎裂等安全性能	高级建筑物门窗、高级天窗、防爆门窗、高级柜台、特殊装修等

续表 3.6.1

分类	品种	说明	适用范围
工业玻璃	平板磨光玻璃(单面、双面)	系由普通平板玻璃,经研磨、抛光处理而成。有单面、双面之分	高级建筑门窗、装修等
	双层中空玻璃	系由两片玻璃,四周用粘结剂密封,玻璃中间充以清洁干燥空气而成	严寒地区门窗,隔声窗,风窗,保温、隔热窗
	离子交换增强玻璃	系用离子交换法,对普通玻璃进行表面处理而成。机械强度高,耐冲击强度为普通玻璃的4～5倍	对强度要求较高的建筑门窗,制夹层玻璃或中空玻璃
	饰面玻璃	系在平板玻璃基体上冷敷一层色素彩釉,加热、退火或钢化而成	墙体饰面,建筑装修,防腐防污处装修
	夹层玻璃	系在两片或两片以上玻璃之间夹以聚乙烯醇缩丁醛塑料衬片,经热压粘合而成(称胶片法工艺)。或由两片玻璃,中间灌甲基丙烯酸酯类透明塑料,聚合粘结而成(称聚合法工艺)。具有碎后只产生辐射状裂纹,而不落碎片等特点	高层建筑门窗,工业厂房天窗,防震门窗,装修
	特厚玻璃(又名玻璃砖)	系厚度在20mm以上的普通平板玻璃	玻璃幕墙,高级门窗
	折射玻璃(又名控光玻璃)	系在制造平板玻璃时,将玻璃表面按一定角度加工成锯齿形而成	学校教室、博物馆、展览厅及有控光要求的其他建筑物的门窗

3.6.2 平板玻璃(GB 11614—2009)

3.6.2.1 普通平板玻璃尺寸范围

(mm)

厚度	长度		宽度	
	最小	最大	最小	最大
2	400	1300	300	900
3	500	1800	300	1200
4	600	2000	400	1200

续表 3.6.2.1

<table>
<tr><th rowspan="2">厚 度</th><th colspan="2">长 度</th><th colspan="2">宽 度</th></tr>
<tr><th>最小</th><th>最大</th><th>最小</th><th>最大</th></tr>
<tr><td>5</td><td>600</td><td>2600</td><td>400</td><td>1800</td></tr>
<tr><td>6</td><td>600</td><td>2600</td><td>400</td><td>1800</td></tr>
</table>

注：1. 长、宽尺寸比不超过 2.5。

2. 长、宽尺寸的进位基数均为 50mm。

3.6.2.2 普通平板玻璃主要规格

尺寸(mm)	厚度(mm)	备注(in)
900×600	2,3	36×24
1000×600	2,3	40×24
1000×800	3,4	40×32
1000×900	2,3,4	40×36
1100×600	2,3	44×24
1100×900	3	44×36
1100×1000	3	44×40
1150×950	3	46×38
1200×500	2,3	48×20
1200×600	2,3,5	48×24
1200×700	2,3	48×28
1200×800	2,3,4	48×32
1200×900	2,3,4,5	48×36
1200×1000	3,4,5,6	48×40
1250×1000	3,4,5	50×40
1300×900	3,4,5	52×36
1300×1000	3,4,5	52×40
1300×1200	4,5	52×48
1350×900	5,6	54×36
1400×1000	3,5	56×40
1500×750	3,4,5	60×30
1500×900	3,4,5,6	60×36
1500×1000	3,4,5,6	60×40
1500×1200	4,5,6	60×48
1800×900	4,5,6	72×36
1800×1000	4,5,6	72×40
1800×1200	4,5,6	72×48

3.6.2.3 平板玻璃的技术指标

<table>
<tr><td colspan="2">分 类</td><td colspan="3">①按颜色属性分为无色透明平板玻璃和本体着色平板玻璃
②按外观质量分为合格品、一等品和优等品
③按公称厚度分为：2mm、3mm、4mm、5mm、6mm、8mm、10mm、12mm、15mm、19mm、22mm、25mm</td></tr>
<tr><td rowspan="24">要求</td><td rowspan="7">尺寸偏差（mm）</td><td rowspan="2">公称厚度</td><td colspan="2">尺寸偏差</td></tr>
<tr><td>尺寸≤3000</td><td>尺寸＞3000</td></tr>
<tr><td>2～6</td><td>±2</td><td>±3</td></tr>
<tr><td>8～10</td><td>+2，-3</td><td>+3、-4</td></tr>
<tr><td>12～15</td><td>±3</td><td>±4</td></tr>
<tr><td>19～25</td><td>±5</td><td>±5</td></tr>
<tr><td colspan="3">注：平板玻璃应切裁成矩形，其长度和宽度的尺寸偏差应不超过表中规定。</td></tr>
<tr><td>对角线差</td><td colspan="3">≤其平均长度的0.2%</td></tr>
<tr><td rowspan="6">厚度偏差和厚薄差（mm）</td><td>公称厚度</td><td>厚度偏差</td><td>厚薄差</td></tr>
<tr><td>2～6</td><td>±0.2</td><td>0.2</td></tr>
<tr><td>8～12</td><td>+0.3</td><td>0.3</td></tr>
<tr><td>15</td><td>±0.5</td><td>0.5</td></tr>
<tr><td>19</td><td>±0.7</td><td>0.7</td></tr>
<tr><td>22～25</td><td>±1.0</td><td>1.0</td></tr>
<tr><td rowspan="10">外观质量</td><td colspan="3">①平板玻璃合格品</td></tr>
<tr><td>缺陷种类</td><td colspan="2">质量要求</td></tr>
<tr><td rowspan="5">点状缺陷[a]</td><td>尺寸（L）（mm）</td><td>允许个数限度</td></tr>
<tr><td>0.5≤L≤1.0</td><td>2S</td></tr>
<tr><td>1.0＜L≤2.0</td><td>1S</td></tr>
<tr><td>2.0＜L≤3.0</td><td>0.5S</td></tr>
<tr><td>L＞3.0</td><td>0</td></tr>
<tr><td>点状缺陷密集度</td><td colspan="2">尺寸≥0.5mm的点状缺陷最小间距不小于300mm；直径100mm圆内尺寸≥0.3mm的点状缺陷不超过3个</td></tr>
<tr><td>线道</td><td colspan="2">不允许</td></tr>
<tr><td>裂纹</td><td colspan="2">不允许</td></tr>
</table>

续表 3.6.2.3

<table>
<tr><td rowspan="27">要求</td><td rowspan="27">外观质量</td><td rowspan="2">划伤</td><td colspan="2">允许范围</td><td>允许条数限度</td></tr>
<tr><td colspan="2">宽≤0.5mm，长≤60mm</td><td>3S</td></tr>
<tr><td rowspan="4">光学变形</td><td>公称厚度</td><td>无色透明平板玻璃</td><td>本体着色平板玻璃</td></tr>
<tr><td>2mm</td><td>≥40°</td><td>≥40°</td></tr>
<tr><td>3mm</td><td>≥45°</td><td>≥40°</td></tr>
<tr><td>≥4mm</td><td>≥50°</td><td>≥45°</td></tr>
<tr><td>断面缺陷</td><td colspan="3">公称厚度不超过 8mm 时，不超过玻璃板的厚度；8mm 以上时，不超过 8mm</td></tr>
<tr><td colspan="4">a. 光畸变点视为 0.5～1.0mm 的点状缺陷</td></tr>
<tr><td colspan="4">②平板玻璃一等品</td></tr>
<tr><td>缺陷种类</td><td colspan="3">质量要求</td></tr>
<tr><td rowspan="5">点状缺陷[a]</td><td colspan="2">尺寸(L)/mm</td><td>允许个数限度</td></tr>
<tr><td colspan="2">0.3≤L≤0.5</td><td>2S</td></tr>
<tr><td colspan="2">0.5<L≤1.0</td><td>0.5S</td></tr>
<tr><td colspan="2">1.0<L≤1.5</td><td>0.2S</td></tr>
<tr><td colspan="2">L>1.5</td><td>0</td></tr>
<tr><td>点状缺陷密集度</td><td colspan="3">尺寸≥0.3mm 的点状缺陷最小间距不小于 300mm；直径 100mm 圆内尺寸≥0.2mm 的点状缺陷不超过 3 个</td></tr>
<tr><td>线道</td><td colspan="3">不允许</td></tr>
<tr><td>裂纹</td><td colspan="3">不允许</td></tr>
<tr><td rowspan="2">划伤</td><td colspan="2">允许范围</td><td>允许条数限度</td></tr>
<tr><td colspan="2">宽≤0.2mm，长≤40mm</td><td>2S</td></tr>
<tr><td rowspan="5">光学变形</td><td>公称厚度</td><td>无色透明平板玻璃</td><td>本体着色平板玻璃</td></tr>
<tr><td>2mm</td><td>≥50°</td><td>≥45°</td></tr>
<tr><td>3mm</td><td>≥55°</td><td>50°</td></tr>
<tr><td>4～12mm</td><td>≥60°</td><td>≥55°</td></tr>
<tr><td>≥15mm</td><td>≥55°</td><td>≥50°</td></tr>
<tr><td>断面缺陷</td><td colspan="3">公称厚度不超过 8mm 时，不超过玻璃板的厚度；8mm 以上时，不超过 8mm</td></tr>
<tr><td colspan="4">a. 点状缺陷中不允许有光畸变点。</td></tr>
</table>

续表 3.6.2.3

<table>
<tr><td rowspan="20">要求</td><td rowspan="16">外观质量</td><td colspan="4">③平板玻璃优等品</td></tr>
<tr><td>缺陷种类</td><td colspan="3">质量要求</td></tr>
<tr><td rowspan="4">点状缺陷[a]</td><td colspan="2">尺寸(L)(mm)</td><td>允许个数限度</td></tr>
<tr><td colspan="2">0.3≤L≤0.5</td><td>1S</td></tr>
<tr><td colspan="2">0.5<<i>L</i>≤1.0</td><td>0.2<i>S</i></td></tr>
<tr><td colspan="2">L>1.0</td><td>0</td></tr>
<tr><td>点状缺陷密集度</td><td colspan="3">尺寸≥0.3mm 的点状缺陷最小间距不小于 300mm；直径 100mm 圆内尺寸≥0.1mm 的点状缺陷不超过 3 个</td></tr>
<tr><td>线道</td><td colspan="3">不允许</td></tr>
<tr><td>裂纹</td><td colspan="3">不允许</td></tr>
<tr><td rowspan="2">划伤</td><td colspan="2">允许范围</td><td>允许条数限度</td></tr>
<tr><td colspan="2">宽≤0.1mm，长≤30mm</td><td>2S</td></tr>
<tr><td rowspan="5">光学变形</td><td>公称厚度</td><td>无色透明平板玻璃</td><td>本体着色平板玻璃</td></tr>
<tr><td>2mm</td><td>≥50°</td><td>≥50°</td></tr>
<tr><td>3mm</td><td>≥55°</td><td>≥50°</td></tr>
<tr><td>4～12mm</td><td>≥60°</td><td>≥55°</td></tr>
<tr><td>≥15mm</td><td>≥55°</td><td>≥50°</td></tr>
<tr><td></td><td>断面缺陷</td><td colspan="3">公称厚度不超过 8mm 时，不超过玻璃板的厚度；8mm 以上时，不超过 8mm</td></tr>
<tr><td></td><td colspan="4">a. 点状缺陷中不允许有光畸变点。</td></tr>
<tr><td></td><td colspan="4">注：S 是以平方米为单位的玻璃板面积数值，按 GB/T 8170 修约，保留小数点后两位，点状缺陷的允许个数限度及划伤的允许条数限度为各系数与 S 相乘所得的数值，按 GB/T 8170 修约至整数。</td></tr>
<tr><td>弯曲度</td><td colspan="4">≤0.2%</td></tr>
<tr><td></td><td rowspan="8">光学特性</td><td colspan="4">①无色透明平板玻璃可见光透射比应不小于以下规定</td></tr>
<tr><td></td><td>公称厚度(mm)</td><td>可见光透射比最小值(%)</td><td>公称厚度(mm)</td><td>可见光透射比最小值(%)</td></tr>
<tr><td></td><td>2</td><td>89</td><td>10</td><td>81</td></tr>
<tr><td></td><td>3</td><td>88</td><td>12</td><td>79</td></tr>
<tr><td></td><td>4</td><td>87</td><td>15</td><td>76</td></tr>
<tr><td></td><td>5</td><td>86</td><td>19</td><td>72</td></tr>
<tr><td></td><td>6</td><td>85</td><td>22</td><td>69</td></tr>
<tr><td></td><td>8</td><td>83</td><td>25</td><td>67</td></tr>
</table>

续表 3.6.2.3

<table>
<tr><td rowspan="6">要
求</td><td rowspan="6">光
学
特
性</td><td colspan="2">②本体着色平板玻璃可见光透射比、太阳光直接透射比、太阳能总透射比偏差应不超过以下规定</td></tr>
<tr><td>种　类</td><td>偏差(%)</td></tr>
<tr><td>可见光(380～780mm)透射比</td><td>2.0</td></tr>
<tr><td>太阳光(300～2500nm)直接透射比</td><td>3.0</td></tr>
<tr><td>太阳能(300～2500nm)总透射比</td><td>4.0</td></tr>
<tr><td colspan="2">③本体着色平板玻璃颜色均匀性,同一批产品色差应符合 $\Delta E_{ab}^{*} \leqslant 2.5$</td></tr>
</table>

3.6.2.4 平板玻璃厚度与标准箱、重量箱、包装箱的关系

<table>
<tr><td rowspan="2">厚度
mm</td><td rowspan="2">10m² 折标准箱</td><td rowspan="2">10m² 折重量箱</td><td rowspan="2">每标准箱
(m²)</td><td colspan="2">每包装箱</td><td rowspan="2">每包装箱重量
(kg)</td></tr>
<tr><td>m²</td><td>标准箱</td></tr>
<tr><td rowspan="4">2</td><td rowspan="4">1</td><td rowspan="4">1</td><td rowspan="4">10</td><td>20</td><td>2</td><td>100</td></tr>
<tr><td>30</td><td>3</td><td>150</td></tr>
<tr><td>40</td><td>4</td><td>200</td></tr>
<tr><td>45</td><td>4.5</td><td>225</td></tr>
<tr><td rowspan="2">3</td><td rowspan="2">1.6</td><td rowspan="2">1.5</td><td rowspan="2">6.25</td><td>20</td><td>3.2</td><td>150</td></tr>
<tr><td>30</td><td>4.8</td><td>225</td></tr>
<tr><td>4</td><td>2.5</td><td>2</td><td>4</td><td>20</td><td>5</td><td>200</td></tr>
<tr><td rowspan="3">5</td><td rowspan="3">3.5</td><td rowspan="3">2.5</td><td rowspan="3">2.86</td><td>20</td><td>7</td><td>250</td></tr>
<tr><td>25</td><td>8.75</td><td>312.5</td></tr>
<tr><td>30</td><td>10.5</td><td>375</td></tr>
<tr><td rowspan="3">6</td><td rowspan="3">4.5</td><td rowspan="3">3</td><td rowspan="3">2.22</td><td>15</td><td>6.75</td><td>225</td></tr>
<tr><td>20</td><td>9</td><td>300</td></tr>
<tr><td>25</td><td>11.25</td><td>375</td></tr>
</table>

注:平板玻璃的计算方法:

标准箱,以 2mm 平板玻璃 10m² 为 1 标准箱,其他厚度玻璃折算标准箱可按上表厚度标准系数换算。

重量箱,以 2mm 平板玻璃 10m² 为 1 重量箱,其他厚度玻璃可按上表重量箱系数换算。

包装箱,即实际箱,它是运输的计件单位。

换算举例:将厚 3mm 的平板玻璃 30m² 折合标准箱和重量箱。

$$\frac{30}{10}\times1.6=4.8(\text{标准箱})$$

$$\frac{30}{10}\times1.5=4.5(\text{重量箱})$$

3.6.3 中空玻璃(GB/T 11944—2002)

中空玻璃是两片或多片玻璃以有效支撑均匀隔开并粘接密封使玻璃层间形成有干燥气体空间的制品。用于隔热、隔湿、保温等特殊用途。

3.6.3.1 常用中空玻璃的形状和最大尺寸

(mm)

玻璃厚度	间隔厚度	长边最大尺寸	短边最大尺寸(正方形除外)	最大面积(m^2)	正方形边长最大尺寸
3	6	2110	1270	2.4	1270
	9～12	2110	1270	2.4	1270
4	6	2420	1300	2.86	1300
	9～10	2440	1300	3.17	1300
	12～20	2440	1300	3.17	1300
5	6	3000	1750	4.00	1750
	9～10	3000	1750	4.80	2100
	12～20	3000	1815	5.10	2100
6	6	4550	1980	5.88	2000
	9～10	4550	2280	8.54	2440
	12～20	4550	2440	9.00	2440
10	6	4270	2000	8.54	2440
	9～10	5000	3000	15.00	3000
	12～20	5000	3180	15.90	3250
12	12～20	5000	3180	15.90	3250

3.6.3.2 中空玻璃的尺寸偏差

(mm)

<table>
<tr><th colspan="2">长度及宽度</th><th colspan="2">厚　度</th><th>两对角线之差</th><th>胶层厚度</th></tr>
<tr><td>基本尺寸 L</td><td>允许偏差</td><td>公称厚度 t</td><td>允许偏差</td><td rowspan="4">正方形和矩形中空玻璃对角线之差应不大于对角线平均长度的0.2%</td><td rowspan="4">单道密封胶层厚度为(10±2)mm;双道密封外层密封胶层厚度为5～7mm。胶条密封胶层厚度为(8±2)mm,特殊规格或有特殊要求的产品由供需双方商定</td></tr>
<tr><td>L<1000</td><td>±2</td><td>t<17</td><td>±1.0</td></tr>
<tr><td>1000≤L<2000</td><td>+2、-3</td><td>17≤t<22</td><td>±1.5</td></tr>
<tr><td>≥2000</td><td>±3</td><td>t≥22</td><td>±2.0</td></tr>
</table>

注:中空玻璃的公称厚度为玻璃原片的公称厚度与间隔层厚度之和。

3.6.3.3 中空玻璃的技术指标

项目	质量指标
外观	中空玻璃不得有妨碍透视的污迹、夹杂物及密封胶飞溅现象
密封性能	20块4mm+12mm+4mm试样全部满足以下两条规定为合格：①在试验压力低于环境气压(10±0.5)kPa下，初始偏差必须≥0.8mm；②在该气压下保持2.5h后，厚度偏差的减少应不超过初始偏差的15% 20块5mm+9mm+5mm试样全部满足以下两条规定为合格：①在试验压力低于环境气压(10±0.5)kPa下，初始偏差必须≥0.5mm；②在该气压下保持2.5h后，厚度偏差的减少应不超过初始偏差的15% 其他厚度的样品供需双方商定
露点	20块试样露点均≤−40℃为合格
耐紫外线辐射性能	2块试样紫外线照射168h，试样内表面上均无结雾或污染的痕迹、玻璃原片无明显错位和产生胶条蠕变为合格。如果有1块或2块试样不合格，可另取2块备用试样重新试验，2块试验均满足要求为合格
气候循环耐久性能	试样经循环试验后进行露点测试。4块试样露点≤−40℃为合格

3.6.4 防火玻璃——建筑用安全玻璃(GB 15763.1—2009)

防火玻璃是指在规定的耐火试验中能够保持其完整性和隔热性的特种玻璃。

3.6.4.1 防火玻璃的分类与标记

分类方法	种类及说明
按结构分	复合防火玻璃(FFB)：由两层或两层以上玻璃复合而成或由一层玻璃和有机材料复合而成，并满足相应耐火等级要求的特种玻璃
	单片防火玻璃(DFB)：由单层玻璃构成，并满足相应耐火等级要求的特种玻璃
按耐火性能分	隔热型防火玻璃(A类)：同时满足耐火完整性、耐火隔热性要求的防火玻璃
	非隔热型防火玻璃(C类)：仅满足耐火完整性要求的防火玻璃
按耐火极限分	0.5h、1.00h、1.50h、2.00h、3.00h

续表 3.6.4.1

分类方法	种　类　及　说　明
标记示例	一块公称厚度为25mm、耐火性能为隔热类(A类)、耐火等级为1.50h的复合防火玻璃的标记如下:FFB-25-A1.50 一块公称厚度为12mm、耐火性能为非隔热类(C类)、耐火等级为1.00h的单片防火玻璃的标记如下:DFB-12-C1.00

3.6.4.2　复合防火玻璃的尺寸允许偏差　(mm)

玻璃的公称厚度 d	厚度允许偏差	长度或宽度(L)允许偏差	
		$L\leqslant 1200$	$1200<L\leqslant 2400$
$5\leqslant d<11$	±1.0	±2	±3
$11\leqslant d<17$	±1.0	±3	±4
$17\leqslant d\leqslant 24$	±1.3	±4	±5
$24\leqslant d\leqslant 35$	±1.5	±5	±6
$d>35$	±2.0	±5	±6

注:当长度 $L>2400$mm时,尺寸允许偏差由供需双方商定。

3.6.4.3　单片防火玻璃的尺寸允许偏差　(mm)

<table>
<tr><th rowspan="2">玻璃公称厚度</th><th rowspan="2">厚度允许偏差</th><th colspan="3">长度或宽度(L)允许偏差</th></tr>
<tr><th>$L\leqslant 1000$</th><th>$1000<L\leqslant 2000$</th><th>$L>2000$</th></tr>
<tr><td>5
6</td><td>±0.2</td><td>+1
−2</td><td rowspan="3">±3</td><td rowspan="4">±4</td></tr>
<tr><td>8
10</td><td>±0.3</td><td rowspan="2">+2
−3</td></tr>
<tr><td>12</td><td>±0.3</td></tr>
<tr><td>15</td><td>±0.5</td><td>±4</td><td>±4</td></tr>
<tr><td>19</td><td>±0.7</td><td>±5</td><td>±6</td><td>±6</td></tr>
</table>

3.6.4.4　防火玻璃的外观质量

<table>
<tr><th>类别</th><th>缺陷名称</th><th>质　量　指　标</th></tr>
<tr><td rowspan="3">复合防火玻璃</td><td>气泡</td><td>直径300mm圆内允许长0.5~1.0mm的气泡1个</td></tr>
<tr><td>胶合层杂质</td><td>直径500mm圆内允许长2.0mm以下的杂质2个</td></tr>
<tr><td>划伤</td><td>宽度≤0.1mm、长度≤50mm的轻微划伤,每平方米面积内不超过4条
0.1mm<宽度<0.5mm、长度≤50mm的轻微划伤,每平方米面积内不超过1条</td></tr>
</table>

续表 3.6.4.4

类别	缺陷名称	质量指标
复合防火玻璃	爆边	每米边长允许有长度不超过 20mm、自边部向玻璃表面延伸深度不超过厚度一半的爆边 4 个
	叠差、裂纹、脱胶	裂纹、脱胶不允许存在；总叠差不应大于 3mm
单片防火玻璃	爆边	不允许存在
	划伤	宽度≤0.1mm、长度≤50mm 的轻微划伤，每平方米面积内不超过 2 条
		0.5mm＞宽度＞0.1mm、长度≤50mm 的轻微划伤，每平方米面积内不超过 1 条
	结石、裂纹、缺角	不允许存在

注：复合防火玻璃周边 15mm 范围内的气泡、胶合层杂质不作要求。

3.6.4.5　防火玻璃的技术性能

<table>
<tr><th></th><th>名称</th><th>耐火极限等级</th><th>耐火性能要求</th></tr>
<tr><td rowspan="10">耐火性能</td><td rowspan="5">隔热型防火玻璃(A类)</td><td>3.00h</td><td>耐火隔热性时间≥3.00h，且耐火完整性时间≥3.00h</td></tr>
<tr><td>2.00h</td><td>耐火隔热性时间≥2.00h，且耐火完整性时间≥2.00h</td></tr>
<tr><td>1.50h</td><td>耐火隔热性时间≥1.50h，且耐火完整性时间≥1.50h</td></tr>
<tr><td>1.00h</td><td>耐火隔热性时间≥1.00h，且耐火完整性时间≥1.00h</td></tr>
<tr><td>0.50h</td><td>耐火隔热性时间≥0.50h，且耐火完整性时间≥0.50h</td></tr>
<tr><td rowspan="5">非隔热型防火玻璃(C类)</td><td>3.00h</td><td>耐火完整性时间≥3.00h，耐火隔热性无要求</td></tr>
<tr><td>2.00h</td><td>耐火完整性时间≥2.00h，耐火隔热性无要求</td></tr>
<tr><td>1.50h</td><td>耐火完整性时间≥1.50h，耐火隔热性无要求</td></tr>
<tr><td>1.00h</td><td>耐火完整性时间≥1.00h，耐火隔热性无要求</td></tr>
<tr><td>0.50h</td><td>耐火完整性时间≥0.50h，耐火隔热性无要求</td></tr>
<tr><td>弯曲度</td><td colspan="3">防火玻璃弓形弯曲度不应超过 0.3%，波形弯曲度不应超过 0.2%</td></tr>
<tr><td>可见光透射比</td><td colspan="3">允许偏差最大值(明示标称值)±3%；允许偏差最大值(未明示标称值)≤5%</td></tr>
<tr><td>耐热性能</td><td colspan="3">试验后复合防火玻璃试样的外观质量应符合表 3.6.4.4 的规定</td></tr>
<tr><td>耐寒性能</td><td colspan="3">试验后复合防火玻璃试样的外观质量应符合表 3.6.4.4 的规定</td></tr>
<tr><td>耐紫外线辐照性</td><td colspan="3">当复合防火玻璃使用在有建筑采光要求的场合时，应进行耐紫外线辐照性能测试。复合防火玻璃试样试验后不应产生显著变色、气泡及浑浊现象，且试验前后可见光透射比相对变化率 ΔT 应不大于 10%</td></tr>
</table>

续表 3.6.4.5

抗冲击性能	试样试验破坏数应符合 GB 15763.1—2009 第 8.3.4 条的规定 单片防火玻璃不破坏是指试验后不破碎；复合防火玻璃不破坏是指试验后玻璃满足下述条件之一： a)玻璃不破碎 b)玻璃破碎但钢球未穿透试样
碎片状态	每块试验样品在 50mm×50mm 区域内的碎片数应不低于 40 块。允许有少量长条碎片存在，但其长度不得超过 75mm，且端部不是刀刃状；延伸至玻璃边缘的长条形碎片与玻璃边缘形成的夹角不得大于 45°

3.6.5 钢化玻璃——建筑用安全玻璃(GB 15763.2—2005)

钢化玻璃是指经热处理工艺之后的玻璃。其特点是在玻璃表面形成压应力层，机械强度和耐热冲击强度得到提高，并具有特殊的碎片状态。

3.6.5.1 钢化玻璃的分类

分类方法	类型
按生产工艺分	垂直法钢化玻璃：在钢化过程中采取夹钳吊挂的方式生产出来的钢化玻璃
	水平法钢化玻璃：在钢化过程中采取水平辊支撑的方式生产出来的钢化玻璃
按形状分	平面钢化玻璃
	曲面钢化玻璃

3.6.5.2 长方形平面钢化玻璃边长允许偏差 (mm)

<table>
<tr><th rowspan="2">厚度</th><th colspan="4">边长 L</th></tr>
<tr><th>$L\leqslant 1000$</th><th>$1000<L\leqslant 2000$</th><th>$2000<L\leqslant 3000$</th><th>>3000</th></tr>
<tr><td>3、4、5、6</td><td>+1
−2</td><td rowspan="2">±3</td><td rowspan="3">±4</td><td rowspan="3">±5</td></tr>
<tr><td>8、10、12</td><td>+2
−3</td></tr>
<tr><td>15</td><td>±4</td><td>±4</td></tr>
<tr><td>19</td><td>±5</td><td>±5</td><td>±6</td><td>±7</td></tr>
<tr><td>>19</td><td colspan="4">供需双方商定</td></tr>
</table>

注：其他形状的钢化玻璃的尺寸及其允许偏差由供需双方商定。

3.6.5.3 长方形平面钢化玻璃对角线允许差值 (mm)

玻璃公称厚度 *d*	边的长度 *L*		
	L≤2000	2000<*L*≤3000	*L*>3000
3、4、5、6	±3.0	±4.0	±5.0
8、10、12	±4.0	±5.0	±6.0
15、19	±5.0	±6.0	±7.0
>19	供需双方商定		

3.6.5.4 边部及圆孔加工质量

边部加工质量	由供需双方商定	
圆孔的边部加工质量	由供需双方商定	
孔径及其允许偏差(mm)	公称孔径(*D*)	允许偏差
	D<4	供需双方商定
	4≤*D*≤50	±1.0
	50<*D*≤100	±2.0
	D>100	供需双方商定
孔的位置	孔的边部距玻璃边部的距离 *a*	≥2*d*(*d* 为玻璃公称厚度)
	两孔孔边之间的距离 *b*	≥2*d*
	孔的边部距玻璃角部的距离 *c*	≥6*d*
	圆孔圆心的位置 *x*, *y* 的允许偏差	同玻璃的边长允许偏差相同(见表 3.6.5.2)

3.6.5.5 钢化玻璃的厚度允许偏差 (mm)

厚 度	3,4,5,6	8,10	12	15	19	>19
允许偏差	±0.2	±0.3	±0.4	±0.6	±1.0	供需双方商定

注:对于表中未作规定的公称厚度的玻璃,其厚度允许偏差可采用表中与其邻近的较薄厚度的玻璃的规定,或由供需双方商定。

3.6.5.6 钢化玻璃的外观质量

缺陷名称	说 明	允许缺陷数
爆边	每片玻璃每米边长上允许有长度不超过 10mm,自玻璃边部向玻璃板表面延伸深度不超过 2mm,自板面向玻璃厚度延伸深度不超过厚度 1/3 的爆边	1 处

续表 3.6.5.6

<table>
<tr><th>缺陷名称</th><th>说　明</th><th>允许缺陷数</th></tr>
<tr><td rowspan="2">划伤</td><td>宽度在 0.1mm 以下的轻微划伤，每平方米面积内允许存在条数</td><td>长≤100mm 时
4 条</td></tr>
<tr><td>宽度大于 0.1mm 的划伤，每平方米面积内允许存在条数</td><td>宽 0.1～1mm、
长≤100mm 时
4 条</td></tr>
<tr><td rowspan="2">夹钳印</td><td>夹钳印中心与玻璃边缘的距离</td><td>≤20mm</td></tr>
<tr><td>边部变形量</td><td>≤2mm</td></tr>
<tr><td>裂纹、缺角</td><td colspan="2">不允许存在</td></tr>
</table>

3.6.5.7 钢化玻璃的物理力学性能

<table>
<tr><th>项目</th><th colspan="4">质 量 指 标</th></tr>
<tr><td>弯曲度</td><td colspan="4">平面钢化玻璃的弯曲度，弓形时应不超过 0.3%，波形时应不超过 0.2%</td></tr>
<tr><td>抗冲击性</td><td colspan="4">取 6 块钢化玻璃试样进行试验，试样破坏数不超过 1 块为合格，多于或等于 3 块为不合格。破坏数为 2 块时，再另取 6 块进行试验，6 块必须全部不被破坏为合格</td></tr>
<tr><td rowspan="6">碎片状态</td><td colspan="4">取 4 块钢化玻璃试样进行试验，每块试样在 50mm×50mm 区域内的最少碎片数</td></tr>
<tr><td>玻璃品种</td><td>公称厚度/mm</td><td>最少碎片数/片</td><td>备　注</td></tr>
<tr><td rowspan="3">平面钢化玻璃</td><td>3</td><td>30</td><td rowspan="4">允许有少量长条形碎片，其长度不超过 75mm</td></tr>
<tr><td>4～12</td><td>40</td></tr>
<tr><td>≥15</td><td>30</td></tr>
<tr><td>曲面钢化玻璃</td><td>≥4</td><td>30</td></tr>
<tr><td>霰弹袋冲击性能</td><td colspan="4">取 4 块平面钢化玻璃试样进行试验，必须符合下列①和②中任意一条的规定
①玻璃破碎时，每块试样的最大 10 块碎片质量的总和不得超过相当于试样 65cm² 面积的质量，保留在框内的任何无贯穿裂纹的玻璃碎片的长度不能超过 120mm
②霰弹袋下落高度为 1200mm 时，试样不破坏</td></tr>
<tr><td>表面应力</td><td colspan="4">钢化玻璃的表面应力不应小于 90MPa。以制品为试样，取 3 块试样进行试验，当全部符合规定为合格，2 块试样不符合则为不合格，当 2 块试样符合时，再追加 3 块试样，如果 3 块全部符合规定，则为合格</td></tr>
</table>

续表 3.6.5.7

项目	质量指标
耐热冲击性能	钢化玻璃应耐 200℃温差不破坏。取 4 块试样进行试验，当 4 块试样全部符合规定时，认为该项性能合格。当有 2 块以上不符合时，则认为不合格。当有 1 块不符合时，重新追加 1 块试样，如果它符合规定，则认为该项性能合格。当有 2 块不符合时，则重新追加 4 块试样，全部符合规定时则为合格

3.6.6 夹层玻璃——建筑用安全玻璃(GB 15763.3—2009)

夹层玻璃是玻璃或塑料等材料，用中间层分隔并通过处理使其黏合为一体的复合材料的统称。适用于高层建筑门窗、工业厂房门窗、高压设备观察窗、飞机和汽车风窗及防弹车辆、水下工程、动物园猛兽展览窗、银行等处。

3.6.6.1 夹层玻璃的分类

分类方法	类型
按形状分	平面夹层玻璃；曲面夹层玻璃
按霰弹袋冲击性能分	Ⅰ类夹层玻璃；Ⅱ-1 夹层玻璃；Ⅱ-2 夹层玻璃；Ⅲ类夹层玻璃

3.6.6.2 夹层玻璃的外观质量

<table>
<tr><td rowspan="7">可视区缺陷</td><td rowspan="7">允许点状缺陷数</td><td colspan="3">缺陷尺寸 λ(mm)</td><td>0.5<λ≤1.0</td><td colspan="4">1.0<λ≤3.0</td></tr>
<tr><td colspan="3">板面面积 S(m²)</td><td>S 不限</td><td>S≤1</td><td>1<S≤2</td><td>2<S≤8</td><td>S>8</td></tr>
<tr><td rowspan="4">允许的缺陷数(个)</td><td rowspan="4">玻璃层数</td><td>2 层</td><td rowspan="4">不得密集存在</td><td>1</td><td>2</td><td>1.0(m²)</td><td>1.2(m²)</td></tr>
<tr><td>3 层</td><td>2</td><td>3</td><td>1.5(m²)</td><td>1.8(m²)</td></tr>
<tr><td>4 层</td><td>3</td><td>4</td><td>2.0(m²)</td><td>2.4(m²)</td></tr>
<tr><td>≥5 层</td><td>4</td><td>5</td><td>2.5(m²)</td><td>3.0(m²)</td></tr>
<tr><td colspan="8">注：1. ≤0.5mm 的缺陷不予以考虑，不允许出现大于 3mm 的缺陷。
2. 当出现下列情况之一时，视为密集存在：
a. 两层玻璃时，出现 4 个或 4 个以上的缺陷，且彼此相距<200mm；
b. 三层玻璃时，出现 4 个或 4 个以上的缺陷，且彼此相距<180mm；
c. 四层玻璃时，出现 4 个或 4 个以上的缺陷，且彼此相距<150mm；
d. 五层以上玻璃时，出现 4 个或 4 个以上的缺陷，且彼此相距<100mm。
3. 单层中间层单层厚度大于 2mm 时，上表允许缺陷数总数增加 1。</td></tr>
</table>

续表 3.6.6.2

<table>
<tr><td rowspan="3">允许的线状缺陷数</td><td colspan="2">缺陷尺寸(长度 L,宽度 B)(mm)</td><td>$L \leqslant 30$ 且 $B \leqslant 0.2$</td><td colspan="3">$L > 30$ 或 $B > 0.2$</td></tr>
<tr><td colspan="2">玻璃面积(S)(m^2)</td><td>S 不限</td><td>$S \leqslant 5$</td><td>$5 < S \leqslant 8$</td><td>$8 < S$</td></tr>
<tr><td colspan="2">允许缺陷数(个)</td><td>允许存在</td><td>不允许</td><td>1</td><td>2</td></tr>
<tr><td rowspan="3">可视区缺陷</td><td>周边区缺陷</td><td colspan="5">使用时装有边框的夹层玻璃周边区域,允许直径不超过 5mm 的点状缺陷存在;如点状缺陷是气泡,气泡面积之和不应超过边缘区面积的 5%
使用时不带边框夹层玻璃的周边区缺陷,由供需双方商定</td></tr>
<tr><td>裂口、脱胶、皱痕和条纹</td><td colspan="5">不允许存在</td></tr>
<tr><td>爆边</td><td colspan="5">长度或宽度不得超过玻璃的厚度</td></tr>
</table>

3.6.6.3 夹层玻璃的尺寸允许偏差

<table>
<tr><td rowspan="2"></td><td rowspan="2">公称尺寸
(边长 L)</td><td rowspan="2">公称厚度≤8</td><td colspan="2">公称厚度>8</td></tr>
<tr><td>每块玻璃公称厚度<10</td><td>至少一块玻璃公称厚度≥10</td></tr>
<tr><td rowspan="5">长度和宽度允许偏差(mm)</td><td>$L \leqslant 1100$</td><td>+2.0
−2.0</td><td>+2.5
−2.0</td><td>+3.5
−2.5</td></tr>
<tr><td>$1100 < L \leqslant 1500$</td><td>+3.0
−2.0</td><td>+3.5
−2.0</td><td>+4.5
−3.0</td></tr>
<tr><td>$1500 < L \leqslant 2000$</td><td>+3.0
−2.0</td><td>+3.5
−2.0</td><td>+5.0
−3.5</td></tr>
<tr><td>$2000 < L \leqslant 2500$</td><td>+4.5
−2.5</td><td>+5.0
−3.0</td><td>+6.0
−4.0</td></tr>
<tr><td>$L > 2500$</td><td>+5.0
−3.0</td><td>+5.5
−3.5</td><td>+6.5
−4.5</td></tr>
<tr><td rowspan="3">最大允许叠差</td><td colspan="4">长度或宽度 L</td></tr>
<tr><td>$L < 1000$</td><td>$1000 \leqslant L < 2000$</td><td>$2000 \leqslant L < 4000$</td><td>$L \geqslant 4000$</td></tr>
<tr><td>2.0</td><td>3.0</td><td>4.0</td><td>6.0</td></tr>
<tr><td>厚度(mm)</td><td colspan="4">①干法夹层玻璃厚度偏差:干法夹层玻璃的厚度偏差,不能超过构成夹层玻璃的原片厚度允许偏差和中间层材料厚度允许偏差总和。中间层的总厚度<2mm时,不考虑中间层的厚度偏差;中间层总厚度≥2mm 时,其厚度允许偏差为±0.2mm
②湿法夹层玻璃厚度偏差:湿法夹层玻璃的厚度偏差,不能超过构成夹层玻璃的原片厚度允许偏差和中间层材料厚度允许偏差的总和。湿法中间层厚度允许偏差应符合以下规定</td></tr>
</table>

续表 3.6.6.3

厚度(mm)	中间层厚度 d	$d<1$	$1\leqslant d<2$	$2\leqslant d<3$	$d\geqslant 3$
	允许偏差 δ	±0.4	±0.5	±0.6	±0.7
	注:对于三层原片以上(含三层)制品、原片材料总厚度超过 24mm 及使用钢化玻璃作为原片时,其厚度允许偏差由供需双方商定。				
对角线差	矩形夹层玻璃制品,长边长度不大于 2400mm 时,对角线差不得大于 4mm;长边长度大于 2400mm 时,对角线差由供需双方商定				

3.6.7 热反射镀膜玻璃

3.6.7.1 热反射镀膜玻璃的性能

颜色	膜系列	可见光			太阳能	
		透射率(%)	反射率(%)		透射率(%)	反射率(%)
			室外	室内		
银	SS-8	8	38	35	6	33
	SS-14	14	29	33	10	24
	SS-20	20	23	32	16	18
银灰	SC-8	8	36	42	7	3
	SC-14	14	30	38	12	24
	SC-20	20	22	33	18	18
	SC-32	32	12	24	29	10
金	SG-10	10	21	31	8	21
土黄	TE-10	10	19	27	6	21
	TE-15	15	23	32	10	23
银蓝	TS-20	20	21	32	13	19
蓝	TS-30	30	15	28	22	18
	TS-40	40	10	24	30	10
金	CG-8	8	51	59	4	49
	CG-14	14	44	52	7	44
	CG-20	20	35	44	10	39
银	CS-8	8	47	39	6	41
	CS-14	14	37	35	9	35

续表 3.6.7.1

颜色	膜系列	可见光			太阳能	
		透射率（%）	反射率（%）		透射率（%）	反射率（%）
			室 外	室 内		
绿	GN-8	8	33	44	8	28
	GN-14	14	25	41	11	16
柔蓝	PB-8	8	30	43	9	22
	PB-14	14	22	42	13	18
	PB-20	20	17	38	17	13
	PB-35	35	6	41	31	7
浅棕	LB-8	8	34	39	7	28
	LB-14	14	26	38	12	22
	LB-20	20	21	30	18	17
	LB-35	35	13	21	28	12
深棕	D-8	8	29	40	6	26
	DB-14	14	21	41	12	20
	DB-20	20	19	34	16	17
	DB-35	35	11	26	28	10

颜色	膜系列	U值				遮阳系数	相对增热	
		冬季夜晚		夏季白天				
		英制	公制	英制	公制		英制	公制
银	SS-8	0.90	5.11	0.89	5.05	0.23	60	189
	SS-14	0.93	5.28	0.92	5.22	0.29	72	227
	SS-20	0.97	5.51	0.96	5.45	0.37	89	281
银灰	SC-8	0.87	4.94	0.85	4.83	0.24	62	196
	SC-14	0.93	5.28	0.92	5.22	0.30	74	223
	SC-20	0.98	5.56	0.97	5.51	0.39	93	293
	SC-32	1.07	6.08	1.06	6.02	0.52	120	378
金	SG-10	0.91	5.17	0.91	5.17	0.28	70	221
土黄	TE-10	0.89	5.05	0.89	5.05	0.26	65	205
	TE-15	0.93	5.28	0.92	5.22	0.29	72	227
银蓝	TS-20	0.95	5.39	0.94	5.34	0.33	80	252
蓝	TS-30	1.03	5.85	1.02	5.79	0.43	101	319
	TS-40	1.06	6.02	1.04	5.91	0.53	122	385
金	CG-8	见注 6						
	CG-14							
	CG-20							

续表 3.6.7.1

颜色	膜系列	U值				遮阳系数	相对增热	
		冬季夜晚		夏季白天				
		英制	公制	英制	公制		英制	公制
银	CS-8	见注 6						
	CS-14							
绿	GN-8							
	GN-14							
柔蓝	PB-8	0.87	4.95	0.88	4.97	0.28	69	
	PB-14	0.91	5.14	0.92	5.20	0.34	81	
	PB-20	0.94	5.34	0.96	5.43	0.40	93	
	PB-35	1.02	5.77	1.03	5.86	0.55	125	
浅棕	LB-8	0.87	4.91	0.86	4.90	0.25	62	
	LB-14	0.92	5.24	0.93	5.29	0.32	78	
	LB-20	0.95	5.40	0.96	5.46	0.40	93	
	LB-35	1.01	5.74	1.02	5.81	0.51	116	
深棕	D-8	0.85	4.85	0.85	4.85	0.24	62	
	DB-14	0.91	5.14	0.91	5.19	0.32	78	
	DB-20	0.95	5.30	0.95	5.37	0.37	89	
	DB-35	1.03	5.74	1.03	5.83	0.51	118	

注:1. 本表“膜系列”一栏中,第一字母代表镀膜产品系列,第二字母代表颜色,第三、四数字是指可见光透过率。

2. U值是由于室内外温差而发生热传导的总传热系数。在一定时间内和一定温差下,U值越低,传递的热量就越少。其计量单位中,英制单位为 $BTU/Hr/Ft^2/℉$,公制单位为 $W/m^2/K$。

3. 冬季夜晚的U值是在没有阳光的夜晚,室外温度为17.8℃(0℉),风速15英里(1英里=1.6×10^3m)/h,室内温度21℃(70℉)时计算得出的。

4. 夏季白天的U值是在室外气温为32℃(90℉),风速7.5英里/h,室内温度24℃(75℉),日照强度为 $250BTU/Hr/Ft^2$ 时计算得出的。

5. 单色C系镀膜层的光学参数仅供参考,此类玻璃必须用于中空玻璃。

6. 安装时玻璃带色面称#1面,应朝外;镀膜面称#2面,应朝内。见下图。

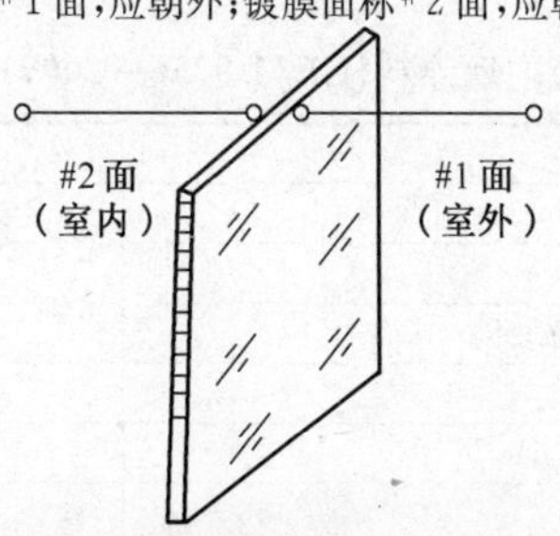

热反射镀膜玻璃安装示意图

3.6.7.2 热反射镀膜玻璃外观质量

项目	外观质量	等级划分		
		优等品	一等品	合格品
针眼	直径≤1.2mm	不允许集中	集中的每平方米允许2处	—
	1.2mm<直径≤1.6mm 每平方米允许处数	中部不允许 75mm边部3处	不允许集中	—
	1.6mm<直径≤2.5mm 每平方米允许处数	不允许	75mm边部4处 中部2处	75mm边部8处 中部3处
	直径>2.5mm	不允许		—
斑纹		不允许		—
斑点	1.6mm<直径≤5.0mm 每平方米允许处数	不允许	4	8
划伤	0.1mm≤宽度≤0.3mm 每平方米允许处数	长度≤50mm 4	长度≤100mm 4	不限
	宽度<0.3mm 每平方米允许处数	不允许	宽度<0.4mm 长度≤100mm 1	宽度<0.8mm 长度<100mm 2

注：表中针眼(孔洞)是指在直径100mm面积内超过20个针眼为集中。

3.7 建筑用涂料

3.7.1 内墙涂料

3.7.1.1 合成树脂乳液内墙涂料(GB/T 9756—2009)的技术要求

	项目	指标
内墙底漆	容器中状态	无硬块，搅拌后呈均匀状态
	施工性	刷涂无障碍
	低温稳定性(3次循环)	不变质
	涂膜外观	正常
	干燥时间(表干)(h)≤	2
	耐碱性(24h)	无异常
	泛碱性(48h)	无异常

续表 3.7.1.1

	项　　目	优等品	一等品	合格品
内墙面漆	容器中状态	无硬块，搅拌后呈均匀状态		
	施工性	刷涂二道无障碍		
	低温稳定性(3次循环)	不变质		
	干燥时间(表干)(h) ≤	2		
	涂膜外观	正常		
	对比率(白色和浅色) ≥	0.95	0.93	0.90
	耐碱性(24h)	无异常		
	耐洗刷性/次 ≥	1000	500	200

3.7.1.2 聚乙烯醇缩甲醛内墙涂料性能

性能项目	指　　标
黏度〔B_4,(25±2)℃〕	大于75s
含固量	32%～34%
附着力(1m/m 划格法)	100%
耐水性(浸水24h)	无变化
遮盖力(黑白格)	小于300g/m^2
洗涤性(日本试验机)	100次无变化
干燥时间(20±2)℃	1h
耐热性(85℃,5h)	无发黏、开裂、脱粉
弹性	马口铁对折不裂

3.7.1.3 多彩花纹内墙涂料产品技术性能

	项　　目	技术指标
涂料	容器中状态	搅拌后呈均匀状态，无结块
	黏度(25℃)KUB法	80～100
	不挥发物含量(%)，不小于	19
	施工性	喷涂无困难
	贮存稳定性(d)	180(0～30℃)

续表 3.7.1.3

<table>
<tr><th colspan="2">项　　目</th><th>技术指标</th></tr>
<tr><td rowspan="5">涂膜</td><td>实干时间(h),不大于</td><td>24</td></tr>
<tr><td>涂膜外观</td><td>与样本无明显差别</td></tr>
<tr><td>耐水性(去离子水 96h)</td><td>不起泡、不掉粉,允许轻微失光和变色</td></tr>
<tr><td>耐碱性〔饱和 $Ca(OH_2)$溶液 48h〕</td><td>不起泡,不掉粉,允许轻微失光和变色</td></tr>
<tr><td>耐洗刷性(次),不小于</td><td>300</td></tr>
</table>

3.7.2 外墙涂料

3.7.2.1 砂壁状建筑涂料产品技术性能

<table>
<tr><th colspan="3">项　　目</th><th>性能指标</th></tr>
<tr><td rowspan="4">涂料</td><td colspan="2">容器中状态</td><td>涂料颜色必须均匀,不能有凝聚、结块和变质</td></tr>
<tr><td colspan="2">骨料沉降性(%),不大于</td><td>10</td></tr>
<tr><td rowspan="2">涂料贮存稳定性</td><td>(50±2)℃</td><td>一个月无结块、无凝聚、无发霉,组成物无变化</td></tr>
<tr><td>(−5±1)℃</td><td>三次循环无结块、无凝聚,组成物无变化</td></tr>
<tr><td rowspan="9">涂膜</td><td colspan="2">涂层干燥时间(h),不大于</td><td>1</td></tr>
<tr><td colspan="2">粘结强度(MPa),大于</td><td>0.69</td></tr>
<tr><td colspan="2">涂层加速耐候性</td><td>人工老化 500h 涂层无裂纹、剥落、起泡、粉化,无明显变色</td></tr>
<tr><td colspan="2">涂层颜色及外观</td><td>颜色及外观与样本相比无明显差别</td></tr>
<tr><td colspan="2">涂层耐沾污率(%)(5 次沾污后不在于)</td><td>45</td></tr>
<tr><td colspan="2">涂层耐冻融循环性(10 次循环后)</td><td>涂层无裂纹、起泡、剥落,和留底试板相比较颜色和光泽无明显变化</td></tr>
<tr><td colspan="2">涂层耐洗刷性(1000 次洗刷后)</td><td>无变化</td></tr>
<tr><td colspan="2">涂层耐水性〔(23±2)℃,浸泡 300h〕</td><td>涂层无裂纹、起泡、剥落,软化物析出和未浸水部分相比颜色、光泽变化不明显</td></tr>
<tr><td colspan="2">涂层耐碱性〔(23±2)℃饱和氢氧化钙溶液,浸泡 300h〕</td><td>涂层无裂纹、起泡、剥落,软化物析出和未浸泡部分相比颜色、光泽变化不明显</td></tr>
</table>

3.7.2.2　复层涂料的理化性能要求

<table>
<tr><th colspan="3" rowspan="2">项　目</th><th colspan="3">指　标</th></tr>
<tr><th>优等品</th><th>一等品</th><th>合格品</th></tr>
<tr><td colspan="3">容器中状态</td><td colspan="3">无硬块，呈均匀状态</td></tr>
<tr><td colspan="3">涂膜外观</td><td colspan="3">无开裂、无明显针孔、无气泡</td></tr>
<tr><td colspan="3">低温稳定性</td><td colspan="3">不结块、无组成物分离、无凝聚</td></tr>
<tr><td colspan="3">初期干燥抗裂性</td><td colspan="3">无裂纹</td></tr>
<tr><td rowspan="5">粘结强度
(MPa)</td><td rowspan="3">标准状态≥</td><td>RE</td><td colspan="3">1.0</td></tr>
<tr><td>E、Si</td><td colspan="3">0.7</td></tr>
<tr><td>CE</td><td colspan="3">0.5</td></tr>
<tr><td rowspan="2">浸水后　≥</td><td>RE</td><td colspan="3">0.7</td></tr>
<tr><td>E、Si、CE</td><td colspan="3">0.5</td></tr>
<tr><td colspan="3">涂层耐温变性(5 次循环)</td><td colspan="3">不剥落、不起泡、无裂纹、无明显变色</td></tr>
<tr><td colspan="2" rowspan="2">透水性(mL)</td><td>A 型　<</td><td colspan="3">0.5</td></tr>
<tr><td>B 型　<</td><td colspan="3">2.0</td></tr>
<tr><td colspan="3">耐冲击性</td><td colspan="3">无裂纹、剥落及明显变形</td></tr>
<tr><td colspan="2" rowspan="2">耐沾污性(白色和浅色)(%)</td><td>平状/%　≤</td><td>15</td><td>15</td><td>20</td></tr>
<tr><td>立体状(级)　≤</td><td>2</td><td>2</td><td>3</td></tr>
<tr><td colspan="2" rowspan="4">耐候性(白色和浅色)</td><td>老化时间(h)</td><td>600</td><td>400</td><td>250</td></tr>
<tr><td>外观</td><td colspan="3">不起泡、不剥落、无裂纹</td></tr>
<tr><td>粉化(级)　≤</td><td colspan="3">1</td></tr>
<tr><td>变色(级)　≤</td><td colspan="3">2</td></tr>
</table>

3.7.2.3　合成树脂乳液外墙涂料产品技术性能

项　目	性 能 指 标
容器中的状态	无硬块，搅拌后呈均匀状态
固体含量(%)，不少于	45
低温稳定性(−5±1℃)	三次循环无结块、凝聚，组成物无变化
遮盖力(g/m²)，不大于	250
涂膜颜色及外观	符合标准样板，在其色差范围内，涂膜平整

续表 3.7.2.3

项目	性能指标
干燥时间(h),表干,不大于	2
耐洗刷性,1000 次	涂层不露底
耐水性,240h	涂层不起泡,不掉粉,允许轻微变色和失光
耐碱性,240h	涂层不起泡,不掉粉,允许轻微变色和失光
耐冻融循环性,10 次	涂层无粉化,不起鼓,不开裂,不剥落
耐沾污率(%),5 次,不大于	30
加速耐候性,250h	涂层不起泡、不剥落、无裂纹,变色不大于 2 级,粉化不大于 1 级

3.7.2.4 溶剂型建筑外墙涂料产品技术性能

项目		指标		
		优等品	一等品	合格品
容器中状态		无硬块,搅拌后呈均匀状态		
施工性		刷涂二道无障碍		
低温稳定性		不变质		
干燥时间(表干)(h)		2		
涂膜外观		正常		
对比率(白色和浅色) ≥		0.93	0.90	0.87
耐水性		168h 无异常		
耐碱性		48h 无异常		
耐洗刷性(次) ≥		5000	3000	2000
耐人工气候老化性	白色和浅色	1000h 不起泡、不剥落、无裂纹	500h 不起泡、不剥落、无裂纹	300h 不起泡、不剥落、无裂纹
	粉化/级 ≤	1		
	变色/级 ≤	2		
	其他色	商定		
耐沾污性(白色和浅色)(%) ≤		10	10	15
涂层耐温变性(5 次循环)		无异常		

3.7.3 防火涂料

3.7.3.1 饰面型防火涂料的技术要求

<table>
<tr><th colspan="2">项　目</th><th>技术指标</th><th>缺陷类别</th></tr>
<tr><td rowspan="3">一般要求</td><td>原料</td><td>不宜用有害人体健康的原料和溶剂</td><td rowspan="3"></td></tr>
<tr><td>颜色</td><td>可根据 GB/T 3181 的规定,也可由制造者与用户协商确定</td></tr>
<tr><td>施工</td><td>可用刷涂、喷涂、辊涂和刮涂中任何一种或多种方法方便地施工,能在通常自然环境条件下干燥、固化。成膜后表面无明显凹凸或条痕,没有脱粉、气泡、龟裂、斑点等现象,能形成平整的饰面</td></tr>
<tr><td colspan="2">在容器中的状态</td><td>无结块,搅拌后呈均匀状态</td><td>C</td></tr>
<tr><td colspan="2">细度(μm)</td><td>≤90</td><td>C</td></tr>
<tr><td rowspan="2">干燥时间</td><td>表干(h)</td><td>≤5</td><td rowspan="2">C</td></tr>
<tr><td>实干(h)</td><td>≤24</td></tr>
<tr><td colspan="2">附着力(级)</td><td>≤3</td><td>A</td></tr>
<tr><td colspan="2">柔韧性(mm)</td><td>≤3</td><td>B</td></tr>
<tr><td colspan="2">耐冲击性(cm)</td><td>≥20</td><td>B</td></tr>
<tr><td colspan="2">耐水性(h)</td><td>经 24h 试验,不起皱,不剥落,起泡在标准状态下 24h 能基本恢复,允许轻微失光和变色</td><td>B</td></tr>
<tr><td colspan="2">耐湿热性(h)</td><td>经 48h 试验,涂膜无起泡、无脱落,允许轻微失光和变色</td><td>B</td></tr>
<tr><td colspan="2">耐燃时间(min)</td><td>≥15</td><td>A</td></tr>
<tr><td colspan="2">火焰传播比值</td><td>≤25</td><td>A</td></tr>
<tr><td colspan="2">质量损失(g)</td><td>≤5.0</td><td>A</td></tr>
<tr><td colspan="2">炭化体积(cm^3)</td><td>≤25</td><td>A</td></tr>
</table>

3.7.3.2 室内钢结构防火涂料的技术性能

<table>
<tr><th rowspan="2">检验项目</th><th colspan="3">技术指标</th><th rowspan="2">缺陷分类</th></tr>
<tr><th>NCB</th><th>NB</th><th>NH</th></tr>
<tr><td>在容器中的状态</td><td>经搅拌后呈均匀细腻状态,无结块</td><td>经搅拌后呈均匀液态或稠厚流体状态,无结块</td><td>经搅拌后呈均匀稠厚流体状态,无结块</td><td>C</td></tr>
</table>

续表 3.7.3.2

<table>
<tr><th colspan="2" rowspan="2">检验项目</th><th colspan="3">技术指标</th><th rowspan="2">缺陷分类</th></tr>
<tr><th>NCB</th><th>NB</th><th>NH</th></tr>
<tr><td colspan="2">干燥时间(表干)(h)</td><td>≤8</td><td>≤12</td><td>≤24</td><td>C</td></tr>
<tr><td colspan="2">外观与颜色</td><td colspan="2">涂层干燥后,外观与颜色同样品相比应无明显差别</td><td>—</td><td>C</td></tr>
<tr><td colspan="2">初期干燥抗裂性</td><td>不应出现裂纹</td><td>允许出现 1～3 条裂纹,其宽度应≤0.5mm</td><td>允许出现 1～3 条裂纹,其宽度应≤1mm</td><td rowspan="2">B</td></tr>
<tr><td colspan="2">粘结强度(MPa)</td><td>≥0.20</td><td>≥0.15</td><td>≥0.04</td></tr>
<tr><td colspan="2">抗压强度(MPa)</td><td>—</td><td>—</td><td>≥0.3</td><td>C</td></tr>
<tr><td colspan="2">干密度(kg/m³)</td><td>—</td><td>—</td><td>≤500</td><td>C</td></tr>
<tr><td colspan="2">耐水性(h)</td><td colspan="3">≥24 涂层应无起层、发泡、脱落现象</td><td>B</td></tr>
<tr><td colspan="2">耐冷热循环性(次)</td><td colspan="3">≥15 涂层应无开裂、剥落、起泡现象</td><td>B</td></tr>
<tr><td rowspan="2">耐火性能</td><td>涂层厚度(mm) ≤</td><td>2.00±0.20</td><td>5.0±0.5</td><td>25±2</td><td rowspan="2">A</td></tr>
<tr><td>耐火极限(以I36b或I40b标准工字钢梁作基材)(h) ≥</td><td>1.0</td><td>1.0</td><td>2.0</td></tr>
</table>

注:裸露钢梁耐火极限为 15min(I36b、I40b 验证数据),作为表中 0mm 涂层厚度耐火极限基础数据。

3.7.3.3 室外钢结构防火涂料的技术性能

<table>
<tr><th rowspan="2">检验项目</th><th colspan="3">技术指标</th><th rowspan="2">缺陷分类</th></tr>
<tr><th>WCB</th><th>WB</th><th>WH</th></tr>
<tr><td>在容器中的状态</td><td>轻搅拌后呈细腻状态,无结块</td><td>经搅拌后呈均匀液态或稠厚流体状态,无结块</td><td>经搅拌后呈均匀稠厚流体状态,无结块</td><td>C</td></tr>
<tr><td>干燥时间(表干)(h)</td><td>≤8</td><td>≤12</td><td>≤24</td><td>C</td></tr>
<tr><td>外观与颜色</td><td colspan="2">涂层干燥后,外观与颜色同样品相比应无明显差别</td><td>—</td><td>C</td></tr>
</table>

续表 3.7.3.3

检验项目		技术指标			缺陷分类
		WCB	WB	WH	
初期干燥抗裂性		不应出现裂纹	允许出现 1～3 条裂纹，其宽度应≤0.5mm	允许出现 1～3 条裂纹。其宽度应≤1mm	C
粘结强度(MPa)		≥0.20	≥0.15	≥0.04	B
抗压强度(MPa)		—	—	≥0.5	C
干密度(kg/m^3)		—	—	≤650	C
耐曝热性(h)		≥720 涂层应无起层、脱落、空鼓，开裂现象			B
耐湿热性(h)		≥504 涂层应无起层、脱落现象			B
耐冻融循环性(次)		≥15 涂层应无开裂、脱落、起泡现象			B
耐酸性(h)		≥360 涂层应无起层、脱落、开裂现象			B
耐碱性(h)		≥360 涂层应无起层、脱落、开裂现象			B
耐盐雾腐蚀性(次)		≥30 涂层应无起泡、明显的变质、软化现象			B
耐火性能	涂层厚度(mm) ≤	2.00±0.20	5.0±0.5	25±2	A
耐火性能	耐火极限(以 I36h 或 I40b 标准工字钢梁作基材)(h) ≥	1.0	1.0	2.0	A

注：裸露钢梁耐火极限为 15min(I36b、I40b 验证数据)，作为表中 0mm 涂层厚度耐火极限基础数据。耐久性项目(耐曝热性、耐湿热性、耐冻融循环性、耐酸性、耐碱性、耐盐雾腐蚀性)的技术要求除表中规定外，还应满足附加耐火性能的要求，方能判定该对应项性能合格。耐酸性和耐碱性可仅进行其中一项测试。

3.7.4 其他建筑涂料

3.7.4.1 弹性建筑涂料的技术要求

项目	技术指标	
	外墙	内墙
容器中的状态	搅拌混合后无硬块，呈均匀状态	

续表 3.7.4.1

项目		技术指标	
		外墙	内墙
施工性		施工无障碍	
涂膜外观		正常	
干燥时间(表干)(h) ≤		2	
对比率(白色和浅色) ≥		0.90	0.93
低温稳定性		不变质	
耐碱性		48h 无异常	
耐水性		96h 无异常	—
耐洗刷性(次) ≥		2000	1000
耐人工老化性(白色或浅色)		400h 不起泡、不剥落、无裂纹,粉化≤1级;变色≤2级	—
涂层耐温变性(5次循环)		无异常	—
耐沾污性(白色和浅色)(%) <		30	—
拉伸强度(MPa) ≥	标准状态下	1.0	1.0
断裂伸长率(%) ≥	标准状态下	200	150
	−10℃	40	—
	热处理	100	80

注:根据 JGJ 75 的划分,在夏热冬暖地区使用,指标为0℃时的断裂伸长率≥40%。

3.7.4.2 外墙无机建筑涂料的技术指标

项目	技术指标
容器中的状态	搅拌混合后无结块,呈均匀状态
施工性	刷涂二道无障碍
涂膜外观	正常
对比率(白色和浅色) ≥	0.95
热储存稳定性(30d)	无结块、凝聚、霉变现象
低温储存稳定性(3次)	无结块、凝聚现象
干燥时间(表干)(h) ≤	2

续表 3.7.4.2

项目		技术指标
耐洗刷性/次 ≥		1000
耐水性(168h)		无起泡、裂纹、剥落，允许轻微掉粉
耐碱性(168h)		无起泡、裂纹、剥落，允许轻微掉粉
耐温变性(10 次)		无起泡、裂纹、剥落，允许轻微掉粉
耐沾污性(%) ≤	Ⅰ	20
	Ⅱ	15
耐人工老化性(白色或浅色)	Ⅰ 800h	无起泡、裂纹、剥落，粉化≤1 级；变色≤2 级
	Ⅱ 500h	无起泡、裂纹、剥落，粉化≤1 级；变色≤2 级

3.7.4.3 硅酸盐复合绝热涂料的技术性能指标

项目名称		技术指标		
		A 等级	B 等级	C 等级
外观质量		色泽均匀一致黏稠状浆体		
浆体密度(kg/m^3)		≤1000		
浆体 pH 值		9～11		
干密度(kg/m^3)		≤180	≤220	≤280
体积收缩率(%)		≤15.0	≤20.0	≤20.0
抗拉强度(kPa)		≥100		
粘结强度(kPa)		≥25		
热导率[W/(m·K)]	平均温度 350℃±5℃时	≤0.10	≤0.11	≤0.12
	平均温度 70℃±2℃时	≤0.05	≤0.07	≤0.08
高温后抗拉强度(600℃恒温 4h)(kPa)		≥50		
憎水型涂料的憎水率(%)		≥98		
对奥氏体不锈钢的腐蚀性		应符合 GB/T 17393 的要求		

3.7.4.4 建筑反射隔热涂料的技术性能指标

隔热性能	项目	指标	
		WM 型	WQ 型
	太阳光反射比(白色)①	≥0.80	

续表 3.7.4.4

项目		指标	
		WM 型	WQ 型
隔热性能	半球发射率①	≥0.80	
	隔热温差(℃)	≥10	
	隔热温差衰减(白色)(℃)	根据不同工程,由设计确定	≤12
	①太阳光反射比和半球发射率在建筑反射隔热涂料热工计算中的应用参见 JG/T 235—2008 附录 A		
其他	有防水要求时,屋面反射隔热涂料还应符合 GB 50345 规定的技术要求,且耐人工气候老化性应符合 GB/T 9755 中优等品的要求		
	外墙反射隔热涂料还应符合 GB/T 9755 或 GB/T 9757 或 HG/T 3792 或 JG/T 172 规定的技术要求		

3.7.4.5 水性建筑外表面用热反射隔热涂料的技术要求

项目		指标	
		W	S
容器中状态		搅拌后无硬块、凝聚,呈均匀状态	
施工性		刷涂二道无障碍	
涂膜外观		无针孔、流挂,涂膜均匀	
低温稳定性		无硬块、凝聚及分离	—
干燥时间(表干)(h)		≤2	
耐碱性		48h 无异常	
耐水性		90h 无异常	168h 无异常
耐洗刷性		2000 次	5000 次
耐沾污性(白色和浅色①)(%)		<20	<10
涂层耐温变性(5 次循环)		无异常	
太阳反射比(白色)		≥0.83	
半球发射率		≥0.85	
耐弯曲性(mm)		—	≤2
拉伸性能	拉伸强度(MPa)	≥1.0	—
	断裂伸长率(%)	≥100	—

续表 3.7.4.5

项目		指标	
		W	S
耐人工气候老化性（W类400h，S类500h）	外观	不起泡、不剥落、无裂纹	
	粉化（级）	≤1	
	变色（白色和浅色①）（级）	≤2	
	太阳反射比（白色）	≥0.81	
	半球发射率	≥0.83	
不透水性②		0.3MPa，30min 不透水	—
水蒸气透湿率[g/(m²·s·Pa)]		$\geqslant 8.0\times10^{-8}$	—

①浅色是指以白色涂料为主要成分，添加适量色浆后配制成的浅色涂料形成的涂膜干燥后所呈现的浅颜色，按 GB/T 15608—1995 中 1.3.2 规定明度值为 6～9（三刺激值中的 YD65≥31.26）。

②附加要求，由供需双方协商。

注：仅对白色涂料的太阳反射比提出要求，浅色涂料太阳反射比由供需双方商定。

3.7.5 地坪涂装材料

地坪涂装材料用于涂装在水泥砂浆、混凝土等基面上，对地面起装饰、保护作用，以及具有特殊功能（防静电性、防滑性等）。

3.7.5.1 地坪涂装材料底涂要求

项目		指标		
		水性	无溶剂型	溶剂型
容器中状态		搅拌后无硬块、凝聚，呈均匀状态		
干燥时间（h）	表干 ≤	8	4	5
	实干 ≤	48	24	
耐碱性（48h）		漆膜完整，不起泡、不剥落，允许轻微变色		
附着力（级） ≤		1		

3.7.5.2 地坪涂装材料面涂基本性能要求

项目		指标		
		水性	溶剂型	无溶剂型
容器中状态		搅拌混合后均匀、无硬块		
漆膜外观		漆膜外观正常		
干燥时间(h)	表干 ≤	8	4	6
	实干 ≤	48	24	48
硬度	铅笔硬度(擦伤) ≥	H		—
	邵氏硬度(D型)	—		商定
附着力(级) ≤		1		—
拉伸粘结强度(MPa) ≥	标准条件	—		2.0
	浸水后	—		2.0
抗压强度①(MPa) ≥		—		45
耐磨性(750g/500r)/g ≤		0.060	0.030	
耐冲击性	Ⅰ级	500g钢球,高100cm,漆膜无裂纹、无剥落		
	Ⅱ级	1000g钢球,高100cm,漆膜无裂纹、无剥落		
防滑性(干摩擦系数) ≥		0.50		
耐水性(168h)		不起泡、不剥落,允许轻微变色,2h后恢复		
耐化学性	耐油性(120#溶剂汽油,72h)	不起泡、不剥落,允许轻微变色		
	耐碱性(20%NaOH,72h)	不起泡、不剥落,允许轻微变色		
	耐酸性(10%H_2SO_4,48h)	不起泡、不剥落,允许轻微变色		

①抗压强度仅适用于无溶剂型地坪涂装材料,对于高承载地面如停车场、工业厂房等应用场合,抗压强度的要求可由供需双方商定。

3.7.5.3 地坪涂装材料面涂特殊性能要求

项目		指标		
		水性	溶剂型	无溶剂型
流动度①(mm) ≥		—		140
防滑性②	干摩擦系数 ≥	0.70		
	湿摩擦系数 ≥			

续表 3.7.5.3

项目		指标		
		水性	溶剂型	无溶剂型
体积电阻，表面电阻[3]（Ω）	导静电型	$\geqslant 5\times10^4\sim1\times10^5$		
	静电耗散型	$\geqslant 1\times10^5\sim1\times10^6$		
拉伸粘结强度[4]（MPa）≥	热老化后	—		2.0
	冻融循环后	—		2.0
耐人工气候老化性[4]（400h）		不起泡、不剥落、无裂纹，粉化≤1级，$\Delta E\leqslant 6.0$		
燃烧性能[5]		商定		
耐化学性[6]（化学介质商定）		商定		

①仅适用于自流平地坪涂装材料。

②仅适用于使用场所为室外或潮湿环境的工作室和作业区域。

③仅适用于需防静电的场所。

④仅适用于户外场所。

⑤仅适用于对燃烧性能有要求的场所。

⑥仅适用于需接触高浓度酸、碱、盐等化学腐蚀性药品的场所。

3.8 门窗材料

3.8.1 木门窗(JG/T 122—2000)

3.8.1.1 普通木门窗用木材的质量要求

木材缺陷		门窗扇的立梃、冒头、中冒头	窗棂、压条、门窗及气窗的线脚、通风窗立梃	门心板	门窗框
活节	不计个数，直径(mm)	<15	<15	<15	<15
	计算个数，直径	≤材宽的1/3	≤材宽的1/3	≤30mm	≤材宽的1/3
	在1延米个数	≤3	≤2	≤3	≤5

续表 3.8.1.1

木材缺陷	门窗扇的立梃、冒头、中冒头	窗棂、压条、门窗及气窗的线脚、通风窗立梃	门心板	门窗框
死节	允许，计入活节总数	不允许	允许，计入活节总数	
髓心	不露出表面的，允许	不允许	不露出表面的，允许	
裂缝	深度及长度≤厚度及材长的1/5	不允许	允许可见裂缝	深度及长度≤厚度及材长的1/4
斜纹的斜率(%)	≤7	≤5	不限	≤12
油眼	非正面，允许			
其他	浪形纹理、圆形纹理、偏心及化学变色，允许			

3.8.1.2 高级木门窗用木材的质量要求

木材缺陷		木门扇的立梃、冒头、中冒头	窗棂、压条、门窗及气窗的线脚、通风窗立梃	门心板	门窗框
活节	不计个数，直径(mm)	<10	<5	<10	<10
	计算个数，直径	≤材宽的1/4	≤材宽的1/4	≤20mm	≤材宽的1/3
	任1延米个数	≤2	0	≤2	≤3
死节		允许，包括在活节总数中	不允许	允许，包括在活节总数中	不允许
髓心		不露出表面的，允许	不允许	不露出表面的，允许	
裂缝		深度及长度≤厚度及材长的1/6	不允许	允许可见裂缝	深度及长度≤厚度及材长的1/5
斜纹的斜率(%)		≤6	≤4	≤15	≤10
油眼		非正面，允许			
其他		浪形纹理、圆形纹理、偏心及化学变色，允许			

3.8.1.3 普通木门的种类和规格

名称		夹板门	镶纤维板门
适用范围		卧室、办公室、教室、厕所等建筑内门	卧室、办公室、教室等建筑内门
洞口	h(mm)	无亮：2000、2100；带亮：2400、2500、2700	无亮：2000、2100；带宽：2400、2500、2700
	b(mm)	700、800、900、1000	700、800、900、1000
简图		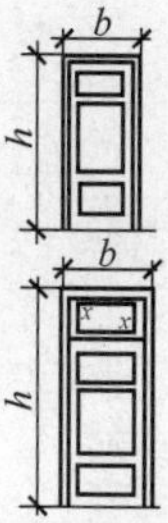	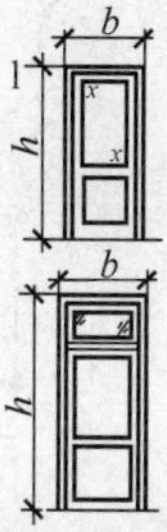

名称		镶木板门	半截玻璃门
适用范围		一般民用建筑内、外门及浴、厕门	有间接采光的内门，公用建筑内外门
洞口	h(mm)	无亮：2000、2100；带亮：2400、2500、2700	无亮：2000、2100；带亮：2400、2500、2700
	b(mm)	700、800、900、1000	800、900、1000
简图		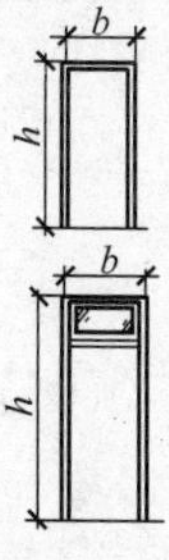	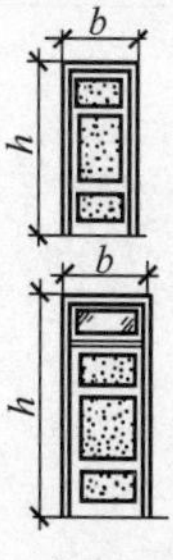

名称	拼板门	双扇门	弹簧门
适用范围	用于库房等	会议室、俱乐部、仓库等较大的房间	食堂、影剧院、礼堂等公用建筑正门

续表 3.8.1.3

名称		拼板门	双扇门	弹簧门
洞口	h(mm)	无亮：2100、2400；带亮：2700、3000	无亮：2100；带亮：2400、2500、2700、3000	无亮：2100；带亮：2500、2700、3000、3300
	b(mm)	900、1000	1200、1400、1600、1800、2100	双扇：1200、1400、1600、1800、2000 四扇：2400、2700、3000
简图		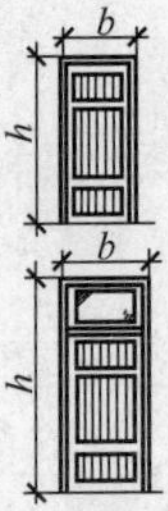	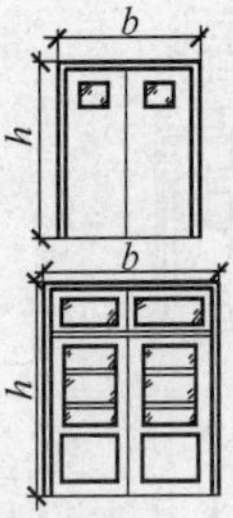	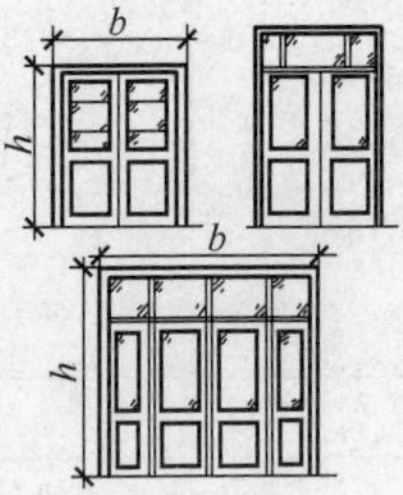

名称		推拉门	平开木大门
适用范围		工业厂房及仓库	工业厂房、汽车库、仓库等
洞口	h(mm)	单扇：2500～3000 双扇：2500～4200	2400～3300
	b(mm)	单扇：1400、1600 双扇：2400～3600	2100～3600
简图		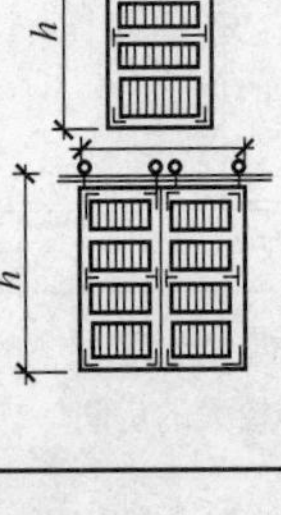	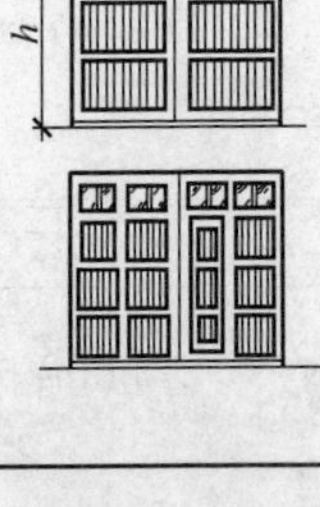

3.8.1.4 普通木窗的种类和规格

平 开 窗

类别	单扇	双扇	三扇	四扇
h(mm)	b(mm)			
	600	900、1200	1500、1800	2100、2400
600				
900 1200				
1400 1500 1600 1800	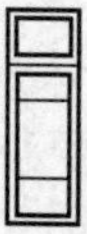		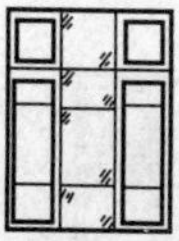	
2100 2400 2700		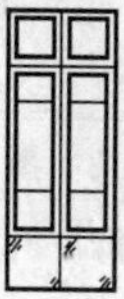		

中悬、立转窗

类别	单联	双联	三联
h(mm)	b(mm)		
	1200、1500	1800、2400	3000、3600
600 900 1200			
1800 2100 2400			

续表 3.8.1.4

中悬、立转窗			
类别	单联	双联	三联
h(mm)	b(mm)		
	1200、1500	1800、2400	3000、3600
2700 3000 3600			

其 他 窗				
类别	百叶窗	提拉窗	推拉窗	联门窗
b(mm)	600～1800	600	1200～1800	1500～2400
h(mm)	600～1200	1200～1500	1200～1800	2400～2700
	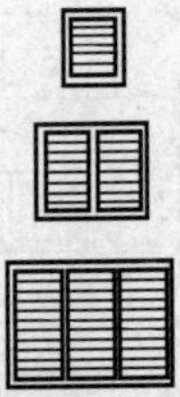			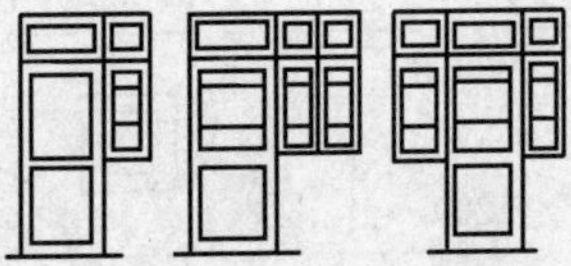

3.8.1.5 木门窗用材的含水率

(%)

零部件名称		Ⅰ(高)级	Ⅱ(中)级	Ⅲ(普)级
门窗框	针叶材	≤14	≤14	≤14
	阔叶材	≤12	≤14	≤14
拼接零件		≤10	≤10	≤10
门扇及其余零部件		≤10	≤12	≤12

注:南方高湿地区含水率的允许值可比表内规定加大1%。

3.8.1.6 木门窗用人造板的等级

材料名称	Ⅰ(高)级	Ⅱ(中)级	Ⅲ(普)级
胶合板	特、1	2、3	3
硬质纤维板	特、1	1、2	3
中密度纤维板	优、1	1、合格	合格
刨花板	A类优、1	A类1、2	A类2及B类

注:各种人造板包括硬质纤维板、中密度纤维板、胶合板、刨花板等应符合相应的国家标准及设计要求,见JG/T 122—2000附录A。

3.8.1.7 木门窗成品的尺寸允许偏差

	成品名称	Ⅰ(高)级			Ⅱ(中)级、Ⅲ(普)级			备注
		高	宽	厚	高	宽	厚	
木门窗成品的尺寸允许偏差(mm)	木门窗框	±2	+2 −1	±1	±2	±2	±1	以里口尺寸计算
	木门扇(含装木围条的夹板门扇)	+2 −1	+2 −1	±1	±2	+2 −1	±1	以外口尺寸计算
	木门扇、亮窗扇	+2 −1	+2 −1	±1	±2	+2 −1	±1	以外口尺寸计算
	用于人造板门的木门框及人造板门框	+2 0	+1 0	±1	+2 0	+1 0	±1	以里口尺寸计算
	人造板门扇	0 −1	0 −1	0 −1	0 −1	0 −1	0 −1	以外口尺寸计算
	注:1. 表中的人造板门仅指用薄木、浸渍纸、PVC薄膜等装饰材料封边的夹板门及模压门。 2. 高度超过25mm的厂房木门扇,高和宽度允许偏差可放宽至±5mm。							

3.8.1.8 木门窗成品的形位公差

<table>
<tr><td rowspan="5">木门窗成品的形位公差</td><td rowspan="2">项目</td><td colspan="2">门窗框</td><td colspan="2">门扇</td><td colspan="2">窗扇</td><td>落叶松门窗框</td><td>落叶松门窗扇</td></tr>
<tr><td>Ⅰ(高)级</td><td>Ⅱ(中)级、Ⅲ(普)级</td><td>Ⅰ(高)级</td><td>Ⅱ(中)级、Ⅲ(普)级</td><td>Ⅰ(高)级</td><td>Ⅱ(中)级、Ⅲ(普)级</td><td>Ⅱ(中)级、Ⅲ(普)级</td><td>Ⅱ(中)级、Ⅲ(普)级</td></tr>
<tr><td>顺弯(‰)</td><td>≤1.0</td><td>≤1.5</td><td>≤1.5</td><td>≤2.0</td><td>≤1.5</td><td>≤1.5</td><td>≤2.0</td><td>≤3.0</td></tr>
<tr><td>扭曲(皮楞)(mm)</td><td>≤2.0</td><td>≤3.0</td><td>≤2.5</td><td>≤2.5</td><td>≤2.0</td><td>≤2.0</td><td>≤5.0</td><td>≤3.0</td></tr>
<tr><td>对角线差(mm)</td><td>≤2.0</td><td>≤2.0</td><td>≤1.5</td><td>≤2.0</td><td>≤1.5</td><td>≤2.0</td><td>≤2.5</td><td>≤2.0</td></tr>
<tr><td></td><td colspan="9">注:门框与窗框连接在一起的应分别计算形位公差。</td></tr>
<tr><td>其他</td><td colspan="9">①空心夹板门及模压门的门胎内安装锁盒部位应加锁带,板框内部各空格间均需留有通气路,并在下梃上打排气孔
②无下框的木门框边挺,应留有 20～30mm 埋头长度。装配后,其下口应加钉横拉杆以防变形,无中梃的木门窗框应在上角钉 1～2 根斜拉杆。拉杆的用料规格应不小于 25mm×25mm
③外埠定制的木门窗框可不组装,但必须经过预装配检验。发往外埠的木门窗出厂前应涂刷干性油,以防受潮变形
④用作外窗的窗扇下挺应加披水板</td></tr>
</table>

3.8.2 钢门窗(GB/T 20909—2007)

3.8.2.1 钢门的种类和规格

<table>
<tr><td colspan="2">门</td><td>单扇门</td><td>双扇门</td><td>组合门</td></tr>
<tr><td rowspan="2">亮子</td><td rowspan="2">高(mm)</td><td colspan="3">宽(mm)</td></tr>
<tr><td>700～1000</td><td>1200～1800</td><td>2700～3000</td></tr>
<tr><td>无亮子</td><td>2100、2400</td><td></td><td> </td><td> 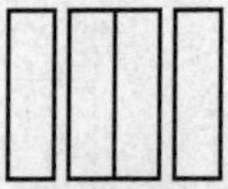</td></tr>
</table>

续表 3.8.2.1

门		单扇门	双扇门	组合门
亮子	高(mm)	宽(mm)		
		700～1000	1200～1800	2700～3000
带亮子	2400、2700	—	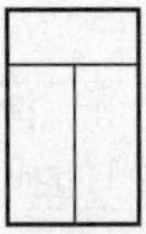	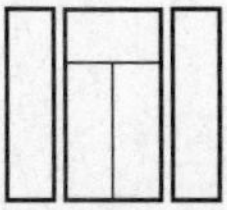
组合亮子	3000、3300			

3.8.2.2　平开钢窗的种类和规格

扇数		单扇	双扇	三扇	四扇
亮子	高(mm)	宽(mm)			
		600	900、1000、1200	1500、1800	1800、2100、2400
无亮子	600、900、1200				
上亮子	1500、1800、2100				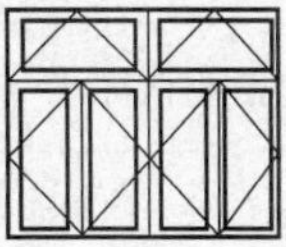
上下亮子	2100、2400、2700、3000			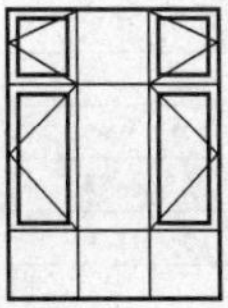	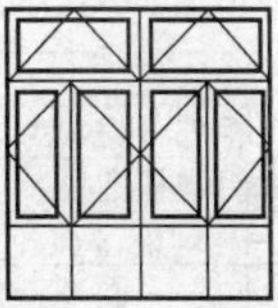

3.8.2.3 钢门窗的代号与标记

门窗	门	窗	门窗组合
代号	M	C	MC

分类代号

①开启形式代号

开启形式		固定	上悬	中悬	下悬	立转	平开	推拉	弹簧	提拉
代号	门	G	—	—	—	—	P	T	H	—
	窗	G	S	C	X	L	P	T	—	TL

注:1. 百叶门、百叶窗符号为 Y,纱扇符号为 A。

2. 固定门、固定窗与其他各种可开启形式门、窗组合时,以开启形式代号表示。

②材质代号

材质	代号	材质	代号
热轧型钢	SG	彩色涂层钢板	CG
冷轧普通碳素钢	KG	不锈钢	BG
冷轧镀锌钢板	ZG	其他复合材料	FG

性能代号

性能	代号	性能	代号
抗风压性能	P_3	空气声隔声性能	R_w
水密性能	ΔP	采光性能	T_r
气密性能	q_1、q_2	防盗性能	H
保温性能	K	防火性能	F

3.8.2.4 框、扇的尺寸允许偏差

项　　目	尺寸范围	允许偏差
门框及门扇的宽度、高度尺寸偏差	≤2000	±2.0
	>2000	±3.0
窗框宽度、高度尺寸偏差	≤1500	±1.5
	>1500	±2.0
门框及门扇两对边尺寸之差	≤2000	≤2.0
	>2000	≤3.0
窗框两对边尺寸之差	≤1500	≤2.0
	>1500	≤3.0
门框及门扇两对角线尺寸差	≤3000	≤3.0
	>3000	≤4.0
窗框两对角线尺寸之差	≤2000	≤2.5
	>2000	≤3.5
分格尺寸	—	±2.0
相邻分格尺寸之差	—	≤1.0
门扇扭曲度	—	<4.0
门扇宽、高方向弯曲度	1000	≤2.0
同一平面高低差	—	≤0.4
装配间隙	—	≤0.4

3.8.3 铝合金门窗(GB/T 8487—2008)

3.8.3.1 平开铝合金门的种类和规格

种类	单扇	双扇
洞口尺寸	b(mm)	
h(mm)	800、900、1000	1200、1500、1800
2100 2400	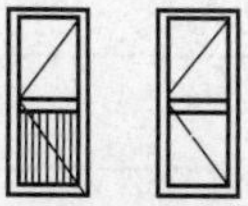	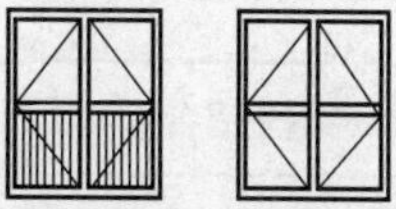
2700 3000	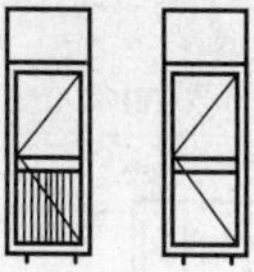	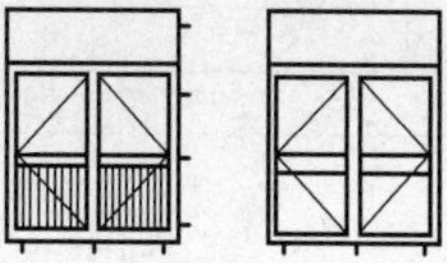

3.8.3.2 推拉铝合金门的种类和规格

种类	双扇	四扇
洞口尺寸	b(mm)	
h(mm)	1500、1800、2100	2700、3000、3300
2100 2400	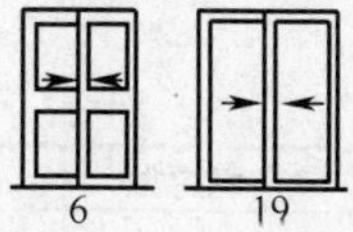 6　19	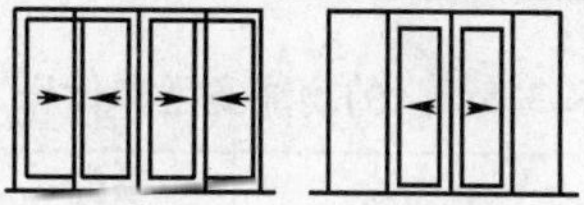 59　60
2700 3000 3300	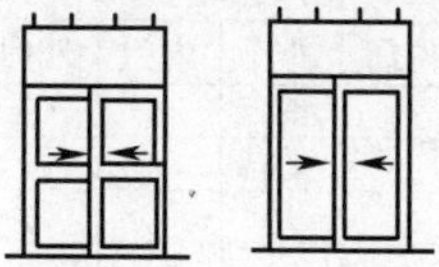	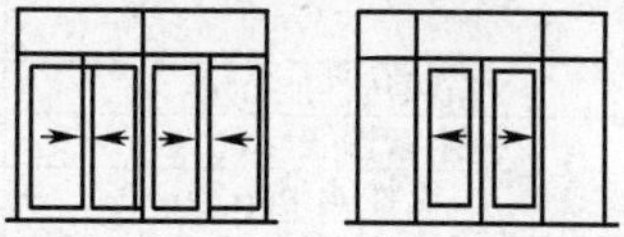

3.8.3.3 平开铝合金窗的种类和规格

种类	单扇	双扇	三扇
洞口尺寸	b(mm)		
h(mm)	600	900、1200	1500、1800、2100
600 900 1200 1400	 1150 5	 39	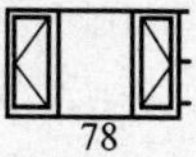 78

续表 3.8.3.3

种类	单扇	双扇	三扇
洞口尺寸	b(mm)		
h(mm)	600	900、1200	1500、1800、2100
1500 1800 2100	 1750 1200 11	 48	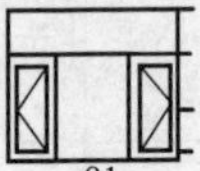 81

3.8.3.4 推拉铝合金窗的种类和规格

种类	双扇	三扇	四扇
洞口尺寸	b(mm)		
h(mm)	1200、1500、1800	2100、2400	2700、3000
900 1200 1400 1500	6	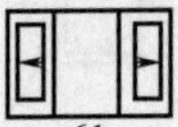 61	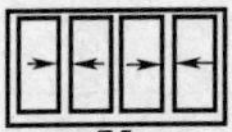 75
1800 2100		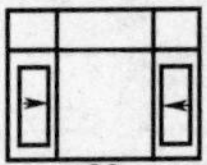 82	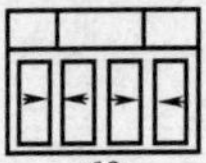 69

3.8.3.5 门的功能类型和代号

性能项目 \ 种类	普通型		隔声型		保温型		遮阳型
代号	PT		GS		BW		ZY
	外门	内门	外门	内门	外门	内门	外门
抗风压性能(P_3)	◎		◎		◎		◎
水密性能(ΔP)	◎		◎		◎		◎
气密性能(q_1;q_2)	◎	○	◎	○	◎	○	◎
空气声隔声性能(R_w+C_{tr};R_w+C)			◎	◎			
保温性能(K)					◎	◎	
遮阳性能(SC)							◎
启闭力	◎	◎	◎	◎	◎	◎	◎
反复启闭性能	◎	◎	◎	◎	◎	◎	◎
耐撞击性能①	◎	◎	◎	◎	◎	◎	◎
抗垂直荷载性能①	◎	◎	◎	◎	◎	◎	◎
抗静扭曲性能①	◎	◎	◎	◎	◎	◎	◎

①耐撞击、抗垂直荷载和抗静扭曲性能为平开旋转类门必需性能。

注：1. ◎为必需性能；○为选择性能。

2. 地弹簧门不要求气密、水密、抗风压、隔声、保温性能。

3.8.3.6 窗的功能类别和代号

性能项目	普通型 PT		隔声型 GS		保温型 BW		遮阳型 ZY
种类 / 代号	外窗	内窗	外窗	内窗	外窗	内窗	外窗
抗风压性能(P_3)	◎		◎		◎		◎
水密性能(ΔP)	◎		◎		◎		◎
气密性能(q_1;q_2)	◎		◎		◎		◎
空气声隔声性能(R_w+C_{tr};R_w+C)			◎	◎			
保温性能(K)					◎	◎	
遮阳性能(SC)							◎
采光性能(T_r)	○		○		○		○
启闭力	◎	◎	◎	◎	◎	◎	◎
反复启闭性能	◎	◎	◎	◎	◎	◎	◎

注：◎为必需性能；○为选择性能。

3.8.3.7 铝合金门窗的技术要求

<table>
<tr><td rowspan="6">材料</td><td>一般要求</td><td colspan="6">铝合金门窗所用材料及附件应符合有关标准的规定，常用材料标准参见 GB/T 8478—2008 附录 A。也可采用不低于附录 A 标准要求的性能和质量的其他材料。不同金属材料接触面应采取防止双金属腐蚀的措施</td></tr>
<tr><td rowspan="4">铝合金型材</td><td colspan="6">①基材壁厚及尺寸偏差
a. 外门窗框、扇、拼樘框等主要受力杆件所用主型材壁厚应经设计计算或试验确定。主型材截面主要受力部位基材最小实测壁厚，外门不应低于 2.0mm；外窗不应低于 1.4mm
b. 有装配关系的型材，尺寸偏差应选择 GB/T 5237.1 规定的高精级或超高精级
②表面处理：铝合金型材表面处理层厚度要求</td></tr>
<tr><td>品种</td><td>阳极氧化
阳极氧化加电解着色
阳极氧化加有机着色</td><td colspan="2">电泳涂漆</td><td>粉末喷涂</td><td>氟碳漆喷涂</td></tr>
<tr><td rowspan="2">表面处理层厚度</td><td>膜厚级别</td><td colspan="2">膜厚级别</td><td>装饰面上涂层最小局部厚度/μm</td><td>装饰面平均膜厚/μm</td></tr>
<tr><td>AA15</td><td>B
（有光或亚光透明漆）</td><td>S
（有光或亚光有色漆）</td><td>≥40</td><td>≥30（二涂）
≥40（三涂）</td></tr>
<tr><td>钢材</td><td colspan="6">铝合金门窗所用钢材宜采用奥氏体不锈钢材料。采用其他黑色金属材料，应根据使用需要，采取热浸镀锌、锌电镀、黑色氧化、防锈涂料等防腐处理</td></tr>
</table>

续表 3.8.3.7

<table>
<tr><td rowspan="5">材料</td><td>玻璃</td><td>铝门窗玻璃应采用符合 GB 11614 规定的建筑级浮法玻璃或以其为原片的各种加工玻璃。玻璃的品种、厚度和最大许用面积应符合 JGJ 113 的有关规定</td></tr>
<tr><td>密封及弹性材料</td><td>铝门窗玻璃镶嵌、杆件连接及附件装配所用密封胶应与所接触的各种材料相容,并与所需粘接的基材粘接。隐框窗用的硅酮结构密封胶应具有与所接触的各种材料、附件相容性,与所需粘接基材的黏结性</td></tr>
<tr><td>密封及弹性材料</td><td>玻璃支承块、定位块等弹性材料应符合 JGJ 113 中玻璃安装材料的有关规定</td></tr>
<tr><td>五金配件</td><td>铝门窗框扇连接、锁固用功能性五金配件应满足整樘门窗承载能力的要求,其反复启闭性能应满足门窗反复启闭性能要求</td></tr>
<tr><td>紧固件</td><td>铝门窗组装机械连接应采用不锈钢紧固件。不应使用铝及铝合金抽芯铆钉做门窗受力连接用紧固件</td></tr>
<tr><td>外观</td><td colspan="2">①产品表面不应有铝屑、毛刺、油污或其他污迹;密封胶缝应连续、平滑,连接处不应有外溢的胶黏剂;密封胶条应安装到位,四角应镶嵌可靠,不应有脱开的现象
②门窗框扇铝合金型材表面没有明显的色差、凹凸不平、划伤、擦伤、碰伤等缺陷。在一个玻璃分格内,铝合金型材表面擦伤、划伤应符合以下规定
<table>
<tr><td rowspan="2">项目</td><td colspan="2">要求</td></tr>
<tr><td>室外侧</td><td>室内侧</td></tr>
<tr><td>擦伤、划伤深度</td><td colspan="2">不大于表面处理层厚度</td></tr>
<tr><td>擦伤总面积/mm²</td><td>≤500</td><td>≤300</td></tr>
<tr><td>划伤总长度/mm</td><td>≤150</td><td>≤100</td></tr>
<tr><td>擦伤和划伤处理</td><td>≤4</td><td>≤3</td></tr>
</table>
③铝合金型材表面在许可范围内的擦伤和划伤,可采用相应的方法进行修补,修补后应与原涂层的颜色和光泽基本一致
④玻璃表面应无明显色差、划痕和擦伤</td></tr>
<tr><td rowspan="2">尺寸</td><td>规格</td><td>①单樘门窗:单樘门窗的宽、高尺寸规格,应根据门窗洞口宽、高标志尺寸或构造尺寸,按照实际应用的门窗洞口装饰面材料厚度、附框和安装缝隙尺寸确定。应优先设计采用基本门窗
②组合门窗:由两樘或两樘以上的单樘门窗采用拼樘框连接组合的门窗,其宽、高构造尺寸应与 GB/T 5824 规定的洞口宽、高标志尺寸相协调</td></tr>
<tr><td>门窗及装配尺寸</td><td>①门窗及框扇装配尺寸偏差
<table>
<tr><td rowspan="2">项目</td><td rowspan="2">尺寸范围(mm)</td><td colspan="2">允许偏差(mm)</td></tr>
<tr><td>门</td><td>窗</td></tr>
<tr><td rowspan="3">门窗宽度、高度构造内侧尺寸</td><td><2000</td><td colspan="2">±1.5</td></tr>
<tr><td>2000~3500</td><td colspan="2">±2.0</td></tr>
<tr><td>≥3500</td><td colspan="2">±2.5</td></tr>
</table></td></tr>
</table>

续表 3.8.3.7

<table>
<tr><td rowspan="2">尺寸</td><td rowspan="2">门窗及装配尺寸</td><td>
<table>
<tr><td rowspan="2">项目</td><td rowspan="2">尺寸范围(mm)</td><td colspan="2">允许偏差(mm)</td></tr>
<tr><td>门</td><td>窗</td></tr>
<tr><td rowspan="3">门窗宽度、高度
构造内侧尺寸
对边尺寸之差</td><td><2000</td><td colspan="2">≤2.0</td></tr>
<tr><td>2000~3500</td><td colspan="2">≤3.0</td></tr>
<tr><td>≥3500</td><td colspan="2">≤4.0</td></tr>
<tr><td colspan="2">门窗框与扇搭接宽度</td><td>±2.0</td><td>±1.0</td></tr>
<tr><td rowspan="2">框、扇杆件
接缝高低差</td><td>相同截面型材</td><td colspan="2">≤0.3</td></tr>
<tr><td>不同截面型材</td><td colspan="2">≤0.5</td></tr>
<tr><td colspan="2">框、扇杆件装配间隙</td><td colspan="2">≤0.3</td></tr>
</table>
</td></tr>
<tr><td>②玻璃镶嵌构造尺寸:门窗框、扇玻璃镶嵌构造尺寸应符合 JGJ 113 规定的玻璃最小安装尺寸要求
③隐框窗玻璃结构粘接装配尺寸:隐框窗扇梃与硅酮结构密封胶的黏结宽度、厚度应符合设计要求。每个开启窗扇下梃处宜设置两个承受玻璃重力的铝合金或不锈钢托条,其厚度不应小于 2mm,长度不应小于 50mm</td></tr>
<tr><td>装配质量</td><td colspan="2">①门窗框、扇杆件连接牢固,装配间隙应进行有效的密封,紧固件就位平正,并进行密封处理
②门窗附件安装牢固,开启扇五金配件运转灵活,无卡滞。紧固件就位平正,并进行密封处理</td></tr>
<tr><td>构造</td><td colspan="2">①门窗框、扇杆件的连接构造可靠,人接触的部位应平整,具有使用的安全性
②门窗附件的安装连接构造可靠,并具有更换和维修的方便性。长期承受荷载和门窗反复启闭作用的五金配件,其本身构造应便于其易损零件的更换</td></tr>
<tr><td>性能</td><td>抗风压性能</td><td>
①性能分级:外门窗的抗风压性能分级及分级指标值 P_3 应符合以下规定
<table>
<tr><td>分级</td><td>1</td><td>2</td><td>3</td><td>4</td><td>5</td><td>6</td><td>7</td><td>8</td><td>9</td></tr>
<tr><td>分级指标值 P_3/kPa</td><td>$1.0 \leqslant P_3 < 1.5$</td><td>$1.5 \leqslant P_3 < 2.0$</td><td>$2.0 \leqslant P_3 < 2.5$</td><td>$2.5 \leqslant P_3 < 3.0$</td><td>$3.0 \leqslant P_3 < 3.5$</td><td>$3.5 \leqslant P_3 < 4.0$</td><td>$4.0 \leqslant P_3 < 4.5$</td><td>$4.5 \leqslant P_3 < 5.0$</td><td>$\leqslant P_3$ <5.0</td></tr>
</table>
注:第 9 级应在分级后同时注明具体检测应力差值。
②性能要求:外门窗在各性能分级指标值风压作用下,主要受力杆件相对(面法线)挠度应符合以下规定;风压作用后,门窗不应出现使用功能障碍和损坏
<table>
<tr><td>支承玻璃种类</td><td>单层玻璃、夹层玻璃</td><td>中空玻璃</td></tr>
<tr><td>相对挠度(mm)</td><td>$L(100)$</td><td>$L(150)$</td></tr>
<tr><td>相对挠度最大值(mm)</td><td colspan="2">20</td></tr>
</table>
注:L 为主要受力杆件的支承跨距。
</td></tr>
</table>

续表 3.8.3.7

<table>
<tr><td rowspan="6">性能</td><td rowspan="4">水密性能</td><td colspan="7">①性能分级:外门窗的水密性能分级及指标值应符合以下规定</td></tr>
<tr><td>分级</td><td>1</td><td>2</td><td>3</td><td>4</td><td>5</td><td>6</td></tr>
<tr><td>分级指标值 ΔP/Pa</td><td>100≤ΔP<150</td><td>150≤ΔP<250</td><td>250≤ΔP<350</td><td>350≤ΔP<500</td><td>500≤ΔP<700</td><td>ΔP≥700</td></tr>
<tr><td colspan="7">注:第 6 级应在分级后同时注明具体检测压力差值。</td></tr>
<tr><td></td><td colspan="7">②性能要求:外门窗试件在各性能分级指标值作用下,不应发生水从试件室外侧持续或反复渗入试件室内侧、发生喷溅或流出试件界面的严重渗漏现象</td></tr>
<tr><td>气密性能</td><td colspan="7">①性能分级:门窗的气密性能分级及指标绝对值应符合以下规定
注:门窗的气密性能指标即单位开启缝长或单位面积空气渗透量可分为正压和负压下测量的正值和负值。</td></tr>
</table>

3.8.4 塑料门窗

3.8.4.1 塑料平开门的种类和规格

<table>
<tr><td rowspan="3">种类</td><td>规　格</td><td>单　扇</td><td>双　扇</td></tr>
<tr><td>洞口尺寸</td><td colspan="2">b(mm)</td></tr>
<tr><td>h(mm)</td><td>750、900</td><td>1200、1500、1800</td></tr>
<tr><td>半玻塑料门</td><td>2000
2100</td><td> </td><td> </td></tr>
<tr><td>半玻塑料门</td><td>2400
2700</td><td> 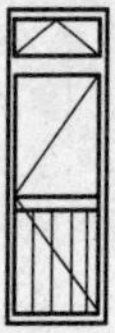</td><td> </td></tr>
<tr><td>全玻塑料门</td><td>2000
2100</td><td> 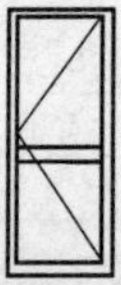</td><td> 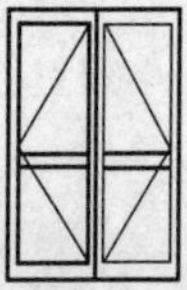</td></tr>
</table>

续表 3.8.4.1

种类	规格	单扇	双扇
	洞口尺寸	b(mm)	
	h(mm)	750、900	1200、1500、1800
全玻塑料门	2000 2100	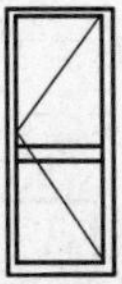	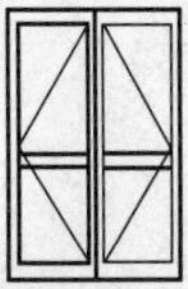

3.8.4.2 塑料推拉门的种类和规格

种类	推拉半玻塑料门	推拉全玻塑料门
洞口尺寸	b(mm)	
h(mm)	1500、1800、2100	1500、1800、2100
2000 2100 2400	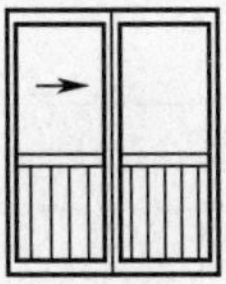	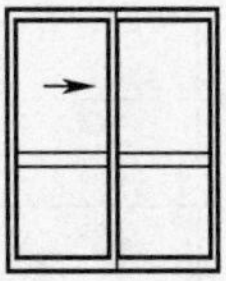
2400 2700		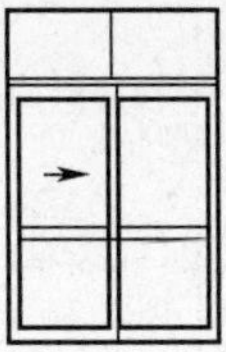

3.8.4.3 塑料平开窗的种类和规格

种类	单扇	双扇	三扇	四扇
洞口尺寸	b(mm)			
h(mm)	600	900、1200	1500、1800	2100
600 900 1200 1400				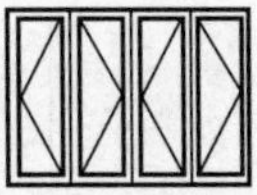

续表 3.8.4.3

种类	单扇	双扇	三扇	四扇
洞口尺寸	b(mm)			
h(mm)	600	900、1200	1500、1800	2100
1400 1500 1800				

3.8.4.4 塑料推拉窗的种类和规格

种类	双扇	双扇(中固定)
洞口尺寸	b(mm)	
h(mm)	900、1200、1500、1800	2100、2400
900 1200 1400 1500		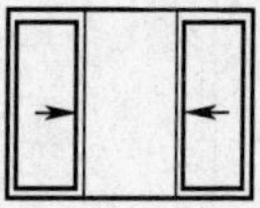
1400 1500 1800	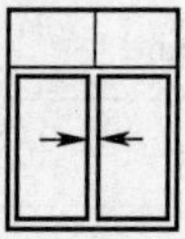	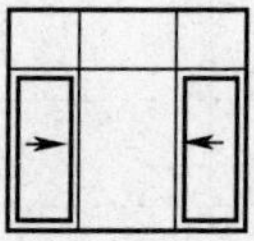

3.8.5 特种门窗

3.8.5.1 钢质防火门产品标记

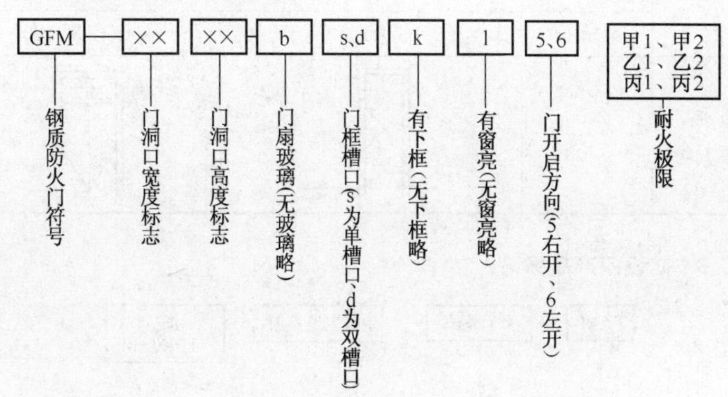

注:耐火极限甲级为1.2h;乙级为0.9h;丙级为0.6h。

举例:GFM-0921-bs K5 乙$_1$ 为钢质乙级单扇防火门;洞口标志:宽度为900mm,高度为2100mm;门扇上设有防火玻璃;门框为双槽口结构;有下框;门的开启方向为右开门。

3.8.5.2 钢质防火门的种类和规格

种类	规格	单扇	双扇
	洞口尺寸	b(mm)	
	h(mm)	900、1000	1200、1500、1800
钢质镶玻璃	1960 2100		
钢质不镶玻璃			
钢质带亮镶玻璃	2400 2700		

续表 3.8.5.2

种类	规格	单扇	双扇
	洞口尺寸	b(mm)	
	h(mm)	900、1000	1200、1500、1800
钢质带亮 不镶玻璃	2400 2700		

3.8.5.3 防盗门产品标记

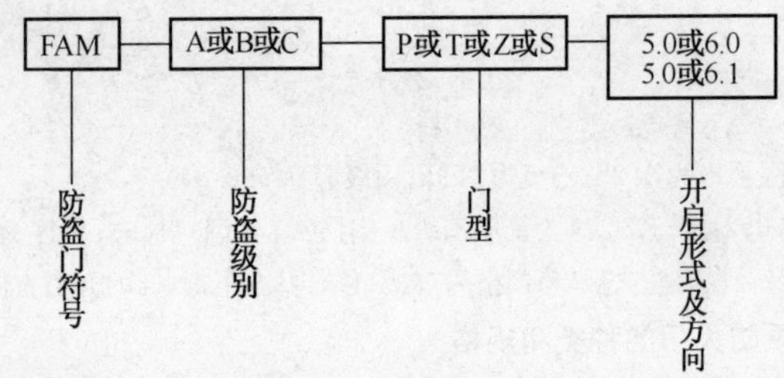

注：1. 防盗级别 A、B、C 分别表示非正常开启净工作时间为：15min、25min、40min。

2. 门型：P 为平开门、T 为推拉门、Z 为折叠门；S 为栅栏门。

3. 开启形式及方向：5.0 为门扇顺时针方向，由内向外关；5.1 为门扇顺时针方向，由外向内开；6.0 为门扇逆时针方向，由内向外开；6.1 为门扇逆时针方向，由外向内开。

举例：FAM-B-P-5.0，表示为防盗级别为 B 级的平开式防盗安全门，开启形式和方向为顺时针由内向外开。

3.8.5.4 卷帘门产品标记

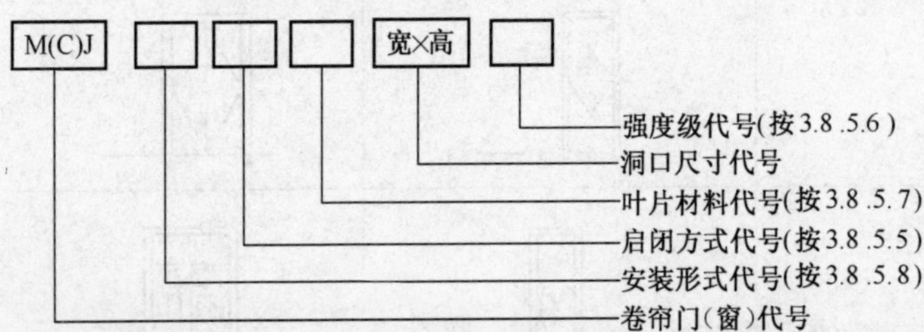

举例：MJ·WSZn1824-50，表示为：洞口尺寸宽 1800mm、高 2400mm，手动式，叶片材料为镀锌钢板，安装形式为外装，抗风压强度为 50 级的卷帘门。

3.8.5.5 卷帘门启闭方式及代号

代号	启闭方式
S	手动式：在卷轴上装有弹簧用以平衡叶片质量、启闭时用手进行
D	电动式：在卷门窗上装有电动卷门机，启闭时用手操纵电气开关进行。并配有停电时的手力启闭装置

3.8.5.6 卷帘门耐风压强度分级及代号

代号	耐风压 Pa(kgf/m^2)
50	490(50)
65	637(65)
80	785(80)

3.8.5.7 卷帘门叶片材料及代号

代号	叶片材料
Zn	镀锌钢板和钢带
T	彩色涂层钢板及钢管
V	喷塑钢带
B	不锈钢钢带
L	铝合金型材或带材

3.8.5.8 卷帘门安装形式代号

代号	安装形式
W	外装：卷门窗安装在洞口外侧
N	内装：卷门窗安装在洞口内侧
Z	中装：卷门窗安装在洞口中间

3.8.5.9 普通金属转门规格(一)

(mm)

立面和平面	D	DT	TW
DT、300、2500、2200、TW、D	1800 2100 2400 2700 3000 3600	1888 2188 2488 2788 3088 3688	1200 1415 1625 1840 2050 2470

注：北京吉利必胜自动门技术有限公司规格。

3.8.5.10 普通金属转门规格(二)

(mm)

立面和平面	D	DT	TW
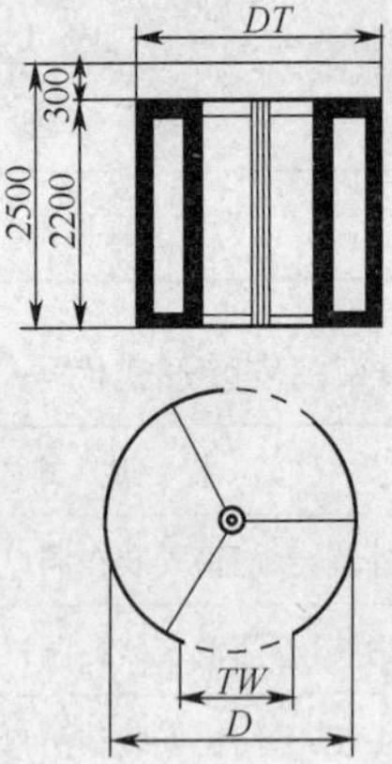	1800	1888	805
	2100	2188	960
	2400	2488	1110
	2700	2788	1265
	3000	3088	1410
	3600	3688	1665

注:北京吉利必胜自动门技术有限公司规格。

3.8.5.11 折叠式金属转门规格(一)

(mm)

立面和平面	D	TW	O
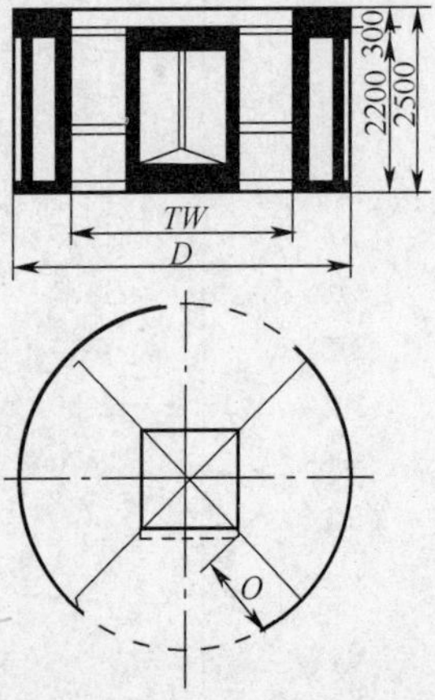	4280	2868	1039
	4880	3293	1343
	5480	3719	1435
	6280	4284	1742

注:北京恩意饭店工程有限公司规格。

3.8.5.12　折叠式金属转门规格(二)　(mm)

立面和平面	*D*	*TW*	*O*
2000 2500 300 TW D O	4280 4880 5480 6280	1972 2273 2573 2973	1102 1402 1503 1847

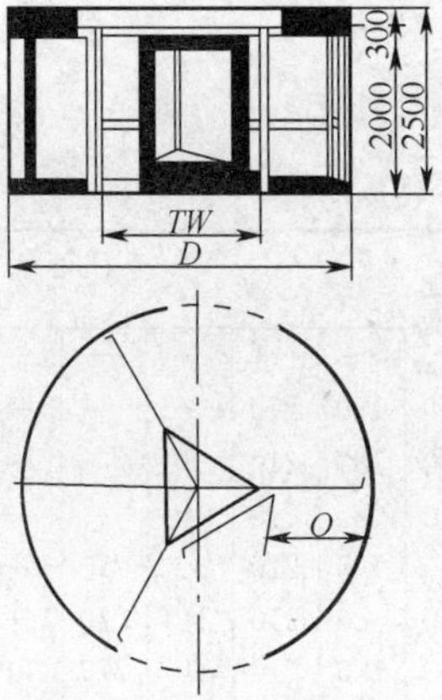

注:北京恩意饭店工程有限公司规格。

3.8.5.13　隔断式自动转门规格　(mm)

立面和平面	型号 / 项目	BRV-36-SL	BRV-42-SL	BRV-48-SL
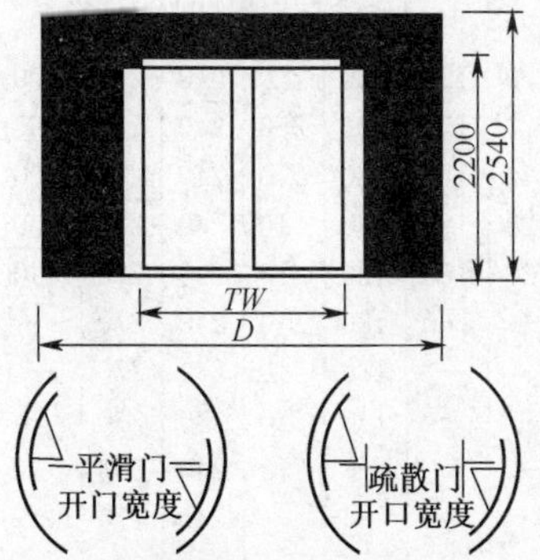 2200 2540 TW D 平滑门开门宽度 疏散门开口宽度 平滑门打开状态 紧急疏散门打开状态	外径(*D*)	3688	4288	4888
	内径	3600	4200	4800
	入口净高度	2200	2200	2200
	通道宽度(*TW*)	1800	2100	2400
	顶盖高度	340	340	340
	平滑门开口宽度	1100	1400	1700
	疏散门开口宽度	1800	2100	2400
	总高度	2540	2540	2540

注:北京吉利必胜自动门技术有限公司的规格。

3.9 吊顶材料

3.9.1 骨架材料

3.9.1.1 木龙骨板方材规格(多采用松木)

材种	厚度(mm)	宽度(mm)												
板材	10	50	60	70	80	90	100	120	150	—	—	—	—	—
	12	50	60	70	80	90	100	120	150	180	210	—	—	—
	15	50	60	70	80	90	100	120	150	180	210	240	—	—
方材	18	50	60	70	80	90	100	120	150	180	210	240	—	—
	21	50	60	70	80	90	100	120	150	180	210	240	270	—
	25	50	60	70	80	90	100	120	150	180	210	240	270	—
	30	50	60	70	80	90	100	120	150	180	210	240	270	300
	35	50	60	70	80	90	100	120	150	180	210	240	270	300
	40	50	60	70	80	90	100	120	150	180	210	240	270	300
	45	50	60	70	80	90	100	120	150	180	210	240	270	300
	50	50	60	70	80	90	100	120	150	180	210	240	270	300
	55	—	60	70	80	90	100	120	150	180	210	240	270	300
	60	—	60	70	80	90	100	120	150	180	210	240	270	300
	65	—	—	70	80	90	100	120	150	180	210	240	270	300
	70	—	—	70	80	90	100	120	150	180	210	240	270	300
	75	—	—	—	80	90	100	120	150	180	210	240	270	300
	80	—	—	—	80	90	100	120	150	180	210	240	270	300
	85	—	—	—	—	90	100	120	150	180	210	240	270	300
	90	—	—	—	—	90	100	120	150	180	210	240	270	300
	100	—	—	—	—	—	100	120	150	180	210	240	270	300
	120	—	—	—	—	—	—	120	150	180	210	240	270	340
	150	—	—	—	—	—	—	—	150	180	210	240	270	—
	160	—	—	—	—	—	—	—	—	180	210	240	270	—
	180	—	—	—	—	—	—	—	—	180	210	240	270	—
	200	—	—	—	—	—	—	—	—	—	210	240	270	—
	220	—	—	—	—	—	—	—	—	—	—	240	270	—
	240	—	—	—	—	—	—	—	—	—	—	240	270	—
	250	—	—	—	—	—	—	—	—	—	—	—	270	—
	270	—	—	—	—	—	—	—	—	—	—	—	270	—
	300	—	—	—	—	—	—	—	—	—	—	—	—	300

3.9.1.2 UC系列轻钢龙骨及其配件

代号名称		简图	质量(kg/m)	长度(m)
主件	UC25 主龙骨	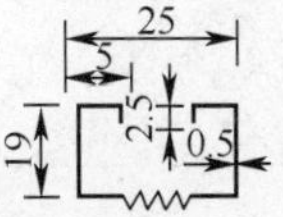 25; 5; 2.5; 19; 0.5	0.132	3 4
	U50 主龙骨	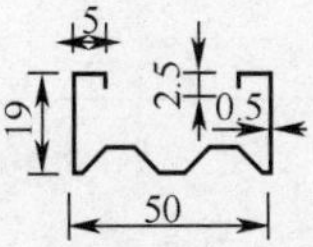 5; 2.5; 19; 0.5; 50	0.41	3 4
	L35 异形龙骨	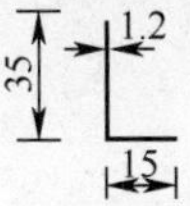 1.2; 35; 15	0.46	—
	UC38 主龙骨	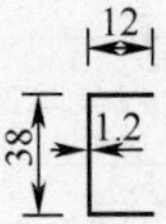 12; 38; 1.2	0.58	3
	UC50 主龙骨	 15; 50; 1.5	0.92	2
	UC60 主龙骨	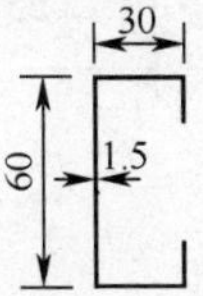 30; 60; 1.5	1.53	2
配件	UC38 主龙骨吊件	 20; 25; 95; 55	0.062	2

续表 3.9.1.2

代号名称		简图	质量(kg/m)	长度(m)
配件	UC50 UC60 主龙骨吊件	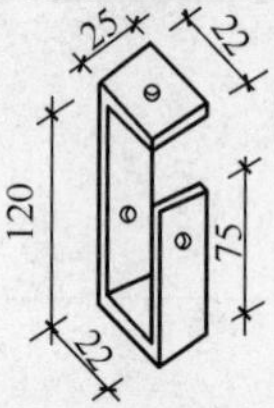	0.138(UC50) 0.169(UC60)	3
	UC60 主龙骨吊件	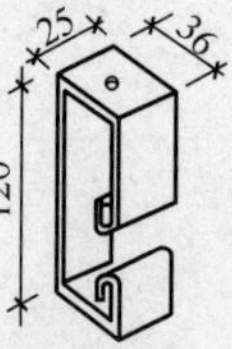	0.091	2
	U50 龙骨吊挂	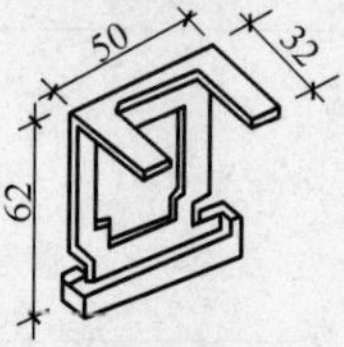	0.04(UC60) 0.024(UC50) 0.02(UC38)	0.75
	U25 龙骨吊挂		0.025(UC60) 0.015(UC50) 0.013(UC38)	0.75
	U50 龙骨支托	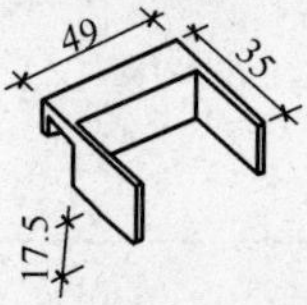	0.0135	0.75
	U25 龙骨支托	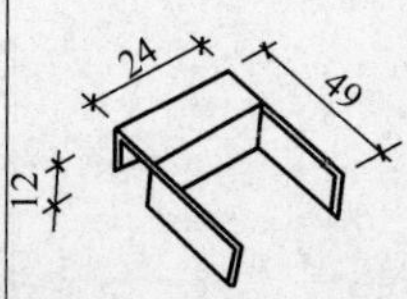	0.009	0.75

续表 3.9.1.2

代号名称			简图	质量(kg/m)	长度(m)
配件	U50 龙骨连接件		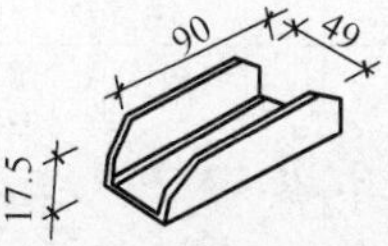	0.08	0.5
	U25 龙骨连接件		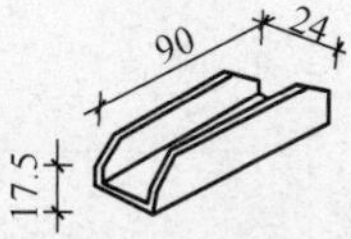	0.02	0.5
	UC60	龙骨连接件	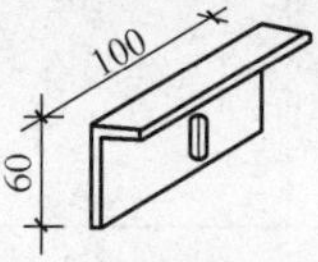	0.019	1.2
	UC50			0.06	
	UC38			0.03	
	UC60	龙骨连接件	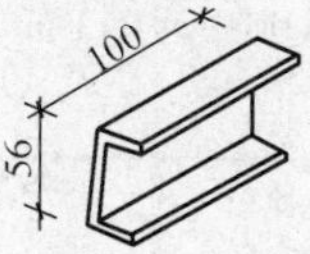	0.101	1.2
	UC50			0.067	
	UC38			0.041	

注：UC38 用于吊点距离 900～1200mm，不上人吊顶；

UC50 用于吊点距离 900～1200mm，上人吊顶，承受 800N 检修荷载；

UC60 用于吊点距离 1500mm，上人吊顶，可承受 1000N 检修荷载。

3.9.1.3 T45 系列轻钢龙骨及其配件(不上人)

名称	主件	配件		
	龙骨	吊挂件	接插件	其他
BD 大龙骨	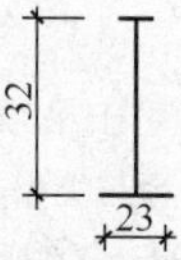	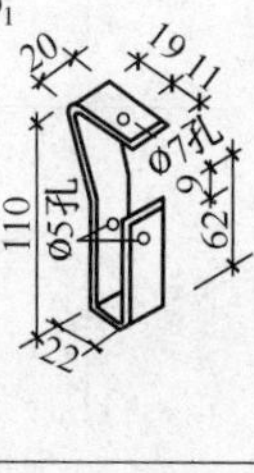 BD$_1$	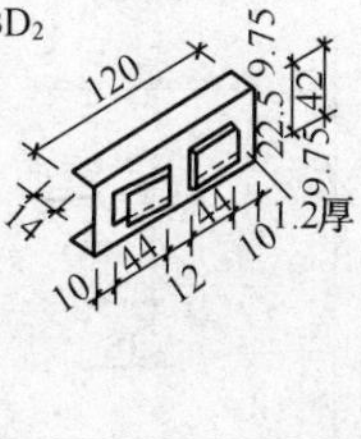 BD$_2$	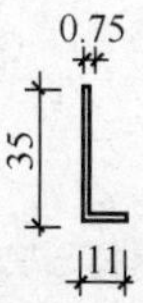 IL

续表 3.9.1.3

名称	主件	配件		
	龙骨	吊挂件	接插件	其他
TZ 中龙骨	0.5 0.5 0.5 0.5 9 35 22	TZ_1 10#铅丝 23 25 60	TZ_2 0.75厚 100 5 12 6 10 23 24 14 14 10 14 14	2L 0.75 0.75 22 35 11 11
TX 小龙骨	0.5 0.5 22 22			$2L_1$ 38 10#铅丝 25 60

注：1. BD 上 Ø7 孔配 Ø6 吊杆，Ø5 孔配 M4×25 螺栓。

2. 吊点间距 900～1200mm，不上人吊顶，中距＜1200mm。

3.9.1.4 LT 型铝合金龙骨及其配件

代号名称	简图	质量（kg/件）	厚度（mm）	用途
LT-23 龙骨	32 23	0.2	1.2	纵向通长使用，用来搭装或嵌装吊顶板
LT-23 横撑龙骨	23	0.135	1.2	横向搭置于纵向 T 型龙骨的两翼上，用来搭装或嵌装吊顶板
LT-边龙骨	32 18	0.15	1.2	用于吊顶的四周外缘与墙壁接触处，用来搭装或嵌装吊顶板

续表 3.9.1.4

代号名称	简图	质量（kg/件）	厚度（mm）	用途
LT-异形龙骨	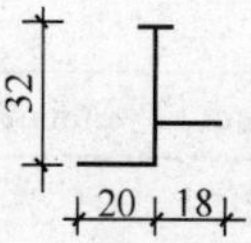 32; 20, 18	0.25	1.2	用于吊顶有变化标高处，其不同标高的两翼，用来搭装或嵌装吊顶板
TC-23 吊钩 LT-23 龙骨 LT-异形龙骨吊钩	 13; 48; 25	0.012	Ø3.5	—
TC50 吊钩 LT-23 龙骨 LT-异形龙骨吊钩	 16; 60; 25	0.014	Ø3.5	—
LT 异形龙骨吊挂钩	 16; 60; 25	0.019	Ø3.5	—
LT-23 龙骨 LT 异形 龙骨连接件	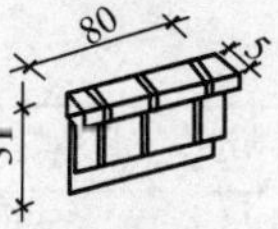 80; 5; 31	0.025	0.8	
LT-23 横撑龙骨连接钩	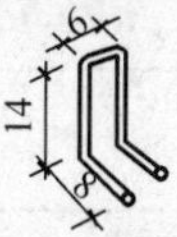 6; 14; 8	—	0.8	—

注：用于 TC50 上人吊顶，吊点距离 900～1200mm，承载龙骨承受 800N 检修荷载。

3.9.2 罩面材料

3.9.2.1 装饰石膏板分类

分类	普通板			防潮板		
	平板	孔板	浮雕板	平板	孔板	浮雕板
代号	P	K	D	FP	FK	FD

3.9.2.2 装饰石膏板规格

项目	说　明
边长	300mm、400mm、500mm、600mm、800mm 和 305mm、498mm、625mm 等正方形
厚度	6mm、7mm、8mm、9mm、10mm、11mm、12～20mm、25mm 等

注：断裂荷载 200N，防水性能（24h 吸水率）<2.5%。

3.9.2.3 纸面石膏板规格及性能

规格（长×宽×厚）(mm)	400×600×10；500×500×10；600×600×(9、12)；600×800×10；900×450(600)×(9、12)；900×900×10；600(900)×1500×10；900×1800×10；1200×450(600)×(9、12)等
主要性能	一般纸面板耐火极限 5～10min；防火纸面板 A_2 级不燃烧；不宜用于空气相对湿度大于 70%的厨房和卫生间

3.9.2.4 吸声穿孔石膏板分类及代号

基板与代号	装饰石膏板，K	纸面石膏板，C
背覆材料与代号	无背覆材料，W；有背覆材料，Y	
板类代号	WK　YK　WC　YC	

3.9.2.5 吸声穿孔石膏板规格

	规格尺寸(mm)
边长	500，600
厚度	9，12

3.9.2.6 嵌装式装饰石膏板规格及性能

规格（长×宽×厚）(mm)	625×625×(28、29)；900×900×20 等
主要性能	断裂荷载 150～450N，抗折强度 2.4～5.0MPa，吸水率≤3%

3.9.2.7 矿棉装饰吸声板规格及性能

长×宽(mm)	500×500、600×600、610×610、625×625、600×1000、600×1200、600×1250
厚度(mm)	13、16、20
主要性能	含水率<3%，热导率<0.08W/(m·K)，难燃性为一级

3.9.2.8　膨胀珍珠岩装饰吸声板规格及性能

规格（长×宽×厚）(mm)	250×250×10；300×300×(10、20)；500×500×(10、15、18、20、23、35、40)
主要性能	抗弯强度大于1.0MPa，热导率0.08W/(m·K)，吸湿率≤5%

3.9.2.9　钙塑泡沫装饰吸声板规格及性能

规格(mm)	边长300、303、333、350、400、496、500和610正方形，厚度4、5、5.5、6、7、8、10
主要性能	拉伸强度≥0.8MPa，热导率0.07～0.1W/(m·K)，吸水性≤0.02kg/m²

3.9.2.10　聚氯乙烯塑料天花板规格及性能

规格(mm)	500×500×0.4～0.6
主要性能	抗拉强度28MPa，吸水性≤0.2kg/m²，耐热性60℃不变形，热导率0.174W/(m·K)，阻燃性：离火自熄

3.9.2.11　聚乙烯泡沫塑料装饰板规格及性能

规格(mm)	正方形500×500，长方形1200×600，厚度0.5、0.6
主要性能	抗拉强度≥7.5MPa，吸水率<0.2%，使用温度70℃～80℃，热导率0.035～0.14W/(m·K)，阻燃性氧指数<40

3.9.2.12　铝合金条形板的规格

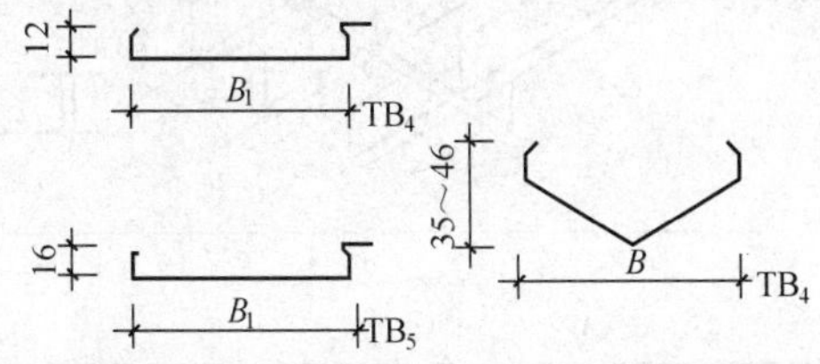

(mm)

型号	TB_1	TB_2	TB_3	TB_4	TB_5	TB_6
B	100～300	50～200	100～200	100～200	100～200	100～150
B_1	84～184	38～184	84～184	84～184	84～184	84～134

注：图中的B为中—中有效面积计算宽度，B_1为条板有效面积计算宽度。

3.9.2.13 铝合金方板规格 (mm)

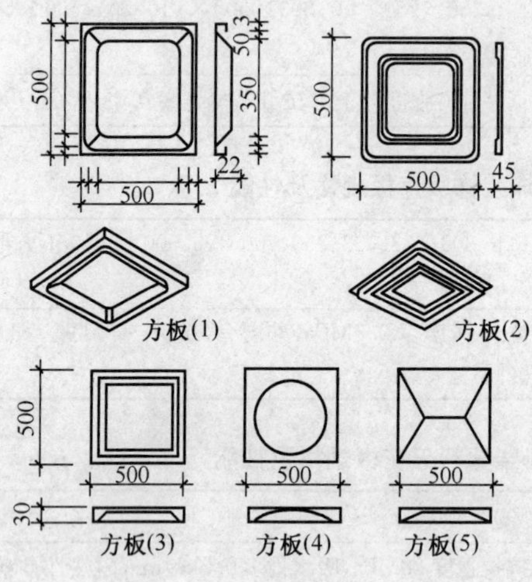

长×宽	500×500,600×600	厚度	0.6,0.8,1.0

3.9.2.14 GD_1 型格片式顶棚规格 (mm)

GD_1 格片式顶棚

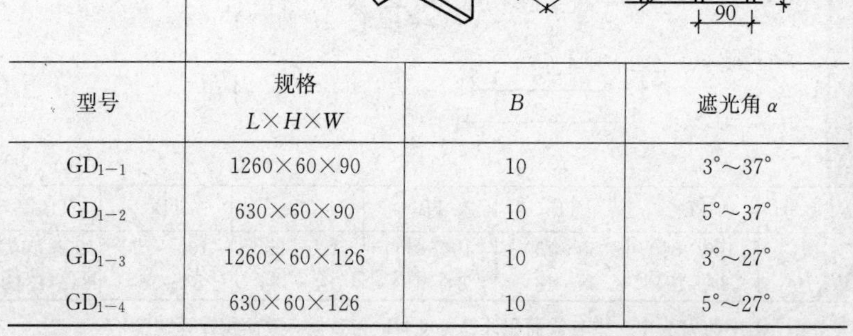

型号	规格 $L \times H \times W$	B	遮光角 α
GD_{1-1}	1260×60×90	10	3°～37°
GD_{1-2}	630×60×90	10	5°～37°
GD_{1-3}	1260×60×126	10	3°～27°
GD_{1-4}	630×60×126	10	5°～27°

3.9.2.15　GD$_2$ 型格栅规格

(mm)

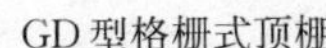
GD 型格栅式顶棚

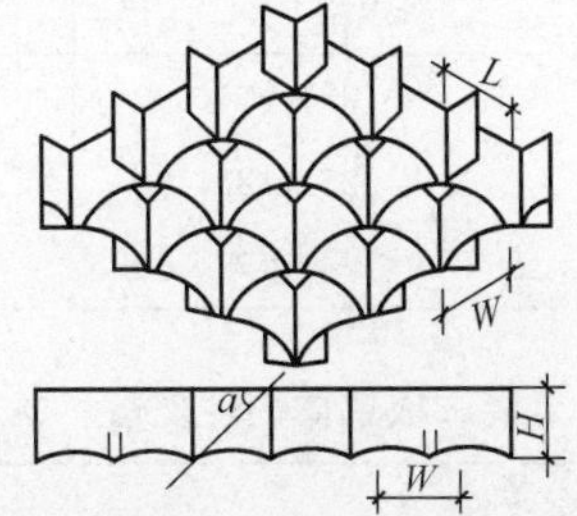

型号	规格 $W\times L\times H$	遮光角 α	厚度	分格
GD$_{2-1}$	25×25×25	45°	0.8	600×1200
GD$_{2-2}$	40×40×40	45°	0.8	600×600

3.9.2.16　GD$_3$ 型格栅规格

(mm)

GD$_3$ 型格栅式顶棚

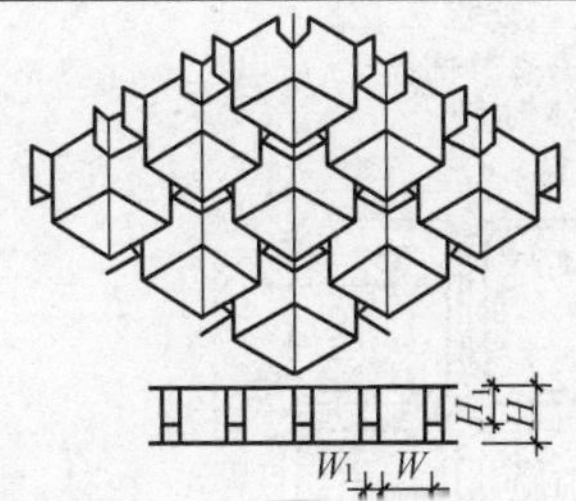

型号	规格 $W\times H\times W_1\times H_1$	分格
GD$_{3-1}$	26×30×14×22	600×600
GD$_{3-2}$	48×50×14×36	
GD$_{3-3}$	62×60×18×42	1200×1200

3.9.2.17　GD$_4$ 型格栅规格

(mm)

GD$_4$ 型格栅式顶棚

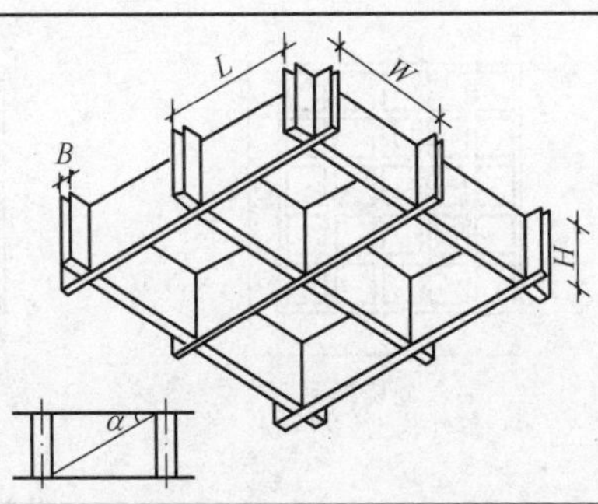

续表 3.9.2.17

型号	规格 $W\times L\times H$	厚度 B	遮光角 α
GD_{4-1}	90×90×60	10	37°
GD_{4-2}	125×125×60	10	27°
GD_{4-3}	158×158×60	10	22°

3.9.2.18 铝合金装饰板单体构件规格

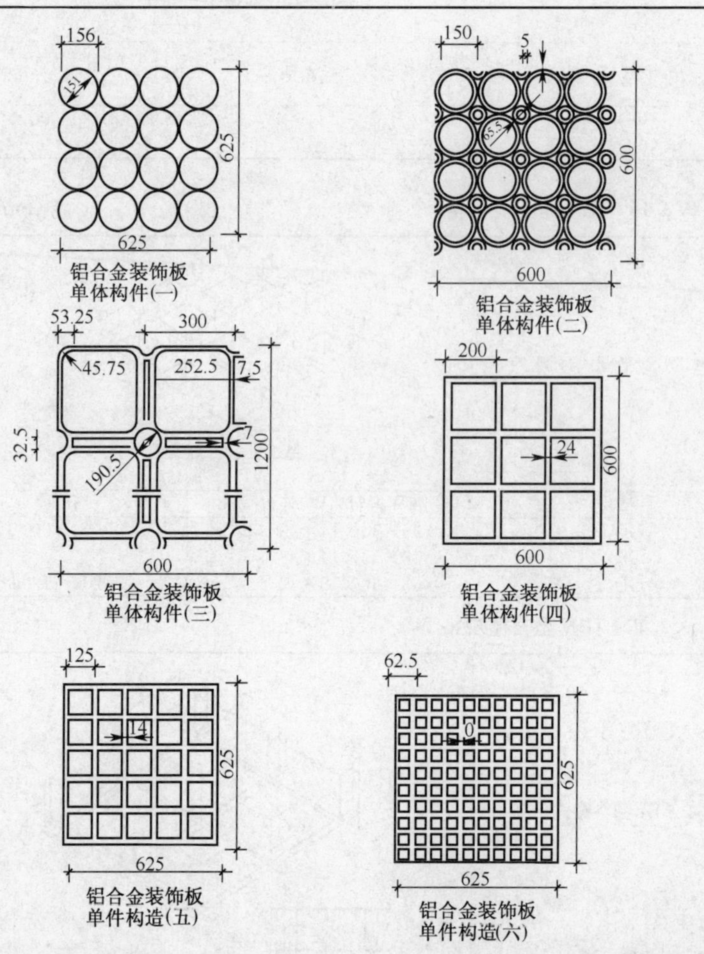

铝合金装饰板单体构件(一)

铝合金装饰板单体构件(二)

铝合金装饰板单体构件(三)

铝合金装饰板单体构件(四)

铝合金装饰板单件构造(五)

铝合金装饰板单件构造(六)

续表 3.9.2.18

序号	规格尺寸(mm)	组成构件的单体
1	600×600	圆环板或方板单体(正方形)
2	625×625	圆板单体或方板单体
3	1200×600	方板单体(长方形)

3.10 墙板

3.10.1 纤维水泥夹芯复合墙板(JC/T 1055—2007)

3.10.1.1 外观质量要求和尺寸允许偏差

	项目	指标
外观质量	面层和夹芯层处裂缝	不允许
	板的横向、纵向、侧向方向贯通裂缝	不允许
	板面外露筋纤、飞边毛刺	不允许
	板面裂缝[①],长度 50~100mm,宽度 0.5~1.0mm	≤2 处/板
	缺棱掉角[①],宽度×长度 10mm×25mm~10mm×30mm	≤2 处/板
	①低于下限值的缺陷忽略不计,高于上限值的缺陷为不合格。	
允许尺寸偏差(mm)	项目	允许偏差
	长度	±5
	宽度	±2
	厚度	±1
	板面平整度	≤2
	对角线差	≤8
	侧向弯曲	≤3

3.10.1.2 物理力学性能

项目	指标	
	板厚 90mm	板厚 120mm
抗冲击性能(次)	≥5	≥5
抗弯破坏荷载(板自重倍数)	≥1.5	≥1.5
抗压强度(MPa)	≥3.5	≥3.5
软化系数	≥0.80	≥0.80
面密度(kg/m^2)	≤85	≤110
含水率[a](%)	≤12/10/8	

续表 3.10.1.2

项　目	指　标	
	板厚 90mm	板厚 120mm
干燥收缩值(mm/m)	≤0.6	≤0.6
吊挂力(N)	≥1000	≥1000
空气声计权隔声量(dB)	≥40	≥45
耐火极限(h)	≥1	≥1
热导率[b][W/(m·K)]	≤0.35	

3.10.2 玻璃纤维增强水泥外墙板(JC/T 1057—2007)

3.10.2.1 外观质量和尺寸允许偏差

外观质量	板应边缘整齐,外观面不应有缺棱掉角,非明显部位缺棱掉角允许修补。侧面防水缝部位不应有孔洞;一般部位孔洞的长度不应大于 5mm、深度不应大于 3mm,每平方米板上孔洞不应多于 3 处。有特殊表面装饰效果要求时除外	
尺寸允许偏差	项　目	允许偏差
	长度	墙板长度≤2m 时,允许偏差:±3mm/m;墙板长度>2m 时,总的允许偏差:≤±6mm
	宽度	墙板宽度≤2m 时,允许偏差:±3mm/m;墙板宽度>2m 时,总的允许偏差:≤±6mm
	厚度①	0～+3mm
	板面平整度	≤5mm;有特殊表面装饰效果要求时除外
	对角线差(仅适用于矩形板)	板面积小于 $2m^2$ 时,对角线差≤5mm;板面积等于或大于 $2m^2$ 时,对角线差≤10mm
	①除加强肋和局部加强部位以外,板主体部位的厚度	

3.10.2.2 物理力学性能

性　能		指标要求
抗弯比例极限强度(MPa)	平均值	≥7.0
	单块最小值	≥6.0
抗弯极限强度(MPa)	平均值	≥18.0
	单块最小值	≥15.0
抗冲击强度(kJ/m^2)		≥8.0
体积密度(干燥状态)(g/cm^3)		≥1.8
吸水率(%)		≤14.0
抗冻性		经 25 次冻融循环,无起层、剥落等破坏现象

3.10.3　外墙内保温板(JC/T 159—2004)

3.10.3.1　外观质量要求

项目	指　　标
露网	无外露纤维
缺棱	深度大于10mm的棱同条边累计长度小于150mm
掉角	三个方向破坏尺寸同时大于10mm的掉角不超过2处;三个方向破坏尺寸的最大值不大于30mm
裂纹	无贯穿性裂纹及非贯穿性横向裂纹,无长度大于50mm或宽度大于0.2mm的非贯穿性裂纹,长度大于20mm的非贯穿性裂纹不超过2次
蜂窝麻面	长径≥5mm、深度≥2mm的板面气孔不多于10处

注:缺棱掉角尺寸以投影尺寸计。

3.10.3.2　物理力学性能

项　　目			增强水泥聚苯保温板	增强石膏聚苯保温板	聚合物水泥聚苯保温板	发泡水泥聚苯保温板	水泥聚苯颗粒保温板
面密度(kg/m^2)			≤40	≤30	≤25	≤30	—
密度(kg/m^3)			—				≤380
含水率(%)			≤5				≤10
主断面热阻 ($m^2 \cdot K/W$)	板厚 (mm)	40	≥0.50				≥0.50
		50	≥0.70				≥0.60
		60	≥0.90				≥0.75
		70	≥1.15				≥0.90
		80	≥1.40				≥1.00
		90	≥1.65				≥1.15
抗弯荷载(N)			≥*G*(板材的重量)				
抗冲击性(次)			≥10				
燃烧性能(级)			B_1				
面板收缩率(%)			≤0.08				

3.10.4　玻璃纤维增强水泥轻质多孔隔墙条板(GB/T 19631—2005)

玻璃纤维增强水泥轻质多孔隔墙条板按板的厚度分为90型、120型,按板型分为普通板、门框板、窗框板及过梁板。

玻璃纤维增强水泥轻质多孔隔墙条板技术指标见下表。

玻璃纤缩增强水泥轻质多孔隔墙条板技术指标

		项目		一等品	合格品
技术指标	外观质量	缺棱掉角	长度(mm) ≤	20	50
			宽度(mm) ≤	20	50
			数量 ≤	2处	3处
		板面裂缝		不允许	
		蜂窝气孔	长径(mm) ≤	10	30
			宽径(mm) ≤	4	5
			数量 ≤	1处	3处
		飞边毛刺		不允许	
		壁厚(mm) ≥		10	
		孔间肋厚(mm) ≥		20	

尺寸偏差允许值应符合以下规定

尺寸偏差(mm)	项目	长度	宽度	厚度	侧向弯曲	板面平整度	对角线差	接缝槽宽	接缝槽深
	一等品	±3	±1	±1	≤1	≤2	≤10	+2 0	+0.5 0
	合格品	±5	±2	±2	≤2	≤2	≤10	+2 0	+0.5 0

物理力学性能应符合以下规定

项目		一等品	合格品
含水率(%)	采暖地区 ≤	10	
	非采暖地区 ≤	15	
气干面密度(kg/m²)	90型 ≤	75	
	120型 ≤	95	
抗折破坏荷载(N)	90型 ≥	2200	2000
	120型 ≥	3000	2800
干燥收缩值(mm/m) ≤		0.6	
抗冲击性(30kg,0.5m落差)		冲击5次,板面无裂缝	
吊挂力/(N) ≥		1000	
空气声计权隔声量(dB)	90型 ≥	35	
	120型 ≥	40	
抗折破坏荷载保留率(耐久性)(%) ≥		80	70
放射性比活度	I_{Ra} ≤	1.0	
	I_r ≤	1.0	
耐火极限(h) ≥		1	
燃烧性能		不燃	

3.10.5 建筑用轻质隔墙条板(GB/T 23451—2009)

3.10.5.1 建筑用轻质隔墙条板外观质量

	序号	项 目	指 标
分类	1	板面外露筋、纤;飞边毛刺;板面泛霜;板的横向、纵向、厚度方向贯通裂缝	无
	2	复合夹芯条板面层脱落①	无
	3	板面裂缝,长度 50~100mm,宽度 0.5~1.0mm	≤2 处/板
	4	蜂窝气孔,长径 5~30mm	≤3 处/板
	5	缺棱掉角,宽度×长度 10mm×5mm~20mm×30mm	≤2 处/板
	6	壁厚② mm	≥12

①复合夹芯条板检测此项。

②空心条板应测壁厚。

注:序号 3、4、5 项中低于下限值的缺陷忽略不计,高于上限值的缺陷为不合格。

3.10.5.2 尺寸允许偏差

(mm)

项 目	允许偏差
长度	±5
宽度	±2
厚度	±1.5
板面平整	≤2
对角线差	≤6
侧向弯曲	≤L/1000

3.10.5.3 物理力学性能

项 目	板厚(mm)	
	90	120
抗冲击性能	经 5 次抗冲击试验后,板面无裂纹	
抗弯破坏荷载(板自重倍数)	≥1.5	
抗压强度(MPa)	≥3.5	
软化系数①	≥0.80	
面密度(kg/m²)	≤90	≤110
含水率(%)	≤12	
干燥收缩值(mm/m)	≤0.6	
吊挂力	荷载 1000N 静置 24h,板面无宽度超过 0.5mm 的裂纹	
抗冻性②	不得出现可见的裂纹或表面无变化	
空气声隔声量(dB)	≥35	≥40

续表 3.10.5.3

项目	板厚(mm)	
	90	120
耐火极限(h)	≥1	
燃烧性能	A_1 或 A_2 级	

①防水石膏条板的软化系数为≥0.60,普通石膏条板的软化系数为≥0.40。

②夏热冬暖地区和石膏条板不检此项。

3.10.6 灰渣混凝土空心隔墙板(GB/T 23449—2009)

3.10.6.1 外观质量要求

序号	项目	指标
1	板面外露筋纤,板的横向、纵向、厚度方向贯通裂缝	无
2	板面裂缝,长度 50~100mm,宽度 0.5~1.0mm	≤2 处/板
3	蜂窝气孔,长径 5~30mm	≤3 处/板
4	缺棱掉角,宽度(mm)×长度(mm)10×25~20×30	≤2 处/板
5	壁厚(mm)	≥12

注:序号 3、4、5 项中低于下限值的缺陷忽略不计,高于上限值的缺陷为不合格。

3.10.6.2 尺寸允许偏差

(mm)

项目	允许偏差
长度	±5
宽度、厚度	±2
板面平整	≤2
对角线差	≤6
侧向弯曲	≤L/1000

3.10.6.3 物理力学性能

项目	板厚(mm)		
	90	120	150
抗冲击性能	经 5 次抗冲击试验后,板面无裂纹		
面密度(kg/m²)	≤120	≤140	≤160
抗弯破坏荷载(板自重倍数)	≥1		
抗压强度(MPa)	≥5		
空气隔声量(dB)	≥40	≥45	≥50
含水率(%)	≤10		
干燥收缩值(mm/m)	≤0.6		
吊挂力	荷载 1000N 静置 24h,板面无宽度超过 0.5mm 的裂纹		

续表 3.10.6.3

项 目	板厚(mm)		
	90	120	150
耐火极限(h)	≥1.0		
软化系数	≥0.80		
抗冻性①	不得出现可见的裂纹或表面无变化		

①夏热冬暖地区不检此项。

3.10.7 建筑隔墙用保温条板(GB/T 23450—2009)

3.10.7.1 外观质量要求

序号	项 目	指标
1	面层和夹芯层处裂缝	不允许
2	板的横向、纵向、侧向方向贯通裂纹	不允许
3	板面外露筋纤;飞边毛刺	不允许
4	板面裂缝,长度 50~100mm,宽度 0.5~10mm	≤2 处/板
5	缺棱掉角蜂窝,宽度×长度 10mm×25mm~20mm×30mm	≤2 处/板

注:序号 4、5 项中低于下限值的缺陷忽略不计,高于上限值的缺陷为不合格。

3.10.7.2 尺寸允许偏差

(mm)

项 目	允许偏差
长度	±5
宽度	±2
厚度	±1
板面平整度	≤2
对角线差	≤6
侧向弯曲	≤L/1000

3.10.7.3 物理力学性能

项 目	板厚(mm)		
	90	120	150
抗冲击性能	经 5 次抗冲击试验后,板面无裂纹		
抗弯承载(板自重倍数)	≥1.5		
抗压强度(MPa)	≥3.5		
软化系数①	≥0.80		
面密度(kg/m^2)	≤85	≤100	≤110
含水率(%)	≤8		
干燥收缩值(mm/m)	≤0.6		
空气声计权隔声量(dB)	≥35	≥40	45

续表 3.10.7.3

项　目	板厚(mm)		
	90	120	150
吊挂力	荷载1000N静置24h,板面无宽度超过0.5mm的裂纹		
抗冻性②	不得出现可见的裂纹或表面无变化		
耐火极限(h)	≥1		
燃烧性能(级)	A_1或A_2		
传热系数[W/(m²·K)]	≤2.0		

①石膏条板软化系数≥0.60。

②夏热冬暖地区和石膏条板不检此项。

3.10.8 普通装饰用铝塑复合板(GB/T 22412—2008)

3.10.8.1 装饰面质量要求和尺寸允许偏差

	缺陷名称	技术要求
装饰面质量要求	压痕、印痕、凹凸、正反面塑料外露、漏涂、波纹、鼓泡、划伤、擦伤	不允许
	疵点	最大尺寸≤3mm,数量不超过3个/m²
	色差	目测不明显,仲裁时$\Delta E \leqslant 2$
	①对于表中未涉及的表面缺陷项目,本着不影响需方要求为原则由供需双方商定。 ②装饰性的花纹、色彩除外。	
尺寸允许偏差	项　目	允许偏差
	长度(mm)	±3
	宽度(mm)	±2
	厚度(mm)	±0.2
	对角线差(mm)	≤5
	边直度(mm/m)	≤1
	翘曲度(mm/m)	≤5

3.10.8.2 物理力学性能

项　目		技术要求
表面铅笔硬度		≥HB
涂层光泽度偏差		≤10
涂层柔韧性(T)		≤3
涂层附着力①(级)	划格法	0
	划圈法	1

续表 3.10.8.2

<table>
<tr><th colspan="3">项 目</th><th>技术要求</th></tr>
<tr><td colspan="3">耐冲击性(kg·cm)</td><td>≥20</td></tr>
<tr><td colspan="3">涂层耐酸性</td><td>无变化</td></tr>
<tr><td colspan="3">涂层耐油性</td><td>无变化</td></tr>
<tr><td colspan="3">涂层耐碱性</td><td>无变化</td></tr>
<tr><td colspan="3">涂层耐溶剂性</td><td>不露底</td></tr>
<tr><td colspan="3">涂层耐沾污性(%)</td><td>≤5</td></tr>
<tr><td rowspan="3">耐人工气候老化</td><td colspan="2">色差 ΔE</td><td>≤2.0</td></tr>
<tr><td colspan="2">失光等级/级</td><td>不次于 2</td></tr>
<tr><td colspan="2">其他老化性能/级</td><td>0</td></tr>
<tr><td colspan="3">耐盐雾性/级</td><td>不次于 1</td></tr>
<tr><td colspan="3">弯曲强度②(MPa)</td><td>≥标称值</td></tr>
<tr><td rowspan="2">剥离强度(N/mm)</td><td colspan="2">平均值</td><td>≥4.0</td></tr>
<tr><td colspan="2">最小值</td><td>≥3.0</td></tr>
<tr><td rowspan="4">耐温差性</td><td colspan="2">外观</td><td>无变化</td></tr>
<tr><td colspan="2">剥离强度下降率/%</td><td>≤10</td></tr>
<tr><td rowspan="2">涂层附着力①/级</td><td>划格法</td><td>0</td></tr>
<tr><td>划圈法</td><td>1</td></tr>
<tr><td colspan="3">热变形温度(℃)</td><td>≥85</td></tr>
<tr><td colspan="3">耐热水性</td><td>无变化</td></tr>
<tr><td colspan="3">燃烧性能③(级)</td><td>不低于 C</td></tr>
</table>

3.10.9 其他隔墙板

3.10.9.1 轻质陶粒混凝土条板规格

(mm)

长度	宽度	厚度	备注
2400～3000	590	60	实心、圆孔
2400～3000	590	90	圆孔

3.10.9.2 陶粒隔墙条板技术性能

<table>
<tr><th>序号</th><th>项 目</th><th>指 标</th><th>备 注</th></tr>
<tr><td>1</td><td>抗压强度(MPa)</td><td>≥7.5</td><td>—</td></tr>
<tr><td>2</td><td>干密度(kg/m³)</td><td>≤1100</td><td>—</td></tr>
<tr><td rowspan="2">3</td><td rowspan="2">板重(kg/m²)</td><td>60 厚≤70</td><td>实心(空心≤60)</td></tr>
<tr><td>90 厚≤80</td><td>空心</td></tr>
</table>

续表 3.10.9.2

序号	项 目	指 标	备 注
4	抗弯荷载	≥2G	G—块条板自重
5	抗冲击	3次板背面不裂	30kg 砂袋落差 500mm
6	软化系数	≥0.8	—
7	收缩率(%)	≤0.08	—
8	隔声量(dB)	≥30	控制下限
9	含水率(%)	≤15	—
10	吊挂力(N)	≥800	—

注:技术性能的检验方法见《轻隔墙条板质量检验评定标准》(DBJ01—29—1996)。

3.10.9.3 轻型陶粒混凝土条板施工辅助材料

名称	用 途	性 能
膨胀水泥砂浆	1:2.5水泥砂浆,加水泥用量10%的膨胀剂,用于条板与条板、条板顶部与主体结构的粘结	—
1号水泥胶粘剂	用于板缝填实和条板开槽敷线补平,条板拉缝敷管穿线缝内填补严实,条板正背面凹口补平以及钢抱框两侧缝填实抹平	抗剪强度:≥1.5MPa 粘结强度:≥1.0MPa 初凝时间:0.5~1.0h
2号水泥胶粘剂	用于条板吊挂件、构配件的粘结和条板预埋件补平	抗剪强度:≥2.0MPa 粘结强度:≥3.0MPa 初凝时间:0.5~1.0h
石膏腻子	用于光面条板隔墙基面修补和找平	抗压强度:≥2.5MPa 抗折强度:≥3.0MPa 粘结强度:≥0.2MPa 终凝时间:3.0h
玻纤条布	条宽50~60mm,用于板缝处理;条宽200mm,用于墙面阴阳角附加层	涂塑中碱玻璃纤维网格布网格8目/in,布重80g/m;断裂强度:25mm×100mm布条,经纱≥300N,纬纱≥150N

3.10.9.4 纸面石膏板规格

项次	产品	规格(mm)		
		长	宽	厚
1	普通纸面石膏板	3000	1200	9.5,12,15,25
2	耐火纸面石膏板			
3	耐水纸面石膏板			
4	博罗石膏板	1220	2440	9.5,12,15

注:本表第1、2、3项为北新建材集团产品;第4项为上海博罗石膏板有限公司产品。

3.10.9.5 石膏板的物理性能

项目＼名称		普通板				耐水板			耐火板			特种耐火板	
厚度(mm)		9.5	12	15	25	9.5	12	15	9.5	12	15	9.5	12
单位面积重量(kg/m²)		8.5	10.5	13.5	23.0	9.5	12	—	8.5	10.5	13.5	8.5	10.5
断裂强度(N)	垂直纸纤维	板厚9.5mm>400;板厚12mm>500;板厚15mm>600											
	平行纸纤维	板厚9.5mm>100;板厚12mm>200;板厚15mm>250											
燃烧性能		所用为难燃性材料										所用为不燃性材料	
材料耐火极限		5～10min				—			>30min			>45min	
含水率		<1%											
吸水率		<9%											
导热系数		0.194～0.21[(W/(cm·K)]											

3.10.9.6 轻钢龙骨规格

名称	规格(mm)	断面	重量(kg/m)	备注
横龙骨	50×40×0.6		0.58	墙体和建筑结构的连接构件
	75×40×0.6(1.0)		0.70(1.16)	
	100×40×0.7(1.0)		0.95(1.36)	
	150×40×0.7(1.0)		1.23	

续表 3.10.9.6

名称	规格(mm)	断面	重量(kg/m)	备注
竖龙骨	50×50×0.6 50×45×0.6		0.77	墙体的主要受力构件
	75×50×0.6(1.0) 75×45×0.6(1.0)		0.89(1.48)	
	100×50×0.6(1.0) 100×45×0.6(1.0)		1.17(1.67)	
	150×50×0.7(1.0)		1.45	
通贯龙骨	38×12×1.0		0.45	竖龙骨的中间连接构件
CH龙骨	厚1.0	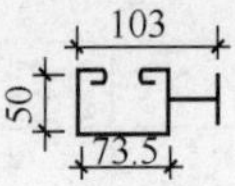 103 50 73.5	2.40	电梯井或其他特殊构造中墙体的主要受力构件
减振龙骨	厚0.6	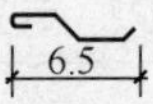 6.5	0.35	受振结构中竖龙骨与石膏板的连接构件
空气龙骨	厚0.5	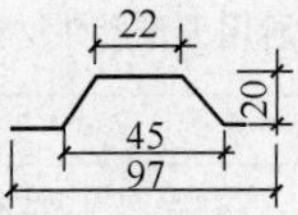 22 20 45 97		竖龙骨和外墙板之间的连接构件

注:1. 根据用户要求,可在竖龙骨上冲孔,以便通贯龙骨的横穿装配。

2. 适用于50、75、100、150隔墙系列。

3.10.9.7 埃特板隔墙龙骨规格

名称	编号	主配件断面	断面尺寸 $A\times B\times t$(mm)	重量(kg/m)
沿顶、沿地龙骨或横撑龙骨	C50-1	t B A	50×40×0.60	0.63
	C75-1		75×40×0.60	0.73
	C100-1		100×40×0.60	0.85

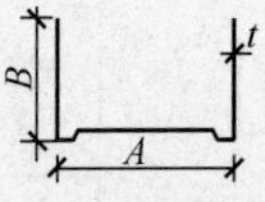

续表 3.10.9.7

名称	编号	主配件断面	断面尺寸 $A\times B\times t$(mm)	重量(kg/m)
竖龙骨	C50-2 C75-2 C100-2		50×50×0.60 75×50×0.60 100×50×0.60	0.79 0.91 1.02

注:埃特板由广州埃特尼特有限公司生产。

3.10.9.8 埃特板与龙骨组合的埃特板隔墙规格

龙骨系列	埃特板规格(mm)	埃特板墙厚(mm)	重量(kg/m²)	适用高度(mm)	
				人流密度大的地方	人流密度小的地方
C50	2440×1220×8 2440×1220×10	66 70	17.3 21.2	2750	3000
C75	2440×1220×8 2440×1220×10 2440×1220×12	91 95 99	17.7 21.5 25.3	3000	3350
C100	2440×1220×8 2440×1220×10 2440×1220×12	116 120 124	18 22 25.6	3500	4000

3.10.9.9 $NP_{1\sim9}$普通埃特墙系列产品规格与技术性能

墙代号	龙骨号	板厚(mm)	墙厚(mm)	重量(kg/m²)	防火(h)	隔声(dB)	静载(N)	冲击(N)	允许高度(mm)
NP_1	C50	8	66	19.0	0.37	32	960	300	2700
NP_2	C50	10	70	23.0	—	36	—	—	—
NP_3	C50	12	74	27.1	0.50	38	—	—	—
NP_4	C75	8	91	19.3	0.40	34	800	300	4000

续表 3.10.9.9

墙代号	龙骨号	板厚 (mm)	墙厚 (mm)	重量 (kg/m²)	防火 (h)	隔声 (dB)	静载 (N)	冲击 (N)	允许高度 (mm)
NP_5	C75	10	95	23.4	—	38	—	—	—
NP_6	C75	12	99	27.5	0.47	39	640	300	4500
NP_7	C100	8	116	19.6	0.32	36	480	300	5000
NP_8	C100	10	120	23.7	—	40	—	—	—
NP_9	C100	12	124	27.8	0.50	42	—	—	—

3.10.9.10 $FP_{1\sim3}$防火埃特墙系列产品技术性能

墙代号	耐火等级 (h)	墙厚 (mm)	重量 (kg/m²)	静载 (N)	冲击 (N)	允许高度 (mm)
FP_1	0.93	66	23	960	300	2700
FP_2	1.50	107	30	800	300	4000
FP_3	2.00	148	60	—	—	—

3.10.9.11 $SP_{1\sim3}$隔声埃特墙系列产品技术性能

墙代号	隔声等级 (dB)	墙厚 (mm)	重量 (kg/m²)	静载 (N)	冲击 (N)	允许高度 (mm)
SP_1	44	91	36.9	—	—	—
SP_2	47	120	43.6	640	300	5500
SP_3	54	140	47.5	—	—	—

3.10.9.12 $TP_{1\sim4}$保温及隔热埃特墙系列产品技术性能

墙代号	传热系数 〔W/(m²·K)〕	热阻 (m²·K/W)	墙厚 (mm)	重量 (kg/m²)	静载 (N)	冲击荷载 (N)	允许高度 (mm)
TP_1	2.31	0.283	91	19.3	800	300	4000
TP_2	0.48	1.925	91	25.0	800	300	4000

续表 3.10.9.12

墙代号	传热系数〔W/(m²·K)〕	热阻(m²·K/W)	墙厚(mm)	重量(kg/m²)	静载(N)	冲击荷载(N)	允许高度(mm)
TP_3	0.46	2.045	120	32.0	—	—	—
TP_4	0.40	2.380	107	42.0	960	300	4500

注:1. 耐火等级由国家固定灭火系统和耐火构件质量监督检验中心检验。

2. 保温、隔热、隔声等级是由中国建筑科学研究院建筑物理研究所检验。

3. 静载、冲击荷载由国家建筑工程质量监督检验测试中心检验。静载国家标准:静载,160N;残余变形,≤2mm。冲击荷载国家标准:300N;残余变形:≤10mm。

4. 埃特墙的防潮性:埃特板的含水率≤10%~12%;吸湿率≤8%,在厨房、卫生间等长期潮湿的地方用埃特墙可保持稳定的防潮性能。

5. 埃特墙无毒无害。经测试,已确认埃特板在使用中无毒、无害、无辐射,对人体及动物无害。在火灾的情况下也不会产生有害气体。

3.10.9.13　GRC 板的物理性能

项　目	单　位	指　标	参照标准
密度	kg/m³	<1100	JISA 5418
抗弯强度	kPa	6860~9800	—
抗冲击强度	kPa	490~980	—
干湿变形	%	<0.15	JISA 5418
含水率	%	<10	JISA 5418
吸水率	%	<35	JISA 1403
燃烧性能	—	不燃	GB 5464—85
耐水性	—	泡水一年强度不变	—
热导率	W(m·K)〔kcal/(m·h·℃)〕	0.14(0.12)	—

3.10.9.14　FC 板的物理性能

密度(g/cm³)	抗折强度(MPa)		抗渗性	抗冻性
	横向	纵向		
1.7	28	20	背面无水滴	25 次冻融循环合格

3.10.9.15 纤维增强硅酸钙板规格

品 种	规格尺寸(mm)			备 注
	长度	宽度	厚度	
隔墙板	1800	900	6、7、8、9、10	1. 摘自《纤维增强硅酸钙板》(沪 Q/NJ—536—90)
吊顶板	900、595、495、450	900、595、495、450	5、6	2. 其他规格产品，可经供需双方协议而定

3.10.9.16 硅酸钙板的技术性能

技术性能		备 注
项 目	指 标	
密度(g/cm³)	≤1.2	摘自上海市企业标准《纤维增强硅酸钙板》(沪 Q/NJ—536—1990)
抗折强度(MPa)	>5	
吸水率(%)	≈50	
热导率[W/(m·K)]	≤0.22	
耐火性能(h)	>1	

3.10.9.17 硅酸钙板的外观质量和尺寸允许偏差

项 目		指 标	
		隔墙板	吊顶板
外观质量		板的正表面不得有裂缝、粘块及贯穿厚度的杂物	
形状误差	板边直线度(mm/mm)	≤2	
	板边垂直度(mm/mm)	≤3	
	掉角(长×宽)(mm)	20×20	5×5
	板面平面度(mm/mm)	≤7	
尺寸允许偏差	长度(mm)	±3	−3
	宽度(mm)	±3	−3
	厚度(mm)	±10(%)	+1.0、−0.5
	厚度的不均匀度(%)	10	

注：摘自《纤维增强硅酸钙板》(沪 Q/NJ—536—1990)。

4　地基基础工程施工

4.1　土 方 工 程

4.1.1　土的基本性质

4.1.1.1　土的基本物理性质

指标名称	符号	单位	物理意义	表达式	附注
密度	ρ	t/m^3	单位体积土的质量，又称质量密度	$\rho=\frac{m}{V}$	由试验方法（一般用环刀法）直接测定
重度	γ	kN/m^3	单位体积土所受的重力，又称重力密度	$\gamma=\frac{W}{V}$或$\gamma=\rho g$	由试验方法测定后计算求得
相对密度	d_s		土粒单位体积的质量与4℃时蒸馏水的密度之比	$d_s=\frac{m_s}{V_s\rho_w}$	由试验方法（用比重瓶法）测定
干密度	ρ_d	t/m^3	土的单位体积内颗粒的质量	$\rho_d=\frac{m_s}{V}$	由试验方法测定后计算求得
干重度	γ_d	kN/m^3	土的单位体积内颗粒的重力	$\gamma_d=\frac{W_s}{V}$	由试验方法直接测定
含水量	w	%	土中水的质量与颗粒质量之比	$w=\frac{m_w}{m_s}\times100$	由试验方法（烘干法）测定

续表 4.1.1.1

指标名称	符号	单位	物理意义	表达式	附注
饱和密度	ρ_{sat}	t/m³	土中孔隙完全被水充满时土的密度	$\rho_{sat}=\frac{m_s+V_v\cdot\rho_w}{V}$	由计算求得
饱和重度	γ_{sat}	kN/m³	土中孔隙完全被水充满时土的重度	$\gamma_{sat}=\rho_{sat}\cdot g$	由计算求得
有效重度	γ'	kN/m³	在地下水位以下，土体受到水的浮力作用时土的重度，又称浮重度	$\gamma'=\gamma_{sat}-\gamma_w$	由计算求得
孔隙比	e		土中孔隙体积与土粒体积之比	$e=\frac{V_v}{V_s}$	由计算求得
孔隙率	n	%	土中孔隙体积与土的体积之比	$n=\frac{V_v}{V}\times100$	由计算求得
饱和度	S_r	%	土中水的体积与孔隙体积之比	$S_r=\frac{V_w}{V_v}\times100$	由计算求得

注：表中：W—土的总重力(量)；W_s—土的固体颗粒的重力(量)；ρ_w—蒸馏水的密度，一般取 $\rho_w=1t/m^3$；γ_w—水的重度，近似取 $\gamma_w=10kN/m^3$；g—重力加速度，取 $g=10m/s^2$。其余符号意义见本表。

4.1.1.2 土的力学指标经验数据参考值

土类		孔隙比 e	天然含水量 w (%)	塑限含水量 w_p (%)	重度 γ (kN/m³)	黏聚力 c (kPa)	内摩擦角 φ (°)	变形模量 E_0 (MPa)
砂土	粗砂	0.4～0.5	15～18	—	20.5	0	42	46
		0.5～0.6	19～22		19.5	0	40	40
		0.6～0.7	23～25		19.0	0	38	33
	中砂	0.4～0.5	15～18	—	20.5	0	40	46
		0.5～0.6	19～22		19.5	0	38	40
		0.6～0.7	23～25		19.0	0	35	33
	细砂	0.4～0.5	15～18	—	20.5	0	38	37
		0.5～0.6	19～22		19.5	0	36	28
		0.6～0.7	23～25		19.0	0	32	24
	粉砂	0.4～0.5	15～18	—	20.5	5	36	14
		0.5～0.6	19～22		19.5	3	34	12
		0.6～0.7	23～25		19.0	2	28	10

续表 4.1.1.2

土类		孔隙比 e	天然含水量 w (%)	塑限含水量 w_p (%)	重度 γ (kN/m³)	黏聚力 c (MPa)	内摩擦角 φ (°)	变形模量 E_0 (MPa)
	粉土	0.4～0.5	15～18	<9.4	21.0	6	30	18
		0.5～0.6	19～22		20.0	5	28	14
		0.6～0.7	23～25		19.5	2	27	11
		0.4～0.5	15～18	9.5～12.4	21.0	7	25	23
		0.5～0.6	19～22		20.0	5	24	16
		0.6～0.7	23～25		19.5	3	23	13
黏性土	黏质黏土	0.4～0.5	15～18	12.5～15.4	21.0	25	24	45
		0.5～0.6	19～22		20.0	15	23	21
		0.7～0.8	26～29		19.0	5	21	12
		0.5～0.6	19～22	15.5～18.4	20.0	35	22	39
		0.7～0.8	26～29		19.0	10	20	15
		0.9～1.0	35～40		18.0	5	18	8
		0.6～0.7	23～25	18.5～22.4	19.5	40	20	33
		0.7～0.8	26～29		19.0	25	19	19
		0.9～1.0	35～40		18.0	10	17	9
	黏土	0.7～0.8	26～29	22.5～26.4	19.0	60	18	28
		0.9～1.1	35～40		17.5	25	16	11
		0.8～0.9	30～34	26.5～30.4	18.5	65	16	24
		0.9～1.1	35～40		17.5	35	16	14

4.1.2 岩基土的分类

作为建筑地基的岩土，可分岩石、碎石土、砂土、粉土、黏性土和人工填土。

4.1.2.1 岩石完整程度的划分

类别	完整性指数	结构面组数	控制性结构面平均间距（m）	代表性结构类型
完整	＞0.75	1～2	＞1.0	整状结构
较完整	0.75～0.5	2～3	0.4～1.0	块状结构
较破碎	0.55～0.35	＞3	0.2～0.4	镶嵌状结构
破碎	0.35～0.15	＞3	＜0.2	碎裂状结构
极破碎	＜0.15	无序	—	散体状结构

注：完整性指数为岩体纵波波速与岩块纵波波速之比的二次方。选定岩体、岩块测定波速时应有代表性。

4.1.2.2 碎石类土的分类

土的名称	颗粒形状	粒组含量
漂石 块石	圆形及亚圆形为主 棱角形为主	粒径大于200mm的颗粒含量超过全重50％
卵石 碎石	圆形及亚圆形为主 棱角形为主	粒径大于20mm的颗粒含量超过全重50％
圆砾 角砾	圆形及亚圆形为主 棱角形为主	粒径大于2mm的颗粒含量超过全重50％

注：分类时应根据粒组含量栏从上到下以最先符合者确定。

4.1.2.3 碎石类土的密实度

重型圆锥动力触探锤击数 $N_{63.5}$	密实度	重型圆锥动力触探锤击数 $N_{63.5}$	密实度
$N_{63.5}\leqslant 5$	松散	$10<N_{63.5}\leqslant 20$	中密
$5<N_{63.5}\leqslant 10$	稍密	$N_{63.5}>20$	密实

注：1. 本表适用于平均粒径小于等于50mm，且最大粒径不超过100mm的卵石、碎石、圆砾、角砾。对于平均粒径大于50mm或最大粒径大于100mm的碎石土，可按4.1.3.1鉴别其密实度。

2. 表内 $N_{63.5}$ 为经综合修正后的平均值。

4.1.2.4 砂土的分类

土的名称	粒组含量
砾砂	粒径大于2mm的颗粒含量占全重25%～50%
粗砂	粒径大于0.5mm的颗粒含量超过全重50%
中砂	粒径大于0.25mm的颗粒含量超过全重50%
细砂	粒径大于0.075mm的颗粒含量超过全重85%
粉砂	粒径大于0.075mm的颗粒含量超过全重50%

注:分类时应根据粒组含量栏从上到下以最先符合者确定。

4.1.2.5 砂土的密实度

标准贯入试验锤击数 N	密实度
$N \leqslant 10$	松散
$10 < N \leqslant 15$	稍密
$15 < N \leqslant 30$	中密
$N > 30$	密实

注:当用静力触探探头阻力判定砂土的密实度时,可根据当地经验确定。

4.1.2.6 黏性土的分类

塑性指数 I_p	土的名称
$I_p > 17$	黏土
$10 < I_p \leqslant 17$	粉质黏土

注:塑性指数由相应于76g圆锥体沉入土样中深度为10mm时测定的液限计算而得。

4.1.2.7 黏性土的状态

液性指数 I_L	状态	液性指数 I_L	状态
$I_L \leqslant 0$	坚硬	$0.75 < I_L \leqslant 1$	软塑
$0 < I_L \leqslant 0.25$	硬塑	$I_L > 1$	流塑
$0.25 < I_L \leqslant 0.75$	可塑	—	—

注:当用静力触探探头阻力或标准贯入试验锤击数判定黏性土的状态时,可根据当地经验确定。

4.1.2.8 粉土的性质

塑性指数 I_p	粒径(mm)
$\leqslant 10$	>0.075的含量不超过全重50%

4.1.2.9 其他土的分类

名称	说明
淤泥	为在静水或缓慢的流水环境中沉积，并经生物化学作用形成，其天然含水量大于液限、天然孔隙比大于或等于 1.5 的黏性土
淤泥质土	当天然含水量大于液限而天然孔隙比小于 1.5 但大于或等于 1.0 的黏性土或粉土
红黏土和次生红黏土	红黏土为碳酸盐岩系的岩石经红土化作用形成的高塑性黏土。其液限一般大于 50。红黏土经再搬运后仍保留其基本特征，其液限大于 45 的土为次生红黏土
素填土、压实填土、杂填土和冲填土	素填土为由碎石土、砂土、粉土、黏性土等组成的填土。经过压实或夯实的素填土为压实填土。杂填土为含有建筑垃圾、工业废料、生活垃圾等杂物的填土。冲填土为由水力冲填泥砂形成的填土
膨胀土	膨胀土为土中黏粒成分主要由亲水性矿物组成，同时具有显著的吸水膨胀和失水收缩特性，其自由膨胀率大于或等于 40%的黏性土
湿陷性土	湿陷性土为浸水后产生附加沉降，其湿陷系数大于或等于 0.015 的土

4.1.2.10 土的工程分类

土的分类	土的级别	土的名称	坚实系数 f	密度 (kg/m³)	开挖方法及工具
一类土（松软土）	Ⅰ	砂土；粉土；冲积砂土层；疏松的种植土；淤泥（泥炭）	0.5～0.6	600～1500	用锹、锄头挖掘、少许用脚蹬

续表 4.1.2.10

土的分类	土的级别	土的名称	坚实系数 f	密度 (kg/m³)	开挖方法及工具
二类土（普通土）	Ⅱ	粉质黏土；潮湿的黄土；夹有碎石；卵石的砂；粉土混卵（碎）石；种植土；填土	0.6～0.8	1100～1600	用锹、锄头挖掘，少许用镐翻松
三类土（坚土）	Ⅲ	软及中等密实黏土；重粉质黏土；砾石土；干黄土、含有碎石卵石的黄土、粉质黏土；压实的填土	0.8～1.0	1750～1900	主要用镐，少许用锹、锄头挖掘，部分用撬棍
四类土（砂砾坚土）	Ⅳ	坚硬密实的黏性土或黄土；含碎石、卵石的中等密实的黏性土或黄土；粗卵石；天然级配砂石；软泥灰岩	1.0～1.5	1900	整个先用镐，撬棍，后用锹挖掘，部分用楔子及大锤
五类土（软石）	Ⅴ～Ⅵ	硬质黏土；中密的页岩、泥灰岩、白垩土；胶结不紧的砾岩；软石灰岩及贝壳石灰岩	1.5～4.0	1100～2700	用镐或撬棍、大锤挖掘，部分使用爆破方法
六类土（次坚石）	Ⅶ～Ⅸ	泥岩、砂岩、砾岩；坚实的页岩、泥灰岩、密实的石灰岩；风化花岗岩、片麻岩及正长岩	4.0～10.0	2200～2900	用爆破方法开挖，部分用风镐
七类土（坚石）	Ⅺ～ⅩⅢ	大理岩；辉绿岩；玢岩；粗、中粒花岗岩；坚实的白云岩、砂岩、砾岩、片麻岩、石灰岩；微风化安山岩；玄武岩	10.0～18.0	2500～3100	用爆破方法开挖

续表 4.1.2.10

土的分类	土的级别	土的名称	坚实系数 f	密度（kg/m^3）	开挖方法及工具
八类土（特坚土）	XIV～XVI	安山岩；玄武岩；花岗片麻岩；坚实的细粒花岗岩、闪长岩、石英岗、辉长岩、辉绿岩、玢岩、角闪岩	18.0～25.0以上	2700～3300	用爆破方法开挖

注：1. 土的级别为相当于一般16级土石分类级别。

2. 坚实系数 f 为相当于普氏岩石强度系数。

4.1.2.11　土的可松性系数参考值

土的类别	体积增加百分比		可松性系数	
	最初	最终	K_p	K_p'
一类（种植土除外）	8～17	1～2.5	1.08～1.17	1.01～1.03
一类（植物性土、泥炭）	20～30	3～4	1.20～1.30	1.03～1.04
二类	14～28	1.5～5	1.14～1.28	1.02～1.05
三类	24～30	4～7	1.24～1.30	1.04～1.07
四类（泥炭岩、蛋白石除外）	26～32	6～9	1.26～1.32	1.06～1.09
四类（泥炭岩、蛋白石）	33～37	11～15	1.33～1.37	1.11～1.15
五～七类	30～45	10～20	1.30～1.45	1.10～1.20
八类	45～50	20～30	1.45～1.50	1.20～1.30

4.1.2.12　土的压缩系数参考值

土的类别	土的名称	土的压缩率（%）	每 m^3 松散土压实后的体积（m^3）
一、二类土	种植土	20	0.80
	一般土	10	0.90
	砂土	5	0.95
三类土	天然湿度黄土	12～17	0.85
	一般土	5	0.95
	干燥坚实黄土	5～7	0.94

注：一般按填方截面增加10%～20%方数考虑。

4.1.2.13 土的渗透系数参考值

土的名称	渗透系数 (m/d)	土的名称	渗透系数 (m/d)
黏土	<0005	中砂	5.00～20.00
亚黏土	0.005～0.10	均质中砂	35～50
轻亚黏土	0.10～0.50	粗砂	20～50
黄土	0.25～0.50	圆砾石	50～100
粉砂	0.50～1.00	卵石	100～500
细砂	1.00～5.00	—	—

4.1.3 土的现场鉴别方法

4.1.3.1 碎石土密实度野外鉴别方法

密实度	骨架颗粒含量和排列	可挖性	可钻性
密实	骨架颗粒含量大于总重的70%，呈交错排列，连续接触	锹镐挖掘困难，用撬棍方能松动，井壁一般较稳定	钻进极困难，冲击钻探时，钻杆、吊锤跳动剧烈，孔壁较稳定
中密	骨架颗粒含量等于总重的60%～70%，呈交错排列，大部分接触	锹镐可挖掘，井壁有掉块现象，从井壁取出大颗粒处，能保持颗粒凹面形状	钻进较困难，冲击钻探时，钻杆、吊锤跳动不剧烈，孔壁有坍塌现象
稍密	骨架颗粒含量等于总重的55%～60%，排列混乱，大部分不接触	锹可以挖掘，井壁易坍塌，从井壁取出大颗粒后，砂土立即坍落	钻进较容易，冲击钻探时，钻杆稍有跳动，孔壁易坍塌
松散	骨架颗粒含量小于总重的55%，排列十分混乱，绝大部分不接触	锹易挖掘，井壁极易坍塌	钻进很容易，冲击钻探时，钻杆无跳动，孔壁极易坍塌

注：1. 骨架颗粒系指与4.1.2.12相对应粒径的颗粒。

2. 碎石土的密实度应按表列各项要求综合确定。

4.1.3.2 黏性土的现场鉴别方法

土的名称	湿润时用刀切	湿土用手捻摸时的感觉	土的状态		湿土搓条情况
			干土	湿土	
黏土	切面光滑，有粘刀阻力	有滑腻感，感觉不到有砂粒，水分较大，很粘手	土块坚硬，用锤才能打碎	易粘着物体，干燥后不易剥去	塑性大，能搓成直径小于0.5mm的长条，(长度不短于手掌)，手持一端不易断裂
粉质黏土	稍有光滑面，切面平整	稍有滑腻感，有黏滞感，感觉到有少量砂粒	土块用力可压碎	能粘着物体，干燥后较易剥去	有塑性，能搓成直径为2～3mm的土条
粉土	无光滑面，切面稍粗糙	有轻微粘滞感或无粘滞感，感觉到有砂粒较多、粗糙	土块用手捏或抛扔时易碎	不易粘着物体，干燥后一碰就掉	塑性小，能搓成直径为2～3mm的短条
砂土	无光滑面，切面粗糙	无粘滞感，感觉到全是砂粒、粗糙	松散	不能粘着物体	无塑性，不能搓成土条

4.1.3.3 人工填土、淤泥、黄土、泥炭的现场鉴别方法

土的名称	观察颜色	夹杂物质	形状（构造）	浸入水中的现象	湿土搓条情况	干燥后强度
人工填土	无固定颜色	砖瓦碎块、垃圾、炉灰等	夹杂物显露于外，构造无规律	大部分变为稀软淤泥，其余部分为碎瓦、炉渣、在水中单独出现	一般能搓成3mm的土条，但易断，遇有杂质甚多时，就不能搓条	干燥后部分杂质脱落，故无定形，稍微施加压力即行破碎

续表 4.1.3.3

土的名称	观察颜色	夹杂物质	形状（构造）	浸入水中的现象	湿土搓条情况	干燥后强度
淤泥	灰黑色，有臭味	池沼中有半腐朽的细小动植物遗体，如草根、小螺壳等	夹杂物经仔细观察可以发觉，构造常呈层状，但有时不明显	外观无显著变化，在水面出现气泡	一般淤泥质土接近于粉土，故能搓成3mm的土条（长至少30mm），容易断裂	干燥后体积显著收缩，强度不大，锤击时呈粉末状，用手指能捻碎
黄土	黄褐两色的混合色	有白色粉末出现在纹理之中	夹杂物质常清晰显见，构造上有垂直大孔（肉眼可见）	即行崩散而分成散的颗粒集团，在水面上出现很多白色液体	搓条情况与正常的粉质黏土类似	一般黄土相当于粉质黏土，干燥后的强度很高，手指不易捻碎
泥炭（腐殖十）	深灰或黑色	有半腐朽的动植物遗体，其含量超过60％	夹杂物有时可见，构造无规律	极易崩碎，变为稀软淤泥，其余部分为植物根、动物残体渣滓悬浮于水中	一般能搓成1～3mm的土条，但残渣甚多时，仅能搓成3mm以上的土条	干燥后大量收缩，部分杂质脱落，故有时无定形

4.1.4 土方开挖

土方工程施工前，应进行挖、填方的平衡计算，做好土方平衡调配，减少重复挖运，使土方运距最短、运程合理。同时，要综合规划工程项目的合理施工程序等。

4.1.4.1 土方开挖工艺流程

测量放线 → 放线分层开挖 → 排降水 → 修坡 → 整平 → 清底、验槽

4.1.4.2 土质边坡坡度允许值

土的类别	密实度或状态	坡度允许值(高宽比)	
		坡高在5m以内	坡高度为5～10m
碎石土	密实	1∶0.35～1∶0.50	1∶0.50～1∶0.75
	中密	1∶0.35～1∶0.50	1∶0.75～1∶1.00
	稍密	1∶0.35～1∶0.50	1∶1.00～1∶1.25
黏性土	坚硬	1∶0.75～1∶1.00	1∶1.00～1∶1.25
	硬塑	1∶1.00～1∶1.25	1∶1.25～1∶1.50

4.1.4.3 岩石边坡坡度允许值

岩石类土	风化程度	坡度允许值(高宽比)		
		坡高在8m以内	坡高度为8～15m	坡高度为15～30m
硬质岩石	微风化	1∶0.10～1∶0.20	1∶0.20～1∶0.35	1∶0.30～1∶0.50
	中等风化	1∶0.20～1∶0.35	1∶0.35～1∶0.50	1∶0.50～1∶0.75
	强风化	1∶0.35～1∶0.50	1∶0.50～1∶0.75	1∶0.75～1∶1.00
硬质岩石	微风化	1∶0.35～1∶0.50	1∶0.50～1∶0.75	1∶0.75～1∶1.00
	中等风化	1∶0.50～1∶0.75	1∶0.75～1∶1.00	1∶1.00～1∶1.50
	强风化	1∶0.75～1∶1.00	1∶1.00～1∶1.25	—

4.1.4.4 基坑(槽)和管沟不加支撑时的允许深度

序 号	土 的 种 类	允许深度(m)
1	密实、中密的砂土和碎石类土(充填物为砂土)	1.00
2	硬塑、可塑的粉质黏土及粉土	1.25
3	硬塑、可塑的黏土和碎石类土(充填物为砂土)	1.50
4	坚硬的黏土	2.00

4.1.4.5 深度在5m以内的基坑(槽)、管沟边坡的最陡(不加支撑)值

土 的 类 别	边坡坡度(高∶宽)		
	坡顶无荷载	坡顶有静载	坡顶有动载
中密的砂土	1∶1.00	1∶1.25	1∶1.50
中密的碎石类土(充填物为砂土)	1∶0.75	1∶1.00	1∶1.25

续表 4.1.4.5

土 的 类 别	边坡坡度(高：宽)		
	坡顶无荷载	坡顶有静载	坡顶有动载
硬塑的粉土	1∶0.67	1∶0.75	1∶1.00
中密的碎石类土(充填物为黏土)	1∶0.50	1∶0.67	1∶0.75
硬塑的粉质黏土、黏土	1∶0.33	1∶0.50	1∶0.67
老黄土	1∶0.10	1∶0.25	1∶0.33
软土(经井点降水后)	1∶1.00	—	—

注：1. 静载指堆土或材料等，动载指机械挖土或汽车运输作业等。静载或动载应距挖方边缘 0.8m 以上、堆土或材料高度不宜超过 1.5m。

2. 当有成熟经验时，可不受本表限制。

4.1.4.6 临时性挖方的边坡值

土 的 类 别		边坡值(高：宽)
砂土(不包括细砂、粉砂)		1∶1.25～1∶1.50
一般性黏土	硬	1∶0.75～1∶1.00
	硬、塑	1∶1.00～1∶1.25
	软	1∶1.5 或更缓
	充填坚硬、硬塑黏性土	1∶0.50～1∶1.00
	充填砂土	1∶1.00～1∶1.50

注：1. 设计有要求时，应符合设计标准。

2. 如采用降水或其他加固措施，可不受本表限制，但应计算复核。

3. 开挖深度，对软土不应超过 4m，对硬土不应超过 8m。

4.1.4.7 常用推土机型号及技术性能

型号 项目	T_3-100	T-120	上海-120A	T-180	TL180	T-220
铲刀（宽×高）（mm×mm）	3030×1100	3760×1100	3760～1000	4200～1100	3190×990	3725～1315
最大提升高度(mm)	900	1000	1000	1260	900	1210

续表 4.1.4.7

项目\型号	T_3-100	T-120	上海-120A	T-180	TL180	T-220
最大切土深度(mm)	180	300	330	530	400	540
移动速度：前进(km/h)	2.36～10.13	2.27～10.44	2.23～10.23	2.43～10.12	7～49	2.5～9.9
后退(km/h)	2.79～7.63	2.73～8.99	2.68～8.82	3.16～9.78	—	3.0～9.4
额定牵引力(kN)	90	120	130	188	85	240
发动机额定功率(hp)	100	135	120	180	180	220
对地面单位压力(MPa)	0.065	0.059	0.064	—	—	0.091
外形尺寸(长×宽×高)(m×m×m)	5.0×3.03×2.992	6.506×3.76×2.875	5.366×3.76×3.01	7.176×4.2×3.091	6.13×3.19×2.84	6.79×3.725×3.575
总重量(t)	13.43	14.7	16.2		12.8	27.89
生产厂	山东推土机总厂	四川建筑机械厂	上海彭浦机械厂	黄河工程机械厂	郑州工程机械厂	黄河工程机械厂

注：hp 为英马力，1hp＝0.7457kW，下同。

4.1.4.8 铲运机技术性能和规格

项　目	拖式铲运机			自行式铲运机		
	C6～2.5	C5～6	C3～6	C3～6	C3～7	CL7
铲斗：几何容量(m^3)	2.5	6	6～8	6	7	7
堆尖容量(m^3)	2.75	8	—	8	9	9
铲刀宽度(mm)	1900	2600	2600	2600	2700	2700
切土深度(mm)	150	300	300	300	400	300
铺土厚度(mm)	230	380	—	380	400	—
铲土角度(°)	35～68	30	30	30	—	—

续表 4.1.4.8

项目	拖式铲运机			自行式铲运机		
	C6～2.5	C5～6	C3～6	C3～6	C3～7	CL7
最小转弯半径(m)	2.7	3.75	—	—	6.7	—
操纵形式	液压	钢绳	—	液压及钢绳	液压及钢绳	液压
功率(hp)	60	100	—	120	160	180
卸土方式	自由	强制式	—	强制式	强制式	—
外形尺寸(长×宽×高)(m×m×m)	5.6×2.44×2.4	8.77×3.12×2.54	8.77×3.12×2.54	10.39×3.07×3.06	9.7×3.1×2.8	9.8×3.2×2.98
质量(t)	2.0	7.3	7.3	14	14	15

4.1.4.9 液压挖掘机主要技术性能与规格

项目	机型							
	WY10	WLY40	WY60	WY60A	WY80	WY100	WY160	WY250
正铲								
铲斗容量(m^3)	—	0.4	0.6	0.6	0.8	1.0	1.6	2.5
最大挖掘半径(m)	—	7.95	7.78	6.71	6.71	8.0	8.05	9.0
最大挖掘高度(m)	—	6.12	6.34	6.60	6.60	7.0	8.1	9.5
最大卸载高度(m)	—	3.66	4.05	3.79	3.79	2.5	5.7	6.55
反铲								
铲斗容量(m^3)	0.1	0.4	0.6	0.6	0.8	0.7～1.2	1.6	—
最大挖掘半径(m)	4.3	7.76	8.17	8.46	8.86	9.0	10.6	—
最大挖掘高度(m)	2.5	5.39	7.93	7.49	7.84	7.6	8.1	—
最大卸载高度(m)	1.84	3.81	6.36	5.60	5.57	5.4	5.83	—
最大挖掘深度(m)	2.4	4.09	4.2	5.14	5.52	5.8	6.1	—
发动机:功率(kW)	—	58.8	58.8	69.1	—	95.5	132.3	220.5
液压系统工作压力(MPa)	—	30	25	—	—	32	28	28
行走接地比压(MPa)	0.03	—	0.06	0.03	0.04	0.05	0.09	0.1
行走速度(km/h)	1.54	3.6	1.8	3.4	3.8	1.6～3.2	1.77	2.0
爬行能力(%)	45	40	45	47	47	45	30	35
回转速度(r/min)	10	7.0	6.5	8.65	8.65	7.9	6.9	5.35

续表 4.1.4.9

项　目	机　型							
	WY10	WLY40	WY60	WY60A	WY80	WY100	WY160	WY250
总重量(t)	—	9.89	14.2	17.5	19.0	25.0	38.0	60.0
制造厂	北京工程挖掘机厂	江苏建筑机械厂	贵阳矿山机械厂	合肥矿山机械厂	合肥矿山机械厂	上海建筑机械厂	长江挖掘机厂	杭州重型机械厂

4.1.4.10　铰接式轮胎装载机主要技术性能与规格

项　目	型　号						
	WZ_2A	ZL10	ZL20	ZL30	ZL40	ZL0813	ZL08A (ZL08E)
铲斗容量(m^3)	0.7	0.5	1.0	1.5	2.0	0.4	0.4 (0.4)
装载量(t)	1.5	0.1	2.0	3.0	4.0	0.8	0.8
卸料高度(m)	2.25	2.25	2.6	2.7	2.8	2.0	2.0
发动机功率(hp)	40.4	40.4	59.5	73.5	99.2	17.6	24 (25)
行走速度(km/h)	18.5	10～28	0～30	0～32	0～35	21.9	21.9 (20.7)
最大牵引力(kN)	—	32	64	75	105	—	14.7
爬坡能力(°)	18	30	30	25	28～30	30	24 (30)
回转半径(m)	4.9	4.48	5.03	5.5	5.9	4.8	4.8 (3.7)
离地间隙(m)	—	0.29	0.39	0.40	0.45	0.25	0.20 (0.25)
外形尺寸(长×宽×高)(m×m×m)	7.88×2.0×3.23	4.4×1.8×2.7	5.7×2.2×2.5	6.0×2.4×2.8	6.4×2.5×3.8	4.3×1.6×2.4	4.3×1.6×2.4 (4.5×1.6×2.5)

续表 4.1.4.10

项目	型号						
	WZ_2A	ZL10	ZL20	ZL30	ZL40	ZL0813	ZL08A (ZL08E)
总重(t)	6.4	4.5	7.6	9.2	11.5	—	2.65 (3.2)

注:1. WZ_2A 型带反铲,斗容量 0.2m^3,最大挖掘深度 4.0m,挖掘半径 5.25m,卸料高度 2.99m。

2. 转向方式均为铰接液压缸。

4.1.4.11 正铲开挖高度参考数值

土的类别	铲斗容量(m^3)			
	0.5	1.0	1.5	2.0
一～二	1.5	2.0	2.5	3.0
三	2.0	2.5	3.0	3.5
四	2.5	3.0	3.5	4.0

4.1.4.12 蛙式打夯机、振动夯实机、内燃打夯机技术性能与规格

项目	型号				
	硅式打夯机 HW-70	蛙式打夯机 HW-201	振动压实机 Hz-280	振动压实机 Hz-400	柴油打夯机 ZH_7-120
夯板面积(cm^2)		450	2800	2800	550 0
夯击次数(次/min)	140～165	140～150	1100～1200(Hz)	1100～1200(Hz)	60～70
行走速度(m/min)	—	8	10～16	10～16	—
夯实起落高度(mm)	—	145	300 (影响深度)	300 (影响深度)	300～500
生产率(m^3/h)	5～10	12.5	33.6	33.6 (m^2/min)	18～27
外形尺寸(长×宽×高)(mm×mm×mm)	1180×450×905	1006×500×900	1300×560×700	1205×566 889	434×265×1180
重量(kg)	140	125	400	400	120

4.1.4.13 开挖施工技术要点

序	项 目	施 工 技 术 要 点
1	放线分层开挖	土方开挖应按线分段、分层由上而下均衡进行。基坑(槽)的开挖应连续进行,尽快完成
2	弃土要求	当土质良好时,应距槽沟边缘0.8m以外堆放,且高度不宜超过1.5m。在软土地区,不得在挖方上侧放土,以防塌方。对槽沟边缘原有建(构)筑物要采取保护、加固措施后方可继续施工
3	排降水	在地下水位以下挖土时,应在基坑(槽)四侧或两侧挖好临时排水沟和集水井,将水位降低至基坑(槽)底部以下50cm,以利于挖土工作的顺利进行
4	基土保护	基坑(槽)或管沟挖土时不得扰动基底的基土,开挖深度不得超过设计基底设计标高。如个别地方超挖,应用砂、碎石填补夯实。机械挖土应在基底标高以上保留10~30cm左右用人工挖平清底
5	修坡、整平与清底	基坑宽度应根据基础或结构和防水处理施工工艺决定。混凝土基础或垫层需支模者,每边增加工作面0.3m;需用卷材或防水砂浆做垂直防水(潮)层时,增加工作面0.8~1.0m(搭脚手架取1m) 每3m左右修一次坡,至设计标高再统一进行一次修坡清底,检查坑底宽和标高,要求坑底凹凸不平不超过1.5cm
6	验槽	采用天然地基的基础,挖至基坑(槽)底时,应会同建设单位、质量检查站和设计人员进行验槽

4.1.4.14 土方开挖工程质量检验标准 (mm)

<table>
<tr><th rowspan="3">项目</th><th rowspan="3">序号</th><th rowspan="3">检查项目</th><th colspan="5">允许偏差或允许值</th><th rowspan="3">检验方法</th></tr>
<tr><th rowspan="2">柱基基坑基槽</th><th colspan="2">挖方场地平整</th><th rowspan="2">管沟</th><th rowspan="2">地(路)面基层</th></tr>
<tr><th>人工</th><th>机械</th></tr>
<tr><td rowspan="3">主控项目</td><td>1</td><td>标高</td><td>－50</td><td>±30</td><td>±50</td><td>－50</td><td>－50</td><td>水准仪</td></tr>
<tr><td>2</td><td>长度、宽度(由设计中心线向两边量)</td><td>＋200
－50</td><td>＋300
－100</td><td>＋500
－150</td><td>＋100</td><td>—</td><td>经纬仪,用钢尺量</td></tr>
<tr><td>3</td><td>边坡</td><td colspan="5">设计要求</td><td>观察或用坡度尺检查</td></tr>
<tr><td rowspan="2">一般项目</td><td>1</td><td>表面平整度</td><td>20</td><td>20</td><td>50</td><td>20</td><td>20</td><td>用2m靠尺和楔形塞尺检查</td></tr>
<tr><td>2</td><td>基底土性</td><td colspan="5">设计要求</td><td>观察或土样分析</td></tr>
</table>

注:地(路)面基层的偏差只适用于直接在挖、填方上做地(路)面的基层。

4.1.5 土方回填

4.1.5.1 回填土料的一般要求

(1)回填土料要求

①宜优先利用基槽中挖出的优质土。含有大量有机物的土,石膏或水溶性硫酸盐大于5%的土,冻结或液化状态的泥炭,淤泥,一般不能作填土之用。

②碎石类土、砂土(使用细砂、粉砂时应征得设计单位同意)和爆破石碴,可用作表层以下的填料。

③含水量符合压实要求的黏性土,可用作各层的填料。

碎块草皮和有机质含量大于8%的土,仅用于无压实要求的填方。

(2)填方基底的处理

填方基底的处理,应符合设计要求,设计无要求时,应符合下列规定：

①基底上的草皮、树根、积水、淤泥等应清除，并采取措施防止地表水流入填方区浸泡地基，造成基土下沉。坑穴应清除积水、淤泥和杂物等，并分层回填夯实。

②当填方基底为耕植土或松土时，应将基底充分夯实或碾压密实。

③填方位于松软地段时，应根据具体情况采取排干或换土、抛填片石、填砂砾石、掺灰等措施。

④当山坡坡度陡于 1/5 时，应将基底挖成台阶状，阶宽不小于 1m，阶高为 0.2～0.3m，然后分层填土。

4.1.5.2 土的最优含水量和最大干密度参考表

项次	土的种类	变动范围	
		最优含水量(质量分级，%)	最大干密度(t/m^3)
1	砂土	8～12	1.80～1.88
2	黏土	19～23	1.58～1.70
3	粉质黏土	12～15	1.85～1.95
4	粉土	16～22	1.61～1.80

4.1.5.3 永久性填方边坡的高度限值

项次	土的种类	填方高度(m)	边坡坡度
1	黏土类土、黄土、类黄土	6	1∶1.5
2	粉质黏土、泥炭岩土	6～7	1∶1.5
3	中砂或粗砂	10	1∶1.5
4	砾石和碎石土	10～12	1∶1.5
5	易风化的岩土	12	1∶1.5
6	轻微风化、尺寸 250mm 的石料	6 以内	1∶1.33
7		6～12	1∶1.5
8	轻微风化、尺寸大于 250mm 的石料，边坡用最大石块分排整齐铺砌	12 以内	1∶1.5～1∶0.75
9	轻微风化、尺寸大于 400mm 的石料，其边坡分排整齐	5 以内	1∶0.5
10		5～10	1∶0.65
11		>10	1∶1.00

4.1.5.4 填土压实施工技术要点

序	项目	施工技术要点
1	填土分层铺摊	填土应分层进行，每层铺土的厚度应根据土质、密实度要求和压实机具性能确定，填方每层的铺土厚度和压实遍数一般可按表4.1.5.4选用
2	分层夯碾密实	人工夯实时，每层土至少夯打三遍，深浅基坑相连时，应先填夯深基础，填至浅基础标高时，再与浅基础一起填夯。基坑(槽)回填应在相对两侧或四周对称同时进行，回填房心和管沟时，为防止管道中心线位移或损坏管道，应用人工先在管子两侧对称填土夯实 采用机械压实时，宜先用轻型推土机、拖拉机推平，低速行驶预压4～5遍，使表面平实再碾压。碾压机械压实填方时，应控制行驶速度。一般平碾、振动碾不超过2km/h，羊足碾不超过3km/h，并要控制压实遍数。用压路机进行填方碾压时，每次填土厚度不应超过25～30cm，碾压方向应从两边逐渐压向中间，轮(夯)迹应相互搭接，重复宽度约15～25cm，防止漏压或漏夯。机械碾压不到的地方，应配合人工推土填夯
3	检验每层的密实度	回填土方每层压实后，应按规范要求进行环刀取样，测出干土的质量密度。达到要求后，再进行上一层的铺土。基坑填土，每层按100～500m^2 取样一组；基槽、管沟回填，每层按20～50m^2 取样一组；室内填土每层按100～500m^2 取样一组；场地平整填土每层按400～900m^2 取样一组。取样部位应在每层压实后的下半部 土压实后的实际干密度，应有90%以上符合设计要求；其余10%的最低值与设计值之差，不得大于0.06g/cm^3，且不应集中
4	质量验收	土方回填前应清除基底的垃圾、树根等杂物，抽除坑穴积水、淤泥，验收基底标高。如在耕植土或松土上填方，应在压实后再进行验收基底标高 对填方土料应按设计要求验收后方可填入。填方施工过程中应检查排水措施，每层填筑厚度、含水量控制、压实程度。填筑厚度及压实遍数应根据土质、压实系数及所用机具确定。如无试验依据，应符合表4.1.5.5的规定

4.1.5.5　填方每层铺土厚度和压实遍数

压实机具	每层铺土厚度(mm)	每层压实遍数(遍)
平碾	250～300	6～8
振动压实机	250～350	3～4
柴油打夯机	200～250	3～4
人工打夯	不大于200	3～4

4.1.5.6　填土工程质量检验标准　(mm)

项目	序号	检查项目	允许偏差或允许值					检查方法
			桩基基坑基槽	场地平整		管沟	地(路)面基础层	
				人工	机械			
主控项目	1	标高	－50	±30	±50	－50	－50	水准仪
	2	分层压实系数	设计要求					按规定方法
一般项目	1	回填土料	设计要求					取样检查或直观鉴别
	2	分层厚度及含水量	设计要求					水准仪及抽样检查
	3	表面平整度	20	20	30	20	20	用靠尺或水准仪

4.2　基坑工程

在基坑(槽)或管沟工程等开挖施工中，现场不宜进行放坡开挖，当可能对邻近建(构)筑物、地下管线、永久性道路产生危害时，应对基坑(槽)、管沟进行支护后再开挖。

4.2.1 基坑侧壁安全及支护结构

4.2.1.1 基坑侧壁安全等级及重要性系数

安全等级	破坏后果	γ_0（建筑基坑侧壁重要系数）
一级	支护结构破坏、土体失稳或过大变形对基坑周边环境及地下结构施工影响很严重	1.10
二级	支护结构破坏、土体失稳或过大变形对基坑周边环境及地下结构施工影响一般	1.00
三级	支护结构破坏、土体失稳或过大变形对基坑周边环境及地下结构施工影响不严重	0.90

注：1. 有特殊要求的建筑基坑侧壁安全等级可根据具体情况另行确定。

2. 引自《建筑基坑支护技术规程》JGJ 120—1990。

4.2.1.2 支护结构选型表

结构型式	适用条件
排桩或地下连续墙	(1)适于基坑侧壁安全等级一、二、三级 (2)悬臂式结构在软土场地中不宜大于5m (3)当地下水位高于基坑底面时，宜采用降水、排桩加截水帷幕或地下连续墙
水泥土墙	(1)基坑侧壁安全等级宜为二、三级 (2)水泥土桩施工范围内地基土承载力不宜大于150kPa (3)基坑深度不宜大于6m
土钉墙	(1)基坑侧壁安全等级宜为二、三级的非软土场地 (2)基坑深度不宜大于12m (3)当地下水位高于基坑底面时，应采取降水或截水措施

续表 4.2.1.2

结构型式	适 用 条 件
逆作拱墙	(1)基坑侧壁安全等级宜为二、三级 (2)淤泥和淤泥质土场地不宜采用 (3)拱墙轴线的矢跨比不宜小于 1/8 (4)基坑深度不宜大于 12m (5)地下水位高于基坑底面时,应采取降水或截水措施
放坡	(1)基坑侧壁安全等级宜为三级 (2)施工场地应满足放坡条件 (3)可独立或与上述其他结构结合使用 (4)当地下水位高于坡脚时,应采取降水措施

4.2.2 支护结构的选用

4.2.2.1 支护结构类型

分 类	类 型	
水泥土挡墙式	深层搅拌水泥土桩墙 高压旋喷桩墙	
排桩与板墙式	板桩式	钢板桩 混凝土板桩 型钢横挡板
	排桩式	钢管桩、预制混凝土桩 钻孔灌注桩 挖孔灌注桩

分 类	类 型	
排桩与板墙式	板墙式	现浇地下连续墙 预制装配式地下连续墙
	组合式	加筋水泥土桩(SMW 工法) 高应力区加筋水泥土墙
边坡稳定式	土钉墙喷罐支护	
逆作拱墙式	—	

4.2.2.2 支护结构选用参考

类型	示 意 图	说 明
深层搅拌水泥土墙	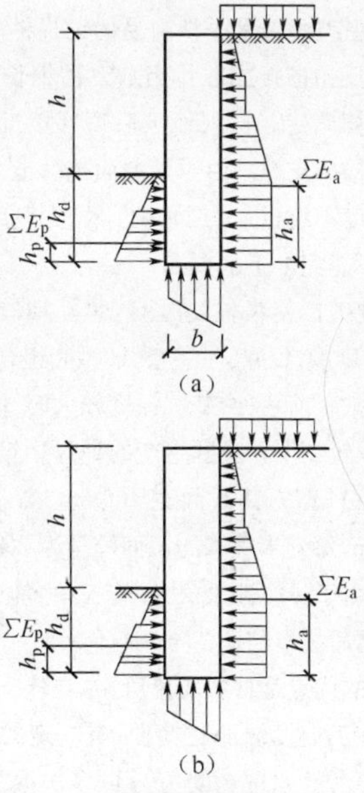 (a) (b) (a) 砂土及碎石土 (b) 黏性土及粉土	深层搅拌水泥土桩墙围护墙是用深层搅拌机就地将土和输入的水泥浆强制搅拌，形成连续搭接的水泥土柱状加固体挡墙 水泥土加固体的渗透系数不大于 10^{-7} cm/s，能止水防渗。因此这种围护墙属重力式挡墙，利用其本身质量和刚度进行挡土和防渗，具有双重作用 水泥土围护墙截面呈格栅形，相邻桩搭接长宽不小于 200mm，截面置换率对淤泥不宜小于 0.8，淤泥质土不宜小于 0.7，一般黏性土、黏土及砂土不宜小于 0.6。格栅长度比不宜大于 2 墙体宽度 b 和插入深度 h_d，根据坑深、土层分布及其物理力学性能、周围环境情况、地面荷载等计算确定。在软土地区当基坑开挖深度 $h \leqslant$ 5m 时，可按经验取 $b=(0.6\sim0.8)h$，$h_d=(0.8\sim1.2)h$。基坑深度一般不应超过 7m，此种情况下较经济。墙体宽度以 500mm 进位，即 $b=2.7$m、3.2m、3.7m、4.2m 等。插入深度前后排可稍有不同 水泥土加固体的强度取决于水泥掺入比（水泥质量与加固土体质量的比值），围护墙常用的水泥掺入比为 12%～14%。常用的水泥品种是强度等级为 32.5 的普通硅酸盐水泥 水泥土围护墙的强度以龄期 1 个月的无侧限抗压强度 q_u 为标准，应不低于 0.8MPa。水泥土围护墙未达到设计强度前不得开挖基坑 水泥土围护墙的优点：由于坑内无支撑，便于机械化快速挖土；具有挡土、挡水的又重功能；一般比较经济。其缺点是不宜用于深基坑、一般不宜大于 6m；位移相对较大，尤其在基坑长度大时。水泥土围护墙宜用于基坑侧壁安全等级为二、三级者；地基土承载力不宜大于 150kPa

续表 4.2.2.2

类型	示意图	说明
高压旋喷桩	—	高压旋喷桩所用的材料亦为水泥浆，只是施工机械和施工工艺不同。它是利用高压经过旋转的喷嘴将水泥浆喷入土层与土体混合形成水泥土加固体，相互搭接形成桩排，用来挡土和止水。高压旋喷桩的施工费用要高于深层搅拌水泥土桩，但它可用于空间较小处。施工时要控制好上提速度、喷射压力和水泥浆喷射量
钢板桩	1 2 3 4 5 (a) 1 2 6 (b) (a)内撑方式 (b) 锚拉方式 1.钢板桩 2.围檩 3.角撑 4.立柱与支撑 5.支撑 6.锚拉杆	(1)槽钢钢板桩：是一种简易的钢板桩围护墙，由槽钢正反扣搭接或并排组成。槽钢长6～8m，型号由计算确定。打入地下后顶部接近地面处设一道拉锚或支撑。由于其截面抗弯能力弱，一般用于深度不超过4m的基坑。由于搭接处不严密，一般不能完全止水 (2)热轧锁口钢板桩(左图)：热轧锁口钢板桩的形式有U型、L型、一字型、H型和组合型。建筑工程中常用前两种，基坑深度较大时才用后两种，但我国较少用。我国生产的鞍Ⅳ型钢板桩为"拉森式"(U型)，其截面宽400mm、高310mm，重77kg/m，每延米桩墙的截面模量为2042cm³ 钢板桩由于一次性投资大、施工中多以租赁方式租用，用后拔出归还 钢板桩的优点是材料质量可靠，在软土地区打设方便，施工速度快而且简便；有一定的挡水能力(小趾口者挡水能力更好)；可多次重复使用；一般费用较低。其缺点是一般的钢板桩刚度不够大，用于较深的基坑时支撑(或拉锚)工作量大，否则变形较大；在透水性较好的土层中不能完全挡水；拔除时易带土，如处理不当会引起土层移动，可能危害周围的环境 常用的U型钢板桩，多用于周围环境要求不甚高的深5～8m的基坑，视支撑(拉锚)加设情况而定

续表 4.2.2.2

类型	示意图	说明
型钢横挡板围护墙	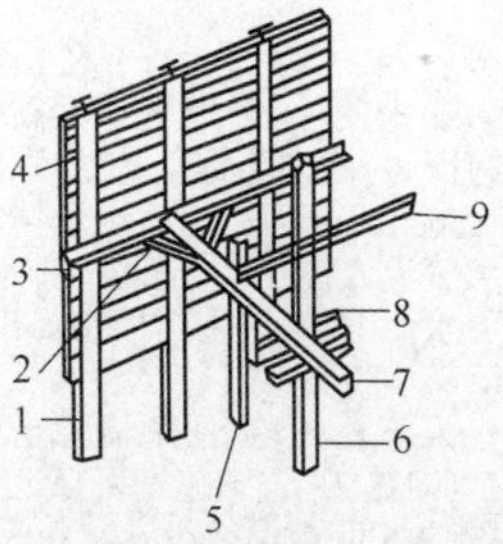 1.工字钢(H型钢) 2.八字撑 3.腰梁 4.横挡板 5.垂直联系杆件 6.立柱 7.横撑 8.立柱上的支撑件 9.水平联系杆	型钢横挡板围护墙亦称桩板式支护结构。这种围护墙由工字钢(或H型钢)桩和横挡板(亦称衬板)组成,再加上围檩、支撑等则形成一种支护体系 横挡板直接承受土压力和水压力,由横挡板给工字钢桩,再通过围檩传至支撑或拉锚。横挡板长度取决于工字钢桩的间距和厚度由计算确定,多用厚度60mm的木板或预制钢筋混凝土薄板 型钢横挡板围护墙多用于土质较好、地下水位较低的地区
钻孔混凝土灌注桩	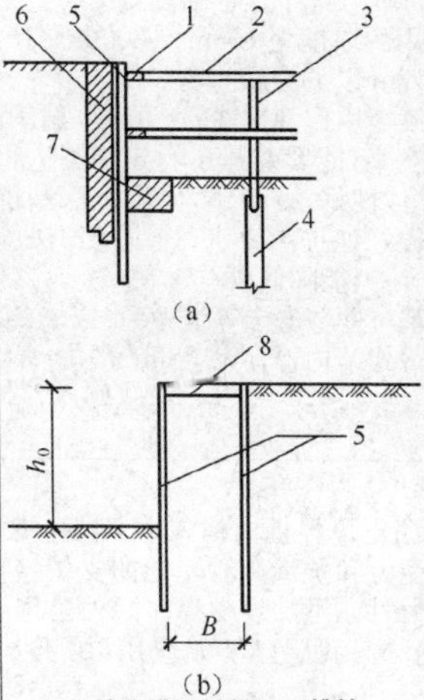 (a) (b) (a)钻孔灌注桩(b)双排桩 1.围檩 2.支撑 3.立柱 4.工程桩 5.钻孔灌注桩 6.水泥土搅拌桩挡水帷幕 7.坑底水泥土搅拌桩加固 8.联系横梁	钻孔灌注桩为间隔排列,缝隙不小于100mm,因此它不具备挡水功能,需另做挡水帷幕,目前我国应用较多的是厚1.2m的水泥土搅拌桩。用于地下水位较低地区则不需做挡水帷幕 钻孔灌注桩施工无噪声、无振动、无挤土、刚度大,抗弯能力强、变形较小、几乎在全国都有应用。多用于基坑侧壁安全等级为一、二、三级,坑深7～15m的基坑工程,在土质较好地区已有8～9m悬臂桩,在软土地区多加设内支撑(或拉锚)悬臂式结构不宜大于5m。桩径和配筋计算确定,常用直径600mm、700mm、800mm、900mm、1000mm 有的工程为不用支撑简化施工,采用相隔一定距离的双排钻孔灌筑桩与桩顶横梁组成空间结构围护墙,使悬臂桩围护墙可用于－14.5m的基坑

续表 4.2.2.2

类型	示意图	说明
挖孔混凝土桩	—	基成孔是人工挖土，多为大直径桩，宜用于土质较好地区。如土质松软、地下水位高时，需边挖土边施工衬圈，衬圈多为混凝土结构。在地下水位较高地区施工挖孔桩，还要注意挡水问题，否则地下水大量流入桩孔，大量的抽排水会引起邻近地区地下水位下降，因土体固结而出现较大的地面沉降 挖孔桩由于人下孔开挖，便于检验土层，亦易扩孔；可多桩同时施工，施工速度可保证；大直径挖孔桩用作围护桩可不设或少设支撑。但挖孔桩劳动强度高；施工条件差；如遇有流砂还有一定危险
地下连续墙	—	地下连续墙是于基坑开挖之前，用特殊挖槽设备、在泥浆护壁之下开挖深槽，然后下钢筋笼浇筑混凝土形成的地下土中的混凝土墙 目前常用的厚度为 600mm、800mm、1000mm，多用于－12m 以下的深基坑 地下连续墙用作围护墙的优点是：施工时对周围环境影响小，能紧邻建（构）筑物等进行施工；刚度大、整体性好，变形小，能用于深基坑；处理好接头能较好地抗渗止水；如用逆作法施工，可实现两墙合一，能降低成本 适用于基坑侧壁安全等级为一、二、三级者；在软土中悬臂式结构不宜大于 5m
SMW工法围护墙	1.插在水泥土桩中的H型钢 2.水泥土桩	即在水泥土搅拌桩内插入 H 型钢，使之成为同时具有受力和抗渗两种功能的支护结构围护墙。坑深大时亦可加设支撑。国外已用于坑深－20m 的基础，我国已开始应用，用于 8～10m 基坑 加筋水泥土桩法施工机械应为三根搅拌轴的深层搅拌机，全断面搅拌，H 型钢靠自重可顺利下插至设计标高 加筋水泥土桩法围护墙的水泥渗入比达 20%，因此水泥土的强度较高，与 H 型钢粘结好，能共同作用

续表 4.2.2.2

类型	示意图	说明
土钉墙	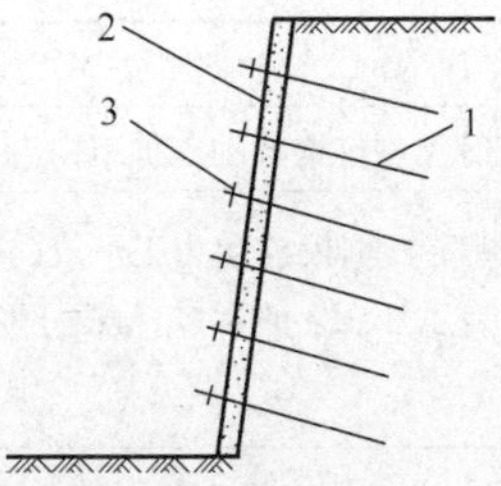 1.土钉 2.喷射细石混凝土面层 3.垫板	是一种边坡稳定式的支护,其作用与被动起挡土作用的上述围护墙不同,它是起主动嵌固作用,增加边坡的稳定性,使基坑开挖后坡面保持稳定 土钉墙用于基坑侧壁安全等级宜为二、三级的非软土场地;基坑深度不宜大于 12m;当地下水位高于基坑底面时,应采取降水或截水措施。目前在软土场地亦有应用 施工时,每挖深 1.5m 左右,挂细钢筋网,喷射细石混凝土面层厚 50～100mm,然后钻孔插入钢筋(长 10～15m 左右,纵、横间距 1.5m×1.5m 左右),加垫板并灌浆,依次进行直至坑底。基坑坡面有较陡的坡度
	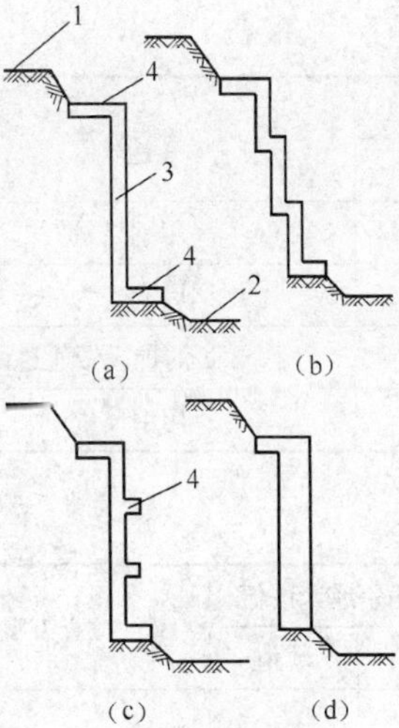 (a) (b) (c) (d) (a) Z字型拱墙 (b) Z字型叠合拱墙 (c) 加肋梁 Z字型拱墙 (d) 加厚肋壁拱墙 1.地面 2.基坑底 3.拱墙 4.肋梁	当基坑平面形状适合时,可采用拱墙作为围护墙。拱墙有圆形闭合拱墙、椭圆形闭合拱墙和组合拱墙,对于组合拱墙,可将局部拱墙视为两铰拱 拱墙截面宜为 Z 字型,拱壁的上、下端宜加肋梁(左图 a);当基坑较深,一道 Z 字型拱墙不够时,可由数道拱墙叠合组成(左图 b),或没拱墙高度设置数道肋梁(左图 c),肋梁竖向间距不宜小于 2.5m。亦可不加设肋梁而用加厚肋壁(左图 d)的办法解决 圆形拱墙壁厚不宜小于 400mm,其他拱墙壁厚不宜小于 500mm。混凝土强度等级不宜低于 C25。拱墙水平方向应通长双面配筋,钢筋总配筋率不小于 0.7% 拱墙在垂直方向应分道施工,每道施工高度视土层直立高度而定,不宜超过 2.5m。待上道拱墙合拢且混凝土强度达到设计强度的 70%后,才可进行下道拱墙施工。上下两道拱墙的竖向施工缝应错开,错开距离不宜小于 2m。拱墙宜连续施工,每道拱墙施工时间不宜超过 36h 逆作拱墙宜用于基坑侧壁安全等级为三级者;淤泥和淤泥质土场地不宜应用;拱墙轴线的矢跨比不宜小于 1/8;基坑深度不宜大于 12m;地下水位高于基坑底面时,应采取降水或截水措施

4.2.3 排桩墙支护工程质量验收

4.2.3.1 排桩墙支护工程质量验收标准

序	检验项目与要求
1	排桩墙支护结构包括灌注桩、预制桩、板桩等类型桩构成的支护结构
2	灌注桩、预制桩的检验标准应符合4.4的规定。钢板桩均为工厂成品，新桩可按出厂标准检验，重复使用的钢板桩应符合表4.2.3.2的规定，混凝土板桩应符合表4.2.3.3的规定
3	排桩墙支护的基坑，开挖后应及时支护，每一道支撑施工应确保基坑变形在设计要求的控制范围内
4	在含水量地层范围内的排桩墙支护基坑，应有确实可靠的止水措施，确保基坑施工及邻近构筑物的安全

4.2.3.2 重复使用的钢板桩检验标准

序号	检查项目	允许偏差或允许值		检查方法
		单位	数值	
1	桩垂直度	%	<1	用钢尺量
2	桩身弯曲度	—	$<2\%l$	用钢尺量，l为桩长
3	齿槽平直度及光滑度	无电焊渣或毛刺		用1m长的桩段做通过试验
4	桩长度	不小于设计长度		用钢尺量

4.2.3.3 混凝土板桩制作标准

项目	序号	检查项目	允许偏差或允许值		检查方法
			单位	数值	
主控项目	1	桩长度	mm	+10 0	用钢尺量
	2	桩身变曲度		$<0.1\%l$	用钢尺量，l为桩长
一般项目	1	保护层厚度	mm	±5	用钢尺量
	2	模截面相对两面之差	mm	5	用钢尺量
	3	桩尖对桩轴线的位移	mm	10	用钢尺量

续表 4.2.3.3

项目	序号	检查项目	允许偏差或允许值		检查方法
			单位	数值	
一般项目	4	桩厚度	mm	+10 0	用钢尺量
	5	凹凸槽尺寸	mm	±3	用钢尺量

4.2.4 水泥土桩墙支护工程质量验收

4.2.4.1 水泥土桩墙支护工程质量验收标准

序号	检验项目与要求
1	水泥土墙支护结构指由水泥土搅拌桩(包括加筋水泥土搅拌桩)、高压喷射注浆桩所构成的围护结构。加筋水泥土桩是在水泥土搅拌桩内插入筋性材料，如型钢、钢板桩、混凝土桩、混凝土工字梁等。这些筋性材料可以拔出，也可不拔，视具体条件而定。如要拔出，应考虑相应的填充措施，而且填充应同拔出的时间同步，以减少周围的土体变形
2	水泥土搅拌桩及高压喷射注浆桩的质量验收应满足 4.3.8.5 和 4.3.9.6 的规定
3	加筋水泥土桩应符合表 4.2.4.2 的规定

4.2.4.2 加筋水泥土桩质量检验标准

序号	检查项目	允许偏差或允许值		检查方法
		单位	数值	
1	型钢长度	mm	±10	用钢尺量
2	钢型垂直度	%	<1	经纬仪
3	型钢插入标高	mm	±30	水准仪
4	型钢插入平面位置	mm	10	用钢尺量

4.2.5 锚杆及土钉墙支护工程质量验收

4.2.5.1 锚杆及土钉墙支护工程质量验收标准

序号	检验项目与要求
1	锚杆及土钉墙支护工程施工前应熟悉地质资料、设计图纸及周围环境，降水系统应确保正常工作，必需的施工设备(如挖掘机、钻机、压浆泵、搅拌机等)应能正常运转 土钉墙一般适用于开挖深度不超过5m的基坑，如措施得当也可再加深，但设计与施工均应有足够的经验
2	一般情况下，应采取分段开挖、分段支护的施工方法，不宜按一次挖就再行支护的方式施工。尽管采取了分段开挖、分段支护的施工方法，仍要考虑土钉与锚杆均有一段养护时间，不能为抢进度而不顾及养护期
3	施工中应对锚杆或土钉的位置，钻孔直径、深度及角度，锚杆或土钉插入长度，注浆配比、压力及注浆量，喷锚墙面厚度及强度，锚杆或土钉应力等进行检查
4	每段支护体施工完成后，应检查坡顶或坡面位移，坡顶沉降及周围环境变化。如有异常情况应采取措施，恢复正常后方可继续施工。
5	锚杆及土钉墙支护工程质量检验应符合表4.2.5.2的规定

4.2.5.2 锚杆及土钉墙支护工程质量检验标准

项目	序号	检查项目	允许偏差或允许值		检查方法
			单位	数值	
主控项目	1	锚杆土钉长度	mm	±30	用钢尺量
	2	锚杆锁定力	设计要求		现场实测
一般项目	1	锚杆或土钉位置	mm	±100	用钢尺量
	2	钻孔倾斜度	%	±1	测钻机倾角
	3	浆体强度	设计要求		试样送检
	4	注浆量	大于理论计算浆量		检查计量数据
	5	土钉墙面厚度	mm	±10	用钢尺量
	6	墙体强度	设计要求		试样送检

4.2.6　钢或混凝土支撑系统工程

工程中常用的支撑系统有：混凝土围囹、钢围囹、混凝土支撑、钢支撑、格构式立柱、钢管立桩、型钢立柱等。立柱往往埋入灌注桩内，也有直接打入一根钢管桩或型钢桩的，使桩柱合为一体。甚至有钢支撑和混凝土支撑混合使用的实例。

4.2.6.1　钢或混凝土支撑系统工程质量验收标准

序号	检验项目与要求
1	支撑系统包括围囹及支撑，当支撑较长时（一般超过 15m），还包括支撑下的立柱及相应的立柱桩
2	施工前应熟悉支撑系统的图纸及各种计算工况，掌握开挖及支撑设置的方式、预加顶力及周围环境保护的要求
3	施工过程中应严格控制开挖和支撑的程序及时间，对支撑的位置（包括立柱及立柱桩的位置）、每层开挖深度、预加顶力（如需要时）、钢围囹与围护体或支撑与围囹的密贴度应做周密检查
4	全部支撑安装结束后，仍应维持整个系统的正常运转直至支撑全部拆除
5	作为永久性结构的支撑系统尚应符合现行国家标准《混凝十结构工程施工质量验收规范》GB50204 的要求（见本书第 6 章混凝土结构工程施工内容）。有些工程采用逆做法施工，地下室的楼板、梁结构做支撑系统用，此时应按上述国家标准的要求验收
6	钢或混凝土支撑系统工程质量检验标准应符合表 4.2.6.2 的规定

4.2.6.2　钢或混凝土支撑系统工程质量检验标准

项目	序号	检查项目	允许偏差或允许值		检查方法
			单位	数值	
主控项目	1	支撑位置：标高 平面	mm	30 100	水准仪 用钢尺量
	2	预加顶力	kN	±50	油泵读数或传感器

续表 4.2.6.2

项目	序号	检查项目	允许偏差或允许值		检查方法
			单位	数值	
一般项目	1	围囹标高	mm	30	水准仪
	2	立柱桩	参见 4.4 桩基础工程		参见 4.4 桩基础工程
	3	立柱位置:标高 平面	mm mm	30 50	水准仪 用钢尺量
	4	开挖超深(开槽放支撑不在此范围)	mm	<200	水准仪
	5	支撑安装时间	设计要求		用钟表估测

4.2.7 地下连续墙工程

4.2.7.1 地下连续墙工程质量验收标准

序号	检验项目与要求
1	地下连续墙均应设置导墙,导墙形式有预制及现浇两种,现浇导墙形状有“L”型或倒“L”型,可根据不同土质选用
2	地下墙施工前宜先试成槽,以检验泥浆的配比、成槽机的选型并可复核地质资料
3	作为永久结构的地下连续墙,其抗渗质量标准可按现行国家标准《地下防水工程施工质量验收规范》GB50208(见本书第 9 章地下防水工程施工内容)执行
4	地下墙槽段间的连接接头形式,应根据地下墙的使用要求选用,且应考虑施工单位的经验。无论选用何种接头,在浇注混凝土前,接头处必须刷洗干净,不留泥砂或污物
5	地下墙与地下室结构顶板、楼板、底板及梁之间连接,可预埋钢筋或接驳器(锥螺纹或直螺纹)。对接驳器应按原材料检验要求,抽样复验。每 500 套为一个检验批,每批应抽查 3 件。复验内容为外观、尺寸、抗拉试验等
6	施工前应检验进场的钢材、电焊条。已完工的导墙应检查基净空尺寸、墙面平整度与垂直度;检查泥浆用的仪器;泥浆循环系统应完好。地下连续墙应用商品混凝土

续表 4.2.7.1

序号	检验项目与要求
7	施工中应检查成槽的垂直度、槽底的淤积物厚度、泥浆比重、钢筋笼尺寸、浇注导管位置、混凝土上升速度、浇注面标高、地下墙连接面的清洗程度、商品混凝土的坍落度、锁口管或接头箱的拔出时间及速度等
8	成槽结束后应对成槽的宽度、深度及倾斜度进行检验。重要结构每段槽段都应检查，一般结构可抽查总槽段数的20%，每槽段应抽查1个段面
9	永久性结构的地下墙，在钢筋笼沉放后，应做二次清孔，沉渣厚度应符合要求
10	每 $50m^3$ 地下墙应做1组试件，每幅槽段不得少于1组，在强度满足设计要求后方可开挖土方
11	作为永久性结构的地下连续墙，土方开挖后应进行逐段检查，钢筋混凝土底板也应符合现行国家标准《混凝土结构工程施工质量验收规范》GB50204（见本书第6章混凝土结构工程施工内容）
12	地下墙的钢筋笼检验标准，应符合混凝土灌注桩质量检验标准的规定。其他标准应符合表4.2.7.2的规定

4.2.7.2　地下连续墙质量检验标准

项	序	检查项目		项目允许偏差或允许值		检查方法
				单位	数值	
主控项目	1	墙体强度		设计要求		查试件记录或取芯试压
	2	垂直度：永久结构 临时结构		— —	1/300 1/150	测声波测槽仪或成槽机上的监测系统
一般项目	1	导墙尺寸	宽度	mm	W+40	用钢尺量，W为地下墙设计厚度
			墙面平整度	mm	<5	用钢尺量
			导墙平面位置	mm	±10	用钢尺量
	2	沉渣厚度：永久结构 临时结构		mm mm	≤100 ≤200	重垂测或沉积物测定仪测
	3	槽深		mm	+100	重锤测
	4	混凝土坍落度		mm	180～200	坍落度测定器

续表 4.2.7.2

项	序	检查项目		项目允许偏差或允许值		检查方法
				单位	数值	
一般项目	5	地下墙表面平整度	永久结构	mm	<100	此为均匀黏土层，松散及易坍土层由设计决定
			临时结构	mm	<150	
			插入式结构	mm	<20	
	6	永久结构时的预埋件位置	水平向	mm	≤10	用钢尺量
			垂直向	mm	≤20	水准仪

4.2.8 沉井与沉箱工程

4.2.8.1 沉井与沉箱工程质量验收标准

序	检验项目与要求
1	沉井是下沉结构，必须掌握确凿的地质资料，钻孔可按下述要求进行： (1)面积为 200m² 以下(包括 200m²)的沉井(箱)，应有一个钻孔(可布置在中心位置) (2)面积在 200m² 以上的沉井(箱)，在四角(圆形为相互垂直的两直径端点)应各布置一个钻孔 (3)特大沉井(箱)可根据具体情况增加钻孔 (4)钻孔底标高应深于沉井的终沉标高 (5)每座沉井(箱)应有一个钻孔提供土的各项物理指标、地下水位和地下水含量资料
2	沉井(箱)的施工应由具有专业施工经验的单位承担
3	沉井制作时，承垫木或砂垫层的采用，与沉井的结构情况、地质条件、制作高度等有关。无论采用何种形式，均应有沉井制作时的稳定计算及措施 承垫木或砂垫层的采用，影响到沉井的结构，应征得设计单位的认同
4	多次制作和下沉的沉井(箱)，在每次制作接高时，应对下卧层作稳定复核计算，并确定确保沉井接高的稳定措施
5	沉井若采用排水封底，则应确保终沉时井内不发生管涌、涌土及沉井止沉稳定。如不能保证时，应采用水下封底

续表 4.2.8.1

序	检验项目与要求
6	沉井施工除应符合本章规定外，还应符合现行国家标准《混凝土结构工程施工质量验收规范》GB50204（见本书第6章混凝土结构工程施工内容）及《地下防水工程施工质量验收规范》GB50208（见本书第9章地下防水工程施工内容）
7	沉井(箱)在施工前应对钢筋、电焊条及焊接成形的钢筋半成品进行检验。如不用商品混凝土，则应对现场的水泥、骨料做检验
8	混凝土浇注前，应对模板尺寸、预埋件位置、模板的密封性进行检验。拆模后应检查浇注质量(外观及强度)，符合要求后方可下沉。浮运沉井尚需做起浮可能性检查。下沉过程中，应对下沉偏差做过程控制检查。下沉后的接高应对地基强度、沉井的稳定做检查。封底结束后，应对底板的结构(有无裂缝)及渗漏做检查。有关渗漏验收标准应符合现行国家标准《地下防水工程施工质量验收规范》GB50208（见本书第9章地下防水工程施工内容）
9	沉井(箱)竣工后的验收，应包括沉井(箱)的平面位置、终端标高、结束完整性、渗水等进行综合检查
10	沉井(箱)的质量检验标准应符合表4.2.8.2的要求

4.2.8.2 沉井(箱)的质量检验标准

项	序	检查项目	项目允许偏差或允许值		检查方法
			单位	数值	
主控项目	1	混凝土强度	满足设计要求（下沉前必须达到70%设计强度）		查试件记录或抽样送检
	2	封底前沉井(箱)的下沉稳定性	mm/8h	<10	水准仪

续表 4.2.8.2

<table>
<tr><th rowspan="2">项</th><th rowspan="2">序</th><th rowspan="2" colspan="2">检查项目</th><th colspan="2">项目允许偏差或允许值</th><th rowspan="2">检查方法</th></tr>
<tr><th>单位</th><th>数值</th></tr>
<tr><td>主控项目</td><td>3</td><td colspan="2">封底结束后的位置：
刃脚平均标高(与设计标高比)
四角中任何两角的底面高差</td><td>mm
—</td><td><100
<1%H
<1%l</td><td>水准仪
经纬仪，H为下沉总深度，H<10m时，控制在100mm之内
水准仪，l为两角的距离，但不超过300mm，l<10m时，控制在100mm之内</td></tr>
<tr><td rowspan="8">一般项目</td><td>1</td><td colspan="2">钢材、对接钢筋、水泥、骨料等原材料检查</td><td colspan="2">符合设计要求</td><td>查出厂质保书或抽样送检</td></tr>
<tr><td>2</td><td colspan="2">结构体外观</td><td colspan="2">无裂缝，无风窝、空洞，不露筋</td><td>直观</td></tr>
<tr><td rowspan="4">3</td><td colspan="2">平面尺寸：长和宽</td><td>%</td><td>±0.5</td><td>用钢尺量，最大控制在100mm之内</td></tr>
<tr><td colspan="2">曲线部分半径</td><td>%</td><td>±0.5</td><td>用钢尺量，最大控制在50mm之内</td></tr>
<tr><td colspan="2">两对角线差</td><td>%</td><td>1.0</td><td>用钢尺量</td></tr>
<tr><td colspan="2">预埋件</td><td>mm</td><td>20</td><td>用钢尺量</td></tr>
<tr><td rowspan="2">4</td><td rowspan="2">下沉过程中的偏差</td><td>高差</td><td>%</td><td>1.5～2.0</td><td>水准仪，但最大不超过1m</td></tr>
<tr><td>平面轴线</td><td>—</td><td><1.5%H</td><td>经纬仪，H为下沉总深度，最大应控制在300mm之内，此数值不包括高差引起的中线位移</td></tr>
<tr><td></td><td>5</td><td colspan="2">封底混凝土坍落度</td><td>cm</td><td>18～22</td><td>坍落度测定器</td></tr>
</table>

注：主控项目3的三项偏差可同时存在，下沉总深度H，系指下沉前后刃脚之高差。

4.2.9 降水与排水工程

4.2.9.1 降水与排水工程质量验收标准

序	检验项目与要求
1	降水与排水是配合基坑开挖的安全措施，施工前应有降水与排水设计。当在基坑外降水时，应有降水范围的估算。对重要建筑物或公共设施在降水过程中应监测

续表 4.2.9.1

序	检验项目与要求
2	对不同的土质应用不同的降水形式，表 4.2.9.2 为常用的降水形式
3	降水系统施工后，应试运转。如发现井管失效，应采取措施使其恢复正常；如不可能恢复则应报废，另行设置新的井管
4	降水系统运转过程中，应随时检查观测孔中的水位
5	基坑内明排水应设置排水沟及集水井，排水沟纵坡宜控制在 1‰～2‰
6	降水与排水施工的质量检验标准应符合表 4.2.9.3 的规定

4.2.9.2 降水类型及适用条件

适用条件 / 降水类型	渗透系数(cm/s)	可能降低的水位深度(m)
轻型井点 多级轻型井点	10^{-2}～10^{-5}	3～6 6～12
喷射井点	10^{-3}～10^{-6}	8～20
电渗井点	<10^{-6}	宜配合其他形式降水使用
深井井管	≥10^{-5}	>10

4.2.9.3 降水与排水工程质量检验标准

序	检查项目	允许值或允许偏差		检查方法
		单位	数值	
1	排水沟坡度	‰	1～2	目测：坑内不积水，沟内排水畅通
2	井管(点)垂直度	%	1	插管时目测
3	井管(点)间距(与设计相比)	%	≤150	用钢尺量
4	井管(点)插入深度(与设计相比)	mm	≤200	水准仪
5	过滤砂砾料填灌(与计算值相比)	mm	≤5	检查回填料用量
6	井点真空度：轻型井点 喷射井点	kPa kPa	>60 >93	真空度表 真空度表
7	电渗井点阴阳极距离：轻型井点 喷射井点	mm mm	80～100 120～150	用钢尺量 用钢尺量

4.3 地基加固

地基加固的种类较多。对灰土地基、砂和砂石地基、土工合成材料地基、粉煤灰地基、强夯地基、注浆地基、预压地基，其竣工后的结果(地基强度或承载力)必须达到设计要求。检验数量，每单位工程应不少于3点。1000m^2以上工程，每100m^2至少应有1点；3000m^2以上工程，每300m^2至少应有1点。每一独立基础下至少应有1点，基槽每20延米应有1点。

对水泥土搅拌复合地基、高压喷射注浆桩复合地基、砂桩地基、振冲桩复合地基、土和灰土挤密桩复合地基、水泥粉煤灰碎石桩复合地基及夯实水泥土桩复合地基，其承载力检验数量为总数的1.5%～1%，但不应少于3根。

4.3.1 灰土地基

4.3.1.1 工艺流程

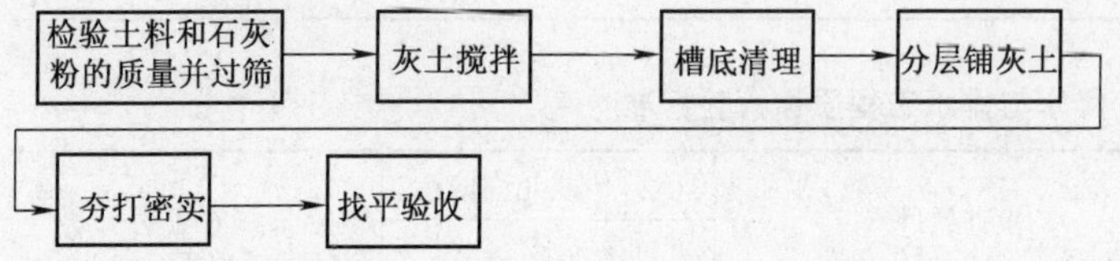

4.3.1.2 施工技术要点

①灰土的土料宜用黏土、粉质黏土。严禁采用冻土、膨胀土和盐渍土等活动性较强的土料。生石灰粉可以直接使用。如果用块灰闷制的熟石灰，要用6～10mm的筛子过筛。土料要用16～20mm的筛子过筛，确保粒径的要求。

②灰土拌和的配合比，一般为2∶8或3∶7，拌和要均匀一致，至少要翻拌两次。

③基坑(槽)底或基土表面应清理干净。

④灰土施工时，应控制含水量。含水量以将灰土紧握成团，两指轻捏即碎为宜。铺灰应分层，每层的最大虚铺厚度可参考4.3.1.3

所示数值。

各层铺摊后均用木耙找平，与标准木桩对照检查。

⑤夯打一般不少于四遍，人力夯打应夯压半夯，夯夯相接，行行相接，纵横交叉。

灰土分段施工时，接槎的位置应避开墙角、柱基及承重窗间墙，上下两层灰土的接槎距离不得小于500mm。

灰土回填每层夯(压)实后，应进行环刀取样，测出灰土的质量密度，达到设计要求后(也可按4.3.1.5规定执行)，方可进行上一层灰土的铺摊。

4.3.1.3 灰土最大虚铺厚度

序	夯实机具	重量(t)	厚度(mm)	备　注
1	石夯、木夯	0.04～0.08	200～250	人力送夯，落距400～500mm每夯搭接半夯
2	轻型夯实机械	0.12～0.4	200～250	蛙式或柴油打夯机(双轮)，夯实后约100～150mm厚
3	压路机	6～10	200～300	双轮压路机

4.3.1.4 灰土质量标准

序　号	土　料　种　类	灰土最小干密度(t/m³)
1	粉土	1.55
2	粉质黏土	1.50
3	黏土	1.45

4.3.1.5 灰土地基质量验收标准

序	检　验　项　目　与　要　求
1	灰土土料、石灰或水泥(当用水泥替代灰土中的石灰时)等材料应搅拌均匀，配合比应符合设计要求
2	施工过程中应检查分层铺设的厚度、分段施工时上下两层的搭接长度、夯实时加水量、夯压遍数、压实系数等 当验槽发现有软弱土层或孔穴时，应挖除并用素土或灰土分层填实。最优含水量可通过击实试验确定。分层厚度可参考4.3.1.3所示数值

续表 4.3.1.5

序	检验项目与要求
3	施工结束,应检验灰土地基的承载力
4	灰土地基的质量验收标准应符合 4.3.1.6 规定

4.3.1.6 灰土地基质量检验标准

项	序	检查项目	允许偏差或允许值		检查方法
			单位	数值	
主控项目	1	地基承载力	设计要求		按规定方法
	2	配合比	设计要求		检查拌和时的体积比
	3	压实系数	设计要求		现场实测
一般项目	1	石灰粒径	mm	≤5	筛分法
	2	土料有机质含量	%	≤5	实验室焙烧法
	3	土颗粒粒径	mm	≤15	筛分法
	4	含水量(与要求的最优含水量比较)	%	±2	烘干法
	5	分层厚度偏差(与设计要求比较)	mm	±50	水准仪

4.3.2 砂和砂石地基

4.3.2.1 工艺流程

4.3.2.2 施工技术要点

①所用砂石的级配要进行技术鉴定,人工级配砂石应拌和均匀。

②分层铺筑砂石时,每层的厚度一般为 15~20cm,可视情况选用夯实或压实的方法。大面积的砂石地基每层厚度可增加至 35cm,此时宜采用 6~10t 的压路机碾压。

当基底面的标高不一致时,基底面应挖成踏步或斜坡形,按先深后浅的顺序铺筑，搭槎处应注意夯(压)实。

分段施工时，接槎处应做成斜坡，每层接槎处应错开 0.5～1.0 的水平距离，并夯压密实。

③级配石铺筑后，在碾压前应视情况适当洒水，以保持砂石的最佳含水量，一般为 8%～12%。

④夯实或碾压时，应控制好夯实或碾压的遍数。当用木夯或蛙式打夯机时，一般不少于三遍。应保持落距为 400～500mm，应一夯压半夯，行行相接。当采用压路机来回碾压时，一般不少于四遍，边缘和转角处应用人工或蛙式打夯机补夯密实。

4.3.2.3 砂和砂石地基质量验收标准

序	检验项目与要求
1	砂、石等原材料质量、配合比应符合设计要求，砂、石应搅拌均匀。原材料宜采用中砂、粗砂、砾砂、碎石(卵石)、石屑。当用细砂时应同时掺入 25%～35%的碎石或卵石
2	施工现场中应检查分层厚度、分段施工搭接部分的压实情况、加水量、压实遍数及压实系数 砂和砂石地基每层铺筑厚度及最优含水量可参考 4.3.2.4 所示数值
3	施工结束后，应检验砂石地基的承载力
4	砂和砂石地基的质量检验标准应符合 4.3.2.5 的规定

4.3.2.4 砂和砂石地基每层铺筑厚度及最优含水量

序	压实方法	每层铺筑厚度(mm)	施工时的最优含水量(%)	施工说明	备注
1	平振法	200～250	15～20	用平板振捣器往复振捣	不宜使用干细砂或含泥量较大的砂所铺筑的砂地基
2	插振法	振捣器插入深度视所选振捣器而定	饱和	(1)用插入式振捣器 (2)插入点间距可根据机械振幅大小决定 (3)不应插至下层黏土层 (4)振捣完毕，所留的孔洞应用砂填实	不宜使用干细砂或含泥量较大的砂所铺筑的砂地基

续表 4.3.2.4

序	压实方法	每层铺筑厚度(mm)	施工时的最优含水量(%)	施工说明	备注
3	水撼法	250	饱和	(1)注水高度应超过每次铺筑面层 (2)用钢叉摇撼捣实插入点间距为100mm (3)钢叉分四齿,齿的间距80mm,长300mm,木柄长90mm	—
4	夯实法	150～200	8～12	(1)用木夯或机械夯 (2)木夯重40kg,落距400～500mm (3)一夯压半夯,全面夯实	—
5	碾压法	250～350	8～12	6～12t压路机往复碾压	适用于大面积施工的砂和砂石地基

注:在地下水位以下的地基其最下层的铺筑厚度可比上表增加50mm。

4.3.2.5 砂和砂石地基的质量检验标准

项	序	检查项目	允许偏差或允许值		检查方法
			单位	数值	
主控项目	1	地基承载力	设计要求		按规定方法
	2	配合比	设计要求		检查拌和时的体积比或质量比
	3	压实系数	设计要求		现场实测
一般项目	1	砂石料有机质含量	%	≤5	焙烧法
	2	砂石料含泥量	%	≤5	水洗法
	3	石料粒径	mm	≤100	筛分法
	4	含水量(与要求的最优含水量比较)	%	±2	烘干法
	5	分层厚度(与设计要求比较)	mm	±50	水准仪

4.3.3 土工合成材料地基

土工合成材料地基，是在软弱地基中或在边坡上埋设土工织物作为加筋，使土形成弹性复合土体，起到排水、反滤、隔离、加固和补强等方面的作用，以提高土体承载力，减少沉降和增加地基的稳定。

4.3.3.1 土工合成材料地基工艺流程

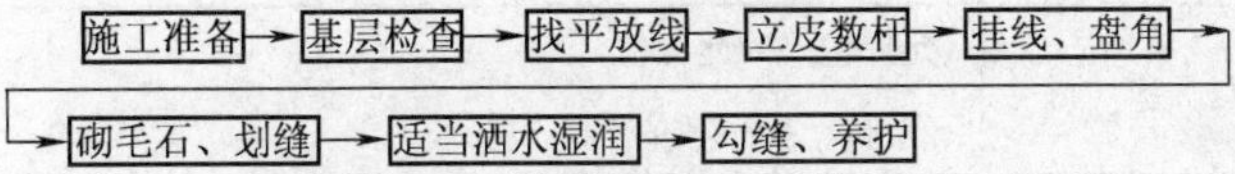

施工准备→基层检查→找平放线→立皮数杆→挂线、盘角→砌毛石、划缝→适当洒水湿润→勾缝、养护

4.3.3.2 土工合成材料地基施工技术要点

①基层处理。基层应平整，铺设土工合成材料前应清除树根、草根等杂物，不宜直接铺设土工合成材料的基层应先设置砂垫层。

②材料铺放。土工合成材料应按其主要受力方向铺放，铺放时要拉紧压固。相邻材料的连接应视土工合成材料的不同采取相应的连接方式，上下层材料接缝应交替错开，错开距离不小于500mm。

③回填。回填料应符合设计规定。回填应分层进行，每层填土的厚度一般为100～300mm，根据地基的不同情况安排填土顺序及填土速度。

4.3.3.3 土工合成材料地基工程质量验收标准

序	检验项目与要求
1	施工前应对土工合成材料的物理性能(单位面积的重量、厚度、密度)、强度、延伸率以及土、砂石料等做检验。土工合成材料以100m² 为一批，每批应抽查5%。所用土工合成材料的品种与性能和填料土类，应根据工程特性和地基土条件，通过现场试验确定。垫层材料宜用黏性土、中砂、粗砂、砾砂、碎石等内摩阻力高的材料。如工程要求垫层排水，垫层材料应具有良好的透水性
2	施工过程中应检查清基、回填料铺设厚度及平整度、土工合成材料的铺设方向、接缝搭接长度或缝接状况、土工合成材料与结构的连接状况等。土工合成材料如用缝接法或胶接法连接，应保证主要受力方向的连接强度不低于所采用材料的抗拉强度

续表 4.3.3.3

序	检验项目与要求
3	施工结束，应进行承载力检验
4	土工合成材料地基质量检验标准应符合表 4.3.3.4 的规定

4.3.3.4 土工合成材料地基质量检验标准

项	序	检查项目	允许偏差或允许值		检查方法
			单位	数值	
主控项目	1	土工合成材料强度	%	≤5	置于夹具上做拉伸试验(结果与设计标准比)
	2	土工合成材料延伸率	%	≤3	置于夹具上做拉伸试验(结果与设计标准比)
	3	地基承载力	设计要求		按规定方法
一般项目	1	土工合成材料搭接长度	mm	≥300	用钢尺量
	2	土石料有机质含量	%	≤5	焙烧法
	3	层面平整度	mm	≤100	用 2m 靠尺
	4	每层铺设厚度	mm	±25	水准仪

4.3.4 粉煤灰地基

4.3.4.1 工艺流程

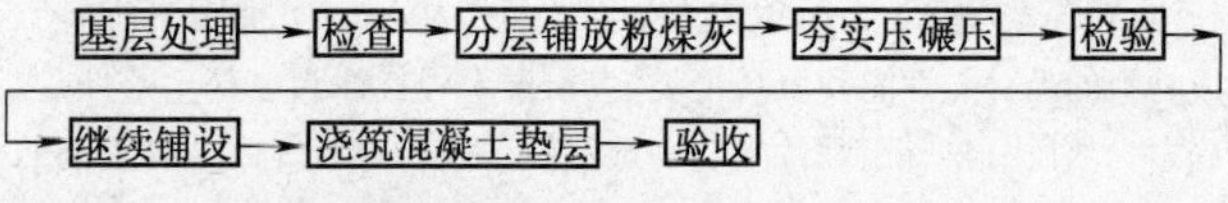

基层处理→检查→分层铺放粉煤灰→夯实压碾压→检验→继续铺设→浇筑混凝土垫层→验收

4.3.4.2 施工技术要点

①地基处理。铺设前应清除地基上垃圾，排除积水，平整场地，并用 8t 压路机预压两遍。

②铺设与碾压。垫层应分层铺设与碾压，铺放厚度为用机械夯实后为 200～300mm；用压路机碾压后为 300～400mm。大面积垫层采用推土机摊铺预压二遍，然后用 8t 压路机往复碾压 4～6 遍；小

面积不利机械施工的地区应配合人工铺摊，打夯机夯实。

铺放的粉煤灰含水量应控制在最优含水量范围内。

③检验。每层铺设需经有关的检验，合格后应及时铺筑上层，并严禁车辆在其上行驶。全部垫层铺设完成，经验收合格，应及时浇筑上层混凝土垫层。

4.3.4.3　粉煤灰地基质量验收标准

序	检验项目与要求
1	施工前应检查粉煤灰材料，并对基槽清底状况、地质条件予以检验。粉煤灰材料可用电厂排放的硅铝型低钙粉煤灰，并符合设计标准要求
2	施工过程中应检查铺筑厚度、碾压遍数、施工含水量控制、搭接区碾压程度、压实系数等。粉煤灰填筑的施工参数宜试验后确定。每摊铺一层，先用履带式机具或轻型压路机初压1～2遍，然后用中、重型振动压路机振碾3～4遍，速度为2.0～2.5km/h，再静碾1～2遍。碾压轮迹应相互搭接，后轮必须超过两施工段的接缝
3	施工结束，应检验地基的承载力
4	粉煤灰地基质量检验标准应符合表4.3.4.4的规定

4.3.4.4　粉煤灰地基质量检验标准

项	序	检查项目	允许偏差或允许值		检查方法
			单位	数值	
主控项目	1	压实系数	设计要求		现场实测
主控项目	2	地基承载力	设计要求		按规定方法
一般项目	1	粉煤灰粒径	mm	0.001～2.000	过筛
一般项目	2	氧化铝及二氧化硅含量	%	≥70	试验室化学分析
一般项目	3	烧失量	%	≤12	试验室烧结法
一般项目	4	每层铺筑厚度	mm	±50	水准仪
一般项目	5	含水量(与最优含水量比较)	%	±2	取样后试验室确定

4.3.5　强夯地基

强夯地基是用起重机械将大吨位(一般8～30t)夯锤起吊至

6～30m高后自由落下，达到夯实地基、提高地基承载力的一种地基加固方法。

4.3.5.1 强夯地基工程工艺流程

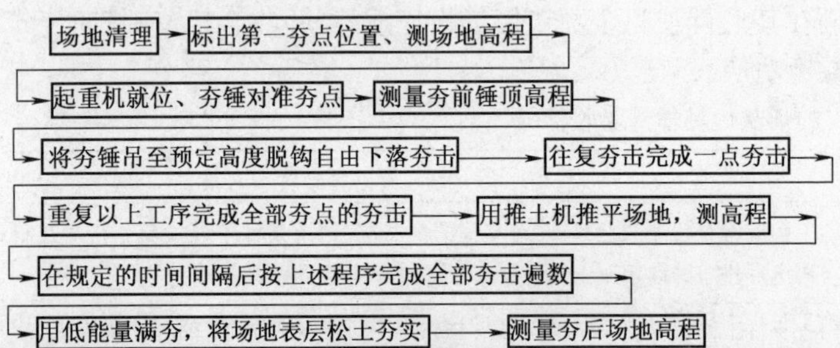

4.3.5.2 重锤夯击地基施工有关数据

项 目	参 考 数 据	项 目	参 考 数 据
锤重(t)	1.5～3.0	最后下沉量(cm)	
落距(m)	2.5～4.5	黏土及湿陷性黄土	10～20
锤底静压力(kPa)	15～20	砂土	5～10
加固深度(m)	1.2～2.0	夯击遍数(遍)	8～12

4.3.5.3 强夯加固法有关施工数据

项 目	参考数据	项 目	参考数据
锤重(t)	≥8	繁夯击点击数(次)	3～10
落距(m)	≥6	夯击遍数(遍)	2～5
锤底静压力(kPa)	25～40	两遍之间间隔时间(周)	1～4
夯击点间距(m)	5～15	夯击点距已有建筑物距离(m)	≥15

4.3.5.4 强夯法的有效加固深度

单夯击击能(kN·m)	碎石土、砂土等	粉土、黏性土、湿陷性黄土等
1000	5～6	4～5
2000	6～7	5～6
3000	7～8	6～7
4000	8～9	7～8
5000	9～9.5	8～8.5
6000	9.5～10	8.5～9

4.3.5.5 强夯地基工程质量验收标准

序	检验项目与要求
1	施工前应检查夯锤质量、尺寸,落距控制手段,排水设施及被夯地基的土质。强夯地基施工影响范围10～15m。为避免强夯振动对周边设施的影响,施工前必须对附近建筑物进行调查,必要时采取相应的防振或隔振措施。施工时应由邻近建筑物开始夯击逐渐向远处移动
2	施工中应检查落距、夯击遍数、夯点位置、夯击范围。如无经验,宜先试夯取得各类施工参数后再正式施工。对透水性差、含水量高的土层,前后两遍夯击应有一定间歇期,一般为2～4周。夯点超出需加固的范围为加固深度的1/2～1/3,且不小于3m。施工时要有排水措施
3	施工结束,检查被夯地基的强度并进行承载力检验
4	强夯地基质量检验标准应符合4.3.5.6的规定

4.3.5.6 强夯地基质量检验标准

项	序	检查项目	允许偏差或允许值		检查方法
			单位	数值	
主控项目	1	地基强度	设计要求		按规定方法
	2	地基承载力	设计要求		按规定方法
一般项目	1	夯锤落距	mm	±300	钢索设标志
	2	锤重	kg	±100	称重
	3	夯击遍数及顺序	设计要求		计数法
	4	夯点间距	mm	±500	用钢尺量
	5	夯击范围(超出基础范围距离)	设计要求		用钢尺量
	6	前后两遍间歇时间	设计要求		—

说明:质量检验应在夯后间歇一定的时间进行,间歇期一般为两星期。

4.3.6 注浆地基

注浆地基工程是将水泥浆等通过压浆泵、灌浆管均匀地注入土体中，以填充、渗透和挤密等方式，驱走岩土中的空气和水分，并填充其位置，达到加固地基的目的。可防止或减少地基渗透和不均匀沉降。

4.3.6.1 注浆地基工程工艺流程

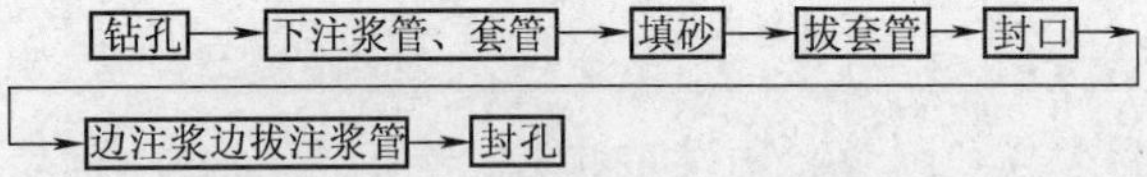

钻孔→下注浆管、套管→填砂→拔套管→封口→边注浆边拔注浆管→封孔

4.3.6.2 注浆地基工程质量验收标准

序	检验项目与要求
1	施工前应掌握有关技术文件（注浆点位置、浆液配比、注浆施工技术参数、检测要求等）。浆液组成材料的性能应符合设计要求，注浆设备应确保正常运转。为确保注浆加固地基的效果，施工前应进行室内浆液配比试验及现场注浆试验，以确定浆液配方及施工参数。常用浆液类型见4.3.6.3
2	施工中应经常抽查浆液的配比及主要性能指标，还应抽查注浆的顺序、注浆过程中的压力控制等。化学注浆加固的施工顺序宜按以下规定进行： (1)加固渗透系数相同的土层应自上而下进行 (2)如土的渗透系数随深度而增大，应自下而上进行 (3)如相邻土层的土质不同，应首先加固渗透系数大的土层 检查时，如发现施工顺序与此有异，应及时制止，以确保工程质量
3	施工结束，应检查注浆体强度、承载力等。检查孔数为钻孔总量的2%～5%。若不合格率大于或等于20%，则应进行二次注浆。检验应在注浆后15d(砂土、黄土)或60d(黏性土)进行
4	注浆地基的质量检验标准应符合4.3.6.4的规定

4.3.6.3 常用浆液类型

浆液		浆液类型
粒状浆液(悬液)	不稳定粒状浆液	水泥浆
		水泥砂浆
	稳定粒状浆液	黏土浆
		水泥黏土浆

续表 4.3.6.3

浆液		浆液类型
化学浆液(溶液)	无机浆液	硅酸盐
	有机浆液	环氧树脂类
		甲基丙烯酸酯类
		丙烯酰胺类
		木质素类
		其他

4.3.6.4 注浆地基工程质量检验标准

项	序	检查项目		允许偏差或允许值		检查方法
				单位	数值	
主控项目	1	原材料检验	水泥	设计要求		查产品合格证书或抽样送检
			注浆用砂:粒径 细度模数 含泥量及有机物含量	m %	＜2.5 ＜2.0 ＜3	试验室试验
			注浆用黏土:塑性指数 黏粒含量 含砂量 有机物含量	 % % %	＞14 ＞25 ＜5 ＜3	试验室试验
			粉煤灰:细度	不粗于同时使用的水泥		试验室试验
			烧失量	%	＜3	
			水玻璃:模数	2.5～3.3		抽样送检
			其他化学浆液	设计要求		查产品合格证书或抽样送检

续表 4.3.6.4

<table>
<tr><th rowspan="2">项</th><th rowspan="2">序</th><th rowspan="2">检查项目</th><th colspan="2">允许偏差或允许值</th><th rowspan="2">检查方法</th></tr>
<tr><th>单位</th><th>数值</th></tr>
<tr><td rowspan="2">主控项目</td><td>2</td><td>注浆体强度</td><td colspan="2">设计要求</td><td>取样检验</td></tr>
<tr><td>3</td><td>地基承载力</td><td colspan="2">设计要求</td><td>按规定方法</td></tr>
<tr><td rowspan="4">一般项目</td><td>1</td><td>各种注浆材料称量误差</td><td>%</td><td><3</td><td>抽查</td></tr>
<tr><td>2</td><td>注浆孔位</td><td>mm</td><td>±20</td><td>用钢尺量</td></tr>
<tr><td>3</td><td>注浆孔深</td><td>mm</td><td>±100</td><td>量测注浆管长度</td></tr>
<tr><td>4</td><td>注浆压力(与设计参数比)</td><td>%</td><td>±10</td><td>检查压力表读数</td></tr>
</table>

4.3.7 预压地基

预压地基有砂井堆载预压地基和塑料排水带预压地基等形式。通过预压加载使地下水排出，从而加速土体固结，使地基得到压实加固。

4.3.7.1 预压地基工程质量验收标准

<table>
<tr><th>序</th><th>检验项目与要求</th></tr>
<tr><td>1</td><td>施工前应检查施工监测措施，检查沉降、孔隙水压力等原始数据是否齐备，检查排水设施，砂井(包括袋装砂井)、塑料排水带等位置是否明确。不同型号塑料排水带的厚度应符合 4.3.7.2 的规定。塑料排水带的性能应符合 4.3.7.3 的规定
软土的固结系数较小，当土层较厚时，达到工作要求的固结度需时较长，为此，对软土预压应设置排水通道，其长度及间距宜通过试压确定</td></tr>
<tr><td>2</td><td>堆载预到施工应检查堆载高度、沉降速率；真空预压施工应检查密封膜的密封性能、真空表读数等。堆载预压，必须分级堆载，以确保预压效果并避免坍滑事故。一般每天沉降速率控制在 10～15mm，边桩位移速率控制在 4～7mm，孔隙水压力增量不超过预压荷载增量 60%，并以这些参考指标控制堆载速率
真空预压的真空度可一次抽气至最大。当连续 5d 实测沉降速率小于每天 2mm 或固结度≥80%，或符合设计要求时，可停止抽气。降水预压可参考本条</td></tr>
<tr><td>3</td><td>施工结束，应检查地基土的强度及要求达到的其他物理力学指标，重要建筑物地基应做承载力检验</td></tr>
<tr><td>4</td><td>预压地基和塑料排水带质量检验标准应符合 4.3.7.4 的规定</td></tr>
</table>

4.3.7.2 不同型号塑料排水带的厚度 (mm)

型号	A	B	C	D
厚度	>3.5	>4.0	>4.5	>6

4.3.7.3 塑料排水带的性能

项目		单位	A型	B型	C型	条件
纵向通水量		cm^3/s	≥15	≥25	≥40	侧压力
滤膜渗透系数		cm/s	$\geq 5\times 10^{-4}$			试件在水中浸泡24h
滤膜等效孔径		μm	<75			以D_{98}计，D为孔径
复合体抗拉强度(干态)		kN/10cm	≥1.0	≥1.3	≥1.5	延伸率10%时
滤膜抗拉强度	干态	N/cm	≥15	≥25	≥30	延伸率10%时
	湿态		≥10	≥20	≥25	延伸率15%时，试件在水中浸泡24h
滤膜重度		N/m^2	—	0.8	—	—

注：1. A型排水带适用于插入深度小于15m。

2. B型排水带适用于插入深度小于25m。

3. C型排水带适用于插入深度小于35m。

4.3.7.4 预压地基和塑料排水带质量检验标准

项	序	检查项目	允许偏差或允许值		检查方法
			单位	数值	
主控项目	1	预压载荷	%	≤2	水准仪
	2	固结度(与设计要求比)	%	≤2	根据设计要求采用不同的方法
	3	承载力或其他性能指标	设计要求		按规定方法

续表 4.3.7.4

项	序	检查项目	允许偏差或允许值		检查方法
			单位	数值	
一般项目	1	沉降速率(与控制值比)	%	±10	水准仪
	2	砂井或塑料排水带位置	mm	±100	用钢尺量
	3	砂井或塑料排水带插入深度	mm	±200	插入时用经纬仪检查
	4	插入塑料排水带时的回带长度	mm	≤500	用钢尺量
	5	塑料排水带或砂井高出砂垫层距离	mm	≥200	用钢尺量
	6	插入塑料排水带的回带根数	%	<5	目测

注:如采用真空预压施工,主控项目中“预压载荷”的检查项目改为“真空降低值”,其允许值为<2%。

4.3.8　振冲地基

振冲地基工程是以起重机吊起振冲器,起动潜水电动机带动偏心块,使振动器产生高频振动,同时起动水泵,通过喷嘴喷射高压水流。在边振边冲的共同作用下,将振动器沉到土中的预定深度。经清孔后,在孔内填入碎石。也可以不加填料,使在振动作用下土体被挤密实。经反复填料和振实,在地基中形成密实桩体,并与原地基构成复合地基,从而提高地基承载力。

4.3.8.1　施工工艺

振冲碎石桩施工工艺如图 4-1 所示,振冲挤密法施工工艺如图 4-2所示。

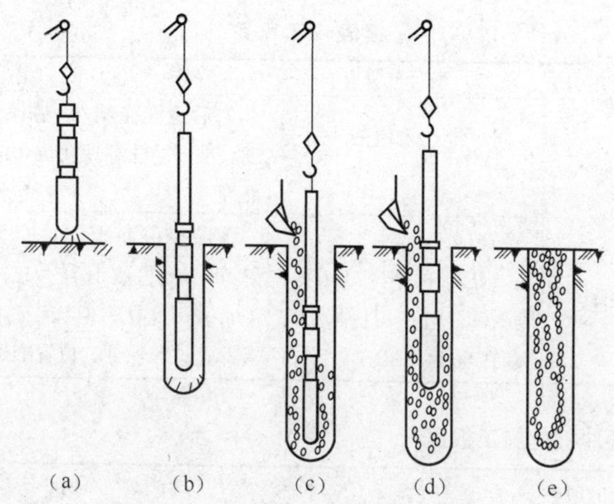

图 4-1　振冲碎石桩施工工艺

(a)定位　(b)振冲下沉　(c)振冲至设计标高并下料
(d)边振边下斜,边上提　(e)成桩

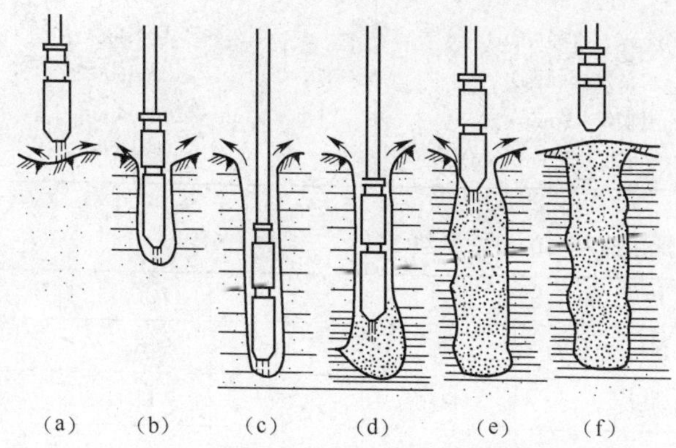

图 4-2　振冲挤密法施工工艺

(a)定位　(b)振冲下沉　(c)振冲至设计标高
(d)边振冲边上提　(e)上提至孔口　(f)成桩

4.3.8.2　振冲成孔方法的选择

序号	造孔方法	步　骤	优　缺　点
1	排孔法	由一端开始,依次逐步造孔到另一端结束	易于施工,且不易漏掉孔位。但当孔位较密时,后打的桩易发生倾斜和位移

续表 4.3.8.2

序号	造孔方法	步骤	优缺点
2	跳打法	同一排孔采取隔一孔造一孔	先后造孔影响小，易保证桩的垂直度。但要防止漏掉孔位，并应注意桩位准确
3	围幕法	先造外围2～3圈（排）孔，然后造内圈（排）。采用隔圈（排）造一圈（排）或依次向中心区造孔	能减少振冲能量的扩散，振密效果好，可节约桩数10%～15%，大面积施工常采用此法。但施工时应注意防止漏掉孔位和保证其位置准确

4.3.8.3　振冲桩的施工数据

项目	数据
桩径(mm)	0.8～1.2
桩距(mm)	1.5～2.5
桩长(m)	≥4
填充碎石直径(mm)	20～50且不得大于80
水泵水压(kPa)	400～600
用水量(L/min)	200～400
振冲器下沉速度(m/min)	1～2

4.3.8.4　常用振冲器的技术参数

序号	型号	ZXQ-13	ZCQ-30	ZCQ-55	BL-75
1	电动功率(kW)	13	30	55	75
2	转速(r/min)	1450	1450	1450	1450
3	额定电流(A)	25.5	60	100	150
4	不平衡重量(kg)	29.0	66.0	104.0	
5	振动力(kN)	35	90	200	160
6	振幅(mm)	4.2	4.2	5.0	7.0
7	振冲器外径(mm)	274	351	450	426
8	长度(mm)	2000	2150	2500	3000
9	总重量(t)	0.78	0.94	1.6	2.05

4.3.8.5 振冲地基工程质量验收标准

序	检验项目与要求
1	施工前应检查振冲器的性能，检查电流表、电压表的准确度及填料的性能。填料应选择不溶于地下水，或不受侵蚀影响且本身无侵蚀性和性能稳定的硬粒料。对粒径控制的目的是，确保振冲效果及效率。粒径过大，在边振边填过程中难以落入孔内；粒径过细小，在孔中沉入速度太慢，不易振密
2	施工中应检查密度电流、供水压力、供水量、填料量、孔底留振时间、振冲点位置、振冲器施工参数等(施工参数由振冲试验或设计确定)
3	施工结束，应在有代表性的地段做地基强度或地基承载力检验。质量检验应在施工结束后间歇一定时间进行，对砂土地基间隔1～2周，黏性土地基间隔3～4周，对粉土、杂填土地基间隔2～3周。由于桩顶部位周围约束力小，密实度较难达到要求，检验取样时应考虑此因素。对振冲密实法加固的砂土地基，如不加填料，质量检验主要是地基的密实度，检验位置宜由设计、施工、监理(或业主方)共同确定
4	振冲地基质量检验标准应符合4.3.7.6的规定

4.3.8.6 振冲地基质量检验标准

项	序	检查项目	允许偏差或允许值		检查方法
			单位	数值	
主控项目	1	填料粒径	设计要求		抽样检查
	2	密实电流(黏性土) 密实电流(砂性土或粉土) (以上为功率30kW振冲器) 密实电流(其他类型振冲器)	A A A_0	50～55 40～50 (1.5～2.0)	电流表读数 电流表读数，A_0为空振电流
	3	地基承载力	设计要求		按规定方法
一般项目	1	填料含泥量	%	<5	抽样检查
	2	振冲器喷水中心与孔径中心偏差	mm	≤50	用钢尺量
	3	成孔中心与设计孔位中心偏差	mm	≤100	用钢尺量
	4	桩体直径	mm	<50	用钢尺量
	5	孔深	mm	±200	量钻杆或重锤测

4.3.9 高压喷射(旋喷)注浆地基

高压喷射(旋喷)注浆地基,是利用钻机把带有特殊喷嘴的注浆管钻至土层的预定位置,用高压脉冲泵将水泥浆液通过钻杆下端的喷射装置,向四周以高速水平喷入土体,借助流体的冲击力切削土层,此时钻机一面旋转,一面提升,使土体与水泥浆充分搅拌混合,硬化后形成具有一定强度的圆柱体桩,从而使地基得到加固。根据使用的机具的不同,高压喷射(旋喷)注浆地基可分为单管法成桩、二重管法成桩和三重管法成桩。

4.3.9.1 高压喷射(旋喷)注浆地基工艺流程

单管旋喷桩施工工艺流程如图 4-3 所示,三重管法旋喷桩施工工艺流程如图 4-4 所示。

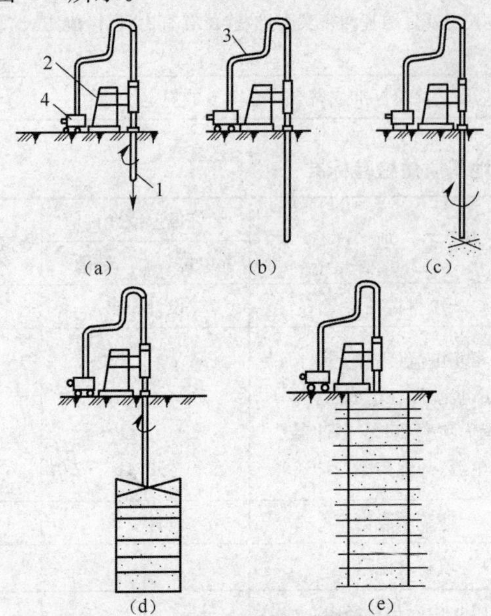

图 4-3 单管旋喷桩施工工艺流程

(a)钻机就位钻孔 (b)钻孔至设计标高 (c)旋喷开始 (d)边旋喷边提升
(e)旋喷结束成桩

1. 旋喷管 2. 钻孔机械 3. 高压胶管 4. 超高压脉冲泵

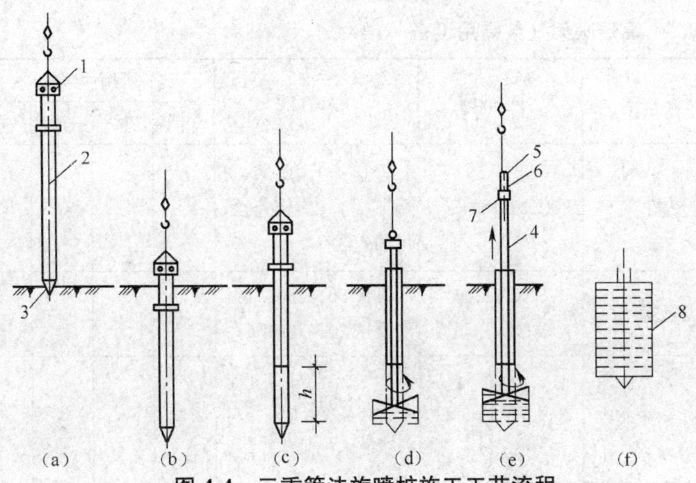

图 4-4 三重管法旋喷桩施工工艺流程

(a)振动沉桩机就位,放桩靴,立套管,安振动锤 (b)套管沉入设计深度

(c)拔起一段套管,卸上段套管,使下段露出地面(使 h>要求的旋喷长度)

(d)套管中插入三重管,边旋、边喷、边提升 (e)自动提升旋喷管

(f)拔出旋喷管与套管,下部形成圆柱喷射桩加固体

1. 振动锤 2. 钢套管 3. 桩靴 4. 三重管 5. 浆液胶管 6. 高压水胶管

7. 压缩空气胶管 8. 旋喷桩加固体

4.3.9.2 旋喷施工主要机具和参数

序号	项　目			单管法	二重管法	三重管法
1	参　数	喷嘴孔径(mm)		ϕ2～3	ϕ2～3	ϕ2～3
2		喷嘴个数		2	1～2	1～2
3		旋转速度(r/min)		20	10	5～15
3		提升速度(mm/min)		200～250	100	50～150
5	机具性能	高压泵	压力(N/mm²)	20～40	20～40	20～40
6			流量(L/min)	60～120	60～120	60～120
7		空压机	压力(N/mm²)	—	0.7	0.7
8			流量(L/min)	—	1～3	1～3
9		泥浆泵	压力(N/mm²)	—	—	3～5
10			流量(L/min)	—	—	100～150
11	浆液配合比(水∶水泥∶陶土∶碱)			(1～1.5)∶1∶0.03∶0.0009		

注:高压泵喷射的(单管法、二重管法)是浆液或(三重管法)水。

4.3.9.3 高压喷射注浆需用设备

设备名称	型号举例	主要性能	所用注浆管			
			单管	二重管	三重管	多重管
钻机	XJ-100,SH30	慢速提升、旋转、可调节提升、旋转速度，可预先成孔	√	√	√	√
高压泥浆泵	SNC-H300 Y-2 液压泵	泵量 80～230L/min 泵压 20～30MPa	√	√	—	—
高压清水泵	3XB 3W-6B 3W-7B	泵量 80～250L/min 泵压 20～40MPa	—	—	√	√
泥浆泵	BW-150 BW-200 BW-250	泵量 90～150L/min 泵压 2～7MPa	—	—	√	√
空压机	YV-3/8 LGY20～10/7	风量 3～10m³/min 风压 0.7～0.8MPa	—	√	√	—
浆液搅拌机	—	容量 0.8～2m³	√	√	√	√
真空与超声波传感器	—	—	—	—	—	√

4.3.9.4 高压喷射注浆通常采用的技术参数

技术参数		单管法	二重管法	三重管法
水	压力(MPa)	—	—	25～30
	流量(L/min)	—	—	80～120
	喷嘴孔径(mm)	—	—	2～3.2
	喷嘴个数	—	—	1～2
空气	压力(MPa)	—	0.7	0.5～0.7
	流量(m³/min)	—	1～2	0.5～2
	喷嘴间隙(mm)	—	1～2	1～3

续表 4.3.9.4

技术参数		单管法	二重管法	三重管法
浆液	压力(MPa)	20～25	20～25	0.5～3
	流量(L/min)	80～120	80～120	70～150
	喷嘴孔径(mm)	2～3.2	2～3.0	8～14
	喷嘴个数	1～2	1～2	1～2
注浆管	提升速度(cm/min)	15～25	10～20	7～14
	旋转速度(r/min)	15～20	10～20	11～18
	外径(mm)	42/50	42/50/75	75/90

4.3.9.5 高压喷射注浆施工技术要求

序	内容
1	施工前应复核高压喷射注浆的孔位
2	单管、二重管喷射高压泥浆泵注浆压力不应低于 20MPa
3	三重管及多重管喷射清水泵压力不应低于 25MPa。低压水泥浆液液流压力宜大于 1MPa，气流压力宜为 0.7MPa。高压喷射注浆通常采用的技术参数见 4.3.9.4
4	旋喷钻机旋转速度 10～20r/min，提升速度 8～25cm/min
5	高压液流管道输送距离不宜大于 50m
6	分段提升喷射搭接长度不得小于 100mm
7	单孔注浆体应在其初凝前连续完成施工，不得中断。由于特殊原因中断后，应采用复喷技术进行接头处理
8	单管及二重管喷射水泥浆水灰比一般采用 1∶1～1∶1.5，三重管水灰比宜采用 1∶1
9	水泥浆必须随搅随用，当水泥浆放置时间超过初凝时间后，不得再用于喷射施工
10	高压注浆喷射用浆液必须搅拌均匀，每罐搅拌时间不得少于 3min。浆液使用过程中应对浆液进行不间断的轻微搅拌，避免浆液沉淀
11	水泥浆液应经过筛网过滤，避免喷嘴堵塞
12	当局部须增大桩体直径和提高桩体强度时，可采用复喷
13	当处理既有建筑地基时，应采取速凝浆液或大间距隔孔旋喷和冒浆回灌等工艺

4.3.9.6 高压喷射注浆地基工程质量验收标准

序	检验项目与要求
1	施工前应检查水泥、外掺剂等的质量，检查桩位的位置是否准确，检查压力表、流量表工作是否正常，检查高压喷射设备的性能是否良好等 高压喷射注浆工艺宜用普通硅酸盐水泥，强度等级不得低于32.5，水泥用量，压力宜通过试验确定，如无条件可参考表4.3.9.7，水压比为0.7～1.0较妥。为确保施工质量，施工机具必须配置准确的计量仪表
2	施工中应检查施工参数(压力、水泥浆量、提升速度、旋转速度等)及施工程序。应采用间隔跳打法施工，二孔间距一般大于1.5m
3	施工结束，应检查桩体强度、平均直径、桩身中心位置、桩体质量及承载力等。桩体质量及承载力的检查应在施工结束后28d进行
4	高压喷射注浆地基质量检验标准应符合表4.3.9.8的规定

4.3.9.7 1m桩长喷射桩水泥用量表

桩径(mm)	桩长(m)	强度为32.5普硅水泥单位用量	喷射施工方法		
			单管	二重管	三管
ϕ600	1	kg/m	200～250	200～250	—
ϕ800	1	kg/m	300～350	300～350	—
ϕ900	1	kg/m	350～400(新)	350～400	—
ϕ1000	1	kg/m	400～450(新)	400～450(新)	700～800
ϕ1200	1	kg/m	—	500～600(新)	800～900
ϕ1400	1	kg/m	—	700～800(新)	900～1000

注："新"系指采用高压水泥浆泵，压力为36～40MPa，流量为80～110L/min的新单管法和二重管法。

4.3.9.8 高压喷射注浆地基质量检验标准

项	序	检查项目	允许偏差或允许值		检查方法
			单位	数值	
主控项目	1	水泥及外掺剂质量	符合出厂要求		查产品合格证书或抽样送检
	2	水泥用量	设计要求		查看流量表及水泥浆水灰比
	3	桩体强度或完整性检验	设计要求		按规定方法
	4	地基承载力	设计要求		按规定方法

续表 4.3.9.8

项	序	检查项目	允许偏差或允许值		检查方法
			单位	数值	
一般项目	1	钻孔位置	mm	≤50	用钢尺量
	2	钻孔垂直度	%	≤1.5	经纬仪测钻杆或实测
	3	孔深	mm	±	用钢尺量
	4	注浆压力	按设定参数指标		查看压力表
	5	桩体搭接	mm	>200	用钢尺量
	6	桩体直径	mm	≤50	开挖后用钢尺量
	7	桩身中心允许偏差	mm	≤0.2D	开挖后桩顶下 500mm 处用钢尺量,D 为桩径

4.3.10 水泥土搅拌桩地基

水泥土搅拌桩地基,利用水泥作为固化剂,通过深层搅拌机在地层深处就地将软土和固化剂强制拌和,使固化剂和软土发生物理、化学反应,凝结成具有较明显的整体性、较好的水稳定性好和较高强度的水泥加固体,与天然地基形成复合地基。

4.3.10.1 深层搅拌桩施工工艺流程

深层搅拌桩施工工艺流程如图 4-5 所示。

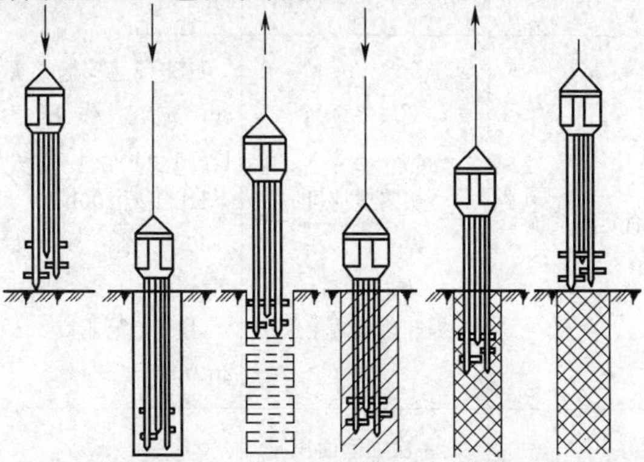

(a) (b) (c) (d) (e) (f)

图 4-5 深层搅拌桩施工工艺流程

(a)定位下沉 (b)深入到设计深度 (c)边喷浆搅拌边提升
(d)原位重复搅拌下沉 (e)重复搅拌提升 (f)搅拌完成形成加固体

4.3.10.2 水泥土搅拌桩地基材料配制

土体掺入固化剂材料	配制说明
水泥	掺入量一般为加固土质量的7%～15%，每加固1m³土体掺入水泥约110～160kg
水泥砂浆	水泥∶砂＝1∶1～2(质量比)，水灰比为0.43～0.5，水泥砂浆稠度为11～14cm/s

4.3.10.3 SJB-1型深层搅拌机技术性能

序号	项目		规格性能	数量
1	深层搅拌机	搅拌轴数量 搅拌轴长度 搅拌时外径 电动机功率	ϕ127×10mm 每节长2.5m ϕ700～800mm 2×30kW	2根 2节 — 1台
2	起吊设备及导向系统	履带式起重机 提升速度 导向架	CH500型，起重高度＞14m，起质量＞10t 0.3～1.0m/min ϕ88.5mm钢管制	1台 — 1座
3	固化剂配制系统	灰浆泵 灰浆搅拌机 集料斗 磅秤 提升速度测定仪	HB6-3型，输浆量3m³/h，工作压力1.5N/mm² HL-1型200L 400L 计量 量测范围0～2m/min	1台 2台 1台 1台 1台
4	技术指标	一次加固面积 最大加固深度 加固效率 总质量(不含起重机)	0.7～0.9m² 10m 40～50m/台班 6.5t	

4.3.10.4 GZB-600型深层搅拌机技术性能

搅拌机	搅拌轴数量(根)	1
	搅拌叶片外径(mm)	600
	搅拌轴转数(r/min)	50
	电机功率(kW)×台数	30×2
起吊设备	提升力(kN)	150
	提升速度(m/min)	0.6～1.0
	提升高度(m)	14
	接地压力(kM/m²)	60
固化剂制备系统	灰浆拌制机台数×容量(L)	2×500
	泵输送量(L/min)	281
	工作压力(kN/m²)	1400
	集料斗容量(L)	180
技术指标	一次加固面积(m²)	0.283
	最大加固深度(m)	10～15
	加固效率(m/台·班)	60
	总重(t)(不包括起吊设备)	6

4.3.10.5 水泥土搅拌桩地基工程质量验收标准

序	检验项目与要求
1	施工前应检查水泥及外掺剂的质量、桩位、搅拌机工作性能及各种计量设备完好程度(主要是水泥浆流量计及其他计量装置)
2	施工中应检查机头提升速度、水泥浆或水泥注入量、搅拌桩的长度及标高 水泥土搅拌桩施工过程中,为确保搅拌充分、桩体质量均匀,搅拌机头提速不宜过快。否则,会使搅拌桩体局部水泥量不足或水泥不能均匀地拌和在土中,导致桩体强度不一,因此规定了机头提升速度
3	施工结束,应检查桩体强度、桩体直径及地基承载力
4	进行强度检验时,对承重水泥土搅拌桩应取90d后的试件;对支护水泥土搅拌桩应取28d后的试件
5	水泥土搅拌桩地基质量检验标准应符合4.3.10.6的规定

4.3.10.6 水泥土搅拌桩地基质量检验标准

项	序	检查项目	允许偏差或允许值		检查方法
			单位	数值	
主控项目	1	水泥及外掺剂质量	设计要求		查产品合格证书或抽样送检
	2	水泥用量	参数指标		查看流量计
	3	桩体强度	设计要求		按规定办法
	4	地基承载力	设计要求		按规定办法
一般项目	1	机头提升速度	m/min	≤0.5	量机头上升距离及时间
	2	桩底标高	mm	+200	测机头深度
	3	桩顶标高	mm	+100 −50	水准仪(最上部500mm不计入)
	4	桩位偏差	mm	<50	用钢尺量
	5	桩径	mm	<0.04D	用钢尺量,D为桩径
	6	垂直度	%	≤1.5	经纬仪
	7	搭接	mm	>200	用钢尺量

4.3.11 土和灰土挤密桩复合地基

该地基是先将钢管打入土中,再将管拔出后,然后在桩孔中间回填土或灰土,夯实即成。灰土材料和配制工艺同灰土地基。

4.3.11.1 土和灰土挤密桩复合地基工程质量验收标准

序	检验项目与要求
1	施工前对土及灰土的质量、桩孔放样位置等做检查 施工前应在现场进行成孔、夯填工艺和挤密效果试验,以确定填料厚度、最优含水量、夯击次数及干密度等施工参数质量标准。成孔顺序应先外后内,同排桩应间隔施工。若填料含水量过高或过低,宜预干或预湿处理后再填入
2	施工中应对桩孔直径、桩孔深度、夯击次数、填料的含水量等做检查
3	施工结束,应检验成桩的质量及地基承载力
4	土和灰土挤密桩地基质量检验标准应符合4.3.11.2的规定

4.3.11.2 土和灰土挤密桩复合地基质量检验标准

项	序	检查项目	允许偏差或允许值		检查方法
			单位	数值	
主控项目	1	桩体及桩间土干密度	设计要求		现场取样检查
	2	桩长	mm	+500	测桩管长度或垂球测孔深
	3	地基承载力	设计要求		按规定方法
	4	桩径	mm	−20	用钢尺量
一般项目	1	土料有机质含量	%	≤5	试验室焙烧法
	2	石灰粒径	mm	≤5	筛分法
	3	桩位偏差	mm	满堂布桩≤0.04D 条基布桩≤0.25D	用钢尺量，D为桩径
	4	垂直度	%	≤1.5	用经纬仪测桩管
	5	桩径	mm	−20	用钢尺量

注：桩径允许偏差负值是指个别断面。

4.3.12 水泥粉煤灰碎石桩工程

水泥粉煤灰碎石桩是指用长螺旋钻机钻孔或沉管桩机成孔后，将水泥、粉煤灰及碎石混合搅拌后，泵压或经下料斗投入孔内，构成密实的桩体。

4.3.12.1 水泥粉煤灰碎石桩材料及配合比

项次	项目	技术要求
1	材料要求	碎石：粒径20～50mm，松散密度1.39t/m^3，杂质含量小于5% 石屑：粒径2.5～10mm，松散密度1.47t/m^3，杂质含量小于5% 粉煤灰：利用Ⅲ级粉煤灰
2	混合料配合比	根据拟加固场地的土质情况及加固后要求达到的承载力而定。水泥、粉煤类、碎石混合料的配合比相当于抗压强度为C1.2～C7的低强度等级混凝土，密度大于2.0t/m^3。掺加最佳石屑率（石屑量与碎石和石屑总重量之比）为25%左右情况下，当$\frac{\omega}{c}$（水与水泥重量之比）为1.01～1.47、$\frac{F}{c}$（粉煤灰与水泥重量之比）为1.02～1.65时，混凝土抗压强度约为8.8～1.42N/mm

注：适用于如砂土、粉土、松散黏土、粉质黏土、黏土、淤泥质黏土等的处理。

4.3.12.2 水泥粉煤灰碎石桩桩距选用表

布桩形式 \ 桩距 \ 土质	挤密性好的土（如砂土、粉土、松散填土等）	可挤密性土（如粉质黏土、非饱和黏土等）	不可挤密性土（如饱和黏土、淤泥质土等）
单、双排布桩的条基	(3～5)d	(3.5～5)d	(4～5)d
含9根以下的独立基础	(3～6)d	(3.5～9)d	(4～6)
满堂布桩	(4～6)d	(4～6)d	(4.5～7)d

注：1. d—桩径，以成桩后桩的实际桩径为准。

2. 桩径：根据振动沉桩机的管径大小而定，一般为350～400mm。

3. 桩长：根据需挤密加固深度而定，一般为6～12mm。

4. 桩顶位移不大于100mm。

4.3.12.3 振动沉拔桩锤规格与技术性能

型号	电机功率（kW）	偏心力矩（N·m）	偏心轴速（r/min）	激振力（kN）	空载振幅>（mm）	允许拔桩力<（kN）	锤全高≤（mm）	桩锤振动质量≤（kN）	导向中心距（mm）
DZ-11	11	36～122	600～1500	49～92	3	0.60	1400	18.00	330
DZ-15	15	50～166	600～1500	67～125	3	0.60	1600	22.00	330
DZ-22	22	73～275	500～1500	76～184	3	0.80	1800	26.00	330
DZ-30	30	100～375	500～1500	104～251	3	0.80	2000	30.00	330
DZ-37	37	123～462	500～1500	129～310	4	1.00	2200	34.00	330
DZ-40	40	133～500	500～1500	139～335	4	1.00	2300	36.00	330
DZ-45	45	150～562	500～1500	157～378	4	1.20	2400	30.00	330
DZ-56	56	183～687	500～1500	192～461	2	1.60	2600	44.00	330
DZ-60	60	200～750	500～1500	209～503	4	1.60	2700	50.00	330
DZ-75	75	250～937	500～1500	262～553	5	2.40	3000	60.00	330
DZ-90	90	500～2400	400～1100	429～6975	5	2.40	3400	70.00	330
DZ-120	120	700～2800	400～1100	501～828	8	3.00	3800	90.00	600
DZ-150	150	1000～3600	400～1100	644～947	8	3.00	4200	110.00	600
DZF40Y	40	0～3180	—	14.5/25.6	13.5	1.00	3100	34.0	—

续表 4.3.12.3

型号	电机功率（kW）	偏心力矩（N·m）	偏心轴速（r/min）	激振力（kN）	空载振幅>（mm）	允许拔桩力<（kN）	锤全高≤（mm）	桩锤振动质量≤（kN）	导向中心距（mm）
DZF30Y	30	0～2398	—	12.9/23	11.3/8.5	1.20	1812	34.0	—
DZC26	26	—	频率 11.77	冲击力 53	—	—	—	29.4	—
DZC60	60	—	频率 11.77	冲击力 119	—	—	—	43.8	—
DZC74	74	—	频率 11.77	冲击力 119	—	—	—	46.8	—

4.3.12.4　水泥粉煤灰碎石桩施工要点

序	基本要求
1	施工前应按设计要求在试验室进行配合比试验，施工时按配合比配制混合料。长螺旋钻孔、管内泵压混合料成桩施工的坍落度宜为 160～200mm，振动沉管灌注成桩施工的坍落度宜为 30～50mm，振动沉管灌注成桩后桩顶浮浆厚度小于 200mm
2	桩机就位，调整沉管与地面垂直，确保垂直度偏差不大于 1%；对满堂布桩基础，桩位偏差不应大于 0.4 倍桩径；对条形基础，桩位偏差不应大于 0.25 倍桩径；对单排布桩，桩位偏差不应大于 60mm
3	控制钻孔或沉管入土深度，确保桩长偏差在±100mm 范围内
4	长螺旋钻孔、管内泵压混合料成桩施工，在钻至设计深度后，应准确掌握提拔钻杆时间。混合料泵送量应与拔管速度相配合，遇到饱和砂土或饱和粉土层，不得停泵待料；沉管灌注成桩施工拔管速度应按匀速控制，拔管速度应控制在 1.2～1.5m/min 左右，如遇淤泥土或淤泥质土，拔管速度可适当放慢
5	施工时，桩顶标高应高出设计标高，高出长度应根据桩距、布桩形式、现场地质条件和施打顺序等综合确定，一般不应小于 0.5m
6	成桩过程中，抽样做混合料试块，每台机械一天应做一组（3 块）试块（边长 150mm 立方体），标准养护，测定其立方体 28d 抗压强度
7	冬期施工时混合料入孔温度不得低于 5℃，对桩头和桩间土应采取保温措施
8	清土和截桩时，不得造成桩顶标高以下桩身断裂和扰动桩间土

续表 4.3.12.4

序	基本要求
9	褥垫层厚度由设计确定，宜为 150～300mm。施工时，虚铺厚度 $h=\Delta H/\lambda$。其中，λ 为夯填度，一般取 0.87～0.90。虚铺完成后宜采用静力压实法至设计厚度；当基础底面下桩间土的含水量较小时，也可采用动力夯实法。对较干的砂石材料，虚铺后可适当洒水再进行碾压或夯实

4.3.12.5 水泥粉煤灰、碎石桩工程质量验收标准

序	检验项目
1	水泥、粉煤灰、砂及碎石等原材料应符合设计要求
2	施工中应检查桩身混合料的配合比、坍落度和提拔钻杆速度(或提拔套管速度)、成孔深度、混合料灌入量等 提拔钻杆(或套管)的速度必须与泵入混合料的速度相配，否则容易产生缩劲或断桩。不同土层中提拔的速度应不一样，砂性土、砂质黏土、黏土中提拔的速度为 1.2～1.5m/min，在淤泥质土中应适当放慢。桩顶标高应高出设计标高 0.5m。当采用沉管方法成孔时，应注意新施工桩对已成桩的影响，避免挤桩
3	施工结束，应对桩顶标高、桩位、桩体质量、地基承载力以及褥垫层的质量做检查 复合地基检验应在桩体强度符合试验荷载条件下进行，一般宜在施工结束后 2～4周后进行
4	水泥粉煤灰碎石桩复合地基的质量检验标准应符合 4.3.12.6 的规定

4.3.12.6 水泥粉煤灰碎石桩复合地基质量检验标准

项	序	检查项目	允许偏差或允许值		检查方法
			单位	数值	
主控项目	1	原材料	设计要求		查产品合格证书或抽样送检
	2	桩径	mm	−20	用钢尺量或计算填料量
	3	桩身强度	设计要求		查 28d 试块强度
	4	地基承载力	设计要求		按规定方法

续表 4.3.12.6

项	序	检查项目	允许偏差或允许值		检查方法
			单位	数值	
一般项目	1	桩身完整性	按桩基检测技术规范		按桩基检测技术规范
	2	桩位偏差	mm	满堂布桩≤0.40D 条基布桩≤0.25D	用钢尺量,D为桩径
	3	桩垂直度	%	≤1.5	用经纬仪测桩管
	4	桩长	mm	+100	测桩管长度或垂球测孔深
	5	褥垫层夯填度	≤0.9		用钢尺量

注:1. 夯填度指夯实后的褥垫层厚度与虚体厚度的比值。

2. 桩径允许偏差负值是指个别断面。

4.3.13 夯实水泥土桩复合地基

这种地基是利用洛阳铲或螺旋钻机成孔,在孔中分层填入水泥、土混合料,经夯实成桩,与桩间土共同组成复合地基。

4.3.13.1 夯实水泥土桩复合地基工程质量验收标准

序	检验项目与要求
1	水泥及夯实用土料的质量应符合设计要求
2	施工中应检查孔位、孔深、孔径、水泥和土的配比、混合料含水量等
3	施工结束,应对桩体质量及复合地基承载力做检验,褥垫层应检查其夯填度
4	夯实水泥土桩的质量检验标准应符合 4.3.13.2 的规定
5	夯扩桩的质量检验标准可按本标准执行

4.3.13.2 夯实水泥土桩复合地基质量检验标准

项	序	检查项目	允许偏差或允许值		检查方法
			单位	数值	
主控项目	1	桩径	mm	−20	用钢尺量
	2	桩长	mm	+500	测桩孔深度
	3	桩体干密度	设计要求		现场取样检查
	4	地基承载力	设计要求		按规定的方法

续表 4.3.13.2

项	序	检查项目	允许偏差或允许值		检查方法
			单位	数值	
一般项目	1	土料有机质含量	%	≤5	焙烧法
	2	含水量 （与最优含水量比）	%	±2	烘干法
	3	土料粒径	mm	≤20	筛分法
	4	水泥质量	设计要求		查产品质量合格证书或抽样送检
	5	桩位偏差	mm	满堂布桩≤0.04D 条基布桩≤0.25D	用钢尺量，D 为桩径
	6	桩孔垂直度	%	≤1.5	用经纬仪测桩管
	7	褥垫层夯填度	≤0.9		用钢尺量

4.3.14 砂桩地基

砂桩是指用振动、冲击或水冲等方式在软弱地基中成孔后，再将砂挤压入土孔中，形成大直径的砂所构成的密实桩体，达到加固地基的目的。

4.3.14.1 砂桩地基工程质量验收标准

序	检验项目与要求
1	施工前应检查砂料的含泥量及有机质含量、样桩的位置等
2	施工中检查每根砂桩的桩体、灌砂量、标高、垂直度。砂桩施工应从外围或两侧向中间进行，成孔宜用振动沉管工艺
3	施工结束，应检查被加固地基的强度或承载力。砂桩施工间歇期为 7d，在间歇期后方能进行质量检验
4	砂桩地基的质量检验标准应符合 4.3.14.2 的规定

4.3.14.2 砂桩地基的质量检验标准

项	序	检查项目	允许偏差或允许值		检查方法
			单位	数值	
主控项目	1	灌砂量	%	≤95	实际用砂量与计算体积比
	2	地基强度	设计要求		按规定方法
	3	地基承载力	设计要求		按规定方法
一般项目	1	砂料的含泥量	%	≤3	试验室测定
	2	砂料的有机质含量	%	≤5	焙烧法
	3	桩位	mm	≤50	用钢尺量
	4	砂桩标高	mm	±150	水准仪
	5	垂直度	%	≤1.5	经纬仪检查桩管垂直度

4.4 桩基础工程

4.4.1 桩基础概述

(1)基础分类

天然地基上的基础,依其埋置深度的不同,可分为浅基础和深基础两大类。习惯上将埋深不超过5m,可采用普通开挖基坑和敞坑排水方法修建的这类基础称为浅基础。当基础埋深超过5m,需采取特殊的施工机具和相应的施工工艺来修建的基础称为深基础。桩基础就是深基础中应用最广的一种。

(2)桩基础

桩基础是高层建筑常用的深基础型式,通过单桩或群桩将上部结构的荷载传到较坚固、压缩性小的土层或岩层上。

4.4.1.1 桩的类型和成桩工艺选择

序号	桩类			桩径		桩长（m）	穿越土层											桩端进入持力层				地下水位		对环境影响		孔底有无挤密
				桩身（mm）	扩大端（mm）		一般黏性土及其填土	淤泥和淤泥质土	粉土	砂土	碎石土	季节性冻土、膨胀土	黄土：非自重湿陷性黄土	黄土：自重湿陷性黄土	中间有硬夹层	中间有砂夹层	中间有砾石夹层	硬黏性土	密实砂土	碎石土	软质岩石和风化岩石	以上	以下	振动和噪声	排浆	
1	非挤土成桩法	干作业法	长螺旋钻孔灌筑桩	300～600	—	≤12	○	×	○	△	×	○	○	△	×	△	×	○	○	×	×	○	×	无	无	无
2			短螺旋钻孔灌筑桩	300～800	—	≤8	○	×	○	△	×	○	○	×	×	△	×	○	○	×	×	○	×	无	无	无
3			钻孔扩底灌筑桩	300～400	800～1200	≤5	○	×	○	×	×	○	○	×	×	△	×	○	○	×	×	○	×	无	无	无
4			人工挖孔扩底灌筑桩	1000～2000	1600～3000	≤30	○	△	△	×	×	○	○	○	○	△	△	○	×	×	○	○	△	无	无	无
5		泥浆护壁法	潜水钻成孔灌筑桩	500～800	—	≤50	○	○	○	△	×	△	△	×	×	△	×	○	○	△	×	○	○	无	有	无
6			反循环钻成孔灌筑桩	600～1200	—	≤50	○	○	○	△	×	△	○	×	○	○	×	○	○	△	○	○	○	无	有	无
7			回旋钻成孔灌筑桩	600～1200	—	≤50	○	○	○	△	×	△	○	×	○	○	×	○	○	△	○	○	○	无	有	无
8			钻孔扩底灌筑桩	600～1200	1000～1600	≤20	○	○	○	×	×	△	○	×	○	○	×	○	×	×	△	○	○	无	有	无
9		套管护壁法	贝诺托灌筑桩	800～1200	—	≤50	○	○	○	○	○	△	○	×	○	○	○	○	○	○	○	○	○	无	无	无
10			短螺旋钻孔灌筑桩	300～800	—	≤12	○	○	○	○	×	△	○	×	△	△	△	○	○	△	×	○	○	无	无	无

续表 4.4.1.1

序号	桩类			桩径		桩长(m)	穿越土层											桩端进入持力层				地下水位		对环境影响		孔底有无挤密
				桩身(mm)	扩大端(mm)		一般黏性土及其填土	淤泥和淤泥质土	粉土	砂土	碎石土	季节性冻土、膨胀土	黄土 非自重湿陷性黄土	黄土 自重湿陷性黄土	中间有硬夹层	中间有砂夹层	中间有砾石夹层	硬黏性土	密实砂土	碎石土	软质岩石和风化岩石	以上	以下	振动和噪声	排浆	
11	部分挤土成桩法		冲击成孔灌筑桩	600～1200	—	≤50	○	△	△	△	○	△	×	×	○	○	○	○	○	○	○	○	○	有	有	无
12			钻孔压注成型灌筑桩	300～1000	—	≤30	○	△	△	△	×	○	○	○	△	△	×	○	○	×	△	○	△	无	有	无
13			预钻孔打入式预制桩	≤600	—	≤30	○	○	○	△	×	○	○	○	○	○	△	○	○	△	△	○	○	有	无	有
14			混凝土(预应力混凝土)管桩	≤600	—	≤50	○	○	○	△	×	△	○	△	△	△	△	○	○	○	△	○	○	有	无	有
15			敞口钢管桩	600～900	—	≤50	○	○	○	○	△	△	○	○	○	○	○	○	○	○	○	○	○	有	无	有
16	挤土成桩法	挤土灌筑法	振动沉管灌筑桩	270～400	—	≤20	○	○	○	△	×	○	○	○	×	△	×	○	○	×	×	○	○	有	无	有
17			锤击沉管灌筑桩	300～500	—	≤24	○	○	○	△	×	○	○	○	△	△	△	○	○	△	×	○	○	有	无	有
18			锤击振动沉管灌筑桩	270～400	—	≤20	○	○	△	△	×	△	○	○	○	○	△	○	○	○	○	○	○	有	无	有
19			平底大头灌筑桩	350～400	350×450～500×500	≤15	○	○	△	×	×	△	△	△	×	△	×	○	△	×	×	○	○	有	无	有
20			夯压成型灌筑桩	325～377	460～700	≤20	○	○	○	△	△	○	○	○	×	△	×	○	△	△	×	○	○	有	无	有
21			爆扩灌筑桩	≤350	≤1000	≤12	○	×	×	×	×	△	○	○	×	△	×	○	×	×	×	○	×	有	无	有
22		挤土预制桩	打入混凝土预制桩、闭口钢管桩、混凝土管桩	≤500×500 ≤600	—	≤50	○	○	○	△	△	△	○	○	○	○	○	○	○	△	△	○	○	有	无	有
23			静压桩	100×100	—	≤40	○	○	△	△	×	×	○	△	△	△	×	○	○	×	×	○	○	无	无	有

注：表中符号：○表示比较合格；△表示有可能采用；×表示不宜采用。

4.4.1.2 桩的最小中心距

序　号	土类与成桩工艺		排数不少于3排且桩数不少于9根的摩擦型桩基	其 他 情 况
1	非挤土和部分挤土灌注桩		3.0*d*	2.5*d*
2	挤土灌注桩	穿越非饱和土	3.5*d*	3.0*d*
3		穿越饱和软土	4.0*d*	3.5*d*
4	挤土预制桩		3.5*d*	3.0*d*
5	打入式敞口管桩和H型钢桩		3.5*d*	3.0*d*

注：*d*—圆柱直径或方桩边长。

4.4.1.3 灌注桩扩底端最小中心距

序　号	成 桩 方 法	最 小 中 心 距
1	钻、挖孔灌注桩	1.5*D*或*D*+1m（当*D*>2m时）
2	沉管夯扩灌注桩	2.0*D*

注：*D* —扩大端设计直径。

4.4.1.4 桩基施工设备的选用

序号	项　目	内　　容
1	桩锤的选用	桩锤有落锤、汽锤、柴油锤、振动锤等，其使用条件和适用范围可参考4.4.1.5。桩锤目前多采用柴油锤、锤重可根据工程地质条件、桩的类型、结构、密集程度及现场施工条件选用
2	常用桩锤的技术性能	(1)柴油锤。柴油锤又分导杆式和筒式两类。其中，以筒式柴油锤使用较多。它是一种气缸固定活塞上下往复运动冲击的柴油锤。其特点是柴油在喷射时不雾化，只有在被活塞冲击时才雾化。其结构合理，有较大的锤击能力，工作效率高，还能打斜桩。此外我国还从国外引进一批筒式柴油锤，以日本和德国生产的为主 (2)汽锤。汽锤是以饱和蒸汽为动力，使锤体上下运动冲击桩头进行沉桩。具有结构简单，动力大，工作可靠，能打各种桩等特点。但需配备锅炉，移动较麻烦，目前已很少应用 汽锤有单作用、双作用两类 (3)振动锤。振动锤有三种型式，即刚性振动锤、柔性振动锤和振动冲击锤。其中，以刚性振动锤应用最多，效果最好 振动锤具有沉桩、拔桩两种作用，在桩基施工中应用较多，多与桩架配套使用，亦可不用桩架，用起重机吊起即可工作，沉桩不伤桩头，无有害气体

续表 4.4.1.4

序号	项目	内　容
3	桩架选用	桩架为打桩的专用起重和导向设备。其作用主要是,起吊桩锤和桩或起吊料斗、插桩,给桩导向,控制和调整沉桩位置及倾斜度,以及以行走和回转方式移动桩位。按行走方式的不同,桩架分为滚动式、轨道式、履带式、步履式悬挂式等。桩架的选用主要考虑以下四个方面的因素:其一是所选定的桩锤的形式、质量和尺寸;其二是桩的材料、材质、截面形式与尺寸,桩长和桩的连接方式;其三是桩的种数、桩数、桩的布置方式;其四是作业空间、打入位置,以及打桩的连续程序与工期要求等 桩架主要由底盘、导杆、斜杆、滑轮组和动力设备等组成。桩架的高度可按桩长需要分节组装,每节长 3~4m。桩架的高度一般等于桩长+滑轮组高+桩锤长度+桩帽高度+起锤移位高度(取 1~2m)。桩架的种类很多、应用较广的有万能桩架,履带式桩架和步履桩架
4	常用灌筑桩钻孔机械	按成孔方法不同分为冲击式钻孔机、冲抓锥成孔机、螺栓钻孔机、转盘式(回转式)钻机、潜水钻机等

4.4.1.5　桩锤适用范围

序　号	桩 锤 种 类	优 缺 点	适 用 范 围
1	落锤。用人力或卷扬机拉起桩锤,然后自由下落,利用锤重夯击桩顶使桩入土	构造简单,使用方便,冲击力大,能随意调整落距,但锤击速度慢(每分钟约 6~20 次),效率较低	(1)适于打细长尺寸的混凝土桩; (2)在一般土层及黏土、含有砾石的土层中均可使用
2	单动汽锤。利用蒸汽或压缩空气的压力将锤头上举,然后自由下落,冲击桩顶	结构简单,落距小,对设备和桩头不易损坏,打桩速度及冲击力较落锤大,效率较高	(1)适于打各种桩; (2)最适于套管法打就地灌筑混凝土桩
3	双动汽锤。利用蒸汽或压缩空气的压力将锤头上举及下冲,增加夯击能量	冲击次数多,冲击力大,工作效率高,但设备笨重,移动较困难	(1)适于打各种桩,并可用于打斜桩; (2)使用压缩空气时,可用于水下打桩; (3)可用于拔桩,吊锤打桩

续表 4.4.1.5

序 号	桩锤种类	优缺点	适用范围
4	柴油桩锤。利用燃油爆炸，推动活塞，引起锤头跳动夯击桩顶	附有桩架、动力等设备，不需要外部能源，机架轻、移动便利，打桩快，燃料消耗少；但桩架高度低，遇硬土或软土不宜使用	(1)最适于打钢板桩、木桩； (2)在软弱地基打12m以下的混凝土桩
5	振动桩锤。利用偏心轮引起激振，通过刚性联结的桩帽传到桩上	沉桩速度快，适用性强，施工操作简易安全，能打各种桩，并能帮助卷扬机拔桩；但不适于打斜桩	(1)适于打钢板桩、钢管桩、长度在15m以内的打入式灌筑桩； (2)适于粉质黏土、松散砂土、黄土和软土，不宜用于岩石、砾石和密实的黏性土地基
6	射水沉桩。利用水压力冲刷桩尖处土层，再配以锤击沉桩	能用于坚硬土层，打桩效率高，桩不易损坏；但设备较多，当附近有建筑物时，水流易使建筑物沉陷；不能用于打斜桩	(1)常用锤击法联合使用适于打大截面混凝土空心管桩； (2)可用于多种土层，而以砂土、砂砾土或其他坚硬的土层最适宜； (3)不能用于粗卵石、极坚硬的黏土层或厚度超过0.5m的泥炭层
7	静力压桩。系利用静力压桩机或利用桩架自重及附属设备的质量，通过卷扬机的牵引传至桩顶，将桩逐节压入土中	压桩无振动，对周围无干扰；不需打桩设备；桩配筋简单，短桩可接，便于运输，节约钢材；但不能适应多种土的情况，如利用桩架压桩，需要搭架设备，自重大，运输安装不便	(1)适于软土地基及打桩振动影响邻近建筑物或设备的情况； (2)可压截面40cm×40cm以下的钢筋混凝土空心管桩、实心桩

4.4.1.6　预制桩(钢桩)桩位的允许偏差　(mm)

序号	项　目	允　许　偏　差
1	盖有基础梁的桩： (1)垂直基础梁的中心线 (2)沿基础梁的中心线	 100+0.01H 150+0.01H
2	桩数为1～3根桩基中的桩	100
3	桩数为4～16根桩基中的桩	1/2桩径或边长
4	桩数大于16根桩基中的桩： (1)最外边的桩 (2)中间桩	 1/3桩径或边长 1/2桩径或边长

注：H为施工现场地面标高与桩顶设计标高的距离。

4.4.1.7　灌注桩的平面位置和垂直度的允许偏差

<table>
<tr><th rowspan="2">序号</th><th rowspan="2" colspan="2">成孔方法</th><th rowspan="2">桩径允许偏差(mm)</th><th rowspan="2">垂直度允许偏差(%)</th><th colspan="2">桩位允许偏差(mm)</th></tr>
<tr><th>1～3根、单排桩基垂直于中心线方向和群桩基础的边桩</th><th>条形桩基沿中心线方向和群桩基础的中间桩</th></tr>
<tr><td rowspan="2">1</td><td rowspan="2">泥浆护壁</td><td>D≤1000mm</td><td>±50</td><td rowspan="2"><1</td><td>D/6,且不大于100</td><td>D/4,且不大于150</td></tr>
<tr><td>D>100mm</td><td>±50</td><td>100+0.01H</td><td>150+0.01H</td></tr>
<tr><td rowspan="2">2</td><td rowspan="2">套管成孔灌注桩</td><td>D≤500mm</td><td rowspan="2">−20</td><td rowspan="2"><1</td><td>70</td><td>150</td></tr>
<tr><td>D>500mm</td><td>100</td><td>150</td></tr>
<tr><td>3</td><td colspan="2">干成孔灌注桩</td><td>−20</td><td><1</td><td>70</td><td>150</td></tr>
<tr><td rowspan="2">4</td><td rowspan="2">人工挖孔桩</td><td>混凝土护壁</td><td>+50</td><td><0.5</td><td>50</td><td>150</td></tr>
<tr><td>钢套管护壁</td><td>+50</td><td><1</td><td>100</td><td>200</td></tr>
</table>

注：1. 桩径允许偏差的负值是指个别断面。

2. 采用复打、反插法施工的桩，其桩径允许偏差不受上表限制。

3. H为施工现场地面标高与桩顶设计标高的距离，D为设计桩径。

4.4.2　静力压桩

静力法沉桩是通过静力压桩机的压桩机构，以压桩机自重和桩机上的配重将预制钢筋混凝土桩分节压入地基土层中成桩。

4.4.2.1 静力压桩机型号及技术性能

序号	压桩机型号 项目		160～180	240～280	300～360	400～460	500～600
1	最大压桩力(kN)		1600～1800	2400～2800	3000～3600	4000～4600	5000～6000
2	适用桩径(mm)	最小	300	300	350	400	400
3		最大	400	450	500	550	600
4	单桩极限承载力(kN)		1000～2000	1700～3000	2100～3800	2800～4600	3500～5500
5	桩端持力层		中密～密实,砂层,硬塑～坚硬黏土层,残积土层	密实砂层,坚硬黏土层,全风化岩层	密实砂层,坚硬黏土层,全风化岩层	密实砂层,坚硬黏土层,全风化岩层,强风化岩层	密实砂层,坚硬黏土层,全风化岩层,强风化岩层
6	桩端持力层标准值 N		20～25	20～35	30～40	30～50	30～55
7	穿透中密～密实砂层厚度(m)		约 2	2～3	3～4	5～6	5～8

4.4.2.2 ZYJ 系列液压静力压桩机主要技术参数(一)

序号	名称	单位	ZYJ180-Ⅱ	ZYJ120	ZYJ150	ZYJ200
1	压桩力	kN	800	1200	1500	2000
2	压力桩规格	mm	300×300×300	350×350	400×400	450×450
3	压圆桩规格	mm	ϕ250,ϕ300	ϕ250,ϕ300,ϕ350	ϕ300,ϕ350,ϕ400	ϕ450
4	压柱最大行程	*mm*	800	1200	1200	1200
5	压桩速度	*mm/min*	0.9(满载)	0.9(满载)	1.5(满载)	1.5(满载)
6	边桩距离	*m*	25	3	3	3
7	接地比大船/小船	t/m^2	7.2/6.8	9.2/8.8	10.3/10.5	10.5/11.2
8	横向步履行程	*mm*	500	600	600	600
9	行程速度	*m/min*	1.5	2.8	2.5	2.1
10	纵向步履行程	*mm*	1500	1500	2000	2000

续表 4.4.2.2

序号	名称	单位	ZYJ180-Ⅱ	ZYJ120	ZYJ150	ZYJ200
11	行程速度	m/min	1.5	2.2	2.5	2.5
12	工作吊机起重力矩	kN·m	限吊 1.5t	360	460	460
13	电机总功率	kW	42	56	92	96
14	外形尺寸（长×宽×高）	mm	8×5.2×10.2	10.2×5.1×6.2	10.8×5.7×6.4	10.8×5.7×6.5
15	整机自重＋配重	t	25.5＋55	52＋70	58＋95	70＋130
16	压桩方式	—	顶压式	夹桩式	夹桩式	夹桩式

注：表中所列 ZYJ 系列液压静力压桩机由江阴市基础工程设备厂生产。

4.4.2.3 ZYJ 系列液压静力压桩机主要技术参数(二)

序号	参数 \ 型号		ZYJ240	ZYJ320	ZYJ380	ZYJ420	ZYJ500	ZYJ600	ZYJ680
1	额定压桩力(kN)		2400	3200	3800	4200	5000	6000	6800
2	压桩速度(mm/min)	高速	2.76	2.76	2.3	2.8	2.2	1.8	1.8
3		低速	0.9	1.0	0.9	0.95	0.75	0.65	0.6
4	一次压桩行程(m)		2.0	2.0	2.0	2.0	2.0	1.8	1.8
5	适用方桩(mm)	最小	□300	□350		□400		□400	
6		最大	□500	□500		□550		□600	
7	最大圆柱(mm)		ϕ500	ϕ500		ϕ550		ϕ600	
8	边桩距离(mm)		600	600		650		680	
9	边桩距离(mm)		920	935		1000		1100	
10	起吊质量(t)		12	12		12		12	
11	变幅力矩(kN·m)		600	600		600		600	
12	功率(kW)	压桩	44	60		74		74	
13		起重	30	37		37		37	
14	主要尺寸(mm)	工作长	11000	12000		13000		13800	
15		工作宽	6630	6900	6950	7100	7200	7600	7700
16		运输高	2920	2940		2940		3020	
17	总质量(t)		245	325	383	245	500	602	680

注：表中所列 ZYJ 系列液压静力压桩机由长沙三和工程机械制造有限公司生产。

4.4.2.4 压桩工艺程序

压桩工艺程序如图4-6所示。

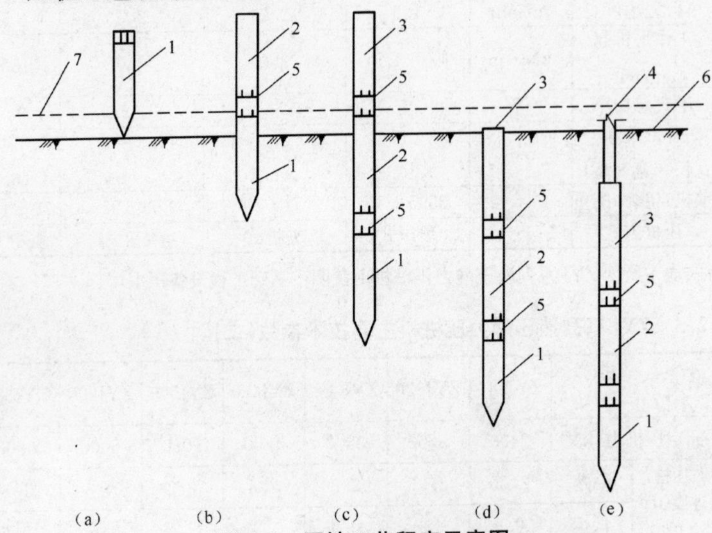

图4-6 压桩工艺程序示意图

(a)准备压第一段桩 (b)接第二段桩 (c)接第三段桩
(d)整根桩压平至地面 (e)采用送接压桩完毕
1. 第一段桩 2. 第二段桩 3. 第三段桩 4. 送桩 5. 桩接头处
6. 地面线 7. 压桩架操作平台线

4.4.2.5 硫磺胶泥的主要物理力学性能指标

序号	项目	物理力学性能指标
1	物理性能	(1)热变性:60℃以内强度无明显变化;120℃变液态;140～145℃密度最大且和易性最好;170℃开始沸腾;超过180℃开始焦化,且遇明火即燃烧 (2)密度:2.28～3.32t/m^3 (3)吸水率:0.12%～0.24% (4)弹性模量:5×10^5kN/m^2 (5)耐酸性:常温下能耐盐酸、硫酸、磷酸、40%以下的硝酸、25%以下铬酸、中等浓度乳酸和醋酸
2	力学性能	(1)抗拉强度:4N/mm^2 (2)抗压强度:40N/mm^2 (3)握裹强度:与螺纹钢筋为11N/mm^{2}与螺纹孔混凝土为4N/mm^2 (4)疲劳强度:对照混凝土的试验方法,当疲劳应力比值p为0.38时,疲劳修正系数>0.8

4.4.2.6 硫磺胶泥的配合比及物理力学性能

序号	配合比(质量比)							物理力学性能							
	硫磺	水泥	石墨粉	粉砂	石英砂	聚硫胶	聚硫甲胶	密度 (kg/m³)	吸水率 (%)	弹性模量 (N/mm²)	抗拉强度 (N/mm²)	抗压强度 (N/mm²)	抗折强度 (N/mm²)	握裹强度(N/mm²) 与螺纹钢筋	握裹强度(N/mm²) 与螺纹孔混凝土
1	44	11	—	40	—	1	—	2280～2320	0.12～0.24	5×10^4	4	40	10	11	4
2	60	—	5	—	34.3	—	0.7								

注:1. 热变性:在60℃以下不影响强度;热稳定性:92%。

2. 疲劳强度:取疲劳应力0.38经200万次损失20%。

4.4.2.7 硫磺胶泥灌筑后的停歇时间

序号	桩截面 (mm)	不同气温下的停歇时间(min)									
		0～10℃		11～20℃		21～30℃		31～40℃		41～50℃	
		打桩	压桩	打桩	压桩	打桩	压桩	打桩	压桩	打桩	压桩
1	400×400	6	4	8	5	10	7	13	9	17	12
2	450×450	10	6	2	7	14	9	17	11	21	14
3	500×500	13	—	15	—	18	—	21	—	24	—

4.4.2.8 静力压桩工程质量验收标准

序号	检 验 项 目 与 要 求
1	静力压包括锚杆静压桩及其他各种非冲击力沉桩
2	施工前应对成品桩(锚杆静压成品桩一般均由工厂制造,运至现场堆放)做外观及强度检验,接桩用焊条或半成品硫磺胶泥应有产品合格证书,或送有关部门检验。压桩用压力表、锚杆规格及质量也应进行检查。硫磺胶泥半成品应每 100kg 做一组试件(3 件)
3	压桩过程中应检查压力、桩垂直度、接桩电焊后的停歇时间、桩的连接质量及压入深度,重要工程应对电焊接桩的接头做 10%的探伤检查。对承受反力的结构应加强观测
4	施工结束,应做桩的承载力及桩体质量检验
5	锚杆静压桩质量检验标准应符合 4.4.2.9 的规定

4.4.2.9 静力压桩质量检验标准

项目	序号	检查项目	允许偏差或允许值		检查方法
			单位	数值	
主控项目	1	桩体质量检验	按基桩检测技术规范		按基桩检测技术规范
	2	桩位偏差	见本节 4.4.1.6		用钢尺量
	3	承载力	按基桩检测技术规范		按基桩检测技术规范
一般项目	1	成品桩质量:外观	表面平整,颜色均匀,掉角深度<10mm,蜂窝面积小于总面积 0.5%		直观
		外形尺寸 强度	符合要求 满足设计要求		查产品合格证书或钻芯试压
	2	硫磺胶泥质量(半成品)	设计要求		查产品合格证书或抽样送检
	3	接桩 电焊接桩:焊缝质量	见本节 4.4.5.7		同左
		接桩 电焊结束后停歇时间	min	>1.0	秒表测定
		接桩 硫磺胶泥接桩:胶泥浇注时间	min	<2	秒表测定
		接桩 浇注后停歇时间	min	>7	秒表测定
	4	电焊条质量	设计要求		查产品合格证书

续表 4.4.2.9

项目	序号	检查项目	允许偏差或允许值		检查方法
			单位	数值	
一般项目	5	压桩压力(设计有要求时)	%	±5	查压力表读数
	6	接桩时上下节平面偏差 接桩时节点弯曲矢高	mm	<10 <l/1000	用钢尺量 用钢尺量，l 为柱长
	7	桩顶标高	mm	±50	水准仪

4.4.3 先张法预应力管桩

先张法预应力管桩是先采用先张法预应力工艺和离心成型法制成空心圆柱体混凝土预制构件，再用锤击法或压桩法沉桩。

4.4.3.1 预应力管桩施工工艺流程

预应力管桩施工工艺程序如图 4-7 所示。

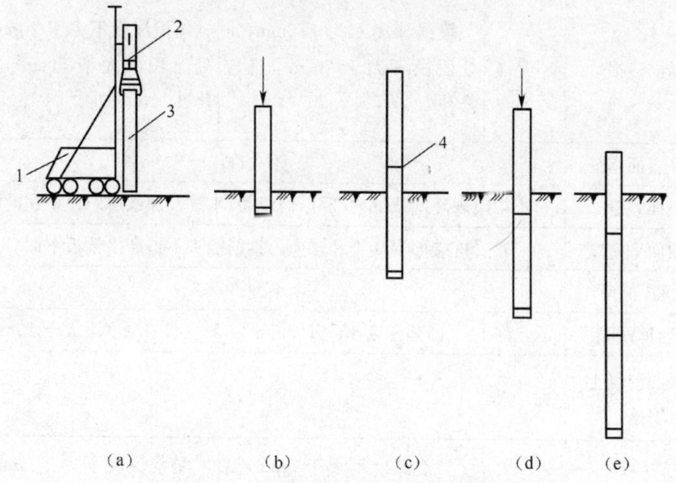

图 4-7 预应力管桩施工工艺流程

(a)测量放样、桩机和桩就位对中调直 (b)锤击下沉 (c)电焊接桩
(d)再锤击、再接桩，再锤击 (e)收锤，测贯入度
1. 打桩机 2. 打桩锤 3. 桩 4. 接桩

4.4.3.2 预应力管桩的外观质量

项目		产品质量等级		
		优等品	一等品	合格品
粘皮和麻面		不允许	局部粘皮和麻面累计面积不大于桩身总计面积的0.2%;每处粘皮和麻面的深度不得大于5mm,且应修补	局部粘皮和麻面累计面积不大于桩身总外表面积的0.5%;每处粘皮和麻面的深度不得大于10mm,且应修补
桩身合缝漏浆		不允许	漏浆深度不大于5mm,每处漏浆长度不大于100mm,累计长度不大于管桩长度的5%,且应修补	漏浆深度不大于10mm,每处漏浆长度不大于300mm,累计长度不大于管桩长度的10%,或对漏浆的搭接长度不大于100mm,且应修补
局部磕损		不允许	磕损深度不大于5mm,每处面积不大于20cm²,且应修补	磕损深度不大于10mm,每处面积不大于50cm²,且应修补
内外表面露筋		不允许		
表面裂缝		不得出现环向或纵向裂缝,但龟裂、水纹及浮浆层裂纹不在此限		
端顶面平整度		管桩端面混凝土和预应力钢筋镦头不得高出端板平面		
断筋、脱头		不允许		
桩套箍凹陷		不允许	凹陷深度不大于5mm	凹陷深度不大于10mm
内表面混凝土坍落		不允许		
接头及桩套箍与桩身结合面	漏浆	不允许	漏浆深度不大于5mm,漏浆长度不大于周长的1/8,且应修补	漏浆深度不大于5mm,漏浆长度不大于周长的1/4,且应修补
	空洞和蜂窝	不允许		

4.4.3.3 预应力管桩的尺寸允许偏差及检查方法

项目		允许偏差值(mm)			质检工具及量度方法
		优等品	一等品	合格品	
长度 L		±0.3%L	+0.5%L −0.4%L	+0.7%L −0.5%L	采用钢卷尺
端部倾斜		≤0.3% D	≤0.4% D	≤0.5% D	用钢尺量
顶面平整度		10			将直角靠尺的一边紧靠桩身，另一边端板紧靠，测其最大间隙
外径 d	≤600	+2−2	+4−2	+5−4	用卡尺或钢尺在同一断面测定相互垂直的两直径，取其平均值
	>600	+3−2	+3−2	−7−4	
壁厚 t		+10 0	+15 0	正偏差 不计 0	用钢直尺在同一断面相互垂直的两直径上测定四处壁厚，取其平均值
保护层厚度		+5 0	+7 +3	+10 +5	用钢尺，在管桩断面处测量
桩身弯曲度		≤L/1500	≤L/1200	≤L/1000	将拉线紧靠桩的两端部，用钢直尺测其弯曲处最大距离
端头板	外侧平面度	0.2			用钢直尺一边紧靠端头板，测其间隙处距离
	外径	0～−1			用钢卷尺或钢直尺
	内径	−2			
	厚度	正偏差值不限 负偏差为 0			

注：1. 表内尺寸以管桩设计图纸为准。

2. 预应力筋和螺旋箍筋的混凝土保护层应分别不小于 25mm 和 20mm。

4.4.3.4 筒式柴油打桩锤技术参数

柴油锤型号	25 号	32 号～ 36 号	40 号～ 50 号	60 号～ 62 号	72 号	80 号
冲击总质量(t)	2.5	3.2 3.5 3.6	4.0 4.5 4.6 5.0	6.0 6.2	7.2	8.0

续表 4.4.3.4

柴油锤型号	25号	32号～36号	40号～50号	60号～62号	72号	80号
锤体总质量(t)	5.6～6.2	7.2～8.2	9.2～11.0	12.5～15.0	18.4	17.4～20.5
常用冲程(m)	1.5～2.2	1.6～3.2	1.8～3.2	1.9～3.6	1.8～2.5	2.0～3.4
适用管桩规格	ϕ300	ϕ300 ϕ400	ϕ400 ϕ500	ϕ500 ϕ550 ϕ600	ϕ550 ϕ600	ϕ600 ϕ800
单桩竖向承载力设计值适用范围(kN)	600～1200	800～1600	1300～2400	1800～3300	2200～3800	2600～4500
桩尖可进入的岩土层	密实砂层 坚硬土层 全风化岩	密实砂层 坚硬土层 强风化岩	强风化岩	强风化岩	强风化岩	强风化岩
常用控制入贯度(mm/10击)	20～40	20～50	20～50	20～50	30～70	30～80

4.4.3.5 先张法预应力管桩工程质量验收标准

序	检验项目与要求
1	施工前应检查进入现场的成品桩，检查接桩用电焊条等产品质量
2	施工过程中应检查桩的贯入情况、桩顶完整状况、电焊接桩质量、桩体垂直度、电焊后的停歇时间。重要工程应对电焊接头做10%的焊缝探头检查
3	施工结束，应做承载力检验及桩体质量检验
4	先张法预应力管桩的质量检验应符合4.4.3.6的规定

4.4.3.6 先张法预应力管桩质量检验标准

<table>
<tr><th rowspan="2">项</th><th rowspan="2">序</th><th rowspan="2" colspan="2">检 查 项 目</th><th colspan="2">允许偏差或允许值</th><th rowspan="2">检 查 方 法</th></tr>
<tr><th>单位</th><th>数值</th></tr>
<tr><td rowspan="3">主控项目</td><td>1</td><td colspan="2">桩体质量检验</td><td colspan="2">按基桩检测技术规范</td><td>按基桩检测技术规范</td></tr>
<tr><td>2</td><td colspan="2">桩位偏差</td><td colspan="2">见本节表 4.4.1.6</td><td>用钢尺量</td></tr>
<tr><td>3</td><td colspan="2">承载力</td><td colspan="2">按基桩检测技术规范</td><td>按基桩检测技术规范</td></tr>
<tr><td rowspan="12">一般项目</td><td rowspan="6">1</td><td rowspan="6">成品桩质量</td><td>外观</td><td colspan="2">无蜂窝、露筋、裂缝、色感均匀、桩顶处无孔隙</td><td>直观</td></tr>
<tr><td>桩径</td><td>mm</td><td>±5</td><td>用钢尺量</td></tr>
<tr><td>管壁厚度</td><td>mm</td><td>±5</td><td>用钢尺量</td></tr>
<tr><td>桩尖中心线</td><td>mm</td><td><2</td><td>用钢尺量</td></tr>
<tr><td>顶面平整度</td><td>mm</td><td>10</td><td>用水平尺量</td></tr>
<tr><td>桩体弯曲</td><td></td><td>$l/1000$</td><td>用钢尺量,l为桩长</td></tr>
<tr><td rowspan="4">2</td><td colspan="2">接桩:焊缝质量</td><td colspan="2">见本节 4.4.5.7</td><td>见本节 4.4.5.7</td></tr>
<tr><td colspan="2">电焊结束后停歇时间</td><td>min</td><td>>1.0</td><td>秒表测定</td></tr>
<tr><td colspan="2">上下节平面偏差</td><td>mm</td><td><10</td><td>用钢尺量</td></tr>
<tr><td colspan="2">节点弯曲矢高</td><td></td><td>$l/1000$</td><td>用钢尺量,l为桩长</td></tr>
<tr><td>3</td><td colspan="2">桩位</td><td colspan="2">设计要求</td><td>现场实测或查沉桩记录</td></tr>
<tr><td>4</td><td colspan="2">砂桩标高</td><td>mm</td><td>±50</td><td>水准仪</td></tr>
</table>

4.4.4 混凝土预制桩

预制混凝土桩分为实心桩和管桩两种。实心桩多为方形断面，断面尺寸一般为200mm×200mm至500mm×500mm，长度一般在27m以内。管桩有ϕ400、500mm(外径)等数种，系在工厂内采用离心法制成。

4.4.4.1 工艺流程

就位桩机→起吊预制桩→稳桩→打桩→接、送桩→中间验收→移机

4.4.4.2 混凝土预制桩施工记录

施工单位______ 工程名称______

打桩小组______ 桩规格及长度______

桩锤类型及冲击部分质量______ 自然地面标高______

桩帽质量______ 气候______ 桩顶设计标高______

编号	打桩日期	桩入土每米锤击次数				落差(mm)	桩顶高出或低于设计标高(m)	最后贯入度(mm/10 击)	备注
		1	2						

工程负责人______

4.4.4.3 混凝土预制桩工程质量验收

序	检验项目
1	桩在现场预制时,应对原材料、钢筋骨架(见 4.4.4.4)、混凝土强度进行检查;采用工厂生产的成品桩时,桩进场后应进行外观及尺寸检查
2	施工中应对桩体垂直度、沉桩情况、桩顶完整状况、接桩质量等进行检查。对电焊接桩,重要工程应做 10%的焊缝探伤检查
3	施工结束,应对承载力及桩体质量做检验
4	对长桩或总锤击数超过 500 击的锤击桩,应符合桩体强度及 28d 龄期的两项条件才能锤击
5	钢筋混凝土预制桩的质量检验标准应符合 4.4.4.5 的规定

4.4.4.4 预制桩钢筋骨架质量检验标准

(mm)

项	序	检查项目	允许偏差或允许值	检查方法
主控项目	1	主筋距桩顶距离	±5	用钢尺量
	2	多节桩锚固钢筋位置	5	用钢尺量
	3	多节桩预埋铁件	±3	用钢尺量
	4	主筋保护层厚度	±5	用钢尺量

续表 4.4.4.4

项	序	检查项目	允许偏差或允许值	检查方法
一般项目	1	主筋间距	±5	用钢尺量
	2	桩尖中心线	10	用钢尺量
	3	箍筋间距	±20	用钢尺量
	4	桩顶钢筋网片	±10	用钢尺量
	5	多节桩锚固钢筋长度	±10	用钢尺量

4.4.4.5　钢筋混凝土预制桩的质量检验标准

项	序	检查项目	允许偏差或允许值		检查方法
			单位	数值	
主控项目	1	桩体质量检验	按基桩检测技术规范		按基桩检测技术规范
	2	桩体偏差	见 4.4.1.6		用钢尺量
	3	承载力	按基桩检测技术规范		按基桩检测技术规范
一般项目	1	砂、石、水泥、钢材等原材料(现场预制时)	符合设计要求		查出厂质保文件或抽样送检
	2	混凝土配合比及强度(现场预制时)	符合设计要求		检查称量及查试块记录
	3	成品桩外形	表面平整，颜色均匀，掉角深度<10mm，蜂窝面积小于总面积 0.5%		直观
	4	成品桩裂缝(收缩裂缝或起吊、装运、堆放引起的裂缝)	深度<20mm，宽度<0.25mm，横向裂缝不超过边长的一半		裂缝测定仪，该项在地下水有侵蚀地区及锤击数超过 500 击的长桩不适用
	5	成品桩尺寸： 横截面边长 桩顶对角线差 桩尖中心线 桩身弯曲矢高 桩顶平整度	mm mm mm mm	±5 <10 <10 $<l/1000$ <2	用钢尺量 用钢尺量 用钢尺量 用钢尺量，l 为桩长 用水平尺量

续表 4.4.4.5

项	序	检查项目	允许偏差或允许值		检查方法
			单位	数值	
一般项目	6	电焊接桩：			
		焊缝质量	见本节 4.4.5.7		见本节 4.4.5.7
		电焊结束停歇时间	min	>1.0	秒表测定
		上下节平面偏差	mm	<10	用钢尺量
		节点弯曲矢高		$<L/1000$	用钢尺量，L 为两节桩长
	7	硫磺胶泥接桩：			
		胶泥浇注时间	min	<2	秒表测定
		浇注后停歇时间	min	>7	秒表测定
	8	桩顶标高	mm	±50	水准仪
	9	停锤标准	设计要求		现场实测或查沉桩记录

4.4.5 钢桩

4.4.5.1 常用钢管桩规格

钢管桩尺寸			重　量		面　积			截 面 特 性		
外径 (mm)	厚度 (mm)	内径 (mm)	(kg/m)	(m/t)	断面积 (cm^2)	外包面积 (m^2)	外表面积 (m^2/m)	截面模量 (cm^3)	惯性矩 (cm^4)	惯性半径(cm)
406.4	9	388.4	88.2	11.34	112.4	0.130	1.28	109×10	222×10^2	14.1
	12	382.4	117	8.55	148.7			142×10	289×10^2	14.0
508	9	490	111	9.01	141	0.203	1.60	173×10	439×10^2	17.6
	12	484	147	6.8	187.0			226×10	575×10^2	17.5
	14	480	171	5.85	217.3			261×10	663×10^2	17.5
609.6	9	591.6	133	7.52	169.8	0.292	1.92	251×10	766×10^2	21.2
	12	585.6	177	5.65	225.3			330×10	101×10^3	21.1
	14	581.6	206	4.85	262.0			381×10	116×10^3	21.1
	16	577.6	234	4.27	298.4			432×10	132×10^3	21.0
711.2	9	693.2	156	6.41	198.5	0.397	2.23	344×10	122×10^3	24.8
	12	687.2	207	4.83	263.6			453×10	161×10^3	24.7
	14	683.2	241	4.15	306.6			524×10	186×10^3	24.7
	16	679.2	274	3.65	349.4			594×10	212×10^3	24.6

续表 4.4.5.1

钢管桩尺寸			重量		面积			截面特性		
外径(mm)	厚度(mm)	内径(mm)	(kg/m)	(m/t)	断面积(cm^2)	外包面积(m^2)	外表面积(m^2/m)	截面模量(cm^3)	惯性矩(cm^4)	惯性半径(cm)
812.8	9 12 14 16	794.8 788.8 784.8 780.8	178 237 276 314	5.62 4.22 3.62 3.18	227.3 301.9 351.3 400.5	0.519	2.55	452×10 596×10 690×10 782×10	184×10^3 242×10^3 280×10^3 318×10^3	28.4 28.3 28.2 28.2
914.4	12 14 16 19	890.4 886.4 882.4 876.4	267 311 351 420	3.75 3.22 2.85 2.38	340.2 396.0 451.6 534.5	0.567	2.87	758×10 878×10 997×10 117×10^2	346×10^3 401×10^3 456×10^3 536×10^3	31.9 31.8 31.8 31.7
1016	12 14 16 19	992 988 984 978	297 346 395 467	3.37 2.89 2.53 2.14	378.5 440.7 502.7 595.4	0.811	3.19	939×10 109×10^2 124×10^2 146×10^2	477×10^3 553×10^3 628×10^3 740×10^3	35.5 35.4 35.4 35.2

4.4.5.2 桩径与锤型选用对照

桩径(mm)	ϕ406.4	ϕ609.6	ϕ914.4
锤型	25～35 级	35～45 级	60～72 级

4.4.5.3 H型钢桩常用规格

简图	H型钢桩规格 $h\times b$ (mm×mm)	每米质量(kg/m)	尺寸				
			h (mm)	b (mm)	a (mm)	e (mm)	r (mm)
	HP200×200 HP250×250	43 53 53 62 85	200 204 243 246 254	205 207 254 256 260	9 11.3 9 10.5 14.4	9 11.3 9 10.7 14.4	10 10 13 13 13
	HP310×310	64 79 93 110 125	295 299 303 308 312	304 306 308 310 312	9 11 13.1 15.4 17.4	9 11 13.1 15.5 17.4	15 15 15 15 15

续表 4.4.5.3

简图	H型钢桩规格 $h\times b$ (mm×mm)	每米质量 (kg/m)	尺寸 h (mm)	b (mm)	a (mm)	e (mm)	r (mm)
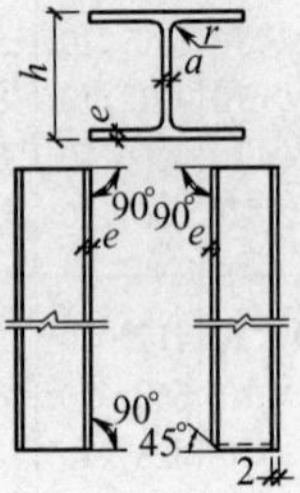	HP360×370	84	340	367	10	10	15
		108	346	370	12.8	12.8	15
		132	351	373	15.6	15.6	15
		152	356	376	17.9	17.9	15
		174	361	378	20.4	20.4	15
	HP360×410	105	344	384	12	12	15
		122	348	390	14	14	15
		140	352	392	16	16	15
		158	356	394	18	18	15
		176	360	396	20	20	15
		194	364	398	22	22	15
		213	368	400	24	24	15
		231	372	402	26	26	15

4.4.5.4 H型钢桩制作的允许偏差

序号	项目		允许偏差	检查方法
1	截面尺寸	桩端部桩身	±0.5%边长 ±1%边长	用钢尺量 用钢尺量
2	长度		+10mm	用钢尺量
3	矢高		$<l/1000$	用钢尺量
4	端部平整度		≤2mm	水平尺量
5	端部平面与桩中心线的倾斜值		≤2mm	水平尺量

注：l—桩长。

4.4.5.5 钢桩工程质量验收标准

序	检验项目
1	施工前应检查进入现场的成品钢桩，成品桩的质量标准应符合 4.4.5.6 的规定
2	施工中应检查钢桩的垂直度、沉入过程、电焊连接质量、电焊后的停歇时间、桩顶锤击后的完整状况。电焊质量除常规检查外，应做10%的焊缝探伤检查
3	施工结束应做承载力检验
4	钢桩施工质量检验标准应符合 4.4.5.7 的规定

4.4.5.6 成品钢桩质量检验标准

项目	序号	检查项目	允许偏差或允许值		检查方法
			单位	数值	
主控项目	1	钢桩外径或断面尺寸：桩端 桩身		±0.5%D ±1D	用钢尺量，D为外径或边长
	2	矢量		$<l/1000$	用钢尺量，l为桩长
一般项目	1	长度	mm	+10	用钢尺量
	2	端部平整度	mm	≤2	用水平尺量
	3	H钢桩的方正度$h>300$ $h>300$ 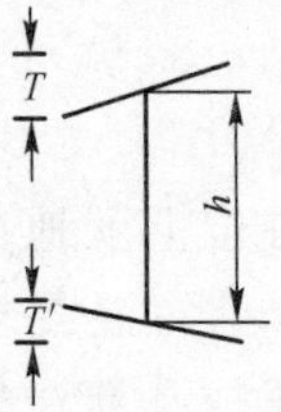	mm mm	$T+T'\leqslant 8$ $T+T'\leqslant 8$	用钢尺量，h、T、T'见图示
	4	端部平面与桩中心线的倾斜值	mm	≤2	用水平尺量

4.4.5.7 钢桩施工质量检验标准

项目	序号	检查项目	允许偏差或允许值		检查方法
			单位	数值	
主控项目	1	桩位偏差	见表 4.4.1.6		用钢尺量
	2	承载力	按基桩检测技术规范		按基桩检测技术规范
一般项目	1	电焊接桩焊缝：			
		(1)上下节端部错口			
		外径≥700mm	mm	≤3	用钢尺量
		外径<700mm	mm	≤2	用钢尺量
		(2)焊缝咬边深度	mm	≤0.5	焊缝检查仪
		(3)焊缝加强层高度	mm	2	焊缝检查仪
		(4)焊缝加强层宽度	mm	2	焊缝检查仪
		(5)焊缝电焊质量外观	无气孔，无焊瘤，无裂缝		直观
		(6)焊缝探伤检验	满足设计要求		按设计要求
	2	电焊结束后停歇时间	min	>1.0	秒表测定
	3	节点弯曲矢量		<1/1000L	用钢尺量，l 为两节桩长
	4	桩顶标高	mm	±50	水准仪
	5	停锤标准	设计要求		用钢尺量或沉桩记录

4.4.6 混凝土灌注桩

混凝土灌注桩是直接在施工现场桩位上就地成孔，然后在孔内安置钢筋笼，浇筑混凝土成桩。常见的混凝土灌注桩有：泥浆护壁成孔灌注桩、沉管灌注桩、夯压成孔灌注桩、爆扩成孔灌注桩、干作业成孔灌注桩和人工挖孔桩等。在灌注桩的施工过程中，成孔是关键工序之一。而成孔机械类型较多，各具特点和相应的适用范围。

4.4.6.1 灌注桩适用范围

序号	项　目	适 用 范 围
1	泥浆护壁钻孔灌注桩	适用于地下水位以下黏性土、黏土、砂土、填土、碎(砾)石土及风化岩层,以及地质情况复杂,夹层多、风化不均、软硬变化较大的岩层。冲孔灌注桩除适应上述地质情况外,还能穿透旧基础、大孤石等障碍物,但在岩溶发育地区应慎重使用
2	沉管灌注桩	适用于黏性土、粉土、淤泥质土、砂土及填土。在厚度较大、灵敏度较高的淤泥和流塑状状态的黏性土等软弱土层中采用时,应制定质量保证措施,并经工艺试验,成功后方可实施
3	夯扩桩	适用于桩端持力层为中、低压缩性黏性土、粉土、砂土、碎石类土,且其埋深不超过 20m 的情况
4	干作业成孔灌注桩	适用于地下水位以上的黏性土、粉土、填土、中等密实以上的砂土、风化岩层。人工挖孔灌注桩在地下水位较高,特别在有承压水的砂土层、滞水层、厚度较大的高压缩性淤泥层和流塑淤泥质土层中施工时,必须有可靠的技术措施和安全措施

4.4.6.2 灌注桩成孔控制深度

桩　型	深 度 控 制 要 求
摩擦桩	摩擦桩以设计桩长控制成孔深度;端承摩擦桩必须保证设计桩长及桩端进入持力层深度;当采用锤击沉管法成孔时,桩管入土深度控制以标高为主,以贯入度控制为铺
端承桩	当采用钻(冲)、挖掘成孔时,必须保证桩孔进入设计持力层的深度;当采用锤击沉管法成孔时,沉管深度控制以贯入度为主,设计持力层标高对照为辅

4.4.6.3 制备泥浆的性能指标

序号	项　目	性能指标	检 验 方 法
1	密度	1.1～1.1.5	泥浆密度计
2	黏度	10～25s	50000/70000(漏斗法)
3	含砂率	＜6%	
4	胶体率	＞95%	量杯法

续表 4.4.6.3

序号	项　　目	性能指标	检　验　方　法
5	失水率	<30mL/30min	失水量仪
6	泥皮厚度	1～3mm/30min	失水量仪
7	静切力	1min20～30mg/cm^2 10min50～100mg/cm^2	静切力计
8	稳定性	<0.03g/cm^2	—
9	pH 值	7～9	pH 试纸

注：1. 施工期间护筒内的泥浆面应高出地下水位 1.0m 以上，在受水位涨落影响时，泥浆面应高出最高水位 1.5m 以上。

2. 在清孔过程中，应不断置换泥浆，直至浇注水下混凝土。

3. 浇注混凝土前，孔底 500mm 以内的泥浆密度应小于 1.25g/cm^3，含砂率≤8%，黏度≤28s。

4. 在容易产生泥浆渗漏的土层中应采取维持孔壁稳定的措施。

4.4.6.4 冲击成孔灌注桩施工数据

项　目		说　　明	备　　注
操作要点	在护筒刃脚以下 2m 以内	小冲程 1m 左右，泥浆密度 1.2～1.5g/cm^3 软弱层投入黏土块夹小片石	土层不好时提高泥浆密度或加黏土块
	黏性土层	中、小冲程 1～2m，泵入清水或稀泥浆，经常清除钻头上的泥块	防粘钻可投入碎砖石
	粉砂或中粗砂层	中冲程 2～3m，泥浆密度 1.2～1.5g/cm^3、投入黏土块、勤冲勤掏碴	—
	砂卵石层	中、高冲程 2～4m，泥浆密度 1.3g/cm^3 左右，勤掏碴	—
	软弱土层或塌孔回填重钻	小冲程反复冲击，加黏土块夹小片石，泥浆密度 1.3～1.5g/cm^3	—
护筒		冲孔桩的孔口应设置护筒，其内径应大于钻头直径 200mm，护筒应按表 4.4.6.5 设置	

续表 4.4.6.4

项 目	说 明	备 注
排渣	排碴可采用泥浆循环或抽碴筒等方法,如用抽碴筒排碴应及时补给泥浆	
清孔	1. 不易坍孔的桩孔,可用空气吸泥清孔 2. 稳定性差的孔壁应用泥浆循环或抽渣筒排渣清孔后浇注混凝土之前的泥浆指标按表 4.4.6.3 中注 3 执行 3. 清孔时,孔内泥浆面应符合表 4.4.6.3 注 1 的规定 4. 浇注混凝土前,孔底沉碴允许厚度应按表 4.4.6.5 规定执行	

4.4.6.5 正反循环钻孔灌注桩施工数据

序号	项 目	技 术 要 求
1	孔口护筒	(1)护筒埋设应准确、稳定,护筒中心与桩位中心的偏差不得大于 50mm (2)护筒一般用 4～8mm 钢板制作,其内径应大于钻头直径 100mm,其上部宜开设 1～2 个溢浆孔 (3)护筒的埋设深度:在黏性土中不宜小于 1.0m;砂土中不宜小于 1.5m;其高度尚应满足孔内泥浆面高度的要求
2	孔底沉渣厚度	端承桩≤50mm 摩擦端承、端承摩擦桩≤100mm 摩擦桩≤300mm

注:1. 对孔深大于 30m 的端承型桩,宜采用反循环工艺成孔或清孔。

2. 潜水钻的钻头上应有不小于 3 倍直径长度导向装置。

3. 利用钻杆加压的正循环回转钻机,在钻具中加设扶正器。

4.4.6.6 锤击沉管灌注桩施工数据

项 目	技 术 要 求
混凝土	(1)当桩身配有钢筋时,混凝土的坍落度宜采用 80～100mm;素混凝土桩宜采用 60～80mm (2)混凝土的充盈系数不得小于 1.0。对于混凝土充盈系数小于 1.0 的桩,宜全长复打;对可能有断桩和缩劲桩,应采用局部复打。成桩后的桩身混凝土顶面标高应不低于设计标高 500mm。全长复打桩的入土深度宜接近原桩长,局部复打应超过断桩或缩颈区 1m 以上

续表 4.4.6.6

项目		技术要求
混凝土		全长复打桩施工时应遵守下列规定： ①第一次灌注混凝土应达到自然地面 ②应随拔管随清除粘在管壁上和散落在地面上的泥土 ③前后二次沉管的轴线应重合 ④复打施工必须在第一次灌注的混凝土初凝之前完成
沉管与拔管	锤击沉管	(1)群桩基础和桩中心距小于 4 倍桩径的桩基，应提出保证相邻桩桩身质量的技术措施 (2)混凝土预制桩尖或钢桩尖的加工质量和埋设位置应与设计相符，桩管与桩尖的接触应有良好的密封性 (3)沉管全过程必须有专职记录员做好施工记录；每根桩的施工记录均应包括每米的锤击数和最后一米的锤击数；必须准确测量最后三阵，每阵十锤的贯入度及落锤高度
沉管与拔管	拔管	(1)沉管至设计标高后，应立即灌注混凝土，尽量减少间隔时间；灌注混凝土之前，必须检查桩管内有无吞桩尖或进泥、进水 (2)当桩身配钢筋笼时，第一次混凝土应先灌至笼底标高，然后放置钢筋笼，再灌混凝土至桩顶标高。第一次拔管高度应控制在能容纳第二次所需灌入的混凝土量为限，不宜拔得过高。在拔管过程中应有专用测锤或浮标检查混凝土面的下降情况 (3)拔管速度要均匀，对一般土层以 1m/min 为宜，在软弱土屋和软硬土层交界处宜控制在 0.3～0.8m/min (4)采用倒打拔管的打击次数，单动汽锤不得少于 50 次/min；自由落锤轻击(小落距锤击)不得少于 40 次/min；在管底未拔至桩顶设计标高之前，倒打和轻击不得中断

4.4.6.7 振动(冲击)沉管灌注桩施工数据

项目	技术要求
单打法	(1)必须严格控制最后 30s 的电流、电压值，其值按设计要求或根据试桩和当地经验确定 (2)桩管内灌满混凝土后，先振动 5～10s，再开始拔管。应边振边拔，每拔 0.5～1.0m 停拔振动 5～10s。如此反复，直至桩管全部拔出 (3)在一般土层内，拔管速度宜为 1.2～1.5m/min。当用活瓣桩尖时宜慢；当用预制桩尖时可适当加快；在软弱土层中，宜控制在 0.6～0.8m/min

续表 4.4.6.7

项 目	技 术 要 求
反插法	(1)桩管灌满混凝土之后，先振动再拔管。每次拔管高度 0.5～1.0m，反插深度 0.3～0.5m。在拔管过程中，应分段添加混凝土，保持管内混凝土面始终不低于地表面或高于地下水位 1.0～1.5m 以上。拔管速度应小于 0.5m/min (2)在桩尖处的 1.5m 范围内，宜多次反插以扩大桩的端部断面 (3)穿过淤泥夹层时，应当放慢拔管速度，并减少拔管高度和反插深度，在流动性淤泥中不宜使用反插法
复打法	施工要求可按 4.4.6.10 中混凝土要求执行

4.4.6.8 夯压成型灌注桩施工数据

项目	技 术 要 求
桩管	无缝钢管外管(套管)直径 325mm(或 377mm)；内管(夯管)直径 219mm，壁厚 10mm，长度比外管短在 100mm，底端可采用闭口平底可闭口锥底
工艺	(1)沉管机就位，在桩位垫一层 150～200mm 厚与灌注桩同强度等级的干硬性混凝土，放下桩管，紧压其上，以防回淤 (2)将内外套管套叠同步打入设计深度 (3)拔出内管并在外管内灌入第一批混凝土，混凝土量一般为 0.1～0.3m³ (4)将内管放入外管中压在混凝土上，并拔起外管约 0.6～1.0m(小于混凝土灌入高度) (5)用桩锤击夯内管使混凝土挤出外管 (6)将内外再同时打至设计要求深度，迫使混凝土向下部和四周基土挤压，形成扩大端部，完成一次夯扩。亦可重复以上程序进行二次夯扩 (7)拔出内管，向外管灌入管二批混凝土，直至所需高度 (8)再插入内管紧压管内混凝土，边压边徐徐拔起外管，直至拔出地面 (9)如有地下水或渗水，沉管过程，外管封底可采用干硬性混凝土、无水混凝土、经夯击形成阻水、阻泥管塞、其高度一般为 100mm (10)当桩的长度较大或需配置钢筋笼时，桩身混凝土宜分段灌注：拔管时内夯管和桩锤应施压于外管中的混凝土顶面，边压边拔 (11)桩端扩大头进入持力层的深度不小于 3m；扩大头采用干硬性混凝土，坍落度应在 1～3cm

4.4.6.9 爆扩成孔灌注桩施工数据

桩柱直径 d	扩大头直径 D	埋置深夜 H	桩的最小间距	扩大头上下交错
一般为20～35cm，用冲抓锥成孔或爆扩成孔，直径为55～120cm	一般取2.5～3.5d，多采用3d	以地表到扩大头中心的距离为3～7m，最深不宜超过10m，最浅不少于2m	在硬塑和可塑状黏土中不小于1.5D 在软塑状黏土或人工回填土中不小于1.8D	相邻两桩扩大头标高相差不小于1.5D（荷载大且集中时）

4.4.6.10 螺旋钻成孔灌注桩施工数据

钻孔直径	孔深	钢筋骨架		混凝土	
		主筋	箍筋	强度等级	坍落度
350～400mm	10m	不宜少于6ϕ12～ϕ16mm，长度不小于桩长的1/3～1/2	宜用ϕ6～ϕ8mm，@200～300mm	不宜低于C15	7～10cm

4.4.6.11 人工挖孔和挖孔扩底灌注桩施工数据

序号	项目	技术要求
1	第一节井圈护壁	(1)井圈中心线与设计轴线的偏差不得大于20mm (2)井圈顶面应比场地高出150～200mm，壁厚比下面井壁厚度增加100～150mm
2	井圈护壁修筑	(1)上下节护壁的搭接长度不得小于50mm (2)每节护壁均应在当日连续施工完毕 (3)护壁混凝土必须保证密实，根据土层渗水情况使用速凝剂 (4)护壁模板的拆除宜在24h之后进行 (5)发现护壁有蜂窝、漏水现象时，应及时补强以防造成事故 (6)同一水平面上的井圈任意直径的极差不得大于50mm (7)遇有局部或厚度不大于1.5m的流动性淤泥和可能出现涌土涌砂时，护壁施工宜按下列方法处理： ①每节护壁的高度可减小到300～500mm，并随挖、随验、随浇注混凝土

续表 4.4.6.11

序号	项目	技术要求
2	井圈护壁修筑	②采用钢护筒或有效的降水措施 (8)挖至设计标高时,孔底不应积水。终孔后应清理好护壁上的淤泥和孔底残碴、积水,然后进行隐蔽工程验收。验收合格后,应立即封底和浇注桩身混凝土 (9)浇注桩身混凝土时,混凝土必须通过溜槽;当高度超过 3m 时,应用串筒,串筒末端离孔底高度不宜大于 2m。混凝土宜采用插入式振捣器振实 (10)当渗水量过大(影响混凝土浇注质量)时,应采取有效措施保证混凝土的浇注质量

4.4.6.12 混凝土灌注桩钢筋笼质量检验标准

项目	序号	检查项目	允许偏差或允许值(mm)	检查方法
主控项目	1	主筋间距	±10	用钢尺量
	2	长度	±100	用钢尺量
一般项目	3	钢筋材质检验	设计要求	抽样送检
	4	箍筋间距	±20	用钢尺量
	5	直径	±10	用钢尺量

4.4.6.13 水下混凝土浇注施工数据

项目		技术要求
混凝土	配制	(1)坍落度宜为 180～220mm;水泥用量不少于 360kg/m³ (2)水下混凝土的含砂率宜为 40%～45%,并宜选用中粗砂;粗骨料的最大粒径应＜40mm,有条件时可采用二级配 (3)为改善和易性和缓凝,水下混凝土宜掺外加剂
混凝土	浇筑	(1)开始灌注混凝土时,为使隔水栓能顺利排出,导管底部至孔底的距离宜为 300～500mm;桩直径小于 600mm 时,可适当加大导管底部至孔底距离 (2)应有足够的混凝土储备量,使导管一次埋入混凝土面以下 0.8m 以上

续表 4.4.6.13

项目		技 术 要 求
混凝土	浇筑	(3)导管埋深宜为 2～6m,严禁导管提出混凝土面 (4)水下混凝土必须连续施工,每根桩的浇注时间按初盘混凝土的初凝时间控制,对浇注过程中的一切故障均应记录备案 (5)控制最后一次灌注量,桩顶不得偏低,应凿除的泛浆高度必须保证暴露的桩顶混凝土达到强度设计值
导管		(1)导管壁厚不宜小于 3mm,直径宜为 200～250mm;直径制作偏差不应超过 2mm,导管的分节长度视工艺要求确定,底管长度不宜小于 4m,接头宜用法兰或二线方螺纹快速接头 (2)导管提升时,不得挂住钢筋笼,为此可设置防护三角形加劲钣或设置锥形法兰护罩 (3)导管使用前应试拼装、试压、试水压力为 0.6～1.0MPa

4.4.6.14 混凝土灌注桩工程质量验收

序号	检 验 项 目 与 要 求
1	施工前应对水泥、砂、石子(如现场搅拌)、钢材等原材料进行检查,对施工组织设计中制定的施工顺序、监测手段(包括仪器、方法)也应检查 混凝土灌注桩的质量检验应较其他桩种严格,这是工艺本身要求。同时,由于该项工程施工事故较多,因此,对监测手段要事先落实
2	施工中应对成孔、清渣、放置钢筋笼、灌注混凝土等工序进行全过程检查,人工挖孔桩尚应复验孔底持力层土(岩)性。嵌岩桩必须有桩端持力层的岩性报告 沉渣厚度应在钢筋笼放入后,混凝土浇注前测定。成孔结束,放钢筋笼和混凝土导管都会造成土体跌落,增加沉渣厚度,因此,沉渣厚度应是二次清孔后的结果。沉渣厚度的检查目前均用重锤,有些地方用较先进的沉渣仪,这种仪器应预先做标定。人工挖孔桩一般对持力层有要求,而且到孔底察看土性是有条件的
3	施工结束,应检查混凝土强度,并应做桩体质量及承载力的检验
4	混凝土灌注桩的质量检验标准应符合 4.4.6.12 和表 4.4.6.15 的规定
5	人工挖孔桩、嵌岩桩的质量检验应按本标准执行

4.4.6.15 混凝土灌注桩的质量检验标准

<table>
<tr><th rowspan="2">项目</th><th rowspan="2">序号</th><th rowspan="2">检查项目</th><th colspan="2">允许偏差或允许值</th><th rowspan="2">检查方法</th></tr>
<tr><th>单位</th><th>数值</th></tr>
<tr><td rowspan="5">主控项目</td><td>1</td><td>桩位</td><td colspan="2">见本节 4.4.1.7</td><td>基坑开挖前量护筒，开挖后量桩中心</td></tr>
<tr><td>2</td><td>孔深</td><td>mm</td><td>+300</td><td>只深不浅，用重锤测，或测钻杆、套管长度，嵌岩桩应确保进入设计要求的嵌岩深度</td></tr>
<tr><td>3</td><td>桩体质量检验</td><td colspan="2">按基桩检测技术规范。如钻芯取样，大直径嵌岩桩应钻至桩尖下 50mm</td><td>按基桩检测技术规范</td></tr>
<tr><td>4</td><td>混凝土强度</td><td colspan="2">设计要求</td><td>试件报告或钻芯取样送检</td></tr>
<tr><td>5</td><td>承载力</td><td colspan="2">按基桩检测技术规范</td><td>按基桩检测技术规范</td></tr>
<tr><td rowspan="6">一般项目</td><td>1</td><td>垂直度</td><td colspan="2">见本节表 4.4.1.7</td><td>测大管或钻杆，或用超声波探测，干施工时吊垂球</td></tr>
<tr><td>2</td><td>桩径</td><td colspan="2">见本节表 4.4.1.7</td><td>井径仪或超声波检测，干施工时吊垂球</td></tr>
<tr><td>3</td><td>泥浆比重(黏土或砂性土中)</td><td colspan="2">1.15～1.20</td><td>用比重计测，清孔后在距孔底 50cm 处取样</td></tr>
<tr><td>4</td><td>泥浆面标高(高于地下水位)</td><td>m</td><td>0.5～1.0</td><td>目测</td></tr>
<tr><td>5</td><td>沉渣厚度：
端承桩
摩擦桩</td><td>
mm
mm</td><td>
≤50
≤150</td><td>用沉渣仪或重锤测量</td></tr>
<tr><td>6</td><td>混凝土坍落度：水下灌注
干施工</td><td>mm
mm</td><td>160～220
70～100</td><td>坍落度仪</td></tr>
</table>

续表 4.4.6.15

项目	序号	检查项目	允许偏差或允许值		检查方法
			单位	数值	
一般项目	7	钢筋笼安装深度	mm	±100	用钢尺量
	8	混凝土充盈系数	>1		检查每根桩的实际灌注量
	9	桩顶标高	mm	+30 −50	水准仪，需扣除桩顶浮浆层及劣质桩体

5 砌体工程施工

5.1 砌筑砂浆

5.1.1 砌筑砂浆的技术指标

砌筑砂浆是砖砌体的胶结材料。它的制备质量直接影响到操作的难易和砌体的整体强度。而砂浆的制备质量则取决于原材料的质量和拌和质量。

5.1.1.1 砌筑砂浆的使用要求及质量标准

序号	项目	内容
1	强度等级	M20、M15、M10、M7.5、M5和M2.5
2	拌制砂浆用水	拌和砂浆的水应采用不含有害物质的洁净水。一般宜采用饮用水，当采用其他水源时，水质必须符合行业标准《混凝土拌和用水标准》(JGJ63)的规定
3	砂浆用水泥	水泥是砌筑砂浆的主体胶结材料，水泥必须具有出厂检验证明书。水泥进场使用前，应对其强度、安定性分批进行复检。不同品种的水泥，不能混合使用。 水泥砂浆采用的水泥，其强度等级不宜大于32.5级，水泥混合砂浆采用的水泥，其强度等级不宜大于42.5级。严禁使用废品水泥拌制砂浆
4	砂浆用砂	砂宜用中砂，并应过筛；毛石砌体宜采用粗砂，砂中不得含草根等杂物。砂的含泥量应不超过5%，强度等级为M2.5的水泥混合砂浆，砂的含泥量不宜超过10%
5	砂浆用掺加料	为改善砂浆的和易性，常加入无机的细分散掺和料，如石灰膏、黏土膏、电石膏、粉煤灰和生石灰等。掺入的生石灰应熟化成石灰膏，并用孔径不大于3mm×3mm的滤网过滤，熟化时间不少于7d。沉淀池储存的石灰膏，应防止干燥、冻结和污染。严禁使用脱水硬化的石灰膏，消石灰粉不得直接用于砌筑砂浆中

续表 5.1.1.1

序号	项目	内容
6	砂浆试配	采用机械搅拌，搅拌时间，自投料结束算起，应符合下列规定： (1)水泥砂浆和水泥混合砂浆，不得少于 120s； (2)水泥粉煤灰砂浆和掺外加剂的砂浆，不得少于 180s
7	砂浆的主要技术性能	(1)流动性。砂浆的流动性又称稠度，是指砂浆的稀稠程度 砂浆的流动性与砂浆的用水量、水泥用量、石灰膏用量、砂子的颗粒大小和形状、孔隙以及砂浆的搅拌时间有关，不同的砌体对砂浆的流动性有不同的要求，具体应按 5.1.1.2 的规定采用 (2)保水性。砂浆的保水性是指砂浆从搅拌机出料后到使用在砌体上，砂浆中的水和胶结料以及骨料之间分离的快慢程度。一般情况下，石灰砂浆的保水性比较好，混合砂浆次之，水泥砂浆较差。在砂浆中掺加微沫剂可以改善其保水性 (3)强度。砂浆强度是以边长为 70.7mm×70.7mm×70.7mm 的砂浆立方体试块，在温度为(20±3)℃，一定湿度(水泥砂浆需相对湿度 90%以上，混合砂浆需相对湿度 60%～80%)的标准养护条件下，龄期为 28d 的抗压强度平均值。各强度等级相应的抗压强度值应符合 5.1.1.3 的规定
8	砂浆的配合比	浆中各种原材料的比例称为砂浆的配合比。砌筑砂浆要根据工程类别及砌体部位的设备要求先选择砂浆的标号，然后，按要求的标号确定砂浆的配合比。当砌筑砂浆的组成材料有变更时，其配合比应重新确定 砂浆的配合比应经实验确定，常用砌筑砂浆配合比可参照 5.1.1.2 选用
9	砂浆的制备和使用	砂浆配料应采用质量比计量，配料要准确。水泥、微沫剂的配料精度应控制在±2%以内；砂、石灰膏、黏土膏、电石膏、粉煤灰的配料精度控制在±5%以内 砌筑砂浆应采用机械搅拌，自投料完算起，搅拌时间应符合下列规定： (1)水泥砂浆和水泥混合砂浆不得少于 2min (2)水泥粉煤灰砂浆和掺用外加剂砂浆不少于 3min (3)掺有有机塑化剂的砂浆应为 3～5min

续表 5.1.1.1

序号	项目	内容
9	砂浆的制备和使用	搅拌好的砂浆稠度应符合 5.1.1.2 的规定 砂浆应具有良好的保水性(分层度不大于 30mm),如砂浆出现泌水现象,应在砌筑前重新拌和再使用 砂浆应随拌随用,拌完的水泥砂浆和水泥混合砂浆必须分别在 3h 和 4h 内用完。不允许使用过夜的砂浆,夏天最高温度超过 30℃时,上述砂浆应分别在 2h 和 3h 内用完。对掺缓凝剂的砂浆,其使用时间可根据具体情况延长

5.1.1.2 砌筑砂浆的稠度

序号	砌体种类	砂浆稠度(mm)
1	烧结普通砖砌体	70～90
2	轻骨料混凝土小型空心砌块砌体	60～90
3	烧结多孔砖、空心砖砌体	60～80
4	烧结普通砖平拱式过梁 普通混凝土小型空心砌块砌体 加气混凝土砌块砌体	50～70
5	石砌体	30～50

5.1.1.3 砂浆试配强度

(N/mm^2)

施工水平 \ 砂浆强度等级	M2.5	M5	M7.5	M10	M15	M20
优良	2.82	5.65	8.47	11.29	16.94	22.58
一般	2.90	5.81	8.71	11.61	17.42	23.22
较差	2.98	5.97	8.95	11.94	17.90	23.87

5.1.2 砌筑砂浆配合比

5.1.2.1 砌筑砂浆配合比参考表

名称	砂浆等级	配合比(重量比)	材料用量(kg)		
		水泥：石灰膏：砂子	水泥	石灰膏	砂子
水泥石灰砂浆	M2.5	1：0.99：8.7	166	164	1450
	M5.0	1：0.71：7.51	193	137	1450

续表 5.1.2.1

名称	砂浆等级	配合比(重量比)	材料用量(kg)		
		水泥∶石灰膏∶砂子	水泥	石灰膏	砂子
水泥石灰砂浆	M7.5	1∶0.58∶6.9	209	121	1450
	M10.0	1∶0.34∶5.89	246	84	1450
	M15.0	1∶0.17∶4.83	300	50	1450
水泥粉煤灰砂浆	砂浆等级	水泥:粉煤灰:砂子	水泥	粉煤灰	砂子
	M5.0	1∶1.5∶10.02	145	217	1450
	M7.5	1∶1.1∶7.29	199	219	1450
	M10.0	1∶0.8∶5.62	258	206	1450
水泥砂浆	砂浆等级	水泥∶砂子	水泥	砂子	
	M2.5	1∶7.25	200	1450	
	M5.0	1∶6.84	216	1450	
	M7.5	1∶6.33	246	1450	
	M10.0	1∶5.35	271	1450	
	M15.0	1∶4.39	330	1450	

注:表中选用的水泥为 32.5 级,实际使用时应通过试配确定。

5.1.2.2 每立方米水泥砂浆材料用量 (kg)

强度等级	每立方米砂浆水泥用量	每立方米砂浆砂用量	每立方米砂浆用水量
M2.5~M5	200~230	lm³ 砂的堆积密度值	270~330
M7.5~M10	220~280		
M15	280~340		
M20	340~400		

5.1.3 砌筑砂浆的质量验收标准

序号	项目	内容
1	水泥	水泥进场使用前,应对其强度、安定性分批进行复验。检验批应以同一生产厂家、同一编号为一批 在使用中当对水泥质量有怀疑或水泥出厂超过三个月(快硬硅酸盐水泥超过一个月)时,应复查试验,并按其结果使用 不同品种的水泥,不得混合使用

续表 5.1.3

序号	项目	内　容
2	砂的含泥量	砂浆用砂不得含有有害杂物。砂浆用砂的含泥量应满足下列要求： (1)对水泥砂浆和强度等级不小于M5的水泥混合砂浆，不应超过5%； (2)对强度等级小于M5的水泥混合砂浆，不应超过10%； (3)人工砂、山砂及特细砂，应经试配能满足砌筑砂浆技术条件要求
3	石灰膏和消石灰	配制水泥石灰砂浆时，不得采用脱水硬化的石灰膏 消石灰粉不得直接使用于砌筑砂浆中
4	拌和用水	拌制砂浆用水，水质应符合国家现行标准《混凝土拌和用水标准》JGJ63的规定
5	配合比	砌筑砂浆应通过试配确定配合比。当砌筑砂浆的组成材料有变更时，其配合比应重新确定
6	砂浆代替	施工中当采用水泥砂浆代替水泥混合砂浆时，应重新确定砂浆强度等级
7	外加剂	凡在砂浆中掺入有机塑化剂、早强剂、缓凝剂、防冻剂等，应经检验和试配，符合要求后，方可使用。有机塑化剂应有砌体强度的检验报告
8	称量	砂浆现场拌制时，各组分材料采用质量计量
9	搅拌时间	砌筑砂浆应采用机械搅拌，自投料完算起，搅拌时间应符合下列规定： (1)水泥砂浆和水泥混合砂浆不得小于2min (2)水泥粉煤灰砂浆和掺用外加剂的砂浆不得少于3min (3)掺用有机塑化剂的砂浆，应为3～5min
10	砂浆使用	砂浆应随拌随用，水泥砂浆和水泥混合砂浆应分别在3h和4h内使用完毕；当施工期间最高气温超过30℃时，应分别在拌成后2h和3h内使用完毕

续表 5.1.3

序号	项目	内容
11	试块强度验收	验收时砌筑砂浆试块强度合格标准必须符合以下规定： 同一验收批砂浆试块抗压强度平均值必须大于或等于设计强度等级所对应的立方体抗压强度；同一验收批砂浆试块抗压强度最小一组平均值必须大于或等于设计强度等级所对应的立方体抗压强度的 0.75 倍 (1)砌筑砂浆的验收批，同一类型、同一强度等级的砂浆试块应不少于 3 组。当同一验收批只有一组试块时，该组试块抗压强度的平均值必须大于或等于设计强度等级所对应的立方体抗压强度 (2)砂浆强度应以标准养护，龄期为 28d 的试块抗压试验结果为准 抽检数量：每一检验批且不超过 250m³ 砌体的各种类型及强度等级的砌筑砂浆，每台搅拌机应至少抽检一次 检验方法：在砂浆搅拌机出料口随机取样制作砂浆试块(同盘砂浆只应制作一组试块)，检查试块强度试验报告单

5.2 砖砌体工程施工

5.2.1 砌体工程施工基本规定

(1)对所用材料的要求

砌体工程所用的材料应有产品的合格证书、产品性能检测报告。块材、水泥、钢筋、外加剂等还应有反映材料主要性能的进场复验报告。严禁使用国家明令淘汰的材料。

(2)砌筑顺序

①当基底标高不同时，应从低处砌起，并应由高处向低处搭砌。当设计无要求时，搭接长度不应小于基础扩大部分的高度。

②砌体的转角处和交接处应同时砌筑。当不能同时砌筑时,应按规定留槎、接槎。

(3)墙上临时施工留洞

在墙上留置临时施工洞口,其侧边离交接处墙面不应小于500mm,洞口净宽度不应超过1m。

抗震设防烈度为9度的地区,建筑物的临时施工洞口位置,应会同设计单位确定。

临时施工洞口应做好补砌。

(4)脚手眼设置

不得在下列墙体或部位设置脚手眼:

①120mm厚墙、料石清水墙和独立柱;

②过梁上与过梁成60°角的三角形范围及过梁净跨度1/2的高度范围内;

③宽度小于1m的窗间墙;

④砌体门窗洞口两侧200mm(石砌体为300mm)和转角处450mm(石砌体为600mm)范围内;

⑤梁或梁垫下及其左右500mm范围内;

⑥设计不允许设置脚手眼的部位。

施工脚手眼补砌时,灰缝应填满砂浆,不得用砖填塞。

(5)预留、预埋

设计要求的洞口、管道、沟槽应于砌筑时正确留出或预埋,未经设计同意,不得打凿墙体和在墙体上开凿水平沟槽。宽度超过300mm的洞口上部,应设置过梁。

(6)搁置预制梁、板的砌体顶面应找平,安装时应座浆。当设计无具体要求时,应采用1:2.5的水泥砂浆。

5.2.1.1 放线尺寸的允许偏差

长度 L、宽度 B(m)	允许偏差(mm)	长度 L、宽度 B(m)	允许偏差(mm)
L(或 B)≤30	±5	60<L(或 B)≤90	±5
30<L(或 B)≤60	±10	L(或 B)>90	±20

5.2.1.2 墙和柱的允许自由高度 (m)

墙(柱)厚(mm)	砌体密度>1600(kg/m³)			砌体密度 1300～1600(kg/m³)		
	风载(kN/m²)			风载(kN/m²)		
	0.3（约7级风）	0.4（约8级风）	0.5（约9级风）	0.3（约7级风）	0.4（约8级风）	0.5（约9级风）
190	—	—	—	1.4	1.1	0.7
240	2.8	2.1	1.4	2.2	1.7	1.1
370	5.2	3.9	2.6	4.2	3.2	2.1
490	8.6	6.5	4.3	7.0	5.2	3.5
620	14.0	10.5	7.0	11.4	8.6	5.7

注：1. 本表适用于施工处相对标高(H)在10m范围内的情况。当10m<H≤15m、15m<H≤20m时，表中的允许自由高度应分别乘以0.9、0.8的系数；当H>20m时，应通过抗倾覆验算确定其允许自由高度。

2. 当所砌筑的墙有横墙或其他结构与其连接，而且间距小于表列限值的2倍时，砌筑高度可不受本表的限制。

5.2.1.3 砌体施工质量控制等级

项目	施工质量控制等级		
	A	B	C
现场质量管理	制度健全，并严格执行；非施工方质量监督人员经常到现场，或现场设有常驻代表；施工方有在岗专业技术管理人员，人员齐全，并持证上岗	制度基本健全，并能执行；非施工方质量监督人员间断地到现场进行质量控制；施工方有在岗专业技术管理人员，并持证上岗	有制度；非施工方质量监督人员很少作现场质量控制；施工方有在岗专业技术管理人员
砂浆、混凝土强度	试块按规定制作，强度满足验收规定，离散性小	试块按规定制作，强度满足验收规定，离散性较小	试块强度满足验收规定，离散性大
砂浆拌和方式	机械拌和；配合比计量控制严格	机械拌和；配合比计量控制一般	机械或人工拌和；配合比计量控制较差
砌筑工人	中级工以上，其中高级工不少于20%	高、中级工不少于70%	初级工以上

5.2.2 砌砖操作要领与质量验收标准

5.2.2.1 砌砖操作要点

序	项目	操 作 要 点
1	选砖	将砖平托在左手掌上，掌心向上，砖的大面贴手心，食指或中指稍勾砖的边棱，依靠四指向大拇指方向的运动，配合抖腕动作，使砖在左掌心旋转起来。操作者观察砖的四个面（两个条面、两个丁面），选定最合适的面朝向墙的外侧。做到“拿一、备二、眼观三”，将表面方正、光滑和不缺棱掉角的砖放砌体在外面
2	砌砖要横平竖直	砖砌平可以保证砌好的墙不会向内或向外倾斜
3	砌砖跟线走	砌顺砖时要依据“上跟线、下跟棱”的原则，将砖摆平。跟棱附线是砌平一块砖的关键，否则每层砖就会砌成曲线，以致整个墙面不平整，且水平方向灰缝不平直。砌丁砖时，身体稍外探，用眼睛穿看墙面丁砖的侧边，使其与下面已砌好的丁砖面对齐，避免“游丁走缝”
4	上下错缝、咬槎严密	上、下层要错缝，相隔层竖缝要对直。不能上、下层通缝，亦不能游丁走缝，要保证丁砖的中线与下层条砖的中线重合，即“丁压中”
5	随时自检	在砌筑过程中应做到三皮一吊、五皮一靠。墙砌到一步架时，要用托线板全面检查垂直度
6	成品保护	铺灰挤浆时注意不要污染墙面，清水墙划好缝后，及时用笤帚扫净墙面

5.2.2.2 砖砌体工程质量验收标准

项	序	检验项目	抽检数量	检验方法
主控项目	1	砖和砂浆的强度等级必须符合设计要求	每一生产厂家的砖到现场后，按烧结砖15万块、多孔砖5万块、灰砂砖及粉煤灰砖10万块各为一验收批，抽检数量为1组。砂浆试块的抽检数量执行5.1.3有关规定	查砖和砂浆试块试验报告

续表 5.2.2.2

项	序	检验项目	抽检数量	检验方法
主控项目	2	砌体水平灰缝的砂浆饱满度不得小于80%	抽捡数量：每检验批抽查应不少于5处	用百格网检查砖底面与砂浆的粘结痕迹面积。每处检测3块砖，取其平均值
	3	砖砌体的转角处和交接处应同时砌筑，严禁无可靠措施的内外墙分砌施工。对不能同时砌筑而又必须留置的临时间断处应砌成斜搓，斜搓水平投影长度不应小于高度的2/3	每检验批抽20%接搓，且应不少于5处	观察和尺量检查
	4	非抗震设防及抗震设防烈度为6度、7度地区的临时间断处，当不能留斜搓时，除转角处外，可留直搓，但直搓必须做成凸搓。留直搓处应加设拉结钢筋，拉结钢筋的数量为每120mm墙厚放置1Ø6拉结钢筋（120mm厚墙放置2Ø6拉结钢筋），间距沿墙高不应超过500mm；埋入长度从留搓处算起每边均不应小于500mm，对抗震设防烈度6度、7度的地区，应不小于1000mm；末端应有90°弯钩	每检验批抽20%接搓，且应不少于5处 合格标准：留搓正确，拉结钢筋设置数量、直径正确，竖向间距偏差不超过100mm，留置长度基本符合规定	观察和尺量检查
	5	砖砌体的位置及垂直度允许偏差应符合表5.2.2.3的规定	抽检数量：轴线查全部承重墙柱；外墙垂直度全高查阳角，应不少于4处，每层每20m查一处；内墙按有代表性的自然间抽10%，但应不少于3间，每间应不少于2处，柱不少于5根	

续表 5.2.2.2

项	序	检验项目	抽检数量	检验方法
一般项目	1	砖砌体组砌方法应正确，上、下错缝，内外搭砌，砖柱不得采用包心砌法	抽检数量：外墙每 20m 抽查一处，每处 3～5m，且应不少于 3 处；内墙按有代表性的自然间抽 10%，且应不少于 3 间 合格标准：除符合本条要求外，清水墙、窗间墙无通缝；混水墙中长度大于或等于 300mm 的通缝每间不超过 3 处，且不得位于同一面墙体上	观察检查
	2	砖砌体的灰缝应横平竖直，厚薄均匀。水平灰缝厚度宜为 10mm，但不应小于 8mm，也不应大于 12mm	每步脚手架施工的砌体，每 20m 抽查 1 处	用尺量 10 皮砖砌体高度折算
	3	砖砌体的一般尺寸允许偏差应符合 5.2.2.4 的规定		

5.2.2.3 砖砌体的位置及垂直度允许偏差

序号	项目			允许偏差(mm)	检验方法
1	轴线位置偏移			10	用经纬仪和尺检查或用其他测量仪器检查
2	垂直度	每层		5	用 2m 托线板检查
		全高	≤10m	10	用经纬仪、吊线和尺检查，或用其他测量仪器检查
			>10m	20	

5.2.2.4 砖砌体一般尺寸允许偏差

序号	项目	允许偏差(mm)	检验方法	抽检数量
1	基础顶面和楼面标高	±15	用水平仪和尺检查	应不少于 5 处

续表 5.2.2.4

序号	项目		允许偏差 (mm)	检验方法	抽检数量
2	表面平整度	清水墙、柱	5	用 2m 靠尺和楔形塞尺检查	有代表性自然间 10%，但应不少于 3 间，每间应不少于 2 处
		混水墙、柱	8		
3	门窗洞口高、宽(后塞口)		±5	用尺检查	检验批洞口的 10%，且应不少于 5 处
4	外墙上下窗口偏移		20	以底层窗口为准，用经纬仪或吊线检查	检验批的 10%，且应不少于 5 处
5	水平灰缝平直度	清水墙	7	拉 10m 线和尺检查	有代表性自然间 10%，但应不少于 3 间，每间应不少于 2 处
		混水墙	10		
6	清水墙游丁走缝		20	吊线和尺检查，以每层第一皮砖为准	有代表性自然间 10%，但应不少于 3 间，每间应不少于 2 处

5.3 混凝土小型空心砌块砌体工程

5.3.1 工艺流程与操作要点

5.3.1.1 混凝土空心砌块墙的施工工艺流程

立皮数杆 → 弹线、撂底 → 砌筑墙角砌块或定位砌块 → 挂线 → 铺灰 → 砌砌块 → 检查验收

5.3.1.2 操作要点

序	项目	操作要点
1	立皮数杆	皮数杆上应注明门窗洞口、木砖、拉结筋、圈梁、过梁的尺寸和标高。皮数杆间距 15～20m，转角处均应设立，一般距墙皮或墙角 50mm 为宜。皮数杆应垂直、牢固、标高一致

续表 5.3.1.2

序	项目	操作要点
2	弹线	放好结构轴线、墙边线、门窗洞口线，并经复核，办理预检手续
3	排砖撂底	根据设计图纸各部位尺寸，排砖撂底，使组砌方法更符合实际情况，操作更方便高效
4	砌筑墙角或定位砌块	墙角每一皮砌块都要用1.2m专用水平尺检查平整度，采用皮数杆确定每皮砌块顶部位置
5	挂线	以墙角砌块为标准，拉小线作为同皮砌块的水平依据
6	铺灰	砌筑时铺灰长度不得超过800mm，严禁用水冲浆灌缝。当缺少辅助规格的小砌块时，墙体通缝不得超过两皮砌块
7	砌筑方法	(1)砌块均应采用底面朝上的“反砌”方法。即使壁肋厚度大白面朝上，小面朝下，便于铺灰 (2)砌块应对孔错缝搭接，空心砌块墙转角处的纵横墙砌块应采用隔皮相互搭砌的方法 (3)空心砌块墙的转角处和交接处应同时砌筑，如不能同时砌筑时应留斜搓，斜搓长度应等于或大于斜搓高度 (4)对设计规定或施工需要的预留孔洞、沟槽、预埋管道、预埋件等，均应在砌筑时预留或预埋，不得在砌块墙砌完后再打洞、凿槽 (5)随时检查墙体的砌筑质量，保证灰缝横平竖直，墙面平齐竖直，对墙体表面的平整度和垂直度，灰缝的厚度和饱满度要随时检查，发现问题，及时纠正

5.3.2 芯柱施工

5.3.2.1 芯柱增设位置

①3～4层楼房应在建筑物的四大角和楼梯间四角加设芯柱；

②5层楼房还应在内纵墙与山墙交接处全部设置芯柱，在内横墙与外纵墙的交接处间隔设置芯柱；

③6层楼房则应在所有内墙与外墙的T字交接处设置芯柱。

5.3.2.2 芯柱混凝土施工工艺流程

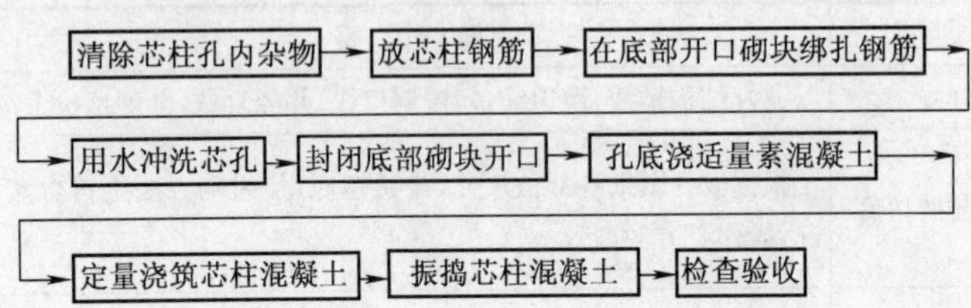

5.3.2.3 芯柱混凝土操作要点

①芯柱钢筋应与基础或基础梁中的预埋钢筋连接上，上下楼层的钢筋可在楼板面上搭接，搭接长度不应小于 $40d$（d 为钢筋直径）。

②浇筑混凝土前，应清除孔洞内的砂浆等杂物，并用水冲洗，校正好钢筋位置且绑扎或固定后，方可浇筑混凝土。

③当砌筑砂浆强度大于 1MPa 时，方可浇灌芯柱混凝土；

④在浇灌芯柱混凝土前应先注入适量与芯柱混凝土相同的去石水泥砂浆，再浇灌混凝土。

⑤砌完一个楼层高后，应连续浇筑芯柱混凝土，芯柱与圈梁应整体现浇。

5.3.3 混凝土小型空心砌块砌体工程质量验收标准

项	序	检验项目与要求	检验方法
主控项目	1	小砌块和砂浆的强度等级必须符合设计要求 抽检数量：每一生产厂家，每 1 万块小砌块至少应抽检一组。用于多层以上建筑基础和底层的小砌块抽检数量应不少于 2 组。砂浆试块的抽检数量执行本节 5.1.3 有关规定	检查小砌块和砂浆试块试验报告
	2	砌体水平灰缝的砂浆饱满度，按净面积计算不得低于 90%；竖向灰缝饱满度不得小于 80%，竖缝凹槽部位应用砌筑砂浆填实；不得出现瞎缝、透明缝 检数量：每检验批应不少于 3 处	用专用百格网检测小砌块与砂浆粘结痕迹，每处检测 3 块小砌块，取其平均值

续表 5.3.3

项	序	检验项目与要求	检验方法
主控项目	3	墙体转角处和纵横交接处应同时砌筑。临时间断处应砌成斜槎,斜槎水平投影长度不应小于高度的2/3 抽检数量:每检验批抽20%接槎,且应不少于5处	观察检查
	4	砌体的轴线偏移和垂直度偏差应按5.2.2.3的规定执行	
一般项目	1	墙体的水平灰缝厚度和竖向灰缝宽度宜为10mm,但不应大于12mm,也应不小于8mm。 抽检数量:每层楼的检测点应不少于3处	用尺量5皮小砌块的高度和2m砌体长度折算
	2	小砌块墙体的一般尺寸允许偏差应按5.2.2.4的规定执行	

5.4 石砌体工程

5.4.1 毛石基础砌筑要求

5.4.1.1 毛石基础与毛石墙的砌筑工艺流程

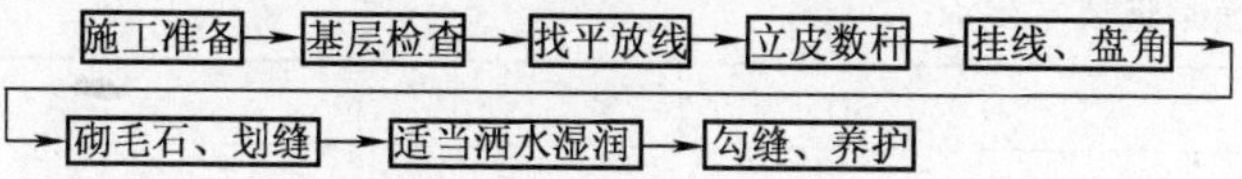

施工准备→基层检查→找平放线→立皮数杆→挂线、盘角→砌毛石、划缝→适当洒水湿润→勾缝、养护

5.4.1.2 毛石基础砌筑技术要点

序	技术要点
1	砌毛石基础应根据墙的位置与厚度,在基础顶面上放线,并立皮数杆。砌毛石墙时应双面拉准线。第一皮按所放的基础边线砌筑,第二皮以上按各自拉的准线砌筑
2	毛石应分皮采用"铺浆法"卧砌,并应上下错缝、内外搭接,不得采用先砌外面的石块再进行中间填心的砌筑方法。砌第一皮毛石时应选有较大平面的石块,砌筑时先在基坑铺30~50mm厚的砂浆,再将毛石的大面朝下,平稳牢固地安放

续表 5.4.1.2

序	技术要点
3	毛石基础的灰缝厚度度为 20～30mm，砂浆应饱满
4	毛石基础的每一皮内每隔 2m 长应设置一块拉结石。当基础宽度小于等于 400mm 时，拉结石长应与基础宽度相同；当基础宽度大于 400mm 时，可采用两块拉结石内外搭接砌筑，其搭接长度应不小于 150mm，且其中一块长度应不小于该皮基础宽度的 2/3
5	阶梯形毛石基础，上台阶的石块应至少压砌下台阶石块的 1/2，相邻台阶的毛石应相互错缝搭接
6	毛石基础的转角处和交接处应同时砌筑，不能同时砌筑时应留斜搓，斜搓长度应不小于其高度，斜搓面上的毛石不得用砂浆找平；在斜搓处继续接砌毛石基础时，应先将斜搓石面清理干净、浇水润湿后，方可砌筑
7	有高低台的毛石基础，应从低处砌起，并由高台向低台搭接，其搭接长度不小于基础高度。每天的可砌筑高度为 1.2m

5.4.2 毛石墙砌筑要求

5.4.2.1 毛石墙砌筑工艺流程

毛石墙砌筑工艺流程见 5.4.1.1。

5.4.2.2 毛石墙砌筑技术要点

序	技术要点
1	砌筑毛石墙，一般均采用“铺浆法”，双面拉准线，第一皮按墙边线砌筑，以上各皮均按线砌筑，可先砌转角处和交接处，后砌中间部位
2	毛石墙的第一皮、楼板下的顶皮、转角处、交接处及门窗洞口两侧，应用较大的平毛石砌筑。灰缝厚度宜为 20～30mm，砂浆饱满，不得有干接、空缝现象；石缝间较大空隙应先填砂浆后塞碎石块
3	毛石墙必须设置拉结石，一般每 0.7m² 墙面至少设置一块，且同一皮内的拉结石中间距离不大于 2m。拉结石应均匀分布，相互错开。当墙厚等于或小于 400mm 时，拉结石长度应与墙厚相等；当墙厚大于 400mm 时，可用两块拉结石两面搭砌，搭接长度不小于 150mm，且其中一块的长度不应小于墙厚的 2/3

续表 5.4.2.2

序	技 术 要 点
4	在毛石与外侧为半砖的组合墙中，毛石与砖应同时砌筑，并每隔 5～6 皮砖用 2～3皮丁砖与毛石墙拉结砌合，砌合搭接长度应不小于 120mm。两种材料间的缝隙用砂浆填满。毛石墙与普通砖墙相接的转角处和交接处应同时砌筑。砌筑时，应从转角处的一道墙上或从交接处的直通墙上，每隔 4～6 皮砖高，砌出不小于 120mm 长、4～6 皮砖高的阳搓与相连接的墙搭接
5	砌筑时砂浆铺设厚度应略高于规定灰缝厚度，其高出厚度：半细料石宜为 3～5mm；粗料石、毛料石宜为 6～8mm
6	毛石墙和砖石组合墙每天的砌筑高度不应超过 1.2m
7	砌筑毛石挡土墙时，毛石中部厚度不应小于 200mm；每砌 3～4 皮毛石为一个分层高度，应找平一次；外露墙面的灰缝宽度不得大于 40mm，上下皮毛石的竖向灰缝应相互错开 80mm 以上；泄水孔应设置在挡土墙的底部，并且每隔 lm 高设置一个，泄水孔的水平间距为 2m 左右，并在泄水孔与土体之间设置高宽各为 300mm、厚为 200mm 的碎石滤水集水层

5.4.3 料石墙砌筑要点

5.4.3.1 料石砌体的砌筑工艺流程为：

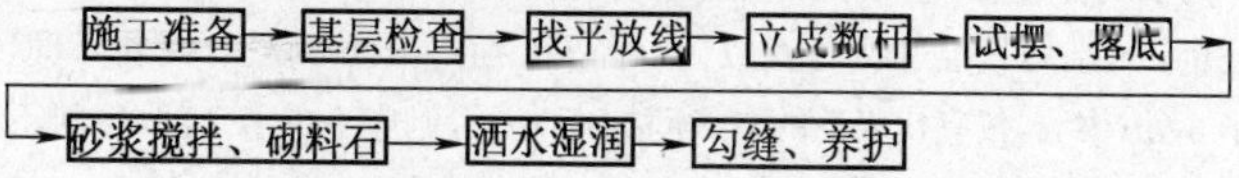

施工准备 → 基层检查 → 找平放线 → 立皮数杆 → 试摆、撂底 → 砂浆搅拌、砌料石 → 洒水湿润 → 勾缝、养护

5.4.3.2 砌筑技术要点

序	技 术 要 点
1	砌筑前，应根据进场石料的规格、尺寸、颜色进行试排、撂底，确定组砌方法
2	砌筑料石基础应双面拉准线，先砌转角处和交接处，后砌基础中间部分，基础最底层的第一皮按基础边线铺浆丁砌。阶梯形基础的上台阶料石至少要压砌下台阶料石的 1/3 宽度
3	料石基础的转角处和交接处应同时砌筑，如不能同时砌筑时应留斜搓。灰缝厚度不宜大于 20mm，铺设水平灰缝砂浆层时应比规定灰缝厚度高出 6～8mm，以便预留出砌石后的压缩量。料石基础每天的砌筑高度应不大于 1.2m

续表 5.5.3.2

序	技术要点
4	料石砌体灰缝厚度，应按料石种类确定：粗料石、毛料石墙不宜大于 20mm；细料石砌体不宜大于 5mm
5	料石墙的转角处、交接处应同时砌筑；如不能同时砌筑时应留斜搓。料石墙分段砌筑时，其每天砌筑高度差不得超过 1.2m
6	料石清水墙中不得留脚手眼

5.4.4 石砌体工程质量验收规定

5.4.4.1 石砌体工程质量验收标准

项	序	检验项目与要求	检验方法
主控项目	1	石材及砂浆强度等级必须符合设计要求 抽检数量：同一产地的石材至少应抽检一组。砂浆试块的抽检数量执行本节表 5.1.3 中 11 项的有关规定	料石检查产品质量证明书，石材、砂浆检查试体试验报告
	2	砂浆饱满度应不小于 80% 抽检数量：每步架抽查应不少于 1 处	观察检查
	3	石砌体的轴线位置及垂直度允许偏差应符合 5.4.4.2 的规定 抽检数量：外墙，按楼层(或 4m 高以内)每 20m 抽查 1 处，每处 3 延长米，但应不少于 3 处；内墙，按有代表性的自然间抽查 10%，但应不少于 3 间，每间不应少于 2 处，柱子应不少于 5 根	
一般项目	1	石砌体的一般尺寸允许偏差应符合 5.4.4.3 的规定 抽检数量：外墙，按楼层(4m 高以内)每 20m 抽查 1 处，每处 3 延长米，但应不少于 3 处；内墙，按有代表性的自然间抽查 10%，但应不少于 3 间，每间应不少于 2 处，柱子应不少于 5 根	
	2	石砌体的组砌形式应符合下列规定： (1)内外搭砌，上下错缝，拉结石、丁砌石交错设置 (2)毛石墙拉结石每 0.7m² 墙面应不少于 1 块 检查数量：外墙，按楼层(或 4m 高以内)每 20m 抽查 1 处，每处 3 延长米，但应不少于 3 处；内墙，按有代表性的自然间抽查 10%，但应不少于 3 间	观察检查

5.4.4.2 石砌体的轴线位置及垂直度允许偏差

<table>
<tr><th rowspan="4">序号</th><th rowspan="4" colspan="2">项目</th><th colspan="7">允许偏差(mm)</th><th rowspan="4">检验方法</th></tr>
<tr><th colspan="2">毛石砌体</th><th colspan="5">料石砌体</th></tr>
<tr><th rowspan="2">基础</th><th rowspan="2">墙</th><th colspan="2">毛料石</th><th colspan="2">粗料石</th><th>细料石</th></tr>
<tr><th>基础</th><th>墙</th><th>基础</th><th>墙</th><th>墙、柱</th></tr>
<tr><td>1</td><td colspan="2">轴线位置</td><td>20</td><td>15</td><td>20</td><td>15</td><td>15</td><td>10</td><td>10</td><td>用经纬仪和尺检查,或用其他测量仪器检查</td></tr>
<tr><td rowspan="2">2</td><td rowspan="2">墙面垂直度</td><td>每层</td><td>—</td><td>20</td><td>—</td><td>20</td><td>—</td><td>10</td><td>7</td><td rowspan="2">用经纬仪、吊线和尺检查或用其他测量仪器检查</td></tr>
<tr><td>全高</td><td>—</td><td>30</td><td>—</td><td>30</td><td>—</td><td>25</td><td>20</td></tr>
</table>

5.4.4.3 石砌体的一般尺寸允许偏差

<table>
<tr><th rowspan="3">序号</th><th rowspan="3" colspan="2">项目</th><th colspan="7">允许偏差(mm)</th><th rowspan="3">检验方法</th></tr>
<tr><th colspan="2">毛石砌体</th><th colspan="5">料石砌体</th></tr>
<tr><th>基础</th><th>墙</th><th>基础</th><th>墙</th><th>基础</th><th>墙</th><th>墙、柱</th></tr>
<tr><td>1</td><td colspan="2">基础和墙砌体顶面标高</td><td>±25</td><td>±15</td><td>±25</td><td>±15</td><td>±15</td><td>±15</td><td>±10</td><td>用水准仪和尺检查</td></tr>
<tr><td>2</td><td colspan="2">砌体厚度</td><td>±30</td><td>+20
−10</td><td>+30</td><td>+20
−10</td><td>+15</td><td>+10
−5</td><td>+10
−5</td><td>用尺检查</td></tr>
<tr><td rowspan="2">3</td><td rowspan="2">表面平整度</td><td>清水墙、柱</td><td>—</td><td>20</td><td>—</td><td>20</td><td>—</td><td>10</td><td>5</td><td rowspan="2">细料石用2m靠尺和楔形塞尺检查,其他用两直尺垂直灰缝拉2m线和尺检查</td></tr>
<tr><td>混水墙、柱</td><td>—</td><td>20</td><td>—</td><td>20</td><td>—</td><td>15</td><td>—</td></tr>
<tr><td>4</td><td colspan="2">清水墙水平灰缝平直度</td><td>—</td><td>—</td><td>—</td><td>—</td><td>—</td><td>10</td><td>5</td><td>拉10m线和尺检查</td></tr>
</table>

5.5 配筋砌体工程

5.5.1 构造柱的设置与施工

5.5.1.1 砖房构造柱设置要求

房屋层数				设置部位	
6度	7度	8度	9度		
四、五	三、四	二、三		外墙四角 错层部位横墙与纵墙交接处 大房间内外墙交接处 较大洞口两侧	7、8度时，楼(电)梯间的四角；隔15m或单元横墙与外纵墙交接处
六、七	五	四	三		隔开间横墙(轴线)与外墙交接处；山墙与内纵墙涂接处；7～9度时，楼(电)梯间的四角
八	六、七	五、六	三、四		内墙(轴线)与外墙交接处；内墙的局部较小墙垛处；7～9度时，楼及电梯间的四角；9度时，内纵墙与横墙(轴线)交接处

5.5.1.2 蒸压灰砂砖、蒸压粉煤灰砖房屋构造柱设置要求

房屋层数			设置部位
6度	7度	8度	
四～五	三～四	二～三	外墙四角，楼(电)梯间的四角；较大洞口两侧、大房间内外墙交接处
六	五	四	外墙四角，楼(电)梯间的四角；较大洞口两侧、大房间内外墙交接处，山墙与内纵墙涂接处，隔开间横墙(轴线)与外墙交接处
七	六	五	外墙四角，楼(电)梯间的四角；较大洞口两侧、大房间内外墙交接处，各内墙(轴线)与外墙交接处；8度时，内纵墙与横墙(轴线)交接处
八	七	六	较大洞口两侧、所有纵横墙交接处，且构造柱间距不宜大于4.8m

5.5.1.3 构造柱施工技术要求

设有钢筋混凝土构造柱的抗震多层砖混房屋，在构造柱处应先绑钢筋，而后砌砖墙，最后浇注柱混凝土。为保证构造柱与墙体的连接牢固，砖墙应砌成五进五出的大马牙槎，每一马牙沿高度方向的尺寸不超过300mm。墙与柱应沿高度方向每500mm设2ϕ6钢筋，每边伸入墙内不应少于1m，构造柱应与圈梁相连接。

在浇筑构造柱混凝土前，必须将砖砌体和模板浇水润湿，并将模板内的杂物清理干净。构造柱的混凝土坍落度宜为50～70mm，以保证浇捣密实。混凝土应随拌随用，拌和好的混凝土应在1.5h内浇筑完，混凝土可分段浇筑，每段高度不宜大于2m。当条件保证浇灌密实时，也可每层一次浇灌完。预制大梁、圈梁和柱的交接处，则必须在同一层内一次浇灌。

柱内混凝土宜用插入式振捣棒分层捣实。振捣棒随振随拔，每个振捣层的厚度不应超过振捣棒长度的1.25倍。振捣时，振捣棒不得碰撞砖墙。

5.5.2 网状配筋施工技术要求

网状配筋砖砌体是在砖柱、砖墙的水平灰缝中配置钢筋网。其所用烧结普通砖强度等级应不低于MU10，砂浆强度等级应不低于M7.5。

钢筋网可以采用方格网或连弯网。方格网中钢筋直径宜采用3～4mm；连弯网中钢筋直径应不大于8mm。钢筋网中钢筋的间距应不大于120mm，并应不小于30mm。钢筋网砖砌体中的竖向间距，应不大于五皮砖高，并不大于400mm。当采用连弯网时，网的钢筋方向应互相垂直，沿砖砌体高度交错设置，钢筋网的竖向间距取同一方向网的间距。

设置钢筋网的水平灰缝厚度，应保证钢筋网上下至少各有2mm厚的砂浆层。

网状配筋砖砌体施工要求：

①钢筋网应按设计规定事先制作成型，砖砌体用常规方法砌筑。

②在配置钢筋网的水平灰缝中，应先铺一半厚的砂浆层，放入钢筋网后再铺另一半厚砂浆，钢筋的四周应有混凝土保护层。

③配置钢筋网的水平灰缝厚度：当采用方格网时，为2倍钢筋直径加4mm；当采用连弯网时，为钢筋直径加4mm。保证钢筋网上下各有2mm厚的砂浆层。

④网状配筋砖砌体外表面宜用1∶1水泥砂浆勾缝或进行抹灰。

5.5.3 配筋砌体工程质量验收

5.5.3.1 配筋砌体工程质量验收标准

项	序	检验项目与要求	检验方法
主控项目	1	钢筋的品种、规格和数量应符合设计要求	检查钢筋的合格证书、钢筋性能试验报告、隐蔽工程记录
	2	构造柱、芯柱、组合砌体构件、配筋砌体剪力墙构件的混凝土或砂浆的强度等级应符合设计要求 抽检数量：各类构件每一检验批砌体至少应做一组试块	观察检查
	3	构造柱与墙体的连接处应砌成马牙槎，马牙槎应先退后进，预留的拉结钢筋应位置正确，施工中不得任意弯折 抽检数量：每检验批抽20%构造柱，且不少于3处 合格标准：钢筋竖向移位不应超过100mm，每一马牙槎沿高度方向尺寸不应超过300mm。钢筋竖向位移和马牙槎尺寸偏差每一构造柱应不超过2处	观察检查
	4	构造柱位置及垂直度的允许偏差应符合5.5.3.2的规定 抽检数量：每检验批抽10%，且应不少于5处	
	5	对配筋混凝土小型空心砌块砌体，芯柱混凝土应在装配式楼盖处贯通，不得削弱芯柱截面尺寸 抽检数量：每检验批抽10%，且应不少于5处	观察检查

续表 5.5.3.1

项	序	检验项目与要求	检验方法
一般项目	1	设置在砌体水平灰缝内的钢筋，应居中置于灰缝中。水平灰缝厚度应大于钢筋直径 4mm 以上。砌体外露砂浆保护层的厚度应不小于 15mm 抽检数量：每检验批抽检 3 个构件，每个构件检查 3 处	观察检查，辅以钢尺检测
	2	设置在砌体灰缝内的钢筋应按规定采取防腐措施 抽检数量：每检验批抽检 10%的钢筋 合格标准：防腐涂料无漏刷(喷浸)，无起皮脱落现象	观察检查
	3	网状配筋砌体中，钢筋网及放置间距应符合设计规定 抽检数量：每检验批抽 10%，且应不少于 5 处 合格标准：钢筋网沿砌体高度位置超过设计规定一皮砖厚不得多于 1 处	钢筋规格检查钢筋网成品，钢筋网间距局部剔缝观察或用钢筋位置测定仪测定
	4	组合砖砌体构件，竖向受力钢筋保护层符合设计要求，距砖砌体表面距离不应小于 5mm；拉结筋两端应设弯钩，拉结筋及箍筋的位置应正确 抽检数量：每检验批抽检 10%，且应不少于 5 处 合格标准：钢筋保护层符合设计要求；拉结筋位置及弯钩设置 80%及以上符合要求，箍筋间距超过规定者，每件不得多于 2 处，且每处不得超过一皮砖	支模前观察与尺量检查
	5	配筋砌块砌体剪力墙中，采用搭接接头的受力钢筋搭接长度不应小于 35d，且应不少于 300mm 抽检数量：每检验批每类构件抽 20%(墙、柱、连梁)，且应不少于 3 件	尺量检查

5.5.3.2 构造柱尺寸允许偏差

序号	项　目	允许偏差(mm)	抽 检 方 法
1	柱中心线位置	10	用经纬仪和尺检查或用其他测量仪器检查
2	柱层间错位	8	用经纬仪和尺检查或用其他测量仪器检查

续表 5.5.3.2

<table>
<tr><th>序号</th><th colspan="3">项目</th><th>允许偏差(mm)</th><th>抽检方法</th></tr>
<tr><td rowspan="3">3</td><td rowspan="3">柱垂直度</td><td colspan="2">每层</td><td>10</td><td>用 2m 托线板检查</td></tr>
<tr><td rowspan="2">全高</td><td>≤10mm</td><td>15</td><td rowspan="2">用经纬仪、吊线和尺检查，或用其他测量仪器检查</td></tr>
<tr><td>＞10m</td><td>20</td></tr>
</table>

5.6 填充墙砌体工程

5.6.1 砌筑技术要求

5.6.1.1 填充墙砌筑用砖

①房屋建筑采用填充墙时，应采用空心砖、蒸压加气混凝土砌块、轻骨料混凝土小型空心砌块等。

②用蒸压加气混凝土砌块、轻骨料混凝土小型空心砌块砌筑时，其产品龄期应超过 28d。

③填充墙砌筑严禁采用实心黏土砖。

5.6.1.2 填充墙施工

①填充墙砌筑用砖应提前浇水湿润。

②砖砌体的灰缝应横平竖直，厚薄均匀，灰缝厚度和宽度应正确，并应填满砂浆。

③多孔砖一般应采用一顺一丁或梅花丁的砌筑方式，多孔砖的孔洞应垂直受压面，砌筑前应试摆。填充墙砌筑时应错缝搭砌。

④填充墙拉结筋的设置应符合下列要求：

a. 拉结筋的数量、规格、间距、长度应符合设计要求。如无设计要求的，拉结筋沿墙高按不超过间距 500mm 设置，伸入砖墙的锚固长度为每边不小于 500mm。120mm 厚的砌体水平方向上设置 1 Φ 6 的拉结钢筋，240mm 厚的砌体水平方向上设置 2 Φ 6 的拉结钢筋，末段应有 90°的弯钩。

b. 填充墙与承重墙或柱的交接处，应沿墙高 1m 左右，设置

2Ø6mm 的拉结钢筋，伸入墙内的锚固长度不小于 500mm。

⑤当填充墙砌至接近梁板底时，应留出一定的空隙，在抹灰前采用侧砖或立砖或砌块斜砌挤紧，其倾斜度宜为 60°左右，砌筑砂浆应饱满。

⑥无设计要求时，管线留置可采用弹线定位后凿槽或开槽，不得采用斩砖与留槽。

⑦用轻骨料混凝土小型空心砌块或蒸压加气混凝土砌块砌筑墙体时，墙底部应砌烧结普通砖或多孔砖，其高度不宜小于 200mm。

⑧厕所间、浴室等潮湿房间在砌体的底部应浇筑宽度不小于 120mm、高度不小于 100mm 的混凝土导墙，待达到一定强度后再在上面砌筑墙体。

⑨地面以下或防潮层以下的砌体，所用材料的最低强度应符合有关规范的规定。

5.6.2 空心砖砌体砌筑要领

5.6.2.1 混凝土空心砌块墙的施工工艺流程

施工准备 → 排砖撂底 → 铺灰 → 砌筑空心砌块 → 勾缝清理

5.6.2.2 砌筑要领

①排砖撂底。根据设计图纸各部位尺寸，排砖撂底，使组砌方法更符合实际情况，操作更方便高效。

②铺灰。砌空心砖应采用刮浆法。赔缝应先抹砂浆后再砌筑。当孔洞呈垂直方向时，水平铺砂浆，应用套板盖住孔洞，以免砂浆掉入孔洞内。

③空心砖底部至少砌 3 皮普通砖，在门窗洞口两侧，也应用普通砖实砌。

④灰缝应横平竖直。水平灰缝厚度、竖向灰缝宽度均应控制在 8～12mm，应不小于 8mm，也应不大于 12mm。

⑤灰缝砂浆应饱满。确保小砌块砌体的砌筑质量。水平灰缝的砂浆饱满度不得低于 80%，竖直灰缝不得出现透明缝、瞎缝。

⑥空心砖不够整砖部分，宜用无齿锯加工制作非整砖块，不得用

砍凿方法将砖打断。补砌时应保证砂浆饱满。

⑦空心砖应同时砌起，不得留斜槎。每天砌筑高度应不超过1.8m。

(8)小型混凝土空心砌块以采用水泥混合砂浆砌筑为宜，砂浆稠度为50～70mm，砂浆的分层度应控制在20mm以内。水平灰缝厚度、竖向灰缝宽度均应控制在8～12mm。

5.6.3 填充墙砌体工程质量验收

5.6.3.1 填充墙砌体工程质量验收标准

项	序	检验项目与要求	检验方法
主控项目	1	砖、砌块和砌筑砂浆的强度等级应符合设计要求	检查砖或砌块的产品合格证书、产品性能检测报告和砂浆试块试验报告
一般项目	1	填充墙砌体一般尺寸的允许偏差应符合5.6.3.2的规定 抽检数量： (1)对表中1、2项，在检验批的标准间中随机抽查10%，但应不少于3间；大面积房间和楼道按两个轴线或每10延长米按一标准间计数。每间检验应不少于3处 (2)对表中3、4项、在检验批中抽检10%，且应不少于5处	
	2	蒸压加气混凝土砌块砌体和轻骨料混凝土小型空心砌块砌体不应与其他块材混砌 抽检数量：在检验批中抽检20%，且应不少于5处	外观检查
	3	填充墙砌体的砂浆饱满度及检验方法应符合5.6.3.3的规定 抽检数量：每步架子不少于3处，且每处应不少于3块	
	4	填充墙砌体留置的拉结钢筋或网片的位置应与块体皮数相符合。拉结钢筋或网片应置于灰缝中，埋置长度应符合设计要求，竖向位置偏差不应超过一皮高度 抽检数量：在检验批中抽检20%，且应不少于5处	观察和用尺量检查

续表 5.6.3.1

项	序	检 验 项 目 与 要 求	检验方法
一般项目	5	填充墙砌筑时应错缝搭砌，蒸压加气混凝土砌块搭砌长度应不小于砌块长度的1/3；轻骨料混凝土小型空心砌块搭砌长度应不小于90mm；竖向通缝应不大于2皮 抽检数量：在检验批的标准间中抽查10%，且应不少于3间	观察和用尺检查
	6	填充墙砌体的灰缝厚度和宽度应正确。空心砖、轻骨料混凝土小型空心砌块的砌体灰缝应为8～12mm。蒸压加气混凝土砌块砌体的水平灰缝厚度及竖向灰缝宽度分别宜为15mm和20mm 抽检数量：在检验批的标准间中抽查10%，且应不少于3间	用尺量5皮空心砖或小砌块的高度和2m砌体长度折算
	7	填充墙砌至接近梁、板底时，应留一定空隙，待填充墙砌完并应至少间隔7d后，再将其补砌挤紧 抽检数量：每验收批抽10%填充墙片(每两柱间的填充墙为一墙片)，且应不少于3片墙	观察检查

5.6.3.2 填充墙砌体一般尺寸允许偏差

序号	项目		允许偏差(mm)	检验方法
1	轴线位移		10	用尺检查
	垂直度	小于或等于3m	5	用2m托线板或吊线、尺检查
		大于3m	10	
2	表面平整度		8	用2m靠尺和楔形塞尺检查
3	门窗洞口高、宽(后塞口)		±5	用尺检查
4	外墙上、下窗口偏移		20	用经纬仪或吊线检查

5.6.3.3 填充墙砌体的砂浆饱满度及检验方法

砌体分类	灰缝	饱满度及要求	检验方法
空心砖砌体	水平	≥80%	采用百格网检查块材底面砂浆的粘结痕迹面积
	垂直	填满砂浆，不得有透明缝、瞎缝、假缝	
加气混凝土砌块和轻骨料混凝土小砌块砌体	水平	≥80%	
	垂直	≥80%	

5.7　砌体工程冬季施工

5.7.1　冬季施工要求

5.7.1.1　砌筑砂浆的稠度要求

序号	砌体类型	常温时砂浆稠度(mm)	冬期时砂浆稠度(mm)
1	实心砖墙、柱	70～100	90～120
2	空心砖墙、柱	60～80	80～100
3	实心砖墙拱式过梁	50～70	80～100
4	空心墙	50～70	70～90
5	石砌体	—	40～60
6	加气混凝土砌块	—	130

5.7.1.2　施工技术要求

①负温下砌砖，砖可不浇水湿润，但砂浆的稠度比常温时的稠度要增大 10～30mm，详见 5.7.1.1。

②砖砌体应采用“三一”砌砖法施工，灰缝厚度应不大于 10mm。

③冬季施工每天收工前应对砌筑表面采取保护性覆盖措施，砌筑表面不得有砂浆。在继续砌筑前，应扫净砌筑表面。

④砌筑工程应优先采用外加剂法。

⑤混凝土小型空心砌块不得采用冻结法施工，加气混凝土砌块承重墙体及围护外墙不宜冬季施工。

5.7.2　冬季施工主要方法

砌体冬季施工方法主要有外加剂法、冻结法和暖棚法。外加剂法是使用氯盐或硝酸钠等盐类拌制砂浆。氯盐应以氯化钠为主。为防止钢筋和预埋铁件发生锈蚀，可采用氯化钠加亚硝酸钠复合抗冻早强剂。

5.7.2.1 氯盐外加剂掺量(占用水重量%)

氯盐及砌体材料种类			日最低温度(℃)			
			≥−10	−11～−15	−16～−20	−21～−25
氯化钠(单盐)		砖、砌块	3	5	7	—
		砌石	4	7	10	—
(复盐)	氯化钠	砖、砌块	—	—	5	7
	氯化钙		—	—	2	3

注:1. 掺盐量以无水氯化钠和氯化钙计。

2. 氯化钠与氯化钙的密度与含量关系可按 5.7.2.2 换算。

3. 如有可靠试验依据,可适当增减盐类的掺量。

4. 日最低温度低于−20℃时,砌石工程不宜施工。

5.7.2.2 氯化钠和氯化钙溶液的相对密度与含量关系

15℃时溶液相对密度	无水氯化钠含量(kg)		15℃时溶液相对密度	无水氯化含量(kg)	
	1dm³ 溶液中	1kg 溶液中		1dm³ 溶液中	1kg 溶液中
1.02	0.029	0.029	1.04	0.060	0.048
1.03	0.044	0.043	1.05	0.062	0.059
1.04	0.058	0.056	1.06	0.075	0.071
1.05	0.073	0.070	1.07	0.089	0.084
1.06	0.088	0.083	1.08	0.102	0.094
1.07	0.103	0.096	1.09	0.114	0.105
1.08	0.119	0.110	1.10	0.126	0.115
1.09	0.134	0.122	1.11	0.140	0.126
1.10	0.149	0.136	1.12	0.153	0.137
1.11	0.165	0.149	1.13	0.166	0.147
1.12	0.181	0.162	1.14	0.180	0.158
1.13	0.198	0.175	1.15	0.193	0.168
1.14	0.214	0.188	1.16	0.206	0.178
1.15	0.230	0.200	1.17	0.221	0.189
1.16	0.246	0.212	1.18	0.236	0.199
1.17	0.263	0.224	1.19	0.249	0.209
1.175	0.271	0.231	1.20	0.263	0.219
1.02	0.025	0.025	1.21	0.276	0.228
1.03	0.037	0.036	1.22	0.290	0.238

5.7.2.3 氯化钠加亚硝酸钠含量(占用水量的重量分数)

温度(℃)	氯化钠(%)	亚硝酸钠(%)
平均温度大于－5 最低温度大于－10	2	3
平均温度小于－5 最低温度小于－10	3	3

5.7.2.4 冻结法砌筑时砂浆最低温度 (℃)

室外空气温度	砂浆最低温度
0～－10	10
－11～－25	15
低于－25	20

5.7.2.5 暖棚法砌体的养护时间

暖棚的温度(℃)	5	10	15	20
养护时间(d)	≥6	≥5	≥4	≥3

5.7.3 砌体工程冬季施工质量验收标准

①当室外日平均气温连续5d稳定低于5℃时,砌体工程应采取冬期施工措施。

a. 气温根据当地气象资料确定。

b. 冬期施工期限以外,当日最低气温低于0℃时,也应按本章的规定执行。

②冬期施工的砌体工程质量验收除应符合本章要求外,尚应符合本章前面各章的要求及国家现行标准《建筑工程冬期施工规程》JGJ104的规定。

③砌体工程冬期施工应有完整的冬期施工方案。

④冬期施工所用材料应符合下列规定:

石灰膏、电石膏等应防止受冻,如遭冻结,应经融化后使用;

拌制砂浆用砂，不得含有冰块和大于 10mm 的冻结块；

砌体用砖或其他块材不得遭水浸冻。

⑤冬期施工砂浆试块的留置，除应按常温规定要求外，还应增应不少于 1 组与砌体同条件养护的试块，测试检验 28d 强度。

⑥当基土无冻胀性时，基础可在冻结的地基上砌筑；当基土有冻胀性时，应在未冻的地基上砌筑。在施工期间和回填土前，均应防止地基遭受冻结。

⑦普通砖、多孔砖和空心砖在气温高于 0℃条件下砌筑时，应浇水湿润。在气温低于或等于 0℃条件下砌筑时，可不浇水，但必须增大砂浆稠度。抗震设防烈度为 9 度的建筑物，当普通砖、多孔砖和空心砖无法浇水湿润时，如无特殊措施，不得砌筑。

⑧拌和砂浆宜采用两步投料法。水的温度不得超过 80℃；砂的温度不得超过 40℃。

⑨砂浆使用温度应符合下列规定。

a. 采用掺外加剂法时，应不低于＋5℃；

b. 采用氯盐砂浆法时，应不低于＋5℃；

c. 采用暖棚法时，应不低于＋5℃；

d. 当室外空气温度分别为 0～－10℃、－11～－25℃、－25℃以下时，采用冻结法砂浆使用最低温度分别为 10℃、15℃、20℃。

⑩采用暖棚法施工，块材在砌筑时的温度应不低于＋5℃，距离所砌的结构底面 0.5m 处的棚内温度也应不低于＋5℃。

⑪在暖棚内的砌体养护时间，应根据暖棚内温度，按 5.7.2.5 确定。

⑫在冻结法施工的解冻期间，应经常对砌体进行观测和检查，如发现裂缝、不均匀下沉等情况，应立即采取加固措施。

⑬当采用掺盐砂浆法施工时，宜将砂浆强度等级按常温施工的强度等级提高一级。

⑭配筋砌体不得采用掺盐砂浆法施工。

6 混凝土结构工程施工

6.1 模 板 工 程

6.1.1 模板的作用与分类

6.1.1.1 模板的作用与要求

序号	项　目	内　容
1	模板的作用	模板是保证钢筋混凝土结构或构件按设计形状成型的模具。它由模板和支撑体系两部分组成 模板直接与混凝土接触,它的主要作用: (1)保证混凝土筑成设计要求的形状和尺寸 (2)承受自重和作用在它上面的结构质量和施工荷载。所以,模板除了形状、尺寸的要求外,还应具有一定的强度和刚度,保证在浇筑混凝土时不发生变形、位移和破坏 支撑体系是保证模板形状、尺寸及其空间位置准确性的构造措施。支撑体系应根据模板特征及其所处的位置而定。支撑体系必须具备足够的强度、刚度和整体稳定性,保证施工过程中模板不发生变形、位移和破坏现象
2	对模板的要求	模板及其支撑体系必须符合下列规定: (1)能保证工程结构和构件各部分形状、尺寸和相互位置的正确性 (2)具有足够的承载能力、刚度和稳定性,能可靠地承受新浇筑混凝土的自重和侧压力,以及各种施工荷载 (3)构造简单,装拆方便,便于钢筋的绑扎和安装,同时便于混凝土的浇筑和养护等 (4)模板的接缝应严密,不漏浆,并方便多次周转使用

6.1.1.2 模板按材料性质分类

序号	项　目	内　容
1	木模板	以白松为主的木材组成,板厚在 20～30mm,可按模数要求形成标准系列,也可根据工程需要按图加工成各种特殊形状的模板

续表 6.1.1.2

序号	项　目	内　容
2	钢模板	以 2～3mm 厚的热轧或冷轧薄钢板轧制而成，根据几何条件不同分为： (1)定型组合钢模板：由钢模板、扣件、支撑体系组成 (2)定型钢模板：由型钢与 6～8mm 厚的钢板组成骨架，再由组合钢模板或 3～4mm 钢板组成整体性模板，装拆方便，便于多次使用。如基础梁、吊车梁、屋面梁等结构的固定模板
3	复合模板	由金属材料、高分子材料或木材根据材料的各自长处组合成模板体系，常用的组成模板的材料有铝合金、玻璃钢、高密度板、五合板等
4	竹模板	以竹材为主，辅以木材或金属边框组成的模板
5	混凝土模板	依托结构本体的一部分，再配以钢筋形成的一次性模板，多用于水工结构
6	土模板	在地下水位不高的硬塑黏性地面，经人工修挖，并抹以水泥砂浆形成的一次性凹性模板，可用于预制混凝土板、梁、柱等构件
7	砖模板	由低强度等级砂浆与红砖组成的一次性模板，用于就地制作形状单一的柱、梁构件

6.1.1.3 每立方米混凝土的模板用量

序号	工 程 类 别	模板用量(m^2)
1	工业与民用建筑基础	1.8
2	工业与民用建筑上部结构	3～12
3	筒仓工程	6～9
4	冷却塔	10
5	大型设备基础	1.5～2.0
6	桥梁	1.5～2.0
7	市政工程排水沟	2.5
8	市政工程沉淀池	4.5～5.0

6.1.2 组合式模板

6.1.2.1 组合钢模板的组成和要求

序号	项　目	内　容
1	组合钢模板的组成和采用的模数制设计	组合钢模板由钢模板和配件(连接件、支承件)两大部分组成 (1)钢模板包括平面模板、阴角模板、阳角模板、连接角模等通用模板和配套的专用模板，其用途及规格详见 6.1.2.2 (2)配件中的连接件包括 U 型卡、L 型插销、钩头螺栓、紧固螺栓、对拉螺栓、扣件等。其规格详见 6.1.2.3 (3)配件中的支承件包括钢楞、柱箍、钢支柱，早拆柱头、斜撑、组合支架、扣件式钢管支架、门式钢管支架、门式支架、碗扣式支架、方塔式支架、梁卡具、圈梁卡和桁架等。其规格详见 6.1.2.4 钢模板采用模数制设计，通用模板的宽度模数以 50mm 进级，长度模数以 150mm 进级

续表 6.1.2.1

序号	项　目	内　容
2	钢模板	钢模板采用 Q235 钢材制成，钢模板规格编码见 6.1.2.7，钢模板制作质量标准见 6.1.2.5，配件制作质量标准见 6.1.2.6
3	连接件	穿墙螺栓的规格和性能如表 6.1.2.8 所示
4	支承件	(1)钢楞：主要用于支承钢模板并加强其整体刚度。常用各种型钢钢楞的规格和力学性能见 6.1.2.9 (2)柱箍：用于直接支承和夹紧各类柱模的支承件，可根据柱模的外形尺寸和侧压力的大小选用，常用柱箍的规格和力学性能见 6.1.2.10 (3)梁卡具：是一种将各种梁的钢模板夹紧固定的装置(承受侧压力)钢管型梁卡具见图 6-1；扁钢和圆钢管组合梁卡具见图 6-2 (4)钢支柱：用于大梁、楼板等水平模板的垂直支撑，有单管和四管等多种形式。单管钢支柱有关数据见 6.1.2.11，四管支柱的组合见 6.1.2.12

6.1.2.2　组合钢模板的类型及规格　(mm)

<table>
<tr><th colspan="2">名　称</th><th>宽　度</th><th>长　度</th><th>肋　高</th></tr>
<tr><td colspan="2">平面模板</td><td>600、550、500、450、400、350
300、250、200、150、100</td><td rowspan="9">1800、1500、1200、
900、750、600、450</td><td rowspan="9">55</td></tr>
<tr><td colspan="2">阴角模板</td><td>150×150、100×150</td></tr>
<tr><td colspan="2">阳角模板</td><td>100×100、50×50</td></tr>
<tr><td colspan="2">联接角模</td><td>50×50</td></tr>
<tr><td rowspan="2">倒棱模板</td><td>角棱模板</td><td>17、45</td></tr>
<tr><td>圆棱模板</td><td>R20、R35</td></tr>
<tr><td colspan="2">梁腋模板</td><td>50×150、50×100</td></tr>
<tr><td colspan="2">柔性模板</td><td>100</td></tr>
<tr><td colspan="2">搭接模板</td><td>75</td></tr>
<tr><td colspan="2">双曲可调模板</td><td>300、200</td><td rowspan="2">1500、900、600</td><td rowspan="6">55</td></tr>
<tr><td colspan="2">变角可调模板</td><td>200、160</td></tr>
<tr><td rowspan="4">嵌补模板</td><td>平面嵌板</td><td>200、150、100</td><td rowspan="4">300、200、150</td></tr>
<tr><td>阴角嵌板</td><td>150×150、100×150</td></tr>
<tr><td>阳角嵌板</td><td>100×100、50×50</td></tr>
<tr><td>联接角模</td><td>50×50</td></tr>
</table>

6.1.2.3 连接件规格

名　称	规　格(mm)	名　称		规　格(mm)
U 型卡	φ12	对拉螺栓		M12、M14、M16
L 型插销	φ12、l=345			T12、T14、T16、T18、T20
钩头螺栓	φ12、l=205、180	扣件	3 形扣件	26 型、12 型
紧固螺栓	φ12、l=180		碟形扣件	26 型、18 型

6.1.2.4 支承件规格

名　称		规　格(mm)
钢楞	圆钢管型	φ48×3.5
	矩形钢管型	□80×40×2.0，□100×50×3.0
	轻型槽钢型	[80×40×3.0，[100×50×3.0
	内卷边槽钢型	[80×40×15×3.0，[100×50×20×3.0
	轧制槽钢型	[80×43×5.0
柱箍	角钢型	∟75×50×5
	槽钢型	[80×43×5，[100×48×5.3
	圆钢管型	φ48×3.5
钢枝柱	C-18 型	l=1812～3112
	C-22 型	l=2212～3512
	C-27 型	l=2712～4012
早拆柱头		l=600、500
四管支柱	GH-125 型	l=1250
	GH-150 型	l=1500
	GH-175 型	l=1750
	GH-200 型	l=2000
	GH-300 型	l=3000
平面可调桁架		330×1990
曲面可变桁架		247×2000 247×3000 247×4000 247×5000
钢管支架		φ48×3.5，l=2000～6000
门式支架		宽度 b=1200，900
碗扣式支架		立柱 l=3000、2400、1800、1200、900、600
方塔式支架		宽度 b=1200、1000、900、高度 h=1300、1000
梁卡具	YJ 型	断面小于 600×500
	圆钢管型	断面小于 700×500

6.1.2.5 钢模板制作质量标准

项目		要求尺寸(mm)	允许偏差(mm)
外形尺寸	长度	l	0 −1.0
	宽度	b	0 −0.80
	肋高	55	±0.50
U型卡孔	沿板长度的孔中心距	$n\times150$	±0.60
	沿板宽度的孔中心距	—	±0.60
	孔中心与板面间距	22	±0.30
	沿板长度孔中心与板端间距	75	±0.30
	沿板宽度孔中心与边肋凸棱面的间距	—	±0.30
	孔直径	ϕ13.8	±0.25
凸棱尺寸	高度	0.3	+0.30 −0.05
	宽度	4	+2.00 −1.00
	边肋圆角	90°	ϕ0.5钢针通不过
面板端与两凸棱面的垂直度		90°	$d\leqslant0.50$
板面平面度		—	$f_1\leqslant1.00$
凸棱直线度		—	$f_2\leqslant0.50$
横肋	横肋、中纵肋与边肋的高度差	—	$\Delta\leqslant1.20$
	两端横肋组装位移	0.3	$\Delta\leqslant0.60$
焊缝	肋间焊缝长度	30	±5.00
	肋间焊脚高度	2.5(2.0)	+1.0
	肋与面板焊缝长度	10(15)	+5.00
	肋与面板焊脚高度	2.5(2.0)	+1.00
凸鼓的高度		1.0	+0.30 −0.20
防锈漆外观		油漆涂刷均匀不得漏涂、皱皮、脱皮、流淌	
角模的垂直度		90°	$\Delta\leqslant1.00$

注:括号内数据为采用二氧化碳气体保护焊的焊脚高度和焊缝长度。

6.1.2.6 配件制作质量标准

项	目	要求尺寸(mm)	允许偏差(mm)
U型卡	卡口宽度 a	6.0	±0.5
	脖高 h	44	±1.0
	弹性孔半径 R	ϕ20	+2.0、0
	试验50次后的卡口残余变形	—	≤1.2
扣件	高度	—	±2.0
	螺栓孔直径	—	±1.0
	长度	—	±1.5
	宽度	—	±1.0
	卡口长度	—	±2.0、0
支柱	钢管的直线度	—	≤L/1000
	支柱最大长度时上端最大振幅	—	≤60.0
	顶板和底板的孔中心与管轴同轴度	—	1.0
	销孔对管径的对称度	—	1.0
	插管插入套管的最小长度	≥280	—
桁架	上平面直线度	—	≤2.0
	焊缝长度	—	±5.0
	销孔直径	—	+1.0、0
	两排孔之间平行度	—	±0.5
	长方向相邻两孔中心距	—	±0.5
梁卡具	销孔直径	—	+1.0、0
	销孔中心距	—	±1.0
	立管垂直度	—	≤1.5
门式支架	门架高度	—	±1.5
	门架宽度	—	±1.5
	立杆端面与立杆轴线垂直度	—	0.3
	锁销与立杆轴线位置度	—	±1.5
	锁销间距离	—	±1.5
	立杆长度	—	±1.0
	相邻下碗扣间距	600	±0.5
	立杆直线度	—	≤l/1000
	下碗扣与定位销下端间距	115	±0.5
	销孔直径	ϕ12	+1.0、0
	销孔中心与管端间距	30	±0.5

注:1. U型卡试件试验后,不得有裂纹、脱皮等疵病。
2. 扣件项目中应做荷载试验。
3. 支柱项目中 L 为钢管长度,并应做荷载试验。
4. 桁架项目应做荷载试验。
5. 立杆直线度项目中 l 为立杆长度。

6.1.2.7 钢模板规格编码表

(mm)

模板名称		模板长度													
		450		600		750		900		1200		1500		1800	
		代号	尺寸	代号	尺寸	代号	尺寸	代号	尺寸	代号	尺寸	代号	尺寸	代号	尺寸
平面模板代号P 宽度	600	P6004	600×450	P6006	600×600	P6007	600×750	P6009	600×900	P6012	600×1200	P6015	600×1500	P6018	600×1800
	550	P5504	550×450	P5506	550×600	P5507	550×750	P5509	550×900	P5512	550×1200	P5515	550×1500	P5518	550×1800
	500	P5004	500×450	P5006	500×600	P5007	500×750	P5009	500×900	P5012	500×1200	P5015	500×1500	P5018	500×1800
	450	P4504	450×450	P4506	450×600	P4507	450×750	P4509	450×900	P4512	450×1200	P4515	450×1500	P4518	450×1800
	400	P4004	400×450	P4006	400×600	P4007	400×750	P4009	400×900	P4012	400×1200	P4015	400×1500	P4018	400×1800
	350	P3504	350×450	P3506	350×600	P3507	350×750	P3509	350×900	P3512	350×1200	P3515	350×1500	P3518	350×1800
	300	P3004	300×450	P3006	300×600	P3007	300×750	P3009	300×900	P3012	300×1200	P3015	300×1500	P3018	300×1800
	250	P2504	250×450	P2506	250×600	P2507	250×750	P2509	250×900	P2512	250×1200	P2515	250×1500	P2518	250×1800
	200	P2004	200×450	P2006	200×600	P2007	200×750	P2009	200×900	P2012	200×1200	P2015	200×1500	P2018	200×1800
	150	P1504	150×450	P1506	150×600	P1507	150×750	P1509	150×900	P1512	150×1200	P1515	150×1500	P1518	150×1800
	100	P1004	100×450	P1006	100×600	P1007	100×750	P1009	100×900	P1012	100×1200	P1015	100×1500	P1018	100×1800
阴角模板（代号 E）		E1504	150×150 ×450	E1506	150×600 ×600	E1507	150×150 ×750	E1509	150×150 ×900	E1512	150×150 1200	E1515	150×150 ×1500	E1518	150×150 ×1800
		E1004	100×150 ×450	E1006	100×150 ×600	E1007	100×150 ×750	E1009	100×150 ×900	E1012	100×150 ×1200	E1015	100×150 ×1500	E1018	100×150 ×1800
阳角模板（代号 Y）		Y1004	100×100 ×450	Y1006	100×100 ×600	Y1007	100×100 ×750	Y1009	100×100 ×900	Y1012	100×100 ×1200	Y1015	100×100 ×1500	Y1018	100×100 ×1800
		Y0504	50×50 ×450	Y0506	50×50 ×600	Y0507	50×50 ×750	Y0509	50×50 ×900	Y0512	50×50 ×1200	Y0515	50×50 ×1500	Y0518	50×50 ×1800

续表 6.1.2.7

模板名称	模板长度													
	450		600		750		900		1200		1500		1800	
	代号	尺寸	代号	尺寸	代号	尺寸	代号	尺寸	代号	尺寸	代号	尺寸	代号	尺寸
连接角模（代号 J）	J0004	50×50×450	J0006	50×50×600	J0007	50×50×750	J0009	50×50×900	J0012	50×50×1200	J0015	50×50×1500	J0018	50×50×1800
倒棱模板 角棱模板（代号 JL）	JL1704	17×450	JL1706	17×600	JL1707	17×750	JL1709	17×900	JL1712	17×1200	JL1715	17×1500	JL1718	17×1800
	JL4505	45×450	JL4506	45×600	JL4507	45×750	JL4509	45×900	JL4512	45×1200	JL4515	45×1500	JL4518	45×1800
倒棱模板 圆棱模板（代号 YL）	YL2004	20×450	YL2006	20×600	YL2007	20×750	YL2009	20×900	YL2012	20×1200	YL2015	20×1500	YL2018	20×1800
	YL3504	35×450	YL3506	35×600	YL3507	35×750	YL3509	35×900	YL3512	35×1200	YL3515	35×1500	YL3518	35×1800
梁腋模板（代号 IY）	IJ1004	100×50×450	IY1006	100×50×600	IY1007	100×50×750	IY1009	100×50×900	IY1012	100×50×1200	IY1015	100×50×1500	IY1018	100×50×1800
	IY1504	150×50×450	IY1506	150×50×600	IY1507	150×50×750	IY1509	150×50×900	IY1512	150×50×1200	IY1515	150×50×1500	IY1518	150×50×1800
柔性模板（代号 Z）	Z1004	100×450	Z1006	100×600	Z1007	100×750	Z1009	100×900	Z1012	100×120	Z1015	100×1500	Z1018	100×1800
搭接模板（代号 D）	D7504	75×450	D7506	75×600	D7507	75×750	D7509	75×900	D7512	75×1200	D7515	75×1500	D7518	75×1800
双曲可调模板（代号 T）	—	—	T3006	300×600	—	—	T3009	300×900	—	—	T3015	300×1500	T3018	300×1800
	—	—	T2006	200×600	—	—	T2009	200×900	—	—	T2015	200×1500	T2018	200×1800
变角可调模板（代号 B）	—	—	B2006	200×600	—	—	B2009	200×900	—	—	B2015	200×1500	B2018	200×1800
	—	—	B1606	160×600	—	—	B1609	160×900	—	—	B1615	160×150	B1618	160×1800

6.1.2.8 穿墙螺栓的力学性能

螺栓直径(mm)	螺纹内径(cm)	净面积(cm²)	允许拉力(N)	重量(kg/m)
M12	0.985	0.76	12990	0.89
M14	1.155	1.05	17800	1.21
M16	1.355	1.44	24500	1.58
M18	1.493	1.74	29600	2.00
M20	1.693	2.25	38200	2.45
M22	1.893	2.82	47900	2.98

注:粗制螺栓计算允许应力[σ]=135×1.25=170N/mm²。

6.1.2.9 常用型钢钢楞的规格和力学性能

型钢品种	规格(mm)	截面积 A(mm²)	截面惯性矩 I_x(mm⁴)	截面最小抵抗矩 W_x(mm³)	质量(kg/m)
钢管	ϕ48×3.5	489	12.19×10⁴	5.08×10³	3.84
矩形钢管	□80×40×2.0	452	37.13×10⁴	9.28×10³	3.55
	□100×50×3.0	864	112.12×10⁴	22.42×10³	6.78
冷弯薄壁槽钢	[80×40×3.0	450	43.92×10⁴	10.98×10³	3.53
	[100×50×3.0	570	88.52×10⁴	12.20×10³	4.47
内卷边槽钢	⊏80×40×15×3.0	508	48.92×10⁴	12.23×10³	3.99
	⊏100×50×20×3.0	658	100.28×10⁴	20.06×10³	5.16
轧制槽钢	[80×43×5.0	1024	101.30×10⁴	25.30×10³	8.04

注:由 Q235 钢管、钢板、槽钢制成。

6.1.2.10 常用柱箍的规格和力学性能

材料	简图	规格(mm)	夹板长度(mm)	截面积 A(mm²)	截面惯性矩 I_x(mm⁴)	截面最小抵抗矩 W_x(mm³)	适用柱宽范围(mm)	重量(kg/根)
角钢	1 3 2 1200 75 夹板 插销 限位器	∠75×50×5	1068	612	34.68×10⁴	6.83×10³	250~750	5.01

续表 6.1.2.10

材料	简图	规格（mm）	夹板长度（mm）	截面积 A（mm^2）	截面惯性矩 I_x（mm^4）	截面最小抵抗矩 W_x（mm^3）	适用柱宽范围（mm）	重量（kg/根）
轧制槽钢	夹板 插销	[80×43×5	1340	1024	101.30×10^4	25.30×10^3	500～1000	11.69
		[100×48×5.3	1380	1074	198.30×10^4	39.70×10^3	500～1200	15.21
钢管	（a） （b）	ϕ48×3.5	1200	489	12.19×10^4	5.08×10^3	300～700	4.61

注：1. 图中：1. 插销；2. 夹板；3. 限位器；4. 钢管；5. 直角扣件；6. 方形扣件；7. 对拉螺栓。

2. 由 Q235 角钢、槽钢、钢管制成。

6.1.2.11 钢管型梁卡具（如图 6-1 所示）

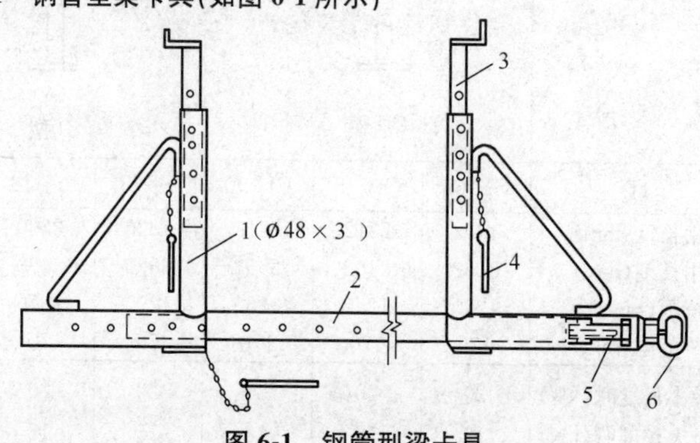

图 6-1 钢管型梁卡具

1. 三角架 2. 底座 3. 调节杆 4. 插销 5. 调节螺栓 6. 钢筋环

6.1.2.12 扁钢和圆钢管梁卡具(如图 6-2 所示)

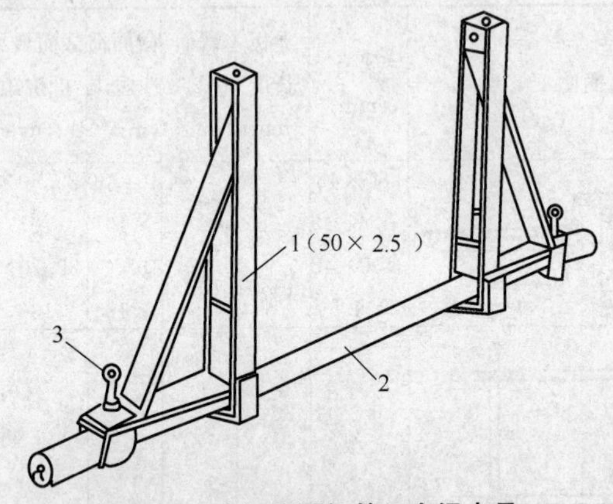

图 6-2 扁钢和圆钢管组合梁卡具

1. 三角架 2. 底座 3. 固定螺栓

6.1.2.13 单管钢支柱结构及相关数据

项目	CH-65	CH-75	CH-90	YJ-18	YJ-22	YJ-27
简图	CH 型			YJ 型		
最小使用长度(mm)	1812	2212	2712	1820	2220	2720
最大使用长度(mm)	3062	3462	3962	3090	3490	3990
调节范围(mm)	1250	1250	1250	1270	1270	1270
螺旋调节范围(mm)	170	170	170	70	70	70
允许荷载 最小长度时(kN)	20	20	20	20	20	20
允许荷载 最大长度时(kN)	15	15	12	15	15	12

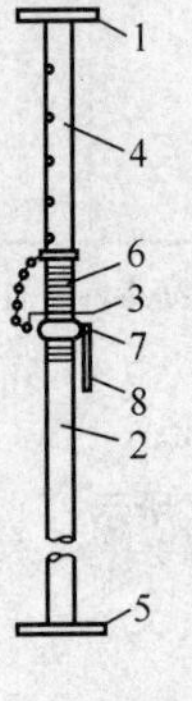

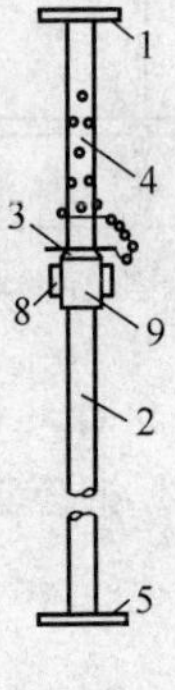

续表 6.1.2.13

项　　目	CH-65	CH-75	CH-90	YJ-18	YJ-22	YJ-27
重量(kg)	12.4	13.2	14.8	13.87	14.99	16.39

注:1. 图中:1. 顶板;2. 套管;3. 插销;4. 插管;5. 底板;6. 螺管;7. 转盘;8. 手柄;9. 螺旋套。

2. CH 型相当于《组合钢模板技术规范》GBJ 214—89 的 C-18 型、C-22 型和 C-27 型,其最大使用长度分别为 3112、3512、4012mm。

6.1.2.14 四管钢支柱的组合

型号与组成	组合高度 L (mm)	管柱与千斤顶组合高度 $H=L+l(150\sim400)$(mm)
GH-125	1250	1400～1650
GH-150	1500	1650～1900
GH-175	1750	1900～2150
GH-200	2000	2150～2400
2GH-125	2500	2650～2900
GH-125+GH-150	2750	2900～3150
GH-300	3000	3150～3400
GH-125+GH-200	3250	3400～3650
GH-150+GH-200	3500	3650～3900
GH-175+GH-200	3750	3900～4150
2GH-200	4000	4150～4400
GH-125+GH-300	4250	4400～4650
GH-150+GH-300	4500	4650～4900
GH-175+GH-300	4750	4900～5150
GH-200+GH-300	5000	5150～5400
GH-125+2GH-200	5250	5400～5650
GH-150+2GH-200	5500	5650～5900
GH-175+2GH-200	5750	5900～6150
2GH-300	6000	6150～6400

6.1.3 钢框胶合板模板

6.1.3.1 胶合板静曲强度标准值与弹性模量　(MPa)

厚度(mm)	静曲强度标准值		弹性模量		备　注
	平行向	垂直向	平行向	垂直向	
12	≥25.0	≥16.0	≥8500	≥4500	1. 平行向指平行于胶合板表板纤维的方向,垂直向则与表面纤维向垂直的方向
15	≥23.0	≥15.0	≥7500	≥5000	
18	≥20.0	≥15.0	≥6500	≥5200	2. 当立柱或拉杆直接支在胶合板上时,板的剪切强度应大于 1.2N/mm^2
21	≥19.0	≥15.0	≥6000	≥5400	

6.1.3.2 胶合板的尺寸允许偏差

(mm)

厚度				长度	宽度	对角线不大于
12	15	18	20			
±0.5	+0.5 −0.7	+0.5 −0.9	+0.5 −1.1	±3.0	±3.0	4.0

6.1.3.3 55型和78型钢框胶合板模板

类别	构造	规格
轻型钢框胶合板模板(55型)	模板由钢边框、加强肋和防水胶合板模板组成。边框采用带有面板承托肋的异型钢,边框高55mm、厚5mm,承托肋宽6mm。边框四周设ϕ13连接孔,孔距150mm。模板加强肋采用43mm×3mm扁钢,纵横间距300mm。在模板四角及中间一定距离位置设斜铁,用沉头螺栓同面板连接。面板采用12mm厚防水胶合板 模板允许承受混凝土侧压力为30kN/m^2。面板的锯口和孔眼均涂刷封边胶	长度:900mm、1200mm、1500mm、1800mm、2100mm、2400mm 宽度:300mm、450mm、600mm、900mm 常用规格为600×1200(1800、2400)
重型钢框胶合板模板(78型)	模板由钢边框、加强肋和防水胶合板面板组成。边框采用带有面板承托肋的异型钢,边框高78mm、厚5mm,承托肋宽6mm。边框四周设17×21连接孔,孔距300mm。模板加强肋采用钢板压制成型的60mm×30mm×3mm槽钢,肋距300mm。在加强肋两端设节点板,节点板上留有与背楞相连的连接孔17×21椭圆孔。面板上有ϕ25穿墙孔。在模板四角斜铁及加强位置用沉头螺栓同面板连接。面板采用18mm厚防水胶合板 模板允许承受混凝土侧压力为50kN/m^2	长度:900mm、1200mm、1500mm、1800mm、2100mm、2400mm 宽度:300mm、450mm、600mm、900mm、1200mm

注:引自北京利建模板公司产品。支撑系统采用独立钢支撑、空腹工字钢梁和钢木工字梁。

6.1.3.4 SP-70钢框胶合板模板系统

模板块剖面	构　　造	规格(mm)
双面覆膜层防水胶合板 12±0.2 70±0.5 53 5 销子孔 93.5±0.175 53±0.105	钢边框—由16Mn热轧带有承托面板的异型钢材焊接而皮，总高度为70mm 板面—采用12mm厚的木(竹)胶合板。胶合板两面均经树脂覆膜处理，所有边沿和孔眼均经过有效的密封材料处理，以防吸水受潮变形	宽度：一般为300、600，非标准块可达900、1200 长宽：一般为900、1200、1500、1800，非标准块可达2400

注：引自北京北新施工技术研究所产品，用于楼板模板采用早拆体系。

6.1.3.5 GZ早拆体系模板

类　别	图　　示	说　　明
平面模板	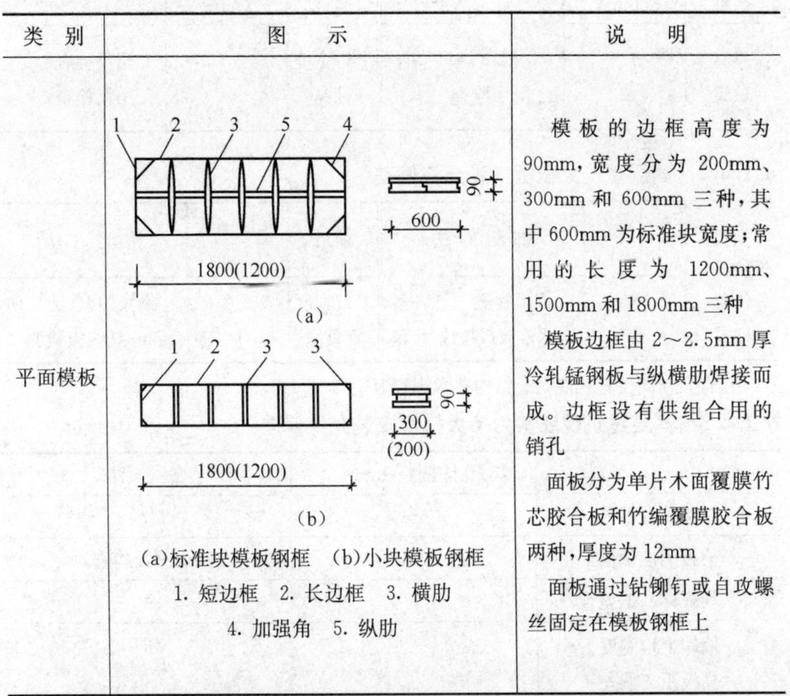 (a)标准块模板钢框　(b)小块模板钢框 1. 短边框　2. 长边框　3. 横肋 4. 加强角　5. 纵肋	模板的边框高度为90mm，宽度分为200mm、300mm和600mm三种，其中600mm为标准块宽度；常用的长度为1200mm、1500mm和1800mm三种 模板边框由2～2.5mm厚冷轧锰钢板与纵横肋焊接而成。边框设有供组合用的销孔 面板分为单片木面覆膜竹芯胶合板和竹编覆膜胶合板两种，厚度为12mm 面板通过钻铆钉或自攻螺丝固定在模板钢框上

注：引自北京建筑工程研究院产品，支撑系统采用门式脚手架。

6.1.3.6 75型钢框胶合板模板规格

肋高(mm)	宽度(mm)	长度(mm)
75	200、250、300、450、600	900、1200、1500、1800、2400

注:引自中国建筑科学研究院建筑机械化研究所(河北省廊坊市)产品。

6.1.3.7 木胶合板的规格

厚度(mm)	层板	宽度(mm)	长度(mm)
12	至少5层	915	1830
15	至少7层	1220	1830
18		915	2135
		1220	2440

6.1.4 工具式模板

工具式模板主要有大模板、滑升模板和爬升模板等品种。

6.1.4.1 多层建筑大模板支模质量标准

项目名称	允许偏差(mm)	检查方法	项目名称	允许偏差(mm)	检查方法
垂直	3	用2m靠尺检查	上口宽度	+2 0	用尺检查
位置	2	用尺检查	标高	±10	用尺检查

6.1.4.2 高层建筑大模板安装允许偏差

项目	允许偏差(mm)	检测方法	项目	允许偏差(mm)	检测方法
位置	3	钢尺检测	上口宽度	±2	钢尺检测
标高	±5	水准仪或拉线、尺量	垂直度	3	2m托线板检测

注:引自《高层建筑混凝土结构技术规程》JGJ 3—2002。

6.1.4.3 高层建筑现浇剪力墙大模板安装允许偏差

项目	允许偏差(mm)	备注
模板位置偏差	−2	尺检
模板竖向偏差	3	2m靠尺检查
模板标高偏差	5	—
墙体上口宽度	−2	尺检
模板距离偏差	3	

6.1.4.4 大模板用木胶合板的规格

<table>
<tr><th>厚度(mm)</th><th>层 板</th><th>宽度(mm)</th><th>长度(mm)</th></tr>
<tr><td>12</td><td>至少5层</td><td>915</td><td>1830</td></tr>
<tr><td>15</td><td rowspan="4">至少7层</td><td>1220</td><td>1830</td></tr>
<tr><td rowspan="3">18</td><td>915</td><td>2135</td></tr>
<tr><td>1220</td><td>2440</td></tr>
</table>

6.1.4.5 滑模装置组装的允许偏差

<table>
<tr><th colspan="2">内 容</th><th>允许偏差(mm)</th><th>检测方法</th></tr>
<tr><td colspan="2">模板结构轴线与相应结构轴线位置</td><td>3</td><td>钢尺检测</td></tr>
<tr><td rowspan="2">围圈位置偏差</td><td>水平方向</td><td>3</td><td>钢尺检测</td></tr>
<tr><td>垂直方向</td><td>3</td><td>钢尺检测</td></tr>
<tr><td rowspan="2">提升架的垂直偏差</td><td>平面内</td><td>3</td><td rowspan="2">2m托线板检测</td></tr>
<tr><td>平面外</td><td>2</td></tr>
<tr><td colspan="2">安放千斤顶的提升架横梁相对标高偏差</td><td>5</td><td>水准仪或拉线、尺量</td></tr>
<tr><td rowspan="2">考虑倾斜度后模板尺寸的偏差</td><td>上口</td><td>−1</td><td rowspan="2">钢尺检测</td></tr>
<tr><td>下口</td><td>+2</td></tr>
<tr><td rowspan="2">千斤顶位置安装的偏差</td><td>提升架平面内</td><td>5</td><td rowspan="2">钢尺检测</td></tr>
<tr><td>提升架平面外</td><td>5</td></tr>
<tr><td colspan="2">圆模直径、方模边长的偏差</td><td>5</td><td>钢尺检测</td></tr>
<tr><td colspan="2">相邻两块模板平面平整偏差</td><td>2</td><td>钢尺检测</td></tr>
</table>

6.1.4.6 爬升模板组装

<table>
<tr><th>项次</th><th>项 目</th><th>允许偏差(mm)</th><th>检 测 方 法</th></tr>
<tr><td>1</td><td>墙面留穿墙螺栓孔位置</td><td>±5</td><td rowspan="2">钢尺检测</td></tr>
<tr><td>2</td><td>穿墙螺栓孔直径</td><td>±2</td></tr>
<tr><td>3</td><td>大模板安装</td><td>见6.1.4.2</td><td>—</td></tr>
<tr><td>4</td><td>爬升支架
标高
垂直度</td><td>
±5
5或1‰</td><td>与水平线
钢尺检测
挂线坠</td></tr>
</table>

6.1.4.7 压型钢板的常用规格

型 号	截面简图	板厚 (mm)	单位重量 (kg/m)	单位重量 (kg/m²)
M型 270×50	80 100 50 40 100 80 50 270	1.2 1.6	3.8 5.06	—
N型 640×51	51 35 166.5 35 35 640	0.9 0.7	6.71 4.75	—
V型 620×110	90 220 110 30 250 60 250 30 620	0.75 1	6.3 8.3	—
V型 670×43	40 80 43 40 40 80 30 670	0.8	7.2	—
V型 680×60	100 100 60 120 80 600	1.2 1.6	8.77 11.6	14.6 19.3
U型 600×75	135 65 75 58 142 58 600	1.2 1.6	9.88 13.0	16.5 21.7
U型 690×75	135 95 75 142 88 690	1.2 1.6	10.8 14.2	15.7 20.6
W型 300×120	60 90 120 52 98 300	1.6 2.3 3.2	9.39 13.5 18.8	31.3 45.1 62.7

6.1.5 木模板

6.1.5.1 木模板允许荷载参考数据

(N/m²)

板厚(mm)	支点间距(mm)									
	400	450	500	550	600	700	800	900	1000	1200
20	4000	3000	2500	2000						
25	6000	5000	4000	3000	2500	2000				
30	9000	7000	5500	4500	4000	3000	2000			
40	15000	12000	10000	8000	7000	5000	4000	3000	2500	
50			15000	13000	10000	8000	6000	5000	4000	2500

6.1.5.2 木搁栅允许荷载参考数据

(N/m)

断面(宽×高)(mm)	跨距(mm)						
	700	800	900	1000	1200	1500	2000
50×50	4000	3000	2500	2000	1300	900	500
50×70	8000	6000	4700	4000	2700	1700	1000
50×100	13000	12000	9500	8000	5500	3500	2000
80×100	22000	19000	15500	12500	8500	5500	3100

6.1.5.3 牵杠木允许荷载参考数据

(N/m)

断面(宽×高)(mm)	跨距(mm)					
	700	1000	1200	1500	2000	2500
50×100	8000	4000	2700	1700	1000	—
50×120	11500	5500	4000	2500	1500	—
70×150	25000	12000	8500	5500	3000	2000
70×200	38000	22000	15000	9500	8500	3500
100×100	16000	8000	5500	3500	2000	—
ϕ120	15000	7000	5000	3000	1800	—

6.1.5.4 木支柱允许荷载参考数据

(N/根)

断面(mm)	高度(mm)				
	2000	3000	4000	5000	6000
80×100	35000	15000	10000	—	—
100×100	55000	30000	20000	10000	—

续表 6.1.5.4

断面（mm）	高度（mm）				
	2000	3000	4000	5000	6000
150×150	200000	150000	90000	55000	40000
ϕ80	15000	7000	4000	—	—
ϕ100	38000	17000	10000	6500	—
ϕ120	70000	35000	20000	15000	10000

注：1. 上述各表木料系以红松的允许应力计算，考虑施工荷载的提高系数和湿材的折减系数，以$[\sigma_a]=[\sigma_w]=11.7$MPa 计算。若用东北落叶松时，允许荷载可提高 20%。

2. 圆木以杉木计算，同样考虑上条情况，按$[\sigma_s]=[\sigma_w]=10.5\text{N/mm}^2$ 计算。

3. 牵杠系以一个集中荷载计算。

6.1.6 组合钢模板安装技术要点

6.1.6.1 基础模板

要根据设计图纸的几何形状和尺寸进行配板设计。配板的原则是尽量采用大规格的定型模板，以小规格模板作为补充，少量缺角处无法使用钢模，可以选用相同厚度的木模镶拼。

配板应根据结构的长度和总高度来确定模板的规格和排列顺序，对大面积的连续配板应以一个主导方向配置，以便布置模板的背楞。

基础模板一般在现场拼装。拼装时先按照边线安装下阶梯模板，并用角钢三角撑或其他支撑加固好，再在下层阶梯上安装上层模板。上层模板应设法与下层抹模板连接在一起，并视情况布设支承点。

6.1.6.2 柱模板

由四块拼板围成，四角由连接角模连接。若柱较高，应每隔 2m 设浇筑孔一道，浇筑孔的盖板可用钢模或木板镶拼。柱的下端应留垃圾清理口。

柱模板安装前，应沿边线用水泥砂浆抄平，并调整好柱模的底面标高。边柱的外侧需支承在承垫板条上，板条用螺栓固定在下层结构上。柱模板现场拼装工艺流程为：

安装下一圈钢模板(留清理口)→逐圈安装至柱顶(中间每隔2m设浇筑孔)→校正垂直度→装设柱箍→装柱间的水平和斜向支撑。

6.1.6.3　墙模板

墙模板分为现场散拼和场外预拼现场整片安装两种。墙模的两片模板用横竖钢楞加固，并用斜撑保护稳定，用对拉(穿墙)螺栓承受混凝土的侧压力和保持墙的厚度。

墙模板安装前，应做好基底处理。为配合钢筋的绑扎，可以先绑钢筋后立模，也可以先立一面墙模后绑钢筋，最后安装另一边的模板。模板支立后，应检查垂直度和相应的加固措施，确保混凝土浇筑过程中墙模板不变形、不移位。

6.1.6.4　有梁楼板模板

有梁楼板模板安装顺序：

主梁模板→次梁模板→铺设底楞→安装楼模板→与梁或墙模板连接→封四边模板。

6.1.6.5　模板安装工程质量验收标准

项	序	检验项目与要求	检验方法
主控项目	1	安装现浇结构的上层模板及其支架时，下层楼板应具有承受上层荷载的能力，否则应加设支架；上、下层支架的立杆应对准，并铺设垫板 检查数量：全数检查	对照模板设计文件和施工技术方案观察
	2	在涂刷模板隔离剂时，不得沾污钢筋和混凝土接搓处 检查数量：全数检查	观察
一般项目	1	模板安装应满足下列要求： (1)模板的接缝不应漏浆；在浇筑混凝土前，木模板应浇水湿润，但模板内不应有积水 (2)模板与混凝土的接触面应清理干净并涂刷隔离剂，但不得采用影响结构性能或妨碍装饰工程施工的隔离剂 (3)浇筑混凝土前模板内的杂物应清理干净 (4)对清水混凝土工程及装饰混凝土工程，应使用能达到设计效果的模板 检查数量：全数检查	观察

续表 6.1.6.5

项	序	检验项目与要求	检验方法
一般项目	2	用作模板的地坪、胎模等应平整光洁,不得产生影响构件质量的下沉、裂缝、起砂或起鼓 检查数量:全数检查	观察
	3	对跨度不小于 4m 的现浇钢筋混凝土梁、板,其模板应按设计要求起拱;当设计无具体要求时,起拱高度宜为跨度的 1/1000~3/1000 检查数量:在同一检验批内,对梁应抽查构件数量的 10%,且不少于 3 件;对板应按有代表性的自然间抽查 10%,且不少于 3 间;对大空间结构,板可按纵、横轴线划分检查面,抽查 10%,且不少于 3 面	水准仪或拉线、钢尺检查
	4	固定在模板上的预埋件、预留孔和预留洞均不得遗漏,且应安装牢固。其偏差应符合表 6.1.6.6 的规定 检查数量:在同一检验批内,对梁、柱和独立基础,应抽查构件数量的 10%,且不少于 3 件;对墙和板,应按有代表性的自然间抽查 10%,且不少于 3 间;对大空间结构,墙可按相邻轴线间高度 5m 左右划分检查面,板可按纵横轴线划分检查面抽查 10%,且均不少于 3 面	钢尺检查
	5	现浇结构模板安装的偏差应符合表 6.1.6.7 的规定 检查数量:在同一检验批内,对梁、柱和独立基础,应抽查构件数量的 10%,且不少于 3 件;对墙和板,应按有代表性的自然间抽查 10%,且不少于 3 间;对大空间结构,墙可按相邻轴线间高度 5m 左右划分检查面,板可按纵、横轴线划分检查面抽查 10%,且均不少于 3 面	
	6	预制构件模板安装的偏差应符合表 6.1.6.8 的规定 检查数量:首次使用及大修后的模板应全数检查;使用中的模板应定期检查,并根据使用情况不定期抽查	

6.1.6.6　预埋件和预留孔洞的允许偏差

<table>
<tr><th colspan="2">项　目</th><th>允许偏差(mm)</th></tr>
<tr><td colspan="2">预埋钢板中心线位置</td><td>3</td></tr>
<tr><td colspan="2">预埋管、预留孔中心线位置</td><td>3</td></tr>
<tr><td rowspan="2">预埋螺栓</td><td>中心线位置</td><td>2</td></tr>
<tr><td>外露长度</td><td>+10,0</td></tr>
<tr><td rowspan="2">预留洞</td><td>中心线位置</td><td>10</td></tr>
<tr><td>截面内部尺寸</td><td>+10,0</td></tr>
<tr><td rowspan="2">插铁</td><td>中心线位置</td><td>5</td></tr>
<tr><td>外露长度</td><td>+10,0</td></tr>
</table>

注:检查中心线位置时,应沿纵、横两个方向量测,并取其中的较大值。

6.1.6.7　现浇结构模板安装的允许偏差及检验方法

<table>
<tr><th colspan="2">项　目</th><th>允许偏差(mm)</th><th>检 验 方 法</th></tr>
<tr><td colspan="2">轴线位置</td><td>5</td><td>钢尺检查</td></tr>
<tr><td colspan="2">底模上表面标高</td><td>±5</td><td>水准仪或拉线、钢尺检查</td></tr>
<tr><td rowspan="2">截面内部尺寸</td><td>基础</td><td>±10</td><td>钢尺检查</td></tr>
<tr><td>柱、墙、梁</td><td>+4, −5</td><td>钢尺检查</td></tr>
<tr><td rowspan="2">层高垂直度</td><td>不大于5m</td><td>6</td><td>经纬仪或吊线、钢尺检查</td></tr>
<tr><td>大于5m</td><td>8</td><td>经纬仪或吊线、钢尺检查</td></tr>
<tr><td colspan="2">相邻两板表面高低差</td><td>2</td><td>钢尺检查</td></tr>
<tr><td colspan="2">表面平整度</td><td>3</td><td>2m靠尺和塞尺检查</td></tr>
</table>

注:检查轴线位置时,应沿纵、横两个方向量测,并取其中的较大值。

6.1.6.8　预制构件模板安装的允许偏差及检验方法

<table>
<tr><th colspan="2">项　目</th><th>允许偏差(mm)</th><th>检验方法</th></tr>
<tr><td rowspan="4">长度</td><td>板、梁</td><td>±5</td><td rowspan="4">钢尺量两角边,取其中大值</td></tr>
<tr><td>薄腹梁、桁架</td><td>±10</td></tr>
<tr><td>柱</td><td>0,−10</td></tr>
<tr><td>墙板</td><td>0,−5</td></tr>
<tr><td rowspan="2">宽度</td><td>板、墙板</td><td>0,−5</td><td rowspan="2">钢尺量一端及中部,取其中较大值</td></tr>
<tr><td>梁、薄腹梁、桁架、柱</td><td>+2,−5</td></tr>
<tr><td rowspan="3">高(厚)度</td><td>板</td><td>+2,−3</td><td rowspan="3">钢尺量一端及中部,取其中较大值</td></tr>
<tr><td>墙板</td><td>0,−5</td></tr>
<tr><td>梁、薄腹梁、桁架、柱</td><td>+2,−5</td></tr>
</table>

续表 6.1.6.8

项目		允许偏差(mm)	检验方法
侧向弯曲	梁、板、柱	$L/1000$ 且≤15	拉线、钢尺量最大弯曲处，L 为梁、板、柱、桁架的长度
	墙板、薄腹梁、桁架	$L/1500$ 且≤15	
板的表面平整度		3	2m 靠尺和塞尺检查
相邻两板表面高低差		1	钢尺检查
对角线差	板	7	钢尺量两个对角线
	墙板	5	
翘曲	板、墙板	$l/1500$	调平尺在两端量测，l 为板、墙板的长度
设计起拱	薄腹梁、桁架、梁	±3	拉线、钢尺量跨中

6.1.7 模板拆除

6.1.7.1 模板拆除要求

及时拆除模板，可以提高模板的周转率，加快工程进度。但过早拆除模板，混凝土会因强度不足或外力作用而变形甚至断裂，造成重大的质量事故。现场施工员对此应引起足够的重视。

(1)侧模板的拆除

侧模板为非承重模板，可在混凝土强度能保证其表面及棱角不因拆模而损坏时将侧模拆除，具体时间可参照 6.1.7.2。

(2)底模板的拆除

底模板是承重模板，拆除过早会引起严重后果。为此，底模板要在混凝土达到 6.1.7.3 规定强度时方可拆除。

6.1.7.2 拆除侧模板参考时间

水泥品种	混凝土强度等级	混凝土的平均硬化温度(℃)					
		5	10	15	20	25	30
		混凝土强度达到 2.5MPa 所需天数					
普通水泥	C10	5	4	3	2	1.5	1
	C15	4.5	3	2.5	2	1.5	1
	≥C20	3	2.5	2	1.5	1.0	1
矿渣及火山灰质水泥	C10	8	6	4.5	3.5	2.5	2
	C15	6	4.5	3.5	2.5	2	1.5

6.1.7.3 底模拆除时的混凝土强度要求

构件类型	构件跨度(m)	达到设计的混凝土立方体抗压强度标准值的百分率(%)
板	≤2	≥50
	>2, ≤8	≥75
	>8	≥100
梁、拱、壳	≤8	≥75
	>8	≥100
悬臂构件	—	≥100

6.1.7.4 模板拆除质量验收标准

项	序	检验项目与要求	检验方法
主控项目	1	底模及其支架拆除时的混凝土强度应符合设计要求；当设计无具体要求时，混凝土强度应符合 6.1.7.3 的规定 检查数量：全数检查	检查同条件养护试件强度试验报告
	2	对后张法预应力混凝土结构构件，侧模宜在预应力张拉前拆除；底模支架的拆除应按施工技术方案进行，当无具体要求时，不应在结构构件建立预应力前拆除 检查数量：全数检查	观察
	3	后浇带模板的拆除和支顶应按施工技术方案进行 检查数量：全数检查	观察
一般项目	1	侧模板拆除时的混凝土强度应能保证其表面及棱角不受损伤 检查数量；全数检查	观察
	2	模板拆除时，不应对楼层形成冲击荷载。拆除的模板和支架宜分散堆放并及时清运 检查数量：全数检查	观察

6.2 钢筋工程

6.2.1 钢筋原材料及钢筋配筋的一般构造

6.2.1.1 钢筋原材料的质量验收标准

项	序	检验项目与要求	检验方法
主控项目	1	钢筋进场时，应按现行国家标准《钢筋混凝土用热轧带肋钢筋》GB 1499 等的规定抽取试件作力学性能检验，其质量必须符合有关标准的规定 检查数量：按进场的批次和产品的抽样检验方案确定	检查产品合格证、出厂检验报告和进场复验报告
	2	对有抗震设防要求的框架结构，其纵向受力钢筋的强度应满足设计要求；当设计无具体要求时，对一、二级抗震等级，检验所得的强度实测值应符合下列规定： (1)钢筋的抗拉强度实测值与屈服强度实测值的比值应不小于 1.25 (2)钢筋的屈服强度实测值与强度标准值的比值应不大于 1.3 检查数量：按进场的批次和产品抽样检验方案确定	检查进场复验报告
	3	当发现钢筋脆断、焊接性能不良或力学性能显著不正常等现象时，应对该批钢筋进行化学成分检验或其他专项检验	查化学成分等专项检验报告
一般项目	1	钢筋应平直，无损伤，表面不得有裂纹、油污、颗粒状或片状老锈 检查数量：进场时和使用前全数检查	观察

6.2.1.2 钢筋配筋的一般构造

序号	项目	内容
1	混凝土保护层	(一)混凝土结构的环境类别 混凝土结构应根据6.2.1.3的环境类别和设计使用年限进行设计 (三)混凝土保护层最小厚度 混凝土保护层是受力钢筋外缘至构件外表面之间的距离。它是防止钢筋锈蚀,保证钢筋与混凝土之间有足够的粘结力的构造措施,其厚度取决于构件的耐久性和受力钢筋粘结锚固性能的要求。纵向受力钢筋的混凝土保护层最小厚度应不小于钢筋的公称直径,且应符合6.2.1.4的规定。板、墙、壳中分布钢筋的保护层厚度应不小于6.2.1.4中相应数值减10mm,且应不小于10mm。梁、柱中箍筋和构造钢筋的保护层厚度应不小于15mm。特殊条件下的混凝土保护层厚度应根据国家现行的有关规定执行
2	钢筋锚固	纵向受拉钢筋的最小锚固长度应符合6.2.1.5的规定。当符合下列条件时,6.2.1.5的锚固长度应进行修正: (1)当HRB335、HRB400和RRB400级钢筋的直径大于25mm时,其锚固长度应乘以修正系数1.1 (2)HRB335、HRB400和RRB400级环氧树脂钢筋的锚固长度,应乘以修正系数1.25 (3)当钢筋在施工的过程中易受扰动(如滑模施工)时,其锚固长度应乘以修正系数1.1 (4)当HRB335、HRB400和RRB400级钢筋在锚固区的混凝土保护层厚度大于钢筋直径的3倍且配有箍筋时,其锚固长度可乘以修正系数0.8 (5)当HRB335、HRB400和RRB400级纵向受拉钢筋末端采用机械锚固措施时,包括附加锚固端头在内的锚固长度应取6.2.1.5中数值的0.7倍

续表 6.2.1.2

序号	项 目	内 容
3	钢筋连接	当钢筋需要接长时,可以采用绑扎连接、焊接和机械连接。钢筋接头宜设在受力较小处,同一根钢筋上宜少设接头,同一构件中的纵向受力钢筋接头宜相互错开 (一)接头使用规定 (1)直径大于 12mm 以上的钢筋,应优先采用焊接接头或机械连接接头 (2)当受拉钢筋的直径大于 28mm 及受压钢筋直径大于 32mm 时,不宜采用绑扎搭接接头 (3)轴心受拉和小偏心受拉杆件中的钢筋接头均应焊接,直接承受动力荷载的结构构件中,其纵向受拉钢筋不得采用绑扎搭接接头 (二)接头面积允许百分率 (1)从任一绑扎接头中心至搭接长度 L_1 的 1.3 倍区段范围内,有绑扎接头的受力钢筋截面面积占受力钢筋总截面面积的百分率,应符合下列规定: ①对梁类、板类及墙类构件,不宜大于 25%,其最小搭接长度应符合 6.2.1.6 的规定 ②对柱类构件不宜大于 50% ③工程中确有必要增大接头面积百分率时,梁头构件应不大于 50%;其他构件可根据实际情况适度放宽 受压钢筋绑扎连接的搭接长度,应取受拉钢筋绑扎连接搭接长度的 0.7 倍,但任何情况下受压钢筋的搭接长度应不小于 200mm (2)受力钢筋采用机械连接接头或焊接接头时,在任一接头中心至长度为钢筋直径 d 的 35 倍且不小于 500mm 的区段内,有接头的受力钢筋截面面积占受力钢筋总截面面积的百分率,应符合设计要求;当设计无要求时,应符合下列规定: ①受拉区不应超过 50%;受压区和装配式构件连接处不受限制 ②接头不宜设置在有抗震设防要求的框架梁端、柱端的箍筋加密区;当无法避开时,对等强度高质量机械连接接头,应不大于 50% ③直接承受动力荷载的结构构件中,不宜采用焊接接头,当采用机械连接接头时,应不大于 50%

6.2.1.3 混凝土结构的环境类别

序号	环境类别		条件
1	一		室内正常环境
2	二	A	室内潮湿环境；非严寒和非寒冷地区的露天环境、与无侵蚀性水或土壤直接接触的环境
3		B	严寒和寒冷地区的露天环境、与无侵蚀性水或土壤直接接触的环境
4	三		使用除冰盐的环境；严寒和寒冷地区冬季水位变动的环境；滨海室外环境
5	四		海水环境
6	五		受人为或自然的侵蚀性物质影响的环境

6.2.1.4 纵向受力钢筋的混凝土保护层最小厚度 (mm)

序号	环境类别		板、墙、壳			梁			柱		
			≤C20	C25～C45	≥C45	≤C20	C25～C45	≥C45	≤C20	C25～C45	≥C45
1	一		20	15	15	30	25	25	30	30	30
2	二	A	—	20	20	30	30	30	—	30	30
3		B	—	25	20	35	35	30	—	35	30
4	三		—	30	25	—	40	35	—	40	35

注：基础中纵向受力钢筋的混凝土保护层厚度应不小于 40mm；当无垫层时应不小于 70mm。

6.2.1.5 纵向受拉钢筋的最小锚固长度 l_a (mm)

序号	钢筋类型	混凝土强度等级			
		C15	C20～C25	C30～C35	≥C40
1	HPB235 级	$40d$	$30d$	$25d$	$20d$
2	HRB335 级	$50d$	$40d$	$30d$	$25d$
3	HRB400 与 RRB400 级	—	$45d$	$35d$	$30d$

注：1. 光圆钢筋末端应做 180°弯钩，弯后平直段长度应不小于 $3d$。

2. 在任何情况下，纵向受拉钢筋的锚固长度应不小于 250mm。

3. d—钢筋公称直径。

6.2.1.6 纵向受拉钢筋的最小搭接长度

序号	钢筋类型		混凝土强度等级			
			C15	C20～C25	C30～C35	≥C40
1	光圆钢筋	HPB235 级	$45d$	$35d$	$30d$	$25d$
2	带肋钢筋	HRB335 级	$55d$	$45d$	$35d$	$30d$
3		HRB400 级、RRB400 级	—	$55d$	$40d$	$35d$

注：1. 两根直径不同钢筋的搭接长度，以较细钢筋的直径计算。

2. d—钢筋公称直径。

6.2.2 钢筋加工

钢筋加工包括钢筋的冷拉、冷拔和钢筋切断、弯曲成型。

6.2.2.1 钢筋冷拉参数

顶次	钢筋种类	双控		单控
		冷拉应力(MPa)	冷拉率(%)不大于	冷拉率(%)
1	Ⅰ级钢筋	—	—	不大于 10.0
2	Ⅱ级钢筋	440	5.5	3.5～5.5
3	Ⅲ级钢筋	520	5.0	3.5～5.0
4	Ⅳ级钢筋	735	4.0	2.5～4.0
5	Ⅴ级钢筋	440	6.0	4.0～6.0

6.2.2.2 冷拉控制应力及最大冷拉率

钢筋级别	钢筋直径(mm)	冷拉控制应力(N/mm²)	最大冷拉率(%)
Ⅰ级	≤12	280	10.0
Ⅱ级	≤25	450	5.5
	28～40	430	
Ⅲ	8～40	500	5.0
Ⅳ级	10～28	700	4.0

6.2.2.3 测定冷拉率时钢筋的冷拉应力 (N/mm²)

钢筋级别	钢筋直径(mm)	冷拉应力
Ⅰ级	≤12	310
Ⅱ级	≤25	480
	28～40	460
Ⅲ级	8～40	530
Ⅳ级	10～28	730

注：当钢筋平均冷拉率低于1%时，仍应按1%进行冷拉。

6.2.2.4 冷拉钢筋的力学性能

钢筋级别	公称直径 d(mm)	屈服点 σ_s (MPa)	抗拉强度 σ_b (MPa)	伸长度 δ_{10} (%)	冷弯	
		不小于			弯曲角度	弯心直径
冷拉Ⅰ级	6～12	280	370	11	180°	3d
冷拉Ⅱ级	8～25	450	510	10	90°	3d
	28～40	430	490			4d
冷拉Ⅲ级	8～40	500	570	8	90°	5d
冷拉Ⅳ级	10～28	700	835	6	90°	5d

注：表中 d 表示钢筋直径。直径大于 25mm 的冷拉Ⅲ～Ⅳ级钢筋，冷弯弯心直径应增加 1d。

6.2.2.5 钢丝冷拔次数参考表

项次	钢丝直径(mm)	盘条直径(mm)	冷拔总压缩率(%)	冷拔次数和拔后直径(mm)					
				第 1 次	第 2 次	第 3 次	第 4 次	第 5 次	第 6 次
1	ϕ^b5	ϕ8	61	6.5 7.0	5.7 6.3	5.0 5.7	5.0	—	—
2	ϕ^b4	ϕ6.5	62.2	5.5 5.7	4.6 5.0	4.0 4.5	 4.0	—	—
3	ϕ^b3	ϕ6.4	78.7	5.5 5.7	4.6 5.0	4.0 4.5	3.5 4.0	3.0 3.5	— 3.0

6.2.2.6 甲级冷拔钢丝直径允许偏差

钢丝直径(mm)	直径允许偏差(mm)不大于	备注
3	±0.06	检验时应同时测量钢丝两个垂直方向的直径
4	±0.08	
5	±0.10	

6.2.2.7 冷轧带肋钢筋的变形道次及压缩率

序号	原料直径(mm)	1 号轧机		2 号轧机		3 号轧机		成品直径(mm)
		公称直径(m)	压缩率(%)	公称直径(m)	压缩率(%)	公称直径(m)	压缩率(%)	
1	ϕ5.5			4.65	28.5	4.00	26	ϕ4
2	ϕ6.5	5.40	31	4.65	25.8	4.00	26	ϕ4

续表 6.2.2.7

序号	原料直径（mm）	1号轧机		2号轧机		3号轧机		成品直径（mm）
		公称直径（m）	压缩率（%）	公称直径（m）	压缩率（%）	公称直径（m）	压缩率（%）	
3	ϕ6.5	5.90	17.6	5.25	20.8	4.50	26.5	ϕ4.5
4	ϕ6.5			5.80	20.4	5.00	25.7	ϕ5
5	ϕ6.5	5.80	20.4			5.00	25.7	ϕ5
6	ϕ6.5			6.35	4.56	5.50	25	ϕ5.5
7	ϕ8	6.90	25.6			6.00	24.4	ϕ6
8	ϕ9	8.05	20			7.00	24.4	ϕ7
9	ϕ10	9.20	15.36			8.00	24.4	ϕ8
10	ϕ12	11.20	12.9			10.00	20.3	ϕ10
11	ϕ13	12.40	9			11.00	21.3	ϕ11
12	ϕ14	13.40	8.4			12.00	19.8	ϕ12

6.2.2.8 钢筋配料的有关规定

序号	项　目	内　　容
1	计算原则及相关规定	(1)结构施工图中所指钢筋长度是钢筋外缘至外缘之间的长度，即外包尺寸 (2)混凝土保护层厚度是指受力钢筋外边缘至混凝土构件表面的距离，计算钢筋的下料长度时，应扣除相应的混凝土保护层厚度，如设计无要求时，混凝土保护层厚度应符合 6.2.1.4 的规定。混凝土保护层是保护钢筋不受腐蚀的重要措施，施工时应根据厚度的不同，工程部位的差异选择相应的垫块，牢固地固定在钢筋与模板之间，确保混凝土保护层厚度的要求 (3)钢筋弯曲直径。为了增加钢筋与混凝土的锚固能力或由于受力的需要，其在端部或中部的适当部位要进行弯曲，而钢筋的下料长度与钢筋弯曲半径有关。一般Ⅰ级钢筋的弯曲半径是钢筋直径的 2.5 倍，平直部分长度不小于钢筋直径的 3 倍；Ⅱ级钢筋的弯曲直径不宜小于钢筋直径的 4 倍；Ⅲ级钢筋不宜小于钢筋直径的 5 倍。平直部分的长度按设计要求确定 (4)弯曲调整值。在计算钢筋下料长度时，是以钢筋的中心线为准的，而钢筋弯曲后，外边缘伸长，内边缘缩短，而钢筋长度是指外包尺寸。因此，钢筋弯曲以后的长度与直钢筋存在一个量度差值。这个差值应在计算下料长度时扣除 (5)弯钩增加长度。钢筋的弯钩形式有三种：半圆弯钩、直弯钩及斜弯。光圆钢筋的弯钩增加长度计算得出：半圆弯钩为 6.25d，直弯钩为 3.5d，斜弯钩为 4.9d。Ⅱ、Ⅲ级钢筋一般端部不设弯钩，但由于锚固长度的要求钢筋末端需做 90°或 135°弯折，计算时可作为中间弯折，考虑弯曲调整值即可。实际施工中，因种种原因的限制，采用的弯钩增加长度与计算略有出入，往往采用经验数据 (6)弯起钢筋斜长。弯起钢筋的斜长系数见 6.2.2.11 (7)箍筋调整值。箍筋调整值是指弯钩增加长度和弯曲调整值两项之差或和，根据箍筋的外包尺寸或内包尺寸确定，见 6.2.2.12

续表 6.2.2.8

序号	项　目	内　　容
2	钢筋下料长度计算	各种钢筋下料长度计算公式如下： 直钢筋下料长度＝构件长度－保护层厚度＋弯钩增加长度 弯起钢筋下料长度＝直段长度＋斜段长度—弯曲调整值＋弯钩增加长度 箍筋下料长度＝箍筋周长＋箍筋调整值 上述钢筋需要搭接时，还应增加钢筋搭接长度
3	注意事项	(1)设计图中钢筋配置的细节没有注明时，一般可按构造要求处理 (2)配料计算时，要考虑现场施工的需要，在满足设计要求的前提下，应有利于加工安装 (3)配料时还要考虑施工需要的附加钢筋。例如，各种加固的钢筋、撑铁，柱钢筋骨架需增加四面斜筋撑等
4	配料单与料牌	(1)钢筋配料计算完成后，应填写配料单 (2)列入加工计划的配料单，要将每一编号的钢筋制作一块料牌，作为钢筋加工与安装的标志

6.2.2.9　钢筋弯曲调整值　　(mm)

角度 / 调整值(mm) / 直径(mm)	30°	45°	60°	90°	135°
	0.35d	0.5d	0.85d	2d	2.5d
6	—	—	—	12	15
8	—	—	—	16	20
10	3.5	5	8.5	20	25
12	4	6	10	24	30
14	5	7	12	28	35
16	5.5	8	13.5	32	40
18	6.5	9	15.5	36	45
20	7	10	17	40	50
22	8	11	19	44	55
25	9	12.5	21.5	50	62.5
28	10	14	24	56	70
32	11	16	27	64	80
36	12.5	18	30.5	72	90

注：1. d 为弯曲钢筋的直径。

2. 表中角度是指钢筋弯曲后与水平线的夹角。

6.2.2.10 半圆弯钩增加长度参考表(用机械弯)

钢筋直径(mm)	≤6	8～10	12～18	20～28	32～36
一个弯钩长度(mm)	40	$6d$	$5.5d$	$5d$	$4.5d$

6.2.2.11 弯起钢筋斜长系数

符　　号	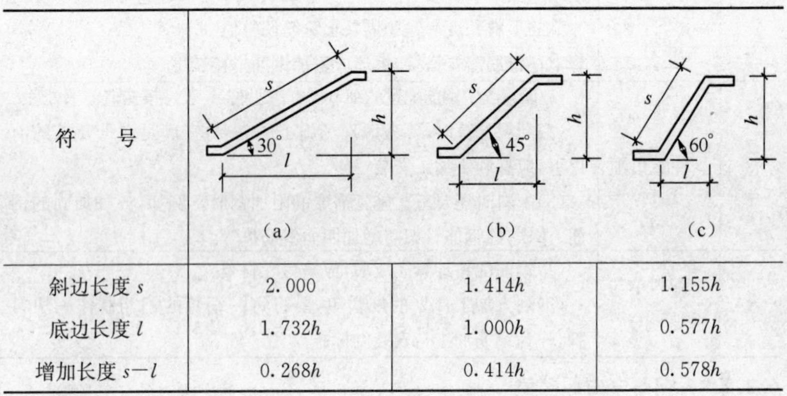 (a)	(b)	(c)
斜边长度 s	2.000	$1.414h$	$1.155h$
底边长度 l	$1.732h$	$1.000h$	$0.577h$
增加长度 $s-l$	$0.268h$	$0.414h$	$0.578h$

6.2.2.12 箍筋调整值

箍筋量度方法	箍筋直径(mm)			
	4～5	6	8	10～12
量外包尺寸	40	50	60	70
量内包尺寸	80	100	120	150～170

6.2.2.13 查表计算钢筋下料长度

为了简化钢筋配料计算，在实际工作中常将钢筋下料计算中遇到的数据绘制成计算图表，在进行配料计算时，只要知道钢筋的直段部分长，加上表格上的数值，即可得到各种钢筋的下料长度。各种规格钢筋弯钩增加长度见表 6.2.2.13(一)，梁弯起钢筋斜长见表 6.2.2.13(二)，直线钢筋弯钩长度增加值见表 6.2.2.13(三)，圆柱每米高螺旋箍筋长度见表 6.2.2.13(四)，弯起钢筋下料长度调整值见表 6.2.2.13(五)。

6.2.2.13(一) 各种规格钢筋弯钩增加长度参考表

钢筋直径 d(mm)	半圆弯钩(mm)		半圆弯钩(mm)(不带平直部分)		直弯钩(mm)		斜弯钩(mm)	
	1个钩长	2个钩长	1个钩长	2个钩长	1个钩长	2个钩长	1个钩长	2个钩长
6	40	75	20	40	35	70	75	150
8	50	100	25	50	45	90	95	190
9	60	115	30	60	50	100	110	220
10	65	125	35	70	55	110	120	240
12	75	150	40	80	65	130	145	290
14	90	175	45	90	75	150	170	340
16	100	200	50	100	—	—	—	—
18	115	225	60	120	—	—	—	—
20	125	250	65	130	—	—	—	—
22	140	275	70	140	—	—	—	—
25	160	315	80	160	—	—	—	—
28	175	350	85	190	—	—	—	—
32	200	400	105	210	—	—	—	—
36	225	450	115	230	—	—	—	—

6.2.2.13(二) 梁弯起钢筋斜长表

(mm)

弯起角度	截面高度														
	250	300	350	400	450	500	550	600	650	700	750	800	900	1000	1100
45°	283	353	424	495	566	636	707	778	848	919	990	1060	1202	1343	1485
60°	—	—	—	—	—	—	—	—	693	751	809	866	982	1097	1213

注:梁混凝土保护层一律按25mm计。

6.2.2.13(三) 直线钢筋弯钩长度增加值

(mm)

钢筋图形	钢筋直径														
	4	5	6	8	10	12	14	16	18	20	22	25	28	30	32
半圆弯钩	50	63	75	100	125	150	175	200	225	250	275	313	350	375	400
直弯钩	28	35	42	56	70	84	98	112	126	140	154	175	196	210	224

6.2.2.13(四) 圆柱每米高螺旋箍筋长度表

螺旋矩(mm)	圆柱体直径(mm)							
	200	250	300	350	400	450	500	550
	(cm)							
50	1011	1264	1579	1893	2200	2518	2833	3143
60	842	1053	1315	1577	1837	2098	2360	2619
80	632	795	912	1189	1384	1580	1776	1970
100	509	636	793	951	1007	1264	1421	1576
150	339	425	529	634	739	843	948	1051

注:圆柱保护层一律按 25mm 计。

6.2.2.13(五) 弯起钢筋下料长度调整值 (mm)

钢筋图形	钢筋直径														
	6	8	10	12	14	16	18	20	22	25	28	30	32	34	36
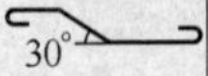 30°	72	96	120	144	168	192	216	240	263	300	336	360			
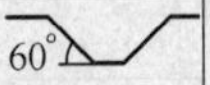 60°			−34	−41	−48	−54	−61	−68	−75	−85	−95	−102	109	−116	−122
 45°			84	126	147	168	189	210	231	263	294	315	336	357	378
 45°			−20	−24	−28	−32	−36	−40	−44	−50	−56	−60	−64	−68	−72
 60°			90	108	126	134	162	180	198	225	252	270	288	306	324
 45°			−40	−48	−56	−64	−72	−80	−88	−100	−112	−120	−128	−136	−144
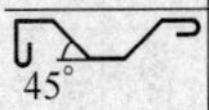 45°			85	102	119	136	153	170	187	212	238	255	272	289	306
 45°			−60	−72	−84	−96	−108	−120	−132	−150	−168	−180	−192	−204	−216
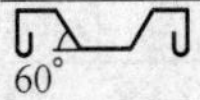 60°			50	60	70	80	90	100	110	125	140	150	160	170	180
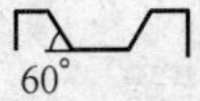 60°			−74	−89	−104	−118	−133	−148	−163	−185	−207	−222	−237	−252	−266
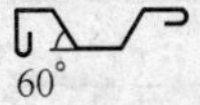 60°			70	84	98	112	126	140	154	175	196	210	224	238	252
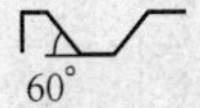 60°			−55	−66	−77	−88	−99	−110	−121	−138	−154	−165	−176	−187	−198
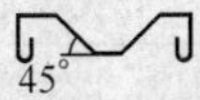 45°			65	78	91	104	117	130	143	163	182	195	208	221	234

6.2.2.14　钢筋加工质量验收标准

项	序	检验项目与要求	检验方法
主控项目	1	受力钢筋的弯钩和弯折应符合下列规定： (1) HPB235 级钢筋末端应作 180°弯钩，其弯弧内直径应不小于钢筋直径的 2.5 倍，弯钩的弯后平直部分长度应不小于钢筋直径的 3 倍 (2) 当设计要求钢筋末端需作 135°弯钩时，HRB335 级、HRB400 级钢筋的弯弧内直径应不小于钢筋直径的 4 倍，弯钩的弯后平直部分长度应符合设计要求 (3)钢筋作不大于 90°的弯折时，弯折处的弯弧内直径应不小于钢筋直径的 5 倍 检查数量：按每工作班同一类型钢筋、同一加工设备抽查应不少于 3 件	钢尺检查
	2	除焊接封闭式箍筋外，箍筋的末端应作弯钩，弯钩形式应符合设计要求；当设计无具体要求时，应符合下列规定： (1)箍筋弯钩的弯弧内直径除应满足 6.2.2.12 的规定外，尚应不小于受力钢筋直径 (2)箍筋弯钩的弯折角度：对一般结构，应不小于 90°；对有抗震等要求的结构，应为 135° (3)箍筋弯后平直部分长度：对一般结构，不宜小于箍筋直径的 5 倍，对有抗震等要求的结构，应不小于箍筋直径的 10 倍 检查数量：按每工作班同一类型钢筋、同一加工设备抽查应不少于 3 件	钢尺检查
一般项目	1	钢筋调直宜采用机械方法，也可采用冷拉方法。当采用冷拉方法调直钢筋时，HPB235 级的钢筋的冷拉率不宜大于 4%，HRB335 级、HRB400 级和 RRB400 级钢筋的冷拉率不宜大于 1% 检查数量：按每工作班同一类型钢筋、同一加工设备抽查应不少于 3 件	观察、钢尺检查
	2	钢筋加工的形状、尺寸应符合设计要求，其偏差应符合表 6.2.2.15 的规定 检查数量：按每工作班同一类型钢筋、同一加工设备抽查不就少于 3 件	钢尺检查

6.2.2.15 钢筋加工的允许偏差

项　目	允许偏差(mm)
受力钢筋顺长度方向全长的净尺寸	±10
弯起钢筋的弯折位置	±20
箍筋内净尺寸	±5

6.2.3 钢筋焊接

钢筋焊接是钢筋连接的重要方式，具体的焊接方法可根据工程的不同需要、作用的不同和所处的不同部位，采用电阻点焊、闪光对焊、电弧焊、电渣压力焊、气压焊、埋弧压力焊等。

6.2.3.1 钢筋焊接材料要求

序号	材料名称	材料要求
1	焊接钢筋	焊接钢筋其力学性能和化学成分应分别符合下列现行国家标准：《钢筋混凝土用热轧带肋钢筋》GB 1499；《钢筋混凝土用热轧光圆钢筋》GB 13013；《钢筋混凝土用余热处理钢筋》GB 13014；《冷轧带肋钢筋》GB 13788；《低碳钢热轧圆盘条》GB/T 701 的规定
2	各种接头中的钢板和型钢	预埋件接头、熔槽帮条焊接头和坡口焊接头中的钢板和型钢，宜采用低碳钢或低合金钢，其力学性能和化学成分应符合现行国家标准《碳素结构钢》GB 700 或《低合金高强度结构钢》GB/T 1591 的规定
3	焊条	电弧焊所采用的焊条，应符合现行国家标准《碳钢焊条》GB/T 5117或《低合金钢焊条》GB/T 5118 的规定，其型号应根据设计确定，若设计无规定时，可按 6.2.3.2 选用
4	氧气	氧气的质量应符合现行国家标准《工业用氧》GB/T 3863 的规定，其纯度应大于或等于 99.5%
5	乙炔	乙炔的质量应符合现行国家标准《溶解乙炔》GB 6819 的规定，其纯度应大于或等于 98.0%
6	液化石油气	液化石油气的质量应符合现行国家标准《液化石油气》GB 11174 或《油气田液化石油气》GB 9052.1 的规定

6.2.3.2 钢筋电弧焊焊条型号

序号	钢筋牌号	电弧焊接头形式			
		帮条焊 搭接焊	坡口焊 熔槽帮条焊 预埋件穿孔塞焊	窄间隙焊	钢筋与钢板搭接焊 预埋件T型角焊
1	HPB235	E4303	E4303	E4316 E4305	E4303
2	HRB335	E4303	E5003	E5016 E5015	E4303
3	HRB400	E5003	E5503	E6016 E6015	E5003
4	RRB400	E5003	E5503	—	—

6.2.3.3 钢筋电阻点焊

钢筋电阻点焊是将两根钢筋安放成交叉叠接形式，压紧于两电极之间，利用电阻热熔化母材金属，加压形成焊点的一种压焊方法。

焊接通电时间应符合表 6.2.3.3(一)的规定；电极压力应符合表 6.2.3.3(二)的规定。

6.2.3.3(一) 钢筋电阻点焊焊接通电时间

(s)

变压器级数	较小钢筋直径(mm)							
	3	4	5	6	8	10	12	14
1	0.08	0.10	0.12	—	—	—	—	—
2	0.05	0.06	0.07	—	—	—	—	—
3	—	—	—	0.22	0.70	1.50	—	—
4	—	—	—	0.20	0.60	1.25	2.50	4.00
5	—	—	—	—	0.50	1.00	2.00	3.50
6	—	—	—	—	0.40	0.75	1.50	3.00
7	—	—	—	—	—	0.50	1.20	2.50

注：点焊Ⅱ级钢筋或冷轧带肋钢筋时，焊接通电时间可延长20%～25%。

6.2.3.3(二) 钢筋电阻点焊电极压力

(N)

较小钢筋直径(mm)	Ⅰ级钢筋 冷拔低碳钢丝	Ⅱ级钢筋 冷轧带肋钢筋
3	980～1470	—
4	980～1470	1470～1960
5	1470～1960	1960～2450
6	1960～2450	2450～2940
8	2450～2940	2940～3430
10	2940～3920	3430～3920
12	3430～4410	4410～4900
14	3920～4900	4900～5880

钢筋点焊时，电极的直径应根据较小钢筋直径选用，并应符合表6.2.3.3(三)的规定。点焊制品焊接缺陷及消除措施见表6.2.3.3(四)。

6.2.3.3(三) 钢筋电阻点焊电极直径

较小钢筋直径(mm)	电极直径(mm)
3～10	30
12～14	40

6.2.3.3(四) 电阻点焊制品焊接缺陷及消除措施

缺陷	产生原因	措施
焊点过烧	(1)变压器级数过高 (2)通电时间太长 (3)上下电极不对中心 (4)继电器接触失灵	(1)降低变压器级数 (2)缩短通电时间 (3)切断电源，校正电极 (4)清理触点，调节间隙
焊点脱落	(1)电流过小 (2)压力不够 (3)压入深度不足 (4)通电时间太短	(1)提高变压器级数 (2)加大弹簧压力或调大气压 (3)调整两电极间距离符合压入深度要求 (4)延长通电时间
钢筋表面烧伤	(1)钢筋和电极接触表面太脏 (2)焊接时没有顶压过程或预压力过小 (3)电流过大 (4)电极变形	(1)清刷电极与钢筋表面的铁锈和油污 (2)保证预压过程和适当的预压力 (3)降低变压器级数 (4)修理或更换电极

钢筋点焊多用来焊接钢筋骨架，焊接成品应量测其长度和宽度，并应抽查纵、横方向3～5个网格的尺寸，其允许偏差应符合表6.2.3.3(五)的规定。

6.2.3.3(五) 钢筋电阻点焊焊接骨架的允许偏差

项目		允许偏差(mm)
焊接骨架	长度	±10
	宽度	±5
	高度	±5

续表 6.2.3.3(五)

项目		允许偏差(mm)
骨架箍筋间距		±10
受力主筋	间距 排距	±10 ±5

6.2.3.4 钢筋闪光对焊

将两根钢筋安放成对接形式，利用电阻热使接触点金属熔化，产生强烈飞溅，形成闪光，迅速施加顶锻力完成钢筋的连接。

常用对焊机技术性能见表 6.2.3.4(一)。

6.2.3.4(一) 常用对焊机技术性能

序号	项目		单位	焊机型号			
				UN_1-75	UN_1-100	UN_2-150	UN_{17}-150-1
1	额定容量		kVA	75	100	150	150
2	初级电压		V	220/380	380	380	380
3	次级电压调节范围		V	3.52～7.94	4.5～7.6	4.05～8.1	3.8～7.6
4	次级电压调节级数			8	8	15	15
5	额定持续率		%	20	20	20	50
6	钳口夹紧力		kN	20	40	100	160
7	最大顶锻力		kN	30	40	65	80
8	钳口最大距离		mm	80	80	100	90
9	动钳口最大行程		mm	30	50	27	80
10	动钳口最大烧化行程		mm	—	—	—	20
11	焊件最大预热压缩量		mm	—	—	10	—
12	连续闪光焊时钢筋最大直径		mm	12～16	16～20	20～25	20～25
13	预热闪光焊时钢筋最大直径		mm	32～36	40	40	40
14	生产率		次/h	75	20～30	80	120
15	冷却水消耗量		L/h	200	200	200	500
16	压缩空气	压力	N/mm^2	—	—	5.5	6
		消耗量	m^3/h	—	—	15	5
17	焊机质量		kg	445	465	2500	1900
18	外形尺寸	长	mm	1520	1800	2140	2300
		宽	mm	550	550	1360	1100
		高	mm	1080	1150	1380	1820

钢筋闪光对焊所能焊接的钢筋上限直径，应根据焊机容量、钢筋

级别等具体情况而定，并应符合 6.2.3.4(二)的规定。钢筋闪光对焊接头应进行弯曲试验，弯心直径和弯曲角应符合 6.2.3.4(三)的规定，当弯至 90°，至少有 2 个试件不得发生破断。闪光对焊异常现象、焊接缺陷及消除措施见 6.2.3.4(四)。

6.2.3.4(二)　连续闪光焊钢筋上限直径

焊机容量(kV·A)	钢筋级别	钢筋直径(mm)
160	Ⅰ级	25
	Ⅱ级	22
	Ⅲ级	20
100	Ⅰ级	20
	Ⅱ级	18
	Ⅲ级	16
80	Ⅰ级	16
	Ⅱ级	14
	Ⅲ级	12

6.2.3.4(三)　闪光对焊接头弯曲试验指标

钢筋级别	弯心直径	弯曲角(°)
Ⅰ级	$2d$	90
Ⅱ级	$4d$	90
Ⅲ级	$5d$	90
Ⅳ级	$7d$	90

注：1. d 为钢筋直径(mm)。

2. 直径大于 25mm 的钢筋对焊接头，弯曲试验时弯心直径应增加 1 倍钢筋直径。

3. 闪光对焊异常现象、焊接缺陷及消除措施见表 6.2.3.4(四)。

6.2.3.4(四)　闪光对焊异常现象、焊接缺陷及消除措施

异常现象和焊接缺陷	措　施
烧化过分剧烈并产生强烈的爆炸声	(1)降低变压器级数 (2)减慢烧化速度
闪光不稳定	(1)清除电极底部和表面的氧化物 (2)提高变压器级数 (3)加快烧化速度

续表 6.2.3.4(四)

异常现象和焊接缺陷	措施
接头中有氧化膜、未焊透或夹渣	(1)增加预热程度 (2)加快临近顶锻时的烧化程度 (3)确保带电顶锻过程 (4)加快顶锻速度 (5)增大顶锻压力
接头中有缩孔	(1)降低变压器级数 (2)避免烧化过程过分强烈 (3)适当增大顶锻留量及顶锻压力
焊缝金属过烧	(1)减小预热程度 (2)加快烧化速度,缩短焊接时间 (3)避免过多带电顶锻
接头区域裂纹	(1)检验钢筋的碳、硫、磷含量;若不符合规定时应更换钢筋 (2)采取低频预热方法,增加预热程度
钢筋表面微熔及烧伤	(1)消除钢筋被夹紧部位的铁锈和油污 (2)消除电极内表面的氧化物 (3)改进电极槽口形状,增大接触面积 (4)夹紧钢筋
接头弯折或轴线偏移	(1)正确调整电极位置 (2)修整电极钳口或更换已变形的电极 (3)切除或矫直钢筋的接头

6.2.3.5 钢筋电弧焊

这种焊接方法是以焊条为一极,钢筋为另一极,利用焊接电流通过两极间隙时产生的电弧热进行焊接。常用交流弧焊机技术性能和常用直流弧焊机技术性能分别见 6.2.3.5(一)和 6.2.3.5(二),焊接电流的选择见 6.2.3.5(三),钢筋帮条长度见 6.2.3.5(四),窄间隙焊端面间隙和焊接参数可按 6.2.3.5(五)选用,钢筋电弧焊焊接接头的尺寸偏差及缺陷允许值见 6.2.3.5(六)。

6.2.3.5(一) 常用交流弧焊机技术性能

序号	项目		BX_3-120-1	BX_3-300-2	BX_3-500-2	BX_2-1000 (BC-1000)
1	额定焊接电流(A)		120	300	500	1000
2	初级电压(V)		220/380	380	380	220/380
3	次级空载电压(V)		70～75	70～78	70～75	69～78
4	额定工作电压(V)		25	32	40	42
5	额定初级电流(A)		41/23.5	61.9	101.4	340/196
6	焊接电流调节范围(A)		20～160	40～400	60～600	400～1200
7	额定持续率(%)		60	60	60	60
8	额定输入功率(kVA)		9	23.4	38.6	76
9	各持续率时功率	100%(kVA)	7	18.5	30.5	—
10		额定持续率(kVA)	9	23.4	38.6	76
11	各持续率时焊接电流	100%(A)	93	232	388	775
12		额定持续率(A)	120	300	500	1000
13	功率因数(cosϕ)		—	—	—	0.62
14	效率(%)		80	82.5	87	90
15	外形尺寸(长×宽×高)(mm)		485×470×680	730×540×900	730×540×900	744×950×1220
16	质量(kg)		100	183	225	560

6.2.3.5(二) 常用直流弧焊机技术性能

序号	项目			AX1-165	AX4-300-1	AX-320	AX5-500	AX3-500
1	弧焊发电机	额定焊接电流(A)		165	300	320	500	500
		焊接电流调节范围(A)		40～200	45～375	45～320	60～600	60～600
		空载电压(V)		40～60	55～80	50～80	65～92	55～75
		工作电压(V)		30	22～35	30	23～44	25～40
		额定持续率(%)		60	60	50	60	60
		各持续率时功率	100%(kW)	3.9	6.7	7.5	13.6	15.4
			额定持续率(kW)	5.0	9.6	9.6	20	20
		各持续率时焊接电流	100%(A)	130	230	250	385	385
			额定持续率(A)	165	300	320	500	500

续表 6.2.3.5(二)

序号	项目		AX1-165	AX4-300-1	AX-320	AX5-500	AX3-500
2	使用焊条直径(mm)		ϕ5 以下	ϕ3～7	ϕ3～7	—	ϕ3～7
3	电动机	功率(kW)	6	10	14	20	26
		电压(V)	220/380	380	380	380	220/380
		电流(A)	21.3/12.3	20.8	27.6	50.9	89/51.5
		频率(Hz)	50	50	50	50	50
		转速(r/min)	2900	2900	1450	1450	2900
		功率因数(cosϕ)	0.87	0.88	0.87	0.88	0.90
		机组效率(%)	52	52	53	54	54
4	外形尺寸(长×宽×高)(mm)		932×382×720	1140×500×825	1202×590×992	1128×590×1000	1078×600×805
5	机组质量(kg)		210	250	560	700	415

6.2.3.5(三) 焊接电流的选择

焊接类型	焊接位置	钢筋直径(mm)	焊条直径(mm)	焊接电流(A)
搭接焊和帮条焊	平焊	10～12	3.2	90～130
		14～22	4	130～180
		25～32	5	180～230
		36～40	5	190～240
	立焊	10～12	3.2	80～110
		14～22	4	110～150
		25～32	4	120～170
		36～40	5	170～220
坡口焊	平焊	16～20	3.2	140～170
		22～25	4	170～190
		28～32	5	190～220
		36～40	5	200～230
	立焊	16～20	3.2	120～150
		22～25	4	150～180
		28～32	4	180～200
		36～40	5	190～210

6.2.3.5(四)　钢筋帮条长度

钢筋级别	焊缝型式	帮条长度 l
Ⅰ级	单面焊	≥8d
	双面焊	≥4d
Ⅱ、Ⅲ级	单面焊	≥10d
	双面焊	≥5d

注：d 为主筋直径(mm)。

6.2.3.5(五)　窄间隙焊端面间隙和焊接参数

钢筋直径(mm)	端面间隙(mm)	焊条直径(mm)	焊接电流(A)
16	9～11	3.2	100～110
18	9～11	3.2	100～110
20	10～12	3.2	100～110
22	10～12	3.2	100～110
25	12～14	4.0	150～160
28	12～14	4.0	150～160
32	12～14	4.0	150～160
36	13～15	5.0	220～230
40	13～15	5.0	220～230

6.2.3.5(六)　钢筋电弧焊接接头尺寸偏差及缺陷允许值

名　　称	单位	接头型式		
		帮条焊	搭接焊	坡口焊窄间隙焊熔槽帮条焊
帮条沿接头中心线的纵向偏移	mm	0.3d	—	—
接头处弯折角	(°)	3	3	3
接头处钢筋轴线的偏移	mm	0.1d	0.1d	0.1d
焊缝厚度	mm	$^{+0.05d}_{0}$	$^{+0.05d}_{0}$	—
焊缝宽度	mm	$^{+0.1d}_{0}$	$^{+0.1d}_{0}$	—

续表 6.2.3.5(六)

名称		单位	接头型式		
			帮条焊	搭接焊	坡口焊窄间隙焊熔槽帮条焊
焊缝长度		mm	$-0.3d$	$-0.3d$	—
横向咬边深度		mm	0.5	0.5	0.5
在长 $2d$ 焊缝表面上的气孔及夹渣	数量	个	2	2	—
	面积	mm^2	6	6	—
在全部焊缝表面上的气孔及夹渣	数量	个	—	—	2
	面积	mm^2	—	—	6

注:1. d 为钢筋直径(mm)。

2. 负温电弧焊接头咬边深度不得大于 0.2mm。

6.2.3.6 钢筋电渣压力焊

钢筋电渣压力焊是将两根钢筋安放成竖向对接形式,利用焊接电流通过两钢筋端面间隙,在焊剂层下形式电弧过程和电渣过程,产生电弧热和电阻热,熔化钢筋,加压完成钢筋的压焊。竖向钢筋电渣压力焊电源性能见 6.2.3.6(一),常用焊剂牌号及主要用途见 6.2.3.6(二),电渣压力焊的焊接参数见 6.2.3.6(三),电渣压力焊接头焊接缺陷及清除措施见 6.2.3.6(四)。

6.2.3.6(一) 竖向钢筋电渣压力焊电源性能

序号	项目	单位	JSD-600		JSD-1000	
1	电源电压	V	380		380	
2	相数	相	1		1	
3	输入容量	kVA	45		76	
4	空载电压	V	80		78	
5	负载持续率	%	60	35	60	35
6	初级电流	A	116		196	
7	次级电流	A	600	750	1000	1200
8	次级电压	V	22~45		22~45	
9	焊接钢筋直径	mm	14~32		22~40	

6.2.3.6(二) 常用焊剂牌号及主要用途

牌　　号	焊剂类型	电流种类	主要用途
焊剂350	中锰中硅中氟	交直流	焊接低碳钢及普通低合金钢结构
焊剂360	中锰高硅中氟		用于电渣焊大型低碳钢及普通低合金钢结构
焊剂430	高锰高硅低氟		焊接重要的低碳钢及普通低合金钢结构
焊剂431			
焊剂433			焊接低碳钢结构,有较高熔点和黏度

6.2.3.6(三) 电渣压力焊焊接参数

钢筋直径(mm)	焊接电流(A)	焊接电压(V)		焊接通电时间(s)	
		电弧过程 $u_{2.1}$	电渣过程 $u_{2.2}$	电弧过程 t_1	电渣过程 t_2
14	200～220	35～45	18～22	12	3
16	200～250			14	4
18	250～300			15	5
20	300～350			17	5
22	350～400			18	6
25	400～450			21	6
28	500～550			24	6
32	600～650			27	7
36	700～750			30	8
40	850～900			33	9

6.2.3.6(四) 电渣压力焊接头焊接缺陷及消除措施

焊接缺陷	措　　施
轴线偏移	(1)矫直钢筋端部 (2)正确安装夹具和钢筋 (3)避免过大的顶压力 (4)及时修理或更换夹具
弯折	(1)矫直钢筋端部 (2)注意安装和扶持上钢筋 (3)避免焊后过快卸夹具 (4)修理或更换夹具

续表 6.2.3.6(四)

焊接缺陷	措施
咬边	(1)减小焊接电流 (2)缩短焊接时间 (3)注意上钳口的起点和止点,确保上钢筋顶压到位
未焊合	(1)增大焊接电流 (2)避免焊接时间过短 (3)检修夹具,确保上钢筋下送自如
焊包不匀	(1)钢筋端面力求平整 (2)填装焊剂尽量均匀 (3)延长焊接时间,适当增加熔化量
气孔	(1)按规定要求烘焙焊剂 (2)清除钢筋焊接部位的铁锈 (3)确保接缝在焊剂中合适埋入深度
烧伤	(1)钢筋导电部位除净铁锈 (2)尽量夹紧钢筋
焊包下淌	(1)彻底封堵焊剂筒的漏孔 (2)避免焊后过快回收焊剂

6.2.3.7 钢筋气压焊

采用氧和乙炔火焰或其他火焰对两钢筋对接处加热,使其达到塑性状态或熔化状态,加压完成钢筋的连接。

气压焊进行接头弯曲试验时,应将试件受压面的凸起部分消除,并应与钢筋外表面齐平。其弯心直径应符合 6.2.3.7(一)的规定,其焊接缺陷及消除措施见 6.2.3.7(二)。

6.2.3.7(一) 气压焊接头弯曲试验弯心直径

钢筋等级	弯心直径	
	$d \geqslant 25$mm	$d > 25$mm
Ⅰ	$2d$	$3d$
Ⅱ	$4d$	$5d$
Ⅲ	$5d$	$6d$

注:d 为钢筋直径(mm)。

6.2.3.7(二) 气压焊接头焊接缺陷及消除措施

焊接缺陷	产生原因	措施
轴线偏移(偏心)	(1)焊接夹具变形,两夹头不同心,或夹具刚度不够 (2)两钢筋安装不正 (3)钢筋接合端面倾斜 (4)钢筋未夹紧进行焊接	(1)检查夹具,及时修理或更换 (2)重新安装夹紧 (3)切平钢筋端面 (4)夹紧钢筋再焊

续表 6.2.3.7(二)

焊接缺陷	产生原因	措施
弯折	(1)焊接夹具变形,两夹心不同心 (2)焊接夹具拆卸过早	(1)检查夹具,及时修理或更换 (2)熄火后半分钟再拆夹具
镦粗直径不够	(1)焊接夹具动夹头有效行程不够 (2)顶压油缸有效行程不够 (3)加热温度不够 (4)压力不够	(1)检查夹具 (2)检查顶压油缸 (3)采用适宜的加热温度 (4)采用适当压力
镦粗长度不够	(1)加热幅度不够宽 (2)顶压力过大过急	(1)增大加热幅度 (2)加压时应平稳
压焊面偏移	(1)焊缝两侧加热温度不均 (2)焊缝两侧加热长度不等	(1)同径钢筋焊接时两侧加热温度和加热长度基本一致 (2)异径钢筋焊接时对较大直径钢筋加热时间稍长
钢筋表面严重烧伤	(1)火焰功率过大 (2)加热时间过长 (3)加热器摆动不匀	调整加热火焰,正确掌握操作方法
未焊合	(1)加热温度不够或热量分布不均 (2)顶压力过小 (3)接合端面不洁 (4)端面氧化 (5)中途灭火或火焰不当	合理选择焊接参数,正确掌握操作方法

6.2.3.8 预埋件钢筋埋弧压力焊

将钢筋和钢板安放成T形接头形式,通过焊接电流,在焊剂层下产生电弧,形成熔池并加压完成焊接。

焊接变压器的型号不同,预埋件钢筋埋弧压力焊的参数略有不同。当采用500型焊接变压器时,焊接参数应符合6.2.3.8(一)的规定,当发现焊接接头有缺陷时,应按6.2.3.8(二)查找原因和采取相应的消除措施。

6.2.3.8(一) 埋弧压力焊焊接参数

钢筋级别	钢筋直径(mm)	引弧提升高度(mm)	电弧电压(V)	焊接电流(A)	焊接通电时间(s)
Ⅰ级	6	2.5	30~35	400~450	2
	8	2.5	30~35	500~600	3

续表 6.2.3.8(一)

钢筋级别	钢筋直径 (mm)	引弧提升高度 (mm)	电弧电压 (V)	焊接电流 (A)	焊接通电时间 (s)
Ⅱ级	10	2.5	30～35	500～650	5
	12	3.0	30～35	500～650	8
	14	3.5	30～35	500～650	15
	16	3.5	30～40	500～650	22
	18	3.5	30～40	500～650	30
	20	3.5	30～40	500～650	33
	22	4.0	30～40	500～650	36
	25	4.0	30～40	500～650	40

6.2.3.8(二)　预埋件钢筋埋弧压力焊接头焊接缺陷及消除措施

焊接缺陷	措　施
钢筋咬边	(1)减小焊接电流或缩短焊接时间 (2)增大压入量
气孔	(1)烘焙焊剂 (2)清除钢板和钢筋上的铁锈、油污
夹渣	(1)清除焊剂中熔渣等杂物 (2)避免过早切断焊接电流 (3)加快顶压速度
未焊合	(1)增大焊接电流，增加焊接通电时间 (2)适当加大顶压力
焊包不均匀	(1)保证焊接地线的接触良好 (2)使焊接处对称导电
钢板焊穿	(1)减小焊接电流或减少焊接通电时间 (2)避免钢板局部悬空
钢筋淬硬脆断	(1)减小焊接电流，延长焊接时间 (2)检查钢筋化学成分
钢板凹陷	(1)减小焊接电流，延长焊接时间 (2)减小顶压力，减小压入量

6.2.4 钢筋机械连接

钢筋的机械连接大都是利用钢筋表面轧制的或特制的螺纹(或横肋)和连接套筒之间的机械咬合作用来传递钢筋中的拉力或压力。常用的机械连接方法有:钢筋径向挤压连接、钢筋剥滚轧(压)直螺纹套筒连接、钢筋锥螺纹接头连接等。

6.2.4.1 钢筋径向挤压连接

钢筋径向挤压连接的工艺原理是:将两根待接钢筋插入钢连接套筒,采用液压压接钳径向(或侧向和轴向)挤压连接套筒,使套筒产生塑性变形,从而使套筒的内周壁变形而嵌入钢筋螺纹,由此产生抗剪力来传递钢筋连接处的轴向力,如图 6-3 所示。

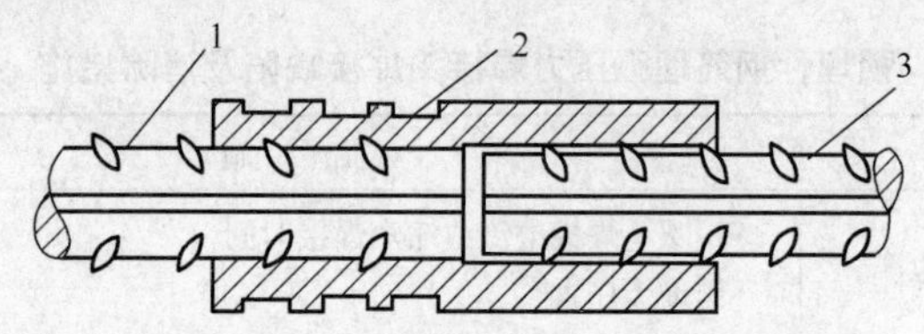

图 6-3 钢筋径向挤压连接

1. 已挤压的钢筋 2. 钢套筒 3. 未挤压的钢筋

(1)径向挤压连接工艺流程为:

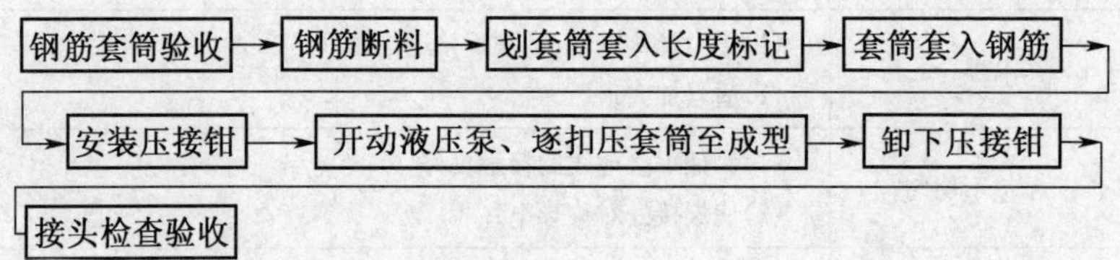

(2)参数的选择

根据连续钢筋规格和钢套筒型号选配压模,不同直径钢筋的套筒不得相互串用。相同直径钢筋连接时的参数选择见 6.2.4.1(一),不同直径钢筋连接时的参数选择见 6.2.4.1(二)。钢筋挤压设备的主要技术参数见 6.2.4.1(三)。

6.2.4.1(一) 同规格钢筋连接时的参数选择

序号	连接钢筋规格	钢套筒型号	压模型号	压痕最小直径允许范围(mm)	压痕最小总宽度(mm)
1	ϕ40—ϕ40	G40	M40	60～63	≥80
2	ϕ36—ϕ36	G36	M36	54～57	≥70
3	ϕ32—ϕ32	G32	M32	48～51	≥60
4	ϕ28—ϕ28	G28	M28	41～44	≥55
5	ϕ25—ϕ25	G25	M25	37～39	≥50
6	ϕ22—ϕ22	G22	M22	32～34	≥45
7	ϕ20—ϕ20	G20	M20	29～31	≥45
8	ϕ18—ϕ18	G18	M18	27～29	≥40

6.2.4.1(二) 不同规格钢筋连接时的参数选择

序号	连接钢筋规格	钢套筒型号	压模型号	压痕最小直径允许范围(mm)	压痕最小总宽度(mm)
1	ϕ40—ϕ36	G40	ϕ40 端 M40	60～63	≥80
2			ϕ36 端 M36	57～60	≥80
3	ϕ36—ϕ32	G36	ϕ36 端 M36	54～57	≥70
4			ϕ32 端 M32	51～54	≥70
5	ϕ32—ϕ28	G32	ϕ32 端 M32	48～51	≥60
6			ϕ28 端 M28	45～48	≥60
7	ϕ28—ϕ25	G28	ϕ28 端 M28	41～44	≥55
8			ϕ25 端 M25	38～41	≥55
9	ϕ25—ϕ22	G25	ϕ25 端 M25	37～39	≥50
10			ϕ22 端 M22	35～37	≥50
11	ϕ25—ϕ20	G25	ϕ25 端 M25	37～39	≥50
12			ϕ20 端 M20	33～35	≥50
13	ϕ22—ϕ20	G22	ϕ22 端 M22	32～34	≥45
14			ϕ20 端 M20	31～33	≥45
15	ϕ22—ϕ18	G22	ϕ22 端 M22	32～34	≥45
16			ϕ18 端 M18	29～31	≥45
17	ϕ20—ϕ18	G20	ϕ20 端 M20	29～31	≥45
18			ϕ18 端 M18	28～30	≥45

6.2.4.1(三) 钢筋挤压设备的主要技术参数

序号	设备型号		YJH-25	YJH-32	YJH-40	YJ-32	YJ-40
1	压接钳	额定压力(N/mm²)	80	80	80	80	80
2		额定挤压力(N/mm²)	760	760	900	600	600
3		外形尺寸(mm)	ϕ150×480	ϕ150×433	ϕ170×530	ϕ120×500	ϕ150×520
4		质量(kg)	28	33	40	32	36
5		适用钢筋直径(mm)	20～25	25～32	32～40	20～32	32～40
6	超高压油泵	电机	380V,50Hz,1.5kW			380V,50Hz,1.5kW	
7		高压泵	80N/mm²,0.8L/min			80N/mm²,0.8L/min	
8		低压泵	2.0N/mm²,4.0～6.0L/min			—	
9		外形尺寸(mm)	790×540×785(长×宽×高)				
10	超高压胶管		100N/mm²,内径 6.0mm,长度 3.0m(5.0m)				

(3)钢套筒技术条件

钢套筒材料的力学性能见 6.2.4.1(四)、钢套筒的规格和尺寸见 6.2.4.1(五)、钢套筒尺寸允许偏差见 6.2.4.1(六)。

6.2.4.1(四) 钢套筒材料的力学性能

项目	力学性能指标	项目	力学性能指标
屈服强度(MPa)	225～350	硬度(HRB)	60～80
抗拉强度(MPa)	375～500	硬度(HB)	102～133
伸长率 δ_s(%)	≥20		

6.2.4.1(五) 钢套筒的规格和尺寸

钢套筒型号	钢套筒尺寸(mm)			理论质量(kg)
	外径	壁厚	长度	
G40	70	12	250	4.37
G36	63.5	11	220	3.14
G32	57	10	200	2.31
G28	50	8	190	1.58
G25	45	7.5	170	1.18
G22	40	6.45	140	0.75
G20	36	6	130	0.58
G18	34	5.5	125	0.47

6.2.4.1(六) 钢套筒尺寸允许偏差 (mm)

套筒外径 D	外径允许偏差	壁厚(t)允许偏差	长度允许偏差
≤50	±0.5	$+0.12t$ $-0.10t$	±2
>50	±0.01D	$+0.12t$ $-0.10t$	±2

(4)钢筋套筒挤压的异常现象及消除措施

钢筋套筒挤压的异常现象及消除措施见6.2.4.1(七)。

6.2.4.1(七) 钢筋套筒挤压的异常现象及消除措施

序号	异常现象及缺陷	原因或消除措施
1	挤压机无挤压力	(1)高压油管连接位置不正确 (2)油泵故障
2	钢套筒套不进钢筋	(1)钢筋弯折或纵肋超偏差 (2)砂轮修磨纵肋
3	压痕分布不匀	压接时将压模与钢套筒的压较标志对正
4	接头弯折超过规定值	(1)压接时摆正钢筋 (2)切除或调直钢筋弯头
5	压接程度不够	(1)泵压不足 (2)钢套筒材料不符合要求
6	钢筋伸入套筒的长度不够	(1)未按钢筋伸入位置、标志挤压 (2)钢套筒材料不符合要求
7	压涨明显不均	检查钢筋在套筒内伸入度是否有压空现象

6.2.4.2 钢筋剥滚轧(压)直螺纹套筒连接(见图6-4)

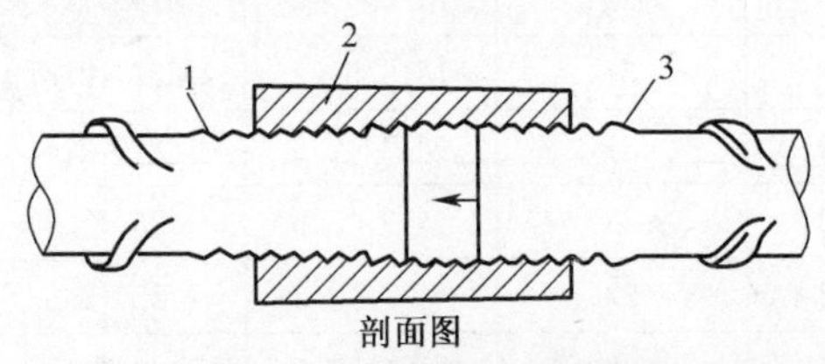

图6-4 直螺纹套筒连接

1. 已连接的钢筋 2. 直螺纹套筒 3. 正在拧入的钢筋

(1)工艺流程

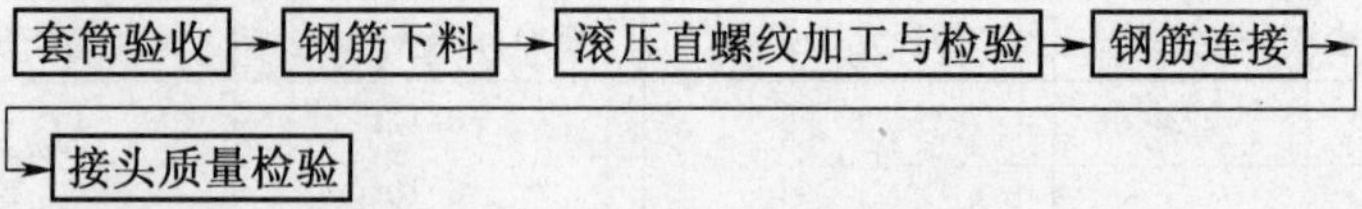

套筒验收→钢筋下料→滚压直螺纹加工与检验→钢筋连接→接头质量检验

(2)套筒相关要求

直螺纹套筒连接如图 6-4 所示。滚压直螺纹套筒采用优质碳素结构钢在专业工厂加工成型,分为标准型、正反丝扣型、变径型、可调型等。其规格与尺寸应分别符合 6.2.4.2(一)、6.2.4.2(二)和 6.2.4.2(三)的规定。

6.2.4.2(一)　标准型套筒的几何尺寸　(mm)

序　号	规　格	螺纹直径	套筒外径	套筒长度
1	16	M16.5×2	25	45
2	18	M19×2.5	29	55
3	20	M21×2.5	31	60
4	22	M23×2.5	33	65
5	25	M26×3	39	70
6	28	M29×3	44	80
7	32	M33×3	49	90
8	36	M37×3.5	54	98
9	40	M41×3.5	59	105

6.2.4.2(二)　常用变径型套筒的几何尺寸　(mm)

序号	套筒规格	外径	小端螺纹	大端螺纹	套筒总长
1	16～18	29	M16.5×2	M19×2.5	50
2	16～20	31	M16.5×2	M21×2.5	53
3	18～20	31	M19×2.5	M21×2.5	58
4	18～22	33	M19×2.5	M23×2.5	60
5	20～22	33	M21×2.5	M23×2.5	63
6	20～25	39	M21×2.5	M26×3	65
7	22～25	39	M23×2.5	M26×3	68

续表 6.2.4.2(二)

序号	套筒规格	外径	小端螺纹	大端螺纹	套筒总长
8	22～28	44	M23×2.5	M29×3	73
9	25～28	44	M26×3	M29×3	75
10	25～32	49	M26×3	M33×3	80
11	28～32	49	M29×3	M33×3	85
12	28～36	54	M29×3	M37×3.5	89
13	32～36	54	M33×3	M37×3.5	94
14	32～40	59	M33×3	M41×3.5	98
15	36～40	59	M37×3.5	M41×3.5	102

6.2.4.2(三) 可调型套筒的几何尺寸 (mm)

序号	规格	螺纹直径	套筒总长	旋出后长度	增加长度
1	16	M16.5×2	118	141	96
2	18	M19×2.5	141	169	114
3	20	M21×2.5	153	183	123
4	22	M23×2.5	166	199	134
5	25	M26×3	179	214	144
6	28	M29×3	199	239	159
7	32	M33×3	222	267	117
8	36	M37×3.5	244	293	195
9	40	M41×3.5	261	314	209

注：表中"增加长度"为可调型套筒比普通套筒加长的长度，施工配筋时应将钢筋的长度按此数进行缩短。

(3)滚压直螺纹加工

剥肋滚丝加工尺寸见 6.2.4.2(四)。

6.2.4.2(四) 剥肋滚丝头加工尺寸 (mm)

序号	规格	剥肋直径	螺纹尺寸	丝头长度	完整丝扣圈数
1	16	15.1±0.2	M16.5×2	22.5	≥8
2	18	16.9±0.2	M19×2.5	27.5	≥7

续表 6.2.4.2(四)

序号	规格	剥肋直径	螺纹尺寸	丝头长度	完整丝扣圈数
3	20	18.8±0.2	M21×2.5	30	≥8
4	22	20.8±0.2	M23×2.5	32.5	≥9
5	25	23.7±0.2	M26×3	35	≥9
6	28	26.6±0.2	M29×3	40	≥10
7	32	30.5±0.2	M33×3	45	≥11
8	36	34.5±0.2	M37×3.5	49	≥9
9	40	38.1±0.2	M41×3.5	52.5	≥10

6.2.4.3 钢筋锥螺纹接头连接

钢筋锥螺纹接头连接是利用米制锥螺纹能承受轴向力和水平力、密封自锁性好的原理,靠规定的机械力把钢筋连接在一起。方法是在现场或钢筋加工厂,先用钢筋套丝机把钢筋的连接端加工成锥螺纹,然后用锥螺纹连接套筒将钢筋连接在一起,如图 6-5 所示。

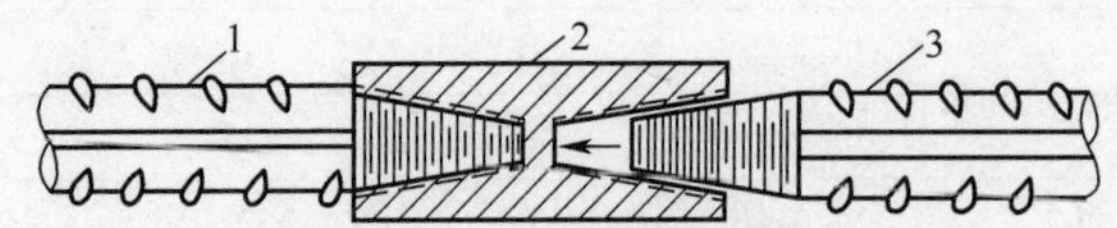

图 6-5 钢筋锥螺纹套筒连接

1. 已连接的钢筋 2. 锥螺纹套筒 3. 待连接的钢筋

(1)工艺流程

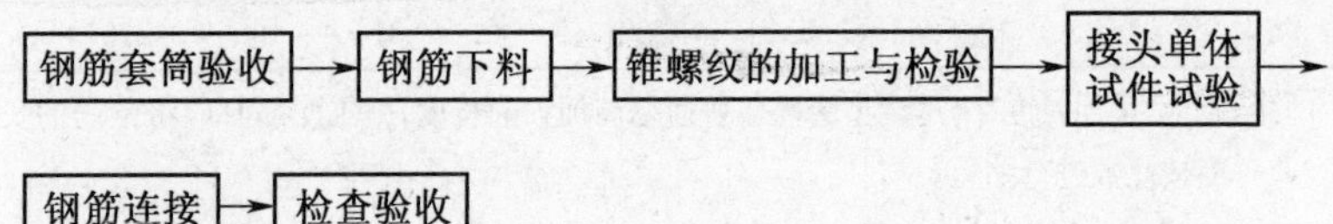

(2)钢筋锥螺纹的加工与检验

钢筋的下料宜采用砂轮切割机,其端头截面应与钢筋轴线垂直,并不得翘曲。Ⅰ级接头应将钢筋的端头进行镦粗或径向顶压处理。顶压检验标准应符合 6.2.4.3(一)的要求,合格的钢筋方可在套丝机上加工锥螺纹,钢筋套丝所需的完整牙数 6.2.4.3(二)。

6.2.4.3(一) 尺寸检验要求

检测规简图	钢筋规格	A(mm)	B(mm)
A B	ϕ16	17.0	14.5
	ϕ18	18.5	16.0
	ϕ20	19.0	17.5
	ϕ22	22.0	19.0
	ϕ25	25.0	22.0
	ϕ28	27.5	24.5
	ϕ32	31.5	28.0
	ϕ36	35.5	31.5
	ϕ40	39.5	35.0

6.2.4.3(二) 钢筋套丝完整牙数的规定值

钢筋直径(mm)	16～18	20～22	25～28	32	36	40
完整牙数	5	7	8	10	11	12

(3)锥螺纹套筒检验

锥螺纹套筒由专业工厂加工，出厂成品两端锥孔必须用配套的塑料密封盖封严。锥螺蚊套筒连接接头尺寸没有统一规定，加工制作的接头单体试件必须经技术部门检验认定。6.2.4.3(三)和6.2.4.3(四)所列的数据可供参考。

6.2.4.3(三) 钢筋普通锥螺纹套筒接头(Ⅱ级)规格尺寸

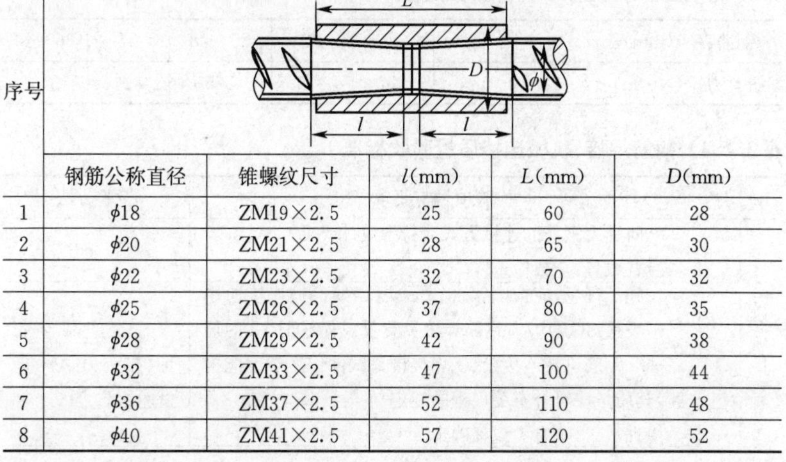

序号	钢筋公称直径	锥螺纹尺寸	l(mm)	L(mm)	D(mm)
1	ϕ18	ZM19×2.5	25	60	28
2	ϕ20	ZM21×2.5	28	65	30
3	ϕ22	ZM23×2.5	32	70	32
4	ϕ25	ZM26×2.5	37	80	35
5	ϕ28	ZM29×2.5	42	90	38
6	ϕ32	ZM33×2.5	47	100	44
7	ϕ36	ZM37×2.5	52	110	48
8	ϕ40	ZM41×2.5	57	120	52

6.2.4.3(四) 钢筋等强度锥螺纹套筒接头(Ⅰ级)规格尺寸(钢筋端头镦粗)

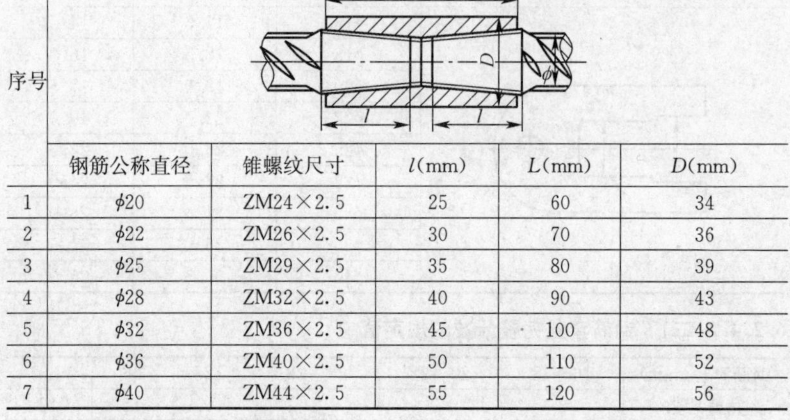

序号	钢筋公称直径	锥螺纹尺寸	l(mm)	L(mm)	D(mm)
1	ϕ20	ZM24×2.5	25	60	34
2	ϕ22	ZM26×2.5	30	70	36
3	ϕ25	ZM29×2.5	35	80	39
4	ϕ28	ZM32×2.5	40	90	43
5	ϕ32	ZM36×2.5	45	100	48
6	ϕ36	ZM40×2.5	50	110	52
7	ϕ40	ZM44×2.5	55	120	56

(4)钢筋锥螺纹连接施工

①连接钢筋前，将下层钢筋上端的塑料保护帽拧下露出丝扣，并将丝扣上的水泥浆等污物清理干净。

②将已拧入套筒的上层钢筋拧到被连接的钢筋上，并用力矩扳手按 6.2.4.3(五)规定的力矩值把钢筋接头拧紧，直至力矩扳手在调定的力矩值处发出响声，然后随手画上油漆标记，以防接头漏拧。

6.2.4.3(五) 力矩扳手的拧紧力矩值

钢筋直径(mm)	16	18	20	22	25～28	32	36～40
扭紧力矩(N·m)	118	145	177	216	275	314	343

6.2.4.4 钢筋焊接、机械连接质量验收标准

项	序	检验项目与要求	检验方法
主控项目	1	纵向受力钢筋的连接方式应符合设计要求 检查数量：全数检查	观察
	2	在施工现场，应按国家现行标准《钢筋机械连接通用技术规程》JGJ 107、《钢筋焊接及验收规程》JGJ 18 的规定抽取钢筋机械连接接头、焊接接头试件作力学性能检验，其质量应符合有关规程的规定 检查数量：按有关规程确定	检查产品合格证、接头力学性能试验报告

续表 6.2.4.4

项	序	检验项目与要求	检验方法
一般项目	1	钢筋的接头宜设置在受力较小处。同一纵向受力钢筋不宜设置两个或两个以上接头。接头末端至钢筋弯起点的距离应不小于钢筋直径的10倍 检查数量:全数检查	观察,钢尺检查
	2	在施工现场,应按国家现行标准《钢筋机械连接通用技术规程》JGJ 107、《钢筋焊接及验收规程》JGJ 18的规定对钢筋机械连接接头、焊接接头的外观进行检查,其质量应符合有关规程的规定 检查数量:全数检查	观察
	3	当受力钢筋采用机械连接接头或焊接接头时,设置在同一构件内的接头宜相互错开 纵向受力钢筋机械连接接头或焊接接头连接区段的长度为35倍 d(d 为纵向受力钢筋的较大直径)且不小于500mm,凡接头中点位于该连接区段长度内的接头均属于同一连接区段。同一连接区段内,纵向受力钢筋机械连接或焊接的接头面积百分率,为该区段内有接头的纵向受力钢筋截面面积与全部纵向受力钢筋截面面积的比值 同一连接区段内,纵向受力钢筋的接头面积百分率应符合设计要求;当设计无具体要求时,应符合下列规定: (1)在受拉区不宜大于50% (2)接头不宜设置在有抗震设防要求的框架梁端、柱端的箍筋加密区;当无法避开时,对等强度高质量机械连接接头,应不大于50% (3)在直接承受动力荷载的结构构件中,不宜采用焊接接头;当采用机械连接接头时,应不大于50% 检查数量:在同一检验批内,对梁、柱和独立基础,应抽查构件数量的10%,且不少于3件;对墙和板,应按有代表性的自然间抽查10%且不少于3间;对大空间结构,墙可按相邻轴线间高度5m左右划分检查面,板可按纵横轴线划分检查面,抽查10%,且均不少于3面	观察,钢尺检查

续表 6.2.4.4

<table>
<tr><th>项</th><th>序</th><th>检验项目与要求</th><th>检验方法</th></tr>
<tr><td rowspan="2">一般项目</td><td>4</td><td>同一构件中相邻纵向受力钢筋的绑扎搭接接头宜相互错开。绑扎搭接接头中钢筋的横向净距应不小于钢筋直径，且应不小于25mm
钢筋绑扎搭接接头连接区段的长度为1.3l_1（l_1为搭接长度），凡搭接接头中点位于该连接区段长度内的搭接接头均属于同一连接区段。在同一连接区段内，纵向钢筋搭接接头面积百分率为该区段内有搭接接头的纵向受力钢筋截面面积与全部纵向受力钢筋截面面积的比值，如图6-6所示
同一连接区段内，纵向受拉钢筋搭接接头面积百分率应符合设计要求；当设计无具体要求时，应符合下列规定：
(1)对梁类、板类及墙类构件，不宜大于25%
(2)对柱类构件，不宜大于50%
(3)当工程中确有必要增大接头面积百分率时，对梁类构件，不应大于50%；对其他构件，可根据实际情况放宽
纵向受力钢筋绑扎搭接接头的最小搭接长度应符合6.2.1.6的规定
检查数量：在同一检验批内，对梁、柱和独立基础，应抽查构件数量的10%，且不少于3件；对墙和板，应按有代表性的自然间抽查10%，且不少于3间；对大空间结构，墙可按相邻轴线间高度5m左右划分检查面，板可按纵、横轴线划分检查面，抽查10%，且均不少于3面</td><td>观察，钢尺检查</td></tr>
<tr><td>5</td><td>在梁、柱类构件的纵向受力钢筋搭接长度范围内，应按设计要求配置箍筋。当设计无具体要求时，应符合下列规定：
(1)箍筋直径应不小于搭接钢筋较大直径的0.25倍
(2)受拉搭接区段的箍筋间距应不大于搭接钢筋较小直径的5倍，且应不大于100mm
(3)受压搭接区段的箍筋间距应不大于搭接钢筋较小直径的10倍，且应不大于200mm
(4)当柱中纵向受力钢筋直径大于25mm时，应在搭接接头两个端面外100mm范围内各设置两个箍筋，其间距宜为50mm
检查数量：在同一检验批内，对梁、柱和独立基础，就抽查构件数量的10%，且不少于3件；对墙和板，应按有代表性的自然间抽查10%，且不少于3间；对大空间结构，墙可按相邻轴线间高度5m左右划分检查面，板可按纵、横轴线划分检查面，抽查10%，且均不少于3面</td><td>钢尺检查</td></tr>
</table>

6.2.5 钢筋安装

绑扎搭接是现场的常用方法，分为预先绑扎后安装和现场模内绑扎两种。其基本做法是将钢筋按规定长度搭接，再将交叉点用铁丝(火烧丝)绑牢。绑扎方法常用的是一面顺扣法，其他绑扎方法有十字花扣、反十字花扣、兜扣、缠扣、兜扣加缠、套扣等几种。

6.2.5.1 钢筋绑扎铁丝长度

序号	钢筋直径	3～5	6～8	10～12	14～16	18～20	22	25	28	32
1	3～5	120	130	150	170	190	—	—	—	—
2	6～8	—	150	170	190	220	250	270	290	320
3	10～12	—	—	190	220	250	270	290	310	340
4	14～16	—	—	—	250	270	290	310	330	360
5	18～20	—	—	—	—	290	310	330	350	380
6	22	—	—	—	—	—	330	350	370	400

6.2.5.2 钢筋绑扎的有关规定

(1)为了保证钢筋与混凝土之间有足够的粘结力，纵向受拉钢筋的最小搭接长度应符合 6.2.1.6 的规定。

(2)钢筋的交叉点必须用铁丝绑牢。钢筋与模板之间必须垫控制混凝土保护层厚度的水泥砂浆垫块或塑料卡。

(3)在绑扎钢筋接头时，必须先把接头绑牢，然后再与其他钢筋连接。

(4)搭接钢筋的接头与钢筋弯曲处的距离，不得小于 10d(d 为钢筋直径)，也不宜位于构件的最大弯矩处。

(5)当纵向受拉钢筋搭接接头面积百分率(见图 6-6)大于 25%、但不大于 50%时，其最小搭接接长度应按表 6.2.1.6 中的数值乘以系数 1.2 取用；当接头面积百分率大于 50%时，应按表 6.2.1.6 中的数值乘以 1.35 取用。

(6)当符合下列条件时，纵向受拉钢筋的最小搭接长度应根据上条和 6.2.1.6 的规定进行修正。

①当带肋钢筋的直径大于 25mm 时，其最小搭接长度应按相应数值乘以系数 1.1 取用。

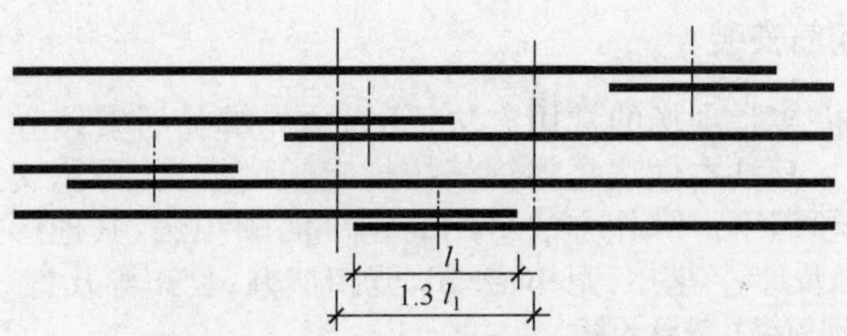

图 6-6 钢筋绑扎搭接接头连接区段及接头面积百分率

注：图中所示搭接接头同一连接区段内的搭接钢筋为两根，当各钢筋直径相同时，接头面积百分率为 50%。

②对环氧树脂涂层的带肋钢筋，其最小搭接长度应按相应数值乘以系数 1.25 取用。

③当在混凝土凝固过程中受力钢筋易受扰动时(如滑模施工)，其最小搭接长度应按相应数值乘以系数 1.1 取用；

④对末端采用机械锚固措施的带肋钢筋，其最小搭接长度可按相应数值乘以系数 0.7 取用；

⑤当带肋钢筋的混凝土保护层度大于搭接钢筋直径的 3 倍用配有箍筋时，其最小搭接长度可按相应数值乘以系数 0.8 取用；

⑥对有抗震设防要求的结构构件，其受力钢筋的最小搭接长度：对一、二级抗震等级应按相应数值乘以系数 1.15 采用；对三级抗震等级应按相应数值乘以系数 1.05 采用。在任何情况下，受拉钢筋的搭接长度不应小于 300mm。

(7)纵向受压钢筋搭接时，其最小搭接长度应根据上述的规定确定相应数值后，乘以系数 0.7 取用。在任何情况下，受压钢筋的搭接长度不应小于 200mm。

6.2.5.3 基础钢筋安装工艺流程

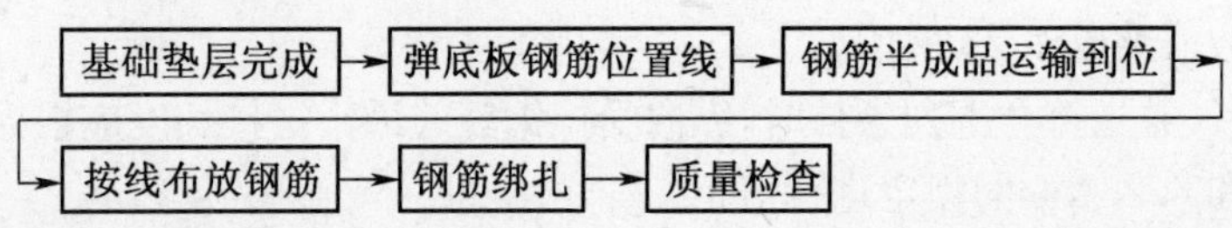

6.2.5.4 地下室钢筋安装

现浇钢筋混凝土地下室结构，通常由地下室墙体和基础底板组成。

(1)底板钢筋的绑扎工艺流程

清理垫层 → 画线 → 摆下层钢筋 → 绑下层钢筋 → 放钢筋撑脚 → 安放砂浆垫块 → 绑扎上层钢筋 → 绑墙、柱预留插筋

(2)墙筋的绑扎工艺流程

底板放线 → 校正预埋插筋 → 绑定位竖筋及横筋 → 绑其他竖筋及横筋 → 安放附加钢筋及预埋件 → 安放砂浆垫块

6.2.5.5 钢筋混凝土柱钢筋的绑扎工艺流程

调整插筋位置 → 套箍筋 → 立柱子四角的主筋 → 绑好插筋接头 → 立其他主筋 → 将柱骨架绑扎成型 → 质量检查

6.2.5.6 现浇墙体钢筋的绑扎工艺流程

修整插筋位置 → 墙体钢筋绑扎 → 钢筋网片的定位与连接 → 与预制外墙板连接 → 与外墙连接 → 修整 → 质量检查

6.2.5.7 绑剪力墙钢筋工艺流程

立若干根竖筋 → 画水平筋间距 → 绑定位横筋 → 绑其余竖横筋

6.2.5.8 现浇框架梁钢筋的工艺流程

画主次梁箍筋间距 → 放主次梁箍 → 穿绑主梁底层主筋和弯筋 → 穿绑次梁底层主筋和弯筋 → 穿绑主梁上层架立筋 → 穿绑次梁上层架立筋

6.2.5.9 板钢筋的绑扎工艺流程

模板上画线 → 绑板下钢筋 → 安放垫块和马凳 → 绑板上层筋

6.2.5.10 钢筋安装质量验收标准

项	序	检验项目与要求	检验方法
主控项目	1	钢筋安装时，受力钢筋的品种、级别、规格和数量必须符合设计要求 检查数量：全数检查	观察，钢尺检查
一般项目	1	钢筋安装位置的偏差应符合表6.2.5.11的规定 检查数量：在同一检验批内，对梁、柱和独立基础，应抽查构件数量的10%，且不少于3件；对墙和板，应按有代表性的自然间抽查10%，且不行于3间；对大空间结构，墙可按相邻轴线间高度5m左右划分检查面，板可按纵、横轴线划分检查面，抽查10%，且均不少于3面	

6.2.5.11 钢筋安装位置的允许偏差和检验方法

项目			允许偏差(mm)	检验方法
绑扎钢筋网	长、宽		±10	钢尺检查
	网眼尺寸		±20	钢尺量连续三档，取最大值
绑扎钢筋骨架	长		±10	钢尺检查
	宽、高		±5	钢尺检查
受力钢筋	间距		±10	钢尺量两端、中间各一点，取最大值
	排距		±5	
	保护层厚度	基础	±10	钢尺检查
		柱、梁	±5	钢尺检查
		板、墙、壳	±3	钢尺检查
绑扎箍筋、横向钢筋间距			±20	钢尺量连接三档，取最大值
钢筋弯起点位置			20	钢尺检查
预埋件	中心线位置		5	钢尺检查
	水平高差		+3，0	钢尺和塞尺检查

注：1. 检查预埋件中心线位置时，应沿纵、横两个方向量测，并取其中的较大值。

2. 表中梁类、板类构件上部纵向受力钢筋保护层厚度的合格点率应达到90%及以上，且不得有超过表中数值1.5倍的尺寸偏差。

6.3 预应力工程

6.3.1 预应力筋锚固体系

预应力筋锚固体系主要包括锚具、夹具和连接器。锚具是在后张法结构或构件中为保持预应力并将其传递到混凝土上而使用的永久性锚固装置。按锚固方式不同,可分为夹片式(单孔与多孔夹片式锚具)、支承式(镦头锚具、螺母锚具等)、锥塞式(钢质锥形锚具等)和握裹式(挤压锚具、压花锚具等)四类。

夹具是在先张法构件施工时,为保持预应力筋拉力并将其固定在张拉台座(或钢模)上而使用的临时性锚固装置。后张法使用的夹具又称工具锚,是将千斤顶(或其他张拉设备)的张拉力传递到预应力筋的装置。

连接器是在先张法或后张法施工中,将预应力从一根预应力筋传递到另一根预应力筋的装置。

6.3.1.1 锚具的选用

序号	预应力筋品种	选用锚具形式		
		张拉端	固定端	
			安装在结构之外	安装在结构之内
1	钢绞线及钢绞线束	夹片锚具	夹片锚具 抗压锚具	压花锚具 挤压锚具
2	高强钢丝束	夹片锚具 镦头锚具 锥塞锚具	夹片锚具 镦头锚具 挤压锚具	挤压锚具 镦头锚具
3	精轧螺纹钢筋	螺母锚具	螺母锚具	—

6.3.1.2 无粘结预应力筋用锚具

无粘结预应力筋品种	张拉端	固定端
钢绞线	夹片锚具	挤压锚
7ϕ5 钢丝束	镦头锚具、夹片锚具	镦头锚

6.3.2 钢绞线锚固体系

6.3.2.1 钢绞线单孔夹片锚固体系

单孔夹片锚具如图 6-7 所示，它锚环与夹片组成。单孔夹片锚固体系如图 6-8 所示。该体系适用于锚固单根无粘结预应力钢绞线。单孔夹片锚具尺寸见表 6.3.2.1(一)。

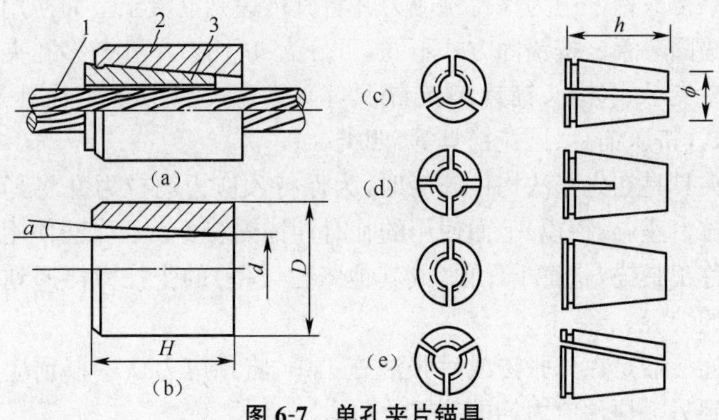

图 6-7 单孔夹片锚具

(a)组装图 (b)锚环 (c)三片式夹片 (d)二片式夹片 (e)斜开缝夹片

1. 钢绞线 2. 锚环 3. 夹片

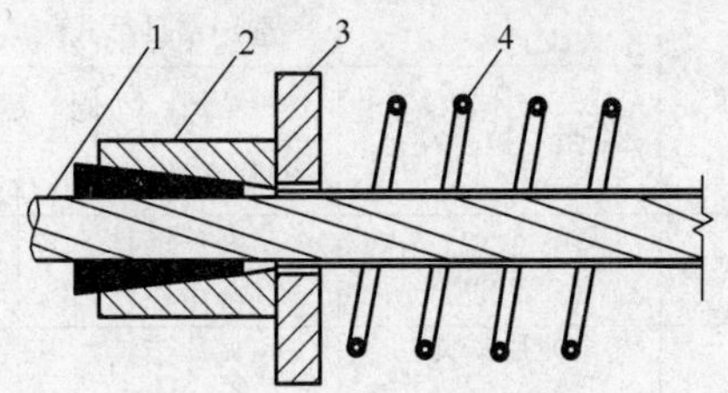

图 6-8 单孔夹片锚固体系

1. 钢绞线 2. 单孔夹片锚具 3. 承压钢板 4. 螺旋筋

6.3.2.1(一) 单孔夹片锚具尺寸 (mm)

序号	锚具型号	锚环			夹片			
		D	H	d	α	ϕ	h	形式
1	XM15-1	44	50	—	—	—	—	三片斜开缝
2	QM13-1	40	42	16		17	40	三片直开缝
3	QM15-1	46	48	18	5°40′	20	45	

续表 6.3.2.1(一)

序号	锚具型号	锚环			夹片			
		D	H	d	α	ϕ	h	形式
4	OVM13-1	43	43	16	6°00′	17	38	二片直开缝（有弹性槽）
5	OVM15-1	46	48	18		19	43	
6	HVMB-1	43	43	16	6°00′	17	38	二片直开缝（无弹性槽）
7	HVM15-1	46	48	18		19	43	

6.3.2.2 钢绞线多孔夹片锚固体系

多孔夹片锚固体系由多孔夹片锚具、锚垫板、螺旋筋等组成，如图 6-9 所示。这种锚具体系在后张法有粘结预应力混凝土结构中用途最广。主要品牌有：QM、OVM、HVM、B&S、YM、YLM、TM 等。QMV15 型锚固体系尺寸见 6.3.2.2(一)，OVM15A 型锚固体系尺寸见表 6.3.2.2(二)，HVM 15 型锚固体系尺寸见 6.3.2.2(三)，B&S 型 Z15 系列锚固体系尺寸见表 6.3.2.2(四)。

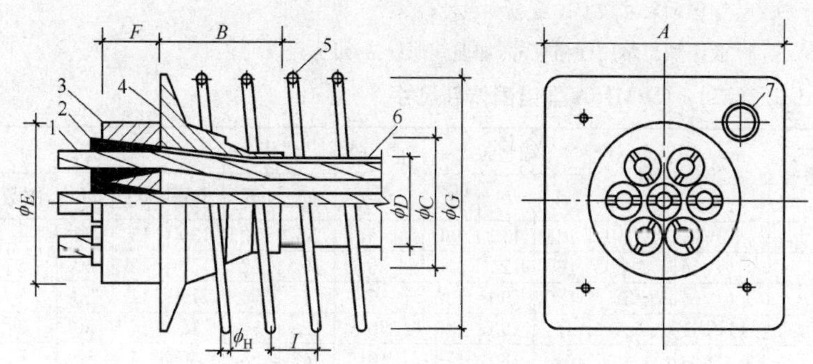

图 6-9 多孔夹片锚固体系

1. 钢绞线 2. 夹片 3. 锚板 4. 锚垫片板（铸铁喇叭管）
5. 螺旋筋 6. 金属波纹管 7. 灌浆孔

6.3.2.2(一) QMV15 型锚固体系尺寸

序号	型号	锚垫板		波纹管	锚板		螺旋筋			
		A	B	ϕD	ϕE	F	ϕG	ϕH	I	圈数
1	QMV15-3	130	100	45	85	50	160	10	40	4
2	QMV15-4	155	110	50	95	50	190	10	45	4.5
3	QMV15-5	170	135	55	105	50	210	12	45	4.5

续表 6.3.2.2(一)

序号	型　号	锚垫板		波纹管	锚板		螺旋筋			
		A	B	ϕD	ϕE	F	ϕG	ϕH	I	圈数
4	QMV15-6、7	200	155	65	125	55	220	14	50	5
5	QMV15-8	210	160	70	135	60	260	14	50	5.5
6	QMV15-9	220	180	75	145	60	260	14	50	5.5
7	QMV15-12	260	200	85	165	65	310	16	50	6.5
8	QMV15-14	280	220	90	185	70	350	16	55	7
9	QMV15-19	320	280	95	205	75	400	16	55	8
10	QMV15-22	350	310	110	225	80	430	18	60	8
11	QMV15-27	380	340	115	245	85	460	20	60	9
12	QMV15-31	410	380	130	260	90	510	20	60	9
13	QMV15-37	450	400	140	290	105	550	20	60	10
14	QMV15-42	480	480	155	320	115	590	22	60	10
15	QMV15-55	550	520	170	345	140	660	25	70	10
16	QMV15-61	590	550	185	365	160	710	25	70	10

注：1. 锚垫板尺寸按 C40 混凝土设计；

2. 表中列出常用规格尺寸，如遇其他规格，可另行设计。

6.3.2.2(二)　OVM15A 型锚固体系尺寸

序号	型　号	锚垫板			波纹管	锚板		螺旋筋			
		A	B	ϕC	ϕD	ϕE	F	ϕG	ϕH	I	圈数
1	OVM15A-3	135	110	90	50	85	50	130	10	50	4
2	OVM15A-4	165	120	100	55	100	50	150	12	50	5
3	OVM15A-5	180	130	100	55	115	50	170	12	50	5
4	OVM15A-6、7	210	160	120	70	128	50	210	14	50	5
5	OVM15A-8	240	180	130	80	143	55	240	14	50	6
6	OVM15A-9	240	180	130	80	152	55	240	14	50	6
7	OVM15A-12	270	210	140	90	168	60	270	16	60	6
8	OVM15A-13	270	210	140	90	168	65	270	16	60	6
9	OVM15A-14	285	260	150	90	178	70	285	20	60	7
10	OVM15A-17	300	340	150	90	200	80	300	20	60	7
11	OVM15A-19	310	360	160	100	205	80	310	20	60	7
12	OVM15A-22	320	360	180	120	224	110	320	20	60	7
13	OVM15A-27	350	400	190	120	248	120	350	20	60	7
14	OVM15A-31	390	470	200	130	260	130	390	20	60	8
15	OVM15A-37	465	510	210	140	296	140	465	22	60	9
16	OVM15A-43	500	600	240	160	324	150	500	22	70	9
17	OVM15A-55	540	700	245	160	344	180	540	22	70	10

6.3.2.2(三) HVM15 型锚固体系尺寸

序号	型号	锚垫板			波纹管	锚板		螺旋筋			
		A	B	φC	φD	φE	F	φG	φH	I	圈数
1	HVM15-3	135	100	80	50	90	50	130	10	40	4
2	HVM15-4	150	100	85	55	105	52	150	14	50	4
3	HVM15-5	170	100	93	60	117	52	170	14	50	4
4	HVM15-6、7	210	120	108	70	135	60	200	14	50	4
5	HVM15-8	230	140	120	80	150	60	230	16	60	5
6	HVM15-9	240	160	125	80	157	60	240	16	60	5
7	HVM15-12	270	210	138	90	175	70	270	20	60	6
8	HVM15-14	285	220	148	100	185	70	285	20	60	6
9	HVM15-17	300	240	160	100	210	85	300	20	60	6
10	HVM15-19	310	250	164	100	217	90	310	20	60	7
11	HVM15-22	340	260	180	120	235	100	340	20	60	7
12	HVM15-27	365	290	195	130	260	110	365	22	60	7
13	HVM15-31	400	330	205	130	275	120	400	22	60	8
14	HVM15-37	465	390	225	140	310	140	465	22	60	9
15	HVM15-44	500	450	248	160	340	150	500	22	60	9
16	HVM15-49	540	510	260	160	360	160	540	25	70	9
17	HVM15-55	540	510	260	160	360	170	540	25	70	9

6.3.2.2(四) B&S 型 Z15 系列锚固体系尺寸

序号	型号	锚垫板		波纹管	锚板		螺旋筋			
		A	B	φD	φE	F	φG	φH	I	圈数
1	B&SZ15-3	130	100	50	90	45	130	10	50	3
2	B&SZ15-4	160	120	55	105	45	150	12	50	4
3	B&SZ15-5	180	130	60	115	50	170	12	55	4
4	B&SZ15-6、7	200	170	70	125	55	200	16	50	5
5	B&SZ15-8、9	240	180	80	145	60	240	16	45	6
6	B&SZ15-12	270	210	90	170	65	270	16	50	6
7	B&SZ15-15、19	320	305	95	200	70	400	18	50	7
8	B&SZ15-25、27、31	360	350	130	270	80	510	20	60	8
9	B&SZ15-37	440	450	140	290	90	570	22	60	9
10	B&SZ15-48、55	520	530	160	350	100	700	25	70	9

6.3.2.3 扁型夹片锚固体系

BM 型扁型夹片锚固体系由扁型夹片锚具、扁型锚垫板等组成，见图 6-10。该体系的尺寸见表 6.3.2.3(一)。

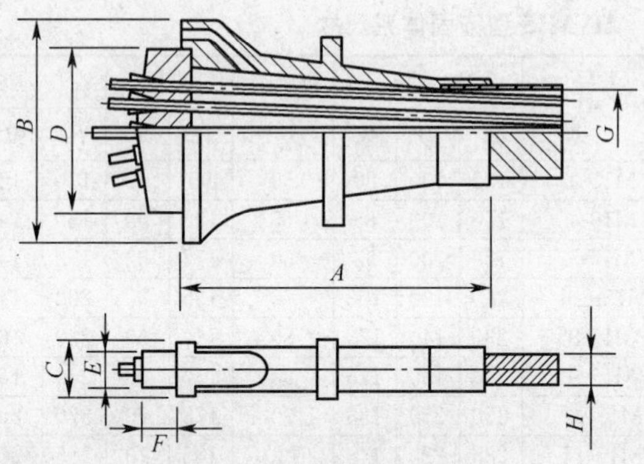

图 6-10 扁锚结构示意图

6.3.2.3(一) BM 型扁锚尺寸

序号	锚具型号	扁形锚垫板(mm)			扁形锚板(mm)			扁形波纹管内径(mm)	
		A	*B*	*C*	*D*	*E*	*F*	*G*	*H*
1	BM15(13)-2	150	160	80	80	48	50	50	19
2	BM15(13)-3	190	200	90	115	48	50	60	19
3	BM15(13)-4	235	240	90	150	48	50	70	19
4	BM15(13)-5	270	270	90	180	48	50	90	19

6.3.2.4 固定端锚固体系

固定端锚固体系包括挤压锚具(图 6-11)、压花锚具(图 6-12)、U 型锚具(图 6-13)等。其中,挤压锚具既可埋在混凝土结构内,也可

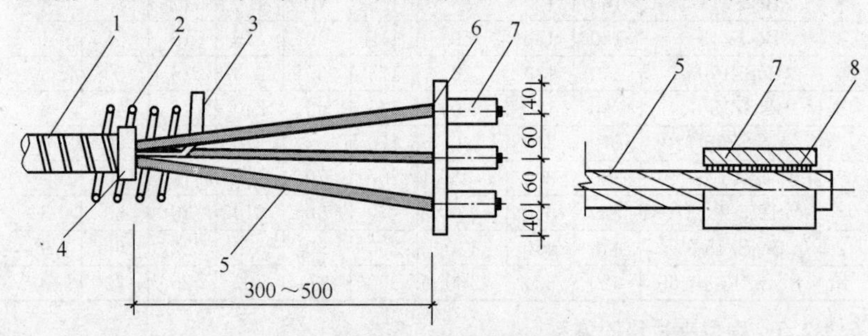

图 6-11 挤压锚具

1. 金属波纹管 2. 螺旋筋 3. 排气管 4. 约束圈
5. 钢绞线 6. 锚垫板 7. 挤压锚具 8. 异形钢丝衬圈

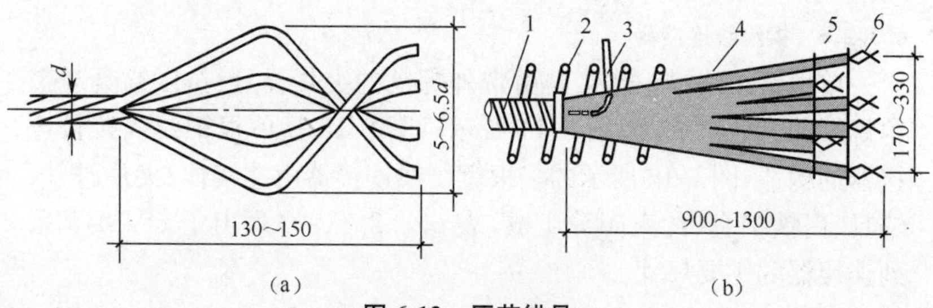

图 6-12 压花锚具

(a)、(b)两种压花锚具

1. 波纹管 2. 螺旋筋 3. 排气管 4. 钢绞线 5. 构造筋 6. 压药锚具

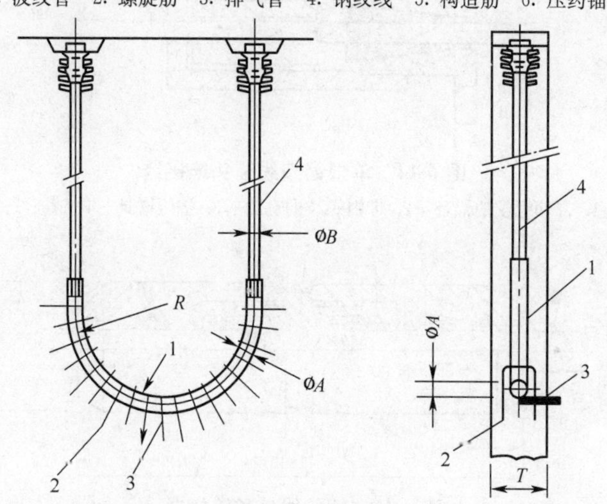

图 6-13 U 型锚具

1. ϕA 环形波纹管 2. U形加固筋 3. 灌浆管 4. ϕB 直线波纹管

安装在结构之外，对有粘结预应力钢绞线、无粘结预应力钢绞线均适用，应用范围最广。U 型锚具有关尺寸见表 6.3.2.4(一)。

6.3.2.4(一) U 型锚具有关尺寸

序号	钢绞线束型号	ϕA 内径	ϕB 内径	R 最小	序号	钢绞线束型号	ϕA 内径	ϕB 内径	R 最小
1	15-3	42	36	600	4	15-12	90	80	1000
2	15-4	65	55	600	5	15-19	110	95	1300
3	15-7	75	60	700					

注：在工程中，也允许 $\phi A=\phi B$。

6.3.2.5 钢绞线连接器

单根钢绞线锚头连接器由带外螺纹的夹片锚具、挤压锚具与带内螺纹的套筒组成，如图 6-14 所示。图 6-15 是单根钢绞线接长连接器的构造，图 6-16 所示的多根钢绞线连接器由连接体、夹片、挤压锚具、白铁护套、约束圈等组成，表 6.3.2.5(一)列出了 OVM15 系列连接器的主要尺寸。

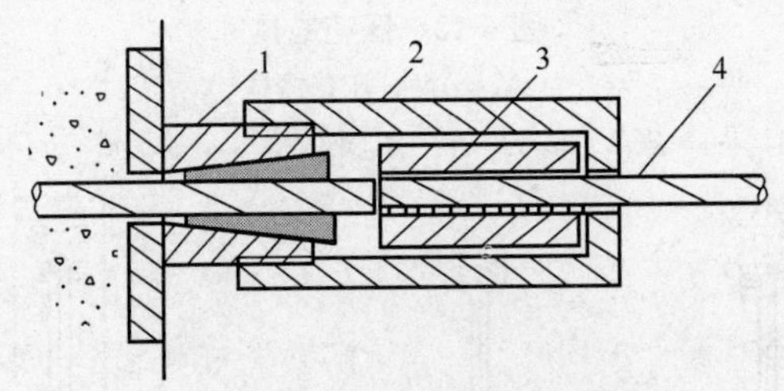

图 6-14 单根钢绞线锚头连接器

1. 带外螺纹的锚环 2. 带内螺纹的套筒 3. 挤压锚具 4. 钢绞线

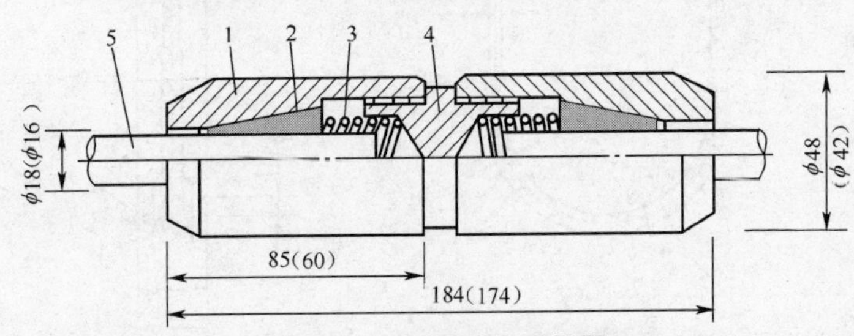

图 6-15 钢绞线接长连接器

1. 带内螺纹的加长锚环 2. 带外螺纹的连接头 3. 弹簧 4. 夹片 5. 钢绞线

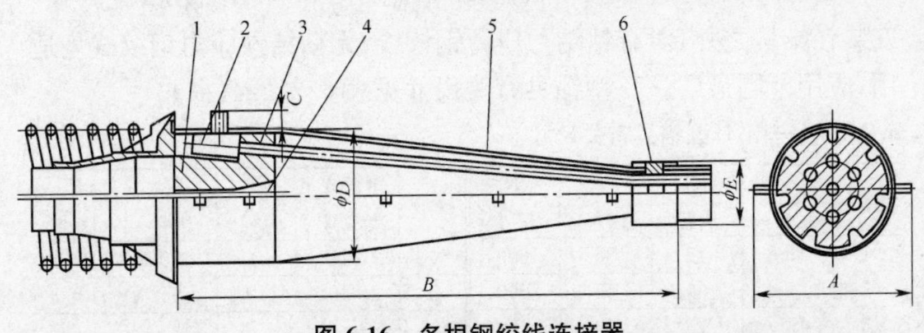

图 6-16 多根钢绞线连接器

1. 连接体 2. 挤压锚具 3. 钢绞线 4. 夹片 5. 白铁护套 6. 约束圈

6.3.2.5(一) OVM15 多根钢绞线连接器主要尺寸

序号	型　号	预应力筋根数	A	B	C	ϕD	ϕE
1	OVM15L-3	3	209	678	25	169	59
2	OVM15L-4	4	209	678	25	169	59
3	OVM15L-5	5	221	730	25	181	59
4	OVM15L-6	6	239	748	25	199	73
5	OVM15L-7	7	239	748	25	199	73
6	OVM15L-9	9	261	801	25	221	83
7	OVM15L-12	12	281	845	25	241	93
8	OVM15L-19	19	323	985	25	283	103

6.3.2.6 环锚

Z型环锚又称游动锚具,应用于圆形结构的环状钢绞线束,或使用在两端不能安装普通张拉锚具的钢绞线上。该锚具的预应力筋首尾锚固在一块锚板上,张拉时需加变角块在一个方向进行张拉,如图6-17所示。Z型环锚的有关尺寸见表6.3.2.6(一)。

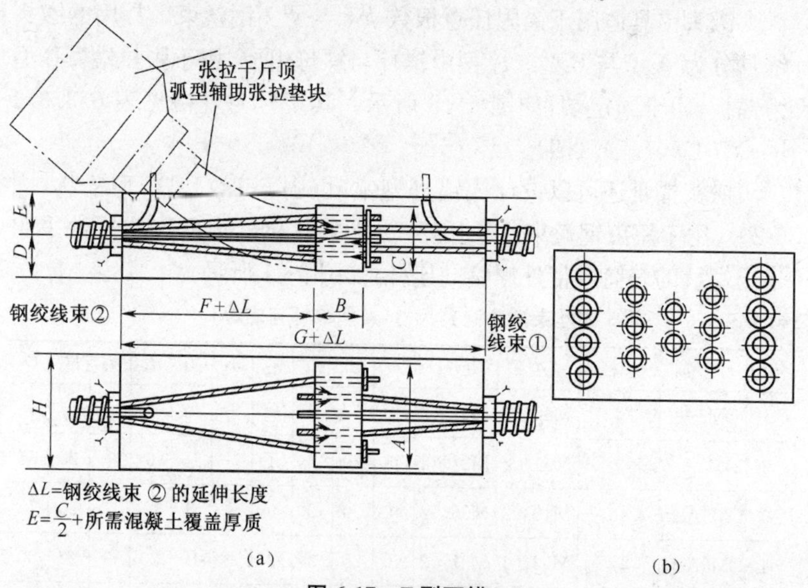

图6-17 Z型环锚

(a)环锚有关尺寸 (b)环锚锥孔

6.3.2.6(一) OVM Z型游动锚具有关尺寸

序号	型　　号	A	B	C	D	F	H
1	OVMHM15-2	160	65	50	50	150	200
2	OVMHM15-4	160	80	90	65	800	200
3	OVMHM15-6	160	100	130	80	800	200
4	OVMHM15-8	210	120	160	100	800	250
5	OVMHM15-12	290	120	180	110	800	320
6	OVMHM15-14	320	125	180	110	1000	340

注:参数 E、G 应根据工程结构确定,ΔL 为环形锚索张拉伸长值。

6.3.3 钢丝束锚固体系

钢丝束锚固体系包括镦头锚固体系、钢质锥形锚具、单根钢丝夹片夹具。

6.3.3.1 镦头锚固体系

镦头锚具适用于锚固任意根数 $\phi^{P}5$ 与 $\phi^{P}7$ 钢丝束。常用的镦头锚具分为 A 型与 B 型。A 型由锚环与螺母组成,用于张拉端。B 型为锚板,用于固定端,如图 6-18 所示。其型号与规格见表 6.3.3.1(一)、(二)、(三)、(四)。

镦头锚具还可以设计成锚杆型锚具(图 6-19)、锚板型锚具(图 6-20),用于短束钢丝束。采用镦头锚具时,钢丝束的连接器常采用带内螺纹的套筒或带外螺纹的连杆,如图 6-21 所示。

6.3.3.1(一) $\phi^{P}5$ 钢丝束镦头锚具尺寸(A 型锚杯与螺母) (mm)

序号	型号	钢丝根数	螺纹 D	螺纹 D_0	H	H_0	n_1	n_2	n_3	d_1	d_2	d_3	H_1	D_1
1	DM5A-4	4	M36×2	M24×2	40	15	4	—	—	12	—	—	15	55
2	DM5A-7	7	M41×2	M27×2	45	20	6	1	—	16	0	—	20	65
3	DM5A-10	10	M49×2	M35×2	50	20	2	9	—	8	24	—	20	75
4	DM5A-12	12	M52×2	M37×2	60	25	3	9	—	10	26	—	22	80
5	DM5A-14	14	M56×2	M40×2	60	25	4	10	—	12	28	—	22	85

续表 6.3.3.1(一)

序号	型号	钢丝根数	螺纹 D	螺纹 D_0	H	H_0	n_1	n_2	n_3	d_1	d_2	d_3	H_1	D_1
6	DM5A-16	16	M60×2	M42×2	70	30	5	11	—	14	30	—	25	90
7	DM5A-18	18	M64×3	M45×2	70	30	6	12	—	16	32	—	25	95
8	DM5A-20	20	M68×3	M48×2	70	30	7	13	—	19	35	—	25	95
9	DM5A-22	22	M68×3	M48×2	75	35	8	14	—	21	37	—	30	100
10	DM5A-24	24	M72×3	M52×3	75	35	9	15	—	24	40	—	30	100
11	DM5A-28	28	M76×3	M55×3	75	35	2	10	16	11	27	43	30	105
12	DM5A-32	32	M80×3	M57×3	80	40	4	11	17	13	29	45	35	110
13	DM5A-36	36	M84×3	M60×3	80	40	6	12	18	16	32	48	35	115
14	DM5A-39	39	M88×3	M63×3	85	42	7	13	19	10	35	61	35	120
15	DM5A-42	42	M91×3	M65×3	90	45	8	14	20	21	37	53	40	125
16	DM5A-45	45	M94×3	M68×3	90	45	9	15	21	24	40	56	40	130

6.3.3.1(二) $\phi^P 5$ 钢丝束镦头锚具尺寸(B型锚板) (mm)

序号	型　号	钢丝根数	D_2	H_2	n_1	n_2	n_3	d_1	d_2	d_3
1	DM5B-4	4		15	4			12		
2	DM5B-7	7		20	6	1		16	0	
3	DM5B-10	10		20	2	9		8	24	
4	DM5B-12	12	75	25	3	9		10	26	
5	DM5B-14	14	80	25	4	10		12	28	
6	DM5B-16	16	85	30	5	11		14	30	
7	DM5B-18	18	85	30	6	12		16	33	
8	DM5B-20	20	85	30	7	13		19	35	
9	DM5B-22	22	90	35	8	14		21	37	
10	DM5B-24	24	90	35	9	15		24	40	
11	DM5B-28	28	95	35	2	10	16	11	27	43
12	DM5B-32	32	95	40	4	11	17	13	29	45
13	DM5B-36	36	100	40	6	12	18	16	32	48
14	DM5B-39	39	100	42	7	13	19	19	35	51
15	DM5B-42	42	105	45	8	14	20	21	37	53
16	DM5B-45	45	105	45	9	15	21	24	40	56

6.3.3.1(三) ϕ^P7 钢丝束镦头锚具尺寸(A型锚杯与螺母) (mm)

序号	型 号	钢丝根数	螺纹 D	螺纹 D_0	H	H_0	n_1	n_2	d_1	d_2	H_1	D_1
1	DM7A-6	6	M52×2	M37×2	60	25	6		22		22	80
2	DM7A-8	8	M62×3	M44×2	60	25	8		30		25	90
3	DM7A-10	10	M68×3	M48×2	70	30	2	9	12	34	30	95
4	DM7A-12	12	M72×3	M52×3	75	35	3	9	14	36	30	100
5	DM7A-14	14	M76×3	M55×3	80	35	4	10	16	38	30	110
6	DM7A-16	16	M80×3	M57×3	85	40	5	11	19	41	35	115
7	DM7A-18	18	M84×3	M60×3	85	40	6	12	22	44	35	120
8	DM7A-20	20	M91×3	M63×3	95	45	7	13	26	48	35	125
9	DM7A-22	22	M96×3	M67×3	95	45	8	14	30	52	40	130
10	DM7A-24	24	M100×3	M70×3	100	50	9	15	33	55	42	135

6.3.3.1(四) ϕ^P7 钢丝束镦头锚具尺寸(B型锚板) (mm)

序号	型 号	钢丝根数	D_2	H_2	n_1	n_2	d_1	d_2
1	DM7B-6	6	75	25	6		22	
2	DM7B-8	8	80	25	8		30	
3	DM7B-10	10	85	30	2	9	12	34
4	DM7B-12	12	95	35	3	9	14	36
5	DM7B-14	14	95	35	4	10	16	38
6	DM7B-16	16	95	40	5	11	19	41
7	DM7B-18	18	100	40	6	12	22	44
8	DM7B-20	20	100	45	7	13	2	48
9	DM7B-22	22	110	45	8	14	30	52
10	DM7B-24	24	120	50	9	15	33	55

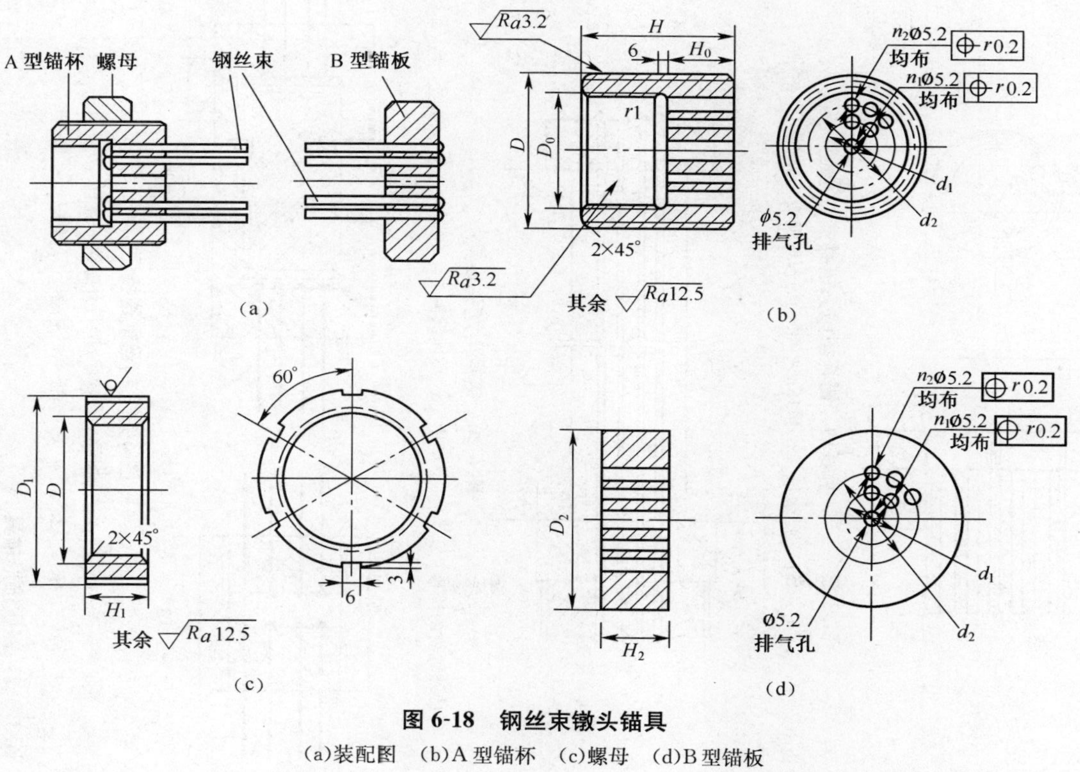

图 6-18 钢丝束镦头锚具

(a)装配图 (b)A 型锚杯 (c)螺母 (d)B 型锚板

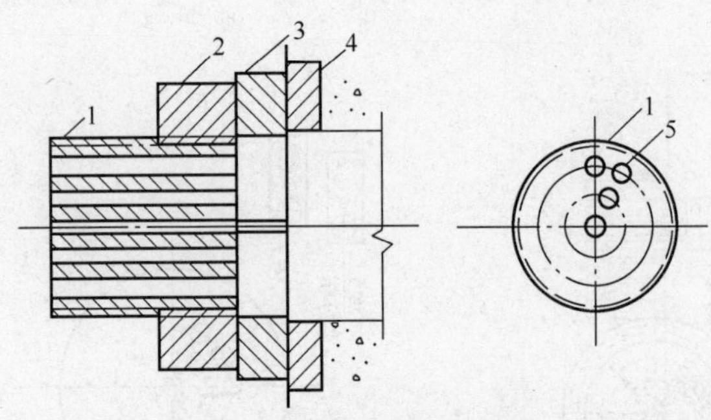

图 6-19 锚杆型镦头锚具

1. 锚杆 2. 螺母 3. 半环形垫片 4. 预埋钢板 5. 锚孔

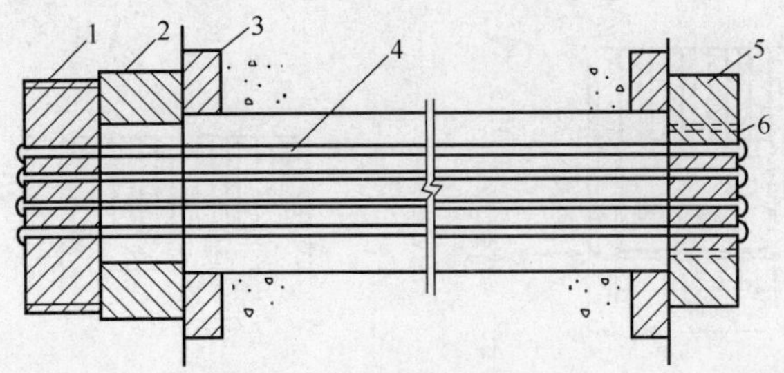

图 6-20 锚板型镦头锚具

1. 带外螺纹的锚板 2. 半环形垫片 3. 预埋钢板 4. 钢丝束 5. 锚板环 6. 锚芯

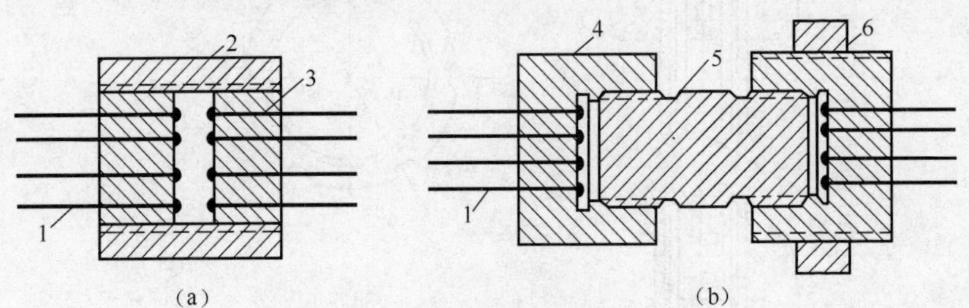

图 6-21 钢丝束连接器

(a)带内螺纹的套筒 (b)带外螺纹的连杆

1. 钢丝 2. 套筒 3. 锚板 4. 锚杯 5. 连杆 6. 螺母

6.3.3.2 钢质锥形锚具

钢质锥形锚具适用于锚固 6～30ϕ^{P}5 和 12～24ϕ^{P}7 钢丝束。它由锚环与锚塞组成，如图 6-22 所示；其型号与规格见表 6.3.3.2(一)。

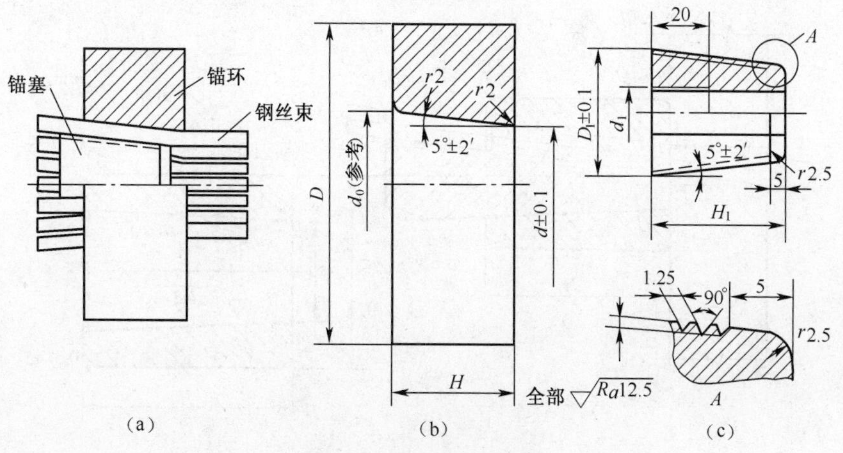

图 6-22 钢质锥形锚具

(a)装置图 (b)锚环 (c)锚塞

6.3.3.2(一) 钢质锥形锚具型号规格 (mm)

序号	型 号	钢 丝		D	H	d	d_0	D_1	H_1	d_1	留孔直径
		直径	根数								
1	GE5-12	5	12	65	45	27	34.9	27	50	M8×1	—
2	GE5-18	5	18	100	50	39	47.7	40	55	M16×15	50
3	GE5-24	5	24	110	55	49	58.6	51	60	M16×15	50
4	GE5-28	5	28	117	53	55	64.0	57	58	—	—
5	GE5-30	5	30	126	53	59	68.3	61	58	—	—
6	GE7-12	7	12	110	57	45	55.0	43	66	—	—
7	GE7-24	7	24	130	57	64	74.0	62	66	—	—

注:本表前三种型号为通用规格,后四种为柳州建筑机械总厂产品。

6.3.3.3 单根钢丝夹具

(1)锥销夹具

图 6-23 所示的锥销夹具由套筒和锥塞组成,其外形尺寸见表 6.3.3.3(一),适用于夹持单根直径 4~5mm 的冷拔钢丝和消除应力钢丝。

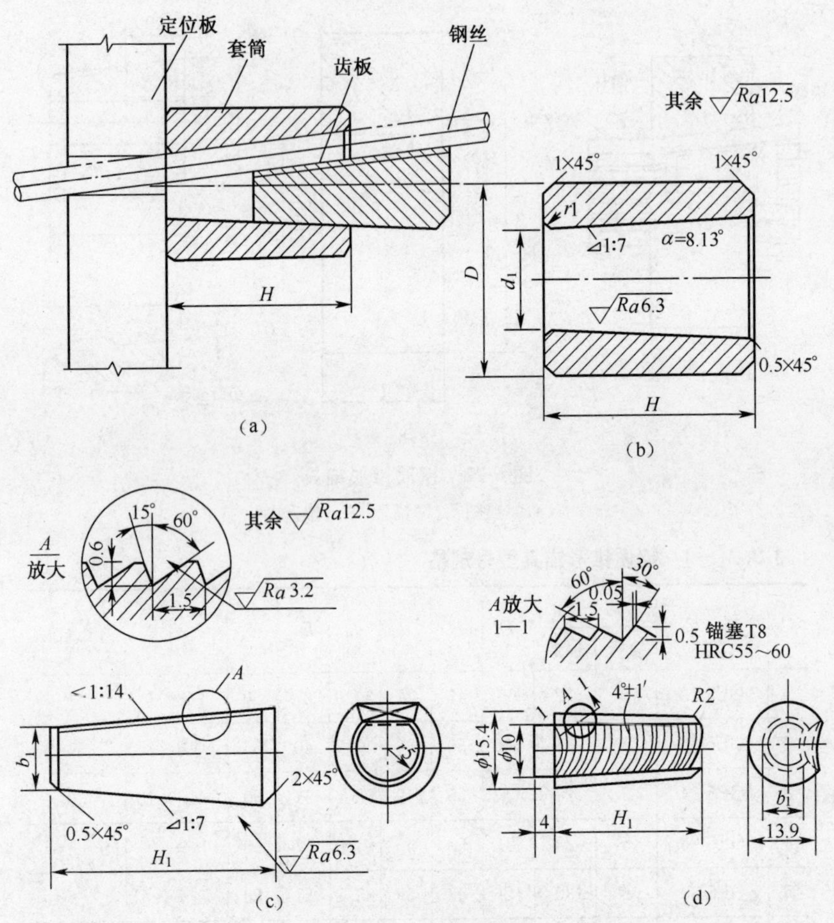

图 6-23　锥销夹具

(a)装配图　(b)套筒　(c)冷拔钢丝用齿板式锚塞　(d)消除应力钢丝用齿槽式锚塞

6.3.3.3(一)　锥销夹具尺寸

(mm)

序号	预应力筋	套筒				钢塞	
		H	D	d_1	α	H_1	b_1
1	ϕ4～ϕ5 冷拔钢丝	28	22	10	8.13°	30	7
2	ϕ^P5 消除应力钢丝	30	25	13	4°	33	9.4

注:冷拔钢丝用夹具:采用 45 号钢,套筒不调质,锚塞热处理硬度为 40～45。

(2)夹片夹具

图 6-24 所示的夹片夹具由套筒和夹片组成,适用于夹持单根直径 5mm 的消除应力钢丝。

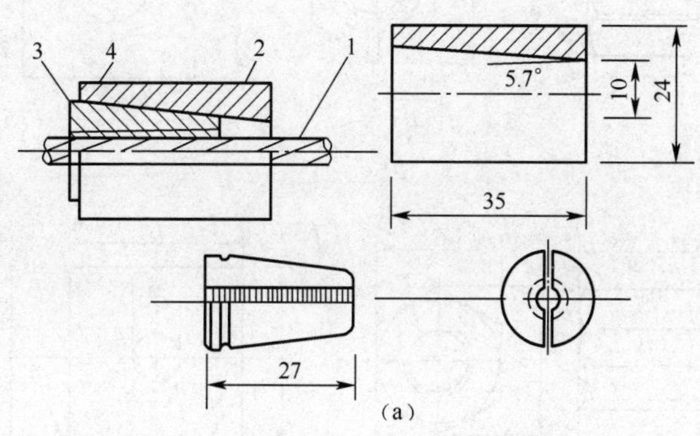

(a)

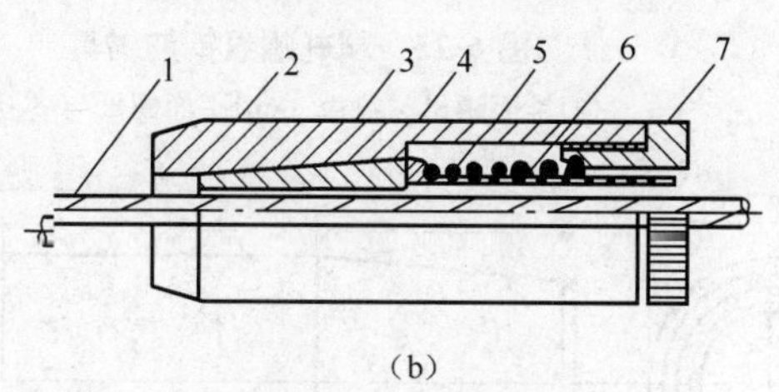

(b)

图 6-24 单根钢筋夹片夹具

(a)固定端夹片夹具 (b)张拉端夹片夹具

1. 钢丝 2. 套筒 3. 夹片 4. 钢丝圈 5. 弹簧圈 6. 顶杆 7. 顶盖

6.3.4 粗钢筋锚固体系

6.3.4.1 精轧螺纹钢筋锚固体系

精轧螺纹钢筋锚具包括螺母与垫板,如图 6-25 所示,其尺寸见表 6.3.4.1(一)。精轧螺纹钢筋连接器的形状与尺寸见图 6-26 和表 6.3.4.1(二)。

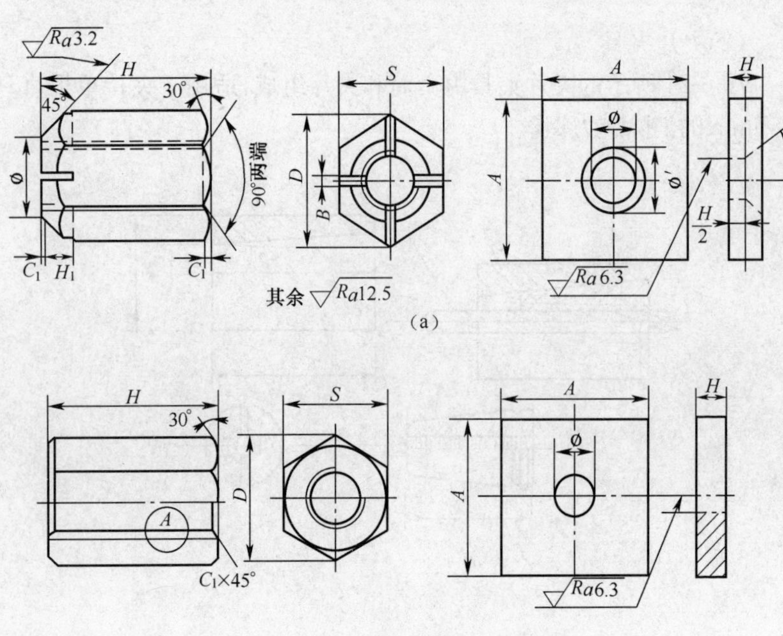

图 6-25　精轧螺纹钢筋锚具

(a)锥面螺母与垫板　(b)平面螺母与垫板

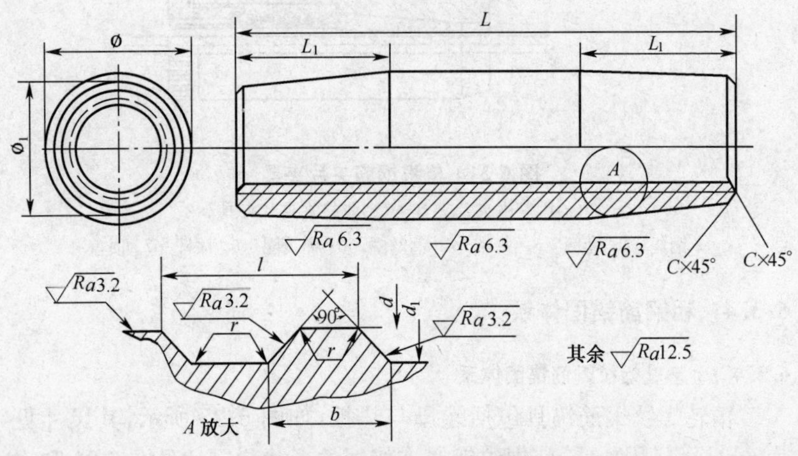

图 6-26　精轧螺纹钢筋连接器

6.3.4.1(一) 精轧螺纹钢筋的锚具尺寸 (mm)

序号	钢筋直径(mm)	螺母					垫板			
		分类	D	S	H	H_1	A	H	ϕ	ϕ'
1	25	锥面	57.1	50	65	15	110	25	30	55
2		平面				—				—
3	32	锥面	67	58	72	18	130	32	38	70
4		平面				—				—

6.3.4.1(二) 精轧螺纹钢筋连接器尺寸

序号	公称直径 d_0(mm)	ϕ	ϕ'	L	L_1	d	d_1	l	b	r	c
		(mm)									
1	25	50	38	132	45	25.5	29.7	12	8	1.5	1.6
2	32	60	46	160	60	32.5	37.5	16	9	2.0	2.0

6.3.4.2 轧螺纹锚固体系

张拉端冷轧螺纹锚固体系如图6-27所示,其尺寸见表6.3.4.2(一)。

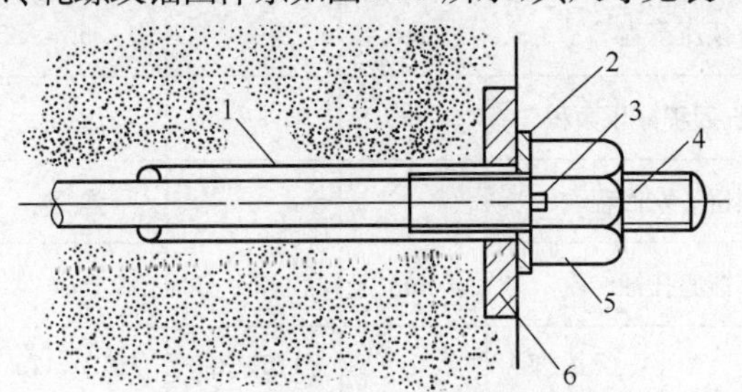

图6-27 张拉端冷轧螺纹锚固体系

1. 孔道 2. 垫圈 3. 排气槽 4. 冷轧螺纹头 5. 螺母 6. 锚垫板

6.3.4.2(一) 张拉端冷轧螺纹锚固体系尺寸

序号	钢筋直径(mm)	冷轧螺纹	螺母 $S\times H$ (mm)	垫圈		锚下垫板(mm)	
				$D\times t$ (mm)	d	$a\times b\times t_1$	d_1
1	25	M27×3	41×40	70×6	30	100×100×14	36
2	32	M34×3	55×50	80×8	37	120×120×16	46

注:表中符号:S—螺母六角形对边间距离;H—螺纹高度;D—垫圈直径;d—垫圈孔径;t—垫圈厚度;a、b—垫板边长;t_1—垫板厚度;d_1—垫板中心孔径。

6.3.5 张拉设备

张拉设备主要有液压张拉千斤顶和电动油泵。液压张拉千斤顶按机型不同分为:拉杆式千斤顶、穿心式千斤顶、锥锚式千斤顶和台火式千斤顶等。

6.3.5.1 YC型穿心式千斤顶技术性能

序号	项目		单位	YC20D型	TC60型	YC120型
1	额定油压		N/mm²	40	40	50
2	张拉缸液压面积		cm²	51	162.6	250
3	公称张拉力		kN	200	600	1200
4	张拉行程		mm	200	150(注1)	300
5	顶压缸活塞面积		cm²	—	84.2	113
6	顶压行程		mm	—	50	40
7	张拉缸回程液压面积		cm²	—	12.4	160
8	顶压活塞回程			—	弹簧	液压
9	穿心孔径		mm	31	55	70(注2)
10	外形尺寸	无撑脚	mm	ϕ116×360	ϕ195×425	ϕ250×910
11		有撑脚		(不计附件)	ϕ195×760	ϕ250×1250
11	质量	无撑脚	kg	19	63	196
12		有撑脚		(不计附件)	73	240
14	配套油泵			ZB0.8～500	ZB4～500 ZB0.8～500	ZB4～500 (三油路)

注:1. 张拉行程改为200mm,型号为YC60A型。

2. 加撑脚后,穿心孔径改为75mm,型号为YCL-120型。

6.3.5.2 YCD型千斤顶技术性能

序号	项　目	单位	YCD120	YCD200	YCD350
1	额定油压	N/mm^2	50	50	50
2	张拉缸液压面积	cm^2	290	490	766
3	公称张拉力	kN	1450	2450	3830
4	张拉行程	mm	180	180	250
5	穿心孔径	mm	128	160	205
6	回程缸液压面积	cm^2	177	263	—
7	回程油压	N/mm^2	20	20	20
8	n个液压顶压缸面积	cm^2	$n\times5.2$	$n\times5.2$	$n\times5.2$
9	n个顶压缸顶压力	kN	$n\times26$	$n\times26$	$n\times26$
10	外形尺寸	mm	$\phi315\times550$	$\phi370\times550$	$\phi480\times671$
11	自重	Kg	200	250	—
12	配套油泵		ZB_4-500	ZB_4-500	ZB_4-500
13	适用ϕ^j15钢绞线束	根	4～7	8～12	19

6.3.5.3 YCQ型千斤顶技术性能

序号	项　目	单位	YCQ100	YCQ200	YCQ350	YCQ500
1	额定油压	N/mm^2	63	63	63	63
2	张拉缸液压面积	cm^2	219	330	550	788
3	理论张拉力	kN	1380	2080	3460	4960
4	张拉行程	mm	150	150	150	200
5	回程缸活塞面积	cm^2	113	185	2730	427
6	回程油压	N/mm^2	＜30	＜30	＜30	＜30
7	穿心孔直径	mm	90	130	140	175
8	外形尺寸	mm	$\phi258\times440$	$\phi340\times458$	$\phi420\times446$	$\phi490\times530$
9	自重	kg	110	190	320	550

6.3.5.4 YCWB型系列千斤顶技术性能

序号	项　目	单位	YCW100B	YCW150B	YCW250B	YCW400B
1	公称张拉力	kN	973	1492	2480	3956
2	公称油压力	N/mm^2	51	50	54	52
3	张拉活塞面积	cm^2	191	298	459	761
4	回程活塞面积	cm^2	78	138	280	459
5	回程油压力	N/mm^2	＜25	＜25	＜25	＜25
6	穿心孔直径	mm	78	120	140	175
7	张拉行程	mm	200	200	200	200
8	主机自重	kg	65	108	164	270
9	外形尺寸 $\phi D\times L$	mm	$\phi214\times370$	$\phi285\times370$	$\phi344\times380$	$\phi432\times400$

6.3.5.5 YDCN 型内卡式千斤顶性能

序号	项　目	单位	YDC100N-100(200)	YDC100N-100(200)	YDC100N-100(200)
1	公称张拉力	kN	997	1493	2462
2	公称油压力	N/mm^2	55	54	50
3	张拉活塞面积	cm^2	181.2	276.5	492.4
4	回程活塞面积	cm^2	91.9	115.6	292.2
5	张拉行程	Mm	100(200)	100(200)	100(200)
6	主机质量	kg	78(98)	116(146)	217(263)
7	长度(L)直径	mm	289(389)×ϕ250	285(385)×ϕ305	289(389)×ϕ399
8	最小工作空间	mm	800(1000)	800(1000)	800(1000)

6.3.5.6 锥锚式千斤顶技术性能

序号	项　目	单位	YZ85-300	TZ85-500	YZ150-300
1	额定油压	N/mm^2	46	46	50
2	公称张拉力	kN	850	850	1500
3	张拉行程	mm	300	500	300
4	顶压力	kN	390	390	769
5	顶压行程	mm	65	65	65
6	外形尺寸	mm	ϕ326×890	ϕ326×1100	ϕ360×1005
7	质量	kg	180	205	198

6.3.5.7 台座式千斤顶技术性能

序号	项　目	单位	YDT120	YDT300	YDT350
1	额定油压	N/mm^2	50	50	50
2	公称张拉力	kN	1200	3000	3500
3	张拉行程	mm	300	500	700
4	外形尺寸	mm	ϕ250×595	ϕ250×595	—
5	质量	kg	150	—	—

6.3.5.8 ZB4-500 型电动油泵技术性能

柱塞	直径	mm	$\phi 10$	电动机	功率	kW	3
	行程	mm	6.8		转数	r/min	1420
	个数	个	2×3	用油种类		10 号或 20 号机械油	
额定油压		N/mm^2	50	油箱容量		L	42
额定流量		L/min	2×2	外形尺寸		mm	745×494×1052
出油嘴数		个	2	质量		kg	120

6.3.5.9 ZB1/630 电动油泵技术性能

柱塞	直径	mm	$\phi 8$	电动机	功率	kW	1.1
	行程	mm	5.57		转数	r/min	1400
	个数	个	×3	用油种类		10 号或 20 号机械油	
额定油压		N/mm^2	63	油箱容量		L	18
额定流量		L/min	1	外形尺寸		mm	501×306×575
出油嘴数		个	2	空箱质量		kg	55

6.3.5.10 ZB618 型电动油泵技术性能

柱塞	直径	mm	$\phi 10$	电动机	型号	Y90L2-4	
	行程	mm	9.5/1.67		功率	kW	1.5
	个数	个	6		转数	r/min	1420
油泵转数		r/min	1420	出油嘴数		z	2
理论排量		mL/r	6.3	用油种类		10 号或 20 号机械油	
额定油压		N/mm^2	80	油箱容量		L	20
额定排量		mL/min	6	质量		kg	70
—		—	—	外形(长宽高)		mm	500×350×700

6.3.6 预应力筋原材料的质量验收标准

项	序	检验项目与要求	检验数量与检验方法
主控项目	1	预应力筋进场时,按现行国家标准《预应力混凝土用钢绞线》GB/T 5224 等的规定抽取试件作力学性能检验,其质量必须符合有关标准的规定	检查数量:按进场的批次和产品的抽样检验方案确定 检验方法:检查产品合格证、出厂检验报告和进场复验报告

续表 6.3.6

项	序	检验项目与要求	检验数量与检验方法
主控项目	2	无粘结预应力筋的涂包质量应符合无粘结预应力钢绞线标准的规定 当有工程经验，并经观察认为质量有保证时，可不作油脂用量和护套厚度的进场复验	检查数量：每 60t 为一批，每一批抽取一组试件 检验方法：观察，检查产品合格证、出厂检验报告和进场复验报告
主控项目	3	预应力筋用锚具、夹具和连接器应按设计要求采用，其性能应符合现行国家标准《预应力筋用锚具、夹具和连接器》GB/T 14370 等的规定 对锚具用量较少的一般工程，如供货方提供有效的试验报告，可不作静载锚固性能试验	检查数量：按进场批次和产品的抽样检验方案确定 检验方法：检查产品合格证、出厂检验报告和进场复验报告
主控项目	4	孔道灌浆用水泥应采用普通硅酸盐水泥，其质量应符合 6.4.1.2“混凝土原材料质量验收标准”的有关规定 对孔道灌浆用水泥和外加剂用量较少的一般工程，当有可靠依据时，可不作材料性能的进场复验	检查数量：按过场批次和产品的抽样检验方案确定 检验方法：检查产品合格证、出厂检验报告和进场复验报告
一般项目	1	预应力筋使用前应进行外观检查，其质量应符合下列要求： (1)有粘结预应力筋展开后应平顺，不得有弯折，表面不应有裂纹、小刺、机械损伤、氧化铁皮和油污等 (2)无粘结预应力筋护套应光滑、无裂缝，无明显褶皱 无粘结预应力筋护套轻微破损者应外包防水塑料胶带修补，严重破损者不得使用	检查数量：全数检查 检验方法：观察
一般项目	2	预应力筋用锚具、夹具和连接器使用前应进行外观检查，其表面应无污物、锈蚀、机械损伤和裂纹	检查数量：全数检查 检验方法：观察
一般项目	3	预应力混凝土用金属螺旋管的尺寸和性能应符合国家现行标准《预应力混凝土用金属螺旋管》JG/T 3013 的规定 对金属螺旋管用量较少的一般工程，当有可靠依据时，可不作径向刚度、抗渗漏性能的进场复验	检查数量：按进场批次和产品的抽样检验方案确定 检验方法：检查产品合格证、出厂检验报告和进场复验报告
一般项目	4	预应力混凝土用金属螺旋管在使用前应进行外观检查，其内外表面应清洁，无锈蚀，不应有油污、孔洞和不规则的褶皱，咬口不应有开裂或脱扣	检查数量：全数检查 检验方法：观察

6.3.7 预应力筋制作与安装

6.3.7.1 预应力筋下料长度

序	计算方法

1. 钢丝束下料长度

(1)采用钢质锥形锚具，以锥锚式千斤顶在构件上张拉时，钢丝的下料长度 L 按图 6-28 所示计算：

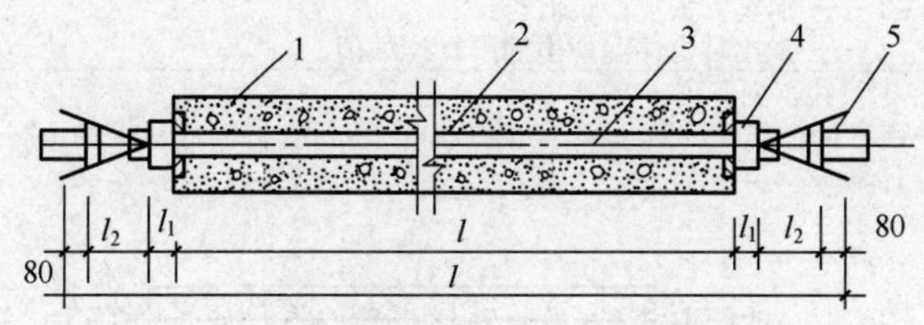

图 6-28 采用钢质锥形锚具时钢丝下料长度计算简图

1. 混凝土构件 2. 孔道 3. 钢丝束 4. 钢质锥形锚具 5. 锥锚式千斤顶

①两端张拉

$$L=l+2(l_1+l_2+80) \qquad (7\text{-}1)$$

②一端张拉

$$L=l+2(l_1+80)+l_2 \qquad (7\text{-}2)$$

1

式中 l——构件的孔道长度；

l_1——锚环厚度；

l_2——千斤顶分丝头至卡盘外端距离，对 YZ85 型千斤顶为 470mm（包括大缸伸出 40mm）。

(2)采用镦头锚具，以拉杆式穿心千斤顶在构件上张拉时，钢丝的下料长度 L 计算，应考虑钢丝束张拉锚固后螺母位于锚杯中部，见图 6-29。

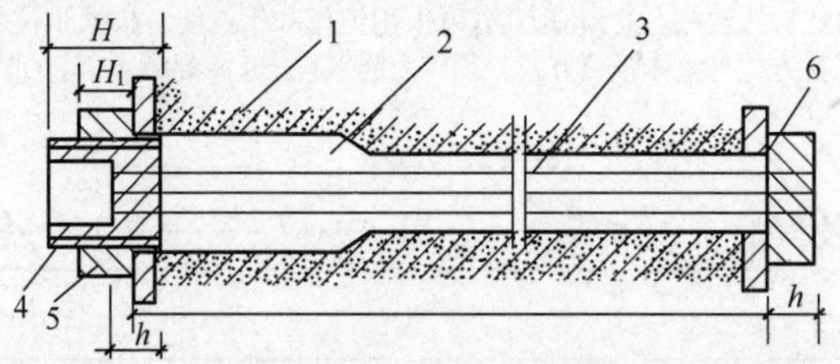

图 6-29 采用镦头锚具时钢丝下料长度计算简图

1. 混凝土构件 2. 孔道 3. 钢丝束 4. 锚杯 5. 螺母 6. 锚板

续表 6.3.7.1

序	计算方法
1	$$L=l+2(h+\delta)-K(H-H_1)-\Delta L-C \qquad (7\text{-}3)$$ 式中 l——构件的孔道长度，按实际丈量； h——锚杯底部厚度或锚板厚度； δ——钢丝镦头留量，对 ϕ^P5 取 100mm； K——系数，一端张拉时取 0.5，两端张拉时取 1.0； H——锚杯高度； H_1——螺母高度； ΔL——钢丝束张拉伸长值； C——张拉时构件混凝土的弹性压缩值。
2	2. 钢绞线下料长度 采用夹片锚具，以穿心式千斤顶在构件上张拉时，钢绞线束的下料长度 L，按图 6-30 计算 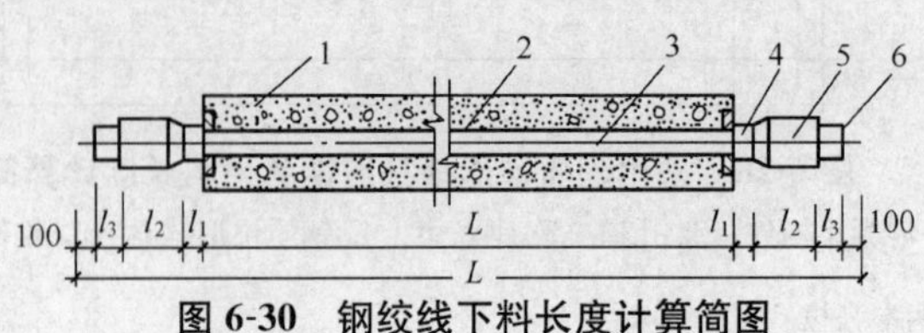 **图 6-30　钢绞线下料长度计算简图** 1. 混凝土构件　2. 孔道　3. 钢绞线 4. 夹片式工作锚　5. 穿心式千斤顶　6. 夹片式工具锚 ①两端张拉 $$L=l+2(l_1+l_2+l_3+100) \qquad (7\text{-}4)$$ ②一端张拉 $$L=l+2(l_1+100)+l_2+l_3 \qquad (7\text{-}5)$$ 式中 l——构件的孔道长度； l_1——夹片式工作锚厚度； l_2——穿心式千斤顶长度； l_3——夹片式工具锚厚度。
3	3. 长线台座预应力筋下料长度 先张法长线台座上的预应力筋，可采用钢丝和钢绞线。根据张拉装置不同，可采取单根张拉方式与整体张拉方式。预应力筋下料长度 L 的基本算法如下(图 6-31) 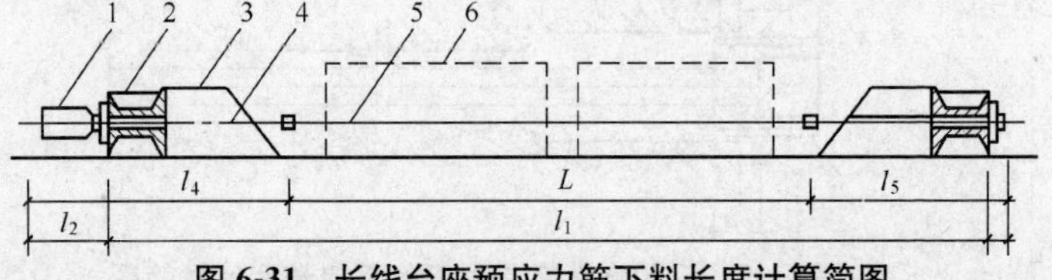 **图 6-31　长线台座预应力筋下料长度计算简图** 1. 张拉装置　2. 钢横梁　3. 台座 4. 工具式拉杆　5. 预应力筋　6. 待浇混凝土的构件

续表 6.3.7.1

序号	计算方法
3	$$L=l_1+l_2+l_3-l_4-l_5 \quad (7\text{-}6)$$ 式中 l_1——长线台座长度； l_2——张拉装置长度(含外露预应力筋长度)； l_3——固定端所需长度； l_4——张拉端工具式拉杆长度； l_5——固定端工具式拉杆长度。 如预应力筋直接在钢横梁上张拉与锚固，则可取消 l_4 与 l_5 值 同时，预应力筋下料长度应满足构件在台座上排列要求

6.3.7.2 预应力筋制作与安装的质量验收标准

项	序	检验项目与要求	检验数量与检验方法
主控项目	1	预应力筋安装时，其品种、级别、规格、数量必须符合设计要求	检查数量：全数检查 检验方法：观察，钢尺检查
	2	当采用先张法预应力施工时，应选用非油质类模板做隔离剂，并应避免沾污预应力筋	检查数量：全数检查 检验方法：观察
	3	施工过程中应避免电火花损伤预应力筋；受损伤的预应力筋应予以更换	检查数量：全数检查 检验方法：观察
一般项目	1	预应力筋下料应符合下列要求： (1)预应力筋应采用砂轮锯或切断机切断，不得采用电弧切割 (2)当钢丝束两端采用镦头锚具时，同一束中各根钢丝长度的极并非应不大于钢丝长度的1/5000，且应不大于5mm。当成组张拉长度不大于10m的钢丝时，同组钢丝长度的极差不得大于2mm	检查数量：每工作班抽查预应力筋总数的3%，且不少于3束 检验方法：观察，钢尺检查
	2	预应力筋端部锚具的制作质量应符合下列要求： (1) 挤压锚具制作时，压力表油压应符合操作说明书的规定，挤压后预应力筋外端应露出挤压套筒1～5mm (2)钢绞线压花锚成形时，表面应清洁、无油污，梨形头尺寸和直线段长度应符合设计要求 (3)钢丝镦头的强度不得低于钢丝强度标准值的98%	检查数量：对挤压锚，每工作班抽查5%，且不应少于5件；对压花锚，每工作班抽查3件；对钢丝镦头强度，每批钢丝检查6个镦头试件 检验方法：观察，钢尺检查，检查镦头强度试验报告

续表 6.3.7.2

项	序	检验项目与要求	检验数量与检验方法
一般项目	3	后张法有粘结预应力筋预留孔道的规格、数量、位置和形状除应符合设计要求外,还应符合下列规定: (1)预留孔道的定位应牢固,浇筑混凝土时不应出现移位和变形 (2)孔道应平顺,端部的预埋锚垫板应垂直于孔道中心线 (3)成孔用管道应密封良好,接头应严密且不得漏浆 (4)灌浆孔的间距:对预埋金属螺旋管不宜大于30m;对抽芯成形孔道不宜大于12m (5)在曲线孔道的曲线波峰部位应设置排气兼泄水管,必要时可在最低点设置排水孔 (6)灌浆孔及泌水管的孔径应能保证浆液畅通	检查数量:全数检查 检验方法:观察,钢尺检查
	4	预应力筋束形控制点的竖向位置偏差应符合表6.3.7.3的规定 注:束形控制点的竖向位置偏差合格点率应达到90%及以上,且不得有超过表中数值1.5倍的尺寸偏差	检查数量:在同一检验批内,抽查各类型构件中预应力筋总数的5%,且对各类型构件均不少于5束,每束不应少于5处 检验方法:钢尺检查
	5	无粘结预应力筋的铺设除应符合本表一般项目第4条的规定外,尚应符合下列要求: (1)无粘结预应力筋的定位应牢固,浇筑混凝土时应不出现移位和变形 (2)端部的预埋锚垫板应垂直于预应力筋 (3)内埋式固定端垫板不应重叠,锚具与垫板应贴紧 (4)无粘结预应力筋成束布置时应能保证混凝土密实并能裹住预应力筋 (5)无粘结预应力筋的护套应完整,局部破损处应采用防水胶带缠绕紧密	检查数量:全数检查 检验方法:观察
	6	浇筑混凝土前穿入孔道的后张法有粘结预应力筋,宜采取防止锈蚀的措施	检查数量:全数检查 检验方法:观察

6.3.7.3 束形控制点的竖向位置允许偏差

截面高(厚)度(mm)	$h \leqslant 300$	$300 < h \leqslant 1500$	$h > 1500$
允许偏差(mm)	±5	±10	±15

6.3.8 预应力筋张拉和放张

6.3.8.1 预应力筋的张拉

(1)先张法预应力筋的张拉

钢丝张拉分为单根张拉和多根张拉。在台座上生产的构件多为单根张拉,可采用电动卷扬机、电动螺杆张拉机等进行张拉。张拉应力的大小应按设计要求确定,过大或过小都会影响构件的质量。为了部分抵消应力松弛、摩擦以及钢筋分批张拉以及预应力筋与张拉台座之间的温差等因素所产生的预应力损失,施工中预应力筋需超张拉。超张拉应力可比设计要求提高5%,但预应力筋的张拉控制应力不得超过下表的规定。

张拉控制应力 σ_{con} 允许值

项次	预应力筋种类	张拉方法	
		先张法	后张法
1	消除应力钢丝、钢绞线	$0.75f_{ptk}$	$0.75f_{ptk}$
2	冷轧带肋钢筋	$0.70f_{ptk}$	—
3	精轧螺纹钢筋	—	$0.75f_{ptk}$

(2)后张法预应力筋的张拉

混凝土的强度应达到设计要求,当设计无要求时,应不低于设计强度的75%。并应遵守下面的张拉顺序和张拉制度:

①预应力筋的张拉顺序应确保混凝土不产生超应力,构件不扭转与侧弯,结构不变位等。因此,应采用分批、分阶段、对称张拉的方法。

②为减少预应力筋与预留孔壁摩擦而引起的应力损失,对于抽芯成形孔道,曲线预应力筋和长度大于24m的直线预应力筋,应在两端张拉;长度等于或小于24m的直线预应力筋,可在一端张拉。

预埋波纹管孔道，曲线预应力筋和长度大于30m的直线预应力筋，宜在两端张拉；长度等于或小于30m的直线预应力筋可在一端张拉。当在同一截面中有多根一端张拉的预应力筋时，张拉端宜分别设置在结构的两端。当两端同时张拉一根(束)预应力筋时，为了减少预应力损失，宜先将一端锚固，再将另一端补足张拉力后进行锚固。

③对平卧叠浇的预应力混凝土构件，宜先上后下逐层进行张拉。由于上层构件的质量会产生水平摩阻力，在预应力筋张拉时会阻止下层构件混凝土压缩的自由变形，从而引起预应力损失。该损失值随构件形式、隔离层和张拉方式的不同而不同。为减少上下层之间因摩阻引起的预应力损失，可逐层加大张拉力。加大的张拉力随构件的不同而不同。对于钢丝、钢绞线和热处理钢筋，底层张拉力不宜比顶层大5%，对于冷拉Ⅱ～Ⅳ级钢筋底层张拉力不宜比顶层大9%并且要保证加大张拉控制应力后不要超过最大张拉力的规定。最大张拉力的规定与先张法相同。如隔离层效果较好，也可采用同一张拉值。

6.3.8.2 预应力筋的放张

预应力筋放张时，混凝土强度必须符合设计要求，如设计无要求，不得低于设计强度的75%。放张过早，会因预应力筋的回缩而引起较大的预应力损失。放张前，应拆除侧模，使放张时构件能自由压缩。否则，将损坏模板或造成构件开裂。

(1)放张方法

对于配筋不多的中小型混凝土构件，钢丝可用砂轮锯或切断机切断等方法放张；对于配筋多的混凝土构件，钢丝应同时放张，如逐根放张，则最后几根钢丝将由于承受过大的拉力而突然断裂，易使构件端部开裂。放张后，预应力筋的切断顺序，一般应由放张端开始，逐次切向另一端。

当预应力筋为钢筋时，对热处理钢筋和冷拉Ⅳ级钢筋，不得用电弧切割，宜用砂轮锯或切断机切断。当预应力筋数量较多时，应同时放张，可用油压千斤顶、砂箱、楔块等装置。

(2)放张顺序

对轴心预压力构件(压杆、桩等),所有预应力筋应同时放张;对承受偏心预压力的构件(如梁等),应先放张预压力较小区域的预应力筋。如不能满足上述要求,应分阶段、对称、相交互错地进行放张,以防止在放张过程中出现构件产生翘曲、裂纹及预应力筋断裂等现象。

6.3.8.3 预应力筋张拉和放张的质量验收标准

项	序	检验项目与要求	检验数量与检验方法
主控项目	1	预应力筋张拉或放张时,混凝土强度应符合设计要求;当设计无具体要求时,应不低于设计的混凝土立方体抗压强度标准值的75%	检查数量:全数检查 检验方法:检查同条件养护试件试验报告
	2	预应力筋的张拉力、张拉或放张顺序及张拉工艺,应符合设计及施工技术方案的要求,并应符合下列规定: (1)当施工需要超张拉时,最大张拉应力应不大于国家现行标准《混凝土结构设计规范》GB 50010的规定 (2)张拉工艺应能保证同一束中各根预应力筋的应力均匀一致 (3)在后张法施工中,当预应力筋是逐根或逐束张拉时,应保证各阶段不出现对结构不利的应力状态;同时宜考虑后批张拉预应力筋所产生的结构构件的弹性压缩对先批张拉预应力筋的影响,确定张拉力 (4)先张法预应力筋放张时,宜缓慢放松锚固装置,使各根预应力筋同时缓慢放松 (5)当采用应力控制方法张拉时,应校核预应力筋的伸长值。实际伸长值与设计计算理论伸长值的相对允许偏差为±6%	检查数量:全数检查 检验方法:检查张拉记录
	3	预应力筋张拉锚固后实际建立的预应力值与工程设计规定检验值的相对允许偏差为± 5%	检查数量:对先张法施工,每工作班抽查预应力筋总数的1%,且不少于3根;对后张法施工,在同一检验批内,抽查预应力筋总数的3%,且不少于5束 检验方法:对先张法施工,检查预应力筋应力检测记录;对后张法施工,检查见证张拉记录

续表 6.3.8.3

项	序	检验项目与要求	检验数量与检验方法
主控项目	4	张拉过程中应避免预应力筋断裂或滑脱。当发生断裂或滑脱时，必须符合下列规定： (1)对后张法预应力结构构件，断裂或滑脱的数量严禁超过同一截面预应力筋总根数的 3%，且每束钢丝不得超过一根；对多跨双向连续板，其同一截面应按每跨计算 (2)对先张法预应力构件，在浇筑混凝土前发生断裂或滑脱的预应力筋必须予以更换	检查数量：全数检查 检验方法：观察，检查张拉记录
一般项目	1	锚固阶段张拉端预应力筋的内缩量应符合设计要求；当设计无具体要求时，应符合 6.3.8.3 的规定	检查数量：每工作班抽查预应力筋总数的 3%，且不少于 3 束 检验方法：钢尺检查
	2	先张法预应力筋张拉后与设计位置的偏差不得大于 5mm，且不得大于构件截面短边边长的 4%	检查数量：每工作班抽查预应力筋总数的 3%，且不少于 3 束 检验方法：钢尺检查

6.3.8.4 张拉端预应力筋的内缩量限值

锚具类别		内缩量限值(mm)
支承式锚具(镦头锚具等)	螺帽缝隙	1
	每块后加垫板的缝隙	1
锚塞式锚具		5
夹片式锚具	有顶压	5
	无顶压	6~8

6.3.9 预应力灌浆及封锚

预应力筋的张拉、绑扎和立模工作完成之后，应立即浇筑混凝土，每条生产线应一次浇筑完毕。为保证钢丝与混凝土有良好的粘结，浇筑时振动器不应碰撞钢丝，在混凝土未达到规定强度前不允许碰撞或踩动钢丝。

混凝土的养护可采用自然养护或湿热养护。当预应力混凝土构件采用湿热养护时,应按施工规范的要求建立正确的养护制度,以减少由于温差引起的预应力损失。

6.3.9.1 孔道灌浆

预应力筋张拉后,孔道应尽快灌浆。用连接器连接的多跨度连续预应力筋的孔道灌浆,应张拉完一跨随即灌注一跨,不应在各跨全部张拉完毕,一次连续灌浆。

孔道灌浆应采用标号不低于32.5等级的普通硅酸盐水泥,水灰比不大于0.4,可适当掺加提高水泥浆性能的外加剂。灌浆前,用压力水冲洗和湿润孔道。用电动或手动灰浆泵进行灌浆。灌浆工作应缓慢均匀地进行,不得中断,并应排气通顺。每根构件宜连续灌浆,从灌浆孔由近到远逐个检查出浆口,在孔道两端冒出浓浆并封闭排气孔后,宜再继续加压至0.5～0.6MPa,稍后再封闭灌浆孔。灌浆顺序应先下后上,以避免上层孔道漏浆而把下层孔道堵塞。对不掺外加剂的水泥浆,可采用二次灌浆法,以提高孔道灌浆的密实性。

6.3.9.2 封锚

按设计要求进行封锚,当设计无要求时,应符合规范及有关规定。封锚混凝土宜采用比构件设计强度高一等级的细石混凝土,并应进行隐蔽验收。

6.3.9.3 预应力筋灌浆及封锚的质量验收标准

项	序	检验项目与要求	检验数量和检验方法
主控项目	1	后张法有粘结预应力筋张拉后应尽早进行孔道灌浆,孔道内水泥浆应饱满、密实	检查数量:全数检查 检验方法:观察,检查灌浆记录
	2	锚具的封闭保护应符合设计要求,当设计无具体要求时,应符合下列规定: (1)应采取防止锚具腐蚀和遭受机械损伤的有效措施 (2)凸出式锚固端锚具的保护层厚度不应小于50mm (3)外露预应力筋的保护层厚度:当处于正常环境时,应不小于20mm;当处于易受腐蚀的环境时,应不小于50mm	检查数量:在同一检验批内,抽查预应力筋总数的5%,且不少于5处 检验方法:观察,钢尺检查

续表 6.3.9.3

项	序	检验项目与要求	检验数量和检验方法
一般项目	1	后张法预应力筋锚固后的外露部分宜采用机械方法切割，其外露长度不宜小于预应力筋直径的1.5倍，且不宜小于30mm	检查数量：在同一检验批内，抽查预应力筋总数的3%，且不少于5束 检验方法：观察，钢尺检查
	2	灌浆用水泥浆的水灰比应不大于0.45，搅拌后3h泌水率不宜大于2%，且应不大于3%。泌水应能在24h内全部重新被水泥浆吸收	检查数量：同一配合比检查一次 检验方法：检查水泥浆性能试验报告
	3	灌浆用水泥浆的抗压强度应不小于30N/mm^2	检查数量：每工作班留置一组边长为70.7mm的立方体试件，一组试件由6个试件组成，试件应标准养护28d 检验方法：检查水泥浆试件强度试验报告。抗压强度为一组试件的平均值，当一组试件中抗压强度最大值或最小值与平均值相差超过20%时，应取中间4个试件强度的平均值

6.4 混凝土工程

6.4.1 原材料要求

6.4.1.1 混凝土的原材料

混凝土分项工程是指从水泥、砂、石、水、外加剂、矿物掺合料等原材料进场检验、混凝土配合比设计及称量、拌制、运输、浇筑、养护、试件制作直至混凝土达到预定强度等一系列技术工作和完成实体的总称。组成混凝土的原材料质量要求见本书3.2“混凝土和砌筑砂浆原材料”中的有关规定。

6.4.1.2 混凝土原材料的质量验收标准

项	序	检验项目与要求	检验数量和检验方法
主控项目	1	水泥进场时应对其品种、级别、包装或散装仓号、出厂日期等进行检查,并对其强度、安定性及其他必要的性能指标进行复验,其质量必须符合现行国家标准《硅酸盐水泥、普通硅酸盐水泥》GB 175 当在使用中对水泥质量有怀疑或水泥出厂超过三个月(快硬硅酸盐水泥超过一个月)时,应进行复验,并按复验结果使用 钢筋混凝土结构、预应力混凝土结构中,严禁使用含氯化物的水泥	检查数量:按同一生产厂家、同一等级、同一品种、同一批号且连续进场的水泥,袋装不超过200t为一批,散装不超过500t为一批,每批抽样不少于一次 检验方法:检查产品合格证、出厂检验报告和进场复验报告
	2	混凝土中掺用外加剂的质量及应用技术,应符合现行国家标准《混凝土外加剂》GB 8076、《混凝土外加剂应用技术规范》GB 50119等和有关环境保护的规定 预应力混凝土结构中,严禁使用含氯化物的外加剂。钢筋混凝土结构中,当使用含氯化物的外加剂时,混凝土中氯化物的总含量应符合现行国家标准《混凝土质量控制标准》GB 50164的规定	检查数量:按进场的批次和产品的抽样检验方案确定 检验方法:检查产品合格证、出厂检验报告和进场复验报告
	3	混凝土中氯化物和碱的总含量应符合现行国家标准《混凝土结构设计规范》GB 50010和设计的要求	检验方法:检查原材料试验报告和氯化物、碱的总含量计算书
一般项目	1	混凝土中掺用矿物掺合料的质量应符合现行国家标准《用于水泥和混凝土中的粉煤灰》GB 1596等的规定。矿物掺合料的掺量应通过试验确定	检查数量:按进场的批次和产品的抽样检验方案确定 检验方法:检查出厂合格证和进场复验报告
	2	普通混凝土所用的粗、细骨料的质量,应符合国家现行标准《普通混凝土用碎石或卵石质量标准及检验方法》JGJ 53、《普通混凝土用砂质量标准及检验方法》JGJ 52的规定	检查数量:按进场的批次和产品的抽样检验方案确定 检验方法:检查进场复验报告
	3	拌制混凝土宜采用饮用水;当采用其他水源时,水质应符合国家现行标准《混凝土拌和用水标准》JGJ 63的规定	检查数量:同一水源检查应不少于一次 检验方法:检查水质试验报告

6.4.2 混凝土配合比

混凝土应根据实际采用的原材料进行配合比设计，并按普通混凝土拌和物性能试验方法等标准进行试验、试配，以满足混凝土强度、耐久性和工作性（坍落度等）的要求。同时，应符合经济、合理的原则。不得采用经验配合比。

6.4.2.1 碎石混凝土常用配合比参考表

序号	混凝土强度等级	混凝土施工配制强度（N/mm²）	粗骨料最大粒径（mm）	水泥强度等级	水灰比	坍落度（mm）	砂率（%）	用料量（kg/m³）				配合比（W∶C∶S∶G）
								水 W	水泥 C	砂 S	石子 G	
1	C15	21.58	16	32.5	0.66	10～30	37	200	303	683	1164	0.66∶1∶2.25∶3.84
						35～50	38	210	318	692	1130	0.66∶1∶2.18∶3.55
						55～70	39	220	333	700	1097	0.66∶1∶2.10∶3.29
						75～90	40	230	348	709	1063	0.66∶1∶2.04∶3.05
				42.5	0.85	10～30	39	200	235	747	1168	0.85∶1∶3.18∶4.97
						35～50	40	210	247	757	1136	0.85∶1∶3.06∶4.06
						55～70	41	220	258	768	1104	0.85∶1∶2.98∶4.28
						75～90	42	230	271	777	1072	0.85∶1∶2.87∶3.96
			20	32.5	0.66	10～30	38	185	280	716	1169	0.66∶1∶2.56∶4.18
						35～50	39	195	295	725	1135	0.66∶1∶2.46∶3.85
						55～70	40	205	311	734	1100	0.66∶1∶2.36∶3.54
						75～90	41	215	326	742	1067	0.66∶1∶2.28∶3.27
				42.5	0.85	10～30	39	185	218	759	1188	0.85∶1∶3.48∶5.45
						35～50	40	195	229	770	1156	0.85∶1∶3.36∶5.05
						55～70	41	205	241	780	1124	0.85∶1∶3.24∶4.66
						75～90	42	215	253	790	1092	0.85∶1∶3.12∶4.32
			31.5	32.5	0.66	10～30	36	175	265	688	1222	0.66∶1∶2.60∶4.61
						35～50	37	185	280	697	1188	0.66∶1∶2.49∶4.24
						55～70	38	195	295	707	1153	0.66∶1∶2.40∶3.91
						75～90	39	205	311	715	1119	0.66∶1∶2.30∶3.60
				42.5	0.85	10～30	39	175	206	768	1201	0.85∶1∶3.73∶5.83
						35～50	40	185	218	779	1168	0.85∶1∶3.57∶5.36
						55～70	41	195	229	790	1136	0.85∶1∶3.45∶4.96
						75～90	42	205	241	800	1104	0.85∶1∶3.32∶4.58
			40	32.5	0.66	10～30	35	165	250	677	1258	0.66∶1∶2.71∶5.03
						35～50	36	175	265	688	1222	0.66∶1∶2.60∶4.61
						55～70	37	185	280	697	1188	0.66∶1∶2.49∶4.24
						75～90	38	195	295	707	1153	0.66∶1∶2.40∶3.91

续表 6.4.2.1

序号	混凝土强度等级	混凝土施工配制强度(N/mm²)	粗骨料最大粒径(mm)	水泥强度等级	水灰比	坍落度(mm)	砂率(%)	用料量(kg/m³)				配合比(W∶C∶S∶G)
								水W	水泥C	砂S	石子G	
1	C15	21.58	40	42.5	0.85	10～30	39	165	200	774	1211	0.85∶1∶3.87∶6.06
						35～50	40	175	206	788	1181	0.85∶1∶3.82∶5.73
						55～70	41	185	218	798	1149	0.85∶1∶3.66∶5.27
						75～90	42	195	229	809	1117	0.85∶1∶3.54∶4.88
2	C20	26.58	16	32.5	0.54	10～30	34	200	370	622	1208	0.54∶1∶1.68∶3.26
						35～50	35	210	389	630	1171	0.54∶1∶1.62∶3.01
						55～70	36	220	407	638	1135	0.54∶1∶1.57∶2.79
						75～90	37	230	426	645	1099	0.54∶1∶1.51∶2.58
				42.5	0.70	10～30	40	200	286	766	1148	0.70∶1∶2.68∶4.01
						35～50	41	210	300	775	1115	0.70∶1∶2.58∶3.72
						55～70	42	220	314	783	1083	0.70∶1∶2.49∶3.45
						75～90	43	230	329	792	1049	0.70∶1∶2.41∶3.19
			20	32.5	0.54	10～30	34	185	343	636	1236	0.54∶1∶1.85∶3.60
						35～50	35	195	361	645	1199	0.54∶1∶1.79∶3.32
						55～70	36	205	380	653	1162	0.54∶1∶1.72∶3.06
						75～90	37	215	398	661	1126	0.54∶1∶1.66∶2.83
				42.5	0.70	10～30	38	185	264	741	1210	0.70∶1∶2.81∶4.58
						35～50	39	195	279	751	1175	0.70∶1∶2.69∶4.21
						55～70	40	205	293	761	1141	0.70∶1∶2.60∶3.89
						75～90	41	215	307	770	1108	0.70∶1∶2.51∶3.61
			31.5	32.5	0.54	10～30	32	175	324	608	1293	0.54∶1∶1.88∶3.99
						35～50	33	185	343	618	1254	0.54∶1∶1.80∶3.66
						55～70	34	195	361	627	1217	0.54∶1∶1.74∶3.37
						75～90	35	205	380	635	1180	0.54∶1∶1.67∶3.11
				42.5	0.70	10～30	38	175	250	750	1225	0.70∶1∶3.00∶4.90
						35～50	38	185	264	761	1190	0.70∶1∶2.88∶4.51
						55～70	40	195	279	770	1156	0.70∶1∶2.76∶4.14
						75～90	41	205	293	780	1122	0.70∶1∶2.66∶3.83
			40	32.5	0.54	10～30	32	165	306	617	1312	0.54∶1∶2.02∶4.29
						35～50	33	175	324	627	1274	0.54∶1∶1.94∶3.93
						55～70	34	185	343	636	1236	0.54∶1∶1.58∶3.60
						75～90	35	195	361	645	1199	0.54∶1∶1.79∶3.32
				42.5	0.70	10～30	37	165	236	739	1260	0.70∶1∶3.13∶5.34
						35～50	38	175	250	750	1225	0.70∶1∶3.00∶4.90
						55～70	39	185	264	761	1190	0.70∶1∶2.88∶4.51
						75～90	40	195	279	770	1156	0.70∶1∶2.76∶4.14
3	C25	33.22	16	32.5	0.44	10～30	32	200	455	558	1187	0.44∶1∶1.23∶2.61
						35～50	33	210	477	565	1148	0.44∶1∶1.84∶2.41
						55～70	34	220	500	571	1109	0.44∶1∶1.14∶2.22
						75～90	35	230	523	576	1071	0.44∶1∶1.10∶2.05

续表 6.4.2.1

序号	混凝土强度等级	混凝土施工配制强度（N/mm²）	粗骨料最大粒径（mm）	水泥强度等级	水灰比	坍落度（mm）	砂率（%）	用料量（kg/m³）水 W	水泥 C	砂 S	石子 G	配合比（W：C：S：G）
3	C25	33.22	16	42.5	0.57	10～30	36	200	351	666	1183	0.57：1：1.90：3.37
						35～50	37	210	368	674	1148	0.57：1：1.83：3.12
						55～70	38	220	386	681	1113	0.57：1：1.76：2.88
						75～90	39	230	404	689	1077	0.57：1：1.71：2.67
			20	32.5	0.44	10～30	31	185	420	556	1239	0.44：1：1.32：2.95
						35～50	32	195	443	564	1198	0.44：1：1.27：2.70
						55～70	32	205	466	571	1158	0.44：1：1.23：2.48
						75～90	33	215	489	560	1136	0.44：1：1.15：2.32
				42.5	0.57	10～30	34	185	325	643	1247	0.57：1：1.98：3.84
						35～50	35	195	342	652	1202	0.57：1：1.91：3.51
						55～70	36	205	360	661	1174	0.57：1：1.84：3.26
						75～90	37	215	377	669	1139	0.57：1：1.77：3.02
			31.5	32.5	0.44	10～30	30	175	398	548	1279	0.44：1：1.38：3.21
						35～50	31	185	420	556	1239	0.44：1：1.32：2.95
						55～70	32	195	443	564	1198	0.44：1：1.27：2.70
						75～90	33	205	466	571	1158	0.44：1：1.23：2.48
				42.5	0.57	10～30	34	175	307	652	1266	0.57：1：2.12：4.12
						35～50	35	185	325	662	1228	0.57：1：2.04：3.78
						55～70	36	195	342	671	1192	0.57：1：1.96：3.49
						75～90	37	205	360	679	1156	0.57：1：1.89：3.21
			40	32.5	0.44	10～30	30	165	375	558	1302	0.44：1：1.49：3.47
						35～50	31	175	398	566	1261	0.44：1：1.42：3.17
						55～70	32	185	420	574	1221	0.44：1：1.37：2.91
						75～90	33	195	443	581	1181	0.44：1：1.31：2.67
				42.5	0.57	10～30	34	165	289	662	1284	0.57：1：2.29：4.44
						35～50	35	175	307	671	1247	0.57：1：2.19：4.06
						55～70	36	185	325	680	1210	0.57：1：2.09：3.72
						75～90	37	195	342	689	1174	0.57：1：2.01：3.43
4	C30	38.22	16	42.5	0.49	10～30	34	200	408	609	1183	0.49：1：1.49：2.90
						35～50	35	210	429	616	1145	0.49：1：1.44：2.67
						55～70	36	220	449	623	1108	0.49：1：1.39：2.47
						75～90	37	230	469	629	1072	0.49：1：1.34：2.29
				52.5	0.61	10～30	37	200	328	692	1180	0.61：1：2.11：3.60
						35～50	38	210	344	701	1145	0.61：1：2.04：3.33
						55～70	39	220	361	709	1110	0.61：1：1.96：3.07
						75～90	41	230	377	735	1058	0.61：1：1.95：2.81
			20	42.5	0.49	10～30	32	185	378	588	1249	0.49：1：1.56：3.30
						35～50	33	195	398	596	1211	0.49：1：1.50：3.04
						55～70	34	205	418	604	1173	0.49：1：1.44：2.81
						75～90	35	215	439	611	1135	0.49：1：1.39：2.59

续表 6.4.2.1

序号	混凝土强度等级	混凝土施工配制强度（N/mm²）	粗骨料最大粒径（mm）	水泥强度等级	水灰比	坍落度（mm）	砂率（%）	用料量（kg/m³）				配合比（W∶C∶S∶G）
								水 W	水泥 C	砂 S	石子 G	
4	C30	38.22	20	52.5	0.61	10～30	36	185	303	688	1224	0.61∶1∶2.27∶4.04
						35～50	37	195	320	697	1188	0.61∶1∶2.18∶3.71
						55～70	38	205	336	706	1153	0.61∶1∶2.10∶3.43
						75～90	39	215	352	715	1118	0.61∶1∶2.03∶3.18
			31.5	42.5	0.49	10～30	32	175	357	598	1270	0.49∶1∶1.68∶3.56
						35～50	33	185	378	606	1231	0.49∶1∶1.60∶3.26
						55～70	34	195	398	614	1193	0.49∶1∶1.54∶3.00
						75～90	35	205	418	622	1155	0.49∶1∶1.49∶2.76
				52.5	0.61	10～30	36	175	287	698	1240	0.61∶1∶2.43∶4.32
						35～50	37	185	303	707	1205	0.61∶1∶2.33∶3.98
						55～70	38	195	320	716	1169	0.61∶1∶2.24∶3.65
						75～90	39	205	336	725	1134	0.61∶1∶2.16∶3.38
			40	42.5	0.49	10～30	31	165	337	588	1310	0.49∶1∶1.74∶3.89
						35～50	32	175	357	598	1270	0.49∶1∶1.68∶3.56
						55～70	33	185	377	607	1231	0.49∶1∶1.61∶3.26
						75～90	34	195	398	614	1193	0.49∶1∶1.54∶3.60
				52.5	0.61	10～30	37	165	270	727	1238	0.61∶1∶2.69∶4.58
						35～50	38	175	287	736	1202	0.61∶1∶2.56∶4.19
						55～70	39	185	303	746	1166	0.61∶1∶2.46∶3.85
						75～90	40	195	320	754	1131	0.61∶1∶2.36∶3.53
5	C35	44.87	16	42.5	0.42	10～30	32	200	476	552	1172	0.42∶1∶1.16∶2.46
						35～50	33	210	500	558	1132	0.42∶1∶1.12∶2.03
						55～70	34	220	525	563	1093	0.42∶1∶1.07∶2.09
						75～90	35	230	548	568	1074	0.42∶1∶1.04∶1.96
				52.5	0.52	10～30	35	200	385	635	1180	0.52∶1∶1.65∶3.06
						35～50	36	210	404	643	1143	0.52∶1∶1.59∶2.83
						55～70	37	220	423	650	1107	0.52∶1∶1.54∶2.62
						75～90	38	230	442	657	1071	0.52∶1∶1.49∶2.42
			20	42.5	0.42	10～30	31	185	440	550	1225	0.42∶1∶1.25∶2.78
						35～50	32	195	464	557	1184	0.42∶1∶1.20∶2.55
						55～70	33	205	488	563	1144	0.42∶1∶1.15∶2.34
						75～90	34	215	512	569	1104	0.42∶1∶1.11∶2.16
				52.5	0.52	10～30	34	185	356	632	1227	0.52∶1∶1.78∶3.45
						35～50	35	195	375	640	1190	0.52∶1∶1.71∶3.17
						55～70	36	205	394	648	1153	0.52∶1∶1.64∶2.93
						75～90	37	215	413	656	1116	0.52∶1∶1.59∶2.70
			31.5	42.5	0.42	10～30	29	175	417	524	1284	0.42∶1∶1.26∶3.08
						35～50	30	185	440	532	1243	0.42∶1∶1.21∶2.82
						55～70	31	195	464	540	1201	0.42∶1∶1.16∶2.59
						75～90	32	205	488	546	1161	0.42∶1∶1.12∶2.38

续表 6.4.2.1

序号	混凝土强度等级	混凝土施工配制强度(N/mm²)	粗骨料最大粒径(mm)	水泥强度等级	水灰比	坍落度(mm)	砂率(%)	用料量(kg/m³)				配合比(W:C:S:G)
								水 W	水泥 C	砂 S	石子 G	
5	C35	44.87	31.5	52.5	0.52	10～30	32	175	337	604	1284	0.52∶1∶1.79∶3.81
						35～50	33	185	356	613	1246	0.52∶1∶1.72∶3.50
						55～70	34	195	375	622	1208	0.52∶1∶1.66∶3.22
						75～90	35	205	394	630	1171	0.52∶1∶1.60∶2.97
			40	42.5	0.42	10～30	29	165	393	534	1308	0.42∶1∶1.36∶3.33
						35～50	30	175	417	542	1266	0.42∶1∶1.30∶3.04
						55～70	31	185	440	550	1225	0.42∶1∶1.25∶2.78
						75～90	32	195	464	557	1184	0.42∶1∶1.20∶2.55
				52.5	0.52	10～30	32	165	317	614	1304	0.52∶1∶1.94∶4.11
						35～50	33	175	336	623	1266	0.52∶1∶1.85∶3.77
						55～70	34	185	356	632	1227	0.52∶1∶1.78∶3.45
						75～90	35	195	375	640	1190	0.52∶1∶1.71∶3.17
6	C40	48.22	16	42.5	0.40	10～30	32	200	500	544	1156	0.40∶1∶1.09∶2.31
						35～50	33	210	525	549	1116	0.40∶1∶1.05∶2.13
						55～70	34	220	550	554	1076	0.40∶1∶1.01∶1.96
						75～90	35	230	575	558	1037	0.40∶1∶0.97∶1.80
				52.5	0.48	10～30	34	200	417	606	1177	0.48∶1∶1.45∶2.82
						35～50	35	210	438	613	1139	0.48∶1∶1.40∶2.60
						55～70	36	220	458	620	1102	0.48∶1∶1.35∶2.41
						75～90	37	230	479	626	1065	0.48∶1∶1.31∶2.22
			20	42.5	0.40	10～30	31	185	462	543	1210	0.40∶1∶1.18∶2.62
						35～50	32	195	488	549	1168	0.40∶1∶1.12∶2.39
						55～70	33	205	512	555	1128	0.40∶1∶1.08∶2.20
						75～90	34	215	538	560	1087	0.40∶1∶1.04∶2.02
				52.5	0.48	10～30	33	185	385	604	1226	0.48∶1∶1.57∶3.18
						35～50	34	195	406	612	1187	0.48∶1∶1.51∶2.92
						55～70	35	205	427	619	1149	0.48∶1∶1.45∶2.69
						75～90	36	215	448	625	1112	0.48∶1∶1.40∶2.48
			31.5	42.5	0.40	10～30	30	175	438	536	1251	0.40∶1∶1.22∶2.86
						35～50	31	185	462	543	1210	0.40∶1∶1.18∶2.62
						55～70	32	195	488	549	1168	0.40∶1∶1.12∶2.39
						75～90	33	205	512	555	1128	0.40∶1∶1.08∶2.20
				52.5	0.48	10～30	31	175	365	577	1283	0.48∶1∶1.58∶3.52
						35～50	32	185	385	586	1244	0.48∶1∶1.52∶3.23
						55～70	33	195	406	594	1205	0.48∶1∶1.46∶2.97
						75～90	34	205	427	601	1167	0.48∶1∶1.41∶2.73
			40	42.5	0.40	10～30	29	165	412	529	1294	0.40∶1∶1.28∶3.14
						35～50	30	175	438	536	1251	0.40∶1∶1.22∶2.86
						55～70	31	185	462	543	1210	0.40∶1∶1.16∶2.62
						75～90	32	195	488	549	1168	0.40∶1∶1.12∶2.39

续表 6.4.2.1

序号	混凝土强度等级	混凝土施工配制强度（N/mm²）	粗骨料最大粒径（mm）	水泥强度等级	水灰比	坍落度（mm）	砂率（%）	用料量（kg/m³）水 W	水泥 C	砂 S	石子 G	配合比（W∶C∶S∶G）
6	C40	48.22	40	52.5	0.48	10～30	31	165	344	586	1305	0.48∶1∶1.70∶3.79
						35～50	32	175	365	595	1265	0.48∶1∶1.63∶3.47
						55～70	33	185	385	604	1226	0.48∶1∶1.57∶3.18
						75～90	34	195	406	612	1187	0.48∶1∶1.51∶2.92
7	C45	53.22	16	52.5	0.44	10～30	32	200	455	558	1187	0.44∶1∶1.23∶2.61
						35～50	33	210	477	565	1148	0.44∶1∶1.18∶2.41
						55～70	34	220	500	571	1109	0.44∶1∶1.14∶2.22
						75～90	35	230	523	576	1071	0.44∶1∶1.10∶2.05
				62.5	0.52	10～30	36	200	385	653	1162	0.52∶1∶1.70∶3.02
						35～50	37	210	404	661	1125	0.52∶1∶1.64∶2.78
						55～70	38	220	423	668	1089	0.52∶1∶1.60∶2.57
						75～90	39	230	442	674	1054	0.52∶1∶1.52∶2.38
			20	52.5	0.44	10～30	32	185	420	574	1221	0.44∶1∶1.37∶2.91
						35～50	33	195	443	581	1181	0.44∶1∶1.31∶2.67
						55～70	34	205	466	588	1141	0.44∶1∶1.26∶2.45
						75～90	35	215	489	594	1102	0.44∶1∶1.21∶2.25
				62.5	0.52	10～30	35	185	355	651	1209	0.52∶1∶1.83∶3.40
						35～50	36	195	375	659	1171	0.52∶1∶1.76∶3.12
						55～70	37	205	394	666	1135	0.52∶1∶1.69∶2.88
						75～90	38	215	413	673	1099	0.52∶1∶1.63∶2.66
			31.5	52.5	0.44	10～30	29	175	398	530	1297	0.44∶1∶1.33∶3.26
						35～50	30	185	420	538	1257	0.44∶1∶1.28∶2.99
						55～70	31	195	443	546	1216	0.44∶1∶1.23∶2.74
						75～90	32	205	466	553	1170	0.44∶1∶1.19∶2.52
				62.5	0.52	10～30	33	175	337	623	1265	0.52∶1∶1.85∶3.75
						35～50	34	185	356	632	1227	0.52∶1∶1.78∶3.45
						55～70	35	195	375	640	1190	0.52∶1∶1.71∶3.17
						75～90	36	205	394	648	1153	0.52∶1∶1.64∶2.93
			40	52.5	0.44	10～30	30	165	375	558	1302	0.44∶1∶1.49∶3.47
						35～50	31	175	398	566	1261	0.44∶1∶1.42∶3.17
						55～70	32	185	420	574	1221	0.44∶1∶1.37∶2.91
						75～90	33	195	443	581	1181	0.44∶1∶1.31∶2.67
				62.5	0.52	10～30	33	165	317	633	1285	0.52∶1∶2.00∶4.05
						35～50	34	175	337	642	1246	0.52∶1∶1.91∶3.70
						55～70	35	185	357	650	1208	0.52∶1∶1.83∶3.39
						75～90	36	195	375	659	1171	0.52∶1∶1.76∶3.12
8	C50	58.22	16	52.5	0.40	10～30	32	200	500	544	1156	0.40∶1∶1.09∶2.31
						35～50	33	210	525	549	1116	0.40∶1∶1.05∶2.13
						55～70	34	220	550	554	1076	0.40∶1∶1.01∶1.96
						75～90	35	230	575	558	1037	0.40∶1∶0.97∶1.80

续表 6.4.2.1

序号	混凝土强度等级	混凝土施工配制强度(N/mm²)	粗骨料最大粒径(mm)	水泥强度等级	水灰比	坍落度(mm)	砂率(%)	用料量(kg/m³)				配合比(W∶C∶S∶G)
								水W	水泥C	砂S	石子G	
8	C50	58.22	16	62.5	0.48	10～30	35	200	417	624	1159	0.48∶1∶1.50∶2.78
						35～50	36	210	438	631	1121	0.48∶1∶1.44∶2.56
						55～70	37	220	458	637	1085	0.48∶1∶1.39∶2.37
						75～90	38	230	479	643	1048	0.48∶1∶1.34∶2.19
			20	52.5	0.40	10～30	31	185	462	543	1210	0.40∶1∶1.18∶2.62
						35～50	32	195	488	549	1168	0.40∶1∶1.12∶2.39
						55～70	33	205	512	555	1128	0.40∶1∶1.08∶2.20
						75～90	34	215	538	560	1087	0.40∶1∶1.04∶2.02
				62.5	0.48	10～30	34	185	385	622	1208	0.48∶1∶1.62∶3.13
						35～50	35	195	406	630	1169	0.48∶1∶1.55∶2.88
						55～70	36	205	427	636	1132	0.48∶1∶1.49∶2.65
						75～90	37	215	448	643	1094	0.48∶1∶1.42∶2.44
			31.5	52.5	0.40	10～30	30	175	438	536	1251	0.40∶1∶1.22∶2.86
						35～50	31	185	462	543	1210	0.40∶1∶1.18∶2.62
						55～70	32	195	488	549	1168	0.40∶1∶1.12∶2.39
						75～90	33	205	512	555	1128	0.40∶1∶1.08∶2.20
				62.5	0.48	10～30	31	175	365	577	1283	0.48∶1∶1.58∶3.52
						35～50	32	185	385	586	1244	0.48∶1∶1.00∶3.23
						55～70	33	195	406	594	1205	0.48∶1∶1.46∶2.97
						75～90	34	205	427	601	1167	0.48∶1∶1.41∶2.73
			40	52.5	0.40	10～30	29	165	412	529	1294	0.40∶1∶1.28∶3.14
						35～50	30	175	438	536	1251	0.40∶1∶1.22∶2.86
						55～70	31	185	462	543	1210	0.40∶1∶1.18∶2.62
						75～90	32	195	488	549	1168	0.40∶1∶1.12∶2.39
				62.5	0.48	10～30	33	165	344	624	1267	0.48∶1∶1.81∶3.68
						35～50	34	175	365	632	1228	0.48∶1∶1.73∶3.36
						55～70	35	185	385	640	1190	0.48∶1∶1.66∶3.09
						75～90	36	195	406	648	1151	0.48∶1∶1.60∶2.83

6.4.2.2 卵石混凝土常用配合比参考表

序号	混凝土强度等级	混凝土施工配制强度(N/mm²)	粗骨料最大粒径(mm)	水泥强度等级	水灰比	坍落度(mm)	砂率(%)	用料量(kg/m³)				配合比(W∶C∶S∶G)
								水W	水泥C	砂S	石子G	
1	C15	21.58	16	32.5	0.58	10～30	35	190	328	641	1191	0.58∶1∶1.95∶3.63
						35～50	36	200	345	650	1155	0.58∶1∶1.88∶3.35
						55～70	37	210	362	658	1120	0.58∶1∶1.82∶3.09
						75～90	38	215	371	670	1094	0.58∶1∶1.81∶2.95

续表 6.4.2.2

序号	混凝土强度等级	混凝土施工配制强度 (N/mm²)	粗骨料最大粒径 (mm)	水泥强度等级	水灰比	坍落度 (mm)	砂率 (%)	用料量(kg/m³)				配合比 (W：C：S：G)
								水 W	水泥 C	砂 S	石子 G	
1	C15	21.58	16	42.5	0.72	10～30	39	190	264	739	1157	0.72：1：2.80：4.38
						35～50	40	200	278	749	1123	0.72：1：2.69：4.04
						55～70	41	210	292	758	1090	0.72：1：2.60：3.73
						75～90	42	215	299	771	1065	0.72：1：2.58：3.56
			20	32.5	0.58	10～30	34	170	293	642	1245	0.58：1：2.19：4.25
						35～50	35	180	310	651	1209	0.58：1：2.10：3.90
						55～70	36	190	328	660	1172	0.58：1：2.01：3.57
						75～90	37	195	336	673	1146	0.58：1：2.00：3.41
				42.5	0.72	10～30	38	170	236	739	1205	0.72：1：3.13：5.11
						35～50	39	180	250	749	1171	0.72：1：3.10：4.68
						55～70	40	190	264	758	1138	0.72：1：2.87：4.31
						75～90	41	195	271	772	1112	0.72：1：2.85：4.10
			31.5	32.5	0.58	10～30	32	160	276	612	1302	0.58：1：2.22：4.72
						35～50	33	170	293	623	1264	0.58：1：2.13：4.31
						55～70	34	180	310	632	1228	0.58：1：2.04：3.96
						75～90	35	185	319	646	1200	0.58：1：2.02：3.76
				42.5	0.72	10～30	36	160	222	708	1260	0.72：1：3.19：5.68
						35～50	37	170	236	719	1225	0.72：1：3.05：5.19
						55～70	38	180	250	730	1190	0.72：1：2.92：4.76
						75～90	39	185	257	744	1164	0.72：1：2.89：4.53
			40	32.5	0.58	10～30	33	150	259	640	1301	0.58：1：2.47：5.02
						35～50	34	160	276	651	1263	0.58：1：2.36：4.58
						55～70	35	170	293	660	1227	0.58：1：2.25：4.19
						75～90	36	175	302	674	1199	0.58：1：2.23：3.97
				42.5	0.72	10～30	37	150	208	737	1255	0.72：1：3.54：6.03
						35～50	38	160	222	748	1220	0.72：1：3.37：5.50
						55～70	39	170	236	758	1186	0.72：1：3.21：5.02
						75～90	40	175	243	773	1159	0.72：1：3.18：4.77
2	C20	26.58	16	32.5	0.49	10～30	32	190	388	583	1239	0.49：1：1.50：3.19
						35～50	33	200	408	591	1201	0.49：1：1.45：2.94
						55～70	34	210	428	599	1163	0.49：1：1.40：2.72
						75～90	35	215	439	611	1135	0.49：1：1.39：2.59
				42.5	0.61	10～30	35	190	311	665	1234	0.61：1：2.14：3.97
						35～50	36	200	328	674	1198	0.61：1：2.05：3.65
						55～70	37	210	344	683	1163	0.61：1：1.99：3.38
						75～90	38	215	352	696	1137	0.61：1：1.98：3.23
			20	32.5	0.49	10～30	31	170	347	584	1299	0.49：1：1.68：3.74
						35～50	32	180	367	593	1260	0.49：1：1.62：3.43
						55～70	33	190	388	601	1221	0.49：1：1.55：3.14
						75～90	34	195	398	614	1193	0.49：1：1.54：3.00

续表 6.4.2.2

序号	混凝土强度等级	混凝土施工配制强度(N/mm²)	粗骨料最大粒径(mm)	水泥强度等级	水灰比	坍落度(mm)	砂率(%)	用料量(kg/m³) 水 W	水泥 C	砂 S	石子 G	配合比(W∶C∶S∶G)
2	C20	26.58	20	42.5	0.61	10～30	35	170	279	683	1268	0.61∶1∶2.45∶4.54
						35～50	36	180	295	693	1232	0.61∶1∶2.35∶4.18
						55～70	37	190	311	703	1196	0.61∶1∶2.26∶3.85
						75～90	38	195	320	716	1169	0.61∶1∶2.24∶3.65
			31.5	32.5	0.49	10～30	29	160	327	555	1358	0.49∶1∶1.70∶4.15
						35～50	30	170	347	565	1318	0.49∶1∶1.63∶3.80
						55～70	31	180	367	574	1279	0.49∶1∶1.56∶3.49
						75～90	32	185	378	588	1249	0.49∶1∶1.56∶3.30
				42.5	0.61	10～30	33	160	262	653	1325	0.61∶1∶2.49∶5.06
						35～50	34	170	279	663	1288	0.61∶1∶2.38∶4.62
						55～70	35	180	295	674	1251	0.61∶1∶2.28∶4.24
						75～90	36	185	303	688	1224	0.61∶1∶2.27∶4.04
			40	32.5	0.49	10～30	30	150	306	583	1361	0.49∶1∶1.90∶4.45
						35～50	31	160	327	593	1320	0.49∶1∶1.81∶4.04
						55～70	32	170	347	602	1281	0.49∶1∶1.73∶3.69
						75～90	33	175	357	616	1252	0.49∶1∶1.73∶3.51
				42.5	0.61	10～30	34	150	246	681	1323	0.61∶1∶2.77∶5.38
						35～50	35	160	262	692	1286	0.61∶1∶2.64∶4.91
						55～70	36	170	279	702	1249	0.61∶1∶2.52∶4.48
						75～90	37	175	287	717	1221	0.61∶1∶2.50∶4.25
3	C25	33.22	16	32.5	0.41	10～30	30	190	463	524	1223	0.41∶1∶1.13∶2.64
						35～50	31	200	488	531	1181	0.41∶1∶1.09∶2.42
						55～70	32	210	512	537	1141	0.41∶1∶1.05∶2.23
						75～90	33	215	524	548	1113	0.41∶1∶1.05∶2.12
				42.5	0.51	10～30	33	190	372	606	1232	0.51∶1∶1.63∶3.31
						35～50	34	200	392	615	1193	0.51∶1∶1.57∶3.04
						55～70	35	210	412	622	1156	0.51∶1∶1.51∶2.81
						75～90	36	215	422	635	1128	0.51∶1∶1.50∶2.67
			20	32.5	0.41	10～30	31	170	415	563	1252	0.41∶1∶1.36∶3.02
						35～50	32	180	439	570	1211	0.41∶1∶1.30∶2.76
						55～70	33	190	463	576	1171	0.41∶1∶1.24∶2.53
						75～90	34	195	476	588	1141	0.41∶1∶1.24∶2.40
				42.5	0.51	10～30	32	170	333	607	1290	0.51∶1∶1.82∶3.87
						35～50	33	180	353	616	1251	0.51∶1∶1.75∶3.54
						55～70	34	190	372	625	1213	0.51∶1∶1.68∶3.26
						75～90	35	195	382	638	1185	0.51∶1∶1.67∶3.10
			31.5	32.5	0.41	10～30	27	160	390	500	1350	0.41∶1∶1.28∶3.46
						35～50	28	170	415	508	1307	0.41∶1∶1.22∶3.15
						55～70	29	180	439	516	1265	0.41∶1∶1.18∶2.88
						75～90	30	185	451	529	1235	0.41∶1∶1.17∶2.74

续表 6.4.2.2

序号	混凝土强度等级	混凝土施工配制强度（N/mm²）	粗骨料最大粒径（mm）	水泥强度等级	水灰比	坍落度（mm）	砂率（%）	用料量（kg/m³） 水 W	水泥 C	砂 S	石子 G	配合比（W：C：S：G）
3	C25	33.22	31.5	42.5	0.51	10～30	30	160	314	578	1348	0.51：1：1.84：4.29
						35～50	31	170	333	588	1309	0.51：1：1.77：3.93
						55～70	32	180	353	597	1270	0.51：1：1.69：3.60
						75～90	33	185	363	611	1241	0.52：1：1.68：3.42
			40	32.5	0.41	10～30	29	150	366	546	1338	0.41：1：1.49：3.66
						35～50	30	160	390	555	1295	0.41：1：1.42：3.32
						55～70	31	170	415	563	1252	0.41：1：1.36：3.02
						75～90	32	175	427	573	1223	0.41：1：1.35：2.86
				42.5	0.51	10～30	33	150	294	645	1311	0.51：1：2.19：4.49
						35～50	34	160	314	655	1271	0.51：1：2.09：4.05
						55～70	35	170	333	664	1233	0.51：1：1.99：3.70
						75～90	36	175	343	678	1204	0.51：1：1.98：3.51
4	C30	38.22	16	42.5	0.45	10～30	30	190	422	536	1252	0.45：1：1.27：2.97
						35～50	31	200	444	544	1212	0.45：1：1.22：2.73
						55～70	32	210	467	551	1172	0.45：1：1.18：2.51
						75～90	33	215	478	563	1144	0.45：1：1.18：2.39
				52.5	0.54	10～30	33	190	352	613	1245	0.54：1：1.74：3.54
						35～50	34	200	370	622	1208	0.54：1：1.68：3.26
						55～70	35	210	389	630	1171	0.54：1：1.62：3.01
						75～90	36	215	398	643	1144	0.54：1：1.62：2.87
			20	42.4	0.45	10～30	31	170	378	574	1278	0.45：1：1.52：3.38
						35～50	32	180	400	582	1238	0.45：1：1.46：3.10
						55～70	33	190	422	590	1198	0.45：1：1.40：2.84
						75～90	34	195	433	602	1170	0.45：1：1.43：2.70
				52.5	0.54	10～30	32	170	315	613	1302	0.54：1：1.95：4.13
						35～50	33	180	333	623	1264	0.54：1：1.87：3.80
						55～70	34	190	352	632	1226	0.54：1：1.80：3.48
						75～90	35	195	361	645	1199	0.54：1：1.79：3.32
			31.5	42.5	0.45	10～30	28	160	356	528	1356	0.45：1：1.48：3.81
						35～50	29	170	378	537	1315	0.45：1：1.42：3.48
						55～70	30	180	400	546	1274	0.45：1：1.36：3.18
						75～90	31	185	411	559	1245	0.45：1：1.36：3.03
				52.5	0.54	10～30	31	160	296	603	1341	0.54：1：2.04：4.53
						35～50	32	170	315	613	1302	0.54：1：1.95：4.13
						55～70	33	180	333	623	1264	0.54：1：1.87：3.80
						75～90	34	185	343	636	1236	0.54：1：1.85：3.60
			40	42.5	0.45	10～30	30	150	333	575	1342	0.45：1：1.73：4.03
						35～50	31	160	356	584	1300	0.45：1：1.64：3.65
						55～70	32	170	378	593	1259	0.45：1：1.57：3.33
						75～90	33	175	389	606	1230	0.45：1：1.56：3.16

续表 6.4.2.2

序号	混凝土强度等级	混凝土施工配制强度（N/mm²）	粗骨料最大粒径（mm）	水泥强度等级	水灰比	坍落度（mm）	砂率（%）	用料量（kg/m³）				配合比（W∶C∶S∶G）
								水 W	水泥 C	砂 S	石子 G	
4	C30	38.22	40	52.5	0.54	10～30	32	150	278	631	1341	0.54∶1∶2.27∶4.82
						35～50	33	160	296	642	1302	0.54∶1∶2.17∶4.40
						55～70	34	170	315	651	1264	0.54∶1∶2.07∶4.01
						75～90	35	175	324	665	1236	0.54∶1∶2.05∶3.81
5	C35	44.87	16	42.5	0.40	10～30	29	190	475	503	1232	0.40∶1∶1.06∶2.59
						35～50	30	200	500	510	1190	0.40∶1∶1.02∶2.38
						55～70	31	210	525	516	1149	0.40∶1∶0.98∶2.19
						75～90	32	215	538	527	1120	0.40∶1∶0.98∶2.08
				52.5	0.47	10～30	31	190	404	560	1246	0.47∶1∶1.39∶3.08
						35～50	32	200	426	568	1206	0.47∶1∶1.38∶2.83
						55～70	33	210	447	575	1168	0.47∶1∶1.29∶2.61
						75～90	34	215	457	588	1140	0.47∶1∶1.29∶2.49
			20	42.5	0.40	10～30	28	170	425	505	1300	0.40∶1∶1.19∶3.06
						35～50	29	180	450	513	1257	0.40∶1∶1.14∶2.79
						55～70	30	190	475	520	1215	0.40∶1∶1.09∶2.56
						75～90	31	195	488	532	1185	0.40∶1∶1.09∶2.43
				52.5	0.47	10～30	30	170	36	560	1308	0.47∶1∶1.55∶3.61
						35～50	31	180	383	569	1268	0.47∶1∶1.49∶3.31
						55～70	32	190	404	578	1228	0.47∶1∶1.43∶3.04
						75～90	33	195	415	591	1199	0.47∶1∶1.42∶2.89
			31.5	42.5	0.40	10～30	27	160	400	497	1343	0.40∶1∶1.24∶3.36
						35～50	28	170	425	505	1300	0.40∶1∶1.19∶3.06
						55～70	29	180	450	513	1257	0.40∶1∶1.14∶2.79
						75～90	30	185	462	526	1227	0.40∶1∶1.14∶2.66
				52.5	0.47	10～30	29	160	340	551	1349	0.47∶1∶1.62∶3.97
						35～50	30	170	362	560	1308	0.47∶1∶1.55∶3.61
						55～70	31	180	383	569	1268	0.47∶1∶1.49∶3.31
						75～90	32	185	394	583	1238	0.47∶1∶1.48∶3.14
			40	42.5	0.40	10～30	27	150	375	506	1369	0.40∶1∶1.35∶3.65
						35～50	28	160	400	515	1325	0.40∶1∶1.29∶3.31
						55～70	29	170	425	523	1282	0.40∶1∶1.23∶3.02
						75～90	30	175	438	536	1251	0.40∶1∶1.22∶2.86
				52.5	0.47	10～30	29	150	319	560	1371	0.47∶1∶1.76∶4.30
						35～50	30	160	340	570	1330	0.47∶1∶1.68∶3.91
						55～70	31	170	362	579	1289	0.47∶1∶1.60∶3.56
						75～90	32	175	372	593	1260	0.47∶1∶1.59∶3.39
6	C40	48.22	16	42.5	0.40	10～30	29	190	475	518	1267	0.40∶1∶1.09∶2.67
						35～50	30	200	500	525	1225	0.40∶1∶1.05∶2.45
						55～70	31	210	525	532	1183	0.40∶1∶1.01∶2.25
						75～90	32	215	538	543	1154	0.40∶1∶1.01∶2.14

续表 6.4.2.2

序号	混凝土强度等级	混凝土施工配制强度(N/mm²)	粗骨料最大粒径(mm)	水泥强度等级	水灰比	坍落度(mm)	砂率(%)	用料量(kg/m³)				配合比(W∶C∶S∶G)
								水W	水泥C	砂S	石子G	
6	C40	48.22	16	52.5	0.45	10～30	29	190	422	533	1305	0.45∶1∶1.26∶3.09
						35～50	30	200	444	542	1264	0.45∶1∶1.22∶2.85
						55～70	31	210	467	550	1223	0.45∶1∶1.18∶2.62
						75～90	32	215	478	562	1195	0.45∶1∶1.18∶2.50
			20	42.5	0.40	10～30	28	170	425	519	1336	0.40∶1∶1.22∶3.14
						35～50	29	180	450	528	1292	0.40∶1∶1.17∶2.87
						55～70	30	190	475	536	1249	0.40∶1∶1.13∶2.63
						75～90	31	195	488	548	1219	0.40∶1∶1.22∶2.50
				52.5	0.45	10～30	29	170	378	552	1350	0.45∶1∶1.46∶3.57
						35～50	30	180	400	561	1309	0.45∶1∶1.40∶3.27
						55～70	31	190	422	570	1268	0.45∶1∶1.35∶3.00
						75～90	32	195	433	583	1239	0.45∶1∶1.35∶2.86
			31.5	42.5	0.40	10～30	27	160	400	510	1380	0.40∶1∶1.28∶3.45
						35～50	28	170	425	519	1336	0.40∶1∶1.22∶3.14
						55～70	29	180	450	528	1292	0.40∶1∶1.17∶2.87
						75～90	30	185	462	541	1262	0.40∶1∶1.17∶2.73
				52.5	0.45	10～30	28	160	356	542	1392	0.45∶1∶1.52∶3.91
						35～50	29	170	378	552	1350	0.45∶1∶1.46∶3.57
						55～70	30	180	400	561	1309	0.45∶1∶1.40∶3.27
						75～90	31	185	411	575	1279	0.45∶1∶1.40∶3.11
			40	42.5	0.40	10～30	27	150	375	520	1405	0.40∶1∶1.39∶3.75
						35～50	28	160	400	529	1361	0.40∶1∶1.32∶3.40
						55～70	29	170	425	538	1317	0.40∶1∶1.27∶3.10
						75～90	30	175	438	551	1286	0.40∶1∶1.26∶2.94
				52.5	0.45	10～30	28	150	333	551	1416	0.45∶1∶0.65∶4.25
						35～50	29	160	356	561	1373	0.45∶1∶1.58∶3.86
						55～70	30	170	378	571	1331	0.45∶1∶1.51∶3.52
						75～90	31	175	389	585	1301	0.45∶1∶1.50∶3.34
7	C45	53.22	16	52.5	0.41	10～30	28	190	463	503	1294	0.41∶1∶1.09∶2.79
						35～50	29	200	488	511	1251	0.41∶1∶1.05∶2.56
						55～70	30	210	512	518	1210	0.41∶1∶1.01∶2.36
						75～90	31	215	524	530	1181	0.41∶1∶1.01∶2.25
				62.5	0.48	10～30	30	190	396	559	1305	0.48∶1∶1.41∶3.30
						35～50	31	200	417	568	1265	0.48∶1∶1.36∶3.03
						55～70	32	210	438	577	1225	0.48∶1∶1.32∶2.80
						75～90	33	215	448	590	1197	0.48∶1∶1.32∶2.67
			20	52.5	0.41	10～30	28	170	415	522	1343	0.41∶1∶1.26∶3.24
						35～50	29	180	439	531	1300	0.41∶1∶1.21∶2.96
						55～70	30	190	463	539	1258	0.41∶1∶1.16∶2.71
						75～90	31	195	476	551	1228	0.41∶1∶1.16∶2.58

续表 6.4.2.2

序号	混凝土强度等级	混凝土施工配制强度（N/mm²）	粗骨料最大粒径（mm）	水泥强度等级	水灰比	坍落度（mm）	砂率（%）	用料量（kg/m³） 水W	水泥C	砂S	石子G	配合比（W：C：S：G）
7	C45	53.22	20	62.5	0.48	10～30	30	170	354	578	1348	0.48：1：1.63：3.81
						35～50	31	180	375	587	1308	0.48：1：1.57：3.49
						55～70	32	190	396	596	1268	0.48：1：1.51：3.20
						75～90	33	195	406	610	1239	0.48：1：1.50：3.05
			31.5	52.5	0.41	10～30	27	160	390	513	1387	0.41：1：1.32：3.56
						35～50	28	170	415	522	1343	0.41：1：1.26：3.24
						55～70	29	180	439	531	1300	0.41：1：1.21：2.96
						75～90	30	185	451	544	1270	0.41：1：1.21：2.82
				62.5	0.48	10～30	29	160	333	568	1389	0.48：1：1.71：4.17
						35～50	30	170	354	578	1348	0.48：1：1.63：3.81
						55～70	31	180	375	587	1308	0.48：1：1.57：3.49
						75～90	32	185	385	602	1278	0.48：1：1.56：3.32
			40	52.5	0.41	10～30	27	150	366	522	1412	0.41：1：1.43：3.86
						35～50	28	160	390	532	1368	0.41：1：1.36：3.51
						55～70	29	170	415	541	1324	0.41：1：1.30：3.19
						75～90	30	175	427	554	1294	0.41：1：1.30：3.03
				62.5	0.48	10～30	29	150	312	577	1411	0.48：1：1.85：4.52
						35～50	30	160	333	587	1370	0.48：1：1.76：4.11
						55～70	31	170	354	597	1329	0.48：1：1.69：3.75
						75～90	32	175	365	611	1299	0.48：1：1.67：3.56
8	C50	58.22	16	52.5	0.40	10～30	29	190	475	518	1267	0.40：1：1.09：2.67
						35～50	30	200	500	525	1225	0.40：1：1.05：2.45
						55～70	31	210	525	532	1183	0.40：1：1.01：2.25
						75～90	32	215	538	543	1154	0.44：1：1.01：2.14
				62.5	0.44	10～30	32	190	432	585	1243	0.44：1：1.35：2.88
						35～50	33	200	455	592	1203	0.44：1：1.30：2.64
						55～70	34	210	477	599	1164	0.44：1：1.26：2.44
						75～90	35	215	489	611	1135	0.44：1：1.25：2.32
			20	52.5	0.40	10～30	28	170	425	519	1336	0.40：1：1.22：3.14
						35～50	29	180	450	528	1292	0.40：1：1.17：2.87
						55～70	30	190	475	536	1249	0.40：1：1.13：2.63
						75～90	31	195	488	548	1219	0.40：1：1.12：2.50
				62.5	0.44	10～30	30	170	386	568	1326	0.44：1：1.47：3.44
						35～50	31	180	409	579	1283	0.44：1：1.41：3.14
						55～70	32	190	432	585	1243	0.44：1：1.35：2.88
						75～90	33	195	443	598	1214	0.44：1：1.35：2.74
			31.5	52.5	0.40	10～30	27	160	400	510	1380	0.40：1：1.28：3.45
						35～50	28	170	425	519	1336	0.40：1：1.22：3.41
						55～70	29	180	450	528	1292	0.40：1：1.17：2.87
						75～90	30	185	462	541	1262	0.40：1：1.17：2.73

续表 6.4.2.2

序号	混凝土强度等级	混凝土施工配制强度(N/mm²)	粗骨料最大粒径(mm)	水泥强度等级	水灰比	坍落度(mm)	砂率(%)	用料量(kg/m³) 水W	水泥C	砂S	石子G	配合比(W:C:S:G)
8	C50	58.22	31.5	62.5	0.44	10～30	28	160	364	539	1387	0.44:1:1.48:3.81
						35～50	29	170	386	549	1345	0.44:1:1.42:3.48
						55～70	30	180	409	558	1303	0.44:1:1.36:3.19
						75～90	31	185	420	572	1273	0.44:1:1.36:3.03
			40	52.5	0.40	10～30	27	150	375	520	1405	0.40:1:1.39:3.75
						35～50	28	160	400	529	1361	0.40:1:1.32:3.40
						55～70	29	170	425	538	1317	0.40:1:1.27:3.10
						75～90	30	175	438	551	1286	0.40:1:1.26:2.94
				62.5	0.44	10～30	30	150	341	588	1371	0.44:1:1.72:4.02
						35～50	31	160	364	597	1329	0.44:1:1.64:3.65
						55～70	32	170	386	606	1288	0.44:1:1.57:3.34
						75～90	33	175	398	619	1258	0.44:1:1.55:3.16

6.4.2.3 混凝土的最大水灰比和最小水泥用量

环境条件		结构物类别	最大水灰比			最小水泥用量(kg)		
			素混凝土	钢筋混凝土	预应力混凝土	素混凝土	钢筋混凝土	预应力混凝土
干燥环境		正常的居住或办公用房屋内部件	不作规定	0.65	0.60	200	260	300
潮湿环境	无冻害	(1)高湿度的室内部件 (2)室外部件 (3)在非侵蚀性土和(或)水中的部件	0.70	0.60	0.60	225	280	300
	有冻害	(1)经受冻害的室外部件 (2)在非侵蚀性土和(或)水中且经受冻害的部件 (3)高湿度且经受冻害的室内部件	0.55	0.55	0.55	250	280	300
有冻害和除冰剂的潮湿环境		经受冻害和除冰剂作用的室内和室外部件	0.50	0.50	0.50	300	300	300

注:1. 当用活性掺合料取代部分水泥时,表中的最大水灰比及最小水泥用量即为替代前的水灰比和水泥用量。

2. 配制 C15 级及其以下等级的混凝土,可不受本表限制。

6.4.2.4 抗渗混凝土最大水灰比

抗渗等级	最大水灰比	
	C20～C30 混凝土	C30 以上混凝土
P6	0.60	0.55
P8～P12	0.55	0.50
P12 以上	0.50	0.45

6.4.2.5 抗冻混凝土的最大水灰比

抗冻等级	无引气剂时	掺引气剂时
F50	0.55	0.60
F100	—	0.55
F150 及以上	—	0.50

6.4.3 混凝土施工

混凝土工程施工包括配料、搅拌、运输、浇筑、养护等过程。混凝土一般是结构的承重部分，要求混凝土构件不但外形要正确，而且要有良好的强度、密实性和整体性。

6.4.3.1 原材料每盘称量的允许偏差

材料名称	允许偏差
水泥、掺合料	±2%
粗、细骨料	±3%
水、外加剂	±2%

注：雨季或含水率有显著变化时，要及时调整水和骨料的用量。

6.4.3.2 混凝土搅拌的最短时间 (s)

混凝土坍落度(mm)	搅拌机机型	搅拌机出料量(L)		
		<250	250～500	>500
≤30	强制式	60	90	120
	自落式	90	120	150
>30	强制式	60	60	90
	自落式	90	90	120

注：1. 掺有外加剂时，搅拌时间应适当延长。

2. 全轻混凝土宜采用强制式搅拌机搅拌；砂轻混凝土可用自落式搅拌机搅拌，但搅拌时间应延长 60～90s。

3. 轻集料宜在搅拌前预湿，采用强制式搅拌机搅拌的加料顺序是：先加粗细集料和水，搅拌 60s，再加水继续搅拌；采用自落式搅拌机搅拌的加料顺序是：先加 1/2 的用水量，然后加粗细集料和水泥，均匀搅拌 60s，再加剩余用水量继续搅拌。

6.4.3.3 混凝土从搅拌机中卸出后到浇筑完毕的延续时间

气温(℃)	延续时间(min)			
	采用搅拌车		采用其他运输设备	
	≤C30	＞C30	≤C30	＞C30
≤25	120	90	90	75
＞25	90	60	60	45

注：1. 采用外加剂或快硬水泥时，延续时间通过试验确定。

2. 轻集料混凝土的运输、浇筑延续时间为45min。

6.4.3.4 常用混凝土输送管规格 (mm)

种类		公称管径		
		100	125	150
有缝直管	外径	109.0	135.0	159.2
	内径	105.0	131.0	155.2
	壁厚	2.0	2.0	2.0
高压直管	外径	114.3	139.8	165.2
	内径	105.3	130.8	155.2
	壁厚	4.5	4.5	5.0

6.4.3.5 常用混凝土输送管重量

管内径(mm)	管长度(m)	管自重(kg)	充满混凝土后重量(kg)
100	4.0	22.3	102.3
	3.0	17.0	77.0
	2.0	11.7	51.7
	1.0	6.4	26.4
	0.5	3.7	13.5
125	3.0	21.0	113.4
	2.0	14.6	76.2
	1.0	8.1	33.9
	0.5	4.7	20.1

6.4.3.6 常用混凝土输送弯管重量

管内径(mm)	弯曲角度(°)	管自重(kg)	充满混凝土后重量(kg)
100	90	20.3	52.4
	60	13.9	35.0
	45	10.6	26.4
	30	7.1	17.6
	15	3.7	9.0
125	90	27.5	76.1
	60	18.5	50.9
	45	14.0	38.3
	30	9.5	25.7
	15	5.0	13.1

6.4.3.7 常用混凝土输送软管重量

管内径(mm)	管长度(m)	管自重(kg)	充满混凝土后重量(kg)
100	3.0	14.0	66.0
	5.0	23.3	113.3
	8.0	37.3	181.3
125	3.0	20.5	107.3
	5.0	34.1	179.1
	8.0	54.6	286.6

6.4.3.8 泵送混凝土输送管水平换算长度

输送管类型	单位	规格(mm)	水平换算长度(m)
向上垂直管	每米	100	3
		125	4
		150	5
向下垂直管	每米	各种规格	1
锥形管	每根	大管口 175,小管口 150	4
		大管口 150,小管口 125	8
		大管口 125,小管口 100	16
弯管	每根	90° R=0.5m	12
		R=1.0m	9
软管	每 5～8m 长一根		20

注:1. R 为曲率半径。

2. 弯管的弯曲角度小于 90°时,按其与 90°的比值乘以表中数值。

3. 斜向配管时,其长度按水平投影长度与垂直投影长度之和计算换算长度。

6.4.3.9 泵送混凝土运输延续时间

混凝土出机温度(℃)	运输延续时间(min)
25～30	50～60
5～25	60～90

6.4.3.10 掺木钙减水剂的泵送混凝土运输延续时间 (min)

混凝土强度等级	气温(℃)	
	≤25	>25
≤C30	120	90
>C30	90	60

6.4.3.11 泵送高度与混凝土坍落度

单位	泵送高度(m)			
	<30	30～60	61～100	>100
上海建筑工程材料公司	100～140	140～160	160～180	180～200
北京市第五建筑工程公司	100～160	160～180	180～200	200～220
上海建材学院	80～140	100～160	140～180	160～200

6.4.3.12 混凝土浇筑时的坍落度

结构类型	坍落度(mm)
基础或地面等的垫层、无配筋的大体积结构(挡土墙、基础等)或据筋稀疏的结构	10～30
桥、梁和大型及中型截面的柱子等	30～50
配筋密集的结构(薄壁、斗仓、筒仓、细柱等)	50～70
配筋特密的结构	70～90

注:1. 本表系指采用机械振捣的坍落度,采用人工振捣时可适当增大。

2. 需要配制大坍落度混凝土时,应掺用外加剂。

3. 曲面或斜面结构混凝土,其坍落度值,应根据实际情况另行选定。

4. 轻集料混凝土的坍落度,宜比表中数值减少 10～20mm。

6.4.3.13 竖向结构混凝土的坍落度 (mm)

序号	截面尺寸(mm)	插入式振捣器	人工捣固
1	≤300	50～70	70～90
2	>300	30～50	50～70

6.4.3.14 混凝土浇筑层厚度

捣实混凝土的方式		浇筑层的厚度(mm)
插入式振捣		振捣器作用部分长度的1.25倍
表面振动		200
人工捣固	在基础、无筋混凝土或配筋稀疏的结构中	250
	在梁、板、柱结构中	200
	在配筋密列的结构中	150
轻骨料混凝土	插入式振捣	300
	表面振动(振动时需加荷)	200

6.4.3.15 混凝土浇筑中的最大间歇时间表 (min)

混凝土强度等级	气温	
	≤25℃	>25℃
≤C30	210	180
>C30	180	150

注:1. 当混凝土中掺有促凝剂或缓凝型外加剂时,其允许时间应根据试验结果确定。

6.4.3.16 施工缝的留设

由于技术上的原因或设备、人力的限制,混凝土不能连续浇筑,中间的间歇时间超过混凝土的初凝时间,则应留施工缝。

柱子施工缝的位置,应留在柱子与其他构件交接处的水平面上。高度大于1m的梁的水平施工缝,应留在楼板底面以下20~30mm处;当板下有梁托时,留在梁托下部;单向平板的施工缝,可留在平行短边的任何位置处。

施工缝继续浇筑混凝土时,混凝土的抗压强度不应小于1.2MPa,先除去施工缝表面的水泥薄膜、松动的石子和软弱的混凝土层,并用水冲洗干净,充分湿润后,铺一层10~15mm与混凝土同成分的水泥砂浆,再继续浇筑混凝土。混凝土达到1.2MPa强度所需龄期可参考下表选用。

混凝土达到 1.2MPa 强度所需龄期的试验结果

外界温度(℃)	水泥品种及强度等级	混凝土强度等级	期限(h)
1～5	普通 32.5	C15	48
		C20	44
5～10	普通 32.5	C15	32
		C20	28
10～15	普通 32.5	C15	24
		C20	20
15 以上	32.5	C15	20 以下
		C20	20 以下

6.4.3.17　露天自然养护制品浇水次数

气温	10℃		20℃		30℃		40℃	
浇水次数	A	B	A	B	A	B	A	B
	2	3	4	6	6	9	8	12

注：1. A 为阴影下，B 为阳光照射下。

2. 气温是指当日中午的标准气温。

3. 此表作为计算用水量的参考，不作为实际生产的依据。

6.4.3.18　露天自然养护制品覆盖天数

水泥品种	最少遮盖天数(d)			
	10℃	20℃	30℃	40℃
硅酸盐水泥	5	4	3	2
火山灰或矿渣水泥	7	5	4	3

6.4.3.19　用 32.5 级水泥拌制的混凝土在不同温度下硬化时的强度增长百分率

水泥品种	龄期(d)	混凝土硬化时的平均温度(℃)							
		1	5	10	15	20	25	30	35
		混凝土所达到的强度百分率(%)							
普通水泥	2	—	—	—	28	35	41	46	50
	3	12	20	26	33	40	46	52	57
	5	20	28	35	44	50	56	62	67

续表 6.4.3.19

水泥品种	龄期(d)	混凝土硬化时的平均温度(℃)							
		1	5	10	15	20	25	30	35
		混凝土所达到的强度百分率(%)							
普通水泥	7	20	34	42	50	58	64	68	75
	10	35	44	52	61	68	75	80	86
	15	44	54	64	73	81	88	—	—
	28	65	72	82	92	100	—	—	—
火山灰质水泥及矿渣水泥	2	—	—	—	15	18	24	30	35
	3	—	—	11	16	22	28	34	44
	5	—	10	21	27	33	42	50	58
	7	14	23	30	36	44	52	61	70
	10	21	32	41	49	55	65	74	81
	15	28	41	54	64	72	80	88	—
	28	41	61	77	90	100	—	—	—

6.4.3.20 用42.5级水泥拌制的混凝土在不同温度下硬化时的强度增长百分率

水泥品种	龄期(d)	混凝土硬化时的平均温度(℃)							
		1	5	10	15	20	25	30	35
		混凝土所达到的强度百分率(%)							
普通水泥	2	—	—	19	25	30	35	40	45
	3	14	20	25	32	37	43	48	52
	5	24	30	36	44	50	57	63	66
	7	32	40	46	54	62	68	73	76
	10	42	50	58	66	74	78	82	86
	15	52	63	71	80	88	—	—	—
	28	68	78	86	94	100	—	—	—
火山灰质水泥及矿渣水泥	2	—	—	—	15	18	24	30	35
	3	—	—	11	17	22	26	32	38
	5	12	17	22	28	34	39	44	52

续表 6.4.3.20

水泥品种	龄期(d)	混凝土硬化时的平均温度(℃)							
		1	5	10	15	20	25	30	35
		混凝土所达到的强度百分率(%)							
火山灰质水泥及矿渣水泥	7	13	24	32	38	45	50	55	68
	10	25	34	44	52	58	68	67	75
	15	32	46	57	67	71	80	86	92
	28	48	64	83	92	100	—	—	—

6.4.3.21 两种薄膜养护液的参考配比(重量比)

原材料	过氯乙烯养护液		氯乙烯—偏氯乙烯养护液
	Ⅰ	Ⅱ	
过氯乙烯树脂	9.2	10.0	—
氯乙烯—偏氯乙烯乳液	—	—	1.00
苯二甲酸二丁酯	4.0	2.5	—
10%浓度磷酸三钠	—	—	5.0
粗苯	86.0	—	—
轻溶剂油	—	87.6	—
丙酮	0.5	—	—
水	—	—	100～300
磷酸三丁酯	—	—	—

6.4.4 混凝土拆模强度

6.4.4.1 现浇结构拆模时应达到的混凝土强度

结构类型	结构跨度(m)	按达到设计强度标准值的百分率计(%)
板	≤2	50
	>2,≤8	75
梁、拱、壳	≤8	75
	>8	100
悬臂构件	≤2	75
	>2	100

6.4.4.2 底模拆除期限表

结构类型	混凝土拆模所需强度(以设计的混凝土强度标准值的%计)	水泥		硬化时昼夜的平均温度(℃)					
		品种	强度等级	5	10	15	20	25	30
				模板拆除期限(d)					
跨度在2m及以下的板及拱的模板	50	普通水泥	32.5	12	8	6	4	3	3
			42.5	10	7	6	5	4	3
		火山灰质水泥及矿渣水泥	32.5	18	12	10	8	7	6
			42.5	12	11	9	8	7	6
跨度为2～8m的板及拱；跨度在8m以下的梁底模；跨度在2m及以下的悬臂梁和板	70	普通水泥	32.5	32	23	16	13	10	9
			42.5	23	16	13	10	9	8
		火山灰质水泥及矿渣水泥	32.5	36	28	20	16	13	10
			42.5	33	24	18	15	13	10
跨度在8m以上的承重结构模板，跨度在2m及以上的悬臂梁和板	100	普通水泥	32.5	55	45	35	28	21	18
			42.5	50	40	30	28	20	18
		火山灰质水泥及矿渣水泥	32.5	60	50	40	28	24	20
			42.5	60	50	40	28	24	20

注：1. 本表系指在(20±3)℃的温度下经过28d的硬化后达到设计的混凝土强度标准值的混凝土。

2. 如需提前拆模，可根据混凝土实际强度与当时的荷重经过计算确定。

6.4.4.3 预制构件模板拆除应达到设计的混凝土强度标准值百分率

预制构件类型	达到的设计的混凝土强度标准值(%)	
	拆侧模	拆底模
普通矩形、梯形梁，跨度在4m及以下	25	50
普通薄腹梁、吊车梁、r形梁、T形梁、柱，跨度4m以上	40	75
翻转脱模中、小型构件	随附	50(翻身)，75(起吊)
预应力先张法屋架、屋面板、吊车梁等	50	按设计规定

续表 6.4.4.3

预制构件类型	达到的设计的混凝土强度标准值(%)	
	拆侧模	拆底模
预应力先张法各类薄型板重叠浇灌	25	按设计规定
预应力后张法块体竖立浇灌	40	75
预应力后张法块体平卧重叠浇灌	25	75

6.5 混凝土工程质量验收

6.5.1 混凝土试件尺寸及强度的尺寸换算系数

骨料最大粒径(mm)	试件尺寸(mm)	强度的尺寸允许偏差换算系数
≤31.5	100×100×100	0.95
≤40	150×150×150	1.00
≤60	200×200×200	1.05

注:对强度等级为 C60 及以上的混凝土试件,其强度的尺寸换算系数可通过试验确定。

6.5.2 混凝土施工

6.5.2.1 混凝土施工质量验收标准

项	序	检验项目与要求	检验方法
主控项目	1	结构混凝土的强度等级必须符合设计要求。用于检查结构构件混凝土强度的试件,应在混凝土的浇筑地点随机抽取。取样与试件留置应符合下列规定: (1)每拌制 100 盘且不超过 $100m^3$ 同一配合比的混凝土,取样不得少于一次 (2)当每工作班拌制的同一配合比混凝土不足 100 盘时,取样不得少于一次 (3)当一次连续浇筑超过 $100m^3$ 时,同一配合比的混凝土每 $200m^3$ 取样不得少于一次 (4)每一楼层,同一配合比的混凝土,取样不得少于一次 (5)每次取样应至少留置一组标准养护试件,同条件养护试件的留置组数应根据实际需要确定	检查施工记录及试件强度试验报告

续表 6.5.2.1

项	序	检验项目与要求	检验方法
主控项目	2	对有抗渗要求的混凝土结构，其混凝土试件应在浇筑地点随机取样。同一工程、同一配合比的混凝土，取样应不少于一次，留置组数可根据实际需要确定	检查试件抗渗试验报告
	3	混凝土原材料每盘称量的偏差应符合 6.4.3.1 的规定 检查数量：每工作班抽查应不少于一次	复称
	4	混凝土运输、浇筑及间歇的全部时间应不超过混凝土的初凝时间。同一施工段的混凝土应连续浇筑，并应在底层混凝土初凝之前将上一层混凝土浇筑完毕 当底层混凝土初凝后浇筑上一层混凝土时，应按施工技术方案对施工缝进行处理 检查数量：全数检查	观察，检查施工记录
一般项目	1	施工缝的位置应在混凝土浇筑前按设计要求和施工技术方案确定。施工缝的处理应按施工技术方案执行 检查数量：全数检查	观察，检查施工记录
	2	后浇带的留置位置应按设计要求和施工技术方案确定。后浇带混凝土浇筑应按施工技术方案进行 检查数量：全数检查	观察，检查施工记录
	3	混凝土浇筑完毕，应按施工技术方案及时采取有效的养护措施，并应符合下列规定： (1) 应在浇筑完毕的 12h 以内对混凝土加以覆盖并保湿养护 (2)混凝土浇水养护的时间：对采用硅酸盐水泥、普通硅酸盐水泥或矿渣硅酸盐水泥拌制的混凝土，不得少于 7d；对掺用缓凝型外加剂或有抗渗要求的混凝土，不得少于 14d。当采用其他品种水泥时，混凝土的养护时间应根据所采用水泥的技术性能确定 (3)浇水次数应使混凝土处于湿润状态为限，但当日平均气温低于 5℃时，不得浇水。混凝土养护用水应与拌制用水相同 (4)采用塑料布覆盖养护的混凝土，其敞露的全部表面应覆盖严密，并应保持塑料面布内有凝结水 (5)混凝土表面不便浇水或使用塑料布时，宜涂刷养护剂 (6)对大体积混凝土的养护，应根据气候条件按施工技术方案采取控温措施 (7)混凝土强度达到 1.2N/mm^2 前，不得在其上踩踏或安装模板及支架 检查数量：全数检查	观察，检查施工记录

6.5.2.2 现浇混凝土结构外观质量缺陷

名称	现象	严重缺陷	一般缺陷
露筋	构件内钢筋未被混凝土包裹而外露	纵向受力钢筋有露筋	其他钢筋有少量露筋
蜂窝	混凝土表面缺少水泥砂浆而形成石子外露	构件主要受力部位有蜂窝	其他部位有少量蜂窝
孔洞	混凝土中孔穴深度和长度均超过保护层厚度	构件主要受力部位有孔洞	其他部位有少量孔洞
夹渣	混凝土中夹有杂物且深度超过保护层厚度	构件主要受力部位有夹渣	其他部位有少量夹渣
疏松	混凝土中局部不密实	构件主要受力部位有疏松	其他部位有少量疏松
裂缝	缝隙从混凝土表面延伸至混凝土内部	构件主要受力部位有影响结构性能或使用功能的裂缝	其他部位有少量不影响结构性能或使用功能的裂缝
连接部位缺陷	构件连接处混凝土缺陷及连接钢筋、连接件松动	连接部位有影响结构传力性能的缺陷	连接部位有基本不影响结构传力性能的缺陷
外形缺陷	缺棱掉角、棱角不直、翘曲不平、民边凸肋等	清水混凝土构件有影响使用功能或装饰效果的外形缺陷	其他混凝土构件有不影响使用功能的外形缺陷
外表缺陷	构件表面麻面、掉皮、起砂、沾污等	具有重要装饰效果的清水混凝土构件有外表缺陷	其他混凝土构件有不影响使用功能的外表缺陷

6.5.2.3 现浇混凝土结构外观质量验收标准

项	序	检验项目与要求	检验方法
主控项目	1	现浇结构的外观质量不应有严重缺陷。对已经出现的严重缺陷,应由施工单位提出技术处理方案,并经监理(建设)单位认可后进行处理。对经处理的部位,应重新检查验收 检查数量:全数检查	观察,检查技术处理方案
一般项目	1	现浇结构的外观质量不应有一般缺陷。对已经出现的一般缺陷,应由施工单位按技术处理方案进行处理,并重新检查验收 检查数量:全数检查	观察,检查技术处理方案

6.5.2.4 现浇混凝土结构尺寸偏差验收标准

项	序	检验项目与要求	检验方法
主控项目	1	现浇结构不应有影响结构性能和使用功能的尺寸偏差。混凝土设备基础不应有影响结构性能和设备安装的尺寸偏差 对超过尺寸允许偏差且影响结构性能和安装、使用功能的部位,应由施工单位提出技术处理方案,并经监理(建设)单位认可后进行处理。对经处理的部位,应重新检查验收 检查数量:全数检查	量测,检查技术处理方案
一般项目	1	现浇结构和混凝土设备基础拆模后的尺寸偏差应符合6.5.2.5、6.5.2.6的规定 检查数量:按楼层、结构缝或施工段划分检验批。在同一检验批内,对梁、柱和独立基础,应抽查构件数量的10%,且不少于3件;对墙和板,应按有代表性的自然间抽查10%,且不少于3间;对大空间结构,墙可按相邻轴线高度5m左右划分检查面,板可按纵、横轴线划分检查面,抽查10%,且均不少于3面;对电梯井,应全数检查;对设备基础,应全数检查	

6.5.2.5 现浇混凝土结构尺寸偏差和检验方法

<table>
<tr><th colspan="3">项　目</th><th>允许偏差(mm)</th><th>检验方法</th></tr>
<tr><td rowspan="4">轴线位置</td><td colspan="2">基础</td><td>15</td><td rowspan="4">钢尺检查</td></tr>
<tr><td colspan="2">独立基础</td><td>10</td></tr>
<tr><td colspan="2">墙、柱、梁</td><td>8</td></tr>
<tr><td colspan="2">剪力墙</td><td>5</td></tr>
<tr><td rowspan="3">垂直度</td><td rowspan="2">层高</td><td>≤5m</td><td>8</td><td>经纬仪或吊线、钢尺检查</td></tr>
<tr><td>>5m</td><td>10</td><td>经纬仪或吊线、钢尺检查</td></tr>
<tr><td colspan="2">全高(H)</td><td>H/1000 且≤30</td><td>经纬仪、钢尺检查</td></tr>
<tr><td rowspan="2">标高</td><td colspan="2">层高</td><td>±10</td><td rowspan="2">水准仪或拉线、钢尺检查</td></tr>
<tr><td colspan="2">全高</td><td>±30</td></tr>
<tr><td colspan="3">截面尺寸</td><td>+8,−5</td><td>钢尺检查</td></tr>
<tr><td rowspan="2">电梯井</td><td colspan="2">井筒长、宽对定位中心线</td><td>+25</td><td>钢尺检查</td></tr>
<tr><td colspan="2">井筒全高(H)垂直度</td><td>H/1000 且≤30</td><td>经纬仪、钢尺检查</td></tr>
<tr><td colspan="3">表面平整度</td><td>8</td><td>2m 靠尺和塞尺检查</td></tr>
<tr><td rowspan="3">预埋设施中心线位置</td><td colspan="2">预埋件</td><td>10</td><td rowspan="3">钢尺检查</td></tr>
<tr><td colspan="2">预埋螺栓</td><td>5</td></tr>
<tr><td colspan="2">预埋管</td><td>5</td></tr>
<tr><td colspan="3">预留洞中心线位置</td><td>15</td><td>钢尺检查</td></tr>
</table>

注：检查轴线、中心线位置时，应沿纵、横两个方向测量，并取其中的较大值。

6.5.2.6 混凝土设备基础尺寸允许偏差和检验方法

<table>
<tr><th colspan="2">项　目</th><th>允许偏差(mm)</th><th>检验方法</th></tr>
<tr><td colspan="2">坐标位置</td><td>20</td><td>钢尺检查</td></tr>
<tr><td colspan="2">不同平面的标高</td><td>0,−20</td><td>水准确仪或拉线、钢尺检查</td></tr>
<tr><td colspan="2">平面外形尺寸</td><td>±20</td><td>钢尺检查</td></tr>
<tr><td colspan="2">凸台上平面外形尺寸</td><td>0,−20</td><td>钢尺检查</td></tr>
<tr><td colspan="2">凹穴尺寸</td><td>+20,0</td><td>钢尺检查</td></tr>
<tr><td rowspan="2">平面水平度</td><td>每米</td><td>5</td><td>水平尺、塞尺检查</td></tr>
<tr><td>全长</td><td>10</td><td>水准仪或拉线、钢尺检查</td></tr>
</table>

续表 6.5.2.6

项目		允许偏差(mm)	检验方法
垂直度	每米	5	经纬仪或吊线、钢尺检查
	全高	10	
预埋地脚螺栓	标高(顶部)	+20,0	水准仪或拉线、钢尺检查
	中心距	±2	钢尺检查
预埋地脚螺栓孔	中心线位置	10	钢尺检查
	深度	+20,0	钢尺检查
	孔垂直度	10	吊线、钢尺检查
预埋活动地脚螺栓锚板	标高	+20,0	水准仪或拉线、钢尺检查
	中心线位置	5	钢尺检查
	带槽锚板平整度	5	钢尺、塞尺检查
	带螺纹孔锚板平整度	2	钢尺、塞尺检查

注:检查坐标、中心线位置时,应沿纵、横两个方向测量,并取其中的较大值。

6.5.2.7 预制构件质量验收标准

项	序	检验项目	检验方法
主控项目	1	预制构件应在明显部位标明生产单位、构件型号、生产日期和质量验收标志。构件上的预埋件、插筋和预留孔洞的规格、位置和数量应符合标准图或设计的要求 检查数量:全数检查	观察
	2	预制构件的外观质量不应有严重缺陷。对已经出现的严重缺陷,应按技术处理方案进行处理,并重新检查验收 检查数量:全数检查	观察,检查技术处理方案
	3	预制构件不应有影响结构性能和安装、使用功能的尺寸偏差。对超过尺寸允许偏差且影响结构性能和安装、使用功能的部位,应按技术处理方案进行处理,并重新检查验收 检查数量:全数检查	量测,检查技术处理方案

续表 6.5.2.7

项	序	检验项目	检验方法
一般项目	1	预制构件的外观质量不宜有一般缺陷。对已经出现的一般缺陷,应按技术处理方案进行处理,并重新检查验收 检查数量:全数检查	观察,检查技术处理方案
	2	预制构件的尺寸偏差应符合 6.5.2.8 的规定 检查数量:同一工作班生产的同类型构件,抽查 5%且不少于 3 件	

6.5.2.8 预制构件尺寸的允许偏差及检验方法

项目		允许偏差(mm)	检验方法
长度	板、梁	+10,-5	钢尺检查
	柱	+5,-10	
	墙板	±5	
	薄腹梁、桁架	+15,-10	
宽度、高(厚)度	板、梁、柱、墙板、薄腹梁、桁架	±5	钢尺量一端及中部,取其中较大值
侧向弯曲	梁、柱、板	$L/750$ 且≤20	拉线、钢尺量最大侧向弯曲处
	墙板、薄腹梁、桁架	$L/1000$ 且≤20	
预埋件	中心线位置	10	钢尺检查
	螺栓位置	5	
	螺栓外露长度	+10,-5	
预留孔	中心线位置	5	钢尺检查
预留洞	中心线位置	15	钢尺检查
主筋保护层厚度	板	+5,-3	钢尺或保护层厚度测定仪式量测
	梁、柱、墙板、薄腹梁、桁架	+10,-5	
对角线差	板、墙板	10	钢尺量两个对角线
表面平整度	板、墙板、柱、梁	5	2m 靠尺和塞尺检查
预应力构件预留孔道位置	梁、墙板、薄腹梁、桁架	3	钢尺检查
翘曲	板	$L/750$	调平尺在两端量测
	墙板	$L/1000$	

注:1. L 为构件长度(mm)。

2. 检查中心线、螺栓和孔道位置时,应沿纵、横两个方向测量,并取其中的较大值。

3. 对形状复杂或有特殊要求的构件,其尺寸偏差应符合标准图或设计的要求。

6.5.3 质量验收记录

6.5.3.1 检验批质量验收记录

工程名称			分项工程名称		验收部位	
施工单位			专业工长		项目经理	
分包单位			分包项目经理		施工班组长	
施工执行标准名称及编号						
检查项目		质量验收规范的规定	施工单位检查评定记录		监理（建设）单位验收记录	
主控项目	1					
	2					
	3					
	4					
	5					
一般项目	1					
	2					
	3					
	4					
	5					
施工单位检查评定结果	项目专业质量检查员　　年　月　日					
监理（建设）单位验收结论	监理工程师（建设单位项目专业技术负责人）　　年　月　日					

说明：1. 检验批的质量验收记录应由施工项目专业质量检查员填写，监理工程师（建设单位项目专业技术负责人）组织项目专业质量检查员等进行验收。

2. 检验批质量验收记录表也可作为施工单位自行检查评定的记录表格。

6.5.3.2 分项工程质量验收记录

<table>
<tr><td colspan="2">工程名称</td><td></td><td>结构类型</td><td></td><td>检验批数</td><td></td></tr>
<tr><td colspan="2">施工单位</td><td></td><td>项目经理</td><td></td><td>项目技术负责人</td><td></td></tr>
<tr><td colspan="2">分包单位</td><td></td><td>分包单位负责人</td><td></td><td>分包项目经理</td><td></td></tr>
<tr><td>序号</td><td colspan="2">检验批部位、区段</td><td>施工单位检查评定结果</td><td colspan="3">监理(建设)单位验收结论</td></tr>
<tr><td>1</td><td colspan="2"></td><td></td><td colspan="3"></td></tr>
<tr><td>2</td><td colspan="2"></td><td></td><td colspan="3"></td></tr>
<tr><td>3</td><td colspan="2"></td><td></td><td colspan="3"></td></tr>
<tr><td>4</td><td colspan="2"></td><td></td><td colspan="3"></td></tr>
<tr><td>5</td><td colspan="2"></td><td></td><td colspan="3"></td></tr>
<tr><td>6</td><td colspan="2"></td><td></td><td colspan="3"></td></tr>
<tr><td>7</td><td colspan="2"></td><td></td><td colspan="3"></td></tr>
<tr><td>8</td><td colspan="2"></td><td></td><td colspan="3"></td></tr>
<tr><td></td><td colspan="2"></td><td></td><td colspan="3"></td></tr>
<tr><td>检查结论</td><td colspan="2">项目专业技术负责人
年 月 日</td><td>验收结论</td><td colspan="3">监理工程师(建设单位项目专业技术负责人)
年 月 日</td></tr>
</table>

说明:1. 各分项工程质量应由监理工程师(建设单位项目专业技术负责人)组织项目专业技术负责人等进行验收。

2. 分项工程的质量验收在检验批验收合格的基础上进行。一般情况下,两者具有相同或相近的性质,只是批量大小可能存在差异。因此,分项工程质量验收记录是各检验批质量验收记录的汇总。

6.5.3.3 混凝土结构子分部工程质量验收记录

<table>
<tr><td colspan="2">工程名称</td><td colspan="2"></td><td>结构类型</td><td></td><td>层数</td><td></td></tr>
<tr><td colspan="2">施工单位</td><td colspan="2"></td><td>技术部门负责人</td><td></td><td>质量部门负责人</td><td></td></tr>
<tr><td colspan="2">分包单位</td><td colspan="2"></td><td>分包单位负责人</td><td></td><td>分包技术负责人</td><td></td></tr>
<tr><td>序号</td><td>分项工程名称</td><td>检验批数</td><td colspan="3">施工单位检查评定</td><td colspan="2">验收意见</td></tr>
<tr><td>1</td><td>钢筋分项工程</td><td></td><td colspan="3"></td><td colspan="2" rowspan="5"></td></tr>
<tr><td>2</td><td>预应力分项工程</td><td></td><td colspan="3"></td></tr>
<tr><td>3</td><td>混凝土分项工程</td><td></td><td colspan="3"></td></tr>
<tr><td>4</td><td>现浇结构分项工程</td><td></td><td colspan="3"></td></tr>
<tr><td>5</td><td>装配式结构分项工程</td><td></td><td colspan="3"></td></tr>
</table>

续表 6.5.3.3

<table>
<tr><th>序号</th><th>分项工程名称</th><th>检验批数</th><th>施工单位检查评定</th><th>验收意见</th></tr>
<tr><td colspan="2">质量控制资料</td><td></td><td colspan="2"></td></tr>
<tr><td colspan="2">结构实体检验报告</td><td></td><td colspan="2"></td></tr>
<tr><td colspan="2">观感质量验收</td><td></td><td colspan="2"></td></tr>
<tr><td rowspan="5">验收单位</td><td>分包单位</td><td colspan="3">项目经理　　　　　　　　　　年　月　日</td></tr>
<tr><td>施工单位</td><td colspan="3">项目经理　　　　　　　　　　年　月　日</td></tr>
<tr><td>勘察单位</td><td colspan="3">项目负责人　　　　　　　　　年　月　日</td></tr>
<tr><td>设计单位</td><td colspan="3">项目负责人　　　　　　　　　年　月　日</td></tr>
<tr><td>监理(建设)单位</td><td colspan="3">总监理工程师(建设单位项目专业负责人)年　月　日</td></tr>
</table>

说明:1. 混凝土结构子分部工程质量应由总监理工程师(建设单位项目专业负责人)组织施工项目经理和有关勘察、设计单位项目负责人进行验收。

2. 由于模板在子分部工程验收时已不在结构中,且结构实体外观质量、尺寸偏差等项目的检验反映了模板工程的质量,因此,模板分项工程可不参与混凝土结构子分部工程质量的验收。

7 钢结构工程施工

7.1 钢结构施工常用材料

7.1.1 结构用钢材要求

钢结构施工常用钢材，有热轧扁钢、热轧钢板、热轧等边角钢和热轧不等边角钢、热轧普通槽钢、工字钢和焊接 H 型钢等。其规格尺寸要求等数据要求分别见 7.1.1.1～7.1.1.8。

7.1.1.1 热轧扁钢的宽度、厚度及允许偏差

宽度(mm)	允许偏差(mm)		厚度(mm)	允许偏差(mm)	
	普通级	较高级		普通级	较高级
10～50	+0.5 −1.0	+0.3 −0.9	3～16	+0.3 −0.5	+0.2 −0.4
>50～75	+0.6 −1.3	+0.4 −1.2	>16～60	+1.5% −3.0%	+1.0% −2.5%
>75～100	+0.9 −1.8	+0.7 −1.7	—	—	—
>100～150	+1.0% −2.0%	+0.8% −1.8%	—	—	—

7.1.1.2 常用热轧钢板的厚度允许偏差(GB 709—1988)

公称厚度(mm)	在下列宽度时的厚度允许偏差(mm)									
	600～750		>750～1000		>1000～1500		>1500～2000		>2000～3000	
	较高	普通	较高	普通	较高	普通	较高	普通	较高	普通
>1.8～2.0	±0.14	±0.16	±0.15	±0.17	±0.16	±0.18	±0.17	±0.20	—	—
>2.0～2.2	±0.15	±0.17	±0.16	±0.18	±0.17	±0.19	±0.18	±0.20	—	—
>2.2～2.5	±0.16	±0.18	±0.17	±0.19	±0.18	±0.20	±0.19	±0.21	—	—
>2.5～3.0	±0.17	±0.19	±0.18	±0.20	±0.19	±0.21	±0.20	±0.22	±0.23	±0.25

续表 7.1.1.2

公称厚度(mm)	在下列宽度时的厚度允许偏差(mm)									
	600～750		>750～1000		>1000～1500		>1500～2000		>2000～3000	
	较高	普通	较高	普通	较高	普通	较高	普通	较高	普通
>3.0～3.5	±0.18	±0.20	±0.19	±0.21	±0.20	±0.22	±0.22	±0.24	±0.28	±0.29
>3.5～4.0	±0.21	±0.23	±0.22	±0.26	±0.24	±0.28	±0.26	±0.28	±0.30	±0.33
>4.0～5.5	+0.10 −0.30	+0.20 −0.40	+0.15 −0.30	+0.30 −0.40	+0.10 −0.40	+0.30 −0.50	+0.20 −0.40	+0.40 −0.50	+0.25 −0.40	+0.45 −0.50
>5.5～7.5	+0.10 −0.40	+0.20 −0.50	+0.10 −0.50	+0.20 −0.60	+0.10 −0.50	+0.25 −0.60	+0.20 −0.50	+0.40 −0.60	+0.25 −0.60	+0.45 −0.60
>7.5～10.0	+0.10 −0.70	+0.20 −0.80	+0.10 −0.70	+0.20 −0.80	+0.20 −0.70	+0.30 −0.80	+0.20 −0.70	+0.35 −0.80	+0.25 −0.80	+0.45 −0.80
>10.0～13.0	+0.10 −0.70	+0.20 −0.80	+0.10 −0.70	+0.20 −0.80	+0.20 −0.70	+0.30 −0.80	+0.30 −0.70	+0.40 −0.80	+0.35 −0.20	+0.50 −0.80

注:较高及普通均指轧制精度。

7.1.1.3 中厚钢板厚度的允许偏差(GB 709—1988)

公称厚度(mm)(钢板或钢带)	负偏差(mm)	下列宽度的厚度允许正偏差(mm)													
		>1000～1200	>1200～1500	>1500～1700	>1700～1800	>1800～2000	>2000～2300	>2300～2500	>2500～2600	>2600～2800	>2800～3000	>3000～3200	>3200～3400	>3400～3600	>3600～3800
>13～25	0.8	0.2	0.2	0.3	0.4	0.6	0.8	0.8	1.0	1.1	1.2	—	—	—	—
>25～30	0.9	0.2	0.2	0.3	0.4	0.6	0.8	0.9	1.0	1.1	1.2	—	—	—	—
>30～34	1.0	0.2	0.3	0.3	0.4	0.6	0.8	0.9	1.0	1.1	1.3	—	—	—	—
>34～40	1.1	0.3	0.4	0.5	0.6	0.7	0.9	1.0	1.1	1.3	1.4	—	—	—	—
>40～50	1.2	0.4	0.5	0.6	0.7	0.8	1.0	1.1	1.2	1.4	1.5	—	—	—	—
>50～60	1.3	0.6	0.7	0.8	0.9	1.0	1.1	1.1	1.2	1.3	1.5	—	—	—	—
>60～80	1.8	—	—	1.0	1.0	1.0	1.0	1.1	1.2	1.3	1.3	1.3	1.3	1.4	1.4
>80～100	2.0	—	—	1.2	1.2	1.2	1.2	1.3	1.3	1.3	1.4	1.4	1.4	1.4	1.4
>100～150	2.2	—	—	1.3	1.3	1.3	1.4	1.5	1.5	1.6	1.6	1.6	1.6	1.6	1.6
>150～200	2.6	—	—	1.5	1.5	1.5	1.6	1.7	1.7	1.7	1.8	1.8	1.8	1.8	1.8

注:厚度的测量应在距边部不小于 40mm 处。

7.1.1.4 热轧等边角钢的尺寸允许偏差 (mm)

图形	角钢号	2～5.6	6.3～9	10～14	16～20
b, d	*b*	±0.8	±1.5	±2.0	±2.5
	d	±0.4	±0.6	±0.75	±1.0

7.1.1.5　热轧不等边角钢的尺寸允许偏差　　(mm)

图形	角钢号	2.5/1.6～5.3/3.6	6.3/4～9/5.6	10/6.3～14/9	16/10～20/12.5
	B或b	±0.8	±1.5	±2.0	±2.5
	d	±0.4	±0.6	±0.75	±1.0

7.1.1.6　热轧普通槽钢的允许偏差　　(mm)

图形	型号	5～8	10～14	16～18	20～30	32～40
	h	±1.5	±2.0	±2.0	±3.0	±3.0
	b	±1.5	±2.0	±2.5	±3.0	±3.5
	d	±0.4	±0.5	±0.6	±0.7	±0.8
	δ	≤0.15d				

7.1.1.7　热轧普通工字钢的允许偏差　　(mm)

图形	型号	8～14	16～18	20～30	32～40	45～63
	h	±2.0	±2.0	±3.0	±3.0	±4.0
	b	±2.0	±2.5	±3.0	±3.5	±4.0
	d	±0.5	±0.5	±0.7	±0.8	±0.9
	δ	≤0.15d				

7.1.1.8　焊接 H 型钢尺寸允许偏差　　(mm)

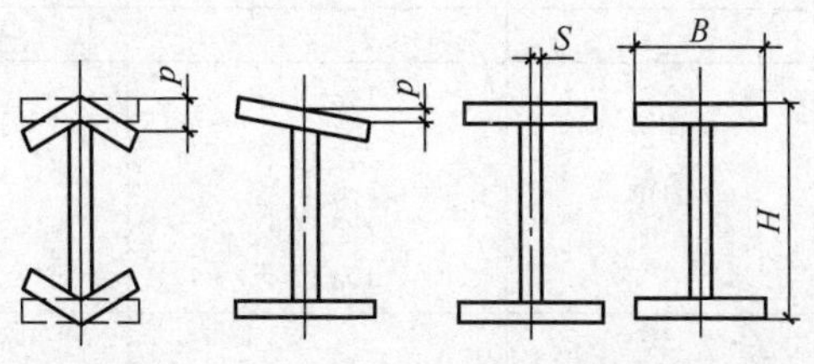

续表 7.1.1.8

宽度 B	高度 H		腹板偏心度 S		翼缘斜度 p		长度 L
	$H\leqslant400$	$H>400$	$B\leqslant200$	$B>200$	$B\leqslant200$	$B>200$	
±3	±2		$\pm B/100$	±2	$\pm B/100$	±2	±3
					轨道接触范围不超过±1		

7.1.1.9　钢材钢号与色漆对照

钢号	Q195	Q215	Q235	Q255	Q275	Q345
油漆颜色	白十黑	黄色	红色	黑色	绿色	白色

7.1.1.10　钢材、角钢、工字钢、槽钢损耗率

编　号	材料名称	规　格	损耗率(%)
1	钢板	1～5mm	2.00
2		6～12mm	4.50
3		13～25mm	6.50
4		26～60mm	11.0
—	—	—	平均:6.00
5	角钢	75×75 以下	2.20
6		80×80～100×100	3.50
7		120×120～150×150	4.30
8		180×180～200×200	4.80
—	—	—	平均:3.70
9	工字钢	14a 以下	3.20
10		24a 以下	4.50
11		36a 以下	5.30
12		60a 以下	6.00
—	—	—	平均:4.75
13	槽钢	14a 以下	3.00
14		24a 以下	4.20
15		36a 以下	4.80
16		40a 以下	5.20
—	—	—	平均:4.30

注:不等边角钢按长边计,其损耗率与等边角钢同。

7.1.1.11 钢材质量验收标准

项	序	检验项目与要求	检验方法
主控项目	1	钢材、钢铸件的品种、规格、性能等应符合现行国家产品标准和设计要求。进口钢材产品的质量应符合设计和合同规定标准的要求 检查数量:全数检查	检查质量合格证明文件、中文标志及检验报告等
	2	对属于下列情况之一的钢材,应进行抽样复验,其复验结果应符合现行国家产品标准和设计要求 (1)国外进口钢材 (2)钢材混批 (3)板厚等于或大于 40mm,且设计有 Z 向性能要求的厚板 (4)建筑结构安全等级为一级,大跨度钢结构中主要受力构件所采用的钢材 (5)设计有复验要求的钢材 (6)对质量有疑义的钢材 检查数量:全数检查	检查复验报告
一般项目	1	钢板厚度及允许偏差应符合其产品标准的要求 检查数量:每一品种、规格的钢板抽查 5 处	用游标卡尺量测
	2	型钢的规格尺寸及允许偏差应符合其产品标准的要求 检查数量:每一品种、规格的型钢抽查 5 处	用钢尺和游标卡尺量测
	3	钢材的表面外观质量除应符合国家现有关标准的规定外,尚应符合下列规定: (1)当钢材的表面有锈蚀、麻点或划痕等缺陷时,其深度不得大于该钢材厚度负允许偏差值的 1/2 (2)钢材表面的锈蚀等级应符合现有国家标准《涂装前钢材表面锈蚀等级和除锈等级》GB8923 规定的 C 级及以上级 (3)钢材端边或断口处不应有分层、夹渣等缺陷 检查数量:全数检查	观察检查

7.1.2 连接材料

钢结构的连接材料主要有焊条、焊丝,连接螺栓(包括普通螺栓和高强螺栓)。连接材料的型号、规格及有关数据见 7.1.2.1～7.1.2.18。

7.1.2.1 常用碳钢焊条型号

焊条型号	药皮类型	焊接位置	电流种类
E43 系列-熔敷金属抗拉强度≥420MPa(43kgf/mm²)			
E4300	特殊型	平、立、仰、横	交流或直流正、反接
E4301	钛铁矿型		
E4303	钛钙型		
E4310	高纤维素钠型		直流反接
E4311	高纤维素钾型		交流或直流反接
E4312	高钛钠型	平、立、仰、横	交流或直流正接
E4313	高钛钾型		交流或直流正、反接
E4315	低氢钠型		直流反接
E4316	低氢钾型		交流或直流反接
E4320	氧化铁型	平	交流或直流正、反接
		平角焊	交流或直流正接
E4322		平	交流或直流正接
E4323	铁粉钛钙型	平、平角焊	交流或直流正、反接
E4324	铁粉钛型		
E4327	铁粉氧化铁型	平	交流或直流正、反接
		平角焊	交流或直流正接
E4328	铁粉低氢型	平、平角焊	交流或直流反接
E50 系列-熔敷金属抗拉强度≥490MPa(50kgf/mm²)			
E5001	钛铁矿型	平、立、仰、横	交流或直流正、反接
E5003	钛钙型		
E5010	高纤维素钠型		直流反接
E5011	高纤维素钾型		交流或直流反接
E5014	铁粉钛型		交流或直流正、反接
E5015	低氢钠型		直流反接
E5016	低氢钾型		交流或直流反接
E5018	铁粉低氢钾型		
E5018M	铁粉低氢型		直流反接
E5023	铁粉钛钙型	平、平角焊	交流或直流正、反接
E5024	铁粉钛型	平、平角焊	交流或直流正、反接
E5027	铁粉氧化铁型		交流或直流正接
E5028	铁粉低氢型		交流或直流反接
E5048		平、仰、横、立向下	

注:1. 焊接位置栏中文字含义:平—平焊、立—立焊、仰—仰焊、横—横焊、平角焊—水平角焊、立向下—向下立焊。

2. 焊接位置栏中,立和仰系指适用于立焊和仰焊的直径不大于 4.0m 的 E5014、EXX15、EXX16、E5018 和 E5018M 型焊条,及直径不大于 5.0mm 的其他型号焊条。

3. E4322 型焊条适宜单道焊。

7.1.2.2 常用低合金钢焊条型号

焊条型号	药皮类型	焊接位置	电流种类
E50 系列-熔敷金属抗拉强度≥490MPa(50kgf/mm²)			
E5003-X	钛钙型	平、立、仰、横	交流或直流正、反接
E5010-X	高纤维素钠型		直流反接
E5011-X	高纤维素钾型		交流或直流反接
E5015-X	低氢钠型		直流反接
E5016-X	低氢钾型		交流或直流反接
E5018-X	铁粉低氢型		
E5020-X	高氧化铁型	平角焊	交流或直流正接
		平	交流或直流正、反接
E5027-X	铁粉氧化铁型	平角焊	交流或直流正接
		平	交流或直流正、反接
E55 系列-熔敷金属抗拉强度≥540MPa(55kgf/mm²)			
E5500-X	特殊型	平、立、仰、横	交流或直流正、反接
E5503-X	钛钙型		
E5510-X	高纤维素钠型		直流反接
E5511-X	高纤维素钾型		交流或直流反接
E5513-XX	高钛钾型		交流或直流正、反接
E5515-X	低氢钠型		直流反接
E5516-X	低氢钾型		交流或直流反接
E5518-X	铁粉低氢型		
E60 系列-熔敷金属抗拉强度≥590MPa(60kgf/mm²)			
E6000-X	特殊型	平、立、仰、横	交流或直流正、反接
E6010-X	高纤维素钠型		直流反接
E6011-X	高纤维素钾型		交流或直流反接
E6013-X	高钛钾型		交流或直流正、反接
E6015-X	低氢钠型		直流反接
E6016-X	低氢钾型		交流或直流反接
E6018-X	铁粉低氢型		
E70 系列-熔敷金属抗拉强度≥690MPa(70kgf/mm²)			
E7010-X	高纤维素钠型	平、立、仰、横	直流反接
E7011-X	高纤维素钾型		交流或直流反接
E7013-X	高钛钾型		交流或直流正、反接
E7015-X	低氢钠型		直流反接
E7016-X	低氢钾型		交流或直流反接
E7018-X	铁粉低氢型		

续表 7.1.2.2

焊条型号	药皮类型	焊接位置	电流种类
E75 系列-熔敷金属抗拉强度≥740MPa(75kgf/mm^2)			
E7515-X	低氢钠型		直流反接
E7516-X	低氢钾型	平、立、仰、横	交流或直流反接
E7518-X	铁粉低氢型		
E80 系列-熔敷金属抗拉强度≥780MPa(80kgf/mm^2)			
E8015-X	低氢钠型		直流反接
E8016-X	低氢钾型	平、立、仰、横	交流或直流反接
E8018-X	铁粉低氢型		
E85 系列-熔敷金属抗拉强度≥830MPa(85kgf/mm^2)			
E8515-X	低氢钠型		直流反接
E8516-X	低氢钾型	平、立、仰、横	交流或直流反接
E8518-X	铁粉低氢型		
E90-系列熔敷金属抗拉强度≥880MPa(90kgf/mm^2)			
E9015-X	低氢钠型		直流反接
E9016-X	低氢钾型	平、立、仰、横	交流或直流反接
E9018-X	铁粉低氢型		
E100 系列-熔敷金属抗拉强度≥980MPa(100kgf/mm^2)			
E10015-X	低氢钠型		直流反接
E10016-X	低氢钾型	平、立、仰、横	交流或直流反接
E10018-X	铁粉低氢型		

注:1. 焊条型号编写方法如下:字母"E"表示焊条;前两位数字后面加 0(如 50 改为 500)表示熔敷金属抗拉强度的最小值,单位为 MPa;第三位数字表示焊条的焊接位置,"0"及"1"表示焊条适用于全位置焊接(平焊、立焊、仰焊及横焊),"2"表示焊条适用于平焊及平角焊;第三位和第四位数字组合时表示焊接电流种类及药皮类型;反缀字母为熔敷金属的化学成分分类代号,并以短划"—"与前面数字分开,如还具有附加化学成分时,附加化学成分直接用元素符号表示,并以短划"—"与前面后缀字母分开。

2. 后缀字母"X"代表熔敷金属化学成分分类代号 A_1、B_1、B_2 等。

7.1.2.3 碳焊丝牌号及主要化学成分

牌号	名称	主要元素含量(%)						
		C	Mn	Si	Cr	Ni	S≯	P≯
H08	焊 08	≤0.10	0.30～0.55	≤0.03	≤0.20	≤0.30	0.040	0.040
H08A	焊 08 高	≤0.10	0.30～0.55	≤0.03	≤0.20	≤0.30	0.030	0.030
H08E	焊 08 特	≤0.10	0.30～0.55	≤0.03	≤0.20	≤0.30	0.025	0.025
H08Mn	焊 08 锰	≤0.10	0.80～1.10	≤0.07	≤0.20	≤0.30	0.040	0.040
H08MnA	焊 08 锰高	≤0.10	0.80～1.10	≤0.07	≤0.20	≤0.30	0.030	0.035
H15A	焊 15 高	0.11～0.18	0.35～0.65	≤0.03	≤0.20	≤0.30	0.030	0.030
H15Mn	焊 15 锰	0.11～0.18	0.80～1.10	≤0.03	≤0.20	≤0.30	0.040	0.040

7.1.2.4 合金钢焊丝牌号及主要化学成分

牌号	名称	主要元素含量(%)								
		C≯	Mn	Si≯	Cr≯	Ni≯	Mo	V	S≯	P≯
H10M2	焊10锰2	0.12	1.50~1.90	0.07	0.20	0.30	—	—	0.040	0.040
H08Mn2Si	焊08锰2硅	0.11	1.70~2.10	0.65~0.95	0.20	0.30	—	—	0.040	0.040
H08Mn2SiA	焊08锰2硅高	0.11	1.80~2.10	0.65~0.95	0.20	0.30	—	—	0.030	0.030
H10MnSi	焊10锰硅	0.14	0.80~1.10	0.60~0.90	0.20	0.30	—	—	0.030	0.040
H10MnSiMo	焊10锰硅钼	0.14	0.90~1.20	0.70~1.10	0.20	0.30	0.15~0.25	—	0.030	0.040
M10MnSi-MoTiAl	焊10锰硅钼钛高	0.08~0.12	1.00~1.30	0.40~0.70	0.20	0.30	0.20~0.40	—	0.025	0.030
H08MnMoA	焊08锰钼高	0.10	1.20~1.60	0.25	0.20	0.30	0.30~0.50	—	0.03	0.030
H08Mn2MoA	焊08锰2钼高	0.68~0.11	1.60~1.90	0.25	0.20	0.30	0.50~0.20	—	0.030	0.030
H10Mn2-MoA	焊10锰2钼高	0.08~0.13	1.70~2.00	0.40	0.20	0.30	0.60~0.80	—	0.030	0.030
M08Mn2-MoVA	焊08锰钼钒高	0.06~0.11	1.60~1.90	0.25	0.20	0.30	0.50~0.70	0.06~0.12	0.030	0.030
H10Mn2-MoVA	焊10锰2钼钒高	0.08~0.13	1.70~2.00	0.40	0.20	0.30	0.60~0.80	0.06~0.12	0.030	0.030
H08CrMoA	焊08铬钼高	0.10	0.40~0.70	0.15~0.35	0.80~1.10	0.30	0.40~0.60	—	0.030	0.030
H13CrMoA	焊13铬钼高	0.11~0.16	0.40~0.70	0.15~0.35	0.80~1.10	0.30	0.40~0.60	—	0.030	0.030
H18CrMoA	焊18铬钼高	0.15~0.22	0.40~0.70	0.15~0.35	0.80~1.10	0.30	0.15~0.25	—	0.025	0.030
H08CrMoVA	焊08铬钼钒高	0.10	0.40~0.70	0.15~0.35	1.00~1.30	0.30	0.50~0.70	0.15~0.35	0.030	0.030
H08CrNi2-MoA	焊08铬镍2钼高	0.05~0.10	0.50~0.85	0.10~0.30	0.70~1.00	1.40~1.80	0.20~0.40	—	0.025	0.030

注:凡含钛的合金钢焊丝均加入0.15%的钛,仅H10MnSiMoTiA中加入0.05%~0.15%的钛。

7.1.2.5 常用焊剂牌号、主要化学成分及主要用途

国标型号	牌号	主要化学成分(%)	主要用途
—	SJ101	$SiO_2+TiO_2$25、$CaF_2$20 $CaO+MgO$30 Al_2O_3+MnO25	配合 H08MnA、H08MnMoA、H10Mn2 等,可焊接多种低合金钢重要结构,如锅炉压力容器、管道等。特别适合大直径容器双面单道焊
HJ402-H08MnA	SJ301	$SiO_2+TiO_2$40、$CaF_2$10 $CaO+MgO$25 Al_2O_3+MnO25	配合 H08MnA、H08MnMoA、H10Mn2 等,可焊接普通结构钢、锅炉用钢等,可多丝快速焊及大、小直径的钢管
HJ401-H08A	SJ401	$SiO_2+TiO_2$45 $CaO+MgO$10 Al_2O_3+MnO40	配合 H08A 焊丝可焊接低碳钢及某些低合金钢,如机车车辆、矿山机械等金属结构
HJ401-H08A	SJ501	$SiO_2+TiO_2$30 $CaF_2$5 Al_2O_3+MnO55	配合 H08A、H08MnA 等焊丝,焊接低碳钢及某些低合金钢(15Mn、15MnV 等),如锅炉、船舶、压力容器等,特别适合双面单道焊

7.1.2.6 A、B 级螺栓规格(GB 5782—1986)

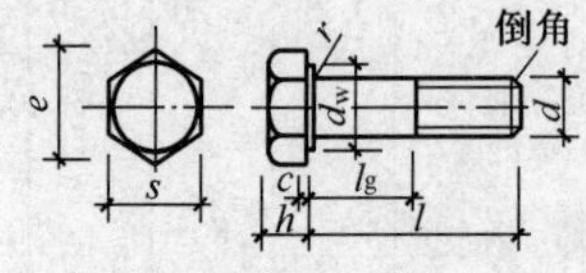

d (mm)	公称		10	12	(14)	16	(18)	20	(22)	(24)	(27)	30	(33)	36
	最大		9.64	11.57	13.57	15.57	17.57	19.48	21.48	23.48	26.48	29.48	32.38	35.38
e (mm)	最小	A 级	17.77	20.03	23.35	26.75	30.14	33.53	37.72	39.98	—	—	—	—
		B 级	17.59	19.85	22.78	26.17	20.56	32.93	37.29	39.55	45.2	50.85	55.37	60.79
d_w (mm)	最小	A 级	14.6	16.6	19.6	22.5	25.3	28.2	31.7	33.6	—	—	—	—
		B 级	14.4	16.4	19.2	22	24.8	27.7	31.4	33.2	38	42.7	46.6	51.1
S (mm)	最小	A 级	16	18	21	24	27	30	34	36	41	46	50	55
		B 级	15.57	17.57	20.16	23.16	26.16	29.16	33	35	40	45	49	53.8

续表 7.1.2.6

h (mm)	A级	最大	6.58	7.68	8.98	10.18	11.72	12.72	14.22	15.22	—	—	—	—
		最小	6.22	7.32	8.62	9.82	11.28	12.28	13.78	14.78	—	—	—	—
	B级	最大	6.69	7.79	9.09	10.29	11.85	12.85	14.35	15.35	17.35	19.12	21.42	22.92
		最小	6.11	7.21	8.51	9.71	11.15	12.15	13.65	14.65	16.65	18.28	20.58	22.08
r(mm)		最小	0.4	0.6	0.6	0.6	0.6	0.8	1	0.8	1	1	1	1
c(mm)		最大	0.6	0.6	0.6	0.8	0.8	0.8	0.8	0.8	0.8	0.8	0.8	0.8
		最小	0.15	0.15	0.15	0.2	0.2	0.2	0.2	0.2	0.2	0.2	0.2	0.2

注：括号的规格，尽可能不采用。

7.1.2.7 C级螺栓规格

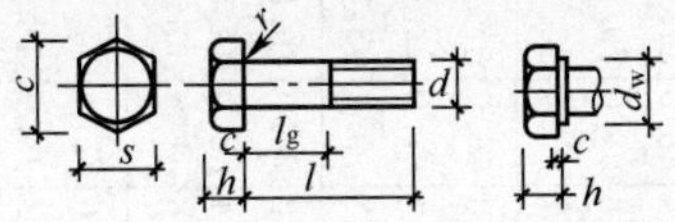

d (mm)	公称	10	12	(14)	16	(18)	20	(22)	24	(27)	30	(33)	36
	最大	10.58	12.7	14.7	16.7	18.7	20.84	22.84	24.84	27.84	30.84	34	37
	最小	9.42	11.3	13.3	15.3	17.3	19.16	21.16	23.16	26.16	29.16	32	35
e (mm)	最小	17.59	19.85	22.78	26.17	29.56	32.95	37.29	39.55	45.2	50.85	55.37	60.79
d_w (mm)	最小	14.1	16.4	19.2	22	24.9	27.7	31.4	33.2	38	42.7	46.5	51.1
s (mm)	最大	16	18	21	24	27	30	34	36	47	46	50	55
	最小	15.57	17.57	20.16	23.16	26.16	29.16	33	35	40	45	49	53.8
h (mm)	最大	6.85	7.95	9.25	10.75	12.4	13.4	14.9	15.9	17.9	19.75	22.05	23.55
	最小	5.95	7.05	8.35	9.25	10.6	11.6	13.1	14.1	16.1	17.65	19.95	21.45
r (mm)	最小	0.4	0.6	0.6	0.6	0.6	0.8	1	0.8	1	1	1	1
c (mm)	最大	0.6	0.6	0.6	0.8	0.8	0.8	0.8	0.8	0.8	0.8	0.8	0.8

注：同 7.1.2.6。

7.1.2.8 A、B级螺栓设计承载力

螺栓直径 d (mm)	螺栓毛截面面积 A (cm^2)	螺栓有效截面面积 A_c (cm^2)	构件钢件的钢号	承压的承载力设计值 N_c^b(kN) 承压板的厚度 t(mm)										受拉承载力设计值 N_c^b (kN)	受剪承载力设计值 N_v^b(kN)	
				5	6	7	8	10	12	14	16	18	20		单剪	双剪
12	1.131	0.843	Q235钢、16Mn钢、	24.0	28.8	33.6	38.4	48.0	57.6	67.2	76.8	86.4	96.0	14.3	19.2	38.5
			15MnV钢、	33.0	39.6	46.2	52.8	66.0	79.2	92.4	105.6	114.5	127.2			
			15MnVq钢	34.2	41.0	47.9	54.7	68.4	82.1	95.8	109.4	118.8	132.0			
14	1.539	1.154	Q235钢、16Mn钢	28.0	33.6	39.2	44.8	56.0	67.2	78.4	89.6	100.8	112.0	19.6	26.2	52.3
			16Mnq钢、15MnV钢	38.5	46.2	53.9	61.6	77.0	92.4	107.8	123.2	133.6	148.4			
			15MnVq钢	39.9	47.9	55.9	63.8	79.8	95.8	111.7	127.7	138.6	154.0			
16	2.011	1.567	Q235钢、16Mn钢	32.0	38.4	44.8	51.2	64.0	76.8	89.6	102.4	115.2	128.0	26.6	34.2	68.4
			16Mnq钢、15MnV钢	44.0	52.8	61.6	70.4	88.0	105.6	123.2	140.8	152.6	169.6			
			15MnVq钢	45.5	54.7	63.8	73.0	91.2	109.4	127.7	145.9	158.4	170.0			
18	2.545	1.925	Q235钢、16Mn钢	36.0	43.2	50.4	57.6	72.0	86.4	100.8	115.2	129.6	144.0	32.7	43.3	86.5
			16Mnq钢、15MnV钢	49.5	59.4	69.3	79.2	99.9	118.8	138.6	158.4	171.7	190.8			
			15MnVq钢	51.3	61.6	71.8	82.1	102.6	123.1	143.6	164.2	178.2	198.0			
20	3.142	2.448	Q235钢、16Mn钢	40.0	48.0	56.0	64.0	80.0	96.0	112.0	128.0	144.0	160.0	41.6	53.4	106.8
			16Mnq钢、15MnV钢	55.0	66.0	77.0	88.0	110.0	132.0	154.0	176.0	190.8	212.0			
			15MnVq钢	57.0	68.4	79.8	91.2	114.0	136.8	159.6	182.4	198.0	220.0			
22	3.801	3.034	Q235钢、16Mn钢	44.0	52.8	61.6	70.4	88.0	105.6	123.2	140.1	158.4	176.0	516	64.6	129.3
			16Mnq钢、15MnV钢	60.5	72.6	84.7	96.8	121.0	145.2	169.4	193.6	209.6	233.2			
			15MnVq钢	62.7	75.2	87.8	100.3	125.4	150.5	175.6	200.6	217.8	242.0			

续表 7.1.2.8

螺栓直径 d (mm)	螺栓毛截面面积 A (cm^2)	螺栓有效截面面积 A_e (cm^2)	构件钢件的钢号	承压的承载力设计值 N_c^b(kN) 承压板的厚度 t(mm) 5	6	7	8	10	12	14	16	18	20	受拉承载力设计值 N_t^b (kN)	受剪承载力设计值 N_v^b(kN) 单剪	双剪
24	4.524	3.525	Q235 钢、16Mn 钢	48.0	57.6	67.2	76.8	96.0	115.2	134.4	153.6	172.8	192.0	59.9	76.9	153.8
			16Mnq 钢、15MnV 钢	66.0	79.2	92.4	105.6	132.0	158.4	184.8	211.2	229.0	254.4			
			15MnVq 钢	68.4	82.1	95.8	109.4	136.8	164.2	191.5	218.9	237.6	264.0			
27	5.726	4.594	Q235 钢、16Mn 钢	54.0	64.8	75.6	86.4	108.0	129.6	151.2	172.3	194.4	216.0	78.1	97.3	194.7
			16Mnq 钢、15MnV 钢	74.3	89.1	104.0	118.8	148.5	178.2	207.9	237.6	257.6	286.0			
			15MnVq 钢	77.0	92.3	107.7	123.1	153.9	184.7	215.5	246.2	267.3	297.0			
30	7.069	5.606	Q235 钢、16Mn 钢	60.0	72.0	84.0	96.0	120.0	144.0	168.0	192.0	216.0	240.0	95.3	120.2	240.3
			16Mnq 钢、15MnV 钢	82.5	99.0	115.5	132.0	165.0	198.0	231.0	264.0	286.0	318.0			
			15MnVq 钢	85.5	102.6	119.7	136.8	171.0	205.2	239.4	273.0	297.0	330.0			

注:1. 表中螺栓的承载力设计值按下式算得：

承压：$N_c^b=d\sum t f_c^b$；受拉：$N_t^b=A_e f_t^b$；受剪：$N_v^b=n_v A f_t^b$

式中 n_v—每个螺栓的受剪面数目。

2. 单角钢单面连接的螺栓，其承载力设计值应按表中数值乘以 0.85。

7.1.2.9 普通 C 级螺栓承载力设计值

螺栓直径 d (mm)	螺栓毛截面面积 A (cm^2)	螺栓有效截面面积 A_e (cm^2)	构件钢件的钢号	承压承载力设计值 N_c^b(kN) 承压板的厚度 t(mm)										受拉承载力设计值 N_c^b (kN)	受剪承载力设计值 N_v^b(kN)	
				5	6	7	8	10	12	14	16	18	20		单剪	双剪
12	1.131	0.843	Q235 钢、16Mn 钢	18.3	22.0	25.6	29.3	36.6	43.9	51.5	65.9	58.6	73.2	14.3	14.7	29.4
			15MnV 钢、16Mnq 钢	25.2	30.2	35.3	40.4	50.4	60.5	70.6	86.4	80.6	96.0			
			15MMnVq 钢	26.1	31.3	36.5	41.8	52.2	62.6	73.1	90.7	83.5	100.8			
14	1.539	1.154	Q235 钢、16Mn 钢	21.4	25.6	29.9	34.2	42.7	51.2	59.8	68.3	76.9	85.4	19.6	20.0	40.0
			15MnV 钢、16Mnq 钢	29.4	35.3	41.2	47.0	58.8	70.6	82.3	94.1	100.8	112.0			
			15MMnVq 钢	30.5	36.5	42.6	48.7	60.9	73.1	85.3	97.4	105.8	117.6			
16	2.011	1.567	Q235 钢、16Mn 钢	24.4	29.3	34.2	39.0	48.8	58.6	68.3	78.1	87.8	97.6	76.6	26.1	52.3
			15MnV 钢、16Mnq 钢	33.6	40.3	47.0	53.8	67.2	80.6	94.1	107.5	115.2	128.0			
			15MMnVq 钢	34.8	41.8	48.7	55.7	69.6	83.5	97.4	111.4	121.0	134.9			
18	2.545	1.925	Q235 钢、16Mn 钢	27.5	32.9	38.4	43.9	54.9	65.9	76.9	87.8	98.8	109.8	32.7	33.1	66.2
			15MnV 钢、16Mnq 钢	37.8	45.4	52.9	60.5	75.6	90.7	105.8	121.0	129.6	144.0			
			15MMnVq 钢	39.2	47.0	54.8	62.6	78.3	94.0	109.6	125.3	136.1	151.2			
20	3.142	2.448	Q235 钢、16Mn 钢	30.5	36.6	42.7	48.8	61.0	73.2	85.4	97.6	109.8	122.0	41.6	40.8	81.7
			15MnV 钢、16Mnq 钢	42.0	50.4	58.8	67.2	84.0	100.8	117.6	134.3	144.0	160.0			
			15MMnVq	43.5	52.2	60.9	69.6	87.0	104.4	121.6	139.2	151.2	168.0			

续表 7.1.2.9

螺栓直径 d (mm)	螺栓毛截面面积 A (cm^2)	螺栓有效截面面积 A_c (cm^2)	构件钢件的钢号	承压承载力设计值 N_c^b(kN)										受拉承载力设计值 N_c^b (kN)	受剪承载力设计值 N_v^b(kN)	
				承压板的厚度 t(mm)												
				5	6	7	8	10	12	14	16	18	20		单剪	双剪
22	3.801	3.034	Q235 钢、16Mn 钢	33.6	40.3	47.0	53.7	67.1	80.5	93.9	107.4	120.8	134.2	51.6	49.4	98.8
			15MnV 钢、16Mnq 钢	16.2	55.4	64.7	73.9	92.4	110.9	129.4	147.8	158.4	176.0			
			15MMnVq 钢	47.9	57.4	67.0	76.6	95.7	114.8	134.0	153.1	166.3	184.8			
24	4.524	3.525	Q235 钢、16Mn 钢	36.6	43.9	51.2	58.6	73.2	87.8	102.5	117.1	131.8	146.4	59.9	58.8	117.6
			15MnV 钢、16Mnq 钢	50.4	60.5	70.6	80.6	100.8	121.0	141.1	161.3	172.8	192.0			
			15MMnVq 钢	52.2	62.4	73.1	83.5	104.4	125.3	146.2	167.1	181.4	201.6			
27	5.762	4.594	Q235 钢、16Mn 钢	41.2	49.4	57.6	65.9	82.4	38.8	115.5	131.8	148.2	164.7	78.1	74.4	148.9
			15MnV 钢、16Mnq 钢	56.7	68.0	79.4	90.7	113.4	136.1	158.8	181.4	194.4	216.0			
			15MMnVq 钢	58.7	70.5	82.2	94.0	117.5	140.9	164.4	187.9	204.1	226.8			
30	7.069	5.606	Q235 钢、16Mn 钢	45.8	54.9	64.1	73.2	91.5	109.8	128.1	146.4	164.7	183.0	95.3	91.9	183.3
			15MnV 钢、16Mnq 钢	63.0	75.6	88.2	100.8	126.0	151.2	176.4	201.6	216.0	240.0			
			15MMnVq 钢	65.3	78.3	91.4	104.4	130.4	156.6	182.7	208.8	226.8	252.0			

7.1.2.10 高强大六角头螺栓规格 (mm)

螺纹规格 d		M12	M16	M20	(M22)	M24	(M27)	M30
P		1.75	2.0	2.5	2.5	3.0	3.0	3.5
C	max	0.8	0.8	0.8	0.8	0.8	0.8	0.8
	min	0.4	0.4	0.4	0.4	0.4	0.4	0.4
d_a	max	15.23	19.23	24.32	26.32	28.32	32.84	35.84
d_s	max	12.43	16.43	20.52	22.52	24.52	27.84	30.84
	min	11.57	15.57	19.48	21.48	23.48	26.16	29.16
d_w	min	19.20	24.90	31.40	33.30	38.00	42.80	46.50
e	min	22.78	29.56	37.29	39.55	45.20	50.85	55.37
K	公称	7.50	10.00	12.50	14.00	15.00	17.00	18.70
	max	7.95	10.75	13.40	14.90	15.90	17.90	19.75
	min	7.05	9.25	11.60	13.10	14.10	16.10	17.65
k'	min	4.90	6.50	8.10	9.20	9.90	11.30	12.40
r	min	1.00	1.00	1.50	1.50	1.50	2.00	2.00
S	max	21.00	27.00	34.00	36.00	41.00	46.00	50.00
	min	20.16	26.16	33.00	35.00	40.00	45.00	49.00

注：括号内的规格为第二选择系列。

7.1.2.11 高强大六角螺母规格 (mm)

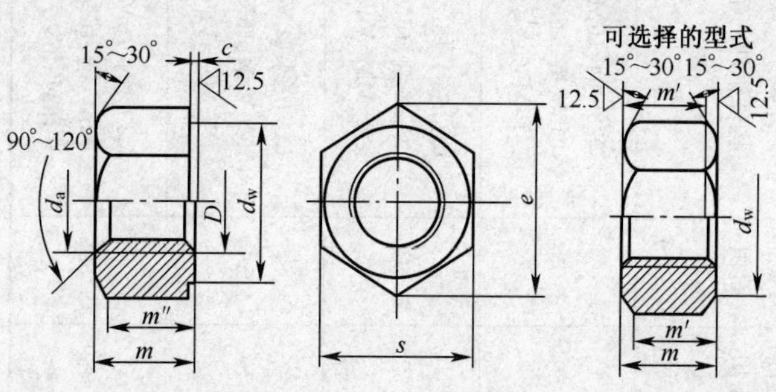

螺纹规格 D	M12	M16	M20	(M22)	M24	(M27)	M30
P	1.75	2.00	2.50	2.50	3.00	3.00	3.50

续表 7.1.2.11

螺纹规格 D		M12	M16	M20	(M22)	M24	(M27)	M30
d_a	max	13.00	17.30	21.60	23.80	25.90	29.10	32.40
	min	12.00	16.00	20.00	22.00	24.00	27.00	30.00
d_w	min	19.20	24.90	31.40	33.30	38.00	42.80	46.50
e	min	22.78	29.56	37.29	39.55	45.20	50.85	55.37
m	max	12.30	17.10	20.70	23.60	24.20	27.60	30.70
	min	11.87	16.40	19.40	22.30	22.90	26.30	29.10
m'	min	9.50	13.10	15.50	17.80	18.30	21.00	23.30
m''	min	8.30	11.50	13.60	15.60	16.00	18.40	20.40
C	max	0.80	0.80	0.80	0.80	0.80	0.80	0.80
	min	0.40	0.40	0.40	0.40	0.40	0.40	0.40
S	max	21.00	27.00	34.00	36.00	41.00	46.00	50.00
	min	20.16	26.16	33.00	35.00	40.00	45.00	49.00
支承面对螺纹轴线的垂直度公差		0.29	0.38	0.47	0.50	0.57	0.64	0.70
每1000个钢螺母的理论重量/kg		27.68	61.51	118.77	146.59	202.67	288.51	374.01

注：括号内的规格为第二选择系列。

7.1.2.12　结构用高强度垫圈规格

(mm)

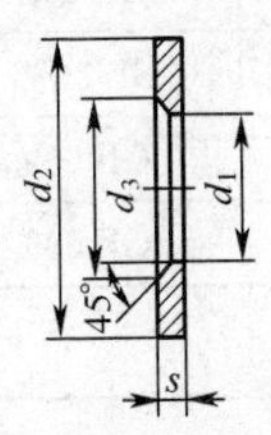

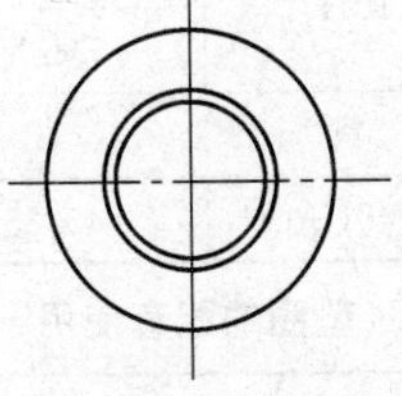

规格(螺纹大径)		12	16	20	(22)	24	(27)	30
d_1	min	13	17	21	23	25	28	31
	max	13.43	17.43	21.52	23.52	25.52	28.52	31.62

续表 7.1.2.12

规格(螺纹大径)		12	16	20	(22)	24	(27)	30
d_2	min	23.7	31.4	38.4	40.4	45.4	50.1	54.1
	max	25	33	40	42	47	52	56
s	公称	3.0	4.0	4.0	5.0	5.0	5.0	5.0
	min	2.5	2.5	3.5	4.5	4.5	4.5	4.5
	max	3.8	4.8	4.8	5.8	5.8	5.8	5.8
d_3	min	15.23	19.23	24.32	26.32	28.32	32.84	35.84
	max	16.03	20.03	25.12	27.12	29.12	33.64	36.64
每1000个钢垫圈的理论重量/kg		10.47	23.40	33.55	43.34	55.76	66.52	75.42

注:括号内的规格为第二选择系列。

7.1.2.13 螺栓、螺母及垫圈的性能等级及推荐材料

类别	性能等级	推荐材料	标准编号	适用规格
螺栓	10.9S	20MnTiB	GB 3077	≤M24
		35VB	—	≤M30
	8.8S	40B	GB 3077	≤M24
		45	GB 699	≤M22
		35	GB 699	≤M20
螺母	10H	45.35	GB 699	—
		15MnVB	GB 3077	—
垫圈	8H	35	GB 699	—
	35-45HRC	45.35	GB 699	—

7.1.2.14 螺栓、螺母、垫圈的配套使用

螺 栓	螺 母	垫 圈
10.9S	10H	35～45HRC
8.8S	8H	35～45HRC

注:垫圈的硬度为35～45HRC(329～436HV_{30})。

7.1.2.15　扭剪型高强螺栓规格　（mm）

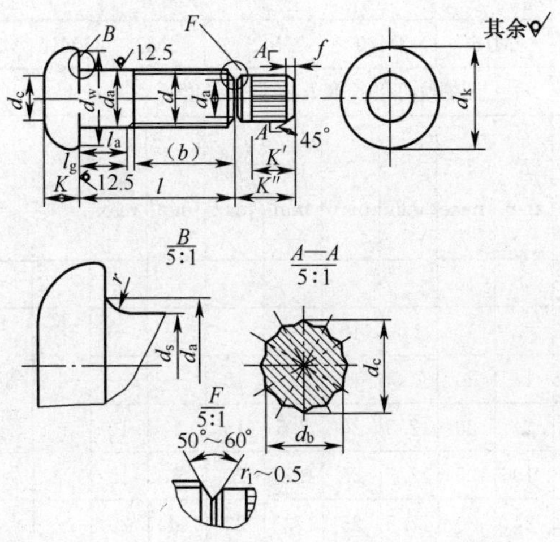

螺纹规格 d		M16	M20	(M22)	M24
P		2	2.5	2.5	3
d_a	max	18.83	24.4	26.4	28.4
d_s	max	16.43	20.52	22.52	24.52
	min	15.57	19.48	21.48	23.48
d_w	min	27.9	34.5	38.5	41.5
d_k	max	30	37	41	44
K	公称	10	13	14	15
	max	10.75	13.9	14.9	15.9
	min	9.25	12.1	13.1	14.1
K'	min	12	14	15	16
K''	max	17	19	21	23
r	min	1.2	1.2	1.2	1.6
d_o	≈	10.9	13.6	15.1	16.4
d_b	公称	11.1	13.9	15.4	16.7
	max	11.3	14.1	15.6	16.9
	min	11	13.8	15.3	16.6
d_c	≈	12.8	16.1	17.8	19.3
d_e	≈	13	17	18	20

注：1. 括号内的规格为第二选择系列，应优先选用第一系列(不带括号)的规格。

2. P—螺距。

7.1.2.16 扭剪高强螺栓螺杆长度 (mm)

<table>
<tr><th colspan="3" rowspan="3">l</th><th colspan="12">螺纹规格 d</th></tr>
<tr><th colspan="2">M16</th><th colspan="2">M20</th><th colspan="2">(M22)</th><th colspan="2">M24</th><th>M16</th><th>M20</th><th>(M22)</th><th>M24</th></tr>
<tr><th colspan="8">无螺纹杆部长度 l_s 和夹紧长度 l_g</th><th colspan="4" rowspan="2">b
参考</th></tr>
<tr><th>公称</th><th>min</th><th>max</th><th>l_s min</th><th>l_g max</th><th>l_s min</th><th>l_g max</th><th>l_s min</th><th>l_g max</th><th>l_s min</th><th>l_g max</th></tr>
<tr><td>40</td><td>38.75</td><td>41.25</td><td>4</td><td>10</td><td>—</td><td>—</td><td>—</td><td>—</td><td>—</td><td>—</td><td rowspan="2">30</td><td></td><td rowspan="2"></td><td rowspan="2"></td></tr>
<tr><td>45</td><td>43.75</td><td>46.25</td><td>9</td><td>15</td><td>2.5</td><td>10</td><td>—</td><td>—</td><td>—</td><td>—</td><td rowspan="3">35</td></tr>
<tr><td>50</td><td>48.75</td><td>51.25</td><td>14</td><td>20</td><td>7.5</td><td>15</td><td>2.5</td><td>10</td><td>—</td><td>—</td><td rowspan="13">35</td><td rowspan="3">40</td><td rowspan="4">45</td></tr>
<tr><td>55</td><td>53.5</td><td>56.5</td><td>14</td><td>20</td><td>12.5</td><td>20</td><td>7.5</td><td>15</td><td>1</td><td>10</td></tr>
<tr><td>60</td><td>58.5</td><td>61.5</td><td>19</td><td>25</td><td>17.5</td><td>25</td><td>12.5</td><td>20</td><td>6</td><td>15</td><td rowspan="13">40</td></tr>
<tr><td>65</td><td>63.5</td><td>66.5</td><td>24</td><td>30</td><td>17.5</td><td>25</td><td>17.5</td><td>25</td><td>11</td><td>20</td><td rowspan="14">45</td></tr>
<tr><td>70</td><td>68.5</td><td>71.53</td><td>29</td><td>35</td><td>22.5</td><td>30</td><td>17.5</td><td>25</td><td>16</td><td>25</td><td rowspan="15">50</td></tr>
<tr><td>75</td><td>73.5</td><td>76.5</td><td>34</td><td>40</td><td>27.5</td><td>35</td><td>22.5</td><td>30</td><td>16</td><td>25</td></tr>
<tr><td>80</td><td>78.5</td><td>81.5</td><td>39</td><td>45</td><td>32.5</td><td>40</td><td>27.5</td><td>35</td><td>21</td><td>30</td></tr>
<tr><td>85</td><td>83.25</td><td>86.75</td><td>44</td><td>50</td><td>37.5</td><td>45</td><td>32.5</td><td>40</td><td>26</td><td>35</td></tr>
<tr><td>90</td><td>88.25</td><td>91.75</td><td>49</td><td>55</td><td>42.5</td><td>50</td><td>37.5</td><td>45</td><td>31</td><td>40</td></tr>
<tr><td>95</td><td>93.25</td><td>96.75</td><td>54</td><td>60</td><td>47.5</td><td>55</td><td>42.5</td><td>50</td><td>36</td><td>45</td></tr>
<tr><td>100</td><td>98.25</td><td>101.75</td><td>59</td><td>65</td><td>52.5</td><td>60</td><td>47.5</td><td>55</td><td>41</td><td>50</td></tr>
<tr><td>110</td><td>108.25</td><td>111.75</td><td>69</td><td>75</td><td>62.5</td><td>70</td><td>57.5</td><td>65</td><td>51</td><td>60</td></tr>
<tr><td>120</td><td>118.25</td><td>121.75</td><td>79</td><td>85</td><td>72.5</td><td>80</td><td>67.5</td><td>75</td><td>61</td><td>70</td></tr>
<tr><td>130</td><td>128</td><td>132</td><td>89</td><td>95</td><td>82.5</td><td>90</td><td>77.5</td><td>85</td><td>71</td><td>80</td><td rowspan="6">—</td></tr>
<tr><td>140</td><td>138</td><td>142</td><td>—</td><td>—</td><td>92.50</td><td>100</td><td>87.5</td><td>95</td><td>81</td><td>90</td></tr>
<tr><td>150</td><td>148</td><td>152</td><td>—</td><td>—</td><td>102.5</td><td>110</td><td>97.55</td><td>105</td><td>91</td><td>100</td><td rowspan="4">—</td></tr>
<tr><td>160</td><td>156</td><td>164</td><td>—</td><td>—</td><td>112.5</td><td>120</td><td>107.5</td><td>115</td><td>101</td><td>110</td></tr>
<tr><td>170</td><td>166</td><td>174</td><td>—</td><td>—</td><td>—</td><td>—</td><td>117.5</td><td>125</td><td>111</td><td>120</td><td rowspan="2">—</td></tr>
<tr><td>180</td><td>176</td><td>184</td><td>—</td><td>—</td><td>—</td><td>—</td><td>127.5</td><td>135</td><td>121</td><td>130</td></tr>
</table>

注:括号内的规格为第二选择系列,应优先选用第一系列(不带括号)的规格。

7.1.2.17 扭剪高强螺栓螺母规格

(mm)

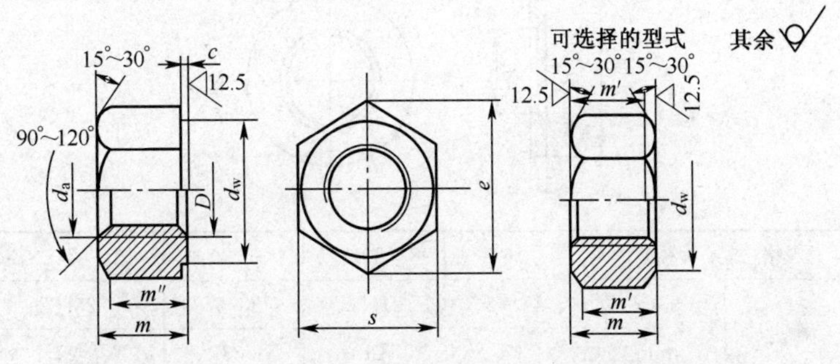

螺纹规格 D		M16	M20	(M22)	M24
P		2	2.5	2.5	3
d_a	max	17.3	21.6	23.8	25.9
	min	16	20	22	24
d_w	min	24.9	31.4	33.3	38
e	min	29.56	37.29	39.55	45.2
m	max	17.1	20.7	23.6	24.2
	min	16.4	19.4	22.3	22.9
m'	min	13.1	15.5	17.8	18.3
m''	min	11.5	13.6	15.6	16
c	max	0.8	0.8	0.8	0.8
	min	0.4	0.4	0.4	0.4
s	max	27	34	36	41
	min	26.16	33	35	40
支承面对螺纹轴线的垂直度公差		0.38	0.47	0.50	0.57

注:1. 括号内的规格为第二选择系列,应优先选用第一系列(不带括号)的规格。

2. P——螺距。

7.1.2.18 扭剪高强螺栓垫圈规格 (mm)

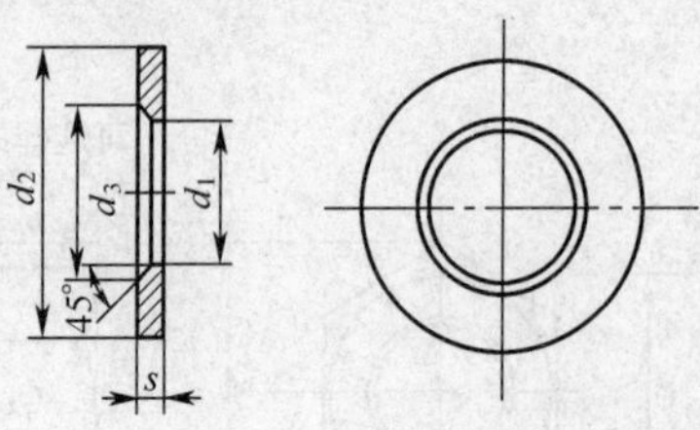

规格(螺纹大径)		16	20	(22)	24
d_1	max	17.43	21.52	23.52	25.52
	min	17	21	23	25
d_2	max	33	40	42	47
	min	31.4	38.4	40.4	45.4
s	公称	4	4	5	5
	min	3.5	3.5	4.5	4.5
	max	4.8	4.8	5.8	5.8
d_3	≈	19.6	24.7	26.7	28.7

注:括号内的规格为第二选择系列,应优先选用第一系列(不带括号)的规格。

7.1.2.19 焊接材料质量验收标准

项	序	检验项目与要求	检验方法
主控项目	1	焊接材料的品种、规格、性能等应符合现行国家产品标准和设计要求 检查数量:全数检查	检查焊接材料的质量合格证明文件、中文标志及检验报告等
	2	重要钢结构采用的焊接材料应进行抽样复验,复验结果应符合现行国家产品标准和设计要求 检查数量:全数检查	检查复验报告
一般项目	1	焊钉及焊接瓷环的规格、尺寸及偏差应符合现行国家标准《圆柱头焊钉》GB 10433 中的规定 检查数量:按量抽查 1%,且应不少于 10 套	用钢尺和游标卡尺量测
	2	焊条外观不应有药皮脱落、焊芯生锈等缺陷;焊剂不应受潮结块 检查数量:按量抽查 1%,且应不少于 10 包	观察检查

7.1.2.20 连接用紧固标准件质量验收标准

项	序	检验项目与要求	检验方法
主控项目	1	钢结构连接用高强度大六角头螺栓连接副、扭剪型高强度螺栓连接副、钢网架用高强度螺栓、普通螺栓、铆钉、自攻钉、拉铆钉、射钉、锚栓(机械型和化学试剂型)、地脚锚栓等紧固标准件及螺母、垫圈等标准配件,其品种、规格、性能等应符合现行国家产品标准和设计要求。高强度大六角头螺栓连接副和扭剪型高强度螺栓连接副出厂时应分别随箱带有扭矩系数和紧固轴力(预拉力)的检验报告 检查数量:全数检查	检查产品的质量合格证明文件、中文标志及检验报告等
	2	高强度大六角头螺栓连接副应按 7.1.2.21 的规定检验其扭矩系数,其检验结果应符合 7.1.2.21 的规定 检查数量:见 7.1.2.21	检查复验报告
	3	扭剪型高强度螺栓连接副应按 7.1.2.22 的规定检验预拉力,其检验结果应符合 7.1.2.22 的规定 检查数量:见 7.1.2.22	检查复验报告
一般项目	1	高强度螺栓连接副,应按包装箱配套供货,包装箱上应标明批号、规格、数量及生产日期。螺栓、螺母、垫圈外观表面应涂油保护,不应生锈和沾染赃物,螺纹不应损伤 检查数量:按包装箱数抽查 5%,且应不少于 3 箱	观察检查
	2	对建筑结构安全等级为一级,跨度 40m 及以上的螺栓球节点钢网架结构,其连接高强度螺栓应进行表面硬度试验。对 8.8 级的高强度螺栓其硬度应为 HRC21~29;对 10.9 级高强度螺栓,其硬度应为 HRC32~36,且不得有裂纹或损伤 检查数量:按规格抽查 8 只	硬度计、10 倍放大镜或磁粉探伤

7.1.2.21 高强度大六角头螺栓连接副扭矩系数复检

序	规定内容
1	复验用螺栓应在施工现场待安装的螺栓批中随机抽取，每批应抽取 8 套连接副进行复验
2	连接副扭矩系数复验用的计量器具应在试验前进行标定，误差不得超过 2%
3	每套连接副只应做一次试验，不得重复使用。在紧固中垫圈发生转动时，应更换连接副，重新试验
4	连接副扭矩系数的复验，应将螺栓穿入轴力计，在测出螺栓预拉力 P 的同时，应测出施加于螺母上的施扭矩值 T，并应按下式计算扭矩系数 K $$K=\frac{T}{P\cdot d}$$ 式中 T——施拧扭矩(N·m) d——高强度螺栓公称直径(mm) P——螺栓预拉力(kN)
5	进行连接副扭矩系数试验时，螺栓预拉力值应符合 7.1.2.23 的规定
6	每组 8 套连接副扭矩系数的平均值应为 0.110～0.150，标准偏差小于或等于 0.010
7	当扭剪型高强度螺栓连接副采用扭矩法施工时，其扭矩系数也按本表的规定确定

7.1.2.22 扭剪型高强度螺栓连接副预拉力复检

序	规定内容
1	复检用的扭剪型高强度螺栓应在施工现场待安装的螺栓批中随机抽取，每批应抽取 8 套连接副进行复验
2	连接副预拉力可采用经计量检定、校准合格的轴力计进行测试 试验用的电测轴力计、油压轴力计、电阻应变仪、扭矩扳手等计量器具，应在试验前进行标定，其误差不得起过 2%
3	采用轴力计方法复验连接副预拉力时，应将螺栓直接插入轴力计。紧固螺栓分初拧、终柠两次进行。初拧应采用手动扭矩扳手或专用定扭电动扳手，初拧值应为预拉力标准值 50%左右；终拧应采用专用电动扳手，至尾部梅头拧掉，读出预拉力值
4	每套连接副只应做一次试验，不得重复使用。在紧固中垫圈发生转动时，应更换连接副，重新试验
5	复验螺栓连接副的预拉力平均值和标准偏差应符合 7.1.2.24 的规定

7.1.2.23 螺栓预拉力值范围 (kN)

螺栓规格(mm)		M16	M20	M22	M24	M27	M30
预拉力值 P	10.9s	93～113	14～177	17～215	20～250	265～324	325～390
	8.8s	62～78	10～120	12～150	14～170	185～225	230～275

7.1.2.24 扭剪型高强度螺栓紧固预拉力平均值和标准偏差 (kN)

螺栓直径(mm)	16	20	(22)	24
紧固预拉力的平均值	99～120	154～186	191～231	222～270
标准偏差	10.1	15.7	19.5	22.7

7.2 钢构件组装与预拼装

7.2.1 钢构件组装

7.2.1.1 焊接 H 型钢质量验收标准

项	序	检验项目与要求	检验方法
一般项目	1	焊接 H 型钢的翼缘板拼接缝和腹板拼接缝的间距应不小于 200mm。翼缘板拼接长度应不小于 2 倍板宽；腹板拼接宽度应不小于 300mm，长度应不小于 600mm 检查数量：全数检查	观察和用钢尺检查
	2	焊接 H 型钢的允许偏差应符合 7.2.1.2 的规定 检查数量：按钢构件数抽查 10%，宜应不少于 3 件	用钢尺、角尺、塞尺等检查

7.2.1.2 焊接 H 型钢的允许偏差 (mm)

项目		允许偏差	图例
截面高度 h	$h<500$	±2.0	
	$500<h<1000$	±3.0	
	$h>1000$	±4.0	
截面宽度 b		±3.0	

续表 7.2.1.2

项目		允许偏差	图例
腹板中心偏移		2.0	e
翼缘板垂直度 Δ		$b/100$，且不应大于 3.0	b Δ h b Δ
弯曲矢高(受压构件除外)		$l/1000$，且不应大于 10.0	—
扭曲		$h/250$，且不应大于 5.0	—
腹板局部平面度 f	$t<14$	3.0	b f 1 1 1000 f 1000 1—1
	$t\geqslant14$	2.0	

7.2.1.3 钢构件组装质量验收标准

项	序	检验项目	检验方法
主控项目	1	吊车梁和吊车桁架不应下挠 检查数量：全数检查	构件直立，在两端支承后，用水准仪和钢尺检查
一般项目	1	焊接连接组装的允许偏差应符合 7.2.1.4 的规定 检查数量：按构件数抽查 10%，且应不少于 3 个	用钢尺检验
	2	顶紧接触面应有 75%以上的面积紧贴 检查数量：按接触面的数量抽查 10%，且不少于 10 个	用 0.3mm 塞尺检查，其塞入面积应小于 25%，边缘间隙不应大于 0.8mm
	3	桁架结构杆件轴件交点错位的允许偏差不得大于 3.0mm 检查数量：按构件数抽查 10%，且应不少于 3 个构件，每个抽查构件按节点数抽查 10%，且不少于 3 个节点	尺量检查

7.2.1.4　焊接连接制作组装的允许偏差

(mm)

项　　目		允许偏差	图　　例
对口错边Δ		$t/10$，且应不大于3.0	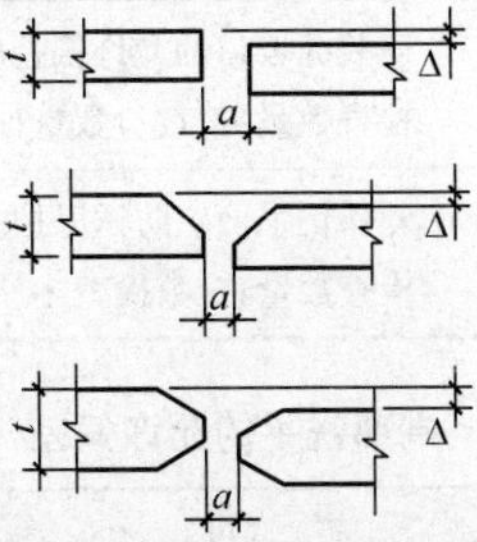
间隙a		±1.0	
搭接长度a		±5.0	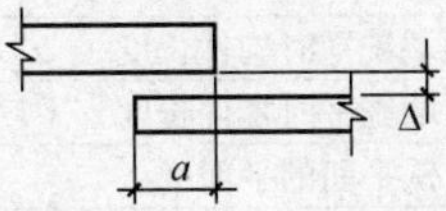
缝隙Δ		1.5	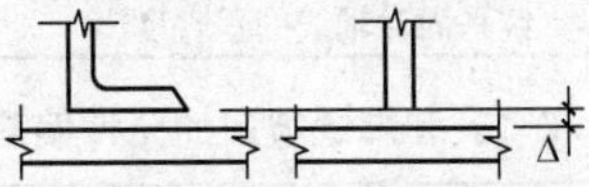
高度h		±2.0	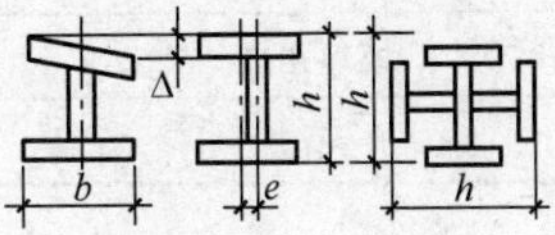
垂直度Δ		$b/100$，且应不大于3.0	
中心偏移e		±2.0	
型钢错位	连接处	1.0	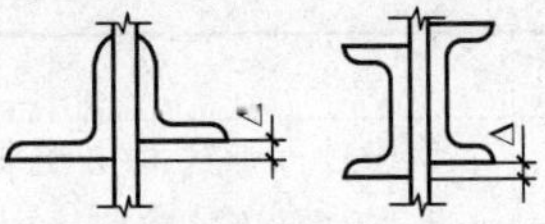
	其他处	2.0	
箱形截面高度h		±2.0	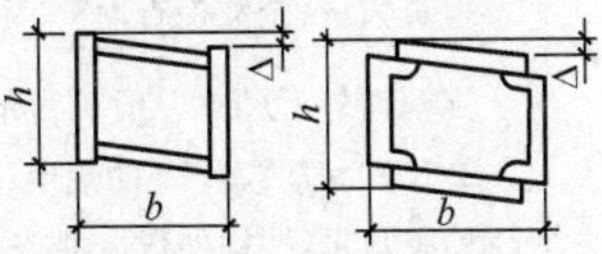
宽度b		±2.0	
垂直度Δ		$b/200$，且应不大于3.0	

7.2.1.5　端部铣平及安装焊缝坡口质量验收标准

项	序	检　验　项　目	检验方法
主控项目	1	端部铣平的允许偏差应符合7.2.1.6的规定 检查数量：按铣平面数量抽查10%，且应不少于3个	用钢尺、角尺、塞尺等检查

续表 7.2.1.5

项	序	检 验 项 目	检验方法
一般项目	1	安装缝坡口的允许偏差应符合 7.2.1.6 的规定 检查数量:按坡口数量抽查 10%,且不少于 3 条	用焊缝量检查
	2	外露铣平面应防锈保护 检查数量:全数检查	观察检查

7.2.1.6 端部铣平的允许偏差 (mm)

项 目	允 许 偏 差
两端铣平时构件长度	±2.0
两端铣平时零件长度	±0.5
铣平面的平面度	0.3
铣平面对轴线的垂直度	l/1500,l 为铣平面对轴线长度

7.2.1.7 安装焊缝坡口的允许偏差

项 目	允 许 偏 差
坡口角度	±5°
钝边	±1.0mm

7.2.1.8 钢构件外形尺寸质量验收标准

项	序	检 验 项 目	检验方法
主控项目	1	钢构件外形尺寸主控项目的允许偏差应符合 7.2.1.9 的规定 检查数量:全数检查	用钢尺检查
一般项目	1	钢构件外形尺寸一般项目的允许偏差允许应符合 7.2.1.10～7.2.1.16 的规定 检查数量:按构件数量抽查 10%,且应不少于 3 件	见 7.2.1.10～7.2.1.16

7.2.1.9 钢构件外形尺寸主控项目的允许偏差 (mm)

项 目	允 许 偏 差
单层柱、梁、桁架受力支托(支承面)表面至第一安装孔距离	±1.0

续表 7.2.1.9

项　目	允　许　偏　差
多节柱铣平面至第一安装孔距离	±1.0
实腹梁两端最外侧安装孔距离	±3.0
构件连接处的截面几何尺寸	±3.0
柱、梁连接处的腹板中心线偏移	2.0
受压构件(杆件)弯曲矢高	l/1000，且应不大于 10.0，l 为受压构件长度

7.2.1.10　单层钢柱外形尺寸的允许偏差　(mm)

项　目		允许偏差	检验方法	图　例
柱底面到柱端与桁架连接的最上一个安装孔距离 l		$\pm l/1500$ ±15.0	用钢尺检查	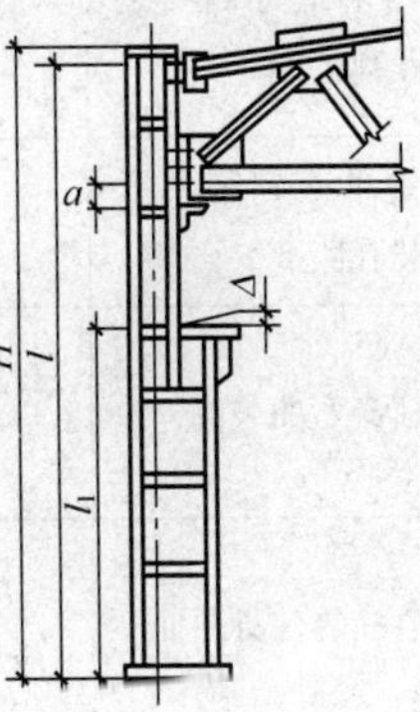
柱底面到牛腿支承面距离 l_1		$\pm l_1/2000$ ±8.0	用钢尺检查	
牛腿面的翘曲 Δ		2.0	用拉线、直角尺和钢尺检查	
柱身弯曲矢高		H/1200，且应不大于 12.0	用拉线、直角尺和钢尺检查	
柱身扭曲	牛腿处	3.0	用拉线、吊线和钢尺检查	—
	其他处	8.0	用拉线、吊线和钢尺检查	—
柱截面几何尺寸	连接处	±3.0	用钢尺检查	—
	非连接处	±40	用钢尺检查	—
翼缘对腹板的垂直度	连接处	1.5	用直角尺和钢尺检查	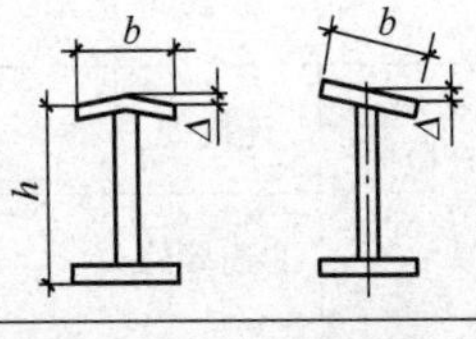
	其他处	b/100，且应不大于 5.0	用直角尺和钢尺检查	
柱脚底板平面度		5.0	用 1m 直尺和塞尺检查	

续表 7.2.1.10

项 目	允许偏差	检验方法	图 例
柱脚螺栓孔中心对柱轴线的距离	3.0	用钢尺检查	

7.2.1.11 多节钢柱外形尺寸的允许偏差 (mm)

项 目		允许偏差	检验方法	图 例
一节柱高度 H		±3.0	用钢尺检查	
两端最外侧安装孔距离 l_3		±2.0		
铣平面到第一个安装孔距离 a		±1.0		
柱身弯曲矢高 f		H/1500，且应不大于 5.0	用拉线和钢尺检查	
一节柱的柱身扭曲		h/250，且应不大于 5.0	用拉线、吊线和钢尺检查	
牛腿端孔到柱轴线距离 l_2		±3.0	用钢尺检查	
牛腿的翘曲或扭曲 Δ	$l_2 \leqslant 1000$	2.0	用拉线、直角尺和钢尺检查	
	$l_2 > 1000$	3.0		
柱截面尺寸	连接处	±3.0	用钢尺检查	
	非连接处	±4.0		
柱脚底板平面度		5.0	用直尺和塞尺检查	

续表 7.2.1.11

项目		允许偏差	检验方法	图例
翼缘板对腹板的垂直度	连接处	1.5	用直角尺和钢尺检查	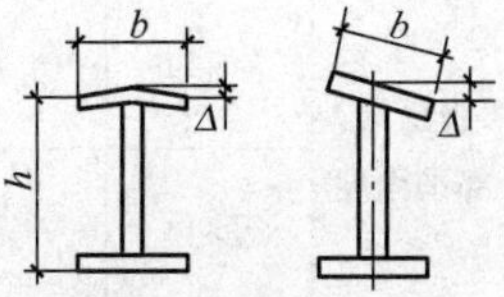
	其他处	$b/100$，且应不大于5.0		
柱脚螺栓孔对柱轴线的距离 a		3.0	用钢尺检查	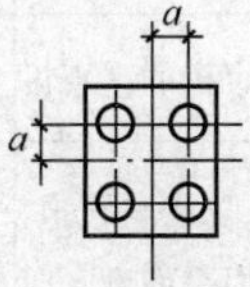
箱型截面连接处对角线差		3.0		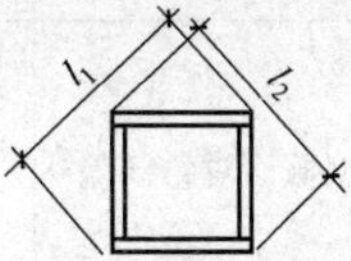
箱型柱身板垂直度		$h(b)/150$，且应不大于5.0	用直角尺和钢尺检查	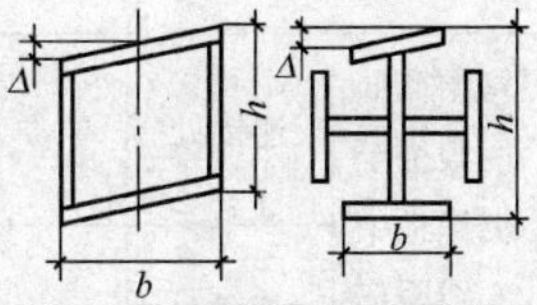

7.2.1.12 焊接实腹钢梁外形尺寸的允许偏差 (mm)

项目		允许偏差	检验方法	图例
梁长度 l	端部有凸缘支座板	0 −5.0	用钢尺检查	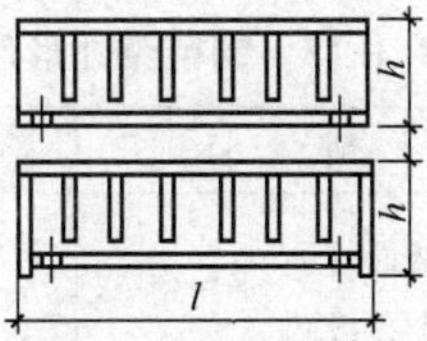
	其他形式	$\pm l/2500$ ±10.0		
端部高度 h	$h\leqslant 2000$	±2.0		
	$h>2000$	±3.0		
拱度	设计要求起拱	$\pm l/5000$	用拉线和钢尺检查	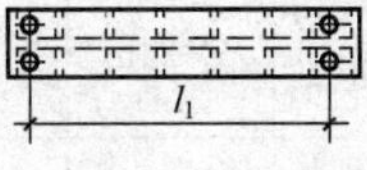
	设计未要求起拱	10.0 −5.0		
侧弯矢高		$l/2000$，且应不大于10.0		
扭曲		$h/250$，且应不大于10.0	用拉线、吊线和钢尺检查	

续表 7.2.1.12

项目		允许偏差	检验方法	图例
腹板局部平面度	$t \leqslant 14$	5.0	用 1m 直尺和塞尺检查	
	$t > 14$	4.0		
翼缘板对腹板的垂直度		$b/100$，且应不大于 3.0	用直角尺和钢尺检查	—
吊车梁上翼缘与轨道接触面平面度		1.0	用 200mm、1m 直尺和塞尺检查	—
箱型截面对角线差		5.0	用钢尺检查	
箱型截面两腹板至翼缘板中心线距离 a	连接处	1.0	用钢尺检查	
	其他处	1.5		
梁端板的平面度（只允许凹进）		$h/500$，且应不大于 2.0	用直角尺和钢尺检查	—
梁端板与腹板的垂直度		$h/500$，且应不大于 2.0	用直角尺和钢尺检查	—

7.2.1.13 钢桁架外形尺寸的允许偏差 (mm)

项目		允许偏差	检验方法	图例
桁架最外端两个孔或两端支承面最外侧距离	$l \leqslant 24$m	+3.0 −7.0	用钢尺检查	
	$l > 24$m	+5.0 −10.0		
桁架跨中高度		±10.0		

续表 7.2.1.13

项目		允许偏差	检验方法	图例
桁架跨中拱度	设计要求起拱	$\pm l/5000$	用钢尺检查	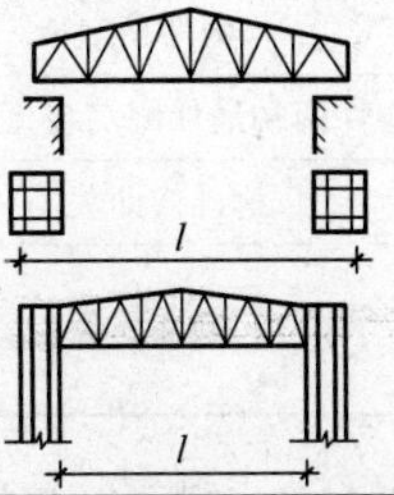
	设计未要求起拱	10.0 −5.0		
相邻节间弦杆弯曲（受压除外）		$l/1000$		
支承面到第一个安装孔距离 a		±1.0	用钢尺检查	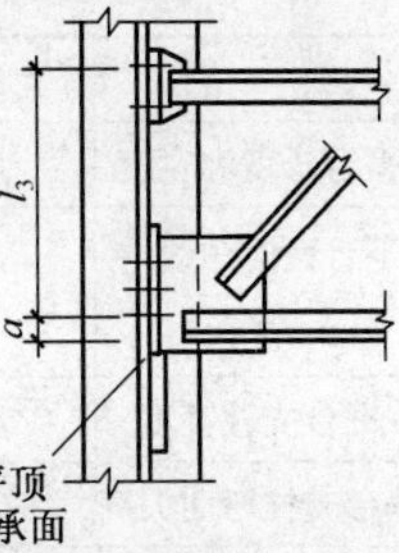 铣平顶紧支承面
檩条连接支座间距		±5.0	用钢尺检查	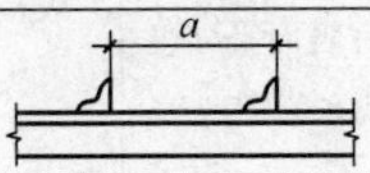

7.2.1.14 钢管构件外形尺寸的允许偏差 (mm)

项目	允许偏差	检验方法	图例
直径 d	$\pm d/500$ ±5.0	用钢尺检查	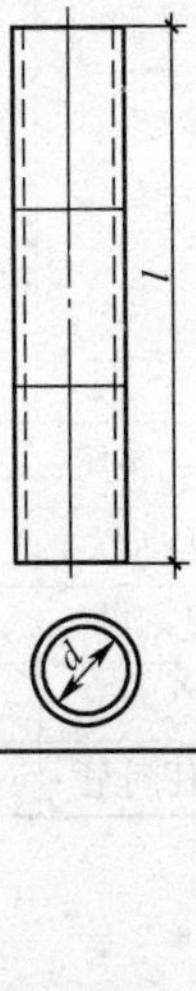
构件长度 l	±3.0		
管口圆度	$d/500$， 且应不大于5.0		
管面对管轴的垂直度	$d/500$， 且应不大于3.0	用焊缝量规检查	
弯曲矢高	$l/1500$， 且应不大于5.0	用拉线、吊线和钢尺检查	
对口错边	$t/10$， 且应不大于3.0	用拉线和钢尺检查	

注：对方矩形管，d 为长边尺寸。

7.2.1.15 墙架、檩条、支撑系统钢构件外形尺寸的允许偏差 (mm)

项 目	允许偏差	检验方法
构件长度 l	±4.0	用钢尺检查
构件两端最外侧安装孔距离 l_1	±3.0	
构件弯曲矢高	l/1000，且不应大于10.0	用拉线和钢尺检查
截面尺寸	+5.0 −2.0	用钢尺检查

7.2.1.16 钢平台、钢梯和防护钢栏杆外形尺寸的允许偏差 (mm)

项 目	允许偏差	检验方法	图 例
平台长度和宽度	±5.0	用钢尺检查	l_1 l_2 b l f l
平台两对角线差 $\lvert l_1-l_2\rvert$	6.0		
平台支柱高度	±3.0		
平台支柱弯曲矢高	5.0	用拉线和钢尺检查	
平台表面平面度（1m范围内）	6.0	用1m直尺和塞尺检查	
桥梁长度 l	±5.0	用钢尺检查	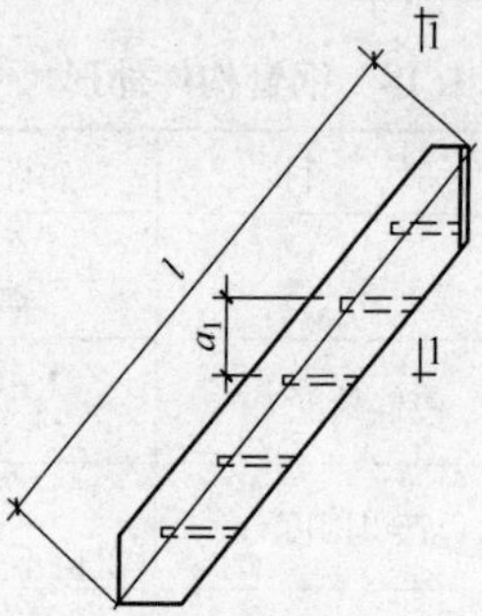 1 l a_1 1
钢梯宽度 b	±5.0		
钢梯安装孔距离 a	±3.0		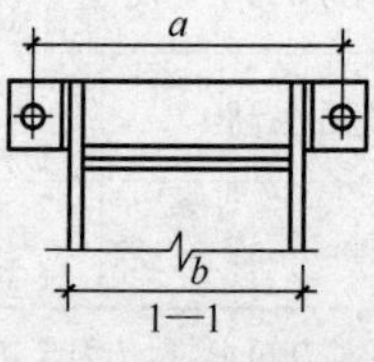 a b 1—1
钢梯纵向挠曲矢高	l/1000	用拉线和钢尺检查	
踏步（棍）间距	±5.0	用钢尺检查	
栏杆高度	±5.0		
栏杆立柱间距	±10.0		

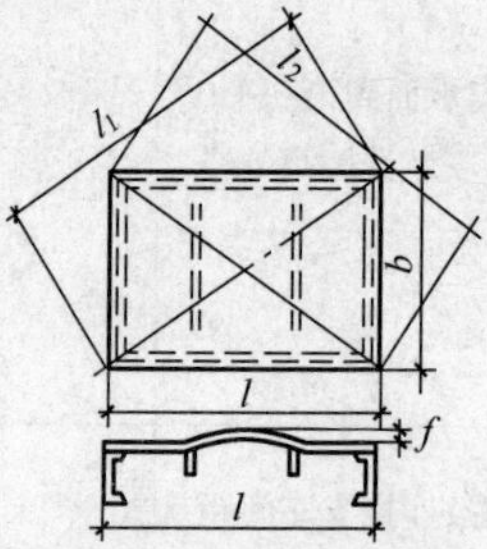

7.2.2 钢构件预拼装

7.2.2.1 钢构件预拼装质量验收标准

项	序	检验项目	检验方法
主控项目	1	高强度螺栓和普通螺栓连接的多层板叠，应采用试孔器进行检查，并应符合下列规定： (1)当采用比孔公称直径小 1.0mm 的试孔器检查时，每组孔的通过率应不小于 85% (2)当采用比螺栓公称直径大 0.3mm 的试孔器检查时，通过率应为 100% 检查数量：按预拼装单元全数检查	采用试孔器检查
一般项目	1	预拼装的允许偏差应符合 7.2.2.2 的规定 检查数量：按预拼装单元全数检查	见 7.2.2.2

7.2.2.2 钢构件预拼装的允许偏差 (mm)

构件类型	项目		允许偏差	检验方法
多节柱	预拼装单元总长		±5.0	用钢尺检查
	预拼装单元弯曲矢高		l/1500， 且应不大于 10.0	用拉线和钢尺检查
	接口错边		2.0	用焊缝量规检查
	预拼装单元柱身扭曲		h/200，且应不大于 5.0	用拉线、吊线和钢尺检查
	顶紧面至任一牛腿距离		±2.0	
梁、桁架	跨度最外两端安装孔或两端支承面最外侧距离		+5.0 −10.0	用钢尺检查
	接口截面错位		2.0	用焊缝量规检查
	拱度	设计要求起拱	±l/5000	用拉线和钢尺检查
		设计未要求起拱	l/2000 0	
	节点处杆件轴线错位		4.0	划节后用钢尺检查

续表 7.2.2.2

构件类型	项　目	允许偏差	检验方法
管构件	预拼装单元总长	±5.0	用钢尺检查
	预拼装单弯曲矢高	l/1500，且应不大于10.0	用拉线和钢尺检查
	对口错边	t/10，且应不大于3.0	用焊缝量规检查
	坡口间隙	+2.0 −1.0	
构件平面总体预拼装	各楼层柱距	±4.0	用钢尺检查
	相邻楼层梁与梁之间距离	±3.0	
	各层间框架两对角线之差	H/2000，且应不大于5.0	
	任意两对角线之差	$\sum H$/2000，且应不大8.0	

7.3　单层钢结构安装

7.3.1　基础和支承面质量验收标准

项	序	检验项目	检验方法
主控项目	1	建筑物的定位轴线、基础轴线和标高、地脚螺栓的规格及其紧固应符合设计要求 检查数量：按柱基数抽查10%，且应不少于3个	用经纬仪、水准仪、全站仪和钢尺现场实测
	2	基础顶面直接作为柱的支承面和基础顶面预埋钢板或支座作为柱的支承面时，其支承面、地脚螺栓（锚栓）位置的允许偏差应符合7.3.1.1的规定 检查数量：按柱基数抽查10%，且应不少于3个	用经纬仪、水准仪、全站仪、水平尺和钢尺实测
	3	当采用座浆垫板时，座浆垫板的允许偏差应符合7.3.1.2的规定 检查数量：资料全数检查。按柱基数抽查10%，且应不少于3个	用水准仪、全站仪、水平尺和钢尺现场实测
	4	当采用杯口基础时，杯口尺寸的允许偏差应符合7.3.1.3的规定 检查数量：按基础数抽查10%，且应不少于4处	观察及尺量检查

续表 7.3.1

项	序	检验项目	检验方法
一般项目	1	地脚螺栓(锚栓)尺寸的偏差应符合表 7.3.1.4 的规定。地脚螺栓(锚栓)的螺纹应受到保护 检查数量:按柱基数抽查 10%,且应不少于 3 个	用钢尺现场实测

7.3.1.1 支承面、地脚螺栓(锚栓)位置的允许偏差 (mm)

项目		允许偏差
支承面	标高	±3.0
	水平度	$l/1000$
地脚螺栓(锚栓)	螺栓中心偏移	5.0
预留孔中心偏移		10.0

7.3.1.2 座浆垫板的允许偏差 (mm)

项目	允许偏差
顶面标高	0.0 −3.0
水平度	$l/1000$
位置	20.0

7.3.1.3 杯口尺寸的允许偏差 (mm)

项目	允许偏差
底面标高	0.0 −5.0
杯口深度 H	±5.0
杯口垂直度	$H/1000$,且应不大于 10.0
位置	10.0

7.3.1.4 地脚螺栓(锚栓)尺寸的允许偏差 (mm)

项目	允许偏差
螺栓(锚栓)露出长度	+30.0 0.0
螺纹长度	+30.0 0.0

7.3.2 安装和校正质量验收标准

项	序	检验项目	检验方法
主控项目	1	钢构件应符合设计要求和本规范的规定。运输、堆放和吊装等造成钢构件变形及涂层脱落,应进行矫正和修补 检查数量:按构件数抽查10%,且应不少于3个	用拉线、钢尺现场实测或观察
	2	设计要求顶紧的节点,接触面不应少于70%紧贴,且边缘最大间隙不应大于0.8mm 检查数量:按节点数抽查10%,且应不少于3个	用钢尺及0.3mm和0.8mm厚的塞尺现场实测
	3	钢屋(托)架、桁架、梁及受压杆件的垂直度和侧向弯曲矢高的允许偏差应符合7.3.2.1的规定 检查数量:按同类构件数抽查10%,且不少于3个	用吊线、拉线、经纬仪和钢尺现场实测
	4	单层钢结构主体结构的整体垂直度和整体平面弯曲的允许偏差符合7.3.2.2的规定 检查数量:对主要立面全部检查。对每个所检查的立面,除两列解柱外,尚应至少选取一列是间柱	采用经纬仪、全站仪等测量
一般项目	1	钢柱等主要构件的中心线及标高基准点等标记应齐全 检查数量:按同类构件数抽查10%,且应不少于3件	观察检查
	2	当钢桁架(或梁)安装在混凝土柱上时,其支座中心对定位轴线的偏差不应大于10mm;当采用大型混凝土屋面板时,钢桁架(或梁)间距的偏差不应该大于10mm 检查数量:按同类构件数抽查10%,且应不少于3榀	用拉线和钢尺现场实测
	3	钢柱安装的允许偏差应符合7.3.2.3的规定 检查数量:按钢柱数抽查10%,且应不少于3件	见7.3.2.3
	4	钢吊车梁或直接承受动力荷载的类似构件,其安装的允许偏差应符合7.3.2.4的规定 检查数量:按钢吊车梁抽查10%,且不应少于3榀	见7.3.2.4
	5	檩条、墙架等构件数安装的允许偏差应符合7.3.2.5的规定 检查数量:按同类构件数抽查10%,且应不少于3件	见7.3.2.5

续表 7.3.2

项	序	检 验 项 目	检验方法
一般项目	6	钢平台、钢梯、栏杆安装应符合现行国家标准《固定式直梯》GB4053.1、《固定式钢斜梯》GB4053.2、《固定式防护栏杆》GB4053.3 和《固定式钢平台》GB4053.4 的规定。钢平台、钢梯和防护栏杆安装的允许偏差应符合 7.3.2.6 的规定 检查数量:按钢平台总数抽查 10%,栏杆、钢梯按总长度各抽查 10%,但钢平台不应少于 1 个,栏杆应不少于 5m,钢梯不应少于 1 跑	见 7.3.2.6
	7	现场焊缝组对间隙的允许偏差应符合 7.3.2.7 的规定 检查数量:按同类节点数抽查 10%,且应不少于 3 个	尺量检查
	8	钢结构表面应干净,结构主要表面不应有疤痕、泥沙等污垢 检查数量:按同类构件数抽查 10%,且应不少于 3 件	观察检查

7.3.2.1 钢屋(托)架、桁架、梁及受压杆件垂直度和侧向弯曲矢高的允许偏差

项　　目	允许偏差		图　　例
跨中的垂直度	$h/250$,且应不大于 15.0		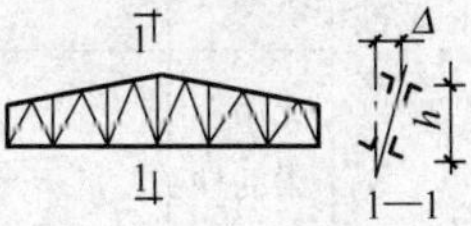 1—1
侧向弯曲矢高 f	$l \leqslant 30\text{m}$	$l/1000$,且应不大于 10.0	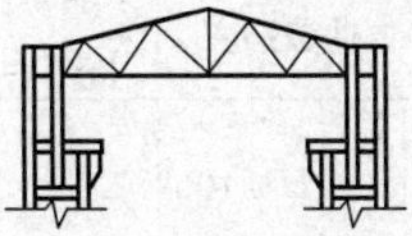
	$30\text{m} < l \leqslant 60\text{m}$	$l/1000$,且应不大于 30.0	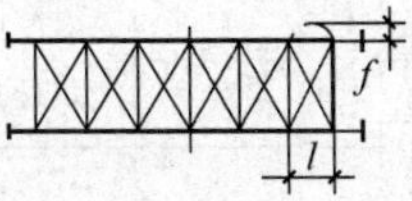
	$l > 60\text{m}$	$l/1000$,且应不大于 50.0	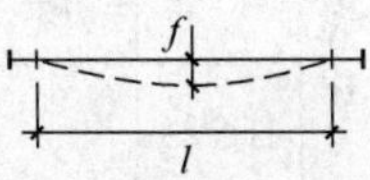

7.3.2.2 整体垂直度和整体平面弯曲的允许偏差 (mm)

项目	允许偏差	图例
主体结构的整体垂直度	$H/1000$，且应不大于25.0	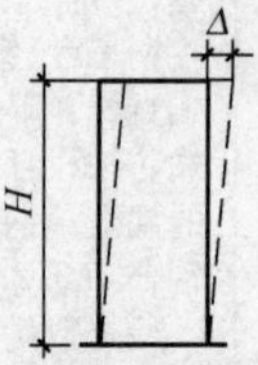 Δ H
主体结构的整体平面弯曲	$L/1500$，且应不大于25.0	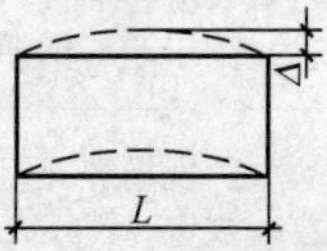 Δ L

7.3.2.3 单层钢结构中柱子安装的允许偏差 (mm)

项目			允许偏差	图例	检验方法
柱脚底座中心线对定位轴线的偏移			5.0	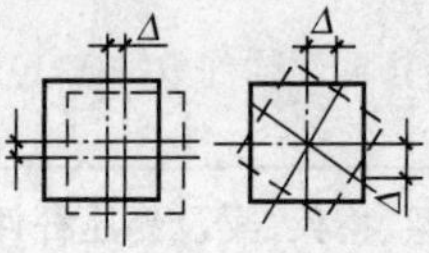 Δ	用吊线和钢尺检查
柱基准点标高	有吊车梁的柱		+3.0 −5.0	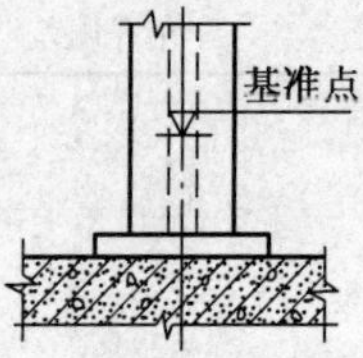 基准点	用水准仪检查
	无吊车梁的柱		+5.0 −8.0		
弯曲矢高			$H/1200$，且应不大于15.0	—	用经纬仪或拉线和钢尺检查
柱轴线垂直度	单层柱	$H\leqslant10$m	$H/1000$	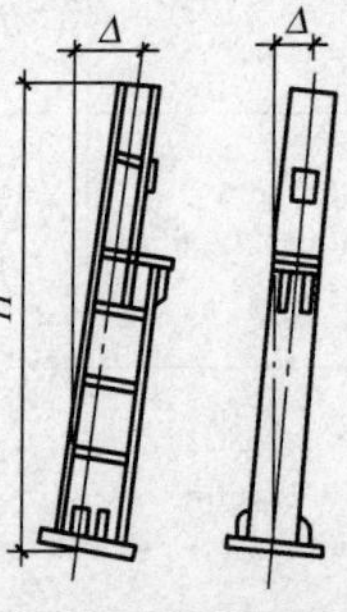 Δ H	用经纬仪或吊线和钢尺检查
		$H>10$m	$H/1000$，且应不大于25.0		
	多节柱	单节柱	$H/1000$，且应不大于10.0		
		柱全高	35.0		

7.3.2.4 钢吊车梁安装的允许偏差 (mm)

<table>
<tr><th colspan="2">项目</th><th>允许偏差</th><th>图例</th><th>检验方法</th></tr>
<tr><td colspan="2">梁的跨中垂直度Δ</td><td>$h/500$</td><td rowspan="3">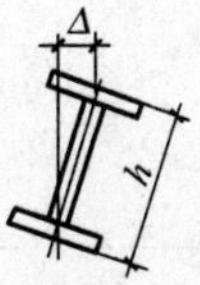</td><td>用吊线和钢尺检查</td></tr>
<tr><td colspan="2">侧向弯曲矢高</td><td>$l/1500$，且不应大于10.0</td><td rowspan="4">用拉线和钢尺检查</td></tr>
<tr><td colspan="2">垂直上拱矢高</td><td>10.0</td></tr>
<tr><td rowspan="2">两端支座中心位移Δ</td><td>安装在钢柱上时，对牛腿中心的偏移</td><td>5.0</td><td rowspan="3">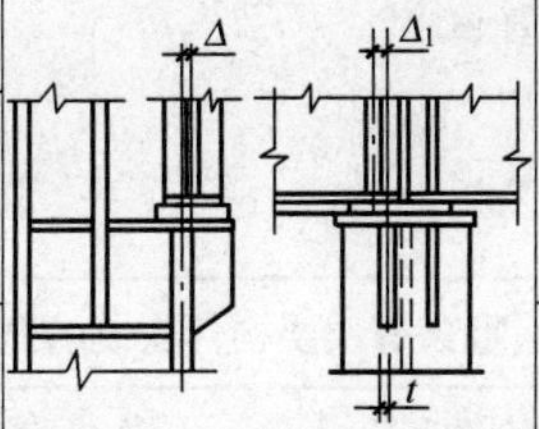</td></tr>
<tr><td>安装在混凝土柱上时，对定位轴线的偏移</td><td>5.0</td></tr>
<tr><td colspan="2">吊车梁支座加劲板中心与柱子承压加劲板中心的偏移$Δ_1$</td><td>$t/2$</td><td>用吊线和钢尺检查</td></tr>
<tr><td rowspan="2">同跨间内同一横截面吊车梁顶面高差Δ</td><td>支座处</td><td>10.0</td><td rowspan="2">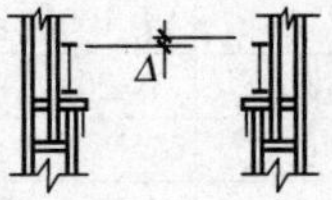</td><td rowspan="3">用经纬仪、水准仪和钢尺检查</td></tr>
<tr><td>其他处</td><td>15.0</td></tr>
<tr><td colspan="2">同跨间内同一横截面下挂式吊车梁底面高差Δ</td><td>10.0</td><td>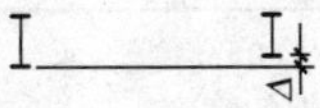</td></tr>
<tr><td colspan="2">同列相邻两柱间吊车梁顶面高差Δ</td><td>$l/1500$，且应不大于10.0</td><td>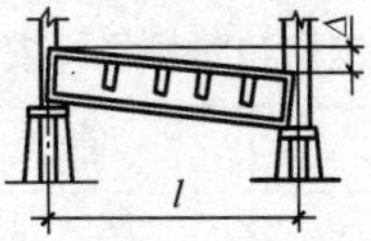</td><td>用水准仪和钢尺检查</td></tr>
<tr><td rowspan="3">相邻两吊车梁接头部位Δ</td><td>中心错位</td><td>3.0</td><td rowspan="3">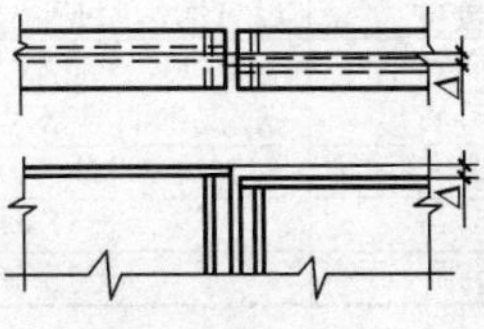</td><td rowspan="3">用钢尺检查</td></tr>
<tr><td>上承式顶面高差</td><td>1.0</td></tr>
<tr><td>下承式底面高差</td><td>1.0</td></tr>
</table>

续表 7.3.2.4

项　目	允许偏差	图　例	检验方法
同跨间任一截面的吊车梁中心跨距Δ	±10.0	l	用经纬仪和光电测距仪检查；跨度小时，可用钢尺检查
轨道中心对吊车梁腹板轴线的偏移Δ	$t/2$	Δ	用吊线和钢尺检查

7.3.2.5　墙架、檩条等次要构件安装的允许偏差　(mm)

项　目		允许偏差	检验方法
墙架立柱	中心线对定位轴线的偏移	10.0	用钢尺检查
	垂直度	$H/1000$，且应不大于 10.0	用经纬仪或吊线和钢尺检查
	弯曲矢高	$H/1000$，且应不大于 15.0	用经纬仪或吊线和钢尺检查
抗风桁架的垂直度		$h/250$，且应不大于 15.0	用吊线和钢尺检查
檩条、墙梁的间距		±5.0	用钢尺检查
檩条的弯曲矢高		$L/750$，且应不大于 12.0	用拉线和钢尺检查
墙梁弯曲矢高		$L/750$，且应不大于 10.0	用拉线和钢尺检查

注：1. H 为墙架立柱的高度。
2. h 为抗风桁架的高度。
3. L 为檩条或墙梁的长度。

7.3.2.6　钢平台、钢梯和防护栏杆安装的允许偏差　(mm)

项　目	允许偏差	检验方法
平台高度	±15.0	用水准仪检查
平台梁水平度	$l/1000$，且应不大于 20.0	用水准仪检查
平台支柱垂直度	$H/1000$，且应不大于 15.0	用经纬仪或吊线和钢尺检查
承重平台梁侧向弯曲	$l/1000$，且应不大于 10.0	用拉线和钢尺检查
承重平台梁侧垂直度	$h/250$，且应不大于 10.0	用吊线和钢尺检查
直梯垂直度	$l/1000$，且应不大于 15.0	用吊线和钢尺检查
栏杆高度	±15.0	用钢尺检查
栏杆立柱间距	±15.0	用钢尺检查

7.3.2.7　现场焊缝组对间隙的允许偏差　(mm)

项　目	允许偏差
无垫板间隙	+3.0 0.0
有垫板间隙	+3.0 −2.0

7.4　多、高层钢结构安装

7.4.1　基础和支承面质量验收标准

项	序	检验项目	检验方法
主控项目	1	建筑物的定位轴线、基础上柱的定位轴线和标高、地脚螺栓(锚栓)的规格和位置、地脚螺栓(锚栓)紧固应符合设计要求。当设计无要求时,应符合7.4.1.1的规定 检查数量:按柱基数抽查10%,且应不少于3个	采用经纬仪、水准仪、全站仪和钢尺实测
	2	当多层建筑以基础顶面直接作为柱的支承面,或以基础顶面预埋钢板或支座作为柱的支承面时,其支承面、地脚螺栓(锚栓)位置的允许偏差应符合7.3.1.1的规定 检查数量:按柱基数抽查10%,且应不少于3个	用经纬仪、水准仪、全站仪、水平尺和钢尺实测
	3	当多层建筑采用座浆垫板时,座浆垫板的允许偏差应符合表7.3.1.2的规定 检查数量:资料全数检查。按柱基数抽查10%,且应不少于3个	用水准仪、全站仪、水平尺和钢尺实测
	4	当采用杯口基础时,杯口尺寸的允许偏差应符合7.3.1.3的规定 检查数量:按基础数抽查10%,且应不少于4处	观察及尺量检查
一般项目	1	地脚螺栓(锚栓)尺寸的允许偏差应符合7.3.1.4的规定。地脚螺栓(锚栓)的螺纹应受保护 检查数量:按柱基数抽查10%,且应不少于3个	用钢尺现场实测

7.4.1.1 建筑物定位轴线、基础上柱的定位轴线和标高、地脚螺栓(锚栓)的允许偏差

(mm)

项　目	允许偏差	图　例
建筑物定位轴线	$L/20000$，且应不大于 3.0	
基础上柱的定位轴线	1.0	
基础上柱底标高	±2.0	基准点
地脚螺栓(锚栓)位移	2.0	

7.4.2 安装和校正质量验收标准

项	序	检验项目	检验方法
主控项目	1	钢构件应符合设计要求和规范。运输、堆放和吊装等造成的钢构件变形及涂层脱落，应进行矫正和修补 检查数量：按构件数检查 10%，且应不少于 3 个	用拉线、钢尺现场实测或观察
	2	柱子安装的允许偏差应符合 7.4.2.1 的规定 检查数量：标准柱全部检查；非标准柱抽查 10%，且应不少于 3 根	用全站仪或激光经纬仪和钢尺实测
	3	设计要求顶紧的节点，接触面不应少于 70% 紧贴，且边缘最大间隙不应大于 0.8mm 检查数量：按节点数抽查 10%，且应不少于 3 个	用钢尺及 0.3mm 和 0.8mm 厚的塞尺现场实测
	4	钢主梁、次梁及受压杆件的垂直度和侧向弯曲矢高的允许偏差应符合 7.3.2.1 中有关钢屋(托)架允许偏差的规定 检查数量：按同类构件数抽查 10%，且应不少于 3 个	用吊线、拉线、经纬仪和钢尺现场实测

续表 7.4.2

项	序	检验项目	检验方法
主控项目	5	多层及高层钢结构主体结构的整体垂直度和整体平面弯曲矢高的允许偏差符合 7.4.2.2 的规定 检查数量:对主要立面全部检查。对每个所检查的立面,除两列角柱外,尚应至少选取一列中间柱	对于整体垂直度,可采用激光经纬仪、全站仪测量,也可根据各节柱的垂直度允许偏差累计(代数和)计算。对于整体平面弯曲,可按产生的允许偏差累计(代数和)计算
一般项目	1	钢结构表面应干净,结构主要表面不应有疤痕、泥沙等污垢 检查数量:按同类构件数抽查 10%,且应不少于3 件	观察检查
	2	钢柱等主要构件的中心线及高基准点等标记应齐全 检查数量:按同类构件数抽查 10%,且应不少于3 件	观察检查
	3	钢构件安装的允许偏差应符合 7.4.2.3 的规定 检查数量:按同类构件或节点数抽查 10%。其中柱和梁各应不少于 3 件,主梁与次梁连接节	见 7.4.2.3
	4	主体结构总高度的允许偏差应符合 7.4.2.4 的规定 检查数量:按标准柱列数抽查 10%,且应不少于4 例	采用全站仪、水准仪和钢尺实测
	5	当钢构件安装在混凝土柱上时,其支座中心对定位轴线的偏差不应大于 10mm;当采用大型混凝土屋面板时,钢梁(或桁架)间距的偏差应不大于 10mm 检查数量:按同类构件数抽查 10%,且应不少于3 榀	用拉线和钢尺现场实测
	6	多层及高层钢结构中钢吊车梁或直接承受动力荷载的类似构件,其安装的允许偏差应符合 7.3.2.4 的规定 检查数量:按钢吊车梁数抽查 10%,且应不少于3 榀	见 7.3.2.4

续表 7.4.2

项	序	检验项目	检验方法
一般项目	7	多层及高层钢结构中檩条、墙架等次要构件安装的允许偏差应符合 7.3.2.5 的规定	见 7.3.2.5
	8	多层及高层钢结构中钢平台、钢梯、栏杆安装应符合现行国家标准《固定式钢直梯》GB 4053.1、《固定或钢斜梯》GB 4053.2、《固定式防护栏杆》GB 4053.3 和《固定式钢平台》GB 4053.4 的规定。钢平台、钢梯和防护栏杆安装的允许偏差应符合 7.3.2.6 的规定 检查数量：按钢平台总数抽查 10%，栏杆、钢梯按总长度各抽查 10%，但钢平台应不少于 1 个，栏杆应不少于 5mm，钢梯不应少于 1 跑	见 7.3.2.6
	9	多层及高层多结构中现场焊缝组对间隙的允许偏差应符合 7.3.2.7 的规定 检查数量：按同类节点数抽查 10%，且应不少于 3 个	尺量检查

7.4.2.1 柱子安装的允许偏差 (mm)

项目	允许偏差	图例
底层柱柱底轴线对定位轴线偏移	3.0	Δ Δ
柱子定位轴线	1.0	Δ Δ
单节柱的垂直度	$h/1000$，且应不大于 10.0	Δ

7.4.2.2 整体垂直度和整体平面弯曲矢高的允许偏差 (mm)

项目	允许偏差	图例
主体结构的整体垂直度	(H/2500+10.0), 且应不大于 50.0	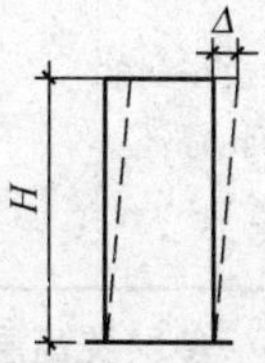 Δ H
主体结构的整体平面弯曲	L/1500,且应不大于 25.0	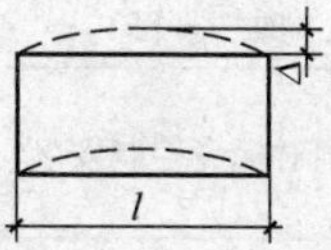 Δ l

7.4.2.3 多层及高层钢结构中构件安装的允许偏差 (mm)

项目	允许偏差	图例	检验方法
上、下柱连接处的错口 Δ	3.0	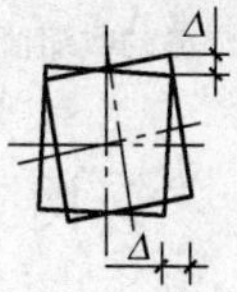 Δ Δ	用钢尺检查
同一层柱的各柱顶高度差 Δ	5.0	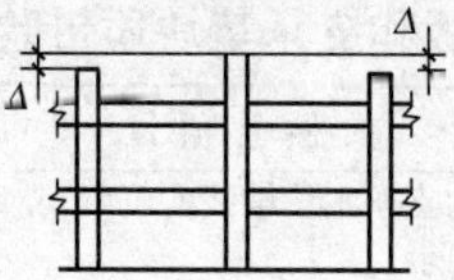 Δ Δ	用水准仪检查
同一根梁两端顶面的高差 Δ	l/1000,且应不大于 10.0	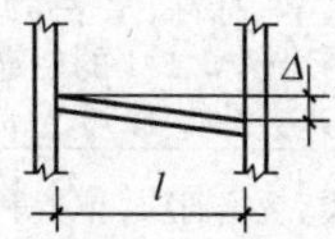 Δ l	用水准仪检查
主梁与次梁表面的高差 Δ	±2.0	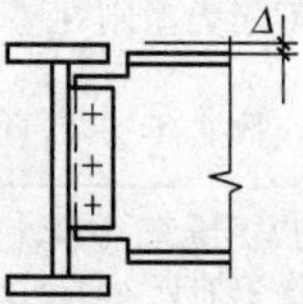 Δ	用直尺和钢尺检查

续表 7.4.2.3

项　　目	允许偏差	图例	检验方法
压型金属板在钢梁上相邻列的错位 Δ	15.00		用直尺和钢尺检查

7.4.2.4　多层及高层钢结构主体结构总高度的允许偏差　　(mm)

项　　目	允 许 偏 差	图　　例
用相对标高控制安装	$\pm\sum(\Delta_b+\Delta_z+\Delta_w)$	
用设计标高控制安装	$H/1000$，且应不大于 30.0 $-H/1000$，且应不小于－30.0	

注：1. Δ_h 为每节柱子长度的制造允许偏差。

2. Δ_z 为每节柱子长度受荷载后的压缩值。

3. Δ_w 为每节柱子接头焊缝的收缩值。

7.5　钢网架结构安装

7.5.1　支承面顶板和支承垫块质量验收标准

项	序	检 验 项 目	检验方法
主控项目	1	钢网架结构支座定位轴线的位置、支座锚栓的规格应符合设计要求 检查数量：按支座数抽查 10%，且应不少于 4 处	用经纬仪和钢尺实测
	2	支承面顶板的位置、标高、水平度以及支座锚栓位置的允许偏差应符合 7.5.1.1 的规定 检查数量：按支座数抽查 10%，且应不少于 4 处	用经纬仪、水准仪、水平尺和钢尺实测
	3	支承垫块的种类、规格、摆放位置和朝向，必须符合设计要求和国家现行有关标准的规定。橡胶垫块与刚性垫块之间或不同类型刚性垫块之间不得互换使用 检查数量：按支座数抽查 10%，且应不少于 4 处	观察和用钢尺实测
	4	网架支座锚栓的紧固应符合设计要求 检查数量：按支座数抽查 10%，且不应少于 4 处	观察检查

续表 7.5.1

项	序	检验项目	检验方法
一般项目	1	支座锚栓的紧固允许偏差应符合 7.5.1.2 的规定。支座锚栓的螺纹应受到保护 检查数量:按支座数抽查 10%,且应不少于 4 处	用钢尺实测

7.5.1.1 支承面顶板、支座锚栓位置的允许偏差 (mm)

项目		允许偏差
支承面顶板	位置	15.0
	顶面标高	0 −0.3
	顶面水平度	l/1000
支座锚栓	中心偏移	±5.0

7.5.1.2 地脚螺栓(锚栓)尺寸的允许偏差 (mm)

项目	允许偏差
螺栓(锚栓)露出长度	+30.0 0.0
螺纹长度	+30.0 0.0

7.5.2 总拼与安装质量验收标准

项	序	检验项目	检验方法
主控项目	1	小拼单元的允许偏差应符合 7.5.2.1 的规定 检查数量:按单元数抽查 5%,且应不少于 5 个	用钢尺和拉线等辅助量具实测
	2	中拼单元的允许偏差应符合 7.5.2.2 的规定 检查数量:全数检查	用钢尺和辅助量具实测

续表 7.5.2

<table>
<tr><th>项</th><th>序</th><th>检验项目</th><th>检验方法</th></tr>
<tr><td rowspan="2">主控项目</td><td>3</td><td>对建筑结构安全等级为一级、跨度 40m 及以上的公共建筑钢网架结构，当设计有要求时，应按下列项目进行节点承载力试验。其结果应符合以下规定：
(1) 焊接球节点，应按设计指定规格的球及其匹配的钢管焊接成试件，进行轴心拉、压承载力试验，其试验破坏荷载值大于或等于 1.6 倍设计承载力为合格
(2) 螺栓球节点，应按设计指定规格的球最大螺栓孔螺纹进行抗拉强度保证荷载试验，当达到螺栓的设计承载力时，螺孔、螺纹及封板仍完好无损为合格
检查数量：每项试验做 3 个试件</td><td>在万能试验机上进行检验，检查试验报告</td></tr>
<tr><td>4</td><td>钢网架结构总拼完成及屋面工程完成应分别测量其挠度值，且所测的挠度值应不超过相应设计值的 1.15 倍
检查数量：跨度 24m 及以下钢网架结构测量下弦中央一点；跨度 24m 以上钢网架结构测量下弦中央一点及各向下弦跨度的四等分点</td><td>用钢尺和水准仪实测</td></tr>
<tr><td rowspan="2">一般项目</td><td>1</td><td>钢网架结构安装完成，其节点及杆件表面应干净，不应有明显的疤痕、泥沙和污垢。螺栓球节点应将所有接缝用油腻子填嵌严密，并应将多余螺孔封口
检查数量：按节点及杆件数量抽查 5%，且应不少于 10 个节点</td><td>观察检查</td></tr>
<tr><td>2</td><td>钢网架结构安装完成，其安装的允许偏差应符合 7.5.2.3 的规定
检查数量：全数检查</td><td>见 7.5.2.3</td></tr>
</table>

7.5.2.1 小拼单元的允许偏差 (mm)

<table>
<tr><th colspan="2">项　目</th><th>允许偏差</th></tr>
<tr><td colspan="2">节点中心偏移</td><td>2.0</td></tr>
<tr><td colspan="2">焊接球节点与钢管中心的偏移</td><td>1.0</td></tr>
<tr><td colspan="2">杆件轴线的弯曲</td><td>L/1000，且不应大于 5.0</td></tr>
<tr><td rowspan="3">锥体型小拼单元</td><td>弦杆长度</td><td>±2.0</td></tr>
<tr><td>锥体高度</td><td>±2.0</td></tr>
<tr><td>上弦杆对角线长度</td><td>±3.0</td></tr>
</table>

续表 7.5.2.1

项目			允许偏差
平面桁架型小拼单元	跨长	≤24mm	+3.0 −7.0
		>24mm	+5.0 −10.0
	跨中高度		±3.0
	跨中拱度	设计要求起拱	$\pm L/5000$
		设计未要求起拱	+10.0

注：L_1为杆件长度；L为跨长。

7.5.2.2 中拼单元的允许偏差 (mm)

项目		允许偏差
单元长度≤20m，拼接长度	单跨	±10.0
	多跨连续	±5.0
单元长度>20m，拼接长度	单跨	±20.0
	多跨连续	±10.0

7.5.2.3 钢网架结构安装的允许偏差 (mm)

项目	允许偏差	检验方法
纵向、横向长度	$L/2000$，且应不大于30.0 $-L/2000$，且应不大于−30.0	用钢尺实测
支座中心偏移	$L/3000$，且应不大于30.0	用钢尺和经纬仪实测
周边支承网架相邻支座高差	$L/400$，且应不大于15.0	用钢尺和水准仪实测
支座最大高差	30.0	
多点支承网架相邻支座高差	$L/800$，且应不大于30.0	

注：L为纵向、横向长度；L_1为相邻支座间距。

7.6 压型金属板工程

7.6.1 压型金属板制作质量验收标准

项	序	检验项目	检验方法
主控项目	1	压型金属板成型后，其基板不应有裂纹 检查数量：按计件数抽查5%，且应不少于10件	观察和用10倍放大镜检查

续表 7.6.1

项	序	检验项目	检验方法
主控项目	2	有涂层、镀层压型金属板成型后，涂、镀层不应有肉眼可见的裂纹、剥落和擦痕等缺陷 检查数量：按计件数抽查5%，且应不少于10件	观察检查
一般项目	1	压型金属板的尺寸允许偏差应符合7.6.1.1的规定 检查数量：按计件数抽查5%，且应不少于10件	用拉线和钢尺检查
	2	压型金属板成型后，表面应干净，不应有明显凹凸和皱褶 检查数量：按计件数抽查5%，且应不少于10件	观察检查
	3	压型金属板施工现场制作的允许偏差应符合7.6.1.2的规定 检查数量：按计件数抽查5%，且应不少于10件	用钢尺、角尺检查

7.6.1.1 压型金属板的尺寸允许偏差 (mm)

项目			允许偏差
波距			±2.0
波高	压型钢板	截面高度≤70	±1.5
		截面高度>70	±2.0
侧向弯曲	在测量长度 L_1 范围内	20.0	

注：L_1 为测量长度，指板长扣除两端各0.5m后的实际长度(小于10m)或扣除后任选的10m长度。

7.6.1.2 压型金属板施工现场制作的允许偏差 (mm)

项目		允许偏差
压型金属板的覆盖宽度	截面高度≤70	+10.0，−0.2
	截面高度>70	+6.0，−2.0
板长		±9.0
横向剪切		6.0
泛水板、包角板尺寸	板长	±6.0
	折弯曲宽度	±3.0
	折弯曲夹角	2°

7.6.2 压型金属板安装质量验收标准

<table>
<tr><th>项</th><th>序</th><th>检验项目</th><th>检验方法</th></tr>
<tr><td rowspan="3">主控项目</td><td>1</td><td>压型金属板、泛水板和包角板等应固定可靠、牢固、防腐涂料涂刷和密封材料敷设应完好，连接件数量、间距应符合设计要求和国家现行有关标准规定
检查数量：全数检查</td><td>观察检查及尺量</td></tr>
<tr><td>2</td><td>压型金属板应在支承构件上可靠搭接，搭接长度应符合设计要求，且不应小于 7.6.2.1 所规定的数值
检查数量：按搭接部位总长度抽查 10%，且应不少于 10m</td><td>观察和用钢尺检查</td></tr>
<tr><td>3</td><td>组合楼板中压型钢板与主体结构（梁）的锚固支承长度应符合设计要求，且应不小于 50mm，端部锚固件连接应可靠，设置位置应符合设计要求
检查数量：沿连接纵向长度抽查 10%，且应不少于 10m</td><td>观察和用钢尺检查</td></tr>
<tr><td rowspan="2">一般项目</td><td>1</td><td>压型金属板安装应平整、顺直、板面不应有施工残留物和污物。檐口和墙下端应呈直线，不应有未经处理的错钻孔洞
检查数量：按面积抽查 10%，且应不少于 10m²</td><td>观察检查</td></tr>
<tr><td>2</td><td>压型金属板安装的允许偏差应符合 7.6.2.2 的规定
检查数量：檐口与屋脊的平行度：按长度抽查 10%，且应不少于 10m。其他项目：每 20m 长度应抽查 1 处，且应不少于 2 处</td><td>用拉线、吊线和钢尺检查</td></tr>
</table>

7.6.2.1 压型金属板在支承构件上的搭接长度

(mm)

<table>
<tr><th colspan="2">项　目</th><th>搭接长度</th></tr>
<tr><td colspan="2">截面高度>70</td><td>375</td></tr>
<tr><td rowspan="2">截面高度≤70</td><td>屋面坡度<1/10</td><td>250</td></tr>
<tr><td>屋面坡度≥1/10</td><td>200</td></tr>
<tr><td colspan="2">墙面</td><td>120</td></tr>
</table>

7.6.2.2 压型金属板安装的允许偏差 (mm)

项目		允许偏差
屋面	檐口与屋脊的平行度	12.0
	压型金属板波纹线对屋脊的垂直度	L/800，且不应大于25.0
	檐口相邻两块压型金属板端部错位	6.0
	压型金属板卷边板件最大波浪高	4.0
檣面	墙板波纹线的垂直度	H/800，且不应大于25.0
	墙板包角板的垂直度	H/800，且不应大于25.0
	相邻两块压型金属板的下端错位	6.0

注：L_1 为屋面半坡或单坡长度；H 为墙面高度。

7.7 钢结构涂装

7.7.1 防腐涂料涂装质量验收标准

项	序	检验项目	检验方法
主控项目	1	涂装前钢材表面除锈应符合设计要求和国家现行有关标准及规定。处理后的钢材表面不应有焊渣、焊疤、灰尘、油污、水和毛刺等。当设计无要求时，钢材表面除锈等级应符合7.7.1.1的规定 检查数量：按构件数量抽查10%，且同类构件应不少于3件	用铲刀检查和用现行国家标准《涂装前钢材表面锈蚀等级和除锈等级》GB 8923规定的图片对照观察检查
	2	涂料、涂装遍数、涂层厚度均应符合设计要求。当设计对涂层厚度无要求时，涂层干漆膜总厚度：室外应为150μm，室内应为125μm，其允许偏差为－25μm，每遍涂层干漆膜厚度的允许偏差为－5μm 检查数量：按构件数抽查10%，且同类构件应不少于3件	用干漆膜测厚仪检查。每个构件检测5处，每处的数值为3个相距50mm测点涂层干漆膜厚度的平均值
一般项目	1	构件表面不应误漆、漏涂，涂层不应有脱皮和返锈等。涂层应均匀、无明显皱皮、流坠、针眼和气泡等 检查数量：全数检查	观察检查

续表 7.7.1

项	序	检验项目	检验方法
一般项目	2	当钢结构处在有腐蚀介质环境或外露且设计有要求时,应进行涂层附着力测试。在检测范围内,当涂层完整程度达到70%以上时,涂层附着力应达到合格质量标准的要求 检查数量:按构件数抽查 1%,且应不少于 3 件,每件测 3 处	按照现行国家标准《漆膜附着力测定法》GB 1720 或《色漆和清漆、漆膜的划格试验》GB 9286 执行
	3	涂装完成,构件的标志、标记和编号应清晰完整 检查数量:全数检查	观察检查

7.7.1.1 各种底漆或防锈漆要求最低的除锈等级

涂料品种	除锈等级
油性酚醛、醇酸等底漆或防锈漆	St2
高氯化聚乙烯、氯化橡胶、氯磺化聚乙烯、环氧树脂、聚氨酯等底漆或防锈漆	Sa2
无机富锌、有机硅、过氯乙烯等底漆	Sa2½

7.7.2 防火涂料涂装质量验收标准

项	序	检验项目	检验方法
主控项目	1	防火漆料涂装前钢材表面除锈及防锈底漆涂装应符合设计要求和国家现行有关标准的规定 检查数量:按构件数抽查 10%,且同类构件应不少于 3 件	表面除锈用铲刀检查和用现行国家标准《涂装前钢材表面锈蚀等级和除锈等级》GB 8923 规定的图片对照观察检查。底漆涂装用干漆膜测厚仪检查,每个构件检测 5 处,每处的数值为 3 个相距 50mm 测点涂层干漆膜厚度的平均值
	2	钢结构防火漆料的粘结强度、抗压强度应符合国家现行标准《钢结构防火漆料应用技术规程》CECS 24:90 规定。检验方法应符合现行国家标准《建筑构件防火喷涂材料性能试验方法》GB 9978 的规定 检查数量:每使用 100t 或不足 100t 薄涂型防火涂料应抽检一次粘结强度;每使用 500t 或不足 500t 厚涂型防火涂料应抽检一次粘结强度和抗压强度	检查复检报告

续表 7.7.2

项	序	检验项目	检验方法
主控项目	3	薄涂型防火涂料的涂层厚度应符合有关耐火极限的设计要求。厚漆型防火涂料涂层的厚度,80%及以上面积应符合有关耐火极限的设计要求,且最薄处厚度应不低于设计要求的 85% 检查数量:按同类构件数抽查 10%,且均应不少于 3 件	用涂层厚度测量仪、测针和钢尺检查。测量方法应符合国家现行标准《钢结构防火漆料应用技术规程》CECS 24:90 及 7.7.2.1 的规定
	4	薄涂型防火漆料漆层表面裂纹宽度应不大于 0.5mm;厚涂型防火漆料涂层表面裂宽度应不大于 1mm 检查数量:按同类构件数量抽查 10%,且均应不少于 3 件	观察和用尺量检查
一般项目	1	防火漆料漆装基层不应有油污、灰尘和泥砂等污垢 检查数量:全数检查	观察检查
	2	防火漆料不应有误涂、漏涂、涂层应闭合无脱层、空鼓、明显凹陷、粉化松散和浮浆等外观缺陷,乳突已剔除 检查数量:全数检查	观察检查

7.7.2.1 钢结构防火涂料涂层厚度测定方法

(1)测针

测针(厚度测量仪),由针杆和可滑动的圆盘组成。测量时圆盘始终保持与针杆垂直,如图 7-1 所示。圆盘上装有固定装置,圆盘直径不大于 30mm,以保证完全接触被测试件的表面。如果厚度测量仪不易插入被测材料中,也可使用其他适宜的方法测试。

测试时,将测量探针垂直插入防火涂层直径至钢基材表面上,记录标尺读数。

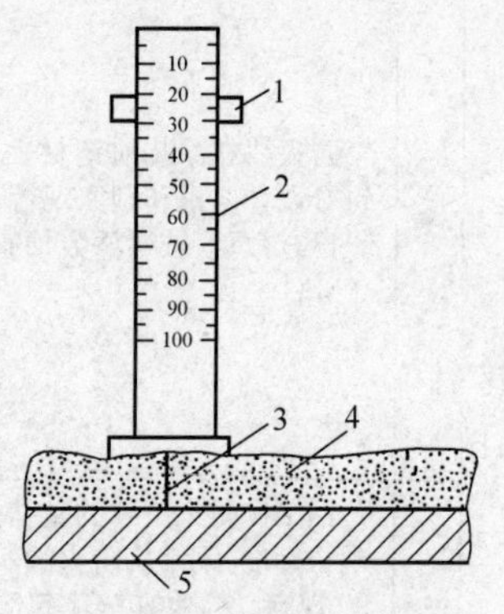

图 7-1 测厚度示意图

1. 标尺 2. 刻度 3. 测针 4. 防火涂层 5. 钢基材

(2)测点选定

①楼板和防火墙的防火涂层厚度测定,可选两个相邻纵、横轴线相交中的面积为一个单元,在其对角线上,按每米长度选一点进行测试。

②全钢框架结构的梁和柱的防火涂层厚度测定,应在构件长度内每隔 3m 取一截面,按图 7-2 所示位置测试。

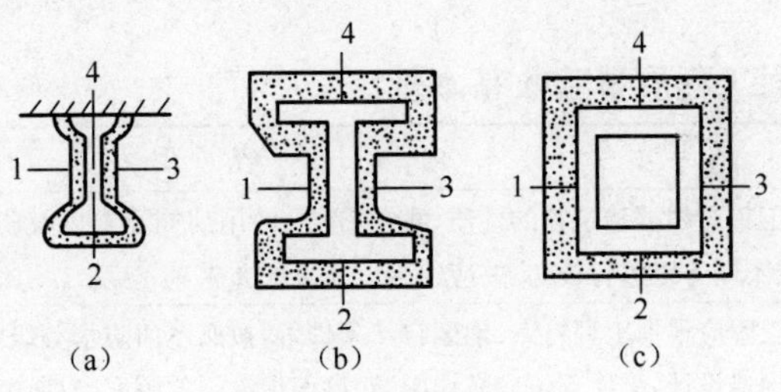

图 7-2 测点示意图

③桁架结构,其上弦和下弦按(2)②中的规定每隔 3m 取一截面检测,其他腹杆每根取一截面检测。

(3)测量结果

对于楼饭和墙面,在所选择的面积中,至少测出 5 个点;对于梁和柱,在所选择的位置中,分别测出 6 个和 8 个点。测量后分别计算出它们的平均值,精确到 0.5mm。

8 屋面工程防水施工

8.1 基本规定

8.1.1 屋面工程质量验收基本规定

序	内容
1	屋面工程应根据建筑物的性质、重要程度、使用功能要求以及防水层合理使用年限，按不同等级进行设防，并应符合 8.1.2 的要求
2	屋面工程应根据工程特点、地区自然条件等，按照屋面防水等级的设防要求，进行防水构造设计，重要部位应有详图；对屋面保温层的厚度，应通过计算确定
3	屋面工程施工前，施工单位应进行图纸会审，并应编制屋面工程施工方案或技术措施
4	屋面工程施工时，应建立各道工序的自检、交接检和专职人员检查的“三检”制度，并有完整的检查记录。每道工序完成，应经监理单位(或建设单位)检查验收，合格后方可进行下道工序的施工
5	屋面工程的防水层应由经资质审查合格的防水专业队伍进行施工。作业人员应持有当地建设行政主管部门颁发的上岗证
6	屋面工程所采用的防水、保温隔热材料应有产品合格证书和性能检测报告，材料的品种、规格、性能等应符合现行国家产品标准和设计要求 材料进场后，应按《屋面工程质量验收规范》附录 A、附录 B 的规定抽样复验，并提出试验报告；不合格的材料，不得在屋面工程中使用
7	当下道工序或相邻工程施工时，对屋面已完成的部分应采取保护措施
8	伸出屋面的管道、设备或预埋件等，应在防水层施工前安设完毕。屋面防水层完工后，不得在其上凿孔打洞或重物冲击
9	屋面工程完工后，应按《屋面工程质量验收规范》的有关规定对细部构造、接缝、保护层等进行外观检验，并应进行淋水或蓄水检验
10	屋面的保温层和防水层严禁在雨天、雪天和五级风及其以上时施工。施工环境气温宜符合 8.1.3 的要求

续表 8.1.1

序	内容
11	屋面工程各子分部工程和分项工程的划分，应符合 8.1.4 的要求
12	屋面工程各分项工程的施工质量检验批量应符合下列规定： (1)卷材防水层面、涂膜防水层面、刚性防水屋面、瓦屋面和隔热屋面工程，应按屋面面积每 100m^2 抽查一处，每处 10m^2，且不得少于 3 处 (2)接缝密封防水，每 50m 应抽查一处，每处 5m，且不得少于 3 处 (3)细部构造，根据分项工程的内容应全部进行检查

8.1.2 屋面防水等级和设防要求

项 目	屋面防水等级			
	Ⅰ	Ⅱ	Ⅲ	Ⅳ
建筑物类型	特别重要或对防水有特殊要求的建筑	重要的建筑和高层建筑	一般的建筑	非永久性的建筑
防水层合理使用年限	25 年	15 年	10 年	5 年
防水层选用材料	宜选用合成高分子防水卷材、高聚物改性沥青防水卷材、金属板材、合成高分子防水涂料、细石混凝土等材料	宜选用高聚物改性沥青防水卷材、合成高分子防水卷材、金属板材、合成高分子防水涂料、细石混凝土、平瓦、油毡瓦等材料	宜选用三毡四油沥青防水卷材、高聚物改性沥青防水卷材、合成高分子防水卷材、金属板材、高聚物改性沥青防水涂料、合成高分子防水涂料、细石混凝土、平瓦、油毡瓦等材料	可选用二毡三油沥青防水卷材、高聚物改性沥青防水涂料等材料
设防要求	三道或三道以上防水设防	二道防水设防	一道防水设防	一道防水设防

8.1.3 屋面保温层和防水层施工环境气温

项目	施工环境气温
粘结保温层	热沥青不低于－10℃；水泥砂浆不低于5℃
沥青防水卷材	不低于5℃
高聚物改性沥青防水卷材	冷粘法不低于5℃；热熔法不低于－10℃
合成高分子防水涂料	冷粘法不低于5℃；热风焊接法不低于－10℃
高聚物改性沥青防水涂料	溶剂型不低于－5℃，水溶型不低于5℃
合成高分子防水涂料	溶剂型不低于－5℃，水溶型不低于5℃
刚性防水层	不低于5℃

8.1.4 屋面工程各子分部工程和分项工程的划分

分部工程	子分部工程	分项工程
屋面工程	卷材防水屋面	保温层，找平层，卷材防水层，细部构部
	涂膜防水屋面	保温层，找平层，涂膜防水层，细部构部
	刚性防水屋面	细石混凝土防水层，密封材料嵌缝，细部构造
	瓦屋面	平瓦屋面，油毡瓦屋面，金属板材屋面，细部构造
	隔热屋面	架空屋面，蓄水屋面，种植屋面

8.2 卷材及涂膜防水屋面找平层施工

8.2.1 找平层施工基本规定

8.2.1.1 找平层的厚度和技术要求

类别	基层种类	厚度(mm)	技术要求
水泥砂浆找平层	整体混凝土	15～20	1∶2.5～1∶3(水泥∶砂)体积比，水泥强度等级不低于32.5级
	整体或板状材料保温层	20～25	
	装配式混凝土板，松散材料保温层	20～30	

续表 8.2.1.1

类别	基层种类	厚度(mm)	技术要求
细石混凝土找平层	松散材料保温层	30～35	混凝土强度等级不低于 C20
沥青砂浆找平层	整体混凝土	15～20	1∶8(沥青∶砂)质量比
	装配式混凝土板,整体或板状材料保温层	20～25	

8.2.1.2 转角处圆弧半径

卷材种类	圆弧半径(mm)
沥青防水卷材	100～150
高聚物改性沥青防水卷材	50
合成高分子防水卷材	20

8.2.1.3 其他规定

①当找平层的基层采用装配式钢筋混凝土板时,应符合下列规定:

a. 板端、侧缝应用细石混凝土灌缝,其强度等级应不低于 C20。

b. 当板缝宽大于 40mm 或上窄下宽时,板缝内应设置构造钢筋。

c. 板端缝应进行密封处理。

②找平层的排水坡度应符合设计要求。平屋面采用结构找坡应不小于 3%,采用材料找坡宜为 2%;天沟、檐沟纵向找坡应不小于 1%,沟底水落差不得超过 200mm。

③找平层宜设分格缝,并嵌填密封材料。分格缝应留设在板端缝处,其纵横缝的最大间距:水泥砂浆或细石混凝土找平层,不宜大于 6m;沥青砂浆找平层,不宜大于 4m。

8.2.2 水泥砂浆和细石混凝土找平层施工

8.2.2.1 工艺流程

基层处理、找标高 → 搅拌 → 铺设 → 混凝土振捣 → 找平 → 养护

8.2.2.2 操作要点

(1)基层处理

把粘在基层上的浮浆、落地灰等用錾子或钢丝刷清理掉，再用扫帚将浮土清扫干净。

(2)找标高

根据水平准线和设计厚度，在屋面墙柱上弹出找平层的上水平标高控制线。

(3)搅拌

混凝土的配合比要通过试验确定。投料顺序为:石子→水泥→砂→水。投料必须严格过磅，准确控制称量。搅拌要均匀，搅拌时间不少于 90s。

砂浆的稠度应不大于 35mm，水泥砂浆的水灰比宜控制在 0.4。

(4)铺设

铺设前应将基底湿润，并在基底上刷一道素水泥浆或界面结合剂，随刷随铺砂浆或将搅拌均匀的混凝土，从远处退着往近处铺设。

(5)混凝土振捣

混凝土铺设厚度略高于找平墩，用平板振捣器振捣，做到不漏振，确保混凝土密实。

(6)找平

以水平控制线和找平墩为标志，检查平整度，用刮杠刮平后用木抹子搓平。有坡度要求的要按设计要求的坡度做。

(7)养护

应在施工完成后 12h 左右覆盖和洒水养护，严禁上人，养护时间一般不少于 7d。

8.2.3 沥青砂浆找平层施工

8.2.3.1 技术要求

(1)材料要求

沥青宜选用 30 号石油沥青，60 号甲、60 号乙道路石油沥青或

75号普通石油沥青。

砂子应采用中砂，含泥量不大于3%，有机杂质含量不大于0.5%。

粉料应选用与砂同类性质的矿物质，细度控制在0.08mm以内，含泥量和有机杂质含量要求与砂相同。

(2)配合比

经试验确定。参考配合比(质量比)为沥青∶砂∶粉料=1∶3∶5。

(3)沥青砂浆的配制

拌制时，一边将沥青熔化脱水，一边将规定比例的砂和粉糕搅拌均匀，并在平板炉上烘干预热到120～140℃，随将熔化的热沥青按配合量倒入预热的砂和粉料中搅拌均匀。沥青砂浆的拌制、铺设、滚压完毕的温度按8.1.3.2中规定控制。

8.2.3.2 沥青砂浆的拌制、铺设、滚压温度控制

室外温度(℃)	沥青砂浆温度(℃)		
	拌制	铺设	滚压
5以上	140～170	90～120	40～50
5以下	160～180	110～130	60～70

8.2.3.3 沥青砂浆铺压要点

①将搅拌均匀的热沥青砂浆铺设在分格区内，虚铺厚度一般为压实厚度的1.3倍，随即马上刮平拍实。

②用滚筒滚压。滚筒表面应清洁，表面涂防粘剂，滚压平整、密实、表面无蜂窝压痕，边角滚压不到的地方，要用热烙铁烫压平整。每一分格区内一般不宜留施工缝。

8.2.4 找平层质量验收规定

8.2.4.1 检验数量

应按屋面面积每100m² 抽查一处，每次10m²，且不得少于3处。

8.2.4.2 找平层质量验收标准

项	序	检验项目与要求	检验方法
主控项目	1	找平层的材料质量及配合比，必须符合设计要求	检查出厂合格证、质量检验报告和计量措施
	2	屋面（含天沟、檐沟）找平层的排水坡度，必须符合设计要求	用水平仪（水平尺）、拉线和尺量检查
一般项目	1	基层与突出屋面结构的交接处和基层的转角处，均应做成圆弧形，且整齐平顺	观察和尺量检查
	2	水泥砂浆、细石混凝土找平层应平整、压光，不得有酥松、起砂、起皮现象；沥青砂浆找平层不得有拌和不匀、蜂窝现象	观察检查
	3	找平层分缝的位置和间距应符合设计要求	观察和尺量检查
	4	找平层表面平整度的允许偏差为5mm	用2m靠尺和楔形塞尺检查

8.3 保温层施工

8.3.1 保温层的种类及施工要求

8.3.1.1 松散材料保温层

如膨胀蛭石、膨胀珍珠岩、矿棉、浮石等。应分段分层铺设，铺设顺序应从一端开始铺向另一端，并适当进行压实，每层铺设不宜大于150mm。保温层施工完成后应及时进行找平层和防水层的施工；雨季施工应采取遮盖措施。松散保温材料的质量要求见下表：

项目	膨胀蛭石	膨胀珍珠岩
粒径	3～15mm	≥0.15mm，<0.15mm的含量不大于8%
堆积	≤300kg/m³	≤120kg/m³
导热系数	≤0.14W/(m·K)	≤0.07W/(m·K)

8.3.1.2 板状材料保温层材料质量要求

项 目	聚苯乙烯泡沫塑料类		硬质聚氨酯泡沫塑料	泡沫玻璃	微孔混凝土类	膨胀蛭石(珍珠岩)制品
	挤压	模压				
表观密度 g/m^3	≥32	15～30	≥30	≥150	500～700	300～800
导热 W/(m·K)	≤0.03	≤0.041	≤0.027	≤0.062	≤0.22	≤0.26
抗压强度(MPa)	—	—	—	≥0.4	≥0.4	≥0.3
在10%形变下的压缩应力(MPa)	≥0.15	≥0.06	≥0.15	—	—	—
70℃,48h后尺寸变化率(%)	≤2.0	≤5.0	≤5.0	≤0.5	—	—
吸水率(V/V,%)	≤1.5	≤6	≤3	≤0.5	—	—
外观质量	板的外形基本平整,无严重凹凸不平;厚度允许偏差为5%,且不在于4mm					

施工要求:

①板状保温层材料应紧靠在需保温的基层表面上,应铺平垫稳。

②分层铺设的板块上下层接缝应相互错开;板间缝隙应采用同类材料嵌填密实。

③粘贴的板状保温材料应贴严、粘牢。

8.3.1.3 整体现浇(喷)保温层

一般为水泥珍珠岩、水泥蛭石等在现场拌和浇筑而成的整体。施工主要要求为:

①沥青膨胀蛭石、沥青膨胀珍珠岩宜用机械搅拌,并应色泽一致,无沥青团;压实程度根据试验确定,其厚度应符合设计要求,表面应平整。

②一般应分段分层铺设,虚铺厚度一般为设计厚度的1.3倍。

8.3.2 各类保温层用料配合比

8.3.2.1 沥青膨胀珍珠岩配合比及配制方法

材料名称	配合比（质量比）	每 m³ 用料		配制方法
		单位	数量	
膨胀珍珠岩	1	m³	1.84	(1)将膨胀珍珠岩散料倒在锅内不断翻动，预热至 100～120℃，然后倒入已熬化的沥青中拌和均匀。沥青熬化温度不宜超过 200℃，拌和温度控制在 180℃以内 (2)将拌和物倒在铁板上，不断翻动，下降至成型温度(80～100℃) (3)向钢模内撒滑石粉或用水泥袋做隔离层，将拌和物倒入钢模内压料成型
沥青	0.7～0.8	kg	128	

8.3.2.2 现浇水泥蛭石保护层配合比及配置方法

配合比	每 m³ 水泥蛭石浆用料		表观密度 (kg/m³)	导热系数 W/(m·K)	抗压强度 (MPa)	配置方法
水泥：蛭石：水（体积比）	水泥 (kg)	蛭石 (L)				
	42.5 级普通硅酸盐水泥					(1)将定量的水泥与水均匀调成水泥浆，然后用小桶将水泥浆均匀地泼在定量的膨胀蛭石上，随泼随拌，拌和均匀 (2)水灰比一般以 2.4～2.6 为宜（体积比），检查方法是用手紧捏成团不散，并稍有水泥浆滴下时为合适
1：12：4	110	1300	290	0.087	0.25	
1：10：4	130	1300	320	0.093	0.30	
	42.5 级普通硅酸盐水泥					
1：12：3.3	110	1300	310	0.092	0.30	
1：12：3	130	1300	330	0.099	0.35	
	42.5 级矿渣水泥					
1：12：3	110	1300	290	0.870	0.25	
1：12：4	110	1300	290	0.870	0.25	
1：10：4	130	1300	290	0.870	0.25	

8.3.2.3 现浇珍珠岩灰浆配合比及配制方法

项次	用料体积比		表观密度（kg/m³）	导热系数 W/(m·K)	抗压强度（MPa）	配置方法
	42.5级普通硅酸盐水泥	膨胀珍珠岩堆积密度（120～160kg/m³）				
1	1	6	548	1.7	0.121	(1)将水泥和珍珠
2	1	8	510	2.0	0.085	岩按一定配合比干拌
3	1	10	380	1.2	0.080	均匀，然后加水拌和
4	1	12	360	1.1	0.074	(2)水不宜过多，灰
5	1	14	351	1.0	0.071	浆稠度以外观松散，
6	1	16	315	0.9	0.064	手紧捏成团不散，挤
7	1	18	300	0.7	0.059	不出水泥浆或只能挤
8	1	20	296	0.7	0.055	出少量水泥浆为宜

8.3.2.4 膨胀蛭石灰浆配合比

配合比		灰浆类别		
		水泥蛭石浆	水泥石灰蛭石浆	石灰蛭石浆
体积配合比	水泥	1	1	—
	石灰膏	—	1	1
	膨胀蛭石	4～8	5～8	2.5～4
	水	1.4～2.6	2.33～3.75	0.962～1.8

8.3.3 保温层质量验收规定

8.3.3.1 检验数量

应按屋面面积每100m² 抽查一处，每次10m²，且不得少于3处。

8.3.3.2 保温层质量验收标准

项	序	检验项目与要求	检验方法
主控项目	1	温材料的规程表现密度、导热系数以及板材的强度、吸水率，必须符合设计要求	检查出厂合格证、质量检验报告和现场抽样复验报告
	2	保温层的含水率必须符合设计要求	检查现场抽样检验报告

续表 8.3.3.2

项	序	检验项目与要求	检验方法
一般项目	1	保温层的铺设应符合下列要求： (1)松散保温材料：分层铺设，压实适当，表面平整，找坡正确 (2)板状保温材料：紧贴(靠)基层，铺平垫稳，拼缝严密，找坡正确 (3)整体现浇保温层：拌和均匀，分层铺设，压实适当，表面平整，找坡正确	观察检查
	2	和保温层厚度的允许偏差：松散保温材料和整体现浇保温层为＋10％，－5％；板状保温材料为±5％，且不得大于 4mm	用钢针插入和尺量检查
	3	当倒置式屋面保护层采用卵石铺压时，卵石应分布均匀，卵石的质量应符合设计要求	观察检查和按堆积密度计算其质量

8.4 卷材防水屋面

8.4.1 卷材防水层施工准备

8.4.1.1 技术准备

序	要求内容
1	熟悉施工图纸： (1)领会设计意图，解决可能出现的问题 (2)掌握屋面构造、设防层次、采用材料、施工工艺及技术要求、节点构造等内容 (3)对照施工图，认真分析和解决施工中可能出现的问题，使施工能顺利进行
2	施工方案的讨论：其内容包括：施工段的划分；施工顺序；施工进度；施工工艺及操作要点、细部构造的施工方法；质量标准及其保证措施；成品保护及安全注意事项等
3	对有关人员的技术交底： (1)对施工人员进行新材料、新工艺、新技术的介绍 (2)结合现场实际向全体施工人员进行施工管理、施工技术、成品保护、防火防毒交底 (3)明确每个人的岗位责任

续表 8.4.1.1

序	要求内容
4	检验程序的确定： (1)确定检验工艺、层次 (2)确定相应的检验内容、检验方法及记录
5	施工记录填写的内容： (1)工程基本状况：工程项目、地点、性质、结构、层次、建筑面积、屋面防水面积、设计单位、防水构造层次、防水层用材料等 (2)施工状况：施工单位、负责人、施工日期、气候及环境条件、基层及相关层次的质量、防水层的材料名称及质量、所有的检验情况、材料用量及节点处理方法、有关的修整内容及措施等 (3)工程检查及验收：包括中间检查与验收、完工后的蓄水检验、质量等级评定、有关质量问题及解决办法等

8.4.1.2 材料准备

序	要求内容
1	防水卷材及其配套胶结材料和安全防护用品的申请采购
2	材料存放场地、库房的准备
3	进场防水卷材及其配套胶结材料的外观质量和物理技术性能抽样检验，其内容详见 3.4.2～3.4.5 的规定，不合格者应予退货

8.4.1.3 作业条件准备

序	要求内容
1	现场屋面找平层的排水坡度、表面平整度、表面质量、分格缝的留设和处理、凸出屋面结构与屋面基层的连接处以及基层转角处的圆弧半径等均经检查符合质量要求，并且各部位都已清理干净
2	水平及垂直运输方法，机具或设施的安排与协调
3	屋面上材料临时堆放点的确定与准备
4	需明火施工时，办理动火手续，预备必要的消防器材
5	选择符合防水卷材施工的气候条件。对雨、雪、冰冻天气禁止施工；雾、霜天，应等雾、霜退去，基层晒干后方可施工；五级及其以上大风天气不得施工；气温高于 35℃时，施工应尽量避开中午，热熔法施工气温不宜低于－10℃，其他卷材施工气温不宜低于 0℃

8.4.1.4 机具、工具准备

施工方法	名称	用途
一般器具	小平铲	清理基层
	扫帚	清理基层
	钢丝刷	清理基层
	高压吹风机	清理基层
	铁抹子	修补基层及末端收头
	卷尺	测量弹线
	彩色粉	弹线用
	粉笔	划线
	搅拌木棍或电动搅拌器	搅拌材料
	剪刀	剪裁卷材
	长柄滚刷	涂刷基层处理剂及胶粘剂
	胶皮板刷	涂刷基层处理剂
	长柄胶皮刮板	涂刷胶粘剂
热玛琋脂粘结法	温度计(300℃)	量测沥青温度
	熬油锅	熬制沥青玛琋脂
	沥青桶	装盛沥青玛琋脂
	油壶	浇沥青玛琋脂
	运胶车	运输沥青玛琋脂
	滚筒(80～100 kg,表面包 20～30 mm 厚胶皮)	滚压大面铺好的沥青卷材
冷粘法	小油漆桶(3L)	盛粘结剂容器
	油漆刷	涂刷接缝胶粘剂等
	钢管 ϕ30mm×1500mm	展铺卷材
	射钉枪(小型)	固定压板、压条用
	手持压辊	滚压接缝、立面卷材
	扁平辊	滚压阴、阳角
	大型压辊(30～40kg)	滚压大面卷材
热熔法	除冷粘法工具外	
	石油液化气火焰喷枪	热熔卷材
	液化气罐	液化气容器
	汽油喷灯(3L)	附加增强层用
	烫板(带柄)	挡隔火焰
	隔热板(1400×400×10mm 木板)	加热卷材末端时用

续表 8.4.1.4

施工方法	名　称	用　途
自粘法	除冷粘法工具外 手持汽油喷灯 扁头热风枪	 熔化接缝处聚乙烯膜 加热搭接缝处粘胶层
热风焊接法	自动行进式热风焊机(4kW)手持热风焊枪	施工接缝用

8.4.2　卷材防水层施工方法

8.4.2.1　卷材防水施工工艺和适用范围

工艺类别	名　称	做　法	适用范围
热施工工艺	热玛琋脂粘贴法	传统施工方法,边浇热玛琋脂边滚铺油毡,逐层铺贴	石油沥青油毡三毡四油(二毡三油)叠层铺贴
	热熔法	采用火焰加热器熔化热熔型防水卷材底部的热熔胶进行粘结	有底层热熔胶的高聚物改性沥青防水卷材
	热风焊接法	采用热空气焊枪加热防水卷材搭接缝进行粘结	热塑性合成高分子防水卷材搭接缝焊接
冷施工工艺	冷玛琋脂粘贴法	采用工厂配制好的冷用沥青胶结材料,施工时不需加热,直接涂刮后粘贴油毡	石油沥青油毡三毡四油(二毡三油)叠层铺贴
	冷粘法	采用胶粘剂进行卷材与基层、卷材与卷材的粘结,不需要加热	合成高分子卷材、高聚物改性沥青防水卷材
	自粘法	采用带有自粘胶的防水卷材,不用热施工,也不需涂刷胶结材料,直接进行粘结	带有自粘胶的合成高分子防水卷材及高聚物改性沥青防水卷材

续表 8.4.2.1

工艺类别	名称	做法	适用范围
机械固定工艺	机械钉压法	采用镀锌钢钉或铜钉等固定卷材防水层	多用于木基层上铺设高聚物改性沥青卷材
	压埋法	卷材与基层大部分不粘结，上面采用卵石等压埋，但搭接缝及周边要全粘	用于空铺法、倒置屋面

8.4.2.2 卷材防水层铺贴方法及适用条件

铺贴方法	做法	优缺点	适用条件
满粘法	又称全粘法，是一种传统的施工方法，热熔法、冷粘法、自粘法均可采用全粘法施工	当用于三毡四油沥青防水卷材施工时，每层均有一定厚度的玛瑞脂满粘，可提高防水性能 但若找平层湿度较大或屋面变形较大时，防水层易起鼓、开裂	适用于屋面面积较小，屋面结构变形较小，找平层干燥条件
空铺法	卷材与基层仅在四周一定宽度内粘贴，其余部分不粘贴 铺贴时应在檐口、屋脊和屋面转角处及突出屋面的连接处，卷材与找平层应满粘贴，其粘贴宽度不得小于800mm，卷材与卷材搭接缝应满粘，叠层铺贴时，卷材与卷材之间应满粘	能减小基层变形对防水层的影响，有利于解决防水层起鼓、开裂问题 但防水层由于与基层不粘结，一旦渗漏，水会在防水层下窜流而不易找到漏点	适用于基层易变形和湿度大。找平层水蒸气难以由排汽道排入大气的屋面，或用于埋压法施工的屋面 沿海大风地区不宜采用（防水层易被大风掀起）
条粘法	卷材与基层采用条状粘结，每幅卷材与基层粘贴面不少于 2 条，每条宽度不少于 150mm 卷材与卷材搭接缝应满粘，叠层铺贴也应满粘	由于卷材与基层有一部分不粘结，故增大了防水层适应基层的变形能力，有利于防止卷材起鼓、开裂 操作比较复杂，部分地方减少一油，影响防水功能	适用于采用留槽排汽不能解决卷材防水层开裂和起鼓的无保温层屋面；或温差较大，基层又十分潮湿的排汽屋面

续表 8.4.2.2

铺贴方法	做法	优缺点	适用条件
点粘法	卷材与基层采用点状粘结,要求每平方米至少有5个粘结点,每点面积不小于100mm×100mm,卷材与卷材搭接应满粘。防水层周边一定范围内也应与基层满粘。当第一层采用打孔卷材时,也属于点粘 点粘面积,必要时应根据当地风力大小,经计算后确定	增大了防水层适应基层变形的能力,有利于解决防水层起鼓、开裂问题 操作比较复杂 当第一层采用打孔卷材时,仅可用于卷材多叠层铺贴施工	适用于采用留槽排汽不能可靠地解决防水层起鼓、开裂的无保温层屋面;或温差较大,而基层又十分潮湿的排汽屋面

8.4.3 沥青卷材热法施工

8.4.3.1 工艺流程

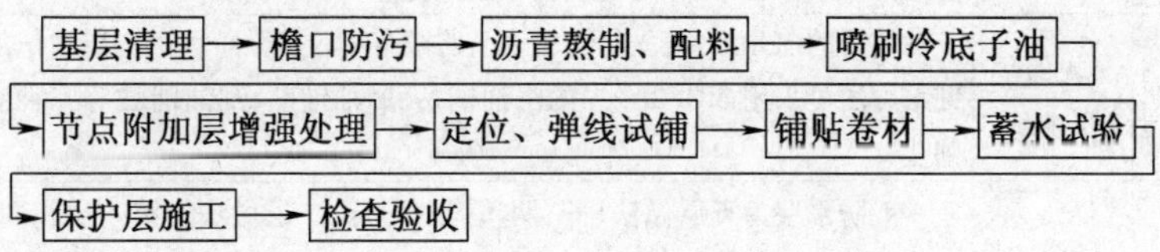

8.4.3.2 操作要点

序	内容	操作要点
1	基层清理	做防水层底层前,要将验收合格的基层表面的尘土、杂物清扫干净,节点处可用吹风机辅助清理
2	檐口防污	为防止卷材铺贴时,热沥青玛瑞脂污染檐口,可在檐口前沿刷一层较稠的滑石粉浆或粘贴防污塑料纸,卷材铺贴完,将滑石粉上的沥青胶铲除干净,或撕去防污塑料纸
3	沥青熬制配料	该道工序包括沥青熬制、配制冷底子油和沥青玛瑞脂

续表 8.4.3.2

序	内容	操作要点
4	喷刷冷底子油	冷底子油的作用是增强基层与防水卷材间的粘结，涂刷工作一般应在水泥砂浆养护完毕，表面基本干燥后进行(俗称"干刷法")。冷底子油需用棕刷或胶皮刷蘸油均匀涂刷在水泥砂浆基层上。要涂刷均匀，愈薄愈好，不得留有空白。切忌涂刷太厚，否则在炎热天气会造成卷材与沥青玛瑞脂的滑动，粘结不牢。冷底子油也可用机械喷涂，机械喷涂既能保证质量，又能节省材料与劳力。大面积喷刷前，应将边角、管根、雨水口等处先喷刷一遍，然后大面积喷刷第一遍，待第一遍油干燥后，再喷刷第二遍。要求喷刷均匀，无漏底 涂刷冷底子油的时间宜在卷材铺贴前1～2d内进行，这样才能保证施工质量。冷底子油涂刷后经过风干感觉不沾手后即可铺贴卷材
5	节点附加层增强处理	在女儿墙、檐沟墙、天窗壁、变形缝、烟囱根、管道根与屋面的交接处，以及檐口、天沟、斜沟、雨水口、屋脊等部位，按设计要求事先要根据节点的情况，剪裁卷材，铺设增强卷材附加层。排气道、排气帽必须通畅、排气道上的附加层必须单面点粘，宽度不小于250mm
6	定位、弹线试铺	为了便于掌握卷材铺贴的方向、距离和尺寸，应事先检查卷材有无弯曲。在正式铺贴前要进行定位、弹线试铺工作。在找平层上弹线以确定卷材的搭接位置，保证铺贴顺直，无卷材扭曲、皱褶缺陷
7	铺贴第一层油毡	在使用的前几天，应先将卷材表面的撒布物清扫干净。第一层油毡的铺贴方法可采用8.4.2.2中的浇油铺贴、刷油铺贴、刮油铺贴等三种满铺法
8	铺贴2～3层卷材	一般防水层为五层做法(即"两毡三油")，第二层做法与第一层相同，第一层与第二层卷材错开搭接接缝不小于250mm。搭接缝用玛瑞脂封严；设计无板块保护层的屋面，应在涂刷最后一道热玛瑞脂(厚度宜为2～3mm)时随涂随将豆石保护层撒在上面，注意均匀粘结。第三层卷材与第二层卷材错进搭接缝粘贴
9	蓄水试验	防水层完工后应做蓄水试验，蓄水高度宜大于50mm，蓄水时间不宜小于24h。经试验检查不渗漏后，才可进行保护层施工。如屋面无蓄水条件，则可在雨后或持续淋水以后进行检查
10	铺设卷材保护层	沥青防水卷材屋面的保护层一般选用绿豆砂，豆石必须洁净、干燥，粒径为3～5mm，要求材质耐风化。将绿豆砂预热至100℃左右，在清扫干净的卷材防水层表面上刮涂一层热沥青玛瑞脂，同时铺撒热绿豆砂，并进行滚压，使二者粘结牢固，事后清除未粘牢的豆石

8.4.4 卷材冷粘法施工

8.4.4.1 沥青卷材冷粘法施工

沥青防水卷材冷粘法施工，除所用的胶结材料为冷玛琋脂外，其他与卷材热粘贴施工基本相同，详见 8.4.3。

8.4.4.2 高聚物改性沥青防水卷材冷粘法施工

冷粘法铺贴高聚物改性沥青防水卷材，是指采用冷胶粘剂或冷玛琋脂将高聚物改性沥青防水卷材粘贴于基层上的施工方法。施工时不需加热卷材和基层，单层防水卷材厚度不宜小于 4mm，复合防水时不宜小于 3mm。

(1)施工准备

①技术准备。冷粘法铺贴改性沥青卷材，施工前应根据现场和工程的实际情况编制切实可行的施工方案，选择专业防水施工队伍，向操作人员进行技术交底和相关培训，操作人员要持证上岗。

②施工常用机具。常用施工机具的名称、规格、用法见下表。

名　称	规　格	数量	用　法
高压吹风机 小平铲 扫帚、钢丝刷	500W 5～100mm 常用	1 若干 若干	清理基层
铁桶、木棒	20L、1.2m	各 1	搅拌、盛装底涂料
长把滚刷、油漆刷	ϕ60×250mm 50～100mm	5 各 5	涂刷底涂料
裁剪刀、壁纸刀	常用	各 5	裁剪卷材
盒尺、卷尺		各 2	丈量工具
单筒、双筒热熔喷枪 移动式热熔喷枪 喷灯	专用工具 专用工具 专用工具	2～4 1～2 2～4	烘烤热熔卷材
铁抹子	—	5	压实卷材搭接边及修补基层和处理卷材收头等
干粉灭火器	—	10	消防备用
手推车	—	2	搬运工具

③作业条件。

a. 天气无雨、雪。

b. 气温在0℃以上，无5级及以上风。

c. 基层应干燥、平整、洁净。

(2)工艺流程

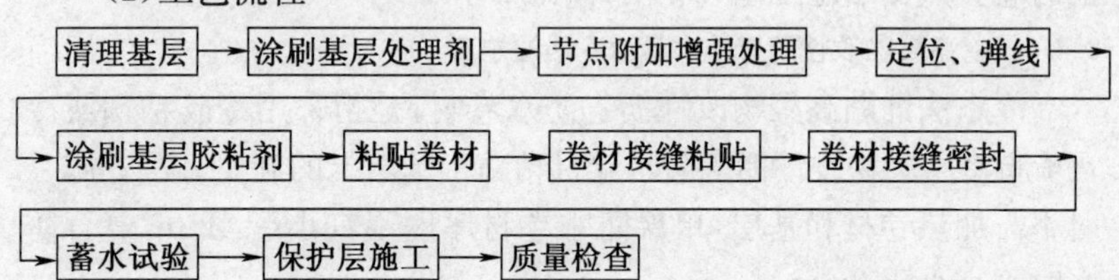

(3)施工操作要点

①清理基层。剔除基层上的隆起异物，清除基层上的杂物，清扫尘土。

②喷涂基层处理剂。高聚物改性沥青防水卷材的基层处理剂可选用氯丁沥青胶乳、橡胶改性沥青溶液、沥青溶液等。施工时将基层处理剂搅拌均匀，先将节点部位涂刷一遍，然后进行大面积涂刷。涂刷应均匀，不得过厚或过薄。一般涂刷后4h左右，方可进行下道工序的施工。

③节点的附加增强处理。在构造节点部位及周边扩大200mm范围内，均匀涂刷一层厚度不小于1mm的弹性沥青胶粘剂，随即粘贴一层聚酯纤维无纺布，并在布上涂一层厚1mm的胶粘剂，构成无接缝的增强层。

④定位、弹线。按卷材排布配置，弹出定位和基准线。

⑤涂刷基层胶粘剂。基层胶粘剂可用胶皮刮板涂刷，涂刷在基层上的胶粘剂要求厚薄均匀、不漏底、不堆积，厚度约0.5mm。空铺法、条粘法、点粘法应在屋面周边800mm宽的部位满涂刷胶粘剂，进行满粘贴。点粘和条粘还应按规定的位置和面积涂刷胶粘剂，保证达到点粘和条粘的质量要求。

⑥粘贴防水卷材。要根据各种胶粘剂的性能和施工环境要求的

不同,安排粘贴的时间和控制两次涂刷的间隔时间。粘贴时,要推赶、辊压、排气、粘牢一气呵成。一人在后均匀用力推赶铺贴卷材,并注意排除卷材下面的空气,防止因温度升高气体膨胀而使卷材起鼓。一人用手持压辊,辊压卷材面,使之与基层更好地粘结,溢出的胶粘剂随即刮平。整个卷材的铺贴应平整顺直,不得有扭曲、皱折等。

卷材与立面的粘贴,应从下面均匀用力往上推赶,使之粘结牢固。当气温较低时,可考虑用热熔法施工。

⑦卷材接缝粘结。卷材接缝处,应满涂胶粘剂(与基层胶粘剂同一品种),经过合适的时间间隔后,进行接缝处卷材粘结,并用辊压之,溢出的胶粘剂随即刮平。

搭接缝粘结质量的关键是搭接宽度和粘结力。为保证搭接尺寸,一般在已铺卷材上量好搭接宽度,弹出粉线作为标准。为了保证粘结更可靠,卷材与卷材搭接缝也可用热熔法粘结。

⑧卷材接缝密封。为提高防水层的密封抗渗性能,接缝口应用密封材料封严,宽度不小于10mm。

⑨蓄水试验。防水层完工后,按卷材热玛琋脂粘结施工的要求做蓄水试验。

⑩保护层施工。屋面经蓄水试验合格后放水;待面层十燥,立即进行保护层施工,以避免防水层受损。做法同热法铺贴高聚物改性沥青防水卷材。

8.4.4.3 合成高分子防水卷材冷粘法施工

合成高分子卷材与基层粘贴的主要方法是冷粘法。合成高分子防水卷材,大多用于屋面单层防水,卷材的厚度宜为1.2～2mm。各种合成高分子卷材的冷粘贴施工,除了由于配套胶粘剂引起的差异外,大致相同。下面以三元乙丙橡胶防水卷材冷粘法施工为例,介绍施工方法。

(1)施工准备

①三元乙丙橡胶防水卷材配套材料及用量见表8.4.4.3(一)。

8.4.4.3(一)　三元乙丙橡胶防水卷材配套材料及用量

名　称	用　途	颜　色	容量(kg/桶)	用量(kg/m²)	备　注
聚氨酯底胶	基层处理剂	甲料:黄褐色胶体 乙料:黑色胶体	18 17	0.2	
氯丁系胶粘剂(如CX-404胶)	基层与卷材胶粘剂	黄色浑浊胶体	15	0.4	亦可用BRICI J-4
丁基胶粘剂	卷材接缝胶粘剂	A料:黄色胶体 B料:黑色胶体	17 17	0.1	亦可用BRICI J-6
表面着色剂	表面着色	银色涂料	17	0.2	分水乳型和溶剂型两种
聚氨酯密封膏	接缝增补密封剂	甲料:黄褐色胶体 乙料:黑色胶体	18 24	0.1	—

②LYX-603防水卷材配套材料及用量见表8.4.4.3(二)。

8.4.4.3(二)　氯化聚乙烯-橡胶共混防水卷材配套材料及用量

名　称	用　途	用量(kg/m²)
聚氨酯底胶	基层处理剂	0.2
氯丁系胶粘剂(CX-409)	基层与卷材胶粘剂	0.4
CX-401胶	卷材接缝胶粘剂	0.1
聚氨酯密封膏	接缝密封、嵌缝	0.1
LY-T102、104涂料	保护层装饰涂料	0.5

③氯化聚乙烯-橡胶共混防水卷材配套材料及用量见表8.4.4.3(三)。

8.4.4.3(三)　LYX-603防水卷材配套材料及用量

名　称	外　观	使用部位	用量(kg/m²)
LYX-603 3号胶	甲组分:浅黄色液体 乙组分:乳白色液体	卷材与基层粘结	0.4
LYX-603 2号胶	灰色黏稠液体	卷材与卷材搭接	0.05
LYX-603 1号胶	银色黏稠液体	卷材表面着色	0.08

注:表中材料均由厂方配套生产。

④施工常用机具见表 8.4.4.3(四)。

8.4.4.3(四) 施工常用工具

名 称	规 格	数量	用 法
平铲	小型	3 把	清理基层
扫帚	—	5 把	清理基层
钢丝刷	—	3 把	清理基层
高压吹风机	—	1 台	清理基层
铁桶	10L	2 个	装胶粘剂
滚刷	ϕ60×250mm	10 把	涂刷胶粘剂
油漆刷	50～100mm	各 5 把	涂刷胶粘剂
橡皮刮板	—	3 把	涂刷胶粘剂
剪刀	常用	2 把	裁剪卷材
盒尺	2m	3 把	测量弹线
卷尺	50m	1 把	测量弹线
粗线	—	50m	弹线
粉线袋	色粉		弹线
铁管	ϕ30×1500mm	2 根	铺贴卷材
铁压辊	外包橡皮 300N	2 个	压实卷材
手持压辊	ϕ40×50mm	10 个	压实卷材
手持压辊	ϕ10×5mm	5 个	压实阴角卷材
铁抹子	—	5	修补基层和处理卷材收头等
嵌缝挤出枪	—	5 个	嵌填密封材料
手推车	—	2	搬运工具

⑤作业条件：

a. 雨天、雾天严禁施工。

b. 环境温度不低于 5℃。

c. 五级风(含五级)以上不得施工。

d. 施工途中下雨、下雾应做好已铺卷材周边的防护工作。

e. 基层必须干净、干燥。

(2)工艺流程

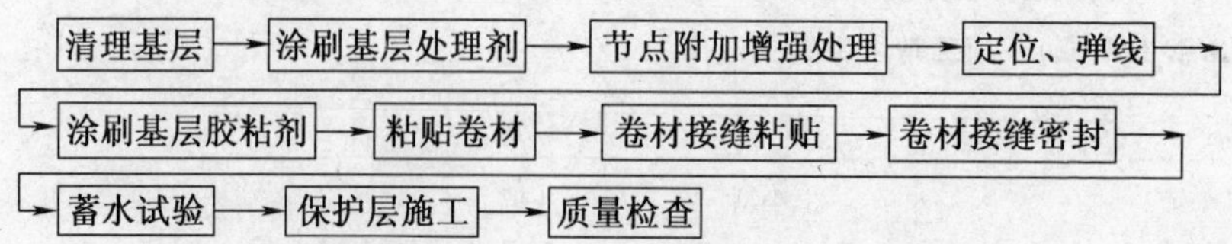

(3)施工操作要点见表8.4.4.3(五)。

8.4.4.3(五) 施工操作要点

序	内容	施工操作要点
1	清理基层	剔除基层上的隆起异物,清除基层上的杂物,清扫尘土。因卷材较薄易被刺穿,所以必须将基层清除干净
2	涂刷基层处理剂	基层处理剂一般是用低黏度聚氨酯涂膜防水材料,其配合比为甲料∶乙料∶二甲苯=1∶1.5∶3。用电动搅拌器搅拌均匀备用。基层处理剂可用喷或涂等方法均匀涂布在基层表面。涂刷施工时,将配制好的基层处理剂搅拌均匀,在大面积涂刷施工前,先用油漆刷蘸胶在阴阳角、水落口、管道及烟囱根部等复杂部位均匀地涂刷一遍,然后用长拖滚刷进行大面积涂刷施工。基层处理剂厚度应均匀一致,切勿反复来回涂刷,也不得漏刷露底。经干燥4h以上,即可进行下一工序的施工。基层处理剂施工后宜在当天施工防水层
3	节点封闭处理	屋面容易产生漏水的薄弱处,如山墙水落口、天沟、凸出屋面的阴阳角,穿越屋面的管道根部等,需采用涂膜防水材料做增强处理。用聚氨酯涂膜防水材料的处理方法是,先将甲料和乙料按1∶1.5比例搅拌均匀,再均匀涂刷于阴阳角、水落口等周围,涂刷宽度应以中心算起200mm以上,厚度以1.5mm以上为宜。涂刷固化24h以上,才能进行下一工序的施工
4	定位、弹基准线	按卷材排布配置,弹出定位线和基准线
5	涂刷基层胶粘剂	基层胶粘剂一般为氯丁橡胶胶粘剂,需涂刷在基层和防水卷材的表面。先将氯丁橡胶胶粘剂(或其他基层胶粘剂)的铁桶打开,用手持电动搅拌器搅拌均匀,即可进行涂刷基层胶粘剂。涂胶时先在卷材反面涂胶、后在基层表面上刷胶 涂刷胶粘剂后,经静置10～20min,待指触基本不粘手时,即可将卷材用纸筒芯卷好,就可进行铺贴

续表 8.4.4.3(五)

序	内容	施工操作要点
6	卷材粘贴、滚压排气	操作时，几个人将刷好基层胶粘剂的卷材抬起翻过来，将一端粘贴在预定部位，然后沿着基准线向前粘贴，随后用压辊用力向前和向两侧滚压，使防水卷材与基层粘结牢固 每铺完一幅卷材，应立即用干净、松软的长柄压辊从卷材一端顺卷材的横向顺序滚压一遍，彻底排除卷材粘结层间的空气。排除空气后，卷材平面部位可用外包橡胶的大压辊滚压(一般重 30～40kg)，使其粘贴牢固
7	卷材接缝粘贴	(1)搭接面清理、清洗，将准备处理的接缝清理干净备用 (2)搭接缝涂胶。在卷材接缝宽度范围内，用丁基橡胶胶粘剂，按 A∶B=1∶1 的比例配置并搅拌均匀，随即进行粘贴 施工时，首先将搭接部位上层卷材表面顺边每隔 500～1000mm 处涂刷少量接缝胶粘剂，待其基本干燥后，指触手感不粘时，即可进行粘贴。粘贴从一端顺卷材长边方向至短边方向进行，一边压合一边驱除空气，并用手持压辊滚压，使卷材粘牢 (3)卷材接缝口密封。为了防止卷材末端收头和搭接缝边缘剥落或渗漏，该部位必须用单组分氯磺化聚乙烯或聚氨酯密封膏封闭严密，并在末端收头处用掺有水泥用量 20%107 胶的水泥砂浆进行压缝处理
8	蓄水试验	按卷材热玛琋脂粘结施工的要求做蓄水试验，其方法与前述相同
9	保护层施工	屋面经蓄水试验合格放水，待防水面层干燥后，按设计立即进行保护层施工，以避免防水层受损

8.4.5 高聚物改性沥青防水卷材热熔法施工

热熔法铺贴是采用火焰加热器熔化改性沥青卷材底层的热熔胶进行粘贴。常用于 SBS 改性沥青防水卷材、APP 改性沥青防水卷材等与基层的粘结施工。热熔法施工气温不低于－5℃，环境温度不宜低于－10℃。如无可靠保证措施，达不到上述要求，禁止施工。

8.4.5.1 施工准备

(1)技术准备

施工前应编制细致实用的施工方案，并对进场人员进行技术交底。选择有专业资质的施工队伍来施工，操作人员必须持证上岗。

(2)卷材热熔法操作工艺主要施工机具

名　称	规　格	数量	用　法
平铲	小型	2把	清理基层
棕扫帚	普通	3把	清理基层
钢丝刷	普通	4把	清理基层
空气压缩机	$0.6m^3/min$	1台	清理基层
长柄刷	棕刷或胶皮刷	2把	涂刷冷底子油
盒尺	2m	3把	度量尺寸
卷尺	50m	1把	度量尺寸
粉笔	—	1盒	做标记
粉线袋	色粉	—	弹线
剪刀	常用	2把	裁剪卷材
火焰加热器	喷灯或专用喷枪	3支	烘烤卷材
铁辊	300mm长、30kg重	1个	压实卷材
手持压辊	$\phi40\times500mm$	2个	压实卷材
刮板	胶皮	2个	推刮卷材及刮边等
铁锤	普通	1把	卷材收头钉及水泥钉

(3)作业条件准备

①基层表面必须平整、坚实、干燥、清洁,不得有起砂、开裂和空鼓等缺陷。施工前应将基层表面的尘土、杂物清理干净。

②基层的坡度应符合设计规定,不得有倒坡积水现象。

③防水层施工前,找平层与凸出屋面的物体(如女儿墙、烟囱等)相连的阴角,应抹成光滑的小圆角;找平层与檐口、排水沟等相连的转角,应抹成光滑一致的圆弧形。

④施工前申请点火证。施工现场应备有粉末灭火器或砂袋。

8.4.5.2 工艺流程

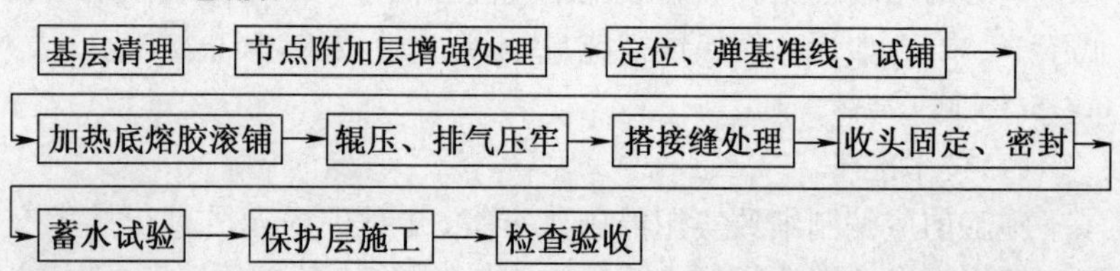

8.4.5.3 操作要点

序	内　容	操 作 要 点
1	清理基层	施工前将验收合格的基层表面尘土、杂物清理干净
2	涂刷基层处理剂	高聚物改性沥青防水卷材施工，处理剂按产品说明书配套使用。基层处理剂是先将氯丁橡胶沥青胶粘剂中加入工业汽油稀释，并搅拌均匀，再用长把滚刷均匀涂刷于基层表面上，常温下经过 4h 后(以不粘脚为准)，开始铺贴卷材。涂刷基层处理剂要均匀一致，切勿反复涂刷
3	节点附加层增强处理	待基层处理剂干燥后，女儿墙、水落口、管根、檐口、阴阳角等细部先做附加层。具体做法是：先在其中心 200mm 范围内，均匀涂刷 1mm 厚的胶粘剂，干后再粘结一层聚酯纤维无纺布，在其上再涂刷 1mm 厚的胶粘剂，干燥后形成一层无接缝和弹塑性的整体附加层
4	定位、弹基准线、试铺	附加层铺设以后，可以进行定位、弹线、试铺等工作
5	卷材热熔铺贴	试铺完成后即可进行卷材热熔铺贴。卷材的层数、厚度应符合设计要求。铺贴方向应考虑屋面坡度及屋面是否受振动和历年主导风向等情况(必须从下风方向开始)。当坡度小于 3%时，宜平行于屋脊铺贴；当坡度在 3%～15%时，平行或垂直于屋脊铺贴；当坡度大于 15%或屋面受振动，卷材应垂直于屋脊铺贴。多层铺设时上下层接缝错开应不小于 250mm。将改性沥青防水卷材剪成相应尺寸，用原卷心卷好备用。铺贴卷材的操作方法可用滚铺法和展铺法
6	辊压、排气压牢	热熔后立即一边滚铺，一边滚压排气，使卷材平展、粘牢、无皱褶。卷材被热熔粘贴后，要在卷材尚处于较柔软时，就及时进行滚压。滚压太迟，卷材冷却变硬，胶粘剂粘性变弱，难以压实牢固；滚压太早，卷材太柔软则容易压破卷材。施工时，加热与推滚要配合默契，操作人员在推滚时要适当用力按压卷材，使卷材与基层面紧密接触，排出空气，粘贴牢固
7	搭接缝处理、收头固定、密封	处理完隔离层，即可依次进行纵向和横向搭接接缝的粘结。滚压时，待搭接缝口有热熔胶(胶粘剂)溢出，收边人员趁热用棉纱团抹平卷材后，即可用抹灰刀把溢出的热熔胶刮平，沿边封严 对于卷材短边搭接缝，还可用抹灰刀挑开，同时用汽油喷灯烘烤卷材搭接处。待加热至适当温度后，随即用抹灰刀将接缝处溢出的热熔胶刮平、封严。纵横接缝熔焊粘结后，要再用火焰及抹子在接缝边缘上均匀地加热抹压一遍 整个防水层粘结完毕，所有搭接缝用密封材料予以严密封涂。密封材料可用聚氯乙烯建筑防水接缝材料或建筑防水沥青嵌缝油膏，也可采用封口胶或冷玛瑞脂。密封材料应在缝口抹平，使其形成有明显的沥青条带
8	蓄水试验	要求同冷粘法施工
9	保护层施工	屋面经蓄水试验合格，待防水面层干燥后，按设计立即进行保护层施工，以避免防水层受损

8.4.6 卷材自粘法施工

①清理基层。剔除基层隆起异物，清除基层上的浮浆、杂物，清扫干净尘土。

②节点密封处理。按设计要求，在构造节点部位铺贴附加层。为确保质量，可在做附加层之前，再涂刷一遍增强胶粘剂，然后再做附加层。

③涂刷基层处理剂。基层处理剂可用稀释的乳化沥青或其他沥青基的防水涂料。涂刷要薄而均匀，不露底、不凝滞。干燥6h后，即可铺贴防水卷材。

④定位、弹基准线。按卷材排铺布置，弹出定位线、基准线。

⑤用滚铺法铺贴大面自粘性卷材。滚铺法是撕剥隔离纸与铺贴卷材同时进行。施工时先用一根 $\phi30\times1500$mm 的钢管穿过卷材中间的卷芯筒，由两人抬至待铺位置的始端，将卷材向前铺开500mm左右，一人将此500mm的卷材拉起来，另一人撕剥开此部分的隔离纸，将其折成条形，随后另两人将卷材抬起对准基线摆铺好并压实。始端卷材固定后，把折好的隔离纸拉出卷到用过的包装纸筒上，随即一面剥开隔离纸，一面沿基线向前滚铺卷材，并排气辊压。

每铺完一幅卷材，即用长柄滚刷从开始端起彻底排除卷材下面的空气，随后用大压辊将卷材压实平整，确保粘结牢固。

⑥铺贴特殊部位自粘型卷材。铺贴天沟、泛水、阴阳角或有凸出物的基面时可采用抬铺法施工。抬铺法是先根据屋面形状考虑卷材的搭接长度预先剪裁好卷材，然后撕剥隔离纸。

剥完隔离纸后，使卷材的粘结胶面朝外，把卷材沿长向对折，然后由两人从卷材的两端配合翻转卷材铺贴。在整个铺贴过程中，参与操作的工人用力要均匀，配合要默契。

由于自粘型卷材与基层的粘结力相对较低，尤其在低温环境下，在立面或坡度较大的屋面上铺贴卷材，容易产生流坠下滑现象。在此情况下，宜用手持式汽油喷灯将卷材底面的胶粘剂适当加热后再进行粘贴和辊压。待卷材铺贴完成后，应与滚铺法一样，先从中间向两边缘处排出空气，再用压辊辊压，使其粘结牢固。

⑦搭接缝粘贴。自粘型彩色三元乙丙防水卷材的长、短各有一边不带自粘型胶(宽 50～70mm)，施工时需现场刷胶封边，以确保卷材搭接缝处粘结牢固。

卷材搭接应在大面卷材排出空气并压实后进行。为提高可靠性，粘结搭接缝时可采用热风焊枪加热。具体操作需三人配合进行。一人先掀开搭接部位的卷材，用扁头热风枪加热搭接卷材底面的胶粘剂，并逐渐前移；另一人紧随其后，把加热后的搭接部位卷材马上用棉纱团从里向外排气，并抹压平整；最后一人则用手持压辊辊压搭接部位，使搭接缝密实。

搭接缝粘贴密实后，所有搭接缝均应用密封材料封边，宽度不少于 10mm，其涂封量可参照材料说明书的有关规定。卷材冷粘法操作与三层重叠部位的处理方法相同。

⑧嵌缝。大面卷材铺贴完毕，在卷材接缝处，用丙烯酸密封膏嵌缝。嵌缝时应宽窄一致、封闭严密。

⑨蓄水试验。同其他防水卷材施工方法。

8.4.7 保护层施工

8.4.7.1 保护层的种类

结构保护层分类见图 8-1，附加保护层的种类见图 8-2。

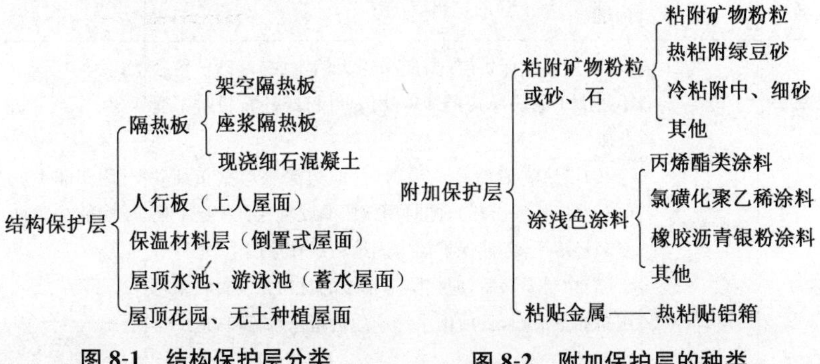

图 8-1 结构保护层分类　　图 8-2 附加保护层的种类

8.4.7.2 保护层施工要点

项次	项　目	技术要求	备　注
1	基本要求	(1)保护层施工前,应将防水层上的杂物、浮灰清理干净,并对防水层质量进行验收。有条件时宜做蓄水试验 (2)如采用刚性保护层,在防水层与保护层之间应做隔离层;保护层与女儿墙之间应预留 30mm 以上空隙,并嵌填密封材料 (3)在防水层铺设砂浆或混凝土时,在运输通道上应铺设垫板、防护毡等,施工人员应穿软底鞋,以免损坏已施工好的防水层	—
2	浅色涂料保护层	(1)涂料应在防水层养护完毕后进行,卷材防水层养护 2d 以上,涂膜防水层应养护 7d 以上 (2)施工时涂刷应均匀,防止漏涂。二遍作业时,第二遍涂刷的方向应与第一遍相垂直 (3)施工人员在阳光下操作时,应戴墨镜,以免铝基反射光线刺伤眼睛	适用于卷材及涂膜防水层
3	绿豆砂保护层	(1)绿豆砂的粒径为 3～5mm(也可用人工砂),事先应经过筛选,颗粒均匀,并用水冲洗干净 (2)绿豆砂使用时,应在铁板上预先加热干燥,温度为 130～150℃ (3)绿豆砂应在卷材表面涂刷最后一道沥青玛瑞脂时,趁热均匀铺撒,并应全部嵌入沥青玛瑞脂中 (4)铺绿豆砂应沿屋脊方向,顺卷材的接缝全面向前推进	仅适用于沥青防水卷材热法施工
4	细砂或细粉料保护层	(1)用砂做保护层时,应采用天然水成砂,砂子粒径不得大于涂层厚皮的 1/4;用云母粉或蛭石粉时不受此限 (2)当涂刷最后一道涂料时,应边涂刷边撒布细砂(或云母粉、蛭石粉),同时用软质的胶辊在保护层上反复轻轻滚压,务使保护层牢固地粘结在涂层上 (3)涂层干燥后,应扫除末粘结的材料并收集收来再用。如不清扫,日后雨水冲刷后会堵塞水落口,造成排水不畅	用于非上人屋面的涂膜防水层

续表 8.4.7.2

项次	项　目	技 术 要 求	备　注
5	预制板块保护层	(1)板块铺砌前应根据排水坡度要求挂线,以满足排水要求,保证铺砌的块体横平竖直 (2)在砂结合层上铺砌块体时,砂结合层应洒水压实,并用刮尺刮平。块体应对接铺砌,缝隙宽度约10mm左右。板缝先用砂填至一半高度,然后用1∶2水泥砂浆勾成凹缝。为防砂子流失,在保护层四周500mm范围内,应改用强度等级较低的水泥砂浆做结合层 (3)若采用水泥砂浆做结合层时,应采用纸筋灰或麻刀灰、干铺卷材、砂垫层、低强度等级的砂浆等隔离材料。铺砌时,预制块体应先浸水湿润并阴干,然后摊铺水泥砂浆,随即将预制块体铺平、挤压密实,使块体与结合层之间不留空隙。铺砌工作应在水泥砂浆凝结前完成,块体间要预留10mm缝隙,待1～2d后再用1∶2水泥砂浆勾成凹缝 (4)块体保护层每100m² 以内应留设分格缝,缝宽20mm,嵌填密封材料 (5)上人屋面的块体保护层,块体材料应按楼地面工程的质量要求选用,结合层应选用1∶2水泥砂浆	适用于上人及非上人屋面的卷材防水层
6	水泥砂抹面保护层	(1)水泥砂浆保护层与防水层之间宜设置隔离层(隔离材料向前)。保护层所用水泥砂浆配合比一般为水泥∶砂=1∶2.5～3(体积比) (2)保护层施工前,应根据结构情况每隔4～6m:设置纵横分格缝。当铺设水泥砂冻时,应随铺随压实,并用刮尺找平,随即用ϕ8～10的钢筋或麻绳压出表面分格缝,间距不大于1m (3)保护层表面应平整,不得出现抹压的痕迹或凹凸不平的现象,排水坡度应符合设计要求 (4)为保证立面水泥砂浆保护层粘结牢固,为此可在防水层表面粘附砂粒或小豆石。若为防水涂料,应在最后一道涂料施工时,边涂边撒布细砂;若为沥青防水卷材或改性沥青防水卷材,可先用喷灯将防水层表面烘烤,将细砂或小豆石粘附于防水层上;对于高分子防水卷材,可在表面涂刷一层胶粘剂后粘上细砂,并轻轻压实 (5)防水层养护完毕,即可进行立面保护层施工	适用于上人及非上人屋面的卷材或涂膜防水层

续表 8.4.7.2

项次	项目	技术要求	备注
7	整浇细石混凝土保护层	(1)细石混凝土保护层与防水层之间宜设隔离层(隔离材料同前),并按设计要求设置分格缝,分格缝宽度为 20mm,面积不大于 $36m^2$ (2)一个分格缝内的混凝土应尽可能连续浇筑,不留施工缝 (3)混凝土宜采用铁辊滚压或人工拍实,不宜采用机械振捣,以免破坏防水层 (4)混凝土振实后,随即用刮尺按排水坡度刮平,并在初凝前用木抹子提浆抹平,终凝前用铁抹子压光 (5)混凝土浇筑后应及时养护,时间不少于 7d。养护后将分格缝清理干净,待干燥后嵌填密封材料	适用于上人屋面的卷材或涂膜防水层
8	架空隔热保护层	(1)根据架空板尺寸先在防水层上弹线,定出支座位置 (2)砌筑支座时应根据排水坡度进行挂线,以保证支座的高度一致,并符合屋面设计的排水坡度 (3)架空板宜随支座的砌筑随即进行铺设,确保架空板有足够的支承面积 (4)支座砌筑时,应在支座下铺贴一层卷材或聚酯毡,以保护防水层 (5)架空板铺设 1~2d 后,板缝应用水泥砂浆勾缝抹平	适用于南方地区有隔热要求的卷材或涂膜防水屋面

8.4.8 卷材防水屋面质量验收规定

8.4.8.1 检验数量

应按屋面面积每 $100m^2$ 抽查一处,每处 $10m^2$,且不得少于 3 处。细部的构造应全部进行检查。

8.4.8.2 卷材防水屋面质量验收标准

项	序	检验项目与要求	检验方法
基本规定	1	本标准适用于防水等级为Ⅰ~Ⅳ级的屋面防水	
	2	卷材防水层应采用高聚物性沥青防水卷材、合成高分子防水卷材或沥青防水卷材。所选用的基层处理剂、接缝胶粘剂、密封材料等配套材料应与铺贴的卷材料性相容	

续表 8.4.8.2

项	序	检验项目与要求	检验方法
基本规定	3	当在坡度大于25%的屋面上采用卷材作防水层时，应采取固定措施。固定点应密封严密	
	4	铺设屋面隔气层和防水层前，基层必须干净、干燥。干燥程度的简易检验方法，是将 $1m^2$ 卷材平坦地干铺在找平层上，静置3～4h后掀开检查，找平层覆盖部位与卷材上未见水印	
	5	卷材铺贴方向应符合下列规定： (1)当屋面坡度小于3%时，卷材宜平行屋脊铺贴 (2)当屋面坡度在3%～15%时，卷材可平行或垂直屋脊铺贴 (3)当屋面坡度大于15%或屋面受震动时，沥青防水卷材应垂直屋脊铺贴，高聚物改性沥青防水卷材和合成高分子防水卷材可平行或垂直屋脊铺贴	
	6	卷材厚度选用应符合8.4.8.3的规定	
	7	当采用搭接法铺贴卷材时，上下层及相邻两幅卷材的搭接缝应错开。各种卷材搭接宽度应符合8.4.8.4的要求	
	8	冷粘法铺贴卷材应符合下列规定： (1)胶粘剂涂刷应均匀，不露底，不堆积 (2)根据胶粘剂的性能，应控制胶粘剂涂刷与卷材铺贴的间隔时间 (3)铺贴的卷材下面的空气应排尽，并辊压粘结牢固 (4)铺贴卷材应平整顺直，搭接尺寸准确，不得扭曲、皱折 (5)接缝口应用密封材料封严，宽度应不小于10mm	
	9	热熔法铺贴卷材应符合下列规定： (1)火焰加热器加热卷材应均匀，不得过分加热或烧穿卷材 (2)卷材表面热熔后应立即滚铺卷材，卷材下面的空气应排尽，并辊压粘结牢固，不得空鼓 (3)卷材接缝部位必须溢出热熔的改性沥青胶 (4)铺贴的卷材应平整顺直，搭接尺寸准确，不得扭曲、皱折	
	10	自粘法铺贴卷材应符合下列规定： (1)铺贴卷材前基层表面应均匀涂刷基层处理剂，干燥后应及时铺贴卷材 (2)铺贴卷材时，应将自粘胶底面的隔离纸全部撕净 (3)卷材下面的空气应排尽，并辊压粘结牢固 (4)铺贴的卷材应平整顺直，搭接尺寸准确，不得扭曲、皱折。搭接部位宜采用热风加热，随即粘贴牢固 (5)接缝口应用密封材料封严，宽度应不小于10mm	

续表 8.4.8.2

项	序	检验项目与要求	检验方法
基本规定	11	卷材热风焊接施工应符合下列规定： (1)焊接前卷材的铺设应平整顺直，搭接尺寸准确，不得扭曲、皱折 (2)卷材的焊接面应清扫干净，无水滴、油污及附着物 (3)焊接时应先焊长边搭接缝，后焊短边搭接缝 (4)控制热风加热温度和时间，焊接处不得有漏焊、跳焊、焊焦或焊接不牢现象 (5)焊接时不得损害非焊接部位的卷材	
	12	沥青玛琋脂的配制和使用应符合下列规定： (1)配制沥青玛碲脂的配合比应视使用条件、坡度和当地历年极端最高气温，并根据所用的材料经试验确定；施工中应按确定的配合比严格配料，每工作班应检查软化点和柔韧性 (2)热沥青玛琋脂的加热应高于 240℃，使用应低于 190℃ (3)冷沥青玛琋脂使用时应搅匀，稠度太大时可加少量溶剂稀释搅匀 (4)沥青玛琋脂应涂刮均匀，不得过厚或堆积 粘结层厚度：热沥青玛琋脂宜为 1～1.5mm，冷沥青玛琋脂宜为 0.5～1mm 面层厚度：热沥青玛琋脂宜为 2～3mm，冷沥青玛琋脂宜为 1～1.5mm	
	13	天沟、檐沟、檐口、泛水和立面卷材收头的端部应裁齐，塞入预留凹槽内，用金属压条钉压固定，最大钉距不应大于 900mm，并用密封材料嵌填封严	
	14	卷材防水层完工并经验收合格后，应做好成品保护。保护层的施工应符合下列规定： (1)绿豆砂应清洁、预热、铺撒均匀，并使其与沥青玛琋脂粘结，不得有未粘结的绿豆砂 (2)云母或蛭石保护层不得有粉料，撒铺应均匀，不得露底，多余的云母或蛭石应清除 (3)水泥砂浆保护层的表面应抹平压光，并设表面分格缝，分格面积宜为 1m² (4)块体材料保护层应留设分格缝，分格面积不宜大于 100m²，分格缝宽度不宜小于 20mm (5)细石混凝土保护层，混凝土应密实，表面抹平压光，并留设分格缝，分格面积不大于 36m² (6)浅色涂料保护层应与卷材粘结牢固，厚薄均匀，不得漏涂 (7)水泥砂浆、块材或细石混凝土保护层与防水之间应设置隔离层 (8)刚性保护层与女儿墙、山墙之间应预留宽度为 30mm 的缝隙，并用密封材料嵌填严密	

续表 8.4.8.2

项	序	检验项目与要求	检验方法
主控项目	1	卷材防水层所用卷材及其配套材料,必须符合设计要求	检查出厂合格证、质量检验报告和现场抽样复验报告
	2	卷材防水层不得有渗漏,无积水现象	雨后或淋水、蓄水检验
	3	卷材防水层在天沟、檐沟、檐口、水落口、泛水、变形缝和伸出屋面管道的防水构造,必须符合设计要求	检查隐蔽工程验收记录
一般项目	1	卷材防水层的搭接缝应粘(焊)结牢固,密封严密,不得有皱折、翘边和鼓泡等缺陷;防水层的收头应与基层粘结并固定牢固,缝口封严,不得翘边	观察检查
	2	卷材防水层上的撒布材料和浅色应铺撒或涂刷均匀,粘结牢固;水泥砂浆、块材或细石混凝土保护层与卷材防水层间应设置隔离层;刚性保护层的分格缝留置应符合设计要求	观察检查
	3	排气屋面的排气道应纵横贯通,不得堵塞。排气管应安装牢固,位置正确,封闭严密	观察检查
	4	卷材的铺贴方向应正确,卷材搭接宽度的允许偏差为−10mm	观察和尺量检查

8.4.8.3 卷材厚度选用表

屋面防水等级	设防道数	合成高分子防水卷材	高聚物改性沥青防水卷材	沥青防水卷材
Ⅰ级	三道或三道以上设防	应不小于 1.5mm	应不小于 3mm	—
Ⅱ级	二道设防	应不小于 1.2mm	应不小于 3mm	—
Ⅲ级	一道设防	应不小于 1.2mm	应不小于 4mm	三毡四油
Ⅳ级	一道设防	—	—	二毡三油

8.4.8.4 卷材搭接宽度

(mm)

卷材种类 \ 铺贴方法		短边搭接		长边搭接	
		满粘法	空铺、点粘、条粘法	满粘法	空铺、点粘、条粘法
沥青防水卷材		100	150	70	100
高聚物改性沥青防水卷材		80	100	80	100
合成高分子防水卷材	胶粘剂	80	100	80	100
	胶粘带	50	60	50	60
	单缝焊	60,有效焊接宽度不小于25			
	双缝焊	80,有效焊接宽度10×2+空腔宽			

8.4.8.5 沥青玛琋脂选用标号

屋面坡度	历年极端最高气温	沥青玛琋脂标号
2%～3%	小于38℃	S—60
	38～41℃	S—65
	41～45℃	S—70
3%～15%	小于38℃	S—65
	38～41℃	S—70
	41～45℃	S—75
15%～25%	小于38℃	S—75
	38～41℃	S—80
	41～45℃	S—85

8.4.8.6 沥青玛琋脂的质量要求

指标名称 \ 标号	S—60	S—65	S—70	S—75	S—80	S—85
耐热度	用2mm厚的沥青玛琋脂粘合两张沥青油纸,在不低于下列温度(℃)中,在1∶1坡度上停放5h后,沥青玛琋脂不应流淌,油纸不应滑动					
	60	65	70	75	80	85
柔韧性	涂在沥青油纸上的2mm厚的沥青玛琋脂层,在(18±2)℃时围绕下列直径(mm)的圆棒,用2s的时间以均衡速度弯成半周,沥青玛琋脂不应有裂纹					
	10	15	15	20	25	30
粘结力	用手将两张粘贴在一起的油纸慢慢地一次撕开,从油纸和沥青玛琋脂粘贴面的任何一面的撕开部分,应不大于面积的1/2					

8.5 涂膜防水屋面

8.5.1 涂膜防水屋面的使用范围和施工规定

8.5.1.1 涂膜防水屋面的使用范围

涂料品种	屋面防水等级	使用条件	涂膜厚度(mm)
沥青基防水涂料	Ⅲ Ⅲ Ⅳ	单独使用 复合使用 单独使用	≥8 ≥4 ≥4
高聚物改性沥青防水涂料	Ⅱ Ⅲ Ⅲ Ⅳ	复合使用 单独使用 复合使用 单独使用	≥3 ≥3 ≥1.5 ≥3
合成高分子防水涂料	Ⅰ Ⅱ Ⅲ	只能有一道防水层 单独使用 复合使用	≥2 ≥2 ≥1

8.5.1.2 各种防水涂料的特点及适用范围

序号	涂料类别	防水涂料名称	特点	适用范围	施工工艺
1	高聚物改性沥青防水涂料	水乳型氯丁橡胶沥青防水涂料	为阳离子型,成膜较快,强度高,耐候性好,无毒、不污染环境,抗裂性好,操作方便	可用于Ⅱ、Ⅲ、Ⅳ级屋面,单独使用时厚度不小于3mm,在Ⅲ级防水屋面上复合使用时厚度不小于1.5mm	涂刮法冷施工
2		溶剂型再生橡胶沥青防水涂料	有较好的耐高、低温性能,粘结性好,干燥成膜快,操作方便		
3		水乳型再生橡胶沥青防水涂料	具有一定的柔韧性及耐寒、耐热、耐老化性能,无毒、无污染,操作方便,原料来源方便、价格低	可用于Ⅱ、Ⅲ、Ⅳ级屋面,单独使用时厚度不小于3mm,在Ⅲ级防水屋面上复合使用时厚度不小于1.5mm	冷施工,但气温低于5℃时不宜施工

续表 8.5.1.2

序号	涂料类别	防水涂料名称	特点	适用范围	施工工艺
4	高聚物改性沥青防水涂料	溶剂型氯丁橡胶沥青防水涂料	有良好的耐水性和抗裂性，高温不流淌，低温不易催裂，弹塑性良好，操作方便，干燥速度快	可用于Ⅱ、Ⅲ、Ⅳ级屋面，单独使用时厚度不小于3mm，在Ⅲ级防水屋面上复合使用时厚度不小于1.5mm	冷施工，且可在负温度下操作
5		SBS改性沥青防水涂料	有良好的防水性、耐湿热、耐低温、抗裂性及耐老化性，无毒、无污染，是中档的防水涂料	适于寒冷地区的Ⅱ、Ⅲ级屋面使用	冷施工
6	合成高分子防水涂料	聚氨酯防水涂料	具有橡胶状弹性，延伸性好，抗拉强度和撕裂强度高，有优异的耐候、耐油、耐磨、不燃烧及一定的耐酸碱及阻燃性，与各种基层的粘结性优良，涂膜表面光滑、施工简单，使用温度区间为－30～80℃	宜用于Ⅰ、Ⅱ、Ⅲ级的屋面防水，单独使用时厚度不小于2mm，在Ⅲ级防水屋面上复合使用时厚度不小于1.0mm	反应型，冷施工
7		聚氨酯煤焦油防水涂料	具高弹性、高延伸性，对基层开裂适应性强，具有耐候、耐油、耐磨、不燃烧及一定的耐碱性，与各种基层的粘结性好，但与聚氨酯相比，反应速度不易调整，性能指标较易波动	同上，但外露式屋面不宜采用	冷施工
8		丙稀酸酯防水涂料	涂膜有良好的粘结性、防水性、耐候性、柔韧性和弹性，无污染、无毒，不燃，以水为稀释剂，施工方便，且可调成多种颜色，但成本较高	宜涂覆于水乳型橡胶沥青防水层上，适用于有不同颜色要求的屋面	冷施工，可刮、可涂、可喷。但环境温度需高于4℃时才能成膜

续表 8.5.1.2

序号	涂料类别	防水涂料名称	特　点	适用范围	施工工艺
9	合成高分子防水涂料	有机硅防水涂料	具有良好的渗透性、防水性、成膜性、弹性、粘结性和耐高、低温性能。适应基层变形能力强，成膜速度快，可在潮湿基层上施工，无毒、无味、不燃，可配制成各种颜色，但价格较高	用于Ⅰ、Ⅱ级的屋面防水	冷施工，可涂刷或喷涂

8.5.1.3 涂膜防水屋面施工规定

序	内容	施　工　规　定
1	对基层的要求	(1)屋面坡度：上人屋面在1%以上；不上人屋面在2%以上，不得有积水 (2)找平层的平整度用2m长直尺检查，基层与直尺的最大空隙应不超过5mm，空隙仅允许平缓过渡变化，每米长度内不得多于1处 (3)基层强度一般应不小于5MPa；不得有酥松、起砂、起皮等缺陷；出现裂缝应予修补 (4)基层的干燥程度应符合所使用涂料的要求
2	施工要求	(1)溶剂型涂料的施工环境温度宜在－5～＋35℃；水乳型涂料的施工环境温度宜为5～35℃。五级风及以上时不得施工，雨天、雪天严禁施工 (2)涂膜应根据防水涂料的品种分层分遍涂布，不得一次涂成 (3)应待前涂的涂层干燥成膜后，方可涂后一遍涂料 (4)如需铺设胎体增强材料，当屋面坡度小于15%时，可平行屋面铺设；当屋面坡度大于15%时，应垂直于屋脊铺设 (5)胎体长边搭接宽度应不小于50mm，短边搭接宽度应不小于70mm (6)采用二层胎体增强材料时，上下层不得相互垂直铺设，搭接缝应错开，其间距应不小于幅宽的1/3 (7)应按照不同屋面防水等级，选定相应的防水涂料及其涂膜厚度 (8)天沟、檐沟、檐口、泛水和立面涂膜防水层的收头，应用防水涂料多遍涂刷或用密封材料封严 (9)若在天沟、檐沟、檐口、泛水或其他基层采用卷材防水，卷材与涂膜的接缝应顺流水方向搭接，搭接宽度应不小于100mm (10)涂膜防水屋面完工并经验收合格后，应做好成品保护

8.5.2 涂膜防水施工准备

8.5.2.1 涂膜防水施工机具及用途

序号	机具名称	用途	备注
1	棕扫帚	清理基层	—
2	钢丝刷	清理基层及管道	—
3	衡器	配料称量	—
4	搅拌器	拌和多组分材料	电动、手动均可
5	容器	装混合料	铁桶或塑料桶
6	开罐刀	开涂料罐	—
7	棕毛刷、圆滚刷	涂刷基层处理剂	—
8	刮板	刮涂涂料	塑料板、胶皮板
9	喷涂机械	喷涂基层处理剂、涂料	根据黏度选用
10	剪刀	裁剪胎体增强材料	—
11	卷尺	测量、检查	—

8.5.2.2 基层及板缝处理

(1)基层处理

屋面坡度必须准确，找平层平整度不应超过 5mm；若存在凹凸不平、起砂、起皮、裂缝、预埋件固定不牢等缺陷，应按下表的要求进行修补。

找平层缺陷的修补方法

缺陷种类	修补方法
凹凸不平	铲除凸起部分，低凹处用 1∶2.5 水泥砂浆掺 10%～15%的 108 胶补抹，凹陷较浅时可用素水泥掺胶涂刷；对沥青砂浆找平层可用沥青胶结材料或沥青砂浆填补
起砂、起皮	若要求防水层与基层粘结牢固则必须修补。起皮处应将表面清除，用水泥素浆掺胶涂刷一道，并抹平压光

续表

缺陷种类	修补方法
裂缝	当裂缝宽度小于 0.5mm 时,可用密封材料刮封;当裂缝宽度大于 0.5mm 时,沿缝凿成 V 形槽,清扫干净后嵌填密封材料,再做 100mm 宽的防水涂料层
预埋件固定不牢	凿开重新浇筑掺 108 胶或掺膨胀剂的细石混凝土,四周按要求做好坡度

(2)板缝处理

装配式钢筋混凝土屋面板的板缝内应浇灌细石混凝土,其强度等级不低于 C20。混凝土中宜掺微膨胀剂。若有宽度大于 40mm 的板缝或上窄下宽的板缝中,应加设构造钢筋,板缝进行柔性密封处理。非保温屋面的板缝上应预留凹槽,其内嵌填密封材料。

(3)涂刷基层处理剂

为了增强涂料与基层的粘结,在涂料涂布前,必须对基层进行封闭处理,即先涂刷一道较稀的涂料作为基层处理剂。

8.5.3 涂膜防水层施工方法和适用范围

施工方法	操作要点	适用范围
刷涂法	一般用棕刷、长柄刷、圆滚刷蘸防水涂料进行涂刷。也可边倒涂料于基层上边用刷子刷开刷匀,但倒料时要控制涂料均匀倒洒。涂布垂直面层则采用蘸刷法 涂刷遍数必须按事先试验确定的遍数进行 涂布应先立面后平面,涂布采用分条或按顺序进行。分条时分条宽度应与胎体增强材料一致。涂刷应在前一层涂料干燥后才可进行下一层涂料的涂刷,各道涂层之间的涂刷方向应相互垂直。涂层的接槎处,在每遍涂刷时应退槎 50～100mm,接槎时再超槎 50～100mm,以免接槎不严造成渗漏 在每遍刷涂前,应检查前一遍涂层是否有缺陷(如气泡、露底、漏刷、胎体材料皱褶、翘边、杂物混入涂层等),如有则应先进行修补处理,合格后再进行下道涂层施工 刷涂质量要求:涂膜厚薄一致,平整光滑,无明显接槎。同时不应出现流淌、皱纹、漏底、刷花和气泡等弊病	用于涂刷立面防水层和细部节点处理以及黏度较小的高聚物改性沥青防水涂料和合成高分子防水涂料的小面积施工

续表 8.5.3

施工方法	操作要点	适用范围
喷涂法	将涂料倒入贮料罐或供料桶中，利用压力或压缩空气，通过喷枪将涂料均匀喷涂于屋面、墙面上。其特点为涂膜质量好、工效高，适于大面积作业，劳动强度低。喷涂时，喷涂压力一般在0.4～0.8MPa，喷枪移动速度一般为400～600mm/min且保持一致，喷枪与被喷面的距离应控制在400～600mm，涂料出口应与被喷面垂直，喷枪移动时应与被喷面平行 喷涂行走路线可以是横向往返移动，也可以是竖向往返移动。喷枪移动范围一般直线800～1000mm后，拐弯180°向后喷下一行 喷涂面搭接宽度一般应控制在喷涂宽度的1/3～1/2，以使涂层厚度比较均匀一致。每层涂层一般要求二遍成活，且二遍互相垂直，两遍间隔时间由涂料的品种及喷涂厚度而定 喷枪喷涂不到的地方，应用刷涂法刷涂 喷涂时涂料稠度要适中，太稠不便喷涂，太稀则遮盖力差，影响涂层厚度，而且容易流淌；根据喷涂时间需要，可在涂料中适当加入缓凝剂或促凝剂，以调节涂料的凝结固化时间 喷涂质量要求：涂膜应厚薄均匀，平整光滑，无明显接槎，不应出现露底、皱纹、起皮、针孔、气泡等弊病	用于黏度较小的高聚物改性沥青防水涂料和合成高分子防水涂料的大面积施工
抹涂法	使用一般的抹灰工具（如铁抹子、压子、阴阳角抿子等）抹涂防水涂料的方法 抹涂防水涂料前，先用喷涂法或刷涂法在基层表面涂布一层与防水层配套的底层防水涂料，以填满基层表面的细小孔洞和微裂缝，并增加基层与防水层的粘结力，当基层平整度较差时，可在底层防水涂层上再刮涂一遍涂料，但其厚度应越薄越好，以改善基层平整度 待底层防水涂料干燥后，便可进行防水层涂料施工。抹涂时，先用刮板将涂料刮平后，待表面收水尚未结膜时，再用铁抹子进行压实抹光，抹压时间应适当，过早起不到作用，过晚会使涂料粘住抹子，出现月牙形抹纹。涂层厚度应根据设计确定，而且要求涂层厚薄一致 对墙角抹涂时，一般应由上而下，自左向右，顺一个方向边涂实边抹平，墙角接槎留在地面上，一般靠墙30mm，墙角应抹成圆弧形；地面抹涂时，应由墙根向地面中间顺一个方向边推平边压实抹平、抹光，使整个抹面平整，要求抹涂一次成活，不能留接槎或施工缝，如有应在其周围做防水处理 抹涂质量要求：涂层应密实、平整，表面无缺损、无气泡、无皱褶、无凹坑、无刮痕和接槎痕迹；各层之间结合牢固，无空鼓和开裂现象	适用于防水涂料流平性差的沥青基厚质防水涂料

续表 8.5.3

施工方法	操作要点	适用范围
刮涂法	利用橡皮刮刀、钢皮刮刀、油灰刀和牛角刀等工具将厚质防水涂料均匀地批刮于防水基层上，形成厚度符合设计要求的防水涂膜 刮涂时，先将涂料倒在基层上，然后用力按刀，使刮刀与被涂面的倾角为 50°～60°，来回刮涂 1～2 次，不能往返多次，以免出现"皮干里不干"现象 涂层厚度控制采用预先在刮刀上固定铁丝（或木条）或在基层上做好标志的方法，一般需刮涂二至三遍，每遍需待前一遍涂料完全干燥后方可进行，一般以脚踩不粘脚、不下陷（或下陷能回弹）为准，干燥时间不宜少于 12h，前后两遍刮涂方向应互相垂直，涂膜总厚度为 4～8mm 为了加快施工进度，可采用分条间隔施工，分条宽度一般为 0.8～1.0m，以便抹压操作，待先批涂层干燥后，再抹后批空白处 刮涂应按先立面后平面，先节点后大面的原则进行 刮涂质量要求：涂膜不卷边、不漏刮、厚薄均匀一致，不露底，无气泡，表面平整，无刮痕，无明显接槎	用于黏度较大的高聚物改性沥青防水涂料和合成高分子防水涂料在大面积上的施工

8.5.4 薄质防水涂料施工

8.5.4.1 涂膜单独防水工艺流程

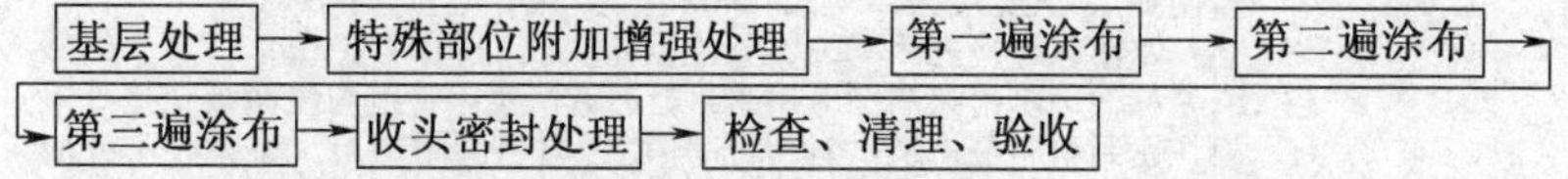

8.5.4.2 铺贴胎体增强材料的工艺流程

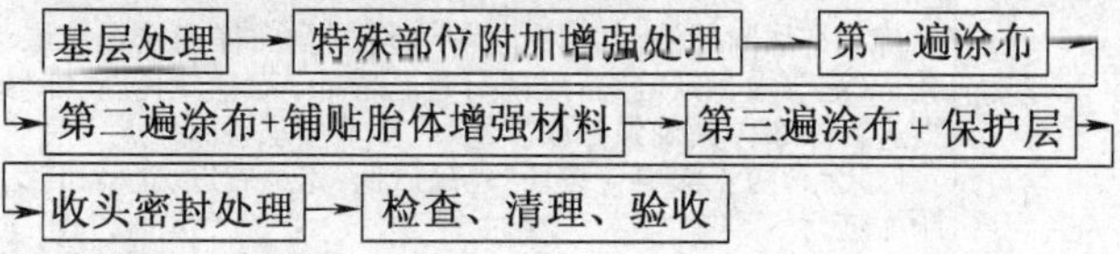

8.5.4.3 操作要点

序	内容	操作要点
1	涂料的配制	（1）双组分。在配制前应将甲组分、乙组分分别搅拌均匀，然后严格按照材料供应商提供的材料配合比现场配制，严禁任意改变配合比 配料时要求准确计量，按需配置，对于不同组分的容器、取料勺、搅拌棒等不得混用，以免产生凝胶 （2）单组分。单组分防水涂料使用前，只需搅拌均匀即可使用。没有用完的涂料，应加盖封严，桶内如有少量结膜现象，应清除或过滤后使用 （3）多组分。多组分防水涂料在施工现场应按厂方提供的说明书进行配料

续表 8.5.4.3

序	内容	操作要点
2	涂料试验	(1)涂层厚度控制试验。为了准确控制涂层的厚度,涂膜防水施工前,必须根据设计要求的每平米涂料的用量、涂膜厚度与涂料材性,事先通过试验确定每道涂料涂刷的厚度,以及每个涂层需要涂刷的遍数 (2)涂刷间隔时间试验。对于薄质涂料,每遍涂层表干时实际上已基本达到实干,因此可用表干时间来控制涂刷的间隔时间。一般北方常温下 2～4h 即可干燥,南方湿度较大的季节,2～3d 也不一定能干燥。因此涂刷的间隔时间应根据气候条件来确定
3	特殊部位附加增强处理	板端缝处应设置空铺附加层,以增加防水层参与变形的区域,每边距板缝边缘不得小于 80mm;天沟、檐沟与屋面交接处应加铺胎体增强材料附加层,此附加层宜空铺,空铺宽度应不小于 200mm,无组织排水檐口的涂膜防水层收头,应用防水涂料多遍涂刷或用密封材料封严。檐口下端应做滴水处理。泛水处应加铺胎体增强材料附加层,其上面的涂膜应涂布至女儿墙压顶下,压顶处可采用铺贴卷材或涂布防水涂料做防水处理,也可采取涂料沿女儿墙直接涂过压顶的做法 变形缝内应填充泡沫塑料,其上放衬垫材料,并用卷材封盖;顶部应加扣混凝土盖板或金属盖板。预制装配式钢筋混凝土屋面板的板缝内应浇灌细石混凝土,其强度等级不低于 C20。上部用密封材料嵌严实,密封材料嵌入深度应大于 20mm,并增设带胎体增强材料的附加层,其宽度为 200～300mm 水落口外应先用 C20 细石混凝土找坡,再用厚 20mm、1∶2 水泥砂浆抹面。水落口周围应用密封材料嵌严实。管道与屋面板交接处应用密封材料嵌严实,增设带胎体增强材料的附加层。涂膜收头处应用防水涂料多遍涂刷封严
4	涂料涂布	待找平层封闭涂层固化干燥后,应先全面仔细检查涂层上有无气孔、气泡等质量缺陷,若无即可进行涂布;若有,则应立即修补,然后再进行涂布。为确保涂膜质量,应着重注意下面几点: (1)涂布防水涂料应按照“先高后低、先远后近、先檐口、后屋脊”的顺序进行 (2)涂层应按分条间隔方式或按顺序倒退方式涂布,分条间隔宽度应与胎体增强材料宽度一致。涂布完后,涂层上严禁上人踩踏走动 (3)涂膜应分层、分遍涂布,应待前一遍涂层干燥或固化成膜后,并认真检查每一遍涂层表面确无气泡、无皱折、无凹坑、无刮痕等缺陷时,方可进行后一遍涂层的涂布。每层的涂膜厚度应符合 8.5.4.4 的规定 (4)在涂布时,无论是厚质防水涂料还是薄质防水涂料,均不得一次涂成 (5)为确保涂膜致密,要求相邻两道涂层的涂刷方向要相互垂直,下道涂层将上层涂层覆盖严密,避免产生直通的针眼气孔,提高防水层的整体性和均匀性 (6)每遍涂布时,应退槎 50～100mm,接槎时应超过 50～100mm,避免在接槎处涂层过薄,发生渗漏

续表 8.5.4.3

序	内容	操作要点
5	铺贴胎体增强材料	铺贴胎体增强材料,应在涂布第二遍涂料的同时或在第三遍涂料涂布前进行。胎体增强材料应尽量顺屋脊方向铺贴,以方便施工,提高劳动效率 胎体增强材料铺设后,应严格检查表面有无缺陷或搭接不足等毛病,如有应及时修补完整才能在其上面继续涂刷涂料 根据设计要求可按上述要求铺贴第二层或第三层胎体增强材料,最后表面加涂一遍防水涂料
6	收头处理	(1)为了防止收头部位出现翘边现象,所有涂膜收头均应采用防水涂料多遍涂刷密实或用密封材料压边封固,压边宽度不得小于10mm (2)收头处的胎体增强材料应裁剪整齐,如有凹槽应压入凹槽,不得有翘边、皱折、露白等缺陷。否则应先进行处理,合格后再嵌涂密封材料
7	涂膜保护层施工	(1)涂膜保护层应在涂布最后一遍防水涂料的同时进行,即边涂布防水涂料边均匀撒布细砂等粒料 (2)在水乳型防水涂料层上撒布细砂等粒料时,应撒布后立即进行滚压,才能使保护层与涂膜粘结牢固 (3)采用浅色涂料做保护层时,应在涂膜干燥或固化后才能进行涂布

8.5.4.4 涂膜厚度选用参考数据

屋面防水等级	设防道数	高聚物改性沥青防水涂料	合成高分子防水涂料
Ⅰ	三道或三道以上设防	—	应不小于1.5mm
Ⅱ	二道设防	应不小于3mm	应不小于1.5mm
Ⅲ	一道设防	应不小于3mm	应不小于2mm
Ⅳ	一道设防	应不小于2mm	—

8.5.5 厚质防水涂料施工

8.5.5.1 厚质防水涂料的施工工艺流程

8.5.5.1(一) 湿铺法工艺流程

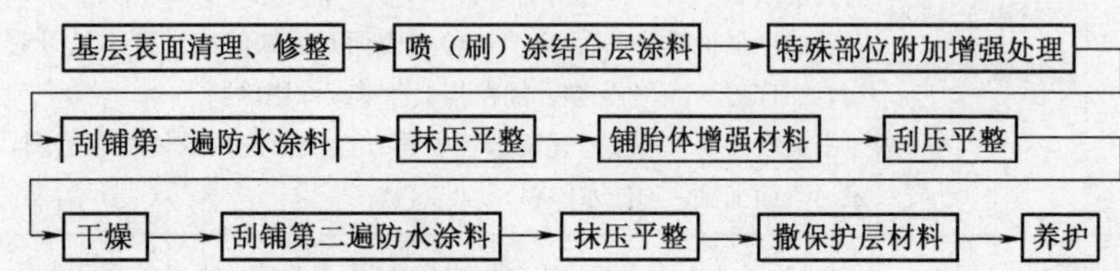

8.5.5.1(二) 干铺法工艺流程

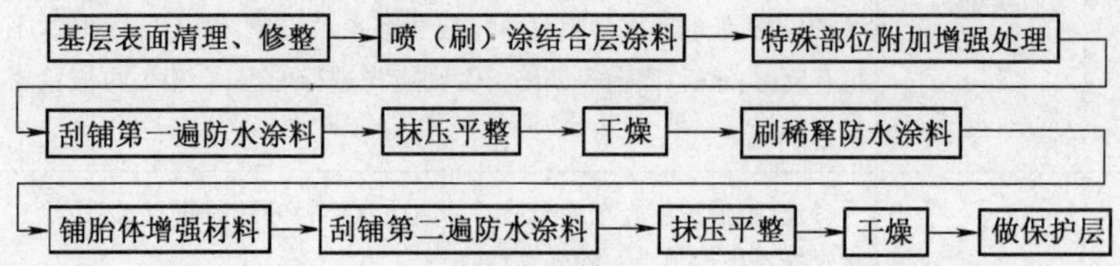

8.5.5.2 操作要点

(1)涂料配制和厚度控制

配制时应将涂料充分搅拌均匀，清除杂质。涂层厚度控制可采用预先在刮板上固定铁丝(或木条)或在屋面上做好标志的方法，铁丝或木条高度与每遍涂层刮涂厚度一致。涂层总厚度 4～8mm，分2～3遍刮涂。

(2)涂层间隔时间控制

涂层间隔时间以涂层干燥并能上人操作为准。脚踏不粘脚，不下陷或下陷能回弹时即可进行下一道涂层施工，一般干燥时间不少于 12h。

水落口、天沟、檐口、泛水及板端缝等特殊部位常采用涂料增厚处理，即刮涂一层 2～3mm 厚的涂料。其宽度视具体情况而定。

(3)收头处理

收头部位应增设胎体增强材料。操作时胎体增强材料应裁齐，防水层收头应压入凹槽内，并用密封材料嵌严，待墙面抹灰时用水泥砂浆压封严密。

如无预留凹槽，可待涂料固化后，用压条将其固定在墙面上，周围用密封材料封严，再将金属或合成高分子防水卷材用压条钉压作盖板，盖板与立墙间用密封材料封固。

(4)涂料的涂刷方法

厚质防水涂料常采用抹涂法或刮涂法进行涂刷施工。

8.5.6 涂膜防水屋面质量验收规定

8.5.6.1 检验数量

应按屋面面积每 $100m^2$ 抽查一处，每处 $10m^2$，且不得少于 3 处。细部的构造应全部进行检查。

8.5.6.2 质量验收标准

项目	序	检验项目与要求	检验方法
主控项目	1	防水涂料和胎体增强材料必须符合设计要求	检查出厂合格证、质量检验报告和现场抽样复验报告
	2	涂膜防水层不得有渗漏或积水现象	雨后或淋水、蓄水检验
	3	涂膜防水层在天沟、檐沟、檐口、水落口、泛水、变形缝、伸出屋面管道和防水构造，必须符合设计要求	观察检查和检查隐蔽工程验收记录
一般项目	1	涂膜防水层的平均厚度应符合设计要求，最小厚度应不小于设计厚度的 80%	针测法或取样量测
	2	涂膜防水层与基层应粘结牢固，表面平整，涂刷均匀，无流淌、皱折、鼓泡、露胎体和翘边等缺陷	观察检查
	3	涂膜防水层上的撒布材料或浅色涂料保护层应铺撒或涂刷均匀，粘结牢固；水泥砂浆、块材或细石混凝土保护层与涂膜防水层间应设置隔离层；刚性保护层的分格缝留置应符合设计要求	观察检查

8.6 刚性防水屋面

8.6.1 刚性防水屋面的种类和适用条件

种类	优 缺 点	适 用 条 件
普通细石混凝土防水层	材料来源比较广泛，耐久性好，耐老化、耐穿刺能力强，施工方便。但温差变形、结构变形等将导致混凝土开裂，造成渗漏	适用于Ⅲ级屋面防水或Ⅰ、Ⅱ级屋面中的一道防水层；不适用于设有松散材料保温层及受较大振动或冲击的屋面
补偿收缩混凝土防水层	在细石混凝土中掺入膨胀剂，利用混凝土在有约束条件下的膨胀来抵消混凝土的全部或大部分干缩，克服了普通混凝土易开裂、渗漏的缺点。但要准确控制膨胀剂掺量，施工要求严格	适用于Ⅲ级屋面防水或Ⅰ、Ⅱ级屋面中的一道防水层；不适用于设有松散材料保温层及受较大振动或冲击的屋面
预应力混凝土防水层	能较好地解决细石混凝土防水层的开裂问题，具有较好的防水效果，而且还可节约钢材用量，降低工程造价。但需专用的预应力张拉设备，施工操作比较复杂	可用于屋面防水等级为Ⅲ级的建筑或Ⅰ、Ⅱ级屋面中的一道防水层
钢纤维混凝土防水层	有良好的抗裂性能，有利于防止混凝土的开裂；有较高的极限抗拉强度，可适应屋面结构的变形，施工也较简单。但施工工艺尚需进一步完善和改进	使用时间尚短，还处于研究和试点阶段。但有良好的发展前景

8.6.2 刚性防水层施工

8.6.2.1 细石混凝土防水层施工工艺流程

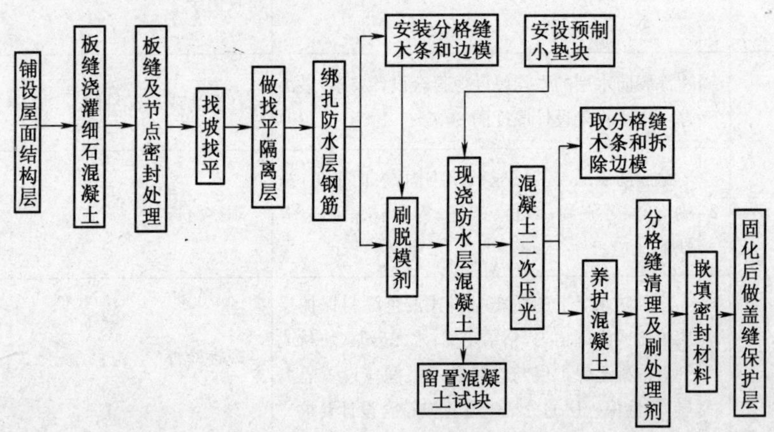

8.6.2.2 操作要点

序	项目	操作要点
1	清理隔离层表面	在浇筑细石混凝土之前，应将隔离层表面浮渣、杂物清除干净；检查隔离层质量及平整度、排水坡和完整性
2	按正确位置放好钢筋网片	钢筋网片的位置应放在混凝土内的上部，离防水层上表面 10mm（可用马凳固定），钢丝间距 100～200mm，并在分格缝处断开。绑扎钢筋的搭接长度应大于 30 倍钢筋直径，且不小于 250mm。同一截面内，接头不得超过钢筋面积的 1/4
3	支分格缝模板	为了使分格缝位置准确，必须在隔离层上弹线，确定分格缝的位置。如遇有花篮梁，应在梁两侧板端均留分格缝。分格缝模板应制成上宽下窄，上口一般为 25mm，下口为 20mm。事先用水浸透，并刷隔离剂，然后用水泥砂浆固定在隔离层上。在模板上标出混凝土浇捣厚度（不宜小于 40mm）和排水坡度
4	混凝土制备	细石混凝土应按防水混凝土的要求配制。一般要求 $1m^3$ 混凝土，水泥用量应不少于 330kg，含砂率为 35%～40%，灰砂比应为 1∶2～1∶2.5，水灰比不大于 0.55，坍落度以 3～5cm 为宜。施工配合比可参考 8.6.2.3
5	混凝土浇捣	混凝土的浇捣应按先远后近、先高后低的原则进行。在一个分格缝范围内的混凝土必须一次浇捣完成，不得留施工缝。混凝土从搅拌机出料至浇筑完成不宜超过 2h。在浇筑过程中应防止混凝土分层、离析，如有分层离析现象，应重新搅拌后使用
6	防水层表面处理	混凝土收水初凝后，应及时取出分格缝隔板，用铁抹子第二次压实抹光，并及时修补分格缝的缺陷部分，做到平直整齐。抹压时，严禁在表面洒水、加水泥浆或撒干水泥。待混凝土终凝前进行第三次压实抹光，要求做到表面平光，不起砂、不起层，无抹压板痕
7	混凝土养护	细石混凝土浇筑 12～24h 后进行养护，养护时间不得少于 14d。养护期间必须保持覆盖材料的湿润，并禁止闲人上屋面踩踏或在上继续施工

8.6.2.3 细石混凝土施工配合比参考数据

项次	水泥用量 (kg/m^3)	配合比	减水剂		防水剂		抗渗等级	坍落度 (mm)
		水泥∶砂∶石∶水	名称	掺量	名称	掺量		
1	380	1∶1.72∶2.86∶0.55						10～20
2	430	1∶1.50∶2.50∶0.51	—	—	—	—	—	20～40
3	340	1∶2.09∶3.15∶0.49						30～50

续表 8.6.2.3

项次	水泥用量 (kg/m³)	配合比	减水剂		防水剂		抗渗等级	坍落度 (mm)
		水泥：砂：石：水	名称	掺量	名称	掺量		
4	300	1：2.15：4.38：0.55	NNO	0.5	—	—	P2	10～20
5	300	1：2.15：4.38：0.55	JN	0.5			P2	10～20
6	380	1：1.47.3.45：0.48	木钙	0.25			P3	50～70
7	410	1：1.57：3.05：0.41	MF	0.5			P3	100～120
8	325	1：1.80：4.00：0.51	—	—	银龟牌	5.0		>0
9	310	1：1.22：3.86：0.48			YE-3	4.0	>P2.3	
10	300	1：2.40：4.02：0.55			FN 粉	1.5	>P3.6	

注：1. 水泥为普通硅酸盐水泥，强度等级 42.5MPa。

2. 石子粒径为 5～15mm。

8.6.2.4　补偿收缩混凝土刚性防水层施工工艺流程

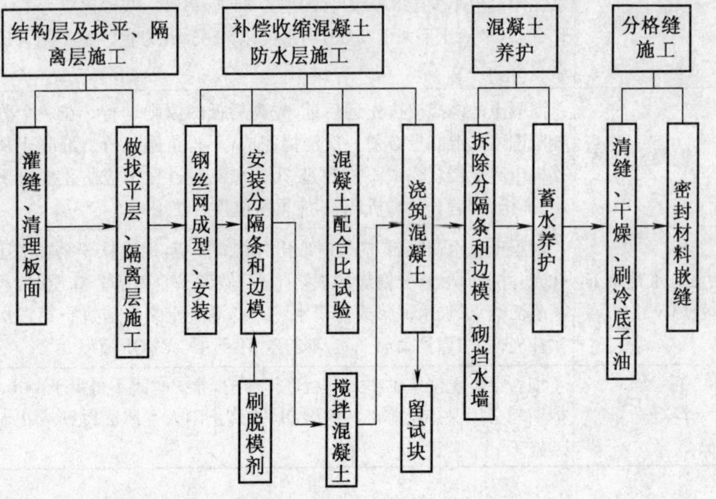

8.6.2.5　补偿收缩混凝土刚性防水层施工配合比参考表

项次	水泥品种	水泥用量 (kg/m³)	石子规格 (mm)	配合比	膨胀剂		减水剂		坍落度 (mm)
				水泥：砂：石子：水	名称	掺量 (%)	名称	掺量 (%)	
1	石膏矾土水泥	380	5～12	1：1.98：2.64：0.55					10～20

续表 8.6.2.5

项次	水泥品种	水泥用量(kg/m³)	石子规格(mm)	配合比	膨胀剂		减水剂		坍落度(mm)
				水泥：砂：石子：水	名称	掺量(%)	名称	掺量(%)	
2	石膏矾土水泥	367	5～12	1：2.04：2.76：0.55	—	—			10～20
3	明矾石水泥	450	5～12	1：1.47：2.64：0.44			MF	0.5	120～140
4	42.5级普通水泥	330	5～12	1：2.07：3.42：0.57	UEA	50kg/m³			10～20
5	42.5级普通水泥	352	5～12	1：2.07：3.32：0.54	UEA	48kg/m³	—	—	40～60
6	42.5级普通水泥	337	5～12	1：2.08：3.44：0.56	UEA	45kg/m³			40～60
7	42.5级普通水泥	367	5～12	1：1.94：3.30：0.49	复合	10	MF	0.5	80～100
8	42.5级普通水泥	370	5～12	1：1.80：3.09：0.43	复合	12	MF	0.5	80～100

8.6.3 刚性防水层质量验收规定

8.6.3.1 检验数量

应按屋面面积每100m² 抽查一处，每处10m²，且不得少于3处。细部的构造应全部进行检查。

8.6.3.2 细石混凝土质量验收标准

项目	序	检 验 项 目 与 要 求	检验方法
主控项目	1	细石混凝土的原材料及配合比必须符合设计要求	检查出厂合格证、质量检验报告、计量措施和现场抽样复验报告
	2	细石混凝土防水层不得有渗漏或积水现象	雨后或淋水、蓄水检验
	3	细石混凝土防水层在天沟、檐沟、檐口、水落口、泛水、变形缝和伸出屋面管道的防水构造，必须符合设计要求	观察检查和检查隐蔽工程验收记录

续表 8.6.3.2

项目	序	检 验 项 目 与 要 求	检验方法
一般项目	1	细石混凝土防水层应表面平整、压实抹光，不得有裂缝、起壳、起砂等缺陷	观察检查
	2	细石混凝土防水层的厚度和钢筋位置应符合设计要求	观察和尺量检查
	3	细石混凝土分格缝的位置和间距应符合设计要求	观察和尺量检查
	4	细石混凝土防水层表面平整度的允许偏差为 5mm	用 2m 靠尺和楔形塞尺检查

8.7 屋面接缝密封防水

8.7.1 接缝宽度规定及材料选择

8.7.1.1 密封材料最大最小接缝尺寸标准值

密封材料的种类	接 缝 尺 寸(mm)	
	最大宽度×深度	最小宽度×深度
硅酮系	40×20	10×10
改性硅酮系	40×20	10×10
聚硫化物系	40×20	10×10
聚氨酯系	40×20	10×10
丙烯酸系	20×15	10×10
丁苯橡胶系	20×15	10×10
丁基橡胶系	20×15	10×10
油性系	20×15	10×10

8.7.1.2 屋面接缝密封材料选择

项次	接缝种类	主要选择因素	密 封 材 料
1	屋面板板缝	(1)剪切位移 (2)耐久性 (3)耐热度	改性沥青、塑料油膏、聚氯乙烯胶泥

续表 8.7.1.2

项次	接缝种类	主要选择因素	密封材料
2	水落口杯节点	(1)耐热度 (2)拉伸—压缩循环性能	硅酮系
3	天沟、檐沟节点	同屋面板板缝	同屋面板板缝
4	檐口、泛水卷材收头节点	(1)粘结性 (2)流淌性	改性沥青、塑料油膏
5	刚性屋面分格缝节点	(1)水平位移 (2)耐热度	硅酮系、聚氨酯密封膏、水乳丙烯酸

8.7.1.3 嵌填密封材料的施工机具

机具名称	用途
钢丝刷、平铲、扫帚、毛刷、吹风机	清理接缝部位基层用
棕毛刷、容器桶	涂刷基层处理剂
铁锅、铁桶或塑化炉	加热塑化密封材料
刮刀、腻子刀	嵌填密封材料
鸭嘴壶、灌缝车	嵌填密封材料
手动或电动挤出枪	嵌填密封材料
搅拌筒、电动搅拌器	搅拌多组分密封材料
磅秤、台秤	配制时计量用

8.7.2 密封施工工艺和操作要点

8.7.2.1 工艺流程

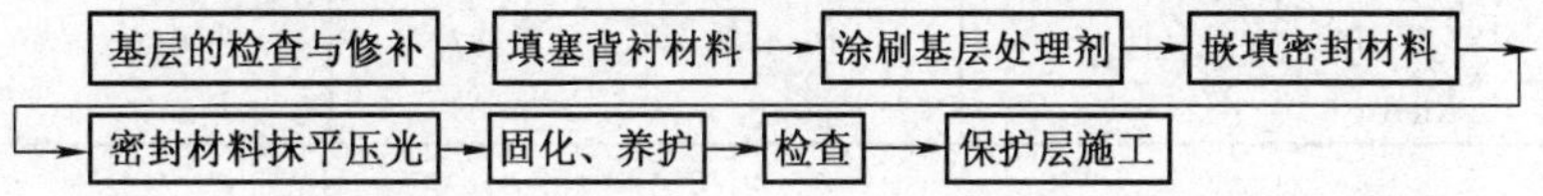

8.7.2.2 底涂料的选用

密封材料的种类	主要被粘结体			
	各种阳极氧化铝彩色铝板类	普通混凝土、轻混凝土、加气混凝土、人造石板	各种涂装塑料类	普通玻璃、红外线吸收玻璃、反射玻璃类
硅酮系	硅烷系、改性硅烷系、硅树脂系	硅烷系、改性硅烷系、硅树脂系	硅烷系、改性硅烷系、硅树脂系	硅烷系、改性硅烷系、硅树脂系

续表 8.7.2.2

密封材料的种类	主要被粘结体			
	各种阳极氢化铝彩色铝板类	普通混凝土、轻混凝土、加气混凝土、人造石板	各种涂装塑料类	普通玻璃、红外线吸收玻璃、反射玻璃类
聚硫化物系	硅烷系、改性硅烷系、氨基甲酸酯系	改性硅烷系、环氧系、氨基甲酸酯系	硅烷系、改性硅烷系、环氧系、氨基甲酸酯系	硅烷系、改性硅烷系
聚氨酯系	氨基甲酸酯系	氨基甲酸酯系	氨基甲酸酯系、改性硅烷系	硅烷系、改性硅烷系
丙烯酸系	硅烷系、丙烯酸系、合成橡胶系	硅烷系、丙烯酸系、合成橡胶系	硅烷系、丙烯酸系、合成橡胶系	—

8.7.2.3 聚氨酯密封膏配合比

双组分聚氨酯密封膏是由甲料(预聚体)、乙料(交联固化剂)、和填料(滑石粉)三种材料按一定比例调配而成的。甲料、乙料和密封膏配合比,分别见表 8.7.2.3(一)、(二)、(三)。

8.7.2.3(一) 甲料配合比

材料名称	重量(g)			
	1号	2号	3号	4号
N330 聚醚	3000	6000	6000	6000
N220 聚醚	6000	2000	—	—
N204 聚醚	—	—	400	400
2/4TDI	1566	1044	1382	1044
MDI	—	500	—	500

8.7.2.3(二) 乙料配合比

材料名称	重量比		
	1号	2号	3号
甘油	33	30	33.7
蓖麻油	80	100	116
邻苯二甲酸二丁酯	24	30	—
煤焦油	962.7	2093	—
有机锡	0.1～0.3	0.5～1	0.3

8.7.2.3(三) 密封膏配合比

编号	重量比		
	甲料	乙料	滑石粉
Ⅰ	(1号或3号)100	(1号)100～130	100～130
Ⅱ	(2号或4号)100	(2号)210～230	120～160

8.7.2.4 操作要点

序	项目	操作要点
1	基层的检查和修补	密封防水施工前,应对基层进行检查,缝槽表面必须牢固、密实、平整,不得有蜂窝、麻面、起砂、起皮现象,否则应予清除或修补。基层上的灰尘、砂粒、油污等均应清扫、擦拭干净。接缝处的浮浆可用钢丝刷刷除,然后用吹风机吹干净
2	嵌塞背衬材料	常用背衬材料有聚乙烯泡沫塑料、沥青麻丝、油毡或其他卷材,形状有圆形、方形的棒或片 填塞时,圆形的背衬材料其直径应大于接缝宽度1～2mm,嵌塞背衬材料同时,要在接缝边缘粘贴遮挡胶条,防止密封材料受到损坏或污染 在密封材料刮平后,遮挡胶条要立即揭去,以免时间长了遮挡胶条不易揭去,并产生污染
3	涂刷基层处理剂	(1)基层处理剂有单组分和双组分两种。双组分的配合比,应按产品说明书中的规定执行。当配制双组分基层处理剂时,要考虑有效时间内的使用量,不得多配,以免浪费 单组分基层处理剂要摇匀后使用。基层处理剂干燥后应立即嵌填密封材料,干燥时间一般为20～60min (2)基层处理剂要选用大小合适的刷子涂刷,使用完后,应用溶剂洗净刷子,以便再用 (3)涂刷基层处理剂时,如发现有露白或涂刷后间隔时间超过24h,则应重新涂刷一次 (4)贮存基层处理剂的容器应密封,用后即应加盖封严,防止溶剂挥发 (5)不得使用已过期、凝聚的基层处理剂

续表 8.7.2.4

序	项目	操 作 要 点
4	接缝密封施工	(1)热灌法操作工艺。热灌法施工应由下向上进行,并减少接头。垂直于屋脊的板缝宜先浇灌,同时在纵横交叉处宜沿平行于屋脊的两侧板缝各延伸浇灌 150mm,并留用斜槎。密封材料熬制及浇灌温度应按不同材料要求严格控制 先用塑化炉加热锅内材料,加热温度一般为 110～130℃,最高不得超过 140℃。加热到规定温度后,应立即运至现场进行浇灌,浇灌时的温度不宜低于 110℃。用特制的灌缝车或塑化炉灌缝,以减轻劳动强度,提高工效。檐口、山墙等节点部位宜采用鸭嘴壶浇灌 灌缝时应从最低标高处开始向上连续进行,尽量减少接头。一般先灌垂直于屋脊的板缝,后灌平行于屋脊的板缝。纵横交叉处,在灌垂直屋脊时,应向平行屋脊缝两侧延伸 150mm,并留成斜槎。灌缝应饱满,略高出板缝,并浇出板缝两侧各 20mm 左右。灌垂直于屋脊板缝时,应对准缝的中部浇灌;灌平行于屋脊板缝时,应靠近高侧浇灌 (2)冷嵌法操作工艺。冷嵌法分批刮法和挤出法两种 ①批刮法。用腻子刀或刮刀嵌填,先用刀片将密封材料刮到接缝两侧的粘结面,然后将密封材料填满整个接缝。嵌填时应注意不让空气混入密封材料中,并要嵌填密实饱满 ②挤出法。采用专用的挤出枪施工,并根据接缝的宽度选用合适的枪嘴。若采用筒装密封材料,可把包装筒的塑料嘴斜切开作为枪嘴。嵌填时,把枪嘴贴近接缝底部,并朝移动方向倾斜一定角度,边挤边以缓慢均匀的速度使密封材料从底部充满整个接缝
5	抹平压光	在嵌填完的密封材料未干前,用刮刀压平与修整。压平时应稍用力,朝与嵌填时枪嘴移动相反的方向进行,不要来回揉压。压平一结束,即用刮刀朝压平的反方向缓慢刮压一遍,使密封材料表面平滑。压平整修完毕,应立即揭除遮挡胶条
6	固化、养护	填完毕的密封材料应养护 2～3d。在养护期内,不得碰损或污染密封材料。在固化后的密封材料上,一般不宜作饰面
7	做保护层	应按设计要求做保护层。当设计无要求时,可使用密封材料稀释剂作涂料,衬加一层胎体增强材料,做成宽度为 200～300mm 的一布二涂的涂膜保护层

8.7.3 屋面接缝密封防水质量验收规定

8.7.3.1 检验数量

应按屋面面积每 100m² 抽查一处，每处 10m²，且不得少于 3 处。细部的构造应全部进行检查。

8.7.3.2 屋面接缝密封防水质量验收标准

项目	序	检验项目与要求	检验方法
主控项目	1	密封材料的质量必须符合设计要求	检查产品出厂合格证、配合比和现场抽样复验报告
	2	密封材料的嵌填必须密实、连续、饱满，粘结牢固，无气泡、开裂、脱落等缺陷	观察检查
一般项目	1	嵌填密材料的基层应牢固、干净、干燥，表面应平整、密实	观察检查
	2	密封防水接缝宽度的允许偏差为±10mm，接缝深度的允许偏差为宽度的0.5～0.7倍	尺量检查
	3	嵌填的密封材料表面应平滑，缝边应顺直，无凹凸不平现象	观察检查

8.8 瓦屋面工程

8.8.1 瓦屋面分类和技术要求

8.8.1.1 瓦屋面分类及适用范围

序	分类	可铺基层	适用屋面
1	青瓦、平瓦	木基层或钢筋混凝土基层	用于防水等级为Ⅱ、Ⅲ、Ⅳ级屋面防水，广泛用于各类农村住宅建筑、别墅、仓库等民用建筑屋面
2	油钻瓦	木基层或钢筋混凝土基层	用于防水等级为Ⅱ、Ⅲ级屋面防水，较多用于仓库、住宅改建等工程屋面

续表 8.8.1.1

序	分类	可铺基层	适用屋面
3	波形瓦	可直接铺设于檩条上	用于防水等级为Ⅳ级非保温的工业厂房、库棚和临时建筑的屋面防水
4	金属板瓦	可直接铺设于檩条上	用于防水等级为Ⅰ～Ⅳ级的保温或非保温的工业厂房、库棚、展览馆以及施工房、售货亭等移动式、组合式活动房

8.8.1.2 技术要求

序	项目	技术要求
1	排水坡度	平瓦:20%～50%;波形瓦:10%～50%;油毡瓦:≥20%;金属板材:10%～35%
2	瓦与基层的固定	大风或地震地区,应采取措施使瓦与屋面基层固定牢固,以防止瓦被风刮起或受震脱落
3	屋面保护	瓦屋面完成后,应避免屋面受物体冲击,严禁任意上人或堆放物体

8.8.2 平瓦屋面

8.8.2.1 施工工艺流程

8.8.2.2 木基层的允许偏差

项目		允许偏差(mm)	检验方法
檩条、椽条的截面尺寸	<100	-2	每种各检查3根,用尺量高度和宽度检查
	>100	-3	
原木檩(梢径)		-5	抽查3根,用尺量检查梢径,取其最大与最小的平均值
檩条上表面齐平	方木	5	每坡拉线,用给量一次检查
	圆木	8	
悬臂接头位置		1/50跨长	抽查3处,用尺量检查
封檐板平直		8	抽查3处,拉100m线和尺量检查

8.8.2.3 平瓦屋面施工操作要点

序号	技术要求
1	清理基层、铺钉卷材：木基层上的灰尘，杂物清除干净后，涂刷防火涂料两遍，干燥后自下而上平行屋脊干铺一层卷材。檐口卷材应盖过封檐板上边口10～20mm；卷材搭接顺流水方向，长边搭接不少于100mm，短边搭接不少于150mm，搭边要钉住，不得翘边；要求铺平铺直，不得有缺边破洞
2	钉顺水条：干铺卷材后用顺水条垂直屋脊方向钉住，间距不大于500mm，顺水条一般为25mm×25mm，要求顺水条表面平整
3	钉挂瓦条。 (1)在顺水条上拉通线钉挂瓦条，其间距应根据瓦的尺寸和屋面坡面的长度经计算确定，黏土平瓦一般间距为280～330mm (2)檐口第一根挂瓦条，要保证瓦头出檐(或出封檐板外)50～70mm，上下排平瓦的瓦头和瓦尾的搭扣长度50～70mm；屋脊处两个坡面上最上两根挂瓦条，要保证挂瓦后两个瓦尾的间距在搭盖脊瓦时，脊瓦搭接瓦尾的宽度每边不少于40mm (3)挂瓦条截面一般为30mm×30mm，长度一般不小于三根椽条间距。挂瓦条必须平直，上棱成一直线，接头在椽条上，钉置牢固，不得漏钉，接头要错开，同一椽条上不得有三个接头；钉置檐口条或封檐板时，要比挂瓦条高20～30mm，以保证檐口第一块瓦的平直；钉挂瓦条一般从檐口开始逐步向上至屋脊，钉置时要随时检查挂瓦条的间距尺寸一致 现浇钢筋混凝土屋面板基层，在基层找坡找平后，按挂瓦条间距弹出挂瓦条位置线，按500mm间距打1.5水泥钉，拉Ø4钢筋与水泥钉绑扎，然后嵌引条，抹1∶2.5水泥砂浆(加108胶)，做出挂瓦条。挂瓦条每1.5m留出20mm缝隙，以防胀缩 现浇钢筋混凝土屋面板基层及砂浆挂瓦条宜涂刷一层防水涂料或批抹防水净浆一道，以提高屋面防水能力
4	挂瓦。 (1)铺瓦前要选瓦，凡缺边、掉角、裂缝、砂眼、翘曲不平、张口缺爪的瓦，不得使用。通过铺瓦预排，山墙或天沟处如有半瓦，应预先锯好 (2)上瓦要自上而下，两坡同时对称上，严禁单坡上瓦，以防屋架受力不均匀导致变形 (3)摆瓦一般有“条摆”和“堆摆”两种。条摆要求隔三根挂瓦条摆一条瓦，每米约22块；堆摆要求一堆9块，间距为：左右隔两块瓦宽，上下隔二根挂瓦条，均匀错开，摆置稳妥

续表 8.8.2.3

序号	技 术 要 求
4	(4)挂瓦应从两坡的檐口同时对称进行。每坡屋面从左侧山头向右侧山头推进,屋面端头用半瓦错缝。瓦要与挂瓦条挂牢,瓦爪与瓦槽要搭扣紧密,并保证搭接长度。檐口瓦要用镀锌铁丝拴牢于檐口挂瓦条上。当屋面坡度大于50%、大风和地震地区,每片瓦均需用镀锌铁丝固定于挂瓦条上。瓦搭接要避开主导风向,以防漏水。檐口要铺成一条直线,瓦头挑出封檐板长度50~70mm;沟边瓦要伸入天沟、檐沟内50~70mm。靠近屋脊处的第一排瓦应用水泥石灰砂浆窝牢,但切忌灰浆凸出瓦外,以防此处渗漏。整坡瓦面应平整,行列横平竖直,无翘角和张口现象 (5)斜脊、斜沟瓦铺设时,先将整瓦(或选择可用的缺边瓦)挂上,沟瓦要求搭盖泛水宽度不小于150mm,弹出墨线,编好号码,将多余的瓦锯去,然后按号码、按次序重新挂上;斜脊处的平瓦也先将整瓦挂上,保证脊瓦搭盖平瓦每边不小于40mm,弹出墨线,编好号码,锯去多余瓦面,再按号码、按次序挂好。斜沟、斜脊处的平瓦要保证使用部分的瓦面质量 (6)挂平脊和斜脊瓦时,应拉通长麻线,铺平挂直,接头顺主导风向。扣脊瓦要用1∶2.5石灰麻刀砂浆铺座平实。脊瓦搭口和脊瓦与坡面瓦的缝隙,要用麻刀灰嵌严刮平,平脊与斜脊的交接处要用麻刀灰封严,如为彩色平瓦时,外露的封口麻刀灰要用相近颜色的涂料抹涂,以保证色泽一致

8.8.2.4 平瓦屋面施工质量验收规定

(1)检验数量

应按屋面面积每100m² 抽查一处,每处10m²,且不得少于3处。细部的构造应全部进行检查。

(2)平瓦屋面施工质量验收标准

项目	序	检验项目与要求	检验方法
主控项目	1	平瓦及其脊瓦的质量必须符合设计要求	观察检查和检查出厂合格证和质量检验报告
	2	平瓦必须铺置牢固。地震设防地区或坡度大于50%的屋面,应采取固定加强措施	观察和手扳检查
一般项目	1	挂瓦条应分挡均匀,铺钉平整、牢固;瓦面平整,行列整齐,搭接紧密,檐口平直	观察检查
	2	脊瓦应搭盖正确,间距均匀,封固严密;屋脊和斜脊应顺直,无起伏现象	观察和手扳检查
	3	泛水做法应符合设计要求,顺直整齐,结合严密,无渗漏	观察检查和雨后或淋水检验

8.8.3 波形瓦屋面施工

8.8.3.1 施工工艺流程

清理基层→干铺卷材→钉顺水条→钉挂瓦条→铺瓦→检查验收→淋水试验

8.8.3.2 波形瓦屋面施工操作要点

序号	技 术 要 求
1	铺波瓦时应由下向上,由左至右进行。双坡屋面,应两坡同时对称铺设。瓦应光面在上,糙面在下。相邻两瓦,应顺年最大频率风向压边搭接。其搭接宽度:大波、中波瓦不少于半波,屋面坡度小于20%时,应为一个半波;小波瓦不应小于一个半波。山墙处边缘瓦波应向下。上下两排波瓦的搭接长度,应按设计规定,一般为15～200mm
2	当波瓦采用不切角铺设时,上下两排瓦的长边搭接缝应错开:大波、中波瓦至少应错开一个波;小波瓦至少应错开两个波,一般应错开半张瓦为宜 当采用切角铺设时,上下两排瓦的长边搭接缝可以不错开,但相邻四块瓦的搭接处随盖瓦方向的不同,先将对瓦切角,对角缝隙宜为5mm。此法铺设整齐。玻璃钢波瓦和塑料波瓦因较薄,可以不切角
3	固定波形瓦的钉孔,用电钻或手摇钻在盖瓦时钻孔,孔径应比固定螺栓或螺钉的直径大2～3mm,孔位应在波峰和木檩条上口中心;如用钢檩或混凝土檩条,则孔位应在檩条上口边缘处。固定螺栓或螺钉不应拧得太紧或太松,以垫圈稍能转动为合适,避免强打产生裂缝
4	大风地区采用螺钉固定波瓦时,应按设计要求增加螺钉数量。但要遵守钉位要求 每块石棉波瓦钉挂数量见8.8.3.3
5	玻璃钢波形瓦铺设时,应用木螺钉或对拧螺栓固定,并加橡胶垫衬,每张波形瓦至少应有6处与檩条固定
6	波形瓦铺设应横平竖直,不得歪斜。搭接应严实,不得漏钉瓦钉(螺栓)和漏放防水垫圈。铺瓦时如有损坏,应立即更换
7	用麻刀灰浆填塞脊瓦与波形瓦及泛水与波形瓦之间的空隙时,其灰浆应嵌入盖瓦底面内,不得露出瓦口之外,避免灰浆干缩开裂产生渗漏

8.8.3.3 每块石棉波形瓦钉挂数量

项次	石棉瓦搁檩数	小波瓦		中波瓦		大波瓦	
		下檩	中间檩	下檩	中间檩	下檩	中间檩
1	一瓦二檩	2	—	2	—	2	—
2	一瓦三檩	2	1	2	1	2	1
3	一瓦四檩	2	1	2	2	2	2

注:檐口、山檐瓦可适当增加钉数。

8.8.3.4 石棉水泥波形瓦屋面最小搭接长度

项次	屋面坡度(%)	第一类地区				第二类地区			
		屋顶坡面最大长度(m)	上下端部搭接长度(mm)	左右侧部搭接长度		屋顶坡面最大长度(m)	上下端部搭接长度(mm)	左右侧部搭接长度	
				小波瓦	大、中波瓦			小波瓦	大、中波瓦
1	10~20	≤20	≥100	1.0波	波	≤15	200	1.5波	1.0波
2	20~25	≤25	≥100	1.0波	波	≤20	200	1.5波	1.0波
3	25~35	≤35	≥100	1.0波	波	≤30	150	1.5波	1.0波

注:1. 当集中降雨量大于245mm/d时,为二类地区。
2. 灰尘较大的工业厂房,无论降雨量多少,均按第二类地区。
3. 其他品种的波形瓦可参考本表。

8.8.3.5 波形瓦屋面施工质量验收规定

(1)检验数量

应按屋面面积每100m² 抽查一处,每处10m²,且不得少于3处。细部的构造应全部进行检查。

(2)波形瓦屋面施工质量验收标准

项目	序	检验项目与要求	检验方法
主控项目	1	波形瓦及其辅助材料的质量必须符合设计要求	检查出厂合格证和质量检验报告
	2	波形瓦必须铺置牢固。地震设防地区或坡度大于50%的屋面,应采取固定加强措施	观察和手扳检查
	3	波形瓦必须先钻孔打眼,后用带镀锌垫圈和防水垫圈的镀锌螺栓(螺钉)予以固定。固定点必须设在靠近波形瓦搭接部分的盖瓦波峰上	观察检查

续表 8.8.3.5

项目	序	检验项目与要求	检验方法
一般项目	1	檩条应分挡均匀，铺钉平整、牢固；瓦面平整，行列整齐，搭接紧密，檐口平直	观察检查
	2	脊瓦应搭盖正确，间距均匀，封固严密；屋脊和斜脊应顺直，无起伏现象	观察和手扳检查
	3	泛水做法应符合设计要求，顺直整齐，结合严密，无渗漏	观察检查和雨后或淋水检验
	4	波形石棉瓦屋面的有关尺寸和检验方法应符合 8.8.3.5 的规定	

8.8.3.6 波形石棉瓦屋面的有关尺寸要求和检验方法

项次	项目			尺寸要求(mm)	检验方法
1	波瓦搭接长度	相邻	大、中波瓦	≥1/2 个波	观察及尺量检查
			小波瓦	≥1 个波	
		上下排		≥100	
2	波瓦长边错缝	大、中波瓦		≥1 个波	
		小波瓦		≥2 个波	
3	波瓦不错缝的割角的对角缝隙			≤5	
4	天沟、斜沟铁皮伸入波瓦下长度			≥150	
5	泛水与波瓦的搭接长度			≥150	
6	波瓦伸入檐沟内的长度			50～70	

8.8.4 油毡瓦屋面施工

8.8.4.1 工艺流程

清理基层 → 铺钉卷材 → 铺钉油毡瓦 → 检查验收 → 淋水试验

8.8.4.2 操作要点

序	项目	操作要点
1	清理基层	屋面基层应清除杂物、灰尘，基层应具有足够的强度，平整、干净，无起砂、起皮等缺陷

续表 8.8.4.2

序	项　目	操 作 要 点
2	铺钉卷材	油毡瓦铺设时，在基层上应先铺一层沥青防水卷材作为垫毡，从檐口往上用油毡钉铺钉，钉帽应盖在垫毡下面，垫毡搭接宽度应不小于 50mm
3	铺钉油毡瓦	油毡瓦应自檐口向上铺设。第一层油毡瓦应与檐口平行，切槽应向上指向屋脊；第二层油毡瓦应与第一层叠合，但切槽应向下指向檐口；第三层油毡瓦应压在第二层上，并露出切槽 125mm。相邻两层油毡瓦的拼缝及瓦槽应均匀错开，上下层不应重合
4	油毡瓦的固定	当油毡瓦铺设在木基层上时，可用油毡钉固定；当油毡瓦铺设在混凝土基层上时，可用射钉与冷玛琋脂胶粘固定。每片油毡瓦的固定应不少于 4 个油毡钉，油毡钉应垂直钉入，钉帽不得外露油毡瓦表面。当屋面坡度大于 15%时，应增加油毡钉或采用沥青胶粘贴
5	脊瓦的铺设	铺设脊瓦时，应将油毡瓦沿切槽剪开，分成四块做脊瓦，并用两个油毡钉固定。脊瓦应顺历年最大频率风向搭接，并应搭盖住两坡面油毡瓦接缝的 1/3，搭接缝的宽度不宜小于 100mm。脊瓦与脊瓦的压盖面，不应小于脊瓦面积的 1/2
6	突出屋面结构的处理	屋面与凸出屋面结构的连接处，油毡瓦应铺贴在立面上，其高度应不小于 250mm。凸出屋面的烟囱、管道等处，应先做二毡三油垫层。待铺瓦后，再用高聚物改性沥青防水卷材做单层防水。在女儿墙泛水处，油毡瓦可沿基层与女儿墙的八字坡铺贴，并用镀锌钢板覆盖，钉入墙内预埋木砖上；泛水上口与墙间的缝隙应用密封材料封严
7	排水沟处理	在排水沟处要首先铺设 1～2 层卷材做附加防水层，之上安装油毡瓦。油毡瓦相互覆盖“编织”。对于暴露的屋面排水沟，沿屋面排水沟自下向上铺一层宽为 500mm 的防水卷材，在卷材两边相距 25mm 处钉钉子固定，在屋檐口处切齐防水卷材。当需要纵向搭接时，上面一层与下面一层的搭接宽度不少于 200mm，并在搭接处涂刷橡胶沥青冷胶粘剂

8.8.4.3　油毡瓦屋面施工质量验收规定

(1)检验数量

应按屋面面积每 100m² 抽查一处，每处 10m²，且不得少于 3 处。细部的构造应全部进行检查。

(2)油毡瓦屋面施工质量验收标准

项目	序	检验项目与要求	检验方法
主控项目	1	油毡瓦的质量必须符合设计要求	检查出厂合格证和质量检验报告
	2	油毡瓦所用固定钉必须钉平、钉牢,严禁钉帽外露油毡瓦表面	观察检查
一般项目	1	油毡瓦的铺设方法应正确;油毡瓦之间的对缝,上下层不得重合	观察检查
	2	油毡瓦应与基层紧贴,瓦面平整,檐口顺直	观察检查
	3	泛水做法应符合设计要求,顺直整齐,结合严密,无渗漏	观察检查和雨后或淋水检验

8.8.5 金属板材屋面施工

8.8.5.1 平板型薄钢板铺瓦工艺流程

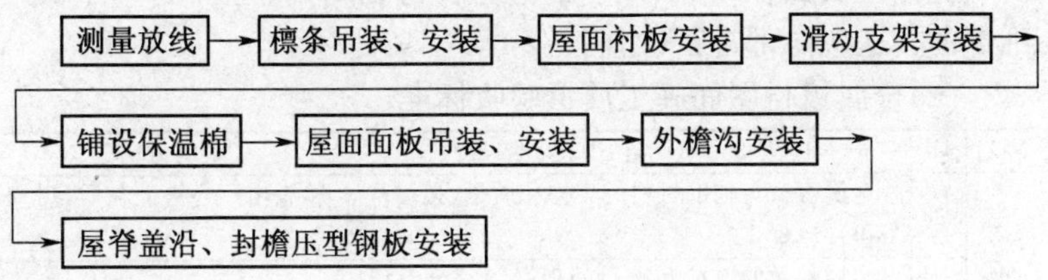

8.8.5.2 操作要点

序	项目	操作要点
1	测量放线	金属板材铺设前应根据设计方案测量放线,做好铺设前的准备工作
2	板材加工	安装前应根据屋面坡长和搬运条件,将薄钢板预制成拼板或预先下料轧边成型
3	檩条吊装、安装	用吊机按柱间、同一坡向分次将檩条吊装至屋面梁上,水平平移至安装位置并固定
4	屋面衬板安装	衬板安装前先在板面上弹出铆钉的位置控制线及相邻衬板相互搭接位置线。压型板的横面搭接不小于一个波,纵向搭接不小于200mm;压型板挑出墙面的长度不小于200m,压型板伸入檐沟内的长度不小于150mm;压型板与泛水的搭接宽度不小于200mm,使用自攻螺栓固定

续表 8.8.5.2

序	项　目	操　作　要　点
5	滑动支架安装及铺设保温棉	滑动支架按设计间距用自攻螺栓与檩条连接，安装位置必须正确，固定牢固。保温棉顺坡度方向按排版图铺设，相互间用订书钉钉住，要求填塞饱满，不留空隙
6	屋面面板吊装、安装	铺设压型钢板屋面时，相邻两块板应顺历最大频率风向搭接。屋面板端部通过板上的孔与檩条预钻孔相配位置就位和排列。压型板应采用带防水垫圈的镀锌螺栓（螺钉）固定，固定点应设在波峰上。所有外露的螺栓（螺钉），均应涂抹密封材料保护
7	泛水处理	金属板材屋面与立墙及凸出屋面结构等交接处，均应做泛水处理。两板间应放置通长密封条。螺栓拧紧后，两板的搭接口处应用密封材料封严

8.8.5.3　金属板材屋面施工质量验收规定

(1)检验数量

应按屋面面积每 $100m^2$ 抽查一处，每处 $10m^2$，且不得少于 3 处。细部的构造应全部进行检查。

(2)金属板材屋面施工质量验收标准

项目	序	检　验　项　目　与　要　求	检验方法
主控项目	1	金属板材与辅助材料的规格和质量，必须符合设计要求	检查出厂合格证和质量检验报告
	2	金属板材的连接和密封处理必须符合设计要求，不得有渗漏现象	观察检查和雨后或淋水检验
一般项目	1	金属板材屋面应安装平整，固定方法正确，密封完整，排水坡度应符合设计要求	观察检查和尺量检查
	2	金属板材屋面的檐口线、泛水段应顺直，无起伏现象	观察检查

8.9　隔热屋面工程

8.9.1　架空屋面

8.9.1.1　架空隔热屋面施工要点

①先将屋面清扫干净，然后根据架空板的尺寸，弹出支座中心线。

②布置支座。支座的布置应整齐划一，条形支座应沿纵向平直排列，点式支座应沿纵横向排列整齐，保证通风良好。支座宜采用水泥砂浆砌筑，其强度等级为 M5。架空隔热制品支座底面的卷材、涂膜防水层应采用加强措施，操作时不得损坏已完工的防水层。

③铺设架空板时，应将防水层上的落灰、杂物随时扫除干净，以保证架空隔热层气流畅通。

④架空板的铺设应平整、稳固，缝隙宜采用水泥砂浆或水泥混合砂浆嵌填，并按设计要求留变形缝。

⑤操作时不得损坏已完工的防水层。

8.9.1.2　架空屋面工程质量验收标准

项目	序	检验项目与要求	检验方法
主控项目	1	架空隔热制品的质量必须符合设计要求，严禁有断裂和露筋等缺陷	观察检查和检查构件合格证或试验报告
一般项目	1	架空隔热制品的铺设应平整、稳固，缝隙勾填应密实；架空隔热制品距山墙或女儿墙不得小于 250mm，架空层中不得堵塞，架空高度及变形缝做法应符合设计要求	观察检查和尺量检查
	2	相邻两块制品的高低差不得大于 3mm	用直尺和楔形塞尺检查

8.9.2　蓄水屋面

8.9.2.1　蓄水及其他屋面热工测定数值

屋面类型 测试项目	蓄水屋面			架空屋面 150mm	刚性防水屋面
	水层厚 50mm	水层厚 100mm	水层厚 150mm		
外表面最高温度(℃)	35.3	34.0	33.3	36.8	47.4
外表面温度波幅(℃)	11.8	10.1	9.0	9.3	16.6
内表面最高温度(℃)	28.6	27.6	27.0	29.4	34.7
内表面温度波幅(℃)	4.0	3.0	2.2	5.1	5.2

续表 8.9.2.1

测试项目 \ 屋面类型	蓄水屋面			架空屋面 150mm	刚性防水屋面
	水层厚 50mm	水层厚 100mm	水层厚 150mm		
内表面最低温度(℃)	19.7	20.4	21.4	22.7	21.7
内外表面最大温差(℃)	6.7	6.4	6.5	7.4	12.7
室外最高温度(℃)	34.5	34.5	34.5	36.1	34.5
室外温度波幅(℃)	6.4	6.4	6.4	5.9	6
内表面热流最高值[kcal/(m^2·h)]	+16.1	+11.5	+7.2	+12.0	+39.0
内表面热流最低值[kcal/(m^2·h)]	−26.8	−15.0	−13.5	−15.0	−9.6
内表面热流平均值[kcal/(m^2·h)]	−9.0	−3.8	−3.8	−0.34	−12.2

8.9.2.2 蓄水屋面施工要点

①蓄水屋面的所有孔洞应预留,不得后凿。防水层施工前,应将所有的给水管、排水管和溢水管安装完毕。

②每个蓄水区的防水混凝土应一次浇筑完成,不得留施工缝。立面和平面的防水层应同时做好,确保不渗漏。

③屋面板的质量要求要严格,其强度、密实性均应符合设计要求。结构层嵌填密封材料后,宜做充水试验,无渗漏后再做上部防水层。

④刚性防水层的材料要求:水泥不低于 42.5 级普通硅酸盐水泥;水灰比 0.5～0.55;砂子用中砂或粗砂,含泥量不大于 2%;石子粒径宜为 5～20mm,含泥量不大于 1%;混凝土强度等级不低于 C20。

⑤施工温度宜为 5～35℃,应避免在 0℃以下或烈日暴晒下施工。

⑥刚性防水层完工后应及时养护,蓄水后不得断水。

8.9.2.3 蓄水屋面工程质量验收标准

<table>
<tr><th>项目</th><th>序</th><th>检 验 项 目 与 要 求</th><th>检验方法</th></tr>
<tr><td rowspan="4">基本规定</td><td>1</td><td>蓄水屋面应采用刚性防水层或在卷材、涂膜防水层上面再做刚性防水层，防水层应采用耐腐蚀、耐霉烂、耐穿刺性能好的材料</td><td rowspan="4">—</td></tr>
<tr><td>2</td><td>蓄水屋面应划分为若干蓄水区，每区的边长不宜大于 10m，在变形缝的两侧应分成若干互不相通的蓄水区；长度超过 40m 的蓄水屋面应做横向伸缩一道。蓄水屋面应设置人行通道</td></tr>
<tr><td>3</td><td>蓄水屋面所设排水管、溢水口和给水管等，应在防水层施工前安装完毕</td></tr>
<tr><td>4</td><td>每个蓄水区的防水混凝土应一次浇筑完毕，不得留施工缝</td></tr>
<tr><td rowspan="2">主控项目</td><td>1</td><td>蓄水屋面上设置的溢水口、过水孔、排水管、溢水管，其大小、位置、标高的留设必须符合设计要求</td><td>观察和尺量检查</td></tr>
<tr><td>2</td><td>蓄水屋面防水层施工必须符合设计要求，不得有渗漏现象</td><td>蓄水至规定高度观察检查</td></tr>
</table>

8.9.3 种植屋面

8.9.3.1 种植屋面施工要点

①屋面结构层应充分考虑种植介质的荷载，以确保屋面结构的承载能力。种植屋面的坡度不宜大于 3%，以免种植介质流失。可选用陶粒、加气混凝土、泡沫玻璃等轻质材料做找坡层。

②卷材防水层应优先采用空铺法、点粘法、条粘法施工，但应确保卷材接缝牢固、封闭严密。

③种植屋面四周挡墙施工时，留设的泄水孔位置应正确，并不得堵塞，确保排水畅通。

④在砌筑挡墙及覆盖种植介质时，不得损坏已完工的防水层。

⑤种植屋面施工完毕，在覆土前应进行蓄水试验，蓄水静置时间不小于 24h。确认不渗漏后方可覆盖种植介质。种植介质应按设计要求的品种、厚度进行覆盖，严禁超载。

8.9.3.2 种植屋面工程质量验收标准

项目	序	检验项目与要求	检验方法
基本规定	1	种植屋面的防水层应采用耐腐蚀、耐霉烂、耐穿刺性能好的材料	—
	2	当种植屋面采用卷材防水层时，上部应设置细石混凝土保护层	
	3	种植屋面应有1%～3%的坡度。种植屋面四周应设挡墙，挡墙下部应设泄水孔，孔内侧放置疏水粗细骨料	
	4	种植覆盖层的施工应避免损坏防水层。覆盖材料的厚度、质量应符合设计要求	
主控项目	1	种植屋面挡墙泄水孔的留设必须符合设计要求，并不得堵塞	观察和尺量检查
	2	种植屋面防水层施工必须符合设计要求，不得有渗漏现象	蓄水至规定高度观察检查

9　地下防水工程施工

9.1　地下工程防水基本规定

9.1.1　建筑地下工程防水等级及设防标准

地下工程是指全埋或半埋于地下或水下的构筑物。其常年受到各种地表水、地下水的作用，如果地下工程没有防水措施或防治措施不得当，地下水就会渗入结构内部，继而危及建筑物的安全性。所以地下工程的防渗漏处理比屋面防水工程要求更高，技术难度更大。地下防水工程防水等级标准分为四级，各级标准见9.1.1.1。地下工程的防水设防，应按9.1.1.2和9.1.1.3选用。

9.1.1.1　地下工程防水等级标准

防水等级	标　　准
1　级	不允许渗水，结构表面无湿渍
2　级	不允许漏水，结构表面可有少量湿渍 工业与民用建筑：湿渍总面积不大于总防水面积的1%，单个湿渍面积不大于0.1m^2，任意100m^2防水面积不超过一处 其他地下工程：湿渍总面积不大于防水面积的6%，单个湿渍面积不大于0.2m^2，任意100m^2防水面积不超过4处
3　级	有少量漏水点，不得有线流和漏泥砂 单个湿渍面积不大于0.3m^2，单个漏水点的漏水量不大于2.5L/(m^2·d)，任意100m^2防水面积漏水点不超过7处
4　级	有漏水点，不得有线流和漏泥砂 整个工程平均漏水量不大于2L/(m^2·d)，任意100m^2防水面积的平均漏水量不大于4L/(m^2·d)

9.1.1.2 明挖法地下工程防水设防

工程部位	主体						施工缝					后浇带				变形缝、诱导缝						
防水措施	防水混凝土	防水砂浆	防水卷材	防水涂料	塑料防水板	金属板	遇水膨胀止水条	中埋式止水带	外贴式止水带	外抹式防水砂浆	外涂防水涂料	膨胀混凝土	遇水膨胀止水带	外贴式止水带	防水嵌缝材料	中埋式止水带	外贴式止水带	可卸式止水带	防水嵌缝材料	外贴防水卷材	外涂防水涂料	遇水膨胀止水条
防水等级 1级	应选	应选一到二种					应选二种					应选	应选二种			应选	应选二种					
防水等级 2级	应选	应选一种					应选一到二种					应选	应选一到二种			应选	应选一到二种					
防水等级 3级	应选	应选一种					宜选一到二种					应选	宜选一到二种			应选	宜选一到二种					
防水等级 4级	宜选	—					宜选一种					应选	宜选一种			应选	宜选一种					

9.1.1.3 暗挖法地下工程防水设防

工程部位	主体				内衬砌施工缝					内衬砌变形缝、诱导缝				
防水措施	复合式衬砌	离壁式衬砌、衬套	贴盛装式衬砌	喷射混凝土	外贴式止水带	遇水膨胀止水条	防水嵌缝材料	中埋式止水带	外涂防水涂料	中埋式止水带	外贴式止水带	可卸式止水带	防水嵌缝材料	遇水膨胀止水条
防水等级 1级	应选一种			—	应选二种					应选	应选二种			
防水等级 2级	应选一种			—	应选一到二种					应选	应选一到二种			
防水等级 3级	—	应选一种			宜选一到二种					应选	宜选一种			
防水等级 4级	—	应选一种			宜选一种					应选	宜选一种			

9.1.1.4 地下工程防水方案的要求

项目	Ⅰ级	Ⅱ级	Ⅲ级	Ⅳ级
防水方案	混凝土自防水结构，根据需要可设附加防水层	混凝土自防水结构，根据需要可设附加防水层	混凝土自防水结构，根据需要可采取其他防水措施	混凝土自防水结构，或其他措施

续表 9.1.1.4

项目	Ⅰ级	Ⅱ级	Ⅲ级	Ⅳ级
设防要求	多道设防，其中必有一道结构自防水，并根据需要设附加防水层或其他防水措施	二道或多道设防，其中必有一道结构自防水，并根据需要设附加防水层	一道或二道设防，其中必有一道结构自防水，并根据需要采取其他防水措施	一道设防，可采用结构自防水或其他防水措施
选材要求	优先选用补偿收缩防水混凝土、厚质高聚物改性沥青防水卷材。也可用合成高分子防水卷材、合成高分子涂料、防水砂浆	优先选用补偿收缩防水混凝土、厚质高聚物改性沥青防水卷材。也可用合成高分子防水卷材、合成高分子涂料	宜选用结构自防水、高聚物改性沥青防水卷材、合成高分子防水卷材	结构自防水、防水砂浆或高聚物改性沥青防水卷材

9.1.2 地下防水工程施工基本规定

序	项目	内　容
1	施工准备	施工前，施工单位应进行图纸会审，掌握工程主体及细部构造的防水技术要求，并编制防水工程的施工方案
2	质量检查制度	地下防水工程的施工，各道工序应建立自检、交接检和专职人员检查的“三检”制度，并有完整的检查记录。未经建设（监理）单位对上道工序检查确认，不得进行下道工序施工
3	施工队资质	地下防水工程必须由相应资质的专业防水队伍进行施工；主要施工人员应持有建设行政主管部门或其指定单位颁发的执业资格证书
4	材料要求	地下防水工程所使用的防水材料，应有产品合格证书和性能检测报告。材料的品种、规格、性能等应符合现行国家产品标准和设计要求。对进场的防水材料应按有关规定抽样复验，并提出试验报告；不合格的材料不得在工程中使用
5	工作面要求	地下防水工程施工期间，明挖法的基坑以及暗挖法的竖井、洞口，必须保持地下水位稳定在基底 0.5m 以下，必要时应采取降水措施

续表 9.1.2

序	项目	内 容
6	施工环境气温条件	地下防水工程的防水层，严禁在雨天、雪天和五级风及其以上时施工，其施工环境气温条件宜符合 9.1.2.1 的规定
7	分项工程的划分	地下防水工程是一个子分部工程，其分项工程的划分应符合 9.1.2.2 的要求

9.1.2.1 防水层环境气温条件

防水层材料	施工环境气温
高聚物改性沥青防水卷材	冷粘法不低于 5℃，热熔法不低于－10℃
合成高分子防水卷材	冷粘法不低于 5℃，热焊接法不低于－10℃
有机防水涂料	溶剂型－5～35℃，水溶性 5～35℃
无机防水涂料	5～35℃
防水混凝土、水泥砂浆	5～35℃

9.1.2.2 地下防水工程的分项工程

子分部工程	分 项 工 程
地下防水工程	地下建筑防水工程：防水混凝土，水泥砂浆防水层，卷材防水层，涂料防水层，塑料板防水层，金属板防水层，细部构造
	特殊施工法防水工程：锚喷支护，地下连续墙，复合式衬砌，盾构法隧道
	排水工程：渗排水、盲沟排水隧道、坑道排水
	注浆工程：预注浆、后注浆，衬砌裂缝注浆

9.2 防水混凝土

9.2.1 防水混凝土的分类、特点及适用范围

9.2.1.1 防水混凝土的分类和特点

(1)防水混凝土的分类

防水混凝土分为普通防水混凝土、外加剂防水混凝土和膨胀水

泥防水混凝土三类。防水混凝土是在混凝土骨料级配的基础上，以调整和控制配合比或掺外加剂的方法，来提高混凝土自身的密实性和抗渗性，它不仅要满足结构的强度要求，而且还应满足结构的抗渗要求。

(2)防水混凝土的特点

①起承重、围护和防水三重作用，是地下工程防水的有效措施。

②材料来源广泛，成本低廉。

③施工简单，耐久性好，防水性能可靠。

④产生渗漏水时，易于检查，便于修补。

9.2.1.2 防水混凝土的适用范围

种类		最高抗渗压力(MPa)	特点	适用范围
普通防水混凝土		>3.0	施工方法简便，材料来源广泛	适用于一般工业、民用建筑及公共建筑的地下防水工程
外加剂防水混凝土	引气剂防水混凝土	>2.2	抗冻性好	适用于北方高寒地区，抗冻性要求较高的防水工程及一般防水工程，不适用于抗压强度等级>20MPa或耐磨性要求较高的防水工程
	减水剂防水混凝土	>2.2	拌和物流动性好	适用于钢筋密集或捣固困难的薄壁型防水构筑物，也适用于对混凝土凝结时间(促凝或缓凝)和流动性有特殊要求的防水工程(如泵送混凝土工程)
	三乙醇胺防水混凝土	>3.8	早期强度高、抗渗等级高	适用于工期紧迫，要求早强及抗渗性较高的防水工程及一般防水工程
	氯化铁防水混凝土	>3.8		适用于水中结构的无筋少筋厚大防水混凝土工程及一般地下防水工程，砂浆修补抹面工程 在接触直流电源或预应力混凝土及重要的薄壁结构上不宜使用
膨胀水泥防水混凝土		3.6	密实性好、抗裂性好	适用于地下工程和地上防水构筑物、山洞、非金属油罐和主要工程的后浇缝

9.2.2 防水混凝土的配制

9.2.2.1 防水混凝土抗渗等级

最大水头(*H*)与防水混凝土壁厚(*h*)的比值(*H*/*h*)	设计抗渗等级(MPa)
<10	P6(0.6)
10～15	P8(0.8)
15～25	P12(1.2)
25～35	P16(1.6)
>35	P20(2.0)

9.2.2.2 普通防水混凝土在反复经受压力水作用下的抗渗性

水灰比	水泥用量(kg/m³)	砂率	透水试件顺序	试件总龄期(d)	两次试验间隔日期(d)	同一试件抗渗压力(MPa)		
0.6	320	45	第一次	60	—	0.4	0.6	0.4
			第二次	74	14	0.8	1.0	0.6
			第一次	74	—	0.8	0.8	0.6
			第二次	101	27	1.3	2.0	>2.0

9.2.2.3 不同温度对防水混凝土抗渗性的影响

温度(℃)	抗渗压力(MPa)	温度(℃)	抗渗压力(MPa)
常温	1.8	200	0.7
100	1.1	250	0.6
150	0.8	300	0.4

9.2.2.4 防水混凝土最大水灰比

抗渗等级	最大水灰比	
	C20～C30 混凝土	C30 以上混凝土
P6	0.60	0.55
P8～P12	0.55	0.50
P12 以上	0.50	0.45

9.2.2.5 防水混凝土的配制要求

项目	配制要求
水泥品种及强度等级	强度等级不低于32.5级的普通硅酸盐水泥或硅酸盐水泥
水泥用量	水泥用量不得少于320kg/m³;掺有活性掺合料时,不得少于280kg/m³
砂率	宜为35%～40%,泵送时可增至45%
灰砂比	宜为1∶1.5～1∶2.5
水灰比	不得大于0.55
用水量	170～210kg/m³
水质	自来水或洁净天然水
砂子	含泥量不大于2%的中砂或粗砂
石子	含泥量不应大于1%,最大粒径不宜大于40mm
坍落度	普通防水混凝土坍落度不宜大于50mm。防水混凝土采用预拌混凝土时,入泵混凝土坍落度宜控制在(120±20)mm,入泵坍落度每小时损失值不应大于30mm,坍落度总损失值不应大于60mm
含气量	掺加引气剂或引气型减水剂时,混凝土含气量应控制在3%～5%
缓凝时间控制	防水混凝土采用预拌混凝土时,缓凝时间宜为6～8h

9.2.2.6 混凝土常用引气剂

类别	掺量(C%)	含气量(%)	抗压强度比(%)		
			7d	28d	90d
松香热聚物及松脂皂	0.003～0.02	3～7	90	90	90
烷基苯磺酸钠	0.005～0.02	2～7	—	87～92	90～93
脂肪醇硫酸钠	0.005～0.02	2～5	95	94	95
OP乳化剂	0.012～0.07	3～6	—	85	—
皂角粉	0.005～0.02	1.5～4	—	90～100	—

注:C为水泥用量。

9.2.2.7 引气减水剂品种及性能

项目		主要成分	引气性(%)	掺量(C%)	代表性品牌
普通型	木质素磺酸盐腐殖酸系多元醇复合物	松柏醇、芥子醇酚、羟基、羧基、醇基	2～4 2～4 1.5～4.5	0.15～0.5 0.2～0.3 0.1～0.3	CM,干粉 天山－1

续表 9.2.2.7

项　目		主要成分	引气性（%）	掺量（C%）	代表性品牌
高效型	甲基萘磺酸盐缩合物	甲基萘	4～5	0.3～0.7	MF,JN
	聚烷基芳基磺酸盐缩合物	蒽	1.5～3.5	0.7～1.2	A,AF

注：C 为水泥用量。

9.2.2.8　掺引气剂及引气减水剂混凝土的含气量

粗骨料最大粒径（mm）	20(19)	26(22.4)	40(37.5)	50(45)	80(75)
混凝土含气量（%）	5.5	5.0	4.5	4.0	3.5

注：括号内数值为《建筑用卵石、碎石》GB/T 14685 中标准筛的尺寸。

9.2.2.9　美国推荐混凝土含气量

骨料最大粒径（mm）	拌和后的含气量（%）	振捣后的含气量（%）	不掺引气剂的含气量（%）
10	8.0	7.0	3.0
15	7.0	6.0	2.5
20	6.0	5.0	2.0
25	5.0	4.5	1.5
40	4.5	4.0	1.0
50	4.0	3.5	0.5
80	3.5	3.0	0.3
150	3.0	2.5	0.2

9.2.2.10　用于防水混凝土的几种减水剂

种　类	优　点	缺　点	适用范围
木质素磺酸钙	（1）有增塑及引气作用，提高抗渗性能最为显著 （2）有缓凝作用，可推迟水化热峰出现 （3）可减水 10%～15%或增强 10%～20% （4）价格低廉、货源充足	（1）分散作用不及 NNO、MF、JN 等高效减水剂 （2）温度较低时，强度发展缓慢，须与早强剂复合作用	一般防水工程均可使用，更适用于大坝、大型设备基础等大体积混凝土工程和夏季施工

续表 9.2.2.10

种类		优点	缺点	适用范围
多环芳香族磺酸钠	NNO	(1)均为高效减水剂,减水12%~20%,增强15%~20% (2)可显著改善和易性,提高抗渗性 (3)MF、JN有引气作用,抗冻性、抗渗性较NNO好 (4)JN减水剂在同类减水剂中价格最低,仅为NNO的40%左右	货源少价格较贵	防水混凝土工程均可使用,冬季气温低时使用更为适宜
	MF		生成气泡较大,需用高频振捣器排除气泡以保证混凝土质量	
	JN FDN UNF		—	
糖蜜		(1)分散作用及其他性能均同木质素磺酸钙 (2)掺量少,经济效果显著 (3)有缓凝作用	由于可从中提取酒精、丙酮等副产品,因而货源日趋减少	宜于就地取材,配制防水混凝土

9.2.2.11 不同品种减水剂的适宜掺量

种类	适宜掺量/% (占水泥重量分数)	备注
木钙、糖蜜	0.2~0.3	掺量≤0.3%,否则将使混凝土强度降低且过分缓凝
NNO、MF	0.5~1	在此范围内只稍微增加混凝土造价,而对混凝土其他性能无大影响
JN	0.5	
UNF-5	0.5	外加0.5%三乙醇胺,抗渗性能好
三聚氰胺类	0.5~2	—
腐殖酸类	0.2~0.35	

注:干粉状减水剂,应先倒入60℃左右热水中搅拌,制成20%浓度的溶液(用比重计控制)再使用。

9.2.2.12 减水剂防水混凝土配合比

序号	水灰比	水泥用量(kg/m³)	配合比 水泥∶砂∶石∶水∶粉煤灰	减水剂		坍落度(mm)	抗渗性	
				名称	掺量(%)		等级	渗透高度(mm)
1	0.48	380	1∶1.842∶2.76∶0.48∶0.16	AT	0.7	175	P15	63
2	0.53	340	1∶2.04∶3.18∶0.53∶0.18	AT	0.7	160	P15	96

续表 9.2.2.12

序号	水灰比	水泥用量(kg/m³)	配合比 水泥：砂：石：水：粉煤灰	减水剂 名称	减水剂 掺量(%)	坍落度(mm)	抗渗性 等级	抗渗性 渗透高度(mm)
3	0.626	300	1：2.15：4.38：0.626：0	—	0	10	P8	
4	0.55	300	1：2.15：4.38：0.55：0	JN	0.5	13	P20	32
5	0.55	300	1：2.15：4.38：0.55：0	NNO	0.5	14	P20	
6	0.54	380	1：1.47：3.45：0.54：0	—	0	52	P6	—
7	0.48	380	1：1.47：3.45：0.48：0	木钙	0.25	56	P30	
8	0.56	—	1：1.68：3.76：0.56：0	—	0	20	P6	—
9	0.51		1：1.71：3.88：0.51：0	UNF-2	0.5	35	P20	
10	0.426	390	1：1.82：3.08：0.426：0	MF	0.5	100～120	P30	42
11	0.405	410	1：1.573：3.049：0.405：0	MF	0.5	100～120	P30	22

注：表中减水剂掺量为水泥重量的百分比。

9.2.2.13　三乙醇胺防水混凝土的抗渗性

序号	水泥品种	配合比 水泥：砂：石	水灰比	水泥用量(kg/m³)	早强防水剂含量(%) 三乙醇胺	早强防水剂含量(%) 氯化钠	抗压强度(MPa)	渗透压力(MPa)
1	42.5级普通水泥	1：1.60：2.93	0.46	400	—	—	35.1	1.2
2	42.5级普通水泥	1：1.60：2.93	0.46	400	0.05	0.5	46.1	>3.8
3	32.5级矿渣水泥	1：2.19：3.50	0.60	342	—	—	27.4	0.7
4	32.5级矿渣水泥	1：2.19：3.50	0.60	334	0.05	—	26.2	>3.5
5	32.5级矿渣水泥	1：2.66：3.80	0.60	300	0.05	—	28.2	>2.0

注：序号为1,2,5的砂子细度模数为2.16～2.71，石子粒级为20～40mm；序号为3,4的石子粒级为5～40mm。

9.2.2.14　三乙醇胺质量要求

技术指标	优等品	一级品
三乙醇胺含量	≥99.0%	≥85%
色度	≤30(Pt/Co)	≤80(Pt/Co)
外观	无色透明	
水分	≤0.2%	≤0.2%

9.2.2.15 三乙醇胺早强防水剂配方

1号配方		2号配方			3号配方			
三乙醇胺0.05%		三乙醇胺0.05%+氯化钠0.5%			三乙醇胺0.05%+氯化钠0.5%+亚硝酸钠1%			
水	三乙醇胺	水	三乙醇胺	氯化钠	水	三乙醇胺	氯化钠	亚硝酸钠
$\frac{98.75}{98.33}$	$\frac{1.25}{1.67}$	$\frac{86.25}{85.83}$	$\frac{1.25}{1.67}$	$\frac{1.25}{1.25}$	$\frac{61.25}{60.83}$	$\frac{1.25}{1.67}$	$\frac{1.25}{1.25}$	$\frac{25}{25}$

注：1. 表中百分数为水泥重量的百分数。

2. 1号配方适用于常温和夏季施工，2、3号配方适用于冬期施工。

3. 表中数据分子为采用100%纯度三乙醇胺的用量，分母为采用75%工业品三乙醇胺的用量。

9.2.2.16 三乙醇胺防水混凝土配合比

项次	配合比	水泥用量 (kg/m³)	砂率 (%)	三乙醇胺防水剂掺量(%)			抗压强度	抗渗压力
	水泥：砂：石：水			三乙醇胺	氯化钠	亚硝酸钠	(MPa)	
1	1：2.19：3.50：0.60	42.5矿渣334	38	0.05	—	—	26.2	>3.5
2	1：2.40：3.62：0.58	42.5矿渣320	41	0.05	0.50	—	26.4	2.4
3	1：2.30：4.08：0.62	42.5矿渣300	36	0.05	0.50	—	23.9	1.2
4	1：2.66：3.80：0.60	42.5普硅300	41	0.05	—	—	28.2	>2.0
5	1：2.50：4.41：0.66	42.5矿渣280	36	0.05	0.5	—	24.7	0.4
6	1：2.62：4.09：0.60	42.5矿渣280	41	0.05	0.5	—	24.0	1.8
7	1：2.10：4.10：0.55	42.5普硅300	39	0.05	0.5	1.0	25.2	2.1

9.2.2.17 氯化铁防水混凝土的抗渗性

水泥品种	混凝土配合比			水灰比	固体防水剂掺量 (%)	龄期 (d)	抗渗性		抗压强度 (MPa)
	水泥	砂	碎石				压力 (MPa)	渗水高度 (cm)	
32.5级普通水泥	1	2.95	3.5	0.62	0	52	1.5	—	22.5
	1	2.95	3.5	0.62	0.01	52	4.0	2～3①	33.3
	1	2.95	3.5	0.60	0.02	28	>1.5	—	19.9
	1	1.90	2.66	0.46	0.02	28	>3.2	6.5～11①	50.0
32.5级矿渣水泥	1	2.5	4.7	0.6	0	14	0.4	—	12.8
	1	2.5	4.7	0.45	0.015	14	1.2	—	

续表 9.2.2.17

水泥品种	混凝土配合比			水灰比	固体防水剂掺量（%）	龄期（d）	抗渗性		抗压强度（MPa）
	水泥	砂	碎石				压力（MPa）	渗水高度（cm）	
42.5 级矿渣水泥	1	2	3.5	0.45	0	7	0.6	—	—
	1	2	3.5	0.45	0.03②	7	>3.8	—	21.6
	1	1.61	2.83	0.45	0.03②	28	>4.0	—	29.3

注：①试块用汽油作抗渗试验。

②为液体防水剂量。

9.2.2.18 不同养护制度对抗渗性的影响

序号	液体氯化铁防水剂掺量（%）	养护温度（℃）	养护时间（d）	蒸汽加热		抗渗压力（MPa）
				温度（℃）	时间（h）	
1	0	10	3	—	—	0
2	3	10	3	—	—	0.1
3	0	25	3	—	—	0～0.1
4	3	25	3	—	—	>1.5
5	3	20	一天后脱模蒸养	60	4	>1.5
6	0	20	一天后脱模蒸养	100	4	0.1～0.2
7	3	20	一天后脱模蒸养	100	4	0.5

注：试件厚度为 3cm。

9.2.2.19 膨胀水泥防水混凝土的抗渗性

水泥品种	水泥用量（kg/m^3）	配合比 水泥：砂：石	水灰比	养护时间（d）	抗渗介质	抗渗压力（MPa）	恒压时间（h）	渗透高度（cm）
明矾石膨胀水泥	360	1：1.61：3.91	0.50	28	水	3.6	8	13
	350	1：2.13：3.20	0.52	28	汽油	1.0	16.8	1～2
	380	1：1.82：2.83	0.52	20	水	2.5	11	13～14
CSA 水泥	400	1：1.73：2.66	0.52	28	水	3.0	11	1.5～2.5
普通水泥	370	1：2.08：3.12	0.47	28	水	1.2	8	12～13

9.2.2.20 膨胀水泥防水混凝土力学性能

水泥品种	强度(MPa)		抗压弹性模量	与钢筋粘结力	极限拉伸变形值
	抗压	抗拉	(×10^4MPa)	(28d)(MPa)	(mm/m)
明矾石膨胀水泥	31～37	2.2～2.8	3.5～3.65	2.7～3.2	0.14～0.154
CSA 水泥	27	2.2	3.75～3.85	2.4～2.5	—
石膏矾土膨胀水泥	36	3.5	3.50～4.10	4.0～5.5	—
普通水泥	—	—	2.67～3.20	2.5～3.0	0.08～0.10

注：本表数值是在自由膨胀下测定的，如在约束条件下膨胀，其数值会相应提高。

9.2.2.21 膨胀剂及膨胀水泥的主要品种

品种	配方	膨胀源	固相体积膨胀倍率	商品名称	
				膨胀水泥	膨胀剂
硫铝酸钙型	在水泥中加入一定数量的以下任何一组分均可 (1)矾土水泥+石膏 (2)明矾石+石膏 (3)明矾石+石膏+石灰 (4)无水硫铝酸钙	水化硫铝酸钙(钙矾石) $3CaO \cdot Al_2O_3 \cdot 3CaSO_4 \cdot 32H_2O$-$Ca(OH)_2$	1.22～1.75倍	石膏矾土膨胀水泥 硅酸盐膨胀水泥 明矾石膨胀水泥 硫铝酸钙膨胀水泥	U型膨胀剂，钙矾石，复合膨胀剂
氧化钙型	在硅酸盐水泥中加入以下任何一组分即可 (1)3%～5%过烧石灰 (2)生石灰+有机酸抑制剂	氢氧化钙 $CaO+H_2O \rightarrow Ca(OH)_2$	0.98倍	浇筑水泥	脂膜石灰膨胀剂

9.2.2.22 混凝土膨胀剂性能指标(JC 476—1998)

项目		指标值
化学成分	氧化镁(%)	≤5.0
	含水率(%)	≤3.0
	总碱量(%)	≤0.75
	氯离子(%)	≤0.05

续表 9.2.2.22

项　目				指标值
物理性能	细度	比表面积(m^2/kg)		≥250
		0.08mm 筛筛余(%)		≤10
		1.25mm 筛筛余(%)		≤0.5
	凝结时间	初凝(min)		≥45
		终凝(h)		≤10
	限制膨胀率(%)	水中	7d	≥0.025
			28d	≤0.10
		空气中	28d	≥−0.020
	抗压强度(MPa)	7d		≥25.0
		28d		≥45.0
	抗折强度(MPa)	7d		≥4.5
		28d		≥6.5

注：细度用比表面积和 1.25mm 筛筛余或 0.08mm 筛筛余表示，仲裁检验则采用比表面积和 1.25mm 筛筛余。

9.2.2.23　膨胀水泥防水混凝土配制技术要求

项　目	技术要求	项　目	技术要求
水泥用量	350～380kg/m^3	坍落度	40～60mm
水灰比	0.5～0.52	膨胀率	<0.1%
	0.47～0.5(加减水剂后)	自应力值	0.2～0.7MPa
砂率	35%～38%	负应变	<0.2‰
砂子	宜用中砂	—	—

9.2.2.24　补偿收缩混凝土的性能

项　目	限制膨胀率($\times10^{-4}$)	限制干缩率($\times10^{-4}$)	抗压强度(MPa)
龄　期	水中 14d	水中 14d，空气中 28d	28d
性能指标	≥1.5	≤3.0	≥25

9.2.2.25　填充用膨胀混凝土的性能

项　目	限制膨胀率($\times10^{-4}$)	限制干缩率($\times10^{-4}$)	抗压强度(MPa)
龄　期	水中 14d	水中 14d，空气中 28d	28d
性能指标	≥2.5	≤3.0	≥30.0

9.2.3 防水混凝土施工

9.2.3.1 混凝土配制与运输

(1)混凝土配料

必须按质量配合比准确称量,各组成材料计量结果的允许偏差见下表。

混凝土组成材料	每盘计量(%)	累计计量(%)
水泥、掺合料	±2	±1
粗、细骨料	±3	±2
水、外加剂	±2	±1

注:累计定量仅适用于微机控制计量的搅拌站。

(2)混凝土搅拌

搅拌时间不少于2min,掺外加剂时应根据掺加物的品种适当延长1～2min。

(3)混凝土运输

防水混凝土在运输过程中,应防止漏浆、离析和坍落度损失。运输过程如出现离析,必须进行二次搅拌。当坍落度损失后不能满足施工要求时,应加入原水灰比的水泥浆或二次掺加减水剂进行搅拌,严禁直接加水。

9.2.3.2 防水混凝土施工

(1)模板施工

防水混凝土所用的模板应具有足够的强度、刚度,吸水性要小,且拼缝严密不漏浆。一般不宜用螺栓或铁丝贯穿混凝土,以避免水沿缝隙渗入,影响防水效果。当采用对拉螺栓加固模板时,应采用如图9-1所示的止水措施。拆模后将对拉螺栓抽出,套管内用膨胀水泥封堵严密。

(2)钢筋绑扎

钢筋相互间应绑扎牢固,以防浇筑混凝土时,因碰撞、振动使绑扣松散、钢筋位移,造成露筋。应按设计规定留足保护层,留设保护层应以相同配合比的细石混凝土或水泥砂浆制成垫块,将钢筋垫起。严禁以钢筋垫钢筋或将钢筋用铁丝直接固定在模板上。钢筋及铁丝

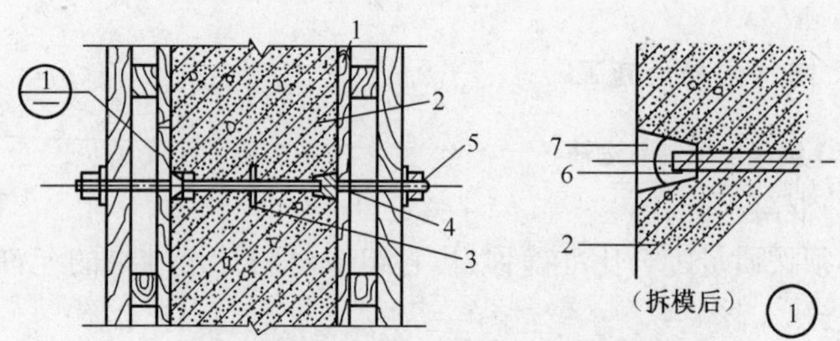

图 9-1 固定模板用螺栓的防水做法

1. 模板 2. 结构混凝土 3. 止水环 4. 工具式螺栓
5. 固定模板用螺栓 6. 嵌缝材料 7. 聚合物水泥砂浆

均不得接触模板，防止水沿钢筋或铁丝渗入混凝土结构。

(3)混凝土浇筑、振捣

①浇筑前，应清除模板内的积水、木屑、钢丝、铁钉等杂物，并用水湿润模板。使用钢模应保持其表面清洁无浮浆。

②浇筑混凝土的自由下落高度不得超过 1.5m，否则应使用串筒、溜槽等工具进行浇筑。

③浇筑应严格做到分层连续进行，每层厚度不宜超过 200～400mm，上下层浇筑的间隔时间一般不得超过 2h，夏季应适当缩短。防水混凝土应采用机械振捣，振捣时间宜为 10～30s，以混凝土泛浆和不冒气泡为准。应防止漏振、欠振。

④在密集管群穿过处、预埋件或钢筋稠密处，当浇筑混凝土有困难时，应采用相同抗渗等级的细石混凝土浇筑；当遇到预埋大管径的套管或面积较大的金属板时，应在其底部设浇筑振捣孔，以利排气、浇筑和振捣，如图 9-2 所示。

(4)混凝土的养护

在常温下，混凝土进入终凝(浇筑后 4～6h)即应覆盖，并经常浇水养护，保持湿润不少于 14d。防水混凝土不宜用电热养护和蒸汽养护。

9.2.3.3 特殊部位处理

(1)施工缝的处理

①上下两层混凝土浇筑时间间隔不宜太长，以免接缝处新旧混凝土收缩值相差过大而产生裂缝。在继续浇筑混凝土前，应将水平施工缝处松散的混凝土凿除，清理浮渣和杂物，用水冲洗干净，保持

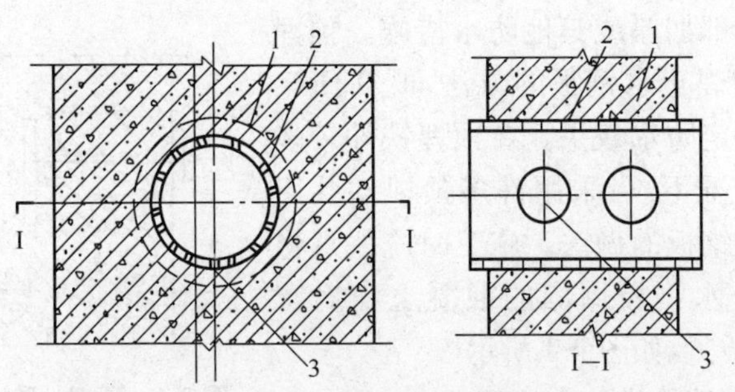

图 9-2　浇筑振捣孔示意图

1. 止水环　2. 预埋套管　3. 浇筑振捣孔

湿润，再铺30mm厚1∶1的水泥砂浆一层，所用材料和灰砂比应与混凝土中的砂浆相同。垂直施工缝浇筑混凝土前，应将其表面清理干净，并在涂刷水泥净浆或混凝土界面处理剂后及时浇筑混凝土。

②遇水膨胀止水带应牢固地安装在施工缝表面或预留槽内。

③当采用中埋式止水带时，应确保位置正确，固定牢靠。

(2)预埋件的防水做法

结构上的埋设件宜预埋。埋设件端部或预留孔(槽)底部的混凝土厚度不得小于250mm。当厚度小于250mm时，应采取如图9-3

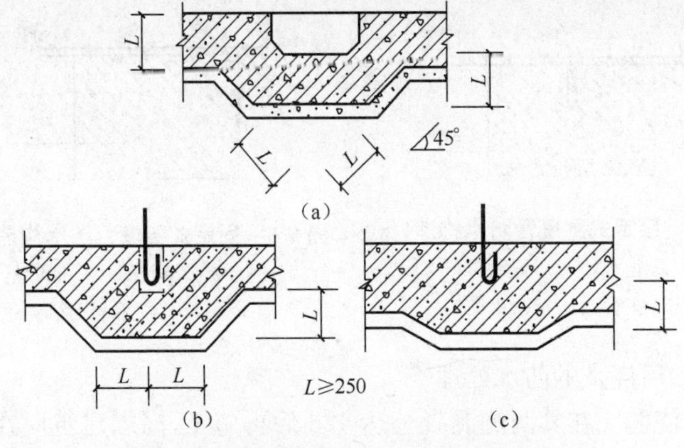

图 9-3　预埋件或预留孔(槽)处理示意图

(a)预留槽　(b)预留孔　(c)预埋件

所示的局部加厚或其他防水措施。预埋铁件用加焊止水钢板的方法，既简便又可获得一定防水效果。在预埋铁件较多较密的情况下，可采用许多预埋件共用一块止水钢板的做法。施工时应注意将铁件及止水钢板周围的混凝土浇捣密实，保证质量，如图 9-4 所示。

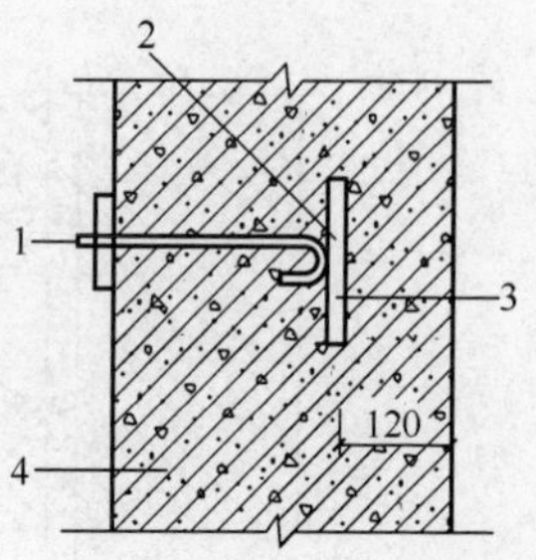

图 9-4　预埋件防水处理

1. 预埋螺栓　2. 焊缝　3. 止水钢板　4. 防水混凝土结构

(3)穿墙管道防水处理

当穿墙管道伸缩量不大时可采用如图 9-5 和图 9-6 所示的直接埋入混凝土内的固定式防水。这时应预留凹槽，槽内用嵌缝材料嵌填密实。当伸缩量大或结构变形大时，应采用套管加焊止水环的做法，如图 9-7 所示。施工时，此处的混凝土振捣要格外小心，保证振捣密实，且不损坏穿墙管道。

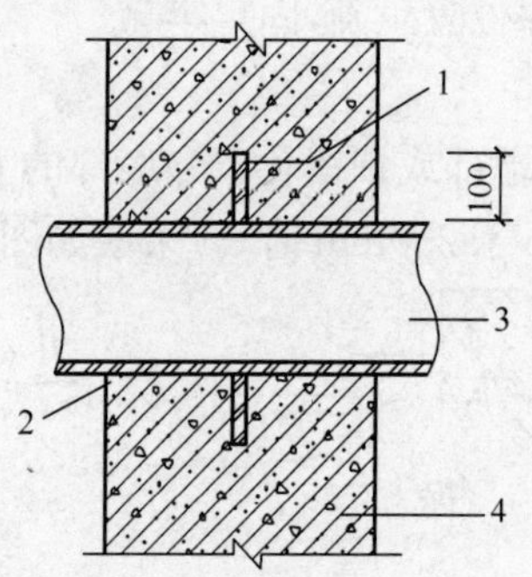

图 9-5　固定式穿墙管防水构造(一)

1. 止水环　2. 嵌缝材料　3. 主管　4. 混凝土结构

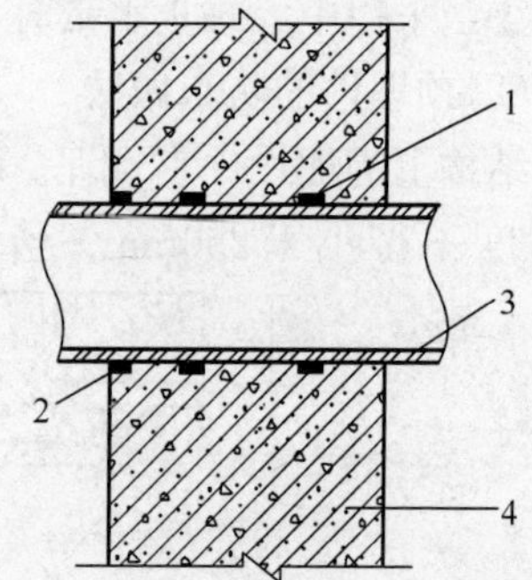

图 9-6　固定式穿墙管防水构造(二)

1. 遇水膨胀橡胶圈　2. 嵌缝材料　3. 主管　4. 混凝土结构

(4)后浇带的防水处理

后浇缝应在其两侧混凝土达 42d 后再施工，高层建筑应在结构顶板浇筑混凝土后 14d 再浇筑后浇带混凝土。施工前，应将接缝处的混凝土凿毛，清洗干净，保持湿润，并刷水泥净浆，而后用不低于两

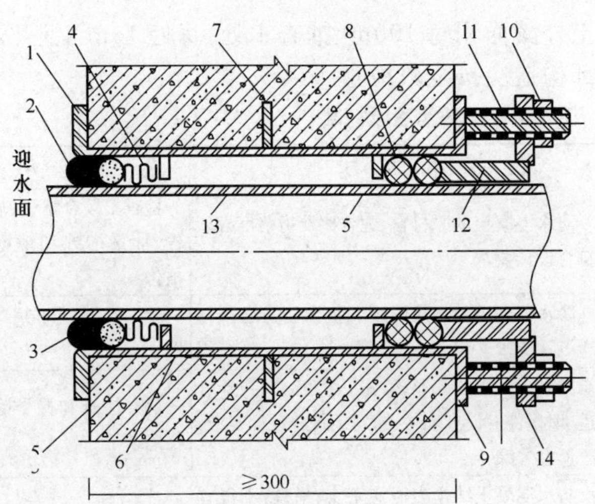

图 9-7 套管式穿墙管防水构造

1. 翼环 2. 嵌缝材料 3. 背衬材料 4. 填缝材料 5. 挡圈 6. 套管 7. 止水环 8. 橡胶圈 9. 翼盘 10. 螺母 11. 双头螺栓 12. 短管 13. 主管 14. 法兰盘

侧混凝土强度等级的补偿收缩混凝土浇筑，振捣密实。后浇缝混凝土养护时间不得少于 28d。

(5)防水混凝土结构变形缝的处理

变形缝处的防水措施是埋设橡胶或塑料止水带。止水带的埋入位置要正确，圆环中心线应与变形缝中心线重合。止水带一般用细铁丝将其拉紧后绑在钢筋上，如图 9-8 所示。浇筑混凝土时，要随时防止止水带偏离变形缝中心位置。

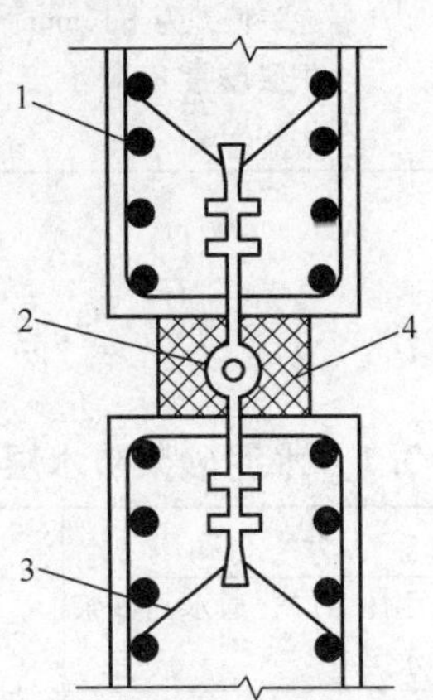

图 9-8 止水带固定方法

1. 结构钢筋 2. 止水带 3. 细铁丝 4. 聚苯乙烯泡沫塑料板或沥青木丝板

9.2.4 防水混凝土质量验收规定

9.2.4.1 检验数量

防水混凝土施工质量检验数量，应

按混凝土外露面积每 $100m^2$ 抽查 1 处，每处 $10m^2$，且不得少于 3 处。细部构造应按全数检查。

9.2.4.2 防水混凝土质量验收标准

项目	序	检验项目与要求	检验方法
主控项目	1	防水混凝土的原材料、配合比及坍落度必须符合设计要求	检查出厂合格证、质量检验报告、计量措施和现场抽样试验报告
	2	防水混凝土的抗压强度和抗渗压力必须符合设计要求	检查混凝土抗压、抗渗试验报告
	3	防水混凝土的变形缝、施工缝、后浇带、穿管道、埋设件等设置和构造，均须符合设计要求，严禁有渗漏	观察检查和检查隐蔽工程验收记录
一般项目	1	防水混凝土结构表面应坚实、平整，不得有露筋、蜂窝等缺陷；埋设件位置应正确	观察和尺量检查
	2	防水混凝土结构表面的裂缝宽度不应大于 0.2mm，并不得贯通	用刻度放大镜检查
	3	防水混凝土结构厚度不应小于 250mm，其允许偏差为＋15mm、－10mm；迎水面钢筋保护层厚度不应小于 50mm，其允许偏差为±10mm	尺量检查和检查隐蔽工程验收记录

9.3 水泥砂浆防水层

9.3.1 水泥砂浆防水层分类

分类	常用做法或名称	特点
刚性多层普通水泥砂浆防水层	五层或四层抹面做法	价廉、施工简单、工期短，抗裂抗震性较差
聚合物水泥砂浆防水层	氯丁胶乳水泥砂浆	施工方便，抗折、抗压、抗震、抗冲击性能较好，收缩性较大
掺外加剂水泥砂浆防水层	明矾石膨胀剂水泥砂浆、氯化铁水泥砂浆	抗裂、抗渗性较好，后期强度稳定。抗渗性能好，有增强、早强作用。抗油浸性能好

9.3.2 普通水泥砂浆防水层

9.3.2.1 水泥浆和水泥砂浆配合比

材料名称	配合比	稠度(cm)	水灰比	配制方法
素灰	水泥和水拌和	7	0.37～0.4	将水泥放于容器中,然后加水搅拌
水泥浆	水泥和水拌和	—	0.55～0.6	将水泥放于容器中,然后加水搅拌
水泥砂浆	水泥：砂＝1：1.5～2.0	7～8	0.40～0.50	宜用机械搅拌,将水泥和砂干拌到色泽一致时再加水搅拌1～2min

9.3.2.2 普通水泥砂浆防水层的配合比

名　　称	配合比(重量比)		水灰比	适用范围
	水泥	砂		
水泥浆	1	—	0.55～0.60	水泥浆防水层的第一层
水泥浆	1	—	0.37～0.40	水泥浆防水层的第三、五层
水泥砂浆	1	1.5～2.0	0.40～0.50	水泥浆防水层的第二、四层

9.3.2.3 五层抹面法操作要点

层次	水灰比	操作要求	作用
第一层素灰层厚2mm	0.37～0.4	(1)分两次抹压,基层浇水润湿后,先均匀刮抹1mm厚素灰作为结合层,并用铁抹子往返用力刮抹5～6遍,使素灰填实基层孔隙,以增加防水层的粘结力,随后再抹1mm厚的素灰找平层,厚度要均匀 (2)抹完后,用湿毛刷或排笔蘸水在素灰层表面依次均匀水平涂刷一遍,以堵塞和填平毛细孔道,增加不透水性	防水层的第一道防线
第二层水泥砂浆层厚4～5mm	0.4～0.50(水泥：砂＝1：1.5～2.0)	(1)在素灰初凝时进行,即当素灰干燥到用手指能按入水泥浆层1/4～1/2时进行,抹压要轻,以免破坏素灰层,但也要使水泥砂浆层薄薄压入素灰层1/4左右,以使第一、二层结合牢固 (2)水泥砂浆初凝前,用扫帚将表面扫成横条纹	起骨架和保护素灰作用

续表 9.3.2.3

层次	水灰比	操作要求	作用
第三层素灰层厚2mm	0.37～0.4	(1)待第二层水泥砂浆凝固并具有一定强度后(一般隔24h),适当浇水润湿即可进行第三层,操作方法同第一层,其作用也和第一层相同 (2)施工时如第二层表面析出由游离氢氧化钙形成的白色薄膜,则需要用水冲洗并刷干净,再进行第三层操作,以免影响二、三层之间的粘结,形成空鼓	防水作用
第四层水泥砂浆层厚4～5mm	0.4～0.50(水泥∶砂＝1∶1.5～2.0)	(1)配合比与操作方法同第二层水泥砂浆,但抹完后不扫条纹,而是在水泥砂浆凝固前,水分蒸发过程中,分次用铁抹子抹压5～6遍,以增加密实性,最后再压光 (2)每次抹压间隔时间应视施工现场湿度大小、气温高低及通风条件而定。一般抹压前三遍的间隔时间为1～2h,最后从抹压到压光,夏季为10～12h,冬季最长14h。以免因砂浆凝固后反复抹压而破坏表面的水泥结晶,使强度降低,产生起砂现象	由于水泥砂浆凝固前抹压了5～6遍,增加了密实性,因此不仅起着保护第三层素灰和骨架作用,还有防水作用
第五层水泥浆层厚1mm	0.55～0.6	在第四层水泥砂浆抹压两遍后,用毛刷均匀涂刷水泥浆一道,随第四层压光	防水作用

9.3.3　外加剂水泥砂浆防水层

9.3.3.1　砂浆、混凝土防水剂匀质性指标(JC 474—1999)

试验项目	指　标
含固量	液体防水剂:应在生产厂控制值相对量的3%之内
含水量	粉状防水剂:应在生产厂控制值相对量的5%之内
总碱量(Na_2O＋0.658K_2O)	应在生产厂控制值相对量的5%
密度	液体防水剂:应在生产厂控制值的±0.02g/cm^3之内
氯离子含量	应在生产厂控制值相对量的5%之内
细度(0.315mm筛)	筛余小于15%

注:含固量和密度可任选一项检验。

9.3.3.2 **受检砂浆的性能指标**(JC 474—1999)

试 验 项 目		性 能 指 标	
		一等品	合格品
净浆安定性		合格	合格
凝结时间	初凝(min)	≥45	≥45
	终凝(h)	≤10	≤10
抗压强度比(%)	7d	≥100	≥85
	28d	≥90	≥80
透水压力比(%)		≥300	≥200
48h吸水量比(%)		≤65	≤75
28d收缩率比(%)		≤125	≤135
对钢筋的锈蚀作用		应说明对钢筋有无锈蚀作用	

注:除凝结时间、安定性为受检净浆的试验结果外,表中所列数据均为受检砂浆与基准砂浆的比值。

9.3.3.3 **防水砂浆配合比及配制**

序	要 求 内 容
1	防水砂浆配合比:掺入无机质防水剂的水泥防水砂浆的配合比要求如下: (1)当采用氯化物金属盐类防水剂时,其防水砂浆的配合比(重量比)如下:防水砂浆为防水剂∶水∶水泥∶砂(0.03∶0.5∶1∶2);防水素浆为防水剂∶水∶水泥(0.03∶0.6∶1) (2)当采用金属皂类防水剂时,其防水砂浆的配合比(重量比)如下:水泥∶砂(1∶2),防水剂用量为水泥质量的4%～5% (3)当采用无机铝盐防水剂时,其防水砂浆的配合比(重量比)如下:水泥∶砂(1∶2.5～3.5用于底层;1∶2.5～3.0用于面层),水灰比0.4～0.5. 防水剂掺量一般为水泥用量的3%～9%
2	防水砂浆配制:掺入无机质防水剂的水泥防水砂浆根据所采用的防水剂不同,可分为不同的类型。如采用氯化物金属盐类防水剂所配制的防水砂浆称为氯化铁防水砂浆;采用金属皂类防水剂配制的防水砂浆称为金属皂类防水砂浆;采用无机铝盐防水剂配制的防水砂浆称为无机铝盐防水砂浆

9.3.3.4 **一般防水砂浆施工**

序	操 作 方 法
1	抹压法 (1)在处理好的基层上先涂刷一道防水净浆,防水净浆配合比为水泥∶水=1∶0.4～0.5(重量比) (2)涂刷水泥浆后随即分层铺抹防水砂浆3～4层,每层厚度控制在5～10mm,各层叠加总厚度不宜小于20mm (3)每层均应抹压密实,下层养护凝固后再铺抹上一层防水砂浆

续表 9.3.3.4

序	操作方法
2	扫浆法 (1)在处理好的基层上,先薄涂一层防水砂浆,随即用棕刷或马连根刷往复涂擦 (2)按上述方法分层铺刷防水砂浆,第一层防水砂浆经养护凝固后,再铺刷第二层,每层厚度约 10mm,两层铺刷方向应相互垂直 (3)最后将防水砂浆表面扫出条纹

9.3.3.5 氯化铁防水砂浆施工

序	操作方法
1	在处理好的基层上刷防水水泥净浆一道,随即抹底层防水砂浆,厚 12mm,分两次抹压,第一次要用力抹压使其与基层结成一体。底层第一遍砂浆凝固前用木抹子均匀搓成麻面,待阴干后再抹压第二遍底层砂浆
2	底层砂浆抹完约 12h 后,再刷防水净浆一道,随刷随抹第一遍面层防水砂浆,厚度不超过 7mm,阴干后再抹第二遍面层防水砂浆,二遍面层总厚度为 13mm,并在凝固前应反复抹压密实
3	防水层施工后 8～12h 即应覆盖湿草袋养护,夏季要提前。24h 后应定期浇水养护至少 14d。不宜采用蒸汽养护,如需使用,升温应控制在 6～8℃/h,且最高温度不超过 50℃。自然养护温度不低于 5℃

9.3.3.6 氯化铁防水砂浆早期(3d)抗渗性

水泥品种与强度等级	重量配合比			水灰比	试件厚度(cm)	抗渗压力(MPa)
	水泥	砂子	液体防水剂			
32.5 级矿渣水泥	1	2	0	0.5	3	0.1
	1	2	0.01	0.5	3	0.5
	1	2	0.03	0.5	3	大于 1.5
32.5 级普通水泥	1	2	0	0.5	3	0.1
	1	2	0.03	0.5	3	大于 1.5

9.3.4 聚合物水泥砂浆防水层

9.3.4.1 聚合物种类

水泥掺和用聚合物种类见图 9-9。

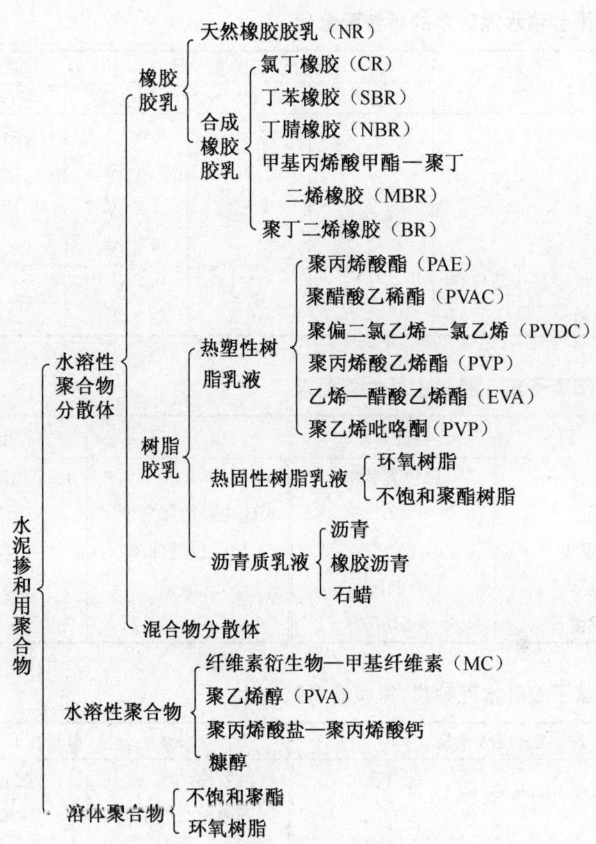

图 9-9 水泥掺和用聚合物种类

9.3.4.2 聚合物及其水泥砂浆的质量要求

试验种类	试验项目	技术指标
分散体试验	外观	应无粗颗粒、异物和凝固物
	总固体成分	35%以上，误差在0%±1.0%以内
聚合物水泥砂浆试验	弯曲强度	≥4MPa
	压缩强度	≥10MPa
	粘结强度	≥1.0MPa
	吸水率	<15%
	透水率	<30%
	长度变化率	0%～0.15%，<0.15%

9.3.4.3　聚合物水泥砂浆的参考配合比

用　　途	参考配合比(重量比)			涂层厚度(mm)
	水泥	砂	聚合物	
防水材料	1	2～3	0.3～0.5	5～20
地板材料	1	3	0.3～0.5	10～15
防腐材料	1	2～3	0.4～0.6	10～15
粘结材料	1	0～3	0.2～0.5	—
新旧混凝土或砂浆接缝材料	1	0～1	0.2以上	—
修补裂缝材料	1	0～3	0.2以上	—

9.3.4.4　阳离子氯丁胶乳主要性能要求

项　　目	性能要求	项　　目	性能要求
外观	白色乳状液	pH值	3～5用醋酸调节
含固量	≈50%	硫化胶抗张强度	＞150MPa
相对密度	＞1.085	硫化胶延伸率	＞75%
转子黏度计	0.0124Pa·s	含氯量	35%
薄球黏度计	0.00648Pa·s		

9.3.4.5　氯丁胶乳水泥砂浆、净浆参考配合比

砂浆配合比(重量比)		净浆配合比(重量比)	
材料名称	配合比	材料名称	配合比
普通硅酸盐水泥	100	普通硅酸盐水泥	100
中砂	200～250	阳离子氯丁胶乳	30～40
阳离子氯丁胶乳	25～50	复合助剂	适量
复合助剂	13～14	水	适量
水	适量		

9.3.4.6　氯丁胶乳水泥砂浆的主要技术性能

项目名称	性　能　指　标
压缩强度(MPa)	＞34.8
弯曲强度(MPa)	＞8.2
拉伸强度(MPa)	＞5.3
粘结强度(MPa)	粗糙面＞3.6;光滑面＞2.5

续表 9.3.4.6

项目名称	性能指标
干缩值 (28d)	<7.0×10⁻⁴
抗渗标号(MPa)	>1.5
吸水率	<2.6%
抗冻性	冻融 50 次,冻-15~-20℃,4h 为一循环;融 15~20℃,4h 为一循环

9.3.4.7 有机硅防水剂的技术性能指标

项目	性能指标	
主要成分	甲基硅醇钠	高沸硅醇钠
外观	淡黄色至无色透明	淡黄色至无色透明
固体含量(%)	30~32.5	31~35
pH 值	14	14
相对密度	1.23~1.25	1.25~1.26
氯化钠含量(%)	2	2
硅含量(%)	—	1~3
甲基硅倍伴氧含量(%)	18~20	—
总碱量(%)	<18	<20

9.3.4.8 有机硅防水砂浆各层配合比

各层砂浆名称	配合比(重量比)	
	防水剂:水	水泥:砂:硅水
结合层水泥浆	1:7	1:0:0.6
底层防水砂浆	1:8	1:2:0.5
面层防水砂浆	1:9	1:2.5:0.5

9.3.4.9 丙烯酸酯共聚乳液防水砂浆抗渗性

聚合物	聚灰比(%)	渗水高度平均值(mm)		
		7 湿 21 水	7 湿 21 干	7 湿 61 水
无聚合物	0	9.0	—	12.2
浮液Ⅰ	12	3.5	3.4	3.0
浮液Ⅱ	12	8.1	6.8	—

注:抗渗性在砂浆抗渗仪上进行,加压 1.5MPa,恒压 24h。

9.3.5 水泥砂浆防水层质量验收规定

9.3.5.1 检验数量

应按施工面积每 100m² 抽查一处，每处 10m²，且不得少于 3 处。

9.3.5.2 水泥砂浆防水层质量验收标准

项	序	检验项目与要求	检验方法
主控项目	1	水泥浆防水层的原材料及配合比必须符合设计要求	检查出厂合格证、质量检验报告、计量措施和现场抽样试验报告
	2	水泥砂浆防水层各层之间必须结合牢固，无空鼓现象	观察和用小锤轻击检查
一般项目	1	水泥砂浆防水层表面应密实、平整，不得有裂纹、起砂、麻面等缺陷，阴阳角处应做成圆弧形	观察检查
	2	水泥砂浆防水层施工缝留槎位置应正确，接槎应按层次顺序操作，层层搭接紧密	观察检查和检查隐蔽工程验收记录
	3	水泥砂浆防水层的平均厚度应符合设计要求，最小厚度不得小于设计值的 85%	观察和尺量检查

9.4 卷材防水层

9.4.1 卷材防水层做法种类

卷材防水层做法按其与地下围护结构施工的先后顺序分外防外贴法和外防内贴法两种。外防外贴法如图 9-10 所示，先铺贴底层卷材，四周留出卷材接头，然后浇筑构筑物底板和墙身混凝土，待侧模拆除后，再铺设四周防水层，最后砌保护墙。

外防内贴法如图 9-11 所示，先在结构四周砌好保护墙，然后在墙面与底层铺贴防水层，再浇筑主体结构的混凝土。

由于外防外贴法的防水效果优于外防内贴法，所以在施工场地和条件不受限制时均采用外防外贴法。

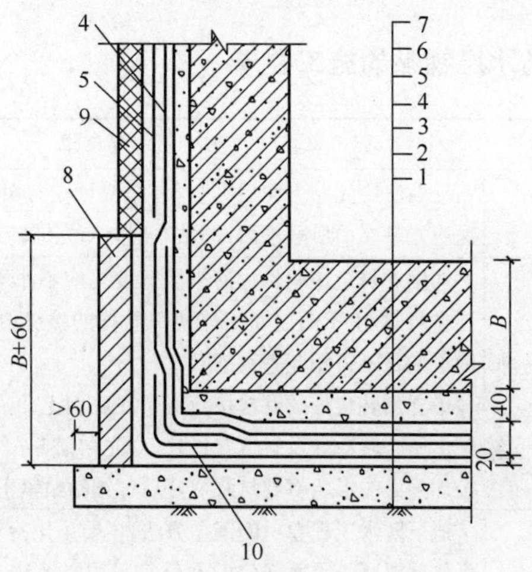

图 9-10 卷材防水层外防外贴法

1. 素土夯实 2. 混凝土垫层 3. 20 厚 1∶2.5 补偿收缩水泥砂浆找平层 4. 卷材防水层 5. 油毡保护层 6. 40 厚 C20 细石混凝土保护层 7. 钢筋混凝土结构层 8. 永久性保护墙抹 20 厚 1∶3 防水砂浆找平层 9. 5～6mm 厚聚乙烯泡沫塑料片材或 40mm 厚聚苯乙烯泡沫塑料保护层 10. 附加防水层

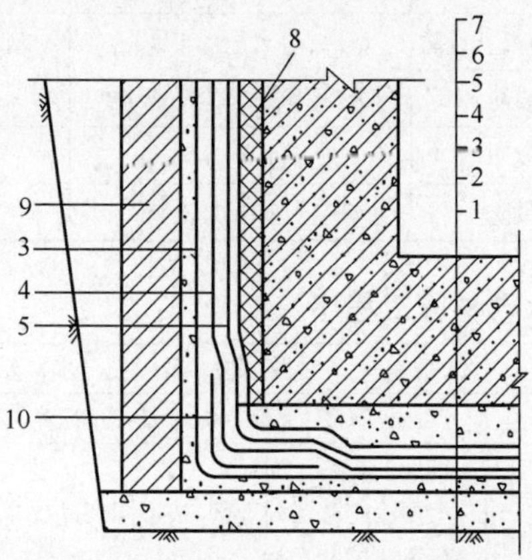

图 9-11 卷材防水层外防内贴法

1. 素土夯实 2. 混凝土垫层 3. 20 厚 1∶2.5 补偿收缩水泥砂浆找平层 4. 卷材防水层 5. 油毡保护层 6. 40 厚 C20 细石混凝土保护层 7. 钢筋混凝土结构层 8. 5～6mm 厚聚乙烯泡沫塑料保护层 9. 永久性保护墙体 10. 附加防水层

9.4.2 卷材防水层铺贴的施工要求

序	项目	施工要求
1	铺贴顺序	外贴法应先贴平面后贴立面，平立面交接处应交叉搭接；内贴法应先贴立面后贴平面，铺贴立面时应先铺转角，后铺大面
2	接缝与附加增强	两幅卷材短边和长边的搭接宽度均应不小于100mm。采用多层卷材时，上下两层和相邻两幅卷材的接缝应错开1/3幅宽，且两层卷材不得相互垂直铺贴 平立面转角处的卷材接缝应留在底面上距立面不小于600mm处。所有转角处及管道穿过处，应先增铺1～2层附加增强层，并按加强处的形状将卷材裁剪好后仔细粘贴紧密
3	铺贴方法	地下防水工程卷材的铺贴方法，主要采用冷粘法和热熔法。底板垫层混凝土平面部位的卷材宜采用空铺法、点粘法或条粘法，其他与混凝土结构相接触的部位应采用满铺法
4	防水卷材厚度	应符合9.4.2.1的要求

9.4.2.1 防水卷材厚度

防水等级	设防道数	合成分子防水卷材	高聚物改性沥青防水卷材
1级	三道或三道以上设防	单层：应不小于1.5mm 双层：每层应不小于1.2mm	单层：应不小于4mm 双层：每层应不小于3mm
2级	二道设防		
3级	一道设防	应不小于1.5mm	应不小于4mm
	复合设防	应不小于1.2mm	应不小于3mm

9.4.3 地下防水卷材施工程序

序号	程序名称	做法及技术要求
1	找平层	20mm厚，1∶2.5水泥砂浆找平压光
2	基层处理	彻底清扫施工面
3	涂刷基层处理剂	全面涂刷基层处理剂，按不同产品要求的干燥时间养护，干燥后方可铺贴卷材
4	卷材与基层粘贴	卷材与基层分别涂刷基层胶粘剂，按纵向铺贴卷材，应提前铺贴附加层，卷材长边与短边预留100mm纵横搭接长度
5	卷材间接缝粘接	用卷材间胶粘剂进行纵、横搭接，100mm的接缝粘结要严密
6	卷材接缝加盖条	卷材搭接缝需加盖条，盖条应粘接严密，并进行嵌缝处理

9.4.4 外防外贴法操作要点

9.4.4.1 施工准备

(1)材料准备

①卷材防水层施工前,应进行详细的技术交底,使所有施工人员了解技术要求,掌握工艺流程和操作工艺要求。

②卷材防水层施工必须由具有相应资质的防水施工队伍组织施工,主要施工人员应持证上岗。

③原材料、半成品通过定样、检查(试验)、验收。

(2)机具准备

卷材防水施工的主要机具是垂直运输机具和作业面水平运输机具,以及铺贴施工中的压辊、喷灯、热熔所需的小型机具。冷粘法常用施工机具见表 9.4.4.1(一),热熔法常用施工机具见表 9.4.4.1(二)。

9.4.4.1(一) 冷粘法常用施工机具

名 称	规 格	用 量	用 途
小平铲	小型	3 把	清理基层
扫帚	—	8 把	清理基层
钢丝刷	—	3 把	清理基层
高压吹风机	—	1 台	清理基层
铁抹子	—	2 把	修补基层及末端收头
皮卷尺	50m	1 只	测量弹线
钢卷尺	2m	5 只	测量弹线
小线绳	—	50m	测量弹线
彩色粉	—	0.5kg	测量弹线
粉笔	—	1 盒	测量弹线
搅拌用木棍	ϕ20mm×1000mm	5 根	搅拌材料
开桶刀	—	2 把	开桶
剪刀	—	5 把	剪裁卷材
铁桶	10L	2 个	粘结剂容器
小油漆桶	3L	5 个	粘结剂容器

续表 9.4.4.1(一)

名 称	规 格	用 量	用 途
油漆刷	5cm、10cm	各5把	涂刷粘结剂等
漆刷	ϕ60mm×300mm	15把/1000m²	涂刷粘结剂等
橡胶刮板	—	3把	涂刷粘结剂等
铁管	ϕ30mm×1500mm	2根	展铺卷材
铁压辊	30kg	2个	压实卷材用
手持压辊	ϕ40mm×50mm	10个	压实卷材用
安全带	—	5条	安全防护
棉丝	—	10kg/1000m²	擦拭工具等
工具箱	—	2个	存放工具

9.4.4.1(二) 热熔法常用施工机具

名 称	规 格	数 量	用 途
单头热熔手持喷枪	专用工具	2～4把	烘烤热熔卷材
移动式乙炔喷枪		1～2把	
手持喷灯		2～4个	
高压吹风机	300W	1台	清理基层
小平铲	50～100mm	若干个	
扫帚、钢丝刷	常用	若干把	
铁桶、木棒	20L、1.2m	各1个	搅拌、装盛底涂料
长把滚刷	ϕ60mm×250mm	5把	涂刷底涂料
油漆刷	50～100mm	各5把	
裁刀、剪刀、壁纸刀	常用	各5把	裁剪卷材
卷尺、盒尺、钢板尺	—	各2个	丈量工具
粉线盒、粉笔盒	—	各1个	弹基准线、画笔
手持铁压辊	ϕ40mm×(50～80mm)	5个	压实搭接边卷材
射钉枪、铁锤	—	各5把	末端卷材钉压固定
干粉灭火器	—	10台	消防备用
铁铲、铁抹子	—	各2把	填平找平层及女儿墙凹槽
手推车	—	2辆	搬运机具
工具箱	—	2个	存放工具

(3)作业条件

①基层已经完成,并通过相关的质量验收。

②地下结构基层表面应平整、牢固,不得有起砂、空鼓等缺陷。

③基层表面应洁净干燥,含水率应不大于9%。

9.4.4.2 工艺流程

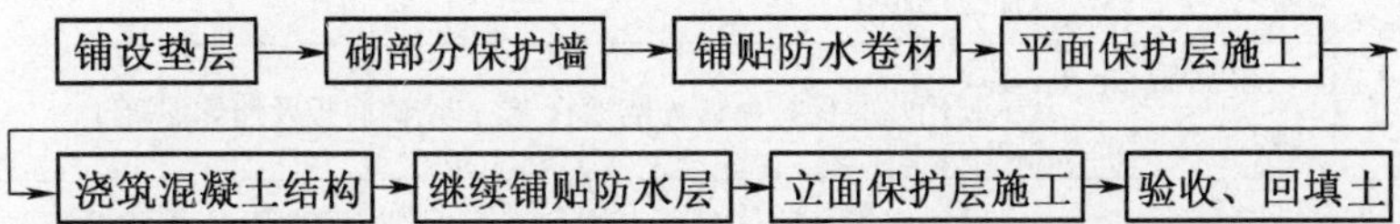

9.4.4.3 操作要点

序	项目	操作要点
1	铺设垫层	按设计要求浇筑混凝土垫层,然后在垫层上抹1∶3水泥砂浆找平层。找平层要求抹平、压光
2	砌部分保护墙	先在垫层周围砌筑保护墙。保护墙由两部分组成:下部为永久性保护墙,用水泥砂浆砌筑,高度不少于底板厚度B加200～500mm,内表面抹水能砂浆找平层;上部为临时性保护墙,用石灰砂浆砌筑,高度为$150(n+1)$(n为油毡层数),内侧抹20mm厚1∶3石灰砂浆找平层,在与平面交接处应抹成圆弧或钝角。临时保护墙上铺设卷材如图11-21所示。找平层要坚固、平整、清洁。待找平层干燥后,刷基层处理剂
3	铺贴防水卷材	在铺贴卷材前,阴阳角、转角、变形缝等部位应增设附加防水层,以加强防水效果。卷材的铺贴必须采用满铺法。铺贴高聚物改性沥青防水卷材应采用热熔法施工;铺贴合成高分子防水卷材采用冷粘法施工 在铺贴卷材时,应先贴底面,后贴立面,交接处应交叉搭接。第一块卷材应铺贴在平面基层和立面保护墙相交的阴角处,平面和立面罩各占1/2。待铺完第一块卷材后,以后的卷材按卷材的搭接宽度要求(长边为100mm,短边为150mm),在已铺卷材的搭接边上弹出基准线,铺贴底板卷材防水层并折向立面与墙身卷材搭接。卷材防水层牢固粘贴在永久性保护墙上和底板垫层上。在临时保护墙上将卷材临时粘附,并将接头分层临时固定在保护墙最上端

续表 9.4.4.3

序	项目	操作要点
4	平面保护层施工	底板和立面上的卷材铺贴完成，为了防止在绑扎钢筋、浇筑混凝土时撞坏或穿破防水层，可在底平面做 30～50mm 厚的 C20 细石混凝土保护层，而在立面防水层表面抹 1：3 水泥砂浆保护层加以保护
5	浇筑混凝土结构	利用临时保护墙做外侧模板，浇筑结构底板及墙体混凝土
6	继续铺贴防水层	结构底板及墙体混凝土施工完毕，做防水层前，应将临时保护墙拆除，清除砂浆，并将卷材剥出，用喷灯微热烘烤，逐层揭开，清除卷材表面浮灰、污物和泡沫塑料，再在围护结构外表面上抹水泥砂将找平层，刷基层处理剂后，将卷材分层错槎搭接向上铺贴。上层卷材盖过下层卷材应不小于 150mm
7	立面保护层施工	防水层经验收合格后，继续向上砌筑永久性保护墙
8	回填土	在完成外墙卷材防水保护层施工之后，可根据施工要求，在基坑内分步回填 2：8 灰土，并按要求厚度，采用机械或人工方法，分层分步回填夯实。为保证回填土质量，土中不得夹有石块、碎砖、灰渣及有机杂物

9.4.5 外防内贴法操作要点

9.4.5.1 工艺流程

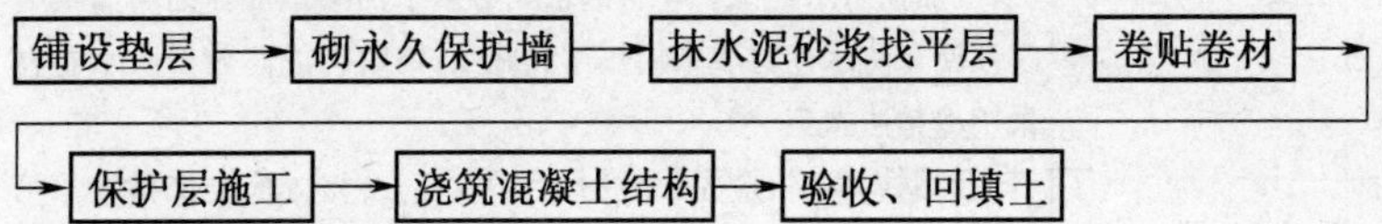

9.4.5.2 操作要点

序	项目	操作要点
1	铺设垫层	按设计要求铺设底板垫层
2	砌筑永久保护层	在已施工好的混凝土垫层上砌筑永久性保护墙，一般为 240mm 厚砖墙，也可按设计要求的厚度砌筑

续表 9.4.5.2

序	项 目	操 作 要 点
3	抹水泥砂浆找平层	在垫层和保护墙表面抹 1:2.5～3 水泥砂浆找平层，要求抹光压平，阴阳角处应抹成圆弧形
4	涂布基层处理剂和复杂部位增强处理	待找平层干燥后即涂刷基层处理剂，并采取与外贴外防法相同的方法，对复杂部位铺贴附加增强防水层
5	铺贴卷材	先贴立面，后贴平面。贴立面卷材时，应先贴转角后贴大面。铺贴完毕，再做卷材防水层的保护层。立面可按外贴法抹水泥砂浆，平面亦可抹水泥砂浆或浇筑一层厚 30～50mm 的细石混凝土。保护层做完后，再进行围护结构和底板的施工。卷材铺贴时要按规定进行搭接，在墙面上卷材应按垂直方向自下而上铺贴，在底面上宜平行于长边铺贴。相邻卷材搭接宽度应不小于 100mm，上下卷材的接缝应相互错开 1/3 卷材宽度，上下层卷材不得相互垂直铺贴。铺贴的卷材如需接长时，长边搭接应不小于 100mm，短边搭接应不小于 150mm，应用错槎形接缝连接，上层卷材盖过下层卷材
6	保护层施工	铺贴的卷材经检查验收，确认无渗漏隐患后，先在平面防水层上点粘石油沥青纸胎卷材保护隔离层，在立面墙体防水层上粘贴 5～6mm 厚聚乙烯泡沫塑料片材保护层。最后在隔离层上浇筑厚 50mm 的 C20 细石混凝土保护层
7	浇筑混凝土结构	按设计要求绑扎钢筋和浇筑主体结构混凝土。如将永久保护墙作为模板使用，则应对其进行适当的加固

9.4.6 特殊部位的防水处理

9.4.6.1 转角部位的加固

转角部位找平层应做成圆弧形。在立面与底面的转角处，卷材的接缝应留在底面上，距墙根不小于 600mm。转角处卷材铺贴方法如图 9-12 所示。

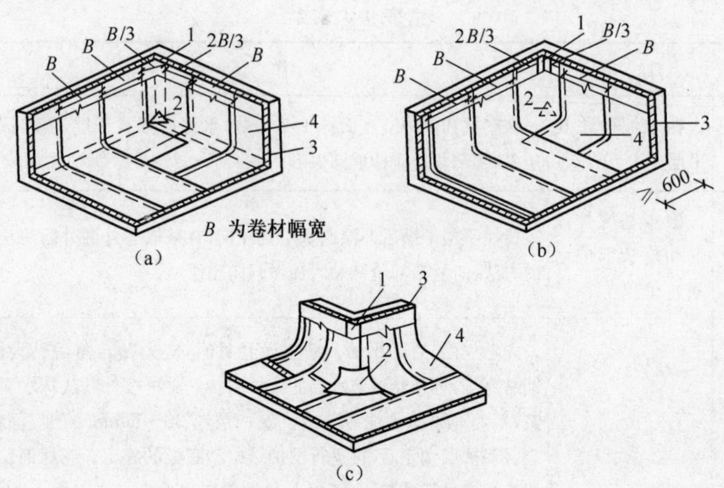

图 9-12　转角处卷材铺贴法

(a)阴角的第一层卷材铺贴法　(b)阴角的第二层卷材铺贴法

(c)阳角第一层卷材铺贴法

1. 转折处卷材附加层　2. 角部附加层　3. 找平层　4. 卷材

9.4.6.2　管道埋设处的防水处理

穿墙管材与卷材防水层连接处的做法如图 9-13 所示。卷材防水层应粘贴在套管的法兰盘上，粘贴宽度至少为 100mm，并用夹板将卷材压紧。

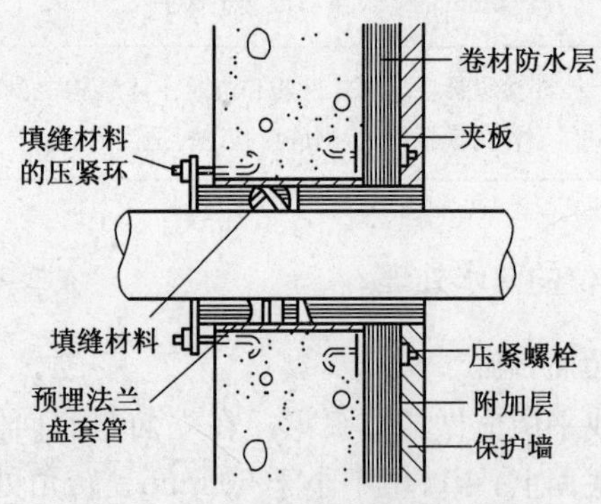

图 9-13　穿墙管防水层处理

9.4.6.3 变形缝的防水处理

不承压的地下结构变形缝内，应用毛毡、麻丝或纤维填塞严密，并用防水性能优良的油膏封缝。毛毡、麻丝或纤维应先在加入防腐填料的沥青中浸过。不受水压的结构变形缝做法如图 9-14 所示。

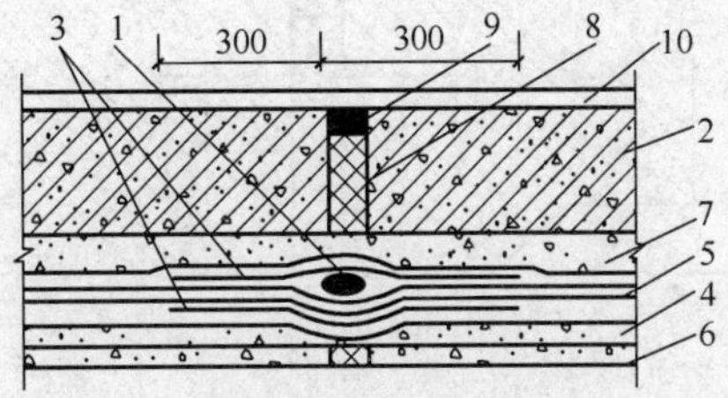

图 9-14 不受水压的结构的变形缝做法

1. 浸过沥青的垫圈 2. 底板 3. 加铺的油毡 4. 砂浆找平层 5. 油毡防水层 6. 混凝土垫层 7. 砂浆结合层 8. 填缝材料 9. 油膏封缝 10. 砂浆面层

承受水压的地下结构变形缝处除填塞防水材料外，还应装入止水带，以保证结构变形时保持良好的防水能力。承受水压变形缝的几种复合防水构造形式分别如图 9-15、图 9-16 和图 9-17 所示。对环境温度高于 50℃处的变形缝，可采用 2mm 厚的紫铜片或 3mm 厚不锈钢等金属止水带，其中间呈圆弧形，如图 9-18 所示。

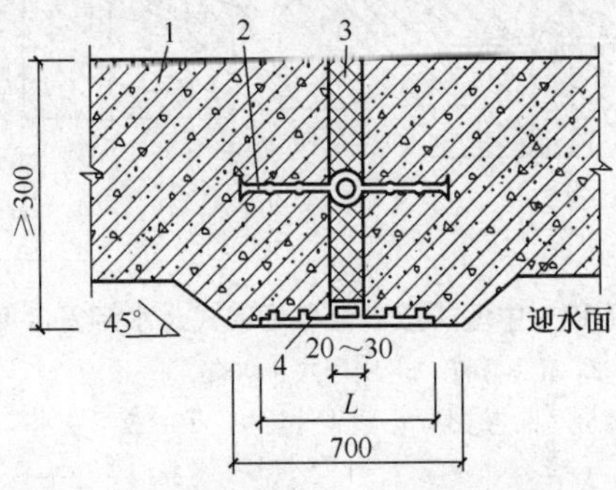

图 9-15 中埋式止水带与外贴防水层复合使用

外贴式止水带 $L\geqslant300$ 外贴防水卷材 $L\geqslant400$ 外涂防水涂层 $L\geqslant400$

1. 混凝土结构 2. 中埋式止水带 3. 填缝材料 4. 外贴防水层

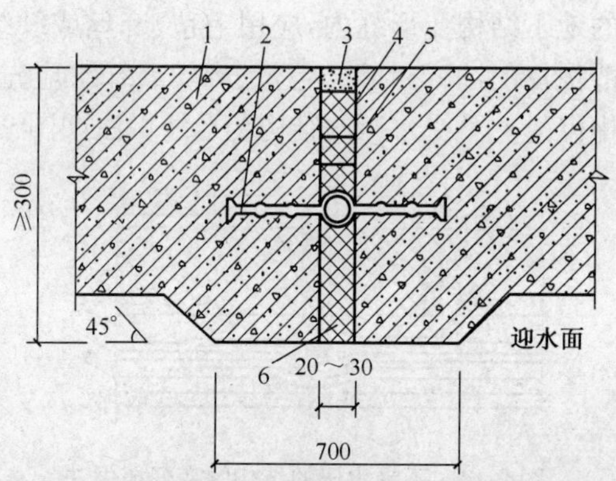

图 9-16 中埋式止水带与遇水膨胀橡胶条、嵌缝材料复合使用

1. 混凝土结构 2. 中埋式止水带 3. 嵌缝材料 4. 背衬材料 5. 遇水膨胀橡胶条 6. 填缝材料

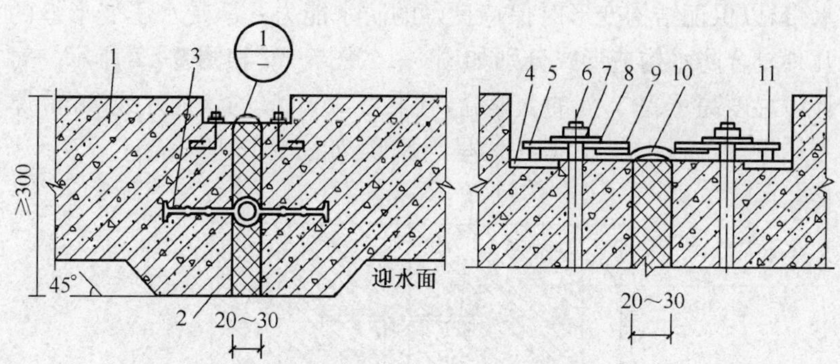

图 9-17 中埋式止水带与可卸式止水带复合使用

1. 混凝土结构 2. 填缝材料 3. 中埋式止水带 4. 预埋钢板 5. 紧固件压板 6. 预埋螺栓 7. 螺母 8. 垫圈 9. 紧固件压块 10. Ω形止水带 11. 紧固件圆钢

9.4.7 卷材防水层质量验收规定

9.4.7.1 检验数量

应按铺贴面积每 100m^2 抽查一处，每处 10m^2，且不得少于 3 处。

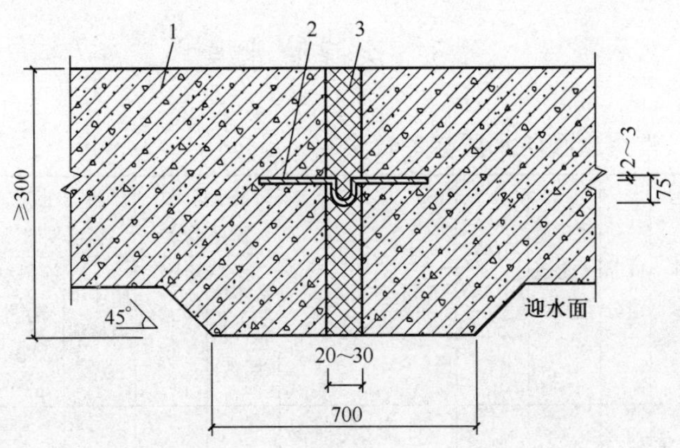

图 9-18　中埋式金属止水带

1. 混凝土结构　2. 金属止水带　3. 填缝材料

9.4.7.2　卷材防水层质量验收标准

项	序	检 验 项 目 与 要 求	检 验 方 法
主控项目	1	卷材防水层所用卷材及主要配套材料必须符合设计要求	检查出厂合格证、质量检验报告和现场抽样试验报告
	2	卷材防水层及其转角处、变形缝、穿墙管道等细部做法均须符合设计要求	观察检查和检查隐蔽工程验收记录
一般项目	1	卷材防水层的基层应牢固，基面应洁净、平整，不得有空鼓、松动、起砂和脱皮现象；基层阴阳角处应做成圆弧形	观察检查和检查隐蔽工程验收记录
	2	卷材防水层的搭接缝应粘(焊)结牢固，密封严密，不得有皱折、翘边和鼓泡等缺陷	观察检查
	3	侧墙卷材防水层的保护层与防水层应粘结牢固、结合紧密、厚度均匀一致	观察检查
	4	卷材搭接宽度的允许偏差为－10mm	观察和尺量检查

9.5 涂膜防水层

9.5.1 常用涂膜防水层参考做法

工艺类型	涂料名称	成品组分	允许施工最低温度（℃）	一般可用涂覆方法	涂料性能简介	防无压水做法要求		防静压水做法要求		每遍涂料限量（kg/m²）
						胎体增强材料层数	涂料总耗量（kg/m²）	胎体增强材料层数	涂料总耗量（kg/m²）	
水乳型	普通乳化沥青	单	5	刷、刮、喷	价廉，材料易得，可在潮湿基面施工，但延伸性差，不抗裂	二层	2.5	—	—	0.4～0.5
水乳型	再生胶、沥青	单或双组分	5	刷、刮	能在湿基面上施工、材料易得，有一定抗裂性和不透水性	二层	2.5	三层	3.5	0.5
水乳型	水性石棉厚质沥青	单	10	刷、刮	能在潮湿基层上施工，价廉但耗量较大，耐热性好	玻璃网格布一层	8.0	—	—	4.0
水乳型	阴离子合成胶乳化沥青	单	5	刷、刮、喷、滚	可在湿基面上施工，抗裂性和不透水性优于再生胶乳沥青	一层	2.0	二层	3.5	0.5
水乳型	阳离子氯丁胶乳沥青	单	5	刷、刮、喷、滚	可在湿基面上施工，抗裂性和不透水性优于再生胶乳沥青	一层	2.0	二层	3.5	0.5
溶剂型	再生胶沥青	单	−3～−5	刷、刮	允许在0℃以下施工，价格高于水性再生胶乳沥青	二层	3.0	三层	4.5	1.0

续表 9.5.1

工艺类型	涂料名称	成品组分	允许施工最低温度(℃)	一般可用涂覆方法	涂料性能简介	防无压水做法要求		防静压水做法要求		每遍涂料限量(kg/m²)
						胎体增强材料层数	涂料总耗量(kg/m²)	胎体增强材料层数	涂料总耗量(kg/m²)	
反应型	聚氨酯涂膜	双	0	刷、刮、滚	可在较低温度的干基层上施工,防水抗裂性好于一般涂料	—	2.0	—	2.5	1.5

9.5.2 聚氨酯涂膜防水层施工

聚氨酯防水涂料是地下防水工程中防水效果比较好的材料。它属于双组分化学反应固化型高弹性防水涂料,使用时,要将甲、乙组分按一定比例均匀拌和后方可涂刷。

9.5.2.1 材料准备

序	要求
1	聚氨酯涂膜防水材料应随配随用,配制好的混合料宜在2h内用完。配制方法是:将聚氨酯甲、乙组分和二甲苯按1∶1.5∶2的比例(质量比)配合,先将甲料放入拌料桶中,然后注入乙料,立即用电动搅拌器搅拌,搅拌时间一般需要3~5min。一定要搅拌均匀,涂料一般由稠变稀,色泽由深蓝、深绿变黑变亮,以黑亮为准。搅拌容器应为圆底容器。配料时称量要准确,甲料和乙料的偏差应小于±5%
2	增强材料宜选用聚酯纤维无纺布,规格60~80g/m²,拉力100N/50mm,延伸率≥20%(均为横向)
3	聚乙烯泡沫塑料片材,主要用作立墙外侧防水涂膜的软保护层,由聚乙烯树脂发泡制成,厚度5~6mm
4	面层保护层材料应根据设计选用

9.5.2.2 技术准备和机具准备

①进行技术交底,掌握涂膜防水设计意图和构造要求。

②学习涂膜防水施工方案、作业指导书,对工程的具体要求,工程的重点和难点做到心中有数。

③应备有电动搅拌机、塑料圆底拌料桶、台秤、吹风机(或吸尘器)、扫帚、油漆刷、滚动刷、橡皮刮板及消防器材等施工机具。

9.5.2.3 基层要求及处理

序	内　　容
1	基层要求坚固、平整光滑,表面无起砂、疏松、蜂窝麻面等现象,如有上述现象存在时,应用水泥砂浆找平或用聚合物水泥腻子填补刮平
2	遇有穿墙管或预埋件时,穿墙管或预埋件应按规定安装牢固、收头圆滑
3	基层表面的泥土、浮尘、油污、砂粒疙瘩等必须清除干净
4	基层应干燥,含水率不得大于9%。当含水率较高或环境湿度大于85%时,应在基面涂刷一层潮湿隔离剂。基层含水率可用高频水分测定计测定,也可将厚为1.5~2.0mm的$1m^2$橡胶板材覆盖基层表面,放置2~3h,若覆盖的基层表面无水印,且紧贴基层的橡胶板一侧也无凝结水印,则基层的含水率即不大于9%
5	涂刷基层处理剂:将聚氨酯甲、乙组分和二甲苯按1∶1.5∶2的比例(重量比)配置,搅拌均匀,再用长柄滚刷蘸满混合料均匀地涂刷在基层表面上。涂刷时不得堆积或露白见底,涂刷量以$0.3kg/m^2$左右为宜。涂后应干燥5h以上,方可进行下一工序施工

9.5.2.4 防水涂料厚度 (mm)

防水等级	设防道数	有机涂料			无机涂料	
		反应型	水乳型	聚合物型	水泥基	水泥基渗透结晶型
1级	三道或三道以上设防	1.2~2.0	1.2~1.5	1.5~2.0	1.5~2.0	≥0.8
2级	二道设防	1.2~2.0	1.2~1.5	1.5~2.0	1.5~2.0	≥0.8
3级	一道设防	—	—	≥2.0	≥2.0	—
	复合设防	—	—	≥1.5	≥1.5	—

9.5.2.5 工艺流程

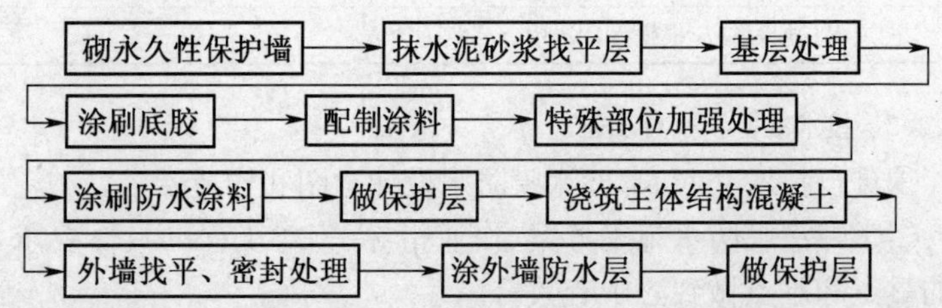

9.5.2.6 操作要点

序	项 目	操 作 要 点
1	砌永久性保护墙	在混凝土垫层上用水泥砂浆砌筑约1m高24cm厚的砖墙,作为永久性保护墙
2	抹水泥砂浆找平层	在保护墙上抹防水砂浆找平层,要求平整、干燥。涂料涂刷前应先在基面上涂一层与涂料相容的基层处理剂
3	配料搅拌	聚氨酯防水涂料应现用现配。先将甲乙组分涂料各自预先搅拌均匀,然后按生产厂家提供的配合比现场配制。要求计量准确,主剂和固化剂的混合偏差不得大于5%。搅拌时配料先放入搅拌容器或电动搅拌筒,然后放入固化剂,并立即开始搅拌。搅拌时间一般为3~5min,配好后在2h内用完
4	特殊部位加强处理	增强涂布可在涂刷基层处理剂后进行。在阴阳角、变形缝等复杂部位先涂布防水涂料,涂料固化后,铺贴聚酯无纺布、化纤无纺布或玻纤布等胎体增强材料。增强材料应紧贴基层,不得有空鼓、皱褶、曲叠等缺陷。其表面还要涂布一层涂料,自然固化。为防止收头部位出现翘边现象,所有收头均应用密封材料压边,压边宽度不得小于10mm。收头处的胎体增强材料应裁剪整齐,如有凹槽时应压入凹槽内,不得出现翘边、皱褶、露白等现象。否则,应先进行处理后再涂刷密封材料
5	涂刷涂料	涂刷顺序应先垂直面、后水平面,先阴阳角及细部节点、后大面 每层涂膜不宜过厚。在平面基层上,一般涂布4遍聚氨酯防水涂料,每遍涂层用量为0.6~0.8kg/m²;在立面基层上,一般涂布5遍,为避免防水涂料流淌,每遍涂层的用量为0.5~0.6kg/m² 涂完第一遍涂膜后,一般需固化5h以上,以手感不粘手时,再进行第二至第五遍涂膜层施工。第二层的涂刷方向,应与第一层垂直。同层涂膜宜一次连续涂刷完成,同层涂膜的先后搭槎宽度宜为30~50mm。当施工需留施工缝时,对施工缝要注意保护,搭接缝宽度应大于100mm。接涂前应将施工缝表面清理干净 每层涂膜固化干燥后,应进行检查,如有缺陷应及时修补。经修补合格后方可进行下一遍涂膜施工 若防水层中按设计需铺贴胎体增强材料,则应在第二遍涂层刮涂后,立即铺贴胎体增强材料,长短边的搭接宽度应大于100mm。在胎体增强材料上滚涂混合料,滚压密实,经5h以上固化后,方可涂刷第三遍涂层

续表 9.5.2.6

序	项　目	操　作　要　点
6	铺贴油毡保护层	最后一层涂膜固化成膜、经检查验收合格后，在平面和立面可虚铺一层石油沥青纸胎油毡作保护隔离层。铺设时可用少许胶粘剂点粘固定，以防在浇筑细石混凝土时发生位移
7	做刚性保护层	平面部位防水层应在隔离层上做 40～50mm 厚细石混凝土刚性保护层，浇筑时必须防止油毡隔离层和涂膜防水层被损坏。立面部位在围护结构上涂布最后一道防水涂料后，可随即直接粘贴 5～6mm 厚的聚乙烯泡沫塑料片材作软保护层，也可在立面层涂膜固化后用点粘固定。粘贴时泡沫塑料片材拼缝要严密。最后在立墙油毡保护层表面抹 20～25mm 厚 1：2～2.5mm 水泥砂浆保护层
8	浇筑主体结构混凝土	刚性保护层施工和养护好后，按设计和施工要求绑扎钢筋、支立模板，浇筑混凝土结构
9	外墙找平、密封处理	结构外墙施工完毕，拆模后要对表面做找平处理。根据不同情况，可分别采用抹水泥砂浆和嵌填密封材料的方法进行处理
10	涂外墙防水层	先在处理好的外墙上涂布基层处理剂，待其固化后，再由上至下涂刷 5 遍聚氨酯防水涂料，要求每遍涂布均匀、厚薄一致
11	做保护层	待结构外墙的聚氨酯防水涂料固化成膜、经验收合格后，用氯丁橡胶系胶粘剂点粘油毡保护层，随后在其上铺贴聚苯乙烯泡沫塑料软保护层 最后拆除底板的临时保护墙，将永久性保护墙往上砌至结构顶部，用于保护做好的涂膜防水层。同时，根据施工安排，尽早进行保护墙外的土方回填

9.5.3 涂膜防水层质量验收规定

9.5.3.1 涂膜防水层质量检验数量

涂膜防水层质量检验数量，应按铺贴面积每 100m² 抽查一处，每处 10m²，且不得少于 3 处。

9.5.3.2 涂膜防水层质量验收标准

项	序	检验项目与要求	检验方法
主控项目	1	涂料防水层所用材料及配合比必须符合设计要求	检查出厂合格证、质量检验报告、计量措施和现场抽样试验报告
	2	涂料防水层及其转角处、变形缝、穿墙管道等细部做法均须符合设计要求	观察检查和检查隐蔽工程验收记录
一般项目	1	涂料防水层的基层应牢固,基面应洁净、平整,不得有空鼓、松动、起砂和脱皮现象;基层阴阳角处应做成圆弧形	观察检查和检查隐蔽工程验收记录
	2	涂料防水层应与基层粘结牢固,表面平整、涂刷均匀,不得有流淌、皱折、鼓泡、露胎体和翘边等缺陷	观察检查
	3	涂料防水层的平均厚度应符合设计要求,厚度不得小于设计厚度的80%	针测法或割取20mm×20mm实样用卡尺测量
	4	侧墙涂料防水层的保护层应与防水层粘结牢固,结合紧密,厚度均匀一致	观察检查

9.6 塑料板防水层

9.6.1 施工技术要求

塑料板防水层一般应在初期支护上铺设,然后实施二次衬砌混凝土,工程上称复合式衬砌防水。其中,塑料板不仅起防水作用,而且对初期支护和二次衬砌起到隔离和润滑作用。其技术要求见9.6.1.1。

9.6.1.1 塑料板防水层施工技术要求

序	内容
1	塑料板的搭接缝必须采用热风焊枪进行焊接。焊缝的质量一般用充气法检查。即将5号注射针与压力表相接,用打气筒向双焊缝空腔内充气,当压力表达到0.25MPa时停止充气,保持15min,若压力下降在10%以内,说明焊缝合格;若压力下降过快,说明有未焊好处。此时,可用肥皂水涂在焊缝上,有气泡的地方重新补焊,直到不漏气为止

续表 9.6.1.1

序	内容
2	基层质量的好坏直接影响塑料防水板的防水效果，塑料防水板一般在初期支护（如喷射混凝土、地下连续墙）上铺设，要求基层表面十分平整则费时费力，且很难达到理想的要求。根据工程实践经验：铺设塑料防水板的基层平整度应符合 $D/L=1/6\sim1/10$ 的要求。式中，D 表示初期支护基层相邻两凸面凹进去的深度；L 表示初期支护基层相邻两凸面间的距离
3	塑料防水板的铺设应与基层固定牢固。防水板固定不牢会引起板面下垂，绷紧时又会将防水板拉断
4	塑料防水板采用热压焊接法的做法：将两片 PVC 卷材搭接，通过焊嘴吹热风加热，使卷材的边缘部分达到熔融状态，然后用压辊加压，使两片卷材熔为一体 塑料板搭接缝采用热风焊接施工时，单条焊缝的有效焊接宽度不应小于 10mm。故塑料板搭接宽度应不小于 80mm，有效焊接宽度应为 10×2＋空腔宽。按照这个搭接宽度的允许偏差，可以做到准确下料和保证防水层的施工质量

9.6.2 塑料板防水层工程质量验收标准

项	序	检验项目与要求	检验方法
主控项目	1	防水层所用塑料板及配套材料必须符合设计要求	检查出厂合格证、质量检验报告和现场抽样试验报告
	2	塑料板的搭接缝必须采用热风焊接，不得有渗漏	双焊缝间空腔内充气检查
一般项目	1	塑料板防水层的基面应坚实、平整、圆顺，无漏水现象；阴阳角处应做成圆弧形	观察和尺量检查
	2	塑料板的铺设应平顺并与基层固定牢固，不得有下垂。绷紧和破损现象	观察检查
	3	塑料板搭接宽度的允许偏差为－10mm	尺量检查

9.7 金属板防水层

9.7.1 施工技术要求和施工方法

9.7.1.1 施工技术要求

序	内容
1	金属防水层所用的金属板和焊条的规格及材料性能，应按设计要求选择，钢材的性能应符合《碳素结构钢》GB 700—88 和《低合金高强度结构钢》GB/T 1591—94 的要求 金属板的拼接应采用焊接，金属板的拼接焊缝应严密。如发现焊缝不合格或有渗漏现象，应予修整或补焊 竖向金属板的垂直接缝，应相互错开
2	围护结构施工前设置金属防水层时，拼接好的金属防水层应与围护结构内的钢筋焊牢，或在金属防水层上焊接一定数量的锚固件，以便与混凝土或砌体连接牢固 金属防水层，应用临时支撑加固
3	在围护结构上铺设金属防水层时，金属板应焊在混凝土或砌体的预埋件上。金属防水层与围护结构间的空隙，应用水泥砂浆或化学浆液灌填密实
4	当金属防水层先焊成箱体，再整体吊装就位时，应在其内部加设临时支撑，防止箱体变形
5	金属防水层应采取防锈措施
6	金属防水层与卷材防水层相连时，应将卷材防水层夹紧在金属防水层与夹板中间。夹板宽度应不小于 100mm，夹板下涂胶结材料，并设置衬垫，然后用螺栓固定。螺栓应焊在金属防水层上或预埋在混凝土中

9.7.1.2 施工方法

序	内容
1	先装法施工（用于面积不大、内部形状比较简单的金属防水层） (1)先焊成整体箱套，厚 4mm 以下钢板接缝可用拼接焊，4mm 及其以上钢板用对接焊、垂直接缝应互相错开。箱套内侧用临时支撑加固，以防吊装及浇筑混凝土时变形 (2)在结构底板钢筋及四壁外模板安装完后，将箱套整体吊入基坑内预设的混凝土墩或型钢支架上准确就位，箱套作为内模板使用

续表 9.7.1.2

序	内　　容
1	(3)钢板锚筋应与防水结构的钢筋焊牢，或在钢板上焊以一定数量的锚固件，以使与混凝土连接牢固 (4)箱套在安装前，应用超声波探伤仪、X 射线探伤仪或用气泡法、煤油渗漏法、真空法等检查焊缝的严密性，如发现渗漏，应立即予以修整或补焊 (5)为便于浇筑混凝土，在箱套底板上可开适当孔洞，待混凝土达到 70%强度后，用比孔稍大钢板将孔洞补焊严密
2	后装法施工(用于面积较大、形状复杂的金属防水层) (1)根据钢板尺寸及结构造型，在防水结构内壁和底板上预埋带锚爪的钢板或型钢埋件，与结构钢筋或安装的钢固定架焊牢，并保证位置正确 (2)浇筑结构混凝土，并待混凝土强度达到设计强度要求，紧贴内壁在埋设件上焊钢板防水层内套，要求焊缝饱满，无气孔、夹渣、咬肉、变形等疵病 (3)焊缝经检查合格后，钢板防水层与结构混凝土间的空隙用水泥浆灌满。钢板表面涂刷防腐底漆及面漆保护，或按设计要求铺设预制罩面板，铺砌耐火砖等

9.7.2　金属板防水层质量验收标准

项	序	检验项目与要求	检验方法
主控项目	1	金属防水层所采用的金属板材和焊条(剂)必须符合设计要求	检查出厂合格证或质量检验报告和现场抽样试验报告
	2	焊工必须考试合格并取得相应的执业资格证书	检查焊工执业资格证书和考核日期
一般项目	1	金属板表面不得有明显凹面和损伤	观察检查
	2	焊缝不得有裂纹、未熔合、夹渣、焊瘤、咬边、烧穿、弧坑、针状气孔等缺陷	观察检查和无损检验
	3	焊缝的焊波均匀，焊渣和飞溅物应清除干净；保护涂层不得有漏涂、脱皮和反锈现象	观察检查

10 建筑地面工程施工

10.1 地面各构造层组成及子分部工程、分项工程划分

10.1.1 建筑地面各构造层组成

序	构造层名称	构 造 层 作 用
1	面层	直接承受各种物理和化学作用的建筑地面表面层
2	结合层	面层与下一构造层相联结的中间层
3	基层	面层下的构造层,包括填充层、隔离层、找平层、垫层和基土等
4	填充层	在建筑地面上起隔声、保温、找坡和暗敷管线等作用的构造层
5	隔离层	起防止建筑地面上各种液体或地下水、潮气渗透地面等作用的构造层;若仅用于防止地下潮气透过地面时,可称作防潮层
6	找平层	在垫层、楼板上或填充层(轻质、松散材料)上起整平、找坡或加强作用的构造层
7	垫层	承受并传递地面荷载于基土上的构造层
8	基土	底层地面的地基土层

10.1.2 建筑地面子分部工程、分项工程划分

分部工程	子分部工程		分 项 工 程
建筑装饰装修工程	地面	整体面层	基层:基土,灰土垫层、砂垫层和砂石垫层、碎石垫层和碎砖垫层、三合土垫层、炉渣垫层、水泥混凝土垫层,找平层,隔离层,填充层
			面层:水泥混凝土面层、水泥砂浆面层、水磨石面层、水泥钢(铁)屑面层、防油渗面层、不发火(防爆的)面层
		板块面层	基层:基土,灰土垫层、砂垫层和砂石垫层、碎石垫层和碎砖垫层、三合土垫层、炉渣垫层、水泥混凝土垫层,找平层,隔离层,填充层
			面层:砖(陶瓷锦砖、缸砖、陶瓷地砖和水泥花砖)面层,大理石面层和花岗石面层、预制板块(水泥混凝土板块、水磨石板块)面层,料石(条石、块石)面层,塑料板面层,活动地板面层,地毯面层
		木、竹面层	基层:基土,灰土垫层、砂垫层和砂石垫层、碎石垫层和碎砖垫层、三合土垫层、炉渣垫层、水泥混凝土垫层,找平层,隔离层,填充层
			面层:实木地板(条材、块材)面层,实木复合地板(条材、块材)面层,中密度(强化)复合地板(条材)面层,竹地板面层

10.2 基层铺设

10.2.1 基层铺设质量验收一般规定

序	规定内容
1	基层铺设材料质量、密实度和强度等级(或配合比)等应符合设计要求和本章的规定
2	基层铺设前,其下一层表面应干净、无积水
3	当垫层、找平层内埋设暗管时,管道应按设计要求予以稳固
4	基层的标高、坡度、厚度等应符合设计要求。基层表面应平整,其允许偏差应符合10.2.1.1的规定

10.2.1.1 基层表面的允许偏差和检验方法

(mm)

项次	项目	允许偏差												检验方法
		基土	垫层					找平层			填充层		隔离层	
						毛地板								
		土	砂、砂石、碎石、碎砖	灰土、三合土、炉渣、水泥	木搁栅	拼花实木地板、拼花实木复合地板面层	其他种类面层	用沥青玛碲脂做结合层铺设拼花木板、板块面层	用水泥砂浆做结合层铺设板块面层	用胶粘剂做结合层铺设拼花木板、塑料板、强化复合地板、竹地板面层	松散材料	板、块材料	防水、防潮、防油渗	
1	表面平整度	15	15	10	3	3	5	3	5	2	7	5	3	用2m靠尺和楔形塞尺检查
2	标高	0~50	±20	±10	±5	±5	±8	±5	±8	±4	±4		±4	用水准仪检查

续表 10.2.1.1

项次	项目	允许偏差												检验方法
		基土	垫层					找平层			填充层		隔离层	
						毛地板								
		土	砂、砂石、碎石、碎砖	灰土、三合土、炉渣、水泥	木搁栅	拼花实木地板、拼花实木复合地板面层	其他种类面层	用沥青玛碲脂做结合层铺设拼花木板、板块面层	用水泥砂浆做结合层铺设板块面层	用胶粘剂做结合层铺设拼花木板、塑料板、强化复合地板、竹地板面层	松散材料	板、块材料	防水、防潮、防油渗	
3	坡度	不大于房间相应尺寸的2/1000，且不大于30												用坡度尺检查
4	厚度	在个别地方不大于设计厚度的1/10												用钢尺检查

10.2.2 基土施工质量要求

基土严禁用淤泥、腐殖土、冻土、耕植土、膨胀土和含有有机物大于8%的土作为填土，应采用合格的填料分层填筑与夯实。土块的粒径不宜大于50mm。每层虚铺厚度：机械压实不大于300mm，人工夯实不大于200mm。回填土的含水量应按最佳含水量控制，太干的土要洒水湿润，太湿的土应晾干后使用，每层夯实后的干密度应符合设计要求。

楼面的基层为楼板，垫层施工前应作好板缝的灌浆、堵塞工作和板面的清理工作。

基层施工应抄平弹线，统一标高。一般在室内四壁上弹离地面500mm的标高线作为统一控制线。基土表面的允许偏差应符合10.2.1.1的规定。

10.2.3 地面垫层施工

10.2.3.1 地面各类垫层的要求

垫层类别	材料要求	铺设厚度(mm)	备注
灰土垫层	消石灰粒径≤5mm;土粒径≤15mm	虚铺每层150～250 夯实后每层100～250	熟化石灰:黏土=2:8或2:7(体积比)
砂、砂石垫层	石子粒径≤2/3垫层厚度	虚铺厚度:振动器振实200～250;夯实150～200;碾压实250～350	—
碎(卵)石垫层	石子粒径≤2/3垫层厚度		—
碎砖垫层	粒径≤60mm	虚铺每层≤200	—
三合土垫层	粒径≤60mm、且≤2/3垫层厚度	虚铺每层150,夯实后每层120	—
炉渣垫层	粒径≤40mm、且≤1/2垫层厚度	≥60	水泥:炉渣=1:6;水泥:石灰:炉渣=1:1:8(体积比)
混凝土垫层	强度级别≥C10	≥60	—

10.2.3.2 灰土垫层质量验收标准

项	序	检验项目与要求	检验方法
基本规定	1	灰土垫层应采用熟化石灰与黏土(或粉质黏土、粉土)的拌和料铺设,其厚度应不小于100mm	—
	2	熟化石灰可采用磨细生石灰,亦可用粉煤灰或电石渣代替	
	3	灰土垫层应铺设在不受地下水浸泡的基土上。施工后应有防止水浸泡的措施	
	4	灰土垫层应分层夯实,经湿润养护、晾干后方可进行下一道工序施工	
主控项目		灰土体积比应符合设计要求	观察检查和检查配合比通知单记录

续表 10.2.3.2

项	序	检验项目与要求	检验方法
一般项目	1	熟化石灰颗粒粒径不得大于 5mm；黏土(或粉质黏土、粉土)内不得含有有机物质，颗粒粒径不得大于 15mm	观察检查和检查材质合格记录
	2	灰土垫层表面的允许偏差应符合 10.2.1.1 的规定	应按 10.2.1.1 中的检验方法检验

10.2.3.3 砂垫层和砂石垫层质量验收标准

项	序	检验项目与要求	检验方法
基本规定	1	砂垫层厚度应不小于 60mm；砂石垫层厚度应不小于 100mm	—
	2	砂石应选用天然级配材料。铺设时不应有粗细颗粒分离现象，压(夯)至不松动为止	
主控项目	1	砂和砂石不得含有草根等有机杂质；砂应采用中砂；石子最大粒径不得大于垫层厚度的 2/3	观察检查和检查材质合格证明文件及检测报告
	2	砂垫层和砂石垫层的干密度(或贯入度)应符合设计要求	观察检查和检查试验记录
一般项目	1	表面不应有砂窝、石堆等质量缺陷	观察检查
	2	砂垫层和砂石垫层表面的允许偏差应符合 10.2.1.1 的规定	应按 10.2.1.1 中的检验方法检验

10.2.3.4 碎石垫层和碎砖垫层质量验收标准

项	序	检验项目与要求	检验方法
基本规定	1	碎石垫层和碎砖垫层厚度应不小于 100mm	—
	2	垫层应分层压(夯)实，达到表面坚实、平整	
主控项目	1	碎石的强度应均匀，最大粒径应不大于垫层厚度的 2/3；碎砖不应采用风化、酥松、夹有有机杂质的砖料，颗粒粒径应不大于 60mm	观察检查和检查材质合格证明文件及检测报告
	2	碎石、碎砖垫层的密实度应符合设计要求	观察检查和检查试验记录
一般项目		碎砖垫层的表面允许偏差应符合 10.2.1.1 的规定	应按 10.2.1.1 中的检验方法检验

10.2.3.5 三合土垫层质量验收标准

项	序	检验项目与要求	检验方法
基本规定	1	三合土垫层采用石灰、砂(可掺入少量黏土)与碎砖的拌和料铺设,其厚度应不小于100mm	—
	2	三合土垫层应分层夯实	
主控项目	1	熟化石灰颗粒粒径不得大于5mm;砂应用中砂,并不得含有草根等有机物质;碎砖不应采用风化、酥松和含有有机杂质的砖料,颗粒粒径应不大于60mm	观察检查和检查材质合格证明文件及检测报告
	2	三合土的体积比应符合设计要求	应按10.2.1.1中的检验方法检验
一般项目		三合土垫层表面的允许偏差应符合表10.2.1.1的规定	应按10.2.1.1中的检验方法检验

10.2.3.6 炉渣垫层质量验收标准

项	序	检验项目与要求	检验方法
基本规定	1	炉渣垫层采用炉渣或水泥与炉渣或水泥、石灰与炉渣的拌和料铺设,其厚度应不小于80mm	—
	2	炉渣或水泥炉渣垫层的炉渣,使用前应浇水闷透;水泥石灰炉渣垫层的炉渣,使用前应用石灰浆或用熟化石灰浇水拌和闷透;闷透时间均不得少于5d	
	3	在垫层铺设前,其下一层应湿润;铺设时应分层压实;铺设后应养护,待其凝结后方可进行下一道工序施工	
主控项目	1	炉渣内应不含有有机杂质和未燃尽的煤块,颗粒粒径应不大于40mm,且颗粒粒径在5mm及其以下的颗粒,不得超过总体积的40%;熟化石灰颗粒粒径不得大于5mm	观察检查和检查材质合格证明文件及检测报告
	2	炉渣垫层的体积比应符合设计要求	观察检查和检查配合比通知单
一般项目	1	炉渣垫层与其下一层应结合牢固,不得有空鼓和松散炉渣颗粒	观察检查和用小锤轻击检查
	2	炉渣垫层表面的允许偏差应符合10.2.1.1的规定	应按10.2.1.1中的检验方法检验

10.2.3.7 水泥混凝土垫层质量验收标准

项	序	检验项目与要求	检验方法
基本规定	1	水泥混凝土垫层铺设在基土上，当气温长期处于0℃以下、设计无要求时，垫层应设置伸缩缝	—
	2	水泥混凝土垫层的厚度应不小于60mm	
	3	垫层铺设前，其下一层表面应湿润	
	4	室内地面的水泥混凝土垫层，应设置纵向缩缝和横向缩缝；纵向缩缝间距不得大于6 m，横向缩缝不得大于12m	
	5	垫层的纵向缩缝应做平头缝或加肋板平头缝。当垫层厚度大于150mm时，可做企口缝。横向缩缝应做假缝 平头缝和企口缝的缝间不得放置隔离材料，浇筑时应互相紧贴。企口缝尺寸应符合设计要求。假缝宽度为5～20mm，深度为垫层厚度的1/3，缝内填水泥砂浆	
	6	工业厂房、礼堂、门厅等大面积水泥混凝土垫层应分区段浇筑。分区段应结合变形缝位置、不同类型的建筑地面连接处和设备基础的位置进行划分，并应与设置的纵向、横向缩缝的间距相一致	
	7	水泥混凝土施工质量检验还应符合现行国家标准《混凝土结构工程施工质量验收规范》GB50204的有关规定	
主控项目	1	水泥混凝土垫层采用的粗骨料，其最大粒径应不大于垫层厚度的2/3；含泥量应不大于2%；砂为中粗砂，其含泥量应不大于3%	观察检查和检查材质合格证明文件及检测报告
	2	混凝土的强度等级应符合设计要求，且不应小于C10	观察检查和检查配合比通知单及检测报告
一般项目		水泥混凝土垫层表面的允许偏差应符合10.2.1.1的规定	应按10.2.1.1中的检验方法检验

10.2.4 找平层施工

木地面面层、块材地面面层下应做找平层。找平层应采用水泥砂浆或混凝土铺设，用表面振动器捣实。找平层与其下一层应结合牢固，表面应平整。水泥砂浆或混凝土浇灌完毕，应在12h以内用草帘等加以覆盖，并浇水湿润。浇水养护的时间不少于7d。

10.2.4.1　找平层的工艺流程

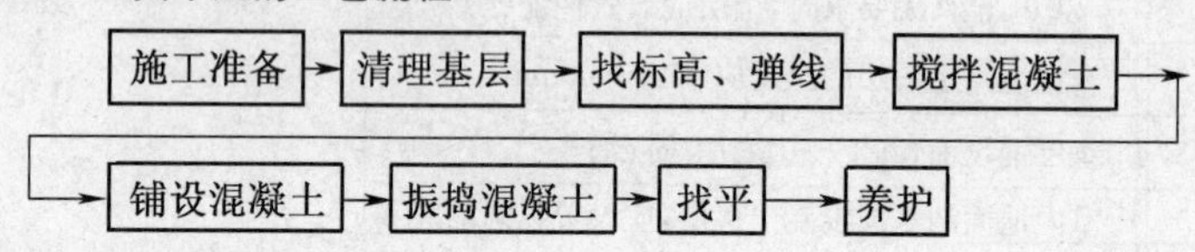

10.2.4.2　找平层材料配置

水泥砂浆	沥青混凝土	水泥混凝土
水泥：砂＝1：3(体积比)	沥青：砂和粉料＝1：8	≥C15

10.2.4.3　找平层质量验收标准

项	序	检验项目与要求	检验方法
基本规定	1	找平层采用水泥砂浆或水泥混凝土铺设，并应符合本章有关面层的规定	—
	2	铺设找平层前，当其下一层有松散填充料，应予铺平振实	
	3	有防水要求的建筑地面工程，铺设前必须对立管、套管和地漏与楼板节点之间进行密封处理；排水坡度应符合设计要求	
	4	在预制钢筋混凝土板上铺设找平层前，板缝填嵌的施工应符合下列要求： (1)预制钢筋混凝土板相邻缝底宽应不小于20mm (2)填嵌时，板缝内应清理干净，保持湿润 (3)填缝采用细石混凝土，其强度等级不得小于C20缝高度应低于板面10～20mm，且振捣密实，表面不应压光；填缝后应养护 (4)当板缝底宽大于40mm时，应按设计要求配置钢筋	
	5	在预制钢筋混凝土板上铺设找平层时，其板端应按设计要求做防裂的构造措施	

续表 10.2.4.3

项	序	检验项目与要求	检验方法
主控项目	1	当找平层采用碎石或卵石时，粒径应不大于其厚度的 2/3，含泥量应不大于 2%；砂为中粗砂，其含泥量应不大于 3%	观察检查和检查材质合格证明文件及检测报告
	2	水泥砂浆体积比或水泥混凝土强度等级应符合设计要求，且水泥砂浆体积比应不小于 1∶3(或相应强度等级)；水泥混凝土强度等级应不小于 C15	观察检查和检查配合比通知单及检测报告
	3	有防水要求建筑地面工程的立管、套管、地漏处严禁渗漏，坡向应正确，无积水	观察检查和蓄水、泼水检验及坡度尺检查
一般项目	1	找平层与其下一层应结合牢固，不得有空鼓	用小锤轻击检查
	2	找平层表面应密实，不得有起砂、蜂窝和裂缝等缺陷	观察检查
	3	找平层的表面允许偏差应符合 10.2.1.1 的规定	应按 10.2.1.1 中的检验方法检验

10.2.5 隔离层施工

10.2.5.1 隔离层施工的工艺流程

10.2.5.2 隔离层质量验收标准

项	序	检验项目与要求	检验方法
主控项目	1	隔离层材质必须符合设计要求和国家产品标准规定	观察检查和检查材质合格证明文件、检测报告
	2	厕浴间和有防水要求的建筑地面必须设置防水隔离层。楼层结构必须采用现浇混凝土或整块预制混凝土板，混凝土强度等级应不小于 C20；楼板四周除门洞外，应做混凝土翻边，其高度应不小于 120mm。施工时结构层标高和预留孔洞位置应准确，严禁乱凿洞	观察和钢尺检查
	3	水泥类防水隔离层的防水性能和强度等级必须符合设计要求	观察检查和检查检测报告

续表 10.2.5.2

项	序	检验项目与要求	检验方法
主控项目	4	防水隔离层严禁渗漏,坡向应正确,排水通畅	观察检查和蓄水、泼水检验或用坡度尺检查及检查检验记录
一般项目	1	隔离层厚度应符合设计要求	观察检查和用钢尺检查
	2	隔离层与其下一层应粘结牢固,不得有空鼓;防水涂层应平整、均匀,无脱皮、起壳、裂缝、鼓泡等缺陷	用小锤轻击检查和观察检查
	3	隔离层表面的允许偏差应符合10.2.1.1的规定	应按10.2.1.1中的检验方法检验

10.2.6 填充层施工

10.2.6.1 松散保温材料铺设填充层的工艺流程

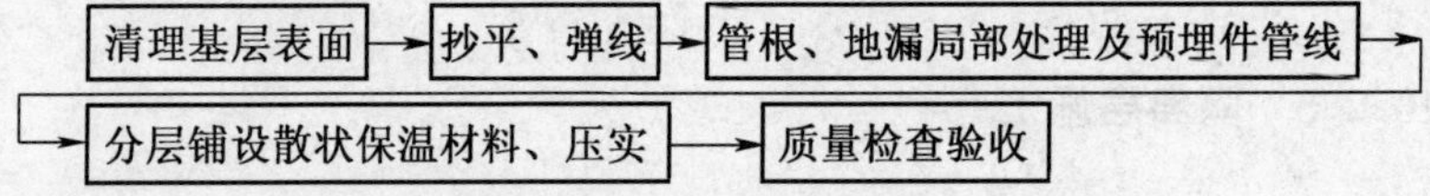

10.2.6.2 板状保温材料铺设填充层的工艺流程

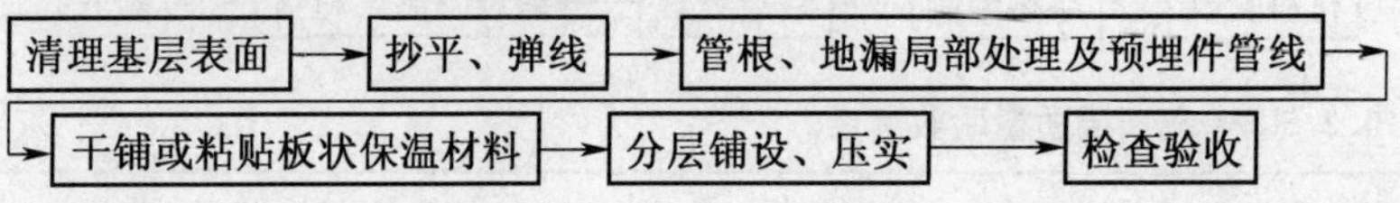

10.2.6.3 填充层质量验收标准

项	序	检验项目与要求	检验方法
基本规定	1	填充层应按设计要求选用材料,其密度和导热系数应符合国家有关产品标准的规定	—
	2	填充层的下一层表面应平整。当为水泥类时,尚应洁净、干燥,并不得有空鼓、裂缝和起砂等缺陷	—
	3	采用松散材料铺设填充层时,应分层铺平拍实;采用板,块状材料铺设填充层时,应分层错缝铺贴	—
	4	填充层施工质量检验尚应符合现行国家标准《屋面工程质量验收规范》GB 50207的有关规定	—

续表 10.2.6.3

项	序	检验项目与要求	检验方法
主控项目	1	填充层的材料质量必须符合设计要求和国家产品标准的规定	观察检查和检查材质合格证明文件、检测报告
	2	填充层的配合比必须符合设计要求	观察检查和检查配合比通知单
一般项目	1	松散材料填充层铺设应密实;板块状材料填充层应压实、无翘曲	观察检查
	2	填充层表面和允许偏差应符合 10.2.1.1 的规定	应按 10.2.1.1 中的检验方法检验

10.3 面层施工

10.3.1 整体面层铺设

10.3.1.1 面层的分类与施工的基本规定

(1)面层的分类

楼地面面层按面层结构分为整体式地面[如水泥砂浆面层、混凝土面层、现浇水磨石面层、水泥钢(铁)屑面层、防油渗面层不发火(防爆的)面层等]、块材(如缸砖、釉面砖、陶瓷锦砖、拼花木地板、水泥花砖、预制水磨石块、大理石板材、花岗石板材、硬质纤维板和塑料地板等)地面和涂布地面。

(2)施工的基本规定

①各种面层施工所用材料应有产品合格证书,材料进场时,对材料的主要性能要进行复检,各种材料内有害成分的含量不得超过现行国家标准的规定。

②各种面层下的基层必须坚实、平整,表面粗糙、洁净。

③各种面层施工必须严格按《建筑地面工程施工质量验收规范》(GB 50209—2002)和有关的工艺操作规范施工,保证工程质量。同

时，确保施工人员的职业健康和安全，做好现场的文明施工。

④各种面层工程随地面工程检验批验收时，主控项目必须达到《建筑地面工程施工质量验收规范》(GB 50209－2002)相应的规定，认定为合格；一般项目应有80％及以上的检查点(处)符合验收规范的规定，且其他点(处)不得有明显影响使用的地方，并不得大于允许偏差值的50％为合格。

⑤各种面层施工完毕，要采取各种有效的成品保护措施加以保护，后续工序施工时要注意保护已完成的面层成品。

⑥施工现场要采取有针对性的安全环保措施，确保施工安全，确保施工不对环境造成污染。

⑦做好各种质量记录。包括技术、安全交底及专项施工方案，分项工程质量验收记录，工程质量检查验收文件和记录，原材料出厂检验报告和质量合格证文件，材料进场验(试)验报告(含抽样报告)，混凝土抗压强度报告及配合比通知单等。

10.3.1.2　整体面层铺设一般规定

序	内　　容
1	铺设整体面层时，其水泥类基层的抗压强度不得小于1.2MPa；表面应粗糙、洁净、湿润，并不得有积水。铺设前宜涂刷界面处理剂
2	铺设整体面层，应符合设计要求，其地面变形缝应按设计要求设置，并应符合下列规定： (1)建筑地面的沉降缝、伸缩缝和防震缝，应与结构相应缝的位置一致，且应贯通建筑地面的各构造层； (2)沉降缝和防震缝的宽度应符合设计要求，缝内清理干净，以柔性密封材料填嵌后用板封盖，并应与面层齐平
3	整体面层施工后，养护时间不应小于7d；抗压强度达到5MPa后，方准上人行走；抗压强度达到设计要求后，方可正常使用
4	当采用掺有水泥的拌和料做踢脚线时，不得用石灰浆打底
5	整体面层的抹平工作应在水泥初凝前完成，压光工作应在水泥终凝前完成
6	整体面层的允许偏差应符合10.3.1.3的规定

10.3.1.3 整体面层的允许偏差和检验方法

项次	项目	允许偏差						检验方法
		水泥混凝土面层	水泥砂浆面层	普通水磨石面层	高级水磨石面层	水泥钢（铁）屑面层	防油渗混凝土和不发火（防爆的）面层	
1	表面平整度	5	4	3	2	4	5	用2m靠尺和楔形塞尺检查
2	踢脚线上口平直	4	4	3	3	4	4	拉5m线和用钢尺检查
3	缝格平直	3	3	3	2	3	3	

10.3.1.4 水泥混凝土面层

(1)水泥混凝土面层的构造

项目	细石混凝土	水泥混凝土	耐磨混凝土
厚度(mm)	30～40	按垫层确定	一般10～15
强度等级	≥C40		耐磨硬度(10000转)≤0.28g/cm²； 抗压强度≥80N/mm² 抗折强度≥8N/mm²

(2)水泥混凝土面层施工工艺流程

(3)水泥混凝土面层操作要点

序	项目	操作要点
1	基层湿润并涂刷素水泥浆	基层表面要提前湿润，但不得积水。在铺设面层前，应先均匀涂刷一道水灰比为0.4～0.5的素水泥浆
2	混凝土的铺筑和振实	在涂刷素水泥浆的同时，随刷随按顺序铺筑混凝土面层，并用木杠按灰饼或冲筋刮平，随即用平板振捣器振捣密实，铺混凝土的工作应由里向门口方向铺设，至门口时注意比门框锯口略低3～4mm。混凝土先按标志筋厚度刮平拍实，稍待收水后用木抹子预压一遍，要求将细石子的棱角压平，地面无石子显露 一般细石混凝土厚度为3～4cm，宜用铁滚筒来回纵横滚压，当面层为厚度6cm以上的钢筋混凝土时，可用平板振捣器将面层振捣密实

续表

序	项目	操作要点
3	压光	压光工作要求抹 2～3 遍，使其表面色泽一致，光滑无抹子印迹。压光工序必须在混凝土终凝前完成 施工缝应留设在伸缩缝处，当撤除伸缩缝模板时，用捋角器将边缘捋压齐平，待混凝土养护完后先清理缝内杂物，再按要求灌热沥青或填沥青砂浆
4	养护	混凝土面层铺设一天后，应用木屑、砂等材料覆盖，并每天洒水 3～4 次湿润，在常温下养护不少于 7d。在养护期间，禁止上人走动或进行其他工作。但当日平均温度低于 5℃时，不得浇水湿润，要采取相应的冬季养护方法

(4)水泥混凝土面层质量验收标准

项	序	检验项目与要求	检验方法
主控项目	1	水泥混凝土若采用粗骨料，其最大粒径应不大于面层厚度的 2/3，细石混凝土面层采用的石子粒径应不大于 15mm	观察检查和检查材质合格证明文件及检测报告
	2	面层的强度等级应符合设计要求，且水泥混凝土面层强度等级应不小于 C20；水泥混凝土垫层兼面层强度等级应不小于 C15	检查配合比通知单及检测报告
	3	面层与下一层应结合牢固，无空鼓、裂纹	用小锤轻击检查
一般项目	1	面层表面不应有裂纹、脱皮、麻面、起砂等缺陷	观察检查
	2	面层表面的坡度应符合设计要求，不得有倒泛水和积水现象	观察和采用泼水或用坡度尺检查
	3	水泥砂浆踢脚线与墙面应紧密结合，高度一致，出墙厚度均匀	用小锤轻击、钢尺和观察检查
	4	楼梯踏步的宽度、高度应符合设计要求。楼层梯段相邻踏步高度差应不大于 10mm，每踏步两端宽度差应不大于 10mm；旋转梯梯段的每踏步两端宽度的允许偏差为 5mm。楼梯踏步的齿角应整齐，防滑条应顺直	观察和钢尺检查
	5	水泥混凝土面层的允许偏差应符合 10.3.1.3 的规定	应按 10.3.1.3 中的检验方法检验

10.3.1.5 水泥砂浆面层

(1)水泥砂浆面层构造

构造做法		厚度(mm)	砂浆配合比
单层		20	1∶2.5
双层	下层	12	1∶2.5
	上层	13	1∶1.5

(2)水泥砂浆面层施工工艺流程

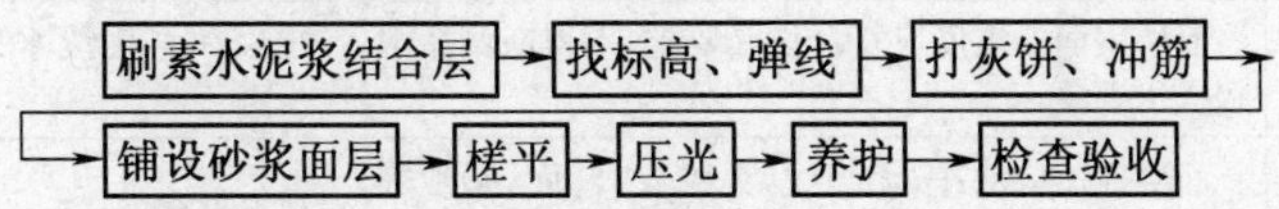

(3)水泥砂浆面层操作要点

序	项目	操作要点
1	刷素水泥浆结合层	在铺面层之前宜刷一道水灰比为0.4～0.5的素水泥浆，也可以在基层上先洒水湿润，再撒水泥粉，用竹扫帚均匀涂刷，随刷随做面层，注意一次涂刷的面积不要过大
2	找标高、弹线	要根据弹在四周墙上的+500mm的水平基准线确定面层的标高和找平，根据水平基准线再将楼地面面层上皮的水平辅助基准线弹出。有地漏等带坡度的面层，坡度应满足液体排放的要求
3	打灰饼、冲筋	面积不大的房间，施工时可直接用长木杠冲筋作灰饼；面积较大的房间应根据水平基准线在四周墙角处每隔1.5～2.0m用1∶2水泥砂浆抹标志块，标志块大小通常为8～10cm见方。待标志块硬结后再以标志块的高度作出通长的冲筋，冲筋的间距以1.5m为宜，以控制面层的上皮标高
4	铺设砂浆面层	操作时，先在两冲筋之间均匀地铺上砂浆，应比冲筋略高，随铺随用木抹子拍实，用短木杠按冲筋标高刮平，然后再用木抹子搓平，并用钢抹子紧跟着压第一遍。第二遍压光在砂浆初凝前，人踩上去有脚印但不下陷时进行，第三遍压光在砂浆终凝前进行。这三遍压光要求用劲稍大，把第二遍压光留下的抹子纹、毛细孔等压平、压光、压实
5	养护	水泥砂浆面层按要求抹压后，第二天应在常温下湿润养护。洒水湿润时间，夏天宜在24h后，春秋季宜在48h后进行。浇水过早易起皮，过晚则易产生裂缝或起砂、最好是先铺上一层锯木屑后再用喷壶洒水养护，养护时间不少于7d 水泥砂浆面层强度达不到5MPa以前，不得在其上行走或进行其他作业，以免碰坏地面

(4)水泥砂浆面层质量验收标准

项	序	检验项目与要求	检验方法
主控项目	1	水泥采用硅酸盐水泥、普通硅酸盐水泥,其强度等级应不小于32.5级,不同品种、不同强度等级的水泥严禁混用;砂应为中粗砂,当采用石屑时,其粒径应为1~5mm,且含泥量应不大于3%	观察检查和检查材质合格证明文件及检测报告
	2	水泥砂浆面层的体积比应为1∶2,强度等级应不小于M15	检查配合比通知单和检测报告
	3	面层与下一层应结合牢固,无空鼓、裂纹	用小锤轻击检查
一般项目	1	面层表面的坡度应符合设计要求,不得有倒泛水和积水现象	观察和采用泼水或坡度尺检查
	2	面层表面应洁净,无裂纹,无脱皮、麻面、起砂等缺陷	观察检查
	3	踢脚线与墙面应紧密结合,高度一致,出墙厚度均匀	用小锤轻击、钢尺和观察检查
	4	楼梯跳步的宽度、高度应符合设计要求。楼层梯段相邻踏步高度差应不大于10mm,每踏步两端宽度差应不大于10mm;旋转楼梯梯段的每踏步两端宽度的允许偏差为5mm。楼梯踏步的齿角应整齐,防滑条应顺直	观察和钢尺检查
	5	水泥砂浆面层的允许偏差应符合10.3.1.3的规定	应按10.3.1.3中的检验方法检验

10.3.1.6 水磨石面层

(1)水磨石面层厚度与石子最大粒径关系

水磨石面层厚度(mm)	10	15	20	25	30
石子最大粒径(mm)	9	14	18	23	28

(2)色石粒的规格、品种及质量要求

规格与粒径的关系		常用品种	质量要求
规格俗称	粒径(mm)		
大二分 一分半 大八厘(一号) 中八厘(二号) 小八厘(三号) 米粒石(四号)	约20 约15 约8 约6 约4 0.3~1.2	东北红、东北绿、丹东绿、盖平红、粉黄绿、玉泉灰、旺青、晚霞、白云石、云彩绿、红王花、奶油白、竹根霞、苏州红、黄花玉、南京红、雪浪、松香石、墨玉等	颗粒坚韧、有棱角、洁净、不得含有风化的石粒 使用时应冲洗干净

(3)水磨石面层施工配合比

项次	石子规格	配合比(体积比) (水泥＋颜料)∶石子	适用部位	铺抹厚度 (mm)
1	1号	1∶2.0	地坪面层	12～15
2	1～3号混合	1∶1.5	地坪面层	12～15
3	3号或4号	1∶1.25～1.5	地坪面层	8～10
4	3号或4号	1∶1.25	墙群、踢脚板	8
5	3号或4号	1∶0.83～0.90	复杂线脚	按实际而定
6	1号或2号	1∶1.30～1.35	预制板	20～30
7	3号或4号	1∶1.30	预制扶梯踏步板	20

(4)几种矿物性颜料的主要性能

名称	比重	遮盖力 (8/m³)	着色力	耐光性	耐碱性	分散性
氧化铁红	5.15	6～8	佳	佳	耐	不易分散
氧化铁黄	4.05～4.09	11～13	佳	佳	耐	不易分散
氧化铁蓝	1.83～1.90	<15	佳	佳	不耐	易于分散
氧化铁绿	—	13.5	佳	佳	耐	不易分散
氧化铁棕	4.77	—	佳	佳	耐	不易分散
群　青	2.23～2.35	—	差	佳	耐	不易分散
氧化铬绿	5.08～5.20	<13	差	佳	极耐	不易分散

(5)彩色水泥粉与石粒间的配合比

石粒的空隙率(%)	<～40	40～45	46～50	>50
色粉∶石粒(质量比)	1∶2.5～3.0	1∶2～2.5	1∶1.5～2.0	1∶1～1.5

(6)水泥石子浆用料量(kg/m³)

材料名称	1∶1	1∶1.25	1∶1.5	1∶2	1∶2.5	1∶3
水泥	956	862	767	640	550	481
石子	1167	1285	1404	1563	1677	1762
水	279	267	255	240	229	221

(7)水磨石面层配色用料比例

水磨石色别	质量配合比				使用有色石子	
	水泥		颜料			
	种类	用量	种类	用量	规格	颜色
黑色	青	100	黑粉	11.82	3号	黑
白色	白	—	—	—	—	白云石
深红	青	100	红粉	10.30	3号	紫石
粉红	白	100	红粉	0.80	3号	花红
淡红	青	100	红粉	2.06	—	紫红
深绿	白	100	绿粉	9.14	3号	绿色
墨绿	青	100	绿粉	9.74	3号	黑色
翠绿	白	100	绿粉	6.50	3号	绿色
和绿	青、白	各50	绿粉	4.87	3号	玉色
深黄	青、白	各50	黄粉	7.66	3号或4号	奶油
淡黄	白	100	黄粉	0.48	3号	奶油
			黑粉	2.90	—	—
咖啡	青、白	各50	红粉	10.30	3号	紫色
深灰	青、白	各50	—	—	—	花红
淡灰	白	100	黑粉	0.3	细3号	灰色

(8)水磨石面层施工工艺流程

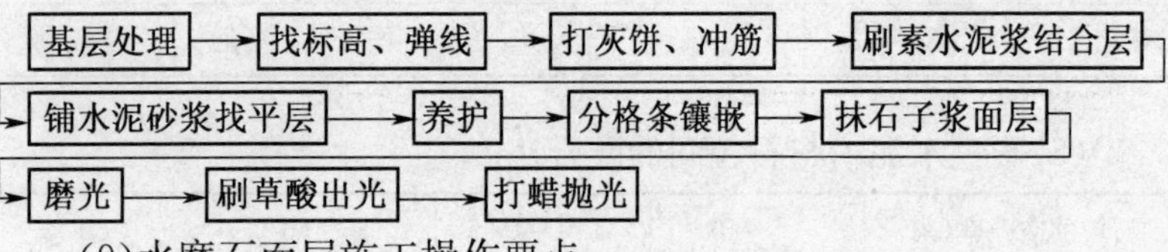

(9)水磨石面层施工操作要点

序	项目	操作要点
1	基层处理	将混凝土基层上的杂物清扫干净,不得有油污、浮土、水泥浮浆皮
2	找标高弹水平线、打灰饼、冲筋	根据墙面上+500mm的水平标高线,往下测出水磨石面层的标高线,弹在四周墙上,并考虑与其他房间和通道面层的标高一致。然后据此在地面四周做灰饼,再拉通线做中间灰饼并冲筋,冲筋的间距约为1.5m。在有地漏或有坡度要求的地方应按设计做泛水和坡度

续表

序	项目	操 作 要 点
3	刷素水泥浆结合层	宜刷水灰比为0.4～0.5的素水泥浆一道，以增加基层与找平层之间的粘结
4	抹找平层砂浆	根据墙上弹出的水平线，留出面层厚度(约10～15mm)，抹1：3干硬性水泥砂浆找平层，要求表面平整、密实、粗糙。找平层砂浆经养护24h后，待抗压强度达到1.2MPa后，方可进行下道工序施工
5	弹线、固定分格线	在找平层上将分格条的位置线弹上，并将分格条固定在预定位置上。要求嵌条横平竖直，条顶面的标高一致，接头严密 分格条嵌粘好后，经24h即可洒水养护，一般养护3～5d。采用铜条时，应预先在两端头下部1/3处打眼，穿入22号铁丝，锚固于下口八字角水泥浆内。镶条12h后开始浇水养护，最少2d
6	铺设水泥石粒浆	石粒浆的配合比一般为1：1.25或1：1.5。铺设时，先用木抹子将分格条两侧10cm范围内的水泥石粒浆轻轻拍紧压实，以保护分格条。水泥石粒浆铺设厚度应高出分格条1～2mm，并在表面均匀撒上预先取出的五分之一石粒，用抹子轻轻拍实、压平 石粒浆铺好后，先后用大、小滚筒压实。先用大滚筒纵横各滚压一次，至均匀泛浆为止，滚压时缺石粒处须及时补齐。待水泥石子浆开始凝结时(间隔约2h)，再用小滚筒作第二次滚压，直至将水泥浆全部压出为止。最后用抹子抹平，检查平整度并修整。达到要求后，次日开始养护
7	磨光	磨光是水磨石面层效果好坏的关键工序，目的是将面层的水泥浆磨掉，将表面的石碴磨平。磨平应优先采用机械磨光。开磨时间参考表见10.3.1.6(九)，水磨石面层一般采用"二浆三磨"法
8	酸洗出光和抛光	酸洗出光和抛光是最后一道工序，通过出光抛光对表面进行最后的加工，使水磨石达到规定的验收标准
9	上蜡	上蜡的方法是：按蜡：煤油＝1：4的比例加热熔化，掺入适量的松香水调成稀糊状，用布在面层上薄薄地涂一层蜡，稍干后用扎上麻布或细帆布的磨石机研磨几遍，直到光滑亮洁为止

(10)水磨石面层施工开磨时间

平均温度(℃)	开磨时间(d)	
	机磨	人工磨
20～30	3～4	2～3
10～20	4～5	3～4
5～10	5～6	4～5

(11)水磨石面层质量验收标准

项	序	检验项目与要求	检验方法
主控项目	1	水磨石面层的石粒，应采用坚硬可磨白云石、大理石等岩石加工而成，石粒应洁净无杂物，其粒径除特殊要求外应为6～15mm；水泥强度等级不应小于32.5级；颜料应采用耐光、耐碱的矿物原料，不得使用酸性颜料	观察检查和检查材质合格证明文件
	2	水磨石面层拌和料的体积比应符合设计要求，且为：1∶1.5～1∶2.5（水泥∶石粒）	检查配合比通知单和检测报告
	3	面层与下一层结合应牢固，无空鼓。裂纹空鼓面积应不大于400cm^2，且每自然间（标准间）不多于2处可不计	用小锤轻击检查
一般项目	1	面层表面应光滑；无明显裂纹，砂眼和磨纹；石粒密实，显露均匀；颜色图案一致，不混色；分格条牢固、顺直和清晰	观察检查
	2	踢脚线与墙面应紧密结合，高度一致，出墙厚度均匀。局部空鼓长度应不大于300mm，且每自然间（标准间）不多于2处可不计	用小锤轻击、钢尺和观察检查
	3	楼梯踏步的宽度、高度应符合设计要求，楼层梯段相邻踏步高度差应不大于10mm，每踏步两端宽度差应不大于10mm，旋转楼梯梯段的每踏步两端宽度的允许偏差为5mm。楼梯踏步的齿角应整齐，防滑条应顺直	观察和钢尺检查
	4	水磨石面层的允许偏差应符合10.3.1.3的规定	应按10.3.1.3中的检验方法检验

10.3.1.7 水泥钢（铁）屑面层质量验收标准

项	序	检验项目与要求	检验方法
主控项目	1	水泥强度等级应不小于32.5级；钢（铁）屑的粒径应为1～5mm；钢（铁）屑中不应有其他杂质，使用前应去油除锈，冲洗干净并干燥	观察检查和检查材质合格证明文件及检测报告
	2	面层和结合层的强度等级必须符合设计要求，且面层抗压强度不应中于40MPa；结合层体积比为1∶2（相应的强度等级应不小于M15）	检查配合比通知单和检测报告
	3	面层与下一层结合必须牢固，无空鼓	用小锤轻击检查

续表 10.3.1.7

项	序	检验项目与要求	检验方法
一般项目	1	面层表面坡度应符合设计要求	用坡度尺检查
	2	面层表面不应有裂纹、脱皮、麻面等缺陷	观察检查
	3	踢脚线与墙面应结合牢固,高度一致,出墙厚度均匀	用小锤轻击、钢尺和观察检查
	4	水泥钢(铁)屑面层的允许偏差应符合表 10.3.1.3 的规定	应按表 10.3.1.3 中的检验方法检验

10.3.1.8 防油渗混凝土配合比

材料	水泥	砂	石子	水	防油渗剂
防油渗混凝土	1	1.79	2.996	0.5	B型防油剂

10.3.1.9 防油渗面层质量验收标准

项	序	检验项目与要求	检验方法
主控项目	1	防油渗混凝土所用的水泥应采用普通硅酸盐水泥,其强度等级应不小于 32.5 级;碎石应采用花岗石或石英石,严禁使用松散多孔和吸水率大的石子,粒径为 5～15mm,其最大粒径应不大于 20mm,含泥量应不大于 1%;砂应为中砂,洁净无杂物,其细度模数应为 2.3～2.6;掺入的外加剂和防油渗剂应符合产品质量标准。防油渗涂料应具有耐油、耐磨、耐火和粘结性能	观察检查和检查材质合格证明文件及检测报告
	2	防油渗混凝土的强度等级和抗渗性能必须符合设计要求,且强度等级应不小于 C30;防油渗涂料抗拉粘结强度应不小于 0.3MPa	检查配合比通知单和检测报告
	3	防油渗混凝土面层与下一层应结合牢固、无空鼓	用小锤轻击检查
	4	防油渗涂料面层与基层应粘结牢固,严禁有起皮、开裂、漏涂等缺陷	观察检查

续表 10.3.1.9

项	序	检验项目与要求	检验方法
一般项目	1	防油渗面层表面坡度应符合设计要求，不得有倒泛水和积水现象	观察和泼水或用坡度尺检查
	2	防油渗混凝土面层表面不应有裂纹、脱皮、麻面和起砂现象	观察检查
	3	踢脚线与墙应紧密结合、高度一致，出墙厚度均匀	用小锤轻击、钢尺和观察检查
	4	防油渗面层的允许偏差应符合 10.3.1.3 的规定	应按 10.3.1.3 中的检验方法检验

10.3.1.10 不发火(防爆的)面层质量验收标准

项	序	检验项目与要求	检验方法
主控项目	1	不发火(防爆的)面层采用的碎石应选用大理石、白云石或其他石料加工而成，并以金属或石料撞击时不发生火花为合格；砂应质地坚硬、表面粗糙，其粒径宜为 0.15～5mm，含泥量应不大于 3%，有机物含量应不大于 0.5%；水泥应采用普通硅酸盐水泥，其强度等级应不小于 32.5 级；面层分格的嵌条应采用不发生火花的材料配制。配制时应随时检查，不得混入金属或其他易发生火花的杂质	观察检查和检查材质合格证明文件及检测报告
	2	不发火(防爆的)面层的强度等级应符合设计要求	检查配合比通知单和检测报告
	3	面层与下一层应结合牢固，无空鼓、无裂纹	用小锤轻击检查
	4	不发火(防爆的)面层的试件，必须检验合格	检查检测报告
一般项目	1	面层表面应密实，无裂缝、蜂窝、麻面等缺陷	观察检查
	2	踢脚线与墙面应紧密结合、高度一致、出墙厚度均匀	用小锤轻击、钢尺和观察检查
	3	不发火(防爆的)面层的允许偏差应符合 10.3.1.3 的规定	应按 10.3.1.3 中的检验方法检验

10.3.2 板块面层铺设

块材类楼地面是指以陶瓷锦砖、瓷砖、缸砖、水泥砖以及预制水磨石板、大理石板、花岗岩板等板材铺砌的地面。

10.3.2.1 板块面层铺设质量验收一般规定

序	规定内容
1	铺设板块面层时，其水泥类基层的抗压强度不得小于 1.2MPa
2	铺设板块面层的结合层和板块间填缝采用的水泥砂浆，应符合下列规定： (1)配制水泥砂浆应采用硅酸盐水泥、普通硅酸盐水泥或矿渣硅酸盐水泥；其水泥强度等级不宜小于 32.5 级 (2)配制水泥砂浆的体积比(或强度等级)应符合设计要求
3	结合层和板块面层填缝的沥青胶结材料应符合国家现行有关产品标准和设计要求
4	板块的铺砌应符合设计要求，当无设计要求时，宜避免出现板块小于 1/4 边长的边角料
5	铺设水泥混凝土板块、水磨石板块、水泥花砖、陶瓷锦砖、陶瓷地砖、缸砖、料石、大理石和花岗石面层等的结合层和填缝的水泥砂浆，在面层铺设后，表面应覆盖、湿润，其养护时间不少于 7d 板块面层的水泥砂浆结合层的抗压强度达到设计要求后方可正常使用
6	板块类踢脚线施工，不得采用石灰砂浆打底
7	板块面层的允许偏差应符合 10.3.2.2 的规定

10.3.2.2 板块面层的允许偏差和检验方法 (mm)

项次	项目	允许偏差											检验方法
		陶瓷锦砖面层、高级水磨石板、陶瓷地砖面层	缸砖面层	水泥花砖面层	水磨石板块面层	大理石面层和花岗石面层	塑料板面层	水泥混凝土板块面层	碎拼大理石、碎拼花岗石面层	活动地板面层	条石面层	块石面层	
1	表面平整度	2.0	4.0	3.0	3.0	1.0	2.0	4.0	3.0	2.0	10.0	10.0	用 2m 靠尺和楔形塞尺检查
2	缝格平直	3.0	3.0	3.0	3.0	2.0	3.0	3.0	—	2.5	8.0	8.0	拉 5m 线和用钢尺检查

续表 10.3.2.2

项次	项目	允许偏差											检验方法
		陶瓷锦砖面层、高级水磨石板、陶瓷地砖面层	缸砖面层	水泥花砖面层	水磨石板块面层	大理石面层和花岗石面层	塑料板面层	水泥混凝土板块面层	碎拼大理石、碎拼花岗石面层	活动地板面层	条石面层	块石面层	
3	接缝高低差	0.5	1.5	0.5	1.0	0.5	0.5	1.5	—	0.4	2.0	—	用钢尺和楔形塞尺检查
4	踢脚线上口平直	3.0	4.0	—	4.0	1.0	2.0	4.0	1.0	—	—	—	拉5m线和用钢尺检查
5	板块间隙宽度	2.0	2.0	2.0	2.0	1.0	—	6.0	—	0.3	5.0	—	用钢尺检查

10.3.2.3 砖面层质量验收标准

项	序	检验项目与要求	检验方法
主控项目	1	面层所用的板块的品种、质量必须符合设计要求	观察检查和检查材质合格证明文件及检测报告
	2	面层与下一层的结合(粘结)应牢固,无空鼓 凡单块砖边有局部空鼓,且每自然间(标准间)不超过总数的5%可不计	用小锤轻击检查
一般项目	1	砖面层的表面应洁净、图案清晰,色泽一致,接缝平整,深浅一致,周边顺直。板块无裂纹、掉角和缺楞等缺陷	观察检查
	2	面层邻接处的镶边用料及尺寸应符合设计要求,边角整齐、光滑	观察和用钢尺检查
	3	踢脚线表面应洁净、高度一致、结合牢固、出墙厚度一致	观察和用小锤轻击及钢尺检查
	4	楼梯踏步和台阶板的缝隙宽度应一致,齿角整齐;楼层梯段相邻踏高度差应不大于10mm;防滑条顺直	观察和用钢尺检查

续表 10.3.2.3

项	序	检验项目与要求	检验方法
一般项目	5	面层表面的坡度应符合设计要求，不倒泛水、无积水；与地漏、管道结合处应严密，无渗漏	观察、泼水或坡度尺及蓄水检查
	6	砖面层的允许偏差应符合 10.3.2.2 的规定	应按 10.3.2.2 中的检验方法检验

10.3.2.4 大理石和花岗石面层铺设

(1)大理石和花岗石面层结合层厚度

水泥砂	水泥砂浆
配合比：水泥∶砂＝1∶4～1∶6(体积比) 洒水干拌均匀 厚度：20～30mm	厚度：10～15mm 配制：应按 10.2.3.1 要求

(2)大理石和花岗石面层铺设工艺流程

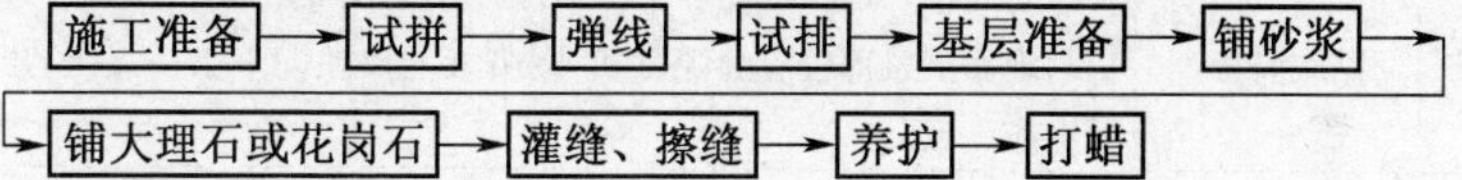

(3)操作要点

序	项目	操作要点
1	基层处理	基层上的浮灰、油质、杂物，必须清理干净，光滑的表面要凿毛，经处理后的基层要粗糙、平整、洁净和潮湿
2	试拼、弹线、试排	试拼的目的是按照设计要求预先拼铺，检查效果；弹线是在房间的主要部位弹互相垂直的控制十字线，用以检查和控制大理石或花岗石的位置。试排是正式铺设前的预排，按照试拼方案确定的施工大样在干砂上实排，以检查缝隙是否合理，核对板块与墙、柱、洞口等部位的相对位置
3	铺结合层砂浆	砂浆多使用干硬式水泥砂浆，配合比为 1∶3(体积比)，稠度为 2.5～3.5cm。摊铺长度应在 1m 以上，宽应超出板宽 20～30mm，厚度控制在放上石材板块后宜高出面层水平线 3～4mm，边铺边用大杠刮平、拍实，用木抹子找平

续表

序	项目	操作要点
4	铺大理石或花岗石	先按设计标准线试铺，经检查无误后进行正式镶铺。一般房间应先里后外沿控制线进行铺设。板材对缝铺好后，随即用橡皮锤或木槌轻击木垫板(不得用木槌直接敲击石材)，压平敲实，根据水平线用铁水平尺找平，铺完第一块向两侧和后退方向顺序镶铺，注意对好纵横缝并调整好与相邻板面的标高
5	板缝处理	平板镶铺完后，须经24h再洒水养护，一般二天以后再进行板缝处理。具体办法是：根据大理石或花岗石颜色，选择颜色相同的矿物颜料和水泥，拌和成稀水泥浆或稀水泥砂浆(水泥∶细砂＝1∶1)，用浆壶将稀水泥浆或稀水泥砂浆徐徐灌入大理石或花岗石板块之间的缝隙。先灌入缝内高三分之二左右，将缝侧溢出的水泥浆清理干净后，再用与板面颜色相同的水泥浆将缝灌满。灌浆1～2h后，用棉丝团蘸原稀水泥浆擦缝。待缝内的水泥浆凝结后再将面层清洗干净，三天内禁止上人或堆放材料
6	养护	面层施工完毕，封闭房间，派专人洒水养护，时间不少于7d
7	贴踢脚板	贴时先刮一道素水泥砂浆，然后按预先拉好的上口线镶贴。踢脚板与地面接触部位应缝隙密实，踢脚板上口在同一水平线上，出墙厚度应一致
8	上蜡抛光	大理石、花岗石及高级预制水磨石的地面应上蜡抛光。其具体方法与前述现浇水磨石地面的做法相同

(4)大理石和花岗石面层质量验收标准

项	序	检验项目与要求	检验方法
主控项目	1	大理石、花岗石面层所用板块的品种、质量应符合设计要求	观察检查和检查材质合格记录
	2	面层与下一层应结合牢固，无空鼓	用小锤轻击检查
一般项目	1	大理石、花岗石面层的表面应洁净、平整、无磨痕，且应图案、色泽一致，接缝均匀，周边顺直，镶嵌正确，板块无裂纹、掉角、缺楞等缺陷	观察检查
	2	踢脚线表面应洁净，高度一致，结合牢固，出墙厚度一致	观察和用小锤轻击及钢尺检查

续表

项	序	检验项目与要求	检验方法
一般项目	3	楼梯踏步和台阶板块的缝隙宽度应一致、齿角整齐，楼层梯段相邻踏步高度差不应大于10mm，防滑条应顺直、牢固	观察和用钢尺检查
	4	面层表面的坡度应符合设计要求，不倒泛水、无积水；与地漏、管道结合处应严密，无渗漏	观察，泼水或蓄水检查，坡度尺检查
	5	大理石和花岗石面层（或碎拼大理石、碎拼花岗石）的允许偏差应符合10.3.2.2的规定	应按10.3.2.2中的检验方法检验

10.3.2.5 预制板块面层铺设

（1）预制板块面层材料及结合层

材料规格（mm）	结合层厚度（mm）
混凝土板块：边长250～500，厚≥60，强度等级≥C20 水磨石板块：常用规格400×400×25	砂结合层：20～30 砂垫层兼做结合层：≥60 水泥砂浆结合层：10～15 按10.2.3.1要求

（2）预制板块面层质量验收标准

项	序	检验项目与要求	检验方法
主控项目	1	预制板块的强度等级、规格、质量应符合设计要求；水磨石板块还应符合国家现行行业标准《建筑水磨石制品》JC507的规定	观察检查和检查材质合格证明文件及检测报告
	2	面层与下一层应粘合牢固、无空鼓。凡单块砖边有局部空鼓，且每自然间（标准间）不超过总数的5%可不计	用小锤轻击检查
一般项目	1	预制板块表面应无裂缝、掉角、翘曲等明显缺陷	观察检查
	2	预制板块面层应平整洁净，图案清晰，色泽一致，接缝均匀，周边顺直，镶嵌正确	观察检查
	3	面层邻接处的镶边用料尺寸应符合设计要求，边角整齐、光滑	观察和钢尺检查
	4	踢脚线表面应洁净、高度一致、结合牢固、出墙厚度一致	观察和用小锤轻击及钢尺检查

续表

项	序	检验项目与要求	检验方法
一般项目	5	楼梯踏步和台阶板块的缝隙宽度一致、齿角整齐，楼层梯段相邻踏步高度差应不大于10mm，防滑条顺直	观察和钢尺检查
	6	水泥混凝土板块和水磨石板块面层的允许偏差应符合10.3.2.2的规定	应按10.3.2.2中的检验方法检验

10.3.2.6 料石面层质量验收标准

项	序	检验项目与要求	检验方法
主控项目	1	面层材质应符合设计要求；条石的强度等级应大于MU60，块石的强度等级应大于MU30	观察检查和检查材质合格证明文件及检测报告
	2	面层与下一层应结合牢固、无松动	观察检查和用锤击检查
一般项目	1	条石面层应组砌合理，无十字缝，铺砌方向和坡度应符合设计要求；块石面层石料缝隙应相互错开，通缝不超过两块石料	观察和用坡度尺检查
	2	条石面层和块石面层的允许偏差应符合10.3.2.2的规定	应按10.3.2.2中的检验方法检验

10.3.2.7 塑料板面层

(1)胶粘铺贴工艺流程

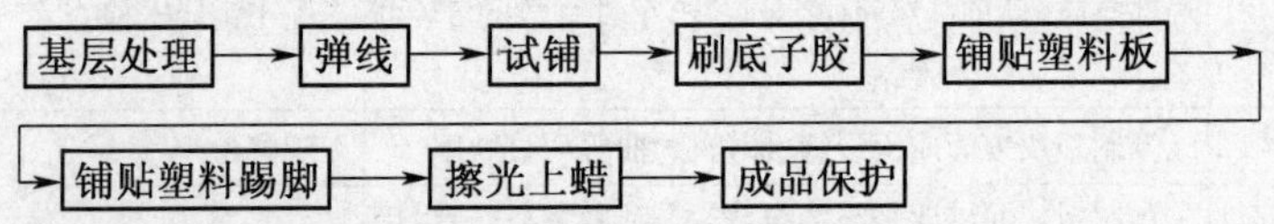

(2)焊接铺贴法工艺流程

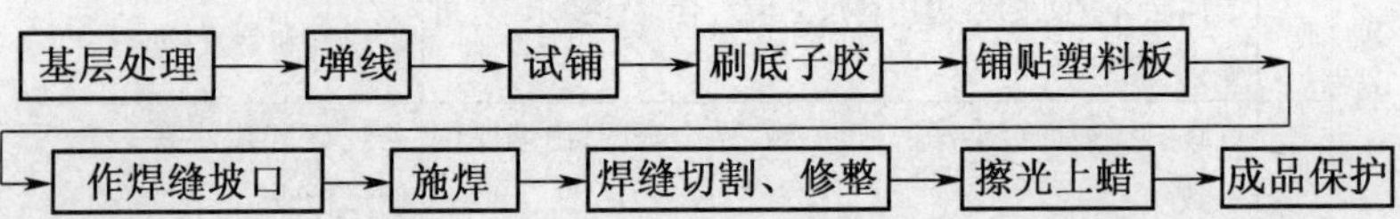

(3)塑料板面层质量验收标准

项	序	检验项目与要求	检验方法
主控项目	1	塑料板面层所用的塑料板块卷材的品种、规格、颜色、等级应符合设计要求和现行国家标准的规定	观察检查和检查材质合格证明文件及检测报告
	2	面层与下一层的粘结应牢固,不翘边、不脱胶、无溢胶	观察检查和用敲击及钢尺检查
一般项目	1	塑料板面层应表面洁净,图案清晰,色泽一致,接缝严密、美观。拼缝处的图案、花纹吻合,无胶痕;与墙边交接严密,阴阳角收边方正	观察检查
	2	板块焊接的焊缝应平整、光洁,无焦化变色、斑点、焊瘤和起鳞等缺陷,其凹凸允许偏差为±0.6mm。焊缝的抗拉强度不得小于塑料板强度的75%	观察检查和检查检测报告
	3	镶边用料应尺寸准确、边角整齐、拼缝严密、接缝顺直	用钢尺和观察检查
	4	塑料板面层的允许偏差应符合10.3.2.2的规定	应按10.3.2.2中的检验方法检验

10.3.2.8 活动地板面层质量验收标准

项	序	检验项目与要求	检验方法
主控项目	1	面层材质必须符合设计要求,且应具有耐磨、防潮、阻燃、防污染、耐老化和导静电等特点	观察检查和检查材质合格证明文件及检测报告
	2	活动地板面层应无裂纹、掉角和缺楞等缺陷。行走无声响、无摆动	观察和脚踩检查
一般项目	1	活动地板面层应排列整齐、表面洁净、色泽一致、接缝均匀、周边顺直	观察检查
	2	活动地板面层的允许偏差应符合10.3.2.2的规定	应按10.3.2.2中的检验方法检验

10.3.2.9 地毯面层质量验收标准

项	序	检验项目与要求	检验方法
主控项目	1	地毯的品种、规格、颜色、花色、胶料和辅料及其材质,必须符合设计要求和国家现行地毯产品标准的规定	观察检查和检查材质合格记录
	2	地毯表面应平服,拼缝处应粘贴牢固、严密平整、图案吻合	观察检查

续表 10.3.2.9

项	序	检验项目与要求	检验方法
一般项目	1	地毯表面不应起鼓、起皱、翘边、卷边、显拼缝、露线，无毛边，绒面毛顺光一致，毯面干净、无污染和损伤	观察检查
	2	地毯同其他面层连接处、收口处和墙边、柱子周围应顺直、压紧	观察检查

10.3.3 木、竹面层铺设

10.3.3.1 木、竹面层铺设一般规定

序	规定内容
1	木、竹地板面层下的木搁栅、垫木、毛地板等采用木材的树种、选材标准和铺设时木材含水率以及防腐、防蛀处理等，均应符合现行国家标准《木结构工程施工质量验收规范》GB 50206 的有关规定。所选用的材料，进场时应对其断面尺寸、含水率等主要技术指标进行抽检，抽检数量应符合产品标准的规定
2	与厕浴间、厨房等潮湿场所相邻的木、竹面层连接处应做防水(防潮)处理
3	木、竹面层铺设在水泥类基层上，其基层表面应坚硬、平整、洁净、干燥、不起砂
4	建筑地面工程的木、竹面层搁栅下架空结构层(或构造层)的质量检验，应符合相应国家现行标准的规定
5	木、竹面层的通风构造层包括室内通风沟、室外通风窗等，均应符合设计要求
6	木、竹面层的允许偏差，应符合 10.3.3.2 的规定

10.3.3.2 木、竹面层的允许偏差和检验方法

项次	项目	允许偏差(mm)				检验方法
		实木地板面层			实木复合地板、中密度(强化)复合地板面层、竹地板面层	
		松木地板	硬木地板	拼花地板		
1	板面缝隙宽度	1.0	0.5	0.2	0.5	用钢尺检查
2	表面平整度	3.0	2.0	2.0	2.0	用 2m 靠尺和楔形塞尺检查

续表 10.3.3.2

项次	项目	允许偏差(mm)				检验方法
		实木地板面层			实木复合地板、中密度(强化)复合地板面层、竹地板面层	
		松木地板	硬木地板	拼花地板		
3	踢脚线上口平齐	3.0	3.0	3.0	3.0	拉5m通线,不足5m拉通线和用钢尺检查
4	板面拼缝平直	3.0	3.0	3.0	3.0	
5	相邻板材高差	0.5	0.5	0.5	0.5	用钢尺和楔形塞尺检查
6	踢脚线与面层的接缝	1.0				楔形塞尺检查

10.3.3.3 木搁栅、垫木、压檐木、剪刀撑、毛地板常用规格 (mm)

名称		宽	厚
垫木(含压檐木)	空铺式	100	50
	实铺式	平面尺寸120×120	20
剪刀撑		50	50
木搁栅(或木楞)	空铺式	根据设计或计算决定	同左
	实铺式	梯形断面上50 矩形 70 梯形断面下70 矩形 70	50
毛地板		不大于120	22～25

10.3.3.4 木地板常用规格 (mm)

	名称		厚	宽	长
钉接式	松、杉木条形地板		23	不大于120	800以上
	硬木条形地板	单层	20～23	50	800以上
		双层的面层	18～23		
	硬木拼花地板		18～23	30,37.5 42,50	250,300
粘结式	松、杉木		18～20	不大于50	不大于400
	硬木		15～18		

注:木地板除底面外,其他五面均应刨光。

10.3.3.5 木地面面层的选材标准

木材缺陷			Ⅰ级	Ⅱ级	Ⅲ级
活节	节径	不计个数时应小于(mm)	10	15	20
		计算个数时应不大于板材宽的	1/3	1/3	1/2
	个数		3	5	6
死节			允许,包括在活节总数中		
髓心			不露出表面的允许		
裂缝深度及长度不得大于厚度及材长的			1/5	1/4	1/3
斜纹斜率不大于%			10	12	15
油眼			Ⅰ级、Ⅱ级非正面允许,Ⅲ级不限		
其他			浪形纹理,圆形纹理,偏心及化学变色允许		

注:Ⅰ级不允许有虫眼,Ⅱ级、Ⅲ级允许有表层的虫眼。

10.3.3.6 实木地板面层空铺式铺设工艺流程

10.3.3.7 实木地板空铺式铺设操作要点

序	项目	操作要点
1	清理基层测量弹线,铺设木搁栅	基层验收、清理之后,先在钢筋混凝土楼板(或垫层)上弹出木格栅的位置线,然后按线将木格栅就位,并用预埋在楼板或垫层内的镀锌铅丝或铁件将木格栅固定住。木格栅中距400mm,地板的木格栅下应用防水防腐的木垫块垫实架空(垫块的规格一般为20mm×40mm×50mm,中距400mm),格栅间用50mm×50mm的防火、防腐松木横撑加固,中距800mm。格栅的顶面必须刨平刨光,并每隔1000mm凿10mm×10mm×50mm的通风槽一道
2	铺设毛地板	毛地板的板条宽不大于120mm,与木格栅呈30°或45°角斜向钉牢。板缝不大于3mm,髓心朝上,钉的长度应为板厚的2.5倍。毛地板与墙之间应留10~20mm的缝隙。毛地板的接缝应落在木格栅的中心线上,钉位要互相错开。毛地板铺完后表面应刨修平整

续表 10.3.3.7

序	项目	操作要点
3	面层施工	面层的铺设形式有条形地板和拼花地板两类。一般均采用钉接固定方式将面层与木格栅固定，应从墙一边开始铺钉企口实木地板，房间内退着往外铺设，靠墙的一块板应离开墙面 10mm 左右，以后逐块排紧。钉法采用斜钉
4	刨平磨光	需要刨平磨光的地板应先粗刨后细刨，面层完全平整后用砂带机磨光
5	油漆打蜡	需要油漆的实木地板按照 11.8.2 中有关油漆工艺的要求执行

10.3.3.8 实木地板实铺式操作要点

序	项目	操作要点
1	试铺	拼花地板在正式铺贴前应按施工规范要求处理基层，并按施工线进行试铺，以检验其拼缝的高低、平整度、对缝等情况。经反复调整，符合要求后进行编号，施工时按编号从房间中央向四周铺贴
2	粘贴	在粘贴之前应将基层清扫干净并弹出施工线，正式铺贴木板面层前应刷一层薄而均匀的底子胶。底子胶应用原胶配制，涂刷底子胶时用大号鬃板刷，要求刷薄而均匀，不得有空白、麻点及气泡。涂刷的冷底子胶经一昼夜后，开始铺贴拼花木地板面层 铺贴时将板条按施工线由中央向四面铺贴，按编号先在基层上涂刷一层厚约 1mm 的胶粘剂，再在板条背面涂刷一层厚约 0.5mm 的胶粘剂，过 5min 左右，待胶不粘手时，即可进行铺贴。铺贴过程中注意拼缝严密，相邻板条高差不得超过＋1.5mm、－1mm。地板条要铺正、铺平、铺牢，并逐块错缝排紧粘牢，板与板之间不得有任何松动、不平、缝隙及溢胶之处，不合要求者应重铺。粘结时须注意避免胶粘剂溢出表面，如有溢出应及时刮除并拭擦
3	刨平、磨光	胶粘剂凝固干燥后，再进行刨平、磨光工作
4	木踢脚板的安装	踢脚板一般高 100～200mm、厚 20～25mm。应预先刨光，上口刨成线条。为防翘曲和防潮通风，踢脚板靠墙一面应作成凹槽，凹槽深 3～5mm，并每隔 1～1.5m 设一组 Ø6mm 的通风孔。为了固定踢脚板，一般在墙内每隔 700mm 砌入防腐木砖，在防腐木砖外钉防腐木垫块，再将踢脚板固定于防腐木块上。踢脚板的板面要垂直，上口呈水平线，踢脚板与地面转角处可安装木压条或安装圆角成品木条，以盖住缝隙

10.3.3.9 实木地板面层质量验收标准

项	序	检验项目与要求	检验方法
主控项目	1	实木地板面层所采用的材质和铺设时的木材含水率必须符合设计要求。木搁栅、垫木和毛地板等必须做防腐、防蛀处理	观察检查和检查材质合格证明文件及检测报告
	2	木格栅安装应牢固、平直	观察、脚踩检查
	3	面层铺设应牢固,粘结无空鼓	观察、脚踩或用小锤轻击检查
一般项目	1	实木地板面层应刨平、磨光,无明显刨痕和毛刺等现象;图案清晰、颜色均匀一致	观察、手摸和脚踩检查
	2	面层缝隙应严密,接头位置应错开,表面洁净	观察检查
	3	拼花地板接缝应对齐,粘、钉严密,缝隙宽度均匀一致,表面洁净,无溢胶	观察检查
	4	踢脚线表面应光滑,接缝严密,高度一致	观察和钢尺检查
	5	实木地板面层的允许偏差应符合 10.3.3.2 的规定	应按 10.3.3.2 中的检验方法检验

10.3.3.10 实木复合地板面层粘贴式施工工艺流程

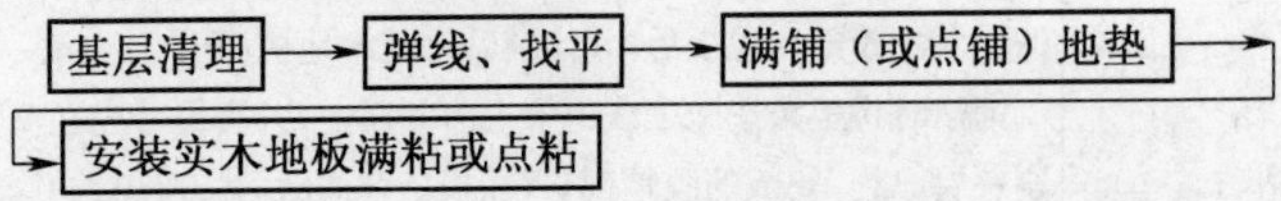

10.3.3.11 实木复合地板面层实铺式施工工艺流程

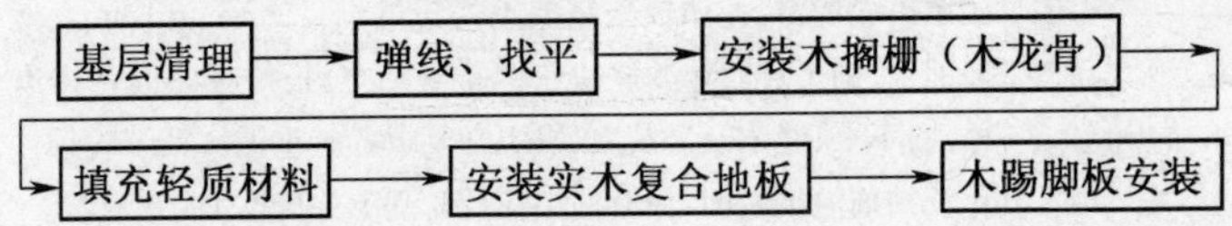

10.3.3.12 实木复合地板面层操作要点

(1)粘贴式施工

首先将基层清理干净,并弹好水平标高控制线,在找平层上满铺防潮垫(不用打胶,若采用条铺可采用点铺方法),然后在防潮层上铺装实木复合地板(宜采用点粘法铺设)。防潮垫和地板面层与墙面之间应留出不小于 10mm 的空隙,相邻板材接头位置应错开不小于 300mm 的距离,实木地板铺贴后可用橡皮锤子敲击使其粘结均匀、牢固。最后粘贴踢脚板。

(2)实铺式施工

首先将基层清理干净,并弹好水平标高控制线和木龙骨的安装位置线,随后将木龙骨宽面朝下安装在设计位置上,木龙骨与墙壁之间要留出 30mm 的缝隙,以利通风。木龙骨的间距若设计无要求则按 300mm 布置,所有木龙骨应找平、垫实钉牢,表面平直。

木龙骨安装牢固后,龙骨之间的空隙应填充干炉渣或其他保温、隔声材料。

实木复合地板铺钉在木龙骨上,铺钉时,地板与墙壁之间应留出不小于 10～20mm 的空隙,然后逐条板排紧与木龙背钉牢,铺钉应采用暗钉,钉子以 45°或 60°角钉入,可使接缝更加靠紧。实木复合地板的接头应在木龙骨的中间,相邻板材接头位置应错开不小于 300mm 的位置。面层铺设完毕,按设计要求粘贴或铺钉踢脚板。

10.3.3.13 实木复合地板面层质量验收标准

项	序	检验项目与要求	检验方法
主控项目	1	实木复合地板面层所采用的条材和块材,其技术等级及质量要求应符合设计要求。木搁栅、垫木和毛地板等必须做防腐、防蛀处理	观察检查和检查材质合格证明文件及检测报告
	2	木格栅安装应牢固、平直	观察、脚踩检查
	3	面层铺设应牢固,无空鼓	观察、脚踩或用小锤轻击检查
一般项目	1	实木复合地板面层图案和颜色应符合设计要求,图案清晰,颜色一致,板面无翘曲	观察、用 2m 靠尺和楔形塞尺检查
	2	面层的接头应错开、缝隙严密、表面洁净	观察检查
	3	踢脚线表面光滑,接缝严密,高度一致	观察和钢尺检查
	4	实木复合地板面层的允许偏差应符合 10.3.3.2 的规定	应按 10.3.3.2 中的检验方法检验

10.3.3.14 强化复合木地板粘贴式铺贴工艺流程

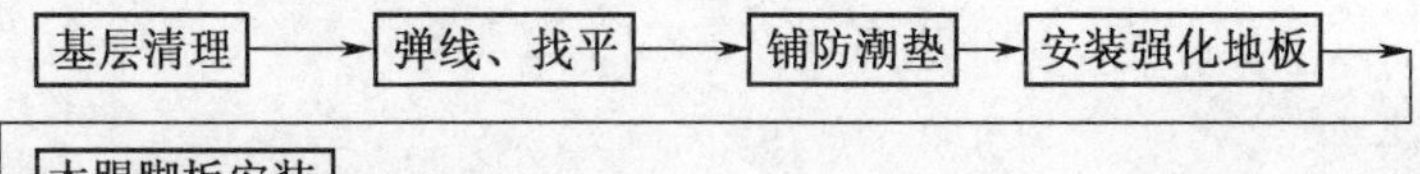

10.3.3.15 强化复合木地板实铺式施工工艺流程

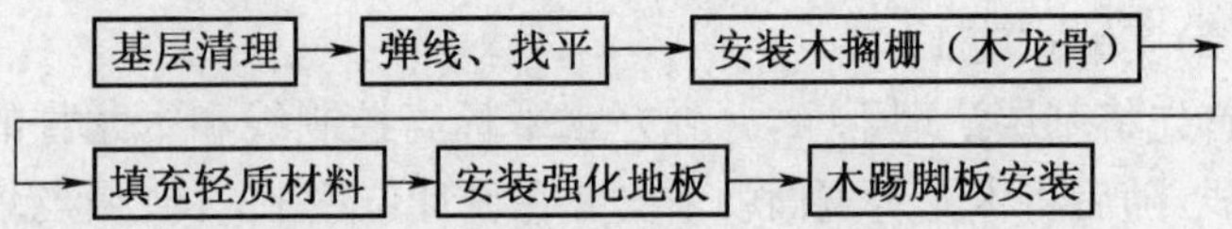

10.3.3.16 强化复合木地板质量验收标准

项	序	检验项目与要求	检验方法
主控项目	1	中密度(强化)复合地板面层所采用的材料，其技术等级及质量要求应符合设计要求。木格栅、垫木和毛地板等应做防腐、防蛀处理	观察检查和检查材质合格证明文件及检测报告
	2	木搁栅安装应牢固、平直	观察、脚踩检查
	3	面层铺设应牢固	观察、脚踩检查
一般项目	1	中密度(强化)复合地板面层图案和颜色应符合设计要求，图案清晰，颜色一致，板面无翘曲	观察、用2m靠尺和楔形塞尺检查
	2	面层的接头应错开、缝隙严密、表面洁净	观察检查
	3	踢脚线表面应光滑，接缝严密，高度一致	观察和钢尺检查
	4	中密度(强化)复合木地板面层的允许偏差应符合10.3.3.2的规定	应按10.3.3.2中的检验方法检验

11 建筑装饰装修工程施工

建筑装饰装修，是指为保护建筑物的主体结构、完善建筑物的使用功能和美化建筑物，采用装饰装修材料或饰物，对建筑物的内外表面及空间进行各种处理的过程。

11.1 建筑装饰装修的功能和基本规定

11.1.1 建筑装饰装修的功能

序	部 位	功 能
1	外墙饰面	(1)保护墙体；(2)美化建筑和环境；(3)改善墙体的物理性能
2	内墙饰面	(1)保护墙体；(2)改善室内使用条件；(3)美化室内
3	楼地面饰面	(1)满足隔声要求；(2)满足吸音要求；(3)满足保温性能要求和弹性要求；(4)保护管道和器材
4	顶棚饰面	顶棚饰面是室内饰面的重要组成部分，顶棚的处理方法不仅对室内的装饰效果、艺术风格有影响，而且对整个装饰工程的造价影响也很大。必须结合建筑内部装饰的总要求、效果、经济条件和设备安装情况，技术和安全要求来综合考虑

11.1.2 建筑装饰装修等级

建筑装饰装修等级	建 筑 物 类 型
一级	高级宾馆，别墅，纪念性建筑物，交通、体育建筑，一级行政办公楼，高级商场
二级	科研建筑，高级建筑，交通、体育建筑，广播通信建筑，医疗建筑，商业建筑，旅馆建筑，局级以上的行政办公大楼
三级	中小学、托幼建筑，生活服务性建筑，普通行政办公楼，普通居民住宅建筑

11.1.3 建筑装饰装修工程的子分部工程及其分项工程的划分

项次	子分部工程	分项工程
1	抹灰工程	一般抹灰，装饰抹灰，清水砌体勾缝
2	门窗工程	木门窗制作与安装，金属门安装，塑料门窗安装，特种门安装，门玻璃安装
3	吊顶工程	暗龙骨吊顶，明龙骨吊顶
4	轻质隔墙工程	板材隔墙，骨架隔墙，活动隔墙，玻璃隔墙
5	饰面板(砖)工程	饰面板安装，饰面砖粘贴
6	幕墙工程	玻璃幕墙，金属幕墙，石材幕墙
7	涂饰工程	水性涂料涂饰，溶剂型涂料涂饰，美术涂饰
8	裱糊工程	裱糊，软包
9	细部工程	橱柜制作与安装，窗帘盒，窗台板与散热罩制作与安装，门窗套制作与安装，护栏与护手制作与安装，花饰制作与安装
10	建筑地面工程	基层，整体面层，板块面层，竹木面层

11.1.4 建筑装饰装修工程施工的基本规定

序	规定内容
1	承担建筑装饰装修工程施工的单位应具备相应的资质，并应建立质量管理体系。施工单位应编制施工组织设计并应经过审查批准。施工单位应按有关的施工工艺标准或经审定的施工技术方案施工，并应对施工全过程实行质量控制
2	承担建筑装饰装修工程施工的人员应有相应岗位的资格证书
3	建筑装饰装修工程施工中，严禁违反设计文件擅自改动建筑主体、承重结构或主要使用功能；严禁未经设计确认和有关部门批准擅自拆改水、暖、电、燃气、通信等配套设施
4	施工单位应遵守有关环境保护的法律法规，并应采取有效措施控制施工现场的各种粉尘、废气、废弃物、噪声、振动等对周围环境造成的污染和危害
5	施工单位应遵守有关施工安全、劳动保护、防火和防毒的法律法规，并建立相应的管理制度，配备必要的设备、器具和标识
6	建筑装饰装修工程应在基体或基层的质量验收合格后施工。对既有建筑进行装饰装修前，应对基层进行处理并达到设计施工要求

续表 11.1.4

序	规定内容
7	建筑装饰装修工程施工前，应有主要材料的样板或做样板间(件)，并经有关各方确认
8	墙面采用保温材料的建筑装饰装修工程，所用保温材料的类型、品种、规格及施工工艺应符合设计要求
9	管道、设备等的安装应在建筑装饰装修工程施工前完成，当必须同步进行时，应在饰面层施工前完成。装饰装修工程不得影响管道、设备等的使用和维修。涉及燃气管道的建筑装饰装修工程必须符合有关安全管理的规定
10	建筑装饰装修工程的电器安装应符合设计要求和国家现行标准的规定。严禁不经穿管直接埋设电线
11	室内外装饰装修工程施工的环境条件应满足施工工艺的要求。施工环境温度应不低于5℃。当必须在低于5℃的气温下施工时，应采取保证工程质量的有效措施
12	建筑装饰装修工程施工过程中应做好半成品、成品的保护，防止污染和损坏
13	建筑装饰装修工程验收前应将施工现场清理干净
14	建筑装饰装修工程的施工质量应符合设计要求和本章各节的规定，由于违反设计文件和本章各节规定施工造成的质量问题应由施工单位负责

11.2 抹灰工程

11.2.1 抹灰工程分类、组成

11.2.1.1 抹灰工程分类

序	类别	内容	作用
1	一般抹灰	一般抹灰指用石灰砂浆、水泥混合砂浆、水泥砂浆、聚合物水泥砂浆、膨胀珍珠岩水泥砂浆以及麻刀石灰、纸筋石灰和石膏灰等抹灰材料涂抹在墙面或顶棚的做法	对房屋有找平、保护、隔热保温、装饰等作用
2	装饰抹灰	包括水刷石、水磨石、斩假(剁斧)石、干粘石、假面砖、拉条灰、拉毛灰、甩毛灰、扒拉石、喷毛灰以及喷涂、滚涂、弹涂等项目	适用于宾馆、剧院等公共建筑物
3	清水砌体勾缝	清水砌体砂浆勾缝和原浆勾缝	灰缝密实，有装饰作用

11.2.1.2　一般抹灰的分类、适用范围和做法要求

分类	适用范围	做法要求
高级抹灰	适用于大型公共建筑、纪念性建筑物(如剧院、礼堂、宾馆、展览馆等和高级住宅)以及有特殊要求的高级建筑	一层底灰,底层、中层和面层各一层。阴阳角找方,设置标筋,分层赶平,修整,表面压光。要求表面光滑、洁净、颜色均匀,线角平直、清晰,美观、无抹纹
普通抹灰	适用于一般居住、公共和工业建筑以及高标准建筑中的附属用房	一层底灰,一层中层和一层面层。阳角找方,设置标筋,分层赶平,修整,表面压光。要求表面洁净,线角顺直、清晰,接槎平整

11.2.1.3　抹灰的一般组成

层次	作用	基层材料	一般做法
底层	增强抹灰层与基层结构的结合,灰层要薄,厚度为5～7mm,砂浆稠度10～12cm	砖墙基层	室内墙面一般采用石灰砂浆打底;室外墙面、门窗洞口外侧壁、屋檐、勒脚、压檐墙等及湿度较大的房间和车间宜采用水泥砂浆或水泥混合砂浆打底
		混凝土基层	宜先刷一道素水泥浆,再采用水泥砂浆或水泥混合砂浆打底。高级装修顶板应采用乳胶水泥砂浆打底
		加气混凝土基层	宜用水泥混合砂浆或聚合物水泥砂浆打底。打底前先刷一道108胶水溶液
		硅酸盐砌块基层	宜用水泥混合砂浆打底
		木板条、苇箔、金属网基层	宜用麻刀灰、纸筋灰或玻璃丝灰打底,并将灰浆挤入基层缝隙内,以加强拉结
		平整光滑的混凝土基层,如大板、大模墙体基层	可不抹灰,采用刮腻子处理
中层	起找平作用,一般灰层较厚,为5～12mm,稠度7～8cm	—	与底层基本相同。砖墙则采用麻刀灰或纸筋灰。根据施工质量要求可以一次抹成,亦可分遍进行

续表 11.2.1.3

层次	作　用	基层材料	一 般 做 法
面层	主要起装饰作用，砂浆稠度 10cm	—	(1)要求平整无裂纹，颜色均匀 (2)室内一般采用麻刀灰、纸筋灰、玻璃丝灰；高级墙面采用石膏灰 (3)室外常用水泥砂浆、水刷石、干粘石等

11.2.1.4　各部抹灰层平均总厚度

项目	平均总厚度(不小于)
顶棚	板条、现浇混凝土为 15mm；预制混凝土为 18mm；金属网为 20mm
内墙	普通抹灰为 20mm；高级抹灰为 25mm
外墙	20mm；勒脚及突出墙面部分为 25mm
石墙	35mm

11.2.1.5　抹灰分遍厚度

类　别	每遍厚度(mm)
水泥砂浆	5～7
石灰砂浆或混合砂浆	7～9
麻刀灰罩面	不大于 3
纸筋灰、石膏灰罩面	不大于 2
采用腻子刮平的混凝土墙、顶面	分层刮平总厚度 2～3
采用聚合水泥砂浆、水泥混合砂浆喷毛打底，纸筋灰罩面、以及用膨胀珍珠岩水泥砂浆抹面	总厚度 3～5
板条、金属网用麻刀灰、纸筋灰抹灰	3～6

11.2.2　抹灰砂浆

11.2.2.1　抹灰材料的质量要求

序	材料名称	质 量 要 求
1	石灰	块状生石灰熟化成石灰膏时，宜用不大于 3mm×3mm 的筛子过筛，熟化时间一般不少于 15d，罩面石灰膏不少于 30d。石灰膏应细腻洁白，不得含有未熟化颗粒，已冻结风化或干硬的石灰膏不得使用。沉淀池中的石灰膏应加以保护，防止干燥、冻结和污染

续表 11.2.2.1

序	材料名称	质量要求
2	骨料	装饰抹灰应使用耐日光照射和坚固的骨料(石子、绿豆砂等)不得用风化的骨料,骨料使用前必须冲洗干净
3	砂	抹灰用砂最好用中砂,要求颗粒坚硬洁净,含泥量不得超过3%,用前应过筛
4	黏土、炉渣	使用前应过筛,黏土使用砂质黏土,炉渣要浇水润透15d左右,粒径不超过1.2～2mm
5	纸筋、麻刀	使用前应浸透、捣烂、洁净、细腻,罩面纸筋宜机碾磨细。麻刀以均匀、坚韧、干燥不含杂质为宜,其长度不大于30mm,并随用随敲打松散
6	生石灰粉	石灰膏可用磨细生石灰粉代替,其细度应通过4900孔/cm^2筛
7	膨胀珍珠岩	宜采用中级粗细粒径混合级配,堆积密度宜为80～150kg/cm^3
8	颜料	应用耐碱和耐日光照射的矿物颜料

11.2.2.2 石灰砂浆抹灰层厚度及配合比

项目		基层表面处理	底层		中层		面层	
			砂浆	厚度	砂浆	厚度	砂浆	厚度
天棚	混凝土面	水泥浆一道	1∶1∶5水泥混合砂浆	5	1∶2.5石灰砂浆	8	纤维灰浆	2
	木板条面	—	1∶0.5∶4水泥混合砂浆	5	1∶2.5石灰砂浆	8	纤维灰浆	2
墙面	简易石灰砂浆	—	1∶3石灰砂浆	15	—	—	—	—
	混凝土面	水泥浆一道	1∶3∶9水泥混合砂浆	7	1∶3石灰砂浆	11	纤维灰浆	2
	砖墙砌块面	—	1∶3石灰砂浆	6	1∶3石灰砂浆	12	纤维灰浆	2
	石墙面	—	1∶3石灰砂浆	16	1∶3石灰砂浆	17	纤维灰浆	2
	木板条面	—	1∶3石灰砂浆	7	1∶3石灰砂浆	11	纤维灰浆	2

11.2.2.3 水泥、水泥混合砂浆抹灰厚度及配合比

项目		基层表面处理	水泥砂浆				水泥混合砂浆			
			底层		面层		底层		面层	
			砂浆	厚度	砂浆	厚度	砂浆	厚度	砂浆	厚度
顶棚	混凝土	水泥砂浆一道	1:3	7	1:2	8	1:3:9	7	1:1:6	8
墙面	砖、砌块内墙	水泥砂浆一道	1:3	12	1:2.5	8	1:3:9	12	1:1:6	8
	混凝土内墙		1:3	12	1:2.5	8	1:3:9	12	1:1:6	8
	石墙		1:3	18	1:2.5	17	1:3:9	18	1:1:6	17
	木条板墙	—	1:3	—	—	—	水泥石灰麻刀	18	1:1:6	10

11.2.2.4 常用砂浆配合比用料

砂浆配合比		材料名称及用量							
		32.5级水泥(kg)	石灰膏(m^3)	石灰(kg)	电石渣(m^3)	净砂(m^3)	纸筋(kg)	麻刀(kg)	麦草(kg)
石灰砂浆	1:2	—	0.46	332	—	0.92	—	—	—
	1:2.5		0.4	288		1.02			
	1:3		0.36	260		1.02			
水泥砂浆	1:2	550	—	—	—	0.93	—	—	—
	1:2.5	485				1.02			
	1:3	404				1.02			
水泥混合砂浆	1:0.5:4	303	0.13	94	—	1.02	—	—	—
	1:1:4	276	0.23	166		0.93			
	1:1:5	241	0.2	144		1.02			
	1:1:6	203	0.17	123		1.02			
	1:3:9	129	0.32	231		0.98			
电石渣混合砂浆	1:1:4	267	—	—	0.23	1.1	—	—	—
	1:1:6	196			0.17	1.24			

续表 11.2.2.4

砂浆配合比		材料名称及用量							
		32.5级水泥(kg)	石灰膏(m^3)	石灰(kg)	电石渣(m^3)	净砂(m^3)	纸筋(kg)	麻刀(kg)	麦草(kg)
电石渣砂浆	1∶2.5	—	—	—	0.36	1.1	—	—	—
	1∶3				0.32	1.16			
其他	水泥石灰麻刀砂浆1∶1∶5	241	0.2	728	—	1.02	38	16.6	—
	纸筋石灰浆	—	1.01	—	—	—	—	—	—
	麻刀石灰浆	—	1.01	—	—	—	—	12.12	—
	草灰浆	—	1.02	—	—	—	—	—	20

11.2.2.5 抹灰砂浆的稠度及骨料最大粒径

抹灰层名称	稠度(mm,人工抹灰)	砂的最大粒径(mm)
底层	100～120	2.6
中层	70～90	2.6
面层	70～80	1.2

11.2.3 抹灰基层处理

11.2.3.1 基层的表面处理

表面情况	处 理 方 法
灰尘、污垢、油渍等	应清理干净,并洒水湿润
脚手孔洞	砖墙上的脚手孔洞应堵塞严密,基层表面的孔洞应镶堵,水暖、通风管道通墙洞和剔墙管道必须用1∶3水泥砂浆堵严
凹凸不平	混凝土墙、混凝土梁头等凹凸不平太多的部位需剔平,或用1∶3水泥砂浆分层补平
间距过窄处	板条墙或板条顶棚的板条间距过窄处应予以处理,一般要求达到3～4mm
金属网基层	应铺钉牢固、平整,不得有挠曲、松动现象

续表 11.2.3.1

表面情况	处 理 方 法
不同结构相接处	不同结构相接处的抹灰基层应铺设金属网，搭接宽度从缝边起每边不得小于 10cm，并应铺钉牢固，不挠曲
基层表面	当不太粗糙的混凝土表面、灰缝和表面齐平的砖砌体需要抹灰时，应凿毛或划凹槽。光滑、平整的混凝土表面可不必抹灰
门窗洞口与立墙交接处	应用水泥砂浆嵌填密实
预制混凝土楼板	预制混凝土楼板顶棚，在抹灰前需用 1∶0.3∶3 水泥石灰砂浆勾缝

11.2.3.2 装饰抹灰面的基层处理

装饰抹灰的类型	基层处理要求
水刷石、水磨石、斩假石	水刷石、水磨石、斩假石的面层应涂抹在硬化及粗糙的中层上。涂抹前，宜先刷一道水泥浆
彩色抹灰	彩色抹灰面层的基层(中层抹灰层)要保持干燥，涂抹面层前，应洒水湿润
干粘石	干粘石粘结层要涂抹在硬化、粗糙的基层(底层或中层抹灰层)上。涂抹前基层应用水湿润

11.2.4 一般抹灰

11.2.4.1 施工技术要求

序	要 点
1	抹灰层的平均总厚度，一般不应大于 11.2.1.4 的要求
2	各层抹灰经赶平压实后，每遍厚度一般应符合 11.2.1.5 的要求
3	水泥浆和水泥混合砂浆的抹灰层，应待前一层抹灰层凝结后，方可涂抹后一层；石灰砂浆的抹灰层，应待前一层 7～8 成干后，方可涂抹后一层
4	混凝土大板和大模板建筑的内墙面和楼板底面，宜用腻子分遍刮平，各遍应粘结牢固，总厚度为 2～3mm 如用聚合物水泥砂浆，水泥混合砂浆喷毛打底，纸筋石灰罩面，以及用膨胀珍珠岩水泥砂浆抹面，总厚度为 3～5mm

续表 11.2.4.1

序	要　点
5	加气混凝土表面抹灰前，应清扫干净，并应作基层表面处理，随即分层抹灰，防止表面空鼓开裂
6	板条、金属网顶棚和墙的抹灰，尚应符合下列要求： (1)板条、金属网装钉完成，必须经检查合格后，方可抹灰 (2)底层和中层宜用麻刀石灰砂浆或纸筋石灰砂浆，各层应分遍成活，每遍厚度为3～6mm (3)底层砂浆应压入板条缝或网眼内，形成转脚以使结合牢固 (4)顶棚的高级抹灰，应加钉长 350～450mm 的麻束，间距为 400mm，并交错布置，分遍接放射状梳理抹进中层砂浆内 (5)金属网抹灰砂浆中掺用水泥时，其掺量应由试验确定
7	灰线抹灰尚应符合下列要求： (1)抹灰线用的抹子，其线型、棱角等应符合设计要求，并按墙面、柱面找出平后的水平线确定灰线位置 (2)简单的灰线抹灰，应待墙面、柱面、顶棚的中间砂浆抹完后进行。多线条的灰线抹灰，应在墙面、柱面的中间砂浆抹完后，顶棚抹灰前进行 (3)灰线抹灰应分遍成活，底层、中层砂浆中宜掺入少量麻刀。罩面灰应分遍连续涂抹，表面应赶平、修整、压光
8	罩面石膏灰应掺入缓凝剂，其掺量应由试验确定，宜控制在 15～20min 内凝结。涂抹应分两遍连续进行，第一遍应涂抹在干燥的中层上 罩面石膏灰不得涂抹在水泥砂浆层上
9	水泥砂浆不得涂抹在石灰砂浆层上
10	抹灰的面应在踢脚板、门窗贴脸板和挂镜线等安装前涂抹。安装后与抹灰面相接处如有缝隙，应用砂浆或腻子填补
11	采用机械喷涂抹灰，尚应符合下列要求： (1)喷涂石灰砂浆前，宜选做水泥砂浆护角、踢脚板、墙裙、窗台板的抹灰，以及混凝土过梁等底层的抹灰 (2)喷涂时，应防止玷污门窗、管道和设备，被玷污的部位应及时清理干净 (3)砂浆稠度：用于混凝土面为 90～100mm，用于砖墙面为 100～120mm
12	混凝土表面的抹灰，宜使用机械喷涂，用手工涂抹时，宜先凿毛刮水泥浆（水灰比为 0.37～0.40），洒水泥砂浆或用界面处理剂处理

11.2.4.2 水泥砂浆墙面做法

墙面类别	墙体材料	总厚度(mm)	底层灰	中层灰	面层灰
外墙面	砖墙	18	12厚,1:3水泥砂浆	—	6厚,1:2.5水泥砂浆
		25	10厚,1:3水泥砂浆	9厚,1:3水泥砂浆	6厚,1:2.5水泥砂浆
	混凝土墙	16	10厚,1:3水泥砂浆	—	6厚,1:2.5水泥砂浆
		20	12厚,1:3水泥砂浆	—	8厚,1:2.5水泥砂浆
	加气混凝土墙	18	6厚,2:1:8水泥石灰砂浆	6厚,1:1:6水泥石灰砂浆	6厚,1:2.5水泥砂浆
内墙面	砖墙	18	13厚,1:3水泥砂浆	—	5厚,1:2.5水泥砂浆
	混凝土墙	18	13厚,1:3水泥砂浆	—	5厚,1:2.5水泥砂浆
	加气混凝土墙	16	6厚,2:1:8水泥石灰砂浆	5厚,1:1:6水泥石灰砂浆	5厚,1:2.5水泥砂浆

11.2.4.3 石灰砂浆墙面做法

墙面类别	墙体材料	总厚度(mm)	底层灰	中层灰	面层灰
外墙面	砖墙	16	14厚,1:3石灰砂浆	—	2厚,纸筋灰或麻刀灰
		18	10厚,1:3石灰砂浆	6厚,1:3石灰砂浆	2厚,纸筋灰或麻刀灰
		23	13厚,1:3石灰砂浆	8厚,1:3石灰砂浆	2厚,纸筋灰或麻刀灰
	混凝土墙	16	7厚,1:3:9水泥石灰砂浆	7厚,1:3石灰砂浆	2厚,纸筋灰或麻刀灰
		21	11厚,1:3:9水泥石灰砂浆	9厚,1:3石灰砂浆	2厚,纸筋灰或麻刀灰
	加气混凝土墙	10	8厚,1:3:9水泥石灰砂浆	—	2厚,纸筋灰或麻刀灰
		16	5厚,1:3:9水泥石灰砂浆	9厚,1:3石灰砂浆	2厚,纸筋灰或麻刀灰
	钢丝网板条墙	18	16厚,1:3石灰麻刀砂浆	—	2厚,纸筋灰或麻刀灰

11.2.4.4 水泥石灰砂浆墙面做法

墙面类别	墙体材料	总厚度(mm)	底层灰	中层灰	面层灰
外墙面	砖墙	18	12厚,1∶1∶6水泥石灰砂浆	—	6厚,1∶1∶4水泥石灰砂浆
内墙面	砖墙	18	13厚,1∶0.3∶3水泥石灰砂浆	—	5厚,1∶0.3∶2.5水泥石灰砂浆
	混凝土墙	18	13厚,1∶0.3∶3水泥石灰砂浆	—	5厚,1∶0.3∶2.5水泥石灰砂浆
	加气混凝土墙	16	5厚,2∶1∶8水泥石灰砂浆	6厚,1∶1∶6水泥石灰砂浆	5厚,1∶0.3∶2.5水泥石灰砂浆

11.2.4.5 水泥砂浆墙裙做法

墙面类别	墙体材料	总厚度(mm)	底层灰	中层灰	面层灰
外墙面	砖墙	20	15厚,1∶3水泥砂浆	—	5厚,1∶2.5水泥砂浆
		25	12厚,1∶3水泥砂浆	8厚,1∶3水泥砂浆	5厚,1∶2.5水泥砂浆
	混凝土墙	18	13厚,1∶3水泥砂浆	—	5厚,1∶2.5水泥砂浆
		23	10厚,1∶3水泥砂浆	8厚,1∶3水泥砂浆	5厚,1∶2.5水泥砂浆
	加气混凝土墙	12	7厚,2∶1∶8水泥石灰砂浆	—	5厚,1∶2.5水泥砂浆
		18	5厚,2∶1∶8水泥石灰砂浆	8厚,1∶1∶6水泥石灰砂浆	5厚,1∶2.5水泥砂浆
内墙面	砖墙	18	13厚,1∶3水泥砂浆	—	5厚,1∶2.5水泥砂浆
		23	11厚,1∶3水泥砂浆	7厚,1∶3水泥砂浆	5厚,1∶2.5水泥砂浆
	混凝土墙	16	11厚,1∶3水泥砂浆	—	5厚,1∶2.5水泥砂浆
	加气混凝土墙	21	10厚,1∶3水泥砂浆	6厚,1∶3水泥砂浆	5厚,1∶2.5水泥砂浆
		10	5厚,1∶3水泥砂浆	—	5厚,1∶2.5水泥砂浆
		16	5厚,2∶1∶8水泥石灰砂浆	6厚,1∶1∶6水泥石灰砂浆	5厚,1∶2.5水泥砂浆

注:墙裙面刷无光油漆或乳胶漆。

11.2.4.6 顶棚抹灰做法

板底饰面	顶棚材料	总厚度(mm)	底层灰	中层灰	面层灰
喷顶棚涂料	预制混凝土板	8	6厚,1∶3∶9水泥石灰砂浆	—	2厚,纸筋灰或麻刀灰
喷顶棚涂料	现制混凝土板	10	2厚,1∶0.5∶1水泥石灰砂浆	6厚,1∶3∶9水泥石灰砂浆	2厚,纸筋灰或麻刀灰
喷顶棚涂料	预制混凝土板	10	5厚,1∶3水泥砂浆	—	5厚,1∶2.5水泥砂浆
喷顶棚涂料	现制混凝土板	10	5厚,1∶3水泥砂浆	—	5厚,1∶2.5水泥砂浆
刷无光油漆或乳胶漆	预制混凝土板	10	5厚,1∶0.3∶3水泥石灰砂浆	—	5厚,1∶0.3∶2.5水泥石灰砂浆
刷无光油漆或乳胶漆	现制混凝土板	10	5厚,1∶0.3∶3水泥石灰砂浆	—	5厚,1∶0.3∶2.5水泥石灰砂浆
喷顶棚涂料	板条	10	3厚,水泥麻刀石灰及1∶2.5石灰砂浆	5厚,1∶2.5石灰砂浆	2厚,纸筋灰或麻刀灰
喷顶棚涂料	板条钢丝网	11	3厚,1∶2∶1水泥石灰砂浆,1∶0.5∶4水泥石灰砂浆	6厚,1∶3∶9水泥石灰砂浆	2厚,纸筋灰或麻刀灰

11.2.4.7 一般抹灰工程质量验收标准

项	序	检验项目与要求	检验方法
主控项目	1	抹灰前基层表面的尘土、污垢、油渍等应清除干净,并应洒水润湿	检查施工记录
主控项目	2	一般抹灰所用材料的品种和性能应符合设计要求。水泥的凝结时间和安定性复验应合格。砂浆的配合比应符合设计要求	检查产品合格证书、进场验收记录、复验报告和施工记录
主控项目	3	抹灰工程应分层进行。当抹灰总厚度大于或等于35mm时,应采取加强措施。不同材料基体交接处表面的抹灰,应采取防止开裂的加强措施,当采用加强网时,加强网与各基体的搭接宽度应不小于100mm	检查隐蔽工程验收记录和施工记录
主控项目	4	抹灰层与基层之间及各抹灰层之间必须粘结牢固,抹灰层应无脱层、空鼓,面层应无爆灰和裂缝	观察;用小锤轻击检查;检查施工记录

续表 11.2.4.7

项	序	检验项目与要求	检验方法
一般项目	1	一般抹灰工程的表面质量应符合下列规定： (1)普通抹灰表面应光滑、洁净、接槎平整，分格缝应清晰 (2)高级抹灰表面应光滑、洁净、颜色均匀、无抹纹，分格缝和灰线应清晰美观	观察；手摸检查
	2	护角、孔洞、槽、盒周围的抹灰表面应整齐、光滑；管道后面的抹灰表面应平整	观察
	3	抹灰层的总厚度应符合设计要求；水泥砂浆不得抹在石灰砂浆层上；罩面石膏灰不得抹在水泥砂浆层上	检查施工记录
	4	抹灰分格缝的设置应符合设计要求，宽度和深度应均匀，表面应光滑，棱角应整齐	观察；尺量检查
	5	有排水要求的部位应做滴水线(槽)。滴水线(槽)应整齐顺直，滴水线应内高外低，滴水槽宽度和深度均应不小于 10mm	观察；尺量检查
	6	一般抹灰工程质量的允许偏差和检验方法应符合 11.2.4.8 的规定	

11.2.4.8 一般抹灰的允许偏差和检验方法

项次	项目	允许偏差(mm)		检验方法
		普通抹灰	高级抹灰	
1	立面垂直度	4	3	用 2m 垂直检测尺检查
2	表面平整度	4	3	用 2m 靠尺和塞尺检查
3	阴阳角方正	4	3	用直角检测尺检查
4	分格条(缝)直线度	4	3	用 5m 线，不足 5m 拉通线，用钢直尺检查
5	墙裙、勒脚上口直线度	4	3	拉 5m 线，不足 5m 拉通线，用钢直尺检查

注：1. 普通抹灰，本表第 3 项阴角方正可不检查。

2. 顶棚抹灰，本表第 2 项表面平整度可不检查，但应平顺。

11.2.5 装饰抹灰

11.2.5.1 施工技术要求

序	要　点
1	装饰抹灰面层的厚度、颜色、图案应符合设计要求
2	装饰抹灰面层应做在已硬化、粗糙而平整的中层砂浆面上，涂抹前应洒水润湿
3	装饰抹灰面层有分格要求时，分格条应宽窄厚薄一致，粘贴在中层砂浆面上应横平竖直，交接严密，完工后应适时全部取出
4	装饰抹灰面层的施工缝，应留在分格缝、墙面阴角、水落管背后或独立装饰组成部分的边缘处
5	装配式混凝土外墙板，其外墙面和接缝不平处以及缺棱掉角处，用水泥砂浆或聚合物水泥砂浆修补后，可直接进行喷涂、滚涂、弹涂
6	水刷石、斩假石和干粘石所用的彩色石粒应洁净，统一配料，干拌均匀
7	水刷石、斩假石面层涂抹前，应在已浇水润湿的中层砂浆面上刮水泥浆(水灰比为0.37～0.40)一遍，以使面层与中层结合牢固
8	水刷石面层必须分遍拍平压实，石子应分布均匀、紧密。凝结前应用清水自上而下洗刷，并采取措施防止玷污墙面
9	斩假石面层的施工，尚应符合下列要求； (1)斩假石面层应赶平压实，斩剁前应经试剁，以石子不脱落为准 (2)在墙角、柱子等边棱处，宜横剁出边条或留出窄小边条不剁
10	干粘石面层的施工，尚应符合下列要求： (1)中层砂浆表面应先用水润湿，并刷水泥浆(水灰比为0.40～0.50)一遍。随即涂抹水泥砂浆或聚合物水泥砂浆粘结层 (2)石粒粒径为4～6mm (3)水泥砂浆或聚合物水泥砂浆粘结层的厚度一般为4～6mm，砂浆稠度应不大于80mm，将石料粘在粘结层上，随即用辊子或抹子压平压实。石粒嵌入砂浆的深度不得小于粒径的1/2 (4)水泥砂浆或聚合物水泥砂浆粘结层在硬化期间，应保持湿润 (5)房屋底层不宜采用干粘石
11	假面砖、喷涂、滚涂、弹涂和彩色抹灰所用的彩色砂浆，应先统一配料，干拌均匀过筛后，方可加水搅拌
12	外墙假面砖的面层砂浆推涂抹后，先按面砖尺寸分格划线，再划沟、划纹。沟纹间距、深浅应一致，接缝平直

续表 11.2.5.1

序	要　点
13	室内拉条灰面层的施工，尚应符合下列要求： (1)按墙面尺寸确定拉模宽度，弹线划分竖格，粘贴拉模导轨应垂直平行，轨面平整 (2)拉条灰面层，应用水泥混合砂浆(掺细纸筋)涂抹，表面用细纸筋石灰揉光 (3)拉条灰面层应按竖格连续作业，一次抹完。上下端灰口应齐平
14	涂抹拉毛灰和洒毛灰面层，宜自上而下进行。涂抹的波纹应大小均匀，颜色一致，接槎平整
15	喷砂抹灰的面层，应用聚合物水泥砂浆涂抹，其配合比应由试验确定

11.2.5.2 彩色砂浆参考配合比(体积比)

设计颜色	普通水泥	白水泥	白灰	颜料(按水泥量百分比)	细砂
土黄色	5	—	1	氧化铁红(0.1～0.3) 氧化铁黄(0.1～0.2)	9
咖啡色	5	—	1	氧化铁红(0.5)	9
淡黄	—	5	—	铬黄(0.9)	9
浅桃色	—	5	—	铬黄(0.5)、红珠(0.4)	白色细砂 9
灰绿色	5	—	1	氧化铬绿(2)	白色细砂 9
白色	—	5	—	—	白色细砂 9

11.2.5.3 喷涂饰面砂浆配合比(重量比)

饰面做法	水泥	颜料	细骨料	甲基硅醇钠	木质素磺酸钙	108 胶	石灰膏	砂浆稠度(cm)
波面	100	适量	200	4～6	0.3	10～15	—	13～14
波面	100	适量	400	4～6	0.3	20	100	13～14
粒状	100	适量	200	4～6	0.3	10	—	10～11
粒状	100	适量	400	4～6	0.3	20	100	10～11

11.2.5.4 滚涂饰面砂浆参考配合比(重量比)

种类	白水泥	水泥	砂子	108 胶	水	颜料	备　注
灰色	100	10	110	22	33	—	(1)要求较高的建筑物可用二元乳液代替 108 胶 (2)木质素磺酸钙掺量 0.3
绿色	100	—	100	20	33	氧化铬绿	
	—	100	100	20	33		

11.2.5.5 弹涂砂浆配合比(重量比)

项　目	水　　泥	颜料	水	108胶
刷底色漆	普通硅酸盐水泥100	适量	90	20
刷底色浆	白水泥100	适量	80	13
弹花点	普通硅酸盐水泥100	适量	55	14
弹花点	白水泥100	适量	45	10

11.2.5.6 刷涂聚合物砂浆配合比(重量比)

项目	白水泥	108胶或二元乳液	水	颜料	六偏磷酸钠
头遍浆	100	20	50～60	适量	0.1
二遍浆	100	30	70	适量	0.1

11.2.5.7 粉刷石膏料浆配合比

(kg)

项目	面层粉刷石膏		现场配底层粉刷石膏			现场配保温层粉刷石膏		
	水	粉	水	粉	砂	水	粉	砂
顶棚	0.40	1	0.52	1	1.0	—	—	—
混凝土	0.42	1	0.64	1	2.0	0.80	1	0.3
黏土砖	0.42	1	0.70	1	2.5	0.80	1	0.3
加气混凝土	0.42	1	0.70	1	2.5	0.80	1	0.3
石膏板	0.42	1	0.64	1	2.0	0.80	1	0.3

注:1. 表中配合比仅适用于手工抹灰。

2. 现场配底层粉刷石膏因情况差别大,水粉比宜根据具体情况由试验确定。

3. 机械喷涂必须使用工厂生产的粉刷石膏,各层配合比为:

面层粉刷石膏:水∶粉=0.48∶0.48∶1;

底层粉刷石膏:水∶粉∶砂=0.4∶1∶1;

保温层粉刷石膏的水粉比则根据不同保温材料试配而定。珍珠岩的堆积密度为100kg/m^3。

11.2.5.8 装饰抹灰工程质量验收标准

项	序	检 验 项 目 与 要 求	检验方法
主控项目	1	抹灰前基层表面的尘土、污垢、油渍等应清除干净,并应洒水润湿	检查施工记录
	2	装饰抹灰工程所用材料的品种和性能应符合设计要求。水泥的凝结时间和安定性复验应合格。砂浆的配合比应符合设计要求	检查产品合格证书、进场验收记录、复验报告和施工记录

续表 11.2.5.8

项	序	检验项目与要求	检验方法
主控项目	3	抹灰工程应分层进行。当抹灰总厚度大于或等于35mm时，应采取加强措施。不同材料基体交接处表面的抹灰，应采取防止开裂的加强措施。当采用加强网时，加强网与各基体的搭接宽度应不小于100mm	检查隐蔽工程验收记录和施工记录
	4	各抹灰层之间及抹灰层与基体之间必须粘接牢固，抹灰层应无脱层、空鼓和裂缝	观察；用小锤轻击检查；检查施工记录
一般项目	1	装饰抹灰工程的表面质量应符合下列规定： (1)水刷石表面应石粒清晰、分布均匀、紧密平整、色泽一致，应无掉粒和接槎痕迹 (2)斩假石表面剁纹应均匀顺直、深浅一致，应无漏剁处；阳角处应横剁并留出宽窄一致的不剁边条，棱角应无损坏 (3)干粘石表面应色泽一致、不露浆、不漏粘，石粒应粘结牢固、分布均匀，阳角处应无明显黑边 (4)假面砖表面应平整、沟纹清晰、留缝整齐、色泽一致，应无掉角、脱皮、起砂等缺陷	观察，手摸检查
	2	装饰抹灰分格条(缝)的设置应符合设计要求，宽度和深度应均匀，表面应平整光滑，棱角应整齐	观察
	3	有排水要求的部位应做滴水线(槽)。滴水线(槽)应整齐顺直，滴水线应内高外低，滴水槽的宽度和深度均应不小于10mm	观察；尺量检查
	4	装饰抹灰工程质量的允许偏差和检验方法应符合11.2.5.9的规定	按11.2.5.9的检验方法检查

11.2.5.9　装饰抹灰的允许偏差和检验方法

项次	项目	允许偏差(mm)				检验方法
		水刷石	斩假石	干粘石	假面砖	
1	立面垂直度	5	4	5	5	用2m靠尺和塞尺检查
2	表面平整度	3	3	5	4	用2m靠尺和塞尺检查
3	阳角方正	3	3	4	4	用直角检测尺检查
4	分格条(缝)直线度	3	3	3	3	用5m线，不足5m拉通线，用钢直尺检查
5	墙裙、勒脚上口直线度	3	3	—	—	用5m线，不足5m拉通线，用钢直尺检查

11.2.6 清水砌体勾缝工程

11.2.6.1 清水砌体勾缝操作要点

序	项目	操作要点
1	弹线	用粉线弹出缝的垂直线和水平线
2	开缝、补缝	以弹出的粉线为依据，对“游丁走缝”处进行修整、开缝。要求缝宽达 10mm、深度控制在 10～12mm，并将开出的残渣清理干净。对缺棱掉角的地方要用与砖的颜色相同的水泥砂浆进行修补
3	勾缝	勾缝前要用喷壶洒水湿润墙面，勾缝的顺序应自上而下进行，先勾水平缝，后勾垂直缝。灰缝应密实，平整，深浅一致。勾缝完成后要全面检查，要求缝的深浅一致、密实光滑、搭槎平顺、阳角方正，阴角处不能有上下直通缝、瞎缝、翻缝现象
4	墙面清扫	勾缝完毕，待其稍干后，用小笤帚清扫墙面，要求砖的上、下楞都要扫到，不能留余灰，注意补漏缝，并保持墙面清洁

11.2.6.2 清水砌体勾缝工程质量验收标准

项	序	检验项目与要求	检验方法
主控项目	1	清水砌体勾缝所用水泥的凝结时间和安定性复验应合格。砂浆的配合比应符合设计要求	检查复验报告和施工记录
	2	清水砌体勾缝应无漏勾。勾缝材料应粘结牢固、无开裂	观察
一般项目	1	清水砌体勾缝应横平竖直，交接处应平顺，宽度和深度应均匀，表面应压实抹平	观察；尺量检查
	2	灰缝应颜色一致，砌体表面应洁净	观察

11.3 门 窗 工 程

11.3.1 木门窗工程

11.3.1.1 木门窗的制作的工艺流程

放样→配料、截料→划线→打眼→开榫、拉肩→截口与倒角→拼装

11.3.1.2 木门窗制作与安装工程质量验收标准

项	序	检验项目与要求	检验方法
主控项目	1	木门窗的木材品种、材质等级、规格、尺寸、框扇的线型及人造木板的甲醛含量应符合设计要求。设计未规定材质等级时，所用木材的质量应符合 3.8.1.1 和 3.8.1.2 的规定	观察；检查材料进场验收记录和复验报告
	2	木门窗应采用烘干的木材，含水率应符合《建筑木门、木窗》(JG/T 122)的规定	检查材料进场验收记录
	3	木门窗的防火、防腐、防虫处理应符合设计要求	观察；检查材料进场验收记录
	4	木门窗的结合处和安装配件处不得有木节或已填补的木节。木门窗如有允许限值以内的死节及直径较大的虫眼时，应用同一材质的木塞加胶填补。对于清漆制品，木塞的木纹和色泽应与制品一致	观察
	5	门窗框和厚度大于 50mm 的门窗扇应用双榫连接。榫槽应采用胶料严密嵌合，并应用胶楔加紧	观察；手扳检查
	6	胶合板门、纤维板门和模压门不得脱胶。胶合板不得刨透表层单板，不得有戗槎。制作胶合板门、纤维板门时，边框和横楞应在同一平面上，面层、边框及横楞应加压胶结。横楞和上、下冒头应各钻两个以上的透气孔，透气孔应通畅	观察
	7	木门窗的品种、类型、规格、开启方向、安装位置及连接方式应符合设计要求	观察；尺量检查；检查成品门的产品合格证书
	8	木门窗框的安装必须牢固。预埋木砖的防腐处理、木门窗框固定点的数量、位置及固定方法应符合设计要求	观察；手扳检查；检查隐蔽工程验收记录和施工记录
	9	木门窗扇必须安装牢固，并应开关灵活，关闭严密，无倒翘	观察；开启和关闭检查；手扳检查
	10	木门窗配件的型号、规格、数量应符合设计要求，安装应牢固，位置应正确，功能应满足使用要求	观察；开启和关闭检查；手扳检查

续表 11.3.1.2

项	序	检验项目与要求	检验方法
一种项目	1	木门窗表面应洁净,不得有刨痕、锤印	观察
	2	木门窗的割角、拼缝应严密平整。门窗框、扇裁口应顺直,刨面应平整	观察
	3	木门窗上的槽、孔应边缘整齐,无毛刺	观察
	4	木门窗与墙体间缝隙的填嵌材料应符合设计要求,填嵌应饱满。寒冷地区外门窗(或门窗框)与砌体间的空隙应填充保温材料	轻敲门窗框检查;检查隐蔽工程验收记录和施工记录
	5	木门窗批水、盖口条、压缝条、密封条安装应顺直,与门窗结合应牢固、严密	观察;手扳检查
	6	木门窗制作的允许偏差和检验方法应符合 11.3.1.3 的规定	—
	7	木门窗安装的留缝限值、允许偏差和检验方法应符合 11.3.1.4 的规定	—

11.3.1.3 木门窗制作的允许偏差和检验方法

项次	项目	构件名称	允许偏差(mm)		检验方法
			普通	高级	
1	翘曲	框	3	2	将框、扇平放在检查平台上,用塞尺检查
		扇	2	2	
2	对角线长度差	框、扇	3	2	用钢尺检查,框量裁口里角,扇量外角
3	表面平整度	扇	2	2	用 1m 靠尺和塞尺检查
4	高度、宽度	框	0;-2	0;-1	用钢尺检查,框量裁口里角,扇量外角
		扇	+2;0	+1;0	
5	裁口、线条结合处高低差	框、扇	1	0.5	用钢直尺和塞尺检查
6	相邻棂子两端间距	扇	2	1	用钢直尺检查

11.3.1.4 木门窗安装的留缝限值、允许偏差和检验方法

<table>
<tr><th rowspan="2">项次</th><th rowspan="2" colspan="2">项　目</th><th colspan="2">留缝限值(mm)</th><th colspan="2">允许偏差(mm)</th><th rowspan="2">检验方法</th></tr>
<tr><th>普通</th><th>高级</th><th>普通</th><th>高级</th></tr>
<tr><td>1</td><td colspan="2">门窗槽口对角线长度差</td><td>—</td><td>—</td><td>3</td><td>2</td><td>用钢尺检查</td></tr>
<tr><td>2</td><td colspan="2">门窗框的下、侧面垂直度</td><td>—</td><td>—</td><td>2</td><td>1</td><td>用 1m 垂直检测尺检查</td></tr>
<tr><td>3</td><td colspan="2">框与扇、扇与扇接缝高低差</td><td>—</td><td>—</td><td>2</td><td>1</td><td>用钢直尺和塞尺检查</td></tr>
<tr><td>4</td><td colspan="2">门窗扇对口缝</td><td>1～2.5</td><td>1.5～2</td><td>—</td><td>—</td><td rowspan="6">用塞尺检查</td></tr>
<tr><td>5</td><td colspan="2">工业厂房双扇大门对口缝</td><td>2～5</td><td>—</td><td>—</td><td>—</td></tr>
<tr><td>6</td><td colspan="2">门窗扇与上框间留缝</td><td>1～2</td><td>1～1.5</td><td>—</td><td>—</td></tr>
<tr><td>7</td><td colspan="2">门窗扇与侧框间留缝</td><td>1～2.5</td><td>1～1.5</td><td>—</td><td>—</td></tr>
<tr><td>8</td><td colspan="2">窗扇与下框间留缝</td><td>2～3</td><td>2～2.5</td><td>—</td><td>—</td></tr>
<tr><td>9</td><td colspan="2">门扇与下框间留缝</td><td>3～5</td><td>3～4</td><td>—</td><td>—</td></tr>
<tr><td>10</td><td colspan="2">双层门窗内外框间距</td><td>—</td><td>—</td><td>4</td><td>3</td><td>用钢尺检查</td></tr>
<tr><td rowspan="4">11</td><td rowspan="4">无下框时门扇与地面间留缝</td><td>外门</td><td>4～7</td><td>5～6</td><td>—</td><td>—</td><td rowspan="4">用塞尺检查</td></tr>
<tr><td>内门</td><td>5～8</td><td>6～7</td><td>—</td><td>—</td></tr>
<tr><td>卫生间门</td><td>8～12</td><td>8～10</td><td>—</td><td>—</td></tr>
<tr><td>厂房大门</td><td>10～20</td><td>—</td><td>—</td><td>—</td></tr>
</table>

11.3.2 金属门窗工程

11.3.2.1 钢门窗工艺流程

划线定位 → 钢门窗就位 → 钢门窗固定 → 五金配件安装

11.3.2.2 操作要点

序	项目	操 作 要 点
1	划线定位	以门窗的中线为准，按照设计要求向两边量出边线。开始安装时，应自房屋的顶层从上至下用铅锤吊线，以保证上下窗框进出一致，在同一垂直线上。从各楼层的＋50mm 水平线量出门窗的水平安装线，据此弹出钢窗框的施工安装线

续表 11.3.2.2

序	项　目	操　作　要　点
2	钢门窗的就位与固定	钢窗框的安装，是在墙上预留比窗框外框大 30～60mm 窗洞，后将钢窗嵌入，窗框与墙体的连接通常用开脚扁铁埋入窗洞四周的预留孔中。把窗框安装好后，先用木楔在框的四角或梃端较能受力的部位临时固定住，然后用水平尺和线锤校检其水平度和垂直度，有误差时调整木楔，然后安装铁脚，用 1∶2 水泥砂浆填满孔洞
3	玻璃和五金配件安装	安装玻璃包括玻璃裁割、就位、密封与固定等工序。在清理槽口的焊渣、铁屑、灰尘和污垢后，即可涂底子油灰，随即用双手将玻璃揉正放平，不留偏差并使油灰挤出，再将油灰与槽口、玻璃接触的边缘刮平、刮齐。玻璃安装后随即用钢丝卡子固定，卡子间距不大于 300mm，每边至少两个。卡子的卡脚长短要适宜，用油灰填实抹光以后，卡脚不得露出油灰表面。如采用橡胶条安装钢窗玻璃，则应将橡胶条压入裁口内，并用压条和螺钉固定

11.3.2.3　铝合金门窗工艺流程

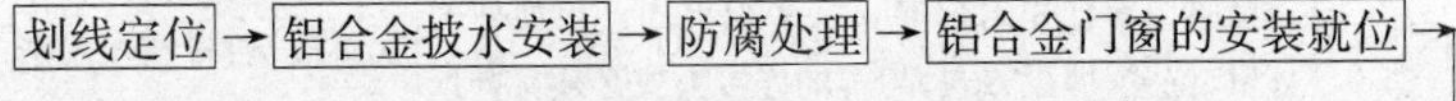

11.3.2.4　操作要点

序	项目	操　作　要　点
1	划线定位	门窗安装前应根据设计要求弹出门、窗的安装位置线和控制检查线。注意同一立面的门窗在水平和垂直方向应整齐一致，地弹簧的表面应与室内地面标高一致。具体方法与钢门窗的划线定位基本相同
2	铝合金窗披水安装	按设计图纸要求将披水固定在铝合金窗上，且要保证位置正确，安装牢固
3	铝合金门窗的安装就位和固定	铝合金门窗安装前应做好防腐处理。安装时先将门窗框塞入洞口内，稍加临时固定后，根据墙面、地面的控制线和门窗洞口的中线依次检查修正门窗框的下口标高、进出及左右位置，调整好门窗框的水平、垂直及对角线长度等，合格后即用木楔加以临时固定。接着用线捶、靠尺调整框的垂直度，用水平尺调整下框的水平度后再次临时固定。最后用射钉将镀锌锚固板固定在结构上

续表 11.3.2.4

序	项目	操作要点
4	门窗框与墙体间隙间的处理	填充材料和填充方法应按设计要求处理，若设计无要求，应采用矿棉条或玻璃棉毡条分层填塞，缝隙外表留 5～8mm 深的槽口，用于填嵌密封材料
5	安装门窗扇及玻璃	门窗扇的安装应在土建施工基本完成之后进行。装扇必须保证框扇立面在同一平面内，就位准确，启闭灵活。玻璃安装就位后，应及时用橡胶条固定并密封

11.3.2.5 金属门窗安装工程质量验收标准

项	序	检验项目与要求	检验方法
主控项目	1	金属门窗的品种、类型、规格、尺寸、性能、开启方向、安装位置、连接方式及铝合金门窗的型材壁厚应符合设计要求。金属门窗的防腐处理及填嵌、密封处理应符合设计要求	观察；尺量检查；检查产品合格证书、性能检测报告、进场验收记录和复验报告；检查隐蔽工程验收记录
	2	金属门窗框和副框的安装必须牢固。预埋件的数量、位置、埋设方式、与框的连接方式必须符合设计要求	手扳检查；检查隐蔽工程验收记录
	3	金属门窗扇必须安装牢固，并应开关灵活、关闭严密，无倒翘。推拉门窗必须有防脱落措施	观察；开启和关闭检查；手扳检查
	4	金属门窗配件的型号、规格、数量应符合设计要求，安装应牢固，位置应正确，功能应满足使用要求	观察；开启和关闭检查；手扳检查
一般项目	1	金属门窗表面应洁净、平整、光滑、色泽一致，无锈蚀。大面应无划痕、碰伤。漆膜或保护层应连续	观察
	2	铝合金门窗推拉门窗扇开关力应不大于 100N	用弹簧秤检查
	3	金属门窗框与墙体之间的缝隙应填嵌饱满，并采用密封胶密封。密封胶表面应光滑、顺直，无裂纹	观察；轻敲门窗框检查；检查隐蔽工程验收记录
	4	金属门窗扇的橡胶密封条或毛毡密封条应安装完好，不得脱槽	观察；开启和关闭检查
	5	有排水孔的金属门窗，排水孔应畅通，位置和数量应符合设计要求	观察
	6	钢门窗安装的留缝限值、允许偏差和检验方法应符合 11.3.2.6 的规定	
	7	铝合金门窗安装的允许偏差和检验方法应符合 11.3.2.7 的规定	
	8	彩色镀锌钢板门窗安装的允许偏差和检验方法应符合 11.3.2.8 的规定	

11.3.2.6 钢门窗安装的留缝限值、允许偏差和检验方法

项次	项目		留缝限值(mm)	允许偏差(mm)	检验方法
1	门窗槽口宽度、高度	≤1500mm	—	2.5	用钢尺检查
		>1500mm	—	3.5	
2	门窗槽口对角线长度差	≤2000mm	—	5	
		>2000mm	—	6	
3	门窗框的正、侧面垂直度		—	3	用1m垂直检测尺检查
4	门窗横框的水平度		—	3	用1m水平尺和塞尺检查
5	门窗横框标高		—	5	用钢尺检查
6	门窗竖向偏离中心		—	4	用钢尺检查
7	双层门窗内外框间距		—	5	用钢尺检查
8	门窗框、扇配合间隙		≤2	—	用塞尺检查
9	无下框时门扇与地面间留缝		4～8	—	用塞尺检查

11.3.2.7 铝合金门窗安装的允许偏差和检验方法

项次	项目		允许偏差(mm)	检验方法
1	门窗槽口宽度、高度	≤1500mm	1.5	用钢尺检查
		>1500mm	2	
2	门窗槽口对角线长度差	≤2000mm	3	用钢尺检查
		>2000mm	4	
3	门窗框的正、侧面垂直度		2.5	用垂直检测尺检查
4	门窗横框的水平度		2	用1m水平尺和塞尺检查
5	门窗横框标高		5	用钢尺检查
6	门窗竖向偏离中心		5	用钢尺检查
7	双层门窗内外框间距		4	用钢尺检查
8	推拉门窗扇与框搭接量		1.5	用钢直尺检查

11.3.2.8 彩色镀锌钢板门窗安装的允许偏差和检验方法

项次	项目		允许偏差(mm)	检验方法
1	门窗槽口宽度、高度	≤1500mm	2	用钢尺检查
		>1500mm	3	
2	门窗槽口对角线长度差	≤2000mm	4	用钢尺检查
		>2000mm	5	
3	门窗框的正、侧面垂直度		3	用垂直检测尺检查
4	门窗横框的水平度		3	用1m水平尺和塞尺检查
5	门窗横框标高		5	用钢尺检查
6	门窗竖向偏离中心		5	用钢尺检查
7	双层门窗内外框间距		4	用钢尺检查
8	推拉门窗扇与框搭接量		2	用钢直尺检查

11.3.3 塑料门窗工程

11.3.3.1 工艺流程

清理→安装固定片→确定安装位置→安装

11.3.3.2 操作要点

序	项目	操作要点
1	门窗洞口的检查与清理	塑料门窗采用后塞口的做法，而且安装时要求的精度比钢木门窗高，所以，施工时一定要按设计要求严格掌握门窗洞口的尺寸及预埋木砖或铁件的位置及数量，发现问题及时处理。安装前要将门窗洞口内的杂物清理干净
2	安装固定片	在门窗的上框和边框上安装固定片时，应先钻孔，后用自攻螺丝拧入，严禁直接锤击钉入。固定片的位置应距门窗角、中竖框、中横框150～200mm，固定片之间的间距应不大于600mm。不得将固定片直接装在中横框、中竖框的挡头上
3	确定门窗框的安装位置	根据设计图纸和门窗的开启方向确定门窗框的安装位置
4	门窗框的安装与嵌缝	先将门窗框装入洞口，并使其上下框中线与洞口的中线对齐，然后将上框的一个固定片固定在墙体上，随即调整水平度、垂直度和方正，并用木楔临时固定，再一次调整水平度、垂直度和方正。检查无误后，便可以进行门窗框的固定。框墙之间的间隙先用毡垫等弹性材料填充，然后用水泥砂浆抹面
5	门窗扇的安装	门窗扇的安装方法与钢木门类似，应安装牢固、开关灵活；五金槽应深浅一致；边缘整齐，木螺丝攻入深度应不少于长度的2/3

11.3.3.3　塑料门窗安装工程质量验收标准

项	序	检验项目与要求	检验方法
主控项目	1	塑料门窗的品种、类型、规格、尺寸、开启方向、安装位置、连接方式及填嵌密封处理应符合设计要求，内衬增强型钢的壁厚及设置应符合国家现行产品标准的质量要求	观察；尺量检查；检查产品合格证书、性能检测报告、进场验收记录和复验报告；检查隐蔽工程验收记录
	2	塑料门窗框、副框和扇的安装必须牢固。固定片或膨胀螺栓的数量与位置应正确，连接方式应符合设计要求。固定点应距窗角、中横框、中竖框150～200mm，固定点间距应不大于600mm	观察；手扳检查；检查隐蔽工程验收记录
	3	塑料门窗拼樘料内衬增加型钢的规格、壁厚必须符合设计要求，型钢应与型材内腔紧密吻合，其两端必须与洞口固定牢固。窗框必须与拼樘料连接紧密，固定点间距应不大于600mm	观察；手扳检查；尺量检查；检查进场验收记录
	4	塑料门窗扇应开关灵活、关闭严密，无倒翘。推拉门窗扇必须有防脱落措施	观察；开启和关闭检查；手扳检查
	5	塑料门窗配件的型号、规格、数量应符合设计要求，安装应牢固，位置应正确，功能应满足使用要求	观察；手扳检查；尺量检查
	6	塑料门窗框与墙体间缝隙应采用闭孔弹性材料填嵌饱满，表面应采用密封胶密封。密封胶应粘结牢固，表面应光滑、顺直、无裂纹	观察；检查隐蔽工程验收记录
一般项目	1	塑料门窗表面应洁净、平整、光滑，大面应无划痕、碰伤	观察
	2	塑料门窗扇的密封条不得脱槽。旋转窗间隙应基本均匀	
	3	塑料门窗扇的开关力应符合下列规定： (1) 平开门窗扇平铰链的开关力应不大于80N；滑撑铰链的开关力应不大于80N，并不小于30N (2)推拉门窗扇的开关力应不大于100N	观察；用弹簧秤检查
	4	玻璃密封条与玻璃槽口的接缝应平整，不得卷边、脱槽	观察
	5	排水孔应畅通，位置和数量应符合设计要求	观察
	6	塑料门窗安装的允许偏差和检验方法应符合11.3.3.4的规定	

11.3.3.4 塑料门窗安装的允许偏差和检验方法

项次	项目		允许偏差(mm)	检验方法
1	门窗槽口宽度、高度	≤1500mm	2	用钢尺检查
		>1500mm	3	
2	门窗槽口对角线长度差	≤2000mm	3	用钢尺检查
		>2000mm	5	
3	门窗框的正、侧面垂直度		3	用1m垂直检测尺检查
4	门窗横框的水平度		3	用1m水平尺和塞尺检查
5	门窗横框标高		5	用钢尺检查
6	门窗竖向偏离中心		5	用钢直尺检查
7	双层门窗内外框间距		4	用钢尺检查
8	同樘平开门窗相邻扇高度差		2	用钢尺检查
9	平开门窗铰链部位配合间隙		+2;-1	用塞尺检查
10	推拉门窗扇与框搭接量		+1.5;-2.5	用钢尺检查
11	推拉门窗扇与竖框平等度		2	用1m水平尺和塞尺检查

11.3.4 特种门工程

特种门包括防火门、防盗门、自动门、全玻门、旋转门、金属卷帘门等,其安装工程的质量验收标准见11.3.4.1。

11.3.4.1 特种门安装工程质量验收标准

项	序	检验项目与要求	检验方法
主控项目	1	特种门的质量和各项性能应符合设计要求	检查生产许可证、产品合格证书和性能检测报告
	2	特种门的品种、类型、规格、尺寸、开启方向、安装位置及防腐处理应符合设计要求	观察;尺量检查;检查进场验收记录和隐蔽工程验收记录
	3	带有机械装置、自动装置或智能化装置的特种门,其机械装置、自动装置或智能化装置的功能应符合设计要求和有关标准的规定	起动机械装置、自动装置或智能化装置,观察
	4	特种门的安装必须牢固。预埋件的数量、位置、埋设方式、与框的连接方式必须符合设计要求	观察;手扳检查;检查隐蔽工程验收记录
	5	特种门的配件应齐全,位置应正确,安装应牢固,功能应满足使用要求和特种门的各项性能要求	观察;手扳检查;检查产品合格证书、性能检测报告和进场验收记录

续表 11.3.4.1

项	序	检验项目与要求	检验方法
一般项目		特种门的表面装饰应符合设计要求	观察
	2	特种门的表面应洁净,无划痕、碰伤	观察
	3	推拉自动门安装的留缝限值、允许偏差和检验方法应符合 11.3.4.2 的规定	
	4	推拉自动门的感应时间限值和检验方法应符合 11.3.4.3 的规定	
	5	旋转门安装的允许偏差和检验方法应符合 11.3.4.4 的规定	

11.3.4.2 推拉自动门安装的留缝限值、允许偏差和检验方法

项次	项目		留缝限值 (mm)	允许偏差 (mm)	检验方法
1	门槽口宽度、高度	≤1500mm	—	1.5	用钢尺检查
		>1500mm	—	2	
2	门槽口对角线长度差	≤2000mm	—	2	用钢尺检查
		>2000mm	—	2.5	
3	门框的正、侧面垂直度		—	1	用1m垂直检测尺检查
4	门构件装配间隙		—	0.3	用塞尺检查
5	门梁导轨水平度		—	1	用1m水平尺和塞尺检查
6	下导轨与门梁导轨平行度		—	1.5	用钢尺检查
7	门扇与侧框间留缝		1.2~1.8	—	用塞尺检查
8	门扇对口缝		1.2~1.8	—	用塞尺检查

11.3.4.3 推拉自动门的感应时间限值和检验方法

项次	项目	感应时间限值(s)	检验方法
1	开门响应时间	≤0.5	用秒表检查
2	堵门保护延时	16~20	用秒表检查
3	门扇全开启后保持时间	13~17	用秒表检查

11.3.4.4 旋转门安装的允许偏差和检验方法

项次	项目	允许偏差(mm)		检验方法
		金属框架玻璃旋转门	木质旋转门	
1	门扇正、侧面垂直度	1.5	1.5	用1m垂直检测尺检查
2	门扇对角线长度差	1.5	1.5	用钢尺检查
3	相邻扇高度差	1	1	用钢尺检查
4	扇与圆弧边留缝	1.5	2	用塞尺检查
5	扇与上顶间留缝	2	2.5	用塞尺检查
6	扇与地面间留缝	2	2.5	用塞尺检查

11.3.5 门窗玻璃安装工程

平板、吸热、反射、中空、夹层、夹丝、磨砂、钢化、压花玻璃等玻璃安装工程的质量验收标准见11.3.5.1。

11.3.5.1 门窗玻璃安装工程质量验收标准

项	序	检验项目与要求	检验方法
主控项目	1	玻璃的品种、规格、尺寸、色彩、图案和涂膜朝向应符合设计要求。当单块玻璃大于1.5m² 时应使用安全玻璃	观察；检查产品合格证书、性能检测报告和进场验收记录
	2	门窗玻璃裁割尺寸应正确。安装后的玻璃应牢固，不得有裂纹、损伤和松动	观察；轻敲检查
	3	玻璃的安装方法应符合设计要求。固定玻璃的钉子或钢丝卡的数量、规格应保证玻璃安装牢固	观察；检查施工记录
	4	镶钉木压条接触玻璃处，应与裁口边缘平齐。木压条应互相紧密连接，并与裁口边缘紧贴，割角应整齐	观察
	5	密封条与玻璃、玻璃槽口的接触应紧密、平整。密封胶与玻璃、玻璃槽口的边缘应粘结牢固、接缝平齐	观察
	6	带密封条的玻璃压条，其密封条封条必须与玻璃全部贴紧，压条与型材之间应无明显缝隙，压条接缝应不大于0.5mm	观察；尺量检查

续表 11.3.5.1

项	序	检验项目与要求	检验方法
一般项目	1	玻璃表面应洁净，不得有腻子、密封胶、涂料等污渍。中空玻璃内外表面均应洁净，玻璃中空层内不得有灰尘和水蒸气	观察
	2	门窗玻璃不应直接接触型材。单面镀膜玻璃的镀膜层及磨砂玻璃的磨砂面应朝向室内。中空玻璃的单面镀膜玻璃应在最外层，镀膜层应朝向室内	观察
	3	腻子应填抹饱满、粘结牢固；腻子边缘与裁口应平齐。固定玻璃的卡子不应在腻子表面显露	观察

11.4 吊顶工程

吊顶是采用悬挂的方式将装饰顶棚支承于屋架或楼板下面，使结构层与装饰层之间组成一个隐蔽的空间，主要构造是龙骨加饰面板。按照施工工艺不同，吊顶工程又分暗龙骨吊顶和明龙骨吊顶两种。

11.4.1 暗龙骨吊顶工程

以轻钢龙骨、铝合金龙骨、木龙骨等为骨架，以石膏板、金属板、矿棉板、木板、塑料板或格栅等为饰面材料的吊顶工程称暗龙骨吊顶工程。暗龙骨吊顶工程的质量验收标准见 11.4.1.1。

11.4.1.1 暗龙骨吊顶工程质量验收标准

项	序	检验项目与要求	检验方法
主控项目	1	吊顶标高、尺寸、起拱和造型应符合设计要求	观察；尺量检查
	2	饰面材料的材质、品种、规格、图案和颜色应符合设计要求	观察；检查产品合格证书、性能检测报告、进场验收记录和复验报告

续表 11.4.1.1

项	序	检验项目与要求	检验方法
主控项目	3	暗龙骨吊顶工程的吊杆、龙骨和饰面材料的安装必须牢固	观察；手扳检查；检查隐蔽工程验收记录和施工记录
	4	吊杆、龙骨的材质、规格、安装间距及连接方式应符合设计要求。金属吊杆、龙骨应经过表面防腐处理；木吊杆、龙骨应进行防腐、防火处理	观察；尺量检查；检查产品合格证书、性能检测报告、进场验收记录和隐蔽工程验收记录
一般项目	1	饰面材料表面应洁净、色泽一致，不得有翘曲、裂缝及缺损。压条应平直、宽窄一致	观察；尺量检查
	2	饰面板上的灯具、烟感器、喷淋头、风口篦子等设备的位置应合理、美观，与饰面板的交接应吻合、严密	观察
	3	金属吊杆、龙平的接缝应均匀一致，角缝应吻合，表面应平整，无翘曲、锤印。木质吊杆、龙平应顺直，无劈裂、变形	检查隐蔽工程验收记录和施工记录
	4	吊顶内填充吸声材料，材料的品种和铺设厚度应符合设计要求，并应有防散落措施	检查隐蔽工程验收记录和施工记录
	5	暗龙骨吊顶工程安装的允许偏差和检验方法应符合 11.4.1.2 的规定	

11.4.1.2 暗龙骨吊顶工程安装的允许偏差

项次	项目	允许偏差(mm)				检验方法
		纸面石膏板	金属板	矿棉板	木板、塑料板、格栅	
1	表面平整度	3	2	2	3	用2m靠尺和塞尺检查
2	接缝直线度	3	1.5	3	3	拉 5m 线，不足 5m 拉通线，用钢直尺检查
3	接缝高低差	1	1	1.5	1	用钢直尺和塞尺检查

11.4.2 明龙骨吊顶工程

以轻钢龙骨、铝合金龙骨、木龙骨等为骨架，以石膏板、金属板、矿棉板、塑料板、玻璃板或格栅等饰面材料的吊顶工程称为明吊顶工程。明龙骨吊顶工程的质量验收标准见 11.4.2.1。

11.4.2.1 明龙骨吊顶工程质量验收标准

项	序	检验项目与要求	检验方法
主控项目	1	吊顶标高、尺寸、起拱和造型应符合设计要求	观察;尺量检查
	2	饰面材料的材质、品种、规格、图案和颜色应符合设计要求。当饰面材料为玻璃板时,应使用安全玻璃或采取可靠的安全措施	观察;检查产品合格证书、性能检测报告和进场验收记录
	3	饰面材料的安装应稳固严密。饰面材料与龙骨的搭接宽度应大于龙骨受力面宽度的2/3	观察;手扳检查;尺量检查
	4	吊杆、龙骨的材质、规格、安装间距及连接方式应符合设计要求。金属吊杆、龙骨应进行表面防腐处理;木龙骨应进行防腐、防火处理	观察;尺量检查;检查产品合格证书、进场验收记录和隐蔽工程验收记录
	5	明龙骨吊顶工程的吊杆和龙骨安装必须牢固	手扳检查;检查隐蔽工程验收记录和施工记录
一般项目	1	饰面材料表面应洁净、色泽一致,不得有翘曲、裂缝及缺损。压条应平直、宽窄一致	观察;尺量检查
	2	饰面板上的灯具、烟感器、喷淋头、风口篦子等设备的位置应合理、美观,与饰面板的交接应吻合、严密	观察
	3	金属龙骨的接缝应平整、吻合、颜色一致,不得有划伤、擦伤等表面缺陷。木质龙骨应平整、顺直,无劈裂	观察
	4	吊顶内填充吸声材料,材料的品种和铺设厚度应符合设计要求,并应有防散落措施	检查隐蔽工程验收记录和施工记录
	5	明龙骨吊顶工程安装的允许偏差和检验方法应符合 11.4.2.2 的规定	

11.4.2.2 明龙骨吊顶工程安装的允许偏差和检验方法

项次	项 目	允许偏差(mm)				检验方法
		石膏板	金属板	矿棉板	塑料板、玻璃板	
1	表面平整度	3	2	3	3	用2m靠尺和塞尺检查
2	接缝直线度	3	2	3	3	拉 5m 线,不足 5m 拉通线,用钢直尺检查
3	接缝高低差	1	1	2	1	用钢直尺和塞尺检查

11.5 轻质隔墙工程

轻质隔墙工程所用材料的种类和隔墙的构造方法很多，本书将其归纳为板材隔墙、骨架隔墙、活动隔墙、玻璃隔墙四种类型。

11.5.1 板材隔墙工程

板材隔墙是指不需设置隔墙龙骨，由隔墙板材自承重，将预制或现制的隔墙板材直接固定于建筑主体结构上的隔墙工程。常见的隔板材有金属夹芯板、预制或现制的钢丝网水泥板、石膏夹芯板、石膏水泥板、石膏空心板、泰柏板（舒乐舍板）、增强水泥聚苯板（GRC板）、加气混凝土条板、水泥陶粒板等。

11.5.1.1 板材隔墙工程质量验收标准

项	序	检验项目与要求	检验方法
主控项目	1	隔墙板材的品种、规格、性能、颜色应符合设计要求。有隔声、隔热、阻燃、防潮等特殊要求的工程，板材应有相应性能等级的检测报告	观察；检查产品合格证书、进场验收记录和性能检测报告
	2	安装隔墙板材所需预埋件、连接件的位置、数量及连接方法应符合设计要求	观察；尺量检查；检查隐蔽工程验收记录
	3	隔墙板材安装必须牢固。现制钢丝网水泥隔墙与周边墙体的连接方法应符合设计要求，并应连接牢固	观察；手扳检查
	4	隔墙板材所用接缝材料的品种及接缝方法应符合设计要求	观察；检查产品合格证书和施工记录
一般项目	1	隔墙板材安装应垂直、平整、位置正确，板材不应有裂缝或缺损	观察；尺量检查
	2	板材隔墙表面应平整光滑、色泽一致、洁净，接缝应均匀、顺直	观察；手摸检查
	3	隔墙上的孔洞、槽、盒应位置正确、套割方正、边缘整齐	观察
	4	板材隔墙安装的允许偏差和检验方法应符合11.5.1.2的规定	

11.5.1.2　板材隔墙安装的允许偏差和检验方法

项次	项　目	允许偏差(mm)				检 验 方 法
		复合轻质墙板		石膏空心板	钢丝网水泥板	
		金属夹芯板	其他复合板			
1	立面垂直度	2	3	3	3	用2m垂直检测尺检查
2	表面平整度	2	3	3	3	用2m靠尺和塞尺检查
3	阴阳角方正	3	3	3	4	用直角检测尺检查
4	接缝高低差	1	2	2	3	用钢直尺和塞尺检查

11.5.2　骨架隔墙工程

骨架隔墙是指在隔墙龙骨两侧安装墙面板以形成墙体的轻质隔墙。这一类隔墙主要是由龙骨作为受力骨架固定于建筑主体结构上。常见的龙骨有轻钢龙骨系列、其他金属龙骨以及木龙骨。常见的墙面板有纸面石膏板、人造木板、防火板、金属板、水泥纤维板以及塑料板等。

11.5.2.1　骨架隔墙工程质量验收标准

项	序	检 验 项 目 与 要 求	检 验 方 法
主控项目	1	骨架隔墙所用龙骨、配件、墙面板、填充材料及嵌缝材料的品种、规格、性能和木材的含水率应符合设计要求。有隔声、隔热、阻燃、防潮等特殊要求的工程，材料应有相应性能等级的检测报告	观察；检查产品合格证书、进场验收记录、性能检测报告和复验报告
	2	骨架隔墙工程边框龙骨必须与基体结构连接牢固，并应平整、垂直、位置正确	手扳检查；尺量检查；检查隐蔽工程验收记录
	3	骨架隔墙中龙骨间距和构造连接方法应符合设计要求。骨架内设备管线的安装、门窗洞口等部位加强龙骨安装应牢固、位置正确，填充材料的设置应符合设计要求	检查隐蔽工程验收记录
	4	木龙骨及木墙面板的防火和防腐处理必须符合设计要求	检查隐蔽工程验收记录
	5	骨架隔墙的墙面板应安装牢固，无脱层、翘曲、折裂及缺损	观察；手扳检查
	6	墙面板所用接缝材料的接缝方法应符合设计要求	观察

续表 11.5.2.1

项	序	检验项目与要求	检验方法
一般项目	1	骨架隔墙表面应平整光滑、色泽一致、洁净、无裂缝，接缝应均匀、顺直	观察；手摸检查
	2	骨架隔墙上的孔洞、槽、盒应位置正确、套割吻合、边缘整齐	观察
	3	骨架隔墙内的填充材料应干燥，填充应密实、均匀、无下坠	轻敲检查；检查隐蔽工程验收记录
	4	骨架隔墙安装的允许偏差和检验方法应符合 11.5.2.2 的规定	

11.5.2.2 骨架隔墙安装的允许偏差和检验方法

项次	项目	允许偏差(mm)		检验方法
		纸面石膏板	人造木板、水泥纤维板	
1	立面垂直度	3	4	用 2m 垂直检测尺检查
2	表面平整度	3	3	用 2m 靠尺和塞尺检查
3	阴阳角方正	3	3	用直角检测尺检查
4	接缝直线度	—	3	拉 5m 线，不足 5m 拉通线，用钢直尺检查
5	压条直线度	—	3	拉 5m 线，不足 5m 拉通线，用钢直尺检查
6	接缝高低差	1	1	用钢直尺和塞尺检查

11.5.3 其他隔墙工程

其他隔墙工程主要包括活动隔墙、玻璃隔墙等，活动隔墙是指推拉式活动隔墙、可拆装的活动隔墙等。这一类隔墙大多使用成品板材及其金属框架、附件在现场组装而成，金属框架及饰面板一般不需再作饰面层。玻璃隔墙是指用钢化玻璃作内隔墙、用玻璃砖砌筑内隔墙等工程。

11.5.3.1 活动隔墙工程质量验收标准

项	序	检验项目与要求	检验方法
主控项目	1	活动隔墙所用墙板、配件等材料的品种、规格、性能和木材的含水率应符合设计要求。有阻燃、防潮等特殊要求的工程，材料应有相应性能等级的检测报告	观察；检查产品合格证书、进场验收记录、性能检测报告和复验报告
	2	活动隔墙轨道必须与基体结构连接牢固，并应位置正确	尺量检查；手扳检查
	3	活动隔墙中用于组装、推拉和制动的构配件应安装牢固、位置正确，推拉安全、平稳、灵活	尺量检查；手扳检查；推拉检查
	4	活动隔墙的制作方法、组合方式应符合设计要求	观察
一般项目	1	活动隔墙表面色泽一致、平整光滑、洁净，线条应顺直、清晰	观察；手摸检查
	2	活动隔墙上的孔洞、槽、盒应位置正确，套割吻合、边缘整齐	观察；尺量检查
	3	活动隔墙推拉应无噪声	推拉检查
	4	活动隔墙安装的允许偏差和检验方法应符合 11.5.3.2 的规定	

11.5.3.2 活动隔墙安装的允许偏差和检验方法

项次	项目	允许偏差(mm)	检验方法
1	立面垂直度	3	用 2m 垂直检测尺检查
2	表面平整度	2	用 2m 靠尺和塞尺检查
3	接缝直线度	3	拉 5m 线，不足 5m 拉通线，用钢直尺检查
4	接缝高低差	2	用钢直尺和塞尺检查
5	接缝宽度	2	用钢直尺检查

11.5.3.3 玻璃隔墙工程质量验收标准

项	序	检验项目与要求	检验方法
主控项目	1	玻璃隔墙工程所用材料的品种、规格、性能、图案和颜色应符合设计要求。玻璃板隔墙应使用安全玻璃	观察；检查产品合格证书、进场验收记录和性能检测报告
	2	玻璃砖隔墙的砌筑或玻璃板隔墙的安装方法应符合设计要求	观察
	3	玻璃砖隔墙砌筑中埋设的拉结筋必须与基体结构连接牢固，并应位置正确	手扳检查；尺量检查；检查隐蔽工程验收记录
	4	玻璃板隔墙的安装必须牢固。玻璃隔墙胶垫的安装应正确	观察检查；检查施工记录

续表 11.5.3.3

项	序	检验项目与要求	检验方法
一般项目	1	玻璃隔墙表面应色泽一致、平整洁净、清晰美观	观察
	2	玻璃隔墙接缝应横平竖直，玻璃应无裂痕、缺损和划痕	观察
	3	玻璃板隔墙嵌缝及玻璃砖隔墙勾缝应密实平整、均匀顺直、深浅一致	观察
	4	玻璃隔墙安装的允许偏差和检验方法应符合 11.5.3.4 的规定	

11.5.3.4 玻璃隔墙安装的允许偏差和检验方法

项次	项目	允许偏差(mm)		检验方法
		玻璃砖	玻璃板	
1	立面垂直度	3	2	用 2m 垂直检测尺检查
2	表面平整度	3	—	用 2m 靠尺和塞尺检查
3	阴阳角方正	—	2	用直角检测尺检查
4	接缝直线度	—	2	拉 5m 线，不足 5m 拉通线，用钢直尺检查
5	接缝高低差	3	2	用钢直尺和塞尺检查
6	接缝宽度	—	1	用钢直尺检查

11.6 饰面板(砖)工程

饰面板(砖)工程是把块料面层镶贴或安装在墙柱表面而形成装饰层。饰面板(砖)工程所用材料有石材、瓷板、金属饰面板、木材饰面板、陶瓷面砖、玻璃面砖等。其中：采用的石材有花岗石、大理石、青石板和人造石材；采用的瓷板有抛光板和磨边板两种，面积不大于 $1.2m^2$、不小于 $0.5m^2$；金属饰面板有钢板、铝板等品种；木材饰面板主要用于内墙裙。陶瓷面砖主要包括釉面瓷砖、外墙面砖、陶瓷锦砖、陶瓷壁画、劈裂砖等；玻璃面砖主要包括玻璃锦砖、彩色玻璃面砖、釉面玻璃等。

11.6.1 外墙饰面板安装工程

11.6.1.1 饰面板安装施工技术要求

序	项目	施工技术要求
1	施工准备	(1)墙面或柱面安装墙板前,应先抄平,分块弹水平线和垂直线,并按线及预定花纹图案预拼和编号 (2)将系固饰面板的钢丝网与预埋的锚固件连接牢固 (3)饰面板安装前应按设计要求修边打眼,并用防锈金属丝穿入孔内备用
2	饰面板安装	(1)石材安装时,按事先弹好的水平线和垂直线,在最下一行两头找平,用直尺托板和木楔按基线找平垫牢,拉上横线。从中间或两头开始,按编号将板就位,然后将上下口的防锈金属丝与钢筋网绑牢,并用木楔临时垫稳。随后用靠尺调整水平和垂直度。注意上口平直,缝隙均匀一致。调整合格后,应再次系紧防锈金属丝 (2)找完垂直、机直、方正后,把调制成膏状的石膏贴在上下石板之间,与二层石板结成一整体,以防松动和错位,板两侧的缝隙可以用麻丝或泡沫塑料条填塞,或用石膏糊堵严密,等石膏硬化后方可灌浆 (3)临时固定的石膏硬固后,用配合比为1∶2.5的水泥砂浆在板材与基层之间分层灌浆作最后固定,每层灌注高度为150～200mm,插捣密实,待其初凝后再灌注上层砂浆 (4)饰面板也可以用干挂的方法固定
3	接缝处理	(1)饰面板的拼缝宽度见11.6.1.2 (2)接缝宜用与饰面板相同颜色的水泥浆或水泥砂浆抹勾严实
4	表面处理	(1)饰面板安装完成后,表面应清洗干净 (2)光面和镜面的饰面板清洗晾干后,打蜡擦亮

11.6.1.2 饰面板的拼缝宽度表

序号	饰面板类型		接缝宽度(mm)
1	天然石材	光面、镜面	1
2		粗磨面、麻面、条纹面	5
3		天然石	10
4	人造石材	水磨石、人造石	2
5		水刷石面	10
6		大理石、花岗石	1

11.6.1.3　外墙饰面板安装工程质量验收标准

项	序	检验项目与要求	检验方法
主控项目	1	饰面板的品种、规格、颜色和性能应符合设计要求，木龙骨、木饰面板和塑料饰面板的燃烧性能等级应符合设计要求	观察；检查产品合格证书、进场验收记录和性能检测报告
	2	饰面板孔、槽的数量、位置和尺寸应符合设计要求	检查进场验收记录和施工记录
	3	饰面板安装工程的预埋件(或后置埋件)、连接件的数量、规格、位置、连接方法和防腐处理必须符合设计要求。后置埋件的现场拉拔强度必须符合设计要求。饰面板安装必须牢固	手扳检查；检查进场验收记录、现场拉拔检测报告、隐蔽工程验收记录和施工记录
一般项目	1	饰面板表面应平整、洁净、色泽一致，无裂痕和缺损。石材表面应无泛碱等污染	观察
	2	饰面板嵌缝应密实、平直，宽度和深度应符合设计要求，嵌填材料色泽应一致	观察；尺量检查
	3	采用湿作业法施工的饰面板工程，石材应进行过碱背涂处理。饰面板与基体之间的灌注材料应饱满、密实	用小锤轻击检查；检查施工记录
	4	饰面板上的孔洞应套割吻合，边缘应整齐	观察
	5	饰面板安装的允许偏差和检验方法应符合11.6.1.4的规定	

11.6.1.4　饰面板安装的允许偏差和检验方法

项次	项目	允许偏差(mm)							检验方法
		石材			瓷板	木材	塑料	金属	
		光面	剁斧石	蘑菇石					
1	立面垂直度	2	3	3	2	1.5	2	2	用2m垂直检测尺检查
2	表面平整度	2	3	—	1.5	1	3	3	用2m靠尺和塞尺检查
3	阴阳角方正	2	4	4	2	1.5	3	3	用直角检测尺检查
4	接缝直线度	2	4	4	2	1	1	1	拉5m线，不足5m拉通线，用钢直尺检查

续表 11.6.1.4

项次	项　目	允许偏差(mm)							检验方法
		石材			瓷板	木材	塑料	金属	
		光面	剁斧石	蘑菇石					
5	墙裙、勒脚上口直线度	2	3	3	2	2	2	2	拉 5m 线,不足 5m 拉通线,用钢直尺检查
6	接缝高低差	0.5	3	—	0.5	0.5	1	1	用钢直尺和塞尺检查
7	接缝宽度	1	2	2	1	1	1	1	用钢直尺检查

11.6.2 饰面砖粘贴工程

11.6.2.1 饰面砖粘贴施工技术要求

序	项　目	施　工　技　术　要　求
1	基层处理	饰面砖应粘贴在湿润、干净的基层上,以保证粘贴牢固。不同的基层应分别做以下处理: (1)纸面石膏板基层先用腻子嵌填板缝,然后在基层上粘贴玻璃丝网布形成整体 (2)砖墙应用先水湿润,再用 1∶3 水泥砂浆打底并搓平 (3)混凝土墙面应先凿毛,并用水湿润,刷一道 108 胶素水泥浆,再用 1∶3 水泥砂浆打底搓平 (4)加气混凝土基层应先用水湿润表面,修补缺棱掉角处,隔天再刷 108 胶素水泥浆,并用 1∶1∶6 混合砂浆打底搓平
2	饰面砖预排、浸水	饰面砖粘贴前应进行预排,以使拼缝均匀。柱子和垛子要排整砖,同一墙面上的横竖排列,均不得有一行以上的非整砖。非整砖行应排在次要部位或阴角处。釉面砖和外墙面砖使用前要放入水中浸泡 2h 以上,取出阴干备用
3	做样板	饰面砖的粘贴形式和拼缝宽度应符合设计要求,正式粘贴前应先做样板,经验收合格后再大面积施工
4	饰面砖粘贴	(1)饰面砖宜用 1∶2 水泥砂浆粘贴,砂浆厚度为 6～10mm,为增加砂浆的和易性可在水泥砂浆中掺入不大于水泥质量 15%的石灰膏 (2)饰面砖也可用胶粘剂或聚合物水泥浆粘贴,其配合比由试验确定 (3)镶贴应自上而下进行。从最下一层砖下皮的位置线先稳好靠尺,以此托住第一皮面砖,在面砖外皮上口拉水平通线,作为镶贴的标准。镶贴时,面砖的砂浆要饱满,并减少敲打和拨动,以保证镶贴牢固。粘贴到一定的高度时,要及时检查墙面的平整度和垂直度,做到表面平整,不显接茬,接缝平直,宽度符合设计要求 (4)墙裙、浴盆、水池等上口和阴阳角处应使用配件砖

续表 11.6.2.1

序	项目	施工技术要求
5	面砖勾缝与擦缝	勾缝用1∶1水泥砂浆，分两次进行嵌实。第一次用一般水泥，第二次按设计要求用彩色水泥浆或白水泥浆。勾缝可做成凹缝，深度3mm左右。勾缝材料硬化后，应将面砖表面清理干净，如有污染，可用浓度为10%的盐酸刷洗，再用水冲净

11.6.2.2 饰面砖粘贴工程质量验收标准

项	序	检验项目与要求	检验方法
主控项目	1	饰面砖的品种、规格、图案颜色和性能应符合设计要求	观察；检查产品合格证书、进场验收记录、性能检测报告和复验报告
	2	饰面砖粘贴工程的找平、防水、粘结和勾缝材料及施工方法应符合设计要求及国家现行产品标准和工程技术标准的规定	检查产品合格证书、复验报告和隐蔽工程验收记录
	3	饰面砖粘贴必须牢固	检查样板件粘结强度检测报告和施工记录
	4	满粘法施工的饰面砖工程应无空鼓、裂缝	观察；用小锤轻击检查
一般项目	1	饰面砖表面应平整、洁净、色泽一致，无裂痕和缺损	观察
	2	阴阳角处搭接方式、非整砖使用部位应符合设计要求	观察
	3	墙面突出物周围的饰面砖应整砖套割吻合，边缘应整齐。墙裙、贴脸凸出墙面的厚度应一致	观察；尺量检查
	4	饰面砖接缝应平直、光滑，填嵌应连续、密实；宽度和深度应符合设计要求	观察；尺量检查
	5	有排水要求的部位应做滴水线(槽)。滴水线(槽)应顺直，流水坡向应正确，坡度应符合设计要求	观察；用水平尺检查
	6	饰面砖粘贴的允许偏差和检验方法应符合11.6.2.3的规定	

11.6.2.3 饰面砖粘贴的允许偏差和检验方法

项次	项 目	允许偏差(mm)		检 验 方 法
		外墙面砖	风墙面砖	
1	立面垂直度	3	2	用2m垂直检测尺检查
2	表面平整度	4	3	用2m靠尺和塞尺检查
3	阴阳角方正	3	3	用直角检测尺检查
4	接缝干线度	3	2	拉5m线,不足5m拉通线,用钢直尺检查
5	接缝高低差	1	0.5	用钢直尺和塞尺检查
6	接缝宽度	1	1	用钢直尺检查

11.7 幕 墙 工 程

由金属构件与各种板材组成的悬挂在主体结构上、不承担主体结构荷载与作用的建筑物外围护结构,称为建筑幕墙。按建筑幕墙的面板可将其分为玻璃幕墙、金属幕墙、石材幕墙、混凝土幕墙及组合幕墙等。

11.7.1 玻璃幕墙工程

对于建筑高度不大于150m、抗震设防烈度不大于8度的隐框玻璃幕墙、半隐框玻璃幕墙、明框玻璃幕墙、全玻璃幕墙及点支承玻璃幕墙工程质量验收标准见11.7.1.1。

11.7.1.1 玻璃幕墙工程质量验收标准

项	序	检 验 项 目 与 要 求	检验方法
主控项目	1	玻璃幕墙工程所使用的各种材料、构件和组件的质量,应符合设计要求及国家现行产品标准和工程技术规范的规定	检查材料、构件、组件的产品合格证书、进场验收记录、性能检测报告和材料的复验报告

续表 11.7.1.1

项	序	检验项目与要求	检验方法
主控项目	2	玻璃幕墙的造型和立面分格应符合设计要求	观察；尺量检查
	3	玻璃幕墙使用的玻璃应符合下列规定： (1)幕墙应使用安全玻璃，玻璃的品种、规格、颜色、光学性能及安装方向应符合设计要求 (2)幕墙玻璃的厚度应不小于6.0mm。全玻璃幕墙玻璃肋的厚度应不小于12mm (3)幕墙的中空玻璃应采用双道密封。明框幕墙的中空玻璃应采用聚硫密封胶及丁基密封胶；隐框和半隐框幕墙的中空玻璃应采用硅酮结构密封胶及丁基密封胶；镀膜面应在中空玻璃的第2或第3面上 (4)幕墙的夹层玻璃应采用聚乙烯醇缩丁醛(PVB)胶片干法加工夹层玻璃。点支承玻璃幕墙夹层胶片(PVB)厚度应不小于0.76mm (5)钢化玻璃表面不得有损伤；8.0mm以下的钢化玻璃应进行引爆处理 (6)所有幕墙玻璃均应进行边缘处理	观察；尺量检查；检查施工记录
	4	玻璃幕墙与主体结构连接的各种预埋件、连接件、紧固件必须安装牢固，其数量、规格、位置、连接方法和防腐处理应符合设计要求	观察；检查隐蔽工程验收记录和施工记录
	5	各种连接件、紧固件的螺栓应有防松动措施；焊接连接应符合设计要求和焊接规范的规定	观察；检查隐蔽工程验收记录和施工记录
	6	隐框或半隐框玻璃幕墙，每块玻璃下端应设置两个铝合金或不锈钢托条，其长度应不小于100mm，厚度应不小于2mm，托条外端应低于玻璃外表面2mm	观察；检查施工记录
	7	明框玻璃幕墙的玻璃安装应符合下列规定： (1) 玻璃槽口与玻璃的配合尺寸应符合设计要求和技术标准的规定 (2)玻璃与构件不得直接接触，玻璃四周与构件凹槽底部应保持一定的空隙，每块玻璃下部应至少放置两块宽度与槽口宽度相同、长度不小于100mm的弹性定位垫块；玻璃两边嵌入量及空隙应符合设计要求 (3)玻璃四周橡胶条的材质、型号应符合设计要求，镶嵌应平整，橡胶条长度应比边框内槽长1.5%～2.0%，橡胶条在转角处应斜面断开，并应用粘结剂粘结牢固后嵌入槽内	观察；检查施工记录
	8	高度超过4m的全玻璃幕墙应吊挂在主体结构上，吊夹具应符合设计要求，玻璃与玻璃，玻璃与玻璃肋之间的缝隙，应采用硅酮结构密封胶填嵌严密	观察；检查隐蔽工程验收记录和施工记录

续表 11.7.1.1

项	序	检验项目与要求	检验方法
主控项目	9	点支承玻璃幕墙应采用带万向头的活动不锈钢爪，其钢爪间的中心距离应大于 250mm	观察；尺量检查
	10	玻璃幕墙四周、玻璃幕墙内表面与主体结构之间的连接节点、各种变形缝、墙角的连接节点应符合设计要求和技术标准的规定	观察；检查隐蔽工程验收记录和施工记录
	11	玻璃幕墙应无渗漏	在易渗漏部位进行淋水检查
	12	玻璃幕墙结构胶和密封胶的打注应饱满、密实、连续、均匀、无气泡，宽度和厚度应符合设计要求和技术标准的规定	观察；尺量检查；检查施工记录
	13	玻璃幕墙开启窗的配件应齐全，安装应牢固，安装位置和开启方向、角度应正确；开启应灵活，关闭应严密	观察；手扳检查；开启和关闭检查
	14	玻璃幕墙的防雷装置必须与主体结构的防雷装置可靠连接	观察；检查隐蔽工程验收记录和施工记录
一般项目	1	玻璃幕墙表面应平整、洁净；整幅玻璃的色泽应均匀一致；不得有污染和镀膜损坏	观察
	2	每平方米玻璃的表面质量和检验方法应符合 11.7.1.2 的规定	
	3	一个分格铝合金型材的表面质量和检验方法应符合 11.7.1.3 的规定	
	4	明框玻璃幕墙的外露框或压条应横平竖直，颜色、规格应符合设计要求，压条安装应牢固。单元玻璃幕墙的单元拼缝或隐框玻璃幕墙的分格玻璃拼缝应横平竖直、均匀一致	观察；手扳检查；检查进场验收记录
	5	玻璃幕墙的密封胶缝应横平竖直、深浅一致、宽窄均匀、光滑顺直	观察；手摸检查
	6	防火、保温材料填充应饱满、均匀，表面应密实、平整	检查隐蔽工程验收记录
	7	玻璃幕墙隐蔽节点的遮封装修应牢固、整齐、美观	观察；手扳检查
	8	明框玻璃幕墙安装的允许偏差和检验方法应符合 11.7.1.4 的规定	
	9	隐框、半隐框玻璃幕墙安装的允许偏差和检验方法应符合 11.7.1.5 的规定	

11.7.1.2 每平方米玻璃的表面质量和检验方法

项次	项目	质量要求	检验方法
1	明显划伤和长度＜100mm的轻微划伤	不允许	观察
2	长度≤100mm的轻微划伤	≤8条	用钢尺检查
3	擦伤总面积	≤500mm²	用钢尺检查

11.7.1.3 一个分格铝合金型材的表面质量和检验方法

项次	项目	质量要求	检验方法
1	明显划伤和长度＜100mm的轻微划伤	不允许	观察
2	长度≤100mm的轻微划伤	≤2条	用钢尺检查
3	擦伤总面积	≤500mm²	用钢尺检查

11.7.1.4 明框玻璃幕墙安装的允许偏差和检验方法

项次	项目		允许偏差(mm)	检验方法
1	幕墙垂直度	幕墙高度≤30m	10	用经纬仪检查
		30m＜幕墙高度≤60m	15	
		60m＜幕墙高度≤90m	20	
		幕墙高度＞90m	25	
2	幕墙水平度	幕墙幅宽≤35m	5	用水平仪检查
		幕墙幅宽＞35m	7	
3	构件直线度		2	用2m靠尺和塞尺检查
4	构件水平度	构件长度≤2m	2	用水平仪检查
		构件长度＞2m	3	
5	相邻构件错位		1	用钢直尺检查
6	分格框对角线长度差	对角线长度≤2m	3	用钢尺检查
		对角线长度＞2m	4	

11.7.1.5 隐框、半隐框玻璃幕墙安装的允许偏差和检验方法

项次	项目		允许偏差(mm)	检验方法
1	幕墙垂直度	幕墙高度≤30m	10	用经纬仪检查
		30m＜幕墙高度≤60m	15	
		60m＜幕墙高度≤90m	20	
		幕墙高度＞90m	25	

续表 11.7.1.5

项次	项目		允许偏差(mm)	检验方法
2	幕墙水平度	层高≤3m	3	用水平仪检查
		层高>3m	5	
3	幕墙表面平整度		2	用2m靠尺和塞尺检查
4	板材立面垂直度		2	用垂直检测尺检查
5	板材上沿水平度		2	用1m水平尺和钢直尺检查
6	相邻板材板角错位		1	用钢直尺检查
7	阳角方正		2	用直角检测尺检查
8	接缝直线度		3	拉5m线,不足5m拉通线,用钢直尺检查
9	接缝高低差		1	用钢直尺和塞尺检查
10	接缝宽度		1	用钢直尺检查

11.7.2 金属幕墙工程

对于建筑高度不大于150m的金属幕墙工程的质量验收标准见11.7.2.1。

11.7.2.1 金属幕墙工程质量验收标准

项	序	检验项目与要求	检验方法
主控项目	1	金属幕墙工程所使用的各种材料和配件,应符合设计要求及国家现行产品标准和工程技术规范的规定	检查产品合格证书、性能检测报告、材料进场验收记录和复验报告
	2	金属幕墙的造型和立面分格应符合设计要求	观察;尺量检查
	3	金属面板的品种、规格、颜色、光泽及安装方向应符合设计要求	观察;检查进场验收记录
	4	金属幕墙主体结构上的预埋件、后置埋件的数量、位置及后置埋件的拉拔力必须符合设计要求	检查拉拔力检测报告和隐蔽工程验收记录

续表 11.7.2.1

项	序	检验项目与要求	检验方法
主控项目	5	金属幕墙的金属框架立柱与主体结构预埋件的连接、立柱与横梁的连接、金属面板的安装必须符合设计要求，安装必须牢固	手扳检查；检查隐蔽工程验收记录
	6	金属幕墙的防火、保温、防潮材料的设置应符合设计要求，并应密实、均匀、厚度一致	检查隐蔽工程验收记录
	7	金属框架及连接件的防腐处理应符合设计要求	检查隐蔽工程验收记录和施工记录
	8	金属幕墙的防雷装置必须与主体结构的防雷装置可靠连接	检查隐蔽工程验收记录
	9	各种变形缝、墙角的连接节点应符合设计要求和技术标准的规定	观察；检查隐蔽工程验收记录
	10	金属幕墙的板缝注胶应饱满、密实、连续、均匀、无气泡，宽度和厚度应符合设计要求和技术标准的规定	观察；尺量检查；检查施工记录
	11	金属幕墙应无渗漏	在易渗漏部位进行淋水检查
一般项目	1	金属板表面应平整、洁净、色泽一致	观察
	2	金属幕墙的压条应平直、洁净、接口严密、安装牢固	观察；手扳检查
	3	金属幕墙的密封胶缝应横增竖直、深浅一致、宽窄均匀、光滑顺直	观察
	4	金属幕墙上的滴水线、流水坡向应正确、顺直	观察；用水平尺检查
	5	每平方米金属板的表面质量和检验方法应符合 11.7.2.2 的规定	

11.7.2.2 每平方米金属板的表面质量和检验方法

项次	项目	质量要求	检验方法
1	明显划伤和长度>100mm 的轻微划伤	不允许	观察
2	长度≤100mm 的轻微划伤	≤8 条	用钢尺检查
3	擦伤总面积	≤500mm²	用钢尺检查

11.7.2.3　金属幕墙安装的允许偏差和检验方法

项次	项　目		允许偏差(mm)	检验方法
1	幕墙垂直度	幕墙高度≤30m	10	用经纬仪检查
		30m＜幕墙高度≤60m	15	
		60m＜幕墙高度≤90m	20	
		幕墙高度＞90m	25	
2	幕墙水平度	层高≤3m	3	用水平仪检查
		层高＞3m	5	
3	幕墙表面平整度		2	用2m靠尺和塞尺检查
4	板材立面垂直度		3	用垂直检测尺检查
5	板材上沿水平度		2	用1m水平尺和钢直尺检查
6	相邻板材板角错位		1	用钢直尺检查
7	阳角方正		2	用直角检测尺检查
8	接缝直线度		3	拉5m线,不足5m拉通线,用钢直尺检查
9	接缝高低差		1	用钢直尺和塞尺检查
10	接缝宽度		1	用钢直尺检查

11.7.3　石材幕墙工程

对于建筑高度不大于100m、抗震设防烈度不大于8度的石材幕墙工程的质量验收标准见11.7.3.1。

11.7.3.1　石材幕墙工程质量验收标准

项	序	检 验 项 目 与 要 求	检验方法
主控项目	1	石材幕墙工程所用材料的品种、规格、性能等级,应符合设计要求及国家现行产品标准和工程技术规范的规定。石材的弯曲强度应不小于8.0MPa;吸水率应小于0.8%。石材幕墙的铝合金挂件厚度应不小于4.0mm,不锈钢挂件厚度应不小于3.0mm	观察;尺量检查;检查产品合格证书、性能检测报告、材料进场验收记录和复验报告

续表 11.7.3.1

项	序	检 验 项 目 与 要 求	检验方法
主控项目	2	石材幕墙的造型、立面分格、颜色、光泽、花纹和图案应符合设计要求	观察
	3	石材孔、槽的数量、深度、位置、尺寸应符合设计要求	检查进场验收记录或施工记录
	4	石材幕墙主体结构上的预埋件和后置埋件的位置、数量及后置埋件的拉拔力必须符合设计要求	检查拉拔力检测报告和隐蔽工程验收记录
	5	石材幕墙的金属框架立柱与主体结构预埋件的连接、立柱与横梁的连接、连接件与金属框架的连接、连接件与石材面板的连接必须符合设计要求，安装必须牢固	手扳检查；检查隐蔽工程验收记录
	6	金属框架的连接件和防腐处理应符合设计要求	检查隐蔽工程验收记录
	7	石材幕墙的防雷装置必须与主体结构防雷装置可靠连接	观察；检查隐蔽工程验收记录和施工记录
	8	石材幕墙的防火、保温、防潮材料的设置应符合设计要求，填充应密实、均匀、厚度一致	检查隐蔽工程验收记录
	9	各种结构变形缝、墙角的连接节点应符合设计要求和技术标准的规定	检查隐蔽工程验收记录和施工记录
	10	石材表面和板缝的处理应符合设计要求	观察
	11	石材幕墙的板缝注胶应饱满、密实、连续、均匀、无气泡，板缝宽度和长度应符合设计要求和技术标准的规定	观察；尺量检查；检查施工记录
	12	石材幕墙应无渗漏	在易渗漏部位进行淋水检查
一般项目	1	石材幕墙表面应平整、洁净，无污染、缺损和裂痕。颜色和花纹应协调一致，无明显色差，无明显修痕	观察
	2	石材幕墙要求石板不能有影响其弯曲强度的裂缝。石板进场安装前应进行参拼，拼对石材表面花纹纹路，以保证幕墙整体观感无明显色差，石材表面纹路协调美观。天然石材的修痕应力求与石材表面质感和光泽一致	尺量检查

续表 11.7.3.1

项	序	检验项目与要求	检验方法
一般项目	3	石材幕墙的压条应平直、洁净、接口严密、安装牢固	观察;手扳检查
	4	石材接缝应横平竖直、宽窄均匀;阴阳角石板压向应正确,板边合缝应顺直;凸凹线出墙厚度应一致,上下口应平直;石材面板上洞口、槽边应套割吻合,边缘应整齐	观察;尺量检查
	5	石材幕墙的密封胶缝应横平竖直、深浅一致、宽窄均匀、光滑顺直	观察
	6	石材幕墙上的滴水线、流水坡向应正确、顺直	观察;用水平尺检查
	7	每平方米石材的表面质量和检验方法应符合 11.7.3.2 的规定	

11.7.3.2 每平方米石材的表面质量和检验方法

项次	项目	质量要求	检验方法
1	明显划伤和长度＞100mm 的轻微划伤	不允许	观察
2	长度≤100mm 的轻微划伤	≤8 条	用钢尺检查
3	擦伤总面积	≤500mm²	用钢尺检查

11.7.3.3 石材幕墙安装的允许偏差和检验方法

项次	项目		允许偏差(mm)		检验方法
			光面	麻面	
1	幕墙垂直度	幕墙高度≤30m	10		用经纬仪检查
		30m＜幕墙高度≤60m	15		
		60m＜幕墙高度≤90m	20		
		幕墙高度＞90m	25		
2	幕墙水平度		3		用水平仪检查
3	板材立面垂直度		3		用水平仪检查
4	板材上沿水平度		2		用 1m 水平尺和钢直尺检查

续表 11.7.3.3

项次	项　目	允许偏差(mm)		检验方法
		光面	麻面	
5	相邻板材板角错位	1		用钢直尺检查
6	阳角方正	2	3	用垂直检测尺检查
7	接缝直线度	2	4	用直角检测尺检查
8	接缝高低差	3	4	拉5m线,不足5m拉通线,用钢直尺检查
9	接缝宽度	1	—	用钢直尺和塞尺检查
10	板材立面垂直度	1	2	用钢直尺检查

11.8 涂饰工程

11.8.1 常用涂料及腻子配制

11.8.1.1 106涂料配方表

原料名称	计量单位(kg)	原料名称	计量单位(kg)
聚乙烯醇树脂(PVA)	30～40	立德粉	40～60
水	595～650	滑石粉	40～50
水玻璃	45～54	轻质碳酸钙	160～200
聚氧乙烯蓖麻油	0.2～0.6	颜料	适量
钛白粉	15～25	快速渗透剂T	不加或0.2

11.8.1.2 107涂料配方表

原　料	规　格	加入量(kg)	说　明
107胶	黏度30～40s	100	钛白粉和立德粉可以相互代用
钛白粉	300目	2.85	
立德粉	300目	5.7	
轻质碳酸钙	300目	30	
消泡剂		0.2	
防沉剂		0.2	
色浆		适量	

11.8.1.3 涂料工程常用腻子及润粉配合比(重量比)

混凝土表面及抹灰表面		木料表面			金属表面
用于室内	用于外墙、厨房、厕所、浴室	石膏腻子	清漆的润水粉	清漆的润油粉	
聚醋酸乙烯乳液(即白乳胶) 1	聚醋酸乙烯乳液(即白乳胶) 1	石膏粉 20 熟桐油 7	大白粉 14 骨胶 1	大白粉 24 松香水 16	石膏粉 20 熟桐油 5
滑石粉或大白粉 5	水泥 5	水 50	土黄或其他颜料 1	骨胶 2	油性腻子或醇酸腻子 10
2%羟甲基纤维素溶液 3.5	水 1	—	水 18	—	底漆 7 水 45

11.8.2 涂料施工

11.8.2.1 常见基层表面粘附物的清理方法

序号	粘附物	清理方法
1	硬化不良或分离脱壳	全部铲除分离脱壳部分,并用钢丝刷刷除浮渣
2	粉末状粘附物	用毛刷、扫帚及电吸尘器清除
3	电焊喷溅物、砂浆溅物	用刮刀、钢丝刷及打磨机去除
4	油脂、脱模剂、密封胶等粘附物	用有机溶剂或化学洗涤剂清除
5	锈斑	用化学除锈剂清除
6	霉斑	用化学去霉剂清洗
7	表面泛白	用钢丝刷、除尘机清除

11.8.2.2 混凝土及抹灰外墙表面薄涂饰工程的主要工序表

项次	工序名称	乳液薄涂料	溶剂型薄涂料	无机薄涂料
1	修补	+	+	+
2	清扫	+	+	+
3	填补缝隙、局部刮腻子	+	+	+
4	磨平	+	+	+
5	第一遍涂料	+	+	+
6	第二遍涂料	+	+	+

注:1. 表中“+”表示应进行的工序。

2. 机械喷涂可不受表中涂料的遍数的限制,以达到质量要求为准。

3. 如施涂二遍涂料后,装饰效果不理想时,可增加1～2遍涂料。

11.8.2.3 混凝土及抹灰内墙、顶棚表面薄涂饰工程的主要工序

项目	工 序 名 称	水性薄涂料		乳液薄涂料			溶剂型薄涂料			无机薄涂料	
		普通	中级	普通	中级	高级	普通	中级	高级	普通	中级
1	清扫	+	+	+	+	+	+	+	+	+	+
2	填补缝隙、局部刮腻子	+	+	+	+	+	+	+	+	+	+
3	磨平	+	+	+	+	+	+	+	+	+	+
4	第一遍满刮腻子	+	+	+	+	+	+	+	+	+	+
5	磨平	+	+	+	+	+	+	+	+	+	+
6	第二遍满刮腻子	—	+	—	+	+	—	+	+	—	+
7	磨平	—	+	—	+	+	—	+	+	—	+
8	干性油打底	—	—	—	—	—	+	+	+	—	—
9	第一遍涂料	+	+	+	+	+	+	+	+	+	+
10	复补腻子	—	+	—	+	+	—	—	+	—	+
11	磨平(光)	—	+	—	+	+	—	+	+	—	+
12	第二遍涂料	+	+	+	+	+	+	+	+	+	+
13	磨平(光)	—	—	—	—	+	—	+	+	—	—
14	第三遍涂料	—	—	—	—	+	—	+	+	—	—
15	磨平(光)	—	—	—	—	—	—	—	+	—	—
16	第四遍涂料	—	—	—	—	—	—	—	+	—	—

注:1. 表中“+”表示应进行的工序。

2. 机械喷涂可不受表中涂料的遍数的限制,以达到质量要求为准。

3. 高级内墙、顶棚薄涂料工程,必要时可增加刮腻子的遍数及1~2遍涂料。

4. 石膏板内墙 、顶棚表面薄涂料工程的主要工序除板缝处理外,其他工序同11.8.2.2。

5. 湿度较高或局部遇明水的房间,应用耐水性的腻子和涂料。

11.8.2.4 混凝土及抹灰外墙表面复层涂饰工程的主要工序

项次	工序名称	合成树脂乳液复层涂料	硅溶胶类复层涂料	水泥系复层涂料	反应固化型复层涂料
1	修补	+	+	+	+
2	清扫	+	+	+	+
3	填补缝隙、局部刮腻子	+	+	+	+
4	磨平	+	+	+	+

续表 11.8.2.4

项次	工序名称	合成树脂乳液复层涂料	硅溶胶类复层涂料	水泥系复层涂料	反应固化型复层涂料
5	施涂封底涂料	+	+	+	+
6	施涂主层涂料	+	+	+	+
7	滚压	+	+	+	+
8	第一遍罩面涂料	+	+	+	+
9	第二遍罩面涂料	+	+	+	+

注:表中"+"表示应进行的工序。

11.8.2.5 混凝土及抹灰内墙、顶棚表面复层涂饰工程的主要工序

项次	工序名称	合成树脂乳液复层涂料	硅溶胶类复层涂料	水泥系复层涂料	反应固化型复层涂料
1	清扫	+	+	+	+
2	填补缝隙、局部刮腻子	+	+	+	+
3	磨平	+	+	+	+
4	第一遍满刮腻子	+	+	+	+
5	磨平	+	+	+	+
6	第二遍满刮腻子料	+	+	+	+
7	磨平	+	+	+	+
8	施涂封底涂料	+	+	+	+
9	施涂主层涂料	+	+	+	+
10	滚压	+	+	+	+
11	第一遍罩面涂料	+	+	+	+
12	第二遍罩面涂料	+	+	+	+

注:表中"+"表示应进行的工序。

11.8.2.6 木料表面施涂溶剂型混色涂料的主要工序

项次	工序名称	普通级涂料	中级涂料	高级涂料
1	清扫、去油污、起钉子等	+	+	+
2	铲去脂囊、修补平整	+	+	+
3	磨砂纸	+	+	+
4	节疤处漆片	+	+	+
5	干性油或带色干性油打底	+	+	+
6	局部刮腻子、磨光	+	+	+
7	腻子处涂干性油	+	—	—
8	第一遍满刮腻子	—	+	+
9	磨光	—	+	+

续表 11.8.2.6

项次	工序名称	普通级涂料	中级涂料	高级涂料
10	第二遍满刮腻子	—	—	+
11	磨光	—	+	+
12	刷涂底涂料	—	+	+
13	第一遍涂料	+	+	+
14	复补腻子	+	+	+
15	磨平(光)	+	+	+
16	湿布擦净	—	+	+
17	第二遍涂料	+	+	+
18	磨光(高级涂料用水砂纸)	—	+	+
19	湿布擦净	—	+	+
20	第三遍涂料	—	+	+

注:1. 表中"+"表示应进行的工序。

2. 高级涂料做磨退时,宜用醇酸树脂涂料涂刷,并根据涂膜厚度增加1~2遍涂料和磨退、打砂纸、打油蜡、擦亮的工序。

3. 木料及胶合板内墙、顶棚表面施涂溶剂型混色涂料的主要工序同本表。

11.8.2.7 金属表面施涂的主要工序

项次	工序名称	普通级涂料	中级涂料	高级涂料
1	除锈、清扫、磨砂纸	+	+	+
2	刷涂防锈涂料	+	+	+
3	局部刮腻子	+	+	+
4	磨光	+	+	+
5	第一遍满刮腻子	—	+	+
6	磨光	—	+	+
7	第二遍满刮腻子	—	—	+
8	磨光	—	—	+
9	第一遍涂料	+	+	+
10	复补腻子	—	+	+
11	磨光	—	+	+
12	第二遍涂料	+	+	+
13	磨光	—	+	+
14	湿布擦净	—	+	+
15	第三遍涂料	—	+	+
16	磨光(用水砂纸)	—	—	+
17	湿布擦净	—	—	+
18	第四遍涂料	—	—	+

注:1. 表中"+"表示应进行的工序。

2. 薄钢屋面、檐沟、水落管、泛水施涂前可以不刮腻子,刷防锈漆不得少于两遍。

3. 高级涂料做磨退时,宜用醇酸树脂涂料涂刷,并根据涂膜厚度增加1~3遍涂料和磨退、打油蜡、擦亮的工序。

4. 金属构件和半成品安装前,应检查防锈有无损坏,损坏处应补刷。

5. 钢结构施涂涂料,应符合钢结构施工质量验收规范的有关规定。

11.8.2.8 木料表面施涂清漆的主要工序

项次	工 序 名 称	中级清漆	高级清漆
1	清扫、去油污、起钉子等	+	+
2	磨砂纸	+	+
3	润粉	+	+
4	磨砂纸	+	+
5	第一遍满刮腻子	+	+
6	磨光	+	+
7	第二遍满刮腻子	—	+
8	磨光	—	+
9	刷油色	+	+
10	第一遍清漆	+	+
11	拼色	+	+
12	复补腻子	+	+
13	磨光	+	+
14	第二遍清漆	+	+
15	磨光	+	+
16	第三遍清漆	+	+
17	磨水砂纸	—	+
18	第四遍清漆	—	+
19	磨光	—	+
20	第五遍清漆	—	+
21	磨退	—	+
22	打砂蜡	—	+
23	打油蜡	—	+
24	擦亮	—	+

注：表中“+”表示应进行的工序。

11.8.3 水性涂料涂饰工程质量验收标准

乳液型涂料、无机涂料、水溶性涂料等水性涂料涂饰工程的质量验收见下表：

项	序	检验项目与要求	检验方法
主控项目	1	水性涂料涂饰工程所用涂料的品种、型号和性能应符合设计要求	检查产品合格证书、性能检测报告和进场验收记录
	2	水性涂料涂饰工程的颜色、图案应符合设计要求	观察
	3	水性涂料涂饰工程应涂饰均匀、粘结牢固，不得漏涂、透底、起皮和掉粉	观察；手摸检查
	4	水性涂料涂饰工程的基层处理应符合下列要求： (1)新建筑物的混凝土或抹灰层基层在涂饰涂料前应涂抗碱封闭底漆 (2)旧墙面在涂饰涂料前应清除疏松的旧装修层，并涂刷界面剂 (3)混凝土或抹灰基层涂刷溶剂型涂料时，含水率不得大于8%；涂刷乳液型涂料时，含水率不得大于10%。木材基层的含水率不得大于12% (4)基层腻子应平整、坚实、牢固，无粉化、起皮和裂缝；内墙腻子的粘结强度应符合《建筑室内用腻子》(JG/T 3049)的规定 (5)厨房、卫生间墙面必须使用耐水腻子	观察；手摸检查；检查施工记录
一般项目	1	薄涂料的涂饰质量和检验方法应符合11.8.3.1的规定	
	2	厚涂料的涂饰质量和检验方法应符合11.8.3.2的规定	
	3	复合涂料的涂饰质量和检验方法应符合11.8.3.3的规定	
	4	涂层与其他装修材料和设备衔接处应吻合，界面应清晰	观察

11.8.3.1 薄涂料的涂饰质量和检验方法

项次	项目	普通涂饰	高级涂饰	检验方法
1	颜色	均匀一致	均匀一致	观察
2	泛碱、咬色	允许少量轻微	不允许	
3	流坠、疙瘩	允许少量轻微	不允许	
4	砂眼、刷纹	允许少量轻微砂眼、刷纹通顺	无砂眼，无刷纹	
5	装饰线、分色线直线度允许偏差(mm)	2	1	拉5m线，不足5m拉通线，用钢直尺检查

11.8.3.2 厚涂料的涂饰质量和检验方法

项次	项　目	普通涂饰	高级涂饰	检验方法
1	颜色	均匀一致	均匀一致	观察
2	泛碱、咬色	允许少量轻微	不允许	
3	点状分布	—	疏密均匀	

11.8.3.3 复合涂料的涂饰质量和检验方法

项次	项　目	质量要求	检验方法
1	颜色	均匀一致	观察
2	泛碱、咬色	不允许	
3	喷点疏密程度	均匀,不允许连片	

11.8.4 溶剂型涂料涂饰工程质量验收标准

丙烯酸酯涂料、聚氨酯丙烯酸涂料、有机硅丙烯酸涂料等溶剂型涂料涂饰工程的质量验收见下表:

项	序	检验项目与要求	检验方法
主控项目	1	溶剂型涂料涂饰工程所选用涂料的品种、型号和性能应符合设计要求	检查产品合格证书、性能检测报告和进场验收记录
	2	溶剂型涂料涂饰工程的颜色、光泽、图案应符合设计要求	观察
	3	溶剂型涂料涂饰工程应涂饰均匀、粘结牢固,不得漏涂、透底、起皮和反锈	观察;手摸检查
	4	溶剂型涂料涂饰工程的基层处理应符合 11.8.3 的要求:	观察;手摸检查;检查施工记录
一般项目	1	色漆的涂饰质量和检验方法应符合 11.8.4.1 的规定	
	2	清漆的涂饰质量和检验方法应符合 11.8.4.2 的规定	
	3	涂层与其他装修材料和设备衔接处应吻合,界面应清晰	观察

11.8.4.1 色漆的涂饰质量和检验方法

项次	项目	变通涂饰	高级涂饰	检验方法
1	颜色	均匀一致	均匀一致	观察
2	光泽、光滑	光泽基本均匀光滑无挡手感	光泽均匀一致光滑	观察、手摸检查
3	刷纹	刷纹通顺	无刷纹	观察
4	裹棱、流坠、皱皮	明显处不允许	不允许	观察
5	装饰线、分色线直线度允许偏差(mm)	2	1	拉 5m 线，不足 5m 拉通线，用钢直尺检查

注：无光色漆不检查光泽。

11.8.4.2 漆的涂饰质量和检验方法

项次	项目	普通涂饰	高级涂饰	检验方法
1	颜色	基本一致	均匀一致	观察
2	木纹	棕眼刮平、木纹清楚	棕眼刮平、木纹清楚	观察
3	光泽、光滑	光泽基本均匀光滑无挡手感	光泽均匀一致光滑	观察、手摸检查
4	刷纹	无刷纹	无刷纹	观察
5	裹棱、流坠、皱皮	明显处不允许	不允许	观察

11.8.5 美术涂饰工程质量验收标准

套色涂饰、滚花涂饰、仿花纹涂饰等室内外美术涂饰工程的质量验收见下表：

项	序	检验项目与要求	检验方法
主控项目	1	美术涂饰所用材料的品种、型号和性能应符合设计要求	观察；检查产品合格证书、性能检测报告和进场验收记录
	2	美术涂饰工程应涂饰均匀、粘结牢固，不得有漏涂、透底、起皮、掉粉和反锈	观察；手摸检查
	3	美术涂饰工程的基层处理应符合	观察；手摸检查；检查施工记录
	4	美术涂饰的套色、花纹和图案应符合设计 11.8.3 的要求	观察

续表 11.8.5

项	序	检验项目与要求	检验方法
一般项目	1	美术涂饰表面应洁净，不得有流坠现象	观察
	2	仿花纹涂饰的饰面应具有被模仿材料的纹理	观察
	3	套色涂饰的图案不得移位，纹理和轮廓应清晰	观察

11.9 裱糊与软包工程

11.9.1 裱糊工程

11.9.1.1 各种不同基层或基层表面的处理方法

序号	基层或基层表面类型	处理方法						
		确定含水率	刷洗或漂洗	干刮	干磨	钉头补防锈油	填充接缝钉孔裂缝	刷胶
1	混凝土	+	+	+	+	—	+	+
2	泡沫聚苯乙烯	+	—	—	—	—	+	—
3	石膏面层	+	—	+	+	—	+	+
4	石灰面层	+	—	+	+	—	+	+
5	石膏板	+	—	—	—	+	+	+
6	加气混凝土板	+	—	—	—	+	+	+
7	硬质纤维板	+	—	—	—	+	+	+
8	木质板	+	—	—	—	+	+	+

注：1. 刷胶是为了避免基层吸水太快，将涂于基层表面胶液吸干，使壁纸来不及裱糊在基层面上。因此，先在基层表面涂刷一层胶水作封闭处理，待其干后，再进行裱糊施工。

2. 表中"十"号表示应进行的工序。

11.9.1.2 壁纸、墙布裱糊施工的主要工序

项次	工序名称	抹灰面混凝土				石膏版面				木料面			
		复合壁纸	PVC壁纸	墙布	带背胶壁纸	复合壁纸	PVC壁纸	墙布	带背胶壁纸	复合壁纸	PVC壁纸	墙布	带背胶壁纸
1	清扫基层、填补缝隙，磨砂纸	+	+	+	+	+	+	+	+	+	+	+	+

续表 11.9.1.2

项次	工序名称	抹灰面混凝土				石膏版面				木料面			
		复合壁纸	PVC壁纸	墙布	带背胶壁纸	复合壁纸	PVC壁纸	墙布	带背胶壁纸	复合壁纸	PVC壁纸	墙布	带背胶壁纸
2	接缝处粘纱布条	—	—	—	—	+	+	+	+	+	+	+	+
3	找补腻子、磨砂纸	—	—	—		+	+	+	+	+	+	+	+
4	满刮腻子、磨平	+	+	+	+								
5	涂刷涂料一遍	—	—	—	—	—	—	—	—	+	+	+	+
6	涂刷底胶一遍	+	+	+	+	+	+	+	+	—	—	—	—
7	墙面划准线	+	+	+	+	+	+	+	+	+	+	+	+
8	壁纸浸水湿润	—	+	—	+	—	+	—	+	—	+	—	+
9	壁纸涂刷胶粘剂	+	—	—	—	+	—	—	—	+	—	—	—
10	基层涂刷胶粘剂	+	+	+	—	+	+	+	—	+	+	+	—
11	壁纸裱糊	+	+	+	+	+	+	+	+	+	+	+	+
12	拼缝、拼花、对接	+	+	+	+	+	+	+	+	+	+	+	+
13	赶压胶粘剂气泡	+	+	+	+	+	+	+	+	+	+	+	+
14	裁边	—	+	—	—	—	+	—	—	—	+	—	—
15	抹净挤出的胶液	+	+	+	+	+	+	+	+	+	+	+	+
16	清理、修整	+	+	+	+	+	+	+	+	+	+	+	+

注：1. 表中"+"号表示应进行的工序。

2. 不同材料的基层相接处应先贴 60～100mm 宽壁纸条或纱布。

3. 混凝土表面和抹灰表面必要时可增加满刮腻子遍数。

4. "裁边"工作，只在使用宽为 920mm、1000mm、1100mm 等需要叠对花的 PVC 压延型壁纸时应用。

11.9.1.3 裱糊工程质量验收标准

项	序	检 验 项 目 与 要 求	检验方法
主控项目	1	壁纸、墙布的种类、规格、图案、颜色和燃烧性能等级必须符合设计要求及国家现行标准的有关规定	观察；检查产品合格证书、进场验收记录和性能检测报告
	2	裱糊工程基层处理质量应符合下列要求： (1) 新建筑物的混凝土或抹灰基层墙面在刮腻子前应涂刷抗碱封闭底漆 (2) 旧墙面在裱糊前应清除疏松的旧装修层，并涂刷界面剂 (3)混凝土或抹灰基层含水率不得大于8%；木材基层的含水率不得大于12% (4)基层腻子应平整、坚实、牢固，无粉化、起皮和裂缝；腻子的粘结强度应符合《建筑室内用腻子》(JG/T3049)N型的规定 (5)基层表面平整度、立面垂直度及阴阳角方正应达到高级抹灰的要求 (6)基层表面颜色应一致 (7)裱糊前应用封闭底胶涂刷基层	观察；手摸检查；检查施工记录
	3	裱糊后各幅拼接应横平竖直，拼接处花纹、图案应吻合，不离缝，不搭接，不显拼缝	观察；拼缝检查距离墙面1.5m处正视
	4	壁纸、墙布应粘贴牢固，不得有漏贴、补贴、脱层、空鼓和翘边	观察；手摸检查
一般项目	1	裱糊后的壁纸、墙布表面应平整，色泽一致，不得有波纹起伏、气泡、裂缝、皱折及斑污，斜视时应无胶痕	观察；手摸检查
	2	复合压花壁纸的压痕及发泡壁纸的发泡层应无损坏	观察
	3	壁纸、墙布与各种装饰线、设备线盒应交接严密	观察
	4	壁纸、墙布边缘应平直整齐，不得有纸毛、飞刺	观察
	5	壁纸、墙布阴角处搭接应顺光，阳角处应无接缝	观察

11.9.2　软包工程

11.9.2.1　软包工程质量验收标准

项	序	检验项目与要求	检验方法
主控项目	1	软包面料、内衬材料及边框的材质、颜色、图案、燃烧性能等级和木材的含水率应符合设计要求及国家现行标准的有关规定	观察；检查产品合格证书、进场验收记录和性能检测报告
	2	软包工程的安装位置及构造做法应符合设计要求	观察；尺量检查；检查施工记录
	3	软包工程的龙骨、衬板、边框应安装牢固，无翘曲，拼缝应平直	观察；手扳检查
	4	单块软包面料不应有接缝，四周应绷压严密	观察；手摸检查
一般项目	1	软包工程表面应平整、洁净，无凹凸不平及皱折；图案应清晰、无色差，整体应协调美观	观察
	2	软包边框应平整、顺直、接缝吻合。其表面涂饰质量应符合本书第10章的有关规定	观察；手摸检查
	3	清漆涂饰木制边框的颜色、木纹应协调一致	观察
	4	软包工程安装的允许偏差和检验方法应符合11.9.2.2的规定	

11.9.2.2　软包工程安装的允许偏差和检验方法

项次	项　目	允许偏差(mm)	检验方法
1	垂直度	3	用1m垂直检测尺检查
2	边框宽度、高度	0;−2	用钢尺检查
3	对角线长度差	3	用钢尺检查
4	裁口、线条接缝高低差	1	用钢直尺和塞尺检查

11.10　细 部 工 程

11.10.1　橱柜制作与安装工程

位置固定的壁柜、吊柜等橱柜制作与安装工程的质量验收见11.10.1.1。

11.10.1.1 橱柜制作与安装工程质量验收标准

项	序	检验项目与要求	检验方法
主控项目	1	橱柜制作与安装所用材料的材质和规格、木材的燃烧性能等级和含水率、花岗石的放射性及人造木板的甲醛含量应符合设计要求及国家现行标准的有关规定	观察;检查产品合格证书、进场验收记录、性能检测报告和复验报告
	2	橱柜安装预埋件或后置埋件的数量、规格、位置应符合设计要求	检查隐蔽工程验收记录和施工记录
	3	橱柜的造型、尺寸、安装位置、制作和固定方法应符合设计要求。橱柜安装必须牢固	观察;尺量检查;手扳检查
	4	橱柜配件的品种、规格应符合设计要求。配件应齐全,安装应牢固	观察;手扳检查;检查进场验收记录
	5	橱柜的抽屉和柜门应开关灵活、回位正确	观察;开启和关闭检查
一般项目	1	橱柜表面应平整、洁净、色泽一致,不得有裂缝、翘曲及损坏	观察
	2	橱柜裁口应顺直、拼缝应严密	观察
	3	橱柜安装的允许偏差和检验方法应符合11.10.1.2的规定	

11.10.1.2 橱柜安装的允许偏差和检验方法

项次	项目	允许偏差(mm)	检验方法
1	外形尺寸	3	用钢尺检查
2	立面垂直度	2	用1m垂直检测尺检查
3	门与框架的平等度	2	用钢尺检查

11.10.2 窗帘盒、窗台板和散热器罩制作与安装工程

窗帘盒、窗台板和散热器罩制作与安装工程的质量验收见11.10.2.1。

11.10.2.1 窗帘盒、窗台板和散热器罩制作与安装工程质量验收标准

项	序	检验项目与要求	检验方法
主控项目	1	窗帘盒、窗台板和散热器罩制作与安装所使用材料的材质的规格，木材的燃烧性能等级和含水率，花岗石的放射性及人造木板的甲醛含量，应符合设计要求及国家现行标准的有关规定	观察；检查产品合格证书、进场验收记录、性能检测报告和复验报告
	2	窗帘盒、窗台板和散热器罩的造型、规格、尺寸、安装位置和固定方法必须符合设计要求。窗帘盒、窗台板和散热器罩的安装必须牢固	观察；尺量检查；手扳检查
	3	窗帘盒配件的品种、规格应符合设计要求，安装应牢固	手扳检查；检查进场验收记录
一般项目	1	窗帘盒、窗台板和散热器罩表面应平整、洁净、线条顺直、接缝严密、色泽一致，不得有裂缝、翘曲及损坏	观察
	2	窗帘盒、窗台板和散热器罩与墙、窗框的衔接应严密，密封胶缝应顺直、光滑	观察
	3	窗帘盒、窗台板和散热器罩安装的允许偏差和检验方法应符合 11.10.2.2 的规定	

11.10.2.2 窗帘盒、窗台板和散热器罩安装的允许偏差和检验方法

项次	项　目	允许偏差(mm)	检验方法
1	水平度	2	用 1m 水平尺和塞尺检查
2	上口、下口直线度	3	拉 5m 线，不足 5m 拉通线，用钢直尺检查
3	两端距窗洞口长度差	2	用钢直尺检查
4	两端出墙厚度差	3	用钢直尺检查

11.10.3 门窗套制作与安装工程

门窗套制作与安装工程的质量验收见 11.10.3.1。

11.10.3.1 门窗套制作与安装工程质量验收标准

项	序	检验项目与要求	检验方法
主控项目	1	门窗套制作与安装所使用材料的材质、规格、花纹和颜色、木材的燃烧性能等级和含水率,花岗石的放射性及人造木板的甲醛含量,应符合设计要求及国家现行标准的有关规定	观察;检查产品合格证书、进场验收记录、性能检测报告和复验报告
	2	门窗套的造型、尺寸和固定方法应符合设计要求,安装应牢固	观察;尺量检查;手扳检查
一般项目	1	门窗套表面应平整、洁净、线条顺直、接缝严密、色泽一致,不得有裂缝、翘曲及损坏	观察
	2	门窗套安装的允许偏差和检验方法应符合 11.10.3.2 的规定	

11.10.3.2 门窗套安装的允许偏差和检验方法

项次	项目	允许偏差(mm)	检验方法
1	正、侧面垂直度	3	用1m垂直检测尺检查
2	门窗套上口水平度	1	用1m水平检测尺和塞尺检查
3	门窗套上口直线度	3	拉5m线,不足5m拉通线,用钢直尺检查

11.10.4 护栏和扶手制作与安装工程

护栏和扶手制作与安装工程的质量验收见 11.10.4.1。

11.10.4.1 护栏和扶手制作与安装工程质量验收标准

项	序	检验项目与要求	检验方法
主控项目	1	护栏和扶手制作与安装所使用材料的材质、规格、数量和木材、塑料的燃烧性能等级应符合设计要求	观察;检查产品合格证书、进场验收记录和性能检测报告
	2	护栏和扶手的造型、尺寸及安装位置应符合设计要求	观察;尺量检查;检查进场验收记录
	3	护栏和扶手安装预埋件的数量、规格、位置以及护栏与预埋件的连接节点应符合设计要求	检查隐蔽工程验收记录和施工记录
	4	护栏高度、栏杆间距、安装位置必须符合设计要求。护栏安装必须牢固	观察;尺量检查;手扳检查

续表 11.10.4.1

项	序	检验项目与要求	检验方法
主控项目	5	护栏玻璃应使用公称厚度不小于12mm的钢化玻璃或钢化夹层玻璃。当护栏一侧距楼地面高度为5m及以上时，应使用钢化夹层玻璃	观察；尺量检查；检查产品合格证书和进场验收记录
一般项目	1	护栏和扶手转角弧度应符合设计要求，接缝应严密，表面应光滑，色泽应一致，不得有裂缝、翘曲及损坏	观察；手摸检查
	2	护栏和扶手安装的允许偏差和检验方法应符合11.10.4.2的规定	

11.10.4.2 护栏和扶手安装的允许偏差和检验方法

项次	项目	允许偏差(mm)	检验方法
1	护栏垂直度	3	用1m垂直检测尺检查
2	栏杆间距	3	用钢尺检查
3	扶手直线度	4	拉通线，用钢直尺检查
4	扶手高度	3	用钢尺检查

11.10.5 花饰制作与安装工程

混凝土、石材、木材、塑料、金属、玻璃、石膏等花饰制作与安装工程的质量验收见11.10.5.1。

11.10.5.1 花饰制作与安装工程质量验收标准

项	序	检验项目与要求	检验方法
主控项目	1	花饰制作与安装所使用材料的材质、规格应符合设计要求	观察；检查产品合格证书和进场验收记录
	2	花饰的造型、尺寸应符合设计要求	观察；尺量检查
	3	花饰的安装位置和固定方法必须符合设计要求，安装必须牢固	观察；尺量检查；手扳检查
一般项目	1	花饰表面应洁净，接缝应严密吻合，不得有歪斜、裂缝、翘曲及损坏	观察
	2	花饰安装的允许偏差和检验方法应符合11.10.5.2的规定	

11.10.5.2 花饰安装的允许偏差和检验方法

项次	项目		允许偏差(mm)		检验方法
			室内	室外	
1	条型花饰的水平度或垂直度	每米	1	3	拉线和用1m垂直检测尺检查
		全长	3	6	
2	单独花饰中心位置偏移		10	15	拉线和用钢直尺检查

主要参考文献

1.《建筑施工手册》编写组编. 建筑施工手册(第四版)[M]. 中国建筑工业出版社,2003.

2. 中华人民共和国国家标准. 混凝土结构设计规范(GB 50010—2002)[S]. 北京:中国建筑工业出版社,2002.

3. 中华人民共和国国家标准. 钢结构设计规范(GB 50017—2003)[S]. 北京:中国建筑工业出版社,2003.

4. 中华人民共和国国家标准. 砌体结构设计规范(GB 50003—2001)[S]. 北京:中国建筑工业出版社,2002.

5. 中华人民共和国国家标准. 木结构设计规范(GB 50005—2003)[S]. 北京:中国建筑工业出版社,2003.

6. 中华人民共和国国家标准. 建筑地基基础设计规范(GB 50007—2002)[S]. 北京:中国建筑工业出版社,2002.

7. 中华人民共和国国家标准. 建筑工程施工质量验收统一标准(GB 50300—2001)[S]. 北京:中国建筑工业出版社,2001.

8. 中华人民共和国国家标准. 建筑地基基础工程施工质量验收规范(GB 50202—2002)[S]. 北京:中国建筑工业出版社,2002.

9. 中华人民共和国国家标准. 砌体工程施工质量验收规范(GB 50203—2002)[S]. 北京:中国建筑工业出版社,2002.

10. 中华人民共和国国家标准. 混凝土结构工程施工质量验收规范(GB 50204—2002)[S]. 北京:中国建筑工业出版社,2002.

11. 中华人民共和国国家标准. 钢结构工程施工质量验收规范(GB 50205—2001)[S]. 北京:中国计划出版社,2001.

12. 中华人民共和国国家标准. 木结构工程施工质量验收规范(GB 50206—2002)[S]. 北京:中国建筑工业出版社,2002.

13. 中华人民共和国国家标准. 屋面工程质量验收规范(GB 50207—2002)[S]. 北京:中国建筑工业出版社,2002.

14. 中华人民共和国国家标准. 地下防水工程质量验收规范(GB 50208—2002)[S]. 北京:中国建筑工业出版社,2002.

15. 中华人民共和国国家标准. 建筑地面工程施工质量验收规范(GB 50209—2002)[S]. 北京:中国计划出版社,2002.

16. 中华人民共和国国家标准. 建筑装饰装修工程质量验收规范(GB 50210—2001)[S]. 北京:中国建筑工业出版社,2001.

17. 中华人民共和国国家标准. 钢筋混凝土用热轧带肋钢筋(GB 1499—1998)[S]. 北京:中国标准出版社,1998.

18. 中华人民共和国国家标准. 钢筋混凝土用余热处理钢筋(GB 13014—1991)[S]. 北京:中国标准出版社,1991.

19. 中华人民共和国国家标准. 冷轧带肋钢筋(GB 13788—1992)[S]. 北京:中国标准出版社,1992.

20. 中华人民共和国国家标准. 钢筋混凝土用热轧光园钢筋(GB 13013—1991)[S]. 北京:中国标准出版社,1991.

21. 中华人民共和国国家标准. 预应力混凝土用钢丝(GB/T 5223—2002)[S]. 北京:中国标准出版社,2002.

22. 中华人民共和国国家标准. 预应力混凝土用钢绞线(GB/T 5224 —2003)[S]. 北京:中国标准出版社,2003.

23. 中华人民共和国行业标准. 钢筋焊接及验收规程(JGJ l8—2003 J253 — 2003)[S]. 北京:中国建筑工业出版社,2003.

24. 柳春圃,侯君伟,王庆春主编. 建筑施工常用数据手册(第二册)[M]. 北京:中国建筑工业出版社,2001.

25. 国振喜编. 实用建筑工程施工及验收手册[M]. 北京:中国建筑工业出版社,2004.

26. 侯君伟主编. 建筑工程施工常用资料手册[M]. 北京:机械工业出版社,2004.

27. 俞宾辉编著. 建筑工程施工常用数据速查手册[M]. 北京:山东科学技术出版社,2004.

28. 叶刚主编. 建筑装饰装修工程施工与验收技术[M]. 北京:中国电力出版社,2007.

29. 叶刚主编. 袖珍钢筋工技术手册[M]. 北京:金盾出版社,2007.

30. 叶刚主编. 袖珍砌筑工技术手册[M]. 北京:金盾出版社,2008.

31. 叶刚主编. 袖珍防水工技术手册[M]. 北京:金盾出版社,2009.